Orazio Curti

# Enzyklopädie des Schiffsmodellbaus

Orazio Curti

# Enzyklopädie des Schiffsmodellbaus

Delius Klasing Verlag

Die Deutsche Bibliothek – CIP-Einheitsaufnahme

**Enzyklopädie des Schiffsmodellbaus** / Orazio Curti. –
Bielefeld : Delius Klasing, 1992
Einheitssacht.: Modelli navali ⟨dt.⟩
ISBN 3-7688-0770-3
NE: Curti, Orazio; EST

Titel der italienischen Originalausgabe: MODELLI NAVALI

Aus dem Italienischen: Intertext, Erfurt

Einbandgestaltung: Ekkehard Schonart
Druck: Ludwig Auer GmbH, Donauwörth
Printed in Germany 1992

# Inhaltsverzeichnis

## ZWEITER TEIL

# Vorwort

Die Zahl der Schiffsmodellbauer ist groß und wächst ständig. Immer mehr Menschen – junge und alte – beschäftigen sich in ihrer Freizeit mit dem Modellbau. Der Bau eines originalgetreuen beziehungsweise schwimm- und manövrierfähigen Schiffsmodells aber erfordert nicht nur vielseitige Kenntnisse und Fähigkeiten, sondern auch exakte Unterlagen.

In der Schiffsmodellbau-Reihe unseres Verlages sind zahlreiche Titel erschienen, die Pläne für den Bau historisch getreuer Modelle enthalten und die theoretische und historische Fragen des Schiffbaus behandeln. Was fehlte, war eine zusammenfassende Darstellung, die dem Modellbauer auch die nötigen praktischen Kenntnisse vermittelt.

Das vorliegende Buch schließt diese Lücke. Der Autor leitet von der Geschichte des Schiffbaus über zum Bau historischer Schiffe und deren Ausrüstung und befaßt sich ausführlich mit den technischen Details und ihrem Zusammenwirken. Darüber hinaus gibt er präzise Hinweise, wie und aus welchem Material Schiffsmodelle am besten gefertigt werden können.

Im Mittelpunkt stehen dabei Nachbildungen historischer Schiffe. Orazio Curti spannt den Bogen aber auch bis hin zu ferngesteuerten Rennmodellen.

Langjährige Erfahrungen von Schiffsmodellbauern aus aller Welt sind in dieses Buch mit eingeflossen – allein das macht es zu einem unentbehrlichen Ratgeber, ob man sich zum ersten Male mit dem Modellbau befaßt oder schon einige Fähigkeiten erworben hat.

# Einführung

Wenige wissen vielleicht, daß der Schiffsmodellbau schon sehr alt ist. Er entstand mit dem Beginn der Zivilisation, und vorgeschichtliche Kinderspielzeuge waren vielleicht, ebenso wie die heutigen, kleine Nachahmungen von Booten der Väter.
Im Altertum hatte das Schiffsmodell jedoch eine vorwiegend religiöse Bedeutung. Prof. Woolley entdeckte im Jahre 1929 bei den Ausgrabungen von Ur im südlichen Mesopotamien ein sehr interessantes Schiffsmodell. Es ist vielleicht das älteste bekannte Modell eines Schiffes und wurde um 4000 v. u. Z. angefertigt (Abb. *1*). Das Modell von Ur ist aus Silber, 65 cm lang, hat vier Bänke für die Ruderer, und die Riemen (mit Schaufelblatt) sind auf dem Dollbord befestigt.

Abb. 1. *Modell eines Ruderbootes aus Silber (4000 v. u. Z.), bei den Ausgrabungen von Ur aufgefunden*

Dieses kleine Boot kann den religiösen Charakter, den das Schiffsmodell bei einem der ältesten Völker besaß, bezeugen, denn es sollte als Grabbeigabe offensichtlich dem Toten den Weg vom Irdischen ins Jenseits erleichtern.
Die ägyptische Kultur erreichte nicht nur in der Architektur, sondern auch in der Schiffbaukunst ein hohes Niveau. Das Schiffsmodell hatte bei diesem Volk ebenfalls eine kultische Bedeutung. Die Ägypter glaubten, daß die Verstorbenen über den Fluß Abialus reisen müßten, und deshalb gehörten zu den Grabbeigaben auch kleine Boote. Es ist möglich, daß diese Modelle von spezialisierten Handwerkern hergestellt wurden.
Bei den Ausgrabungen im Tal der Könige und an anderen Orten sind zahlreiche Modelle gefunden worden, in denen sich oftmals Figuren befanden, die verschiedene Tätigkeiten ausübten, vor allem kultische. Diese Schiffe stellten in der Mehrzahl Totenschiffe dar, mit dem Altar des Verstorbenen in der Mitte, oder es waren für besondere Kulthandlungen bestimmte Votivschiffe. Die prunkvollsten Modelle, mei-

stens aus Gold oder Silber, zierten die Gräber der Pharaonen und des Adels, während sich aus Holz geschnitzte Modelle in einfacheren Gräbern befanden. Berühmt sind die im Grab von Tut-anch-Amon gefundenen Schiffsmodelle. Sie sind von schöner Bauart, reich an farbigen Bemalungen und weisen interessante Einzelheiten auf (Abb. *2*).

Abb. 2. *Kultisches Schiffsmodell aus dem Grab des Tut – anch – Amon*

Das Museum in Kairo besitzt eine umfangreiche Sammlung dieser Schiffe. Sie umfaßt den Zeitraum von der 1. bis zur 30. Dynastie und stellt die Entwicklung des ägyptischen Schiffbaus in diesen 3000 Jahren dar.
Von den bedeutendsten Seefahrern des Altertums, den Phönikern, ist uns kein Schiffsmodell überliefert. Es sind nur einige Flachreliefs von Schiffen aus Sidon und Tyros bekannt, auch Wandmalereien in ägyptischen Gräbern, auf denen phönikische Schiffe dargestellt sind, die im Hafen liegen und deren verschiedenste Waren gelöscht werden.
Noch ein anderes Volk hat den religiösen und rituellen Charakter des Schiffsmodells bestätigt: die Nuraghier aus Sardinien, die in der Bronzeverarbeitung einen hohen Grad technischer und künstlerischer Vollkommenheit erreichten. In den zahlreichen „Nuraghen", äußerst merkwürdigen Bauten aus Stein, die als Haus, Burg und Tempel zugleich dienten, wurden außer Waffen, Skulpturen und Hausrat zahlreiche Kultschiffe aus Bronze gefunden, auf deren Bug ein Stier- oder Löwenornament angebracht war. Daraus kann man schließen, daß das nuraghische Volk mit der Schiffahrt vertraut war und mindestens bis in die Nähe der Inselküsten vorgedrungen ist.

Auch die minoische Kultur hat uns derartige Modelle überliefert. Auf dem Berg Ida, der Zeus geweiht war, fand man – es muß bei den verschiedenen Plünderungen, die eine Unmenge Schätze verstreuten, übersehen worden sein – ein Votivbild aus Bronze in geometrischem Stil, das ein Schiff mit Ruderern und Steuerleuten darstellt.
Ähnliche Votivschiffe wurden in Italien bei Vetulonia im Verbreitungsgebiet der etruskischen Kultur gefunden, dabei eines aus Bronze mit vielen Tierfiguren an Bord (eine Art Arche Noah). Weitere kleine, aus Alabaster oder Terracotta hergestellte, in Mittelitalien aufgefundene Schiffe, die verschiedenen Zeitaltern zuzuordnen sind und die aus verschiedenen Grabstätten stammen, haben ebenfalls religiöse Bedeutung.
Der Brauch, Schiffsmodelle zu formen, überlebte die etruskische Kultur; noch in der Römerzeit hatten die Bronzelampen die Form einer Barke.
Über den römischen Schiffbau gibt es nicht viele Zeugnisse, man hat jedoch berühmte und kostbare Darstellungen von Schiffen entdeckt, die über die Jahrhunderte unversehrt geblieben sind. Wir erwähnen von den bekanntesten die Wandmalereien von Pompeji, die Flachreliefs von Porto, die des Vatikanmuseums, des Museums von Neapel und der Trajanssäule.
Die überraschendste Entdeckung und vielleicht das größte Werk der Schiffsarchäologie war die Bergung der Schiffe von Nemi. Diese bedeutenden und einzigartigen Zeugen der antiken Schiffbautechnik wurden jedoch während des letzten Krieges zerstört. An ihrer Stelle wurden Nachbildungen der Originale im Maßstab 1:3 gebaut, die man als die größten auf der Welt vorhandenen Modelle betrachten kann.
Es wurden noch weitere Modelle mit kultischem Charakter entdeckt, die aus dem klassischen Griechenland und dem alten Rom stammen. Es sei an ein Modell aus Terracotta erinnert, das im Britischen Museum aufbewahrt wird und ein griechisches Schiff des 6. Jahrhunderts v. u. Z. darstellt. Ein weiteres, im Museum von Athen, vermittelt eine klare Vorstellung von einer Kriegsgaleere. Darüber hinaus sollte nicht vergessen werden, daß das Postament der berühmten „Nike von Samothrake“ im Pariser Louvre die Bugform einer griechischen Galeere hat. Besonders interessant ist ein dem Londoner University College gehörendes Modell. Es stellt ein Handelsschiff dar, welches sich durch seine großen Luken und einen zweckmäßig gewölbten Rumpf zur Vergrößerung der Tragfähigkeit von einem Kriegsschiff unterscheidet.
Kürzlich wurde ein aus Syrien stammendes sehr schönes römisches Lastenschiffsmodell aus dem Jahre 100 u. Z. aufgefunden.
Wenn diese Modelle auch nicht sehr genau und maßstabgerecht, sondern von Handwerkern roh geformt und stilisiert sind, so bilden sie doch sehr anschauliche Zeugnisse der Schiffahrt im Altertum und stellen eine wichtige Quelle für die Geschichte des Modellbaus dar.
Aus dem Mittelalter ist uns sehr wenig Modellbaumaterial überliefert; wir möchten aber darauf hinweisen, daß es einige bedeutende Darstellungen von Schiffen des 13. Jahrhunderts auf den Mosaiken der Markuskirche in Venedig gibt. Mehrere Segelschiffe, Pisaner Boote, schmücken die Reliefs des Glockenturms von Pisa. Nicht alle Mailänder wissen, daß in ihrer Stadt eine getreue „tarida“, eine Nachbildung des 14. Jahrhunderts, bewahrt wird. Sie ist in ein Flachrelief des sehr schönen Sarkophags des hl. Petrus Martyr eingefügt, ein Werk des Pisaners Giovanni di Balduccio in der Kirche St. Eustorgio zu Mailand. Es handelt sich um den Prototyp eines Schiffes, das wegen seiner Einzelheiten in jedem Werk der Schiffsarchäologie Beachtung findet. Ein rekonstruiertes Modell dieses Schiffes besitzt das Science Museum in London.
Auf dem versilberten Sarkophag des San Simeone da Zara, einem Werk des Mailänder Goldschmieds Francesco da Sesto von 1377, ist ein weiteres Schiff aus dem 14. Jahrhundert abgebildet.

Viele berühmte Schiffe des Mittelalters sind unter anderem auf Siegeln der Städte Sandwich, Winchelsea, Dover und Poole (1200–1300) dargestellt.
Im Schatz der Basilika des Heiligen zu Padua wird ein silberner Reliquienschrein aus dem Jahre 1400, der die Form eines Schiffes (einer „tarida") hat, aufbewahrt. Im Presbyterium derselben Basilika, besonders in den bronzenen Flachreliefs des Bellano von 1484, wird die Schiffsreise des Propheten Jonas dargestellt.
Man darf auch die Wikinger, diese großen Seefahrer, die mit ihren Drachenschiffen bis zum amerikanischen Festland vordrangen, nicht vergessen. Sie hinterließen uns keine Schiffsmodelle, es sind jedoch einige ihrer Boote erhalten geblieben, in denen sie ihre Fürsten beisetzten und die infolge der Besonderheit des Bodens, in dem sie lagerten, fast unversehrt sind.
Auch das Christentum betonte die kultische Verwendung der Schiffsmodelle. Die Modelle ex voto („auf Grund eines Gelübdes") haben die katholischen Kirchen der ganzen Welt geschmückt und schmücken sie noch heute; sie sind unerschöpfliche Quellen der Geschichte des Schiffsmodellbaus. Berühmt ist die Darstellung Carpaccios vom Innern einer Kirche mit Votivschiffsmodellen aller Arten. Derselbe Künstler gibt uns in seinen Bildern zur Geschichte der hl. Ursula (Akademie der Schönen Künste, Venedig) eine lebendige Darstellung reichhaltiger Einzelheiten mittelalterlicher Schiffsmodelle. Es ist bekannt, daß die Maler für Bilder aus der Seefahrt als Vorlage Schiffsmodelle benutzten. Leider sind nur wenige Modelle dieses Zeitabschnittes erhalten geblieben. Sie waren sehr zerbrechlich und wurden teilweise auch mutwillig zerstört. Im Jahre 1581 wurden zum Beispiel von den Kirchenbehörden alle Modelle der Magdalenenkirche in Chiavari vernichtet, um die Kirche von platzraubenden und staubigen Gegenständen zu befreien.
Zu den ältesten Modellen aus der Zeit vor der Entdeckung Amerikas zählt das im Prins Hendrik Museum, Rotterdam, bewahrte spanische Schiff aus der Zeit um 1450 (Abb. *3*).

Abb. 3. *Spanisches Schiffsmodell des 15. Jahrhunderts (Prins Hendrik Museum, Rotterdam)*

Darüber hinaus ist festzustellen, daß es in der katholischen Religion viele Hinweise auf die Seefahrt gibt. Zum Beispiel ähneln Kirchen auf den Kopf gestellten Schiffen, daher die Bezeichnung „Kirchenschiff". Auch hat seit dem 9. Jahrhundert der Weihrauchbehälter die Form eines Bootes und heißt „Weihrauchschiffchen".
Der Schiffbau erhielt während des Zeitalters der großen Entdeckungsfahrten einen bedeutenden Auftrieb. Auch das Schiffsmodell kam angesichts der Entwicklung von Technik und Wissenschaft stärker zur Geltung. In Fortsetzung der „ex voto"-Tradition wurde es nach den Berechnungen und Zeichnungen der Konstrukteure in allen Einzelheiten vollkommen gebaut.

Anfang des 17. Jahrhunderts baute Phineas Pett, Kommissar der Docks von Chatham, London, die ersten behördlichen Modelle englischer Schiffe. In dieser Zeit (1600 bis 1655) begann der Bau von Schiffsmodellen für Versuchszwecke in England, in Holland, dann in Frankreich und in Rußland. Diese Modelle dienten auf den Werften als Bauanleitung und zu Untersuchungszwecken. Auf diese Weise wurde das Verfahren verdrängt, die Schiffe ohne vorangehende Berechnungen und Zeichnungen in Auftrag zu geben und es der Kunst der „Meister der Axt" zu überlassen, die Schiffe so herzustellen, wie es vom Vater auf den Sohn überliefert wurde.
Während der Jahrhunderte der Segelschiffahrt, von der Schlacht bei Lepanto bis zur Entstehung der Ostindienkompanie, von den italienischen Seerepubliken bis zu den französisch-englischen Kriegen, wurden in allen Ländern Schiffsmodelle gebaut, wahre Kleinode, die in den Museen und in Privatsammlungen ehrfürchtig gehütet werden (Abb. *4*).

Abb. 4. *Modell des Segelkriegsschiffs* Sannita *mit 74 Kanonen der Königlichen Marine der Due Sicillie, 1792 in Castellammare di Stabia vom Stapel gelassen*

Während des Seekriegs zwischen Frankreich und England entstanden berühmte kleine Modelle, die von Kriegsgefangenen gefertigt wurden. Die Engländer hatten in Dartmoor (hier lag viele Jahre lang die berühmte Galeone des Piraten Francis Drake), in Dorchester und in Norman's Cross drei große Kriegsgefangenenlager errichtet. Zwar bestand eine Übereinkunft zwischen den beiden Ländern über die Versorgung der Gefangenen, aber später mangelte es durch das Steigen der Preise und aus anderen Gründen an Nahrungsmitteln. Es wurde den Gefangenen deshalb gestattet, je nach ihrem Beruf eine Arbeit auszuführen. Viele von ihnen waren Goldschmiede, Holz- oder Elfenbeinschnitzer, Kunsttischler, Uhrmacher, und sie begannen notgedrungen, mit unzulänglichen Werkzeugen und mit dem wenigen Material, das ihnen zur Verfügung stand, winzige Schiffsmodelle zu bauen. Die Segel und der Rumpf waren aus Holz, das Seilwerk aus Haaren oder aus Fäden ihrer Kleidungsstücke. Es handelt sich um kleine Modelle, nicht länger als 19 cm, die auf Schmuckfundamenten befestigt und in originelle kleine Glasschränkchen gesetzt wurden. Heute sind sie von Liebhabern als besondere Kunstgegenstände sehr begehrt (Abb. *5*).
In den letzten fünfzig Jahren hat der Schiffsmodellbau eine beachtliche Entwicklung erfahren. Den Schiffsmodellbau betrachtet man heute als modernen Brauch, und die Nachbildung alter und neuer Schiffe, als Stand- oder Fahrmodelle, stellt ein aktuelles Hobby dar.
Auch Schiffsmodelle haben ihre Schicksale. Dazu gehören beispielsweise Diebstähle von Modellen, besonders solcher aus Gold und Silber. Hier sei das Abenteuer eines Kuttermodells angeführt: 1935 setzte ein amerikanischer Modellbauer einen Kutter von 80 cm Länge an der Küste von Virginia im Atlantik aus. Auf Deck hatte er ein Glasröhrchen mit einer Botschaft befestigt, die demjenigen, der das Modell wiederfand und dies dem Besitzer mitteilte, ein Geschenk von 50 Dollar versprach. Nach

zwei Jahren wurde der Kutter auf der Reede von Le Havre gefunden, er trug die Spuren einer langen Seereise. Der Fischer, der ihn aufgenommen hatte, erhielt die versprochene Belohnung. Dieses kleine Boot, ein Wunder von Stabilität und Haltbarkeit, hatte mehr als 7000 km zurückgelegt.

Abb. 5. *Modell eines Segelkriegsschiffs, von den französischen Gefangenen während des 2. Koalitionskrieges (1799–1802) gebaut*

## Gliederung des Schiffsmodellbaus

Der Schiffsmodellbau wird je nach der Ausführung der Modelle in verschiedene Gruppen unterteilt. Eine solche Unterteilung entspringt der Praxis, sie wird allgemein angewandt und durch Normen vervollständigt, die die verschiedenen internationalen Wettbewerbe regeln.

### *Standmodelle*

Unter dem Bau von Standmodellen versteht man die Herstellung von Modellen, die nicht fahren. Es geht um die Nachbildung alter und moderner Schiffe, wobei besonders auf die geschichtlichen und technischen Einzelheiten geachtet wird.

### *Allgemeine Fahrmodelle*

Hierzu gehören alle Modelle, die fahren können, unabhängig vom Antriebsmittel. Im eigentlichen Sinn bezeichnet man mit diesem Ausdruck solche Schiffsmodelle, die mit einem mechanischen Antrieb, mit Segeln oder gemischtem Antrieb durch Segel und Motor versehen sind. Zu dieser Gruppe zählen vor allem die Nachbildungen moderner Schiffe, und die Genauigkeit der Konstruktion, vor allem der Deckaufbauten, nähert sich der der Standmodelle.

### *Ferngesteuerte Fahrmodelle*

Zu dieser neuen interessanten Sondergruppe gehören die Schiffsmodelle, die mit irgendeinem Gerät versehen sind, das das Manövrieren des Modells im Wasser von Land aus ermöglicht.

### *Schiffsmodelle für Wettkämpfe*

Man versteht unter dem Bau von Schiffsmodellen für Wettkämpfe die Herstellung von Segel- oder Motorschiffsmodellen nach feststehenden Regeln, so daß diese Modelle untereinander in Wettbewerb treten können. Je nach den Besonderheiten unterteilt man in:
*Segelregattamodelle;*
*Rennmodelle (racer);*
*ferngesteuerte Modelle.*
Um an einer Regatta teilnehmen zu können, müssen alle Modelle die in internationalen Regelungen je nach den verschiedenen Klassen und Besonderheiten vorgesehenen Bedingungen erfüllen. Die Regatten müssen nach genauen internationalen Vorschriften ablaufen.
In Europa wird der Schiffsmodellbau durch die europäische Föderation des Schiffsmodellbaus ,,Naviga'' (sie hat ihren Sitz in Wien) organisiert, die alle europäischen Nationen vereint.

# Kurze Geschichte des Schiffes

In den letzten Jahren ist das Interesse für alle Dinge, die mit dem Meer in Beziehung stehen, und besonders für die Entwicklung des Schiffes stark gestiegen. Dank des Aufschwungs der Forschungen und Untersuchungen unter Zuhilfenahme neuer archäologischer Funde, Zeichnungen, Gemälde und Urkunden war man in der Lage, eine zuverlässigere Geschichte der Entwicklung der Wasserverkehrsmittel über einen Zeitraum von rund sechstausend Jahren zu schreiben.
Der Baumstamm, das Floß, der Einbaum, Schilfbündel, Rinde und Tierhäute bezeichnen die verschiedenen weit zurückliegenden Stationen der ersten Phase der vom Menschen erdachten Bootsbautechnik.
Die zweite Phase, nämlich die Herstellung großer Boote, womit sich die Technik der Schiffskonstruktion entwickelte, ist praktisch nur für das alte Ägypten in wunderbarer Weise belegt.
Als „ein Volk, das am Fluß und für den Fluß gelebt hat", bedienten sich die Ägypter seit vorgeschichtlichen Zeiten des Nils als des bequemsten und angenehmsten Verbindungsweges. Die ersten Boote des vorgeschichtlich-vordynastischen Zeitalters (5000–3500 v. u. Z.) waren für die Flußschiffahrt bestimmt und wurden aus Papyrusgewächsen hergestellt. Die Halme dieser Pflanze wurden zu festen Bündeln verbunden, aus denen man eine dicke Matte herstellte, die gewölbt wurde. Die stark hochgezogenen Enden wurden durch Bindungen aus Papyrustauen zusammengehalten. Zu diesem für Oberägypten typischen Schiff kam ein weiteres, festeres aus Holz, das eigentlich im Nildelta zu Hause war. Vielleicht wurde es orientalischen Booten nachgeahmt, die damals bereits seetüchtig waren. Die für diesen Zeitabschnitt äußerst seltenen Funde werden für die geschichtliche Zeit bzw. die Epoche der Dynastien reichhaltiger. Reliefs an den Wänden von Gräbern oder Grabtempeln der Pharaonen und Schiffsmodelle in denselben Gräbern unterrichten uns über die gebräuchlichen Formen und Konstruktionen, allerdings nicht mit der wünschenswerten Genauigkeit, da die ersteren teilweise stilisiert und ungenau dargestellt und die letzteren mit gewissen Verallgemeinerungen behaftet sind. Daraus ergibt sich die Notwendigkeit, einige Lücken zu deuten und anzunehmen, daß manche Konstruktionen nur annähernd so ausgesehen haben.
Im geschichtlichen Zeitabschnitt des Alten Reiches (1.–8. Dynastie, 3200–2240 v. u. Z.) begann der eigentliche Bau von Schiffen aus Holz. Die äußeren Linien solcher Boote gleichen im wesentlichen denen der vordynastischen Zeit, sie haben ein mondförmiges Profil (die Form einer Apfelsinenscheibe mit angehobenen Enden), einen flachen Boden, eine große Breite und einen geringen Tiefgang. Nicht mehr als 40 % der Seitenhöhe des Rumpfes befand sich unter Wasser, um den Bedingungen der Flußschiffahrt gerecht zu werden. Es ist anzunehmen, daß man für eine Fahrt auf offenem Meer Ballast lud. Die Konstruktionsmerkmale finden zum Teil ihre Rechtfertigung in dem zur Verfügung stehenden Werkstoff: kurze Bretter, die man aus den

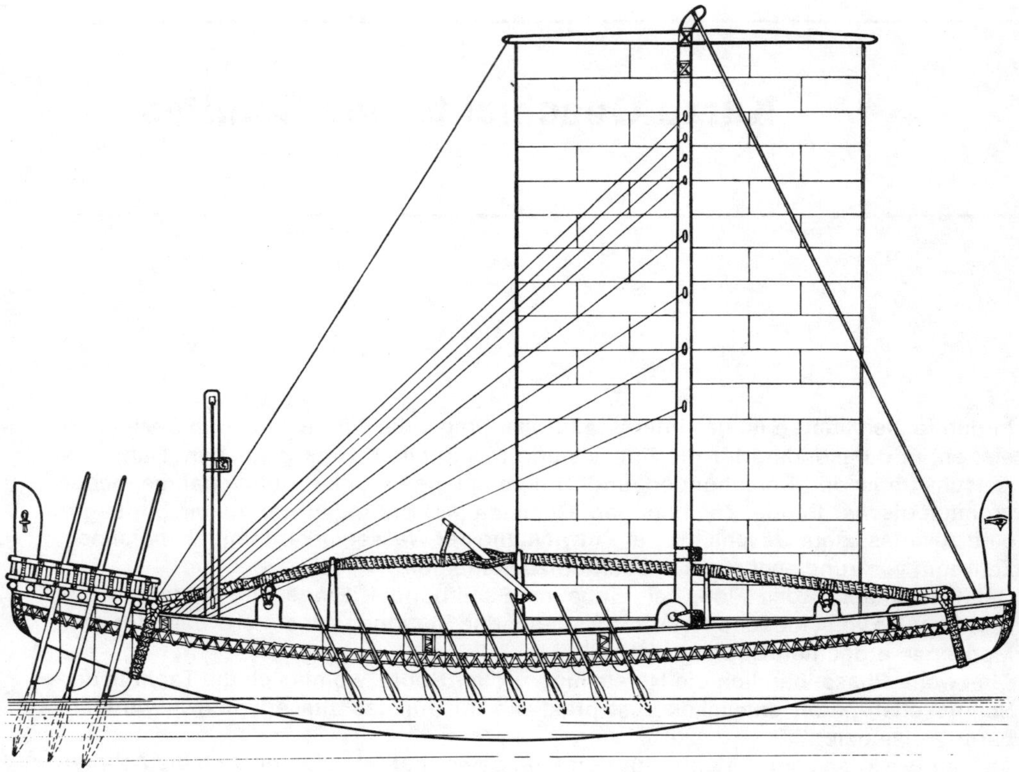

Abb. 6. *Ägyptisches Schiff des Alten Reiches (5. Dynastie, 2550 v. u. Z.), Zeichnung nach den Bildern im Grab des Pharao Sahurà ad Abussir bei Memphis*

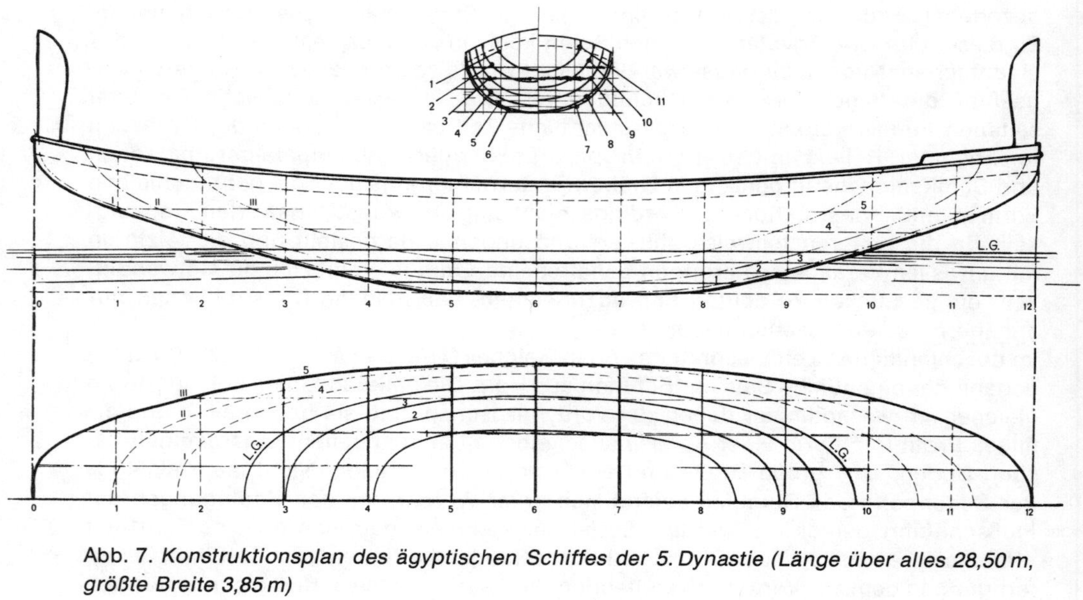


Abb. 7. *Konstruktionsplan des ägyptischen Schiffes der 5. Dynastie (Länge über alles 28,50 m, größte Breite 3,85 m)*

beiden einzigen für Bauholz verwendbaren Bäumen, die in Ägypten wuchsen (Akazie und Maulbeerfeigenbaum), gewinnen konnte. Eine solche Konstruktion ohne eigentlichen Kiel bestand aus einem vom Bug bis zum Heck sich erstreckenden Innenbalken, mit dem kräftige Traversen zum Tragen der Beplankung verbunden waren. Diese bestand aus kleinen Brettern, die durch Zapfen zusammengehalten wurden. Diese Konstruktion war zumindest für Seeschiffe zu zerbrechlich, deshalb wurde eine Umgurtung des ganzen Rumpfes nötig. Und um das Verwinden des Rumpfes zu vermeiden, griff am Bug und am Heck ein Tau in die Querstangen kräftiger Stevengürtel. Es wurde von Gabeln gehalten und mittels einer Spannvorrichtung gestrafft (Abb. *6*). Noch in den ersten Jahren dieses Jahrhunderts konnte man ähnliche Konstruktionselemente an einigen Schiffen für den Materialtransport auf den großen amerikanischen Flüssen feststellen.
Das Tau lief zwischen den Füßen des gegabelten Mastes hindurch, der umklappbar war und von Stagen gehalten wurde. Das an einer Rah befestigte Segel war viereckig, hoch und schmal. Paddel und ein oder mehrere Ruder – in Dollen geführte große Riemen – vervollständigten die Ausrüstung. Diesen Schiffstyp konnte man anhand der im Grab der drei Brüder, die die 5. Dynastie begründeten (etwa 2550 v. u. Z.), aufgefundenen berühmten Reliefs rekonstruieren (Abb. *6* und *7*). Von diesen drei Brüdern ließ Sahurà seine mutige Expedition ins Rote Meer in seinem Grab darstellen. Es handelt sich um eine Art Bordtagebuch des Unternehmens.
Zeugnisse von Schiffen des Mittleren Reiches fehlen. Merklich verändert erscheint aber in den zahlreichen überlieferten Unterlagen das Schiff des Neuen Reiches (Abb. *8*).

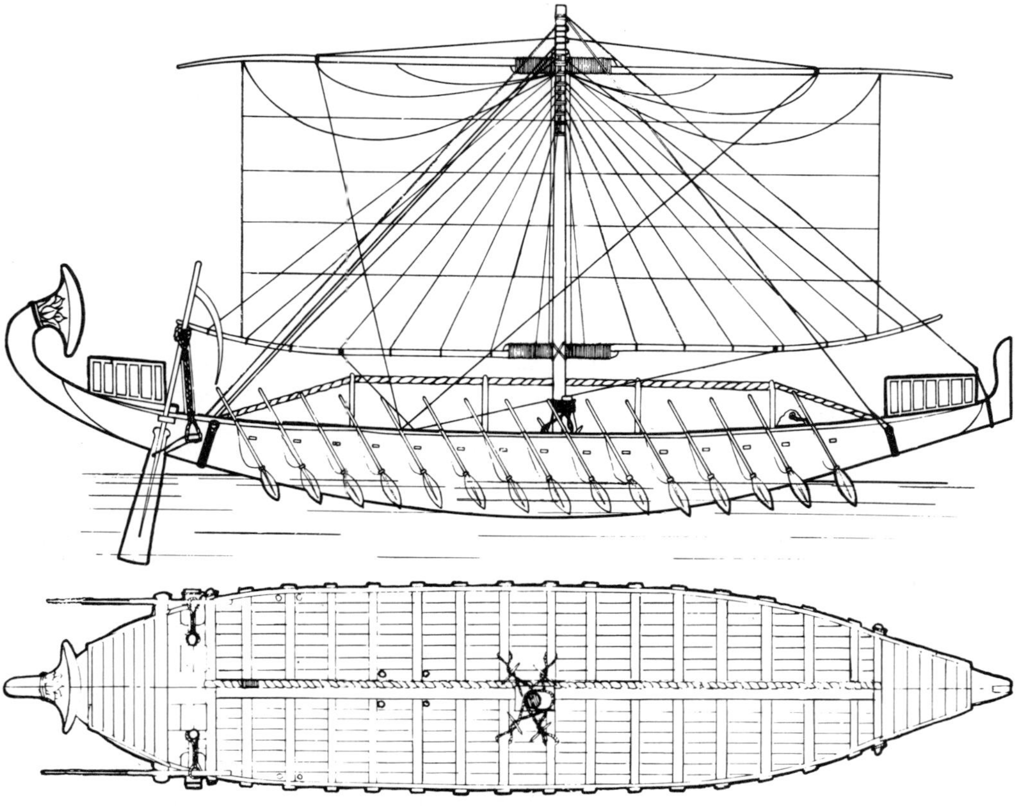

Abb. 8. *Ägyptisches Schiff des Neuen Reiches (18. Dynastie, 1500 v. u. Z.), Zeichnung nach den Ritzbildern des Tempels der Königin Hatshepsut in Deirel-Bahari*

Die Einfuhr der langen, aus den Nadelbäumen des Libanons geschnittenen Balken erlaubte Rumpfkonstruktionen, die noch mit Innenkiel versehen, aber fester und frei von Umgurtungen waren. Ihr Profil war wesentlich schärfer, Bug und Heck waren weniger hoch. Die Köpfe der auf dem Kielbalken ruhenden Querbalken traten aus der Beplankung heraus, wodurch eine bessere Befestigung ermöglicht wurde. Um zu vermeiden, daß sich das Schiff durchbog, wurde das übliche Tau angebracht. Der einfache, feste Mast trug ein viereckiges, nicht hohes, aber sehr breites, an zwei Rahen befestigtes Segel. Die Riemen wurden in Dollen geführt. Zwei große am Heck dienten als Ruder, sie waren an Stützen befestigt und mit einem Handgriff versehen, um das Steuern zu ermöglichen (Abb. *9*).

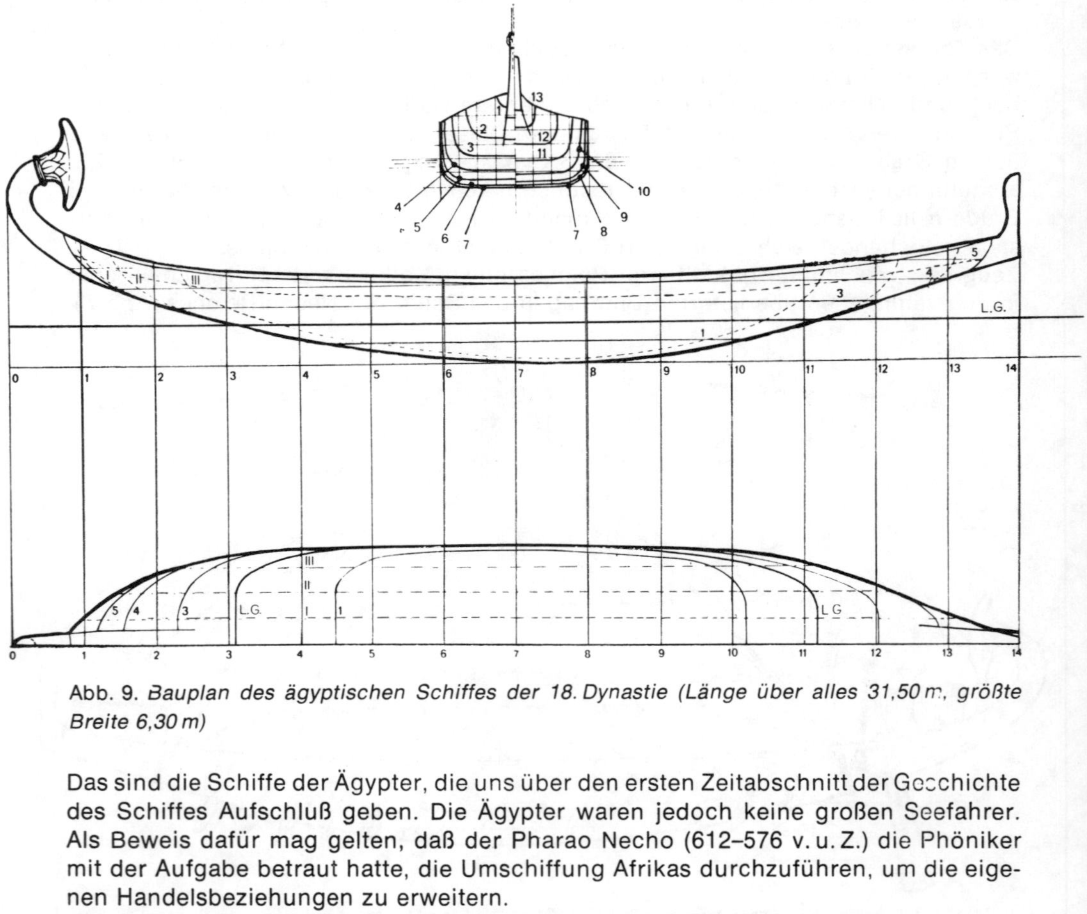


Abb. 9. *Bauplan des ägyptischen Schiffes der 18. Dynastie (Länge über alles 31,50 m, größte Breite 6,30 m)*

Das sind die Schiffe der Ägypter, die uns über den ersten Zeitabschnitt der Geschichte des Schiffes Aufschluß geben. Die Ägypter waren jedoch keine großen Seefahrer. Als Beweis dafür mag gelten, daß der Pharao Necho (612–576 v. u. Z.) die Phöniker mit der Aufgabe betraut hatte, die Umschiffung Afrikas durchzuführen, um die eigenen Handelsbeziehungen zu erweitern.

Wenn sie auch weder die ersten noch die einzigen Seefahrer des Altertums waren, so ist doch gewiß, daß die Phöniker die ersten großen Meister der Schiffbaukunst waren. Zu all dem werden die reichen Wälder des Libanons und die Notwendigkeit, die Handelsbeziehungen zu erweitern, um der Armut ihres Landes zu begegnen, beigetragen haben. Es scheint, daß sie die ersten waren, die ihre Schiffe mit Kiel und Beplankung auf Spanten konstruierten. Laderaum wurde unter Deck geschaffen. All das ist sehr wahrscheinlich, wenn man sich die außerordentliche Entwicklung ihrer Verkehrsverbindungen vor Augen führt. Sie gründeten im gesamten Mittelmeerraum blühende Kolonien, und es ist gewiß, daß sie durch die Meerenge von Gibraltar bis zu den Kassiteriden oder den Zinninseln (den heutigen Scillyinseln)

vordrangen. Und es läßt sich nicht abstreiten, daß sie Einfluß auf den Schiffbau dieser Zeit ausübten, wobei es gar nicht unwahrscheinlich ist, daß sie auch auf Bestellung bauten.
Ihre Macht wurde zuerst mit der Zerstörung Sidons durch die Juden (1200 v. u. Z.), dann durch die Assyrer (700 v. u. Z.) und schließlich durch die Ägypter erschüttert. Unter der Herrschaft dieser Völker entfalteten sie ihre größte Kunst, und gerade aus diesem Zeitabschnitt sind Zeugnisse von ihren Schiffen erhalten (Abb. *10*). Berühmt sind die Flachreliefs von Ninive und Korsabad, auf denen Kriegsschiffe mit einem Rammsporn und zwei übereinanderliegenden Reihen von Riemen dargestellt sind und Handelsschiffe für den Materialtransport, die einen mit einem Pferdekopf, dem Wahrzeichen des phönikischen Volkes, geschmückten hohen Bug besaßen (Abb. *11*). Nach und nach aber machten andere Völker den Phönikern die Vormachtstellung in Schiffbaukunst und -praxis streitig: Etrusker, Griechen, Karthager und Römer.

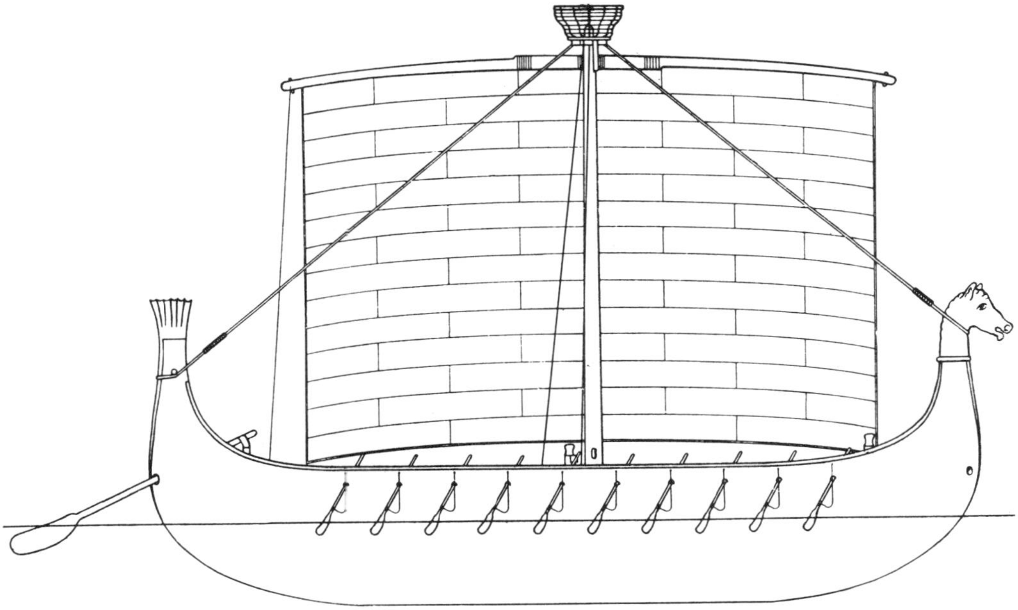

Abb. 10. *Phönikisches Handelsschiff (720 v. u. Z.), Zeichnung nach den assyrischen Flachreliefs des Palastes von Sargon II. in Korsabad*

Sehr aktiv waren die Völker des Ägäischen Meeres. Die Griechen machten sich, vor allem dank ihrer technischen Fähigkeiten, die Bauweise der ägäischen und phönikischen Schiffe zu eigen. Aus diesen Booten gingen die von Homer beschriebenen Schiffe hervor, und seit dieser Zeit behaupten sich die noch heute bei den Holzschiffen übliche Bauweise und der Unterschied zwischen Handels- und Kriegsschiff. Die Rümpfe besaßen Kiel, Vorsteven, Achtersteven, Spanten und eine Beplankung mit gepaarten Nähten, deren Gänge mit Holzdübeln befestigt waren. Das Kriegsschiff, das *pentecontero pelasgico,* hatte eine Länge von 30 bis 35 m, es war mit einem Sporn und einem erhöhten Vordeck versehen und fuhr an einem Mast ein wahrscheinlich viereckiges Segel. Der Mittelteil des Rumpfes war niedrig, die 25 Riemen jeder Seite wurden von einem aufgestockten Balken gestützt, während zwei größere Riemen als Ruder dienten. Insgesamt handelte es sich um ein leichtes Boot, das auf den Strand gezogen werden konnte.

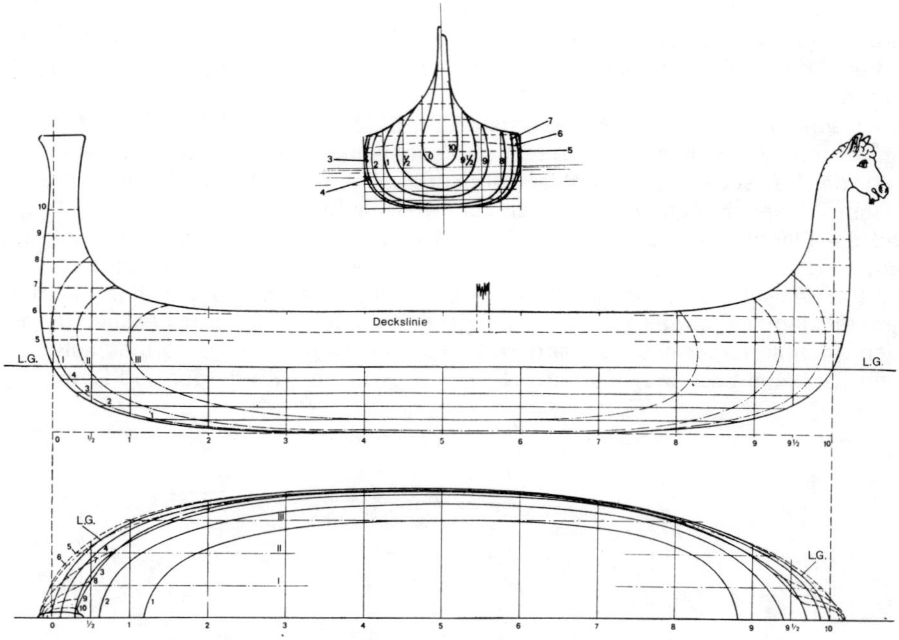


Abb. 11. *Bauplan des phönikischen Handelsschiffes (Länge über alles 31,60 m, größte Breite 4,80 m)*

Dieser Schiffstyp wurde allmählich verändert. Blieben auch die Grundzüge in ihrer Gesamtheit gewahrt, so erhöhten sich doch durch die Einführung einer größeren Anzahl von Riemen, die in zwei oder drei Reihen angelegt waren, die Manövrierfähigkeit und Schnelligkeit. Auf diese Weise entwickelte man eines der berühmtesten Schiffe der Antike: die *Trireme,* von den Griechen *Triere* genannt, die den Nerv der Mittelmeerflotten darstellte. Ihr Rumpf war 35 bis 40 m lang, etwa 6 m breit und geeignet, rund 200 Menschen, Bewaffnete und Matrosen, aufzunehmen. Sie hatte einen oder mehrere Masten (Abb. *12* und *13*).

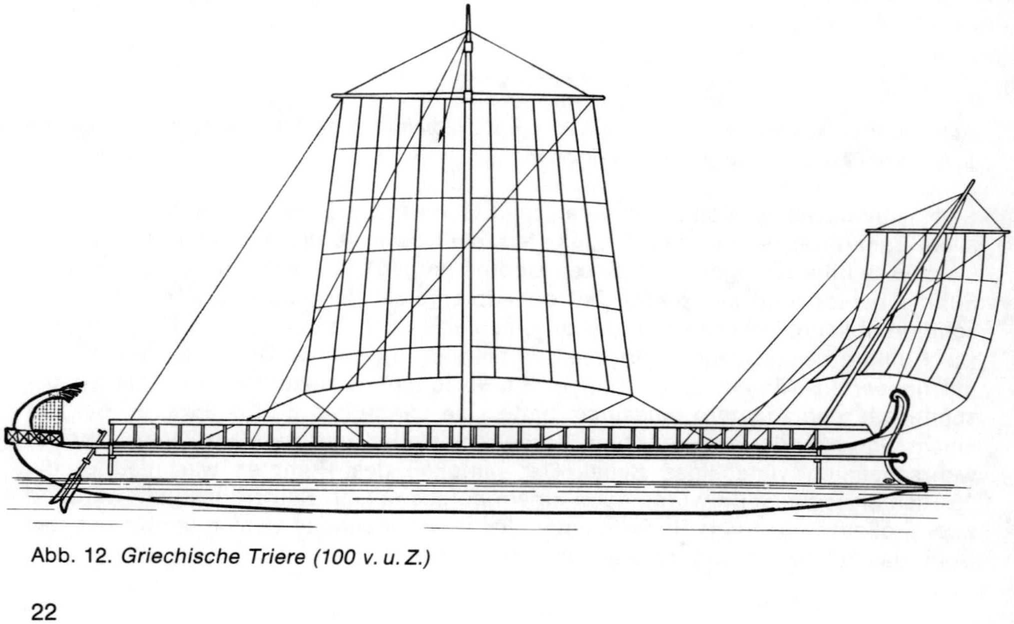

Abb. 12. *Griechische Triere (100 v. u. Z.)*

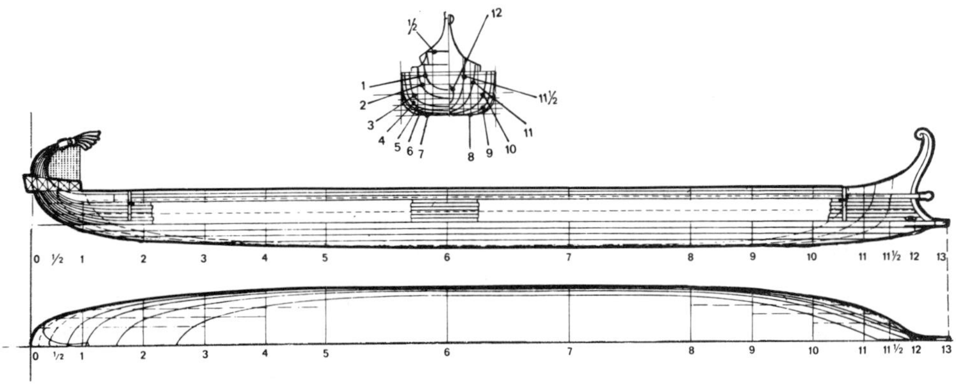


Abb. 13. *Bauplan der griechischen Triere (Länge über alles 36,50 m, größte Breite 5,50 m)*

Die Riemenanordnung war und ist ein vielbesprochenes Thema. Viele meinen, daß sich der allgemeine Ausdruck „Vielruderer" auf die verschiedenen übereinanderliegenden Reihen beziehe, während andere behaupten, daß dieser Ausdruck die Anzahl der an den einzelnen Riemen sitzenden Ruderer bezeichne. Bis heute ist man noch zu keinem befriedigenden Ergebnis gekommen. Sosehr man auch geneigt ist zu glauben, daß es technisch durchaus möglich ist, *Galeeren* mit drei Reihen von Riemen zu bauen, erscheint der Bau von fünf Reihen aus verschiedenen, genugsam einleuchtenden Gründen, wie der Länge und dem Gewicht der Riemen, schwierig.

Ein weiterer Kriegsschiffstyp, der aus Korinth zu stammen scheint, war die *Catafratta.* Es gibt keine genaueren Angaben darüber, da sie selten erwähnt wird, doch man nimmt an, daß der Rumpf durch eine Art seitlicher Panzerung gegen Rammstöße verstärkt war.

Das Handelsschiff unterschied sich deutlich vom Kriegsschiff, das ausschließlich durch Riemen angetrieben wurde, während das Handelsschiff Segel fuhr, obwohl es in einigen Fällen auch mit Riemen versehen war, um das Manövrieren in den Häfen zu erleichtern.

Die karthagische Seemacht gründete sich auf eine Kriegsflotte, die im wesentlichen aus großen Quinquiremen bestand. Sie waren in der Lage, die karthagischen Handelsschiffe zu schützen, die im Mittelmeer und auf dem Ozean verkehrten.

Um sich mit der karthagischen Macht messen zu können, mußte Rom seine Flotte verstärken und baute ebenfalls Quinquiremen, die mit dem von Gaius Duilius erfundenen berühmten „Raben" versehen waren, der das Entern erleichterte. Der „Rabe" war ein beweglicher Laufsteg, der am unteren Ende mit einem Scharnier und am oberen mit einem spitzen Schnabel ausgerüstet war (Abb. *14*). Wenn man den Laufsteg herunterließ, bohrte sich der Schnabel in das Deck des feindlichen Schiffes, hakte sich fest und ermöglichte den römischen Soldaten ein schnelles Entern. Die den karthagischen Quinquiremen nachgebauten römischen Schiffe waren etwa 70 m lang und 8 m breit, sie konnten 300 Ruderer und rund hundert Bewaffnete an Bord nehmen.

Diese Abmessungen sind nicht allzu erstaunlich, wenn man ihnen die Größe der Schiffe von Nemi gegenüberstellt. Diesem Fund hätte man vielleicht keine besondere Bedeutung beigemessen, hätten die beiden Schiffe neben Aufschlüssen über bisher unbekannte Einzelheiten nicht auch genaue Auskunft über die römische Schiffbautechnik gegeben. Bei einem ziemlich flachen Rumpf hatten sie fünf Kiele, auf denen man die Spanten befestigte, die eine mit Holzdübeln roh verbundene Beplankung aus Pinie trugen. Der unter Wasser liegende Teil (lebendes Werk) war mit geteerter Wolle überzogen, die mit Bleischeiben gebündelt und mit Kupfernägeln befestigt wurde.

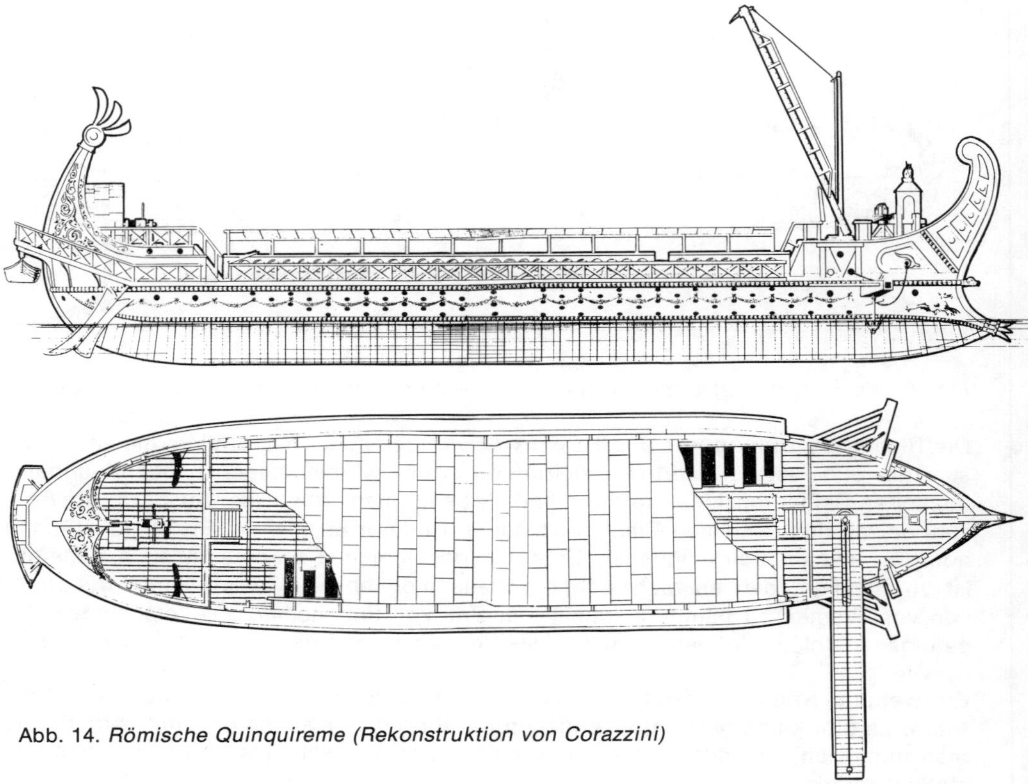

Abb. 14. *Römische Quinquireme (Rekonstruktion von Corazzini)*

Die 71,30 m bzw. 73 m langen Schiffe beweisen, daß man im Jahre 30 v. u. Z. eine derartige technische Vollkommenheit erreicht hatte, daß man Schiffe herstellen konnte, die sogar noch länger waren als die Linienschiffe von 1850.
Mehrere Jahrhunderte hatte Rom keine Rivalen auf dem Meer. Die Vielruderer und die mit Katapulten bewaffneten Catafratten schützten wirksam die eindrucksvolle Flotte von Lastschiffen, die die Verkehrsverbindungen des Mittelmeeres und des Ozeans aufrechthielt.
Die römischen Schiffe ahmten die Form des Fisches bis in alle Einzelheiten nach. Am Bug befanden sich die „Ophthalmiden", die Augen des Schiffes (später wurden daraus die Klüsen). Die Riemen stellten die Flossen dar, und in dem „Aplustrium", einem schlanken, fächerförmigen Schmuck, sah man den Schwanz. Darüber hinaus gab es die „Epotiden", zwei aus der Bordwand ragende Balken zum Schutz vor feindlichen Überfällen, sowie den Schiffsschnabel und über diesem den Kopf eines Tieres (Widder, Krokodil usw.). Die Schiffe mit einem Mast trugen an zwei Rahen Segel oder Lateinsegel. Größere Schiffe hatten außerdem einen Fockmast und einen Kreuz- oder Besanmast.
Diese verschiedenen, noch elementaren, für die Handelsschiffe typischen Arten der Takelung waren nicht geeignet, den Wind unabhängig von der gewünschten Route zu nutzen. Auch die Form des am Heck sehr hohen Rumpfes läßt darauf schließen, daß jene Schiffe fast ausschließlich mit Rückenwind fuhren. Man kann jedoch annehmen, daß die Römer trotz der durch die Takelung auferlegten Beschränkungen von der Möglichkeit wußten, auch gegen den Wind zu lavieren.
Römische Seefahrt und Bautechnik erreichten ihre höchste Blüte wohl zur Zeit der Schiffe von Nemi. Damals gab es keine Macht auf der Welt, die sich mit Rom messen konnte. Für den Kampf gegen die Piraten aber, besonders die sächsischen im

Norden und die illyrischen im Süden, waren leichte und schnelle Schiffe notwendig, und neue Modelle wurden geschaffen. Zu ihnen gehört vielleicht die *Liburne* mit nur einer Reihe von Ruderern. Sie war ziemlich schnell und manövrierfähig und wird von vielen als der Prototyp der *Galeere* des Mittelmeeres, von der Dromone bis zur Galeere des 18. Jahrhunderts, betrachtet.
Von der Schiffahrt der byzantinischen Zeit wissen wir nicht viel. Immerhin können wir aber annehmen, daß die Byzantiner auf technischem Gebiet das Erbe der Römer antraten und eine wirksame Flotte im Einsatz hatten. Die wenigen Mitteilungen und Urkunden sprechen von *Dromonen*, Schiffen mit zwei Reihen von Riemen. Sie waren mit Katapulten bewaffnet und fuhren zwei Masten, die viereckige Segel trugen, später Lateinsegel, als diese Segelart im Mittelmeer in Gebrauch kam. Weitere byzantinische Schiffe waren die *Pamphile*, ein Ausdruck, der gelegentlich für Vergnügungsschiffe verwendet wird, und der *Selander* (griech. Schildkröte), ein kleines, für Hilfsdienste verwendetes Schiff. Wie die Kriegsschiffe stammen auch die byzantinischen Handelsschiffe von den römischen Schiffen ab. Das älteste Boot ist die *Acazia*, ein ziemlich langes Fahrzeug mit ein oder zwei Masten mit viereckigem Segel, „acato" genannt (daher der Name des Schiffes). Später wurde das viereckige Segel durch das Lateinsegel ersetzt. Die kleine *Tarida* – sie besaß nur einen Mast mit Lateinsegel und zwei seitliche Ruder – und die *Usciere*, ein großes Lastschiff mit zwei Decks und zwei Masten mit Lateinsegel – sie wurde vor allem zur Beförderung der Pferde verwendet –, vervollständigen das Bild dessen, was man über die byzantinische Seefahrt weiß.
Aus dem oben Gesagten ist ersichtlich, daß zur byzantinischen Zeit, etwa um das 8.–9. Jahrhundert, im Mittelmeerraum das *Lateinsegel* in Gebrauch kam. Die Herkunft des Namens für dieses besondere Segel ist nicht geklärt, es gibt verschiedene Auslegungen dafür. Es scheint, daß nordische Seefahrer dem Segel diesen Namen gaben, als sie es im Mittelmeer sahen, aber es kann auch sein, daß sich der Name „Latein" von dem Ausdruck *alla trina* (dreieckig) ableitet, mit dem man ein solches Segel von dem *alla quadra* (viereckig) genannten unterschied. Es ist griechischen und römischen Ursprungs und wurde im Oströmischen Reich entwickelt und verwendet, weil es die grundlegenden technischen Voraussetzungen bot, ohne große Schwierigkeit gegen den Wind zu kreuzen.
Neben diesen neuen Entwicklungen der Mittelmeerschiffahrt schufen die Völker Nordeuropas eigene typische Schiffsformen und begannen sich auf den Meeren zu behaupten.
Auch in diesen Ländern sind die Schiffbautraditionen sehr alt, aus primitiven Booten hatte man einen Schiffstyp entwickelt, der sich von dem des Mittelmeeres dadurch unterschied, daß die Beplankung grundsätzlich in Form überlappter Bretter angebracht wurde. Vom 8. bis zum 11. Jahrhundert setzten sich in den nördlichen Gewässern kühne, kämpferische Seefahrer, die Wikinger, durch. Ihre Ahnen, die Suionen, werden zum erstenmal in Tacitus' „Germania" erwähnt. Und schon Tacitus war die merkwürdige Form ihrer Schiffe aufgefallen, deren Haupteigenschaften im Verlauf der Jahrhunderte unverändert blieben. Diese wendigen Boote unterschieden sich nicht in Bug und Heck, beide hatten die gleiche Form. Dadurch war es möglich, sie mit den Riemen sowohl in die eine wie in die andere Richtung zu steuern. Bis 1862/63 konnte man nichts Genaues über die Schiffe der Wikinger aussagen, da man sich nur auf die Schriften des Tacitus, die Gobelins von Königin Mathilde und die Reiseberichte des Arabers Hamod-Ibn-Fazland berufen konnte.
Im Jahre 1862 wurde bei Ausgrabungen in den Mooren von Schleswig das erstemal ein Wikingerschiff aufgefunden, es wies alle von Tacitus beschriebenen Merkmale auf. Bug und Heck sind gleich, es hat weder Kiel noch Mast. Es war mit überlappter Beplankung versehen und konnte von fünfzehn Riemen auf jeder Seite fortbewegt werden. Danach wurden weitere Schiffe entdeckt; die bedeutendsten sind das im

Jahr 1880 aufgefundene Gokstadschiff (Abb. *15*) und das 1904 entdeckte Osebergschiff. Solche wichtigen, bis in unsere Zeit erhaltenen Zeugnisse verdanken wir einer edlen Tradition der Wikinger: sie bestatteten Könige, Fürsten und Krieger unterirdisch in ihren Schiffen.

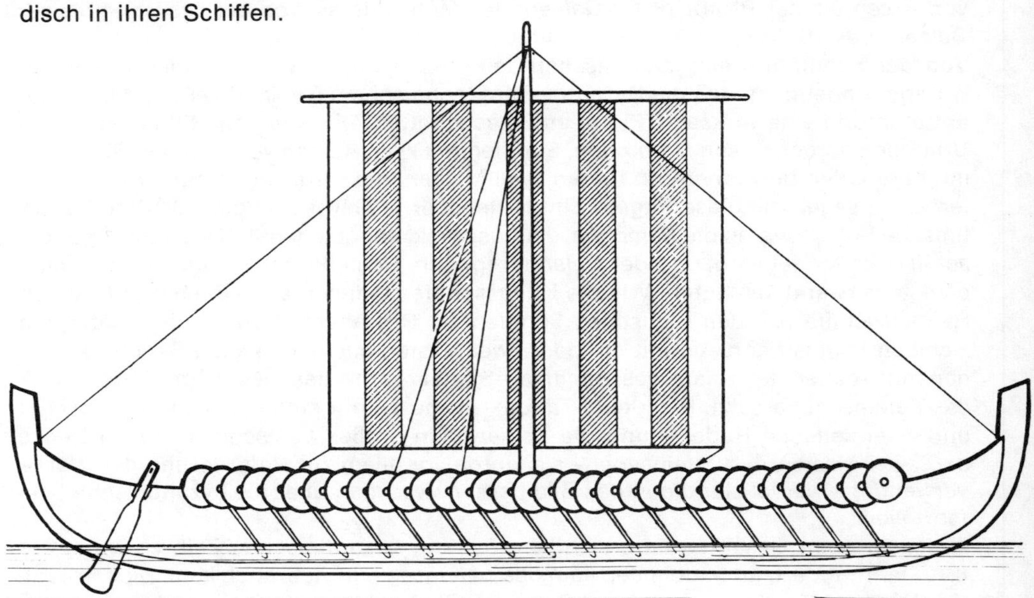

Abb. 15. *Wikingerschiff (900), 1880 bei Gokstad aufgefunden*

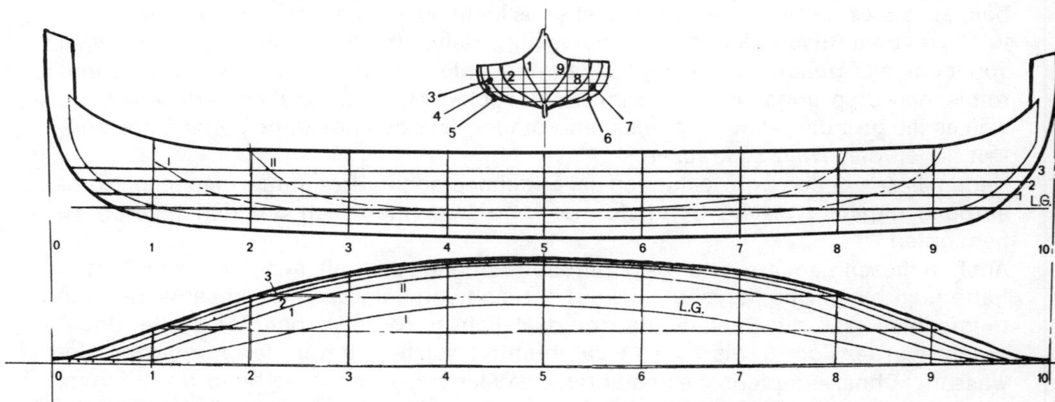


Abb. 16. *Bauplan des Wikingerschiffes (Länge über alles 23,80 m, größte Breite 5,05 m)*

Durch das Osebergschiff (700) und das Gokstadschiff (800) (Abb. *16*) wurde es möglich, die Merkmale der Wikingerschiffe genau zu rekonstruieren. Man stellte fest, daß die Schiffe einen Kiel besaßen, ein Umstand, der vielleicht auf Berührungen mit südlichen Völkern zurückzuführen ist. Die Spanten waren nicht unmittelbar, sondern mittelbar, über die Beplankung, mit dem Kiel verbunden. Das eigentliche Spant bestand aus einem Stück. Eine besondere Stütze hielt die oberen Plankengänge. Die geklinkerte Beplankung war mit Hilfe von Splinten und Lederschnüren an den Spanten befestigt. Die fest übereinanderliegenden Planken wurden durch aus Eisen geschmiedete Nägel zusammengehalten. Einige Löcher in der Beplankung dienten als Dollen, durch die die Riemen geführt wurden. Der Mast der Schiffe war in seiner Spur an einem kurzen Kielschwein befestigt: es war charakteristisch geformt und aus einem Stück hergestellt. Das viereckige Segel war an nur eine Rah angeschlagen. Das Ruder, ein großer Riemen, war mit Stropps seitlich am Achterschiff befestigt. Die Wikingerschiffe erreichten bald eine Länge von 30–40 m und führten 30, vielleicht auch 60 Riemen an jeder Seite. Die größten ihrer Art wurden *Drakkar* oder *Dragone* genannt. Wir besitzen keine eindeutigen Angaben darüber, ob die Wikinger mit solchen Schiffen den Ozean meistern und in das Mittelmeer vordringen konnten. Gewiß ist, daß ihnen die Kontakte, die sie über Gallien und Britannien mit den südlichen Völkern knüpften, neue Schiffbauerfahrungen vermittelt haben müssen. Sie ermöglichten den Bau großer Schiffe, mit denen umfangreiche Unternehmungen durchgeführt werden konnten, wie die in dem Heldenlied von der Eroberung Englands durch Wilhelm den Eroberer im Jahre 1066 dargestellte (Abb. *17* und *18*).

Abb. 17. *Normannisches Schiff (1100)*

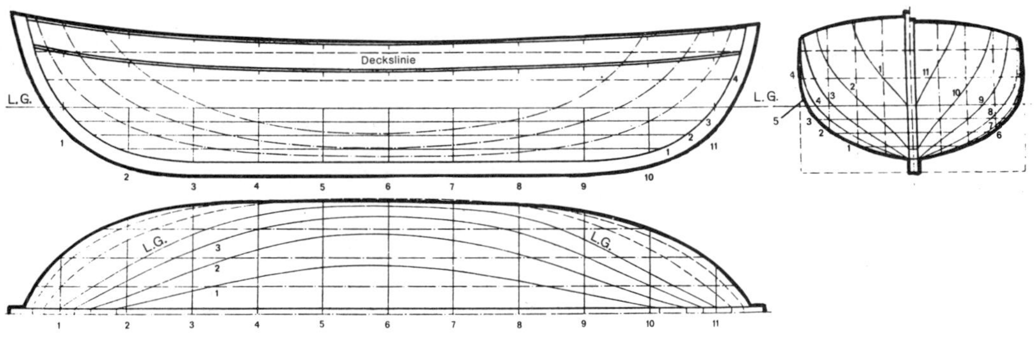


Abb. 18. *Bauplan des normannischen Schiffes (Länge über alles 26,50 m, größte Breite 7,30 m)*

Auch das Volk Irlands hat seine Seefahrtsgeschichte. Die Merkmale seiner Schiffe kennt man nicht, obwohl uns bekannt ist, daß die Iren bis Grönland, Neufundland und Island vordrangen. Der erste der berühmten Seefahrer Irlands war der heilige Brandan, der von 484 bis 577 lebte.
Wir wenden uns damit einem weiteren lückenhaften Abschnitt der Geschichte des Schiffbaus zu. In Nordeuropa war die *Kogge* vorherrschend, ein rundes Handelsschiff mit geklinkerter Beplankung und einem einzigen Mast mit Rahsegel. Back und Quarterdeck dieser Schiffe stammten aus dem Mittelmeer (Rom). Diese Aufbauten wurden als Kampfplatz benutzt, hier wurden die Bewaffneten aufgestellt. Die Notwendigkeit, sich vor Piraten zu schützen, hatte dazu geführt, daß man auch die Handelsschiffe bewaffnete, und insofern bestand kein deutlicher Unterschied zwischen Handels- und Kriegsschiff. Im Mittelmeer beherrschten Venedig, Genua und Pisa die intensive Entwicklung des Seeverkehrs, es entstand eine leistungsfähige Handelsmarine, vielleicht die älteste der Welt. Es ist bekannt, daß die Handelsschiffe dieser mächtigen Seerepubliken an viele Länder, auch an große Nationen, vermietet wurden. Ludwig IX., König von Frankreich, mietete zum Beispiel eine ganze Flotte von Tariden und Uscieren für den Kreuzzug im Jahre 1268.
Das am Achtersteven drehbar befestigte Ruder wurde zuerst ebenfalls im Mittelmeer eingeführt. Abbildungen nordischer Schiffe zeigen noch ein hohes Heck mit Seitenruder. Seit den ältesten Zeiten wurden die Schiffe mit hohem Heck gebaut, um bei Rückenwind besser fahren zu können. Das Heckruder verlangte aber eine abgeänderte Bauweise, da sich Handhabungsschwierigkeiten ergaben. Die Schiffbauer im Norden benutzten ein noch heute bei einigen norwegischen Booten angewandtes Verfahren, das die Betätigung der Ruderpinne mit Hilfe einer weiteren Pinne erlaubte, die senkrecht zur erstgenannten angeordnet war und vom Quarterdeck aus gesteuert werden konnte. Es ist offensichtlich, daß eine solche Vorrichtung nicht rationell und besonders auf großen Schiffen nicht wirksam genug war. Es war daher nötig, das hohe Quarterdeck zu beseitigen, im Heck ein Loch für den Ruderzapfen anzubringen und das Ruder unmittelbar mit der Pinne auf halber Höhe des Quarterdecks zu steuern. Diese neue Vorrichtung stammt gewiß, wie oben bereits erwähnt, aus dem Mittelmeerraum.
Um 1300 erfolgte die Annäherung der Schiffbautechniken Süd- und Nordeuropas. Giovanni Villani erzählt in seiner Chronik, daß Piraten aus Bayonne das Mittelmeer mit Koggen befuhren, deren Bauweise dann von den Genuesern, Venezianern und Kataloniern nachgeahmt wurde (Abb. *19* und *20*). Zu diesem Zeitpunkt beginnt ein im Hinblick auf den Schiffbau äußerst reges Jahrhundert, und wieder war es der Mittelmeerraum, wo neue Verfahren entwickelt wurden. Das Bestreben, immer größere Schiffe zu bauen, bedeutete einen entscheidenden Antrieb zum Bau von Segelschiffen, die eine schnelle und sichere Beförderung großer Lasten gewährleisteten. Die Einführung der Feuerwaffen spornte die Schiffbauer überdies an, ihre Bauweise zu vervollkommnen. So entstand bald das typisch runde Schiff, das in der Lage war, beträchtliche Lasten zu befördern, und robust genug, selbst Kanonenschüssen zu widerstehen. Es konnte sogar Artillerie an Bord nehmen. Es entwickelte sich weiter, der Rumpf wurde schließlich verstärkt, und die Decks wurden weitestgehend gefestigt, um die Artillerie einbauen zu können.
Die Takelage wurde durch die Errichtung eines kleineren Fockmastes verbessert, eine Neuerung, die von den Schiffbauern im Norden ziemlich rasch aufgegriffen wurde. Später erschien es notwendig, einen dritten Mast am Heck (Kreuzmast, Besanmast) aufzurichten, der oft mit dem Lateinsegel bestückt war, um den durch den Druck des Bugsegels hervorgerufenen Ruderdruck auszugleichen. Auf diese Weise wurde das Schiff manövrierfähiger gemacht. Für den Antrieb hatte weiterhin hauptsächlich das Großsegel zu sorgen. Die oberen Enden der Masten wurden mit großen Marsen versehen, die dazu bestimmt waren, eine erforderliche Anzahl von

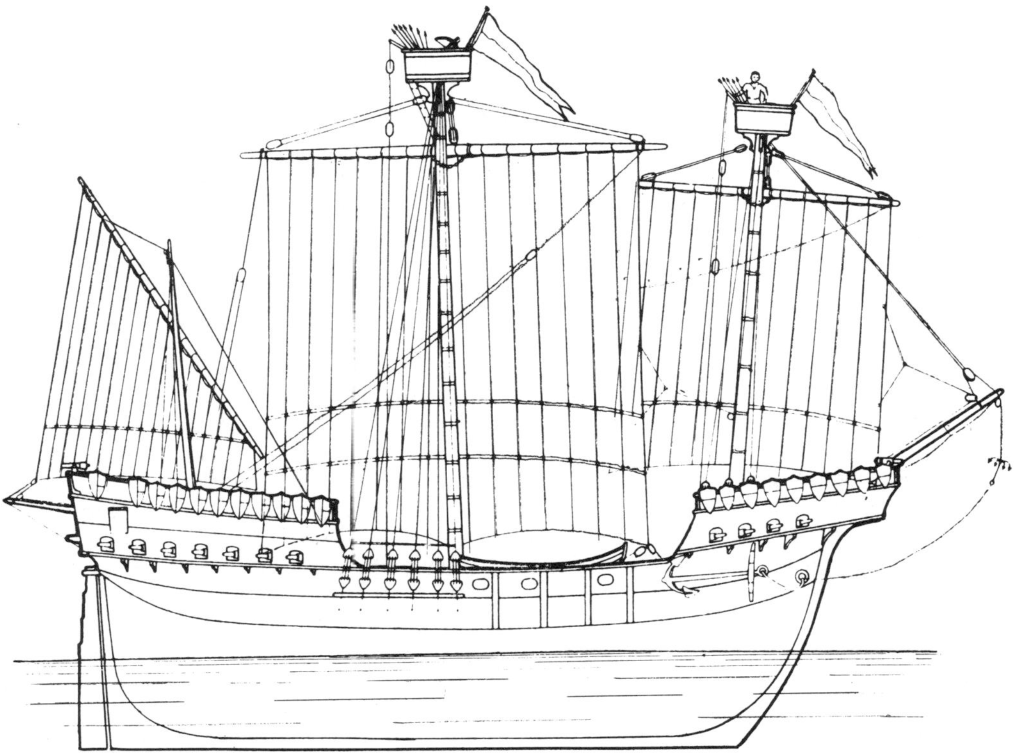

Abb. 19. *Hansekogge (1470)*

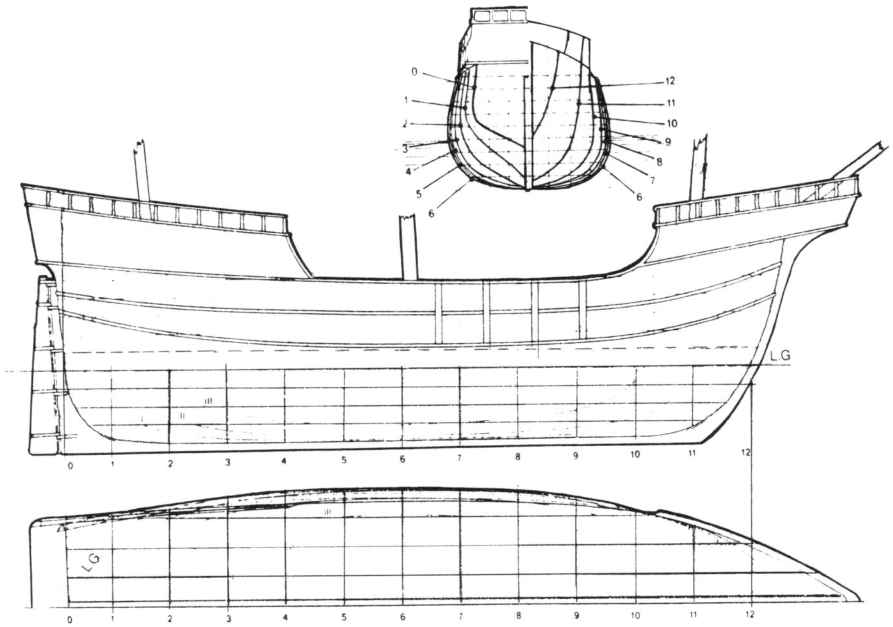


Abb. 20. *Bauplan der Hansekogge (Länge über alles 28,80 m, größte Breite 8 m)*

Bogenschützen, Armbrustschützen und später Büchsenschützen aufzunehmen. Die verschiedenen Arten des stehenden und laufenden Gutes wurden verbessert, um die Führung und Steuerung des Schiffes zu erleichtern, und die Wanten wurden mit Webeleinen verbunden (die im Norden schon in Gebrauch waren), damit man bequemer in die Masten steigen konnte.

Die großen Schiffe hatten drei oder vier Masten mit Rahsegeln; die kleinen waren nur noch mit Lateinsegeln ausgerüstet wie die Galeeren, die typische Kriegsschiffe blieben.

In der ersten Hälfte des 15. Jahrhunderts kam die *Karacke* auf, das größte Lastschiff der Zeit, vielleicht portugiesischen Ursprungs. Größer als die bisherigen Schiffe (die größten erreichten offenbar 2000 t), war sie mit mehreren in Längsrichtung verlaufenden Verstärkungen versehen und hatte außer mehreren kleineren Stücken 30–40 Geschütze an Bord. Sie hatte eine hohe Back, und ihr Quarterdeck war mit zwei oder mehr Decks versehen. Sie trug gewöhnlich drei Masten: in der Mitte des Schiffes den Großmast mit einer großen Segelstange und einem aus zwei Teilen bestehenden Rahsegel; den Fockmast, ebenfalls mit Rahsegel, und den Besanmast mit Lateinsegel. Vor der Back schließlich befand sich der Bugspriet.

Das 15. und 16. Jahrhundert erlebten eine rasche Entwicklung der Segelschiffe: die Vergrößerung der Abmessungen gab Anlaß zur Einführung mehrteiliger Masten, die das Anbringen mehrerer Segel ermöglichten. Obwohl lange Zeit die Großmast- und Fockmaststurmsegel viel größer als die anderen Segel waren, erwies sich die bessere Verteilung der Segelfläche durch Vergrößerung der Mars- und Kreuzsegel als günstig für das Steuern und Manövrieren des Schiffes und das Segeln bei unterschiedlichem Seegang.

Nunmehr dominierte auf allen Meeren das als Schiff im engeren Sinn bezeichnete größere Segelschiff, das mit Artillerie verschiedenen Kalibers bewaffnet war: ein Ergebnis der im Mittelmeer und im Atlantik gesammelten Erfahrungen. Sein Rumpf war nach der 2:1 Regel gebaut, seine Länge entsprach der doppelten oder zweieinhalbfachen Breite des Rumpfes. Die Leistungsfähigkeit dieser Schiffe verlockte zu langen Fahrten, zu großen Entdeckungsreisen nach Amerika und Indien, ja zur Weltumsegelung. Dabei weiß man freilich, daß die Schiffe von Kolumbus und Magellan gewiß nicht mit Sorgfalt ausgewählt wurden (Abb. *21*).

Wie schon erwähnt, bestand bei den Segelschiffen kein deutlicher Unterschied zwischen Handels- und Kriegsschiff; das typische Kriegsschiff war jahrhundertelang die Galeere. Die Mittelmeergaleere (Abb. *22*) („galeos", der Schwertfisch), von der Dromone abstammend und leichter Bauart, war 40 bis 50 m lang, 5 m breit und hatte vom Kiel bis zum Deck eine Höhe von etwa 1,80 m. Sie hatte auf jeder Seite 26 bis 30 Bänke. Schräg auf den Bänken saßen je drei Ruderer, von denen jeder einen Riemen betätigte (dieses Verfahren wurde *a terzaruolo* genannt). Im 15. Jahrhundert wurden die Bänke auf jeder Seite senkrecht übereinander angeordnet, und an jedem Riemen ruderten drei bis sechs Ruderer (dieses Verfahren wurde *a scalossio* genannt).

Die Riemen waren an einem über Bord ragenden Gestell befestigt; auf ihm war längslaufend das *Schanzkleid* zum Schutz vor feindlichen Einschlägen angebracht. Die Bezeichnung „impavesata" für Schanzkleid leitet sich von einer besonderen Art von großem Schild her, dem *pavese,* es wurde hauptsächlich von Büchsenschützen verwendet. Diese „Pavesen" wurden senkrecht auf dem längslaufenden Dollbord befestigt. Später wurden sie durch einen festen Schutz aus Holzbrettern mit kleinen Schlitzen ersetzt, durch die die Riemen gingen (Abb. *22* und *23*).

Das Deck läßt sich in drei Abschnitte unterteilen: Bug, Mittelschiff und Heck. Am Bug befand sich eine Art großer Plattform, deren beide Seitenzonen *rembate* (das sind Deckserhöhungen) genannt wurden: auf ihnen nahmen die Bewaffneten Aufstellung zum Kampf. Der äußerste Abschnitt des Hecks, *Spalier* genannt, war die Zone verzweifelter Verteidigung; hier befand sich auch die Heckkammer, deren Sei-

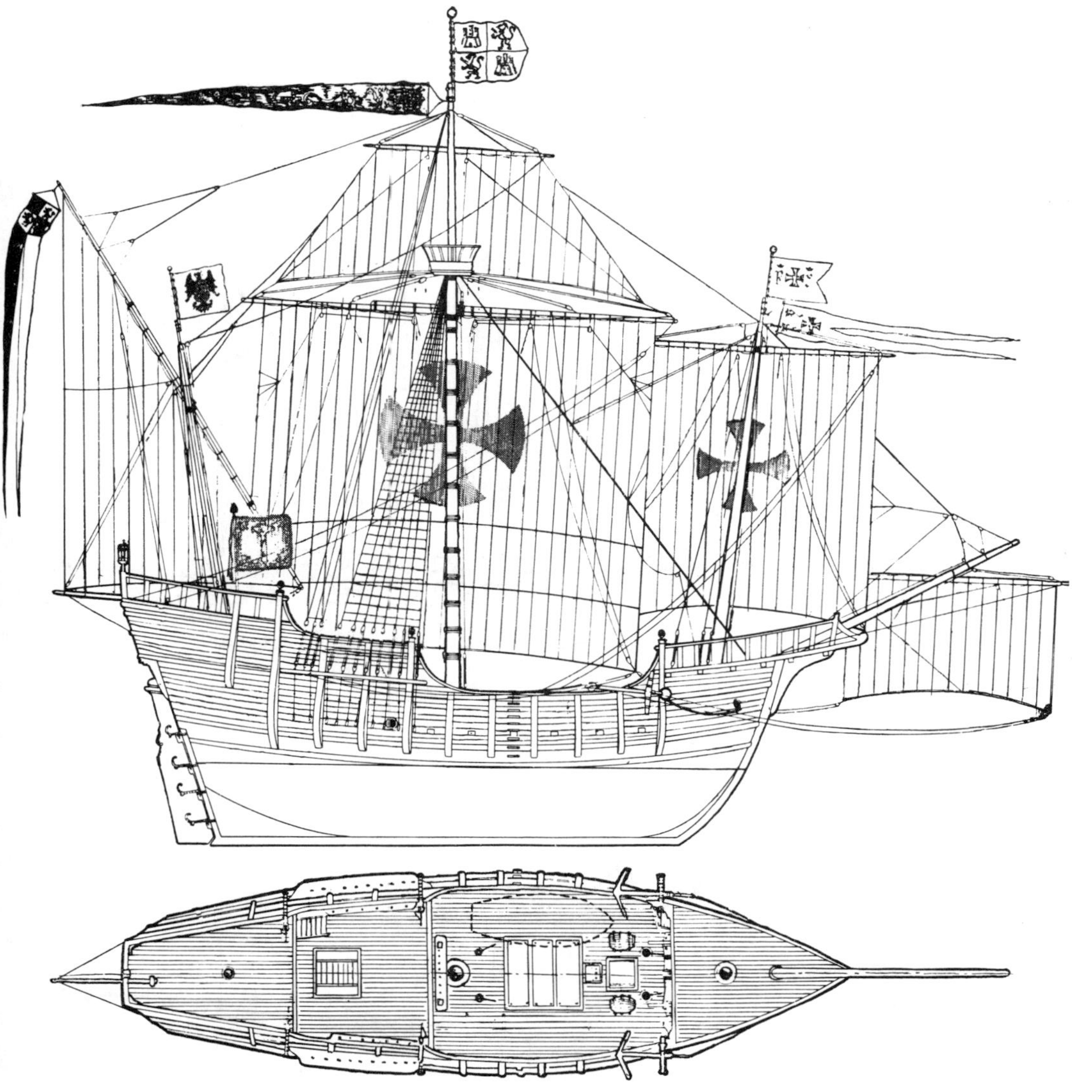

Abb. 21. *Schiff des Christoph Kolumbus (1492)*

tenwände, von den Venezianern *cortelà* genannt, reich verziert waren. Über der Heckkammer breitete sich der Baldachin, ein aus kostbaren Tüchern hergestellter Vorhang. Der dritte Abschnitt, der Aufenthalt der Ruderer, wurde durch einen Längsgang geteilt, auf dem der für das Rudern zuständige Aufseher wachte. Der Bug lief in einem ausgesprochenen Schnabel aus, dem Schiffsschnabel hoch über der Wasserlinie. Die Kampftechnik unterschied sich nicht sonderlich von der der klassischen Zeit: die Galeere steuerte auf das feindliche Schiff zu, feuerte ihre Kanonen ab, und die Ruderer arbeiteten mit äußerster Kraft, bis sich der Sporn in das Überwasserteil des anderen Schiffes bohrte, wodurch das Entern ermöglicht wurde. Die Galeeren hatten gewöhnlich zwei Masten: den Fockmast zwischen den Deckserhöhungen (rembate) und den Großmast auf zwei Drittel der Schiffslänge (in Richtung zum Bug), beide waren mit Lateinsegeln versehen.

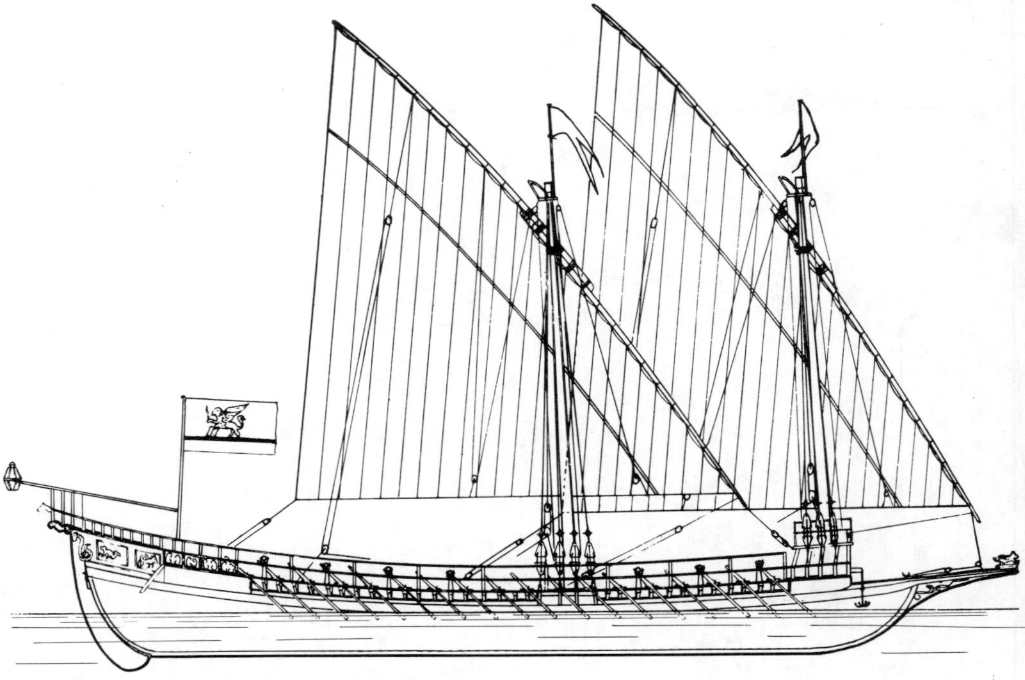

Abb. 22. *Venezianische Galeere (1300)*

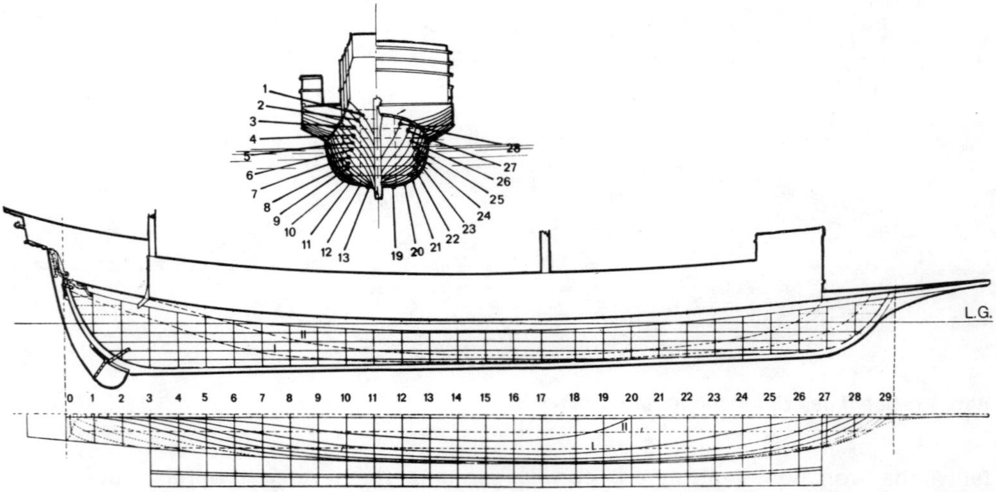


Abb. 23. *Bauplan der venezianischen Galeere (Länge über alles 48 m, größte Breite 6,80 m)*

Wie die Dromonen hatten auch die Galeeren Schußwaffen an Bord, Katapulte und Wurfmaschinen zum Schleudern von Geschossen, Pfeilen und Brandstoffen (griechisches Feuer). Später wurden diese Waffen durch Artillerie ersetzt, die unter den Deckserhöhungen am Bug aufgestellt wurde. Im allgemeinen befand sich in der Mitte, auf der *corsia,* ein schwereres Geschütz, vier kleinere Geschütze waren paarweise auf jeder Seite angeordnet.

Es gab zwei Gruppen von Galeeren: *schlanke* oder wendige *Galeeren,* die gewandt, schnell und manövrierfähig waren, und *Bastardgaleeren,* die plumper waren, ein rundes Heck hatten und gelegentlich auch Kauffahrteigaleeren genannt wurden, wenn man sie für den Handelsverkehr benutzte. Abkömmlinge der Galeeren waren: die sehr schnelle *Fusta* mit 18–22 Ruderbänken auf jeder Seite; die *Galeote* mit 14–20 Bänken; die *Brigantine* mit 8–12 Bänken; die *Saettia* (leichte Fregatte, aus der später ein Frachtschiff mit drei Masten hervorging) mit Lateinsegeln an Groß- und Kreuzmast und einem Rahsegel am Fockmast, und schließlich die *Fregatte* mit 6–20 Bänken. Diese Bezeichnungen sind interessant, da sie später zur Benennung verschiedener Schiffstypen wiederverwendet wurden. Größer als die Galeere war die *Galeasse.* Sie konnte eine Länge von 70 m erreichen. Sie besaß drei Masten und 32 Bänke, die sich unter Deck befanden, um Raum für die Unterbringung der Artillerie zu gewinnen. Im allgemeinen hielten sich die Galeeren in der See nicht gut, sie boten auf ihren Fahrten sowohl im Mittelmeer wie im Atlantik wenig Sicherheit, weil sie durch das Manövrieren mit den großen Segeln und das Gewicht der Artillerie im Vorschiff behindert waren. Ihre Leistungsfähigkeit zeigte sich jedoch bei ruhiger See, wenn die Ruderer für den Antrieb sorgten. Wegen dieses Vorzugs und vielleicht auch wegen ihrer langen Tradition verschwand die Galeere auch nicht, als das stark bewaffnete Segelschiff seine unübertrefflichen Eigenschaften uneingeschränkt bewies. Sogar noch im 18. Jahrhundert erneuerten fast alle Seemächte weiterhin die Galeeren und Galeassen ihrer Flotte.

Um die Mitte des 16. Jahrhunderts kam die Bezeichnung „Karacke" außer Gebrauch, während man den Ausdruck „Schiff" zur Bezeichnung typischer Segelschiffe mit drei oder vier Masten beibehielt (Abb. *24*). Das berühmte Schiff Heinrichs VIII., die *Henry Grace à Dieu,* abgekürzt *Harry* oder *Great Harry,* nannte man, als es auf der Werft lag, zunächst noch *Great carrack* oder *Imperial carrack* (Abb. *25* und *26*).

Dieses Schiff von 1000 t scheint noch nach dem Verfahren der von Holzpflöcken zusammengehaltenen überlappten Beplankung gebaut worden zu sein; es war mit 195 Kanonen bestückt und hatte 900 Mann an Bord. Es besaß vier Masten, alle mit Stengen, am hintersten Mast (*Boller,* von Engländern *bonaventure* genannt) befand sich nur eine Stenge. Im Fluß Hamble hat man kürzlich die Reste eines großen Schiffes gefunden, das man für eben diese *Great Harry* hält. Man hat festgestellt, daß dieses Schiff nach der Bauweise mit überlappter Beplankung gebaut wurde. Wenn es sich tatsächlich um das fragliche Schiff handelt, so wurde damit womöglich das letzte und auffälligste Beispiel für eine derartige Bauweise gefunden.

Im 16. Jahrhundert bestanden alle Flotten hauptsächlich aus *Galeeren, Galeassen, Schiffen* und *Leichtern.* Die größeren *Schiffe* von 800 bis 1000 t nannte man häufig *Karacken,* während die kleineren, von 200 bis 400 t *Brigantinen* genannt wurden. Die Kanonen waren längs der Seitenwände angebracht und schossen durch Geschützpforten.

Im Norden Europas kam ein der Galeasse ähnlicher Schiffstyp, die *Pinasse,* in Gebrauch; sie verdrängte 15 bis 80 t und hatte drei Masten, von denen nur der Großmast mit Marsen versehen war. Zu diesem Schiffstyp kam um die Mitte des 16. Jahrhunderts die *Galeone,* die für die Entwicklung der Kriegsschiffe bestimmend gewesen sein muß. Sie war portugiesischen Ursprungs und wurde zum erstenmal 1535 beim Angriff auf Tunis verwendet. Die Galeone wurde hauptsächlich von den Spaniern und Engländern weiterentwickelt (Abb. *27*).

Ausgerüstet wie die großen Segelschiffe dieser Zeit, hatte sie einen schärferen Rumpf, die Länge des Kiels entsprach der dreifachen Breite des Schiffes. Zum erstenmal wurde die Artillerie zweckmäßigerweise über und unter Deck aufgestellt, wodurch die Batteriedecks entstanden; die längs der Seiten aufgestellten Geschütze schossen durch Pforten. Durch die Aufstellung der Kanonen auf den Batteriedecks wurde der für das Laden von Fracht zur Verfügung stehende Raum eingeschränkt. Die Galeone war also im wesentlichen als Kriegsschiff entworfen und gebaut worden. Die Beseitigung von Aufbauten und der längere Rumpf gestatteten es, höher am Wind zu segeln, dadurch war die Galeone schneller als die runden Schiffe. Noch immer

berühmt sind die spanischen Galeonen von 1580–1590. Die größten unter ihnen verdrängten 1000 t, waren 50 m lang (37 m Kiellänge) und 12 m breit.
In diesem Jahrhundert werden die Zeugnisse über den Schiffbau zahlreicher. Es erscheinen Handschriften und Bücher über Schiffe, die es erlauben, die Entwicklung in allen Einzelheiten zu verfolgen. Im 17. Jahrhundert hielten Wissenschaft und Technik Einzug im Schiffbau, die Entwicklung auf den verschiedenen Gebieten brachte bemerkenswerte Verbesserungen der Konstruktion, der Takelage und der Manövertechnik. Die Galeone, die ihre höchste Blüte Ende des 17. Jahrhunderts erreicht hatte, machte allmählich rationelleren Schiffstypen Platz. Back und Quarterdeck wurden in der Höhe vermindert. Der Schmuck, die Skulpturen und die Ornamente, die die hohen Hecks, die Seitenwände und den Bug verzierten, wurden vereinfacht und in bezug auf die Zeichnung des Schiffes harmonischer gestaltet. Das typische Rigg hatte drei Masten mit Marsen, zwei davon mit Fock- bzw. Groß- und Bram-

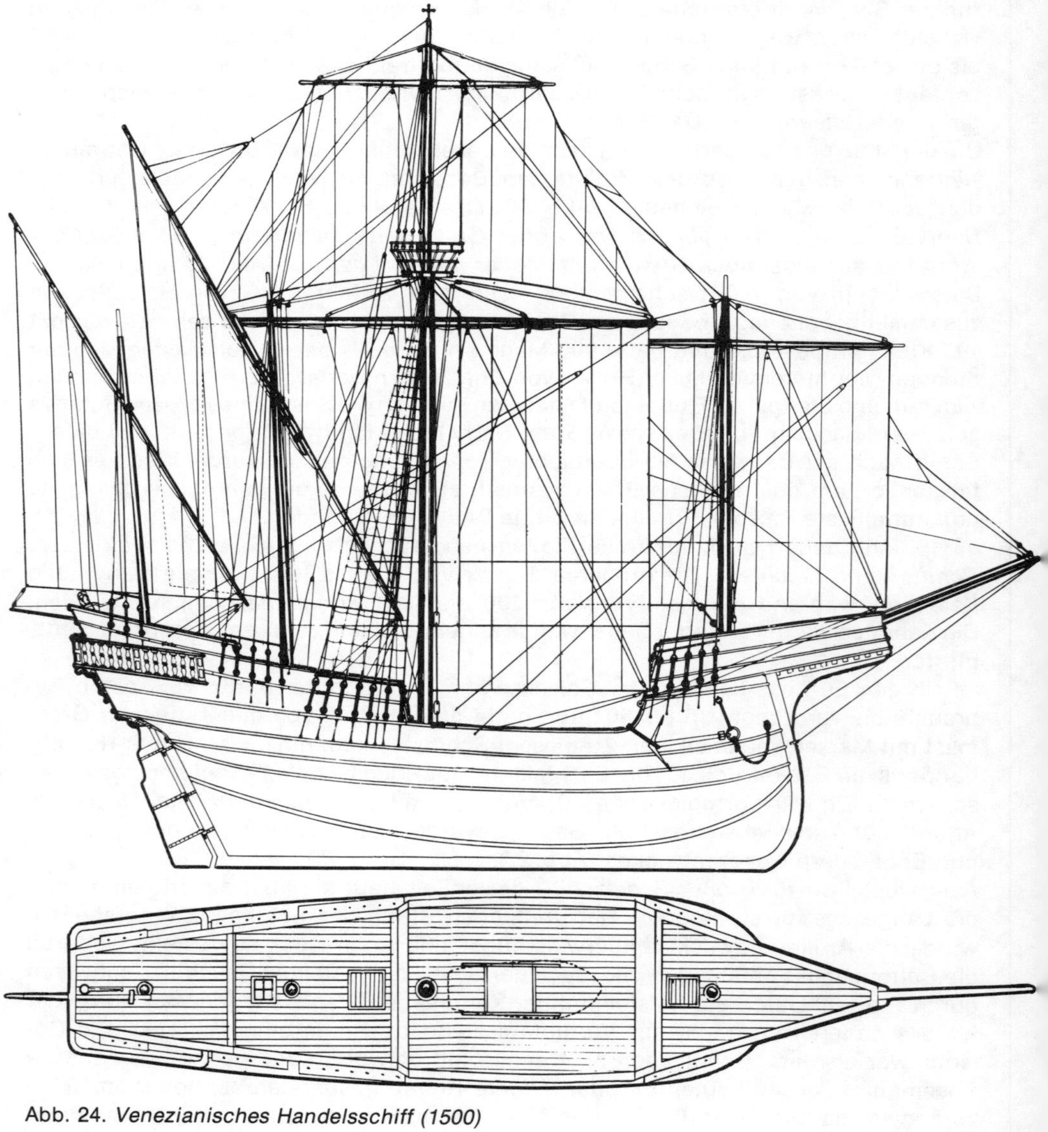

Abb. 24. *Venezianisches Handelsschiff (1500)*

Abb. 25. *Die* Great Harry, *Schiff Heinrichs VIII. (1514)*

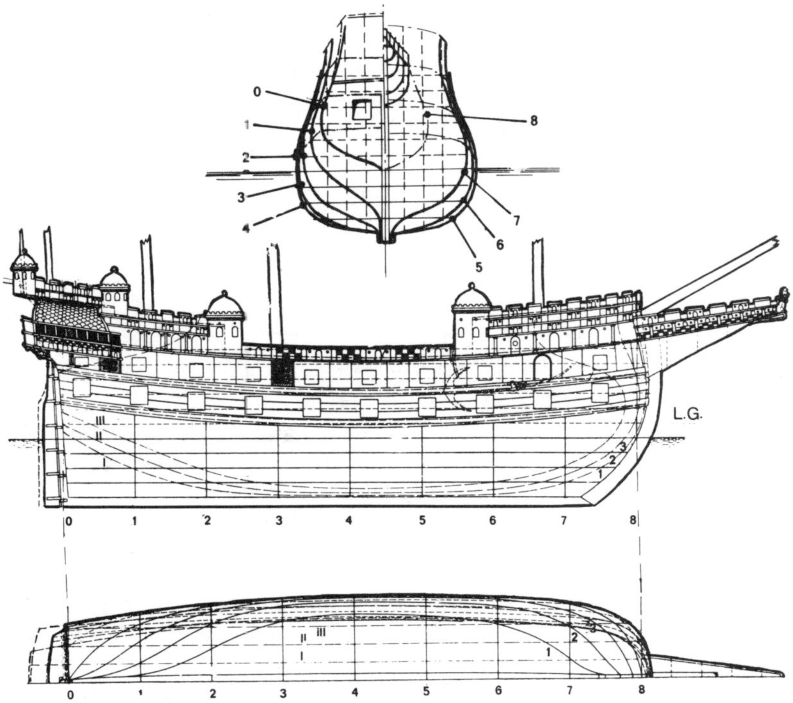


Abb. 26. *Bauplan der* Great Harry *(Länge über alles 51,40 m, größte Breite 11,40 m, 1 000 t)*

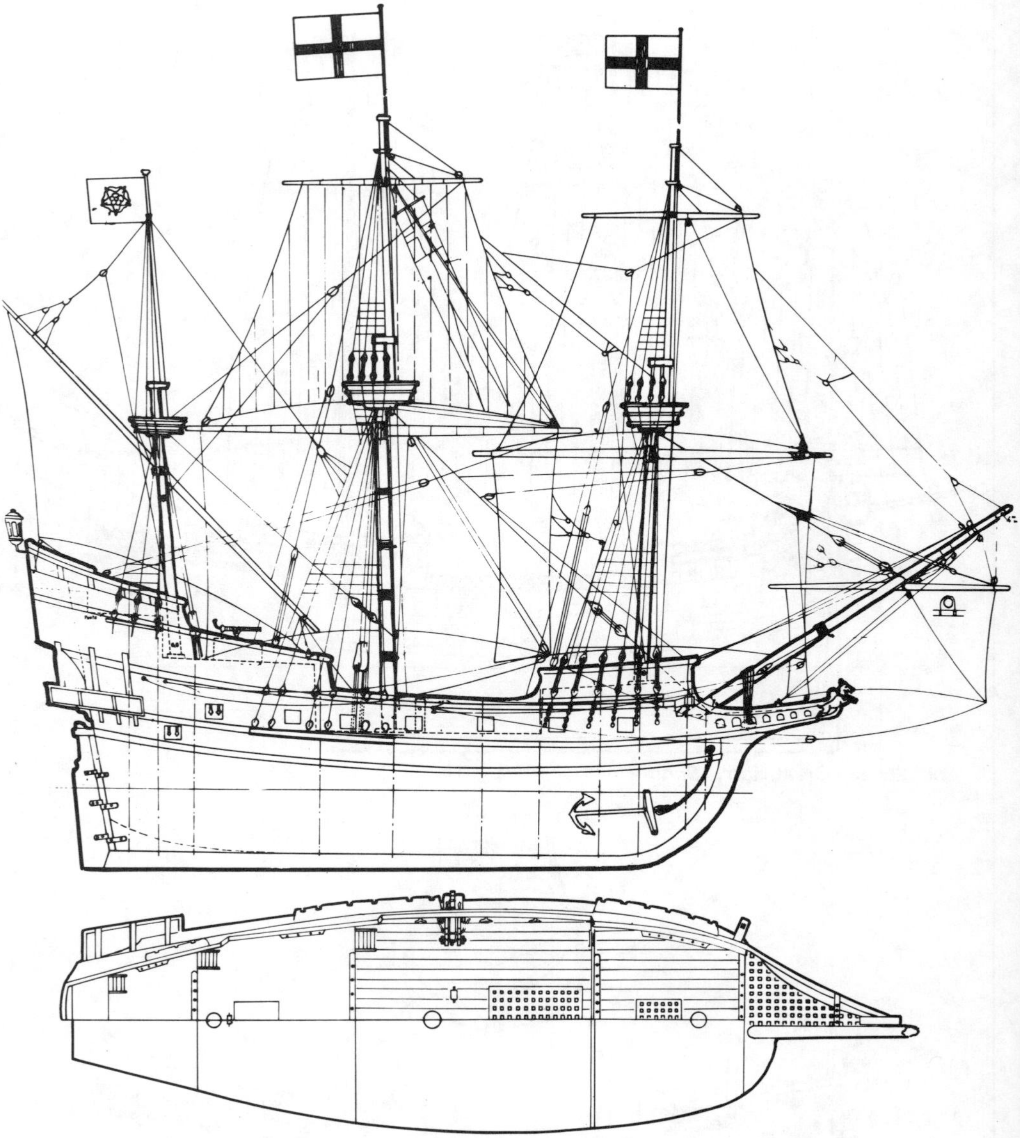

Abb. 27. *Die* Golden Hind, *englische Galeone (1580)*

segeln bestückt, am Kreuzmast befand sich ein Lateinsegel, und am Bugspriet erschien ein Rahsegel, Blinde genannt. Nun kamen auch Leesegel und Unterleesegel auf, zusätzliche, neben den Rahsegeln befestigte Segel.

Im 17. Jahrhundert wurden besondere Kompanien für die Beförderung von Waren aus dem Orient geschaffen. Berühmt war die englische Ostindienkompanie, die einen besonders robusten, mit 16–20 Artilleriegeschützen bewaffneten Schiffstyp von 600 t entwickelte, um sich gegen Seeräuber- oder Feindschiffe zu verteidigen. Das Schiff war mit drei Masten versehen; am Ende des Bugspriets war außerdem ein kleiner *Sprietmast* (von den Engländern *Bugsprietfockmast* genannt) angebracht, an dem ein Rahsegel gefahren wurde. Dieser besondere Mast wurde auch von den Kriegsschiffen übernommen und hielt sich von etwa 1600 bis 1750 (Abb. *28*).

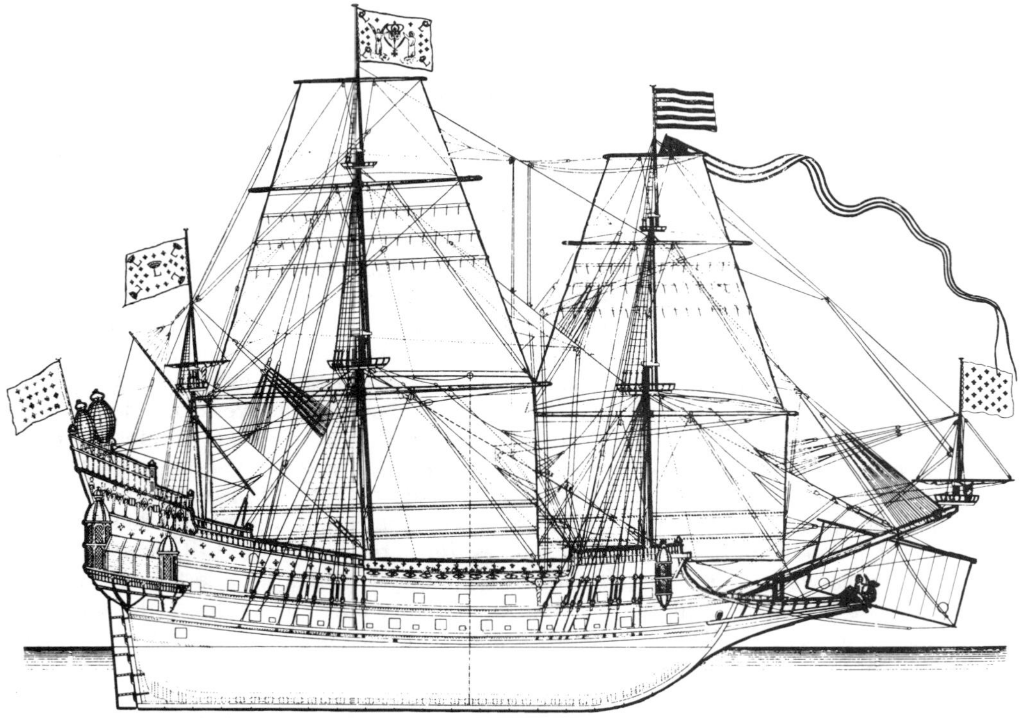

Abb. 28. *Das französische Segelkriegsschiff* La Couronne *(1636)*

Die Schiffe der Ostindienkompanie konnten, obwohl sie bewaffnet waren, nicht lange gegen die eigentlichen Kriegsschiffe mit ihren überlegenen Kampfeigenschaften aufkommen. Man verzichtete daher bald auf ihre Bewaffnung und ließ sie von Kriegsschiffen begleiten. So trat der Unterschied zwischen Kriegs- und Handelsschiff wieder deutlicher hervor.

Die Entwicklung der Galeone gipfelte im 17. Jahrhundert in einem Schiffstyp, der in seinen Hauptlinien über ein Jahrhundert unverändert blieb. Als im 19. Jahrhundert die technische und industrielle Revolution die unbestreitbaren Vorteile neuer Rumpfformen und Antriebsverfahren bewies, war dieser Typ immer noch der verbreitetste der Flotten (Abb. *29*).

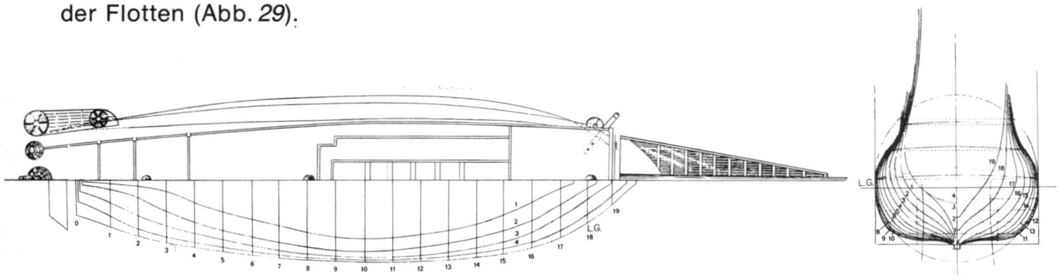

Abb. 29. *Bauplan der* Couronne *(Länge über alles 70 m, Länge in der Wasserlinie 50,70 m, größte Breite 9,30 m, 2 100 t)*

Diese Schiffe hatten ein noch größeres Längen-Breiten-Verhältnis als die Galeonen. Auf dem Kiel wurden die Bodenwrangen (der erste Teil der Spanten) eingefügt, und über diese und den Kiel wurde das Kielschwein gelegt.

Mit dem Ende der Bodenwrangen wurde der gebogene Teil der Spanten verbunden, die die Seiten des Rumpfes bildeten. Die Spanten wurden sehr dicht, in engem

Abstand voneinander gesetzt, entsprechend den Punkten größter Belastung (bei den Masten waren sie doppelt). Bei Rümpfen größerer Robustheit waren die Spanten immer doppelt; das Gerippe wurde dann mit waagerechten und senkrechten Knien verstärkt. Zum Bau dieser Teile verwendete man Eiche, die Form verschiedener Teile entsprach der gewachsenen Form des Baumes, insbesondere die gebogenen Teile wurden aus Baumteilen geschnitten, bei denen die Anordnung der Fasern soweit wie möglich der Wölbung des Teiles folgte. Auf diese Weise erhielt man widerstandsfähige Teile, auch wurde so das Abfallholz verringert. Die Eichenbeplankung wurde mit Hilfe von Holzpflöcken an den Spanten befestigt, Nägel wurden hierbei gewöhnlich nicht verwendet, da sie leicht korrodierten, im Durchmesser kleiner wurden und verlorengingen. Die Außenbeplankung hatte eine Decke von 10–15 cm, die Innenbeplankung bis zu 10 cm; es ergab sich somit eine Gesamtstärke des Rumpfes einschließlich der Spanten von etwa 60 cm. Natürlich wurden die Nähte der Beplankung mit Werg kalfatert, das mit Teer und Pech getränkt war. Das lebende Werk, d. h. das Unterwasserschiff, wurde gegen die Aggressivität der Schiffswürmer (Meerwürmer, die das unter Wasser befindliche Holz angreifen und zerstören) geschützt, indem man es mit 2 cm dicken Ulmenbrettern über einer Schicht Teer belegte. Die Bretter wurden mit Nägeln befestigt, die sehr dicht beieinander eingeschlagen wurden, so daß sie fast eine metallische Oberfläche bildeten. Dieses Verfahren war in der britischen Marine üblich; sie verwendete es zuerst bei den Galeonen des 16. Jahrhunderts. Die Kupferverkleidung dagegen ist jünger. Für den Bau des Rumpfes eines Segelkriegsschiffs wurden rund 2000 gut getrocknete Eichen benötigt. Das Deck war auf seiner ganzen Länge leer und wurde im Vorschiff durch ein Querbrett begrenzt. Davor erstreckte sich der nach oben gewandte Schiffsschnabel, das Galion, es stammt eindeutig von den Galeeren. An seinem oberen Ende war eine Figur befestigt, die Galionsfigur genannt wurde und einigen gewölbten Balustraden als Schmuck diente. Das schließlich verkleinerte Quarterdeck, das die Heckkammer und die Offiziersunterkünfte enthielt, wurde mit Galerien und breiten Fenstern versehen.
Das Innere wurde, je nach den Abmessungen des Schiffes, durch drei Decks in Längsrichtung unterteilt, und zwar so, daß der Raum möglichst sinnvoll ausgenutzt werden konnte. Die Masten bestanden aus drei Teilen: dem Untermast, der Marsstenge und der Bramstenge. Sie wurden von Wanten gehalten, die mit Hilfe einer Art von Flaschenzügen, Jungfern genannt, am Rumpf befestigt waren. In Längsrichtung wurden die Masten durch Stage gehalten. Die Segel der Untermasten und des Bugspriets waren viereckig; nur der Kreuzmast trug ein Lateinsegel und ein viereckiges Rahsegel. Um die Mitte des 17. Jahrhunderts wurde die Beseglung durch die Einführung der Stagsegel vergrößert.
Zum Dirigieren einer so großen Anzahl von Segeln wurden zahlreiche Taue gebraucht: das *laufende Gut.* Um die Segel handhaben zu können, war unter den Rahen ein Laufstag, Manntau oder Klimmstag genanntes Tau ausgespannt, auf dem die Füße der Matrosen Halt fanden. Um die Arbeiten an Bord zu erleichtern, wurden einige grundlegende Vorkehrungen getroffen.
Das Heben großer Gewichte wurde auf den Kriegsschiffen durch das senkrechte Gangspill, auf den Handelsschiffen durch die waagerechten Winden ermöglicht. Für die Anker wurde ein besonderer Ankerdavit eingeführt. Große Bedeutung hatten die Pumpen, die aus dem Rumpf das Wasser entfernten, das bei Holzschiffen verhältnismäßig leicht entweder durch das Unterwasserschiff oder durch das Deck eindringen konnte. Die Kombüse wurde unter Deck, unmittelbar unter der Back, eingerichtet. Gegen Ende des 17. Jahrhunderts wurde die Hängematte – sie stammt aus Brasilien – allgemein eingeführt. Durch das Ertönen der im späten Mittelalter in Gebrauch gekommenen Schiffsglocke wurden Kommandos erteilt, sie regelte das Leben an Bord. Zuerst wurde sie am Heck angebracht, während des 17. Jahrhunderts fand sie dann endgültig auf dem Deck des Vorschiffs, in der Nähe der Back,

ihren Platz. Diese Tradition wurde bis heute bewahrt. Alle Schiffe, die im allgemeinen drei Masten hatten, waren – sowohl große wie kleine – auf die gleiche Weise ausgerüstet und unterschieden sich von Land zu Land nur wenig. Zu Anfang des 17. Jahrhunderts takelte man die Schiffe noch mit vier Masten; rationeller aber war die Ausrüstung mit drei Masten, sie wurde zur typischen Takelung.
Die *Sovereign of the Seas* (Abb. *30*), ein Schiff von etwa 1530 t, 1637 von Peter Pett in Woolwich gebaut, war das erste Fahrzeug, das drei übereinanderliegende Batteriedecks hatte. Mit drei Masten und typischer Beseglung ausgerüstet, hatte sie rund 100 Kanonen an Bord. Sie wird wegen ihrer besonders konstruktiven Lösungen, die noch lange Zeit gültig waren, als der Prototyp des damaligen Segelkriegsschiffs betrachtet (Abb. *31*).

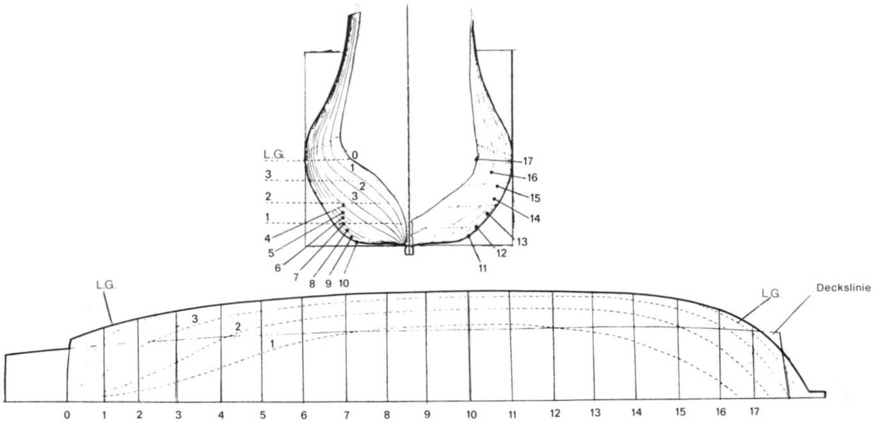


Abb. 30. *Bauplan der* Sovereign of the Seas *(Länge über alles 71 m, größte Breite 14,60 m)*

Der Brauch, Modelle der geplanten Schiffe zu bauen, um den Auftraggebern die äußere Gestalt der Schiffe vor Augen zu führen, geht auf die ersten Jahre des 17. Jahrhunderts zurück. Solche Modelle wurden in England amtlicherseits gefordert, man kann dort noch heute sehr schöne Beispiele dafür in allen Museen bewundern. Das älteste dieser Modelle ist die *Prince* (Abb. *32*), ein Schiff, das 1610 von Phineas Pett gebaut wurde. Dieses Segelkriegsschiff, das kleiner als die *Sovereign of the Seas* war, wird durch das Modell exakt wiedergegeben. Seine Einzelheiten unterrichten uns erschöpfend über die von den englischen Schiffszimmerleuten erreichte Höhe der Schiffbaukunst. Während des 17. Jahrhunderts ging dann die Weiterentwicklung der Schiffe sehr langsam vor sich, außer einigen Kleinigkeiten blieb ihr äußeres Aussehen nahezu unverändert.
Die Holzkonstruktionen hatten im 18. Jahrhundert eine bemerkenswerte Vollkommenheit erreicht. Dadurch wurde der Bau von Schiffen bis zu 2000 t möglich. Die größten Schiffe waren Kriegsschiffe, während die Handelsschiffe kleiner waren und höchstens 600 t erreichten. Was die Ausrüstung betraf, so waren die Fortschritte in diesem Jahrhundert ebenfalls unbedeutend. Die Bulinspruten, aus mehreren Taustücken bestehende Seilvorrichtungen zum Halten des stehenden und laufenden Gutes, verschwanden. 1750 schafften alle Flotten den Sprietmast ab (Abb. *33* und *34*). Statt dessen wurde der über dem Bugspriet befestigte Klüverbaum zum Halten der Binnenklüver-, Klüver- und Außenklüversegel eingeführt. Auf den englischen Schiffen erschien das Klüversegel schon 1702. Im Jahre 1705 wurde das Steuerrad eingeführt; mit ihm war es möglich, das Ruder vom Quarterdeck aus zu legen. Um die Mitte des

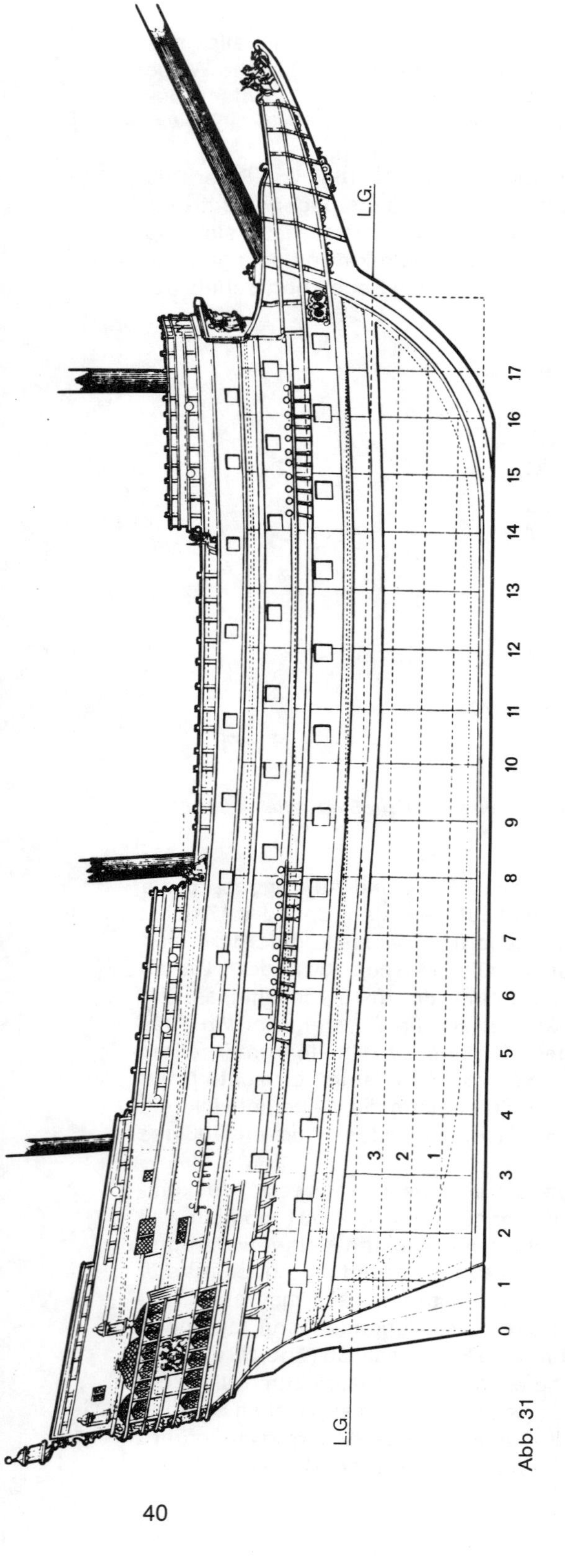


Abb. 31

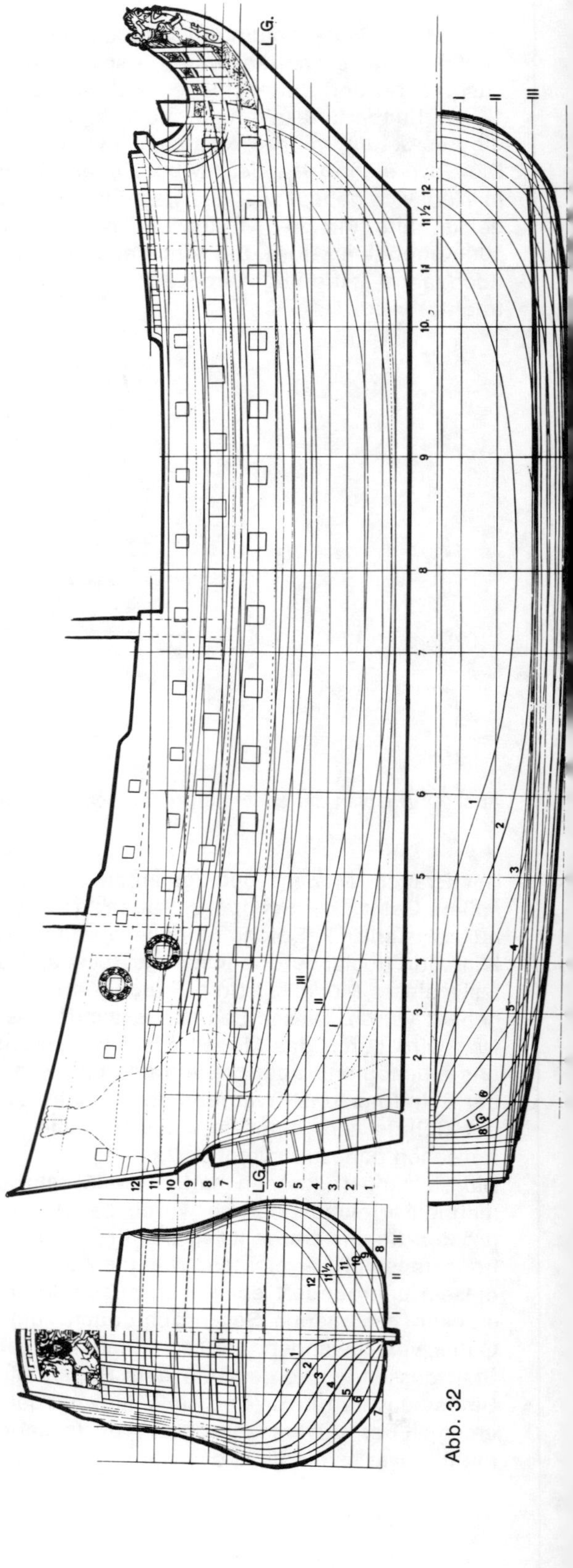


Abb. 32

18. Jahrhunderts wurden die überflüssigen schweren Dekorationen sparsamer verwendet und verschwanden schließlich bei den kleineren Schiffen ganz. Es kam die einen gekrönten Löwen darstellende Galionsfigur in Mode. Bei den holländischen Schiffen wurde es üblich, den Namen des Schiffes auf ein Schild in der Mitte des Spiegelhecks zu schreiben.
Wie wir gesehen haben, waren die Schiffe schon seit der Antike mehr oder weniger geschmückt. Phöniker, Römer und Griechen verwendeten mannigfaltige Skulpturen und Ornamente am Bug. Diese Tradition hielt sich über die Jahrhunderte, und wenn sie auch keine bestimmte Aufgabe hatte, so war sie doch in verschiedenen Zeitabschnitten von bemerkenswerter Wichtigkeit. Der Schmuck im allgemeinen war ein Zeichen des Reichtums und der Macht, und die königlichen, die Staatsschiffe, waren die prunkvollsten. Bis zum 16. Jahrhundert wurden die Breitseiten der Schiffe im Norden mit Malereien in Form verschiedenfarbiger geometrischer Muster (gelb, blau, rot, weiß) geschmückt; dazu dienten oft bemalte Leinentücher in Form blinder Arkaden. Die älteste Skulptur, die sich bis in unsere Tage hielt, ist die Galionsfigur. Im 16. Jahrhundert stellten die Galionsfiguren Wappentiere dar und befanden sich auf dem Sporn der Galeonen. Die Galeeren des Mittelmeers waren am prächtigsten verziert und an den Seitenwänden des Achterdecks reich mit Skulpturen versehen. Der Prunk der Dekorationen erreichte im 17. Jahrhundert, dem Zeitalter des Barock, seinen Höhepunkt. Die Kriegsschiffe waren vom Heck bis zum Bug, ja sogar an den Pforten reich mit vergoldeten Figuren, Karyatiden, Girlanden, geschnitzten Galionsfiguren, prächtigen Zelten (auf dem Achterschiff) und riesigen kunstreichen Laternen geschmückt. Die Handelsschiffe waren weniger mit Schmuck beladen und sahen einfacher aus. In den folgenden Jahren wurde der Schmuck sowohl wegen der damit verbundenen Erhöhung der Baukosten des Schiffes wie auch wegen der veränderten Geschmacks- und Moderichtung, vor allem aber wegen der merklichen Behinderung beim Manövrieren nach und nach weggelassen.
Ende des 18. Jahrhunderts wurden die Bordwände der Schiffe – außer dem Achterschiff, das noch verziert war – mit schwarzen und gelben Streifen bemalt (schwarze zwischen den einzelnen Batteriedecks, gelbe unterhalb dieser). Diese „Mode“ wurde von Nelson eingeführt. Später wurden die gelben Streifen durch weiße ersetzt. Das Innere des Schiffes war ockergelb gestrichen, während die Innenseite der Geschützpforten seit der Zeit der Galeeren immer rot war.
Wenn die Verzierungen und Skulpturen keine bestimmte Aufgabe hatten, von der Farbe kann man das nicht behaupten. Der Anstrich hatte hauptsächlich den Zweck, die verschiedenen Holzteile zu schützen. Der Schiffsboden sah bis zum Ende des 18. Jahrhunderts infolge der „Schiffssalbe“, mit der das Unterwasserschiff gestrichen war, schmutzig-weiß aus. Mit der Einführung des mineralischen Teers bekam das Überwasserschiff eine schwarze Farbe. Danach, im 19. Jahrhundert, wurden die Schiffe, als man Lacke in guter Qualität herstellte, lackiert, wobei jedoch die überlieferten Farbtöne beibehalten wurden. Die Schiffssalbe war eine Mischung aus Schwefel, Talg, Bleiweiß oder Mennige, Pflanzenteer, Fischtran usw., und für die beste hielt man von ästhetischen Gesichtspunkten aus die weiße.
Mit dem Aufkommen der Artillerie entstand und vervollkommnete sich eine neue Taktik im Seekampf.
Der größte Schaden wurde an den feindlichen Schiffen durch das gleichzeitige Feuer der Geschütze einer Bordseite verursacht. Deshalb formierten sich die Schiffe

Abb. 31. *Englisches Segelkriegsschiff* Sovereign of the Seas *(1637)*

Abb. 32. *Englisches Segelkriegsschiff* Prince *(1670) (Kiellänge 39,80 m, größte Breite 13,70 m)*

Abb. 33. *Das französische Segelkriegsschiff* Le Royal Louis *(1690)*

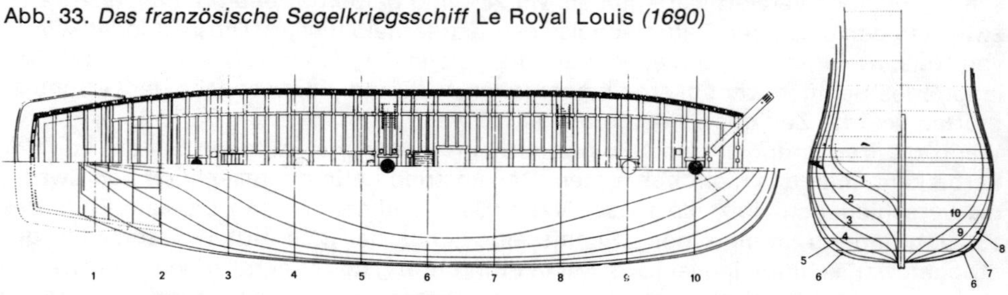

Abb. 34. *Bauplan der* Royal Louis *(Länge über alles 65 m, größte Breite 15,59 m)*

im Kampf in einer Reihe oder Linie hintereinander, so daß sie während der Fahrt dem Feind die Breitseiten zukehrten und auf dessen Bordwände zielen konnten. Aus dieser Anordnung der Schiffe entstand die Bezeichnung *Linienschiffe* für die Kriegsschiffe. Diese Linienschiffe wurden in den verschiedenen Flotten nach den Anordnungen der Batteriedecks unterschieden. Um die Mitte des 17. Jahrhunderts unterteilten die Engländer die Schiffe nach Rängen (bis zu 8). Das Schiff *1. Ranges* mit 5000 t hatte drei Decks mit rund 110 Kanonen, das *2. Ranges* mit 3500 t hatte zwei Decks mit 80 Kanonen, das *3. Ranges* mit 1000 t hatte ein Deck mit 40–50 Kanonen usw. Eine derartige Unterteilung wurde von den anderen Nationen nach im einzelnen abweichenden Merkmalen, im wesentlichen aber nach den gleichen Gesichtspunkten vorgenommen. Ein bestimmtes Schema für eine allgemeine Klassifizierung kam jedoch niemals zur Anwendung.

Bei den Engländern kam die *Fregatte* (Abb. *35*) in Gebrauch und nahm mit der Zeit sowohl an Bedeutung wie auch in den Abmessungen zu, bis sie 60 Kanonen zwischen dem Batteriedeck und dem Oberdeck trug. Die kleineren Schiffe waren die mit 20–30 Kanonen bestückte *Korvette*, die *Brigantine*, mit zwei Masten und 10–20 Kanonen, und der *Kutter*, ein kleines bewaffnetes Schiff mit einem Mast und Rah-, Gaffel- und Klüversegeln. Ein gänzlich neuer Schiffstyp, der gegen Ende des 17. Jahrhunderts aufkam, war die *Bombarde*, ein kleines Schiff mit zwei Masten, das am Großmast gewöhnlich Rahsegel und am Kreuzmast Schratsegel fuhr. Anstelle des Fockmastes befand sich eine feste Plattform, auf der zwei große Mörser zum Abschießen von Granaten aufgestellt waren.

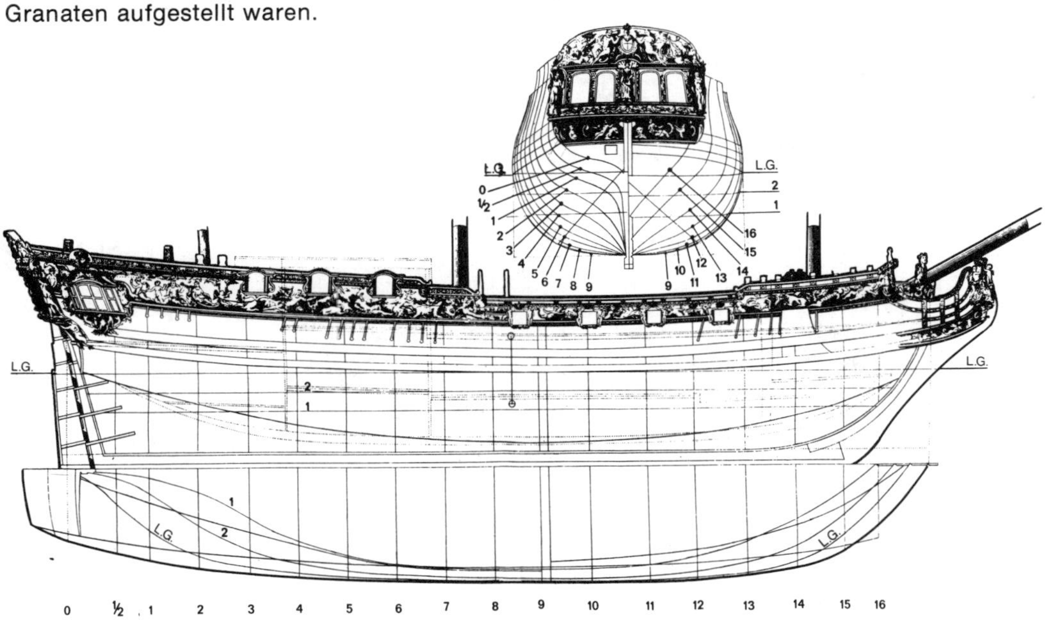


Abb. 35. *Fregatte (1700)*

Dieser Schiffstyp war auch beim Beschießen von Festungen und bei der Belagerung von Küstenstädten sehr wirksam. Weitere zwischen 1600 und 1700 verwendete Kriegsschiffe waren die *Schebecken*, mit sehr scharfem Rumpf, zwei Masten und Lateinsegeln, und die *Feluken*, ebenfalls Zweimaster mit Lateinsegeln und mit Riemen. Diese Schiffe wurden hauptsächlich für Kaperfahrten benutzt.

Während des 18. Jahrhunderts beeinflußten die fortschreitende Wissenschaft und Technik den Schiffbau nicht wesentlich. Man hatte nunmehr eine gewisse zweckmäßige Vollkommenheit erreicht, das Segelschiff aus Holz war zu einem nützlichen Schiff geworden. Faktisch wurde die Rumpfkonstruktion und vor allem die Anordnung der Segel, außer einigen mehr praktischen Neuerungen, nicht geändert (Abb. *36* und *37*). Auch die Takelage blieb im wesentlichen bis in die jüngste Zeit unverändert.

Die Konstruktionsgeheimnisse wurden eifersüchtig bewahrt und von den Schiffbaumeistern eigens der nächsten Generation überliefert; ohne wissenschaftliche Vorkenntnisse, allein auf ihre Erfahrung gestützt, arbeiteten sie die Baupläne aus. Es heißt, daß wegen einiger besonderer Arbeitsverfahren der Zutritt zu den Werften für jedermann verboten war. Im 18. Jahrhundert förderte man die Forschungen zur Vervollkommnung der Schiffe jedoch besonders in Frankreich, sie wurden aber immer wieder von den mächtigen Schiffbauerfamilien, die um ihre führende Stellung

Abb. 36. König von Preußen *(1750)*

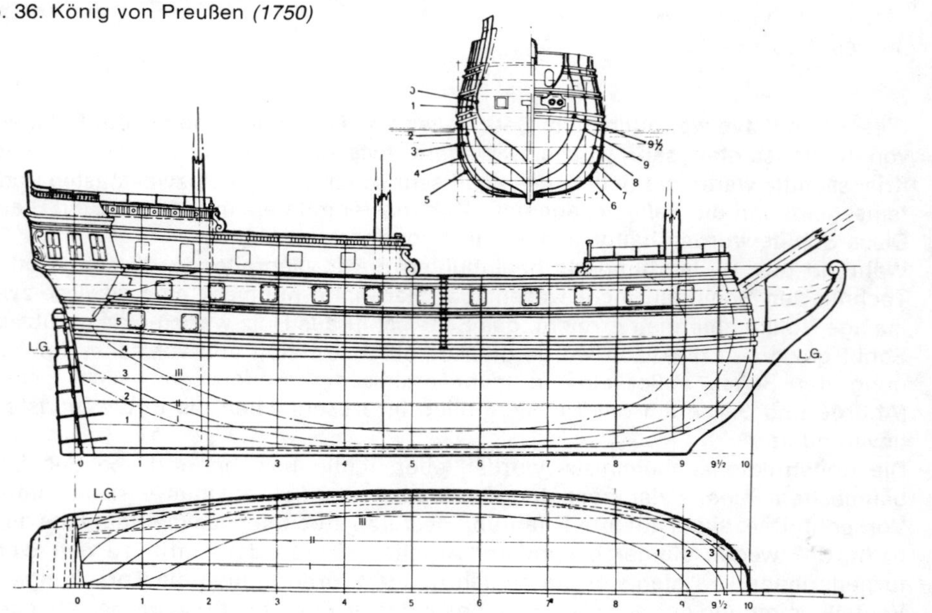

Abb. 37. *Bauplan der* König von Preußen *(Länge über alles 47 m, größte Breite 11,92 m, 1400 t)*

fürchteten, behindert. Die Handelsschiffe unterschieden sich in der allgemeinen Bauweise nicht von den Kriegsschiffen. Diese waren nur größer und schneller. Dabei hatten die Frachtschiffe ein größeres Verhältnis der Breite zur Länge. Die Kriegsschiffe hatten im Gegensatz zu den Handelsschiffen gewöhnlich ein zurückgenommenes Schanzkleid (die Breite in der Wasserlinie war größer als die Breite in Oberdeckshöhe), um die in den einzelnen Decks untergebrachte Artillerie innerhalb der Breite der Wasserlinie zu halten. Diese von den Engländern *tumblehome* („Schlingerheim") genannte Bauweise brachte verschiedene Unannehmlichkeiten mit sich, wie die geringere Schwimmfähigkeit bei Überbelastung, den kleineren Raum unter Deck und den größeren Bedarf an Bauholz.

Nach der Mitte des 18. Jahrhunderts wurden die Rümpfe verstärkt, indem man die Anzahl der Spanten dadurch vergrößerte, daß man sie sehr dicht nebeneinander setzte und jedes zweite doppelt stark baute. Das Achterschiff hatte immer einen platten Spiegel, und obwohl man erkannte, daß er infolge dieser Bauweise eine schwache Stelle darstellte, setzte man die Idee des Inspekteurs der englischen Flotte, Sir Robert Seppings, ein rundes und damit widerstandsfähigeres Heck zu bauen, erst viel später in die Tat um. Derselbe Seppings führte bei den Spanten der Rümpfe von Kriegsschiffen eine neue Art mit diagonaler Anordnung ein, wodurch die Schiffe starrer und widerstandsfähiger gegen das Durchbiegen (bei der Fahrt in starkem Seegang) wurden.

Bei den größeren Schiffen wurden Masten und Spieren aus mehreren, von Eisenringen zusammengehaltenen Elementen gebaut. Die Masten unterteilte man wie schon im Altertum in drei Abschnitte: Untermast, Marsstenge und Bramstenge. Die Segel wurden nach den Masten benannt, an denen sie angeschlagen waren.

Im Jahre 1761 ließ das englische *Navy Board,* das den Schiffbau beaufsichtigte, auf dem Schiffsboden Kupferscheiben mit Kupfernägeln anbringen, um den Rumpf vor den Schiffswürmern zu schützen. Ende desselben Jahrhunderts verwendete man dieses Verfahren allgemein. Anhand der Beispiele aus dem Altertum – die Rümpfe einiger Schiffe waren damals mit Bleischeiben belegt – haben wir schon darauf hingewiesen, daß es, von den ersten Fahrten über den Atlantik bis zur Mitte des 18. Jahrhunderts, üblich war, das Unterwasserschiff mit einer Haut oder Beschlag genannten Verkleidung zu schützen. Dabei bestrich man den Schiffsrumpf mit Pech (Teer pflanzlicher Herkunft oder von den Nadelbäumen tropfendes Harz), brachte auf die Pechschicht eine Schicht Wolle (Tierfelle, vermischt mit Makulatur oder alten, geteerten Seilen und Glasstücken), und zuletzt nagelte man eine 2 cm dicke Schicht Bretter aus Ulme, Steineiche oder Tanne darüber. Wie schon gesagt, wurden die Nägel in Frankreich und später auch in England sehr dicht nebeneinander eingeschlagen, und sie hatten sehr breite Köpfe, so daß fast der gesamte Schiffsboden von ihnen bedeckt war. Das Ganze wurde dann mit Schiffssalbe bestrichen. Gegen Ende des 18. Jahrhunderts wurde statt des Pflanzenteers Teer mineralischer Herkunft eingeführt. Der Teer aus Mineralien erfreute sich aber wegen seiner schwarzen, ästhetisch nicht sonderlich ansprechenden Farbe keiner großen Beliebtheit; denn die Schiffssalbe erhielt durch ihn eine schwarze Färbung.

Die Flotten aller europäischen Großmächte bestanden aus fast gleichen Schiffen; nur die Vereinigten Staaten von Amerika bauten in den ersten Jahren des 19. Jahrhunderts große, starke Fregatten, die den Engländern schwere Verluste zufügten. Berühmt war die *Constitution,* die man noch in Boston bewahrt. Nunmehr ging es jedoch mit der Segelschiffahrt bergab, und nach und nach verlor sich die Scheu der Fachleute, die Dampfmaschine für die Seefahrt zu verwenden. Gewiß waren die ersten Maschinen platzraubend und wenig leistungsfähig, und da man eine größere Menge Kohle laden mußte, beanspruchten die Antriebsmittel den größten Teil des Raumes. Deshalb waren die ersten Schiffe mit Dampfmaschine noch mit einer vollständigen Segelausrüstung versehen, um lange Seefahrten zu ermöglichen. Die

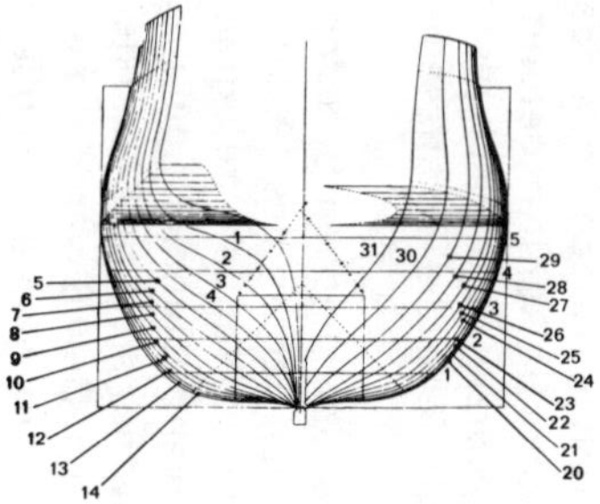

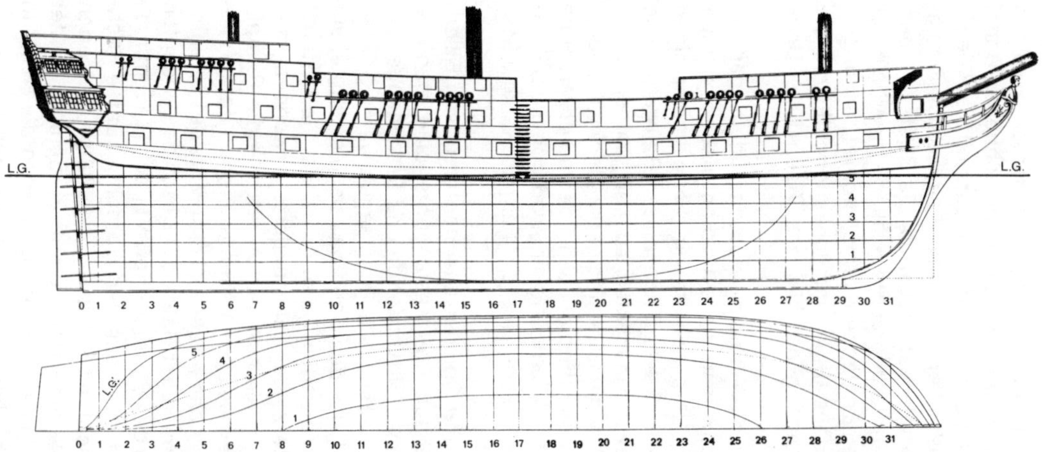


Abb. 38. *Englisches Segelkriegsschiff mit 74 Kanonen (1770)*

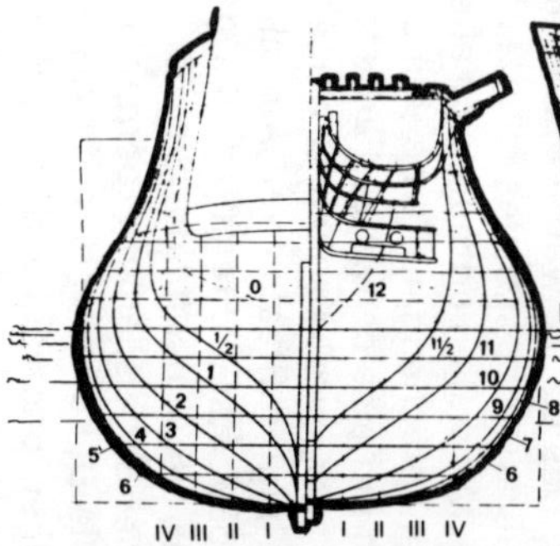

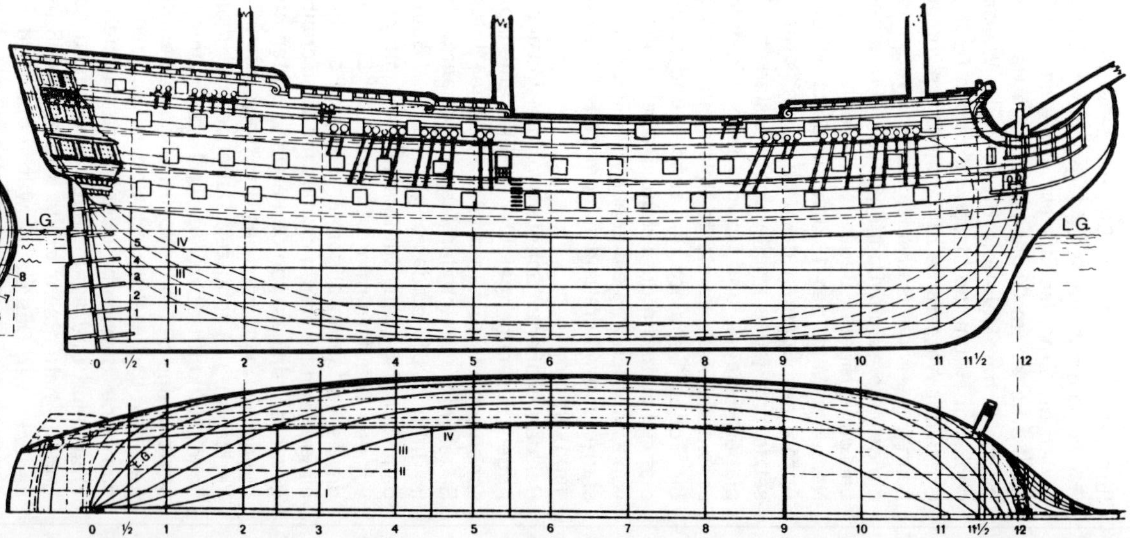


Abb. 39. *Das englische Segelkriegsschiff* Victory *(Länge über alles 68,27 m, größte Breite 16 m, 3 500 t)*

Einführung der Schraube statt des Schaufelrades, das im Feuer der Artillerie sehr leicht zu beschädigen war, machte den Antrieb durch Dampf auch bei Kriegsschiffen möglich.
In den ersten Jahren des 19. Jahrhunderts wurden an der Schiffsausrüstung einige Veränderungen vorgenommen. Im Jahre 1815 kam statt des Ankertaus die Ankerkette in Gebrauch. 1840 wurden Kettenaufholer für die unteren Rahen, Kettenschoten und Kettendrehreeps für die Marssegel und Schwichtungsketten für den Bugspriet eingeführt. Des weiteren begann man um 1849 Metallseile für das stehende Gut zu verwenden (Abb. *40*).

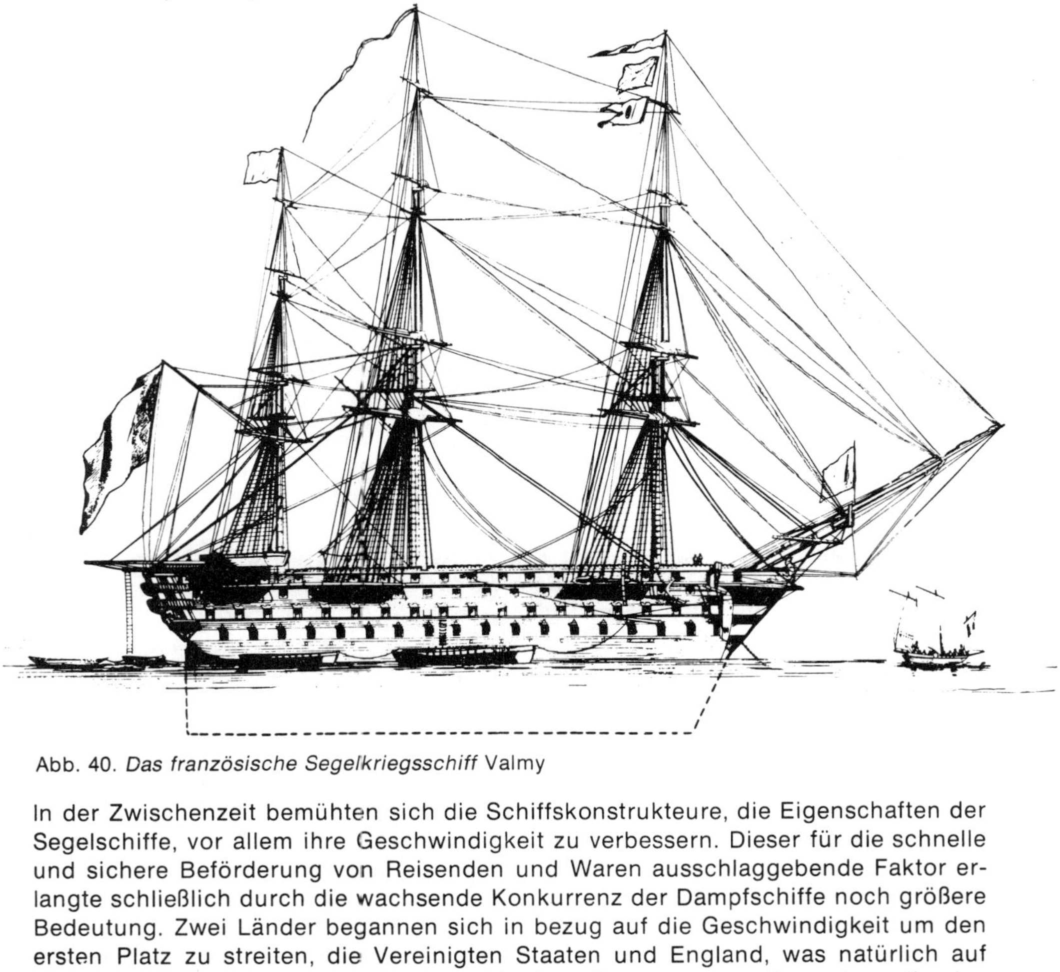

Abb. 40. *Das französische Segelkriegsschiff* Valmy

In der Zwischenzeit bemühten sich die Schiffskonstrukteure, die Eigenschaften der Segelschiffe, vor allem ihre Geschwindigkeit zu verbessern. Dieser für die schnelle und sichere Beförderung von Reisenden und Waren ausschlaggebende Faktor erlangte schließlich durch die wachsende Konkurrenz der Dampfschiffe noch größere Bedeutung. Zwei Länder begannen sich in bezug auf die Geschwindigkeit um den ersten Platz zu streiten, die Vereinigten Staaten und England, was natürlich auf Kosten der Beladungsfähigkeit ging. Die Amerikaner waren die ersten, die das Geschwindigkeitsproblem durch den Bau leichter, sehr schlanker und schneller Schiffe lösten. Aber die Engländer standen nicht nach und bald fanden tatsächlich Wettfahrten statt. Jedes Jahr wurde eine besondere Prämie für den ausgesetzt, der die neue Tee-Ernte aus China schneller beförderte.
So entstanden und entwickelten sich die *Klipper,* von denen die Teeklipper, die berühmten Tea-clipper, die schnellsten waren. Man weiß nichts Genaues über den Ursprung dieses Schiffstyps, der den ruhmreichen Reigen der Segelschiffe beschloß. Die berühmten amerikanischen *Schoner* aus dem Krieg von 1812, in Baltimore gebaut, waren vielleicht seine Vorläufer. Amerikaner und Engländer entwickelten das

schnelle Segelschiff gleichzeitig auf Grund ihrer Erfahrungen. Gewöhnlich beschränkte es sich auf 700 t, war sehr schlank gebaut und verfügte über eine breit ausladende Beseglung, die auch bei schwachem Wind sehr wirkungsvoll war. Der Rumpf wurde komposit gebaut: Kiel und Spanten waren aus Eisen, die Beplankung aus Holz. Sie wurde mit Kupferplatten verkleidet, da es noch keine guten Lacke zum Schutz der Außenhaut gab. Selbst Eisenschiffe wurden mit Holz beschlagen, um den Kupferschutz anbringen zu können. Die Untermasten der Klipper waren aus Eisen, das stehende Gut war ebenfalls aus Metall, um die sich dem Wind entgegenstellenden Widerstände zu verringern und damit die starke Beschleunigung durch die große Beseglung zu unterstützen.
Verschiedene dieser Schiffe kamen zu großer Berühmtheit, wie die englischen Klipper *Ariel* von 1865 und *Thermopylae* von 1868 (Abb. *41*), die amerikanische *Great Republic* (4000 t, 98,77 m Länge, 16,16 m Breite) und die englische *Cutty Sark*, die bis 1922 im Dienst war und heute im National Maritime Museum Greenwich aufbewahrt wird.

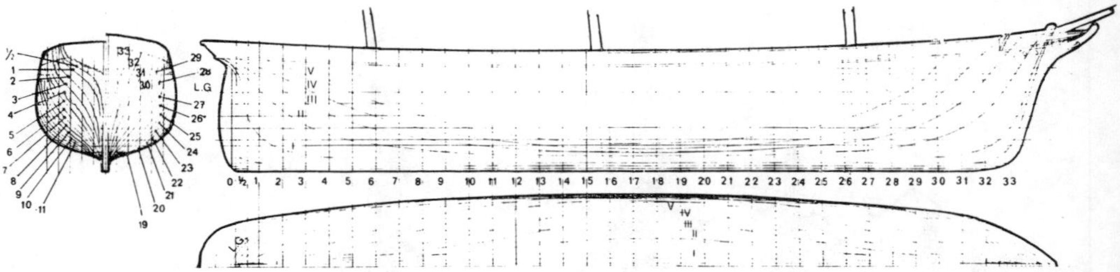


Abb. 41. *Der englische Klipper* Thermopylae *(1868) (Länge zwischen den Loten 64,45 m, größte Breite 11 m)*

Die goldene Zeit der Klipper war kurz, sie währte von 1849 bis 1875. 1869 wurde der Suezkanal eröffnet. Er verkürzte den Seeweg nach Indien, gestattete die Durchfahrt aber nur den Dampfschiffen. Damit ging die Ära der großen Segler endgültig zu Ende.
Trotzdem fuhr man fort, Segelschiffe aller Typen zu bauen, *Briggs, Schoner, Barken*, und noch Ende des vorigen Jahrhunderts und in den ersten Jahren des 20. Jahrhunderts prägten diese Schiffe das Bild der Häfen in der ganzen Welt. Die durch die Einführung mechanischer Vorrichtungen und verschiedener Erfindungen laufend verbesserte Takelage gestattete es, diese Schiffe auch mit weniger großen Mannschaften zu fahren. Im Jahre 1902 wurde in Hamburg die *Preußen*, ein ganz aus Eisen gebautes Segelschiff mit fünf Masten, 132 m Länge und 16,5 m Breite, vom Stapel gelassen. Mit einer Segelfläche von mehr als 5500 m² konnte sie eine Geschwindigkeit von 17 Knoten erreichen; sie war der von der Segelschiffahrt erreichte Höhepunkt.
Auch die Dampfschiffe, deren Maschinen noch nicht vollkommen waren, wurden noch mit einer vollständigen Beseglung ausgerüstet (Abb. *42* und *43*). Aber je weiter die technische Entwicklung der Antriebsaggregate fortschritt, um so mehr ging die Verwendung von Masten und Takelung zurück. Zuerst wurden die Rahsegel weggelassen, und um 1880 verwendete man nur noch die Stagsegel. Die Kriegsschiffe, die über eine starke, gutgeschulte Mannschaft verfügten, besaßen weiterhin eine umfangreiche Beseglung. Demgegenüber schränkten die Handelsschiffe die Verwendung von Segeln ein und ließen sie, um die Anzahl der Matrosen zu vermindern, dann ganz weg.
Aber auch das Kriegsschiff erfuhr eine vollständige Umwandlung. Der Schraubenantrieb hatte nunmehr seine Überlegenheit über den Antrieb durch Segel erwiesen,

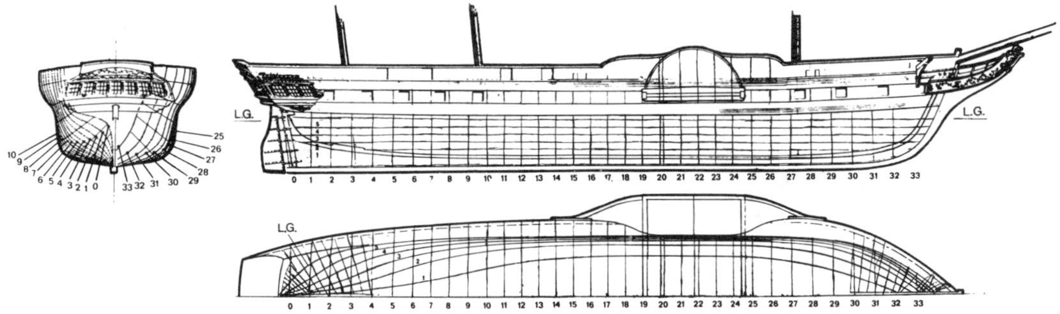


Abb. 42. *Raddampfer (Dampffregatte; 1840)*

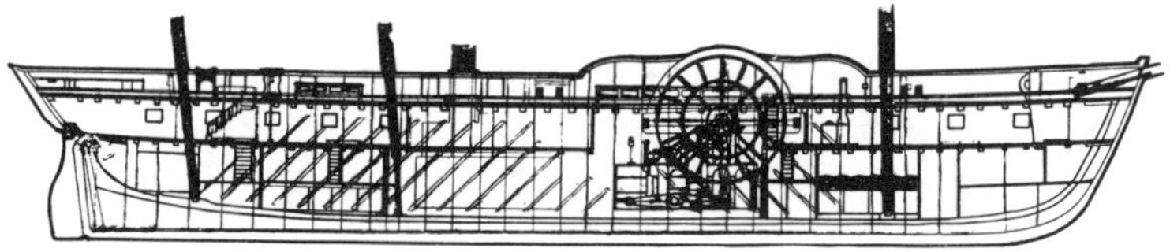

Abb. 43. *Längsschnitt des Raddampfers*

Abb. 44. *Englisches Schiff mit 131 Geschützen und gemischtem Antrieb (1853)*

wenn auch die Zeit noch nicht reif war für einen radikalen Wechsel und dieser durch eine hartnäckige Tradition aufgehalten wurde (Abb. *44*). Noch 1859 ließen die Engländer ein großes Linienschiff mit drei Decks und 121 Geschützen vom Stapel: die *Victoria.*

Als eines der ersten Kriegsschiffe, das mit einer Dampfmaschine versehen war, lief 1852 die *Duke of Wellington* vom Stapel (3770 t, 131 Geschütze, 73 m Länge). Sie verfügte über eine Antriebsleistung von 700 PS. Das Linienschiff *Marlbourough* mit 131 Geschützen – es war noch größer als die *Duke of Wellington* – betrachtete man als das größte Kriegsschiff der Welt mit gemischtem Antrieb.

1824 erfand der französische General H. J. Paixhans die Sprenggeschosse. Diese konnten durch ihre Sprengwirkung leicht die Holzrümpfe zerstören. So begann der Wettlauf zwischen der Wirksamkeit der Geschosse und der Verteidigungsstärke der Schiffe, und die Rivalität in bezug auf die Bewaffnung zwischen den einzelnen Nationen wurde verschärft. Als erste versahen die Franzosen 1859 ein Schiff mit Panzerung an den Bordwänden. Es war die *Gloire,* ein Fahrzeug noch mit gemischtem Antrieb. Die Engländer begannen darauf sogleich mit dem Bau der *Warrior,* eines gepanzerten Schiffs mit Eisenverbänden (116 m Länge, 17,5 m Breite, rund 9140 t). Seine Panzerung, die sich über etwa 60 m erstreckte, hatte unter der Wasserlinie eine Stärke von 11 cm. Sie besaß einen Schiffsschnabel und außer dem Schraubenantrieb die Takelage einer Bark. Die *Warrior* war das typische gepanzerte Kriegsschiff und galt lange Zeit in der Welt als Vorbild beim Bau solcher Schiffe. Aber schon im Jahre 1861, während des amerikanischen Sezessionskrieges, setzte sich ein neuer Schiffstyp durch und löste schließlich das gepanzerte Segelschiff ab. John Ericsson baute seine *Monitor,* sie hatte keine Masten, war vollständig gepanzert und mit einem drehbaren Geschützturm versehen. Dieser Geschützturm, der eine umwälzende Neuerung darstellte, erforderte die Abschaffung der Masten. Um 1870 verwendeten fast alle stärkeren Kriegsflotten die drehbaren Türme. Sie wurden zuerst sogar auf Schiffen eingerichtet, die noch eine Beseglung trugen, dann aber auf Schiffen mit nur einem Mast, der zum Signalisieren und für den Ausguck benötigt wurde.

Wir haben gesehen, daß die große Vollkommenheit der Segelschiffe den Übergang zum alleinigen Dampfantrieb behinderte. Und dabei war mit den ersten Versuchen schon ein Jahrhundert früher, ausgehend von den Arbeiten des Franzosen Papin, begonnen worden. Dieser baute 1707 eine Dampfmaschine in ein Boot ein und ließ es auf der Weser fahren. Ende des 18. Jahrhunderts wurden zahllose mehr oder weniger erfolgreiche Versuche unternommen. Wir erinnern u. a. an die der Franzosen Perrier und Jouffroy und der Amerikaner J. Rumsey und Fitch. 1802 baute Symington einen Dampfschlepper, der jedoch nicht viel Erfolg hatte. Dem Amerikaner Fulton gebührt das Verdienst, nach zahllosen Versuchen und Entwürfen die Dampfschiffahrt amtlich eingeführt zu haben. Der erste Raddampfer, der eine längere Fahrt unternahm, war seine *Clermont,* ein Schiff von 39 m Länge und 160 t. 1807 fuhr sie 150 Meilen auf dem Hudson.

Ebenfalls 1807 baute der Amerikaner Stevens die *Phoenix,* ein Schiff mit Schaufelrädern, die Schaufeln waren verstellbar. In Europa ging die Entwicklung der Dampfschiffahrt langsamer vonstatten. Erst 1815 wurde in England die *Richmond* gebaut, und 1817 begann die *Margery* mit ihren regelmäßigen Fahrten zwischen London und Gravesend. 1818 wurde in Neapel das erste italienische Dampfschiff, die *Ferdinando I,* gebaut, die ihre Jungfernfahrt von Neapel nach Marseille unternahm. Das erste Dampfschiff, das den Atlantik überquerte, war die *Savannah,* die 1819 die Überfahrt von New York nach Liverpool in 24 Tagen bewältigte.

Alle diese Schiffe hatten Schaufelräder, und trieben diese den Übergang zur Dampfmaschine auch merklich voran, so paßte sich die hinderliche und labile Konstruktion der Räder doch schlecht den Rümpfen an. Der Gedanke, die Schiffe mit Hilfe von

Schaufelrädern fortzubewegen, ist sehr alt. Man schreibt diese Erfindung den Römern zu, die Chinesen hatten vermutlich etwa im 7. Jahrhundert Kriegsschiffe, die auf diese Art angetrieben wurden (von Menschenkraft bewegt). Im Mittelalter tauchen bei Valturio („De re militari") und in den Aufzeichnungen Leonardo da Vincis, in denen verschiedene Vorhaben beschrieben werden, genauere Unterlagen auf. Im Jahre 1600 konstruierte Agostino Ramelli schließlich einige von Schaufelrädern angetriebene Boote. Aber erst die Schiffsschraube sollte das Zeitalter der Dampfschiffahrt endgültig eröffnen.

Schon 1794 erfand Littleton eine Schiffsschraube eigener Art, worauf ziemlich schnell verschiedene Patente folgten, unter ihnen das von Delisle 1825, das von Ressel 1826, das von Ericsson 1836, das von Rennie 1839 und schließlich das der Schiffsschraube mit einstellbarer Drehrichtung von Maudslay aus dem Jahre 1852.

Im 19. Jahrhundert wurde der Schiffbau des weiteren durch die Einführung eiserner Rumpfkonstruktionen entscheidend vervollkommnet, obwohl die erste Eisenausführung schon auf das Jahr 1787 zurückgeht, als in England ein Leichter von 21 m Länge mit Eisenbeplattung in Kompositbauweise (Eisen und Holz) vom Stapel gelassen wurde. Das erste eigentliche eiserne Dampfschiff war die *Aaron Manby,* die 1821 fertiggestellt wurde. Sie lief 1822 von London aus und fuhr über den Ärmelkanal nach Le Havre. Nach diesen Versuchen baute man einige Jahre keine Eisenschiffe mehr, weil viele dem neuen Werkstoff gegenüber mißtrauisch waren.

1834 wurden die Versuche mit dem Bau der *Garry Owen* wieder aufgenommen, die zusammen mit anderen Holzschiffen auf ihrer ersten Fahrt strandete. Viele Holzschiffe wurden dabei zerstört, während die *Garry Owen* nur leichte Schäden davontrug und damit die unleugbar höheren Festigkeitseigenschaften der Eisenschiffe gegenüber den Holzschiffen bewies. Nun begann man mit der kontinuierlichen Entwicklung und Herstellung von Eisenschiffen, die sich um die Mitte des Jahrhunderts endgültig durchsetzen konnten. Gleichzeitig wurden auch auf technisch-konstruktivem Gebiet wichtige Neuerungen eingeführt. Die grundlegenden Bauteile der ersten Eisenkonstruktionen unterschieden sich nicht wesentlich von denen der Holzkonstruktionen. Sie besaßen wie die Holzschiffe den Kiel, die Spanten und die Beplankung.

Das Holzschiff hatte einige Unzulänglichkeiten, zu denen das Fehlen einer durchlaufenden Beplankung in Längsrichtung gehörte. Und zwar bestand seine Außenhaut aus verhältnismäßig kurzen Planken, und da es nicht möglich war, sie stumpf aneinander zu befestigen, schuf man Unstetigkeiten, diese verursachten Strömungswiderstände und beeinträchtigten die Festigkeit des Rumpfes. Deshalb waren die Holzschiffe niemals länger als 90 m, andernfalls konnten durch die Überbeanspruchung der Längsfestigkeit durch Ladung und Auftrieb gefährliche Verformungen entstehen. Durch Umstellung auf Eisen eröffneten sich praktisch unbeschränkte Möglichkeiten, denn die Kanten der Außenhautplatten konnten nun durch Nieten miteinander verbunden werden. Das wurde jedoch nicht sofort genutzt.

Im Verlauf der Jahre schritt die Technik voran, die ersten großen Eisenschiffe wurden gebaut. 1843 wurde die *Great Britain* in Dienst gestellt, sie versah ihn über dreißig Jahre. 1853 wurde das erste große Eisenschiff unter Verwendung der neuen Konstruktionsmerkmale gebaut. Und zwar handelte es sich um die berühmte *Great Eastern* von 211 m Länge, 27400 t und einer Leistung von mehr als 8000 PS. Ihre Maschinen trieben zwei große Schaufelräder und eine Schraube, sie konnte 4000 Passagiere befördern. Die *Great Eastern* war das erste Schiff mit Doppelboden und Schottenunterteilung in Längsrichtung. In der zweiten Hälfte des 19. Jahrhunderts vollführte der Schiffbau einen weiteren Schritt nach vorn, indem man Stahl statt Eisen verwendete. Dank der geringeren Stärke der verschiedenen Bauteile war es nun möglich, das Gewicht des Schiffes zu vermindern; die Stahlteile waren etwa halb so dick wie die Eisenteile. Das Zeitalter des Stahls wurde 1877 mit dem Stapellauf der *Iris,* eines

schnellen englischen Postdampfers, eingeleitet. Die Einführung des Stahls brachte keine wesentlichen Konstruktionsänderungen mit sich.
Gegen Ende des 19. Jahrhunderts ließ man die Segel weg, da Dampfmaschinen und Schiffsschrauben technisch nunmehr hochentwickelt waren.
Ebenfalls Ende des 19. Jahrhunderts begann man zwischen den verschiedenen Schiffsarten zu unterscheiden. Die ersten Dampfschiffe waren Mehrzweckbeförderungsmittel, sie transportierten sowohl Passagiere als auch Waren. Gegen 1894 wurde in Großbritannien ein Gesetz erlassen, das für Passagier- und Frachtschiffe besondere Richtlienien festlegte. Man entwickelte das Handelsschiff, das, seinem Zweck entsprechend, mit großen Luken, Ladebäumen und verschiedenen Vorrichtungen zum Verstauen der Waren ausgerüstet wurde, ein geräumiges Oberdeck und ausreichend große Bunker hatte. Gleichzeitig wurden Schiffe für Spezialfrachten geschaffen. Die ältesten waren die für die Beförderung von Kohle vorgesehenen Schiffe, dazu kamen die Tankschiffe. (Wir erinnern an das Cook-Schiff von 1700, es war ein typisches Segelschiff zur Kohlebeförderung.) In früheren Zeiten wurde Erdöl in Fässern befördert. Da die Fässer aber viel Platz beanspruchten und deshalb keine große Ladung gestatteten, führte man große, raumsparende Tanks ein. Der erste Erdöltransport in Tanks scheint um 1870 von einem Segelschiff durchgeführt worden zu sein. Das erste Schiff speziell zur Erdölbeförderung wurde 1872 in England gebaut. Es besaß große Behälter (Tanks), die, unterstützt durch das Spantsystem des Rumpfes, mittels Längs- und Querschotten gewonnen wurden. Natürlich waren diese Konstruktionen sehr widerstandsfähig, um den durch das Schwanken der flüssigen Ladung hervorgerufenen Belastungen standhalten zu können. Wie schon erwähnt, wurden alle Schiffe, hauptsächlich aber die Frachtschiffe, mit vielen dampfbetriebenen Hilfsmaschinen versehen. Außer den Winden und Kränen wurde auch das Ruder maschinell betrieben. 1860 wurde zum erstenmal eine Dampfmaschine für das Ruder (Helmstock) verwendet. Man verfuhr dabei so, daß man die Trommeln, zu denen die Trossen der Ruderpinne liefen, mit Hilfe eines Ritzels und eines Zahnradgetriebes durch eine Dampfmaschine drehte. Der Helmstock der *Great Eastern* wurde überall nachgeahmt und blieb Jahre hindurch unverändert. Gegen Ende des Jahrhunderts wurde eine Schraube verwendet, die in einen am Zapfen des Ruders befestigten Sektor griff. Damit verfügte man über einen vervollkommneten Mechanismus, der allgemein verwendet wurde.
Hatten die aus Eisen gebauten und von leistungsfähigen Maschinen angetriebenen Schiffe auch einen hohen Grad der Vollkommenheit erreicht, so fuhr man doch fort, Segelschiffe zu bauen (wie auch heute noch). Die verschiedenen Typen reihten sich in die Flotten der Welt ein, ihre Klassifizierung richtete sich nach den Kennzeichen der Ausrüstung (Abb. *45*). Überdies sei nicht vergessen, daß in allen Kriegsmarinen noch heute Segelschiffe als Schulschiffe genutzt werden (Abb. *47*).
Das Kriegsschiff mit gemischtem Antrieb hielt noch einige Jahre lang die Vorherrschaft des Segelschiffes über das reine Dampfschiff aufrecht, wobei letzteres als Hilfsfahrzeug betrachtet wurde. Diese Schiffe hießen *Dampfbark, Dampffregatte* und *Dampfkorvette.* Darüber hinaus gab es die unter der Wasserlinie mit einem Rammsporn versehenen *Widder,* während die kleinen *Avisos* (Postjacht) genannten Boote die Kutter, Schebecken und Galeeren früherer Zeiten ersetzten.
Nach der Mitte des 19. Jahrhunderts folgten Verbesserungen und Versuche, mit dem Ziel, das beste, letztgültige Kriegsschiff, das *Panzerschiff,* zu verwirklichen. Nun folgten bis zum Ende des zweiten Weltkrieges ununterbrochen neue Konstruktionsformen. Hatten die Drehtürme ihre Funktionstüchtigkeit in der Praxis auch bewiesen, so veranlaßten die im Handbetrieb auftretenden unvermeidlichen Störungen die Konstrukteure doch zu Anfang, von ihrer Verwendung Abstand zu nehmen. 1865 ließ England das Panzerschiff *Bellerophon* – sein Geschützstand befand sich auf dem Mitteldeck – von Stapel laufen. Der zentrale Geschützstand bestand aus

Abb. 45. *Viermastschoner mit Eisenrumpf*

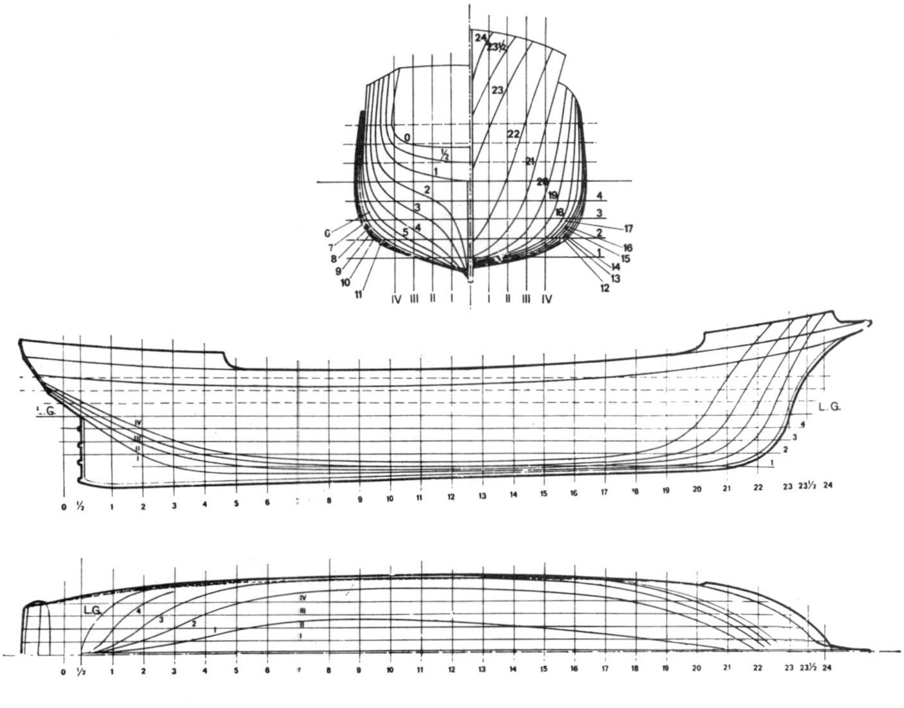


Abb. 46. *Bauplan des Schoners (Länge über alles 34 m, größte Breite 6,30 m)*

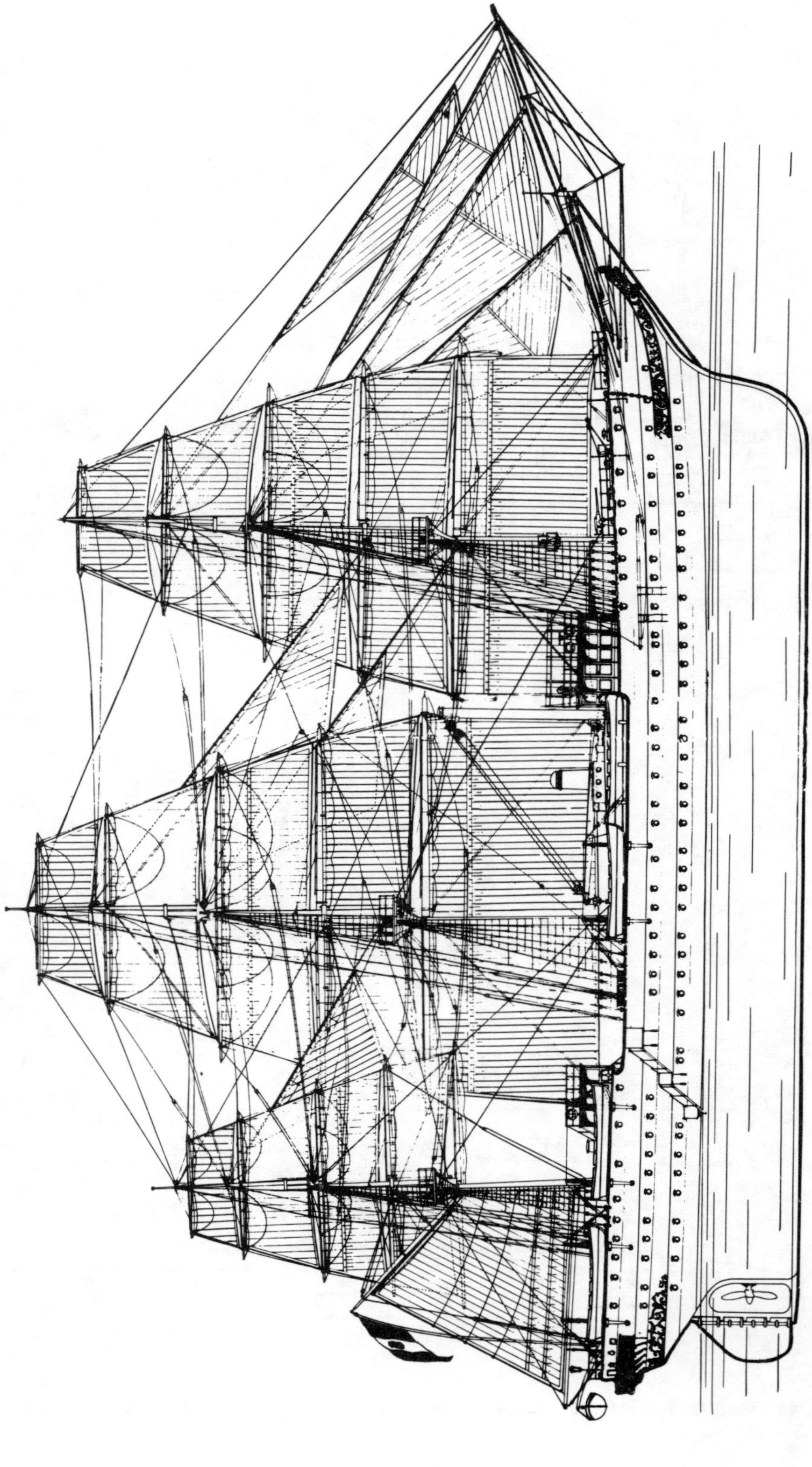

Abb. 47

einer vollständig gepanzerten Aufstockung, die die nach dem alten Schema seitlich angebrachten Geschütze enthielt. Das hatte darüber hinaus den Vorteil, daß man sowohl am Heck wie am Bug zwei Kanonen in Längsrichtung anbringen konnte, ein Versuch, die Vorteile der beiden Standorte zu vereinen. Das Erfordernis, mit den Geschützen einen breiten Sektor zu bestreichen, zwang jedoch dazu, die Anordnung mit Geschützstand in der Mitte endgültig aufzugeben. Das erste größere Schiff mit Türmen war die englische *Devastation* von 1871, ihre großen Geschütze befanden sich in den Türmen, die kleinen an den Breitseiten.
Zum Schutz wurde eine weitere Verbesserung eingeführt, indem man ober- und unterhalb der Wasserlinie einen Außenpanzer von 305 mm Stärke anbrachte und den wasserdichten Rumpf zellenartig unterteilte. Der Wettlauf zwischen Geschütz und Panzerung spitzte sich noch mehr zu. Deutsche Kanonen waren schon in der Lage, Panzerplatten von mehr als 305 mm Stärke zu durchschlagen. Wegen des erheblichen Gewichts erschien es deshalb unmöglich, die Schiffe mit immer dickeren Panzern auszustatten, und man dachte daran, die Panzerung allein auf die Türme, den Außenpanzer und die empfindlichsten Teile, wie Steuerungsorgane und Munitionskammern, zu beschränken. Der Rest des Rumpfes wurde durch die zellenartige Unterteilung und durch Quer- und Längsschotte geschützt. Dadurch war es möglich, eine bemerkenswerte Einsparung an Rumpfgewicht zugunsten des Gewichts der Bestückung, der Maschinen und des erforderlichen Treibstoffes zu erzielen. Unter Berücksichtigung dieser Gesichtspunkte und grundsätzlichen Anforderungen konstruierte und baute Italien 1876 die *Duilio,* die 10 400 t Wasserverdrängung hatte und mit 45-cm-Geschützen bestückt war. Die *Duilio* wurde neben ihrem Schwesterschiff *Dandolo* als das beste Linienschiff der damaligen Zeit betrachtet, sie war das erste Schiff mit Stahlpanzerung.
Zur gleichen Zeit setzte sich ein neuer Schiffstyp durch, der Kreuzer, der die Fregatte ersetzen sollte. Diese Schiffe entstanden während des amerikanischen Sezessionskrieges und wurden auf Kreuzfahrt gegen feindliche Handelsschiffe geschickt, weshalb man sie auch Kreuzer nannte. Es gab zwei Grundtypen: geschützte und solche ohne jeden Schutz. Die letzteren waren hauptsächlich für den Kaperkrieg bestimmt, während die ersteren eine leichte Panzerung besaßen und in der Lage waren, gegen bewaffnete Schiffe zu kämpfen. Ebenfalls zu dieser Zeit wurde das *Torpedoboot* geschaffen, ein schnelles Boot, das an einer langen, am Bug befestigten Stange einen Torpedo trug. 1875 wurden die Torpedoboote mit Unterwassergeschossen versehen. Bald gab es zwei Klassen von Torpedobooten: *Küstentorpedoboote* und *Hochseetorpedoboote.* Um die Torpedoboote bekämpfen zu können, entwickelte man den *Zerstörer,* ein größeres, entsprechend bestücktes Schiff. Schon seit 1864 hatten die Kapitäne Luppis und Whitehead in Fiume einen Torpedo erprobt, der um 1873 zum Einsatz kam. Er wurde zuerst von den großen Schiffen verwendet. Sie schleuderten ihn mit Hilfe eines Rohres (sog. Lancierrohr), das am Bug oder im Inneren des Rammsporns befestigt war. Auf Grund der verschiedenen Schwierigkeiten, die bei den großen Schiffen wegen der beschränkten Geschwindigkeit und Manövrierfähigkeit auftraten, vertraute man die Torpedos, wie wir gesehen haben, den Torpedobooten an. In den ersten Jahren des 20. Jahrhunderts wurden die kleineren Geschütze in mehr oder weniger gepanzerten Türmen untergebracht, die sich immer in gleicher Anzahl auf beiden Seiten des Schiffes befanden. Diesen neuen Schiffstyp nannte man *Dreadnought,* nach dem englischen Panzerschiff, das als erstes eine solche Anordnung verwendete. Wegen seiner Schnelligkeit und wirksamen Panzerung betrachtete man dieses Panzerschiff als ein Schiff mit „absoluter Macht". Seine Konstruktionsgrundlagen wurden von dem Italiener Vittorio Cuniberti propagiert und 1903 auch in englischen Veröffentlichungen dargelegt.

Abb. 47. *Schulschiff* Amerigo Vespucci

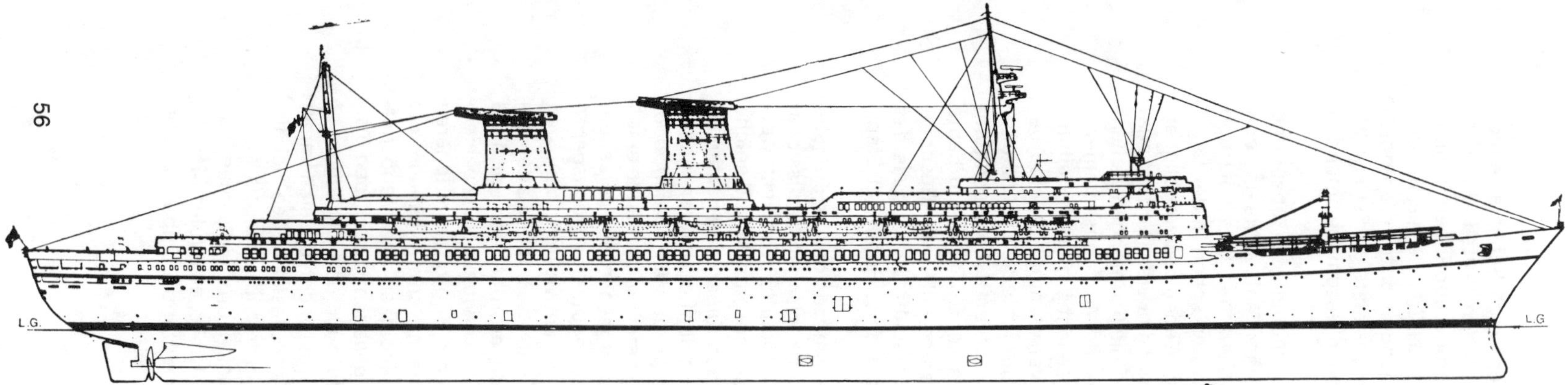


Abb. 48. *Fahrgastschiff TS* Raffaello

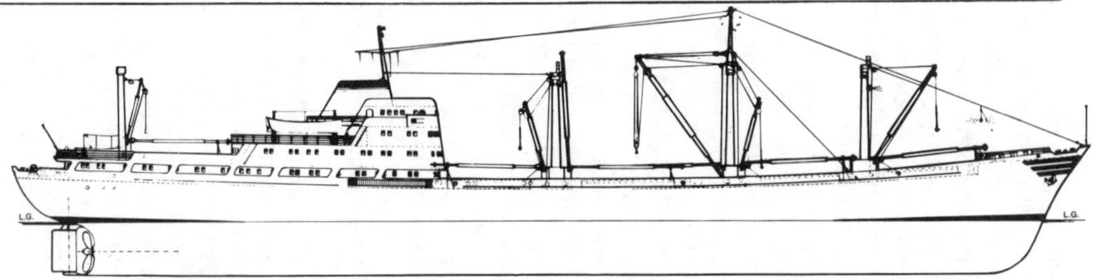


Abb. 49. *Fracht-Fahrgastschiff* Dalmazia

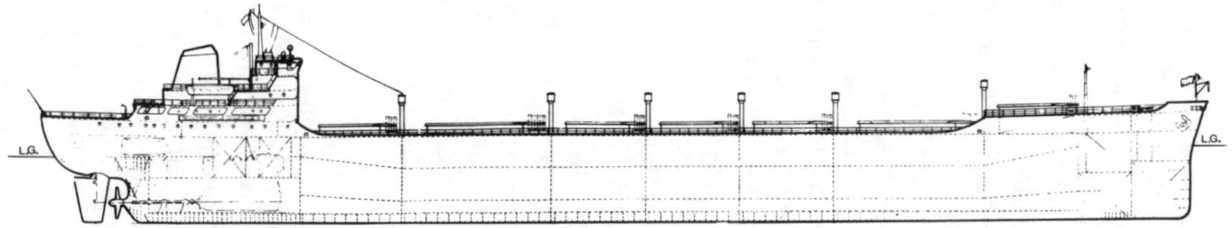


Abb. 50. *Schüttgutfrachter*

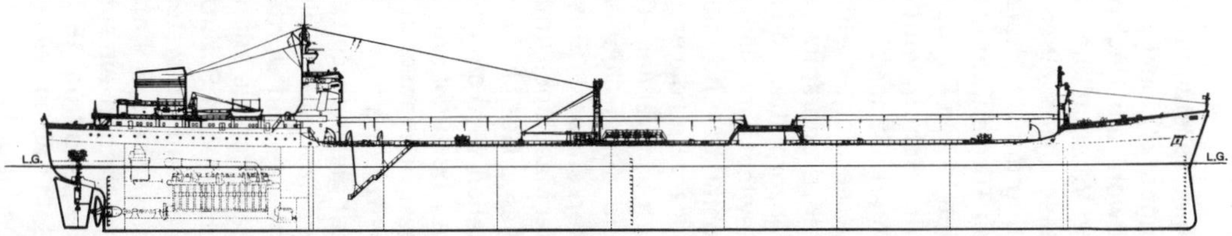


Abb. 51. *Tanker*

Während des ersten Weltkrieges betrachtete man die *Dreadnought* als ein Schlachtschiff, dessen Bewaffnung in bezug auf die Kaliber der Geschütze zweckmäßig vereinheitlicht war. Die Linienschiffe wurden mit der größtmöglichen Anzahl großer Kaliber und einer gewissen Anzahl von Kanonen kleinen Kalibers zum Schutz gegen Torpedoboote bestückt. Man versuchte, die Panzerung der Bestückung zweckmäßig anzupassen. Deshalb war es notwendig, die Tonnage zu vergrößern, und zwar erachtete man nach Kriegsende und auf Grund der Kriegserfahrungen eine Wasserverdrängung von 35 000 t als die günstigste für ein ausreichend bestücktes, schnelles und verteidigungsfähiges Schiff. Zu Anfang des zweiten Weltkrieges veranlaßte der enorme Rüstungswettlauf jedoch verschiedene Nationen dazu, Schlachtschiffe von 40 000–50 000 t zu bauen. Die größte Tonnagezahl wurde von den japanischen Schiffen der *Yamato*-Klasse mit mehr als 70 000 t erreicht.

Das *Handelsschiff* hat sich, auch infolge der Frachtkosten je Tonne und Seemeile – sie liegen niedriger als bei Eisenbahn und Flugzeug –, ebenfalls weiterentwickelt. Man hat für die Beförderung von Passagieren (Abb. *48* und *49*) und Waren geräumige, jeweils für den speziellen Zweck eingerichtete Schiffe geschaffen. Letztere unterscheiden sich je nach den Transportanforderungen, sie werden unterteilt in: *Schiffe für die Beförderung von Stückgut, Schiffe für die Beförderung trockenen Schüttgutes* (Abb. *50*) und *Schiffe für die Beförderung flüssiger Ladung* (Abb. *51*).

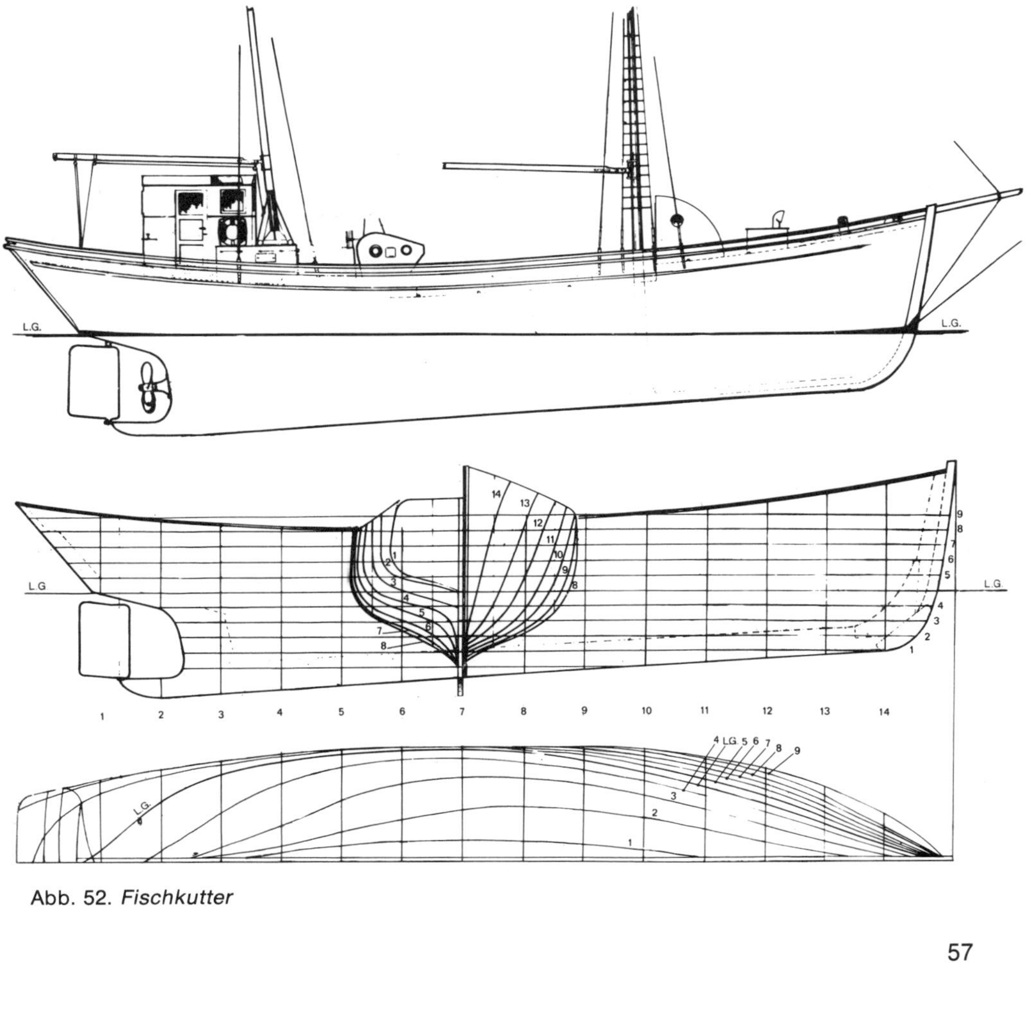


Abb. 52. *Fischkutter*

Sie sind alle mit Schotten versehen und haben einen Doppelboden, der zur Aufnahme von Treiböl, Süß- und Ballastwasser dient. Die langsamen Schiffe haben ein nahezu paralleles Mittelschiff, das sich etwa über ein Drittel der Länge des Schiffes erstreckt, während die schnellen Schiffe schlankere Formen mit geringerem Widerstand haben. Fast alle haben einen Wulstbug. Der Antrieb erfolgt nunmehr durch Dampfturbinen oder Dieselmotoren hoher Leistung. Die Antriebsanlage befindet sich auf den Fahrgastschiffen und den Frachtschiffen für Stückgut gewöhnlich auf etwa 1/2 Schiffslänge, während man bei den Schiffen für flüssige Ladung und Schüttgut dazu neigt, die Antriebsmaschinen im Heckbereich anzuordnen, um die Kielräume von den Schraubenwellen freizuhalten. Außer den obenerwähnten Schiffen gibt es zahlreiche Arten kleiner Schiffe, wie wir später sehen werden; zu ihnen gehören die *Fischereifahrzeuge* (Abb. *52*) und die *Schleppkähne* (Abb. *53*) usw.

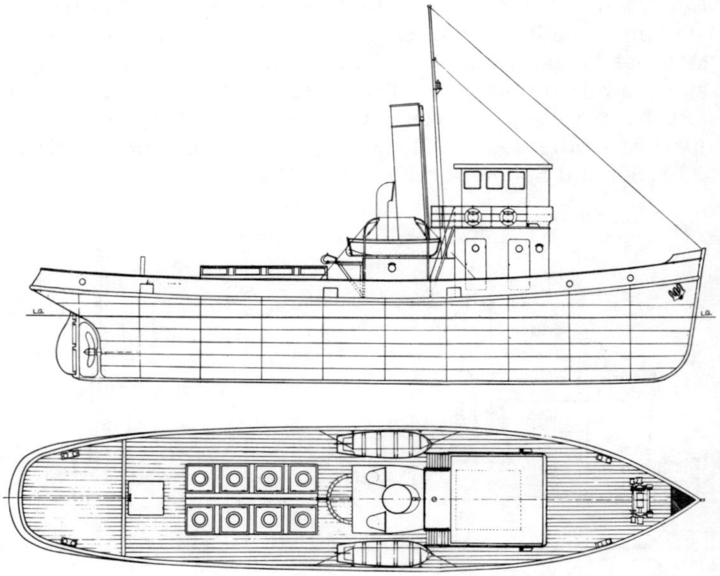

Abb. 53 *Schlepper*

# ERSTER TEIL

# KAPITEL I Das Schiff

Mit *Schiff* bezeichnet man im allgemeinen ein Gebilde, das schwimmen und sich auf der Wasseroberfläche fortbewegen kann.
Das Schiff muß, je nach den Aufgaben und dem Zweck, für den es bestimmt ist, einige Grundvoraussetzungen erfüllen. Vor allem muß es ein ausreichend festes Gesamtgefüge besitzen, um den verschiedenen äußeren Beanspruchungen widerstehen zu können, und gleichzeitig muß es vollkommen wasserdicht sein. Darüber hinaus muß es eine Form haben, die eine leichte und sichere Bewegung im Wasser gestattet. Jahrhundertelange Erfahrung im Schiffbau und die aufmerksame Beobachtung der Form der Fische haben gelehrt, daß die Form der Schiffe spindelförmig, lang und verhältnismäßig schmal sein muß. Tatsächlich gibt es keinerlei geometrisches Gesetz, das die Möglichkeit bietet, die beste Konstruktion und die günstigste Schiffsform zu errechnen. Erst Ende des 19. Jahrhunderts gelang es dem Engländer W. Froude, den Reibungs- und Formwiderstand des Schiffes durch Modellschleppversuche in einem geeigneten Versuchsbecken zu bestimmen. Das erste Versuchsbecken wurde 1885 in Chelston Cross in England gebaut. Die Schleppversuche führten jedoch zu keiner wesentlichen Änderung der Schiffsform, obwohl man einige durchaus beachtenswerte Kennzahlen über den Einfluß der verschiedenen Formen ermitteln konnte.
Der Schiffskörper unterteilt sich in drei Hauptteile, den fast parallelen Mittelteil und die beiden sich verjüngenden Enden. Der mittlere Teil heißt *Mittelschiff* und ist der breiteste Teil des Schiffes. Von den beiden anderen Teilen heißt einer *Vorschiff,* seine Spitze *Bug;* der zweite *Hinterschiff* oder *Achterschiff,* sein Ende *Heck* (Abb. *54*).

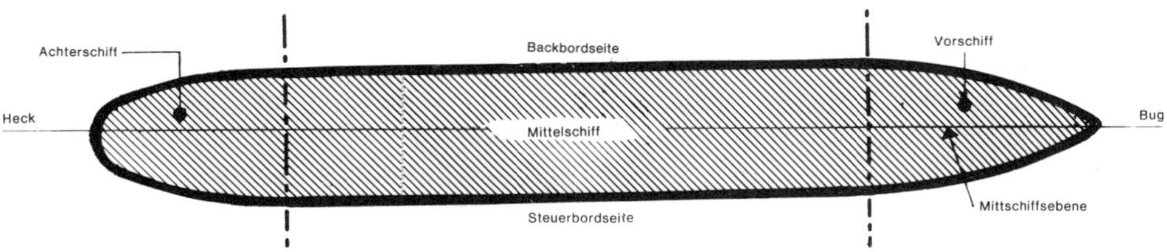


Abb. 54. *Hauptteile des Schiffes*

Der schlank zulaufende Bug zeigt in die Fortbewegungsrichtung. Der vollständige Schiffskörper muß im allgemeinen symmetrisch in bezug auf die Mittschiffsebene sein, eine Ebene, die das Schiff in Längsrichtung in zwei Teile teilt.
Eine solche Fläche nennt man *Mittschiffsebene in Längsrichtung* oder kurz *Mittschiffsebene.* Sie kann als Symmetriefläche aller Schiffe, außer mancher kleiner Schiffskonstruktionen, betrachtet werden.

Die beiden Teile oder *Schiffsseiten,* die durch die Mittschiffsebene gebildet werden, heißen *Steuerbord* und *Backbord.* Man versteht unter Steuerbord jenen Teil des Schiffes, der sich rechts von einem Beobachter befindet, der zum Bug blickt und das Heck im Rücken hat. Der vollständige Schiffskörper außer Bestückung, Ausrüstung und dem, was im Schiffsinnern enthalten sein kann, heißt Schiffsrumpf.
Zur Festlegung der Abmessungen eines Schiffes bedient man sich bestimmter Hauptmaße: Länge, Breite und Höhe. Als Länge wird im allgemeinen der Abstand zwischen den äußersten Enden von Bug und Heck angegeben (Länge über alles), während man die Breite an der breitesten Stelle des Schiffes mißt.
Wenn man den Schiffsrumpf an seiner breitesten Stelle senkrecht zur Mittschiffsebene schneidet, erhält man den größten Rumpfquerschnitt, den man *Hauptspantquerschnitt* nennt. Es gibt keine genau festgelegten Normen für die Gestaltung dieses Querschnittes. Die Formen der Schiffe sind verschieden, mehr oder weniger schlank, und sie werden gewöhnlich in zwei Gruppen unterteilt: *schlanke* oder *scharfe* und *völlige* oder *rechteckige* (Abb. *55*).

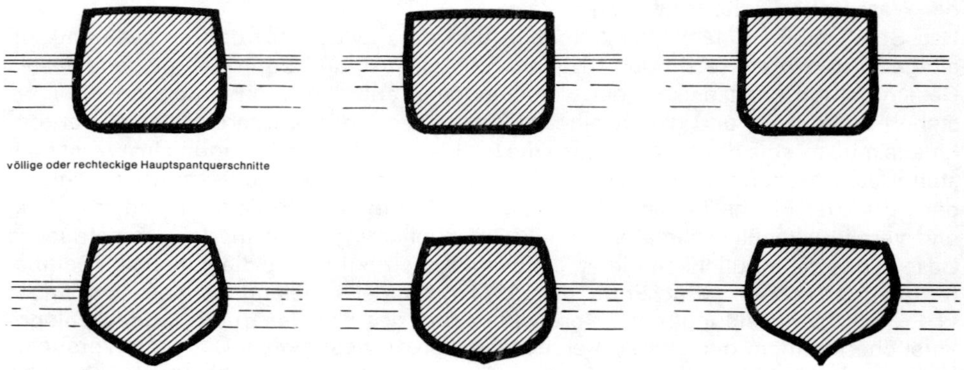

völlige oder rechteckige Hauptspantquerschnitte

scharfe oder keilförmige Hauptspantquerschnitte

Abb. 55. *Hauptspantquerschnitte*

Das physikalische Gesetz, dem in Flüssigkeiten eingetauchte Körper unterliegen, ist allgemein bekannt. Es besagt, daß ein Körper schwimmt, wenn sein Gewicht kleiner oder gleich jenem der von ihm verdrängten Wassermenge ist. Der Körper taucht, je nachdem ob sich sein Gewicht vergrößert oder verkleinert, unter oder auf. Der untergetauchte Teil des Schiffes bzw. der Teil des Schiffes, der sich unter dem Wasserspiegel befindet, heißt *Unterwasserschiff.*
Mit dem Ausdruck *Tiefgang* bezeichnet man im engeren Sinn den senkrechten Abstand zwischen der *Wasseroberfläche (Wasserlinie)* und dem *Kiel.* Allgemein gibt es zwei Tiefgänge, da diese an beiden Enden des Schiffes verschieden sind: einen *vorderen Tiefgang* und einen *hinteren Tiefgang* (Abb. *56a*).
In den meisten Fällen zeigt das Schiff also einen Unterschied im Tiefgang zwischen Heck und Bug, den man *Trimm* nennt. Der in halber Schiffslänge gemessene Tiefgang heißt *mittlerer Tiefgang* und ist das arithmetische Mittel aus dem vorderen und hinteren Tiefgang.
Bei den Schiffen ist es üblich, den Tiefgang mit Hilfe einer am Bug und am Heck und manchmal auch mittschiffs angebrachten Skala anzugeben. Diese Skala hat arabische Ziffern, wenn man das metrische Maßsystem verwendet, oder römische Ziffern, wenn man das englische System (Fuß) benutzt. Es ist selbstverständlich, daß der Tiefgang mit den verschiedenen Beladungsvarianten in Zusammenhang

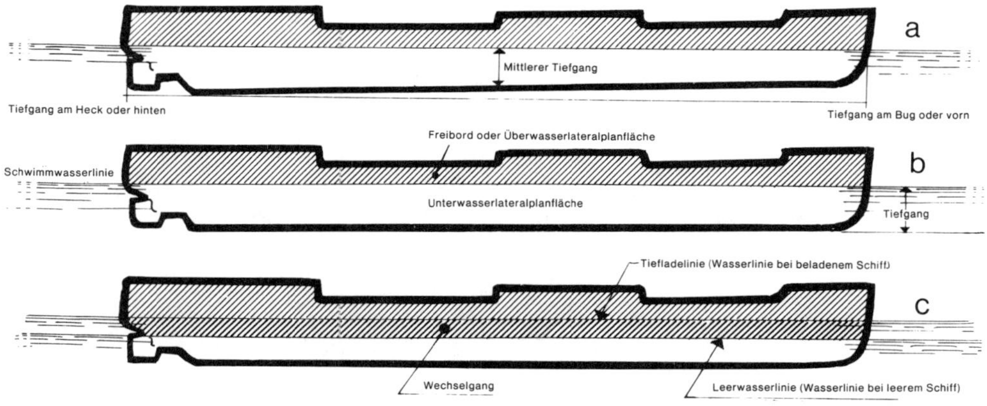


Abb. 56. *Tiefgänge und Schwimmwasserlinie des Schiffes*

steht. Bei einer schwereren Ladung wird der Tiefgang größer sein, bei einer leichteren geringer. Man muß deshalb unterscheiden zwischen dem Tiefgang bei leerem Schiff und dem Tiefgang bei maximaler Beladung, bei deren Überschreiten die Sicherheit des Schiffes stark verringert würde. Damit dieser Fall nicht eintritt und Festigkeit und Sicherheit des Schiffes gewährleistet sind, hat man seit dem Ende des 19. Jahrhunderts Regeln aufgestellt, die die verschiedenen Tiefgänge der Schiffe je nach Schiffstyp, beförderter Ladung, Wasserdichte und Jahreszeit auf Grund von Erfahrungen und genauen Berechnungen vorschreiben und begrenzen. Diese Vorschriften legen fest, daß man beim Beladen eines Schiffes einen bestimmten Abstand zwischen dem höchstzulässigen Tiefgang und Seite Deck, auf halber Schiffslänge gemessen, nicht überschreiten darf. Diesen Abstand nennt man *Freibord.*
Der Freibord wird auf allen Schiffen mit Hilfe besonderer *Marken* gekennzeichnet. Die grundsätzliche Freibordmarke besteht aus einem Kreis, durch dessen Mitte ein waagerechter Strich geht; sie wird gewöhnlich weiß auf dunklem Grund gezeichnet. Ein weiterer waagerechter weißer Strich gibt die Höhe von Seite Deck an. Der Abstand a (Abb. *57*), der sich zwischen der Oberkante der beiden Striche befindet, entspricht der höchstzulässigen Eintauchung in Meerwasser im Sommer. Es gibt dann weitere Marken in derselben Farbe wie die Freibordmarken, aber als Streifen, die horizontal auf einen vertikalen Streifen stoßen (Abb. *57*). Es gelten für die Fahrt in Süßwasser AD oder FW *(Frischwasser-Freibord),* für die Fahrt im Sommer E oder S *(Sommer),* für die Fahrt im Winter I oder W *(Winter),* für Winterfahrt im Nordatlantik INA oder WNA *(Winter-Nordatlantik-Freibord)* und für die Fahrt im Sommer in Indien oder in tropischen Gewässern ET oder IS *(Indien-Sommer-Freibord).* Bei den Segelschiffen betrifft die zusätzliche Marke nur die Fahrt in Süßwasser AD oder FW und die Winterfahrt im Nordatlantik INA oder WNA.
Wir wiesen auf die Fläche in Höhe der Wasserlinie hin und sahen, wie sich diese Fläche mit der Beladung ändert, indem sich der Tiefgang ändert. Die Tiefgangslinie, die man sich rund um den Schiffsrumpf gezogen denkt, wird *Wasserlinie* genannt (Abb. *56b*). Die Fläche, die in Höhe der Wasserlinie liegt und die als ruhig angenommene Wasseroberfläche berührt, nennt man *Wasserlinienfläche.* Erinnert man sich nun dessen, was zum Gesetz über die Schwimmfähigkeit der Körper gesagt wurde, so kann man folgern, daß das Gesamtgewicht des Schiffes gleich dem Gewicht der durch den eingetauchten Teil des Rumpfes verdrängten Wassermenge ist, die dem angenommenen Rauminhalt des Schiffes unterhalb der Wasserlinie entspricht. Sie stellt die Wasserverdrängung bzw. im wesentlichen die *Verdrängung* des Schiffes dar.

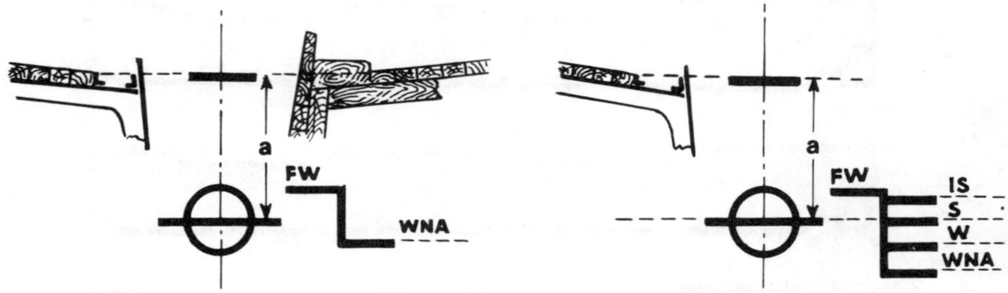


Abb. 57. *Freibordmarken*

Ändert man die Beladung, so ändert sich der Tiefgang und der Rauminhalt des eingetauchten Teiles und damit folglich auch die Wasserverdrängung. Man erhält somit also zwei *Grenzwasserverdrängungen:* die *bei voll beladenem* und die *bei leerem Schiff.* Der Unterschied zwischen diesen beiden Wasserverdrängungen heißt *Tragfähigkeit.*

Der Unterschied zwischen der Eintauchung des Schiffskörpers bei höchstmöglichem Tiefgang (bei dessen Überschreiten das Schiff sinken würde) und der Eintauchung bei vom Freibord maximal zugelassener Beladung heißt *Schwimmfähigkeitsreserve.*

Die Schwimmwasserlinie teilt den Rumpf in zwei Teile. Der eingetauchte Teil heißt *Unterwasserschiff* oder *lebendes Werk;* der oberhalb der Schwimmwasserlinie befindliche Teil wird *Überwasserschiff* oder *totes Werk* genannt (Abb. *56b*).

Im Innern des Unterwasserschiffs finden die Ladung, die Antriebsaggregate und die verschiedenen Maschinen für Anker, Winden und Spille ihren Platz.

Der über der Wasserlinie befindliche, sichtbare Teil des Rumpfes wird aus ästhetischen Gründen besonders gepflegt. In seinem Innern sind die Unterkünfte und die verschiedenen Bedienungszentralen und Steuerungsanlagen untergebracht. Bei Kriegsschiffen ist der über Wasser befindliche Teil sehr wichtig, ihm wird besondere Aufmerksamkeit gewidmet. In ihm müssen die Waffen und die einzelnen Kommandostellen, die durch eine wirksame Panzerung zu schützen sind, untergebracht werden. Gleichzeitig muß die äußere Form hinsichtlich der Konstruktion und der räumlichen Ausdehnung begrenzt werden, um feindlichen Angriffen die kleinstmögliche, mit der Festigkeit der Konstruktion und den Einrichtungen noch zu vereinbarende Oberfläche zu bieten. Die Außenfläche des Überwasserschiffs, die sich fast senkrecht über der Wasserlinie erstreckt, bildet die Panzerung. Darüber erstreckt sich schützend ein *Schanzkleid,* das aus Planken oder Platten besteht, oder auch eine *Reling,* die wie ein Geländer ausgeführt ist. Sie besteht aus senkrechten Metallstützen, den *Relingstützen,* durch die Ketten oder Taue laufen. Einige dieser Stützen sind höher als die anderen, um Sonnensegel zu halten.

Den Teil des Überwasserschiffs, der den Tiefgangsänderungen ausgesetzt ist, die Fläche zwischen der Wasserlinie bei leerem Schiff und der Wasserlinie bei beladenem Schiff, nennt man *Wechselgang* (Abb. *56c*).

Wir haben weiter oben aut die Wasserverdrängung eines Schiffes hingewiesen, das heißt, wir haben gesagt, daß das Gewicht der Wassermenge, die durch das Unterwasserschiff verdrängt wird, gleich dem Gewicht des Schiffes ist. Dieses Gewicht wird in Tonnen (zu je 1000 kg) oder in englischen tons (zu je 1016 kg) angegeben. Nach den obigen Angaben kann man die Wasserverdrängung eines Schiffes berechnen, indem man die mittlere Dichte des Meerwassers (1016 kg/m³) mit dem Raumin-

halt des Unterwasserschiffes multipliziert. Die *Tragfähigkeit* ist gleich dem Gewicht der Ladung, der Fahrgäste, der Vorräte und des Brennstoffes oder aber gleich dem Unterschied – in Tonnen – zwischen dem Gewicht des leeren Schiffes – ohne Brennstoffe und Vorräte – und dem des beladenen Schiffes.
Im Unterschied zur Wasserverdrängung und zur Tragfähigkeit, die Gewichte darstellen und in Tonnen gemessen werden, gibt es in der Schiffahrt noch ein anderes Maß, das *Raumtonne* genannt wird und dazu dient, den Rauminhalt des Schiffsinnern, sein Fassungsvermögen, in Registertonnen anzugeben.
1 Registertonne entspricht 100 englischen Kubikfuß oder 2,832 $m^3$.
Unter dem Tonnengehalt versteht man entweder die *Bruttoregistertonnen,* die dem gesamten nutzbaren Rauminhalt des Schiffsinnern entsprechen, oder die *Nettoregistertonnen,* die der Differenz zwischen den Bruttoregistertonnen (das heißt, dem gesamten Volumen des Schiffsinnern) und dem Rauminhalt, der nicht für die Ladung nutzbaren Räume (Raum für die Motoren, die verschiedenen Geräte usw.) entsprechen.
Der Begriff Raumtonnen oder *Registertonnen* ist wichtig, da auf Grund dieser Maßangabe die verschiedenen Gebühren, Steuern, Abgaben und Prämien, die für ein Schiff bezahlt werden müssen, berechnet werden. Es gibt verschiedene Verfahren zur Bestimmung des Rauminhalts, wie zum Beispiel das des *Registro Navale Italiano,* des englischen *Lloyd's Register,* des *American Bureau* usw. Desgleichen gibt es verschiedene Vorschriften, nach denen die Abgaben für die Fahrt durch den Suezkanal oder durch den Panamakanal entrichtet werden müssen.

## KAPITEL II Einteilung der Schiffe

Wir haben gesehen, wie man im Verlauf der Jahrhunderte versucht hat, die verschiedenen Schiffstypen mehr oder weniger zweckmäßig einzuordnen. Durch die starke Entwicklung der Flotten und der Seefahrt wurde es notwendig, die Schiffe nach ihrem Verwendungszweck, ihrer Bauart und ihrem Erhaltungszustand zu klassifizieren. Es entstanden darum Institutionen, die über Techniker und im Schiffswesen erfahrenes Personal verfügen. Ihre Aufgabe ist es, die Schiffsbauten zu überwachen und nach internationalen Normen in die verschiedenen Klassen einzuordnen.
Das älteste und berühmteste derartige Institut ist das englische *Lloyd's Register,* dessen Geschichte bis ins 18. Jahrhundert zurückreicht.
Der Name stammt von Edward Lloyd, dem Besitzer eines Kaffeehauses. Dieses wurde seit 1687 von Reedern, Kapitänen und Agenten besucht, die Verträge und Versicherungen der Ladungen abschlossen und Frachten festlegten. 1764 wurde beschlossen, einige Verzeichnisse anzulegen, in denen die Kenndaten jedes Schiffes enthalten waren, damit man dessen Leistungsfähigkeit und gegebenenfalls die Höhe der Versicherung bestimmen konnte. Und zwar gab es zwei solcher Listen: das „grüne Buch" oder *Green Book,* in dem die Versicherten standen, und das zweite, das „rote Buch" oder *Red Book,* das den Reedern vorbehalten war.
1834 wurde *Lloyd's Register of British and Foreign Shipping* eröffnet. In ihm wurden die beiden obengenannten Register vereinigt. Eine weitere berühmte Einrichtung war das französische *Bureau Veritas* mit dem Sitz in Paris, das 1828 in Antwerpen gegründet wurde.
Jede Nation hat ihr eigenes Register.
Das *Registro Navale Italiano,* das hier als Beispiel angeführt sei, erteilt wie die anderen internationalen Institute die Zulassung nach den folgenden Gruppen:
*Schiffe für die große Fahrt (L),* die zum Fahren auf allen Meeren zugelassen sind;
*Schiffe zur Fahrt auf dem Atlantik (AT);*
*Schiffe für die kleine und mittlere Fahrt (G),* die sich jenseits der Meerenge von Gibraltar, der Dardanellen und des Suezkanals nicht weiter als 300 Meilen von der Küste entfernen dürfen;
*Schiffe für die Nahfahrt (P),* denen nur die Fahrt im Mittelmeer erlaubt ist;
*Schiffe für die Küstenschiffahrt (C);*
*Schiffe für die Binnenschiffahrt (I),* die auf den Flüssen oder Seen verkehren.
Schließlich werden die Schiffe in den verschiedenen Gruppen nach *dem Antriebsmittel, der Art des Vortriebsmittels, der Bauart des Schiffskörpers* und *dem Verwendungszweck* unterteilt.

# Einteilung nach dem Antrieb

Je nach dem Antriebsmittel gibt es *Segelschiffe, Motorsegler, Schiffe mit Hilfsmotor* und *Schiffe mit mechanischem Antrieb.*

## Segelschiffe

Zu dieser Gruppe gehören die Schiffe oder Boote, die durch die Kraft des Windes angetrieben werden, der auf ein System von Segeln, die *Beseglung,* wirkt und damit die Fortbewegung erzwingt.
Die Beseglung wird von (eins, zwei, drei usw.) senkrechten Masten getragen.
Je nach der Beseglungsart (Abb. *58*) werden die Schiffe unterteilt in:

1. *Fünfmastvollschiff* (fünf Masten mit Rahsegeln),
2. *Fünfmastbark* (vier Masten mit Rahsegeln, der fünfte am Heck mit Schratsegeln),
3. *Viermastvollschiff* (vier Masten mit Rahsegeln),
4. *Viermastbark* (drei Masten mit Rahsegeln, der vierte mit Schratsegeln),
5. *Vollschiff* (drei Masten mit Rahsegeln),
6. *Bark* (zwei Masten mit Rahsegeln und einer mit Schratsegeln),
7. *Barkentine* (Schonerbark – ein Mast mit Rahsegeln und zwei mit Schratsegeln),
8. *Schoner* (Rahschoner – drei Masten mit Schratsegeln und einigen Rahsegeln auf dem Fockmast),
9. *Brigg* (zwei Masten mit Rahsegeln),
10. *Brigantine* (Schonerbrigg – ein Mast mit Rahsegeln und einer mit Schratsegeln),
11. *Bombarde* (ein Mast, fast in der Mitte des Schiffes, mit Rahsegeln und der zweite, weit zum Heck verschoben, mit Schratsegeln),
12. *Schoner* (Gaffelschoner – zwei Masten mit Schratsegeln),
13. *Schoner* (Rahschoner – zwei Masten mit Schratsegeln und einigen Rahsegeln am Fockmast),
14. *Karavelle* (drei Masten, Fockmast mit Rahsegeln, die anderen beiden mit Lateinsegeln),
15. *Trabaccolo* (zwei Masten mit Loggersegeln),
16. *Schebecke* (drei Masten, Fock- und Großmast mit Lateinsegeln, Kreuzmast mit Schratsegeln),
17. *Feluke* (zwei zum Bug geneigte Masten mit Lateinsegeln),
18. *Tartane* (ein Mast mit großem Lateinsegel),
19. *Kutter* (ein Mast mit Schratsegeln),
20. *Bovo* (zwei Masten, der vordere mit Lateinsegel, der hintere mit Gaffel- oder Lateinsegel),
21. *Navicello* (zwei Masten – der erste, auf dem Bug, ist stark nach vorn geneigt und trägt ein trapezförmiges Segel, das am Großmast befestigt ist, der ein Latein- oder Schratsegel trägt),
22. *Biancella* (ein Mast mit Lateinsegel),
23. *Slup* oder *Sloop* (ein Mast mit Schratsegeln),
24. *Yawl* oder *Jolle* (zwei Masten mit Schratsegeln, der kleinere Besanmast steht hinter dem Ruder),
25. *Ketsch* (zwei Masten mit Schratsegeln, der Besanmast steht vor dem Ruder),
26. *Dingi* (ein weit vorn befindlicher Mast mit Gaffelsegel),
27. *Logger, Lugger* (drei Masten mit Loggersegeln, in Frankreich zur Küstenschifffahrt verwendet).

Es gibt darüber hinaus große *Sieben-, Fünf-* und *Viermastschoner,* alle mit Schratsegeln. Es sind vorwiegend amerikanische Konstruktionen.

1

2

3

4

5

6

7

8

9

10

11

12

13

14

15

16

17

18

19

20

21

22

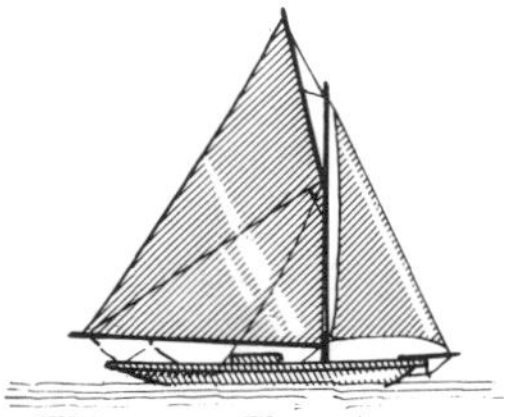

23

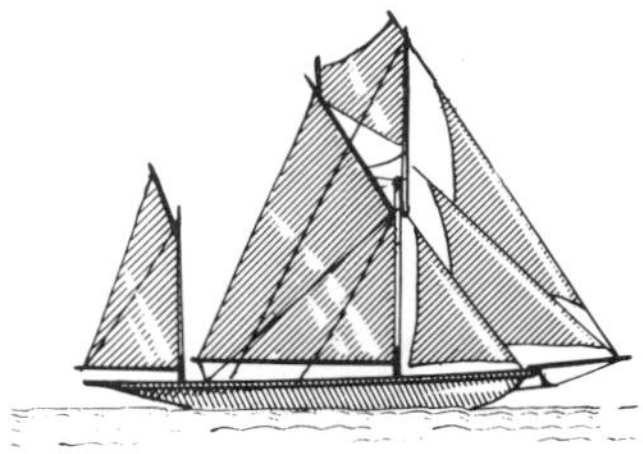

24

25

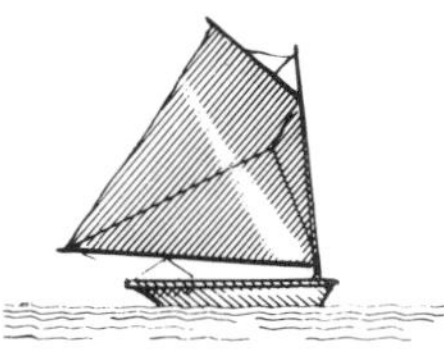

26

27

Abb. 58. *Einteilung der Segelschiffe*
*1. Fünfmastvollschiff, 2. Fünfmastbark, 3. Viermastvollschiff, 4. Viermastbark, 5. Vollschiff, 6. Bark, 7. Schonerbark, 8. Rahschoner, 9. Brigg, 10. Schonerbrigg, 11. Bombarde, 12. Gaffelschoner, 13. Rahschoner, 14. Karavelle, 15. Trabaccolo, 16. Schebecke, 17. Feluke, 18. Tartane, 19. Kutter, 20. Bovo, 21. Navicello, 22. Biancella, 23. Slup, 24. Yawl, 25. Ketsch, 26. Dingi, 27. Logger*

## Motorsegler – Schiffe mit Hilfsmotor

Die Motorsegler sind Segelschiffe, die mit einem Motor versehen sind, der allein in der Lage ist, das Schiff auf eine Geschwindigkeit von mehr als sieben Seemeilen in der Stunde zu bringen.
Es gibt außerdem Segelschiffe mit Hilfsmotor, deren Leistungsfähigkeit keine größere Geschwindigkeit als sieben Seemeilen erlaubt. Man verwendet die Motoren, um das Ein- und Auslaufen zu erleichtern und Fahrten bei Windstille zu ermöglichen.

## Schiffe mit mechanischem Antrieb

Die Schiffe dieser Gruppe verwenden Dampf- oder Verbrennungsmaschinen. Bei den ersteren wird der Dampf mit Hilfe von Dampferzeugern erzeugt, Kesseln, die mit Kohle oder Öl beheizt werden. Der Antrieb mit Dampf erfolgt entweder durch eine *Kolbendampfmaschine* (oszillierende Bewegung über Pleuel) oder durch eine *Turbine* (gleichförmige Kreisbewegung von Schaufeln). Die Verbrennungsmaschinen sind normalerweise solche mit oszillierender Bewegung, Dieselmotoren oder Gasturbinen.
Die durch Kolbendampfmaschinen angetriebenen Schiffe nennt man *Dampfschiffe,* die mit Turbinen heißen *Turbinenschiffe* und die mit Verbrennungsmotoren *Motorschiffe.*

# Einteilung nach dem Vortriebsmittel

Die Antriebsmaschinen bewegen folgende Vortriebsmittel:

**Schiffsschrauben.** Sie befinden sich ständig unter Wasser, sind im Heckbereich angeordnet, und ihre Schraubenwellen liegen im allgemeinen parallel zur Wasseroberfläche. Die Propeller sind zwei-, drei-, vier- oder fünfflügelig, die verwundenen Flügel sind ihrerseits starr oder verstellbar angebracht (Abb. *59*). Es gibt schließlich Schiffe mit einem, zwei, drei und vier Propellern, die symmetrisch angeordnet sind.

**Schaufelräder.** Es sind am Umfang mit mehreren Schaufeln besetzte Räder; die Schaufeln können feststehend oder beweglich sein (Abb. *60a, b*). Die Schaufelräder sind meist auf beiden Schiffsseiten angebracht, und die Bewegung wird durch eine horizontale Welle übertragen. Es gibt jedoch auch Schiffe mit nur einem Rad, das am Heck angebracht ist (einige amerikanische Flußschiffe).
Die Schaufelräder tauchen nur im unteren Teil ihres Durchmessers ins Wasser.

**Voith-Schneider-Antrieb.** Diese Vortriebsart ist in den letzten Jahren zur Anwendung gekommen.
Sie wurde 1926 von dem Österreicher Ernst Schneider vorgeschlagen und von der deutschen Firma Voith nach fünfjähriger Erprobung fertiggestellt. Seit 1939 wird sie verschiedentlich verwendet – hauptsächlich bei Schleppern, Pontons und Flußschiffen.
Die Vorrichtung besteht aus einem sich waagerecht innerhalb des Schiffsbodens drehenden Rad, aus dem vier um die eigene Achse drehbare Flügel herausragen. Diese vier Flügel können exzentrisch verlagert werden, so daß man durch Verän-

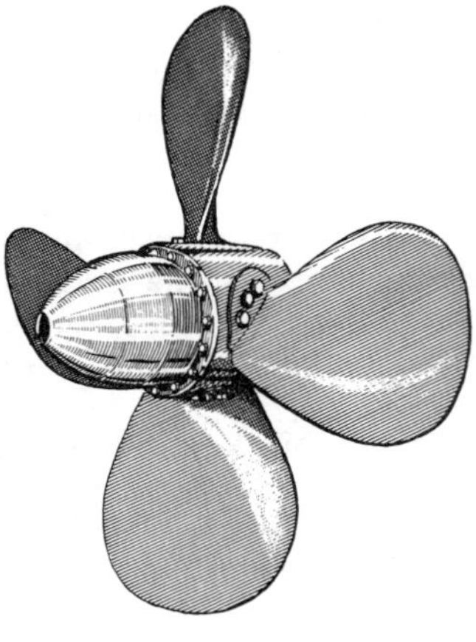

Abb. 59. *Propeller mit vier Flügeln*

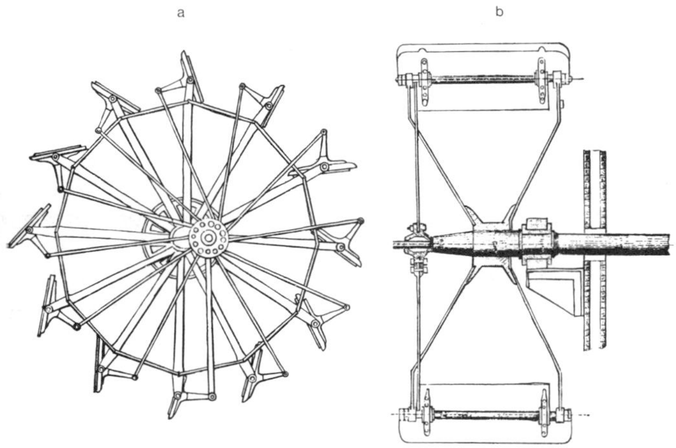


Abb. 60. *Schaufelräder mit verstellbaren Radschaufeln*
a) *Seitenansicht;* b) *Vorderansicht*

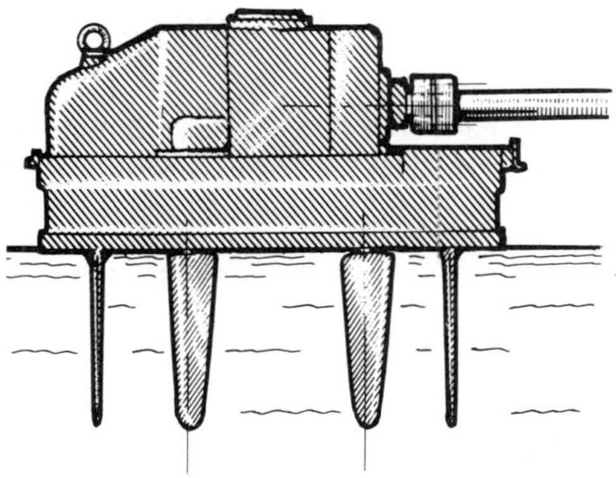

Abb. 61. *Voith-Schneider-Propeller*

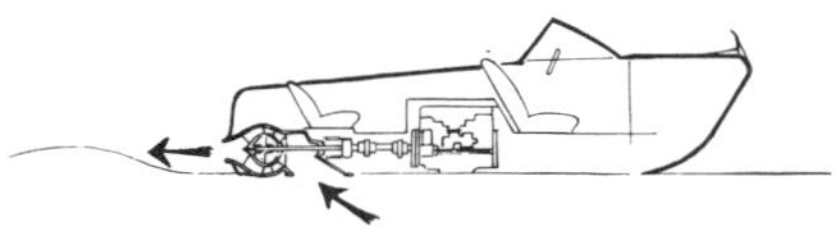

Abb. 62. *Wasserstrahlantrieb*

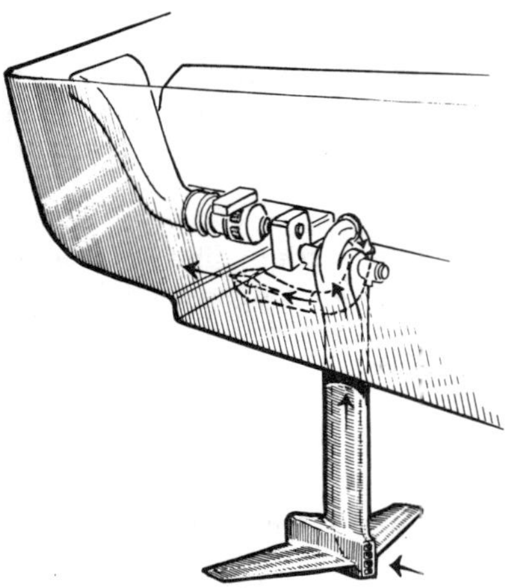

Abb. 63. *Wasserstrahlantrieb kombiniert mit Tragfläche*

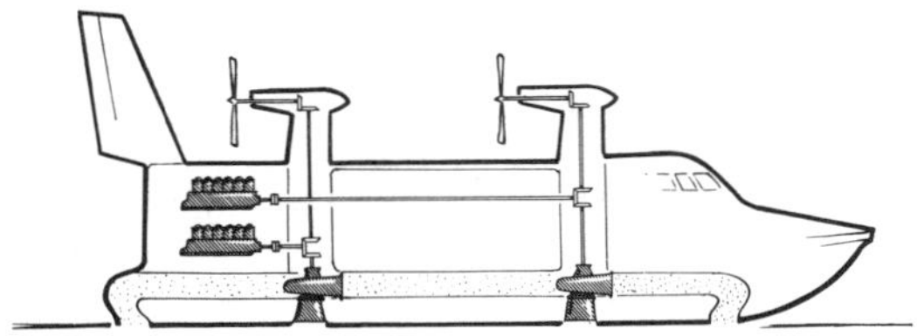

Abb. 64. *Luftkissenfahrzeug*

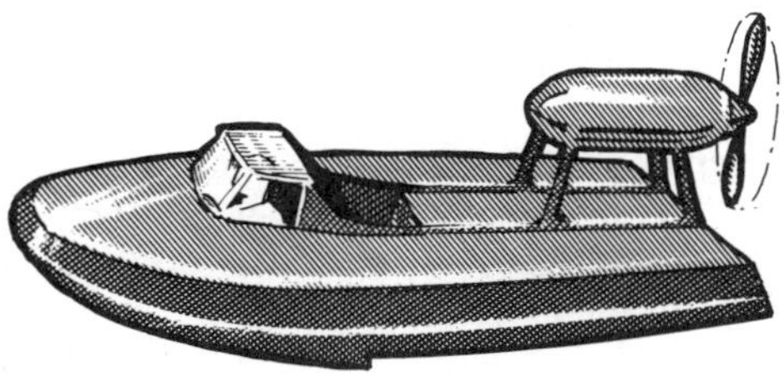

Abb. 65. *Gleitfahrzeug*

dern der Exzentrizität und des Anstellwinkels einen Vortrieb in alle Richtungen erhält: nach vorn, nach hinten, zur Seite; sogar die Drehung des Schiffes um sich selbst ist möglich. Eine solche Vorrichtung ersetzt darüber hinaus das Ruder bei größter Manövrierfähigkeit (Abb. *61*).

**Wasserstrahlantrieb.** Daß ein Schiff mit Schraubenantrieb eine Geschwindigkeit von vierzig Knoten überschreitet, hielt man für ausgeschlossen, weil die Schiffsschraube dazu nicht in der Lage sei, wenigstens nicht mit vernünftigem Wirkungsgrad. Aber mit der Einführung von Spezialschiffsrümpfen (z. B. *Tragflächenboote, Luftkissenfahrzeuge)* ist diese Grenze durchbrochen worden.
Man hat neue Verfahren erprobt, von denen eines im Begriff ist, große Verbreitung zu finden: der Antrieb mit Wasserstrahl. Wenn die Versuche und Erprobungen auch bis ins vorige Jahrhundert zurückgehen (1866 in England und 1885 in Rußland), so wurden sie doch erst 1940 in der Sowjetunion und in den Vereinigten Staaten mit Erfolg wiederaufgenommen.
Das Arbeitsprinzip besteht darin, daß man eine bestimmte wirksame Flüssigkeitsmenge, in diesem Fall das Meerwasser selbst, der Bewegungsrichtung entgegengesetzt ausstößt. Die Wassermenge wird durch eine Öffnung mit Hilfe einer Pumpe angesaugt und mit hoher Geschwindigkeit durch eine Düse wieder ausgestoßen. Auch diese Vorrichtung gestattet den Wegfall des Ruders, da die Ausstoßdüsen gedreht werden können (Abb. *62* und *63*).

**Luftkissenfahrzeuge.** Diese Konstruktionen kann man nicht direkt zu den Schiffen rechnen, obwohl sie, da man sich mit ihnen sowohl auf dem Land wie auch auf dem Wasser bewegen kann, im Hinblick auf zukünftige Entwicklungen bei der Erforschung und Anwendung neuer Seeverkehrsmittel eine Rolle spielen.
In England nennt man sie *Hovercraft* (schwebende Verkehrsmittel) und in Amerika *Ground Effect Maschines* („Bodeneffektfahrzeuge").
Diese Verkehrsmittel werden durch ein Luftkissen, dessen Druck sich mit dem Gewicht des Fahrzeugs im Gleichgewicht befindet, über dem Land oder dem Wasser in der Schwebe gehalten.
Da der Fahrtwiderstand allein auf den Luftwiderstand reduziert worden ist, leuchtet ein, daß man mit einem solchen Verfahren hohe Geschwindigkeiten erreichen kann. Es bestehen verschiedene Möglichkeiten zur Herstellung des Luftpolsters, grundsätzlich aber pumpt man Luft aus geeigneten Gebläsen am Boden des Verkehrsmittels. Den Vortrieb erhält man unabhängig davon mittels einer oder mehrerer Luftschrauben oder indem man einen Teil des Luftstrahls zum Tragen und einen Teil zur Gewinnung des Vortriebs verwendet, wobei man ihn durch geeignete Düsen nach hinten ausströmen läßt. Darüber hinaus erprobt man weitere, aus dem *Hovercraft* abgeleitete Verkehrsmittel (Abb. *64*).

**Luftschraube.** Zu den Verkehrsmitteln mit mechanischem Antrieb zählt man auch die *Gleitfahrzeuge,* die von einer Luftschraube angetrieben werden. Diese Fahrzeuge mit meistens flachem Schiffsboden werden oft in seichten Gewässern, in Sümpfen, Seen und Lagunen, verwendet (Abb. *65*).

**Tragflächenboote.** Wir möchten hier nur auf dieses besondere Verkehrsmittel, das heutzutage so viel Erfolg verspricht, hinweisen. Die Tragflächenboote benutzen kein neuartiges Antriebsmittel, sondern sie vereinigen in gewissem Sinne modernste Erfahrungen und Techniken.
Italien ist – vor allem auf Grund der Fahrzeuge von Crocco und Forlanini – die Wiege der Tragflächenboote. Forlanini ließ um 1920 die ersten Tragflächenboote auf dem Comer See fahren oder „fliegen".

Das Tragflächenboot hat keinen hydrostatischen Druck, da während der Fahrt nur kleine Oberflächen mit günstigem Profil eintauchen, der Rumpf jedoch vollständig über Wasser bleibt.
Je nach der Art der Tragflächen gibt es Tragflächenboote mit Tragflächen, die sich teils über, teils unter Wasser befinden (gewinkelte Tragflächen) (Abb. *66*) und Tragflächenboote mit ständig eingetauchten Tragflächen (Abb. *67*).
Der Antrieb dieser Verkehrsmittel erfolgt durch Schiffsschrauben, Luftschrauben oder Wasserstrahl. Die hohen Geschwindigkeiten und die sich damit eröffnenden zukünftigen Möglichkeiten der Tragflächenboote scheinen die Berechtigung des Verfahrens zu bestätigen.

Abb. 66. *Tragflächenboot mit gewinkelten Tragflächen*

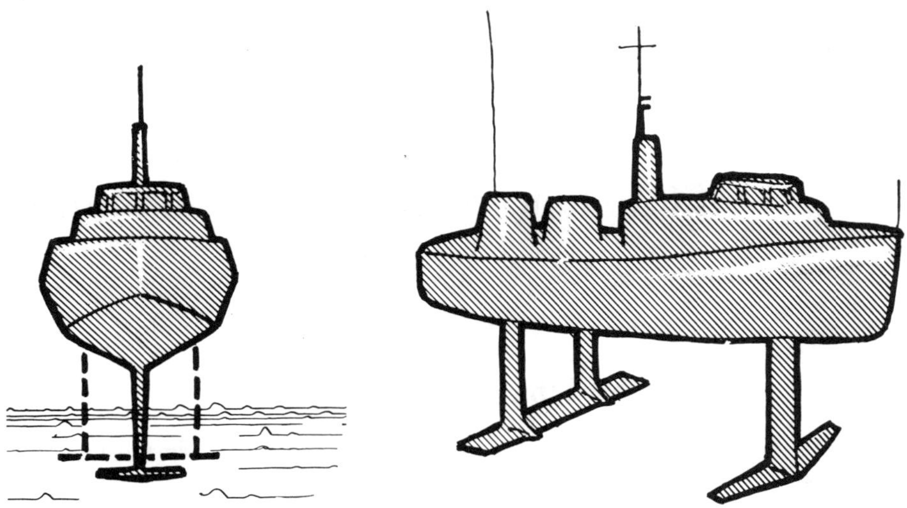

Abb. 67. *Tragflächenboot mit ständig getauchten Tragflächen*

# Einteilung nach der Schiffskörperkonstruktion

Die Handelsschiffe unterscheidet man nach der Konstruktion ihres Schiffskörpers wie folgt:

1. *Schiffe normaler Bauart (Full-deck vessel):* mit einem oder mehreren Decks mit Doppelboden zur Beförderung schwerer Lasten (Abb. *68*).
2. *Schiffe mit Spardeck (Spar-deck vessel):* leichter aufgebaut als die vorigen; der Aufbau ist bis zum Hauptdeck widerstandsfähig, während die höheren Decks leichter gebaut sind. Zu diesem Schiffstyp gehören normalerweise die Fahrgastschiffe.
3. *Schiffe mit Sturmdeck (Awning-deck):* über dem Hauptdeck noch leichter gebaut als die beiden vorigen; auf dem Hauptdeck befindet sich ein leichtes Deck (Sturmdeck) (Abb. *69*).
4. *Schiffe mit Schutzdeck (Shelter-deck):* vollständige Deckaufbauten, große Luken und für den Viehtransport geeignete Öffnungen.
5. *Schiffe mit Schattendeck (Shade-deck vessel):* unvollständige Deckaufbauten, die von Streben gehalten werden, mit leichtem Schanzkleid zum Schutz gegen Unwetter. Eine solche Einrichtung ist für Fahrgastschiffe geeignet.
6. *Schiffe mit erhöhtem Achterdeck (Raised-quarter-deck vessel):* vom Brückenhaus bis zum Quarterdeck ein erhöhtes Deck, wodurch der Laderaum im Hinterschiffsbereich vergrößert werden kann (Abb. *70*).
7. *Welldeckschiff (Well-deck):* Frachtschiffe, bei denen das große Achterdeck zwei Drittel der Schiffslänge einnimmt und sich zwischen jenem und der Back nur ein kleiner, offener Raum befindet. Eben dieser kleine Raum wird „Well" (Schacht, offener Raum) genannt (Abb. *71* und *72*).
8. *Turmdeckschiff (Turret-deck):* Diese Schiffe haben insofern besondere Aufbauten, als sie sich im Querschnitt wie ein Turm nach oben verjüngen. Sie werden viel zur Beförderung von Schüttgut verwendet (Abb. *73*).
9. *Schiffe mit Schachtschottdeck (Trunck-deck):* Sie unterscheiden sich nicht von den vorigen, haben mehrere Schachtschotte oder nur eins, das sich zwischen den beiden Achterdecks oder zwischen Achterdeck und Vordeck befindet. Auch diese Schiffe dienen zur Beförderung von Schüttgut.

Außer diesen verbreiteteren Typen gibt es weitere, die sich von den beschriebenen nur wenig unterscheiden.

# Einteilung nach der Verwendung

Man unterteilt die *Handelsschiffe* und *Kriegsschiffe* nach ihrem Verwendungszweck.

## Handelsschiffe

Sie gliedern sich in *Frachtschiffe, Fahrgastschiffe* und *Fracht- und Fahrtgastschiffe.*
Zu den Frachtschiffen gehören Schiffe für Stückgut und solche für die Beförderung von trockenen oder flüssigen Massengutfrachten.
*Schiffe für Stückgutfrachten* befördern verpackte Waren, Kisten, Ballen, Säcke, Fässer, Behälter, Bauholz, Kraftfahrzeuge und Maschinen.

*Schiffe für trockene Massengutfrachten* befördern Minerale, Kohle, Zucker, Getreide, Zement usw.; das Verladen erfolgt nicht von Hand. *Schiffe für flüssige Massengutfrachten* befördern Wein, geschmolzenen Asphalt, Erdöl usw. Diese Schiffe nennt man *Tanker.*

*Fahrgastschiffe* werden ausschließlich zur Beförderung von Fahrgästen verwendet und befahren feste Linien mit regelmäßigem Aufenthalt in den Häfen. Deshalb heißen sie auch Linienschiffe. Einige von ihnen versehen den Postdienst und heißen Postdampfer.

*Kombinierte Schiffe* oder *Fracht-Fahrgastschiffe* befördern Fahrgäste (mehr als 12 Personen) und Ladung.

Schließlich gibt es noch für Sonderzwecke gebaute Schiffe, zu ihnen zählt man:

*Schlepper,* die zum Bugsieren der Schiffe in den Häfen oder zum Schleppen von Dienstleistungs- oder Zulieferungsschiffen wie *Bagger, Leichter, Pontons* und *Schuten* dienen;

*Eisbrecher,* die die Häfen und die Schiffahrtswege eisfrei halten sollen;

*Kabelleger,* die Fernmeldekabel verlegen;

*Feuerschiffe;*

*Bagger,* die die erforderliche Tiefe der Gewässer herstellen;

*Walfangschiffe,* die zum Walfang verwendet werden;

*Fischereischiffe,* für den Fischfang entsprechend ausgerüstete Schiffe;

*Verarbeitungsschiffe* zur Verarbeitung der gefangenen Fische bzw. Wale;

*Fährschiffe,* die zur Beförderung von Eisenbahnzügen oder kombiniert zur Beförderung von Autos und Zügen oder nur dem Autotransport dienen;

*Schiffe für Hafenrundfahrten* oder Vergnügungsdampfer, Boote;

*Schiffe für den Wassersport* oder für Regatten, sie können mit Segeln oder Motor ausgerüstet sein;

*Lotsenschiffe,* die den Schiffen beim Ein- und Auslaufen oder bei besonderen Fahrten helfen;

*Polizeiboote.*

Abb. 68. *Schiff normaler Bauart*

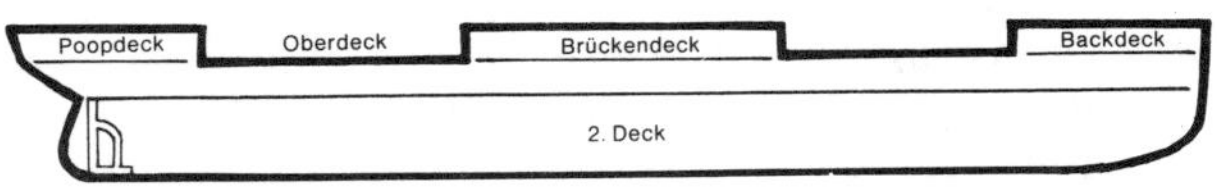


Abb. 69. *Schiff mit Sturmdeck*

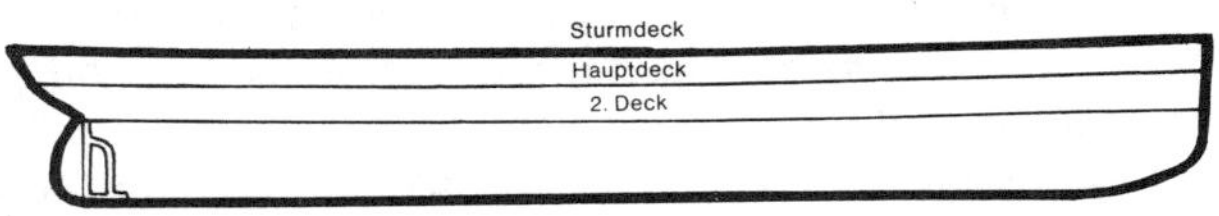


Abb. 70. *Schiff mit erhöhtem Achterdeck*

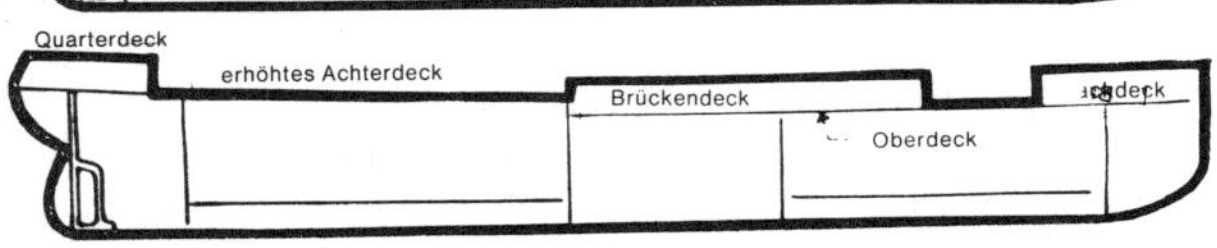


Abb. 71. *Welldeckschiff mit einem Deck*

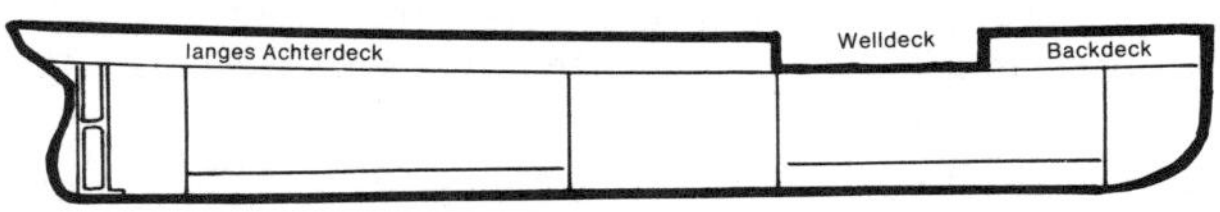


Abb. 72. *Welldeckschiff mit zwei Decks*

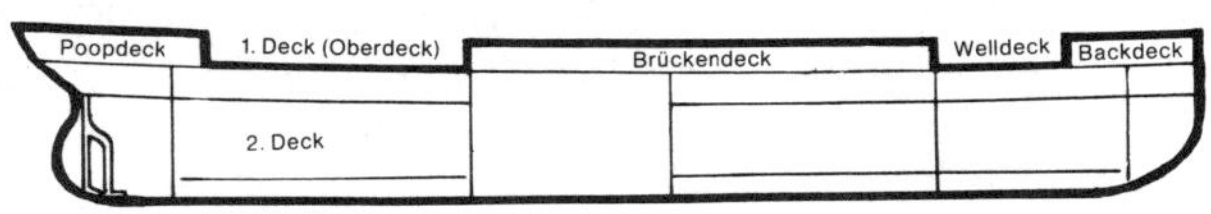


Abb. 73. *Turmdeckschiff*

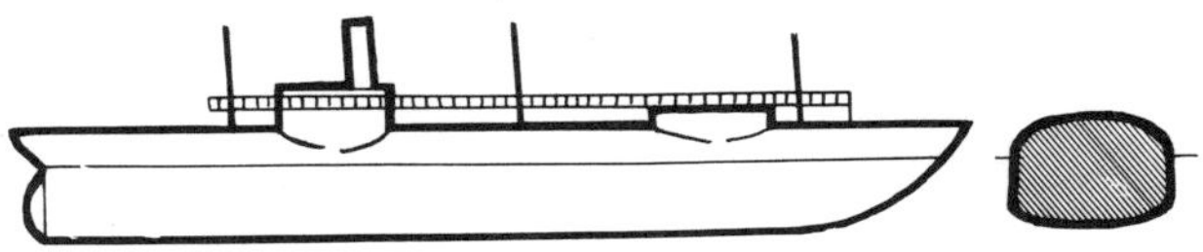

## Kriegsschiffe

Die Einteilung der Kriegsschiffe ist nicht so eindeutig. Zwischen den beiden Weltkriegen konnte man die zahlreichen Schiffstypen vor allem auf Grund mehrerer internationaler Flottenabkommen in verschiedene Klassen unterteilen. Während des zweiten Weltkrieges wurden jedoch neue Schiffstypen für Sonderaufgaben geschaffen, und in der Nachkriegszeit haben der unaufhörliche technische Fortschritt und die Anwendung neuer Erfahrungen in der Strategie des Seekriegs die Unsicherheit in bezug auf die Einordnung dieser Schiffe erhöht.
Man kann sagen, daß dieser Zustand auch heute noch anhält, daß man noch keine den Konstruktionen entsprechenden, einheitlichen Bezeichnungen gefunden hat.
Alle Flotten beziehen sich bei den Schiffsarten und ihren Bezeichnungen auf den Verwendungszweck der betreffenden Einheiten.
Das italienische Schiffsjahrbuch hat beispielsweise die Schiffe der Kriegsmarine in folgende Klassen eingeteilt:
R = *Flugzeugträger:*
Angriffsträger mit Kernantrieb, Angriffsträger mit herkömmlichem Antrieb, U-Boot-Abwehrträger, Flugzeugträger für Transportflugzeuge.
B = *Schlachtschiffe,* befinden sich nicht mehr im Dienst (nur die Vereinigten Staaten von Amerika besitzen noch vier).
C = *Kreuzer:*
Raketenkreuzer mit Kernantrieb, Raketenkreuzer, Raketenkreuzer für den Geleitschutz, große Kreuzer mit herkömmlicher Bewaffnung, kleine Kreuzer mit herkömmlicher Bewaffnung.
D = *Kommandoschiffe:*
Raketenkommandoschiffe mit Kernantrieb, Raketenkommandoschiffe, Raketenzerstörer, Küstenschutzschiffe mit Radar, Zerstörer, Minenleger.
F = *Fregatten:*
Luftabwehrfregatten, U-Jagdfregatten, Küstenschutzfregatten mit Radar, Korvetten.
S = *Unterseeboote:*
Raketen-U-Boote mit Kernantrieb, Unterseeboote mit herkömmlichem Antrieb, Angriffs-U-Schnellboote, U-Jagd-U-Boote, Unterwassertransporter, U-Tanker.
M = *Minensucher:*
Hochseeminensuchboote, Küstenminensuchboote, leichte Minensuchboote.
N = *Hochseeminenleger* oder *kleine Minenlegschiffe*
P = *Kleine Einheiten:*
Kanonenmotorboote, Aufklärungsschiffe, Torpedoboote, Begleitkanonenboote, U-Bootjäger.
L = *Schiff für Amphibienoperationen:*
Angriffshubschrauberträger, Amphibiensturmboote, Amphibienkommandoschiffe, Amphibienangriffsboote, Landungsboote, Landungseinheiten, Landungsboote für Panzerwagen, Schnelltransportschiffe, Truppentransporter, Materialtransporter, Landungstransporter, Transporter für Landungsmaterial.
A = *Hilfsschiffe:*
Begleitschiffe, Flugzeugbegleitschiffe, Zerstörerbegleitschiffe, U-Boot-Begleitschiffe, Transportschiffe, Personaltransportschiffe, Munitionstransportschiffe, Versorgungsschiffe, Tankschiffe, Brennstofftanker, Werkstattschiffe, Radarwachschiffe, Funkverbindungsschiffe, Forschungsschiffe, Seezeichenkontrollschiffe, Lazarettschiffe, Entmagnetisierungsschiffe, Kabellegeschiffe, Netzlegeschiffe, Rettungsschiffe, Eisbrecher, Hochseeschlepper, Hafen- und Küstenschlepper, Feuerschiffe, Schulschiffe.

## KAPITEL III Der Aufbau des Schiffsrumpfes

Den Schiffsrumpf definiert man als einen festen, aus einem Gerippe bestehenden Hohlkörper. Das Gerippe wird aus einem robusten, sich über die ganze Länge des Schiffes erstreckenden Längsträger gebildet, mit dem Querelemente verbunden sind, die man mit einer wasserdichten Verkleidung versieht. Bei diesem Gerippe müssen besonders Widerstandsfähigkeit, Geräumigkeit im Innern und Gesamtlänge gut aufeinander abgestimmt werden.
Der Rumpf muß leicht und in bezug auf sein Gewicht robust sein, damit Fassungsvermögen und Belastung im Einklang stehen.
Das Gerippe des Rumpfes kann aus Holz oder Metall bestehen. Holz wurde ursprünglich als Werkstoff verwendet, den Schiffbau mit Holz betrachtet man deshalb als die klassische Bauweise.
Soviel neue Werkstoffe und Techniken auch eingeführt wurden – der grundsätzliche Aufbau ist unverändert geblieben, und die meisten Bauteile erfüllen noch die gleiche Aufgabe und tragen noch dieselben Bezeichnungen.
Im folgenden untersuchen wir die Hauptteile, die das Gerippe des Schiffsrumpfes bilden.

**Kiel.** Er ist das Hauptteil des Gerippes, hat einen rechteckigen Querschnitt, befindet sich im tiefsten Teil des Rumpfes und erstreckt sich vom Bug bis zum Heck. Der Kiel (Abb. *74*) hat auf beiden Seiten eine lange Kerbe *(Sponung)*, in die die beiden ersten Planken der äußeren Beplankung *(Kielgänge)* eingefügt werden.
Unter dem Kiel bringt man gewöhnlich eine weitere, starke, *Unterkiel* genannte Schutzplanke an. Da der Kiel das längste Bauteil ist, setzt man ihn aus verschiedenen

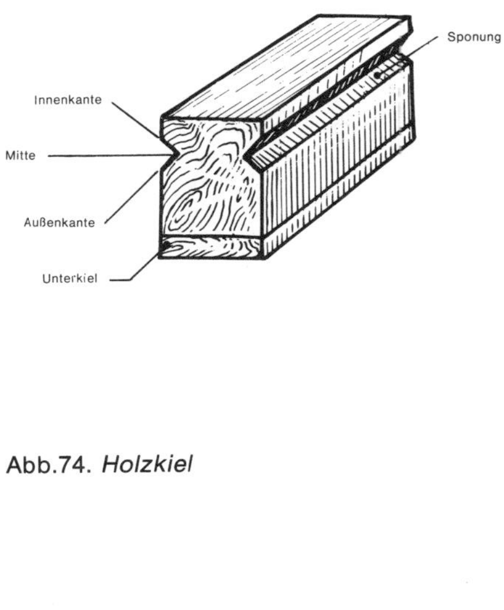


Abb.74. *Holzkiel*

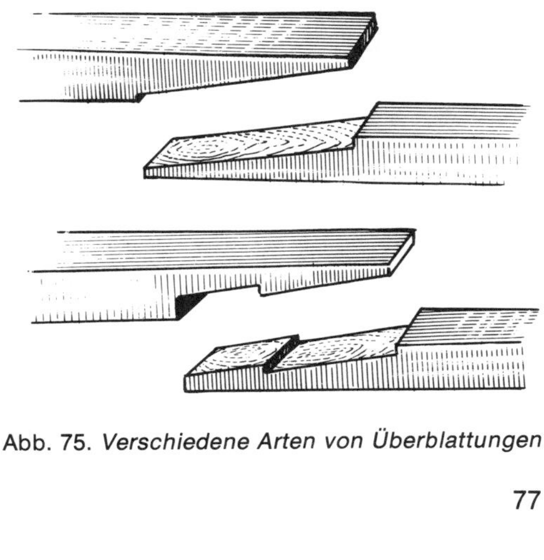

Abb. 75. *Verschiedene Arten von Überblattungen*

Stücken zusammen, die untereinander durch eine Holzverbindung, Überblattung genannt, zusammengefügt sind (Abb. *75*). Den oberen Teil des Kiels nennt man *Gegenkiel.* Bei den alten Schiffen (Segelkriegsschiffen usw.) setzte man über die ganze Länge des Kiels einen Gegenkiel, dessen Überblattungen entsprechend den Überblattungen des Kiels gefalzt waren.

Bei den Schiffen aus Holz ragt der Kiel aus dem Rumpf heraus, während er bei den Schiffen aus Eisen in die Außenhaut einbezogen ist *(Flachkiel).* In diesem Fall sind die Schiffe den Schlingerbewegungen stärker unterworfen. Um dieser Unannehmlichkeit zu entgehen, werden deshalb auf beiden Seiten des Schiffsbodens zwei seitliche, *Schlingerkiele* genannte Bauteile angebracht.

Jedoch gibt es bei den Schiffen aus Eisen auch hervorstehende Kiele und *Kielschweinkiele* genannte Kiele von besonderer Widerstandsfähigkeit.

Auch bei den Booten und den kleinen Schiffen gibt es verschiedene Kielarten: den *klassischen Kiel mit Sponung,* den *Kiel ohne Sponung* und den *Kiel mit einfacher Sponung* (Abb. *76a, b, c*).

Die klassischen Kiele mit Sponung sind an Booten angebracht, bei denen ein einwandfreies Halten, eine sichere Befestigung der Beplankung erforderlich ist. Die Kiele mit einfacher Sponung werden bei Schiffsrümpfen verwendet, bei denen eine gute Verbindung mit der Beplankung erforderlich ist. Die Kiele ohne Sponung werden hauptsächlich für Schiffsrümpfe mit flachem Boden oder mit einer Beplankung aus nur einem Stück benutzt. Bei den Schiffen aus Holz endet der Kiel am Hinterschiff mit einem kleinen, *Knie* genannten Arm, über dem man das *Achtersteven* genannte senkrechte Bauteil anbringt.

Die Kiele der alten Schiffe unterschieden sich nicht von den oben beschriebenen klassischen. Die ägyptischen Schiffe hatten einen Innenkiel, die römischen Schiffe vom Nemisee vier Kiele ohne Sponung, während einige kleine römische Boote, die an verschiedenen Stellen gefunden wurden, Kiele mit verschiedenen Arten einfacher Sponung oder mit normaler Sponung aufweisen. Wir wissen nicht, wie die Kiele anderer Zeitabschnitte aussahen, können aber doch annehmen, daß der klassische Kiel, wie er auf uns gekommen ist, in seiner Urform von den Phönikern stammt.

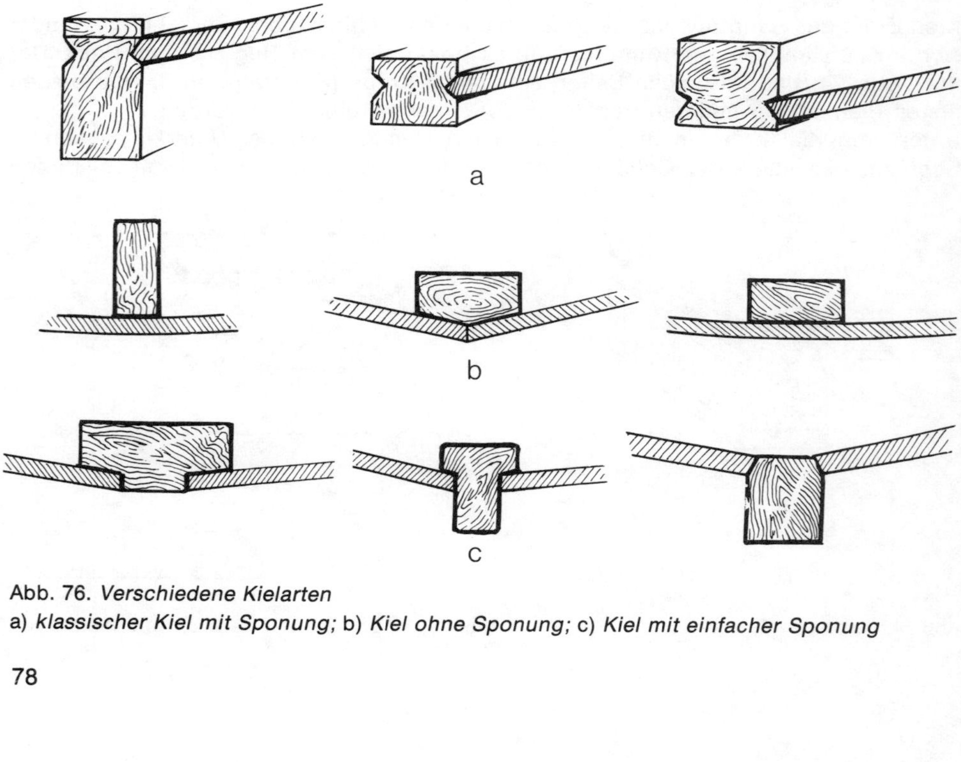


Abb. 76. *Verschiedene Kielarten*

a) *klassischer Kiel mit Sponung;* b) *Kiel ohne Sponung;* c) *Kiel mit einfacher Sponung*

**Vorsteven.** Er ist ein prismenförmiges Bauteil, das mehr oder weniger senkrecht mit dem Vorderteil des Kiels zusammengefügt ist. In seinem unteren Teil ist er mehr oder weniger gebogen, manchmal auch gerade.
Der *Vorsteven* kann unmittelbar oder aber mit Hilfe eines Übergangsstückes mit dem Kiel verbunden sein. Auf der Innenseite des eigentlichen Vorstevens befinden sich der *Binnenvorsteven*, das *Vorstevenknie* und verschiedene Füllstücke. Vor dem Vorsteven ist das *Galionsscheg* angebracht. Darüber erstreckt sich der *Schiffsschnabel*, auf den man die *Galionsfigur* setzt (Abb. 77).

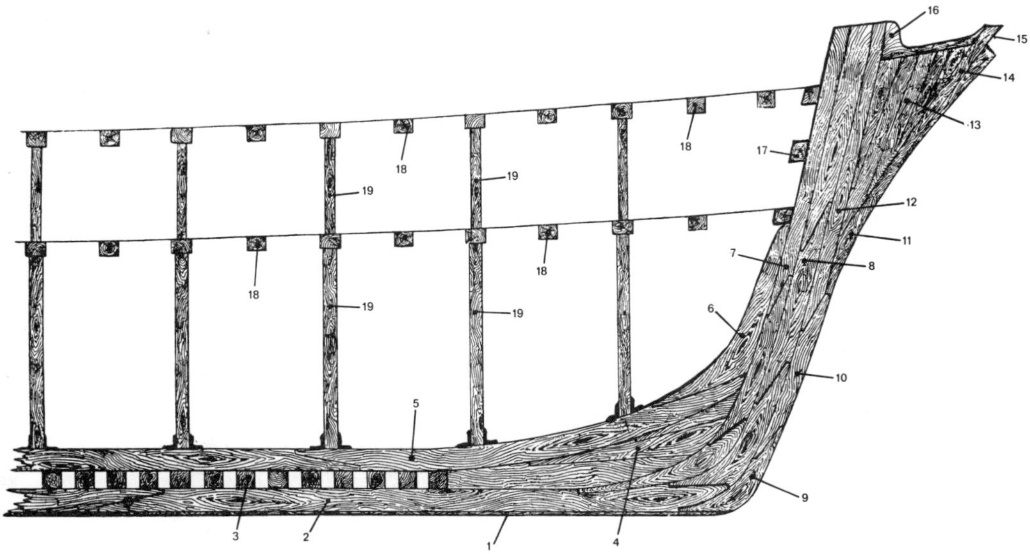

Abb. 77. *Vorderteil eines Segelschiffes*
*1. Unterkiel, 2. Kiel, 3. Bodenwrangen, 4. Füllstücke, 5. Kielschwein, 6. Binnenvorstevenknie, 7. Binnenvorsteven, 8. Vorsteven, 9. Stevenanlauf (Anlauf), 10. Greep, 11. Schaft des Galions (Galionsscheg), 12. Rückenstück des Galions, 13. Füllstücke des Bugs, 14. Füllstücke des Galions, 15. Träger der Galionsfigur, 16. Krummholz oder Unterbalkweger der Galionsfigur, 17. Bugband, 18. Deckbalken, 19. Stützen*

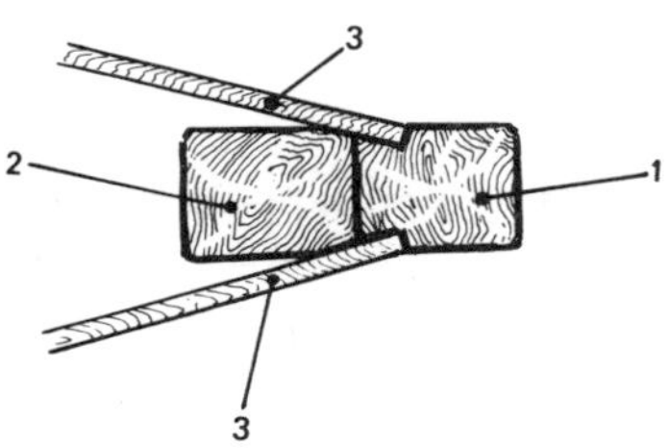

Abb. 78. *Scharfer Bug eines Segelschiffes*
*1. Vorsteven, 2. Binnenvorsteven, 3. Beplankung*

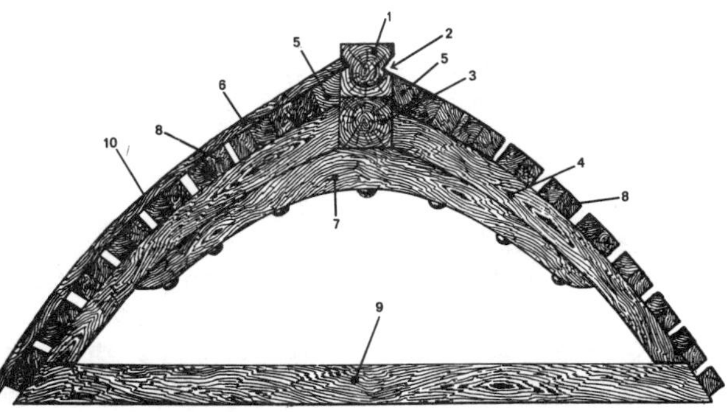

Abb. 79. *Völliger Bug eines Segelschiffes*
*1. Vorsteven, 2. Sponung des Vorstevens, 3. Binnenvorsteven, 4. Füllstück des Bugs, 5. Ohrhölzer, 6. Außenbeplankung, 7. Bugband, 8. Vorkantspanten, 9. Balken*

Der Vorsteven des hölzernen Bugs trägt die Sponung für die Beplankung. Wenn es sich um ein Schiff mit scharfem Bug handelt (Abb. *78*), ruht die Beplankung mit einer größeren Fläche auf dem Vorsteven; wenn der Bug völlig ist, legt man zwei Vorkantspanten, *Ohrhölzer (Judasohren)* genannt, dazwischen (Abb. *79*). Die Eisenschiffe haben Vorsteven aus nur einem Plattenstück, einer gebogenen Platte oder Plattenelementen.
Es gibt verschiedene Arten von Vorsteven: gerade, geschwungene für den Rumpf schneller Schiffe und eingezogene für den Rumpf besonderer kleiner Boote (charakteristisch für die ligurischen Jollen und die Barben der Adria).
Die Bestandteile des Vorstevens der alten Schiffe sind die gleichen wie die des oben beschriebenen klassischen (Abb. *80* und *81*).

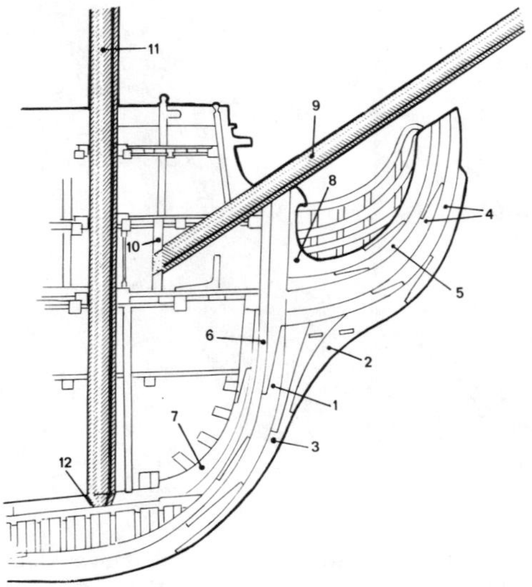


Abb. 80. *Teile des Bugs eines Segelkriegsschiffs des 17. Jahrhunderts*
*1. Vorsteven, 2. Galionsscheg, 3. Greep, 4. Lieger, 5. Füllstücke des Schiffsschnabels, 6. Binnenvorsteven, 7. Vorstevenknie, 8. Krummholz, 9. Bugspriet, 10. Bugsprietspur, 11. Fockmast, 12. Fockmastspur*

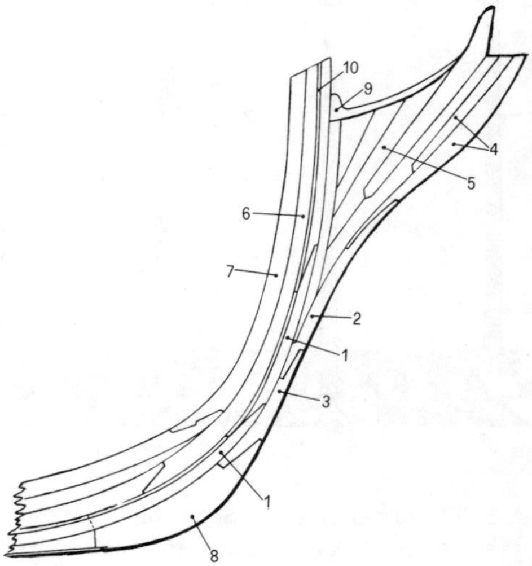


Abb. 81. *Teile des Bugs eines Schiffes um etwa 1780*
*1. Vorsteven, 2. Galionsscheg, 3. Greep, 4. Lieger, 5. Füllstück des Schiffsschnabels, 6. Binnenvorsteven, 7. Vorsteven, 8. Übergangsstück vom Kiel zum Steven, 9. Krummholz, 10. Sponung des Vorstevens*

**Achtersteven.** Wie am Bug erhebt sich auch am Hinterschiff ein Bauteil senkrecht zum Kiel, *Hinter-* oder *Achtersteven* genannt. Das *Knie* genannte hintere Ende ist leicht ausladend, um das Ruder zu schützen.
An diesem Achtersteven wird das Ruder drehbar angebracht. Ebenso wie der Vorsteven besteht auch der Achtersteven aus verschiedenen Teilen: dem *Binnenhintersteven,* dem *Hinterstevenknie* und verschiedenen Füllstücken.
Auf dem Achtersteven befindet sich ebenfalls die Sponung zum Befestigen der Beplankung (Abb. *82* und *83*). Anders verhält es sich bei den Achtersteven der Schiffe aus Eisen; sie bestehen im allgemeinen samt den die Schrauben tragenden Wellenböcken aus einem einzigen geschmiedeten Stück, während diese Wellenböcke bei den Kriegsschiffen getrennte Bauteile sind.

Wenn das Schiff nur eine Schraube hat, gibt es noch einen weiteren Achtersteven, *Schraubensteven* genannt, der Hohlraum zwischen beiden Steven heißt *Schraubenbrunnen.* Die meisten Arten von Achtersteven sind senkrecht, während die eingezogenen Arten bei den Segelbooten weit verbreitet sind. Die alten Schiffe verwendeten für die Achtersteven die gleiche Anordnung (Abb. *102*).

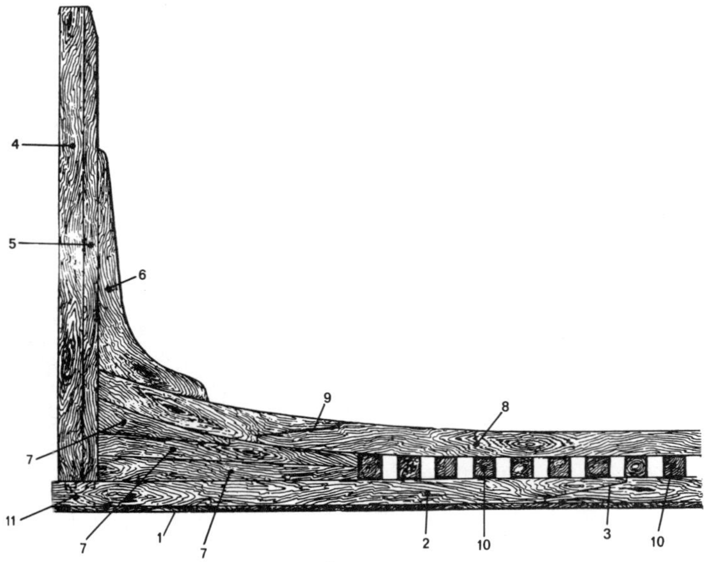


Abb. 82. *Teile des Hecks eines Segelschiffes*
*1. Unterkiel, 2. Kiel, 3. Überblattungen des Kiels, 4. Achtersteven, 5. Binnenhintersteven, 6. Binnenhinterstevenknie, 7. Füllstücke des Hinterschiffs, 8. Kielschwein, 9. Überblattungen des Kielschweins, 10. Bodenwrangen, 11. Kielhacke*

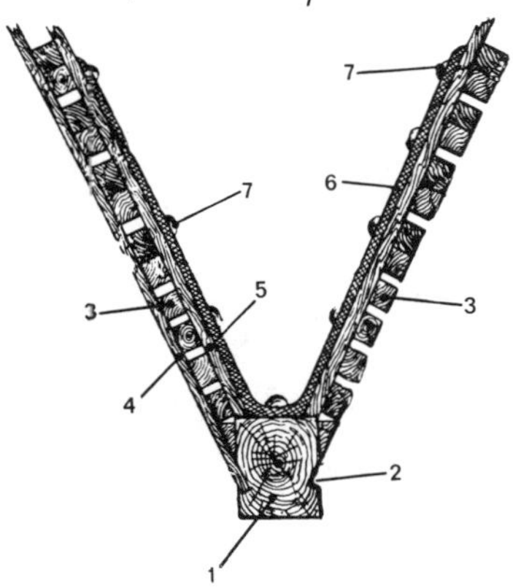


Abb. 83. *Achtersteven und Hinterpiekband*
*1. Achtersteven, 2. Sponung des Achterstevens, 3. Hinterkantspanten, 4. Außenbeplankung, 5. Innenbeplankung, 6. Hinterpiekband aus Eisen, 7. Schrauben des Hinterpiekbandes*

**Spanten.** Es sind die Querelemente der Konstruktion, mit dem Kiel bilden sie das Gerippe oder Skelett eines Rumpfes (Abb. *84, 85, 86, 87, 88, 89a, b, 90, 91, 92* und *93*).
Diese Bauteile werden in kurzen Abständen auf dem Kiel befestigt und heißen *Spanten* (Abb. *94*). Wie wir später sehen werden, wird das Schiff durch diese Spanten in die auf dem Bauplan dargestellten Abschnitte unterteilt. In Übereinstimmung mit den Rippen der Lebewesen nennt man die Spanten auch *Rippen.* Sie befinden sich in zur Längsebene senkrechten Ebenen. Jedes Spant besteht aus einem Paar Rippen, sie sind beide auf dem Kiel befestigt und laufen bogenförmig an den Seitenwänden entlang, das heißt, man bezeichnet die beiden Hälften eines Spants als *Rippen.* Wegen ihrer U-förmigen Gestalt in der Mitte des Schiffes und ihrer V-förmigen Gestalt an den Enden ist es nicht möglich, sie (außer bei den Booten) aus einem Stück herzustellen; sie werden deshalb aus mehreren Teilen gebaut.

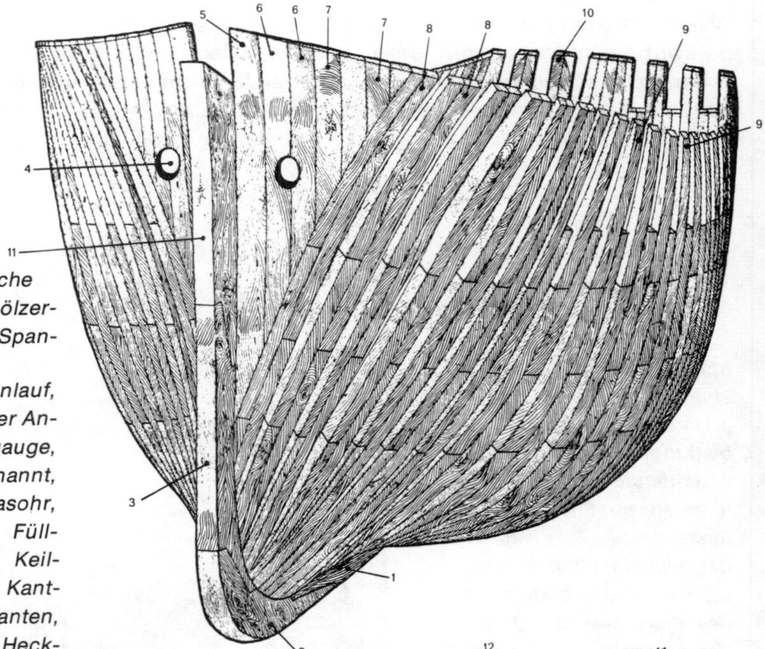


Abb. 84. *Perspektivische Vorderansicht eines hölzernen Segelschiffes in Spanten*
*1. Kiel, 2. Stevenanlauf, 3. Greep, 4. Klüse oder Ankerloch, auch Bugauge, Klüsenauge genannt, 5. Ohrholz, Judasohr, 6. Klüsenhölzer, 7. Füllspanten, Füllstücke, Keilstücke des Bugs, 8. Kantspanten, 9. Richtspanten, gerade Spanten, 10. Heckspanten, 11. Galionsscheg*

Abb. 85. *Perspektivische Hinteransicht eines hölzernen Segelschiffes mit viereckigem Hinterschiff in Spanten*
*1. Kiel, 2. Kielhacke, 3. Hintersteven, 4. Totholz, Aufklotzung, 5. Richtspanten, gerade Spanten, 6. Kantspanten, 7. Hinterseitenauflanger, 8. Füllstück, 9. Füllungsworpen, 10. Heckbalken, 11. Hennegat, 12. Mittelheckspanten, 13. Gillungshölzer, 14. Heckspanten, 15. Heckstützen, Heckpfeiler*

Abb. 86. *Perspektivische Hinteransicht des Gerippes eines Schiffes aus der ersten Hälfte des 18. Jahrhunderts*
*1. Kiel, 2. Spanten, 3. Gänge, 4. Achtersteven, 5. Vorsteven, 6. Heckbalken, 7. Hennegat, 8. Ohrhölzer, Judasohren, 9. Binnenvorsteven, 10. Hackbord*

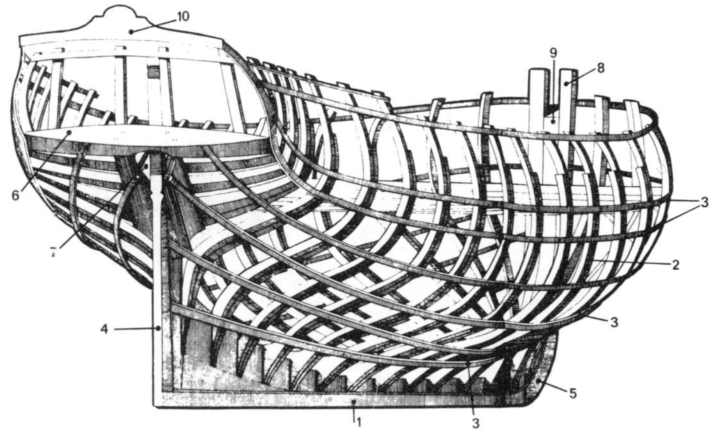


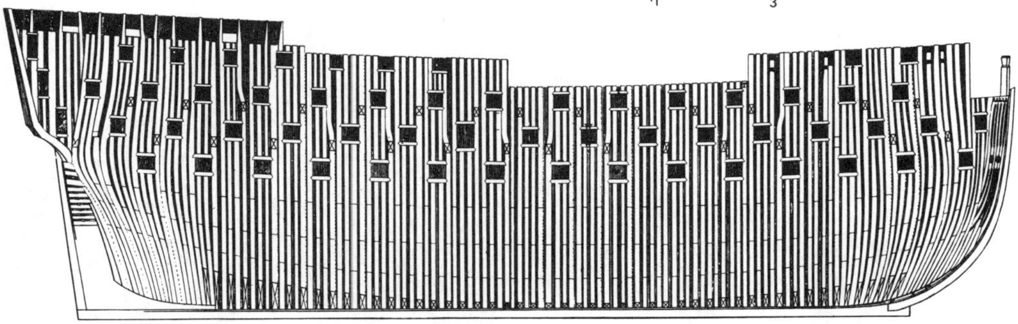

Abb. 87. *Längsansicht des Gerippes eines Schiffes mit drei Decks aus der zweiten Hälfte des 18. Jahrhunderts*

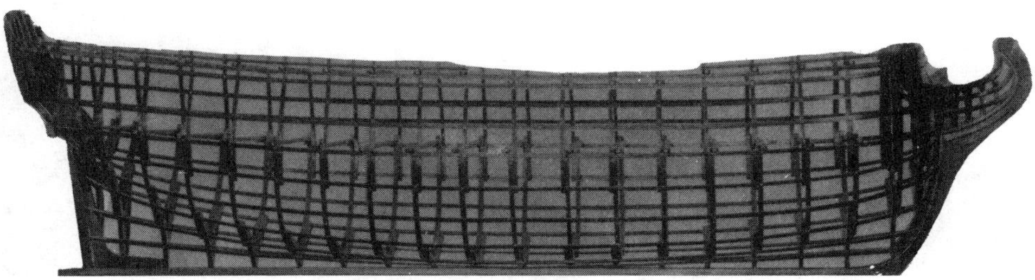

Abb. 88. *Längsansicht des Gerippes eines Modells einer Fregatte von 1700*

Abb. 89. a) *Längsansicht des Modells eines venezianischen Kriegsschiffes ersten Ranges des 18. Jahrhunderts*

Abb. 89. b) *Segelkriegsschiff mit zwei Decks aus dem 18. Jahrhundert*

Die Spanten werden aus zwei übereinandergelegten Schichten gefertigt, und zwar so, daß die gefalzten Teile zueinander passen. Die obere Hälfte jedes Teils wird dabei etwa in halber Höhe des darunter befindlichen Bauteils darübergelegt. Die beiden Schichten werden dann mit Nägeln fest verbunden. Oder aber, was weniger häufig der Fall ist, die beiden Schichten werden durch Holzklötze und Verbindungszapfen im Abstand voneinander gehalten. Der untere Teil des Spants wird jedoch immer zusammengepaßt. Die Verbindungsfläche der beiden Schichten wird *Spantfläche* genannt. Die Anzahl der Spanten hängt von der Länge des Schiffes und der erforderlichen Festigkeit ab. Der Abstand der Spanten voneinander ist nicht größer als ein halber Meter.

Das Spant mit dem größten Querschnitt heißt *Hauptspant.* Die anderen nennt man *vordere* oder *hintere* Spanten – je nachdem, ob sie zwischen Hauptspant und Bug oder zwischen Hauptspant und Heck liegen. Die untersten Teile der Spanten, die mit dem Kiel verbunden werden, heißen *Bodenwrangen.* Sie bestehen aus einem Stück oder sind in der Mitte über dem Kiel geteilt. An diese schließen sich auf jeder Seite die beiden *Sitzer* oder *Sitter* an; danach folgen die *Stützen.*

Je nach den Abmessungen des Schiffes können verschiedene Stützen vorhanden sein. Der oberste Teil der Rippen heißt *Geländerstützen* oder *Zepter.* Die Stützen und Zepter nennt man im allgemeinen *Verlängerer.* Am Heck und am Bug, wo die Spanten schärfer sind, nennt man die Bodenwrangen *hohe Bodenwrangen* oder *Piekstücke* (Abb. *95*). Am Bug und am Heck sind die Spanten nicht immer senkrecht angeordnet; teilweise sind sie so geneigt, daß sie senkrecht zur Oberfläche des Rumpfes stehen. Diese Spanten nennt man *Kantspanten.* Die Kantspanten werden da verwendet, wo besondere Festigkeit erforderlich ist, und bei Schiffen, die einen Rumpf mit nicht sehr scharfen Formen haben.

Die Verbindungslinien zwischen den Bodenwrangen und den Sitzern liegen auf zwei symmetrischen Linien, die man *Kimmlinien* nennt.

Bei kleinen Booten können die Spanten aus mehreren Teilen bestehen, die wie oben beschrieben angeordnet sind, oder aber aus einfachen untereinander verbundenen Teilen (z.B. aus zwei Hälften). Schließlich verwendet man bei kleinen Booten häufig Spanten aus nur einem Stück, die man aus Bauhölzern mit einer natürlichen Krümmung oder aus künstlich gebogenen Holzteilen gewinnt. Diese letzteren können auch aus verschiedenen, untereinander verleimten Holzschichten bestehen. Solche Spanten nennt man *Lamellenspanten.* Die aus einem Stück hergestellten Spanten können in vielen Fällen durch *Balken* vervollständigt werden (Abb. *96a, b, c*).

Bei den Schiffen aus Eisen ist die Beschaffenheit der Spanten einfacher, und zwar unterscheidet man hier nur zwischen den *Bodenwrangen* und den *Stützen.* Die Spanten werden im allgemeinen durch die Verbindung von zwei L-Profilen gewonnen, während die Bodenwrangen aus einer Platte hergestellt werden, die an der oberen Kante ein Winkelprofil trägt.

Die Platten sind zur Gewichtsverminderung durchbrochen. Bei den großen Schiffen werden die Spanten wie die Bodenwrangen mit Platten verstärkt, man nennt sie *Rahmenspanten.*

Bei den alten Schiffen baute man die Spanten ebenso aus Teilen wie bei den neueren Segelschiffen. Es gab also die Bodenwrangen, die Sitzer oder Sitter und die Stützen (Abb. *97a, b*). Außer den Spanten setzte man zur Verstärkung des Rumpfes in bestimmten Abständen über die Innenbeplankung *Kattsporen* genannte Spanten. Die Kattsporen reichten im allgemeinen von einer Pforte bis zur anderen und bis zur Höhe des ersten Decks. Das Kattspor war wie ein normales Spant mit Bodenwrangen, Sitzern und Stützen gebaut (Abb. *98*). Abb. *99a, b* zeigt die alten Verfahren beim Bau der Spanten.

Abb. 90. *Längsansicht des Gerippes des Modells einer venezianischen Galeasse aus dem 18. Jahrhundert*

Abb. 91. *Gerippe eines Segelkriegsschiffs aus der zweiten Hälfte des 19. Jahrhunderts*

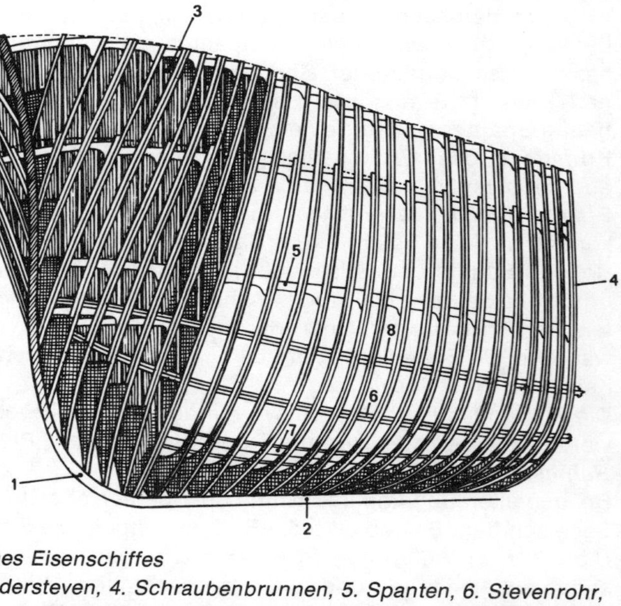


Abb. 92. *Gerippe des Bugteils eines Eisenschiffes*
*1. Vorsteven, 2. Kiel, 3. Vorpiek, 4. Spanten, 5. Balken, 6. Kimmstringer, 7. Kielschwein, 8. Längsspant*

Abb. 93. *Gerippe des Heckteils eines Eisenschiffes*
*1. Kiel, 2. Schraubensteven, 3. Rudersteven, 4. Schraubenbrunnen, 5. Spanten, 6. Stevenrohr, 7. Kimmstringer, 8. Seitenstringer, 9. Hinterpiekschott, 10. Heckstützen, 11. Bodenwrangen, 12. Ruderösen, 13. Deckbalkenknie*

Abb. 94. *Mittelspanten eines hölzernen Segelschiffes*
*1. Kiel, 2. Bodenwrangen, 3. Sitzer, Sitter, 4. erster und zweiter Auflanger, 5. dritter und vierter Auflanger, 6. Oberauflanger, 7. Bolzen, 8. Zwischenstücke, 9. Verbindungszapfen, 10. Stoßkalben, 11. normaler doppelter Aufbau eines Spants, 1. Aufbau eines Doppelspants*

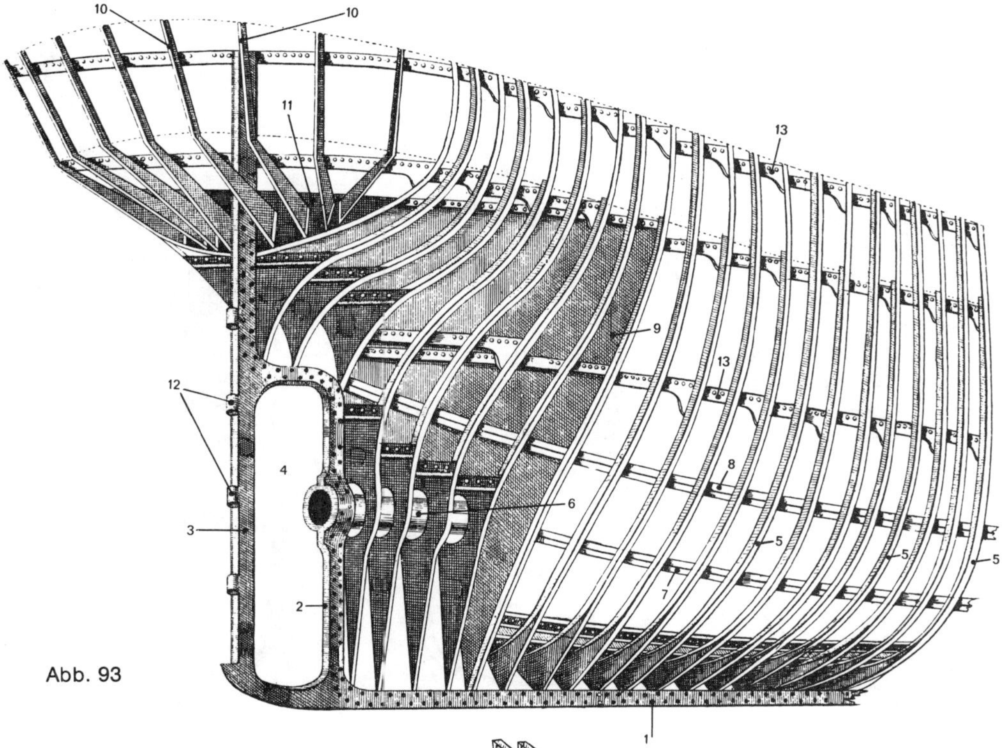
10
10
11
13
9
13
12
4
8
6
3
5
5
5
7
2
1

Abb. 93

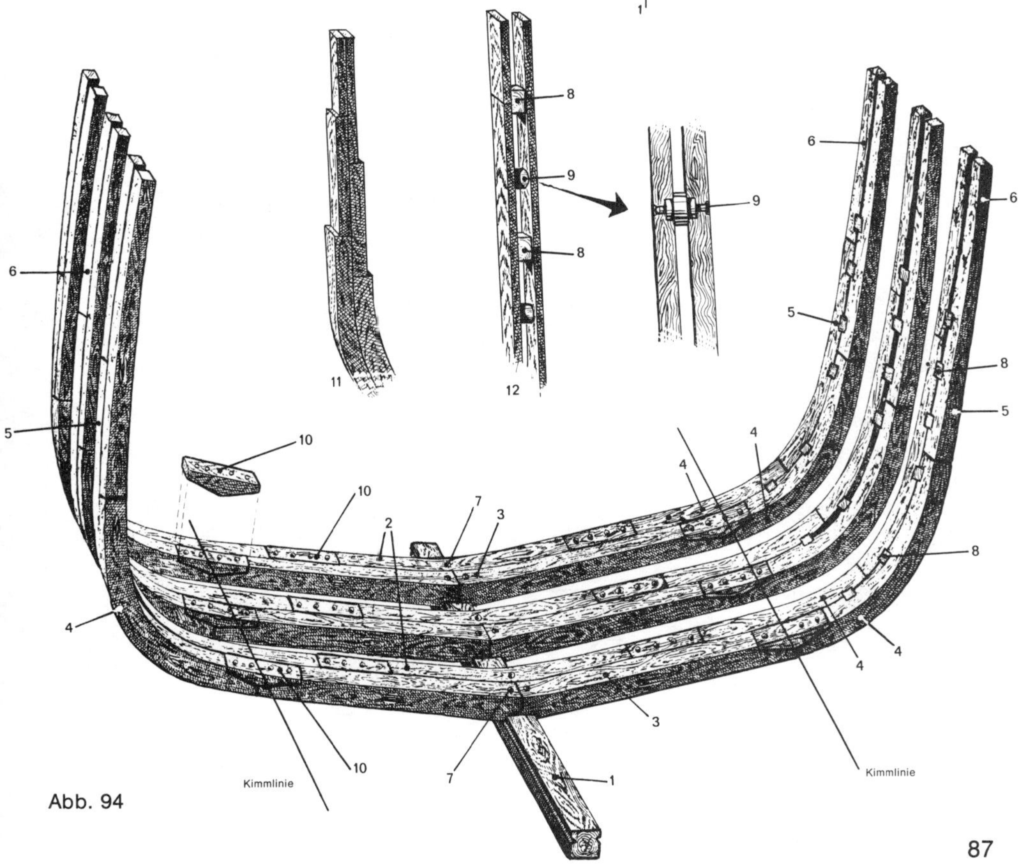
8
9
9
8
6
6
6
11
12
5
5
8
5
10
10
7
3
2
4
4
4
8
4
4
4
3
10
7
1
Kimmlinie
Kimmlinie

Abb. 94

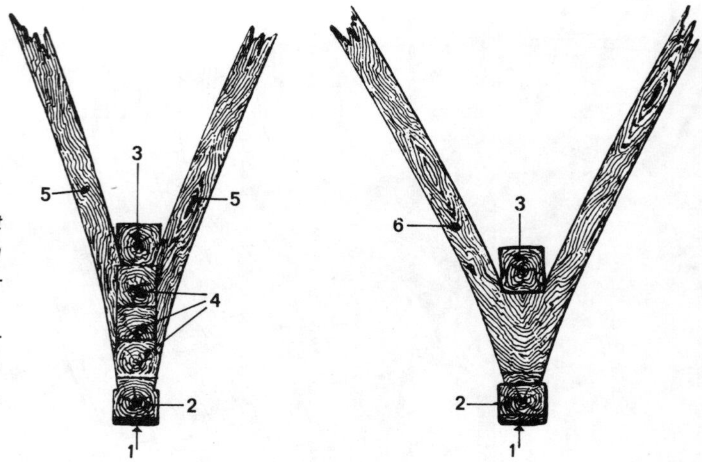


*Abb. 95. Piekstücke mit halben Bodenwrangen oder mit einer ganzen Bodenwrange*
*1. Unterkiel, 2. Kiel, 3. Kielschwein, 4. Füllstücke, 5. halbe Bodenwrangen, 6. ganze Bodenwrange*

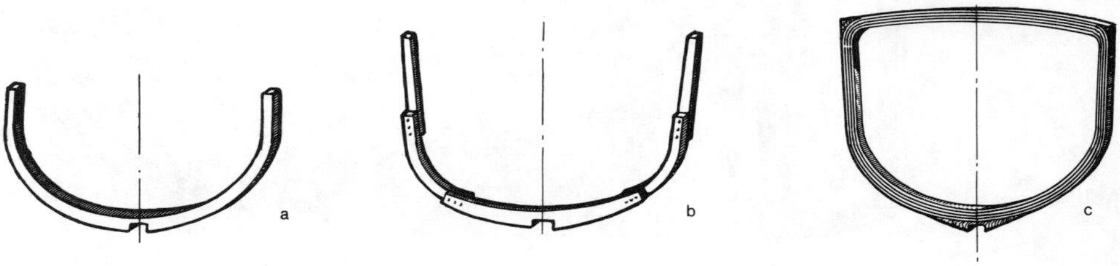


Abb. 96. *Spanten für Boote*
a) *Spant aus einem einzigen Stück;* b) *Spant aus mehreren Stücken;* c) *Lamellenspant mit Balken*

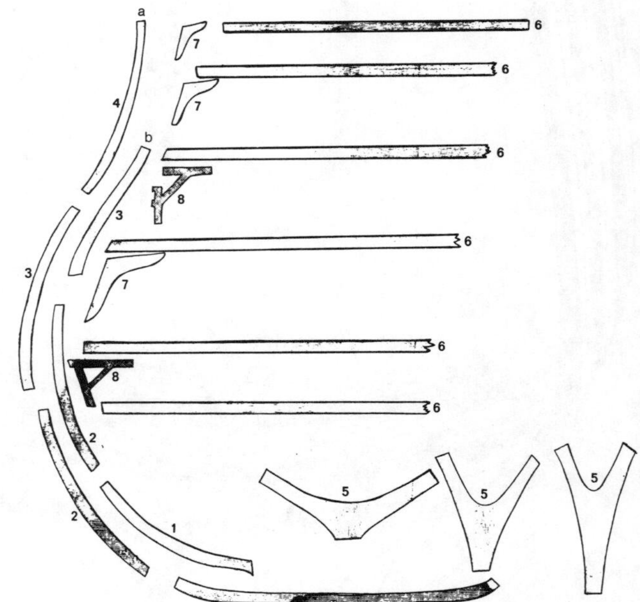


Abb. 97. *Teile eines Spants und des Kattspors eines Schiffes aus der Zeit Ende des 16. Jahrhunderts bis erste Hälfte des 17. Jahrhunderts*
a) *Spant: 1. Bodenwrange, 2. Sitzer oder Sitter, 3. erster Auflanger, 4. zweiter Auflanger, 5. Bug- und Heckpiekstücke*
b) *Kattspor: 1. Sitzer oder Sitter, 2. erster Auflanger, 3. zweiter Auflanger, 6. Balken, 7. Balkenknie aus Holz, 8. Balkenknie aus Eisen*

Abb. 98. *Querschnitt eines Schiffes des 18. Jahrhunderts*
*1. Kiel, 2. Kielschwein, 3. linkes Spant, 4. rechtes Spant, 5. linkes Kattspor, 6. rechtes Kattspor, 7. Außenbeplankung, 8. Innenbeplankung, 9. Gänge, 10. Verbindungs- und Verstärkungsbolzen, 11. Nieten der Beplankung, 12. hölzerne Balkenknie, 13. eiserne Balkenknie, 14. Deckbalken, 15. Beplankung der Decks, 16. Balkenstützen, 17. Relingstütze, 18. Rüste, 19. Rüsteisen, 20. Geschützpfortendeckel*

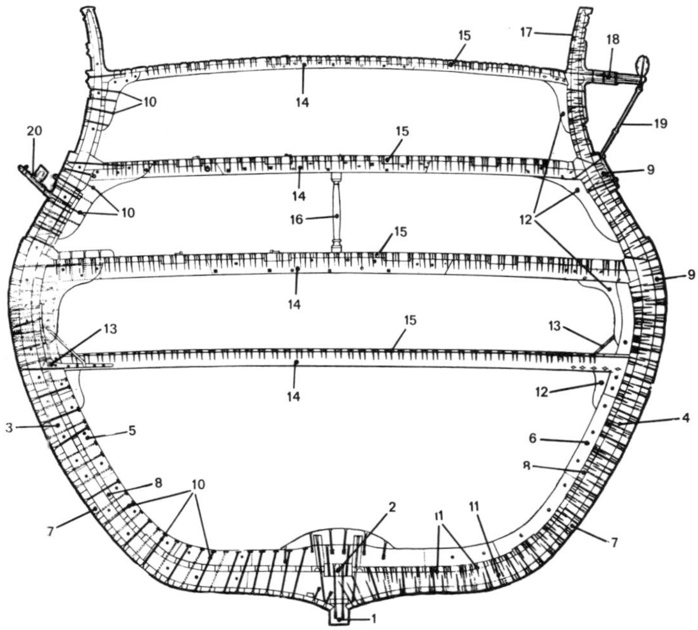


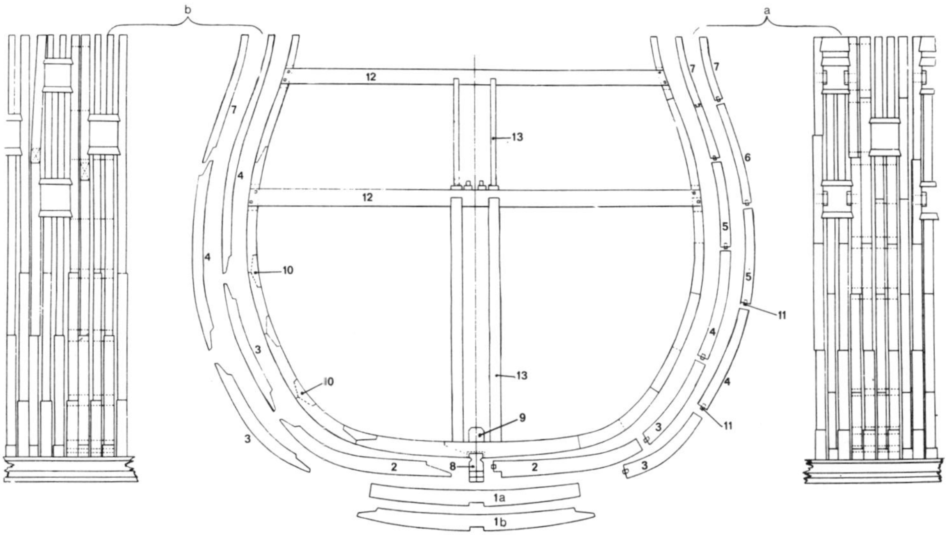


Abb. 99. *Zusammensetzung der Spanten bei den verschiedenen alten Verfahren*
a) *ab 18. Jahrhundert angewandtes Verfahren;* b) *altes Verfahren des 16. Jahrhunderts bis zur ersten Hälfte des 18. Jahrhunderts*
*1. Bodenwrange, 2. Bodenwrangenhälfte, 3. Sitzer oder Sitter, 4. erster Auflanger, 5. zweiter Auflanger, 6. dritter Auflanger, 7. vierter Auflanger oder Oberauflanger, 8. Kiel, 9. Kielschwein, 10. Stoßkalben, 11. Verbindungszapfen, 12. Balken, 13. Stützen*

**Kielschwein.** Über den Bodenwrangen ist auf der ganzen Länge des Kiels ein Teil mit rechteckigem Querschnitt angebracht, das die gleichen Abmessungen hat wie der Kiel, man nennt es *Kielschwein.* Am Heck und am Bug wölbt es sich nach oben.

Diese beiden Enden nennt man *Vorstevenknie* und *Hinterstevenknie.* Das Kielschwein trägt oft auf der Oberseite das *Oberkielschwein* und auf beiden Seiten die *Seitenkielschweine.* Diese letzteren ruhen ebenfalls auf den Bodenwrangen.
Das Kielschwein besteht aus verschiedenen, durch Überblattung ineinandergreifenden Stücken. Kiel, Bodenwrangen und Kielschwein sind miteinander durch starke Bolzen verbunden. Auf dem Kielschwein stehen die Masten. Neben den Seitenkielschweinen sind verschiedene Gänge dicker Längsplanken angebracht, die auf den Spanten ruhen und *Flachweger* heißen.
Nach den Flachwegern wird die Verkleidung mit weiteren, kleineren, *Kimmweger* genannten Planken fortgesetzt und danach mit noch kleineren, die die Innenbeplankung bilden.
Bei der Innenverkleidung (Abb. *100*) werden einige Beplankungsgänge zur Belüftung des Rumpfes ausgelassen; sie bilden die *Belüftungskanäle* oder *Luftgänge.* Darüber hinaus werden je nach den Flach- und Kimmwegern einige Löcher für den Abfluß eingedrungenen Wassers angebracht. Die kleinen Abflußkanäle sammeln das Wasser in der Mitte des Schiffes (*Bilge* oder *Lenzraum*). Die aus den Flach- und Kimmwegern bestehende Innenbeplankung nennt man auch *Wegerung.*
Bei den Stahlrümpfen liegt das Kielschwein über den Bodenwrangen. Es gibt keine Oberkielschweine, sondern nur Seitenkielschweine. Die Unterbalkweger sind durch *Kimmstringer,* in Längsrichtung verlaufende Stringer, ersetzt, die man wie bei den hölzernen Schiffen über den Spanten anbringt.
Bei den alten Schiffen befand sich das Kielschwein in der oben angegebenen Weise über dem Kiel und dem Gegenkiel.

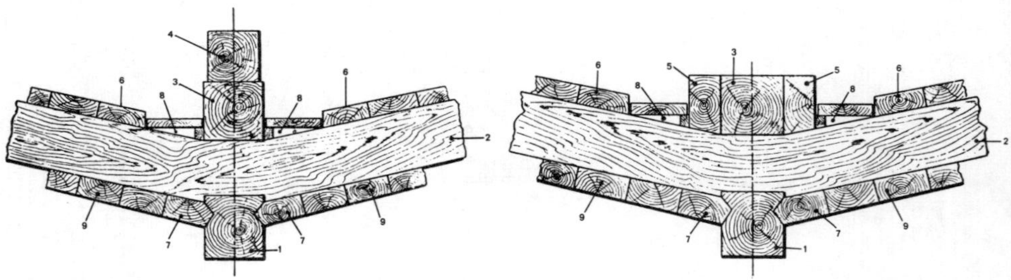

Abb. 100. *Aufbau des Kielschweins*
*1. Kiel, 2. Bodenwrange, 3. Kielschwein, 4. Oberkielschwein, 5. Seitenkielschwein, 6. Kielwegerungsgänge, 7. Kielgänge, 8. Abflußkanäle, 9. Außenbeplankung*

**Aufbau des Hecks.** Die alten Schiffe hatten ein viereckiges *Heck,* das sich, obwohl es nicht widerstandsfähig war, noch bis in die jüngste Zeit hielt. Erst um 1850 wurde das runde Heck eingeführt, das dann allgemein im Schiffbau verwendet wurde. Den viereckigen Aufbau des Hecks nannte man *Arcasse.*
Die Arcasse wurde am Achtersteven angebracht und reichte vom letzten Kantspant bis zum Kiel. In der Höhe erstreckte sie sich von der Basis des Achterstevens bis zum Heckbord. Ihre größte Breite wurde durch das *Heckbalken* genannte breiteste Teil bestimmt.
Der Heckbalken wurde am Achtersteven befestigt und fungierte auch als Schwelle der Heckpforten. Über dem Heckbalken befand sich ein weiterer, *Spiegelbalken* genannter Balken, der ebenfalls am Achtersteven befestigt war und die Oberseite der Pforten der Heckgeschütze bildete. Am Ende des Heckbalkens und des Spiegelbalkens wurden die beiden *Randsomhölzer* genannten gebogenen Teile des Hecks befestigt, deren Fußende man in den Achtersteven und Binnenhintersteven und in die Piekstücke einfügte.

Das Piekstück war V-förmig und wurde in den Binnenhintersteven eingefügt. Der Zwischenraum zwischen dem Heckbalken und dem Piekstück wurde durch verschiedene Querbalken ausgefüllt, *Arcassenbalken* genannt. Der erste Balken unter dem Heckbalken hieß *Balken des ersten Decks,* da er auch als Deckbalken diente. Der folgende Balken wurde *Balken der Stückmeisterkammer* genannt. Je nach der Höhe des Rumpfes waren weitere Balken angebracht. Über den Randsomhölzern wurden die Stützen der Randsomhölzer befestigt; sie begrenzten den Oberteil des Rumpfes. Die Randsomhölzer wurden durch *Gegenrandsomhölzer* verstärkt. Über dem Heckbalken wurden dann die Heckstützen eingefügt, die wie ein L geformt waren und sich daher weiter hinten als die Stützen der Randsomhölzer befanden. Die Heckstützen zusammen bildeten das *Heck* (Abb. *101* und *102*).

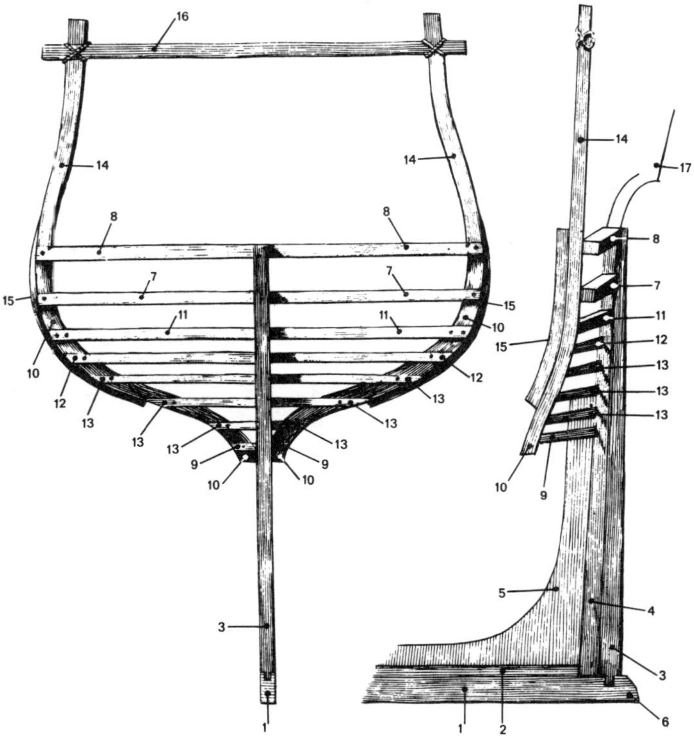

Abb. 101. *Aufbau des Hecks, die Arcasse*
*1. Kiel, 2. Gegenkiel, 3. Achtersteven, 4. Binnenhintersteven, 5. Hinterstevenknie, 6. Kielhacke, 7. Heckbalken, 8. Spiegelbalken oder Balken des Hinterstevenendes, 9. Piekstück, 10. Randsomhölzer, 11. Balken des ersten Decks, 12. Balken der Stückmeisterkammer, 13. Arcassenbalken (später Füllungsworpen genannt), 14. Stützen der Randsomhölzer, 15. Gegenrandsomhölzer, 16. Öffnungsplanke, die dazu dient, die Randsomhölzer während der Bauarbeiten an der Arcasse zusammenzuhalten, 17. Heckstützen*

Das Heck war in bezug auf den Heckbalken nach hinten verschoben und wurde von den Heckstützen gehalten. Mit dem unteren Teil der Heckstützen wurden zwei Querbalken verbunden – ein unterer, *Endbalken des Achterstevens* genannt, und ein oberer, *Spiegelbalken* genannt. Letzterer entspricht dem über dem Heckbalken befestigten Spiegelbalken. Zwischen diesen beiden Balken brachte man nach erfolgter Verkleidung ein Loch an, durch das der Schaft des Ruders ging *(Hennegat, Ruderkoker).* Rechts und links vom Hennegat befanden sich die Heckpforten und die Fenster für die Kammer des Stückmeisters und die Zahlmeistergehilfen. Die Heckstützen wurden in Übereinstimmung mit den Fensteröffnungen der großen Kammer und der Ratskammer in gleichen Abständen angebracht. Die Stützen wurden dann untereinander durch waagerechte Elemente verbunden, die die unteren und oberen Schwellen der Fenster bildeten (Abb. *103*). Am Ende des zweiten Decks befand sich die große Kammer. Unter dieser Fensterreihe befand sich eine Fläche, die die ganze Schiffsbreite einnahm. In der Mitte dieser Fläche war der *Spiegel* angebracht,

eine Art großes, von vergoldetem Rahmen umgebenes Schild, auf dessen gewöhnlich blauem Grund der Name des Schiffes in Goldbuchstaben stand. Dieser Brauch kam um die Mitte des 17. Jahrhunderts auf (Abb. *104a, b, c*). Diese Fläche wurde auch mit Flachreliefs und verschiedenen Ornamenten geschmückt. Die Schiffe des 17. bis Mitte des 18. Jahrhunderts waren, wie man weiß, reich geschmückt, sogar die Fenstereinfassungen wurden prunkvoll verziert (Abb. *105a, b* und *106*).
Unterhalb der Heckkammer erstreckte sich die Heckgalerie, deren Boden aus der Verkleidung des Quarterdecks bestand. Dieses ragte über das Heck hinaus und wurde von verzierten Konsolen gehalten, auf denen die Brüstung der Galerie befestigt war. Die Brüstungen mit verzierten kleinen Säulen waren bei den alten Schiffen aus Holz und nach 1750 aus Eisen. In der Mitte der Brüstung war ein Schild mit den Erkennungszeichen des jeweiligen Landes angebracht. Die Heckgalerie erstreckte sich auch längs der Seiten des Hecks und folgte dessen Wölbung. Die Schiffe mit drei Decks hatten zwei Galerien (Abb. *107a, b*). Die *Seitentasche* genannte Vergrößerung der Heckbreite wurde von hölzernen Konsolen gehalten, die auf der Beplankung des Rumpfes angebracht wurden. In den Seitentaschen wurden die Dienststellen der Offiziere untergebracht. Über der Galerie befanden sich einige eiserne Befestigungen oder Haken, an denen man ein *Bootssonnensegel* zum Schutz der Galerie befestigen konnte.

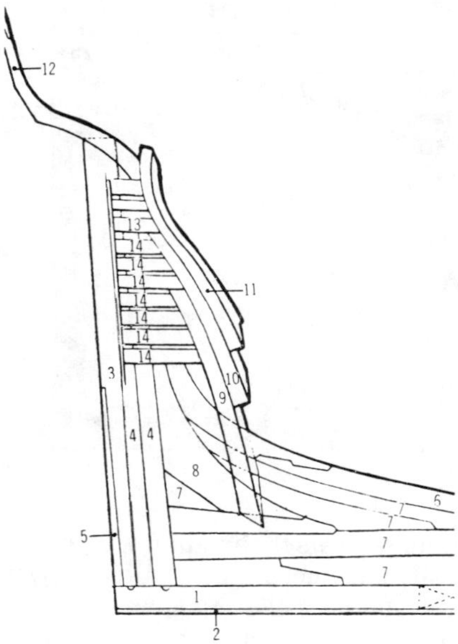


Abb. 102. *Arcasse eines Schiffes aus dem 18. Jahrhundert*
*1. Kiel, 2. Loskiel, 3. Achtersteven, 4. innere Binnenhintersteven, 5. äußerer Binnenhintersteven, 6. Kielschweinknie, 7. Füllstücke, 8. Hinterstevenknie, 9. Randsomhölzer, 10. Hinterseitenauflanger, 11. Stützen der Randsomhölzer, 12. Heckstützen, 13. Heckbalken, 14. Füllungsworpen*

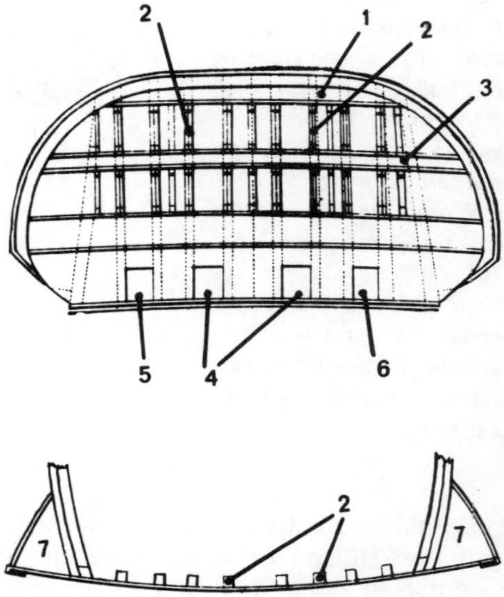


Abb. 103. *Arcasse oder Heck eines Schiffes aus der ersten Hälfte des 19. Jahrhunderts*
*1. Hackbord, 2. Heckstützen, 3. waagerechte Teile (Trempel), 4. Heckpforten, 5. und 6. Pforten des Stückmeisters und des Schreibers oder Zahlmeistergehilfen, 7. Seitentaschen*

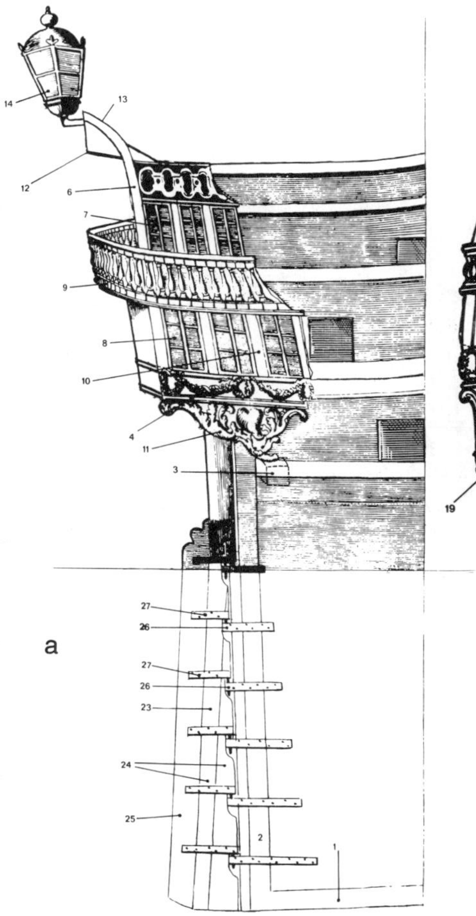

a

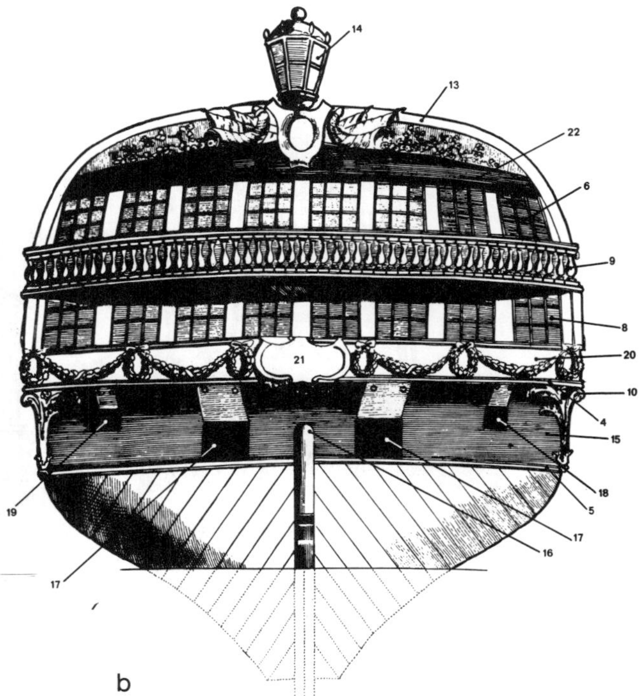

b

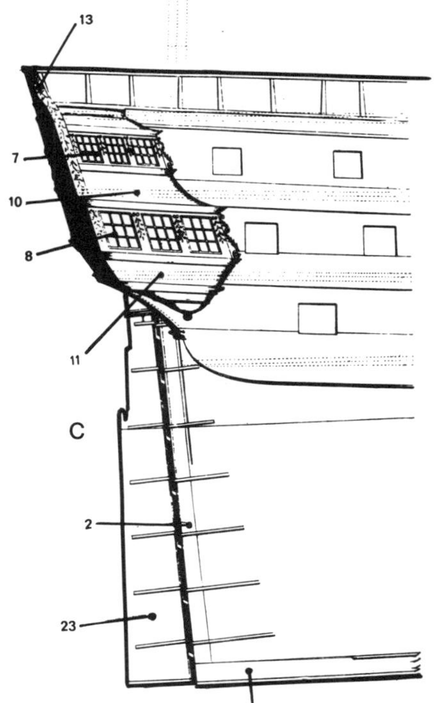

c

Abb. 104. *Heck eines Schiffes aus dem 18. Jahrhundert*
a) *Seitenansicht;* b) *Queransicht;* c) *Seitenansicht (zweite Hälfte des 18. Jahrhunderts)*
*1. Kiel, 2. Achtersteven, 3. Heckbalken, 4. Spiegelbalken, 5. unterste Heckleiste, 6. Heckstützen, 7. Fenster der Ratskammer, 8. Fenster der großen Kammer, 9. Ratskammergalerie, 10. Seitentaschen, 11. Träger der Seitentaschen (auch Tropfenkonsole oder Lampengesäß genannt), 12. Befestigung des Bootssonnensegels, 13. Hackbord, 14. Hecklaterne, 15. große Gillung, 16. Hennegat oder Ruderöffnung, 17. Heckpforten, 18. Fensteröffnung des Stückmeisters, 19. Fensteröffnung des Schreibers oder des Zahlmeistergehilfen, 20. Spiegelfassade, 21. Spiegel oder verziertes Schild mit dem Namen des Schiffes, 22. kleine Gillung, 23. Ruder, 24. Ruderherz, -stamm oder -pfosten, 25. Ruderblatt, 26. Ruderösen, 27. Ruderfingerlinge mit Federn*

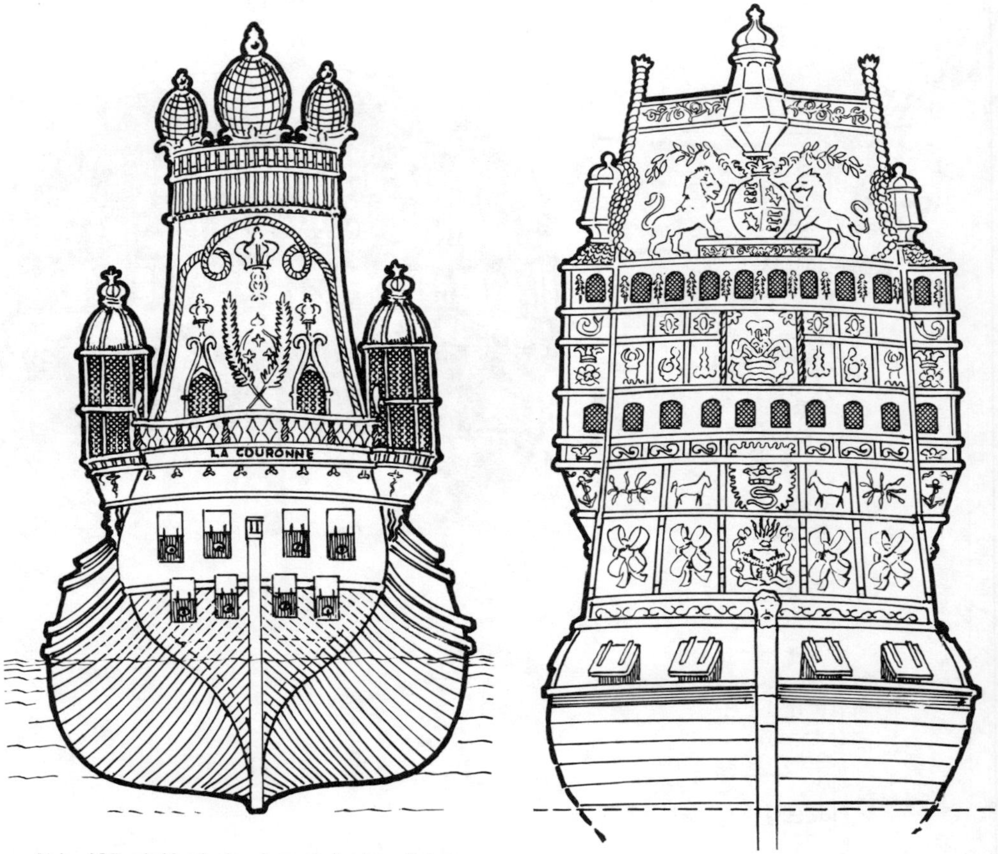


Abb. 105. a) *Heck des französischen Kriegsschiffes* La Couronne *(1636)*; b) *Heck des englischen Kriegsschiffes* Sovereign of the Seas *(1637)*

Abb. 106. *Heck des französischen Kriegsschiffes* Invincible *(1747)*

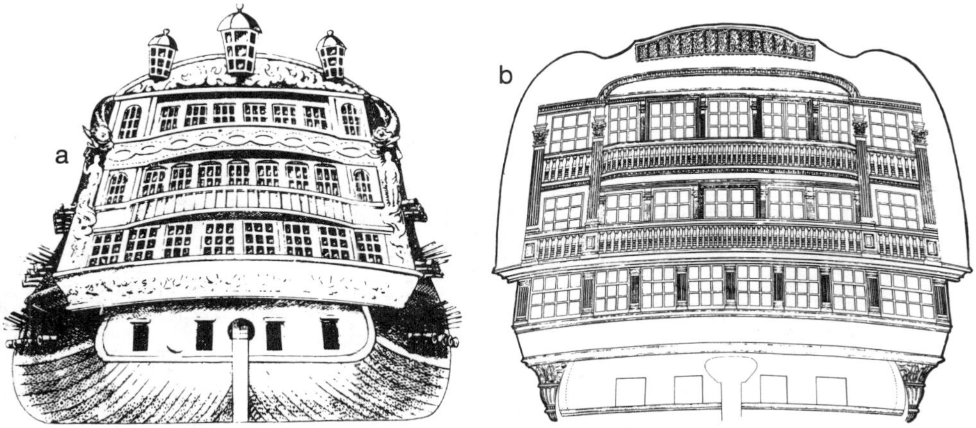


Abb. 107. a) *Heck eines englischen Schiffes (1758) mit drei Decks und zwei Galerien;* b) *Heck eines englischen Schiffes (1780–1790) mit drei Decks und zwei Galerien*

Abb. 108. *Heck eines englischen Schiffes, Ende des 18. Jahrhunderts, ohne Galerie*

Abb. 109. *Heck eines englischen Schiffes (1820) mit drei Decks und zwei Galerien*

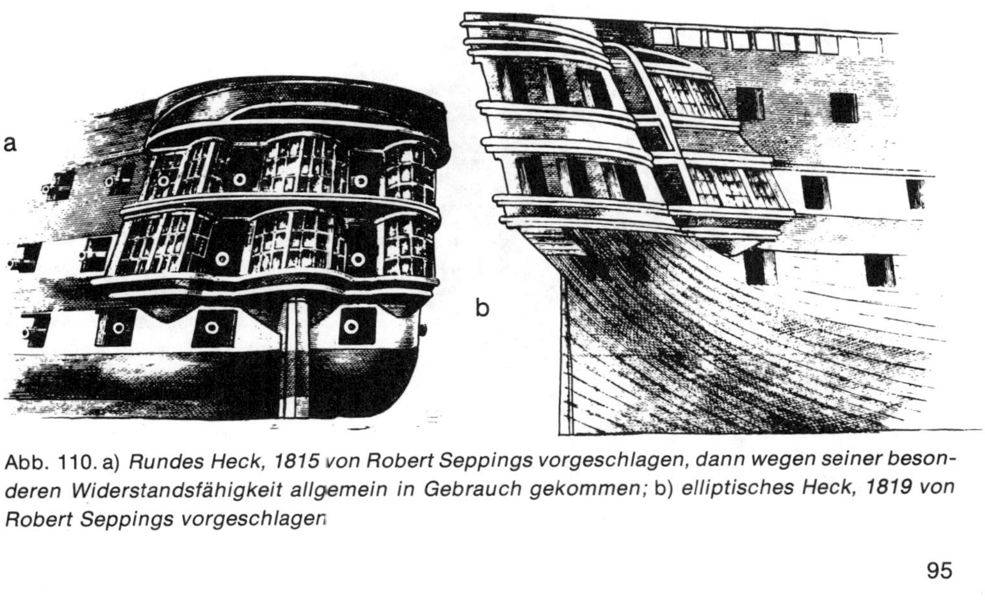


Abb. 110. a) *Rundes Heck, 1815 von Robert Seppings vorgeschlagen, dann wegen seiner besonderen Widerstandsfähigkeit allgemein in Gebrauch gekommen;* b) *elliptisches Heck, 1819 von Robert Seppings vorgeschlagen*

Abb. 111. *Heckteil eines hölzernen Segelschiffes mit rundem Heck*
*1. Loskiel, 2. Kiel, 3. Ruder, 4. Achtersteven, 5. Ruderösen, 6. Ruderfingerlinge, 7. Binnenhintersteven, 8. Hinterstevenknie, 9. Füllstücke, 10. Kielschweinhinterstevenknie, 11. Bodenwrangen, 12. eigentliches (rundes) Heck, 13. Gillung, 14. Sog, 15. Windvierung, 16. höchster Punkt des Sogs, 17. Schanzkleidbeplankung, 18. Handlauf, 19. Schandeck, 20. Schergang, Farbgang, 21. Außenbeplankung, 22. Bodenbeplankung, 23. Kreuzmast, 24. Rüsteisen, 25. Jungfern mit drei Löchern, 26. Bügel der Rüsteisen*

Abb. 112. *Schnabel eines Schiffes aus der ersten Hälfte des 18. Jahrhunderts*
*1. Greep, 2. Galionsscheg, Schaft des Galions, 3. Lieger des Galions, 4. Sims oder Schwelle des Schnabels, 5. Ankerscheuer, 6. Krummholz, 7. Regeln (venezianische Regeln), 8. Stützen der Regeln, 9. Arme der Galionsfigur, 10. Galionsfigur, 11. Klüsen, 12. abgerundeter Balken als Polster der Ankerklüsen, 13. Bugspriet, 14. Schwichtungsleinen des Bugspriets, 15. Kattdavit, 16. Knie des Kattdavits, 17. Polster der Schwichtungsleinen, 18. Knie oder Wölbungen des Schiffsschnabels, 19. Plattform der Galionsfigur, 20. blinde Rah*

Über dem Bootssonnensegel befand sich das eigentliche *Heck*, eine ebene Fläche, die oben mit der *Hackbord* genannten höchsten Linie des Schiffes abschloß. Das eigentliche Heck war mit Flachreliefs, Kriegstrophäen, Tierfiguren und Darstellungen von Gottheiten geschmückt, die irgendwie in Beziehung zum Namen des Schiffes standen. Über dem Hackbord waren eine oder mehrere Hecklaternen befestigt, die ebenfalls mit Schmuckornamenten versehen waren (Abb. *105a, b, 106, 107, 108, 109* und *110a, b*).
Bei neueren Segelschiffen ist die Bauweise nahezu die gleiche. Der Heckbalken ruht immer auf dem Achtersteven, während die Randsomhölzer aus dem letzten Kantspant gebildet werden. Der Raum zwischen dem Randsomholz und dem Hintersteven wird durch *Füllungsworpen* genannte Teile abgeschlossen. Die unterste Worpe nennt man *Füllstück.* Über dem Heckbalken werden die Gillungsstützen befestigt; sie sind kürzer als die anderen, die Heckstützen.
In den mittleren Stützen, die dem Achtersteven entsprechen, wird ein Hennegat genanntes Loch angebracht, durch das der Ruderschaft geht. Zwischen dem Randsomholz und den Heckstützen sind die beiden äußersten seitlichen. *Hinterseitenauflanger* genannten Teile befestigt. Auf Abb. *111* sind die einzelnen Teile des Hecks eines Segelschiffs aus dem 19. Jahrhundert (das eigentliche Heck, Windvierung, Gillung usw.) deutlich bezeichnet. Die modernen Schiffe aus Holz verwenden nunmehr ein äußerst einfaches, rundes Heck, das bis zum Achtersteven aus den Kantspanten gebildet wird, während die Stützen auf einem kurvenförmigen Profil angebracht sind und das eigentliche Heck mit runder Oberfläche bilden.
Das Heck der Schiffe aus Metall entspricht in der Bauart dem der Schiffe aus Holz mit rundem Heck (Abb. *93*).
Bei den Seefahrzeugen nennt man das platte Heck auch *Spiegelheck.* Die Größe des Spiegels schwankt von Rumpftyp zu Rumpftyp und wird durch eine Ebene bestimmt, die die Längssymmetrieebene des Rumpfes schneidet. Diese Ebene kann senkrecht nach vorn oder nach hinten verschoben sein. Der Spiegel hat im allgemeinen eine dem letzten Heckabschnitt entsprechende Form und kann bei eckigen Rümpfen winklig und bei mehr oder weniger schlanken Rümpfen rund sein.

**Konstruktion des Bugs.** Die Konstruktion des Bugs ist wesentlich einfacher als die des Hecks. Bei den Holzschiffen weist der Bug keine konstruktiven Besonderheiten wie das Spiegelheck auf, hat aber im Laufe der Jahrhunderte verschiedene Änderungen erfahren.
In der Antike waren die Kriegsschiffe durch den *Rammsporn* gekennzeichnet, der von den Römern *rostrum* genannt wurde und am unteren Ende des Vorstevens unter der Wasserlinie angebracht war. Dieser Rammsporn wurde später weggelassen. Bei den mittelalterlichen Galeeren erschien das Galion als Verlängerung des Greeps. Bei Galeonen und Segelkriegsschiffen diente dieses Galion grundsätzlich dekorativen Zwecken und als Auflage für den *Bugspriet.* Noch bei Kriegsschiffen des 19. Jahrhunderts wurde ein Galion eingebaut, es verschwand endgültig nach dem ersten Weltkrieg. Das Oberdeck der antiken Schiffe erstreckte sich bis in den Bereich des Bugs. Im 16. Jahrhundert wurde ein Schott eingeführt, das den vorderen Teil des Bugs abgrenzte, davor befand sich das Galion. Diese gewiß nicht zweckmäßige Anordnung war länger als drei Jahrhunderte üblich und wurde erst Mitte des 19. Jahrhunderts endgültig abgeschafft. Auch die aus dem Vorsteven der antiken Schiffe herausragenden Bauteile nannte man *Schiffsschnabel* oder *Galion.*
Das Galion besteht aus verschiedenen Teilen, deren erstes das *Greep* ist, das sich am Vorderteil des Vorstevens befindet. Vor dem Greep ist das *Scheg* befestigt, das aus zwei oder mehr Bauteilen zusammengesetzt ist. Angelehnt an das Greep erheben sich die fast parallelen *Lieger* des Galions (einer je Seite), die dazu dienen, die Galionsfigur zu halten. Die Füllung zwischen den beiden Liegern des Galions

und dem Greep bilden zwei geschmückte Platten, die man auch *Simse* nennt. Der Schiffsschnabel ist mit Hilfe eines *Krummholz* genannten Knies und der *Regeln,* langer, gebogener, gewöhnlich verzierter Holzstücke, am Vorsteven befestigt. Die Regeln sind untereinander durch senkrechte Stützen (Spanten) verbunden. Zwischen den Regeln befindet sich die Galionsplattform. Das Galion diente der Mannschaft *(venezianische Regel)* als Abtritt. Man verbindet das Galion mit dem Schiff mit Hilfe der *Galionsknie* oder *-bögen.*
Über den Galionsknien öffnen sich auf jeder Bordseite zwei *Klüsen,* durch die die Ankertaue geführt werden. Diese Klüsen sind rund und mit Blei eingefaßt, um zu vermeiden, daß das vom Ankertau ablaufende Wasser von dem Holz aufgenommen wird. Unter den Ankerklüsen wird ein hervorstehendes, halbrundes Stück Holz angebracht, um die Reibung des Ankertaus zu vermindern (Abb. *112*).
Das Galion der englischen Schiffe war, wie man aus den Abb. *113a, b, c* ersieht, anders gebaut.
Der Schiffsschnabel erfuhr im Verlauf der Jahrhunderte verschiedene Veränderungen, es ist interessant, die Entwicklung dieses Schiffsteils auch in Beziehung zur Entwicklung des Bugs zu verfolgen (siehe Abb. *114, 115, 116a, b, 117* und *118a, b*).
Die vorderen beiden Spanten (eines je Seite) nennt man *Ohrhölzer* oder *Judasohren,* sie haben die Aufgabe, der Beplankung eine größere Auflagefläche zu bieten. Vor und zwischen den Ohrhölzern befinden sich schließlich *Füllstücke.*
Durch die Füllstücke des Galions gehen die *Klüsenaugen.* Der Vorsteven liegt zwischen dem Binnenvorsteven, dem Greep und dem Galionsscheg. Über diesem letzteren streckt sich der *Galionslieger* oder *Galionsträger* hervor.
Der Galionslieger ist mit Hilfe der Füllstücke und der *Regeln,* die den Zierrat halten, mit dem Rumpf verbunden. Um die einzelnen Teile zu befestigen, ist ein Verstärkungs- und Verbindungselement, *Bugband* genannt, vorgesehen. Abb. *119* zeigt deutlich die weiteren Teile des Bugs.
Stählerne Schiffe haben weder Ohrhölzer noch Füllstücke und sind äußerst einfach gebaut.
In den letzten Jahren ist der scharfe Vorsteven durch einen runden Bug ersetzt worden, wodurch die Geschwindigkeit des Schiffes günstig beeinflußt wird. Das äußerste Ende des Bugs wird durch das *Vorpiekschott* vom übrigen Schiffskörper abgeteilt.

**Beplankung.** Sie ist die Verkleidung, die das Schiffsgerippe innen und außen bedeckt. Bei den großen Schiffen gibt es eine Außen- und eine Innenbeplankung, während man bei kleinen Schiffen und Booten gewöhnlich außer der Außenbeplankung höchstens eine Teilinnenbeplankung anbringt. Die Beplankung muß wasserundurchlässig sein und besteht aus längs auf die Spanten genagelten Planken. Jede dieser Planken ist ein Teil der Beplankung, während eine Reihe Stoß an Stoß angebrachter solcher Planken *Plankengang* heißt. Die Stoß-an-Stoß-Verbindung zwischen den einzelnen Teilen, die den Plankengang bilden, heißt *Beplankungsstoß.* Die Beplankung hat auch die Aufgabe, die Spanten untereinander zu verbinden und dadurch zur Festigkeit des Rumpfes beizutragen; deshalb haben die Planken eine entsprechende Stärke. Diese ist an den verschiedenen Stellen des Rumpfes je nach der Lage und Beanspruchung der Planken unterschiedlich. Die *Kielgänge* sind die beiden untersten Gänge, die in die *Kielsponung* eingefügt werden. Sie sind dicker als die folgenden Beplankungsgänge. Auf die Kielgänge folgt die *Bodenbeplankung.* Die Gänge im Wasserlinienbereich, dem *Wasserpaß,* sind besonders dick, um den Beanspruchungen, die durch den Wechsel von Trockenheit und Feuchtigkeit verursacht werden, besser widerstehen zu können. Die Gänge in der Nähe des Oberdecks sind ebenfalls sehr dick und heißen *Schergänge;* der letzte und dickste ist das *Schandeck.*

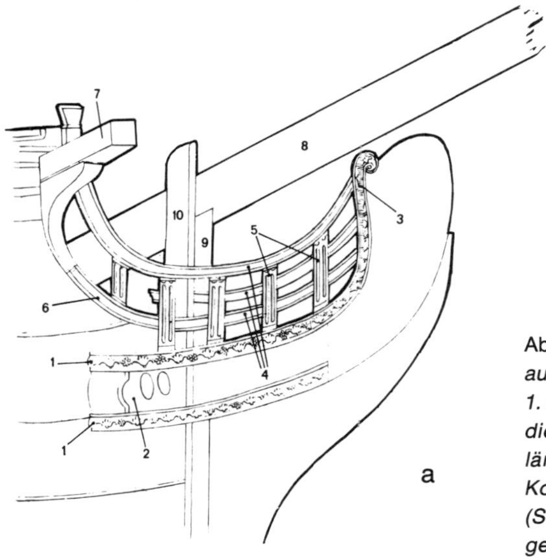

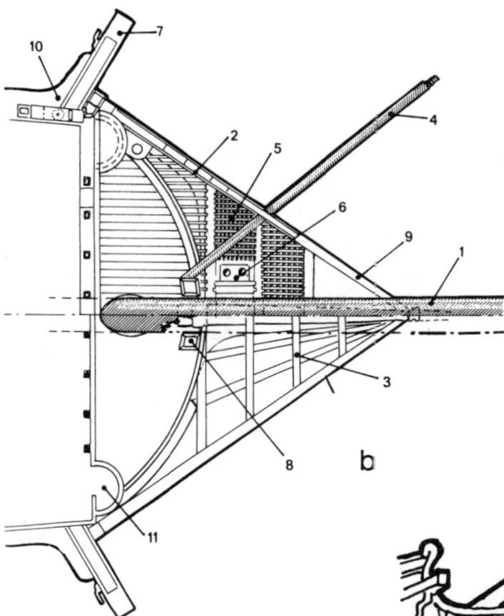

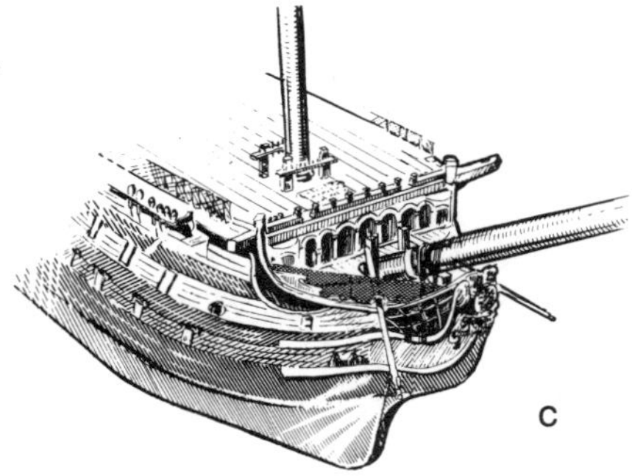

Abb. 113. a) *Galion eines englischen Schiffes aus der ersten Hälfte des 18. Jahrhunderts 1. Galionsknie (zwischen ihnen befinden sich die Ankerklüsen), 2. Klüsenhölzer, 3. Verlängerung des Galionsknies, das hinter dem Kopf der Galionsfigur in einer Volute (Schnecke) endet, 4. Regeln, 5. säulenartig gearbeitete Stützen der Regeln, 6. Ornamente, die das Kattdavitsknie mit den Regeln vereinen, 7. Kattdavit, 8. Bugspriet, 9. Vorsteven, hält den Bugspriet, 10. Ohrhölzer.*

b) *Bugteil eines englischen Schiffes aus der ersten Hälfte des 18. Jahrhunderts, Draufsicht*

*1. Bugspriet, 2. Regeln, 3. Stützen der Regeln, 4. blinde Rah, 5. Galionsplattform, 6. Abtritte oder Abstellräume der Mannschaft, 7. Kattdavit, 8. Ohrhölzer, 9. Arme der Galionsfigur, 10. waagerechtes Knie des Kattdavits, 11. Standort des Ausgucks,*

c) *Bugteil eines englischen Schiffes aus der ersten Hälfte des 18. Jahrhunderts, perspektivische Ansicht*

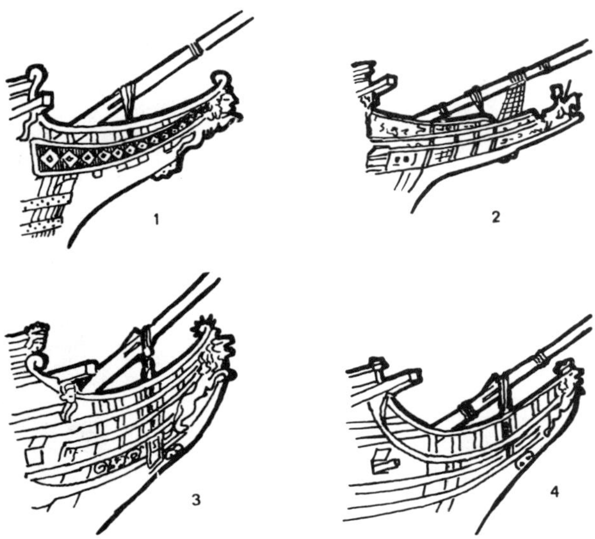

Abb. 114. *Entwicklung des Galions von 1600 bis 1700*

*1. holländisches Schiff von 1600,*
*2. englisches Schiff von 1640,*
*3. holländisches Schiff von 1660,*
*4. englisches Schiff von 1670*

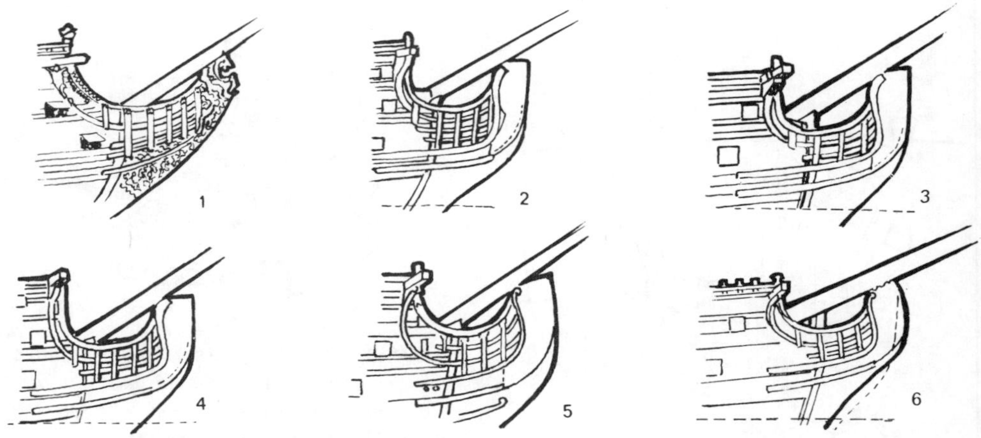


Abb. 115. *Entwicklung des Galions vom 17. Jahrhundert bis zum Ende des 18. Jahrhunderts 1. 1670, 2. 1706, 3. 1708, englisches Schiff* Resolution, *4. 1710, 5. 1748, 6. 1759, englisches Schiff* Canada *mit 74 Kanonen*

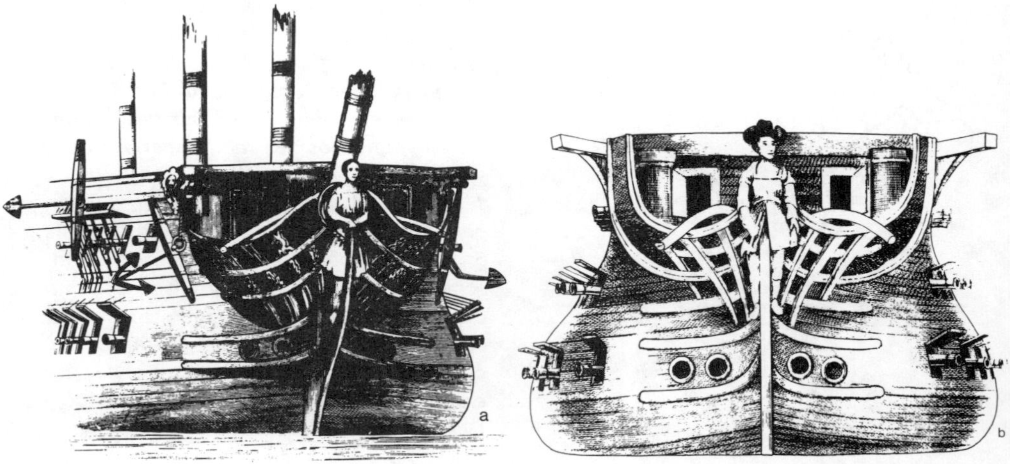


Abb. 116. a) *Galion des französischen Schiffes* Invincible *(1747);* b) *Galion eines englischen Schiffes von 1758*

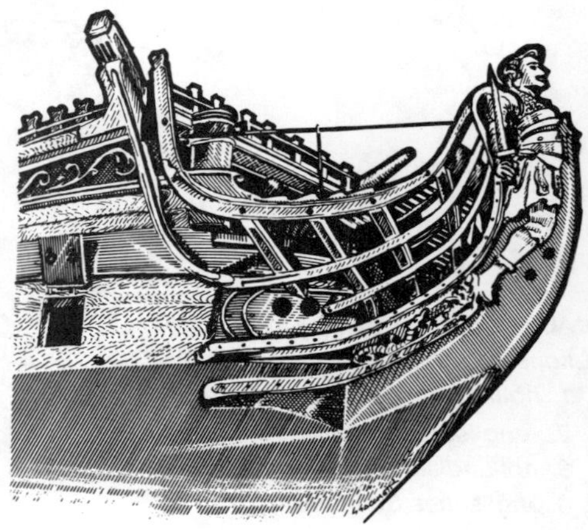

Abb. 117. *Galion des englischen Schiffes* Achilles *(1757)*

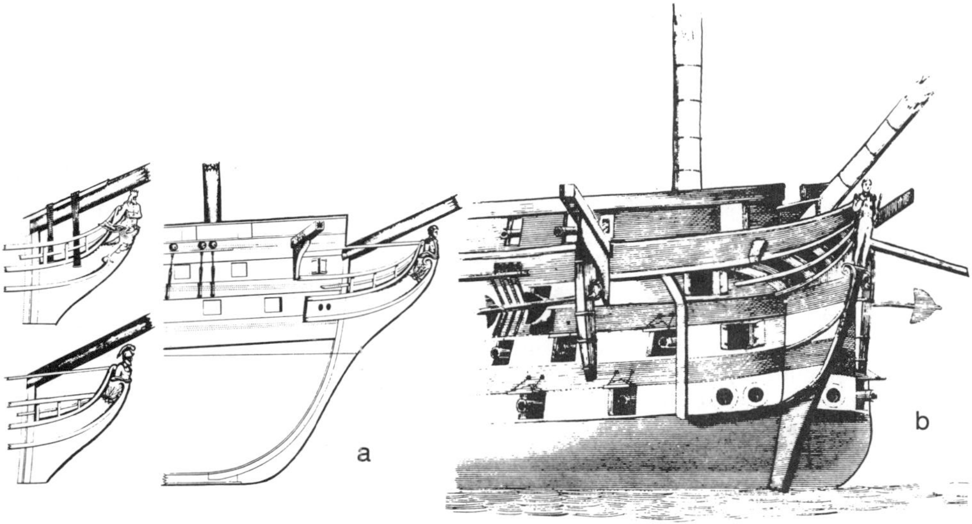


Abb. 118. a) *Galione englischer Schiffe vom Ende des 18. Jahrhunderts;* b) *Galion eines englischen Schiffes erster Klasse (1820)*

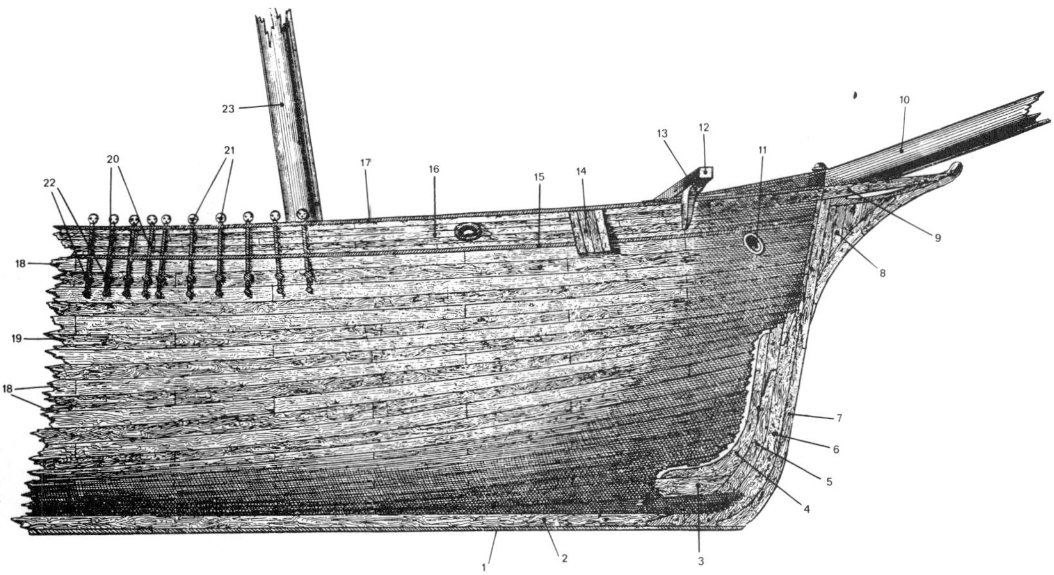

Abb. 119. *Bugteil eines hölzernen Segelschiffes*
*1. Loskiel, 2. Kiel, 3. Vorstevenknie des Kielschweins, 4. Binnenvorstevenknie, 5. Binnenvorsteven, 6. Vorsteven, 7. Greep, 8. Füllstücke, 9. Krummholz, 10. Bugspriet, 11. Ankerklüse, 12. Kranbalken, 13. Knie des Kranbalkens, 14. Schweinsrücken, 15. Schandeck, 16. Schanzkleid, 17. Handlauf, 18. Schergang, 19. Außenbeplankung, 20. Rüsteisen, 21. Jungfern, 22. untere Befestigung der Rüsteisen, 23. Fockmast*

Anbringung und Bezeichnungen der Innenbeplankung werden im Abschnitt über das Kielschwein (Abb. *120*) behandelt.
Die aneinandergrenzenden Ränder der zusammengepaßten Planken heißen *Nähte;* sie neigen infolge der Wärmeausdehnung der Planken und infolge anderer Kräfte, die auf das Schiff einwirken, dazu, sich zu erweitern oder zu verengen und die Dichtigkeit zu beeinträchtigen.

Um diesen Nachteil zu umgehen, preßt man etwas gewöhnlich mit Pech, Teer oder anderen Stoffen getränktes Werg, das sich bei der Wärmeausdehnung den Änderungen der Planken anpaßt und einen wirksamen Schutz gegen Wassereintritt bietet, fest in die Nähte. Diesen Arbeitsgang nennt man *Kalfatern.* Bei den Holzschiffen sind die Kielgänge, die Wasserpaßgänge und die Spanten aus Eiche, die anderen Gänge aus Eiche oder Ulme, Pinie, Teak usw. Die Abmessungen der Planken sind je nach der Bauart verschieden; die Länge liegt zwischen 6 und 8 m, und die Breite beträgt 10–25 cm je nach den Maßen der Schiffe. Die Enden der Gänge werden in die Sponungen des Vor- und Achterstevens eingefügt und mit Nägeln aus verzinktem Eisen oder Kupfer befestigt. Wie an den Spanten werden die ersten senkrecht zur Faserrichtung des Holzes eingeschlagen; die zweiten werden in vorgebohrte Durchgangslöcher eingesetzt und mit einer Unterlegescheibe eingeschlagen. Schließlich verwendet man bei Beplankungsgängen geringerer Dicke oft leicht konische Keile aus Eichen- oder Akazienholz.

Je nach der Art und den Abmessungen des Schiffskörpers gibt es verschiedene Beplankungsarten:

*Einfache Beplankung mit gepaarten Nähten* oder Nahtspantenbau (römisches Verfahren), wie oben beschrieben und hauptsächlich bei großen Rümpfen und verhältnismäßig dicken Planken verwendet.

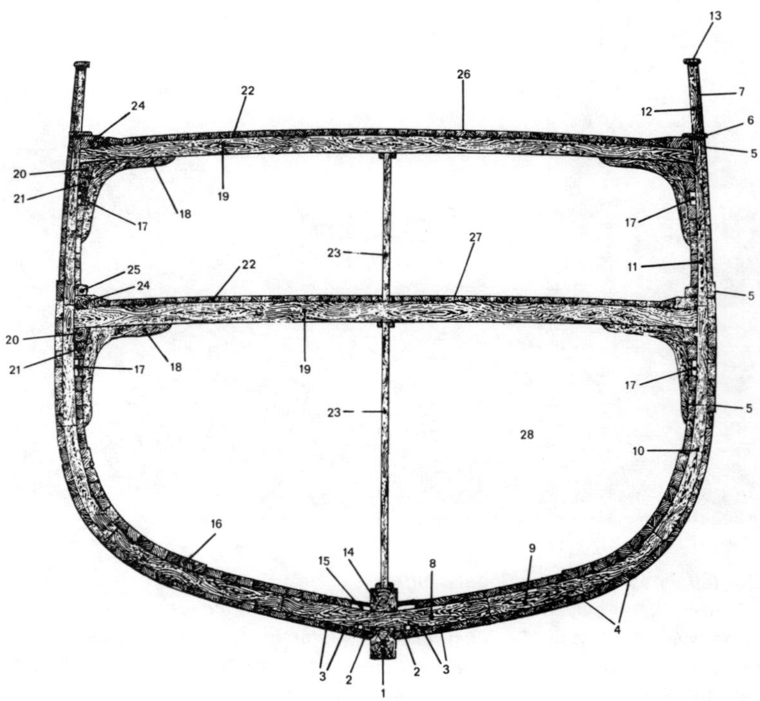


Abb. 120. *Hauptspantquerschnitt eines hölzernen Zweidecksegelschiffes*
*1. Kiel, 2. Kielgänge, 3. und 4. Bodenbeplankung, 5. Berghölzer, 6. Schandeck, 7. Schanzkleid, 8. Bodenwrange, 9. erster Auflanger, 10. dritter Auflanger, 11. Oberauflanger, 12. Schanzkleidstütze, 13. Handlauf, 14. Kielschwein, 15. Wasserlauf, 16. Kimmweger, 17. Luftgang, 18. Deckbalkenknie, 19. Deckbalken, 20. Deckbalkweger, 21. Unterbalkweger, 22. Deckbeplankung, 23. Raum- oder Deckstütze, 24. Wassergang, 25. Setzweger, 26. Ober- oder Hauptdeck, 27. Unter- oder Zwischendeck, 28. Raum*

*Doppelte, überlappte Beplankung,* die aus zwei Schichten übereinandergelegter Planken verschiedener Dicke besteht, bei denen die Naht des ersten Ganges von der Breite der darübergelegten Planke überdeckt wird. Sie wird bei mittelgroßen Schiffsrümpfen verwendet.

*Beplankung mit teilweiser Überlappung (geklinkert),* die hergestellt wird, indem man den Rand der einen Planke auf den der vorhergehenden Planke legt. Die Ränder werden dann mit Kupfernägeln aufeinander befestigt. Der Rumpf wird in diesem Fall besonders widerstandsfähig, und man kann deshalb die Anzahl und die Dicke der Spanten vermindern. Diese Beplankung wird gewöhnlich bei Booten verwendet.

*Diagonalkraweel,* die aus einer diagonal ausgeführten doppelten, überlappten Beplankung besteht. Sie wird bei Rümpfen verwendet, bei denen man eine Gewichtsverminderung und eine größtmögliche Quer- und Längsfestigkeit erreichen will. Dieses Verfahren wird z. B. bei Motorbooten, Torpedoschnellbooten usw. verwendet (Abb. *121 a, b, c*).

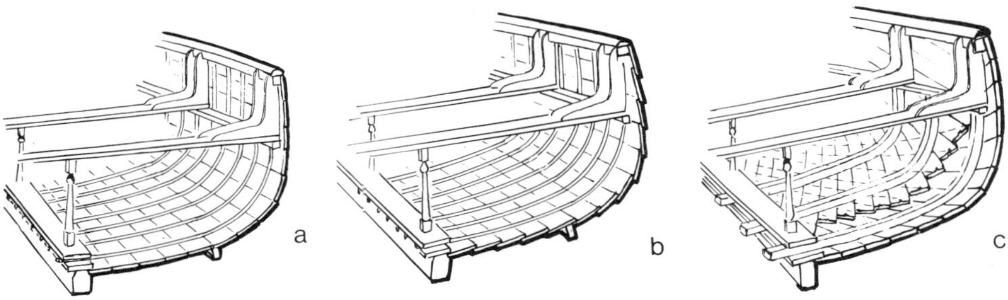


Abb. 121. *Verschiedene Beplankungsarten für Boote*
a) *gepaarte Nähte;* b) *geklinkert;* c) *diagonal*

*Beplankung aus nur einem Stück,* das aus dünnen Holzschichten besteht und hauptsächlich bei scharfkantigen Rümpfen verwendet wird. Bei den Stahlschiffen besteht die Außenhaut aus Stahlblech, man bezeichnet sie in diesem Fall als *Beplattung;* eine Reihe solcher Stahlplatten heißt *Plattengang.* Die Stahlplatten mit überlappten Rändern werden mit Hilfe von Nieten oder durch Schweißen an den Spanten befestigt (Abb. *122* und *123*).

Abb. 122. *Hauptspantquerschnitt eines eisernen oder stählernen Dreideckschiffes*
*1. Kielgang, 2. Bodenbeplattung, 3. Seitenbeplattung, 4. Schergänge, 5. Bodenwrange, 6. Mittelkielschwein, 7. Seitenkielschweine, 8. Kimmstringer, 9. Wegerung, 10. Deckstringer, 11. Deckbalken, 12. Raumstütze, 13. Zwischendeckstütze, 14. Oberdeckstütze, 15. Relingstütze, 16. Bock, 17. Handlauf*

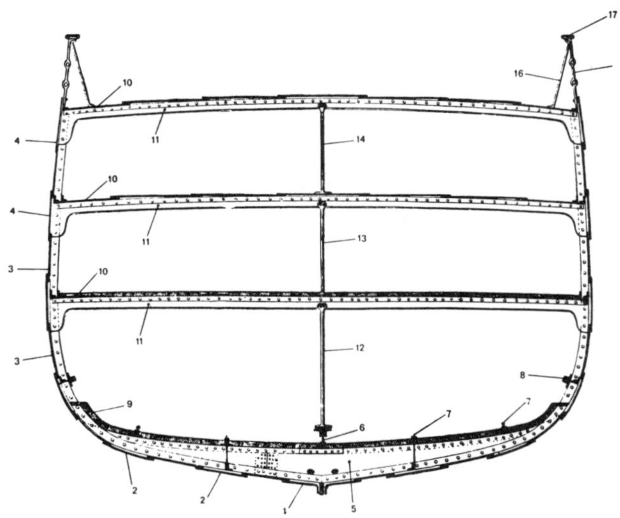

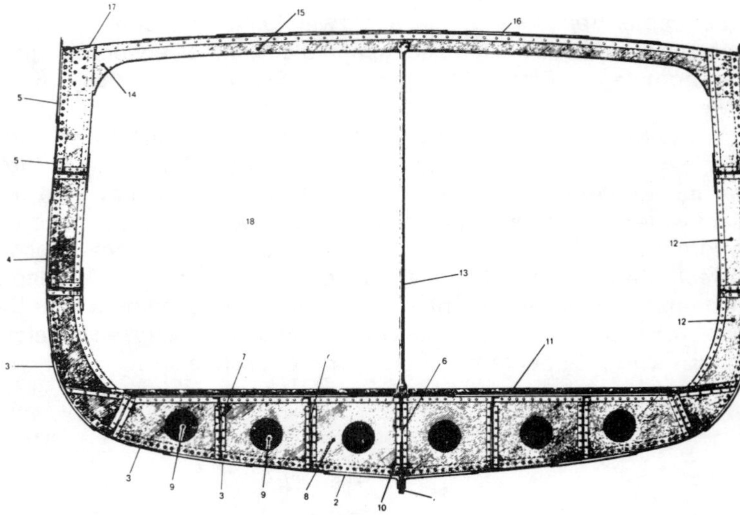


Abb. 123. *Hauptspantquerschnitt eines eisernen oder stählernen Schiffes mit Rahmenspanten und Doppelboden*
*1. Kiel, 2. Kielgang, 3. Bodenbeplattung, 4. Seitenbeplattung, 5. Schergang, 6. Mittelkielplatte, 7. Seitenträger, 8. Bodenwrange, 9. Erleichterungslöcher, 10. Wasserlauf, 11. lose Wegerung auf dem Doppelboden, 12. Rahmenspant, 13. Deckstütze, 14. Balkenknie, 15. Deckbalken, 16. Deckbeplattung, 17. Deckstringer, 18. Raum*

Bei den alten Schiffen mit Ausnahme der Kriegsschiffe, die wegen ihrer besonderen Aufgaben stärker gebaut wurden, führte man die Beplankung wie beschrieben aus. Die Beplankung bildet die *Außenhaut.* Die beiden ersten, in den Kiel eingefügten Planken hießen *Kielgänge.* Die Außenbeplankung des unteren Schiffsteils von den Kielgängen bis zur Wasserlinie wurde *Bodenbeplankung* genannt. Die *Berghölzer* waren die dickeren Planken in Höhe der Batteriedecks unterhalb der Schwellen der Geschützpforten.
Die Berghölzer dienten außer zur Gewährleistung der erforderlichen Längsfestigkeit des Schiffes auch zur Verzierung, und da sie stärker als die normalen Außenhautplanken waren, ragten sie über diese um etwa einen Zoll (2–2,5 cm) heraus.
Sie hatten ansprechende Konturen und waren gewölbter als die *Gillungslinie.* Das unterste Bergholz *(erstes Bergholz)* begann am Heckbalken und endete am Vorsteven; zwischen dem ersten und dem zweiten Bergholz befand sich eine Außenhautplanke. Das zweite Bergholz streifte die Schwellen der Geschützpforten in der Mitte und entfernte sich dann von ihnen, wodurch der Sprung des Schiffes hervorgehoben wurde. Bei den englischen Schiffen wurden die beiden Berghölzer nicht durch eine Außenhautplanke getrennt, sondern sie bildeten eine breite Einheit. Das dritte und vierte Bergholz, die wieder durch einen Plankengang voneinander getrennt waren, lagen zwischen den Geschützpforten der ersten Batterie *(untere Batterie* oder *Zwischendeckbatterie)* und denen der zweiten Batterie. Das fünfte und sechste Bergholz befand sich zwischen den Geschützpforten der zweiten und der dritten Batterie. Das letzte, auch *Gunwale* genannte Bergholz verlief in der Höhe der Stützen; es begann etwas unterhalb der Achterdeckslinie und endete am Bug etwas über der Backlinie.
Die Beplankung des Unterwasserschiffes, die unterhalb des ersten Bergholzes begann (Wasserpaß), war ebenfalls ziemlich stark, um Treffern von Kanonenkugeln widerstehen zu können. *Gillungsplanken* nannte man die an Bug und Heck angebrachten Planken des Unterwasserschiffes. Die Innenbeplankung, die den Schiffsboden be-

deckte, bestand aus den *Unterbalkweger* genannten Plankengängen, während die das Innere unterhalb der Geschützpforten bedeckenden Planken *Untertrempel* genannt wurden (Abb. *124*).

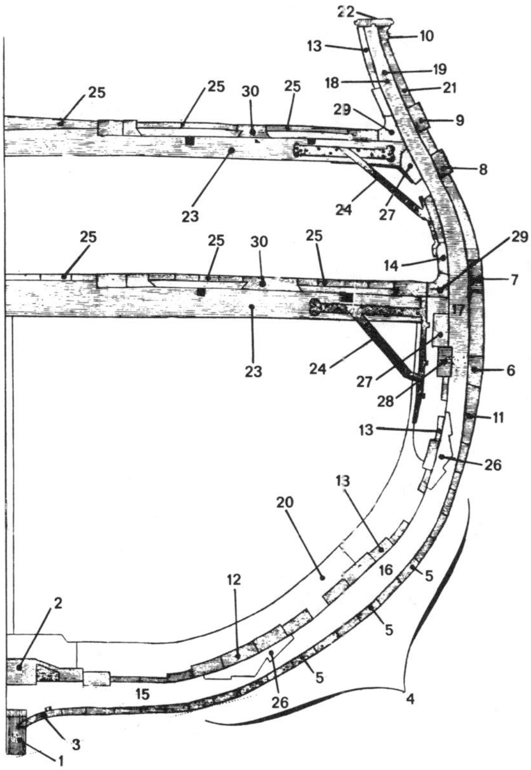


Abb. 124 *Hauptspantquerschnitt eines Schiffes, 17.–18. Jahrhundert*
*1. Kiel, 2. Kielschwein, 3. Kielgang, 4. Bodenbeplankung, 5. Bodenplanken, 6. erstes Bergholz, 7. zweites Bergholz, 8. drittes Bergholz, 9. viertes oder Gunwalebergholz, 10. Oberschanzkleidbeplankung, 11. Wasserpaßbeplankung, 12. Kimmweger, 13. Innenbeplankung, 14. Raumbalkensetzweger, 15. Bodenwrangen, 16. erster Auflanger, 17. dritter Auflanger, 18. Oberauflanger, 19. Schanzkleidstütze, 20. Kattspor, 21. Schanzkleidbeplankung, 22. Handlauf, 23. Raum- bzw. Oberdeckbalken, 24. Eisenknie, 25. Deckplanken, 26. Stoßkalben, 27. Balkweger, 28. Unterbalkweger, 29. Wassergang, 30. einzelne Gänge*

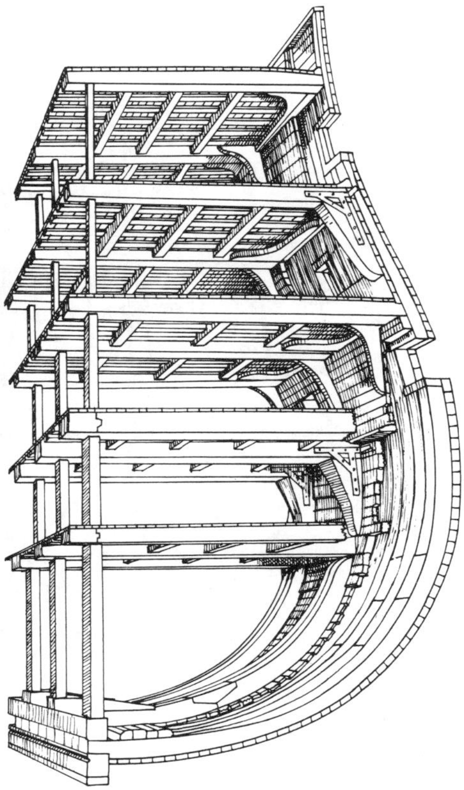

Abb. 125. *Hauptspant des englischen Schiffes* Victory, *perspektivische Ansicht*

**Konstruktion des Hauptteils.** Die Schiffsform im Mittelteil ist fast parallel. Bei den langsamen Schiffen und den Frachtschiffen erstreckt sich dieser Teil über einen großen Abschnitt ihrer Länge. Die Spanten sind deshalb alle dem *Hauptspant* ähnlich. Bei den schlankeren Schiffen ist der parallele Teil weniger ausgedehnt, und die Spanten werden deshalb nach den Enden zu kleiner (Abb. *125, 126, 127* und *128*).

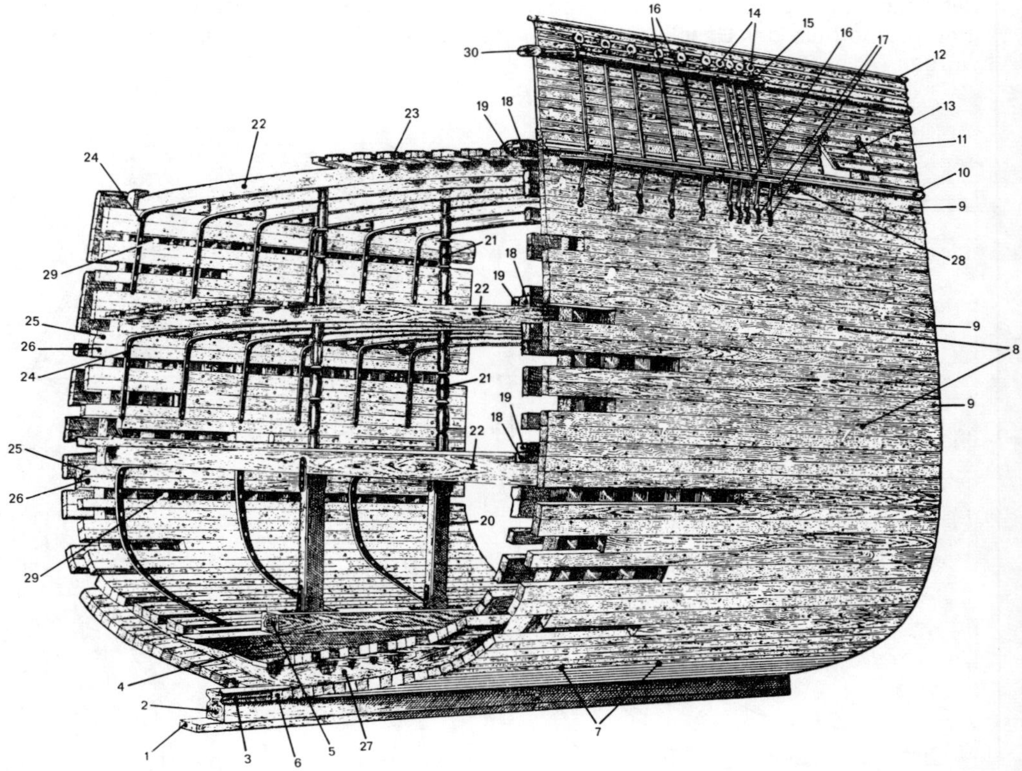


Abb. 126. *Perspektivische Außenansicht des Hauptteils eines Segelschiffes aus Holz*
*1. Loskiel, 2. Kiel, 3. Kielsponung, 4. Kielschwein, 5. Binnenkielschwein, 6. Kielgang, 7. Bodenbeplankung, 8. Seitenbeplankung, 9. Schergänge, 10. Schandeck, 11. Schanzkleid, 12. Finknetzreling, 13. Wasserptorte, 14. Jungfern, 15. Oberrüste, 16. Unterrüste, 17. untere Befestigung der Rüsteisen, 18. Wassergang, 19. Setzweger, 20. Raumstützen, 21. Deckstützen, 22. Deckbalken, 23. Deckbeplankung, 24. Deckbalkenknie, 25. Balkweger, 26. Unterbalkweger, 27. Bodenwrange, 28. Speigatt, 29. Luftgang, 30. Handlauf*

**Deckbalken.** Die Querverbindung der Spanten erfolgt durch *Deckbalken* genannte Bauteile. Sie sind in verschiedenen Höhen angebracht, sie tragen die Deckbeplankung und nehmen vom Wasser ausgeübte seitliche Drücke auf.

Die Oberseite der Deckbalken ist gewölbt. Sie sind in 1 bis 2 m Abstand voneinander angebracht. Ist der Abstand größer, tragen Längstraversen zwischen den Deckbalken kleinere Balken, um den Deckplanken mehr Halt zu geben. Die Deckbalken der Stahlschiffe bestehen gewöhnlich aus einfachen oder zusammengesetzten Profilen. Bei großen Schiffen verwendet man T-Wulstprofile oder Doppel-T-Profile, bei kleinen Winkelprofile.

Auch bei den alten Schiffen erfolgte die Querverbindung mit Hilfe der Deckbalken. Um die Decks zu verstärken, legte man kleine Balken dazwischen, die in Längsrichtung durch *Deckquerbalken* verbunden wurden.

Die breiteren Deckbalken bestanden aus mehreren Teilen *(zusammengesetzte Deckbalken)*, und zwar aus zwei Stücken mit *Überlappung* oder aber mit *Stoßkalben* in der Mitte.

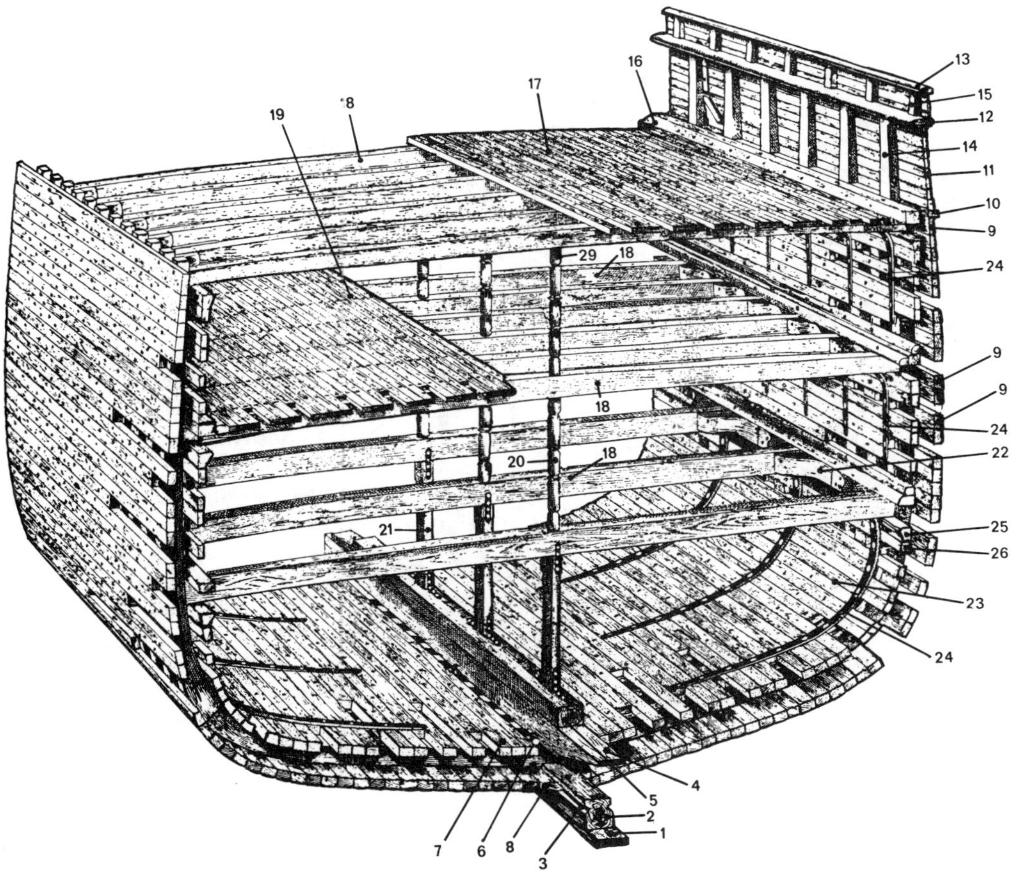


Abb. 127. *Perspektivische Innenansicht des Hauptteils eines Segelschiffes aus Holz*
*1. Loskiel, 2. Kiel, 3. Kielsponung, 4. Kielschwein, 5. Binnenkielschwein, 6. Bilgenwasserabfluß, 7. Kimmweger, 8. Kielgänge, 9. Schergänge, 10. Schandeck, 11. Schanzkleid, 12. Handlauf, 13. Finknetz- oder Monkeyreling, 14. Schanzkleidstützen, 15. Monkeyrelingstützen, 16. Wassergang, 17. Ober- oder Hauptdeckbeplankung, 18. Deckbalken, 19. Zwischendeckbeplankung, 20. Deckstützen, 21. Raumstützen, 22. waagerechte Knie der Deckbalken, 23. Innenbeplankung, 24. eiserne Hängeknie der Deckbalken, 25. Raumbalkweger, 26. Raumunterbalkweger*

*Hauptspantbalken* nannte man den im breitesten Teil des Schiffes befindlichen Deckbalken, dieser Ausdruck ist noch heute gebräuchlich. Der Deckbalken der Vordeckreling befand sich am Bug in Höhe der Trempel der zweiten oder dritten Batterie (je nachdem, ob das Schiff 2 oder 3 Decks hatte); er diente als Schwelle für die Pforten der Kanonen für die Verfolgung und bildete eine Stufe, damit man zum Galion gelangen konnte. Auf diesem Deckbalken waren senkrecht die *Relingstützen* angebracht. Das Mittelstück der Unterseite des Vordeckbalkens war halbkreisförmig ausgeschnitten, um den Bugspriet aufzunehmen.

**Balkweger und Wassergänge.** Die Enden oder Stöße der Deckbalken sind durch Zinken mit einem starken Längselement verbunden, das durch Bolzen auf den Spanten befestigt ist und *Balkweger* genannt wird.

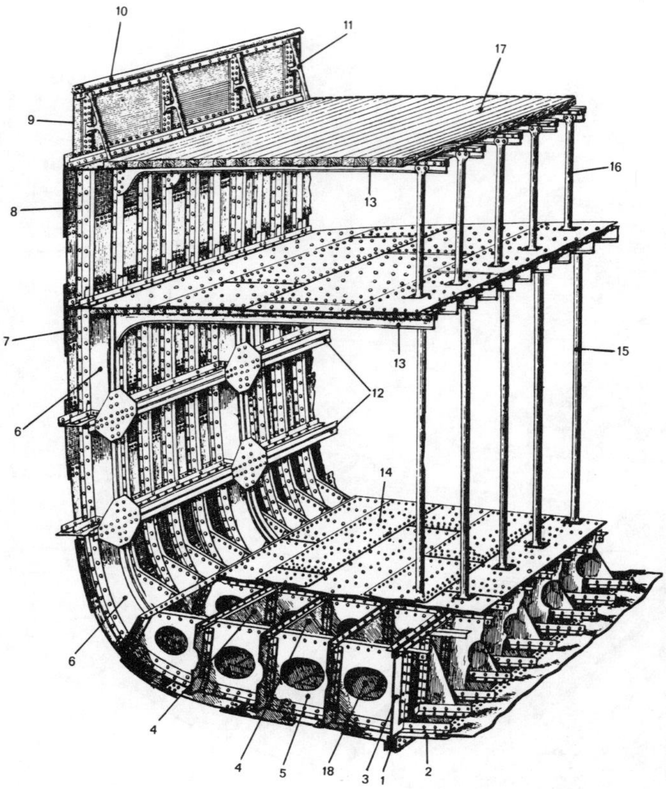


Abb. 128. *Hauptteil eines Eisenschiffes von innen, perspektivische Ansicht*
*1. Kiel, 2. Kielgang, 3. Mittelträger, Mittelkielplatte, 4. Seitenträger, 5. Bodenwrangen, 6. Rahmenspanten, 7. Hauptdeckschergang, 8. Oberdeckschergang, 9. Schanzkleid, 10. Handlauf, 11. Schanzkleidstützen, 12. Seitenstringer, 13. Deckbalken, 14. Innenboden, 15. Raumstützen, 16. Oberdeckstützen, 17. Oberdeck, 18. Mannlöcher*

Unterhalb dieser Balkweger befinden sich ein oder zwei *Unterbalkweger.* Über den Deckbalken wird ein weiteres, starkes Längsteil durch Zinken fest eingefügt, das *Wassergang* heißt. Seitlich des Wassergangs laufen zwei oder drei Gänge der Deckbeplankung, die schwächer als der Wassergang sind und *Setzweger* heißen. Auch sie sind durch Zinken mit den Deckbalken verbunden. Diese sind also in der einen Hälfte ihrer Höhe mit dem Balkweger und in der anderen mit dem Wassergang und den Setzwegern verbunden (Abb. *129*). Die Innenseite des Wassergangs ist abgeschrägt und enthält einige *Speigatts* genannte Öffnungen zum Ablaufen des Wassers. Die alten Schiffe wiesen die gleiche Konstruktion auf.

**Knie und Stützen.** Zur Verstärkung und zur besseren Vereinigung von Deckbalken und Bordwand befestigt man an den Enden der Deckbalken einige *Balkenknie* genannte, rechtwinklige Verstärkungen, die aus Astgabeln hergestellt werden.
Die Knie der Stahlschiffe erhält man durch entsprechend geformte Platten. Die Deckbalken der alten Schiffe waren ebenfalls mit Holz- oder Metallknien versehen. Um die Deckbalken in der Mitte zu stützen, verwendet man senkrechte *Streben* oder *Stützen,* die aus einem Stück bestehen können. Man findet sie sowohl bei den alten wie bei den modernen Schiffen.

**Deckbeplankung.** Auf die Deckbalken legt man in Längsrichtung Planken, die zur Festigkeitserhöhung des Rumpfes in Längsrichtung beitragen. Diese Planken sind aus Pinien- oder Teakholz, ihre Nähte müssen sorgfältig kalfatert werden, um die Wasserundurchlässigkeit zu gewährleisten. Sie werden mit Nägeln oder Schrauben, über die ein Holzpfropfen geschlagen wird, auf den Deckbalken befestigt.

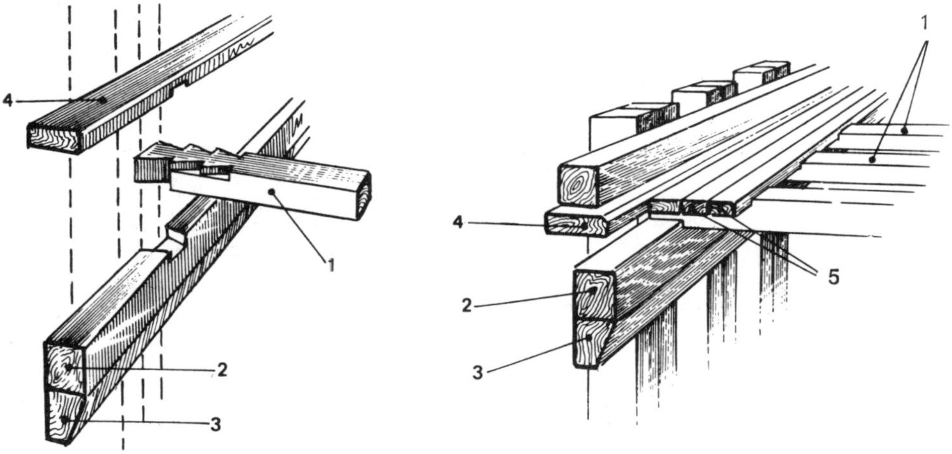


Abb. 129. *Deckbalken*
*1. Deckbalken, 2. Balkweger, 3. Unterbalkweger, 4. Wassergang, 5. Setzweger*

Bei den Stahlschiffen bestehen die Decks aus Stahlplatten, Holz oder aus mit Holzplanken, Linoleum oder Gummi bedeckten Stahlplatten. Bei den alten Schiffen war die Beplankung der Decks und der Back je nach dem Gewicht der Kanonen und dem Schiffstyp verschieden dick (Abb. *130* und *131*). Die Dicke der Planken des untersten Decks betrug gewöhnlich 5 Zoll (etwa 12,5 cm) und nahm bei den höheren Decks um je einen Zoll ab (4 Zoll beim zweiten Deck, 3 Zoll beim dritten usw.). Es war üblich, daß die Dicke der Deckbeplankung nach den Regeln langer Bauerfahrung die Dicke der Außen- und Innenbeplankung bestimmte.

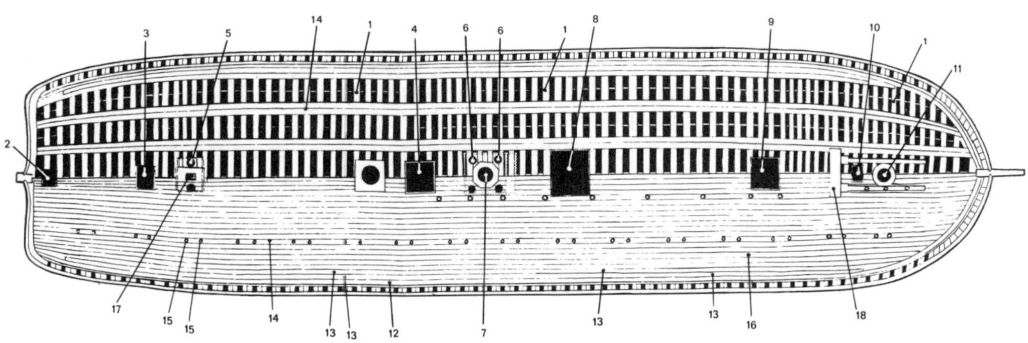

Abb. 130. *Erstes Deck eines Schiffes aus dem 17. Jahrhundert und sein Aufbau*
*1. Deckbalken, 2. Luke des Stückmeisters, 3. Luke der Pulverkammer, 4. Luke der Kammer des Bootsmanns (Untermaat, der für die Unterbringung und Verwaltung der Mannschaftsverpflegung zuständig war), 5. Pumpenschacht (Brunnen) des Besanmastes, 6. Schächte der großen Pumpen des Großmastes, 7. Großmast, 8. Große Luke, 9. Luke der Last für die Wanten und Taue, 10. Luke der „Löwengrube“, 11. Fischung des Fockmastes, 12. Wassergang, 13. Setzweger, 14. einzelne Gänge, 15. Ösen oder Ringe zum Befestigen der Flaschenzüge für die Kanonen, 16. Deckbeplankung, 17. Spur des Besanmastes, 18. Poller des Ankertaus*

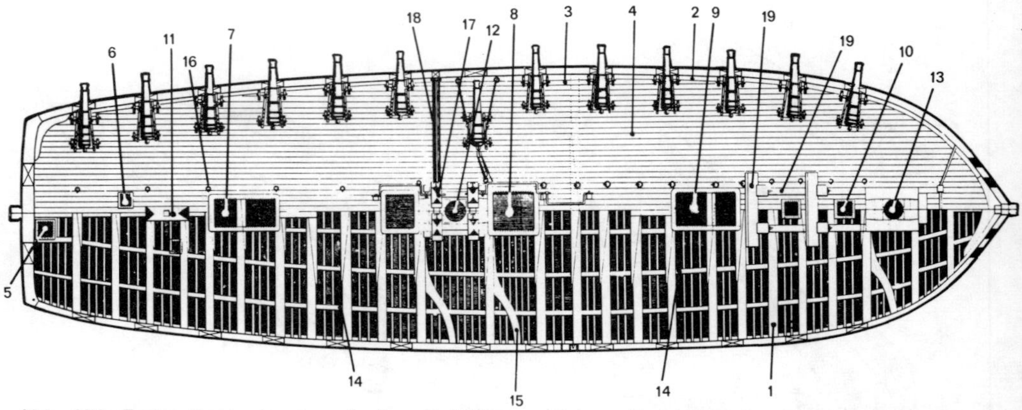


Abb. 131. *Erstes Deck eines englischen Schiffes aus der zweiten Hälfte des 18. Jahrhunderts 1. Deckbalken, 2. Wassergang, 3. Setzweger, 4. Deckbeplankung, 5. Luke des Stückmeisters, 6. Luke der Pulverkammer, 7. Luke der Kammer des Bootsmanns, 8. Große Luke, 9. Luke der Last für die Wanten und Taue, 10. Luke der „Löwengrube“, 11. Spur des Besanmastes, 12. Fischung des Großmastes, 13. Fischung des Fockmastes, 14. Deckquerbalken, 15. waagerechtes Deckbalkenknie, 16. Ösen oder Ringe zum Befestigen der Flaschenzüge für die Kanonen, 17. Pumpenschacht, 18. Abflußrohr der Pumpen, 19. Poller des Ankertaus*

Demzufolge hatten bei einem großen Linienschiff die Außenplanken und die entsprechenden Planken des ersten Decks eine Dicke von 5 Zoll, die des zweiten Decks dementsprechend eine Dicke von 4 Zoll, die Plankendicke betrug in der Höhe der Back 3 Zoll und in Höhe des Quarterdecks nur 2 Zoll. Die Plankendicke der dickeren Schergänge (1 Zoll stärker) der dazugehörigen normalen Beplankung betrug 6 Zoll für den ersten Gang, 5 Zoll für den zweiten, 4 Zoll für den dritten usw. Die Anordnung der Beplankung bei den Booten erfolgte auf die gleiche Weise, Abb. *132a, b, c, d* zeigt hierzu einige Beispiele.

**Schanzkleid oder Reling und Geländer.** Bei den Holzschiffen wird die *Schanzkleid*beplankung, die aus verhältnismäßig schmalen Planken besteht, an den Schanzkleidstützen angebracht (Abb. *133*). Am oberen Ende der Stützen befestigt man eine *Handlauf* genannte robuste Holzleiste. Das Schanzkleid der größeren Segelschiffe kann auch durch eine Reihe seitlich der Spanten angebrachter Säulen, die ebenfalls Schanzkleidstützen heißen, gehalten werden (Abb. *134*).
Bei den Stahlschiffen besteht das Schanzkleid aus der Verlängerung der Außenhautplatten bei geringerer Dicke, die von Profilbauteilen gehalten werden. Sie können aber auch eine Reling haben. Sie besteht aus Relingstützen, durch die Stahlseile laufen (Abb. *135*).
Bei den alten Schiffen nannte man das Schanzkleid *Gunwale.* Sie bestand aus einer Reihe an den Schanzkleidstützen angebrachter Balken, über die man außen und innen, je nach den Abmessungen des Schiffes, die Beplankung legte.
Die Basis der Gunwale bildete das Gunwalebergholz; seine äußere Oberfläche hieß *Oberschanzkleidbeplankung* oder *Schanzkleidschmuck,* da es üblich war, diesen Teil des Schiffes mit Verzierungen und Malereien zu versehen und mit profilierten Längsleisten, den *Gunwaleleisten* oder *-formen,* zu verschönern. *Bonswehren* nannte man die auf dem Achterdeck und dem Vordeck quer angebrachten Schanzkleider, wobei es sich meistens um Balustraden mit gedrehten, kleinen Säulen handelte. *Handlauf* nannte man den oberen Teil des letzten Schanzkleidbeplankungsganges. Er ist bei den Schiffen der Bauteil, der die oberen Enden aller Schanzkleidstützen verbindet.

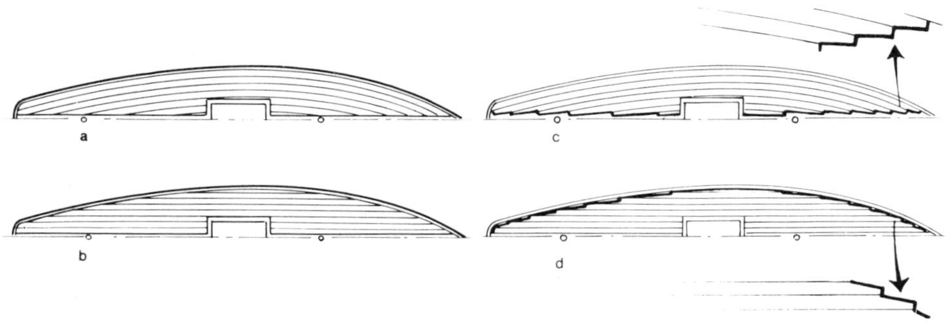


Abb. 132. *Deckbeplankung von Booten*
a) *parallel zur Wölbung des Rumpfes gekrümmte Planken;* b) *zur Mittellinie des Rumpfes parallele, gerade Planken;* c) *Ineinandergreifen der gebogenen Planken mit dem Mittellängsbalken;* d) *Ineinandergreifen der geraden Planken mit dem Wassergang*

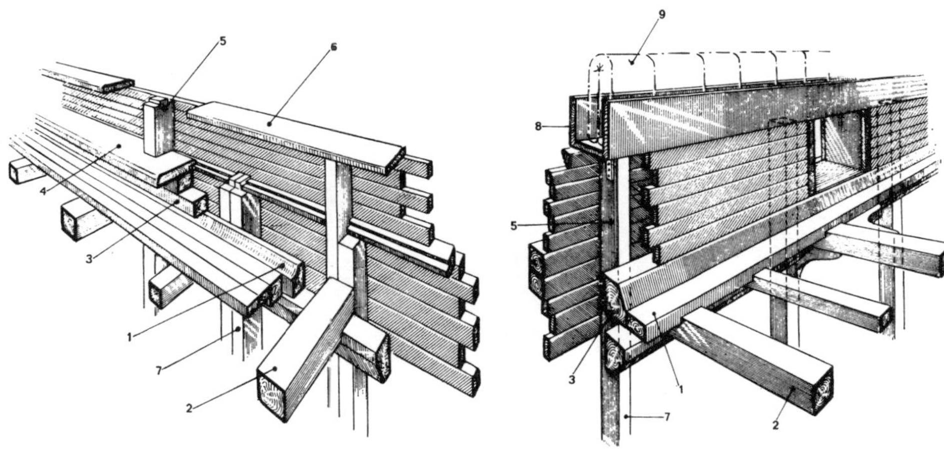

Abb. 133. *Schanzkleider (Segelschiff, 18.–19. Jahrhundert)*
*1. Wassergang, 2. Deckbalken, 3. Wassergangsetzweger, 4. Handlauf, 5. und 7. Schanzkleidstützen, 6. Finknetzreling, 8. Hängemattenträger oder Holzgeländer, 9. Hängematten*

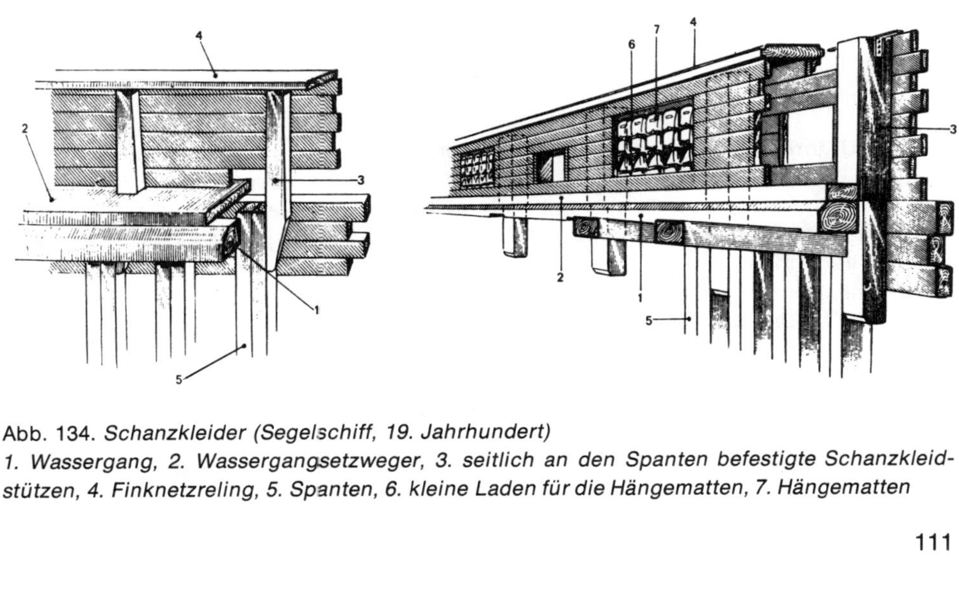

Abb. 134. *Schanzkleider (Segelschiff, 19. Jahrhundert)*
*1. Wassergang, 2. Wassergangsetzweger, 3. seitlich an den Spanten befestigte Schanzkleidstützen, 4. Finknetzreling, 5. Spanten, 6. kleine Laden für die Hängematten, 7. Hängematten*

Bei den alten Schiffen nannte man *Geländer* eine Art Balustrade, die über das Schanzkleid gebaut war und aus U-förmigen Eisenstreben bestand, in denen die Hängematten der Matrosen zur Verteidigung bei feindlichen Angriffen befestigt wurden. Das Geländer konnte auch aus Holz sein. Später wurde der Schanzkleidinnenraum als Aufbewahrungsort für die Hängematten benutzt (Abb. *133* und *134*).

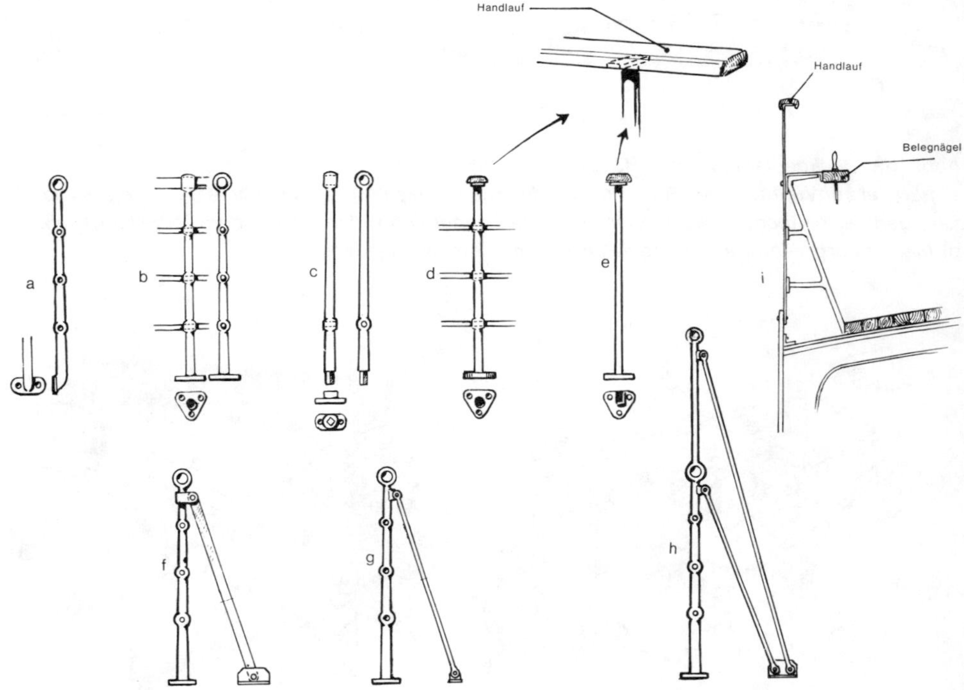


Abb. 135. *Reling, Relingstützen*
a) *runde Relingstütze mit Geländerrohr und senkrechtem Befestigungsflansch;* b) *runde Relingstütze mit Geländerrohr und waagerechtem Befestigungsflansch;* c) *Relingstütze mit Öffnung für Kettendurchzug und Muffe mit Flansch zum Befestigen;* d) *Relingstütze mit Holzhandlauf und waagerechtem Befestigungsflansch;* e) *flache Relingstütze mit Holzhandlauf und waagerechtem Befestigungsflansch;* f) *Stützstrebe für Relingstütze, rechteckiger Querschnitt;* g) *Stützstrebe für Relingstütze, runder Querschnitt;* h) *Relingstütze für Zeltdach mit Stützstreben;* i) *Brüstung aus Platten mit Handlauf aus Holz mit Verstärkungen*

**Luken, Unterkünfte und halbe Backs.** In den Decks werden Öffnungen angebracht, um Luft und Licht hineinzulassen und den Durchgang zu den darunter befindlichen Decks zu ermöglichen. Hauptsächlich dem Durchgang dient die *Luke.* Sie besteht aus einem viereckigen Rahmen, dem *Lukensüll,* das aus je zwei quer- und längsschiffs liegenden Teilen gebildet wird. Die querliegenden Teile des Lukensülls befinden sich auf zwei Deckbalken *(Lukenendbalken)* und ruhen auf zwei *Halbbalken,* die in die Lukenendbalken greifen (Abb. *136*).
Wenn die Luke länger als der Zwischenraum zwischen zwei Deckbalken ist, enden die betroffenen Deckbalken in Höhe der Halbbalken und sind hier ineinandergefügt. Diese *halbe Balken* genannten Deckbalken werden durch *waagerechte Knie* verstärkt. Die Luke wird durch *Lukendeckel* verschlossen (abnehmbare Deckel aus Holzplanken, die in das Lukensüll passen). Wenn die Luke sehr breit ist, liegen die Lukendeckel in zwei Längsreihen auf einem Längsträger.

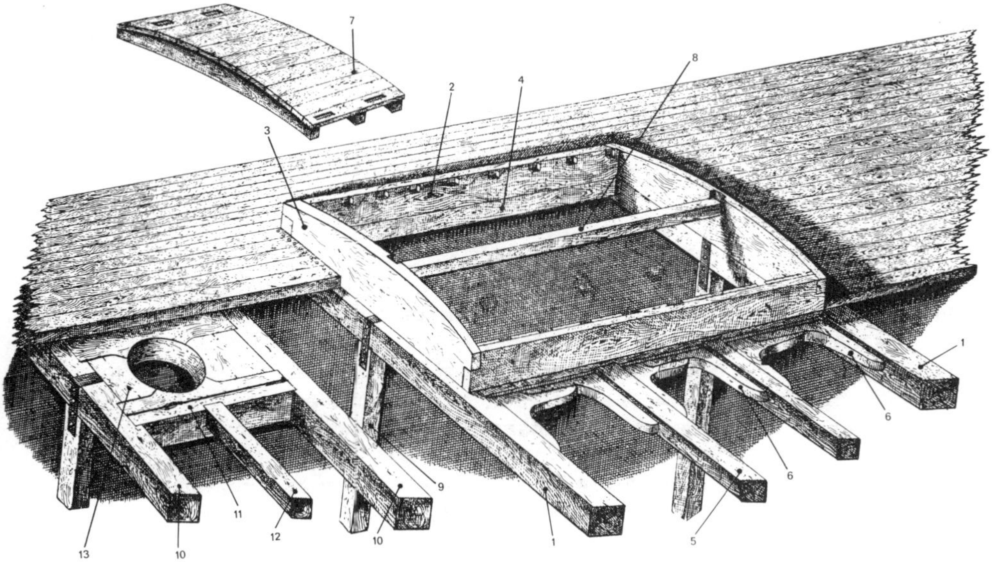


Abb. 136. *Luke*
*1. Lukenendbalken, 2. Lukenlängssüll, 3. Lukenquersüll, 4. Lukenschlinge, 5. halber Balken, 6. waagerechtes Knie, 7. Lukendeckel, 8. abnehmbarer Längsbalken, 9. Raumstütze, 10. Mastbalken, 11. Mastschlingen, 12. Masthalbbalken, 13. Mastkalben*

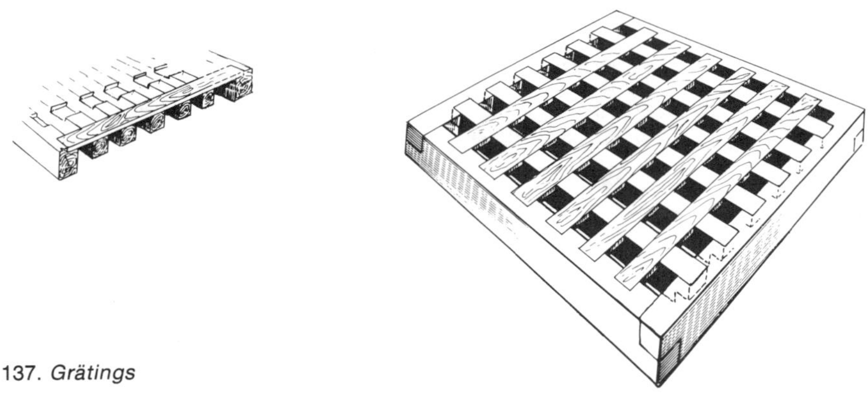

Abb. 137. *Grätings*

Während des Fahrens bei schlechtem Wetter werden die Luken und ihre Lukendeckel mit einem Überzug aus wasserundurchlässiger Leinwand bedeckt.
Bei gutem Wetter werden anstelle der Lukendeckel einige Gitter *(Lukengrätings)* auf dem Lukensüll befestigt, sie ermöglichen die Luftzirkulation und den Lichteinfall (Abb. *137*). Luken gab es schon bei den alten Schiffen.
Im ersten Deck der Segelkriegsschiffe befanden sich im allgemeinen sechs Luken: die *Luke der Stückmeisterkammer* am Heckende, die *Luke der Pulverkammer,* die *Luke der Vorratskammer,* die *große Luke* vor dem Großmast, die *Luke des Takelbodens* und die *Luke der Löwengrube.*

Das zweite Deck hatte drei Luken mehr, um verschiedene Verbindungswege zu gewährleisten, die Öffnungen der anderen Luken entsprachen denen der darunter befindlichen. Die Luken des ersten Decks wurden mit Lukendeckeln, die des zweiten Decks, des dritten Decks, des Oberdecks, des Vor- und Achterdecks mit Lukengrätings verschlossen, die man bei schlechtem Wetter mit imprägnierter Leinwand bedeckte. Grätings bildeten auch die Galions- und Gangbordflächen. Die *Gangborde* auf den Schiffen des 18. Jahrhunderts waren zwei seitliche Gänge, die das *Backdeck* mit dem *Quarterdeck* verbanden.
Bei den alten Schiffen wurden die Längsstützen der Lukensülle auf *Unterzüge* genannten Deckquerbalken befestigt. Die Unterzüge waren große Planken mit rechteckigem Querschnitt, die in die Deckbalken gefügt wurden; sie verliefen in Längsrichtung vom Bug zum Heck und bildeten somit die seitlichen Ränder aller Luken. Außer dem Tragen der Luken dienten sie dem Zweck, die Decks zu verstärken; auf ihnen befestigte man die Ringe für die Flaschenzüge der Kanonen. Eine weitere Reihe Unterzüge befand sich zwischen den Luken und dem Wassergang (Abb. *131*).
Die Öffnungen in den Decks der Seefahrzeuge nennt man auch *Wasserläufe.*

**Oberlichter, Niedergänge.** Auf einigen Luken bringt man Einfassungen mit Glasscheiben und Pforten (ebenfalls verglast) an, die angehoben werden können, um Licht und Luft einzulassen. Diese Einfassungen heißen *Oberlichter.*
Es gibt schließlich Luken, die durch ein mit einer Tür versehenes Gehäuse zugänglich sind; ein solches Gehäuse nennt man Niedergang (Abb. *138a, b, c*).

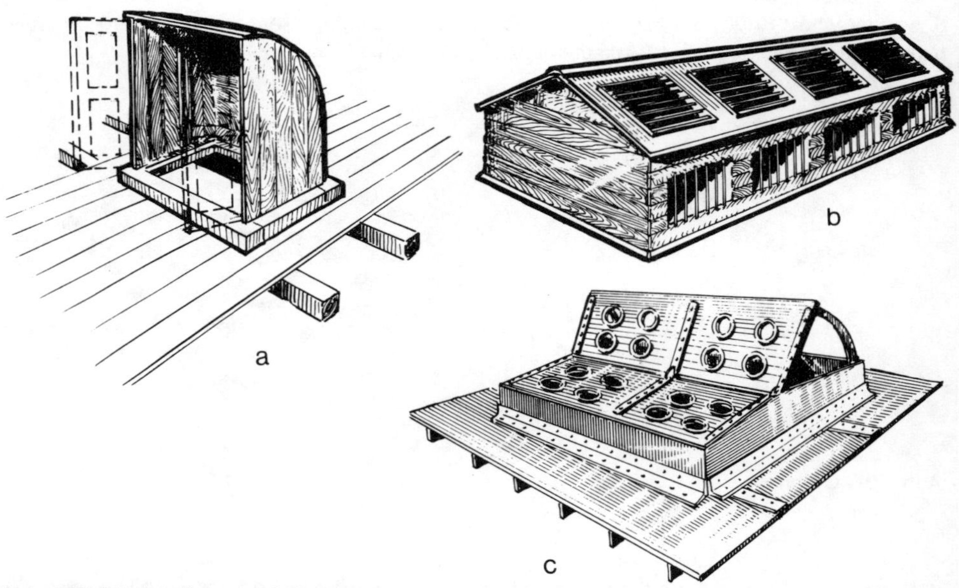


Abb. 138. *Niedergänge und Oberlichter*
a) *Niedergang;* b) *Oberlicht aus Holz;* c) *Oberlicht aus Stahl*

**Fischungen, Mastspuren.** Außer den Luken befinden sich im Deck weitere runde oder elliptische Öffnungen, durch die die Masten gehen. Die *Fischungen* sind in dem Zwischenraum zwischen zwei *Mastbalken* genannten Deckbalken angebracht.

Zwischen den beiden Mastbalken befinden sich zwei *Mastschlingen.* Die zwischen den beiden Mastbalken befindlichen Halbbalken sind mit den Mastschlingen verbunden. Zwischen beiden Mastbalken und den Mastschlingen liegen die Kalben, durch die der Mast geht. Dieser wird mit Hilfe von Holzkeilen im *Mastloch* in seiner Lage festgehalten. Über die Keile legt man die Keilkappen aus mit Öl getränkter Leinwand, um das Eindringen von Wasser zu verhindern (Abb. *139*).

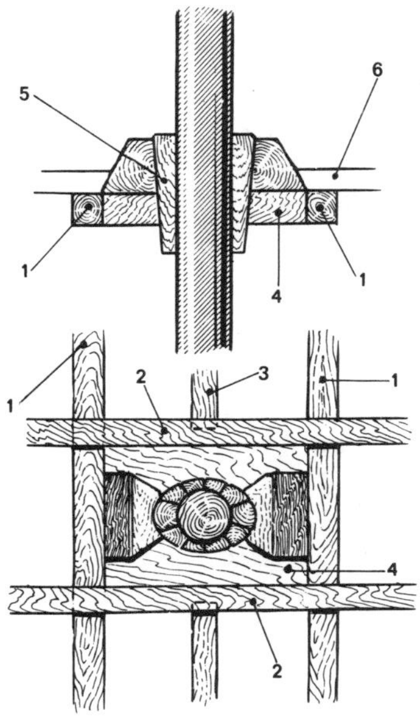


Abb. 139. *Mastfischungen*
*1. Mastbalken, 2. Mastschlingen, 3. halbe Balken, 4. Kalben, 5. Mastkeile, 6. Deckbeplankung*

Die Fischungen der Metallmasten bestehen aus Kalben mit L-förmigem Profil. Fischungen aus Metall werden im allgemeinen bei Booten ohne Decklast verwendet. Sie bestehen aus einem zweiteiligen Kalben mit Scharnier. Eine Hälfte des Kalbens wird versenkt und an der Bank oder an anderen geeigneten Bauelementen befestigt.

Die Konstruktion der Fischungen war bei den alten Schiffen wie oben beschrieben. Außer den Mastfischungen gab es noch Fischungen zum Durchführen der Pumpen.

Der Mastfuß wird mit Hilfe einer *Spur* genannten Stützvorrichtung befestigt.

Die Spur besteht aus zwei Längsträgern, die auf den *Seitenkielschweinen* angebracht sind und von zwei *Pallen,* einem in Richtung zum Bug, einem in Richtung zum Heck, festgehalten werden. Seitlich sind die Längsträger durch zwei *Mondhöfe* genannte Querträger verstärkt. Zwischen den Längsträgern und den Mondhöfen verkeilt man den Mastfuß (Abb. *140a*). Bei den kleinen Segelschiffen besteht die Spur aus einem Stück Steineiche, das auf dem *Kielschwein* befestigt ist und in dem sich eine viereckige Öffnung befindet, die den Zapfen des Mastfußes aufnimmt.

Bei den kleineren Booten kann die Spur auch in den Kiel eingelassen oder, wie oben beschrieben, verstärkt sein (Abb. *140b, c*).

Bei Stahlschiffen besteht die Spur meistens aus Winkelprofilen, die mit dem Kielschwein fest verbunden sind.

Die Mastspuren der alten Schiffe hatten den gleichen Aufbau, wie oben beschrieben; die Längsträger waren in zwei Spurbodenwrangen gefügt (die untereinander durch Traversen verbunden waren). Bei den englischen Schiffen bestand die Spur meist aus einem großen Holzstück, das am Kielschwein gut befestigt war und eine viereckige Öffnung zum Aufnehmen des Mastzapfens hatte.

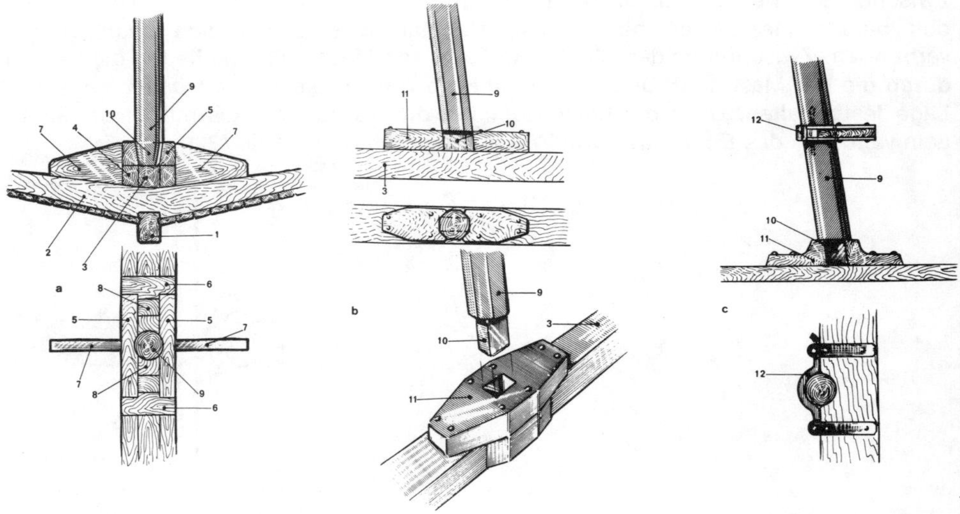

Abb. 140. *Mastspuren*

a) *Mastspur eines hölzernen Segelschiffes;* b) *einfache Mastspur für Boote;* c) *Mastspur mit Scharnier für Boote*

*1. Kiel, 2. Bodenwrangen, 3. Kielschwein, 4. Seitenkielschwein, 5. Längsträger, 6. Pallen, 7. „Mondhöfe", 8. Keile, 9. Mast, 10. Mastzapfen, 11. Mastspur, 12. Bootsmastspur mit Scharnier*

Die Bugsprietspur war eine auf dem Hauptdeck vor dem Fockmast angebrachte Konstruktion. Sie bestand aus einem senkrechten Stück *(Traverse)*, das aus zwei Bauteilen gebildet wurde. Diese wurden oben an einem Deckbalken befestigt, der zu diesem Zweck auf das darunterliegende Deck gesetzt wurde.
Zwischen den beiden Bauteilen wurde ein Zwischenraum gelassen, er entsprach der Dicke des Bugsprietfußes, der hier eingefügt wurde. Eine zweite Traverse wurde weiter vorn angebracht und zur Verstärkung mit großen Steineichenplatten bedeckt. In der Mitte befand sich eine runde Öffnung, durch die der Bugspriet ging (Abb. *141a, b, c*).

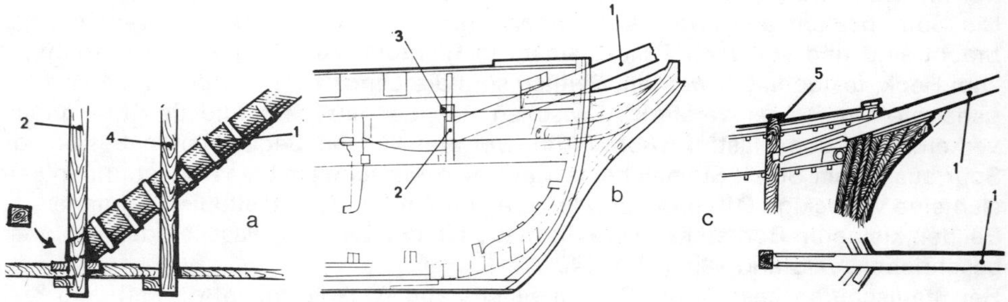

Abb. 141. *Bugsprietmastspuren*

a) *alte Bugsprietmastspur;* b) *Bugsprietmastspur Anfang des 19. Jahrhunderts;* c) *Bugsprietmastspur eines hölzernen Segelschiffes*

*1. Bugspriet, 2. Traverse, 3. Deckbalken der Traverse, 4. zweite Traverse, 5. Poller über der Bugsprietmastspur*

**Deckaufbauten.** Über dem Oberdeck erheben sich weitere Konstruktionen mit Teildecks, die *Deckaufbauten* genannt werden und sich nicht über die ganze Schiffslänge erstrecken.

Die wichtigsten Deckaufbauten sind:

Die *Back,* die sich am Bug des Schiffes befindet. Bei den alten Schiffen diente sie als Kampfstätte. Auf den Galeonen und Segelkriegsschiffen standen hier Kanonen kleineren Kalibers. Die Back begann an der Vorluke und endete hinter dem Galion.

Am Heck des Schiffes befindet sich das *Achterdeck,* darüber das *Quarterdeck.* In der Mitte des Schiffes kann ein Brückenhaus unterschiedlicher Länge sein, darauf das Brückendeck. Das Brückenhaus war an den Enden meist mit Frontschotten abgeschlossen. War das der Fall, spricht man von *geschlossenem,* andernfalls von *offenem Brückenhaus.* Auf dem Brückenhaus befindet sich gewöhnlich ein weiterer, *Kommandobrücke* genannter Aufbau, der querab mit zwei Nocks für Kapitän, Lotsen und Steuermann versehen ist. Das erhöhte Quarterdeck, das Brückenhaus und die Back können untereinander durch eine Längsbrücke verbunden sein.

Auf den alten Schiffen war das erhöhte Quarterdeck ein Aufbau, in dessen Innerem sich die Kajüten des Kommandanten und der Offiziere befanden. Das Quarterdeck diente als Kampfplatz. Auf Galeonen (Abb. *142*) und Segelkriegsschiffen war das Quarterdeck ebenfalls mit einer Anzahl von Kanonen kleineren Kalibers bestückt.

Über dem Quarterdeck befand sich ein weiterer, *Tabernakel* genannter Aufbau.

Das *erhöhte Achterdeck* war das höchste Deck des ganzen Schiffes, und es erstreckte sich nach vorn über den Kreuzmast hinaus.

Auf dem erhöhten Quarterdeck erfolgten alle Takelungen des Kreuz- bzw. Besanmastes und eines Teils des Großmastes. An den Seiten des erhöhten Quarterdecks befanden sich normalerweise zwei kleine Treppen, damit man zum Achterdeck hinabsteigen konnte (bei den englischen Schiffen gewöhnlich eine Treppe in der Mitte). Der Platz zwischen den Treppen war nach vorn mit einer Balustrade mit gedrehten kleinen Säulen abgeschlossen, die *Quarterdeckreling* genannt wurde (Abb. *143*).

Ende des 18. Jahrhunderts ließ man die Kajüten des Quarterdecks weg und faßte alles zum Achterdeck zusammen. Das hatte, da die Höhe geringer wurde, den Vorteil, daß die Stabilität des Schiffes günstig beeinflußt wurde. Am Ende des Hecks richtete man jedoch zwei kleine, niedrige Kajüten für die Unterbringung des Lotsen und des Maats ein. Bei den Segelkriegsschiffen waren noch einige Kajüten für die Offiziere vorgesehen. Während des Kampfes brachte man auf dem kleinen Quarterdeck den größten Teil der Musketen und die kleinen Kasemattgeschütze in Stellung (Abb. *144* und *145a*).

In der zweiten Hälfte des 18. Jahrhunderts wurden die Back und das erhöhte Quarterdeck durch zwei seitliche, *Gangbord* oder *Laufplanke* genannte Brücken miteinander verbunden. In dem Raum, der zwischen diesen beiden erhöhten Decks und den beiden Brücken in der Mitte des Schiffes blieb, wurden auf See das Beiboot und die Rettungsboote befestigt.

Bei den alten Schiffen nannte man die erhöhten Achterdecks auch *Türme.*

Zu den Deckaufbauten zählen schließlich auch einige Konstruktionen in Form einzelner kleiner Häuschen, die man *Kappen* nennt. In einer solchen Kappe auf dem Quarterdeck bedienten die Steuerleute das Steuerrad, sie hieß dann *Ruderhaus* oder *Steuerhaus.* Darüber hinaus gibt es kleine Kappen, die entlang der Reling angebracht sind und als Lasten für Material, als Kombüse, für hygienische Zwecke usw. verwendet werden.

Auf den alten Schiffen war die Kappe eine kleine Unterkunft, die man am Ende des Hecks über dem Quarterdeck der kleinen Schiffe – Fregatten oder Korvetten – eingerichtet hatte; in ihr befand sich meistens die Kajüte des Kommandanten oder des 1. Offiziers. Bei den Segelschiffen bezeichnete man einige Deckaufbauten, die gewöhnlich als Unterkunft für Passagiere und Offiziere verwendet wurden, als

Kappen. Von diesen Kappen gab es auf Deck zwei oder drei (Abb. *145b*). Auf den Motorschiffen nennt man die Deckaufbauten Deckshäuser und Kappen.

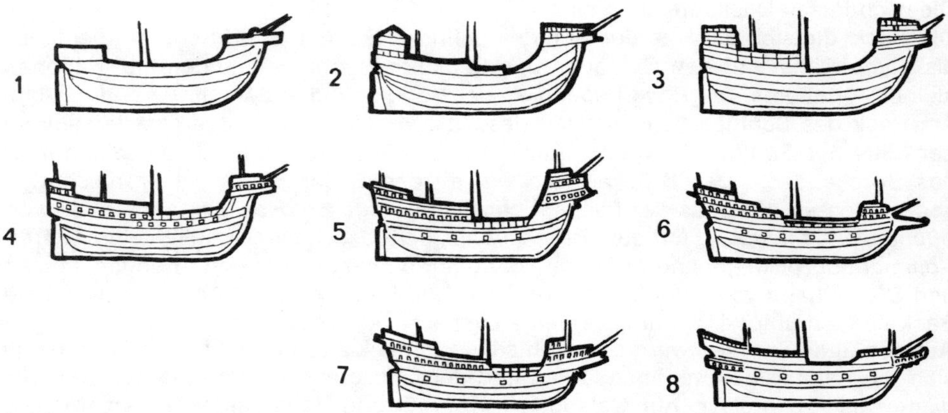


Abb. 142. *Entwicklung der Deckaufbauten von den Karacken bis zu den Galeonen 1., 2., 3., 4., 5. Entwicklung des erhöhten Vordecks und des erhöhten Achterdecks bei den Karacken, 6., 7. Entwicklung der ersten Galeonen, bei denen man den architektonischen Einfluß der Karacke feststellt, 8. endgültige Galeonenform*

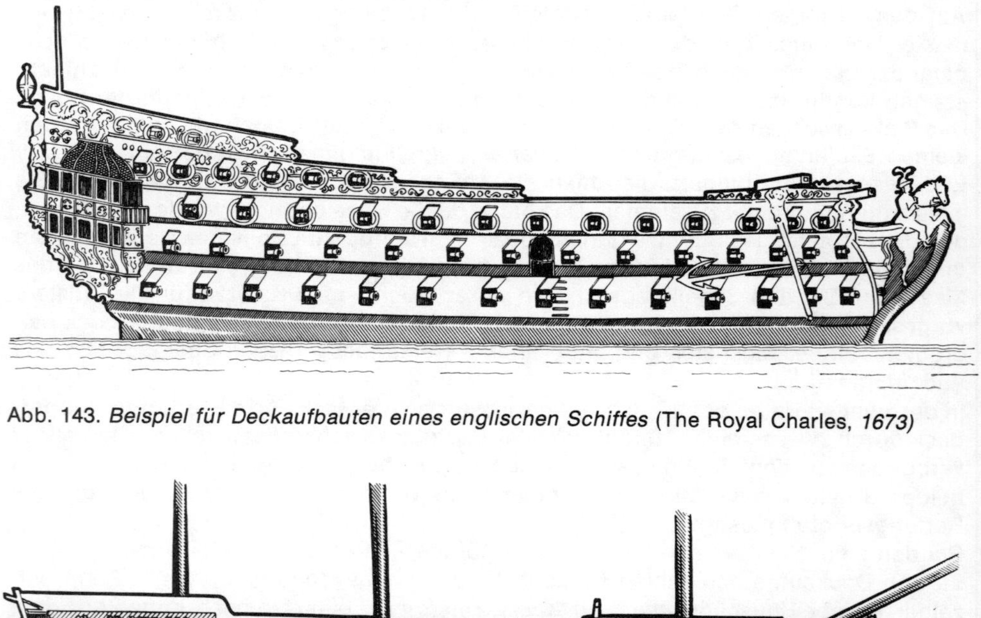

Abb. 143. *Beispiel für Deckaufbauten eines englischen Schiffes* (The Royal Charles, *1673)*

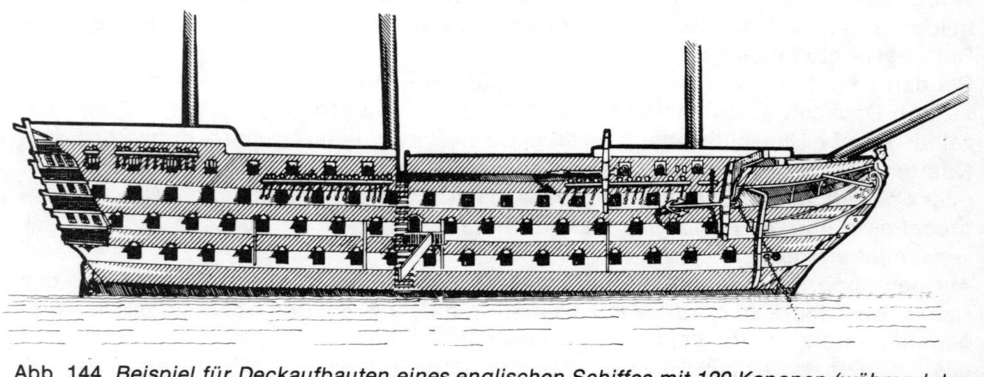

Abb. 144. *Beispiel für Deckaufbauten eines englischen Schiffes mit 120 Kanonen (während der Regierung Georgs III., 1760–1810, vom Stapel gelassen)*

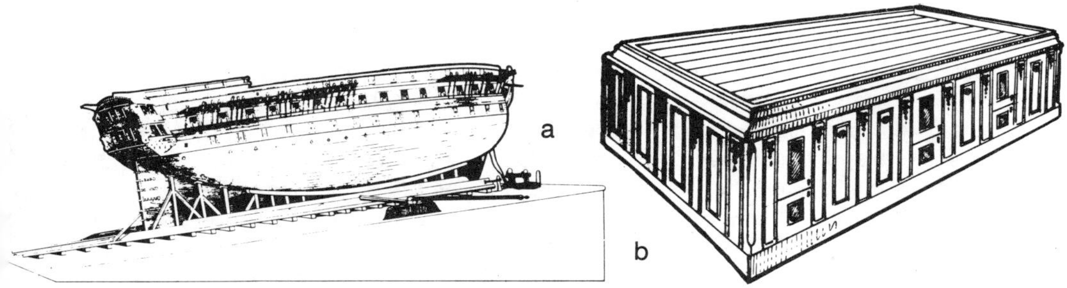


Abb. 145. a) *Beispiel für Deckaufbauten eines Schiffes mit drei Decks (aus den ersten Jahren des 18. Jahrhunderts);* b) *Beispiel einer Kajütskappe (Unterkunft für Passagiere auf einem Segler des 19. Jahrhunderts)*

**Innere Einteilung des Schiffsrumpfes.** Das Innere des Schiffsrumpfes wird nach dem Verwendungszweck des Schiffes unterteilt. Außerdem schafft die Unterteilung im Innern mehrere wasserdichte Abteilungen, die das Eindringen von Wasser auch in Notfällen begrenzen können.

Deshalb befinden sich zwischen den einzelnen Decks Zwischenwände, die die Räume unterteilen wie auch Schutzwände schaffen. Im ersten Fall nennt man sie *Wände,* im zweiten sind es *wasserdichte Schotte.* Es gibt wasserdichte Quer- und Längsschotte.

Die Holzschiffe haben keine wasserdichten Schotte im eigentlichen Sinn, sondern nur einfach *Wände.* Die Stahlschiffe haben statt dessen am Bug ein Schott zur Verstärkung, das *Kollisionsschott,* und nicht weit entfernt davon ein weiteres Schott. Zwischen den beiden Schotten befinden sich die Kettenkästen. Es gibt darüber hinaus weitere Schotte, die die Maschinen- und Heizungsräume abgrenzen und dadurch den Raum für die Ladung praktisch in zwei Teile teilen. Bei den modernen Schiffen, die für bestimmte Ladungen gebaut werden, ordnet man, um diese Unbequemlichkeit zu vermeiden, die Maschinenräume am Heck an und hat den Schiffsraum ganz frei.

Um schließlich die Beplankung des Schiffsbodens dichter zu bekommen, ist der untere Teil der Schiffe mit einem Doppelboden versehen. Dieser wird durch die Außenbeplankung abgegrenzt und durch eine Innenbeplankung, die sich in einem bestimmten Abstand davon befindet und *Doppelbodenbeplankung* heißt. Der Doppelboden kann mit Längsrippen versehen sein, so daß zellenartige Abteilungen entstehen. Eine solche Anordnung ist bei entsprechender Verstärkung für Kriegsschiffe sehr geeignet.

Auch die alten Schiffe waren im Innern zweckgemäß unterteilt. Um eine allgemeine Vorstellung von den alten Schiffsrümpfen zu geben, betrachten wir ein Kriegsschiff mit zwei Decks aus dem 18. Jahrhundert, das in gewissem Sinne die Konstruktionserfahrungen der Vergangenheit vereinigt.

Am Heck war über dem Kielschwein eine Bretterwand zur Aufbewahrung des Pulvers (Pulverfässer) angebracht. An den Wänden befanden sich Regale für die Kartuschen. Über diesem Verschlag war ein weiterer zur Lagerung von Brot und Zwieback. Diese beiden Verschläge waren vom übrigen Schiffsraum durch ein Querschott getrennt. In der Mitte der Pulverkammer, in der Nähe des Kreuzmastes, befand sich ein viereckiger Schacht, der mit dem Oberdeck unmittelbar in Verbindung stand und durch den die Rohre der Pumpen zum Absaugen des eingedrungenen Wassers liefen. Dieser Schacht hieß *Pulverkammerpumpenkasten* oder *-pumpensood.*

Der Zugang zur Pulverkammer erfolgte durch eine Luke des ersten Decks, eine Luke des Orlopdecks und eine Luke der Brotlast.

Die Luken waren untereinander durch Treppen verbunden und lagen daher nicht unmittelbar übereinander.
Unter dem ersten Deck befand sich das etwa 2 m hohe Orlopdeck, das sich vom Bug bis etwa 3 m vor das Heckende erstreckte. Das Orlopdeck bestand aus einem Gestell oder Verschlag, dessen Mittelplanken, wenn notwendig, entfernt werden konnten, um sperrige Waren oder Materialien zu laden oder zu verstauen. Unter dem Orlopdeck erstreckten sich die Schiffsräume: der erste am Heck hieß *Weinraum,* enthielt auch die Lebensmittel und war zum Heck hin durch das Schott der Pulverkammer abgegrenzt; der zweite hieß *großer Raum* oder *Hauptraum,* an ihn grenzten bugwärts verschiedene *Lasten,* zu denen auch die Last für die Kanonenkugeln gehörte. Auf dem Orlopdeck befanden sich, wie schon gesagt, die Luke der Pulverkammer, die Luke für den Zugang zum Proviantraum, die Großluke des Hauptraums, die Luke des Kettenkastens und die Luke der Löwengrube oder *Bootsmannslast* (Aufbewahrungsraum für das Tauwerk). Seitlich waren längs des Orlopdecks mit Hilfe von Schotten mehrere kleinere Räume eingerichtet worden; in ihnen waren verschiedene Ablagen für Lebensmittel, Waffen, Korn, Gemüse, Vorräte für den Kapitän und die Offiziere, Ersatzteile usw. untergebracht. Diese kleinen Räume reichten bis zur Großluke, jenseits der sich das Revier oder das Schiffslazarett, die Kajüten des Arztes oder des Chirurgen befanden. Weiter vorn befand sich die große Kammer mit der Segellast.
Zwischen dem Rumpf und den Wänden der verschiedenen Kammern blieb ein gewisser Raum, ein Gang, der das ganze Schiff entlanglief, damit man die Beplankung überwachen und Lecks oder während des Kampfes entstandene Einschlaglöcher schließen konnte.
Dieser Gang hieß Galerie des Orlopdecks. Das erste Deck oder die erste Batterie hatte am Heck die *Heilige Barbara.* In der Mitte dieses Decks drehte man die Ruderpinne, auf beiden Seiten befand sich je eine Kajüte, eine für den Stückmeister, die andere für den Zahlmeister.
Die Heilige Barbara gab und gibt noch heute an, wo sich die Munitionskammer befindet. Sie wurde durch ein Schott abgeteilt. Jenseits desselben befand sich die Kreuzmastspur, der die Trommel des großen Gangspills folgte. Weiter vorn befanden sich der Großmast und die Saugleitungen der Pumpen, der Fockmast und die Spur des Bugspriets. Das erste Deck war mit Sechsunddreißigpfündern ausgerüstet.
Das zweite Deck enthielt am Heck die große, mit beweglichen Rahmen verschlossene Kammer, die man im Kampf leicht wegziehen konnte, um das ganze Deck zur Verfügung zu haben. Zu beiden Seiten der großen Kammer waren die Unterkünfte der Offiziere eingerichtet.
Vor dem Kreuzmast befand sich die zweite Trommel des großen Gangspills, vor dem Fockmast die Spur des kleinen Gangspills, dessen Trommel sich auf dem Vorderkastell befand. Unter dem Vordeck lagen die Kombüsen. Das zweite Deck wurde nach vorn durch ein Schott abgeschlossen, das aber von Pforten für die beiden Verfolgungskanonen und zwei Zugängen zur Galionsplattform durchbrochen wurde. Auf dem zweiten Deck standen die Vierundzwanzigpfünder.
Am Heck erstreckte sich das Achterdeck mit dem erhöhten Quarterdeck darüber. Auf dem Quarterdeck hinter dem Kreuzmast befanden sich Steuerrad und Kompaßhäuschen. Vor dem Kreuzmast befand sich die Luke zur großen Treppe, die das Quarterdeck mit dem zweiten Deck verband.
Auf dem Quarterdeck standen die Zwölfpfünder. Auf dem Hackbord des Quarterdecks wurde der Flaggenstock aufgerichtet. Bugwärts hatte das Quarterdeck eine Reling, in deren Mitte die große Schiffsglocke angebracht war.
Auch auf der Back befand sich eine Reling mit Balustrade, die *Bugreling.* In der Mitte der Back stand das kleine Gangspill. Wie das erhöhte Quarterdeck war auch die Back bzw. das Vorderkastel mit Zwölfpfündern ausgerüstet (Abb. *146* und *147*).

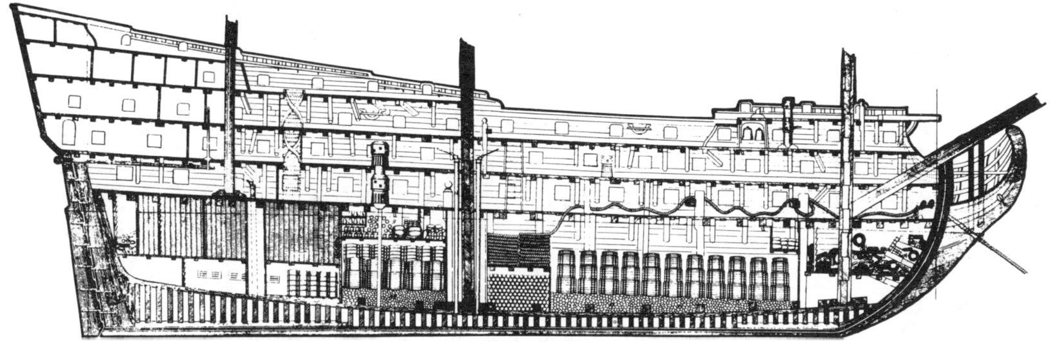

Abb. 146. *Längsschnitt durch ein Schiff aus der zweiten Hälfte des 17. Jahrhunderts*

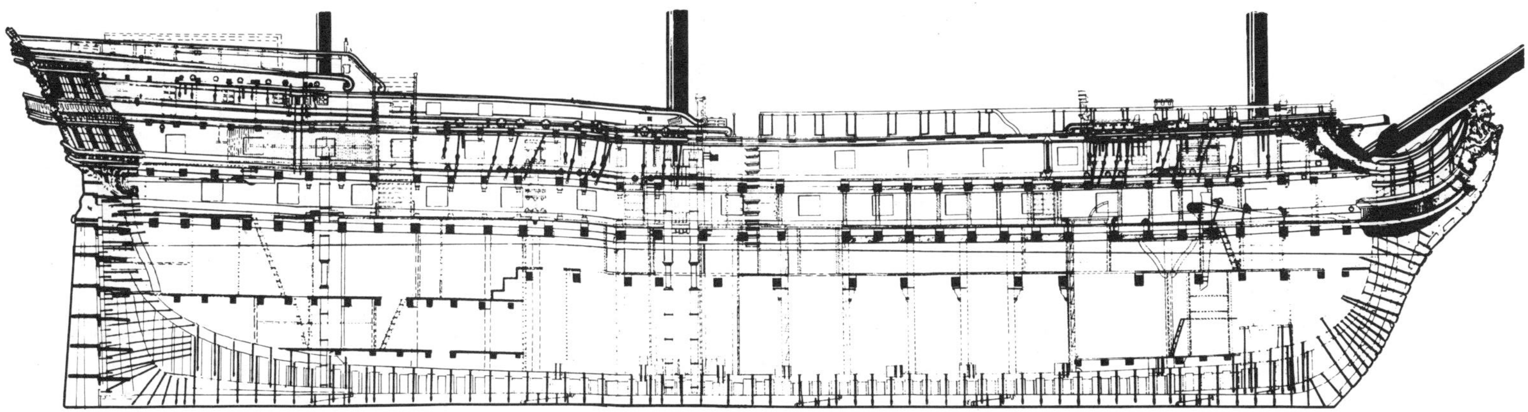

Abb. 147. *Längsschnitt durch ein Schiff aus der Mitte des 18. Jahrhunderts*

KAPITEL IV

# Allgemeine Grundsätze bei der Konstruktion des Schiffes

## Bauplan

**Projektionsebenen.** Die Oberfläche eines Schiffsrumpfes ist im allgemeinen gewölbt. Um solche Oberflächen zeichnerisch darstellen zu können, bedient man sich verschiedener Ebenen, die sie in geeigneter Weise zerlegen:
Die Schnittlinien dieser Ebenen mit der Oberfläche werden in drei aufeinander senkrechte Ebenen projiziert.
Die Ebenen, die die Oberfläche des Schiffsrumpfes schneiden, sind:

1. *Ebenen parallel zum Längsschnitt des Schiffes.* Die Schnitte dieser Ebenen mit der Oberfläche des Schiffsrumpfes heißen *senkrechte Längsschnitte* oder kurz *Schnitte* (Abb. *148a*).
2. *Ebenen parallel zur Wasserlinie.* Die Schnitte dieser Ebenen mit der Oberfläche des Schiffsrumpfes heißen *waagerechte Schnitte* (Abb. *148b*).
3. *Ebenen senkrecht zur Wasserlinie und zu den Schnitten.* Die Schnitte dieser Ebenen mit der Oberfläche des Schiffsrumpfes heißen *senkrechte Querschnitte* oder einfacher *Spantquerschnitte* (Abb. *148c*).

Sie sind für die zeichnerische Darstellung eines Schiffsrumpfes unentbehrlich. Darüber hinaus werden weitere Ebenen *(schräge Ebenen)* verwendet, sie schneiden den Schiffsrumpf in Längsrichtung schräg, wodurch *Senten* genannte Linien entstehen.
Als Projektionsebenen zur Darstellung der Ansicht der Oberfläche eines Schiffsrumpfes werden drei Risse benutzt:

1. Ein *Längsriß* oder *Seitenriß* parallel zum Mittellängsschnitt des Rumpfes, der das gesamte Profil des Schiffes im Aufriß, die Schnittlinien der Wasserlinienebenen, die Schnittlinien der Spantebenen, die Umrisse der Schnitte der senkrechten Längsebenen und die Schnittlinie der Ebene der Konstruktions- oder Schwimmwasserlinie (KWL, früher CWL) enthält.
2. Ein *Wasserlinienriß* parallel zur Wasserfläche, der die Profile oder Umrisse des Schiffsrumpfes im Grundriß, die Schwimmwasserlinie und die Wasserlinien als Kurven, die Schnittlinien der Spantebenen und der senkrechten Längsschnitte, auch die Schnittlinie des senkrechten Längsrisses des Schiffes enthält.
3. Ein *Spantenriß* senkrecht zu den beiden vorigen, der die Projektionen der Spantumrisse, die Schnittlinie des Längsrisses des Rumpfes, die Schnittlinien der Ebenen der senkrechten Längsschnitte und die Schnittlinien der Ebenen der Wasserlinien enthält (Abb. *149a, b, c*).

Die drei Projektionsebenen enthalten alle Elemente der Form des Schiffsrumpfes und bilden in ihrer Gesamtheit den Linienriß. Der Linienriß kann „auf Spanten", das heißt ohne Außenhaut, oder aber „auf Außenhaut", wobei diese einbezogen ist, gearbeitet sein.

Die Modellzeichnungen werden meistens auf Spanten ausgeführt.
Traditionsgemäß wird der Linienriß mit dem Bug nach rechts und dem Heck nach links gezeichnet.

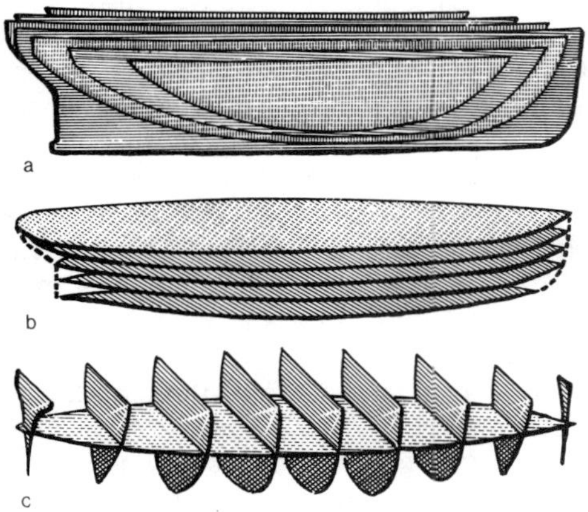


Abb. 148. *Ebenen, die die Oberfläche des Schiffsrumpfes zur zeichnerischen Darstellung eines Schiffes schneiden*
a) *Ebenen parallel zum Mittellängsschnitt;*
b) *Ebenen parallel zur Schwimmwasserlinie;*
c) *Ebenen senkrecht zur Schwimmwasserlinie und zum Längsschnitt*

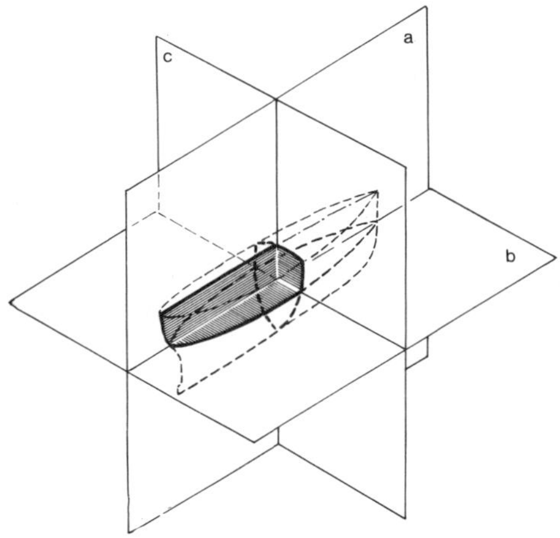


Abb. 149. *Projektionsebenen zur zeichnerischen Darstellung der Oberfläche eines Schiffsrumpfes*
a) *Längsschnittebene;* b) *Wasserlinienebene;* c) *Spantebene*

**Längsriß oder -schnitt.** Die Hauptelemente der Form eines Schiffsrumpfes bestehen also in dem *Längsprofil,* dem *Hauptspantprofil* und dem Umriß der *Schwimmwasserlinie.* Die Zeichnungen der drei Ebenen führt man in geeignetem Maßstab aus. Der *Längsriß* enthält wie gesagt das Profil des Schiffsrumpfes, das heißt die Projektion seines Umrisses, der aus dem Hintersteven, dem Vorsteven, dem Kiel und der Unterseite der Gunwale oder dem Oberteil des Schanzkleides besteht. Alle Maße werden auf eine waagerechte, *Basis* genannte Gerade bezogen.
Bei den Schiffen mit unterschiedlicher Eintauchung läßt man die Basis durch die Oberkante des Kiels gehen. Das andere Ende der Kiellinie befindet sich in einer gewissen Höhe über der Basis, und diese Höhe entspricht dem Unterschied im Trimm. Durch dieselbe Oberkante des Kiels läßt man auch eine weitere Linie gehen, die *Konstruktionslinie* heißt und mit der Kiellinie zusammenfällt. Bei den Schiffen mit unterschiedlicher Eintauchung fällt die Basis mit der Konstruktionslinie zusammen.
Auf die Basis wird also das Längsprofil der Zeichnung aufgebaut, und von diesem ausgehend, kann man in dem verwendeten Maßstab die Länge des Schiffes oder die Länge des Schiffsmodells gewinnen.
Die Hauptlängen sind:

1. *Größte Rumpflänge,* die auch *Länge über alles* genannt wird, gemessen zwischen zwei Berührungslinien, die durch die Endpunkte von Heck und Bug gehen und senkrecht auf der Basis stehen.
2. *Länge über Steven,* gemessen zwischen den beiden wie herkömmlich gezeichneten Senkrechten zur Basis, die auch *Hinteres Lot* und *Vorderes Lot* heißen. Das Hintere Lot verläuft bei den Schiffen mit senkrechtem Hintersteven auf der

Vorkante Hintersteven oder aber, wenn der Hintersteven geneigt ist, durch den Schnittpunkt der Verlängerung von Vorkante Hintersteven und Deckslinie.
Das Vordere Lot verläuft, wenn der Vorsteven senkrecht ist, auf Hinterkante Vorsteven oder aber, wenn dieser geneigt ist, durch den Schnittpunkt zwischen Deckslinie und Hinterkante Vorsteven.
Bei den Holzschiffen gehen die Lote durch die Schnittpunkte von Schwimmwasserlinie und den Mittellinien der Sponungen des Vor- und Hinterstevens.
3. *Länge in Konstruktionswasserlinie* ist die Entfernung zwischen den Schnittpunkten von Konstruktions- oder Schwimmwasserlinie und den Endpunkten von Heck und Bug.

Parallel zur Basis zeichnet man die Wasserlinien in gleichem Abstand voneinander. Alle Wasserlinien werden bis zu den Sponungen des Vorstevens und des Hinterstevens gezeichnet; bei den Holzschiffen zeichnet man die Wasserlinien bis zu den Außenkanten von Vor- und Achtersteven, während die Konstruktionswasserlinie darüber hinausgeht und gewöhnlich deutlicher als die anderen hervortritt. Die Spanten stehen senkrecht auf der Basis und zu den Wasserlinien und sind gleich weit voneinander entfernt. In den Längsriß zeichnet man auch, gewöhnlich strichpunktiert, die Umrisse der senkrechten Längsschnitte.

Schließlich gibt es noch ein weiteres sehr wichtiges geometrisches Element des Längsrisses, nämlich die Schnittlinien der Decks (genauer gesagt der Unterseite der Deckbeplankung) mit dem Schanzkleid.

Diese Schnittlinien heißen auf der Zeichung *Linien der Schanzkleidgeraden,* sie sind konvex nach oben gebogen. Die Oberfläche der Decks ist bekanntlich nicht eben, sondern weist die Balkenbucht auf, was durch die konvexe Wölbung des Hauptspantbalkens verursacht wird. Die Linie der Schanzkleidgeraden stellt deshalb die untere Grenze der Decks dar, an die man bei der Konstruktion die Wölbung des Deckbalkens anschließt.

Die *Sprung* genannte Wölbung der Decks schwankt von Schiff zu Schiff und wird durch die Bestimmung der verschiedenen Registerbücher zur Klassifikation vorgeschrieben. Die Durchbiegung der Decks bestimmt auch das Profil des Schanzkleidrandes und die anderen mit den Linien der Schanzkleidgeraden verbundenen Linien, die in ihrer Gesamtheit *Linien mit doppelter Wölbung* heißen.

**Wasserlinienriß.** Der *Wasserlinienriß* wird unter den Längs- oder Seitenriß gezeichnet, indem man diesen um eine Gerade parallel zur Grundlinie des Längsrisses klappt.
Eine solche Gerade dient als Symmetrieachse des Wasserlinienrisses in Längsrichtung, sie entspricht der Schnittebene des Längsrisses. Bei den Holzschiffen wird die Mittellinie der Kielsponungen als eine Gerade parallel zur Symmetrieachse projiziert, wobei die beiden Kanten der Sponungen zu einer einzigen Geraden zusammenfallen. Auf derselben Zeichnung werden die Schnittebenen der Spanten und die der senkrechten Längsschnitte, wie gesagt, strichpunktiert senkrecht zur Symmetrieachse gezeichnet.

Die Wasserlinien werden ihrem wirklichen Verlauf entsprechend im Maßstab der Zeichnung eingetragen. Ebenso zeichnet man die Konstruktionswasserlinie, die Oberkante Schanzkleid, die Linien der Schanzkleidgeraden und die sogenannten Linien der *Gillung* und des *Hackbords* ein. Die Schnittlinie des Längsrisses teilt den Rumpf in zwei symmetrische Hälften, darum zeichnet man die Wasserlinien nur in einer Hälfte (nur auf einer Schiffsseite).

**Spantenriß.** Der *Spantenriß* wird allgemein neben den Längsriß gezeichnet, man erhält ihn durch dessen Umklappen um die Schnittlinie mit dem Längsriß. Die Spantenlinien werden entsprechend ihrem tatsächlichen Umriß, ihrer Form, im Maßstab der Zeichnung eingetragen.

Der Rumpf ist – wie gesagt – symmetrisch zum Längsriß. Aus diesem Grund zeichnet man nur eine Hälfte der Spanten von jeder der beiden Hälften des Längsrisses. Das Hauptspant wird gewöhnlich vollständig gezeichnet.
Die durch die Schnittebene des Längsrisses begrenzte Hälfte des Spantenrisses nennt man *Viertel.* Rechts zeichnet man die Spanten von Schiffsmitte bis Bug *(Bugspanten)* ein, dieser Teil heißt Voraus-Teil (AV). Links werden die Spanten von Schiffsmitte bis Heck *(Heckspanten)* eingezeichnet, man nennt diesen Teil Rückwärts-Teil (AD).
In den Spantenriß zeichnet man auch die Umrisse des Kiels, eine Hälfte des Vorstevens, eine Hinterstevenhälfte und eine Heckhälfte. In dieselbe Zeichnung trägt man dann die verlängerten Schnittlinien der waagerechten Schnittebenen des Längsrisses und die Schnittlinien der senkrechten Längsschnittebenen ein.
Die Zeichnung des Hauptspants entspricht der *größten Breite* des Schiffes, die als Abstand zwischen den beiden senkrecht auf der Basis stehenden Berührungslinien gemessen wird.
Die größte Breite kann man auf Spanten oder auf Außenhaut messen und erhält eine *größte Breite auf Spanten* und eine *größte Breite auf Außenhaut.*
Schließlich kann man die Breite als in Höhe der Schwimmwasserlinie zwischen den Schnittpunkten der Schwimmwasserlinie mit dem Hauptspant gemessen annehmen.
Die *Seitenhöhe* ist der senkrechte Abstand zwischen der Oberkante des Kiels und Seite Deck auf halber Länge.
Die Deckbalken besitzen eine Balkenbucht. Die *Sehne* oder die gerade Linie des Deckbalkens ist die Gerade, die die Endpunkte des Deckbalkens verbindet. Die Bogenhöhe der Wölbung des Deckbalkens, die dem Abstand zwischen der Bogensehne und dem Punkt in der Mitte des Deckbalkens, wo dessen Krümmung am stärksten ist, entspricht, heißt *Bucht des Deckbalkens* (Abb. *150*).

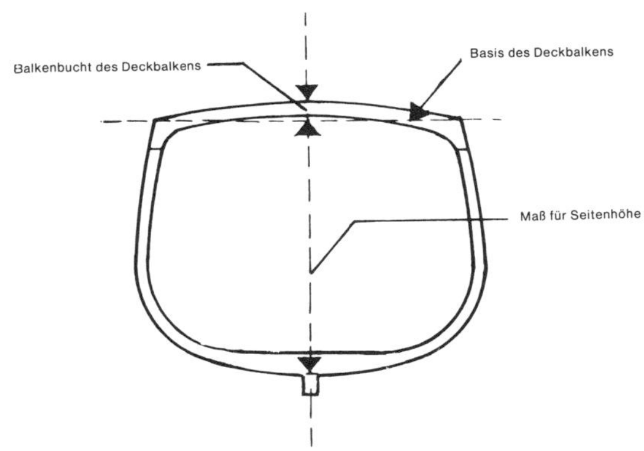


Abb. 150. *Bucht eines Deckbalkens*

**Wechselbeziehung zwischen den Punkten der drei Schiffsrisse.** Aus dem oben Gesagten kann man entnehmen, daß ein Punkt in einer der drei Projektionsebenen in Wechselbeziehung zu dem ihm entsprechenden Punkten in den beiden anderen Ebenen steht. Die Lage eines Punktes in einer Ebene ist eng mit seiner Lage in den beiden anderen Ebenen verknüpft.
Auf der Zeichnung eines Bauplans haben der Längsriß und der Spantenriß dieselbe Basis, auf die die Abmessungen des Rumpfes – *Länge, Breite* und *Höhe* – bezogen und aufgetragen werden.

Der Spantenriß wird gewöhnlich rechts vom Längsriß gezeichnet, die Schnittlinie des Längsrisses halbiert den Rumpf. Genau unter den Längsriß zeichnet man den Wasserlinienriß mit der Schnittlinie des Längsrisses (*Symmetrieachse* oder einfach *Achse*) parallel zur Basis. Da der Rumpf zur Längsachse vollkommen symmetrisch ist, zeichnet man ihn nicht ganz, sondern man zeichnet im Spantenriß und im Wasserlinienriß nur eine Hälfte.

Wir betrachten Abb. *151,* die den Bauplan eines Schonerrumpfes zeigt, und prüfen die zwischen den Projektionen seiner Punkte in den drei Projektionsebenen bestehenden Beziehungen.
Die Endpunkte AB des Rumpfes im Längsriß werden als $A_1$ $B_1$ in den Spantenriß und als $A_2$ $B_2$ in den Wasserlinienriß projiziert. Die Punkte C D des Längsrisses, die die Schnittpunkte der Linie mit doppelter Krümmung *(Deckslinie)* und der Schnittflächen der Spanten darstellen, projiziert man als $C_1$ $D_1$ in den Spantenriß; sie sind hier die Schnittpunkte des Spantenumrisses selbst und der Linie doppelter Krümmung und werden schließlich als die Punkte $C_2$ $D_2$ in den Wasserlinienriß projiziert, wo sie die Schnittpunkte der Linie mit doppelter Krümmung und der Schnittlinie derselben Spanten darstellen.
Die Entfernungen $H_1$ $K_1$ der Punkte $C_1$ $D_1$ von der Symmetrieachse im Spantenriß sind gleich den Entfernungen $H_2$ $K_2$ der entsprechenden Punkte $C_2$ $D_2$ von den Symmetrieachse im Wasserlinienriß.
Die Punkte E und F des Längsrisses – es sind die Schnittpunkte der waagerechten Ebenen, die die Wasserlinien bilden, und der senkrechten Querebenen, die die Spanten bilden – werden als $E_1$ $F_1$ in den Spantenriß projiziert. Dort stellen sie die Schnittpunkte der waagerechten Ebenen und des Umrisses der Spanten dar. Sie werden schließlich als die Punkte $E_2$ $F_2$ in den Wasserlinienriß projiziert, wo sie die Schnittpunkte der Spantenschnittlinien und der Wasserlinie darstellen. Die Entfernungen $U_1$ $V_1$ der Punkte $E_1$ $F_1$ von der Symmetrieachse im Spantenriß sind gleich den Entfernungen $U_2$ $V_2$ der Punkte $E_2$ $F_2$ von der Symmetrieachse im Wasserlinienriß.
Die Punkte M und N des Längsrisses, die Schnittpunkte der Umrisse der senkrechten Längsschnitte und der Schnittlinien der Spanten, werden als die Punkte $M_1$ und $N_1$ in den Spantenriß projiziert. Dort stellen sie die Schnittpunkte des Spantenumrisses und der Schnittlinien der senkrechten Längsschnitte dar. Entsprechend werden die Punkte P Q des Längsrisses (Schnittpunkte der Umrisse der senkrechten Längsschnitte und der Schnittebenen der Wasserlinien) als die Punkte $F_1$ $Q_1$ in den Wasserlinienriß projiziert, wo sie die Schnittpunkte der Umrisse der Wasserlinien und der Schnittlinie der Längsschnitte darstellen.
Diese Wechselbeziehungen der vier Punkte in den drei Ebenen gelten für jeden beliebigen Punkt der Rumpfoberfläche. Man stellt dann fest, daß die Entfernungen der verschiedenen Punkte außer auf die Grundlinie auf die Achsen bezogen sind. Deshalb wird eine Entfernung von den Symmetrieachsen bis zu dem ins Auge gefaßten Punkt gemessen.
Wenn man einen Bauplan zeichnen, vergrößern oder verkleinern will, muß man nach dem oben Gesagten die folgenden Arbeitsgänge vornehmen:

1. *Längsriß.* Man zeichnet eine waagerechte Linie, die der Basis entspricht. Über dieser Linie trägt man maßstabgerecht die Rumpflänge auf. Dann errichtet man in den Endpunkten die beiden Senkrechten, auf denen man die Punkte abträgt, die der Rumpfhöhe entsprechen. Ebenso verfährt man mit der Länge der Konstruktionswasserlinie. Man teilt dann die Länge der Konstruktionswasserlinie in gleiche Teile und errichtet die Senkrechten, die den Schnittebenen der Spanten entsprechen, in den Schnittpunkten mit der Basis.
2. *Wasserlinienriß.* Man zeichnet in entsprechender Entfernung von der Basis eine waagerechte Linie, die der Symmetrieachse entspricht. Diese beiden Linien müssen

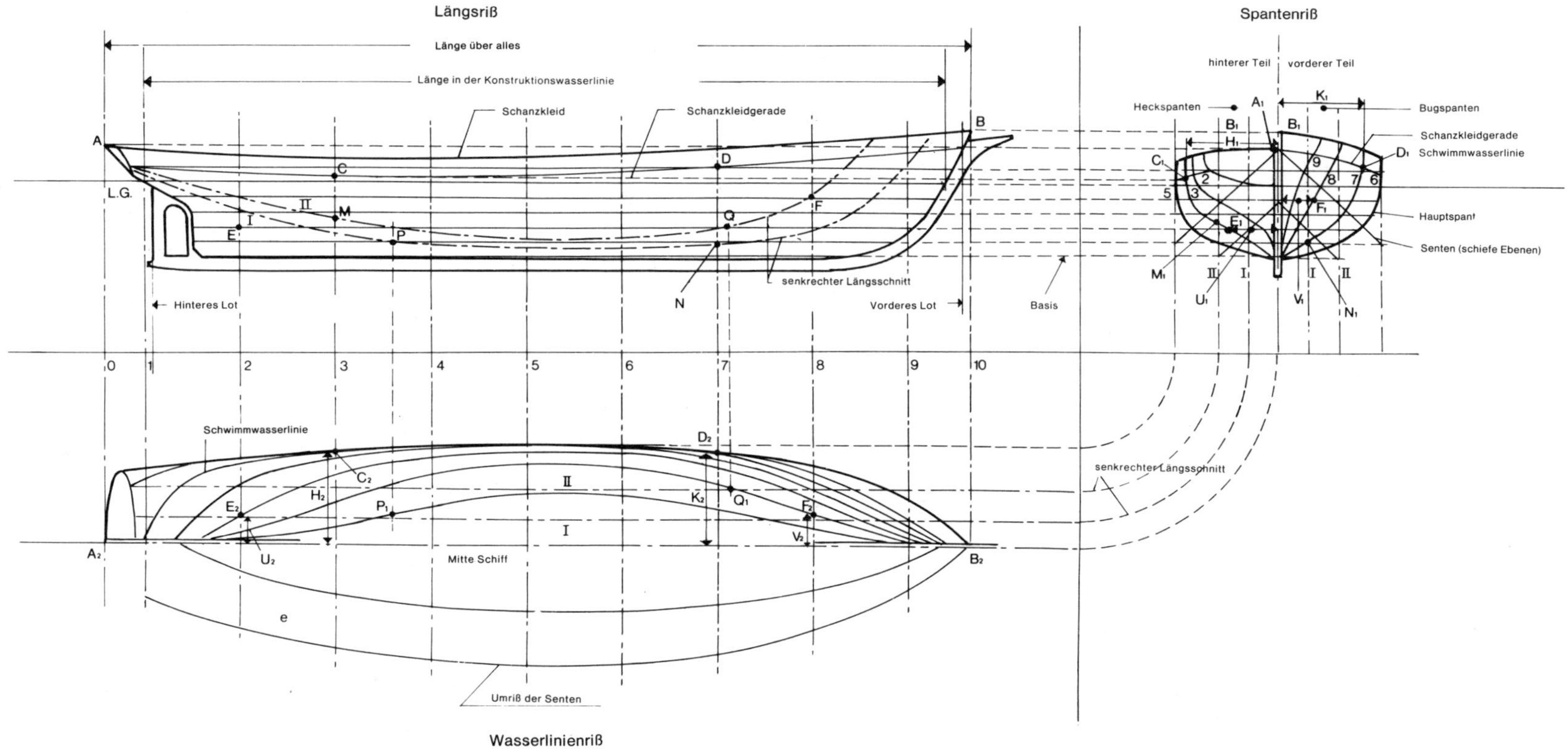


Abb. 151. *Linienriß*

einander bekanntlich parallel sein. Man verlängert von der Basis aus die auf ihr senkrechten Schnittlinien der Spanten bis zur Symmetrieachse. Die Schnittlinien der Spanten werden sowohl auf dem Wasserlinienriß wie auf dem Längsriß, mit 0 beginnend, vom Heckende aus gezählt. Ebenso projiziert man die Endpunkte der Rumpflänge und der Länge der Konstruktionswasserlinie.

3. *Spantenriß.* Man verlängert die Grundlinie und die Konstruktionswasserlinie und projiziert die Höhenpunkte des Rumpfes. Dann zeichnet man in entsprechender Entfernung vom Längsriß die senkrechte Achse senkrecht zur Grundlinie.

Man zeichnet einige Linien parallel zur Konstruktionswasserlinie und im gleichen Abstand voneinander. Sie stellen die Wasserlinien dar.

Auch diese Linien werden von unten nach oben numeriert. In dieselbe Zeichnung zeichnet man drei senkrechte Linien im gleichen Abstand voneinander und parallel zur senkrechten Achse. Diese Linien sind die Schnittlinien der senkrechten Längsebenen. Dieselben Linien werden im Wasserlinienriß parallel zur Symmetrieachse gezeichnet.

Jetzt kann man ein Liniennetz konstruieren, mit dessen Hilfe es möglich sein wird, die sich aus der Zeichnung mit den drei Projektionen ergebende Form des Schiffsrumpfes zu zeichnen. Wenn dieser vergrößert oder verkleinert werden muß, genügt es, die einzelnen Maße abzunehmen und sie maßstabgerecht in das Liniennetz einzutragen.

Wenn man statt dessen den Bauplan eines Schiffes nach eigenen Angaben zeichnen will, dient das Liniennetz dazu, die Zeichnung zu entwerfen.

Man denke daran, daß bei den Rümpfen mit unterschiedlicher Eintauchung die Konstruktionslinie, wie oben gesagt, geneigt erscheint. Deshalb empfiehlt es sich, von der Schwimmwasserlinie auszugehen und auf den Senkrechten, die die Länge abgrenzen, an Heck und Bug die entsprechenden verschiedenen Eintauchtiefen abzutragen. Verbindet man diese beiden Punkte, so erhält man die *Konstruktionslinie.*

Natürlich wird es nötig sein, die Grundlinie in einer beliebigen Entfernung parallel zur Schwimmwasserlinie oder in Höhe des einen oder anderen Endpunktes der Konstruktionslinie zu zeichnen.

Dann wird der Rumpf in den drei Projektionsebenen mit Hilfe von Punkten entworfen, die man durch fortlaufende Linien verbindet. Diese dürfen keinerlei Buckel oder Vertiefungen aufweisen, und ihr Verlauf wird immer durch die Punkte in den drei Projektionsebenen bestimmt. Zur Kennzeichnung der Form des Rumpfes bedient man sich weiterer Schnittebenen desselben Rumpfes, *Senten* genannt.

Diese Schnittebenen werden im Spantenriß durch Gerade dargestellt, die in diesem Riß so gezeichnet werden müssen, daß sie so weit wie möglich senkrecht zu den Spanten liegen.

Die Darstellung der Senten erfolgt außerdem gewöhnlich auf der anderen Seite der Symmetrieachse. In diesem Fall handelt es sich nicht um eine Projektion, sondern um die Entwicklung einer imaginären schiefen Ebene in einer waagerechten Ebene. Zum Zeichnen der Senten trägt man die (zwischen den Schnittpunkten der Geraden mit dem Umriß der Spanten und der senkrechten Achse gemessenen) Entfernungen von der Symmetrieachse entsprechend den Schnittlinien der Spanten im Wasserlinienriß ein. Wenn der Rumpf gut geformt sein soll, müssen natürlich auch die Senten eine vollkommene Wölbung besitzen.

**Baupläne der Modelle.** Die Baupläne der Schiffsmodelle werden entsprechend den im vorangegangenen Abschnitt beschriebenen Grundsätzen und Regeln gezeichnet. Die Pläne der alten und modernen statischen Modelle und die der allgemeinen, seetüchtigen Modelle werden in entsprechendem Maßstab ausgeführt.

Die gebräuchlichsten Verkleinerungsmaßstäbe sind: 1 : 10, 1 : 20, 1 : 50, 1 : 75, 1 : 100, 1 : 150, je nach den Abmessungen der Schiffe. Ein Meter wird im Maßstab 1 : 10 durch

100 cm : 10 = 10 cm, im Maßstab 1 : 20 durch 100 cm : 20 = 5 cm, im Maßstab 1 : 25 durch 100 cm : 25 = 4 cm usw. dargestellt.
Dagegen werden die Pläne der seetüchtigen Regattamodelle mit Segeln oder mit Motor im Maßstab 1 : 1, das heißt in natürlicher Größe, gezeichnet.

**Ermittlung zu den Bauplänen.** Die Elemente des Rumpfes und der verschiedenen Teile zur Konstruktion desselben werden durch unmittelbares Abnehmen mit Hilfe von Lineal, Maßstab und Zirkel oder mittels Durchpausen der Profile und Umrisse gewonnen.

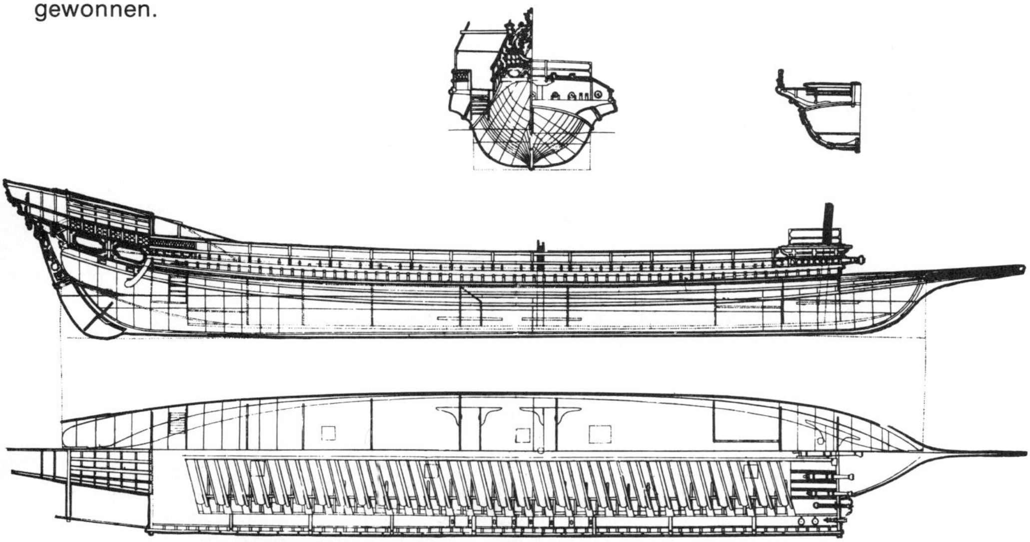

Abb. 152. *Plan einer Galeere des 18. Jahrhunderts*

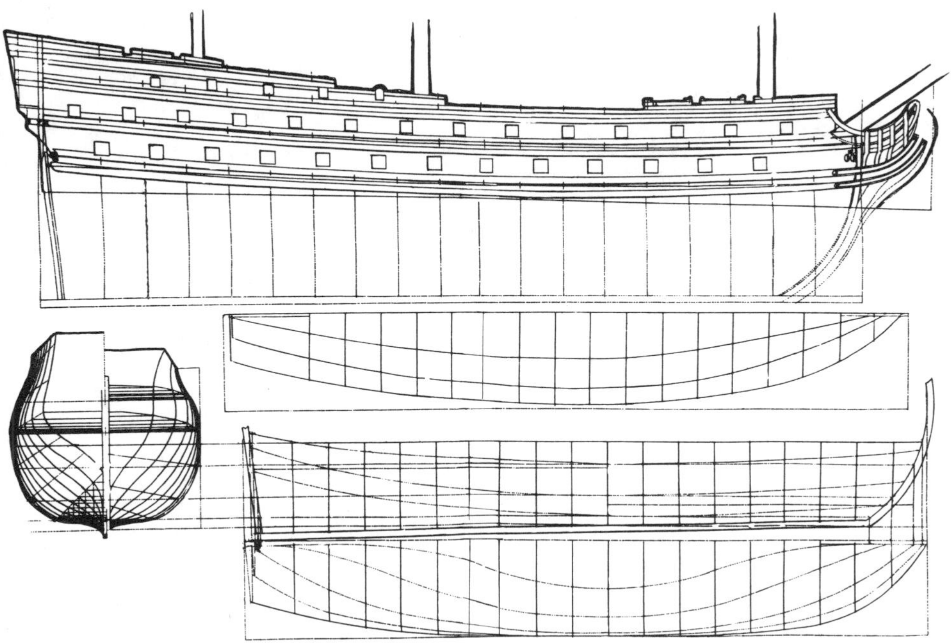

Abb. 153. *Plan eines Segelkriegsschiffs mit zwei Decks aus der Mitte des 18. Jahrhunderts*

Dieses letztere Verfahren ist zur Gewinnung der halben Spanten und zur entsprechenden Konstruktion des vollständigen Spants geeignet, wozu man transparentes Millimeterpapier verwendet.

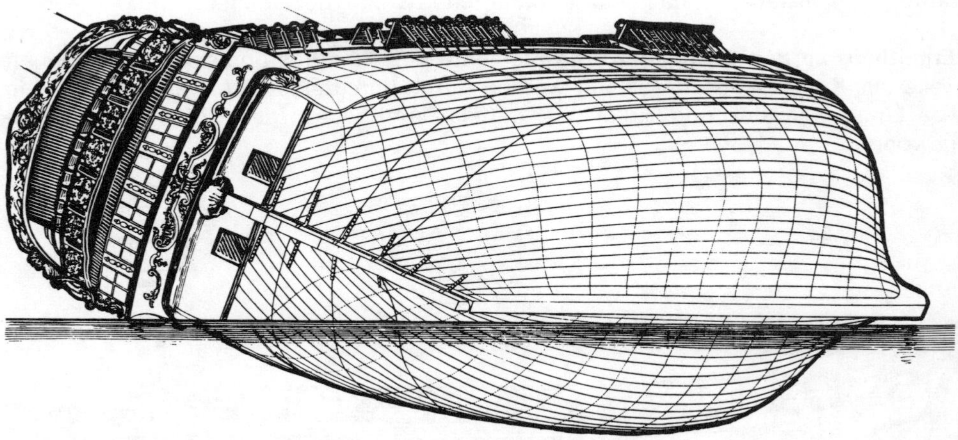

Abb. 154. *Perspektivische Ansicht des Unterwasserschiffs einer Fregatte aus dem 18. Jahrhundert*

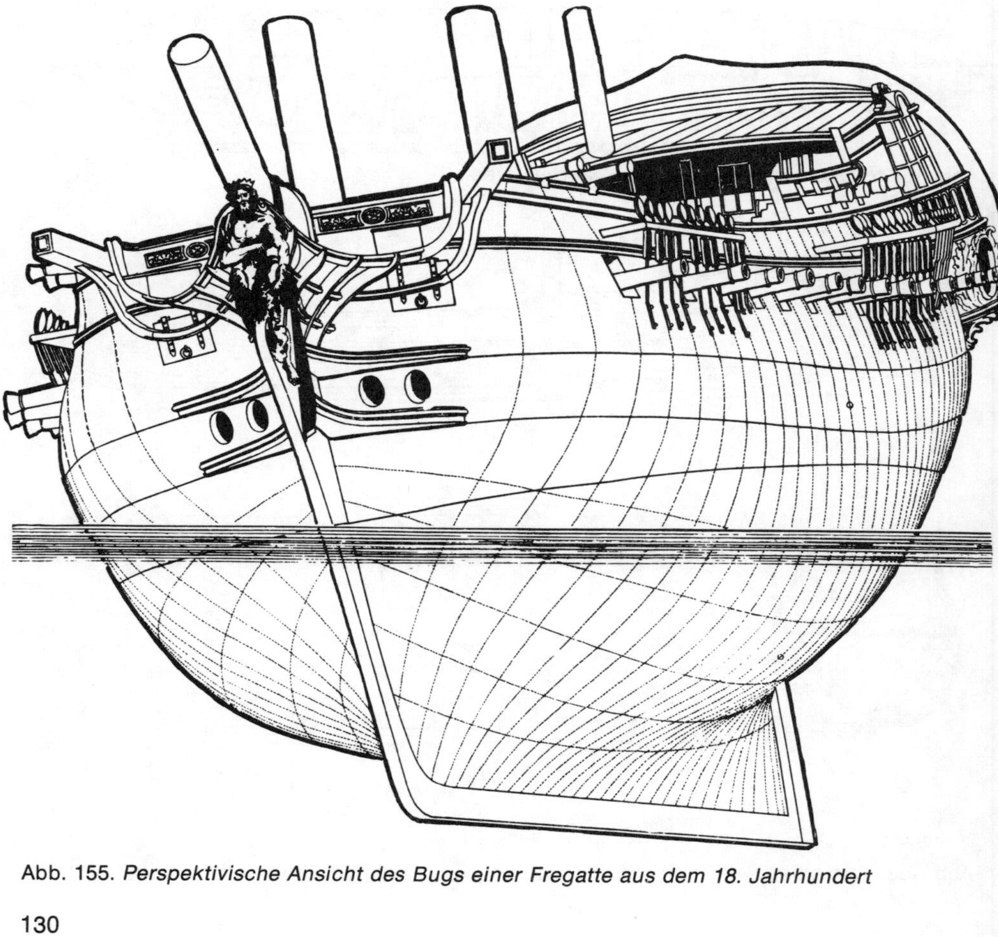

Abb. 155. *Perspektivische Ansicht des Bugs einer Fregatte aus dem 18. Jahrhundert*

Auf das Blatt, das groß genug ist, das ganze Spant aufzunehmen, zeichnet man eine senkrechte Gerade, die der senkrechten Achse des Spantenrisses entspricht. Man legt das Blatt so über den Spantenriß, daß die senkrechte Gerade mit der senkrechten Achse zusammenfällt, und paust den Umriß des Spants durch. Dann faltet man das Blatt sorgfältig längs der senkrechten Geraden und paust die andere Hälfte des Spants durch. Hat man das Blatt wieder auseinandergefaltet, nimmt man die Korrektur des Profils vor, indem man besagtes Millimeternetz kontrolliert.
Hat man das richtige Profil des Spants erhalten, zeichnet man alle Elemente, die zur Konstruktion des Rumpfes gehören (Überblattungen, Verstärkungsprofile usw.), und paust den Umriß auf das gewählte Bauholz. Dann wird das auf das entsprechende Brett gezeichnete Spant ausgeschnitten. Wenn die Zeichnung das Spant ohne Beplankung angibt, genügt es, die *Reißnadel* längs des Profils des Brettchens zu führen, wodurch man den um die Dicke der Beplankung verminderten Umriß erhält.
Zur Vervollständigung des oben Gesagten geben wir einige kennzeichnende Beispiele alter Schiffsrisse und perspektivischer Ansichten von Rümpfen (Abb. *152, 153, 154, 155* und *156*).

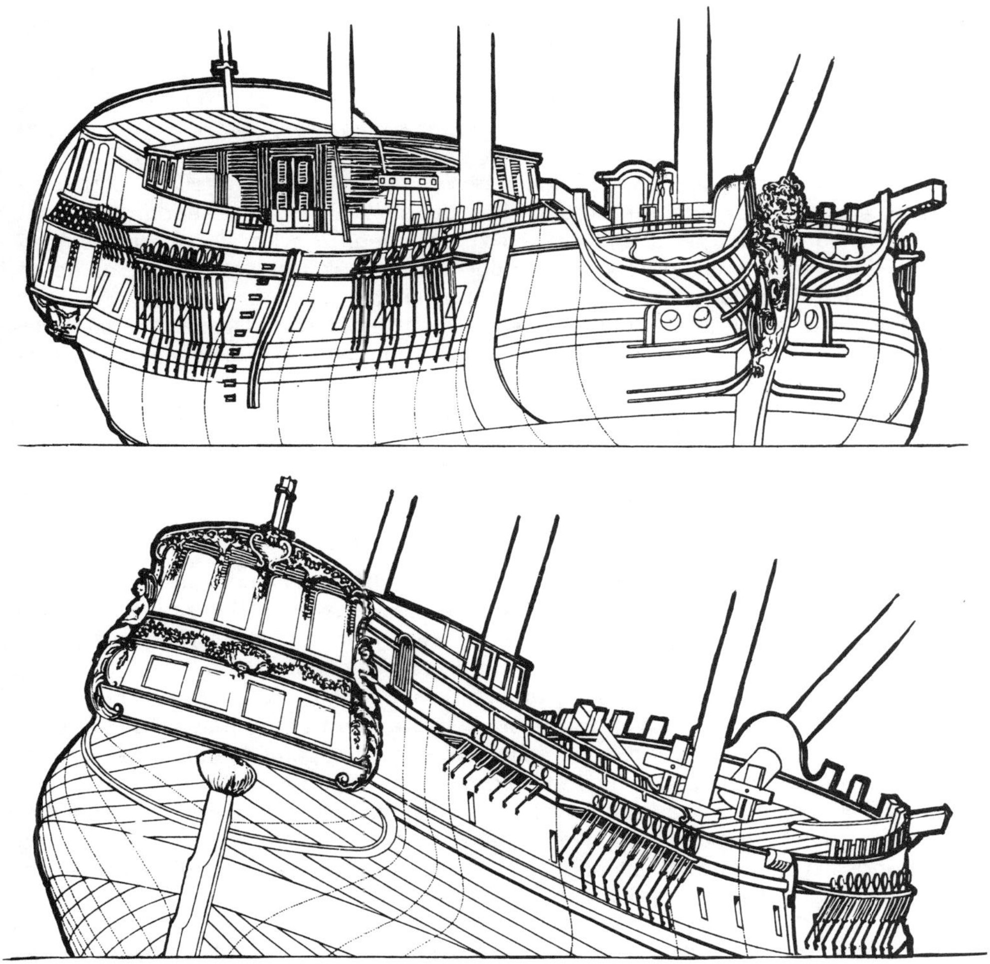

Abb. 156. *Perspektivische Ansicht von Bug und Heck eines Kauffahrteischiffes des 18. Jahrhunderts*

# KAPITEL V Werkzeuge und Arbeitsgeräte

Jede handwerkliche Tätigkeit schließt eine gewisse manuelle Geschicklichkeit ein, die man in der Praxis mit der Zeit kultiviert und verfeinert. Beim Schiffsmodellbau können Leidenschaft, Wille und Geduld manchmal lange Erfahrung ersetzen. Es handelt sich jedenfalls um eine dilettantische Aktivität, deren Ergebnisse der Begabung des Modellbauers entsprechen.
Es ist klar, daß die technische Ausrüstung dazu beiträgt, die Arbeit und das gute Gelingen zu erleichtern; aber es ist auch wahr, daß es die Hand ist, die das Werkzeug führen muß. Auch mit wenigen Werkzeugen kann man, wenn sie richtig eingesetzt werden, beste Modelle fertigen.
Es ist ratsam, die Arbeitsgeräte an kleinen Werkstücken und Bauteilen kurz zu erproben, ehe man zur Ausführung schreitet, um sich mit ihrer Anwendung vertraut zu machen und eine gewisse Sicherheit zu erlangen. Es wird als zweckmäßig erachtet, daß wenigstens die Verwendung der Grundwerkzeuge bekannt ist, da deren Erklärung den Rahmen dieses Buches überschreitet.
Für jede Besonderheit des Schiffsmodellbaus ist je nach der Geschicklichkeit des Modellbauers und je nachdem, was man selbst schaffen und bauen will, ein besonderes Werkzeug nötig.
Beim Bau der Wettkampfmodelle – hier kommt es nur auf die Geschwindigkeit an *(Renner)* – könnte sich der Modellbauer die Kraftübertragungsorgane zum Beispiel selbst bauen. Dazu müßte er eine Drehbank haben und sie richtig bedienen können, um eine vollkommene Bearbeitung, die das Gelingen des Modells gewährleistet, vornehmen zu können.

Das gleiche gilt für die Bearbeitung anderer Schiffsmodelltypen und für die verschiedenen Bauverfahren zu ihrer Herstellung, bei denen die Werkzeugausrüstung maßgebend ist. Es gibt jedoch einige allgemein gebräuchliche Grundwerkzeuge, mit denen man sich befaßt, wenn man sich dieser Tätigkeit widmet.
Zur normalen Holzbearbeitung, die beim Schiffsmodellbau im Vordergrund steht, verwendet man die folgenden Werkzeuge oder Geräte: Geräte zum Befestigen der Bauteile, Werkzeuge zum Anreißen, verschiedene Werkzeuge, spanabhebende Werkzeuge, Sägewerkzeuge, Bohrwerkzeuge und Werkzeuge zur Endbearbeitung.
Natürlich gibt es noch Werkzeuge, die aus verschiedenen Gründen für den Schiffsmodellbau nicht unbedingt notwendig sind. Deshalb zählen wir nur jene auf, die wir grundsätzlich für nötig halten, und überlassen dem Modellbauer die Wahl bei der Vergrößerung seines Bestandes durch weitere Werkzeuge und Geräte.

**Werkzeuge zum Befestigen der Bauteile.** Nicht jeder hat eine Werkbank *(Hobelbank)* zur Verfügung. Ein gewöhnlicher Parallelschraubstock, der auch für Metallarbeiten verwendet werden kann, ist jedoch unerläßlich. Um die schon fertigge-

stellten Oberflächen zu schützen, legt man bei Metallarbeiten zwischen die Backen und das Werkstück zum Schutz *Einsatzbacken* aus nachgiebigem Metall (Kupfer oder Blei) und bei Holzarbeiten Holzstücke oder Karton.
Weitere Geräte zum Befestigen (Abb. *157a, b*) sind *Schraubknechte, Zwingen,* die zum Zusammendrücken verleimter Teile dienen, *Uhrmacherschraubstöcke,* die die großen Schraubstöcke bei der Bearbeitung kleiner Teile ersetzen.

**Anreißwerkzeuge.** Zu ihnen gehören (Abb. *158a, b*): *Reißnadel, Lineal* oder *Maßstab, Metermaß, Schublehre, Stechzirkel* oder *Spitzzirkel, Außentaster, Anschlagwinkel, Schmiege, Zentrierwinkel, Parallelanreißer,* der Lineal oder Lehre und Anschlagwinkel mit der Reißnadel verbindet. Er dient dazu, gerade Linien oder Profile parallel zum Umriß eines Brettes oder unbearbeitete Werkstücke anzureißen; man nennt ihn meistens auch *Streichmaß.*

**Verschiedene Werkzeuge.** Hierzu gehören *Zange,* verschieden große *Hämmer* (von 50–100–200 g), *Schraubenzieher,* spitze, flache, gebogene, halbrunde *Pinzetten* und ein *Holzhammer* zum Einschlagen der Werkzeuge.

**Spanabhebende Werkzeuge** (Abb. *159a, b, c*). Diese Werkzeuge wirken durch Schlagen mit dem Holzhammer. Bei kleineren Arbeiten kann der Schlag mit der Handfläche oder durch Druck ausgeführt werden.
Die dazu notwendigen Werkzeuge sind: *Stemmeisen* verschiedener Größe mit einer Breite der Schneide von 5, 10, 15 mm, *Stichel* verschiedener Abmessungen, runde und halbrunde *Hohlmeißel* (von 10–15 mm). Zum Unterschied von den Stemmeisen, die eine flache Schneide haben, sind die Hohlmeißel halbrund und ergeben deshalb einen gebogenen Schnitt.

**Sägeartige Werkzeuge** (Abb. *160a, b, c, d*). Sie werden verwendet, um das Holz zu zerteilen. Das Sägeblatt, das auf einer Seite mit geschärften Zähnen zum Schneiden versehen ist, kann eingespannt oder freitragend sein.
Die Hauptwerkzeuge eines Modellbauers sind: die *Laubsäge* mit Blättern für Holz oder Metall, die 30 cm-*Stichsäge,* der *Fuchsschwanz* mit schmaler werdendem Sägeblatt von 20–30 cm Länge, die *Rückensäge* von 20 cm Länge.

**Bohrwerkzeuge** (Abb. *161a, b, c*). Hierzu gehören: *Nagelbohrer* verschiedenen Durchmessers (die meistens einen knebelförmigen Griff, eine Spitze mit abnehmendem Querschnitt und zwei Schneiden haben), *Löffelbohrer* verschiedenen Durchmessers mit halbzylindrischer Nut, *Spiral-* oder *Schneckenbohrer,* die in Bohrmaschinen gespannt werden und deren Schaft am Ende quadratisch sein kann, um in das Spannfutter eingespannt werden zu können. Man unterteilt sie in gewöhnliche Spiralbohrer mit verschiedenem Durchmesser, Zentrumbohrer, Schnecken- oder Schlangenbohrer mit verschiedenem Durchmesser, Senker zum Versenken (sie dienen zum Versenken der Bohrlöcher für Senkkopfschrauben).

**Drillbohrer, Handbohrmaschine** (Abb. *162a, b*). Es ist zweckmäßig, sich mit einem *Drillbohrer* und einer *Handbohrmaschine* zu versehen.

**Werkzeuge zur Endbearbeitung** (Abb. *163a, b, c*). Es sind Werkzeuge, die entsprechend dem Grad der Oberflächengüte, den man erreichen will, feinste Späne erzeugen. Zu ihnen gehören: der gewöhnliche *Hobel;* der gewöhnliche *Schlichthobel* oder besser ein eiserner *Doppelhobel* mit Einstellung der Spandicke und der Neigung des Hobeleisens durch eine Schraube (es ist besser, von diesen letzteren mehrere mit verschiedenen Abmessungen zu besitzen); der *Zahnhobel* mit gezähntem Hobel-

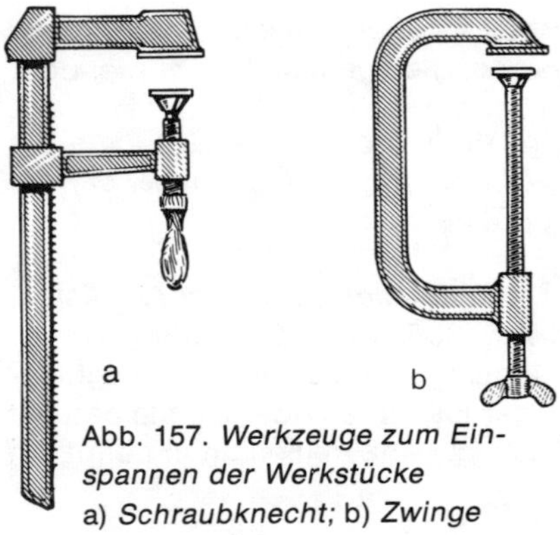


Abb. 157. *Werkzeuge zum Einspannen der Werkstücke*
a) *Schraubknecht;* b) *Zwinge*

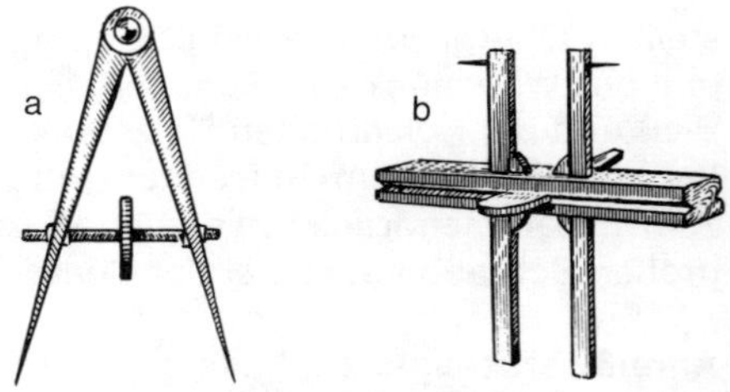


Abb. 158. *Geräte zum Anreißen*
a) *Steckzirkel;* b) *Parallelanreißer oder Streichmaß*

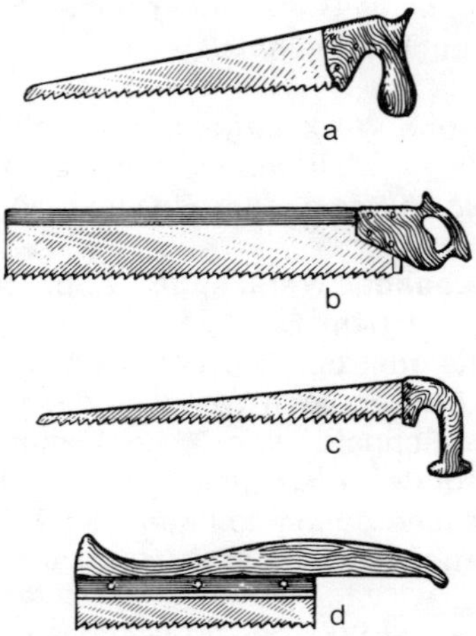


Abb. 160. *Sägen*
a) *Stichsäge;* b) *Rückensäge;* c) *Fuchsschwanz;* d) *Nutensäge*

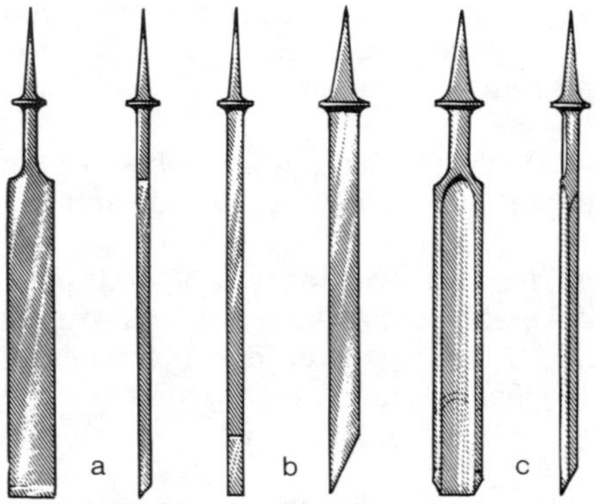


Abb. 159. *Spanabhebende Werkzeuge*
a) *Stemmeisen;* b) *Stichel;* c) *Hohlmeißel*

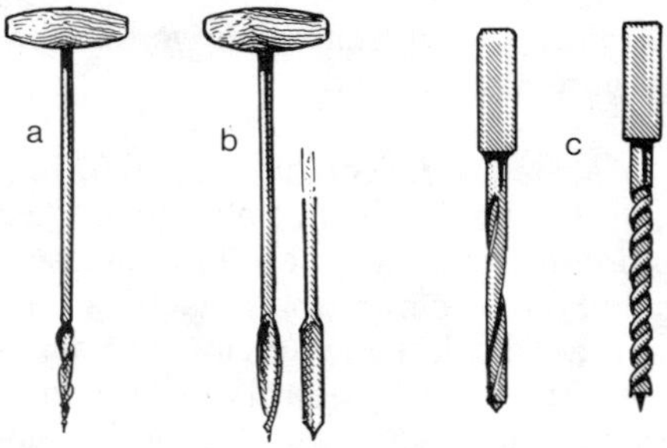


Abb. 161. *Bohrwerkzeuge*
a) *Nagelbohrer;* b) *Löffelbohrer;* c) *Spiral- und Schneckenbohrer*

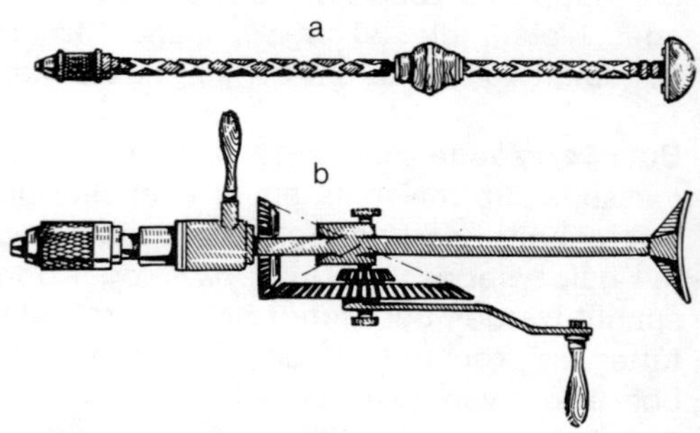


Abb. 162. *Bohrgeräte*
a) *Drillbohrer;* b) *Handbohrmaschine*

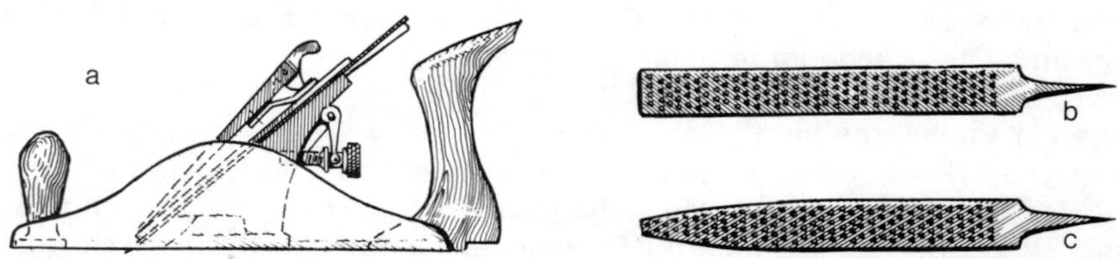


Abb. 163. *Schlichtwerkzeuge*
a) *eiserner Doppelhobel;* b) *flache Vierkantraspel;* c) *flache Halbrundraspel*

eisen zur Bearbeitung harter Hölzer und zum Aufrauhen zu verleimender Oberflächen; der *Schaber;* die *Ziehklinge* (eine einfache Klinge aus gehärtetem Stahl mit scharfem Rand und Kanten, rechtwinklig zu den Seitenflächen), die zum Beseitigen von Unebenheiten gehobelter Oberflächen dient; die *Raspel* (Stahlstab, dessen Oberfläche mit lauter kleinen scharfkantigen Spitzen bedeckt ist), wovon man zweckmäßigerweise verschiedene Formen besitzen sollte: flach und parallel, flach und spitz, halbrund, rund – und die *Feile.* Obwohl sie nicht als ein Werkzeug zur Holzbearbeitung zu betrachten ist, empfiehlt es sich, eine gewisse Auswahl davon für feine Arbeiten und zum Schlichten zu haben. Es gibt nach Abmessung und Form sehr viele Arten (Vierkant-, Dreikant-, Rund-, Halbrund-, Oval-, Messerfeilen, Feilen mit rautenförmigem Querschnitt usw.); es ist die Aufgabe des Modellbauers, die für die verschiedenen Bearbeitungsarten notwendigen Feilen zu beschaffen.
Zu den oben genannten Werkzeugen und Geräten fügt man zweckmäßigerweise noch *Schneidzangen, Glaspapier* mit verschiedenen Korngrößen, *Sandpapier, Spachtel* und große *Pinsel* zum Lackieren, *Stichel* zum Schnitzen von Schmuck und Verzierungen und einen *Schleifstein* zum Schärfen der Klingen.
Zur Metallbearbeitung muß man außerdem, wie auch oben schon erwähnt, große und kleine Feilen anschaffen, einen *mittelgroßen elektrischen Lötkolben,* einen *sehr schnell heiß werdenden kleinen Lötkolben, Lötzinn, Lötwasser, Meißel für Metall, Blechscheren* und *Schmirgelleinwand.*
Was die mechanisierten Geräte betrifft, so besteht die Grundausrüstung in folgendem: einer *kleinen Säge,* möglichst Gattersäge, einer kleinen *elektrischen Handbohrmaschine* mit allem Zubehör (Spiralbohrer, Fräser), einer kleinen *Drehmaschine* (Uhrmacherdrehbank), mit den entsprechenden Werkzeugen ausgerüstet, und einer *Schleifscheibe* zum Schleifen der Werkzeuge.
Außer den oben angeführten Werkzeugen und Maschinen kann man natürlich je nach Bedarf weitere Geräte, wie sie der Handel anbietet, anschaffen.
Für viele Bearbeitungen wird sich die Art der Lösung des Problems in Verbindung mit den einzelnen Bauverfahren zur Erleichterung und Beschleunigung der Arbeit aus der Praxis ergeben.
Man kann die Möglichkeit, einige Werkzeuge – durch Umändern vorhandener oder von anderen Werkzeugen ausgehend – selbst herzustellen, nicht ausschließen. Zum Beispiel kann man für bestimmte Schnitzarbeiten, wie Verzierungen und winzige Ornamente, sehr kleine Stichel aus kleinen Rundstählen herstellen; das gleiche gilt für die verschiedensten anderen Erfordernisse, wie man ihnen später beim Prüfen der Grundkonzeption der verschiedenen Konstruktionen und Herstellungsverfahren begegnen wird.

# KAPITEL VI Wahl des Materials

**Holz.** Beim Schiffsmodellbau ist *Holz* der am meisten verwendete Werkstoff, vor allem wegen seines niedrigen Preises, der im Verhältnis zur Masse außergewöhnlichen Widerstandsfähigkeit und der leichten Bearbeitbarkeit. Die Holzarten unterscheiden sich durch ihre Härte, sie sind hart, weich oder nachgiebig. Nicht jedes Stück Holz kann verarbeitet werden, da es mitunter Fehler aufweist, die seine Verwendbarkeit einschränken.
Die hauptsächlichen Fehler sind:
*Äste,* verursacht durch Zweige, die den Baumstamm radial durchqueren. Sie vermindern die Widerstandsfähigkeit, behindern das Lacken und ähnliches und erschweren somit die Bearbeitung.
*Kernschäle, Klüftigkeit, Ringklüfte, Ringschäle* oder *Schälrissigkeit,* die darin besteht, daß sich zwei benachbarte Wachstumsringe entlang des Stammumfanges absondern und auf diese Weise einen kreisförmigen Spalt bilden.
*Risse,* Aufspaltungen der Stämme und Äste in radialer Richtung, im allgemeinen durch sehr schnelles Verdampfen oder plötzliche Temperaturänderungen verursacht. Die Risse können sich am Umfang oder im Kern befinden. Die Umfangs- oder Splintrisse sind Aufspaltungen, die am Umfang des Stammes oder Astes beginnen und nach dem Kern gerichtet sind.
Die Kernrisse, die man auch *Strahlenrisse* nennt, verlaufen strahlenförmig vom Kern zum Umfang.
Bei den Hölzern gibt es noch weitere Fehler, wie *Wurmstich* usw., auf die hier nicht näher eingegangen wird.
Die Bretter werden dann je nach der Austrocknung und dem Wechsel feuchter und trockener Stellen einer Behandlung unterzogen. Bei der Auswahl des Materials, das im Schiffsmodellbau in kleinen Mengen und Abmessungen gebraucht wird, ist es deshalb zweckmäßig, gut ausgetrocknetes Holz zu wählen. Um die oben erwähnten Nachteile zu vermeiden, kann man sich besonderer Bearbeitungsverfahren bedienen, die in den folgenden Abschnitten unter den verschiedenen Bauweisen beschrieben werden.

Das im Schiffsmodellbau am häufigsten verwendete Holz ist *Zirbelkiefer,* das meistgenutzte Holz aus der Familie der Koniferen. Es ist leicht rosa, von geringer Dichte, harzreich, zart und feinkörnig. Man kann es sehr leicht bearbeiten, es wird speziell für Schnitzereien verwendet. Bei den richtigen Schiffen benutzt man es nur zur Herstellung von Ornamenten und Verzierungen.
Die Zirbelkiefer hat viele Äste. Da diese jedoch weich sind, kann man sie leicht bearbeiten. Beim Bau kleiner Rümpfe wird man es so einrichten, daß man für die Bauteile die Stellen mit wenig Ästen verwendet. Bei größeren Rümpfen (Regattamodellen) muß man die Äste herausschneiden und an ihrer Stelle kleine Dübel einsetzen.

Diese Arbeit ist notwendig, will man eine einwandfreie Oberfläche erhalten, die den Lack annimmt; denn an den harten Aststellen löst sich der Lack. Zirbelkiefernholz findet Verwendung beim Bau voller alter und moderner Rümpfe, beim Bau von Booten bzw. Rettungs- oder Beibooten großer Modelle und beim Bau untergliederter Rümpfe. In Form von kleinen Brettchen oder Abfällen wird es für die Deckaufbauten, für kleine Einzelteile und einfache Schnitzarbeiten (Verzierungen und Ornamente) verwendet.
*Nußbaum* ist eines der schönsten und kostbarsten Hölzer, das mit einer Vielfalt von Farben ausgestattet ist, von Hellbraun bis Dunkelbraun. Es ist sehr dicht und läßt sich schwer spalten; deshalb wird es häufig für die Leisten der Beplankung und der Decks, für die Spanten, für kleine Säulen und Geländer sowie für Deckaufbauten alter Schiffe verwendet.
Die Verschiedenheit der Farbtöne einiger Arten (wie *Amerikanischer Nußbaum*) gestattet die Auswahl des geeigneten Farbtons. Er soll dem der Eiche, des allgemein zum Schiffbau verwendeten Holzes, am nächsten kommen.
*Linde* tritt in zwei Arten auf. Das Holz ist rosa bis weiß, homogen und weich. Es bekommt keine Risse und läßt sich leicht in zwei Richtungen bearbeiten. Es ist jedoch nicht sehr widerstandsfähig und unterliegt dem Wurmfraß. Bei den richtigen Schiffen wird es für Verzierungen und Galionsfiguren verwendet. Im Schiffsmodellbau eignet es sich für sehr kleine Arbeiten, für Deckaufbauten, für Beplankungs- und Deckleisten.
*Buchsbaum* gehört zu einer Reihe am Stamm stachliger Pflanzen. Das Holz ist gelblich, feinkörnig, dicht und ausreichend hart. Es eignet sich wegen seiner besonderen Widerstandsfähigkeit sehr gut zur Herstellung von Blöcken, Zapfen, Steuerrädern, kleinen Säulen und vor allem für Verzierungen, Galionsfiguren und Drechselarbeiten. Auch *Olive* eignet sich für diese kleinen Arbeiten.
Andere Hölzer, die im Schiffsmodellbau verwendet werden, sind: *Esche, Ulme, Buche* für die Spanten, *Strand-* oder *Seekiefer, Zeder, Mahagoni, Teak, Ahorn* für die Beplankung, *gelbe* oder *weiße Pinie, Kiefer* oder *Fichte, Tanne, Amerikanische Pechkiefer* für die Masten der Regattasegelschiffsmodelle oder allgemeinen Schiffsmodelle.
Aus den oben aufgeführten Holzarten gewinnt man bei den auszuführenden Arbeiten außerdem je nach Bedarf Leisten und Holzbrettchen.

**Sperrholz.** Man erhält es, indem man eine ungerade Anzahl verschiedener dünner Holzschichten unter Druck verleimt, und zwar so, daß die Fasern senkrecht zueinander verlaufen.
Im Schiffsmodellbau verwendet man die folgenden Sperrhölzer:
*Birkensperrholz,* das beste und festeste von allen, wird in verschiedenen, auch geringsten Dicken (0,8, 1, 1,5 mm) für Decks beliebiger Modelle, für die Beplankung der Rümpfe mit Kante und für Spanten verwendet.
*Buchensperrholz,* das man ebenfalls in sehr kleinen Dicken herstellt, ist ausgezeichnet und kann das *Birkensperrholz* ersetzen.
*Pappelsperrholz,* leicht, aber weniger widerstandsfähig als Birkensperrholz, dient fast ausschließlich zum Bau von Spanten und wird in großen Dicken (8–10 mm) verwendet. Für Decks von Segelregattamodellen benutzt man manchmal *Steineichen-* oder *Mahagonisperrholz.*

**Furnier.** Furnier besteht aus einem sehr dünnen Blatt edlen Holzes, mit dem man durch Aufleimen minderwertige Hölzer verkleidet. Diese dünnen Blätter kann man aus verschiedenen Holzarten gewinnen. Im Schiffsmodellbau verwendet man *Nußbaum-, Mahagoni-* und *Ahornfurnier.* Es dient zur Herstellung kleiner Leisten, vor allem für die Beplankung alter Schiffe. Man arbeitet ausschließlich feucht, das heißt, man taucht die Blätter kurz in Wasser.

In einigen Fällen benutzt man schließlich schon auf Papier geklebte Furnierstücke.

**Klebemittel oder Leime.** Holzteile verbindet man, indem man sie mit einer Schicht Klebemittel bestreicht, das die einzelnen Teile nach dem Trocknen fest zusammenhält. Die meisten, *Leime* genannten Klebemittel haben auch die Aufgabe, den Überblattungen und den verschiedenen Arten von Holzverbindungen mehr Festigkeit zu verleihen.
Unter den verschiedenen Leimarten wird im Schiffsmodellbau am häufigsten der Tischlerleim verwendet. Es gibt ihn in drei Arten: als *Knochenleim, Hautleim* und *Fischleim.* Der Knochenleim und der Hautleim werden zum Tünchen, zum Spachteln oder zum Aufleimen kleiner Teile verwendet.
Die Herstellung dieser Leime erfolgt, indem man die Leimblättchen wenigstens 10 bis 12 Stunden in Wasser einweicht (1 kg Leim in 2 l Wasser); dann setzt man den Leim ins Wasserbad, während man weiteres Wasser (5 oder 6 l) hinzugibt. Die tierischen Leime werden heute vorteilhaft durch *Vinylleime* ersetzt, die man für jede beliebige Arbeit benutzen kann.
Weite Verbreitung haben schließlich die synthetischen Klebstoffe und Leime gefunden, die wegen ihres schnellen Trocknens mit viel Vorsicht benutzt werden müssen.

**Nägel und Schrauben.** Die meisten Verbindungen erhält man durch Nageln und Schrauben. Es wird zur Verwendung von Nägeln mit kleinem Durchmesser aus Kupfer oder Messing und zu Messingsenkkopfschrauben geraten. Bei hartem Holz und solchem, das leicht reißt, ist es besser, vorzubohren, ehe man die Nägel und Schrauben hineinbringt. Bei Schrauben mit flachem Kopf versenkt man das Loch mit Hilfe eines Senkers oder eines Spiralbohrers.

**Metallische Werkstoffe.** Der im Schiffsmodellbau am häufigsten verwendete metallische Werkstoff ist Messing, das man löten, drehen und überhaupt leicht bearbeiten kann. Man findet es in Form verschiedener Legierungen, von denen das *Gußmessing* und das *Schmiedemessing* die häufigsten sind. Das Schmiedemessing ist weicher und leichter zu bearbeiten, während das Gußmessing härter und zäher ist. Messing befindet sich im Handel in einer Vielzahl runder, viereckiger und profilierter Formen, in Form von Blechen und Bändern aller Stärken. Es eignet sich für alle bei der Ausrüstung des Schiffes vorkommenden Arbeiten.
Andere, für manche Einzelteile verwendete Metalle sind Zinkblech und Profilaluminium.

# KAPITEL VII Bau der Schiffsmodellrümpfe

Das Schiffsmodellteil, das man gewöhnlich zuerst baut, ist der Rumpf. Es gibt verschiedene Bauarten, in der Reihenfolge ihrer Schwierigkeit sind es: *voller Rumpf, Rumpf aus vollen oder hohlen Abschnitten* und *Rumpf mit Spanten und Beplankung.* Eine besondere Behandlung verdienen dann die Rümpfe aus Metall und die Rümpfe, die die tatsächliche Schiffbauweise mit Spanten und Beplankung getreu nachahmen. Die Wahl einer dieser Arten hängt außer vom Verwendungszweck des Modells auch und vor allem von den Fähigkeiten und dem Willen des Modellbauers ab.

## Helling, Baubeginn

Der Aufbau des Rumpfes erfolgt gewöhnlich auf einer *Helling* genannten Arbeitsfläche. Dafür benutzt man ein vollkommen rechteckiges Holzbrett mit einander parallelen Seitenflächen. Auf dem Brett werden die einzelnen Symmetrieachsen aufgetragen, die Schnittlinien der Spanten und was sonst noch von Interesse für den Aufbau ist.
Man kann den Bau des Rumpfes mit dem Kiel nach oben *(umgekehrter Rumpf)* oder mit dem Kiel nach unten *(aufrecht stehender Rumpf)* durchführen. Wir werden im Verlauf der Beschreibung sehen, in welchen Fällen die beiden Bauarten angebracht sind.

## Volle Rümpfe

**Voller Rumpf, aus einem einzigen Holzblock hergestellt.** Dieses Verfahren ist das einfachste und am schnellsten zu erfassende; einige Unbequemlichkeiten erschweren jedoch den eigentlich verhältnismäßig leichten Bau und verbieten ihn in mehreren Fällen.
Das größte Hindernis stellen, wie wir gesehen haben, die Holzfehler (Risse, Kernschäle usw.) dar, andererseits ist es technisch nicht richtig, Rümpfe mit großen Abmessungen aus nur einem Stück zu bauen. Man kann nach diesem Verfahren also nur mäßig große Rümpfe bauen.
Der erste beim Bau voller Rümpfe auszuführende Arbeitsgang besteht in der Herstellung eines Parallelepipedons aus Holz, das die Maße des Rumpfes und einander genau parallele Seiten hat (Abb. *164a*). Auf die Seiten des kleinen Holzblocks zeichnet man mit Bleistift die Symmetrieachse des Rumpfes und die Schnittlinien der *Spanten* (Abb. *164b*), die man zweckmäßigerweise wie auf der Konstruktionszeichnung numeriert. Man zeichnet dann das Profil des Rumpfes im Grundriß. Es wird (in einigen

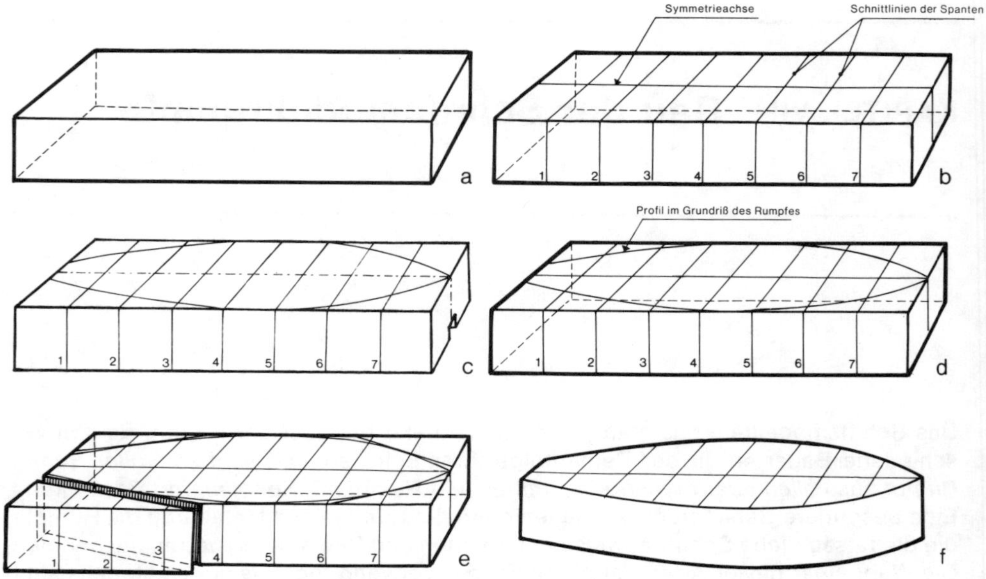


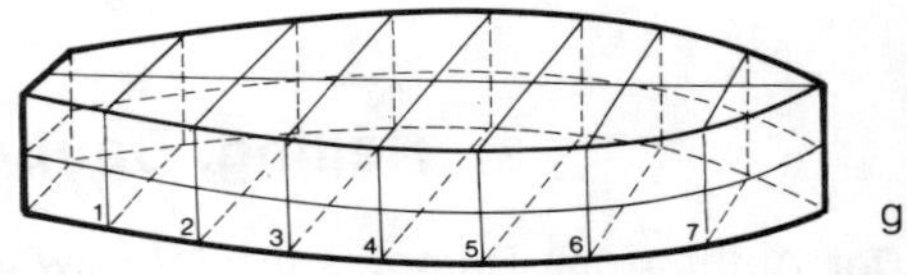


Abb. 164. *Verfahren zum Bau voller Rümpfe*
a) *Holzquader;* b) *Anreißen der Symmetrieachse und der Schnittlinien der Spanten;* c) *Herstellen der Nut zum Einführen des Kiels;* d) *Holzblock zur Bearbeitung ohne Nut;* e) *Ausschneiden des Blocks;* f) *ausgeschnittener Block;* g) *Anreißen der Schnittlinien der Spanten auf dem ausgesägten Block*

Fällen) nützlich sein, eine Nut längs der unteren Symmetrieachse des Blocks hineinzuschneiden, sie dient zum Einführen des *Kiels* (Abb. *164c*). Bei kleinen Rümpfen ist das nicht notwendig (Abb. *164d*). Mit Hilfe der Säge entfernt man die überstehenden Teile, wobei man der gezeichneten Grundrißlinie so genau wie möglich folgt, damit man eine erste gute Näherung erhält und anschließend wenig Werkstoff entfernen muß (Abb. *164e*). Wenn dieser Arbeitsgang beendet ist, zeichnet man die Schnittlinien der Spanten auf die senkrechte Seite des ausgeschnittenen kleinen Holzblocks (Abb. 164f, g). Dann befestigt man den so ausgeschnittenen Block mittels Holzschrauben auf der Arbeitsfläche *(Helling)* (Abb. *165*) und beginnt mit der Fertigstellung der äußeren Schnittfläche. Dieser Arbeitsgang wird zuerst mit Stemmeisen und Hohlmeißeln ausgeführt, dann mit Raspeln und Feilen verschiedener Querschnitte, je nach dem zu bearbeitenden Profil. Die Arbeit wird schrittweise mit Hilfe von *Schablonen* kontrolliert.
Die Schablonen sind nichts anderes als Schnitte, die das Profil eines bestimmten Gegenstandes wiedergeben. In unserem Fall gehören die benötigten Schablonen zu den Profilen der verschiedenen Spanten. Sie werden aus widerstandsfähigem Zeichenkarton oder noch besser aus Sperrholz von 1 mm Dicke hergestellt. Man gewinnt ihr Profil durch Pausen des Umrisses der Spantfläche aus der Zeichnung (Abb. *166*). Die Schablonen werden, in dem Maße wie die Bearbeitung fortschreitet, auf dem kleinen Holzblock entsprechend den vorher gezogenen und numerierten Linien angehalten. Ist der gewünschte Bearbeitungsgrad erreicht, geht man zur Bearbeitung des Rumpfinnern über, falls der Typ des Modells das erfordert. Man

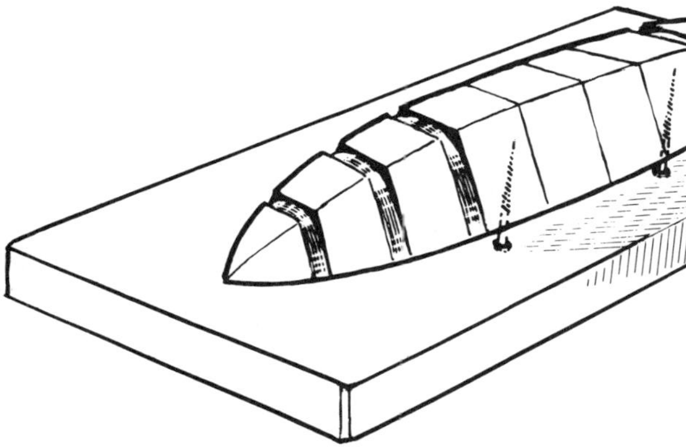

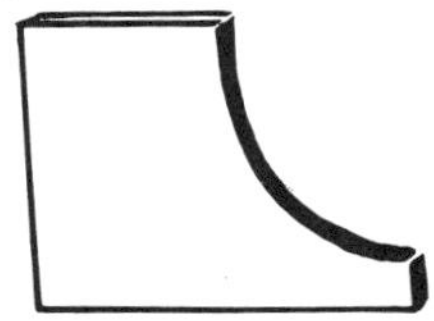

Abb. 165. *Befestigung des ausgeschnittenen Rumpfes auf der Helling*

Abb. 166. *Schablone*

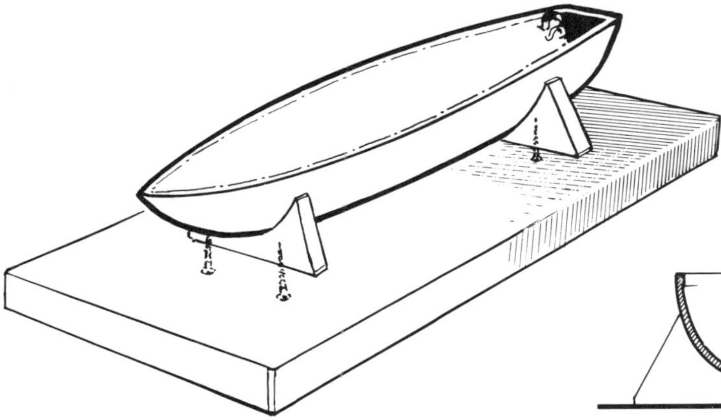

Abb. 167. *Befestigung des Rumpfes auf der Führung zum Aushöhlen des Innern*

Abb. 168. *Kontrolle der Dicke des Rumpfes mit Hilfe des Dickentasters*

dreht den kleinen Holzblock um und befestigt den Rumpf auf Führungen, die ihrerseits fest auf der Helling angebracht sind (Abb. *167*).
Die Aushöhlung des Innern beginnt, auch wenn man sich eines mechanischen Hilfsmittels *(elektrische Handbohrmaschine)* bedienen kann, mit einem Ausstemmen mit Stemmeisen und Hohlmeißel. Das Schlichten wird im Fall der Bearbeitung von Hand mit Hilfe von mehr oder weniger profilierten Hohlmeißeln durchgeführt, während es, falls man eine Handbohrmaschine benutzen kann, mit Hilfe sich drehender Raspeln verschiedenen Profils erfolgt. Diese Arbeit wird möglichst mit Hilfe des Dickentasters kontrolliert (Abb. *168*).
Wenn man nach diesem Verfahren kleine alte oder moderne Schiffsrümpfe herstellen will, empfiehlt es sich, das Aushöhlen des Innern so weit wie möglich zu unterlassen.
Zur Herstellung des Rumpfes eines alten Schiffes (Abb. *169*) oder eines modernen Schiffes wird man konstruktive Elemente wie die Back und das Quarterdeck berücksichtigen müssen. Die Form des Holzblocks muß also diese Bauteile schon enthalten. Deshalb muß man auf der Längsseite des Blocks das Längsprofil des Rumpfes (aus der Konstruktionszeichnung gewonnen) einschließlich der Schnittlinie der erhöhten Achterdecks, der Schnittlinie des Oberdecks und der Schnittlinie des erhöhten

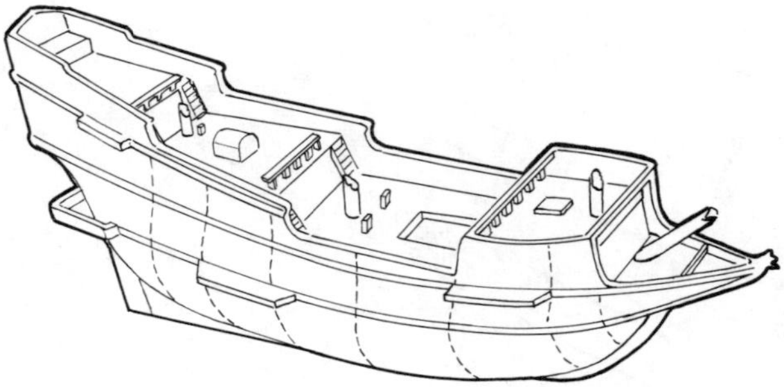

Abb. 169. *Galeonenmodell mit vollem Rumpf zum Zeitpunkt seiner Fertigstellung*

Vordecks (wie auch, wie in unserem Fall, der Schnittlinie der Galionsplattform) auftragen (Abb. *170*). Die überstehenden Teile werden dann mit der Säge und dem Stemmeisen herausgeschnitten, die anderen Teile werden mit der Feile genau geschlichtet.
Längs des durch die eben geschilderte Bearbeitung gewonnenen Profilrandes bringt man einen stufenförmigen Einschnitt zum Einsetzen des *Schanzkleides* an (Abb. *171*). Diese Arbeit bereitet einige Schwierigkeiten, aber mit Geduld und bei vorsichtiger Verwendung des Stemmeisens wird es nicht schwer sein, die Nut auszuführen (Abb. *172*).

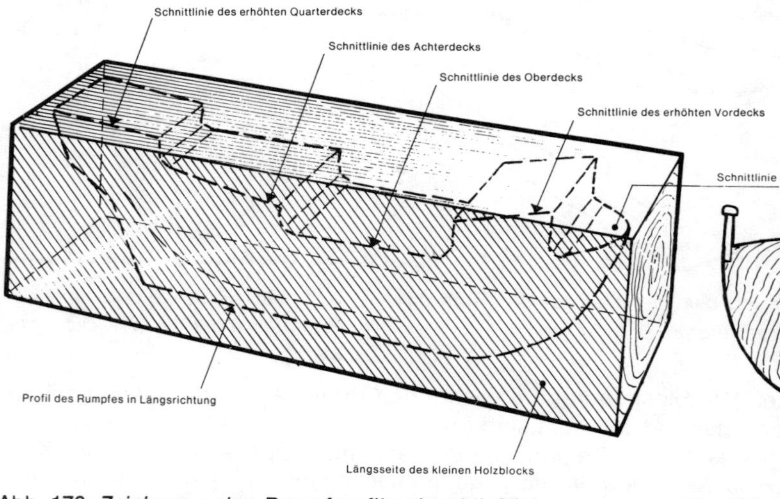


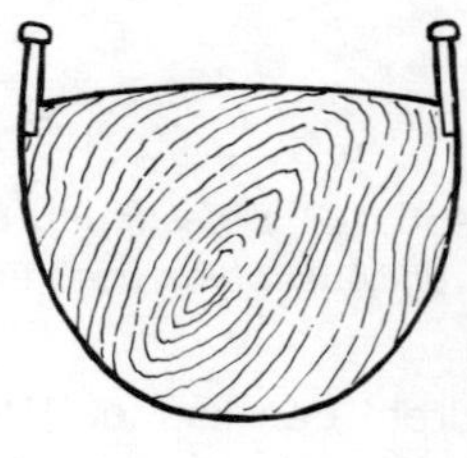

Abb. 170. *Zeichnung des Rumpfprofils einschließlich der Deckaufbauten auf der Längsseite des kleinen Holzblocks*

Abb. 171. *Stufenartiger Einschnitt zum Einsetzen des Schanzkleides*

**Aus einem geschichteten Block gefertigter voller Rumpf.** Das Verfahren, den Rumpf aus einem einzigen Holzblock zu gewinnen, kann nur bei kleinen Modellen in verkleinertem Maßstab (10 bis 20 cm Länge) oder bei den Booten der alten und modernen Schiffe (Beiboote, Rettungs- oder Dienstleistungsboote) angewandt werden. Bei Rümpfen von mehr als 20 cm Länge ist es zweckmäßig, den Holzblock durch Übereinanderlegen mehrerer waagerechter Schichten von Brettchen in Längsrichtung oder durch Verleimen senkrecht nebeneinander stehender Brettchen in Längsrichtung herzustellen (Abb. *173* und *174*). Durch diese Bauweise werden die zu Anfang der Abhandlung beklagten verschiedenen Unbequemlichkeiten fast vollständig beseitigt. Vor allem werden die Risse und die Kernschäle vermieden. Wenn die Gesamt-

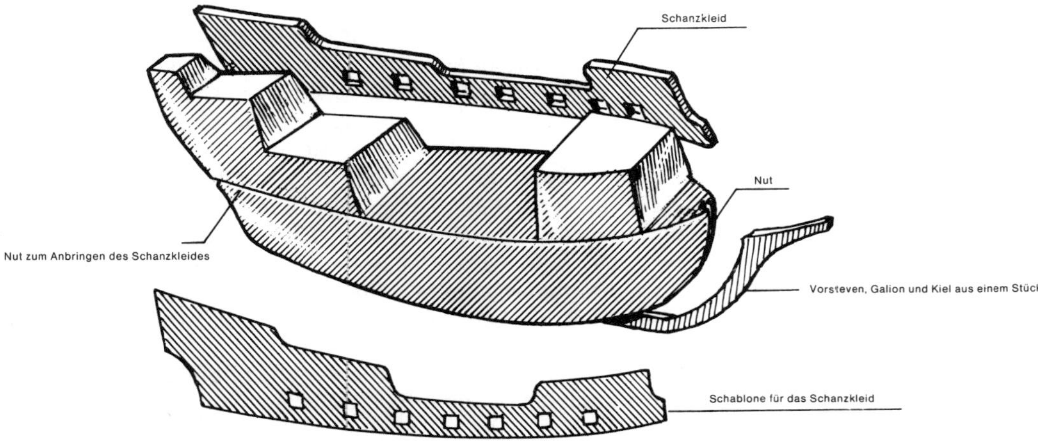


Abb. 172. *Anbringen des Schanzkleides, des Kiels und des Vorstevens*

Abb. 173. *Holzblock aus waagerechten Brettchen*

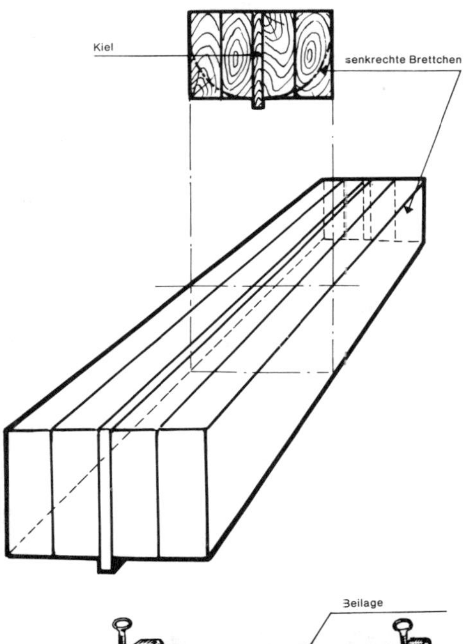


Abb. 174. *Holzblock aus senkrechten Brettchen*

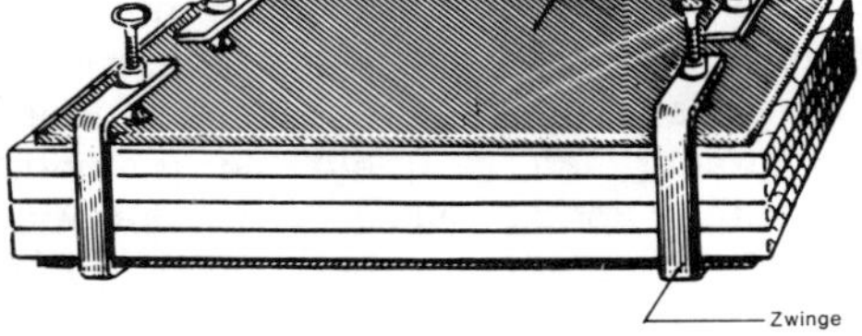


Abb. 175. *Verleimen und Einspannen der den Block bildenden Brettchen*

heit der Brettchen (mit einer Dicke von normalerweise nicht mehr als 2 cm) in verschiedener Richtung der Fasern miteinander verleimt ist, verbleibt dem Block außer der Vermeidung der Rißbildung eine besondere Festigkeit.
Die Herstellung des Blocks aus Brettchen bereitet keine besonderen Schwierigkeiten. Man muß gut ausgetrocknetes Holz nehmen und die Brettchen sorgfältig rechtwinklig zuschneiden, so daß man die miteinander zu verleimenden Seitenflächen vollkommen parallel zueinander erhält. Jede Seitenfläche wird dann mit dem Zahnhobel oder mit der Raspel bearbeitet, um den Oberflächen eine gewisse Rauhigkeit zu verleihen; diese erleichtert das Haften des Klebstoffes in der Tiefe. Hat man den Leim auf jeder Oberfläche aufgetragen, vereinigt man die verschiedenen Brettchen miteinander. Die Gesamtheit der Brettchen wird mit Hilfe von Holzzwingen auf die in Abb. *175* angegebene Weise unter Druck gehalten.
Nach dem Trocknen wird der Block überprüft und so nachgearbeitet, daß man ein vollkommen symmetrisches Parallelepipedon erhält. Dann zeichnet man die üblichen Spantlinien und die Symmetrieachse ein und beginnt mit der Bearbeitung, wie es oben für die aus einem einzigen Block hergestellten Rümpfe beschrieben wurde.
Wir weisen darauf hin, daß sich durch den Holzblock aus nebeneinanderstehenden Brettchen die Ausführung der Nut für den Kiel und das Einsetzen desselben in jene erübrigt. In die Mitte des Blocks (der aus zwei, vier oder sechs nebeneinanderstehenden Brettchen besteht) setzt und leimt man ein Brettchen, das ebenso dick ist wie der Kiel (Abb. *174*), so daß sich auch diese Einzelheit in das geschlossene Ganze fügt.

**Weitere Bearbeitungsphasen.** Wir haben bis jetzt zwei verschiedene Verfahren zum Bau von Rümpfen aus vollen Blöcken bis zum Ausschneiden des Äußeren und des Innern geschildert. Nun ist es geboten, zu den folgenden Bearbeitungsphasen überzugehen. Sie bestehen hauptsächlich in den ersten Schlichtarbeiten der äußeren Oberfläche des Rumpfes. Diese erfolgen vor allem mit Raspel, Feile und Schleifpapier verschiedener Körnigkeit, beginnend mit dem gröbsten bis zum feinsten. Man muß auf diese Weise eine vollkommen homogene Oberfläche erhalten, bei der die verschiedenen Wölbungen des Rumpfes gut angesetzt sind und keine Erhebungen oder Vertiefungen aufweisen. Was die Schlichtarbeiten im einzelnen betrifft, so verweisen wir auf das betreffende Kapitel.
Hat man die äußere Oberfläche des Rumpfes bearbeitet, kann man *Kiel, Vorsteven, Greep* und *Galion* (aus nur einem Stück, einem Brettchen von der in der Zeichnung angegebenen Dicke) (Abb. *172*) in die vorher ausgeführte Nut einbauen. Dieses Bauteil kann bei kleinen Booten auch unmittelbar mit Leim festgeklebt werden. Kiel und Vorsteven können auch getrennt hergestellt werden (Abb. *176*).
Bei kleinen Modellen oder Beibooten und Booten alter und moderner Schiffe bleibt in dieser Beziehung die Nachahmung der Beplankung problematisch. Dieser Schwierigkeit kann man auf zwei Arten begegnen. Die erste besteht im Anbringen einiger Rillen mit einer Metallspitze. Bevor man die Rillen ausführt, muß man den Verlauf der Beplankungsgänge voll Geduld aufzeichnen, um beim Schneiden eine sichere Führung zu haben.
Der zweite Kunstgriff besteht im Aufleimen kleiner Leisten, deren Abmessungen der Art des Rumpfes angepaßt sind (Abb. *177*). In diesem Fall verwendet man helles Nußbaumfurnier und zum Aufleimen Klebstoff oder noch besser Leim. Das Schneiden des Furniers für die Leisten kann mit Hilfe einer Rasierklinge und eines Stahllineals erfolgen, wenn man vorher die Umrisse der verschiedenen kleinen Leisten mit Bleistift sorgfältig auf das Blatt gezeichnet hat. Oder aber man fertigt eine Vorrichtung, wie sie Abb. *178* zeigt. Das Furnier wird dabei angefeuchtet. Man muß mit der notwendigen Sorgfalt vorgehen, um gute Arbeit leisten zu können. Bei Modellen von Schiffen und Booten muß man außer der Beplankung auch *Rähmchen* und *Schwel-*

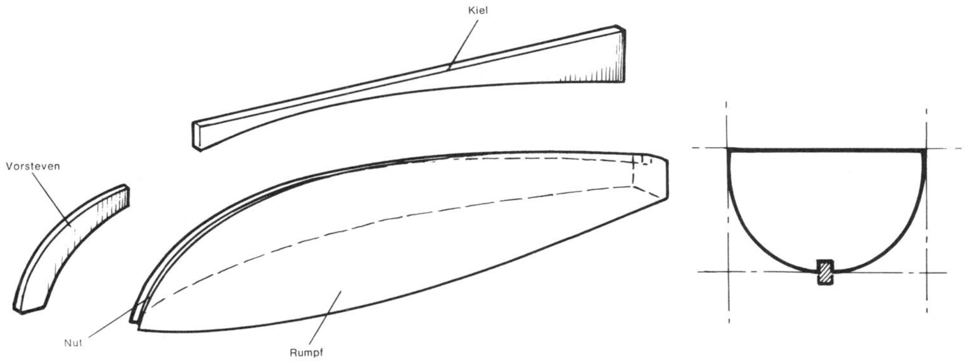


Abb. 176. *Anbringen von Kiel und Vorsteven in zwei Teilen*

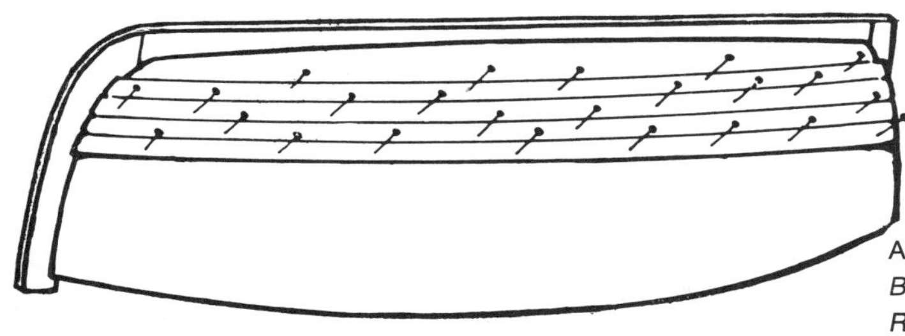

Abb. 177. *Anbringen der Beplankung auf vollen Rümpfen*

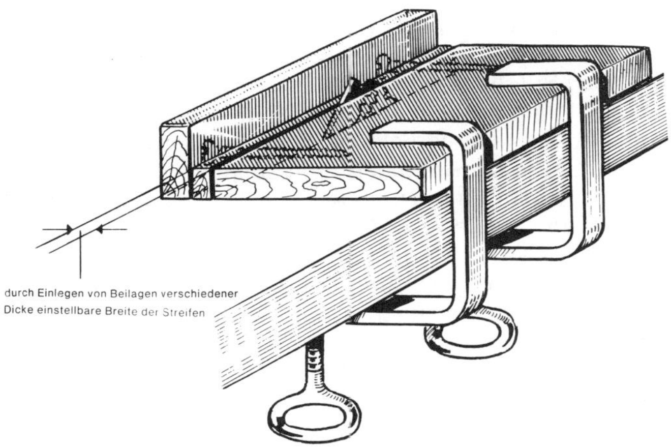


Abb. 178. *Vorrichtung zum Schneiden der Furnierstreifen*

*len* anbringen. Sowohl wenn die Beplankung durch Rillen ausgeführt wird, wie auch wenn man sie auflegt, ist es zweckmäßig, vor diesem Arbeitsgang die aus kleinen Leisten gewonnenen *Schergänge* und *Berghölzer* anzubringen, die etwas dicker als die normale Beplankung sind. Für die Rähmchen und die Schwellen verwendet man meistens kleine, viereckige Nußbaum- oder Lindenleisten, die auf den Rumpf geleimt und, während der Leim trocknet, durch kleine, dünne Nägel oder Stecknadeln festgehalten werden. Nach beendeter Trocknung schneidet man die kleinen Nägel ab und arbeitet die kleinen Leisten nach.
Die kleinen Boote und die Beiboote werden nun durch Anbringen der Bänke, der Sitze und der Innenbeplankung usw. vervollständigt (siehe Kapitel über Boote).

Bei alten und modernen Schiffen bringt man das *Schanzkleid* an, indem man es in den entsprechenden Einschnitt leimt. Man schneidet die Umrisse des Schanzkleides aus 1 mm dickem Sperrholz. Um diese Umrisse zu erhalten, wird es jedoch notwendig sein, eine Schablone aus Pappe anzufertigen; diese wird auf dem in Bearbeitung befindlichen Block anprobiert und angepaßt (Abb. *172*).
Nunmehr wird man die *Decksbeplankung* anbringen. Diese erhält man aus 0,8 mm dickem Sperrholz, auf das vorher die den Planken, aus denen die Decks der richtigen Schiffe hergestellt werden, entsprechenden Striche gezeichnet werden. Bei größeren Modellen leimt man jedoch besser Furnierstreifen auf. Nach Beendigung der Arbeit an den Decks beginnt man mit der Fertigstellung des Schanzkleides durch Anbringen des *Handlaufs* und des *Wassergangs* (Abb. *179*) und Herstellen der *viereckigen Öffnungen,* die die Geschützpforten bilden. Hat man diese Arbeiten beendet, müssen die Rümpfe noch geschlichtet und lackiert werden. Rümpfe aus Metall oder Rümpfe, auf die man keine Beplankung bringen muß, lackiert man natürlich gleich.

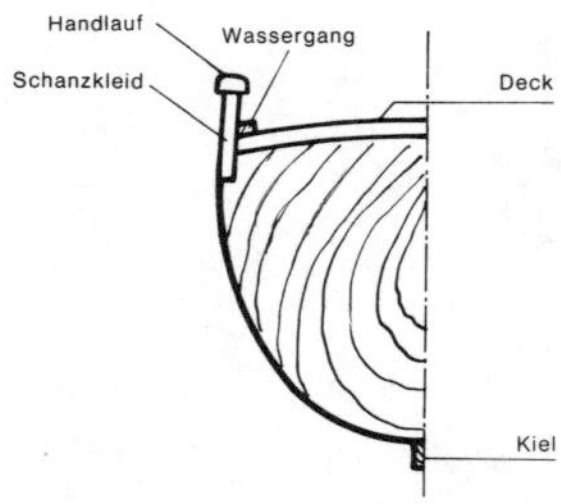


Abb. 179. *Anbringen des Schanzkleides und des Wassergangs*

## Rümpfe aus vollen Schichten

Wir haben gesehen, wie man einen Rumpf erhalten kann, indem man einen aus einer Reihe miteinander verleimter Brettchen bestehenden Holzblock verwendet.
Betrachtet man Abb. *173* und *174* und geht von einem Block aus Brettchen aus, so erscheint es einleuchtend, daß man jedes Brettchen entsprechend dem Profil der drei Hauptschiffsschnitte ausschneiden und zu einem Packen zusammenfügen könnte, dessen Gesamtheit die schon entworfene Rumpfform ergeben würde.
Die Brettchen könnten dabei eine Stärke gleich dem Abstand zwischen zwei Schnittflächen haben. Die einzelnen Brettchen würden dann der Reihe nach aufeinander – bei senkrechten Längsschichten – oder nebeneinander – bei senkrechten Querschichten – geleimt werden. Diese Bauweise findet bei Rümpfen von Standmodellen, die kleiner als ein Meter sind, Anwendung. Das am meisten verwendete Verfahren ist das mit waagerechten Längsschichten, bei dem jedes Brettchen eine Dicke von 1 bis 1,5 cm hat.
Der größte Teil der Baupläne enthält die einzelnen Wasserlinien im gleichen Abstand voneinander und von der Konstruktionswasserlinie. Wenn diese Schnittlinien nicht vorhanden sind oder keinen ausreichenden Abstand voneinander haben, muß man sie in geeigneter Weise zeichnen. Dazu teilt man das Schiffsprofil (senkrechter Längsschnitt) in gleiche Teile, wobei man von der Konstruktionswasserlinie ausgeht. Diese Einteilung wird auf die Zeichnung mit den senkrechten Querschnitten *(Spantenriß)* übertragen.
Wenn das Modell ein erhöhtes Achter- und Vordeck aufweist, ist es günstig, auch diese Bauteile zu berücksichtigen, indem man einige Schnitte herstellt, die ihre Profile enthalten (Abb. *180*).
Um die Schnittflächen zu zeichnen, wird es genügen, im Wasserlinienriß (entsprechend den Schnittlinien der Spanten) die Entfernungen aufzutragen, die zwischen

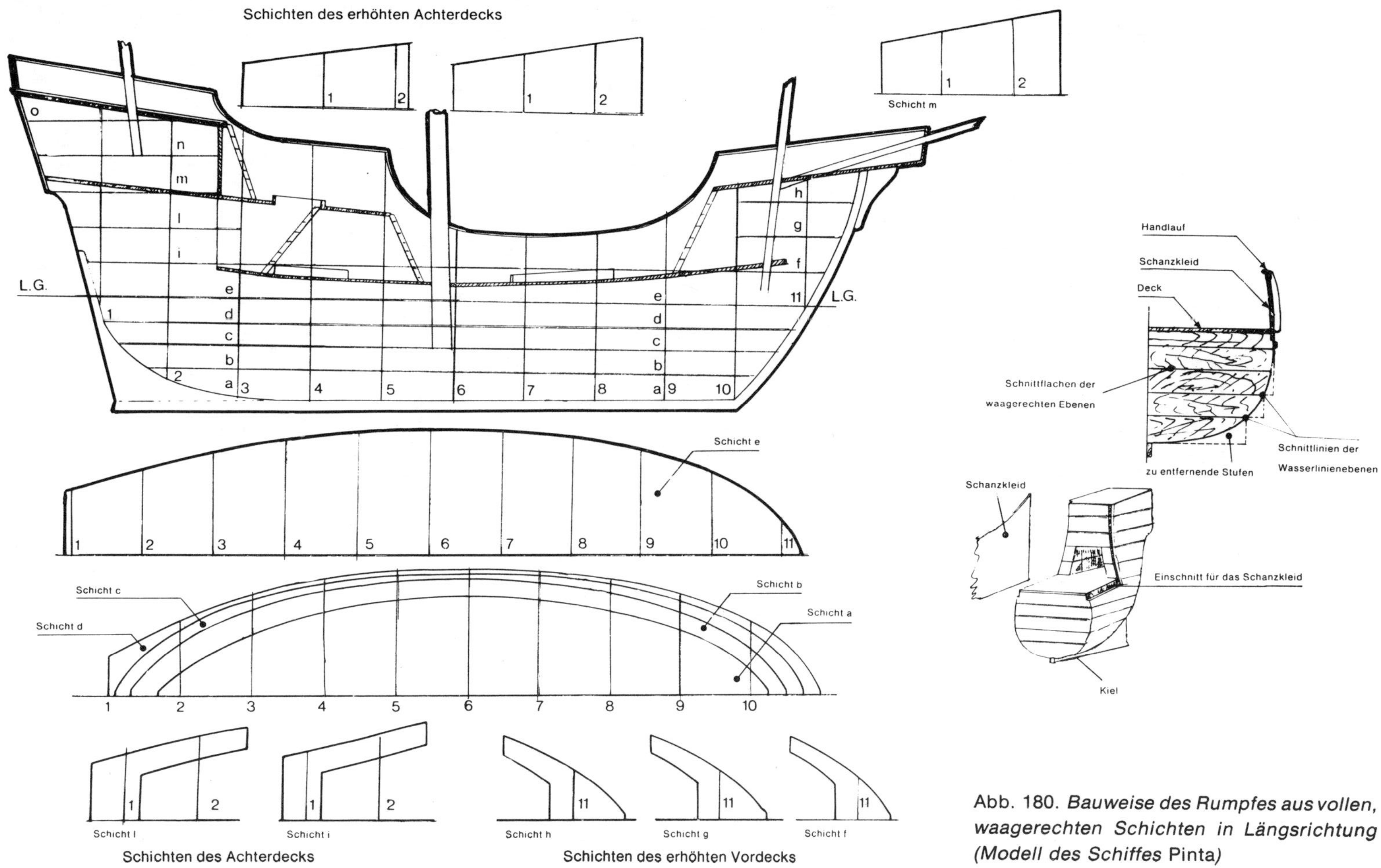


Abb. 180. *Bauweise des Rumpfes aus vollen, waagerechten Schichten in Längsrichtung (Modell des Schiffes* Pinta*)*

der Symmetrieachse und dem Schnittpunkt der Schnittfläche mit den einzelnen Spanten (1, 2, 3, 4...) entsprechend den Schnittlinien der Spanten selbst vorhanden sind (Abb. *180*).

Verbindet man die einzelnen so aufgetragenen Punkte, erhält man den Umriß einer Schnittfläche, den man zur Herstellung des ihr entsprechenden Brettchens braucht.

Das gleiche Verfahren wird im Fall senkrechter Längsschnitte angewandt. Vor allem muß man die Spantenfläche links und rechts von der Symmetrieebene in gleiche Teile teilen.

Im senkrechten Längsriß trägt man auf den Schnittlinien der Spanten die Entfernungen auf, die zwischen der Basis und dem Schnittpunkt der Schnittfläche mit dem Spant liegen. Verbindet man die einzelnen Punkte, so erhält man den Umriß einer senkrechten Längsschnittfläche, den man zur Herstellung des entsprechenden Brettchens braucht.

Beim Bau mit senkrechten Querschnittsschichten verfährt man nach dem gleichen Verfahren; wir müssen jedoch darauf hinweisen, daß diese letztere Bauweise unzweckmäßig ist.

Hat man so die Zeichnung der einzelnen Schnittflächenumrisse fertiggestellt, kommt man zur Bearbeitung der Brettchen. Sind die Brettchen in der Stärke, die man festgelegt oder die sich aus dem Bauplan ergeben hat, ausgewählt und zugerichtet, zeichnet man die Symmetrieachsen und Spanten darauf. Außerdem paust man auf ein Stück ausreichend widerstandsfähige Pappe den Umriß der Schnittfläche, wobei man besondere Sorgfalt auf die Symmetrieachse verwendet. Wir erhalten auf diese Weise so viele Schablonen, wie Schnittflächen vorgesehen sind. Es ist zu bemerken, daß man bei der Bauweise mit waagerechten Längsschichten nur Schablonen mit halbem Querschnitt herzustellen braucht, während bei senkrechten Schnittflächen ganze Schablonen erforderlich sind. Mit Hilfe der Schablonen zeichnet man die Umrisse auf die Brettchen, bei waagerechten Schnittflächen auf jeder Seite der Symmetrieachse für sich, bei senkrechten Längsschnitten im ganzen.

Man schneidet die Brettchen längs des Umrisses der Schichten aus, sie müssen dann mit dem Zahnhobel oder der Raspel bearbeitet werden, ehe man sie verleimt.

Bei aus waagerechten Schichten gebauten Rümpfen mit *erhöhten Achter-* und *Vordecks* wird es zweckmäßig sein, die Brettchen zuerst bis zum Oberdeck zusammenzuleimen und dann die Brettchen der Achter- und Vordecks daraufzubringen. Bei aus senkrechten Längsschichten hergestellten Rümpfen verleimt man alle Schichten im ganzen.

Bei dem letzteren Verfahren ist es günstig, in Höhe der Symmetriefläche des Rumpfes ein Brettchen mit einer Stärke einzuführen, die der Stärke des Kiels entspricht. Dieses Profil entspricht dann dem vollständigen Umriß des Schiffes in der senkrechten Längsebene.

Wie oben schon gesagt, muß der Packen Brettchen während des Trocknens mit Hilfe von Zwingen zusammengepreßt werden. In Abb. *181a, b, c* werden verschiedene Arten von Zwingen dargestellt, die für diese Arbeit geeignet sind.

Dem Trocknen folgt das Entgraten der Rumpfaußenfläche. An dieser Stelle ist es angebracht zu betonen, daß der aus Brettchen gebildete Block, wie man aus Abb. *180* ersieht, außen stufenförmig ist. Die Berührungslinien zweier Brettchen sind die Schnittlinien der waagerechten Ebenen; die Punkte auf der Außenfläche sind die Wasserlinien.

Wenn die Umrisse gut vorgezeichnet und die Brettchen besonders sorgfältig ausgeschnitten worden sind, erhält man durch Abtragen der überstehenden Teile der Stufen die endgültige Außenform des Rumpfes. Diese Arbeit wird wie üblich mit Hilfe von Schlichthobeln, Stemmeisen, Raspeln und Feilen ausgeführt. Die Oberfläche muß während der einzelnen Bearbeitungsphasen immer mit Hilfe der aus den Spanten gewonnenen Schablonen überprüft werden.

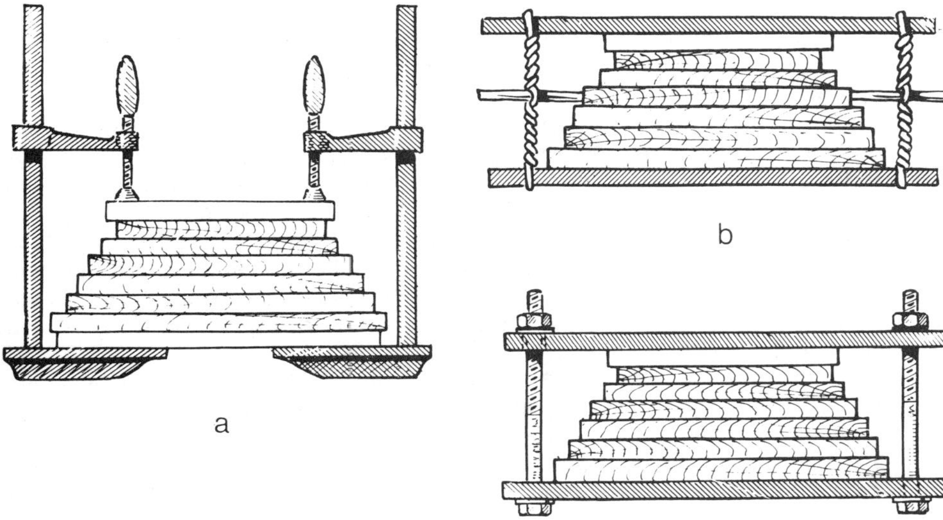


Abb. 181. c
*Verschiedene Arten des Einspannens von Rümpfen mit vollen Schnittflächen*
a) *mit Schraubknechten;* b) *mit Knebel und Spannschnur;* c) *mit Bolzen und Muttern*

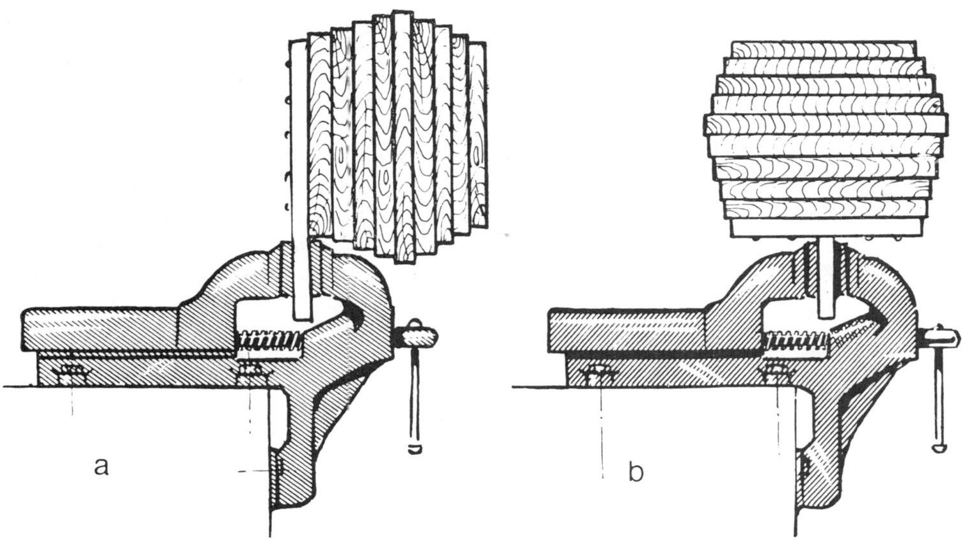


Abb. 182. *Einspannen des Rumpfes zur Bearbeitung der äußeren Oberfläche*
a) *senkrechtes Einspannen;* b) *waagerechtes Einspannen*

Wir zeigen in Abb. *182a, b* zwei Verfahren zum Einspannen bei der Bearbeitung der Außenseite des Rumpfes aus vollen Schichten.
Die Herstellung der restlichen Einzelteile wie Schanzkleid- und Deckstützen erfolgt entsprechend dem oben dargestellten Verfahren.
Bei *Standmodellen alter Schiffe* und insbesondere bei Schiffen, die mehrere Decks haben, erweist es sich als notwendig, im Rumpf die kennzeichnenden seitlichen viereckigen Öffnungen der Geschützpforten anzubringen. Eine Lösung könnte sein, den

Rumpf im Innern wenigstens bis zum ersten Deck auszuhöhlen (bei Schiffen mit drei Decks zum Beispiel bis zum ersten Deck über der Schwimmwasserlinie und so fort bei Schiffen mit zwei oder einem Deck).
Bei *Modellen mit kleinen Abmessungen* kann man mit dem Stemmeisen einen viereckigen Einschnitt ausführen, um die Geschützpfortenöffnungen anzudeuten. Aber eine solche Lösung ist bei größeren Modellen natürlich nicht sehr elegant. Man kann deshalb eine Möglichkeit nutzen, wie sie im folgenden beschrieben wird.
Wir fassen zum Beispiel ein *Schiff mit zwei Decks* ins Auge. Bis zum ersten Deck kann man einen Stapel übereinandergelegter Brettchen bauen, die wie bei dem Verfahren mit waagerechten Schichten behandelt worden sind (Abb. *183*). Wie wir wissen, verlaufen die Deckslinien nicht parallel zur Konstruktionswasserlinie und zur Einsattelungslinie.
Um dieser Unbequemlichkeit zu begegnen, bringt man an Bug und Heck einige Beilagen an, so daß die Deckslinie die in der Zeichnung angegebene notwendige Krümmung erhält. Sind diese Beilagen, wie Abb. *184* angibt, verleimt, bringt man entsprechend den Abständen zwischen einer Geschützpforte und der nächsten – immer nach Zeichnung – lauter Holzblöckchen gleicher Höhe an (Abb. *185*). In dieser aus den Blöckchen gebildeten Ebene leimt man ein weiteres Brettchen auf, wobei man wie immer darauf achtet, daß es mit Zwingen angedrückt wird. Die untere Oberfläche dieses Brettchens muß dem kurvenförmigen Verlauf folgen; hierzu wird es nötig sein, die überstehenden Teile mittels eines Hobels, einer Raspel oder Feile zu entfernen.
Nach dem Aufleimen dieser Schicht erfolgt das Aufleimen weiterer Blöckchen, die gegenüber den darunterliegenden versetzt werden (Abb. *186*). Man muß beachten, daß die senkrechten Seiten der Geschützpfortenöffnungen senkrecht zur Konstruktionswasserlinie verlaufen müssen, während die waagerechten Seiten natürlich der gekrümmten Deckslinie folgen.
Auf die zweite Reihe Blöckchen leimt man das letzte Brettchen. Diese Brettchen müssen auf der ganzen äußeren Bordlänge eine solche Mindestbreite haben, daß das Sperrholzblatt, das das Schanzkleid bildet, angepaßt werden kann. Auf diese Weise kann man den Einschnitt an der Außenbordkante vermeiden.
Das Schanzkleid wird gemäß dem der Zeichnung entnommenen Umriß gestaltet, aus ihm werden die den Geschützpforten entsprechenden Vierecke ausgesägt (Abb. *187*).

## Rümpfe mit hohlen Schnittflächen

Dieses Verfahren heißt nach dem Englischen *Bread and Butter System* (Brot- und Butter-Verfahren), da die Bauweise der Zubereitung belegter Brötchen ähnelt. Es kann beim Bau von Rümpfen alter und moderner Standmodellschiffe benutzt werden, findet aber überwiegend bei Rümpfen von Fahrmodellen Anwendung.
Wir haben gesehen, wie man einen Rumpf aus einem Stapel übereinandergelegter Brettchen erhalten kann, die vorher gemäß dem Umriß der waagerechten oder senkrechten Längsschnitte ausgeschnitten wurden, was die Arbeit bemerkenswert erleichtert. Bei der Herstellung eines solchen hohlen Rumpfes erhebt sich sofort die Frage, ob man nicht auch das Innere jedes Brettchens ausschneiden kann, um die langwierige und mühsame Arbeit des Aushöhlens zu vermeiden. Das ist möglich.
Wir werden deshalb das allgemeine Verfahren bei der Herstellung des Rumpfes eines Segelregattamodells mit übereinanderliegenden waagerechten Längsschnittflächen beschreiben und weisen darauf hin, daß es dem Verfahren bei übereinandergelegten senkrechten Längsschnittflächen entspricht (Abb. *188a, b*). (Der Bau mit senkrechten Querschnittsflächen erfolgt nicht nach diesem Verfahren.)

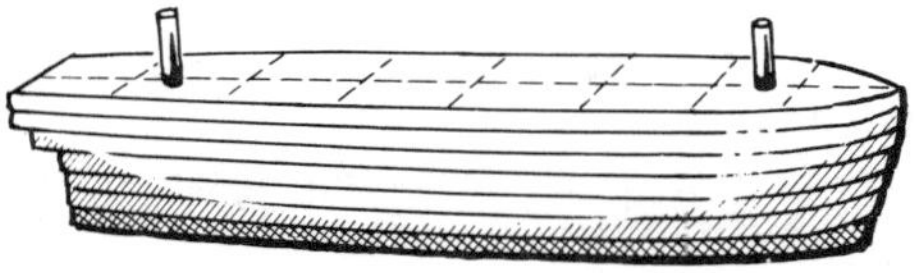

Abb. 183. *Rumpf eines Schiffes mit zwei Decks bis zum ersten Deck, mit vollen Schnittflächen*

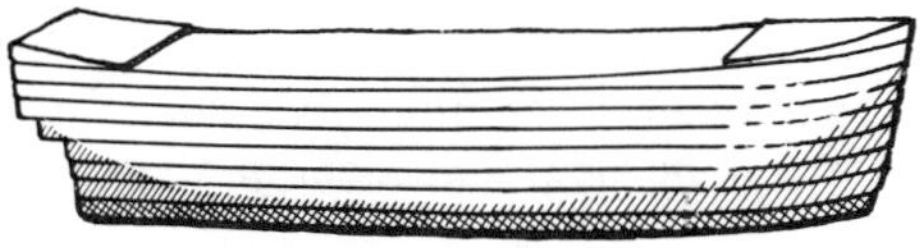

Abb. 184. *Aufbringen der Beilagen für die Deckswölbung*

Abb. 185. *Aufleimen der Blöcke zwischen den Geschützpforten des ersten Decks*

Abb. 186. *Aufleimen des zweiten Decks und der Blöcke zwischen den Geschützpforten des zweiten Decks*

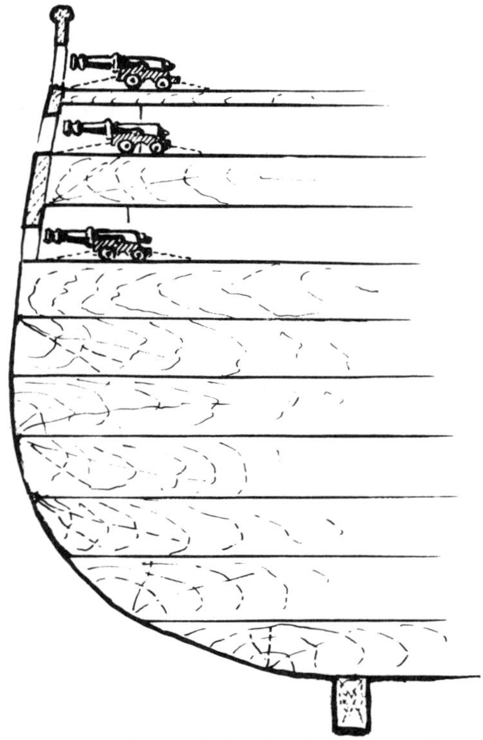

Abb. 187. *Querschnitt durch das so hergestellte Schiffsmodell mit zwei Decks und Schanzkleid*

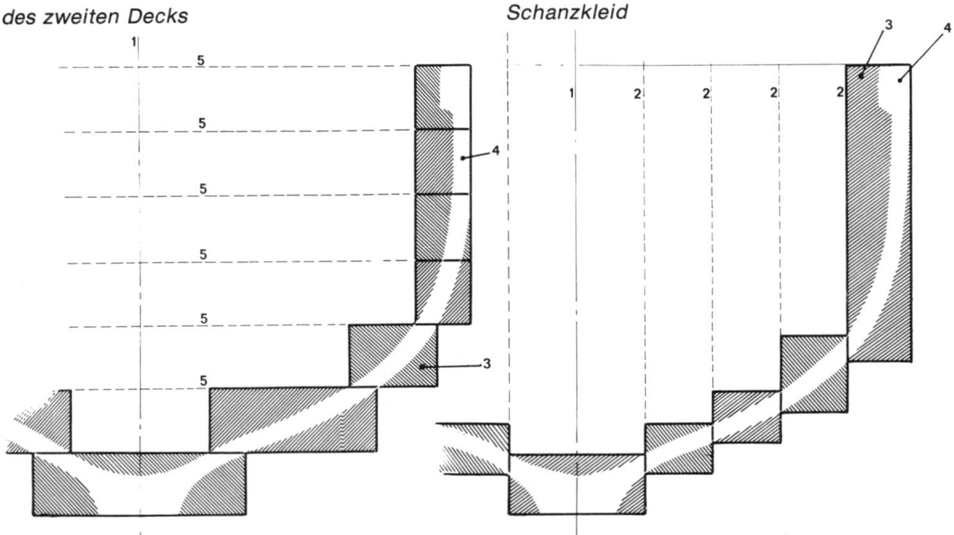


Abb. 188. *Hauptspantquerschnitt des Rumpfes eines Regattamodells von 1 m Länge, aus hohlen Schnittflächen hergestellt*

a) *Verfahren mit waagerechten Längsschichten;* b) *Verfahren mit senkrechten Längsschichten*

*1. Symmetrieachse, 2. Schnittlinien der senkrechten Längsebenen, 3. Brettchen, dessen Stärke gleich der Entfernung von Schnittfläche zu Schnittfläche ist, 4. Profil des Rumpfquerschnitts und seiner Stärke, 5. Schnittlinien der waagerechten Längsflächen*

Vor allem ist es notwendig, die Stärke des Rumpfes festzulegen. Diese hängt im wesentlichen von den Abmessungen des Modells ab.
Bei Segelregattamodellen bis zu 1,30 m Länge schwankt sie zwischen 6–8 mm, bei Segelregattamodellen bis 2 m Länge zwischen 8–9 mm. Bei den allgemeinen Fahrmodellen mit Segeln oder Motor ist es ratsam, eine Stärke von 8 mm nicht zu überschreiten.
Das Gewicht der Segelregattamodelle muß innerhalb zulässiger Grenzen liegen; die angegebenen Stärken sind jedoch die für ein gutes Gelingen der verschiedenen Regattamodelltypen geeignetsten. Bei den Modellen alter Schiffe und den allgemeinen Fahrmodellen kann die Rumpfstärke je nach dessen Abmessungen 6–8 mm betragen.
Hat man die Stärke festgelegt, schreitet man zum Zeichnen des inneren Profils, das jedem Brettchen zu geben ist.
Im Spantenriß (Abb. *189*) zeichnet man für jedes Spant (Abb. *190,* Nr. 1, 2, 3, 4 usw.) eine dem Spant selbst parallele Linie in einem Abstand gleich der vorher gewählten Stärke (Abb. *190,* Nr. 1', 2', 3', 4' usw.). Der Schnittpunkt dieser neuen Linie, die im

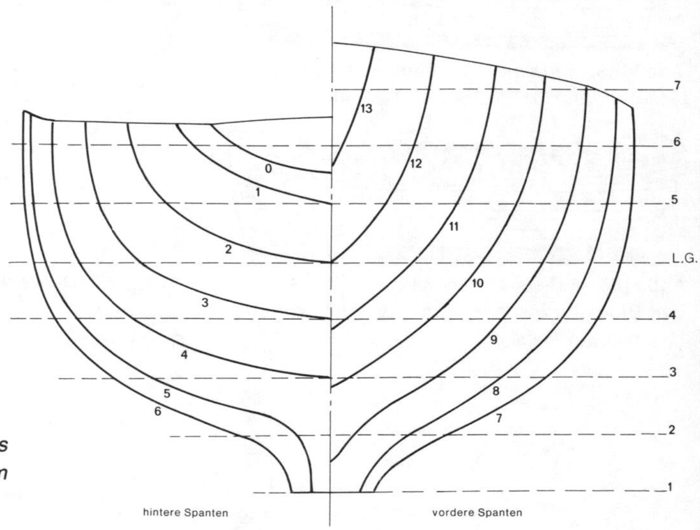


Abb. 189. *Spantenriß eines Regattamodells von 1 m Länge*

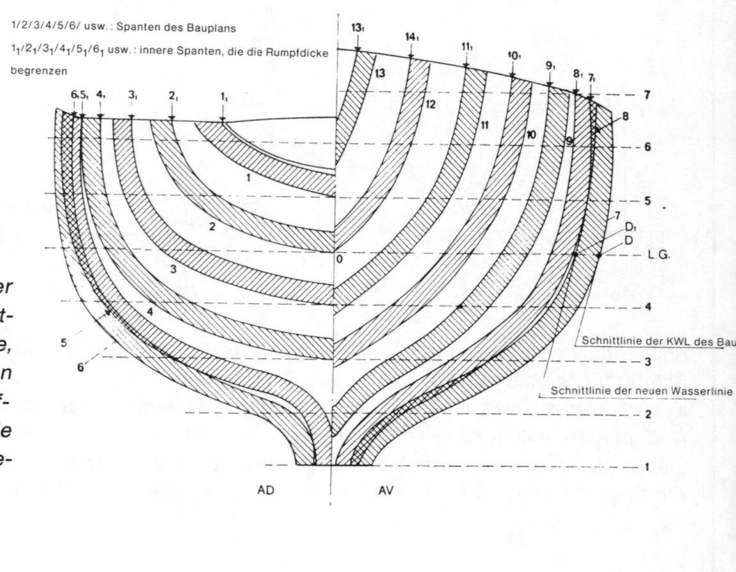


Abb. 190. *Zeichnung der neuen Spanten des Regattamodells von 1 m Länge, parallel zu den Spanten des Bauplans. (Die schraffierten Flächen geben die jedem Spant entsprechende Rumpfdicke an.)*

wesentlichen ein kleines Spant darstellt, mit der Schnittlinie der waagerechten Ebenen gehört zu einer neuen Wasserlinie, das heißt, er ist ein Punkt des Innenprofils des Rumpfes. Mit anderen Worten verhält es sich, als zeichnete man neue Spanten eines neuen, kleineren Rumpfes.

Die Rumpfdicke muß jedoch in der Querschnittsfläche jedes Brettchens enthalten sein. Deshalb muß man die äußersten Punkte des Umfangs der Querschnittsfläche des Brettchens, die die Rumpfdicke genau bedingen, festlegen. Solche Punkte sind die Punkte des Innenprofils der Brettchen. Hierzu (Abb. *191*) trägt man die Senkrechten von den Schnittlinien der Wasserlinienebenen des Bauplans (A, B, C, D, E usw.) und von den Schnittlinien der neuen Wasserlinienebenen ($A_1$, $B_1$, $C_1$, $D_1$, $E_1$ usw.) in einer solchen Länge auf, daß sie die Schnittlinien der waagerechten Ebenen in $A_2$, $B_2$, $C_2$ und die der Symmetrieebenen in $A_3$, $B_3$, $C_3$ schneiden.

Der Umfang der Querschnittsfläche jedes Brettchens wird somit durch die Punkte $A_1A_2$, $BB_3$, $B_1B_2$, $CC_3$, $C_1C_2$, $DD_3$ usw. begrenzt. Die Punkte $A_2$, $B_2$, $C_2$ usw. sind die Punkte des Innenprofils jedes Brettchens, die mit den Punkten $A_1$, $B_1$, $C_1$ usw. zusammenfallen. Deshalb wird es, nachdem man die inneren Spanten (1', 2', 3' usw.) gezeichnet hat, genügen, von der Symmetrieachse der waagerechten Ebene (Abb. *192* und *193*) aus die Entfernungen $OC_1 = OC_2$ usw. in bezug auf die Spantenebene aufzutragen, um das Innenprofil jedes Brettchens zu erhalten. Es ist zweckmäßig, an den Enden von Bug und Heck eine größere Dicke vorzusehen, um den Rumpf widerstandsfähiger zu machen. (Abb. *193*). Ebenso empfiehlt es sich, die Dicke der Brettchen am oberen Rand des Rumpfes zu vergrößern, um beim Verleimen mehr Oberfläche zu haben (Abb. *191*). Man muß bei jeder Wasserlinie analog vorgehen, bis die Zahl der entsprechenden Querschnittsflächen vollständig ist.

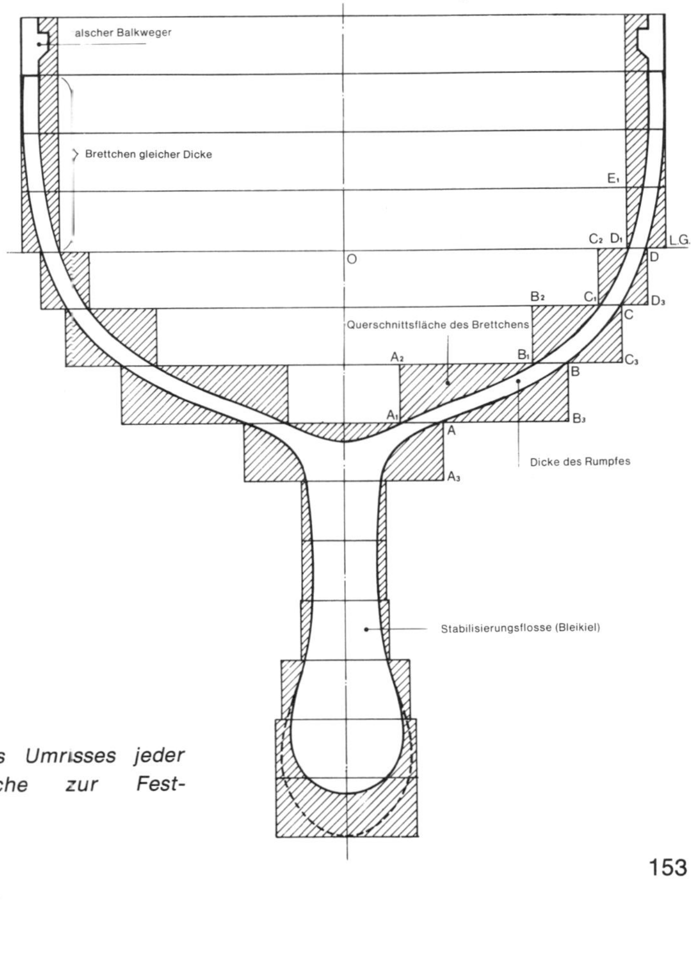


Abb. 191. *Zeichnung des Umrisses jeder Brettchenquerschnittsfläche zur Feststellung der Profilpunkte*

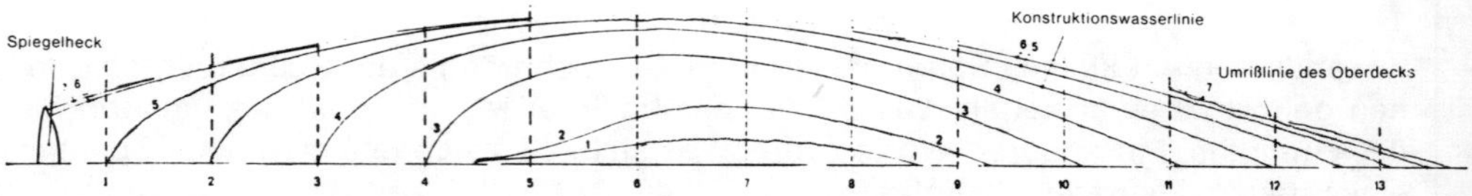


Abb. 192. *Wasserlinienriß des Regattamodells von 1 m Länge*

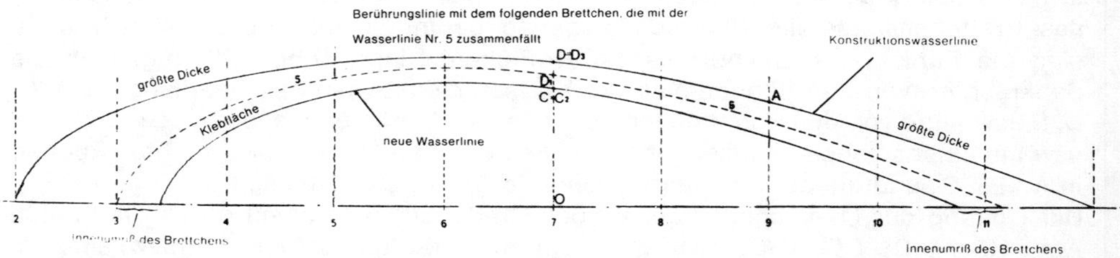


Abb. 193. *Zeichnung der inneren Wasserlinie entsprechend dem Innenprofil des Brettchens (Zur Erleichterung des Verständnisses gibt die Zeichnung als Beispiel das endgültige Profil der inneren Wasserlinie, auf der Schwimmwasserlinie konstruiert, an; gleichzeitig zeigt die Zeichnung den Halbschnitt, aus dem man die auf die Brettchen zu pausende Schablone gewinnt.)*

Die Zeichnung des Innenprofils kann man unmittelbar auf einem widerstandsfähigen Karton vornehmen, um die zum Anreißen der Brettchen erforderlichen Schablonen zu erhalten.

Es versteht sich, daß vorher die Wasserlinie, längs der man das Innenprofil konstruiert, vom Wasserlinienriß auf den Karton gepaust wird (Abb. *193*). Nunmehr wird man die Holzbrettchen (Zirbelkiefer) zurichten, in einer Dicke gleich der Entfernung zwischen je zwei Wasserlinien und Abmessungen, die jede Querschnittsfläche aufnehmen können. Die Dicke der Brettchen beträgt in diesem Fall für Rümpfe bis zu 1,50 m Länge 1,5–2 cm, für Rümpfe von mehr als 1,50 m bis zu 2 m Länge 2–2,5 cm.

Auf jedem Brettchen muß man die Symmetrieachse und die Schnittlinien der Spanten anreißen. Mit Hilfe der Schablone zeichnet man das Innen- und Außenprofil zuerst auf einer, dann auf der anderen Seite der Symmetrieachse in Längsrichtung

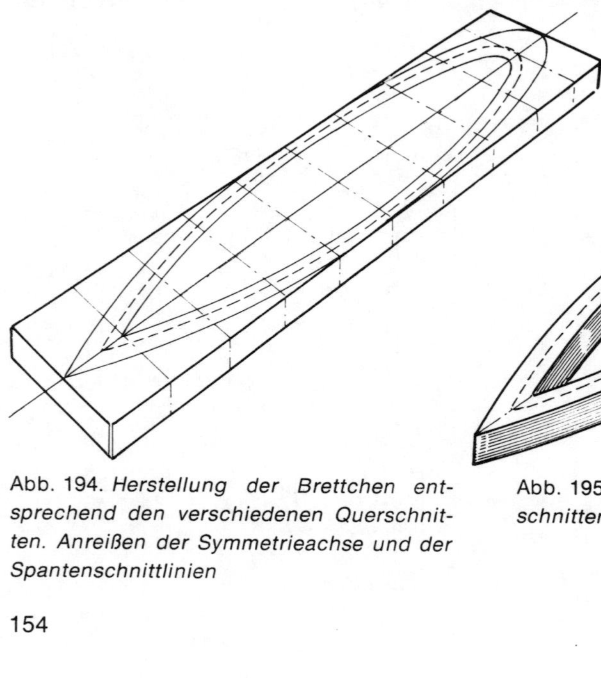

Abb. 194. *Herstellung der Brettchen entsprechend den verschiedenen Querschnitten. Anreißen der Symmetrieachse und der Spantenschnittlinien*

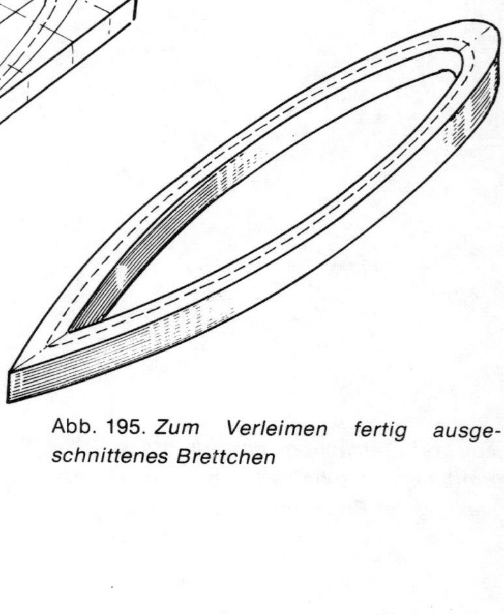

Abb. 195. *Zum Verleimen fertig ausgeschnittenes Brettchen*

auf. Wir erinnern daran, daß es genügt, eine halbe Schablone herzustellen, da der Rumpf symmetrisch ist (Abb. *194*).

Die Herstellung der Kielflosse erfolgt notwendigerweise in übereinandergelegten, vollen Schichten, sie wird für sich gebaut.

Hat man auf diese Weise jedes Brettchen hergestellt, erfolgt das Entfernen des Innenteils, indem man überstehende Kanten mit Hilfe einer kleinen Bügelsäge, von Hand oder mit Motor, wegschneidet, wobei man dem Umriß sehr aufmerksam folgt (Abb. *195*).

Man kommt dann zum Ausschneiden des Außenprofils. Vor dem Verleimen muß man die Oberflächen sorgfältig mit dem Zahnhobel oder der Raspel bearbeiten.

Das Verleimen könnte vor allem in bezug auf das genaue Übereinanderbringen der einzelnen Abschnitte Schwierigkeiten bereiten. Deshalb empfiehlt es sich, es in zwei Phasen auszuführen. Die erste Phase besteht im Verleimen des gesamten Rumpfes, wozu bei Segelregattamodellen das Befestigen der Flosse gehört (Abb. *196*). Die zweite Phase besteht im Aufleimen des Rumpfoberteils. Es ist der Abschnitt, zu dem die Einsattelungslinie gehört (Abb. *196*).

Dieses Verfahren gestattet, beim Verleimen und Einspannen eine zur Auflagefläche parallele Ebene auszunutzen (Abb. *181*).

Zum Leimen nimmt man Vinylleime. Man muß dem Verleimen und dem anschließenden Zusammenpressen größte Beachtung schenken, da hiervon das Gelingen des Rumpfes abhängt. Ist die zum Trocknen erforderliche Zeit vorüber, erfolgt das Glätten des Rumpfes (Abb. *197*).

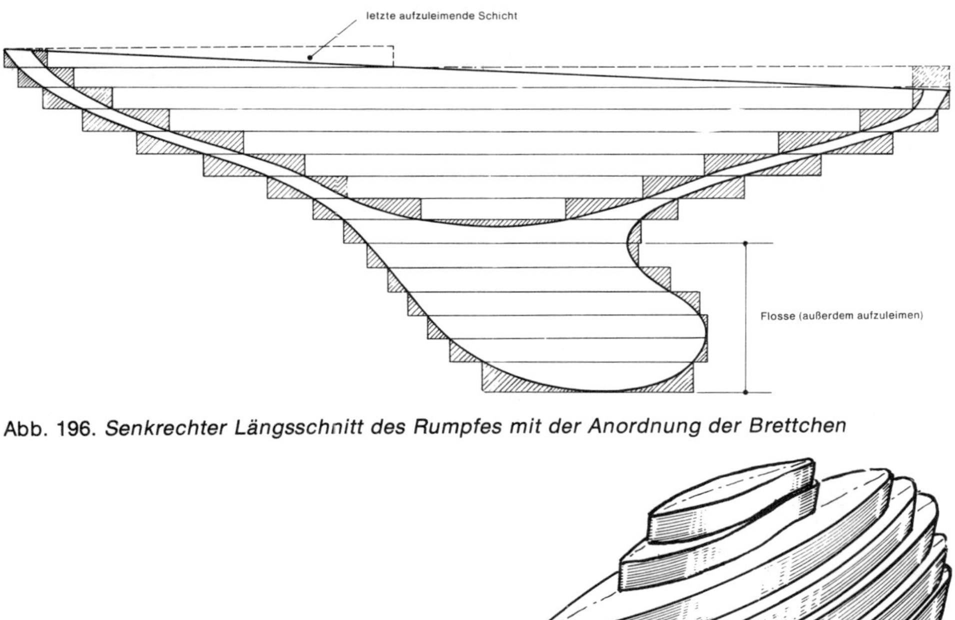


Abb. 196. *Senkrechter Längsschnitt des Rumpfes mit der Anordnung der Brettchen*

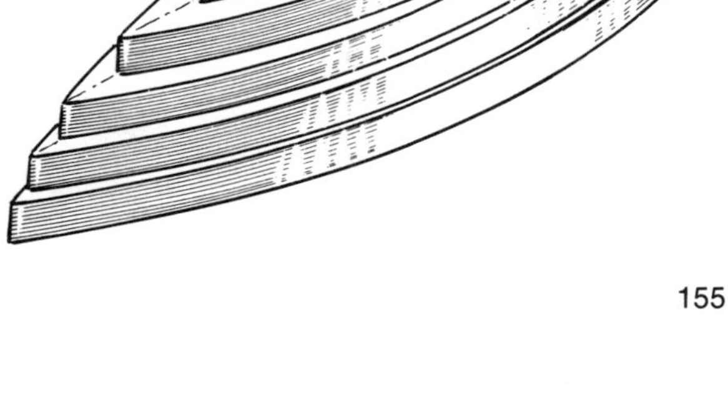

Abb. 197. *Rumpf, aus übereinandergelegten, ausgeschnittenen Querschichten bestehend, fertig zum Entgraten*

Die Breite der Rümpfe von etwa 2 m Länge gestattet meistens nicht, die waagerechten Schichten aus einem ganzen Brett herzustellen. Es ist tatsächlich schwer, Zirbelkiefernbretter mit ausreichender Breite (25 bis 30 cm) zu finden. Man hilft sich dann, indem man die beiden Längshälften des Rumpfes getrennt herstellt, sie dann verbindet und miteinander verleimt und anschließend wie oben beschrieben verfährt.
Das Glätten wird mit Hilfe von Stemmeisen und Hohlmeißel ausgeführt; man beginnt die Arbeit an der Außenfläche des Rumpfes und fährt mit der Innenfläche fort.
Wenn das Zeichnen der Umrisse und das Verleimen sehr sorgfältig ausgeführt worden sind, muß das Entfernen des überstehenden Holzes, das heißt der kleinen Stufen, eine gleichmäßige Dicke ergeben (Abb. *198*). Die Dicke des Rumpfes wird mit dem Dickentaster genau überwacht (Abb. *199*).
Der obere Rand hat eine etwas größere Dicke, so daß eine Verdickung entsteht, in die die Deckbalken eingefügt werden können *(falscher Balkweger)* (Abb. *188* und *191*).
Das Schlichten der mit den üblichen Schablonen kontrollierten Oberflächen kann gegebenenfalls Fehler oder Versehen ausgleichen, bei Rümpfen mit größeren Abmessungen (ab einem Meter) kann man hierzu Schlichthobel verwenden. Größte Aufmerksamkeit ist der Außenfläche zu widmen, aber auch die Innenfläche darf – besonders bei Regattamodellen, bei denen gleichmäßige Dicken notwendig sind –, will man eine genaue Gewichtsverteilung ermöglichen, nicht vernachlässigt werden.
Der zuletzt auszuführende Arbeitsgang ist das Einschneiden des oberen Randes, das der Einsattelung entsprechen muß und mit dem Schlichthobel oder der Raspel ausgeführt werden kann. Hat man so den Rumpf erhalten, kommt man zum Aufbringen der Decks. Zuvor muß man die Innenflächen nach den verschiedenen Modellarten entsprechenden Verfahren behandeln, wie wir sie im Abschnitt über die Fertigstellung beschreiben werden.

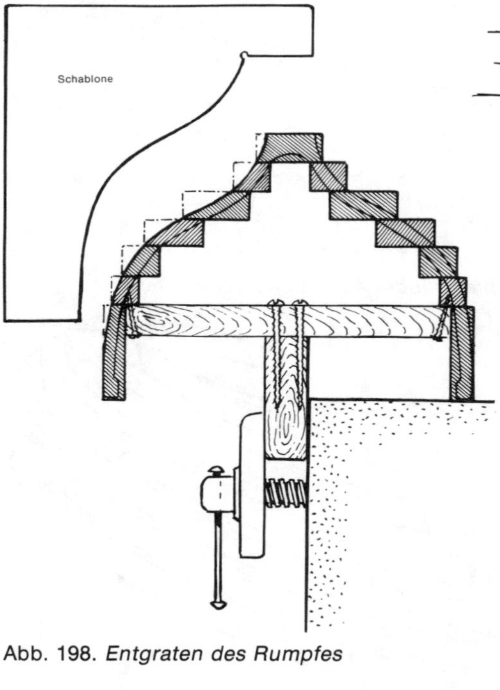


Abb. 198. *Entgraten des Rumpfes*

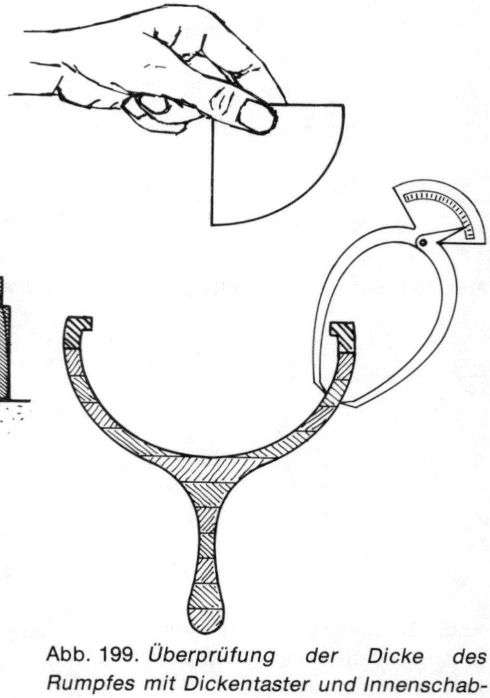

Abb. 199. *Überprüfung der Dicke des Rumpfes mit Dickentaster und Innenschablone*

Bei Rümpfen von Regattamodellen muß man außer dem Schlichten der Innenfläche die Bohrungen anbringen, durch die die Stifte zum Halten der Kielflosse gehen, die Bohrung, durch die die Ruderachse geht, und unter Umständen im Innern befestigte Bauteile.
Bei Rümpfen von Fahrmodellen muß man die entsprechenden Arbeitsgänge ausführen: Bohrungen für die Schraubenwellen, Anbringen der Stützen des Motors, der Steuereinrichtungen, der Funkempfänger usw., wie das ihnen gewidmete Kapitel zeigen wird.
In bezug auf das Anbringen der Decks teilen wir im folgenden mit, wie dies im allgemeinen bei Segelregattamodellen erfolgt und wie es sich auch auf andere Fahrmodelltypen übertragen läßt. Zuerst muß man die *Deckbalken* herstellen, indem man sie aus Holzbrettchen (möglichst Hartholz von 1 cm Dicke) ausschneidet. Das Profil der Bucht und die Abmessungen entnimmt man wie üblich dem Bauplan. Am Ende jedes Deckbalkens wird gewöhnlich ein Absatz zum Einfügen in den *falschen Balkweger* angebracht, den man vorher entsprechend eingeschnitten hat (Abb. *200*). In der Mitte jedes Deckbalkens bringt man einen weiteren rechteckigen Einschnitt zum Einfügen des Längsbalkens an; dieser wird aus einer rechteckigen Leiste von 2 × 1 cm hergestellt (Abb. *201*).
Man muß die *Luke* oder den *Schacht*, eine gewöhnlich rechteckige Öffnung, durch die man in den Innenraum des Rumpfes gelangt, den beiden mittleren Deckbalken entsprechend bauen. Hat man die Deckbalken und den Längsbalken hergestellt, beginnt man mit deren Befestigung: zuerst befestigt man die Deckbalken, dann die beiden halben Längsbalken (es sind in Wirklichkeit zwei Längsbalken, die an der Schachtöffnung aufhören). Hat man die Deckbalken am Rumpf eingesetzt, werden die halben Längsbalken aufgeleimt, die an Bug und Heck in vorher angebrachte Einschnitte eingefügt werden. Anschließend wird die Oberseite der Längsbalken mit Hobel und Raspel so geschlichtet, daß ihre Form sich der Bucht der Deckbalken anpaßt (Abb. *202*).

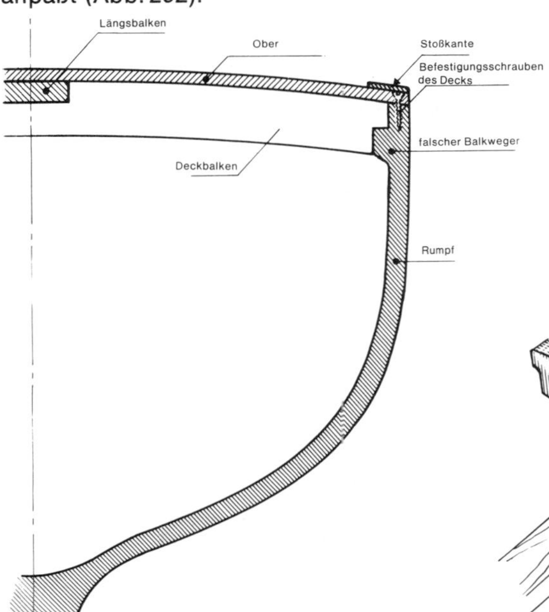


Abb. 200. *Hauptspantquerschnitt des Rumpfes eines fertiggestellten Regattamodells von 1 m Länge*

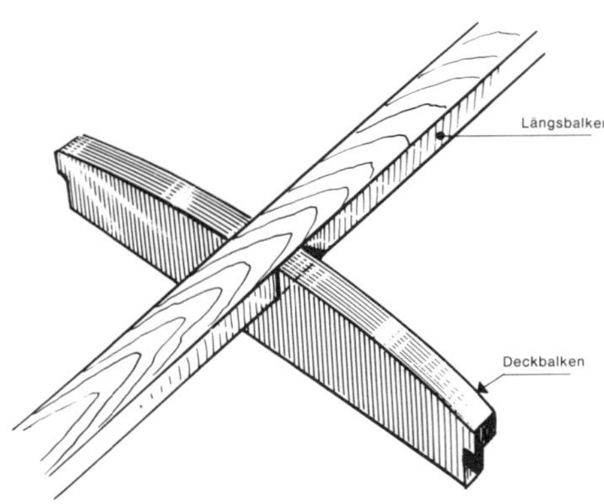


Abb. 201. *Deckbalken und Längsbalken des Regattamodells*

Man erhält auf diese Weise ein Gerippe, das das *Deck* aufnehmen kann.
Vor dem Auflegen des Decks ist es zweckmäßig, den Schacht fertigzustellen, der aus einem vierteiligen Rahmen besteht, in den der *Lukendeckel* wie der Deckel einer Schachtel eingesetzt wird (Abb. *202* und *203*).
Sowohl die Einfassungen wie der Deckel der Luke werden gewöhnlich aus Holzbrettchen mit einer Dicke von 4–5 mm hergestellt. Der Lukendeckel wird dann mit einem Sperrholzblatt von 1 mm Dicke bedeckt. Es wird die größte Genauigkeit beim Bau dieser Teile empfohlen, da in den Schacht kein Wasser eindringen darf.
Das Deck des Modells wird, insbesondere bei Segelregattamodellen, aus nur einem Stück Sperrholz von 2 mm bei Rümpfen bis 1,30 m und von 3–4 mm bei Rümpfen bis zu 2 m hergestellt. Es wird zu Birken- oder Buchensperrholz geraten. Die Regattamodelle sind, wie wir sehen werden, keine Nachbildungen richtiger Schiffe, ihr Bau ist deshalb Selbstzweck und hat beste Funktionstüchtigkeit zum Ziel. Es ist darum nicht notwendig, daß das Deck die charakteristische Anlage der Deckbeplankung wiedergibt; es genügt ein wenig Sperrholz, das dann mit normalem oder durchsichtigem Lack wasserdicht gemacht wird. Man kann das Sperrholz aber auch, je nach Wunsch des Konstrukteurs, mit Leisten aus Holz oder einem Kunststoff verkleiden. In diesem letzteren Fall ist ein Lackieren nicht erforderlich. Man kann das Sperrholz auch weglassen und ein Kunstharzblatt unmittelbar aufbringen.
Das Sperrholzbrett wird jedenfalls je nach dem Profil der Zeichnung reichlich, wenigstens 5 m größer, ausgeschnitten. Für den Lukenschacht entfernt man an der entsprechenden Stelle ein viereckiges Stück.

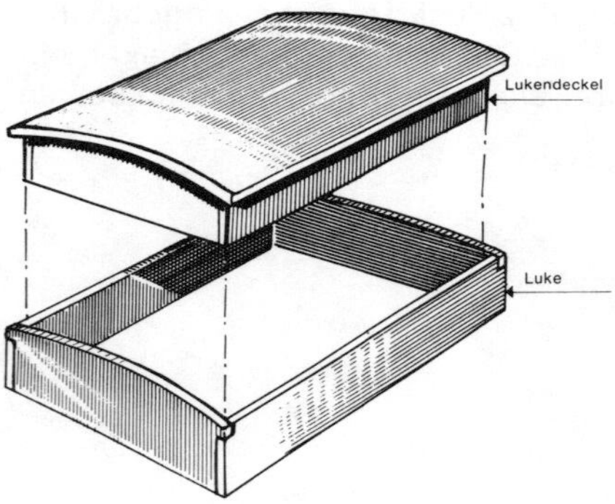


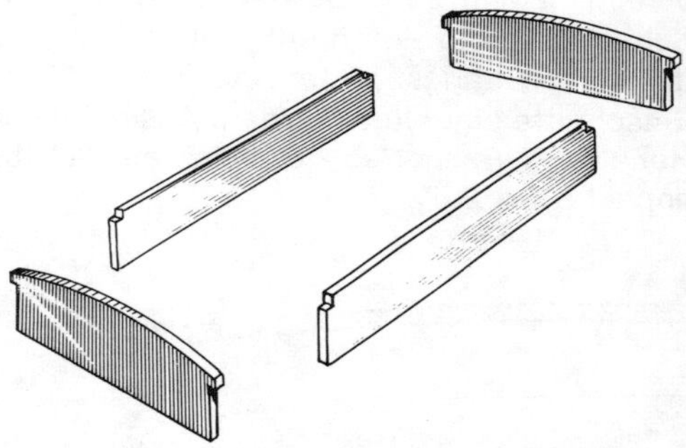

Abb. 203. *Einzelteile der Luke (Längs- und Seitenteile)*

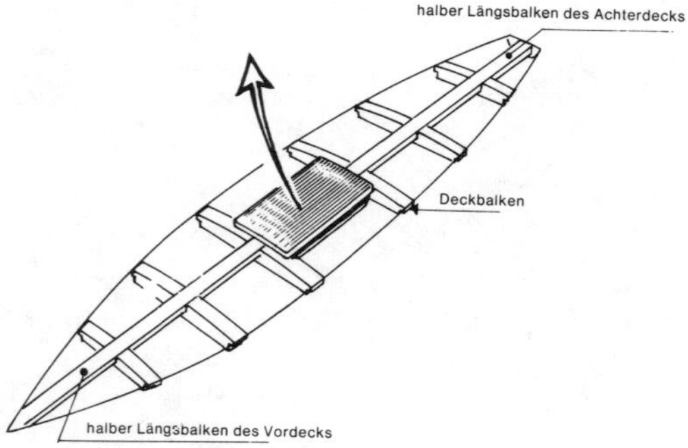


Abb. 202. *Deckbalken und Längsbalken der Lukenöffnung und des Lukendeckels eines Regattamodells*

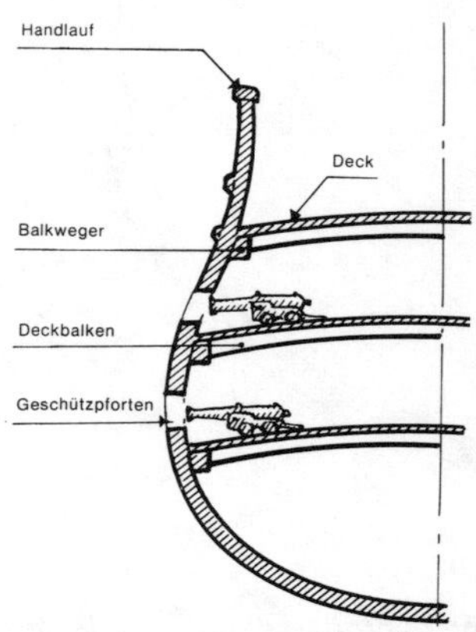


Abb. 204. *Einzelteile der Decks von Modellen alter Schiffe mit hohlen Querschnitten*

Das Deck wird mit Leim und kleinen Messingsenkkopfschrauben von 1,5 × 1 mm in Abständen von 2–3 cm befestigt. Dann entfernt man den überstehenden Teil mit dem Schlichthobel, um das Deck mit dem Rumpf vollständig bündig zu machen. Endlich wird längs der oberen Außenkante eine *Stoßkante* befestigt, die aus einer Leiste mit einer Dicke von 1–2 mm und 1 cm Breite zu dem Zweck hergestellt wird, die Schraubenköpfe zu bedecken. Ebenso geht man bei der Befestigung der Decks der fahrenden Modelle vor. Wenn letztere Nachbildungen wirklicher Schiffe sind, wird es notwendig sein, das Aufleimen der Streifen vorzunehmen, die das Oberdeck auf dem Sperrholz nachahmen, oder man bringt bei Modellen von ungefähr einem Meter Länge Leisten unmittelbar auf die Deckbalken.
Bei Modellen alter Schiffe erfolgt die Einrichtung der einzelnen Decks, wie in den vorangegangenen Abschnitten dargelegt. Es wird jedenfalls notwendig sein, die Deckbalken herzustellen, die durch Überblattung oder noch besser an einem vorher längs der Innenfläche des Rumpfes angebrachten Längsbalken befestigt werden (Abb. *204*).
Vor dem Befestigen der Decks empfiehlt es sich, die viereckigen Öffnungen der Geschützpforten anzubringen; schließlich befestigt man den Handlauf auf dem Schanzkleid und beginnt mit dem Auflegen der Beplankung.

## Rümpfe mit Spanten und Beplankung

Die Bauart mit Spanten und Beplankung gestattet natürlich die Herstellung jedes beliebigen Rumpftyps. Es gibt jedoch, je nach den Eigenschaften des Rumpfes und den Anforderungen an das Modell, verschiedene Verfahren, die besondere Konstruktionslösungen nötig machen.

## Eckige Rümpfe (volle Beplankung)

Diese Rümpfe sind durch einen *widerstandsfähigen Hauptspantquerschnitt mit Ecken* gekennzeichnet. Abb. *205* zeigt die bekanntesten Grundtypen. Die drei ersten *(a, b, c)* beziehen sich auf Querschnitte fahrender Modelle mit Segeln, die – außer daß sie Nachbildungen wirklicher Schiffe sind – in einigen Fällen auch als Segelregattamodelle verwendet werden. Der vierte Hauptspantquerschnitt *(d)* bezieht sich auf den allgemeinsten Schiffstyp mit Motor *(Barkasse).*
Die Herstellung dieser Rümpfe erweist sich wegen ihres Vieleckquerschnitts als einfach.
Wir beobachten nun im folgenden den Bau des Modells einer Bekassine, dessen Herstellungsphasen denen aller Rümpfe dieser Art gleichen.
Der zuerst auszuführende Arbeitsgang besteht im Bau der Spanten, die meistens aus Sperrholz mit einer Dicke von 4–5 mm gewonnen werden (Abb. *206*). Ihre Umrisse entnimmt man dem Spantenriß.
Im Innern werden die Spanten je nach den Anforderungen an das Modell und seinen Abmessungen ausgespart. Abb. *205* zeigt genau, wie beim Aussparen vorzugehen ist. Bei Rümpfen unter 50 cm Länge ist es nicht notwendig, Querstreben stehen zu lassen; bei Rümpfen über 50 cm und länger als 1 m sind solche Verstärkungen für die Widerstandsfähigkeit der Konstruktion jedoch wichtig.
Am Profil der Spanten werden entsprechend jeder Kante Einschnitte angebracht, die die dazugehörenden *Stringer* und die *Wassergänge* aufnehmen, deren Maße je nach den Abmessungen des Modells zwischen 4 × 4 mm und 6 × 6 mm schwanken.
Danach stellt man den Kiel her, den man aus einer Holzleiste nach der Zeichnung baut. Die Leiste wird entsprechend dem durch den Plan gegebenen Längsprofil

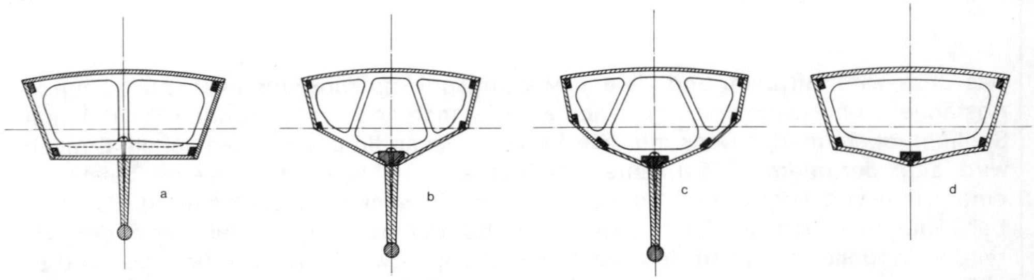


Abb. 205. *Hauptspantquerschnitt von Rümpfen mit Kante*
a) b) c) *Hauptspantquerschnitt von Segelbooten;* d) *Hauptspantquerschnitt eines Motorbootes*

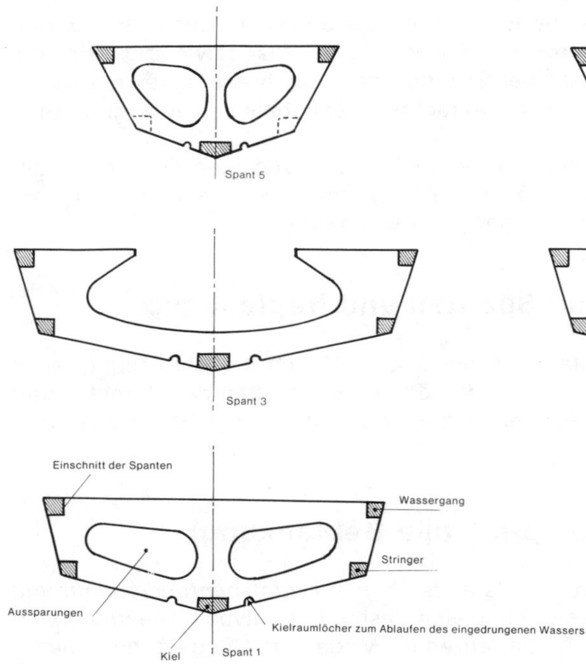


Abb. 206. *Bau der Spanten einer Bekassine*

gestaltet. Der Querschnitt kann zwei Grundformen haben: die erste *ohne Sponung,* die zweite mit *einfacher Sponung* (Abb. *207a, b*). Diese letzte Art, die einen wasserdichteren Rumpf gewährleistet, ist bei Segelregattamodellen nötig, bei denen man eine *Kielflosse* anbringen muß.
Bei Motorschiffsmodellen verwendet man den Kiel ohne Sponung.
Das am schwierigsten herzustellende Teil ist der *Vorsteven,* der Sponungen zum Anbringen der Beplankung (Abb. *208*) und zum Einfügen des Kiels haben muß. Dieses Teil, das Geduld und Geschicklichkeit bei der Handhabung des Stemmeisens erfordert, wird zweckmäßigerweise aus einem Stück (Zirbelkiefer) hergestellt.
Hat man die Teile des Gerippes auf diese Weise hergestellt, beginnt man mit dem Zusammenbau.
Man zeichnet die Schnittlinien der Spanten und den Umriß im Grundriß des Modells auf die Helling (Abb. *209*). Entsprechend jeder Schnittlinie nimmt man eine Holzleiste als Unterlage, deren Höhe oder Dicke dem Abstand zwischen der durch die Endpunkte von Bug und Heck gehenden Parallelen zur Konstruktionswasserlinie und der Einsattelungslinie entspricht. Mit anderen Worten, es versteht sich, daß es

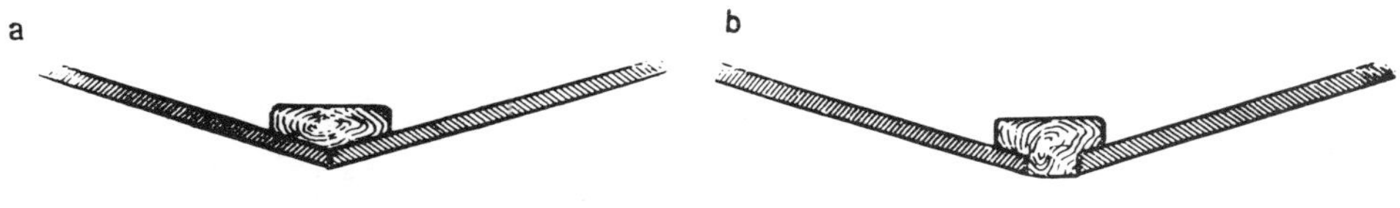


Abb. 207. *Kiel für Modelle mit eckigem Rumpf*
a) *Kiel ohne Sponung;* b) *Kiel mit einfacher Sponung*

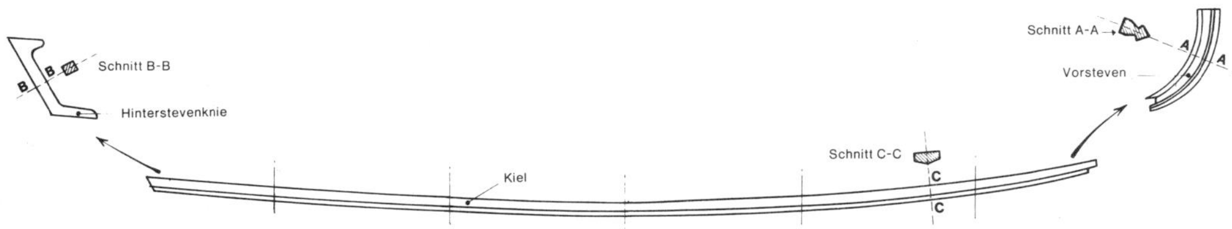


Abb. 208. *Kiel, Vorsteven und Hinterstevenknie der Bekassine*

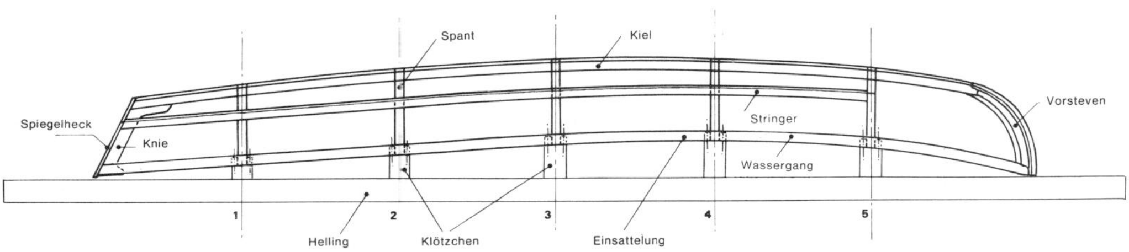


Abb. 209. *Aufbau des Gerippes der Bekassine auf der Helling*

bei Anwendung des Bauverfahrens mit umgekehrtem Rumpf, das sich sicher ausgezeichnet für diese Modelltypen eignet, nicht möglich ist, die Spanten in einer waagerechten Ebene aufzustellen; man muß deshalb Beilagen unterlegen, die der Wölbung der Einsattelungslinie entsprechen.
Auf jede Leiste stellt man das entsprechende Spant, das mit Hilfe von fest angeschraubten seitlichen Klötzchen in seiner Lage gehalten wird (Abb. *210*).
Mit Hilfe des Stemmeisens entfernt man einen Teil der Seitenkante jedes Spants. Denn diese muß tatsächlich einen bestimmten Winkel *(Schmiegewinkel)* haben, der dem kurvenförmigen Verlauf des Rumpfes entspricht, damit die Beplankung vollständig aufliegen kann.
Sind alle Spanten einschließlich des *Spiegelhecks* (Abb. *211*) befestigt und sorgfältig ausgerichtet, kommt man zum Auflegen des *Kiels,* der *Stringer* und der *Wassergänge.* Diese Wassergänge werden, will man ein festes Gefüge erhalten, mit kleinen Messingschrauben am Vorsteven befestigt (Abb. *212*).
Die Stringer fertigt man aus Leisten mit viereckigem Querschnitt, sie werden, wenn sie befestigt worden sind, mit dem Schlichthobel, dem Profil der Spanten entsprechend, geglättet.
Ist das Schiffsgerippe fertiggestellt (Abb. *213*), löst man den Rumpf von der Helling und beginnt mit dem Bau und der Anbringung des Lukensülls (Abb. *214*).
Zu diesem Zeitpunkt ist der Rumpf so weit fertig, daß er die Beplankung aufnehmen kann. Man gewinnt sie für den Sonderfall der Rümpfe mit Kante aus ganzen Sperrholzplatten, deren Stücke die von den einzelnen Kanten begrenzten Oberflächen bedecken. Die Abwicklung dieser Oberflächen in einer Ebene, der man den Umriß jedes Sperrholzstücks entnehmen kann, erhält man grafisch aus dem Bauplan des Modells. Man kann diese Arbeit jedoch vermeiden, indem man die Maße mit Hilfe eines Blattes Zeichenkarton unmittelbar dem Gerippe entnimmt.

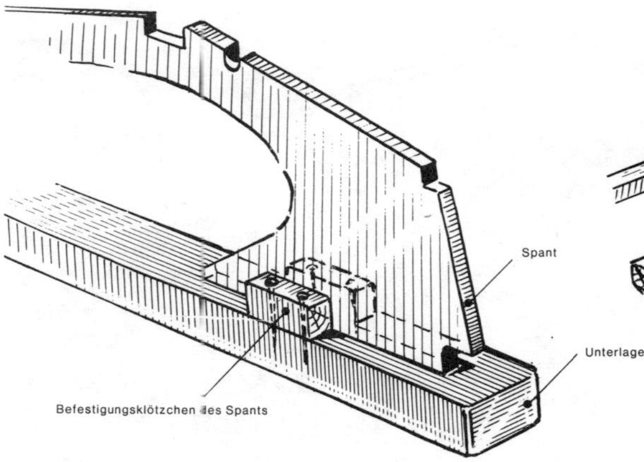


Abb. 210. *Darstellung des Anbringens der beigelegten Klötzchen und des Aufleimens des Kiels*

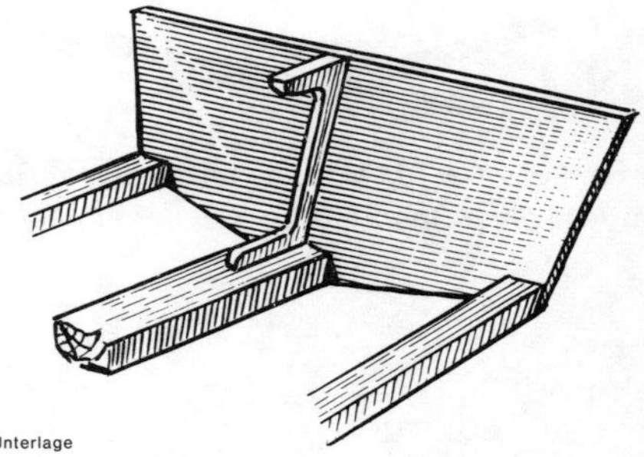

Abb. 211. *Befestigen des Spiegels*

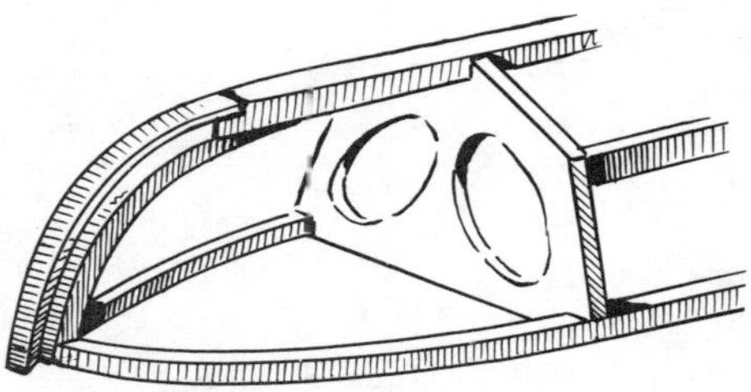

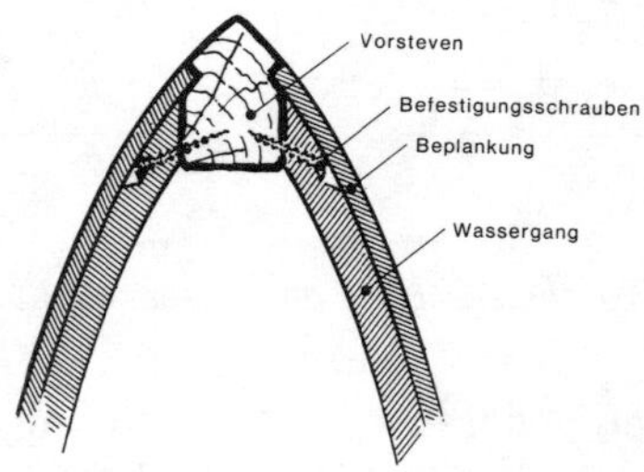


Abb. 212. *Befestigen der Wassergänge am Vorsteven*

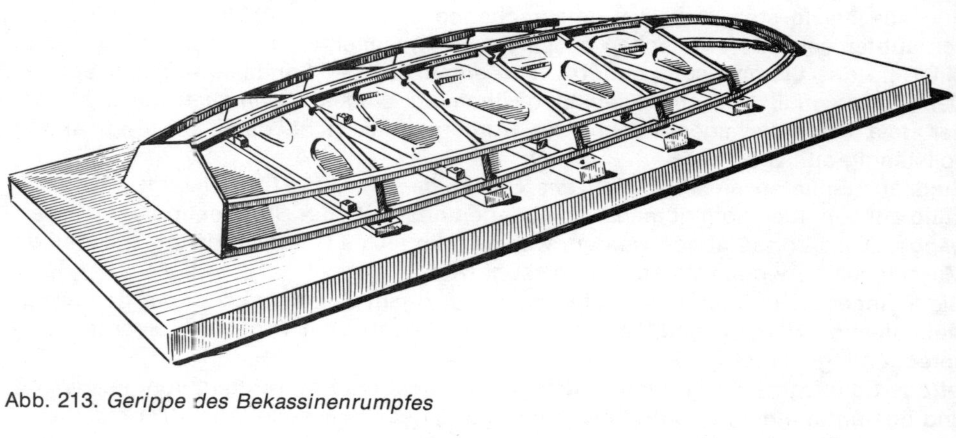

Abb. 213. *Gerippe des Bekassinenrumpfes*

Hierbei muß man die Sperrholzdicke berücksichtigen, um ein richtiges Aufliegen der Teile zu ermöglichen (Abb. *215*).
Man kann auf diese Weise eine Schablone erhalten, die verwendet wird, um die Sperrholzplatten, das heißt die Beplankung, auszuschneiden (Abb. *216*).
Man verwendet am besten vielschichtiges Avio-Sperrholz mit einer Dicke, die je nach den Abmessungen des Modells zwischen 1 mm und 2 mm schwankt.

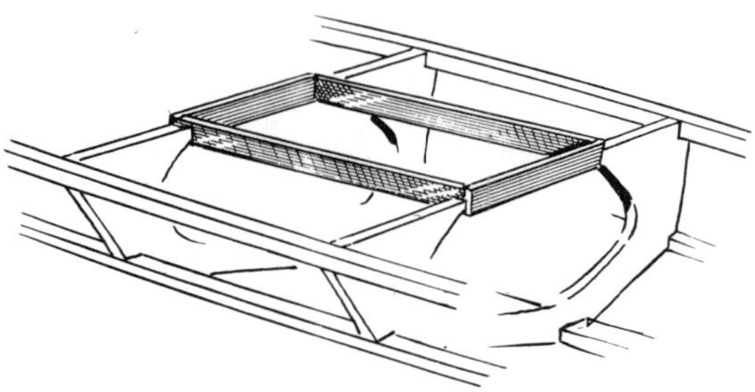

Abb. 214. *Bau des Lukensülls*

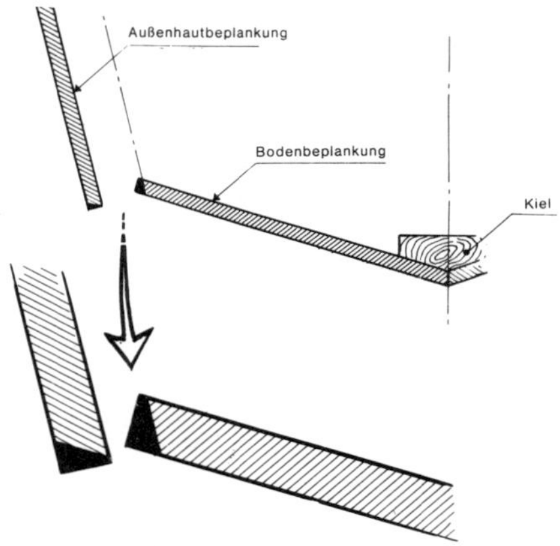


Abb. 215. *Aufbringen der Beplankung*

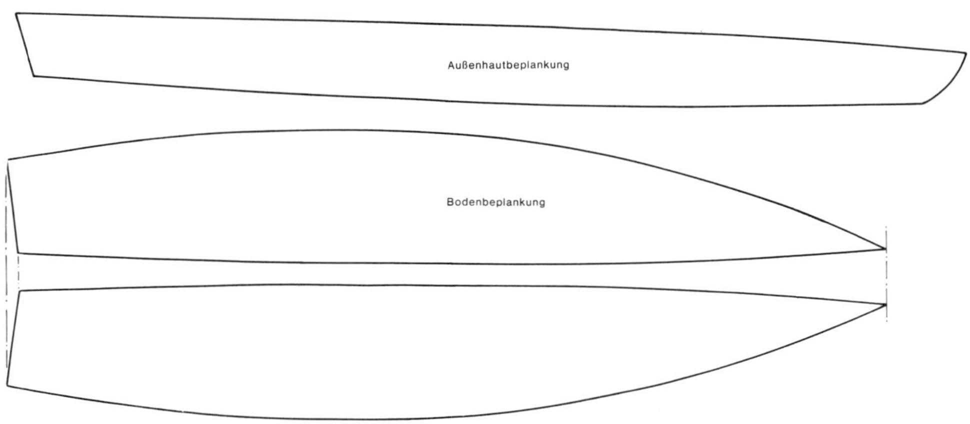


Abb. 216. *Herstellung der Schablonen für die Beplankung eines eckigen Rumpfes*

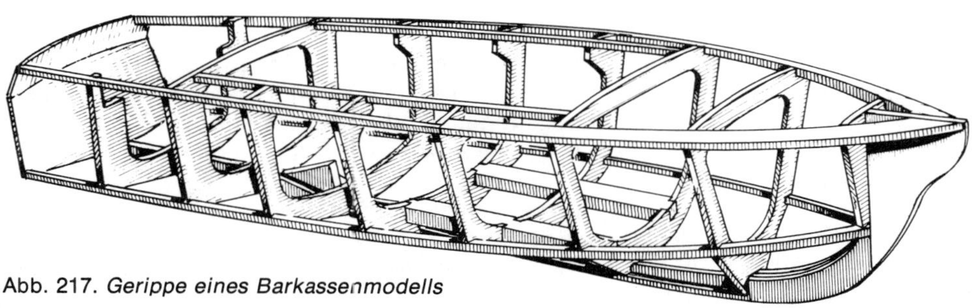

Abb. 217. *Gerippe eines Barkassenmodells*

Das Anbringen der Beplankungsseiten erfolgt mit Hilfe kleiner Nägel, die an den höchsten Punkten der Wölbung und insbesondere in Höhe der Bugspanten, die die kritischen Stellen darstellen, eingeschlagen werden. Bevor man an das Verleimen geht, werden die einzelnen Elemente anprobiert, kontrolliert und entlang der Berührungslinie (das heißt längs der Nähte) besonders sorgfältig beschnitten, damit sie aufs beste zusammenpassen. Man kann die Teile paarweise aufleimen: zuerst

die beiden untersten, dann die folgenden. Zwischen dem Aufleimen je eines Paars der Bauteile entfernt man den überstehenden Teil des Profils mit dem Schlichthobel, der Raspel oder der Feile, so daß sich eine einwandfreie Berührung ergibt. Die beiden ersten, untersten Elemente werden jedoch beschnitten, ehe man sie längs des Kiels mit oder ohne Sponung anbringt.
Wenn man das Verleimen gut ausführt, wird es nicht notwendig sein, die kleinen Nägel darin zu lassen; sie können, außer einigen zur zusätzlichen Sicherung an den Punkten stärkster Krümmung verbleibenden, entfernt werden.
Die Herstellung eckiger Rümpfe von Barkassen folgt dem oben beschriebenen Schema (Abb. *217*). Man muß jedoch einige besondere Erfordernisse berücksichtigen. Dazu gehört vor allem das Anbringen der verschiedenen Inneneinrichtungen: Halterungen der Motoren, die Steuereinrichtungen, die Funkgeräte usw. und die Durchgangslöcher für die Buchsen der Schraubenwellen, die vor dem Anbringen der Beplankung anzureißen und zu bohren sind. Darüber hinaus ist man durch die Notwendigkeit, die verschiedenen Geräte im Innern häufig nachzusehen, dazu gezwungen, weite Öffnungen vorzusehen, die Wartungs- und Kontrollarbeiten ermöglichen.
Deshalb verfährt man im allgemeinen so, daß man das ganze Teil einschließlich der Deckaufbauten, insbesondere die *Kappe,* abnehmbar einbaut.
Diese wird wie der Deckel einer Schachtel aus einem Stück hergestellt, das man der Decksfläche vollkommen anpaßt. In einigen Fällen fertigt man das ganze Deck einschließlich aller Aufbauten abnehmbar. Natürlich muß dieses durch eine gute Befestigung, die trotzdem das Aufsetzen und Abnehmen ermöglicht, gewährleistet werden (Abb. *218*).

## Rümpfe mit scharfem Hauptspantquerschnitt (Beplankung aus kleinen Leisten)

Die Bauweise mit Spanten und Beplankung ist bei Rümpfen mit scharfem Hauptspantquerschnitt die verbreitetste.
Dieses Verfahren wird auch bei Regattamodellen, vor allem mit Segeln, angewandt und hat den Vorzug, daß man wesentlich leichtere Rümpfe als mit ausgeschnittenen Querschnitten herstellen kann.

**Bau von Regatta- und allgemeinen Fahrmodellen mit Segeln.** Zur Herstellung dieser Bautypen gibt es verschiedene Verfahren, die wir im folgenden beschreiben. Wir beginnen mit dem Bau eines Segelregattamodellrumpfes mit Spanten und Beplankung und nehmen als Beispiel dasselbe Modell, das wir beim Bau mit übereinandergelegten, ausgeschnittenen Schichten beschrieben haben.
Wie gewöhnlich besteht der erste Arbeitsgang im Fertigen der Spanten, die dem Bauplan entnommen werden. Sie werden aus 5 mm dickem Sperrholz ausgeschnitten, wobei man darauf achte, daß die Raumstütze, wie auf Abb. *219* angegeben, in der Fläche stehen bleibt. Entsprechend der Lukengröße muß man eine Öffnung berücksichtigen. Von dem Spant oder den entsprechenden Spanten muß man dabei den Deckbalkenstreifen auf einer Strecke gleich der Breite des Lukenschachtes von der Breitseite des Spants entfernen (Abb. *220*).
Außerdem fertigt man den Kiel mit der entsprechenden Sponung.
Der Kiel wird aus ineinandergefügten Teilen gebaut: ein Mittelteil gleich der Länge der Kielflosse und zwei weitere Teile, eines für den Bug und eines für das Heck (Abb. *220*). Am Ende des Heckteils wird der Spiegel befestigt, über den man die Beplankung legt. Es ist notwendig, die Dicke der Beplankung zu berücksichtigen: deshalb muß das Spiegelheck einen kleineren Umriß haben. Hat man auf diese Weise

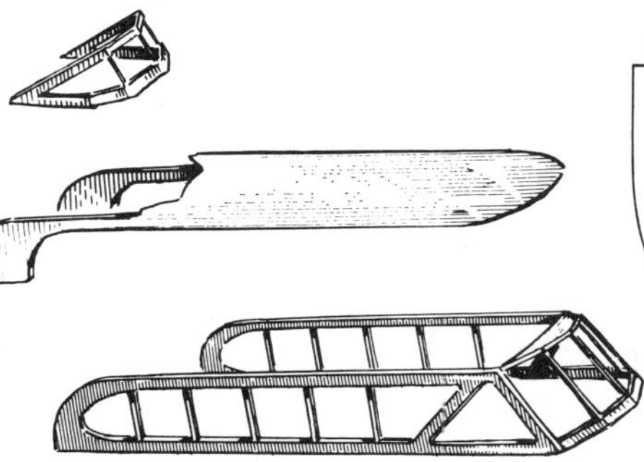

Abb. 218. *Entfernbare zweiteilige Kappe der Barkasse von Abb. 231*

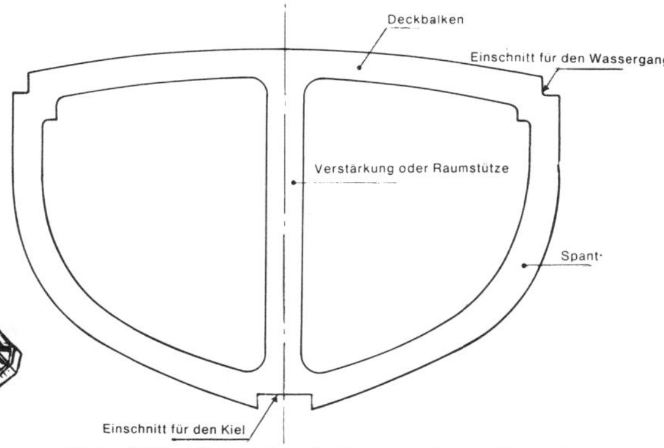


Abb. 219. *Einzeldarstellung der Spanten eines Segelregattamodells mit scharfem Querschnitt*

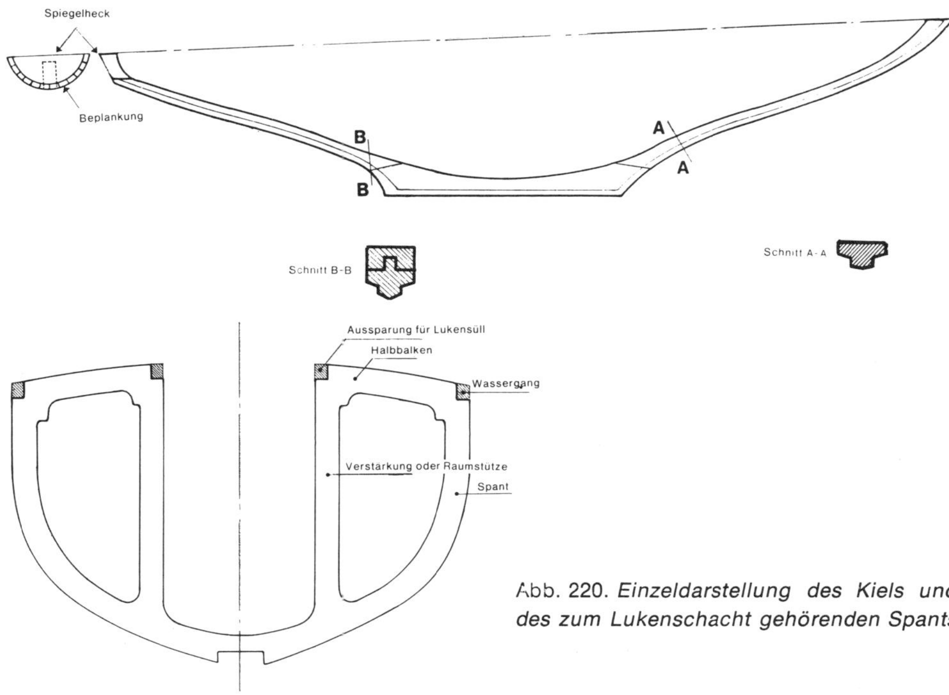


Abb. 220. *Einzeldarstellung des Kiels und des zum Lukenschacht gehörenden Spants*

alle Bauteile (Spanten und Kiel) genau hergestellt, kommt man zum Zusammenstellen des Gerippes.
Diese Arbeit erläutern wir im folgenden an einem Beispiel mit geradem Rumpf (Kiel nach unten).
Man beginnt mit dem Herstellen eines Brettchens, das ebenso dick ist wie der Kiel. Auf dieses Brettchen zeichnet man das Längsprofil des Rumpfes und die Schnittlinien der Spanten oder besser die Mittellinie der Spanten und numeriert sie entsprechend.
Hat man das Brettchen entlang dem Umriß des Längsschnitts ausgeschnitten, verwendet man das übriggebliebene Teil als Helling, die auf einem weiteren Brettchen senkrecht befestigt wird (Abb. *221*). Auf dem Innenprofil der Helling befestigt man den Kiel mit kleinen Schrauben.

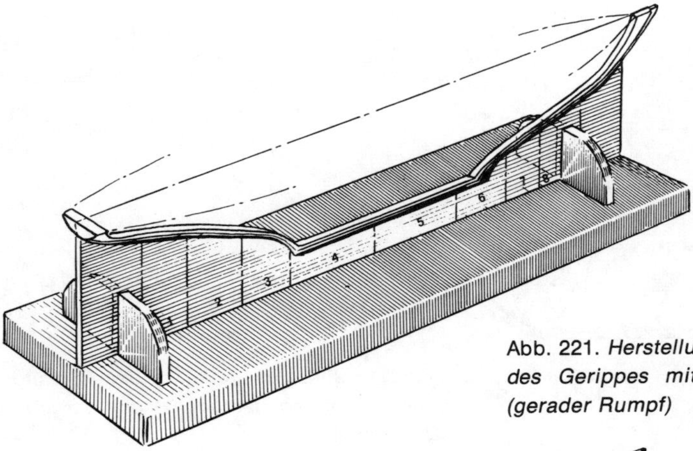


Abb. 221. *Herstellung der Helling zum Bau des Gerippes mit dem Kiel nach unten (gerader Rumpf)*

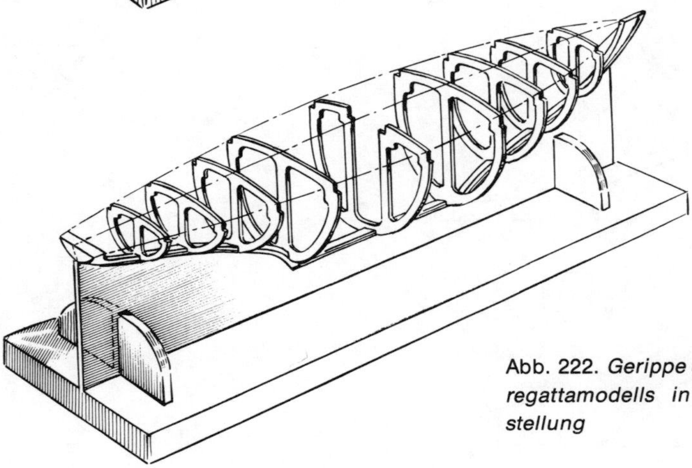

Abb. 222. *Gerippe des Rumpfes eines Segelregattamodells in der Phase der Fertigstellung*

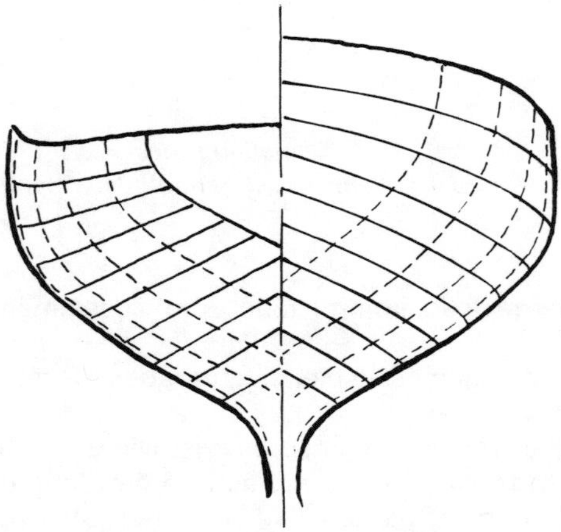

Abb. 223. *Ansicht und Unterteilung des Profils der Spanten in gleiche Teile für die Herstellung der Beplankungsleisten*

Danach kommt man zum Aufbau der Spanten; ehe man sie endgültig befestigt, werden sie entlang ihres Außenprofils geglättet. Diese Arbeit erfolgt stufenweise, indem man die Spanten einsetzt und den Schmiegewinkel mit einer alle Spanten umspannenden Leiste kontrolliert, so daß man einen einwandfreien Verlauf erhält, der dem gewölbten Profil des Rumpfes entspricht (Abb. *222*).

Nunmehr kann man zur endgültigen Befestigung jedes Spants übergehen. Sie erfolgt mit Vinylleimen. Dabei achte man darauf, daß alle Spanten genau hintereinander und senkrecht zum Kiel stehen, was man mit Hilfe eines kleinen Lotes überprüft. Nach dem Montieren der Spanten geht man an das Aufleimen der Wassergänge und das Einrichten der Luke. Während das Gerippe trocknet, kann man die Vorbereitungsarbeiten für das anschließende Auflegen der Beplankung ausführen.

**Anbringen der Beplankung.** Anschließend veranschaulichen wir die zum Anbringen der Beplankung geeigneten Verfahren, die grundsätzlich für beliebige Modelltypen mit Spanten und Beplankung aus Leisten gültig sind.
Bei der Betrachtung irgendeines Bauplanes wird es deutlich, daß die Umrißlänge jedes Spants verschieden ist. Die größte Umrißlänge hat natürlich das Hauptspant, sie nimmt zum Bug und zum Heck hin nach und nach ab. Deshalb muß jede Beplankungsplatte oder -leiste nach dem Bug oder nach dem Heck zu schmaler werden. Bei kleinen Modellen wird dies empirisch ausgeführt, die Erfahrung ersetzt ein exakteres Arbeiten.
Aber bei Rümpfen mit bestimmten Abmessungen oder bei Rümpfen mit einem gewissen konstruktiven Zweck muß jede Leiste das notwendige Profil aufweisen. Auf ein Blatt Papier zeichnet man eine waagerechte Linie, die der Symmetrieachse des Modells in Längsrichtung entspricht. Auf dieser Linie werden so viele Senkrechte errichtet, wie Spanten vorhanden sind. Die Entfernung zwischen diesen Senkrechten wird dem Bauplan *(Wasserlinienriß)* entnommen, und jede Senkrechte wird wie die Spanten numeriert.
Dem Gerippe des Rumpfes entnimmt man das Profil jedes Spants – bei großen Rümpfen mittels eines Bandmaßes, bei kleinen Rümpfen mit Hilfe eines Fadens. Die Ablesung auf dem Bandmaß oder die Länge des Fadens in der betreffenden Ebene ergeben die Abwicklung des Umrisses jedes Spants.
Die zuerst vorzunehmende Messung erfolgt am Hauptspant, die Länge seines Umrisses wird auf der entsprechenden Linie der vorher fertiggestellten Zeichnung abgetragen.
Nun teilt man die Länge der Linie mit Hilfe eines Lineals mit Millimetereinteilung in gleiche Teile. Die so gewonnenen Abschnitte sind die Breiten der einzelnen Leisten im Hauptspantquerschnitt. Die Breite der Leisten ist bei Rümpfen allgemeiner Regattafahrmodelle oder moderner Standmodelle der Rumpflänge proportional. Ihre Breite beträgt bei Rümpfen von 1 m Länge 1 cm und bei Rümpfen bis zu 2 m Länge 1,5 cm. Bei Modellen alter Schiffe muß man den Maßstab beachten und sich vor Augen halten, daß die Beplankung im Hauptspantquerschnitt nicht breiter als 10 bis 25 cm ist. Bei Rümpfen bis 40 cm Länge beträgt die Breite der Leisten zum Beispiel 1 oder 2 mm, bei Rümpfen von 60 cm Länge 2 oder 3 mm, bei Rümpfen von 1 m Länge 4 oder 5 mm.
Man ermittelt dann die Länge der folgenden Spanten, die man in die Zeichnung überträgt. Jede Linie wird in ebenso viele gleichgroße Abschnitte geteilt wie der Hauptspantquerschnitt. Wenn zum Beispiel der Hauptspantquerschnitt in 20 Teile geteilt worden ist, werden auch die anderen Spanten in 20 Teile geteilt.
Zur Kontrolle der Arbeit beim Ermitteln und Aufzeichnen der Umrißlänge und vor allem, um einen sicheren Anhalt beim Auflegen der Beplankung zu haben, zeichnet man auf den Rand jedes Spants die Breite jeder Leiste.
Ein praktisches Verfahren zum Schneiden und zur Herstellung der Beplankungsleisten besteht im unmittelbaren Abnehmen des Maßes vom Gerippe.
Man teilt alle Spanten mit Hilfe des Zirkels unmittelbar in gleiche Teile, indem man die Zirkelöffnung entsprechend der maximalen Breite der aufzulegenden Leisten einstellt (Abb. *223*). Dann legt man einen Streifen Zeichenkarton auf den oberen Rand, heftet ihn mit einigen Nadeln an und ermittelt die Einsattelungslinie, indem

man die Schnittlinien der Spanten auf den Zeichenkarton selbst zeichnet. Man löst den Zeichenkarton und schneidet ihn längs der Einsattelungslinie ab. Mit dem Zirkel trägt man die Längen jedes Spantensegments ab und verbindet mit dem Bleistift alle erhaltenen Punkte. Man schneidet den Zeichenkarton längs dieser Linie aus und erhält das Profil der ersten Leiste, die dem Schergang entspricht, der in der Regel breitesten Außenhautplanke der Schiffe.
Ehe man die Leiste ausschneidet, ist es zweckmäßig, den Verlauf des ausgeschnittenen Zeichenkartonstreifens auf dem Gerippe zu überprüfen. Ebenso geht man bei der Ermittlung des ersten Beplankungsgangs vor, der in den Kiel eingefügt wird *(Kielgang)*, wenn der Rumpf mit umgekehrtem Gerippe (Kiel nach oben) gebaut wird. Für die anderen Beplankungsgänge wird der Zeichenkartonstreifen an die auf die Spanten gezeichneten Punkte gelegt, wobei man noch einmal wie oben beschrieben vorgeht. Man erhält auf diese Weise verschiedene Schablonen, die zum Profilieren jeder Leiste dienen. Endlich kann man das alles auch mit Hilfe eines Blattes Transparentpapier (Lichtpauspapier) so am Gerippe ermitteln, daß man unmittelbar das auf die Leisten zu pausende Profil erhält.
Bei Rümpfen von Regattamodellen oder allgemeinen Segelschiffahrmodellen kann man Leisten aus Linde, Ebenholz, Mahagoni, Zeder usw. von 2–3 mm Dicke verwenden. Jeder Leiste wird das der Zeichnung gemäße Profil mittels Schlichthobel und Feile oder Laubsäge gegeben. Es ist eine Arbeit, die viel Geduld und Aufmerksamkeit erfordert, wenn sie gut gelingen soll.
Die erste Leiste, die angebracht wird, muß die oberste *(Schergang)* sein, dann fährt man paarweise (Backbordseite und Steuerbordseite) von oben nach unten fort. Bei umgekehrtem Rumpf beginnt man mit dem Kielgang. Das Anbringen erfolgt mit Klebstoff oder Vinylleimen, jede Leiste wird dabei mit sehr dünnen, kleinen Nägeln oder Nadeln auf dem Spant festgehalten, die man nach dem Trocknen des Klebemittels wieder herauszieht. Bei Rümpfen, von denen man eine besondere Widerstandsfähigkeit fordert, werden die Nadeln oder kleinen Nägel durch Messing- oder Kupfernägelchen oder, wenn nötig, durch kleine Messingschräubchen ersetzt (Abb. *224 a, b, c, d*). Es ist zweckmäßig, das Verleimen auch längs der Berührungsfläche auszuführen, die sich aus dem Paaren der Leisten ergibt (Nähte).
Wenn die Rümpfe besonders völlig sind, ist es an den Punkten stärkster Krümmung in Längsrichtung und auf den Spanten selbst schwierig, die Beplankung vollständig anliegen zu lassen. In diesem Fall verabfolgt man den Leisten ein heißes Bad, um sie nachgiebiger und biegsamer zu machen.
Dieser Arbeitsgang wird ausgeführt, indem man die Leisten ganz in kochendes Wasser taucht. Da es schwer ist, geeignete Behälter zur Aufnahme der Leisten zu

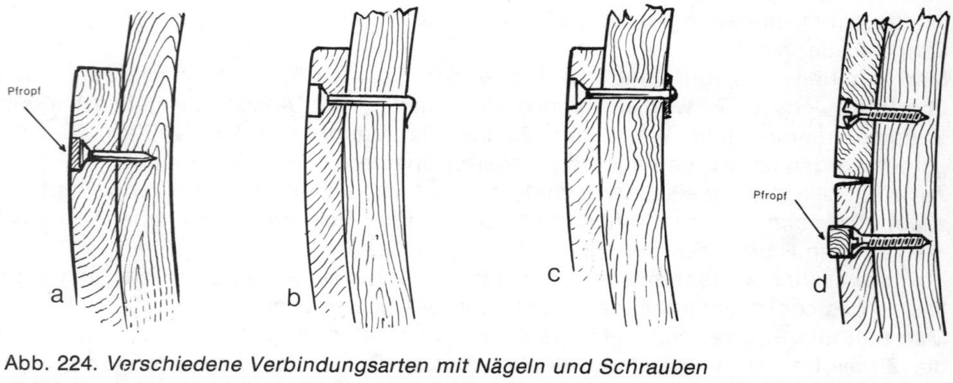


Abb. 224. *Verschiedene Verbindungsarten mit Nägeln und Schrauben*
a) *Nagel mit verlorener Spitze und Pfropf;* b) *umgeschlagener Nagel;* c) *Nagel mit angeschlagenem zweiten Kopf und Unterlegscheibe;* d) *Schrauben*

finden, verwendet man gewöhnlich ein Metallrohr entsprechender Länge, das an einem Ende mit einem Stöpsel fest verschlossen ist. Man füllt es dann zur Hälfte mit Wasser, hängt es mit Hilfe einer einfachen Haltevorrichtung leicht geneigt über die Flamme und legt die Leisten hinein.
In einigen Fällen wird es bei großen Modellen mit sehr völligem Querschnitt notwendig sein, die Innenseite der Leiste mit einer in Längsrichtung geführten Raspel oder Rundfeile zu straken. Man erhält dann ein gewölbtes Innenprofil, das auf dem Spant vollkommen aufliegt. Es versteht sich, daß diese Wölbung auf den Spanten ermittelt wird, die Leiste wird auf dem Gerippe anprobiert und kontrolliert. Die Wölbung wird immer nur in Übereinstimmung mit dem Spant ausgeführt. Wir wiederholen, daß diese Arbeit nur bei Beplankungsgängen einer bestimmten Länge und bei sehr völligen Rümpfen ausgeführt wird, da die Gefahr des Zerbrechens besteht.
Bei der Fertigung von Rümpfen für Regattamodelle oder allgemeine Fahrmodelle, bei denen man die Beplankung aus Edelhölzern (Nußbaum, Mahagoni usw.) fertigen will, die sichtbar bleiben sollen, muß man die Leisten zweifellos wie oben beschrieben anbringen. Dieses Holz ist wirklich hart und zäh und bedarf einer entsprechenden Behandlung.
Mit dem Anbringen der Leisten von oben nach unten muß man etwa in der Mitte der Rumpfhöhe aufhören, man muß die Arbeit dann in der Richtung von unten nach oben vornehmen, wobei man die Beplankungsgänge möglichst abwechselt. Es werden sich dann Leergänge ergeben, die zuletzt durch etwas verbreiterte Leisten vermieden werden, so daß man eine einwandfreie Verbindung und folglich einen wasserdichten Rumpf erhält.
Mit Hilfe eines Streifens aus Zeichenkarton ermittelt man die letzten Beplankungsgänge, die somit genau auf die Oberfläche passen. Nach der zum Trocknen notwendigen Zeit löst man den Rumpf von der Helling und beginnt mit dem Schlichten der Oberfläche, wobei man die im Rumpf gebliebenen kleinen Nägel abschneidet.
Die Oberfläche wird mit Schleifpapier bearbeitet. Wenn man noch Rauhigkeiten feststellt, kann man mit der gebotenen Vorsicht den Schlichthobel oder die Raspel verwenden.
Wie wir schon gesagt haben, kann man jetzt die Kupfer- oder Messingnägelchen sorgfältig längs der Spanten einschlagen. Dann wird man, nach Behandlung der Innenfläche, die verschiedenen Ausrüstungsarbeiten vornehmen: Anbringen der einzelnen Geräte im Innern, Befestigung der Halterungen usw., Aufbringen des Decks, Bau und Einbau des Lukensülls usw.
Bei Rümpfen allgemeiner Fahrmodelle oder moderner Modelle verfährt man auf die gleiche Weise.

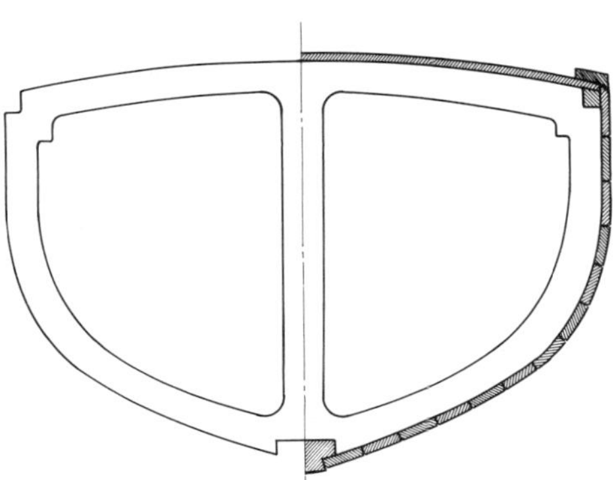

Abb. 225. *Hauptspantquerschnitt eines Segelregattamodellrumpfes mit Spanten und Beplankung*

**Bau von Modellen alter Schiffe mit Spanten und Beplankung.** Wir untersuchen nun ein weiteres Bauverfahren mit Spanten und Beplankung, das beim Bau von Modellen alter Schiffe ziemlich verbreitet ist. Der Rumpf ist der einer typischen Galeone. Als erste Arbeit schneidet man die Spanten aus Sperrholz, das bei Rümpfen von 50 bis 60 cm Länge nicht dünner als 5 mm und bei Rümpfen bis zu 1 m Länge 8–10 mm dick ist. Es ist ratsam, die Dicken möglichst groß zu nehmen, um breite Berührungsflächen für die Beplankung zu erhalten. Noch besser ist es, wenn man die Spanten aus gut getrockneten Hartholzbrettchen herstellt. Den Umriß jedes Spants, das, wie Abb. *226a, b* zeigt, voll sein kann, enthält die Deckbalkenlinie und das Oberteil der Spanten *(Geländerstützen),* an denen das Schanzkleid befestigt wird.

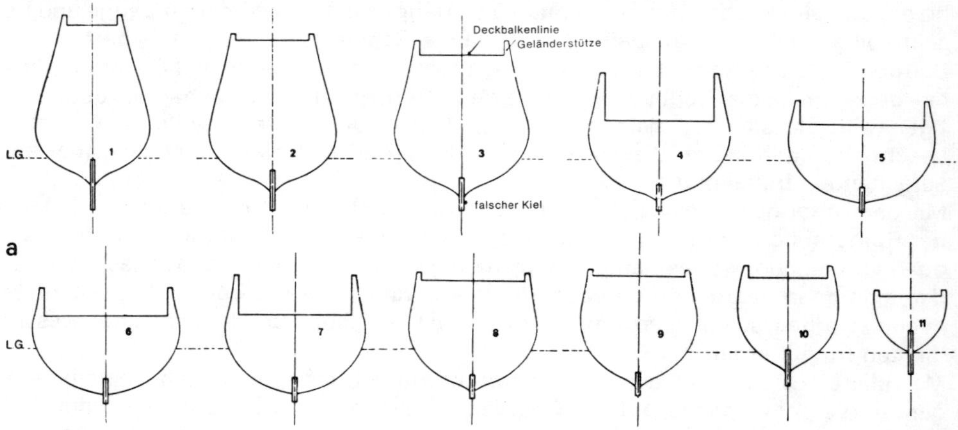


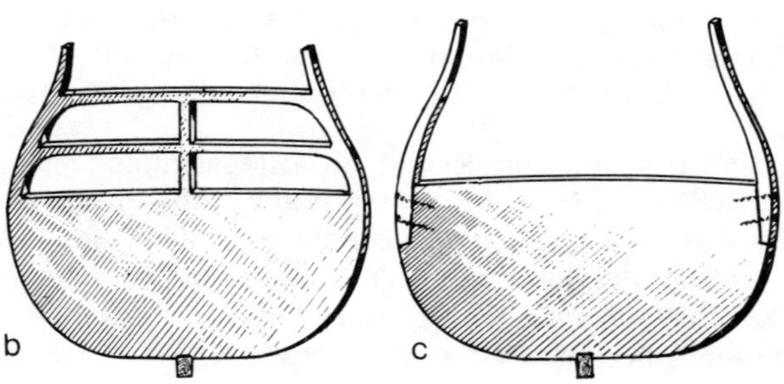


Abb. 226. *Querschnitte der Modelle alter Schiffe mit Spanten und Beplankung*
a) *Querschnitte des Modells eines alten Schiffes (Galeone) mit Spanten und Beplankung;* b) *Querschnitt des Modells eines alten Schiffes mit mehreren Decks mit Spanten und Beplankung;* c) *Querschnitt des Modells eines alten Schiffes gemischter Bauart*

Das Profil der Deckbalken muß entsprechend der Dicke des verwendeten Sperrholzes (abzüglich der Dicke der gegebenenfalls vorhandenen Leisten der Deckbeplankung) niedriger sein, wenn man die Oberdecks befestigt. Schließlich hat jedes Spant unten den Einschnitt zum Einfügen des Kiels. In diesem Fall ist es ein falscher Kiel, zu dem als ganzes auch ein falsches Kielschwein gehört (Abb. *227a*).
Eine weitere Art der Herstellung eines falschen Kiels besteht im Verlängern der Höhe des Kielschweins, so daß sein Umriß mit der Oberdeckslinie zusammenfällt. Die Decks ruhen dann auch auf der Oberseite des Kielschweins. In diesem Fall muß man im Kielschwein einige Einschnitte zum Einführen und Einsetzen der Spanten anbringen. Diese Bauweise macht das Modell gewiß widerstandsfähiger als die vorige, aber die Ausführung ist schwieriger, da die Einschnitte fachmännisch hergestellt werden müssen. Auch ein kleiner Fehler kann zur Verschiebung der Spanten führen, wodurch sie nicht mehr in einer Reihe stehen (Abb. *227b*). Aus dem Bauplan entnimmt man die Dicke des Kiels und aus der Zeichnung des Längsschnitts in senkrechter Richtung sein Profil. Wie Abb. *227* zeigt, wird der Kiel aus

einem gut getrockneten Hartholzbrettchen ausgeschnitten, seine Höhe hängt von der Lage der Spanten ab, er ist deshalb ziemlich hoch.
Die Herstellung des Kiels richtet sich nach dem Typ des Modells, sein Profil enthält den Achter- und den Vorsteven einschließlich Rammsporn. Abb. *227* veranschaulicht jedoch die beste Lösung, die auch für Modelle anderer Art geeignet ist. Wenn man will, kann man den Rammsporn, den Vor- und den Achtersteven für sich bauen und sie getrennt anbringen, wenn die Beplankung erfolgt ist, wobei man den falschen Kiel natürlich nicht herausragen läßt.
Nun kommt man zum Aufbau des Gerippes. Man setzt die Spanten mit Hilfe kleiner seitlicher Einsatzstücke ein (Abb. *228*). Bevor man sie einleimt, muß man das Straken zur Herstellung des *Schmiegewinkels* vornehmen (Abb. *229*). Mit Hilfe einer behelfsmäßig längs der Spanten aufgelegten und befestigten Leiste zeichnet man mit dem Bleistift den Winkel des mittels eines geschliffenen Stemmeisens oder einer Raspel zu entfernenden Teiles an. Es ist ratsam, die Arbeit dadurch zu überwachen, daß man die Spanten mehrmals einsetzt und ihre Richtung mit Hilfe der Leiste vergleicht (Abb. *230*). Bei genügend großen Rümpfen kann der Schmiegewinkel mit der Stellschmiege angerissen werden, wobei man den Winkel der Zeichnung entnimmt.
Man kommt dann zum Aufleimen der Spanten auf den Kiel. Um das Anbringen der Beplankung am Bug zu erleichtern, ist es zweckmäßig, einige Beilagen aus Holz *(Füllstücke des Galions),* wie auf Abb. *231* angegeben, zu befestigen. Das Formen der Füllstücke kann in zwei Arbeitsgängen erfolgen: das Aussägen vor dem Einsetzen und die Endbearbeitung im Schiffskörper mit Hohlmeißel, Stemmeisen und Raspel.
Beim Bau der Rümpfe nach diesem Verfahren ist eine Helling nicht unbedingt notwendig. Beim Anbringen der Beplankung ist es jedoch ratsam, den Rumpf mit dem Kiel nach oben auf einer Helling zu befestigen.
Auch in diesem Fall muß man die Umrisse der Beplankungsgänge auf die oben veranschaulichte Weise vorzeichnen. Bei dem Modell, das wir untersuchen, sind die Leisten nicht breit. Deshalb bereitet das Verschmälern, das mit Sandpapier ausgeführt werden kann, einige Schwierigkeiten, aber es gibt keine andere Möglichkeit, wenn man eine einwandfreie Arbeit leisten will. Bei alten Schiffen wird zur Verwendung heller Nußbaumleisten mit einer Dicke von 1–2 mm und einer Breite zwischen 1 und 5 mm geraten, je nach dem Verkleinerungsmaßstab. Noch besser ist es, in geeignete Streifen geschnittenes Furnier zu verwenden. Das Schneiden wird naß ausgeführt. Die Leisten werden warm angefeuchtet (während das Furnier nur naß gemacht wird) und dann mit Leim oder kleinen Nägeln oder Nadeln befestigt, die nach Beendigung der Arbeit wieder herausgezogen werden. Beim Aufbringen der Leisten geht man vom Kiel aus (Abb. *232*).
Der Rumpf, den wir betrachten, hat ein *plattes Heck;* das Anbringen der Leisten auf dem Plattgatt ist daher einfach (Abb. *233*). Das eventuelle Überstehen der Leisten des Rumpfes über den Heckspiegel kann nach Beendigung der Arbeit, das heißt nach dem Anbringen auch der Spiegelheckbeplankung, behoben werden (Abb. *234*).
Bei Rümpfen mit *rundem Heck* empfiehlt es sich, gemäß der Konstruktionszeichnung ein profiliertes Holzklötzchen einzusetzen (wie für den Galeonenbug vorgeschlagen wurde). Auf das Klötzchen werden dann die einzelnen Beplankungsgänge (Leisten) aufgeleimt. Ist das Aufbringen der Beplankung beendet, werden die kleinen Nägel oder die Nadeln herausgezogen, und man behandelt die Innenfläche, wie wir weiter unten sehen werden.

**Einbau der Decks und der Geschützpforten bei Modellen alter Schiffe mit Spanten und Beplankung.** Auch beim Bau der Modelle alter Schiffe mit Spanten und Beplankung erhebt sich die Frage der Herstellung der Geschützpforten für die einzelnen Batteriedecks. In den meisten Fällen sind auf den Konstruktionszeichnungen die

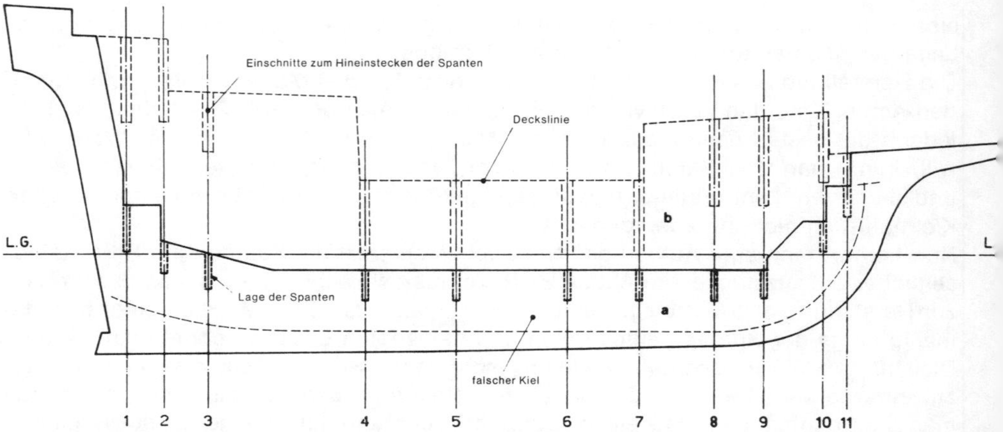


Abb. 227. *Kiel des Modells einer Galeone mit Spanten und Beplankung*
a) *Bauweise mit falschem Kiel und Skizze des falschen Kielschweins;* b) *Bauweise mit falschem Kiel und bis zur Linie der Oberdecks verlängertem falschen Kielschwein*

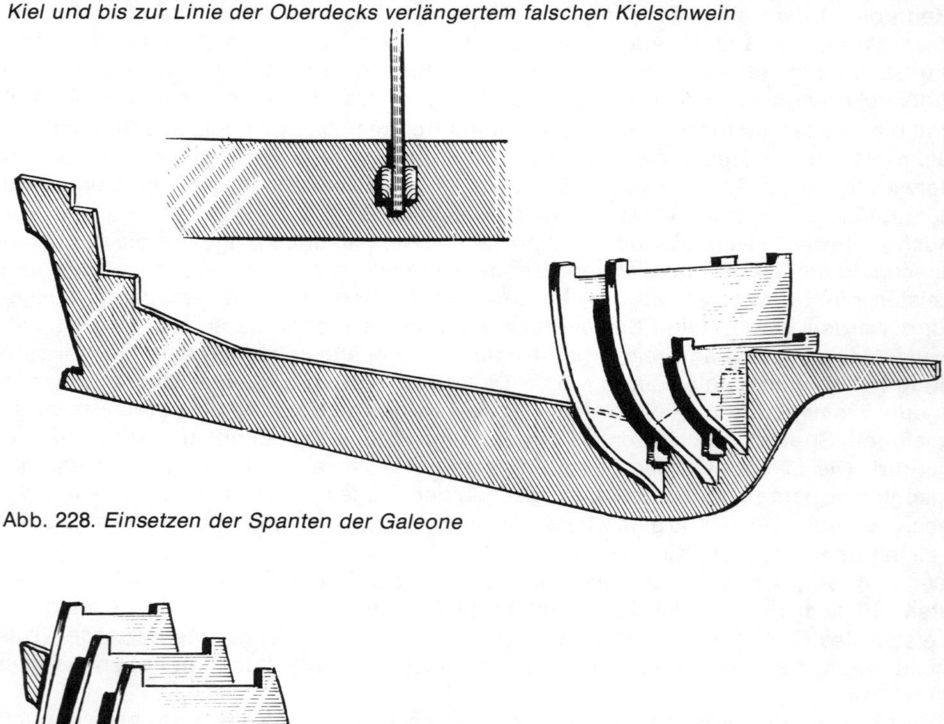

Abb. 228. *Einsetzen der Spanten der Galeone*

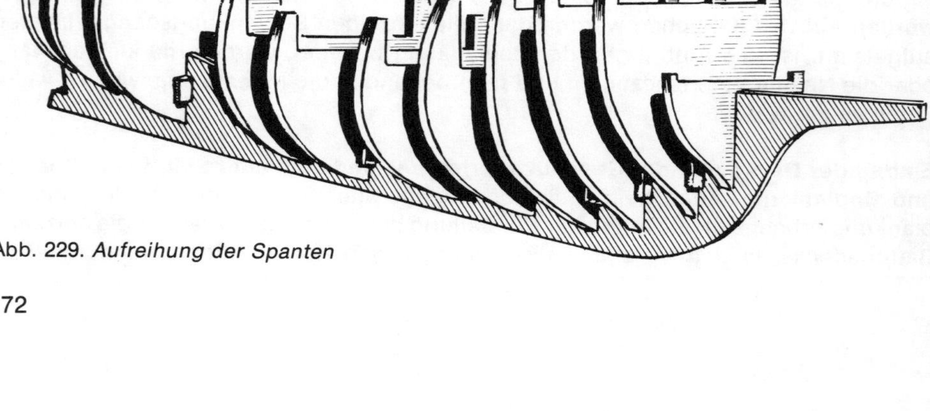

Abb. 229. *Aufreihung der Spanten*

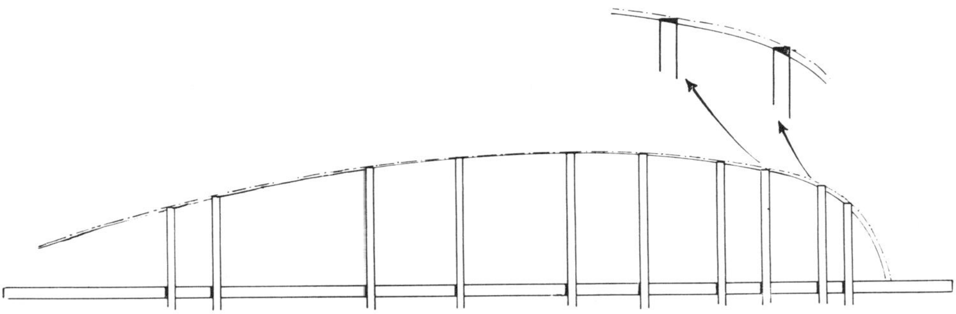

Abb. 230. *Schmiegewinkel*

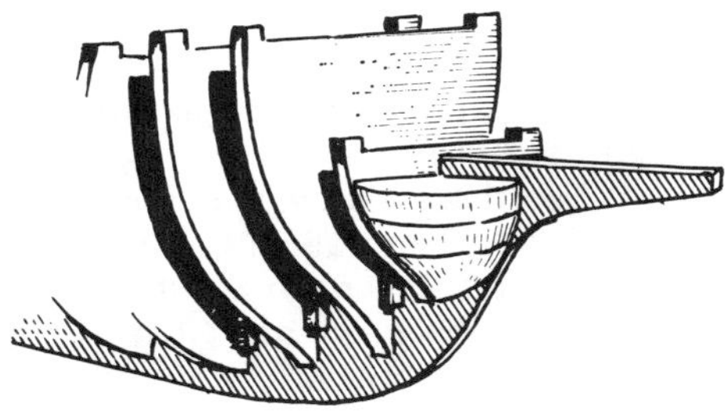

Abb. 231. *Bugfüllstücke*

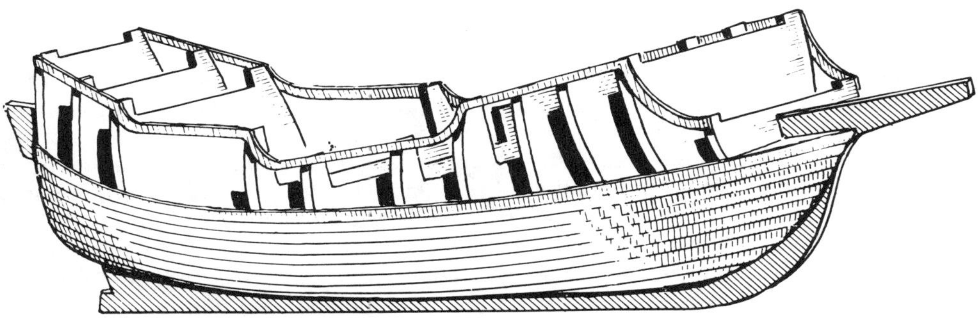

Abb. 232. *Anbringen der Beplankungsleisten*

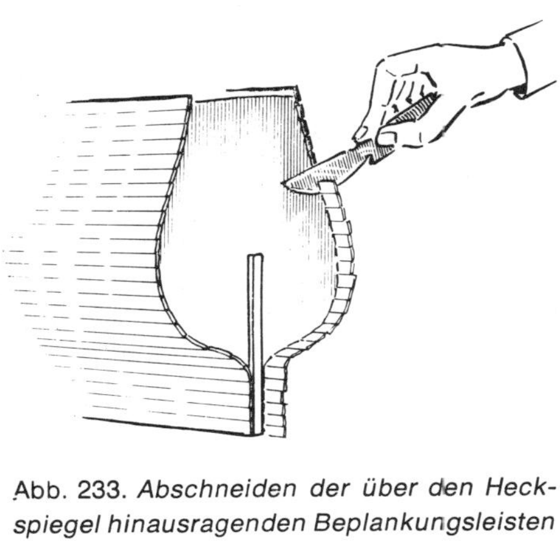

Abb. 233. *Abschneiden der über den Heckspiegel hinausragenden Beplankungsleisten*

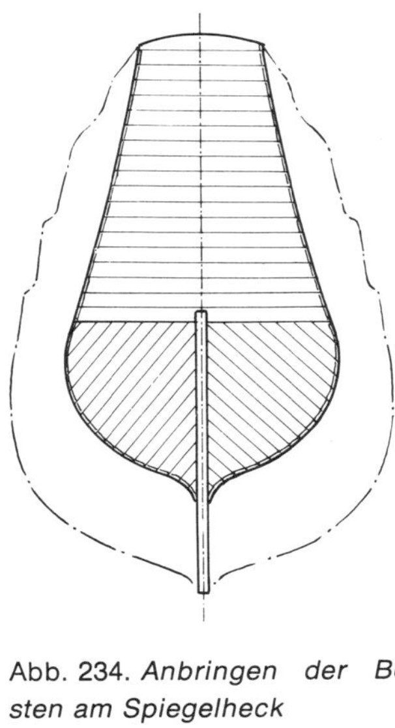

Abb. 234. *Anbringen der Beplankungsleisten am Spiegelheck*

Spanten zwischen je zwei Geschützpforten eingezeichnet (Abb. *235*). Wenn dies nicht der Fall ist, wird es nicht schwer sein, die betreffenden Spanten, die die Geschützpforten schneiden, zu entfernen und sie durch andere, benachbarte zu ersetzen. Sollte dies nicht möglich sein, werden wir später sehen, wie man dieser Unbequemlichkeit aus dem Weg gehen kann.
Bevor man an das Auflegen der Beplankung geht, wird es notwendig sein, auf die Außenseite jedes Spants die Schnittlinie der Deckslinie zu zeichnen und die *Mastfischungen* und *-spuren* anzubringen. Wie weiter oben erwähnt, werden die Beplankungsgänge vom Kielgang aus aufgelegt. Hat man die Bodenbeplankung befestigt, hört man zunächst bei dem auf der Linie des ersten Batteriedecks liegenden Beplankungsgang auf. Ehe man das Beplanken fortsetzt, ist es zweckmäßig, jetzt die Sperrholzteile zwischen je zwei Spanten einzusetzen und sie entsprechend der auf die Außenseite der Spanten gezeichneten Schnittlinie des Decks anzubringen (Abb. *236*).
Natürlich werden die Sperrholzteile auf quadratische, seitlich an jedem Spant befestigte Leisten gesetzt. Die Decks fertigt man aus dünnem Sperrholz (1–1,5 mm). Auf das Sperrholz leimt man die Deckbeplankung, für die man, wie oben angegeben, Streifen aus hellem Nußbaum- oder Teakholzfurnier verwenden kann. Die Maße der die Planken darstellenden Streifen müssen mit dem Maßstab des Modells übereinstimmen. (Die Planken der alten Schiffe waren 4–8 m lang und nicht breiter als 15–18 cm.) Deshalb wird es notwendig sein, auf den Leisten mit Hilfe eines kleinen Stemmeisens gegeneinander versetzte Quereinschnitte entsprechend der Plankenlänge anzubringen.
Natürlich können die Plankengänge auch unmittelbar in den durch den Maßstab der Zeichnung gegebenen Längen auf das Sperrholz gebracht werden. Das Auflegen von Leisten auf die Decks gilt vor allem für die Oberdecks; es kann bei den inneren Decks, die von außen schwer zu sehen sind, entfallen.
Hat man die einzelnen Teile des ersten Decks zwischen den einzelnen Spanten befestigt, fährt man mit dem Anbringen der Beplankung bis zur Höhe der Obertrempellinie der Geschützpforten des ersten Decks fort. Man verfährt dabei so, daß die Oberseite der letzten Leiste mit der Oberkante der Geschützpfortentrempel zusammenfällt (Abb. *237*). Dann zeichnet man die *Geschützpfortenvierecke* auf die Beplankung. Die Breite der Geschützpforten muß größer gehalten werden, da man zwei seitliche Pfosten, die die Geschützpforten begrenzen, einsetzen muß.
Hat man die Vierecke aufgezeichnet, leimt man innen zwei falsche Pfosten ein, die mit den auszuschneidenden Seiten der Geschützpforte zusammenfallen müssen. Die Vierecke werden mit einem Sägeblatt ausgeschnitten (Abb. *238*); der Schnitt wird dann mit der Feile nachgearbeitet. Wenn sich an der Stelle der Geschützpforte ein Spant befindet, wird es nicht schwer sein, einen Teil desselben zu entfernen. Hat man die Vierecke in senkrechter Richtung geschlichtet, bringt man die Pfosten an, die die Geschützpforten seitlich begrenzen (Abb. *239*). Gleichzeitig befestigt man eine untere waagerechte, viereckige Leiste im Innern der Beplankung, die den Untertrempel der Geschützpforten begrenzt.
Man kommt nun zum Auflegen der folgenden zwei oder drei Beplankungsgänge, und im Innern leimt man eine viereckige Leiste zur Begrenzung des Obertrempels der Geschützpforten auf. Auf dieser Leiste kann man leicht das Scharnier des *Geschützpfortendeckels* anbringen. Danach fährt man mit dem Befestigen der folgenden Beplankungsgänge bis zur Linie des zweiten Decks fort und führt die gleichen Arbeitsgänge aus, wie oben bei der Herstellung der Geschützpforten beschrieben. Das gleiche gilt für unter Umständen vorhandene weitere Decks. Die Beplankung wird auch auf dem Außenteil der Geländerstützen des Schanzkleides und ebenso innen angebracht. Die sich zwischen den einzelnen Geländerstützen ergebenden Hohlräume füllt man zweckmäßigerweise mit Leisten aus. Dann zeichnet man die

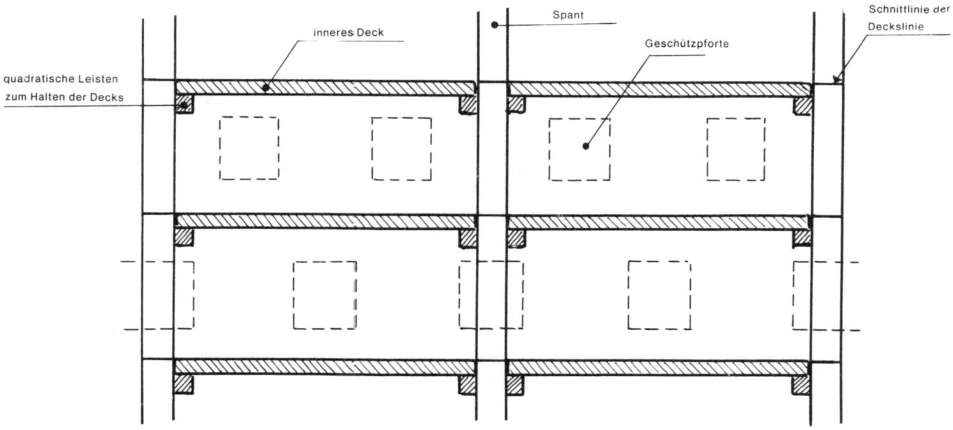


Abb. 235. *Anbringen der inneren Decks zwischen den Spanten*

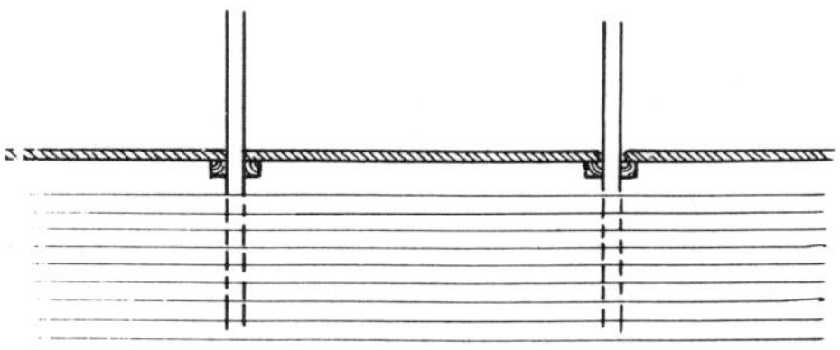

Abb. 236. *Einsetzen des inneren Decks zwischen je zwei Spanten während des Beplankungsarbeitsganges*

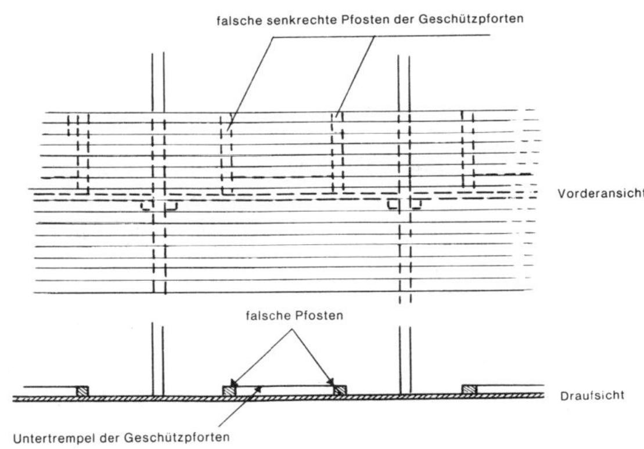


Abb. 237. *Fortsetzen des Beplankens nach dem Einsetzen der Decks*

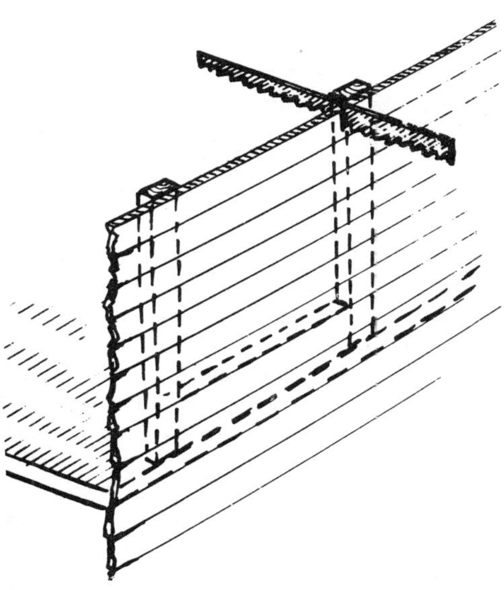

Abb. 238. *Ausschneiden des Geschützpfortenvierecks*

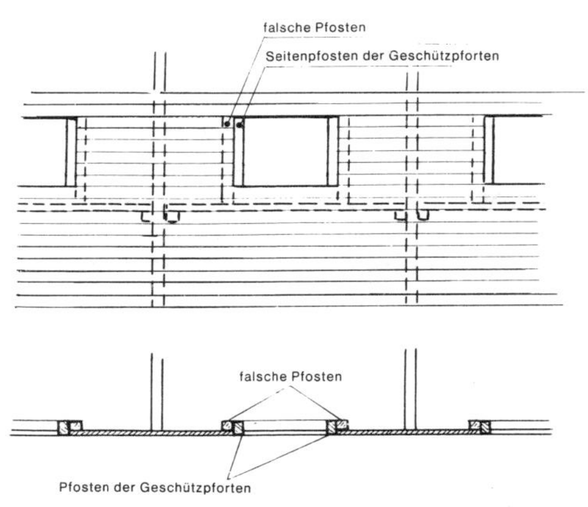


Abb. 239. *Fertigstellungsarbeiten an den Geschützpforten*

Vierecke gegebenenfalls vorhandener Geschützpforten des Decks auf und stellt sie auf die oben beschriebene Weise her.
Nunmehr werden das Oberdeck, das Achterdeck und das Vordeck angebracht, nachdem man die Löcher *(Fischungen)* zum Durchstecken der Masten und die Lukenöffnungen sorgfältig eingelassen hat. Auf der Innenseite des Schanzkleides befestigt man die *Wassergänge* und bringt die *Schanzkleidreling* an, die aus einer vorher entsprechend dem in der Zeichnung angegebenen Profil bearbeiteten Leiste hergestellt wird. Wenn die Geländerstützen sichtbar sind, wird es genügen, senkrecht kleine Leisten mit quadratischem oder rechteckigem Querschnitt aufzuleimen, die nach oben schmaler werden. Zur bequemeren Bearbeitung werden die Beplankungsleisten aus einem Stück hergestellt; in Wirklichkeit bestand aber jeder Beplankungsgang aus mehreren Teilen *(Planken).* Was die Möglichkeit betrifft, die Nägel sichtbar anzubringen, so erinnern wir daran, daß, wie in den vorangegangenen Abschnitten erwähnt, früher nicht alle Nägel sichtbar waren. Bis 1500 verwendete man häufig *Holzzapfen,* ein Brauch, der sich für die Bodenbeplankung bis in unsere Tage hielt. Nur die Schergänge und die Beplankungsgänge des Wasserpasses wurden von Durchgangsbolzen gehalten. Die Nägelköpfe wurden oft im Holz versenkt, die Vertiefung verschloß man mit Holzpfropfen. Auch bei der Deckbeplankung verfuhr man auf diese Weise. Wenn die Modelle jedoch nicht sehr groß sind, erlaubt der Verkleinerungsmaßstab die Nachbildung der Nagelköpfe nicht; denn bei einem Maßstab von 1:100 würden sich zum Beispiel ungefähr 0,003 mm für sie ergeben.

**Bauweise mit Spanten und Beplankung mit Hilfe von Formen und gebogenen Spanten.** Dieses Verfahren, das auch im Schiffbau angewendet wird, besteht im Bau des Rumpfes über einer vorher gefertigten Form, die dessen serienweise Herstellung gestattet.
Wegen der besonderen Bauweise wird dieses Verfahren, wie wir sehen werden, fast ausschließlich genutzt, da sehr leichte und widerstandsfähige Rümpfe damit gebaut werden können. Die Arbeit beginnt mit der Herstellung falscher Spanten *(Schablonen).* Man gewinnt sie aus dem Spantenriß, indem man sie aus Sperrholz oder aus Brettchen mit einer Dicke von mindestens 20 mm, je nach den Abmessungen des Modells, ausschneidet. Das Profil der Schablonen muß um die Beplankungsdicke plus Spantendicke vermindert werden. Die wegzuschneidende Dicke schwankt zwischen 6–8 mm, nämlich 3–4 mm für das Spant und 3–4 mm für die Beplankung. Der richtige Umriß der Schablone wird zuerst parallel zu jedem Spant aufgezeichnet und dann auf das Brettchen gepaust. An jeder Schablone müssen ein viereckiger Einschnitt zur Aufnahme des Längsbalkens, der den Zweck hat, das Gerippe der Rumpfform zu verbinden, und ein Einschnitt zum Aufnehmen des Kiels angebracht werden.
Außerdem stellt man die Helling her, die aus einem genau rechtwinkligen Brett mit ebenen und parallelen Oberflächen besteht. Dieses Brett muß so breit wie die kleinste Spantbreite sein, damit die anschließenden Arbeiten leicht ausgeführt werden können. Auf das Brett zeichnet man die Längssymmetrieachse und die Spantschnittlinien. Dann befestigt man die umgekehrten Schablonen (bei diesem Verfahren benutzt man die Bauweise mit umgekehrtem Rumpf) entsprechend den Spantschnittlinien mit Hilfe kleiner, festgeschraubter Seitenleisten (Klötzchen) (Abb. *240*).
Man denke daran, daß in diesem Fall die Schablonen, die falsche Spanten sind, in der Höhe die Einsattelungslinie einschließen. Es ist daher nicht nötig, Beilagen zu verwenden; man muß jedoch auf die Außenkante der Schablone die Linie des oberen Schiffsrandes zeichnen. Der Arbeitsgang des Einsetzens der Schablonen erfolgt mit viel Umsicht, wobei dafür gesorgt wird, daß sie senkrecht und in einer Reihe in bezug auf die einzelnen Symmetrieebenen stehen. Was das Heck betrifft, so muß

man den Spiegel aus einem Holzblock herstellen, dessen Umriß um die Beplankungsdicke verkleinert wird (Abb. *241*). Der Heckspiegel bleibt bei fertiggestelltem Bau in den Rumpf einbezogen; folglich muß man sich auch in der Höhe genau nach der Zeichnung richten. Die Befestigung des Spiegels auf der Helling erfolgt, indem man ein Holzblöckchen einsetzt, das der der Zeichnung entnommenen Höhe der Einsattelungslinie entspricht (Abb. *241*).
Bevor man die Schablonen endgültig befestigt, muß man jede Außenkante entsprechend dem Schmiegewinkel abschrägen, wobei man die Arbeit zur Gewährleistung des einwandfreien Kurvenverlaufs mit einer Leiste kontrolliert.
Außerdem stellt man inzwischen den Kiel her, dessen Umriß dem Längsriß der Zeichnung zu entnehmen ist. Auch in diesem Fall wird der Kiel aus drei Teilen gebaut: dem Bugteil, zu dem auch der Vorsteven gehört, dem Mittelteil, an dem die Kielflosse befestigt wird, und dem Heckteil, dessen Ende sich in den Spiegelblock einfügt.
Am Kiel muß man die Einschnitte zum Aufnehmen der gebogenen Spanten anbringen. Wie wir gesagt haben, trägt das Mittelteil die Kielflosse, die aus übereinandergelegten vollen Schichten hergestellt und ausgesägt wird (Abb. *242*). Nachdem der Kiel hergestellt und eingepaßt worden ist, wird er aufgelegt und auf den Schablonen befestigt (Abb. *243*), indem man ihn am Heck anschraubt und am Bug mittels Klötzchen mit Nut festlegt (Abb. *244*). Wenn man es wegen der größeren Sicherheit für notwendig hält, kann man einige Schrauben vorsehen, die den Kiel unmittelbar auf den Schablonen befestigen. Die Schrauben werden nach Beendigung der Arbeit entfernt, die Löcher werden mit kleinen Hartholzpfropfen verschlossen.
Gleichzeitig befestigt man auch die beiden Längsbalken (Abb. *243*). Danach beginnt man mit dem Bau der zu biegenden Spanten, für die man Eschenleisten mit rechteckigem Querschnitt von 3–4 mm Dicke und 8–10 mm Breite verwendet, je nach den Abmessungen des Modells. (Die angeführten Maße beziehen sich auf Modelle der Internat. Regattaklassen M und A.) Man schneidet die Leisten auf eine Länge gleich der Abwicklung jeder Schablone zu, achte dabei darauf, daß die Leisten 1–1,5 cm länger als die Einsattelungslinie gehalten werden. Der überstehende Teil wird nach Beendigung der Arbeit abgeschnitten.
Die Leisten, die die Spanten darstellen, werden naß den Schablonen unmittelbar angepaßt (wobei sie einen gewissen Widerstand bieten). Im Kiel werden sie mit einer kleinen Messingschraube befestigt (es ist ratsam, mit dem Drillbohrer oder dem Nagelbohrer vor dem Anschrauben ein Loch in die Leiste zu bohren), während sie am entgegengesetzten Ende mit einer Schnur an der Schablone gehalten werden (Abb. *245*). Oder aber sie werden mittels kleiner Nägel mit einem kleinen Pappscheibchen an den Schablonen festgehalten; die Nägel können beim Aufbringen der Beplankung leicht wieder herausgezogen werden. Es ist ratsam, zwischen das Spant und die Schablone ein Blatt Ölpapier zu legen, um gegebenenfalls das Eindringen des Klebstoffs beim Aufleimen der Beplankung zu vermeiden.
Jetzt kommt man zum Anbringen der Beplankung. Für die Beplankungsleisten verwendet man verschiedene Holzarten: Zeder, Mahagoni, Teakholz (wenn die Beplankung sichtbar bleiben muß) und, was nicht sehr ratsam ist, Linde. Die Breite der Leisten im Hauptspantquerschnitt bei Modellen der Klasse A (Länge etwa 2 m) beträgt 20–25 mm, so daß man am Ende etwa 9–10 mm hat; die Dicke beträgt 3–4 mm. Eine dementsprechende Breite haben auch die Beplankungsleisten der anderen Modelle.
Zur Aufteilung der Beplankungsgänge auf die Spanten und die entsprechende Verschmälerung der Leisten führt man die oben angegebenen Arbeitsgänge aus. Die Leisten werden von oben nach unten angebracht, wobei man synthetische Leime verwendet und die Enden am Kiel mit Hilfe kleiner Messingschrauben von 1–1,5 cm × 1 mm festschraubt (Abb. *246* und *247*).

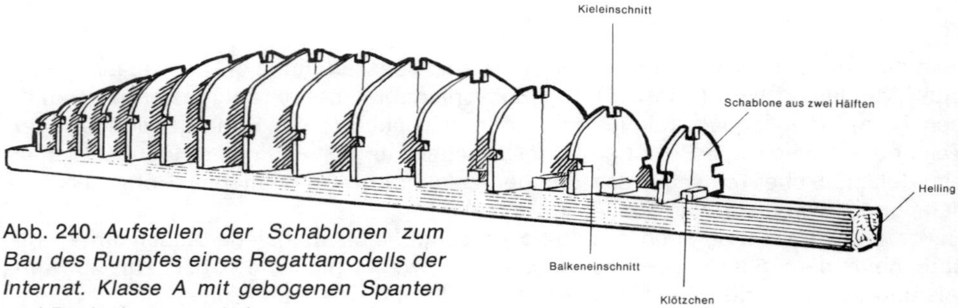


Abb. 240. *Aufstellen der Schablonen zum Bau des Rumpfes eines Regattamodells der Internat. Klasse A mit gebogenen Spanten und Beplankung aus Leisten*

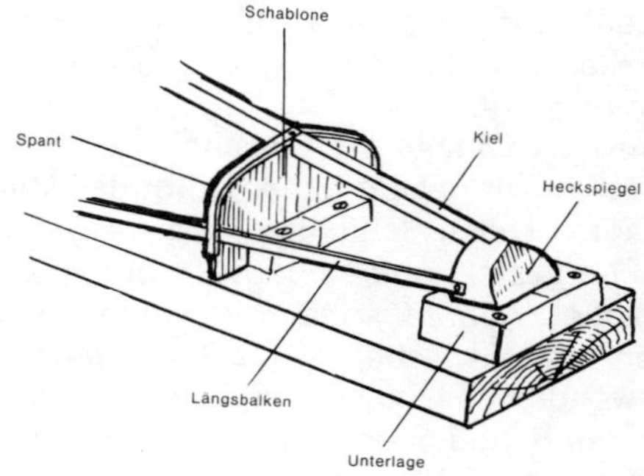


Abb. 241. *Einzeldarstellung zum Bau des Spiegelhecks*

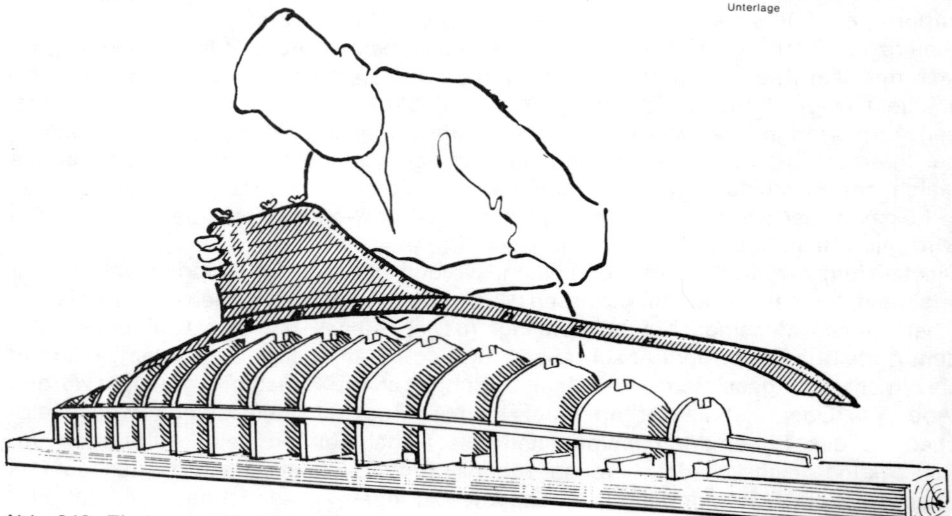

Abb. 242. *Einpassen des Kiels*

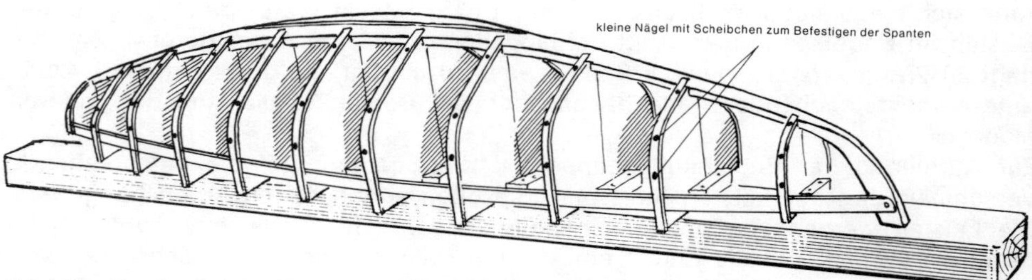


Abb. 243. *Fertiggestellte Form und Auflegen der gebogenen Spanten*

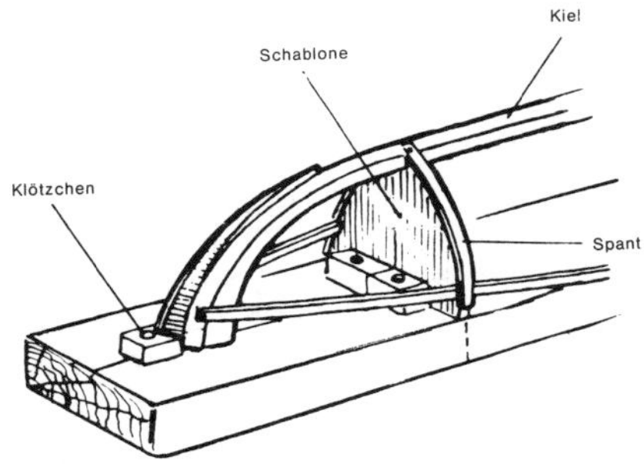


Abb. 244. *Einzeldarstellung zum Bau des Bugs*

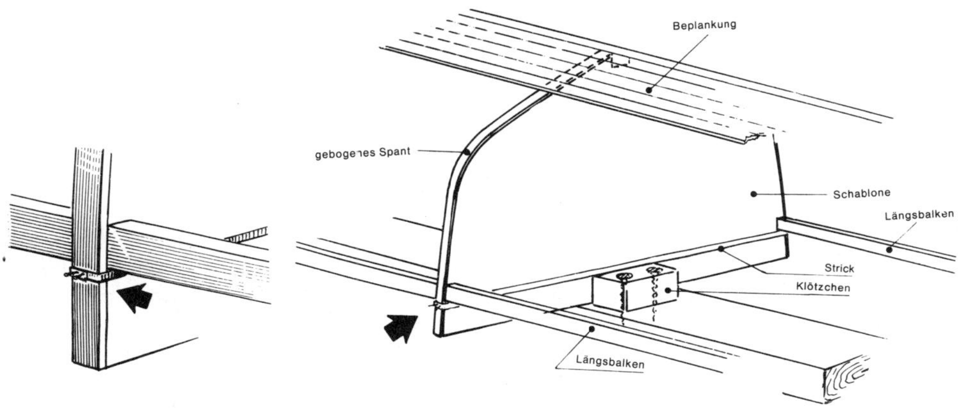


Abb. 245. *Einzeldarstellung des Anbringens der gebogenen Spanten*

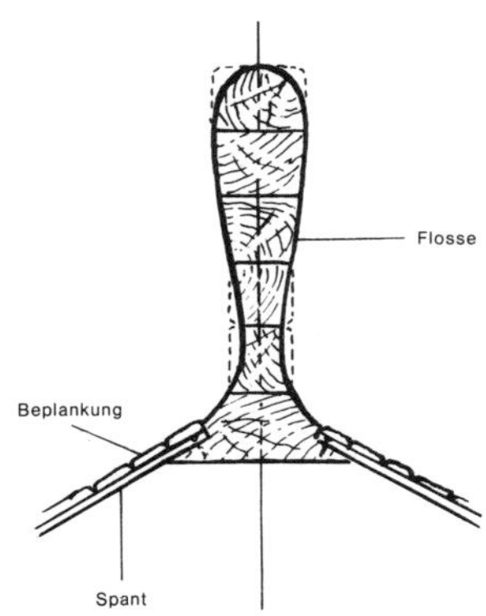


Abb. 246. *Einzeldarstellung des Auflegens der Beplankungsleisten*

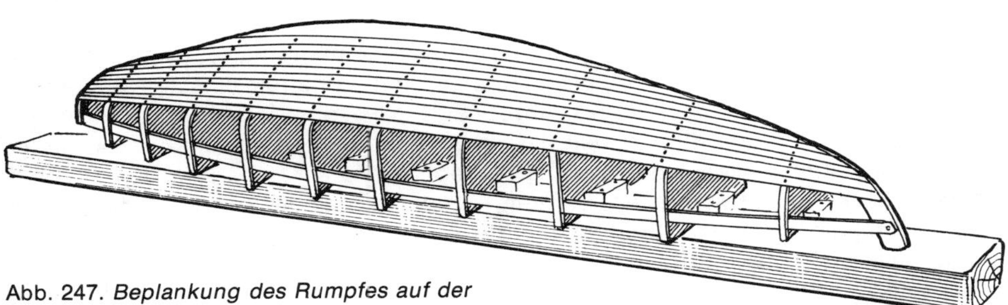

Abb. 247. *Beplankung des Rumpfes auf der Form*

Jede Leiste wird längs der Spanten mit kleinen, mit einem Pappscheibchen versehenen Nägelchen angeheftet, wobei man darauf achte, daß sie nicht länger als die Dicke der Spanten sind, weil man diese sonst mit den Schablonen verbinden würde. Wie man nach und nach mit dem Anbringen der Leisten fortschreitet, muß man die vorher eingeschlagenen kleinen Nägel zum Festhalten der Spanten wieder herausziehen. Ist die Beplankungsarbeit beendet und die zum vollständigen Trocknen notwendige Zeit verstrichen, werden die kleinen Nägel zum Anheften herausgezogen und die gegebenenfalls über das Spiegelheck hinausragenden Leistenstücke abgeschnitten. Dann nimmt man ein erstes Abschleifen der ganzen Oberfläche mit grobkörnigem und danach mit feinkörnigem Schleifpapier vor.

Nunmehr wird der Rumpf von der Helling getrennt, und man fährt mit dem Abtrennen der aus den Schablonen und den beiden Längsbalken bestehenden Innenform fort. Die Längsbalken, die an beiden Enden angeschraubt sind, müssen sorgfältig ganz nahe am Steven und am Spiegel abgeschnitten werden. Mit Hilfe des Stemmeisens entfernt man die überstehenden Teile der Längsbalken, die noch am Schiffskörper geblieben sind.

Die Längsbalken können auch im Schiffskörper gelassen werden und als Balkweger dienen. In diesem Fall werden die Schablonen aus zwei Hälften gebaut, was ihr Entfernen erleichtert.

Jetzt beginnt man mit dem Vernieten der Beplankung auf den Spanten. Man verwendet kleine Kupfernieten von etwa 0,5 mm Durchmesser, deren Länge etwas größer als die Rumpfdicke (Beplankung + Spanten) ist (10 mm). Wenn die Nieten länger sind, verkürzt man sie mit einem Seitenschneider auf die geeignete Länge. Man bringt in der Mitte der Plankenbreite und dementsprechend auch in der Mitte der Spantbreite ein Durchgangsloch an, dessen Durchmesser etwas kleiner als der Nietdurchmesser ist. Dann nimmt man mit einem Schneckenbohrer ein leichtes Versenken vor, um den Nietkopf zu verbergen. Man führt den Niet ein und schlägt ihn an.

Nun folgt das Anbringen der beiden *Balkweger,* die sich längs des Rumpfinnenrandes befinden und aus Leisten mit quadratischem Querschnitt bestehen. Vor ihrem Anbringen ist es zweckmäßig, den Rumpf quer mit ein oder zwei auf dem Hauptspant befestigten Leisten zu verankern, um ein Verformen zu vermeiden.

Die Balkweger werden mit Leim und angeschlagenen Kupfernieten am Schiffsrand befestigt und entlang der Wölbung mit kleinen Zwingen angepaßt. Man stellt die Deckbalken her, die auf die oben beschriebene Weise angebracht werden, danach wird das Deck aufgelegt.

Es gibt noch eine andere Bauweise mit gebogenen Spanten; sie besteht darin, daß man die Rumpfform, wie oben beschrieben, mit Hilfe von Schablonen herstellt. In diesem Fall wird jedoch der Umriß der Schablonen nur um die Beplankungsdicke vermindert, während der Längsbalken so weit nach innen verlegt wird, wie ein Spant dick ist.

In Längsrichtung werden dann einige Leisten mit quadratischem Querschnitt (Längsleisten) auf den Schablonen mittels kleiner Nägel behelfsmäßig befestigt oder mit einer Schnur festgebunden. Für jede Rumpfseite nimmt man gewöhnlich vier (Abb. *248*). Dann erfolgt das Anbringen der Spanten, indem man sie zwischen die Längsbalken und die Längsleisten einführt (Abb. *249*). Die Spantenden werden mit kleinen Schrauben befestigt; am Kiel werden die Enden endgültig festgeschraubt, während man sie am Längsbalken behelfsmäßig festlegt. Um die Krümmung der Spanten sicherzustellen, drückt man sie außerdem mit einem starken Strick auf die Längsbalken. Nun kommt man zur Beplankung des Gerippes, wobei man die Längsleisten in dem Maße, wie man mit dem Anbringen der Beplankungsleisten nach und nach fortschreitet, entfernt. Bei den anschließenden Arbeitsgängen verfährt man, wie oben beschrieben.

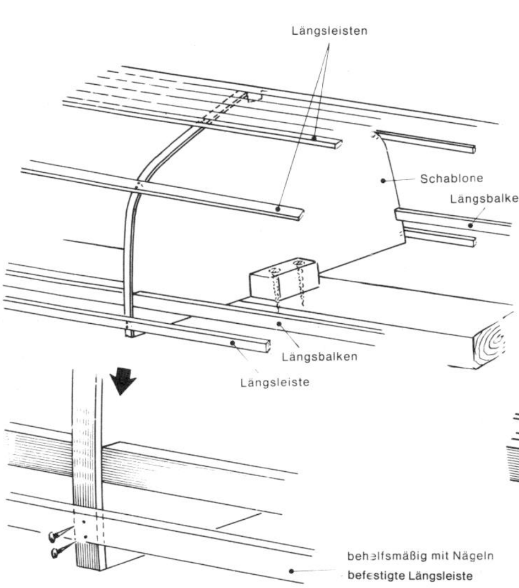


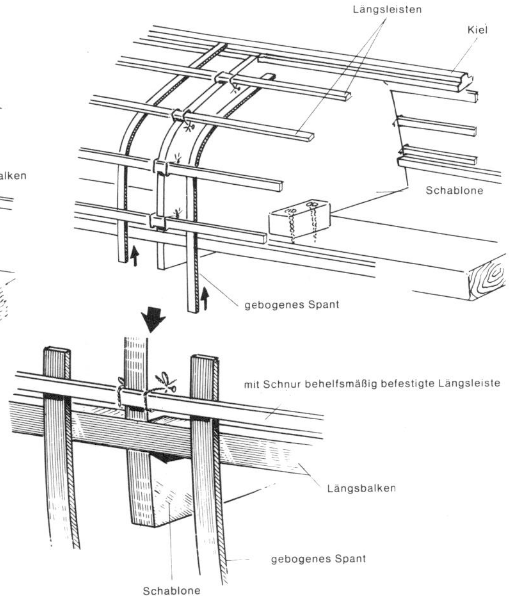


Abb. 248. *Einzeldarstellung der Form mit mehreren Längsbalken (Längsleisten)*

Abb. 249. *Einzeldarstellung des Einsetzens der gebogenen Spanten*

Auch bei kleinen Modellen alter Schiffe kann man das Formverfahren anwenden. Es wird insbesondere beim Bau der Beiboote oder der Dienstleistungs- und Rettungsboote von Modellen alter oder moderner Schiffe verwendet, wenn man sie mit Spanten und Beplankung herstellen will. Darüber hinaus kann man mit jeder Form mehrere gleiche Exemplare fertigen, so daß man die ganze Ausrüstung der einzelnen Schiffstypen mit Booten herstellen kann.
Zuerst fertigt man das Modell des Bootes mit vollem Rumpf nach dem in den vorangegangenen Abschnitten veranschaulichten Verfahren aus einem Holzblock (Zirbelkiefernholz) (Abb. *250* und *251*).

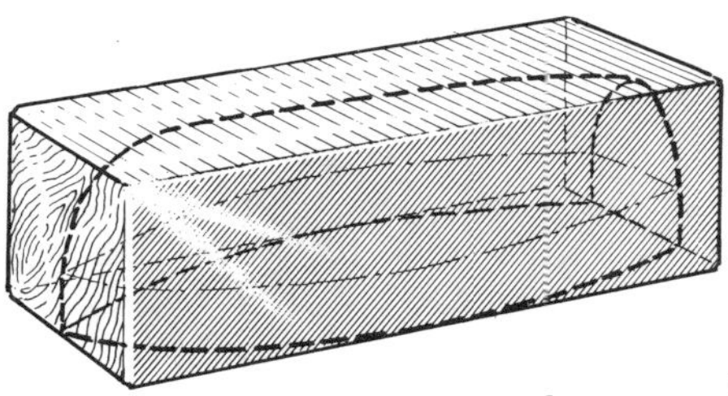

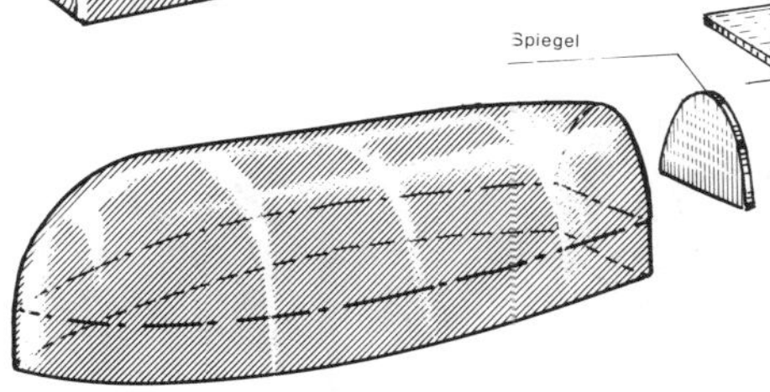


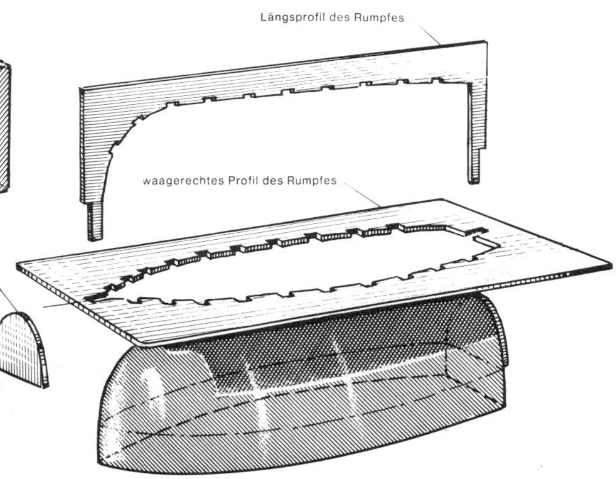


Abb. 250. *Bau der Form für kleine Boote aus einem Holzblock*
Abb. 251. *Form eines kleinen Bootes*

Abb. 252. *Bau des Längsprofils und des waagerechten Profils des Bootes*

Nachdem man die ganze Rumpfoberfläche mit feinkörnigem Schleifpapier bearbeitet hat, streicht man mehrere Schichten ungereinigtes Wachs darauf. Diese Vorsichtsmaßnahme verhindert, daß der zwischen den Leisten eindringende Leim die Beplankung an den Holzblock bindet. Wenn die ersten Schichten vom Holz aufgesaugt werden, genügt eine letzte Schicht zum gleichmäßigen Bedecken der gesamten Oberfläche.
Danach wird das Längsprofil des Bootes aus einer Sperrholzplatte ausgeschnitten, die so dick wie der Kiel ist, wie im Bauplan angegeben (Abb. *252*). Längs des Kiels werden mehrere Einschnitte zum Einsetzen der Spanten angebracht. Aus einer weiteren Sperrholzplatte schneidet man innen das dem Umriß des Schiffsrandes entsprechende Profil im Grundriß des Rumpfes heraus. Entlang des Innenrandes dieses Profils werden mehrere Einschnitte angebracht, durch die die Spanten gehen. Dann steckt man das von drei Nadeln, die die Einsattelungswölbung herstellen, festgehaltene Grundrißprofil auf die Form. Man steckt das Längsprofil darüber und bringt das Spiegelheck an.
Nun steckt man die Spanten aus Furnier hinein, die in den Kiel eingefügt werden (Abb. *253*). Wenn diese Arbeit beendet ist, beginnt man mit der Beplankung (Abb. *254*) mit den üblichen Leisten (die aus Furnier hergestellt und an den Enden verschmälert werden), wobei man am Kiel beginnt und sie mit Leim befestigt und mit Nadeln hält (Abb. *254a*). Hat man das Beplanken abgeschlossen, werden die überstehenden Teile der die Profile bildenden Blätter abgeschnitten, und man schleift die Außenfläche des Rumpfes. Es wird zweckmäßig sein, die Oberfläche mit etwas verdünntem Leim zu bestreichen, um die ganze Schale zu festigen. Hat man diese Schale von der Form abgezogen, wird sie mit den verschiedenen inneren und äußeren Ausrüstungsgegenständen vervollständigt.
Man gerät hier in Versuchung, eine umfassende Darstellung der einzelnen Verfahren beim Bau von Rümpfen, die ihren Ursprung im Schiffbau haben, nur vom Standpunkt

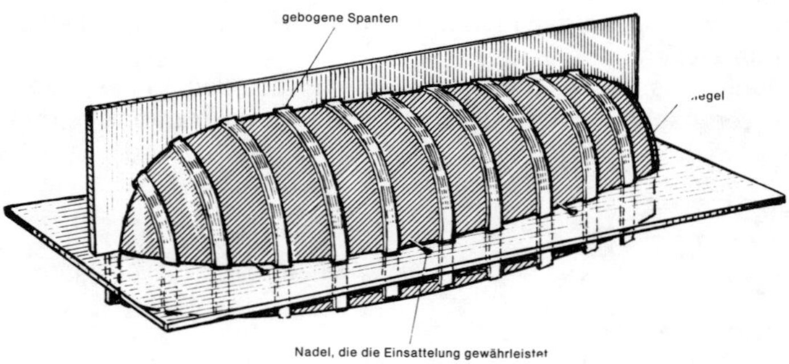


Abb. 253. *Hineinstecken der gebogenen Spanten*

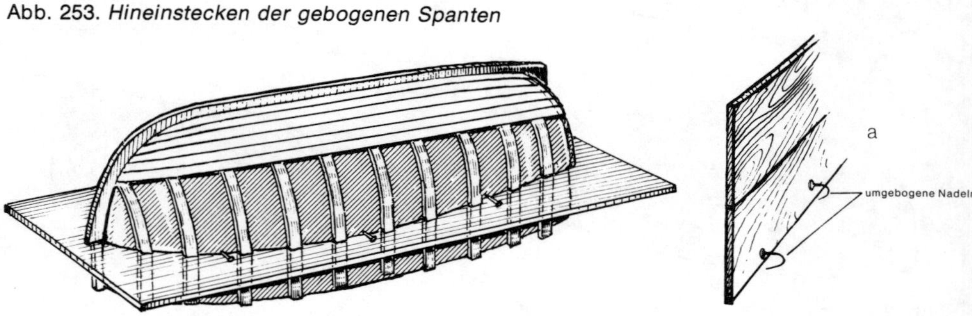


Abb. 254. *Beplanken des Rumpfes*
a) *Einzeldarstellung der Befestigung mit Nadeln*

des Modellbauers aus zu geben. Wir halten dafür, daß Kapitel III genügend Hinweise zur Herstellung von Modellen gibt, die die Bauweise von Rümpfen einzelner Schiffstypen getreu nachahmen. Es ist ratsam, Modelle, die den Rumpfbau wirklichkeitsgetreu nachbilden, zu dem Zweck, einen Blick auf alle Teile des Innern und die dort ausgeführte Arbeit zu gestatten, nur zur Hälfte zu beplanken, da jener Einblick sonst nicht möglich wäre.

## Rümpfe in gemischter Bauweise

Wir verweisen nun auf eine letzte Bauart, die man „gemischt" nennt. Sie besteht darin, daß man den Rumpf aus zwei Teilen herstellt: der erste reicht bis zur Linie des ersten Decks, es ist ein voller Rumpf; der zweite Teil hat halbe Spanten.
Die untere Rumpfhälfte kann aus vollen Schichten hergestellt werden; in diese kann man die halben Spanten einsetzen (Abb. *226c*).

## Rümpfe aus Metall

Im allgemeinen werden die Rümpfe nur selten aus Metall hergestellt, da dies vom Modellbauer außer einer besonderen Ausrüstung eine ganz bestimmte Erfahrung in der Metallbearbeitung erfordert. Darüber hinaus kann nach einer solchen Bauweise nur bei Modellen moderner Schiffe verfahren werden.
Es gibt grundsätzlich zwei Arten von Rümpfen: den Rumpf mit Spanten und Beplankung und den auf einer Form hergestellten Rumpf.
Der Rumpf mit Spanten und Beplankung folgt dem in den vorangegangenen Abschnitten schon weitgehend erläuterten Schema. Man fertigt die Spanten aus Messingblech von 8/10 mm, dessen Umriß auch die *Deckbalkenlinie* enthält; die Deckbalken werden natürlich entsprechend den Luken, Deckshäusern usw. abgeschnitten. Die Spanten werden mit dem Kiel nach unten auf die Helling gestellt. Es wird notwendig sein, Höhenbeilagen gleich der Höhe des Schanzkleides einzulegen. Es ist nicht notwendig, den Kiel einzusetzen, da das Gefüge ausreichend widerstandsfähig ist. Bei Rümpfen größerer Abmessungen und Rümpfen von Fahrmodellen kann man jedoch den aus einem quadratischen Rohr gefertigten Kiel einbauen. Der Vorsteven kann aus Messingblech von der in der Konstruktionszeichnung angegebenen Dicke gewonnen werden.
Hat man das Gerippe aufgestellt, kommt man zum Beplatten des Rumpfes, wozu man Messingblech von 3–4/10 mm verwendet, je nach den Abmessungen des Modells. Die Beplattung fertigt man aus mehr oder weniger langen Streifen, je nach der Form des Querschnitts. Wenn die Spanten sehr völlig sind, werden die Streifen verhältnismäßig schmal sein; sind die Spanten sehr eckig, werden die Streifen ziemlich breit sein.
Man erhält den Umriß jeder Blechplatte durch Abnehmen vom Gerippe, wie es beim Anbringen der Beplankung angegeben wurde. Es folgt dann das Befestigen der einzelnen ausgeschnittenen Streifen, wobei man vom Schanzkleid ausgeht. Jeder Streifen wird mit Hilfe kleiner Zwingen festgehalten und längs jedes Spants ganz mit Zinn verlötet. Ist das Löten der Beplattung längs des Schanzkleides beendet, wird das Gerippe von der Helling abgezogen und umgekehrt. Man beginnt danach mit der Beplattung des Schiffsbodens. Wenn der Rumpf ziemlich lang ist, kann man einige Verstrebungen aus Profilmessing mit quadratischem Querschnitt anbringen, paarweise diagonal zwischen je zwei Spanten. Schließlich befestigt man die Balkweger. Dann folgen die einzelnen Ausrüstungsarbeiten.
Das Verfahren mit Form ist jedoch schneller und bequemer.

Als erstes muß man eine Form des Rumpfes aus Gips herstellen. Hat man das Holzbrettchen für die Helling in seinen Abmessungen so gefertigt, daß es das Modell aufnehmen kann, bringt man auf der Oberseite die entsprechende Anzahl von Querleisten an. Diese Leisten verschiedener Höhe sind Unterlagen, deren Oberfläche eine Tangente zur Einsattelungslinie bildet. Auf den Leisten befestigt man eine Sperrholzplatte von 3–4 mm Dicke, so daß man eine flache, gewölbte Oberfläche erhält, die der Einsattelungskurve entspricht (Abb. *255*). Außerdem werden die aus Sperrholz von 5–6 mm Stärke ausgeschnittenen Schablonen hergestellt; in ihnen bringt man einen Einschnitt zum Einsetzen des falschen Kiels an, wie beim Bau mit Spanten und Beplankung beschrieben. Hierbei muß die Tiefe des Einschnitts bis zur halben Höhe des Spants ausgeführt werden, da man das Längsprofil des Rumpfes ganz hineinstecken muß. Darüber hinaus werden auf jedem Spant beliebig viele Löcher im gleichen Abstand voneinander angebracht. Das vollständige senkrechte Längsprofil des Rumpfes, das aus dem Bauplan ermittelt worden ist, gewinnt man aus Sperrholz, das ebenso dick ist wie das Sperrholz, das für die Spanten verwendet worden ist. Im Längsprofil bringt man die jedem Spant entsprechenden Einschnitte an, mit einer Tiefe, die gleich der halben Höhe jedes Spants ist.
Auf die gewölbte Oberfläche der Helling zeichnet man das Profil im Grundriß des Modells, die Symmetrieachse und die Schnittlinien der Spanten. Aus Sperrholz von 3–4 mm Stärke schneidet man den Umriß im Grundriß des Rumpfes, auf dem die Schnittlinien der Spanten eingezeichnet werden. Der Umriß im Grundriß aus Sperrholz wird dann in so viele Querstücke geschnitten, wie die Abstände zwischen je zwei Spanten ergeben, wobei man darauf achte, daß man jedes Stück um die Hälfte der Dicke des Spants verkürzt. Die Stücke werden dann mit einigen kleinen Nägeln auf der Oberfläche der Helling befestigt. Jedes Stück kommt an die Stelle, die die auf die Oberfläche der Helling übertragene Zeichnung angibt, sie liegen von den Schnittlinien der Spanten gleich weit ab (Abb. *256*). Wir haben somit den Grundriß des Modells mit mehreren Querrillen erhalten, in die die Spanten gesteckt werden. Es versteht sich, daß man, wären keine Längsrillen vorhanden, das senkrechte Längsprofil in der Höhe um die Dicke des Sperrholzes der Querstücke vermindern würde.
Hat man die Spanten der Reihe nach in die entsprechenden Vertiefungen eingesetzt, steckt man das Längsprofil unter Verwendung von etwas Leim darauf. Danach stellt man den Schmiegewinkel jedes Spants her, wodurch der bestmögliche Verlauf der Wölbungen des Rumpfes gewährleistet wird.
Durch die vorher in den Spanten angebrachten Löcher steckt man nun ein wenig verzinkten Draht von 1 mm Durchmesser, der als Halterung bei der Vervollständigung der Form dient. Zwischen je zwei Spanten legt man dann ein wenig Holzwolle oder Hobelspäne, wobei man 3 oder 4 cm freiläßt, die dann vom Gips ausgefüllt werden (Abb. *257*).
Einen geeigneten Behälter füllt man mit 3–4 Litern Wasser und schüttet den Gips unter Umrühren langsam hinein, so daß man weder einen zu dickflüssigen noch einen zu dünnflüssigen Brei erhält.
Diese Arbeit muß sorgfältig vorgenommen werden, da keine Klümpchen entstehen dürfen, die die Bildung einer einwandfreien Oberfläche beeinträchtigen würden. Hat man den Gips 5–6 Minuten ruhen lassen, schüttet man ihn zwischen je zwei Spanten. Mit einem Spachtel verstreicht man den Gips, so daß er das Profil der Form ausfüllt.
In dem Maße, wie der Gips nach und nach trocknet, gibt man ihm mittels der Schablonen die endgültige Form. Für den Fall, daß Fehler auftreten, kann man an den verschiedenen Stellen der Oberfläche, die sich als fehlerhaft erwiesen haben, leicht noch Gips auftragen. Ist die Form fertiggestellt, muß sie wenigstens zwei oder drei Tage trocknen. Wenn die Oberfläche genügend abgetrocknet ist, empfiehlt es sich,

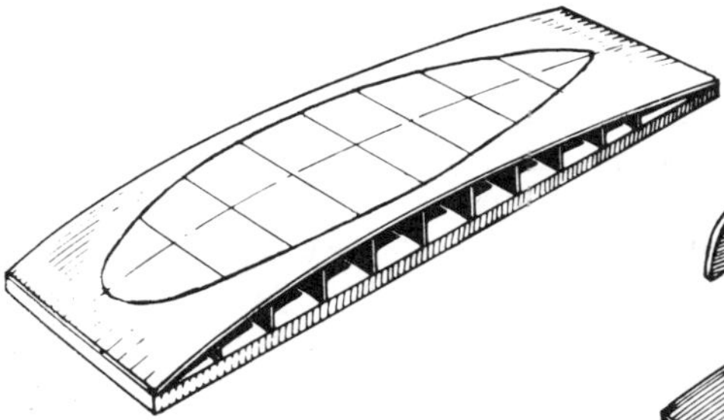

Abb. 255. *Helling zur Herstellung der Form aus Gips beim Bau von Rümpfen aus Metall*

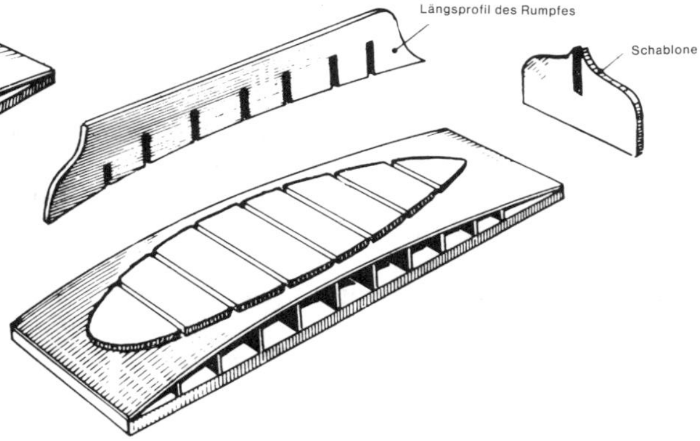


Abb. 256. *Bau der Form (Schablone und Längsprofil)*

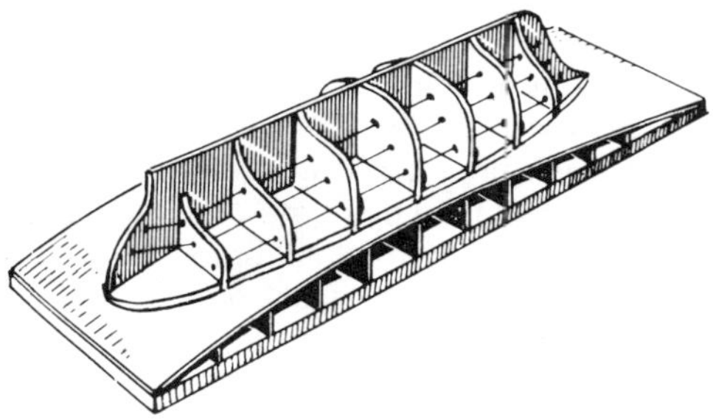

Abb. 257. *Bau der Form*

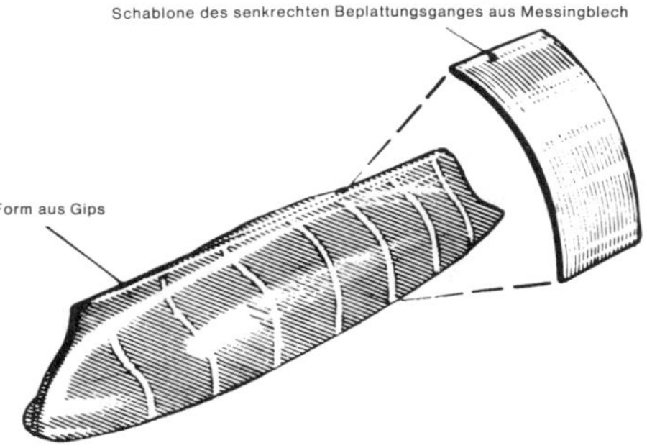


Abb. 258. *Vollständige Form mit Schablone des senkrechten Beplattungsganges*

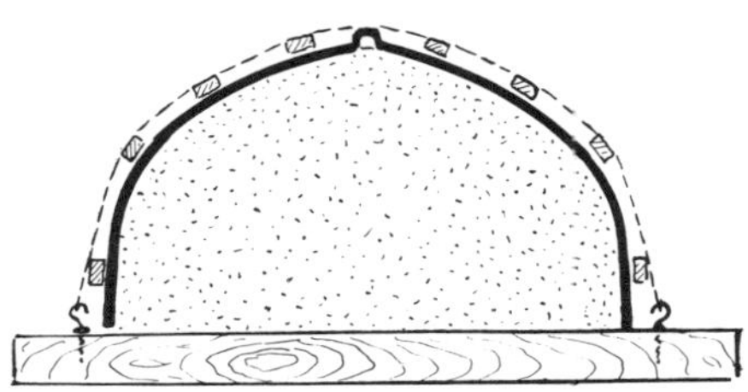

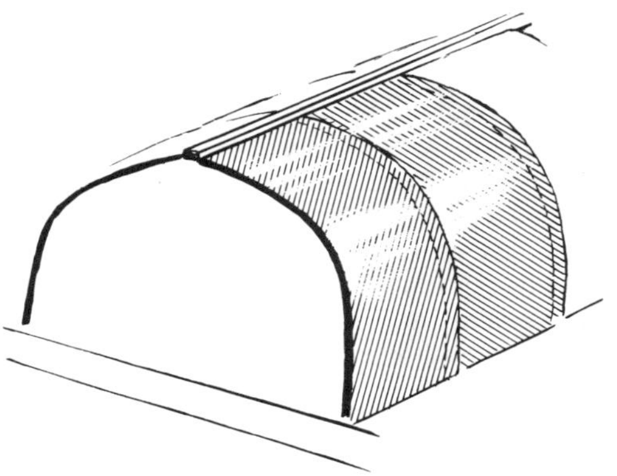

Abb. 259. *Beplatten der Form mit Blechelementen*

den Verlauf der Wölbungen zu überprüfen und sie mit Hilfe von Schleifpapier, das sehr leicht aufgedrückt wird, zu vervollkommnen (Abb. *258*).
Jetzt geht man an den Bau des eigentlichen Rumpfes. Der Bau erfolgt aus Messingblech von 3/10 mm bei Rümpfen bis zu einem Meter und 4/10 bis 5/10 mm bei Rümpfen über einen Meter. Die Bleche werden senkrecht zum Rumpf, nicht in Längsrichtung, angebracht. Dieses Verfahren wird nur bei Modellen moderner Schiffe angewandt, und das Mittelteil des Rumpfes ist fast parallel. Deshalb können die Bleche, dem Mittelteil entsprechend, eine ziemlich große Breite haben, die sich nach dem Ab-

stand zwischen den Spanten richtet. An Bug und Heck empfiehlt es sich, die Bleche ziemlich schmal zu halten, um das Anpassen an die Rumpfform zu erleichtern. Aus der Form ermittelt man mit Hilfe eines Stücks Zeichenkarton den Teil der Oberfläche zwischen je zwei Spanten oder den Teil, den man je nach den Anforderungen zum Abdecken bestimmt hat.
Hat man die Abwicklung des Oberflächenteils erhalten, schneidet man aus dem Blech die beiden Beplankungsplatten (die rechte und die linke) aus. Die Blechplatten werden dann mit Hilfe von Holzspateln an die Form angepaßt (das Hämmern muß man vermeiden). Hat man die Platten genau angepaßt, werden sie mit kleinen Nägeln befestigt, oder, was noch besser ist: sie werden mit Eisendraht festgebunden, wobei man zwischen den Eisendraht und die Blechplatte kleine Holzkeile legt (Abb. *259*).
Nunmehr setzt man die zweite Platte unter den ersten Beplattungsgang, so daß sie sich wenigstens um 4 mm überlappen. Das Verlöten führt man längs der ganzen Überlappung aus, ohne sie zu verstemmen, da dies Verformungen hervorrufen kann. Das Löten muß ausschließlich mit Zinn, mit einem guten Lötkolben mit großer Wärmekapazität und mit flüssiger Säure erfolgen. Ebenso verfährt man bei den anderen Beplattungsgängen.
Aus der Beschreibung ist ersichtlich, daß keine Spanten erforderlich sind, da das Überlappen der Platten eine ausreichende Garantie für die Widerstandsfähigkeit des Rumpfes bietet. In gewissem Sinne ersetzen der überlappte Teil der Platten und die Lötstelle das Spant.
Es ist ohne Bedeutung, ob man die Arbeit am Heck oder am Bug beginnt; wichtig ist, daß die Bleche gut angepaßt und verlötet sind. Hat man das Löten der einzelnen Teile auf der Form beendet, lötet man außen, je nach dem Schiffsmodelltyp, die Ränder. Es genügt ein dünnes Rohr oder ein halbrundes Kupfer- oder Messingprofil. Ebenso werden der Kiel, der Vorsteven und der Hintersteven unter Verwendung eines rechteckigen Profilmessings mit den in der Zeichnung angegebenen Maßen gelötet. Hat man nun den Rumpf von der Form gelöst, lötet man die Balkweger der Decks längs der Innenseiten an. Auch hierbei kann ein dünnes Messingrohr von Nutzen sein. Auf den Balkwegern wird dann das aus Blechplatten von 6/10 oder 8/10 mm hergestellte Oberdeck angepaßt; auf den Balkwegern kann man mit synthetischen Leimen und umgeschlagenen kleinen Stiften die Beplankungsleisten befestigen.
Die Fertigstellung des Rumpfäußeren bietet keinerlei Schwierigkeiten; es wird genügen, die Oberfläche mit Schmirgelleinwand zu behandeln, ehe man die Stuckarbeiten und das Vernickeln ausführt.
Dieses Verfahren beim Bau des Rumpfes bietet recht bemerkenswerte Vorteile. Vor allem ist es eine leichte und sichere Bauweise, zweitens wird es damit möglich, den gesamten Innenraum frei von Einbauten zu halten, was beim Einbau der verschiedenen den Innenraum füllenden Geräte und der Motoren größtmögliche Bewegungsfreiheit gestattet.

## Rümpfe aus Polyesterharz

Nach dem gleichen Verfahren mit Form kann man Rümpfe aus Polyesterharz bauen. Die Form wird auf die oben angegebene Art oder aus Holz gebaut. Auf der Oberfläche der Form muß man eine Handvoll Wachs oder eine Schicht Abtrennungsmittel auftragen, die zum Ablösen des Rumpfes dient. Danach erfolgt das Aufbringen des Kunstharzes.
Für diese Arbeit braucht man eine Walze, möglichst aus Widderleder, einen Behälter mit Azeton oder Verdünnung für Polyester (zum Reinigen der Walze) und einen Behälter für das Kunstharz. Dieses wird nach Vorschrift hergestellt, wobei man den

Katalysator genau dosiert. Dann bringt man die erste Grundschicht auf, wobei man die Walze verwendet. Vor dem Trocknen des Kunstharzes bringt man die Glasfaser darauf, wozu man das gleiche Verfahren des Auflegens wie bei den Messingblechen der Rümpfe aus Metall anwendet. Die einzelnen Bestandteile müssen wenigstens 1 cm überlappen. Nun streicht man noch ein wenig Kunstharz darauf, wobei man die Rolle verwendet, deren Druck die Absorption von seiten der Glasfaser erleichtert. Gleichzeitig wird damit die Bildung von Luftblasen verhindert, die die Festigkeit des Rumpfes vermindern würden. Nach dem Trocknen des Kunstharzes zeigt der Rumpf auf der Oberfläche einige Unregelmäßigkeiten; man kann dann eine weitere Schicht Kunstharz auf die Oberfläche streichen, um ein besseres Schlichten zu gestatten. Ist diese letzte Schicht getrocknet, werden grobe Unregelmäßigkeiten beseitigt, danach wird der Rumpf mit Schleifpapier geschliffen. Beim Ausgleichen großer Lücken oder Unregelmäßigkeiten kann man ziemlich zähflüssiges Kunstharz verwenden, das wie Stuck mit dem Spachtel aufgetragen wird.

Um dem Rumpf eine bessere Steifigkeit zu verleihen, bringt man in Längsrichtung auf jeder Innenseite zwei Leisten an, die auch als Stütze für das Deck dienen. Bei größeren Rümpfen wird man Spanten einsetzen. Diese Verstärkungen werden mit dem gleichen Kunstharz eingeleimt. Das Lackieren erfolgt wie bei einem normalen Rumpf aus Holz oder Metall.

# KAPITEL VIII Fertigstellung der Schiffsmodellrümpfe aus Holz

Hat man die einzelnen Bearbeitungsphasen beim Bau der Rümpfe nach den verschiedenen Verfahren beendet, kommt man zur eigentlichen Fertigstellung der Oberflächen.

Das Fertigstellen der Oberfläche der Rümpfe aus Holz besteht in einer Reihe zusammengesetzter Arbeitsgänge, die eine besondere Technik und Erfahrung erfordern, die man sich durch die Praxis aneignet. Solche Arbeitsgänge sind: Ausbessern und Reparieren, Schaben, Vorstreichen, Spachtel- und Stuckarbeiten, Schleifen, Streichen und Lackieren.

## Ausbessern und Reparieren

Hierzu gehört das Ausbessern aller natürlichen Unvollkommenheiten des Holzes und der Fehler, die bei der Ausführung der Arbeiten mit den Schneidwerkzeugen gemacht wurden.

Die häufigsten Unvollkommenheiten des für Schiffsmodelle verwendeten Holzes sind *Risse* und *Äste*. Die Risse bessert man durch Einsetzen kleiner, mit Leim getränkter Keile aus. Die Äste, die man zweckmäßigerweise auf jeden Fall entfernt, zieht man, wenn ihr Durchmesser klein ist, mit dem Drillbohrer heraus, wonach man leicht einen mit Leim getränkten Dübel eindrücken kann. Wenn der Durchmesser der Äste größer ist, werden sie mit dem Meißel herausgeschlagen, wobei man so vorgeht, daß man rechtwinklige Löcher oder Öffnungen erhält, um geeignete Klötzchen einsetzen oder einschlagen zu können.

Auf die gleiche Weise geht man beim Ausbessern der Bearbeitungsfehler bis zu einer bestimmten Größe, wie Absplitterungen, Löcher und tiefe Beulen, vor. Natürlich müssen die Fasern der Dübel, Keile und Klötzchen in der gleichen Richtung wie bei dem auszubessernden Teil verlaufen. Das Ausbessern und Reparieren wird im allgemeinen an vollen Rümpfen und an Rümpfen aus übereinandergelegten Schichten ausgeführt; jedoch auch bei Rümpfen mit Beplankung, insbesondere bei Rümpfen ohne Edelholzbeplankung kann man, wie oben angegeben, vorgehen, um kleine Unvollkommenheiten zu beseitigen.

## Schaben

Das Schaben erfolgt mit dem *Ziehklinge* genannten Schlichtwerkzeug. Der Arbeitsgang hat den Zweck, die durch die anderen Schlichtwerkzeuge (Raspel, Schlichthobel usw.) verursachten Unebenheiten und Unvollkommenheiten zu beseitigen. Auch kleine Glasstückchen sind bei richtiger Anwendung für diesen Arbeitsgang sehr gut geeignet; er muß in Faserrichtung erfolgen und erfordert handwerkliche Geschicklichkeit. Das Schaben wird mit größter Vorsicht bei allen Rumpftypen aus Holz durchgeführt, vor allem bei kleinen Modellen und bei Rümpfen mit Beplankung.

## Vorstreichen und Spachteln

Die beiden Begriffe bezeichnen im wesentlichen denselben Arbeitsgang. Die Vorstreichfarbe ist ein mehr oder weniger flüssiger Stuck, er wird mit dem Pinsel aufgetragen, während die eigentliche Stuck- oder Spachtelmasse zähflüssig ist, modelliert und mit dem Spachtel aufgetragen werden kann.
Vor dem Vorstreichen und den Spachtelarbeiten wird die Oberfläche durch Aufbringen einer Flüssigkeit vorbereitet, die in das Innere des Holzes eindringt und dessen Poren ausfüllt. Die Vorstreichfarbe wird im allgemeinen bei Oberflächen aufgetragen, die farbig lackiert werden sollen, und bei Ornamenten der alten Schiffsmodelle, die vergoldet werden müssen. Das Vorstreichen und Spachteln kann farbig ausgeführt werden. Wenn die Rumpfoberfläche farbig lackiert wird, ist ihre Farbe ohne Bedeutung. Die Farbe ist jedoch notwendig, wenn man farblosen Lack verwendet; die Farbe muß dann genau gleich der des Holzes sein.
Es ist auch möglich, Lacke verschiedener Zusammensetzung aufzutragen. Dazu streicht man nach den Vorstreicharbeiten mit Isolierlack, anschließend kann man synthetische Lacke verwenden.
Wir betrachten im folgenden die verschiedenen Arten von Vorstreichfarben und Spachtelmassen, die im Schiffsmodellbau gewöhnlich verwendet werden.

**Vorstreichfarbe mit Weiß und Leim.** Man benutzt Hautleim oder Knochenleim (Tischlerleim), der sehr flüssig und mit Wismut vermischt ist. Diese Art des Vorstreichens wendet man an, um einen genügend festen Grund für die zu vergoldenden Verzierungen und Ornamente zu erhalten. Das Aufbringen wird ausgeführt, indem man mit einer Schicht leicht angewärmten Leims beginnt und dann mit drei oder vier Schichten steigender Dicke fortfährt. Jede Schicht wird sorgfältig geschliffen und überarbeitet. Wenn man bei kleinen Verzierungen keinen Pinsel nehmen kann, ist es ratsam, die Teile zwei- oder dreimal in die Vorstreichfarbe zu tauchen. Nach jedem Eintauchen, das dem Auftragen der Schichten mit dem Pinsel entspricht, schleift und bearbeitet man die entsprechenden Stellen.

**Kaolinvorstreichfarbe.** Diese Vorstreichfarbe eignet sich für Dicken bis zu 1 mm, man stellt sie aus Kaolin und einer 10%igen Lösung von Leim und Wasser her. Auch diese Vorstreichfarbe dient als Grund zum Spachteln oder Vergolden.

**Zellulose- und synthetische Vorstreichfarben.** Die Zellulosevorstreichfarben sind Nitrozelluloseverbindungen, die man mit einem Verdünnungsmittel löst. Die Nitrozellulosevorstreichfarbe ist nicht sehr verbreitet, weil sie bei zu vielen übereinanderliegenden Schichten zu Rissen führt.
Die synthetischen Vorstreichfarben sind für Fahrmodelle geeigneter. Für das Aufbringen mit dem Pinsel verdünnt man mit reinem Terpentinöl oder Terpentinessenz. Die Nitrovorstreichfarben und die synthetischen Vorstreichfarben werden schon in Form von Stuckmasse verkauft. Deshalb genügt es, sie bei ihrer Fertigstellung mit den angegebenen Arten von Verdünnungsmitteln anzurühren.
Eine ausgezeichnete Vorstreichfarbe für Fahrmodelle sind die Epoxydharze, die verdünnt auf die Rumpfoberfläche aufgetragen werden können und einen sehr zähen Untergrund bilden, auf dem man Nitro- oder synthetische Spachtelmasse auftragen

kann. Nach dem Aufstreichen solcher Harze muß man jedoch mit dem Pinsel eine Schicht Nitro- oder synthetische Vorstreichfarbe darüberbringen.

**Leimstuck.** Der Leimstuck ist im wesentlichen eine zähflüssige Vorstreichfarbe mit Weiß und Leim. Sie wird aus Haut- oder Knochenleim und Wismut, Kaolin oder Bologneser Gips hergestellt. Das erfolgt durch Kneten mit einem Spachtel; der Brei darf nicht zu fest sein. Man trägt ihn lauwarm mit dem Spachtel auf, er dient zum Ausbessern von Fehlern, zum Verschließen von Löchern und Rissen und zum Glätten der Oberflächen. Will man einen guten Leimgips mit Kaolin erhalten, so ist es zweckmäßig, etwas Wismut hinzuzufügen. Dieser Stuck wird besonders bei Rümpfen von Standmodellen aus Holz verwendet.
Die Leimstuckarten sind in den letzten Jahren vorteilhaft durch schon fertige Stuck- und Spachtelarten ersetzt worden; sie beruhen auf Vinyl- und Akrylharzgrundlage und eignen sich für alle Spachtelarbeiten an Holzteilen.

**Zellulosestuck und synthetische Stuckarten.** Wie wir sahen, setzen sich diese Spachtelarten wie die Vorstreichfarben aus mehreren Stoffen zusammen und stellen, entsprechend verdünnt, selbst Vorstreichfarben dar. Nitrospachtel verwendet man bei Standmodellen moderner Schiffe, synthetischen Spachtel bei Rümpfen von Fahrmodellen.

**Besondere Stuckarten.** Für besondere Ausbesserungen kann man leichten Stuck zubereiten, indem man den oben aufgeführten Stuckarten Korkpulver, Sägespäne oder Papiermasse hinzufügt. Solche Stuckarten werden verwendet, wenn starke Aufschichtungen notwendig sind. Darüber hinaus gibt es Stuck aus künstlichem Holz, der nach dem Trocknen Eigenschaften wie gewöhnliches Holz aufweist; man kann ihn sägen, hobeln, bohren usw.
Das künstliche Holz kann bei groben Bearbeitungsfehlern benutzt werden.
Schließlich gibt es mehrere Metallspachtel genannte Stuckarten. Diese ergeben nach dem Trocknen eine sehr harte, wie Metall bearbeitbare Schicht, sie werden hauptsächlich bei Rümpfen aus Metall verwendet.

## Schleifen

Das Schleifen hat den Zweck, vollkommen glatte oder gleichförmige Oberflächen zu erhalten, die ein einwandfreies Lackieren ermöglichen. Das Schleifen wird sowohl bei nicht von Spachtel oder Vorstreichfarbe bedeckten Oberflächen wie auch bei vollständig oder teilweise vorgestrichenen und verspachtelten Oberflächen vorgenommen.

**Schleifen von Holz.** Im allgemeinen wird ein grobes Schleifen, das den Sägearbeiten am Rumpf folgt, vor dem Vorstreichen vorgenommen. Wenn die Arbeit sorgfältig ausgeführt worden ist und keine groben Fehler festgestellt wurden, kann man unmittelbar an das endgültige Schleifen der Oberfläche gehen. Dieser Arbeitsgang wird bei Rümpfen mit Edelholzbeplankung, bei Rümpfen mit Innenbeplankung (mit Sperrholz verkleidete Spiegelheckrümpfe), bei Oberdecks mit Leisten oder aus Sperrholz ausgeführt.
Wenn statt dessen die Oberflächen einige durch Fehler oder Nachlässigkeiten bei der Arbeit verursachte Unregelmäßigkeiten aufweisen, muß man vor dem letzten Schleifen die Spachtelarbeit einschalten.
Das Schleifen des Holzes wird meistens trocken mittels *Glaspapier* oder *Sandpapier* ausgeführt; Sandpapier ist für weiches Holz geeigneter.

Bei den Schleifarbeiten geht man so vor, daß man die Körnigkeit des Papiers vom gröbsten bis zum feinsten abstuft. Das Holz wird in Faserrichtung geschliffen; bei feinkörnigem Papier kann man auch senkrecht zur Faserrichtung arbeiten.
Bei der Benutzung des Schleifpapiers arbeitet man mit einem *Schleifklotz;* es ist ein Hartholzquader nicht sehr großer Abmessungen (etwa 10 × 8 × 3 cm). Auf eine der beiden großen Seiten wird eine Korkfläche (Sohle) aufgeleimt, und auf diese bringt man das Schleifpapier. Dieses Werkzeug ermöglicht eine sorgfältige Schleifarbeit.

**Porenabdichten.** Es ist zweckmäßig, die Oberfläche der Rümpfe so zu behandeln, daß bei Weichholz ein weniger aufsaugender Untergrund und bei härteren Hölzern glattere Untergründe entstehen.
Wenn die Rümpfe farblos lackiert werden sollen, benutzt man etwas *Nitroporenverschließer,* der mit dem Pinsel aufgetragen und dann mit einem Tuch fest eingerieben wird.
Wenn die Rümpfe farbig lackiert werden sollen, streicht man vor allem bei Fahrmodellen zwei- oder dreimal mit gekochtem Leinöl vor. Jedesmal wird die Oberfläche sorgfältig angeschliffen. Damit der Lack besser haftet, muß das Öl gut eintrocknen. Den letzten Aufstrich muß man nach dem Schleifen mit einem Tuch abreiben, das zum Entfetten mit Verdünnung (Terpentin) getränkt ist.

**Schleifen des vorgestrichenen und gespachtelten Holzes.** Es ist schwierig, die Schiffsmodelle außer den Schmuckelementen, bei denen es, wie gesagt, notwendig ist, einen tragfähigen Grund für die Vergoldung zu schaffen, vollständig vorzustreichen und mit Stuck und Leim und französischem Stuck zu versehen. In diesem Fall wird die Arbeit so ausgeführt, wie beim Trockenschleifen des rohen Holzes angegeben.
Vollständig gespachtelte Modelle sind: Regattamodelle, Segelbarken mit geschichteten Rümpfen ohne Edelholzbeplankung, Rennboote, ferngesteuerte Boote, allgemeine Fahrmodelle, Modelle moderner Schiffe, Metallrümpfe.
Nach einem kurzen Schleifen, wie im vorigen Abschnitt angegeben, wird der Rumpf zuerst mit Porenverschlußlack oder durch zwei- oder dreimaliges Streichen mit gekochtem Leinöl und Entfetten mit in Verdünnung oder Terpentin getauchten Lappen vorbereitet.
Verwendet werden synthetische oder Nitrospachtelarten, wobei die synthetischen auf jeden Fall die besseren sind. Zuerst streicht man die Rumpfoberfläche einmal oder besser zweimal mit dem Pinsel vor und legt dann die Spachtelmasse mit dem Spachtel auf. Das Schleifen der Oberflächen erfolgt dann mit Wasser unter Verwendung wasserfesten Schleifpapiers. Um eine gute Bearbeitung zu erreichen, läßt man die aus größeren Blättern ausgeschnittenen kleinen Blätter einige Zeit im Wasser weichen.
Die kleinen Blätter werden dann gefaltet und leicht eingeseift. Während des Schleifens taucht man das Schleifpapier oft in Wasser und beseitigt die Spuren der Bearbeitung mit einem Schwamm. Man denke daran, daß das Wasser dem Schleifpapier eine stärker beizende Wirkung verleiht und Überreste entfernt. Die verwendete Seife erleichtert die Schleifarbeit ebenfalls.
Das Schleifen wird fortgesetzt, bis die Oberflächen einwandfrei sind. An den sich als nicht einwandfrei erweisenden Punkten trägt man von Mal zu Mal neue Spachtelmasse auf und glättet sie durch erneutes Schleifen. Gerade von dieser Arbeit hängt das Gelingen des Lackierens ab, das bei Rümpfen von Regattamodellen besonders sorgfältig erfolgen muß. Die Metallrümpfe werden auf die gleiche Art behandelt.

## Einfärben

Unter Einfärben versteht man die Veränderung der natürlichen Farbe des Holzes durch andere Farben, mit denen man Edelhölzer nachahmt. Das Einfärben wird bei den Schiffsmodellen nach dem Schleifen der Oberfläche ausgeführt.
Bei den Modellen alter Schiffe wird das Einfärben auf der Beplankung ausgeführt, um deren Farbe zu verändern. In der Praxis verwendet man meistens Nußbaumleisten, denen man eine rötlich-hellbraune Farbe, ähnlich der der Eiche geben muß, deren Holz bekanntlich das im Schiffbau verbreitetste war. Hierzu kann man Beizen verwenden, die im Handel leicht zu erhalten sind. Sie müssen je nach ihrer chemischen Zusammensetzung in warmem Wasser, denaturiertem Alkohol oder Terpentinessenz gelöst werden. Es ist ratsam, Wasserbeizen zu verwenden, die schon in einer großen Anzahl von Grundfarben vorhanden und untereinander mischbar sind, so daß man über die schon zusammengestellten Farben der verschiedenen Hölzer hinaus mehrere Farbabstufungen erhält.
Die Beizen werden in warmem Wasser gelöst und mit dem Pinsel aufgetragen. Die Zusammensetzung solcher Farbstoffe hat den Nachteil, daß kleine, faserartige Teilchen entstehen. Deshalb ist es nach dem Trocknen notwendig, nochmals zu schleifen. Auch die Vorstreichfarben und die Spachtelmassen sind in dem von uns erörterten Fall zu tönen. Der Farbton der Vorstreichfarben und des Spachtels muß der Farbe des verwendeten Holzes möglichst nahekommen. Er wird erzielt, indem man den einzelnen Ansätzen die oben angegebenen Beizen hinzufügt.
Entsprechend kann man bei den mit farblosem Lack gestrichenen Rümpfen der Fahrmodelle, insbesondere der Motorboote und Segelschiffsmodelle mit Spiegelheck, vorgehen. In diesem Fall benutzt man für die Beplankung Sperrholz, das meistens mahagonifarben sein muß, da dieses Holz gewöhnlich für solche Schiffe verwendet wird. Die Oberflächen dieser Rümpfe werden deshalb mit Mahagonibeizen behandelt und danach sorgfältig geschliffen.
Die Farbe des Holzes kann schließlich auf der Deckbeplankung aus Sperrholz oder aus Leisten, die nicht aus Edelholz sind, auf den Deckaufbauten usw. aufgetragen werden.

## Lackieren

Die Rümpfe der Modelle alter Schiffe mit oder ohne Beplankung werden meistens farbig lackiert. Man verwendet vorzugsweise glanzlose oder mattglänzende Decklacke, die entsprechend verdünnt sind, um eine zu dicke Außenhaut zu vermeiden. Es genügt zwei- oder dreimaliges Streichen, wobei das erstemal stark verdünnt wird. Für kleine Modelle, für Schmuck, Verzierungen und Einzelheiten eignen sich am besten Temperafarben. Die Farbgebung der Modelle wird gemäß den Angaben der Zeichnung ausgeführt.
Die Rumpfoberfläche von Modellen alter Schiffe mit Beplankung, die nicht farbig lackiert wird, muß man einfärben, um das bei den Schiffen verwendete Holz nachzuahmen. Das Spachteln von Unebenheiten muß sorgfältig mit getöntem Stuck erfolgen.
Dann lackiert man normalerweise mit Wachs. Es wird von farblosen Lacken, die im allgemeinen dicke Schichten bilden, abgeraten. Man verwendet ungereinigtes, gebleichtes Wachs, *weißes Wachs* genannt, das warm aufgetragen wird. Das Wachs wird mit Hilfe einer heißen Eisenplatte geschmolzen, und man läßt es auf die Oberfläche tropfen.
Man geht dann mit demselben Eisen, das die richtige Temperatur haben muß, über die Oberfläche, so daß die Tropfen aufgelöst werden und das Wachs in das

Holz eindringt. Mit einem Holzspachtel schabt man überschüssiges Wachs von der Oberfläche ab. Dann streicht man mit einer weichen Bürste darüber und wischt schließlich mit einem aus Tuch hergestellten Tupfer darüber.

**Lackieren mit farblosen Lacken.** Bei den allgemeinen Fahrmodellen (Nachbildungen von Segelschiffen, Barkassen) und bei den Segelregattamodellen mit Edelholzbeplankung (Mahagoni, Teak, Zeder usw.) oder Motorregattamodellen (Motorbooten) verwendet man farblose Lacke. Der beste farblose Lack ist der *Schleiflack,* da er den Vorzug hat, genügend elastisch zu sein und geschliffen werden zu können.
Heute gibt es Zweikomponenten-*Polyuretanlacke,* die sehr elastisch sind und den Schleiflack sehr gut ersetzen.
Bevor man den Schleiflack aufträgt, kann man die vorher bearbeitete, gespachtelte und geschliffene Oberfläche ein- oder zweimal mit gekochtem Leinöl streichen, wonach mit Schleifpapier geschliffen und mit Verdünnung oder Terpentinessenz entfettet wird. Jede Schleiflackschicht muß mit Schleifpapier und Wasser geschliffen werden. Es genügt dreimaliges Lackieren, um eine gute und spiegelglatte Oberfläche zu erhalten.
Will man der Oberfläche mehr Glanz geben, kann man sie im *Polierverfahren* behandeln, das im Einreiben der Oberfläche mit Schleifpaste mittels Wollabfällen und schließlich im Polieren mit Polierflüssigkeit unter Verwendung eines Wollknäuels besteht.
Wenn man den Schleiflack auch bei Rümpfen von Fahrmodellen mit einer nicht aus Edelholz bestehenden Beplankung verwenden will, müssen sie gestrichen und farbig gespachtelt sein, ehe man den farblosen Lack auf die angegebene Weise aufträgt. Eine solche Behandlung ist für diese Modelltypen jedoch nicht ratsam, da der Werkstoff keine ausreichende Widerstandsfähigkeit bietet. Es ist vorzuziehen, nach einer geeigneten Behandlung der Oberfläche farbige Lacke zu verwenden und die synthetischen Lacke bei Standmodellen zu benutzen. Farbloser Lack wird jedoch für Oberdecks und Deckaufbauten verwendet.

**Lackieren mit farbigen Lacken.** Der synthetische Lack ist zum Lackieren der Fahrmodelle am geeignetsten. Am besten sind die thixotropischen Lacke, die man mit dem Pinsel auftragen kann. Der synthetische Lack wird vorzugsweise mit langsam trocknender Terpentinessenz verdünnt. Bei Rümpfen der Standmodelle moderner Schiffe aus Holz oder Metall kann man nach dem Spachtelvorgang lackieren. Es genügt zwei- oder dreimaliges Streichen, um sehr guten Erfolg zu erzielen.
Bei allgemeinen Fahrmodellen, Regattamodellen mit Segeln oder mit Motor wird das Lackieren auf der gespachtelten Rumpfoberfläche ausgeführt.
Die erste Schicht wird am stärksten verdünnt, die folgenden weniger. Jede Schicht wird sorgfältig mit in Seifenwasser getränktem Schleifpapier bearbeitet. Wenn zwischen einer Schicht und der anderen Fehler auftreten oder die Oberfläche nicht vollkommen gleichmäßig ist, hilft man durch Spachteln ab. Die Anzahl der Schichten hängt vom Grad der Endbearbeitung ab, den man erzielen will, und von der Vorbereitung des Untergrundes der Oberfläche. Im allgemeinen sind für ein einwandfreies Gelingen 4 oder 5 Lackschichten erforderlich. Da man jede Schicht schleift, kann die fertige Schicht natürlich keine große Dicke haben. Der letzte Anstrich erfolgt gewöhnlich verdünnt. Man verwendet weiche Pinsel, und es ist ratsam, in einer sauberen, staubfreien Umgebung zu arbeiten.
Ist der letzte Lackanstrich gut getrocknet, behandelt man ihn mit Schleifpaste, um ihm mehr Glanz zu verleihen; abschließend wird er mit flüssiger Politur poliert.
Die Rümpfe der allgemeinen Fahrmodelle und der Regattamodelle werden wie die richtigen Schiffe zweifarbig lackiert. Eine Farbe reicht bis zur Konstruktionswasserlinie (Unterwasserschiff), die andere von der Konstruktionswasserlinie bis zum

Schiffsrand. Überlieferungsgemäß ist das Unterwasserschiff grün oder rot, der Überwasserteil bei Modellen von Segelschiffen und Barkassen weiß. Wenn die Beplankung dagegen sichtbar ist, streicht man das Unterwasserschiff grün, und die Außenhaut bleibt holzfarben. Natürlich bleibt es dem Geschmack des Modellbauers überlassen, welche Farben er verwendet. Die Regattamodelle mit Segeln und mit Motor (Rennboote) bemalt man meistens einfarbig, um die Arbeit zu erleichtern. Für Rümpfe aus Metall gelten die gleichen Ratschläge und dieselben allgemeinen Richtlinien.
Zum Zeichnen der Konstruktionswasserlinie, die die beiden Farbzonen voneinander trennt, bedient man sich eines einfachen Kunstgriffs. Zuerst beendet man das Lackieren einer Rumpfhälfte. Gewöhnlich lackiert man zuerst den Überwasserteil (weiß). Statt dessen streicht man die ersten Male den ganzen Rumpf mit weißem Lack, wenn dessen Außenhaut keine sichtbare, naturfarbene Beplankung hat. Dann erfolgt das Zeichnen der Konstruktionswasserlinie. Das Unterwasserschiff streicht man einmal oder höchstens zweimal; abschließend poliert man den ganzen Rumpf.
Zum Zeichnen besagter Linie stellt man das Modell mit dem Kiel nach unten auf einen vollkommen ebenen Tisch und hält es dabei mit behelfsmäßigen Stützen senkrecht (Abb. *260*).

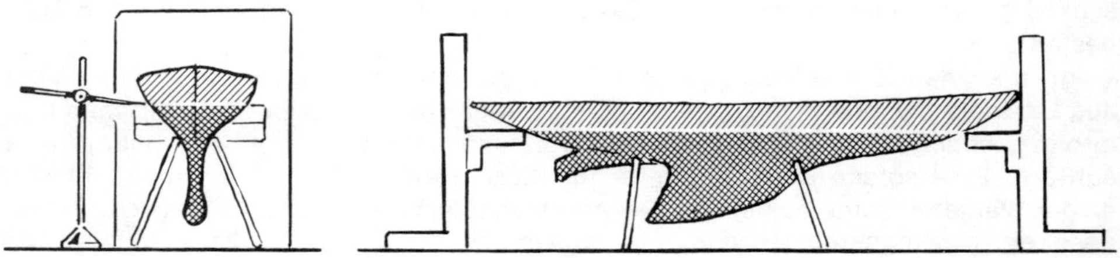

Abb. 260. *Zeichnen der Konstruktionswasserlinie*

Man bringt Bug und Heck in ein Meßgestell und entnimmt die Höhe der Konstruktionswasserlinie der Zeichnung. Sie wird auf die Enden des Rumpfes gezeichnet. Die Arbeit wird mit einer in Querrichtung angesetzten Wasserwaage überwacht. Hat man den Rumpf befestigt und mit einer Wasserwaage auch die waagerechte Lage kontrolliert, zeichnet man die Konstruktionswasserlinie mit dem Vorreißer. An diesem kann man einen Bleistift oder eine Reißnadel befestigen. Bei Modellen ohne Kielflosse genügt es, den Kiel des Modells unmittelbar auf dem Tisch anzubringen.
Hat man die Konstruktionswasserlinie gezeichnet, bringt man parallel zu ihr auf dem lackierten Rumpfteil einen Streifen Klebeband an, wie man es beim Lackieren verwendet, um Ungenauigkeiten beim Lackieren der zweiten Rumpfhälfte zu vermeiden. Dann bringt man die Lackschicht auf. Nach erfolgter Trocknung braucht man nur das Band abzuziehen, und es ergibt sich eine einwandfreie Linie.
Das Lackieren der Decks von Regattamodellen mit Segeln oder mit Motor oder von allgemeinen Fahrmodellen, bei denen das Holz meistens sichtbar ist, erfolgt nach den schon beim Aufbringen des Schleiflacks beschriebenen Richtlinien. Es wird jedoch eine größere Sorgfalt empfohlen, damit die Oberflächen vollkommen wasserdicht werden. Auf die gleiche Art werden die Deckaufbauten, Masten usw. behandelt.
Bei den allgemeinen Fahr- oder Regattamodellen ohne Edelholzbeplankung wird zu der folgenden Behandlung geraten, um ihr Gefüge besonders widerstandsfähig zu machen:

Die Rumpfoberfläche wird mit Seide (japanische Seide) verkleidet, die sorgfältig so aufgebracht werden muß, daß sie auf der Oberfläche so gut wie möglich haftet. Die Seide muß angefeuchtet aufgebracht und mit Nadeln befestigt werden. Nach dem vollständigen Trocknen trägt man auf der mit Seide bedeckten Oberfläche des Rumpfes eine Schicht verdünntes Epoxydharz auf. Nach dem Trocknen des Harzes kann man mit den Spachtel- und Lackierarbeiten, wie oben beschrieben, fortfahren. Von dieser Behandlung sind natürlich die in Schichten gebauten Rümpfe ausgeschlossen.

## Pinsel

Bei allen Lackierarbeiten ist es ratsam, sehr weiche und feine Pinsel und Pinselchen verschiedener Größe, je nach der zu behandelnden Oberfläche, mit genügend langen Haaren zu verwenden. Die besten Pinsel haben Iltis- oder Eichhörnchenhaare. Zum Vorstreichen und für die groben Arbeiten kann man gewöhnliche Borstenpinsel verwenden. Außer dem Pinsel kann man für das Lackieren mehrere Arten von Spritzgeräten oder schon in Flaschen abgefüllten Sprühlack verwenden.

## Behandlung der Innenflächen

Bei den Modellen alter Schiffe ist es zweckmäßig, für alle Fälle auch die Innenflächen zu schützen. Deshalb empfiehlt es sich bei geschichteten Rümpfen, einmal mit gekochtem Leinöl und dann ein- oder zweimal mit Ölfirnis oder synthetischem Lack zu streichen.
Wenn der Rumpf 1 m lang und länger ist, kann man, um das Ganze zu festigen, eine Schicht leichter Leinwand mit Klebstoff daraufleimen und dann einmal mit Lack streichen.
Bei allen Rümpfen von Fahrmodellen aus Holz ist der Schutz des Innern unerläßlich. Es gibt verschiedene Verfahren, vor allem empfiehlt es sich jedoch, einmal mit heißem Leinöl zu streichen. Dann kann man mit Ölfirnis oder synthetischem Lack, mit Schleiflack oder Zweikomponenten-Polyuretanlacken lackieren.
Diese letzteren bilden, außer daß sie das Holz schützen, einen glasartigen Film, der das Gefüge kräftigt; gleichzeitig sind sie wasserabstoßend. Bei Rümpfen mit Beplankung, insbesondere mit Holzleisten, empfiehlt es sich, innen etwas Seide aufzuleimen und Epoxydharz daraufzubringen. Die Rümpfe aus Metall werden innen durch Lackanstriche geschützt.

## Vergolden

Die Verzierungen und die Ornamente, die im allgemeinen vergoldet werden, behandelt man zuerst mit Leimfarben, wobei man für große Elemente den Pinsel nimmt und kleine Teile eintaucht.
Nach dem vollständigen Trocknen der Vorstreichfarbe streicht man auf die zu vergoldenden Teile ein Bindemittel, damit das Blattgold und das Goldpulver haften. Zum Vergolden verwendet man am besten Gold in sehr dünnen Blättchen von 0,000 01 mm. Die Blattgoldstückchen müssen in einem bestimmten Abstand voneinander aufgelegt werden, damit sie sich nicht vermengen und zerreißen. Die Zwischenräume werden dann mit anderen Blättchen gefüllt, bis die Oberfläche vollständig bedeckt ist; abschließend muß das Ganze mit einem sehr weichen Pinsel überbürstet werden.

Man kann falsches Gold in Form von Blättchen verwenden, wovon es verschiedene Arten gibt, oder noch besser als Pulver. Das pulverförmige Gold wird mit einem weichen, kurzhaarigen Pinsel aufgetragen; man taucht den Pinsel in das Goldpulver und schüttelt ihn so, daß das Pulver auf die Oberfläche fällt. Das Bürsten erfolgt mit dem leicht in den Goldstaub getauchten Pinsel, so daß das Gold auch in etwaige Risse eindringen kann.

Zuletzt werden die vergoldeten Teile mit in Wasser oder Alkohol gelösten Schutzlacken überzogen, die man fertig kaufen kann. Ein solcher Schutz ist beim Vergolden mit falschem Gold unerläßlich, weil es oxydiert und leicht seinen Glanz verliert. Zum Schutz der Verzierungen und der Deckaufbauten aus Messing verwendet man am besten farblose Lacke in Sprühfläschchen.

## Stapelschlitten

Während des Baus und der Ausrüstung mit den Deckaufbauten wird der Rumpf auf einer Halterung gelagert. Diese nennt man *Stapelschlitten* oder *Ablaufschlitten;* man begnügt sich während der Ausrüstung mit einem behelfsmäßigen Stapelschlitten und gibt ihm erst nach Fertigstellung des Modells seine endgültige Form. Abb. *261a, b, c, d, e, f* zeigt verschiedene Grundtypen von Stapelschlitten für Fahrmodelle und Modelle alter Schiffe.

Es empfiehlt sich, den Rumpf mit Stoff oder Gummi zu schützen, die an den Berührungsflächen des Schlittens mit dem Modell befestigt werden.

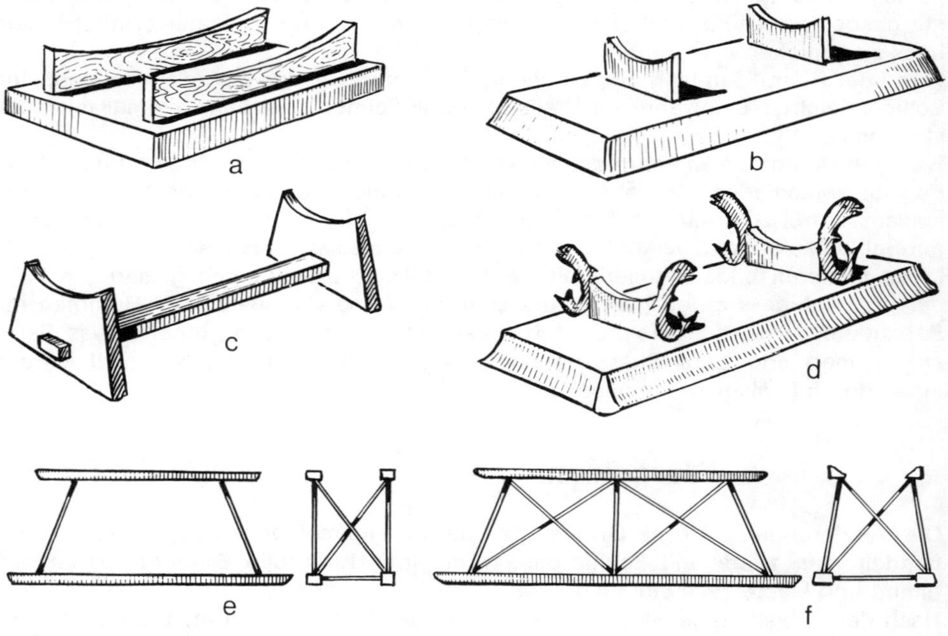


Abb. 261. *Verschiedene Arten von Stapelschlitten*

a) b) *behelfsmäßige Stapelschlitten für Modelle zum Ausrüsten;* c) d) *Stapelschlitten für Modelle alter und moderner Schiffe;* e) f) *Stapelschlitten für Segelregattamodelle oder allgemeine Fahrmodelle mit Segeln*

# ZWEITER TEIL

# KAPITEL IX Bemastung

Unter der Bemastung versteht man die Art, ein Schiff mit Masten zu versehen, die in bestimmten Verhältnissen zueinander stehen und bestimmte Maße und Formen aufweisen.
Es gibt Latein-, Gaffel-, Rahsegelbemastungen, senkrechte, geneigte Bemastungen usw. Unter der Bemastung eines Schiffes versteht man auch die Gesamtheit der vollständig ausgerüsteten Masten. Man unterscheidet verschiedene Bemastungsarten: *Bemastung mit Mastkorb, Marssegelbemastung* (wenn Masten vorhanden sind, die diese Art Segel tragen), *fliegende* (falsche) *Bemastung, zusammengesetzte Bemastung, Bemastung mit nur einem Mast, Hilfsbemastung, gefierte Bemastung* (mit gefierten Stengen) usw. Darüber hinaus gibt man auch den Schiffstyp zur Bezeichnung der besonderen Anordnung und Zahl der Masten und Rahen an: *Briggbemastung, Schonerbemastung* usw.
Bei den Segelschiffen hat die Bemastung den Zweck, die größte Antriebskraft zu ermöglichen, die sich aus der dem Wind gebotenen Segelfläche ergibt.
Die Bemastung der modernen Schiffe, sowohl der Handels- wie auch der Kriegsschiffe, hat den Zweck, Antennen, Funkgeräte, Signalausrüstungen, Flaggen und Ladebäume zu tragen.

## Masten

Die Masten sind meist längliche, zylindrische Körper aus Holz oder Stahl, die mehr oder weniger senkrecht zur Symmetrieachse des Schiffes angeordnet sind. Die Masten der Segelschiffe tragen Rahen oder andere Segelstangen mit den Segeln.
Die Schiffe des Altertums hatten nur einen Mast mit nur einem Segel. Mit dem Fortschreiten der Schiffbaukunst und der Vergrößerung der Schiffe wurde auch die Zahl der Masten auf zwei bis drei oder vier vergrößert, von denen jeder zwei oder drei Segel trug. Die Unterteilung der Segel gestattete trotz der Vergrößerung der Gesamtfläche die Bedienung auch mit zahlenmäßig beschränkter Mannschaft. Die Praxis und die allgemeine Erfahrung führten zu drei senkrechten und einem schrägen (fast waagerechten) Mast am Bug (Abb. *262*).
Der größte Mast, von Schiffsmitte aus etwas heckseitig, heißt *Großmast.* Bei den Schiffen mit zwei Masten befindet sich der Großmast heckwärts.
Der bugwärts befindliche Mast heißt *Fockmast.* Nur wenn sich der Fockmast fast in der Mitte eines Schiffes mit zwei Masten befindet, heißt er auch *Großmast.*
Der kleinere, heckseitig befindliche Mast heißt *Kreuzmast.* Wenn dieser nicht voll getakelt ist, nennt man ihn *Besanmast.*
Die Schiffe des 15. und 16. Jahrhunderts fuhren noch einen vierten, von den Engländern *bonaventure* genannten Mast.

Früher hießen die Masten nach ihrem Standort: *Bugmast, Mittelmast, Hintermast.* Bei den Galeonen lag der Bug- oder Fockmast vor der Back. Ein nicht senkrechter Bugmast, der schräg nach vorn ragt, heißt *Bugspriet.* Der Winkel, den er zur Waagerechten bildet, beträgt bei den modernen Segelschiffen etwa 20 Grad, bei den älteren Schiffen und Galeonen jedoch etwa 36 Grad.
Die Masten können bei kleinen Segelschiffen aus einem Stück bestehen. Bei den meisten alten und neuen Schiffen sind es jedoch drei Teile, die zweckgerecht miteinander verbunden und abmontierbar sind. Das untere, dickere Stück, das unmittelbar mit dem Schiff verbunden ist, heißt *Unterteil des Mastes* oder *Untermast.* Das unmittelbar darüber befindliche, abnehmbare Teil heißt *Marsstenge;* das dritte, ebenfalls abnehmbare Stück darüber nennt man *Bramstenge* (früher *Royal-* und *Skysegelstenge*) (Abb. *263*). Die genauen Bezeichnungen dieser drei Teile richten sich dann nach dem betreffenden Mast.

Abb. 262. *Bemastung und Tauwerk eines Segelschiffes mit größtmöglicher Anzahl Segel*
*1. Fockmast, 2. Großmast, 3. Kreuzmast, 4. Unterfockmast, 5. Vormarsstenge, 6. Vorbramstenge, 7. Vorroyalstenge, 8. Vorskysegelstenge, 9. Flaggentopp der Vorskysegelstenge, 10. Untergroßmast, 11. Großmarsstenge, 12. Großbramstenge, 13. Großroyalstenge, 14. Großskysegelstenge, 15. Flaggentopp der Großskysegelstenge, 16. Unterkreuzmast, 17. Kreuzmarsstenge, 18. Kreuzbramstenge, 19. Kreuzroyalstenge, 20. Kreuzskysegelstenge, 21. Flaggentopp der Kreuzskysegelstenge, 22. Flaggenknopf, 23. Bugspriet, 24. Klüverbaum, 25. Außenklüverbaum, 26. Stampfstock, 27. Fockrah, 28. Voruntermarsrah, 29. Vorobermarsrah, 30. Vorunterbramrah, 31. Voroberbramrah, 32. Vorroyalrah, 33. Vorskysegelrah, 34. Großrah, 35. Großuntermarsrah, 36. Großobermarsrah, 37. Großunterbramrah, 38. Großoberbramrah, 39. Großroyalrah, 40. Großskysegelrah, 41. Kreuzrah, Begienrah, 42. Kreuzuntermarsrah, 43. Kreuzobermarsrah, 44. Kreuzunterbramrah, 45. Kreuzoberbramrah, 46. Kreuzroyalrah, 47. Kreuzskysegelrah, 48. Besanbaum, 49. Besangaffel, 50. Flaggengaffel, 51. Ausleger, Ausrigger, 52. Fockwanten, 53. Vorstengewanten, 54. Vorbramwanten, 55. Großwanten, 56. Großstengewanten, 57. Großbramwanten, 58. Kreuzwanten, 59. Kreuzstengewanten,60. Kreuzbramwanten, 61. Vorstengepardunen, 62. Vorbrampardunen, 63. Vorroyalpardunen, 64. Vorskysegelpardunen, 65. Großstengepardunen, 66. Großbrampardunen, 67. Großroyalpardunen, 68. Großskysegelpardunen, 69. Kreuzstengepardunen, 70. Kreuzbrampardunen, 71. Kreuzroyalpardunen, 72. Kreuzskysegelpardunen, 73. Fockstag, 74. Vorstengestag, 75. Klüverleiter, 76. Vorbramstag, 77. Außenklüverleiter, 78. Vorroyalstag, 79. Vorskysegelstag, 80. Großstag, 81. Großstengestag, 82. Großbramstag, 83. Großroyalstag, 84. Großskysegelstag, 85. Kreuzstag, 86. Kreuzstengestag, 87. Kreuzbramstag, 88. Kreuzroyalstag, 89. Kreuzskysegelstag, 90. Außenklüverstampfstag, 91. Klüverstampfstag, 92. Stampfstockgeien, 93. Wasserstage, 94. Toppnanten, 95. Vormarstoppnanten, 95. Großmarstoppnanten, 97. Kreuzmarstoppnanten, 98. Vorbramtoppnanten, 99. Großbramtoppnanten, 100. Kreuzbramtoppnanten, 101. Vorroyaltoppnanten, 102. Großroyaltoppnanten, 103. Kreuzroyaltoppnanten, 104. Vorskysegeltoppnanten, 105. Großskysegeltoppnanten, 106. Kreuzskysegeltoppnanten, 107. Besangaffelgeere, 108. Laufstage, 109. Fockbrassen, 110. Großbrassen, 111. Begienbrasse, 112. Voruntermarsbrassen, 113. Vorobermarsbrassen, 114. Vorunter- und Voroberbrambrassen, 115. Vorroyalbrasse, 116. Vorskysegelbrassen, 117. Großuntermarsbrasse, 118. Großobermarsbrasse, 119. Großunterbrambrasse, 120. Großoberbrambrasse, 121. Großroyalbrasse, 122. Großskysegelbrasse, 123. Kreuzuntermarsbrasse, 124. Kreuzobermarsbrasse, 125. Kreuzunterbrambrasse, 126. Kreuzoberbrambrasse, 127. Kreuzroyalbrasse, 128. Kreuzskysegelbrassen, 129. Brassenschenkel, 130. Marsen, 131. Quersaling, 132. Eselshaupt*

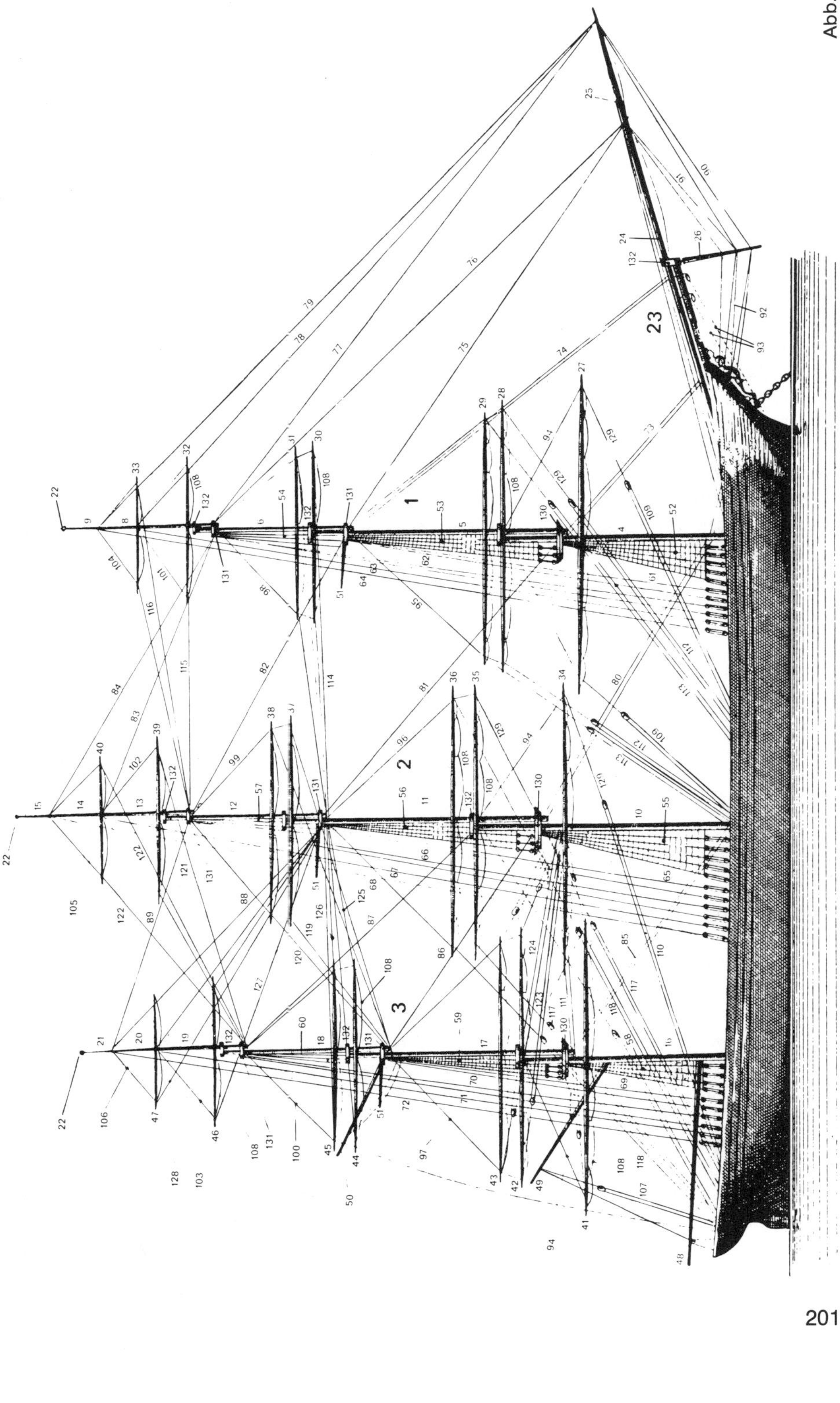

Abb. 262

Der Großmast besteht aus dem *Untermast*, der *Großmarsstenge* oder *Großen Stenge* und der *Großbramstenge.* Diese letztere unterteilt man in zwei Teile, den unteren nennt man *Großbramstenge* und den oberen Teil *Großoberbramstenge.* (Früher nannte man das Oberteil *Großroyalstenge* und *Großskysegelstenge.*)

Der Fockmast besteht aus dem *Fockuntermast*, der *Vormarsstenge* oder *Vorstenge* und der *Vorbramstenge.* Diese letztere unterteilt sich in zwei Teile; der untere Teil heißt *Vorbramstenge* und der obere *Voroberbramstenge.* (Früher hieß der obere Teil *Vorroyalstenge* und *Vorskysegelstenge.*) Bevor man die Bramstengen aus einem Stück herstellte, wodurch sie eine bestimmte Festigkeit und Widerstandsfähigkeit erhielten, trugen sie eine weitere, dünnere Stenge als Flaggentopp. Der Ausdruck „Masttopp" bezeichnete dann das Oberteil der aus einem Stück bestehenden Bramstenge. Das Ende aller Stengen aus nur einem Stück hieß ebenfalls Masttopp. Bei den Handelsschiffen war der Flaggentopp ziemlich kurz, während er bei den Kriegsschiffen lang war, damit man Flaggen und Signale an ihm anbringen konnte. Auch in jüngster Zeit verwendeten einige Segelschiffe mit großen Abmessungen vierteilige Masten.

Der Kreuzmast besteht aus dem *Kreuzuntermast*, der *Kreuzmarsstenge* und der *Kreuzbramstenge;* diese letztere unterteilt sich in zwei Teile, das untere heißt *Kreuzbramstenge*, das obere *Kreuzoberbramstenge.* (Diese nannte man früher auch *Kreuzroyalstenge* und *Kreuzskysegelstenge.*)

Der Buspriet besteht aus dem *Bugspriet*, dem *Klüverbaum* und dem über den Klüverbaum gelegten *Außenklüverbaum.* Bei Holzschiffen bestehen der Klüverbaum und der Außenklüverbaum oft aus einem einzigen Teil. Bei den alten Schiffen bestand der Bugspriet aus dem eigentlichen Bugspriet und dem Klüverbaum.

Abb. 263. *Bemastung und Tauwerk eines Kriegsschiffes des 18. Jahrhunderts*

*1. Fockmast, 2. Großmast, 3. Kreuzmast, 4. Untermast des Fockmastes, 5. Vormarsstenge, 6. Vorbramstenge, 7. Vorroyalstenge oder Oberbramstenge (Flaggentopp) des Fockmastes, 8. Untermast des Großmastes, 9. Großmarsstenge, 10. Großbramstenge, 11. Großroyalstenge (Flaggentopp des Großmastes), 12. Untermast des Kreuzmastes, 13. Kreuzmarsstenge, 14. Kreuzbramstenge, 15. Kreuzroyalstenge (Flaggentopp), 16. Fockrah, 17. Großrah, 18. Kreuzrah (Begienrah), 19. Vormarsrah, 20. Großmarsrah, 21. Kreuzmarsrah, 22. Vorbramrah, 23. Großbramrah, 24. Kreuzbramrah, 25. Vorroyalrah, 26. Großroyalrah, 27. Kreuzroyalrah, 28. Besanbaum, 29. Besangaffel, 30. Bugspriet, 31. Klüverbaum, 32. Blinderah, 33. Stagspiere, 34. Bugsprietflaggenstock, 35. Flaggenstock, 36. Fockwanten, 37. Großwanten, 38. Kreuzwanten, 39. Vormarswanten, 40. Großmarswanten, 41. Kreuzmarswanten, 42. Vorbramwanten, 43. Großbramwanten, 44. Kreuzbramwanten, 45. Vormarspardunen, 46. Vorbrampardunen, 47. Vorroyalpardunen, 48. Großmarspardunen, 49. Großbrampardunen, 50. Großroyalpardunen, 51. Kreuzmarspardunen, 52. Kreuzbrampardunen, 53. Kreuzroyalpardunen, 54. Fallen der Gaffel, 55. Fockstag, 56. Fockborgstag, 57. Vormarsstag, 58. Vormarsborgstag, 59. Vorbramsegelbulins, 60. Vorbramstag, 61. Vorroyalstag, 62. Toppstag, 63. Großstag, 64. Großborgstag, 65. Großstengestag, 66. Großstengeborgstag, 67. Großbramstag, 68. Toppstag, 69. Kreuzstag, 70. Kreuzborgstag, 71. Kreuzstengestag, 72. Kreuzroyalstag, 73. Toppnanten, 74. Stagtakel, 75. Kreuzmastwinde, 76. Besanbaumnant, 77. Vormarssegelbulins, 78. Focksegelbulins, 79. Großsegelbulins, 80. Großmarssegelbulins, 81. Royalsegelbulins, 82. Kreuzbramsegelbulins, 83. Kreuzroyalsegelbulins, 84. Brassen, 85. Schoten der Untermastsegel, 86. Halsen, 87. Außenklüverstampfstag, 88. Wasserstage, 89. Ankertau, 90. Gaffelgeere, 91. Besanbaumtalje, 92. Penterbalken, 93. Laufstage*

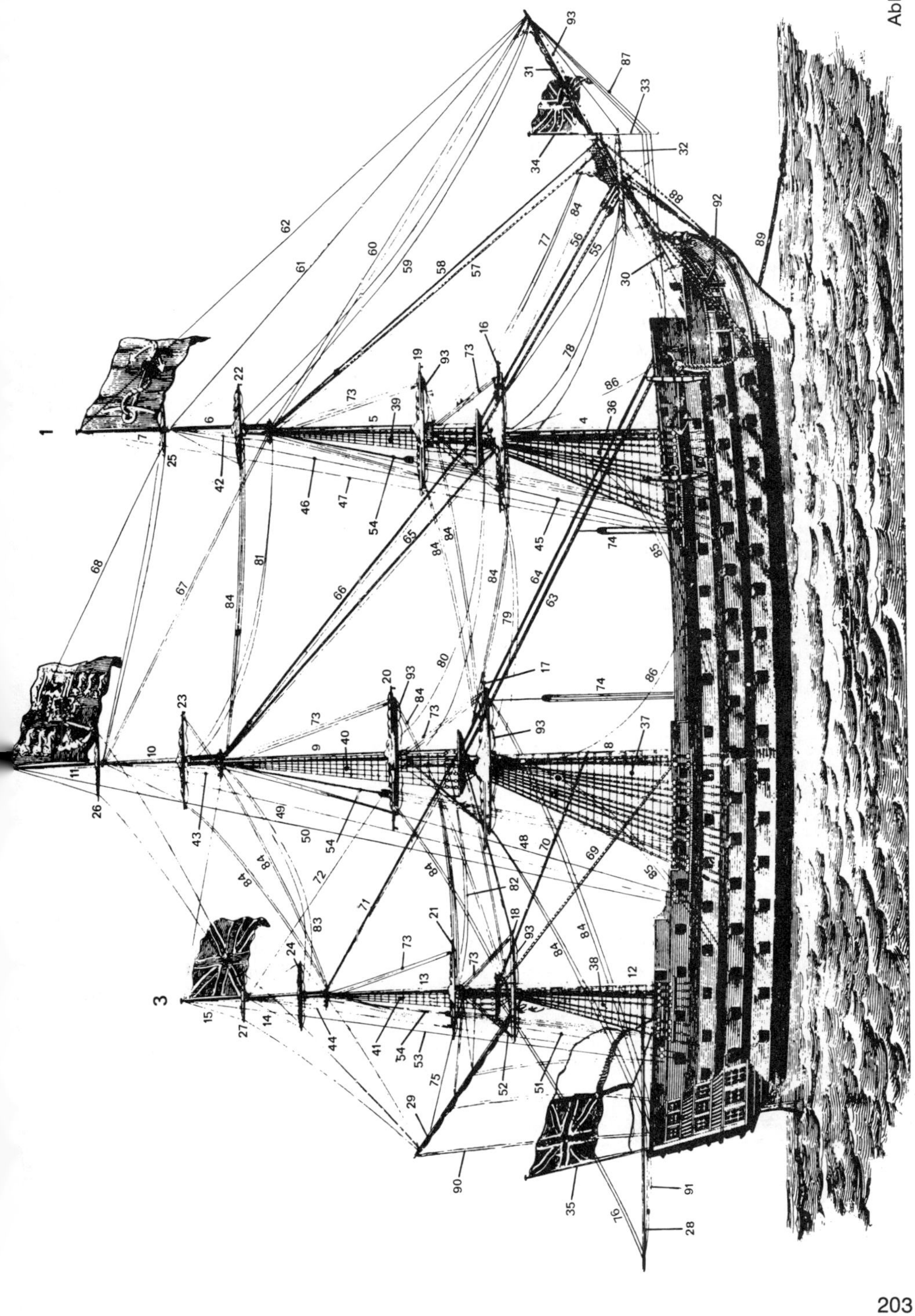

Abb. 263

Außer diesen Masten gibt es die *Winterstenge,* mit der man bei schwierigen Fahrten die Bramstengen ersetzte, wollte man nur ein Segel verwenden und dem Wind weniger Angriffsfläche bieten. Sie hieß auch *Wintermast* oder *Wintertopp.*
Die Galeonen und die ersten Segelkriegsschiffe trugen einen kleinen senkrechten Mast, der sich über dem Bugsprietende erhob und *Sprietmast* hieß (Abb. *264*). Die beim Mastbau für alte und moderne Segelschiffe am meisten verwendeten Hölzer waren Tanne und andere feinkörnige, leichte, harzreiche Hölzer (Pinie, Amerikanische Pechkiefer usw.).
Die Untermasten der alten Schiffe (von den Karacken bis zu den Segelkriegsschiffen) einschließlich des Bugspriets wurden aus mehreren untereinander überblatteten und durch Kabelwindungen, später, im 18. Jahrhundert, durch warm aufgepreßte Eisenringe, fest miteinander verbundenen Teilen hergestellt (Abb. *265*). Diese Masten heißen *gebaute* Masten. Ihre Bauweise hielt sich bis in das 19. Jahrhundert (Abb. *266a, b*). Das Bauverfahren dieser Masten war hoch entwickelt und bestand im Anbringen mehrerer *Schalstücke* rund um einen Kern oder eine Seele, die vom Mastfuß bis zum Masttopp reichten.
Der Masttopp bestand aus dem Kern. In die leeren Zwischenräume zwischen den Schalstücken und dem Kern setzte man weitere, *Leisten* genannte Füllstücke. Das Ganze wurde durch Eisenringe verbunden. Im 18. Jahrhundert, als die Eisenringe eingeführt wurden, war es üblich, zwischen je zwei von ihnen eine Seilbindung anzulegen. Diese Bindungen hießen *Wulinge,* wurden mit kleinen Nägeln auf dem Mast befestigt und durch Holzreifen eingeschlossen. Die Wulinge bestanden aus fünf oder sechs Seilwindungen. Auch über und unter den Eisenreifen befestigte man Holzreifen (Abb. *267a, b, c*). Die Zwischenräume zwischen den Wulingen betrugen etwa 1 m. In früheren Zeiten, vor dem 18. Jahrhundert, wurden die Wulinge nur aus Seilen hergestellt (Abb. *268*). Bei den Kriegsschiffen des 18. Jahrhunderts wurden die Masten im allgemeinen mit *Schalen* verstärkt, die mit Seilbindungen befestigt waren (Abb. *269*). Bei den modernen großen Segelschiffen sind die Untermasten und die Marsstengen gewöhnlich aus Eisen oder Stahl, während die Bramstengen aus Holz sind (Abb. *270* und *271a, b*).

Abb. 264. *Englisches Kriegsschiff Ende des 17. und Anfang des 18. Jahrhunderts*
*1. Fockmast, 2. Großmast, 3. Kreuzmast, 4. Untermast des Fockmastes, 5. Vormarsstenge, 6. Flaggentopp, 7. Untermast des Großmastes, 8. Großmarsstenge, 9. Kreuzmast, 10. Kreuzmarsstenge, 11. Fockwanten, 12. Großwanten, 13. Kreuzwanten, 14. Vorstengewanten, 15. Großstengewanten, 16. Kreuzstengewanten, 17. Vorstengepardunen, 18. Großstengepardunen, 19. Kreuzstengepardunen, 20. Fockstag, 21. Fockborgstag, 22. Vorstengestag, 23. Toppmaststag, 24. Sprietmast, 25. Bugsprietstengepardune, 26. Bugspriet, 27. Blinderah, 28. Rah des Sprietmastes, 29. Großstag, 30. Großborgstag, 31. Großstengestag, 32. Kreuzstag, 33. Kreuzstengestag, 34. Toppstag, 35. Stagtakel, 36. Fockrah, 37. Vormarsrah, 38. Großrah, 39. Großmarsrah, 40. Kreuzrah, 41. Besanrute, 42. Kreuzmarsrah, 43. Toppnanten, 44. Brassen, 45. Nocktakel, Außentakel, 46. Schwertakel der Großmarsrahen, 47. Wasserstag, 48. Schoten, 49. Bulins, 50. Schwertakel der Untermastrahen, 51. Marsen, 52. Bugsprietflagge, 53. Flaggenstock, 54. Fähnchen, 55. Wimpel, 56. Hecklicht, 57. Spinnkloben, 58. Püttings*

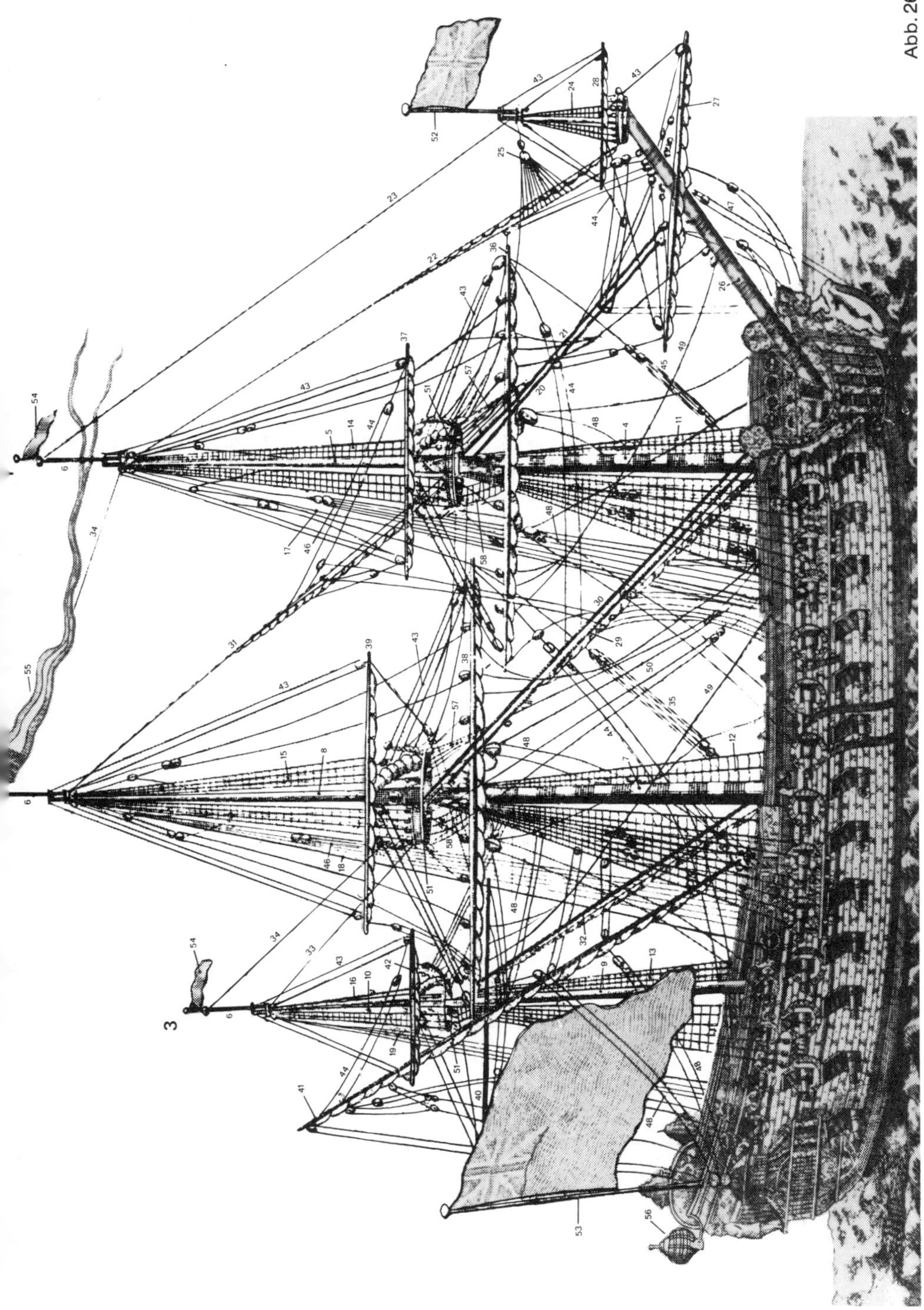

Abb. 264

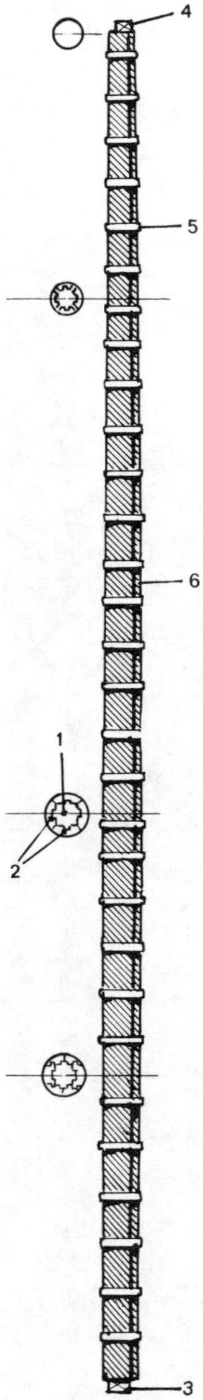


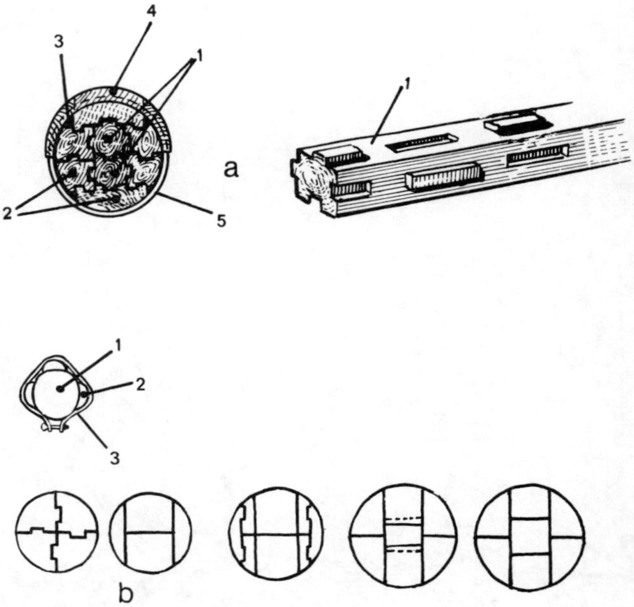


Abb. 266. *Querschnitt gebauter Masten*

a) *Querschnitt eines gebauten Mastes des 18. Jahrhunderts: 1. Kern, 2. Schalstücke, 3. Leisten, 4. Schalen, 5. Eisenreifen*

b) *Querschnitte gebauter Masten der ersten Hälfte des 19. Jahrhunderts: 1. Mast, 2. Schalen, 3. Eisenreifen*

Abb. 265. *Gebaute Masten*

*1. Kern, 2. Schalen, Schalstücke, 3. Mastspurzapfen, 4. Masttoppzapfen, 5. Eisenreifen, 6. Schale, Schalstücke*

Die Masten der modernen Schiffe mit mechanischem Antrieb sind:

**Gefechtsmasten.** So nennt man gewöhnlich die Stahlmasten der Kriegsschiffe. Mit dem Verschwinden des Segelantriebs wurden die Masten aus einem einfachen Stahlrohr hergestellt; auf ihm wurde eine mit leichter Artillerie bestückte Plattform befestigt, die auch als Ausguck diente. Er hieß lange Zeit *gewöhnlicher Gefechtsmast* und wurde in letzter Zeit durch den *Gittermast* ersetzt.

Der Gittermast wurde in den Vereinigten Staaten erfunden und bestand aus einem dichten, netzartigen Gefüge. Später wurde er durch eine Konstruktion aus schiefen *Pfahlmasten* ersetzt.
Je nach der Anzahl der Mastpfähle bezeichnete man sie als *Dreifuß, Vierfuß, Fünffuß* usw. Heute ist man zum turmförmigen Gittermast zurückgekehrt und erstrebt die Beseitigung des Mastes mit geneigten Mastpfählen (Abb. *272a, b, c, d, e, f*).

**Ladebäume.** Es sind schwenk- und drehbare Masten mit Takeln zum Laden und Löschen der Waren von Handelsschiffen. Auf Kriegsschiffen werden sie zum Hieven und Einholen der großen Boote benutzt. Sie heißen auch *Lademasten* oder *Ladegeschirr* (Abb. *273a, b*).
Zu den Masten gehört auch der *Flaggenstock*, der sowohl bei den modernen Kriegsschiffen wie auch bei den Handelsschiffen in der Mitte des Hecks befestigt und nach außen geneigt ist. Er dient dazu, die Nationalflagge zu tragen.
Bei den Kriegsschiffen gab es noch einen weiteren, kleineren Flaggenstock, der am Bug befestigt war und die *Bugsprietflagge* trug. Im heutigen Sprachgebrauch heißt diese auch *Gösch*, im Englischen *jack*.
Auch bei den alten Schiffen wurde auf dem Heck der Flaggenstock befestigt. An seinem oberen Ende befand sich ein vergoldeter und bemalter Flaggenknopf. Man nannte den Flaggenstock auch *Flaggenmast*. Der *Bugspriet*- oder *Bugflaggenstock* war am Bugspriet befestigt.

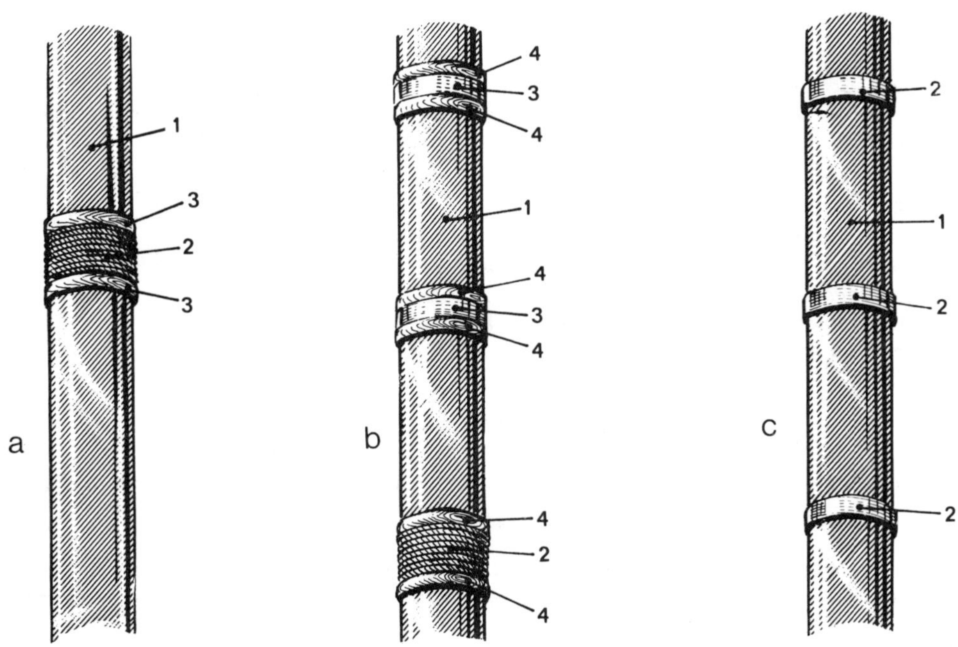


Abb. 267. *Entwicklung der Verbindungen der gebauten Masten*
a) *Verbindung mit Seil: 1. Mast, 2. Wulinge, 3. Holzreifen*
b) *gemischte Verbindung mit Seil und Eisenreifen: 1. Mast, 2. Wulinge, 3. Eisenreifen, 4. Holzreifen*
c) *Verbindung mit Eisenreifen: 1. Mast, 2. Eisenreifen*

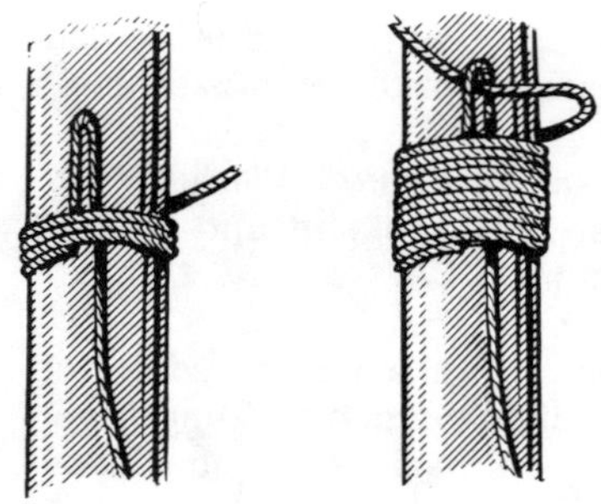

Abb. 268. *Beispiel, wie man die Verbindungen mit Seilwulingen ausführt*

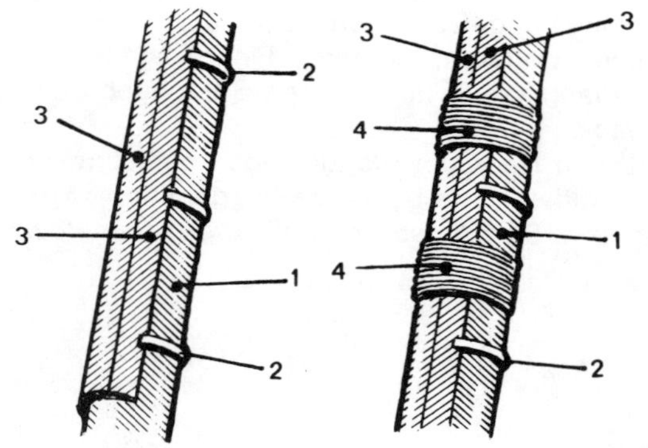


Abb. 269. *Schalen der Masten*
*1. Mast, 2. Eisenreifen, 3. Schalen, 4. Bindungen der Schalen*

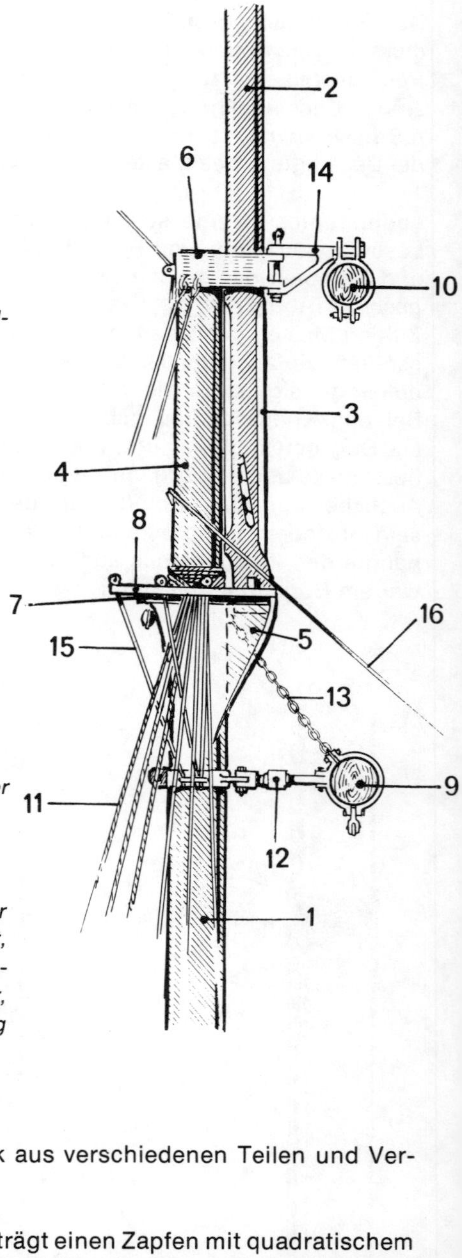


Abb. 270. *Eisenmast*
*1. Untermast, 2. Marsstenge, 3. Hacke oder Fuß der Marsstenge, 4. Masttopp, 5. Mastbacken, 6. Eselshaupt, 7. Längssalinge, 8. Mars, 9. Großrah, 10. Großmarsrah, 11. Wanten, 12. Rack der Großrah, 13. Hanger, 14. Rack der Großmarsrah, 15. Püttingeisen, 16. Stag*

## Teile der Masten

Die Masten bestehen je nach Form und Zweck aus verschiedenen Teilen und Verstärkungen.

**Untermasten.** Das unterste Ende dieser Masten trägt einen Zapfen mit quadratischem Querschnitt, damit man sie in die *Mastspur* in der Mitte des *Kielschweins* einsetzen kann. Das Mastteil unter Deck hat manchmal einen prismenförmigen Querschnitt. Es folgt dann das Mittelteil des Mastes, dessen unteres Ende (unmittelbar über dem Oberdeck) *Mastfuß* heißt. Auf dem Oberteil befindet sich in einer gewissen Höhe eine *Hummer* genannte Verdickung. Der Hummer endet mit einem runden Zahn, über welchem die Unterwanten angreifen. Das Teil zwischen dem Hummer und dem Mastkopf heißt *Masttopp* und hat einen quadratischen Querschnitt mit abgerundeten Ecken. Der Mastkopf trägt einen weiteren Zapfen mit quadratischem Querschnitt, um das *Eselshaupt* hier zu befestigen (Abb. *274a*).

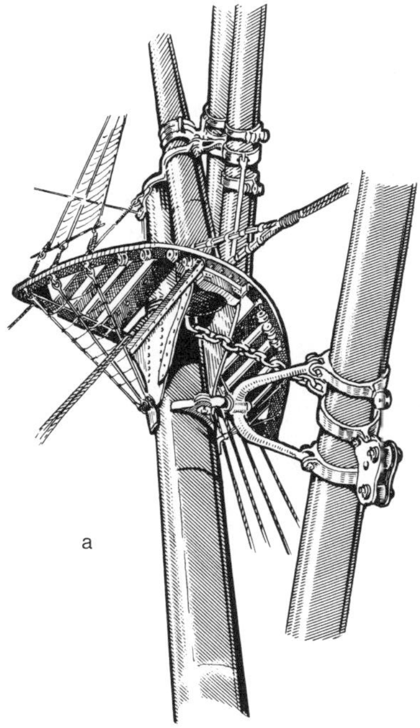

Abb. 271. a) *Perspektivische Ansicht eines Eisenmastes;* b) *perspektivische Ansicht der Holzbemastung des Segelschulschiffes* Ebe *(abgewrackt, wieder aufgebaut und ausgerüstet vom Verfasser, Museo della Scienza e della Tecnica di Milano)*

Seitlich des Hummers sind zwei *Backen* oder *Mastbacken* genannte konsolartige Teile angebracht, die angeschraubt und manchmal mit Reifen versehen sind. Über die Mastbacken werden die *Salinge (Längssalinge)* gelegt, die mit Stiften und Schrauben am Mast befestigt werden. Über den Längssalingen werden die *Quersalinge* eingefügt.
Die Längs- und Quersalinge haben die Aufgabe, die Mars zu halten. Über den Längssalingen bringt man ein Stück Rundholz zum Schutz der Wanttaue gegen Reibung an. Dieses Stück Holz nennt man *Kopfkissen* oder *Mastkopfkissen* (Abb. *276*).

**Marsstengen.** Das untere Ende der Marsstengen hat einen quadratischen Querschnitt, heißt *Zapfen* und steht zwischen den Längssalingen. In dem quadratischen Querschnitt befindet sich ein quadratisches Loch für das *Schloßholz,* eine Art Keil, dessen herausragende Enden auf den Längssalingen ruhen, um den Mast zu halten. Der Mastfuß zwischen den Längssalingen und dem *Eselshaupt* heißt *Hacke* oder *Fuß der Marsstenge.* In der Hacke der Marsstenge ist gewöhnlich ein rechteckiges Loch *(Gat)* mit einer Rolle für das Windreep zum Aufrichten *(Heißen)* des Mastes. Im Oberteil befindet sich der Hummer, auf dessen Haken die *Salinge* ruhen. Über den Längssalingen sind die Traversen der Quersaling eingesetzt. Im Hummer befindet sich in Längsrichtung ein Gat mit einer Scheibe für das *Obermarsrahfall.*
Das Oberteil endet im Masttopp, an dessen Ende sich der Zapfen mit quadratischem Querschnitt befindet, der in das Eselshaupt gesteckt wird (Abb. *274b*).

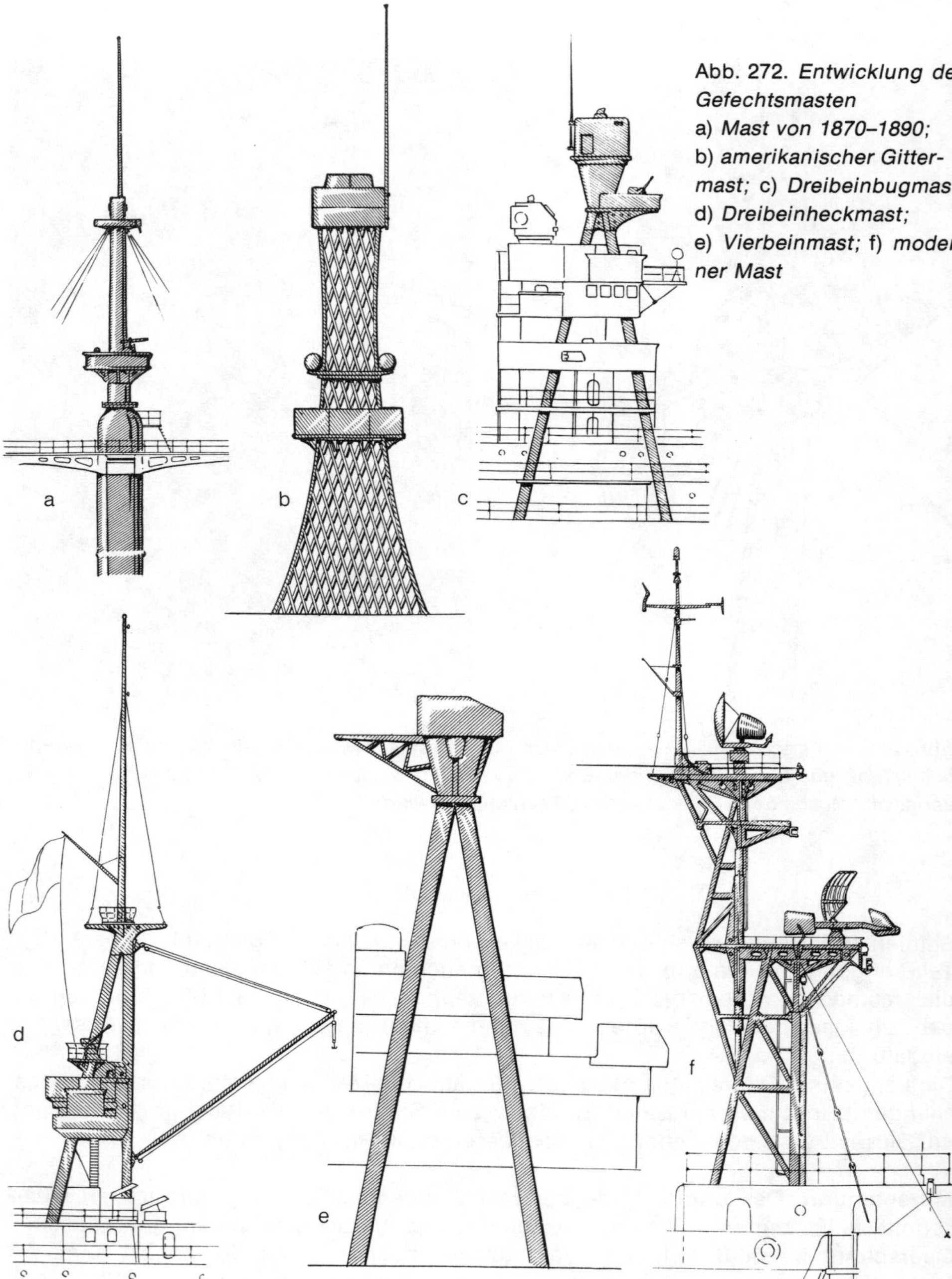


Abb. 272. *Entwicklung der Gefechtsmasten*
a) *Mast von 1870–1890;*
b) *amerikanischer Gittermast;* c) *Dreibeinbugmast;*
d) *Dreibeinheckmast;*
e) *Vierbeinmast;* f) *moderner Mast*

**Bramstengen.** Die Teile der Bramstenge unterscheiden sich nicht von denen der Marsstenge. Es gibt die Hacke oder den Fuß, dessen unteres Ende einen quadratischen Querschnitt hat, und die Bram-, die Oberbram- oder Royal- und Skysegelstenge, wenn vorhanden; wenn die Bramstenge aus nur einem Stück besteht, wird sie von dem Hummer und dem runden Zahn für die Flechting der Wanten, der Brampardunen und der Oberbrampardunen begrenzt. Das obere Ende der Bramstenge endet mit dem Flaggentopp, auf dem der *Flaggenknopf* befestigt ist (Abb. *274c*).

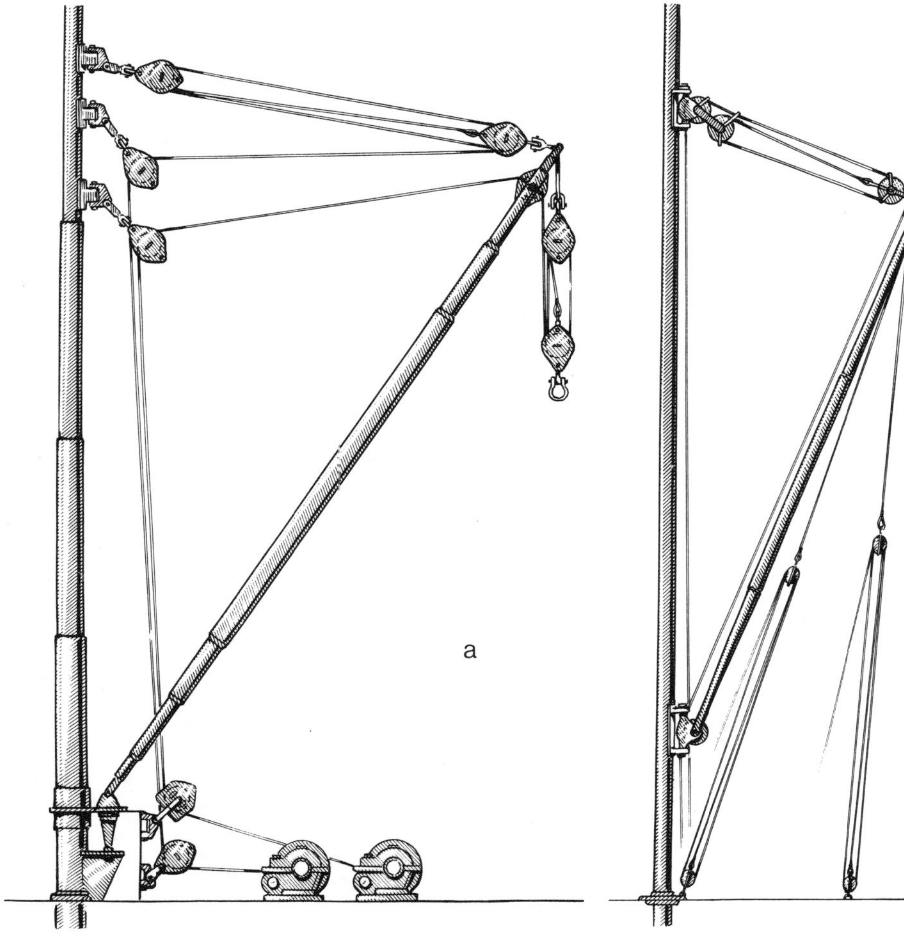


Abb. 273. *Ladebäume*
a) *eines Handelsschiffes;* b) *eines Kriegsschiffes*

**Bugspriet.** Der *Bugspriet* trägt an jedem Ende einen *Zapfen;* der untere steckt in der Spur unter dem Vordeck, der obere wird in das Eselshaupt gesteckt. Das Teil vor dem Bug ist rund, das Mittelteil ist quadratisch, während das Innenteil quadratisch ist und abgerundete Ecken hat. Die Teile des *Klüverbaums* und des *Außenklüverbaums* sind gleich denen der Bramstenge (Abb. *275a, b*). Der Bugspriet der Eisenschiffe besteht aus nur einem Stück.

## Alte Masten

Über die Eigenschaften der Masten des Altertums ist nichts Genaues bekannt. Aus den spärlichen und ungenauen Belegen ist zu ersehen, daß die Masten bis nach 1000 aus einem Stück bestanden und der Großmast manchmal zwei Segel (*Großsegel* und *Marssegel*) trug.
Gegen 1450 verbreitete sich das Dreimastschiff. Die Karacken hatten zweiteilige Masten, um 1500 begann man dann dreiteilige Masten zu bauen.

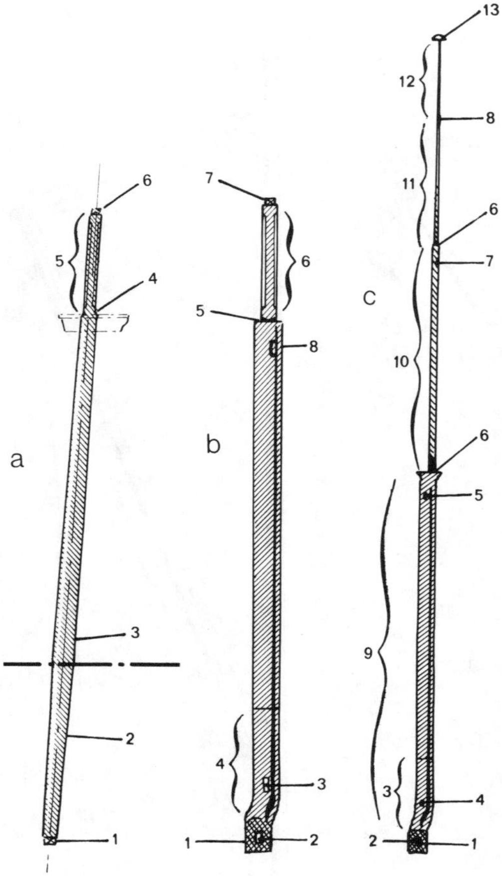


Abb. 274. a) *Untermast, Schaft: 1. Zapfen für die Spur, 2. Teil des Mastes unter Deck, 3. Mastfuß, 4. Hummer, 5. Masttopp, 6. Zapfen für das Eselshaupt*
b) *Marsstenge: 1. Zapfen, 2. Schloßholzgat, 3. Gat mit einer Scheibe für das Reep, 4. Hacke oder Fuß der Marsstenge, 5. Hummer, 6. Masttopp, 7. Zapfen für das Eselshaupt, 8. Gat mit einer Scheibe für das Marsfall*
c) *Bramstenge: 1. Zapfen, 2. Schloßholzgat, 3. Hacke oder Fuß der Bramstenge, 4. Gat mit einer Scheibe für das Reep, 5. Gat mit einer Scheibe für das Bramfall, 6. Hummer, 7. Gat mit einer Scheibe für das Oberbramfall, 8. Gat mit einer Scheibe für das Skysegelfall, 9. Bramstenge, 10. Oberbramstenge, 11. Skysegelstenge, 12. Flaggentopp, 13. Flaggenknopf*

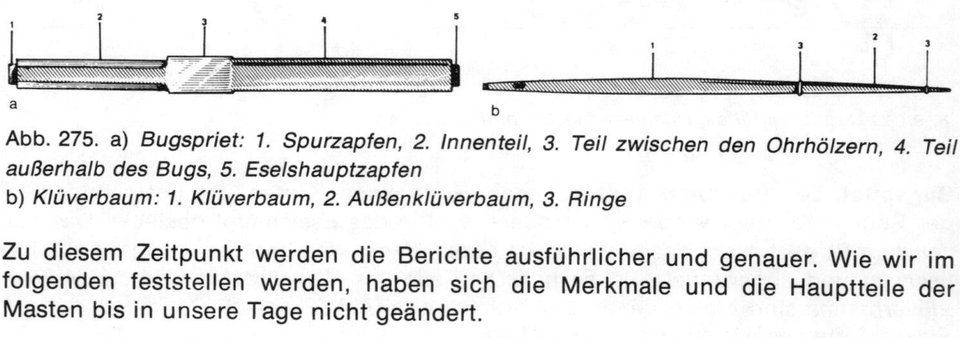


Abb. 275. a) *Bugspriet: 1. Spurzapfen, 2. Innenteil, 3. Teil zwischen den Ohrhölzern, 4. Teil außerhalb des Bugs, 5. Eselshauptzapfen*
b) *Klüverbaum: 1. Klüverbaum, 2. Außenklüverbaum, 3. Ringe*

Zu diesem Zeitpunkt werden die Berichte ausführlicher und genauer. Wie wir im folgenden feststellen werden, haben sich die Merkmale und die Hauptteile der Masten bis in unsere Tage nicht geändert.

**Untermasten.** Auch die alten Masten trugen am unteren Ende einen Zapfen mit quadratischem Querschnitt, der in die Mastspur gesteckt wurde. Das Teil des Mastes unter Deck war im allgemeinen rund. Es folgte das Mittelteil, auf welches in einer bestimmten Höhe (ungefähr neun Zehntel der Gesamtlänge des Mastes) die *Mastbacken* gesetzt wurden. Das Teil zwischen der Oberseite der Backen und dem Mastkopf hieß *Masttopp* (Abb. *277a, b*). Auf die Mastbacken wurden die Längssalinge gelegt, und quer zu diesen setzte man die *Quersalinge* ein. Dieser Aufbau diente zur Befestigung der *Mars.* Über den Salingen wurden dann die *Kalben* oder *Kälber* befestigt (Abb. *278a, b*). Im 17. Jahrhundert wurden auf englischen Schiffen zwei *Gats* mit einer Scheibe für das Unterrahfall angebracht.

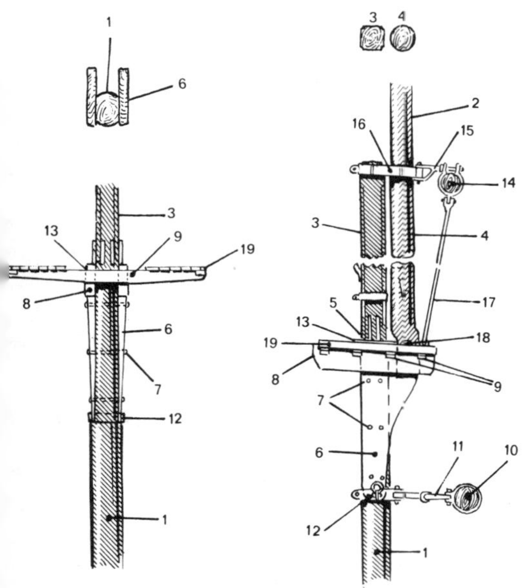

Abb. 276. *Mastbacken, Längs- und Quersalinge des Mastes eines Segelschiffes*
*1. Untermast, 2. Marsstenge, 3. Masttopp, 4. Hacke oder Fuß der Marsstenge, 5. Hummer, 6. Mastbacken, 7. Bolzen der Mastbakken, 8. Längssalinge, 9. Quersalinge, 10. Unterrah, 11. Rack der Unterrah, 12. Rackring, 13. Kalben, 14. Untermarsrah, 15. Rack der Untermarsrah, 16. Eselshaupt, 17. Halter, 18. Schloßholz, 19. Mars*

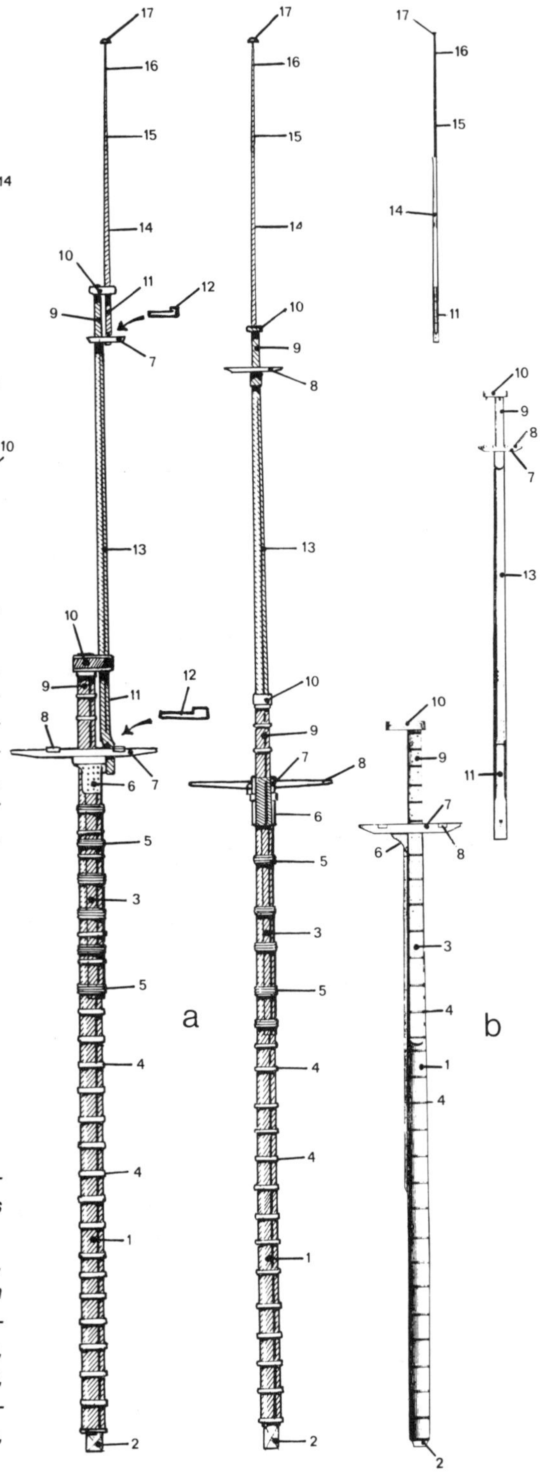

Abb. 277. *Masten alter Schiffe*
a) *Mast eines Schiffes aus dem 17. Jahrhundert;* b) *Teile eines Mastes eines Schiffes aus dem 18. Jahrhundert*
*1. Untermast, 2. Spurzapfen, 3. Schalstücke, Schalen, 4. Eisenreifen, 5. Seilbindungen der Schalstücke, 6. Mastbacken, 7. Längssalinge, 8. Quersalinge, 9. Masttopps, 10. Eselshaupt, 11. Hacke oder Fuß, 12. Schloßholz, 13. Marsstenge, 14. Bramstenge, 15. Royalstenge, 16. Flaggentopp, 17. Flaggenknopf*

**Marsstengen.** Das untere Ende der Marsstenge hatte einen quadratischen Querschnitt. In diesem Querschnitt war ein Gat angebracht, durch welches ein *Schloßholz* genannter Schlüssel gesteckt wurde.
Der Fuß der Marsstenge hieß *Hacke* oder *Fuß*. In ihm befand sich ein Gat mit einer Scheibe zum Heißen des Mastes (Abb. *279*). Im Oberteil war die *Auflage* oder der *Zahn* zum Anbringen der Längssalinge, mit denen die Quersalinge kreuzweise verblattet waren (Abb. *277a, b*).
Unmittelbar unter der Quersaling befand sich ein Gat mit einer Scheibe, über welche das *Marsrahfall* lief. Das Oberteil endete mit dem Masttopp, an dessen oberem Ende sich ein Zapfen mit quadratischem Querschnitt zum Einfügen in das *Eselshaupt* befand.

**Bramstengen.** Die Bramstengen unterschieden sich nicht von den Marsstengen. Das untere Ende der Hacke oder des Fußes hatte einen quadratischen Querschnitt, und die einzelnen Teile hatten Haken für die Flechting der Wanten und Pardunen. Die Bramstenge endete mit dem *Flaggentopp* und dem *Flaggenknopf* (Abb. *277a, b*).

**Sprietmast.** Der *Sprietmast* bestand zuerst aus einem Stück, um die zweite Hälfte des 17. Jahrhunderts wurde er aus zwei Teilen hergestellt.
Er wurde am Ende des Bugspriets mit Hilfe eines Knies befestigt; sein sich senkrecht erhebendes Teil hatte einen quadratischen Querschnitt wie ein Masttopp. Es trug am Ende den Zapfen mit quadratischem Querschnitt zum Einfügen in das Eselshaupt. Der eigentliche Mast (auch *Bugsprietmarsstenge* oder *Sprietstenge* genannt) wurde wie die Bramstengen hergestellt. Die Grundfläche der Hacke oder des Fußes war quadratisch, damit man sie zwischen die Längs- und Quersalinge stecken konnte.
In der Grundfläche der Hacke befand sich das quadratische Loch, in welches das Schloßholz gesetzt wurde. Die Längssalinge wurden an der Grundfläche des senkrechten Teils des Knies befestigt. Das Oberteil der Marsstenge trug ein Gat mit einer Scheibe, über welche das *Sprietstengefall* lief.
Der Sprietmast endete mit dem Flaggentopp, an welchem die *Bugsprietflagge* gehißt wurde. Am oberen Ende des Flaggentopps befand sich der Flaggenknopf (Abb. *280a, b, c*). In der zweiten Hälfte des 17. Jahrhunderts wurde über der Bugsprietmarsstenge eine weitere, *Bugsprietbramstenge* genannte Stenge angebracht. Sie war mit Hilfe des Eselshauptes und der Quersalinge mit der Bugsprietmarsstenge verbunden und wie eine gewöhnliche Bramstenge hergestellt. Diese Bramstenge trug kein Segel, sondern nur die Bugsprietflagge. Gegen 1750 kam der Sprietmast außer Gebrauch, auf dem Bugspriet wurde nun der Bugsprietflaggenstock befestigt.

**Bugspriet.** Das untere Ende trug einen Zapfen zum Einfügen in die Spur, die senkrecht auf dem ersten Deck angebracht und bis zum Oberdeck verlängert war (Abb. *141*). Das obere Ende trug einen Zapfen zum Einfügen in das Eselshaupt, wenn der Bugspriet einen *Klüverbaum* trug. Der Bugspriet (Abb. *281*) maß etwa ein Drittel der Länge des Großmastes, sein Durchmesser war gleich dem des Großmastes. Der Klüverbaum glich einer Bramstenge.

**Masten mit Mastkorb.** Es waren die für Galeeren und alte Schiffe mit Lateinsegeln typischen Masten. Sie bestanden aus nur einem dicken, kurzen Stück; ihr Kopf endete in einem *Mastkorb* genannten Block, der mit Gats und Scheiben versehen war, über die die Schwertakel der Segelstangen liefen (Abb. *282*).

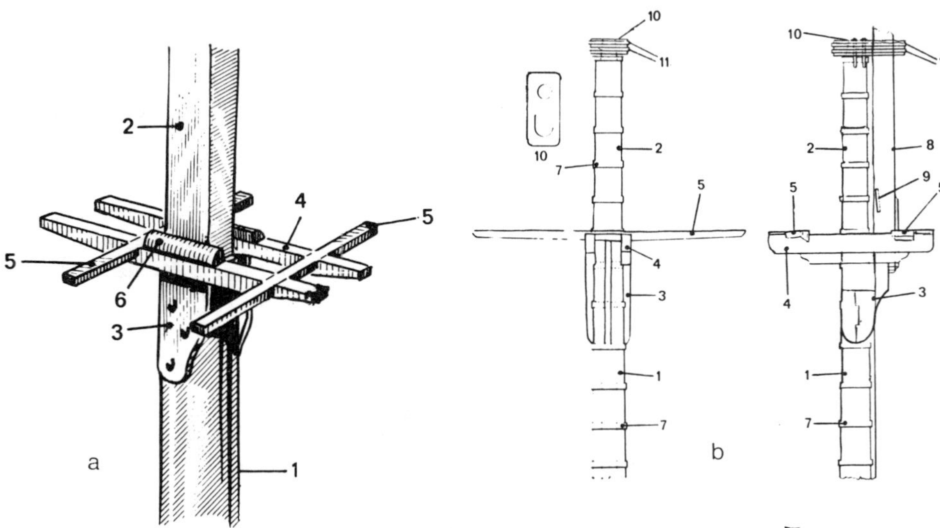


Abb. 278. *Mastbacken, Längs- und Quersalinge alter Schiffe*

a) *Mast eines Schiffes aus dem 17. Jahrhundert;*
b) *Mast eines Schiffes aus dem 18. und den ersten Jahren des 19. Jahrhunderts*

*1. Untermast, 2. Masttopp, 3. Mastbacken, 4. Längssalinge, 5. Quersalinge, 6. Kalben, 7. Eisenreifen, 8. Marsstenge (Hacke oder Fuß), 9. Gat mit Scheibe für das Reep, 10. Eselshaupt, 11. Eisenreifen zur Verstärkung für das Eselshaupt*

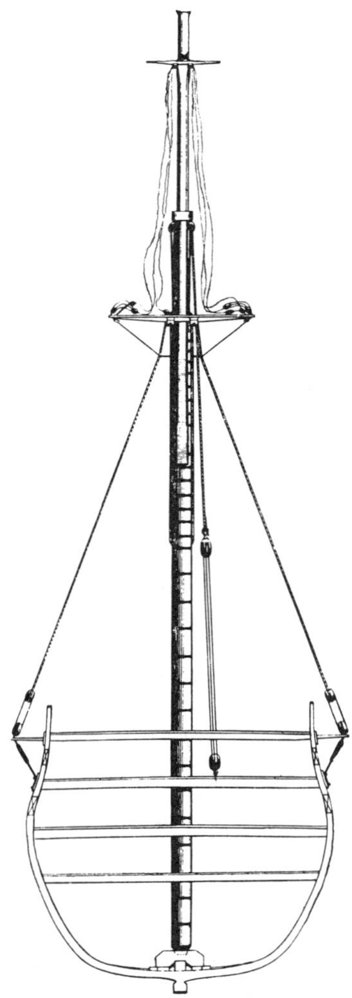

Abb. 279. *Heißen der Marsstenge*

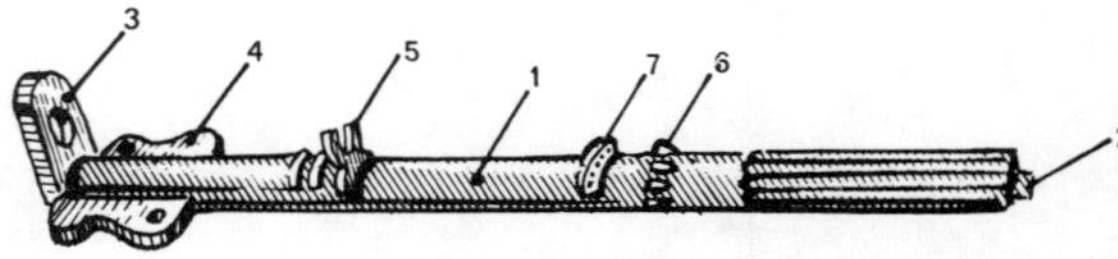


Abb. 281. *Bugspriet alter Schiffe*
*1. Bugspriet, 2. Spurzapfen, 3. Eselshaupt, 4. Bugsprietviolinen, -backen oder -klampen, 5. Distanzstück des Klüverbaums, 6. Klötzchen für die Wulinge, 7. Absatz, durch den das Tauwerk geht*

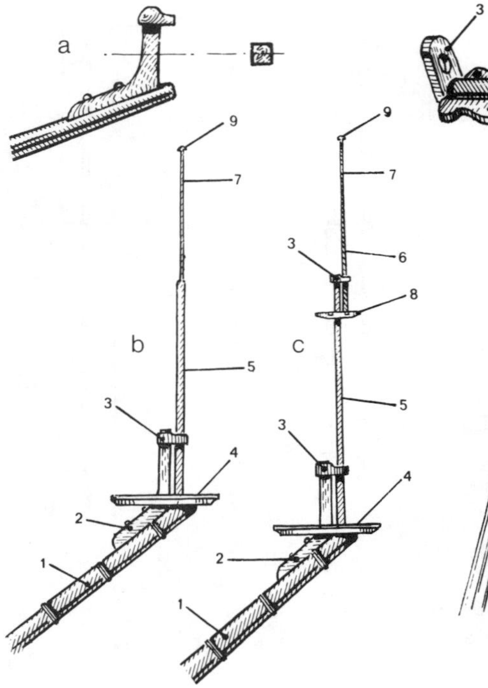


Abb. 280. *Sprietmast*
a) *Knie der Bugsprietmarsstenge;* b) *Bugsprietmarsstenge;* c) *Bugsprietmarsstenge und Bugsprietbramstenge*
*1. Bugspriet, 2. Knie, 3. Eselshaupt, 4. Mars, 5. Bugsprietmarsstenge, 6. Bugsprietbramstenge, 7. Flaggentopp, 8. Quersaling, 9. Flaggenknopf*

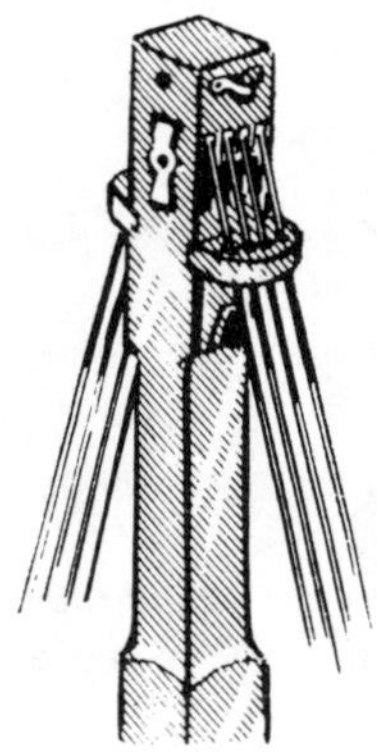

Abb. 282. *Mast mit Mastkorb*

## Verbindungsstücke der Masten

Verbunden werden die einzelnen Teile der Masten durch *Marsen, Quersalinge* und *Eselshäupter.*

**Mastkörbe.** Früher nannte man den Mastkorb *Mars* nach dem Namen des besonderen *Korbes* oder *Tragkorbes,* den man am oberen Ende der Masten von Segelschiffen mit Rah- oder Lateinsegeln anbrachte. Im Mastkorb hatten die Beobachtungsposten ihren Platz oder, im Falle eines Gefechts, Bogen- und Armbrustschützen oder mit Feuerwaffen ausgerüstete Matrosen. Nach der Einführung der mehrteiligen Masten befand sich das Marssegel unmittelbar über dem Großsegel, da es direkt über dem Mastkorb angebracht war. Im folgenden wurde die Mars *Mastkorb* genannt, um sie nicht mit dem Marssegel zu verwechseln. Darüber hinaus hatte der Mastkorb die Aufgabe, die Teile der Masten zu verbinden und den zur Bedienung des Tauwerks befohlenen Matrosen eine Standfläche zu bieten.
Früher war der Mastkorb auf Segelschiffen mit Rahsegeln ein runder Korb und hatte bei den „Masten mit Mastkorb" die Form eines Tragkorbes (Abb. *283a, b*). In seiner ältesten Ausführung (siehe die Schiffe der Phöniker) hatte er eine sehr hohe Brüstung; diese wurde nach und nach verkleinert, bis sie im 18. Jahrhundert ganz verschwand (Abb. *284*). Gegen Mitte des 18. Jahrhunderts ging die runde Form

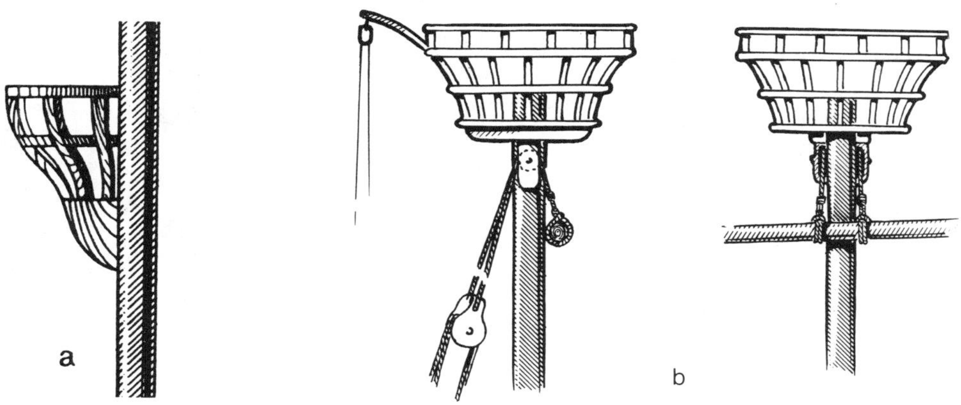


Abb. 283. a) *Mars einer mittelalterlichen Galeere;* b) *Mars eines Schiffes des 14.–15. Jahrhunderts*

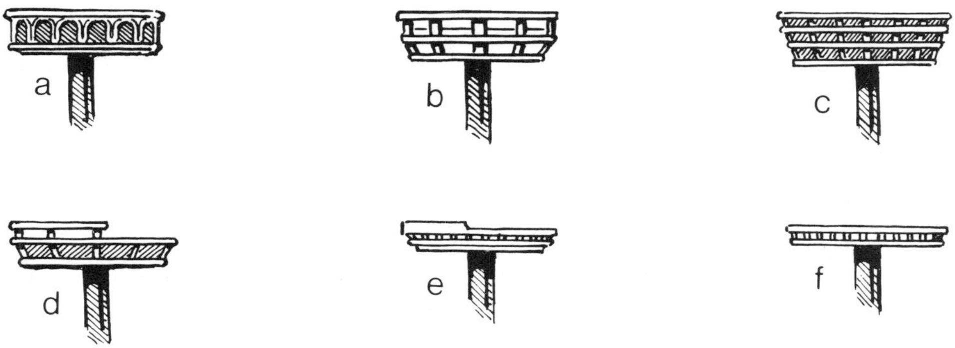


Abb. 284. *Entwicklung der runden Marsen von 1500 bis 1700*
a) *Mars von 1550;* b) *Mars von 1600;* c) d) *Marsen von 1650;* e) *Mars von 1670;* f) *Mars von 1700*

des Mastkorbs in eine fast rechteckige mit dem Profil eines abgerundeten Bugs über. Sowohl der runde wie der rechteckige Mastkorb waren grundsätzlich Plattformen mit einem großen quadratischen Loch in der Mitte. Der Mastkorb ruhte auf den Längs- und Quersalingen, an denen er mit Bolzen und Nägeln befestigt wurde. Er bestand im allgemeinen aus Tannenbrettern, die in zwei Lagen kreuzweise übereinandergelegt und durch Nägel verbunden waren. Umrandet wurde das Ganze von Robinien- und Ulmenbrettern. Dieser Rand hieß *Marsrand.* Dann nagelte man auf den Boden strahlenförmig eine Reihe kleiner Bretter oder Rippen, *Marsklötzchen* genannt, die den Matrosen Halt zu geben vermochten. Schließlich brachte man an den beiden Seitenwänden zwei durchbohrte Eisenplatten zur Befestigung der *Püttingeisen* an. Der Mastkorb diente weiterhin dem Zweck, die Marswanten in einem bestimmten Winkel zu führen und ihnen einen Befestigungspunkt zu bieten.
Die Schiffe hatten drei Mastkörbe. Man benannte sie nach den Masten, an denen sie angebracht waren. Es gab also den *Mastkorb* oder die *Mars des Großmastes* oder die *Großmars,* den *Mastkorb* oder die *Mars des Fockmastes* und den *Mastkorb* oder die *Mars des Kreuzmastes.* Die Großmars war etwa halb so breit wie das Schiff, die Länge betrug drei Viertel ihrer Breite. Heckseitig war sie gewöhnlich mit einem Geländer versehen, das meistens mit einem Netz zum Schutz der Matrosen ausgerüstet war. Die Bezeichnungen der Marsen gelten auch für moderne Segelschiffe (Abb. *285a, b, c, d*).

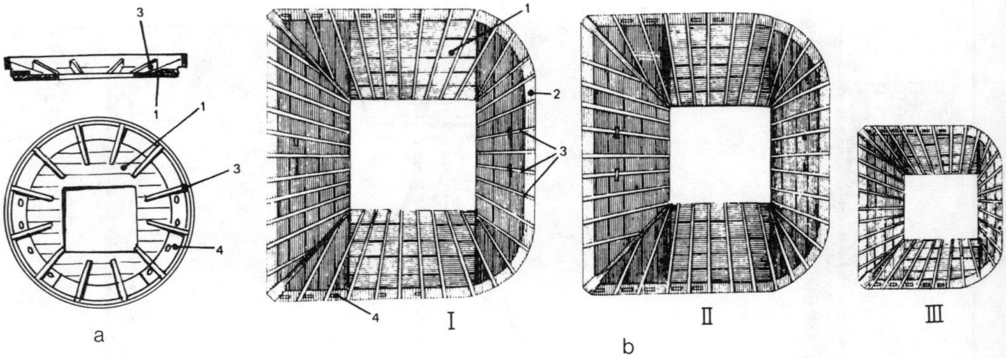


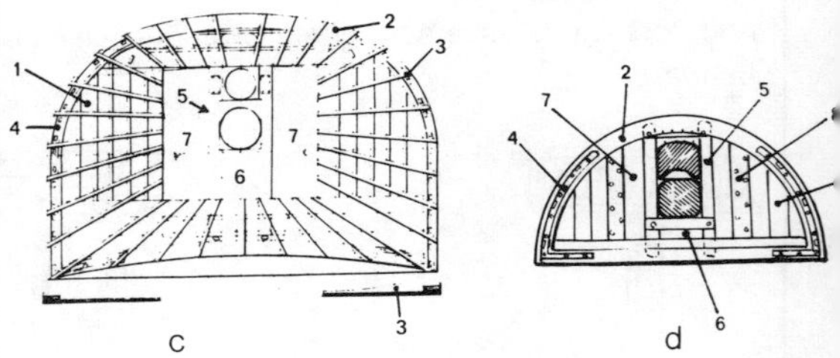


Abb. 285. *Marsen*
a) *runde Mars (1600–1700);* b) *rechteckige Mars (1700–1800): I. Großmastkorb (Großmars), II. Fockmastkorb (Vormars), III. Kreuzmastkorb (Kreuzmars);* c) *rechteckiger Mastkorb des 19. Jahrhunderts;* d) *Mastkorb eines modernen Segelschiffes*
*1. Boden (Plattform) des Mastkorbes, 2. Marsrand, 3. Klötzchen, 4. Eisenplatten, 5. Längssalinge, 6. Loch der Längssalinge, 7. Soldatenloch, Soldatengat, 8. Durchgangslöcher des von oben kommenden laufenden Gutes*

Der Mastkorb der modernen Segelschiffe wird von einer großen halbrunden oder halbelliptischen Plattform gebildet, deren Ausrüstung aus einer heckseitigen Querstrebe und einem halbrunden Rahmen besteht. An dieser Ausrüstung werden die Planken so befestigt, daß sie eine geschlossene Fläche bilden. Rechts und links des Mastes werden in der Bodenfläche einige Löcher angebracht, durch die das von oben kommende laufende Gut geführt wird. Statt der geschlossenen Bodenfläche können die Mastkörbe auch eine *Gräting* haben (Abb. *286a, b, c*). Die Stahlmasten haben Mastkörbe aus Stahl mit einer Plattform aus Holz.
*Das Loch der Längssalinge* stellt bei den alten und modernen Marsen die quadratische Öffnung zwischen den Längssalingen und der Querstrebe oder vorderen Quersaling dar. Durch diese Öffnung wird die Marsstenge beim Heißen oder Fieren geführt.
Das *Soldatengat* oder *Soldatenloch* ist der Raum seitlich der Mars, durch den die Untermastwanten laufen. Diese Öffnung ist gerade groß genug für einen in die Mars steigenden Mann. Von zünftigen Matrosen wurde dieser Durchgang jedoch nicht benutzt; sie bedienten sich, um in die Mars zu steigen, der Rüsteisen *(Marsstengebeine, Püttings* oder *Püttingswanten).* Die Benutzung des Soldatengats galt als eine feige Handlung, weshalb es auch „Furchtsamkeitsloch" genannt wurde.

**Quer- oder Dwarssaling.** Die Verbindung zwischen den Marsstengen und den Bramstengen wird durch einen Rahmen gewährleistet, der aus zwei Längs- und zwei oder drei *Quer-* oder *Dwarssalingen* besteht. Zwischen der ersten von vorn und der mittleren wird der *Bramstengefuß* oder die *Bramstengehacke* eingefügt. Die mittlere und die letzte heckwärts dient zum Einfügen des *Marsstengemasttopps.* Am Ende der Quersalinge sind einige durch Eisenplatten verstärkte Bohrungen angebracht, durch die die Püttingeisen und die *Bramstengewanten* führen (Abb. *287a*).

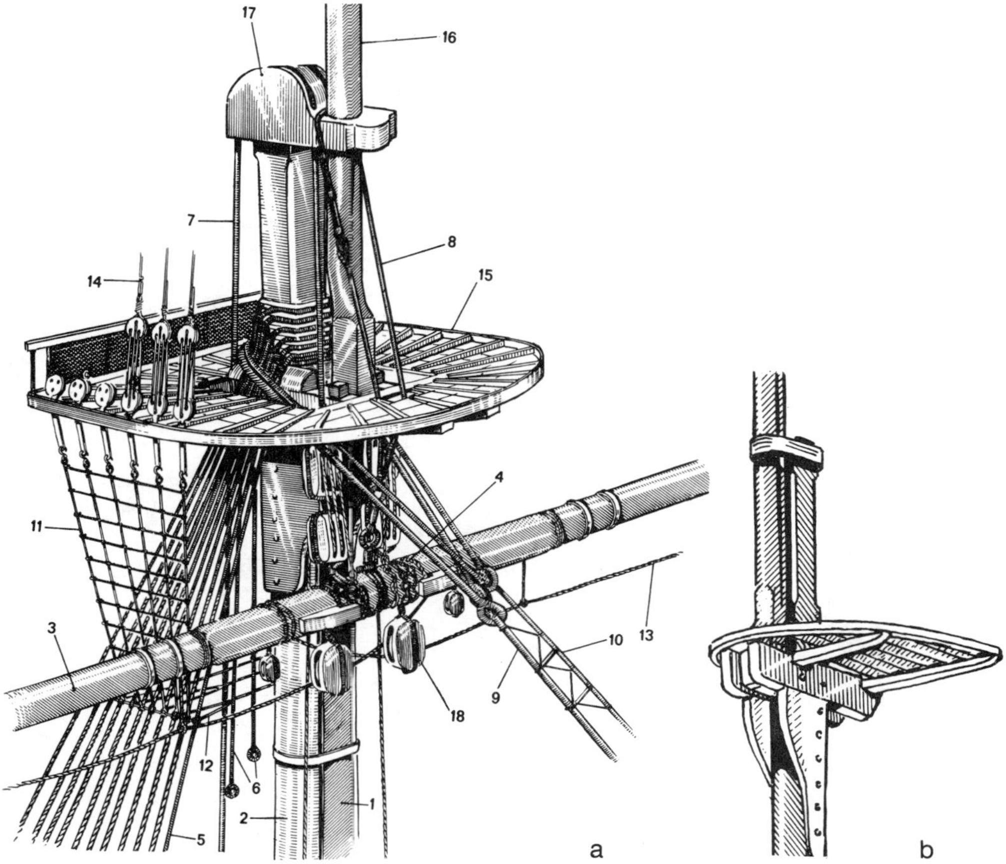


a b

Abb. 286. a) *Perspektivische Ansicht des Mastkorbes eines Schiffes aus dem 18. Jahrhundert: 1. Mast, 2. Schalen oder Schalstücke, 3. Rah, 4. Rack, 5. Wanten oder Wanttaue, 6. Stander, 7. Schwertakel der Rah, 8. Hanger, 9. Stag, 10. Borgstag, 11. Püttingswanten oder Püttings, 12. Hahnepoten, 13. Laufstag, 14. Stengewanten, 15. Mastkorb, 16. Marsstenge, 17. Eselshaupt, 18. Niederholerblöcke*

b) *perspektivische Ansicht des Mastkorbes eines Segelschiffes*

c) *Großmars des Schulschiffes* Ebe *von unten (Museo della Scienza e della Tecnica di Milano)*

c

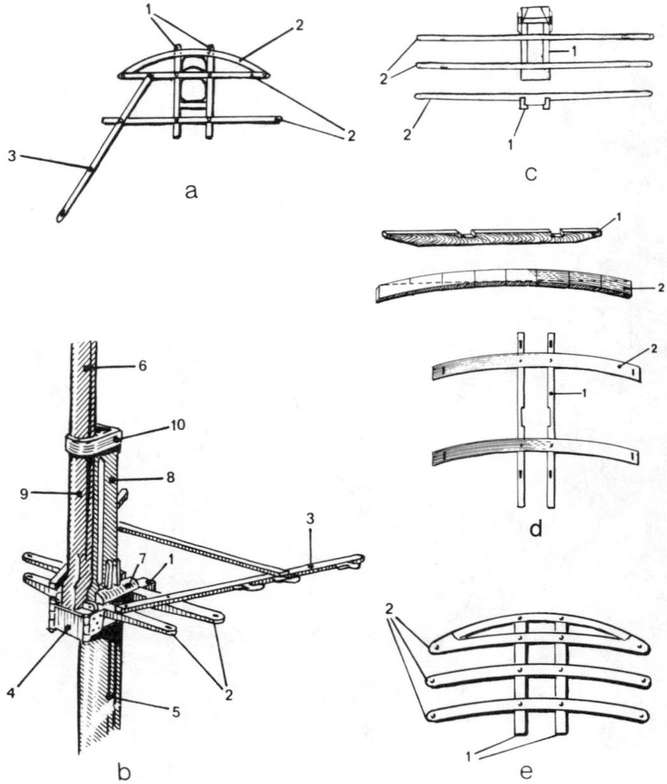

Abb. 287. *Quersalinge*
a) *Quersaling eines modernen Segelschiffes;* b) *perspektivische Ansicht der Quersaling eines modernen Segelschiffes mit Eisenkragen;* c) *Quersaling eines Schiffes aus den ersten Jahren des 19. Jahrhunderts;* d) *Quersaling eines Schiffes des 16.–18. Jahrhunderts mit zwei Querträgern;* e) *Quersaling einer Bark des 18. Jahrhunderts mit drei Querträgern*
*1. Längssalinge, 2. Quersalinge, 3. Ausleger, 4. Eisenkragen, 5. Marsstenge, 6. Bramstenge, 7. Kalben, 8. Masttopp, 9. Hacke oder Fuß der Marsstenge, 10. Eselshaupt*

Die Quersalinge der alten Schiffe unterschieden sich in Aufbau und Konstruktion nicht von denen der modernen Schiffe (Abb. *287c, d, e*). Die Quersalinge der modernen Segelschiffe tragen, um den *Pardunen* einen größeren Winkel zu geben, zwei *Ausleger* oder *Ausrigger (Quersalingsausleger).* Statt der bugwärtigen Traverse kann die Quersaling einen quadratischen Eisenkragen tragen, der der *Hacke* oder dem *Fuß der Bramstenge* mehr Halt gibt (Abb. *287b*). Die Quersalinge tragen den Namen der Masten, die sich unmittelbar darüber befinden: *Vorbramstengequersalinge, Großbramstengequersalinge, Kreuzbramstengequersalinge.*
Die Quersalinge der Regatta- und der Vergnügungssegelschiffe bestehen aus nur einem Querträger.

**Eselshaupt.** Es ist das zweite Verbindungselement der beiden Mastenden. Es bestand früher aus einem geteilten robusten Holzstück, dessen Hälften durch Eisenringe zusammengehalten wurden. Man kennt grundsätzlich zwei Arten alter Eselshäupter. Die französische oder holländische Art war quadratisch und besaß eine flache Unterfläche, während die Oberfläche gewölbt war. Die flache Fläche hatte heckwärts ein quadratisches, nicht durchgehendes Loch, das den Zapfen für das Eselshaupt aufnahm. Davor befand sich ein rundes Loch zum Einführen der Hacke oder des Fußes der Stenge. An den Unterseiten befanden sich einige Bolzen mit Scheibe für die *Stengewindreepsblöcke* und die *Toppantblöcke.* Auf der gerundeten Oberfläche verliefen zwei Rillen mit den entsprechenden Löchern für die großen Schwertakel der Rahen (Abb. *288a*).

Das Eselshaupt englischer Art war viel einfacher und leichter; es hatte die Form eines Parallelepipedons, das durch Eisenreifen verstärkt war. In ihm befanden sich zwei Löcher: ein quadratisches zum Einsetzen des Mastkopfzapfens und ein rundes, durch das die Hacke oder der Fuß der Stenge fuhr (Abb. *288b*). Diese Eselshauptart wurde, bevor man die eisernen Eselshäupter einführte, allgemein angewandt, auch auf modernen Segelschiffen.
Das eiserne Eselshaupt ist eine feste Vorrichtung mit zwei Öffnungen: eine quadratisch, die andere rund. Sie tragen verschiedene *Ösenschrauben* für die Blöcke der Windreeps oder Toppnanten; heckwärts tragen sie einige Bügel zur Befestigung der Racks und für die Führung der Stage (Abb. *288c*).

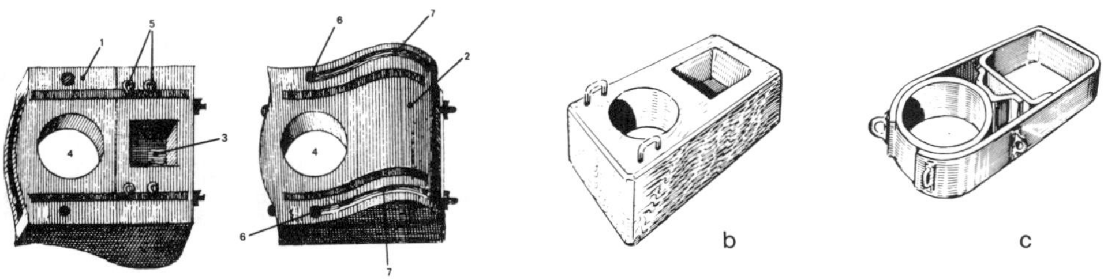

a b c

Abb. 288. *Eselshäupter*
a) *altes Eselshaupt französischer Bauart: 1. untere, ebene Oberfläche, 2. obere, gewölbte Oberfläche, 3. quadratisches, nicht durchgehendes Loch für den Zapfen des Mastkopfes, 4. rundes Loch, durch das die Hacke oder der Fuß des oberen Mastes führt, 5. Ösenschrauben, 6. Löcher, durch welche die Schwertakel führen, 7. Rillen für die Schwertakel*
b) *altes Eselshaupt englischer Bauart;* c) *Eselshaupt eines modernen Segelschiffes*

Die Verbindung des Klüverbaums mit dem Bugspriet erfolgt ebenfalls durch ein Eselshaupt. Das alte Eselshaupt war aus Holz und glich dem oben beschriebenen; es war senkrecht zum Bugspriet angebracht, gegen Ende des 18. Jahrhunderts oft jedoch auch schräg. Die kürzeren Seiten und das betreffende Durchgangsloch des Klüverbaums lagen geneigt oder auch parallel zur Bugsprietachse. Unmittelbar auf der Heckseite des Eselshauptes waren zwei Holzstücke angenagelt, die die Form zweier Halbkreise mit zwei durchgehenden Löchern hatten. Das Ganze nannte man *Bugsprietvioline, -balken* oder *-klampe,* durch die Löcher liefen das *Vormarsstag* und das *Vormarsborgstag.* An den Seiten des Eselshauptes befanden sich zwei *Ösenschrauben,* über denen man zwei *Fallreeps des Bugspriets* genannte Taue befestigt hatte, die den Matrosen Schutz und Halt boten.
Der *Klüverbaum* wurde durch ein kreuzförmiges Zwischenstück – am unteren Ende von einem Absatz festgehalten und mit Hilfe einer *Wuling* oder *Seilzurring* am Bugspriet befestigt – in einem bestimmten Abstand vom Bugspriet gehalten (Abb. *289a, b*).
Der Bugspriet wurde mittels kräftiger Zurrings oder Bugsprietwulinge, die durch das *Galionsscheg* liefen, fest am Bug gehalten (Abb. *290*). Es waren meistens zwei Zurrings, sie wurden aus starkem Tau hergestellt. Das Tau wurde mit einem Knoten am Bugspriet befestigt, dann ließ man es mehrmals (im allgemeinen elfmal) durch die rechtwinkligen Löcher des Galions laufen. Das Ganze wurde in der Mitte mit einer Schleife zusammengezogen (Abb. *291*). Die Wulinge wurden mit Hilfe einiger Klötzchen auf dem Bugspriet festgehalten. Zwischen je zwei Zurrings legte man als Reibungsschutz Holzstücke, die man *Schottschmann* oder *Schamfielungslatte der Bugsprietzurring* nannte.

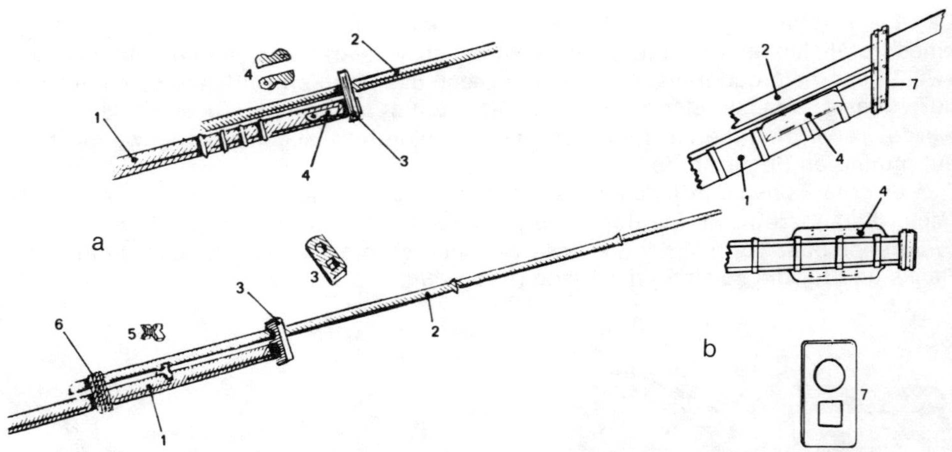


Abb. 289. *Verbindung des Klüverbaums mit dem Bugspriet; Bugsprieteselshaupt*
a) *Bugspriet und Klüverbaum aus dem 18. Jahrhundert;* b) *Bugspriet und Klüverbaum aus dem 18. und den ersten Jahren des 19. Jahrhunderts*
*1. Bugspriet, 2. Klüverbaum, 3. Eselshaupt, senkrecht zum Bugspriet, 4. Bugsprietvioline, 5. kreuzförmiges Zwischenstück des Klüverbaums, 6. Wuling für den Klüverbaum, 7. Eselshaupt parallel zum Bugspriet*

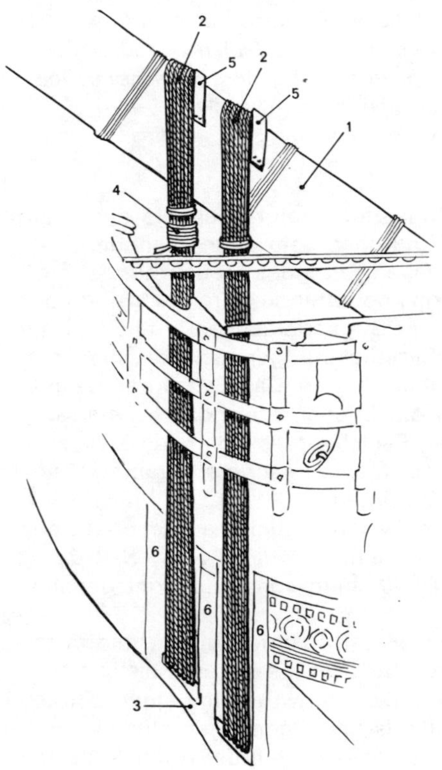

Abb. 290. *Bugsprietwulinge alter Schiffe*
*1. Bugspriet, 2. Bugsprietwulinge, 3. Galionsscheg, 4. Mittelzurring, 5. Klötzchen, 6. Schottschmann der Bugsprietzurring*

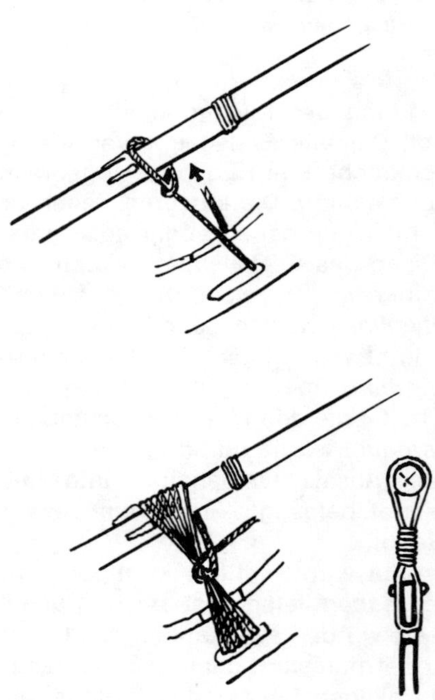

Abb. 291. *Wie man die Zurring der Bugsprietwulinge ausführt*

Der Klüverbaum der modernen Segelschiffe ist durch ein eisernes Eselshaupt, das völlig dem für die senkrechten Masten beschriebenen gleicht, mit dem Bugspriet verbunden. Der Klüverbaum liegt über dem Bugspriet, geht durch das Eselshaupt, ist mit einer Kragenwuling (das heißt mit einer Eisenplatte), die beide Masten umfaßt, auf dem Bugspriet befestigt und wird mit Bolzen und Muttern fest angezogen. Der Bugspriet wird mit ein oder zwei aus einer Kette gefertigten Wulingen am Schiffsschnabel befestigt (Abb. *292*). Moderne Konstruktionen verzichten auf diese Wulinge.

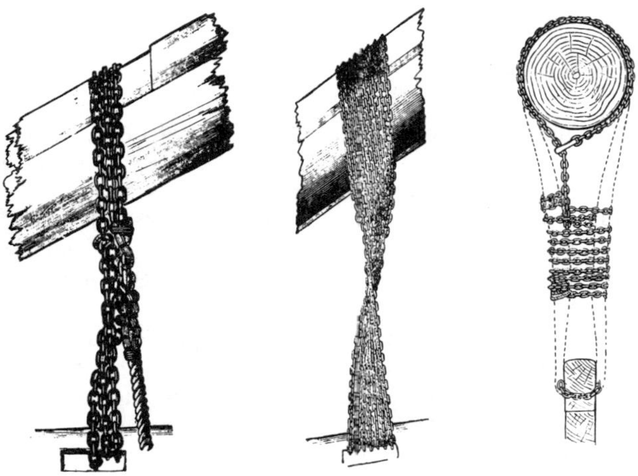

Abb. 292. *Wulinge mit Kette, 19. Jahrhundert*

## Rahen

Die *Rahen,* Balken aus Holz oder Metall, sind in der Mitte im allgemeinen prismenförmig, an den Enden kegelstumpfartig abgeschrägt. Sie dienen zum Halten der Rahsegel, die mit ihrer Oberseite an ihnen befestigt *(angeschlagen)* werden. Sie werden waagerecht auf der Bugseite der Masten gesetzt, an denen sie in der Mitte aufgehängt sind.

Die untersten Rahen werden meist als *Unterrahen* bezeichnet, während sich die *Marsrahen* unmittelbar über den Unterrahen befinden und einfach oder doppelt sein können. Im letzteren Fall nennt man die untere *Untermarsrah* und die obere *Obermarsrah. Bramrahen* heißen die Rahen der Bramstengen.

Zu den Unterrahen zählen *Großrah, Fockrah, Kreuzrah.* Diese Bezeichnung war auch früher üblich.

Zu den Marsrahen zählen *Großuntermarsrah* sowie *Großobermarsrah, Vormarsrah, Kreuzmarsrah.* Diese Bezeichnungen waren auch bei den alten Schiffen in Gebrauch; nur die Großobermarsrah wurde erst später eingeführt.

Zu den Bramrahen zählen *Großbramrah, Vorbramrah, Kreuzbramrah, Großoberbramrah* (früher *Großroyalrah*), *Voroberbramrah* (früher *Vorroyalrah*), *Kreuzoberbramrah* (früher *Kreuzroyalrah*).

Im allgemeinen trug die Kreuzrah kein Segel, um das Besansegel nicht zu behindern. Diese Rah nannte man *Begienrah, Bagienrah* oder *Kreuzrah.*

Auf dem Bugspriet befand sich seit der Zeit der Griechen und Römer eine Rah mit einem *Blinde* genannten Rahsegel. Die Rah nannte man *Blinderah.* Ende des 16. Jahrhunderts und in den ersten Jahren des 17. Jahrhunderts wurde der *Sprietmast* mit einer kleinen Rah *(Sprietstengerah)* eingeführt. Um 1750 ließ man den Sprietmast wieder weg und setzte den Klüverbaum an seine Stelle; er wurde mit

einer weiteren, *Oberblinderah* genannten Rah versehen. Unterhalb des Eselshauptes wurde senkrecht ein *Stampfstock* genannter Ausleger befestigt. Der Stampfstock war gerade oder gabelförmig und diente und dient noch heute dazu, den Wasserstagen einen geeigneten Winkel zu geben.
Mit der Einführung der Klüversegel und dem daraus folgenden Verzicht auf die Segel tragenden Blinderahen und Oberblinderahen blieben zwei, *blinde Rah* genannte Ausleger, die waagerecht auf beiden Seiten des Vorkastells angebracht wurden, um den Klüver- und Außenklüverstagen den richtigen Winkel zu geben.

## Teile der Rahen

Früher bestanden die Rahen aus ein oder zwei Teilen. Diese letztere Bauart hielt sich bis zum 15. Jahrhundert (Karacken, Dreimaster usw.). Die beiden Teile überlappten in der Mitte und waren durch *Seilwulinge* fest verbunden.
Später baute man die Rahen aus mehreren, untereinander überblatteten oder aber zusammengesetzten oder verkantelten Teilen. Im allgemeinen waren die Groß- und Fockrahen verkantelt; mit der Vergrößerung der Schiffe wurde dieses Bauverfahren auch auf die anderen Rahen ausgedehnt.
Das *Körper* genannte Mittelteil war dicker und achteckig. Über den Seitenflächen des Körpers, die mit dem Mast in Berührung kamen, wurden zum Schutz gegen Reibung *Schalstücke* aufgelegt. Zu beiden Seiten des Körpers erstreckten sich die zwei Arme, deren Enden *Rahnocken* genannt wurden. Die Größe der Rahnocken betrug etwa ein Zweiundzwanzigstel der Rahlänge, sie wurden von einem Rahnockklampe oder Nockklampe genannten Vorsprung begrenzt (Abb. *293a, b*). Rund um die Rahnockklampe schlug man das Segel. Die *Marsrah* trug drei Nockklampen mehr, da sie dazu dienten, die Befestigungen der Reffe zu halten, von denen das Marssegel drei Reihen hatte (Abb. *294*).

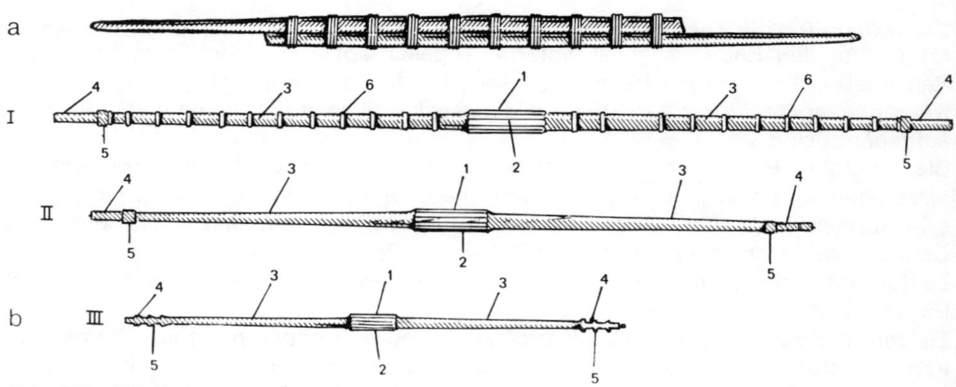


Abb. 293. *Alte Rahen*
a) *alte zweiteilige Rahen;* b) *Rahen des 16.–18. Jahrhunderts*
*I. Unterrah aus Kanteln, II. und III. überblattete kleinere zweiteilige Rahen*
*1. Körper, 2. Schalstücke, 3. Arme, 4. Nocks, 5. Nockklampen, 6. eisernes Band oder eiserner Ring der Rah*

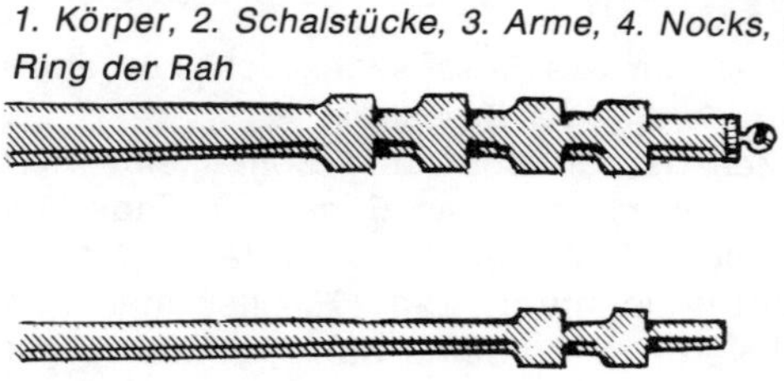

Abb. 294. *Einzeldarstellung der Mars- und Bramrahnocks der alten Schiffe*

Als die *Leesegel* eingeführt wurden, brachte man an den Rahnocken mehrere Eisenbänder an, die den *Leesegelspieren* als Halterung und Führung dienten. Diese Bänder wurden auch mit einer um einen senkrechten Zapfen drehbaren Scheibe versehen, um das Manövrieren und Gleiten der Spieren zu erleichtern. Entsprechende Bänder oder Führungen wurden auch in etwa zwei Drittel der Rahlänge angebracht, um das Ende der Spiere zu halten und zu führen (Abb. *295a, b. c*).

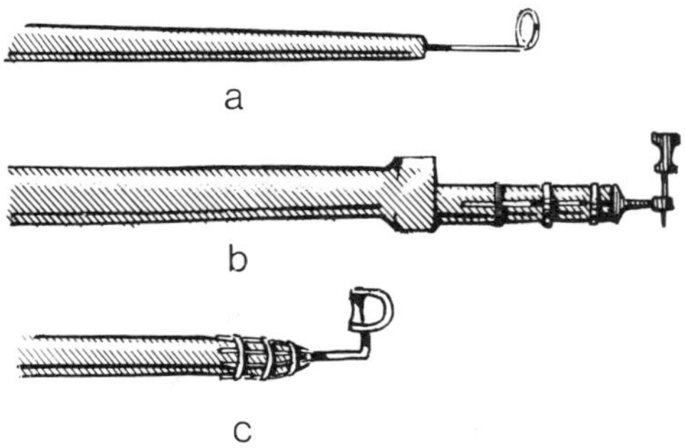


Abb. 295. *Einzeldarstellung der Rahnocks mit den Bändern zum Halten der Leesegelspieren*
a) *Rahnock des 16. Jahrhunderts;* b) *Rahnock des 17. Jahrhunderts mit Nockband, mit einer Rolle versehen;* c) *Rahnock des 18. Jahrhunderts mit Nockband, mit einer Rolle versehen*

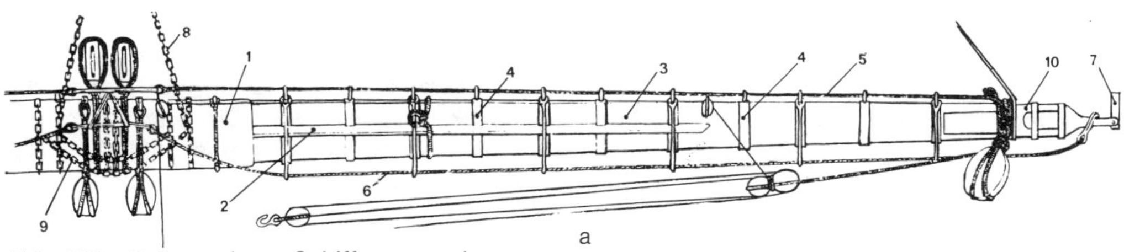


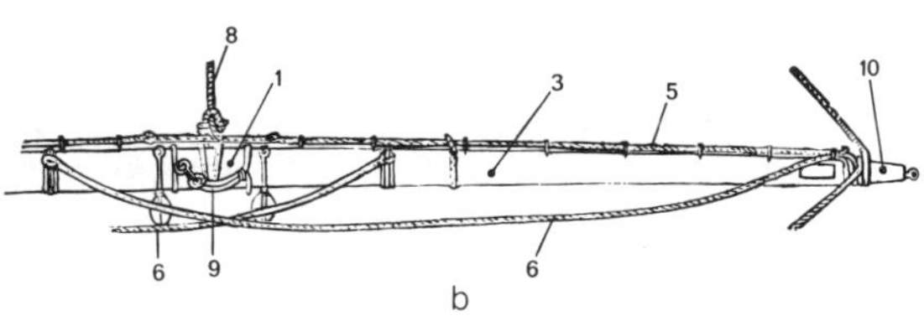


Abb. 296. *Rahen eines Schiffes aus den ersten Jahren des 19. Jahrhunderts*
a) *zusammengesetzte Unterrah;* b) *Bramrah*
*1. Körper, 2. Schalen, 3. Arme, 4. Eisenbänder, 5. Führung, 6. Laufstag, 7. Leesegelbrille, 8. Rahfall, 9. Rack, 10. Rahnock*

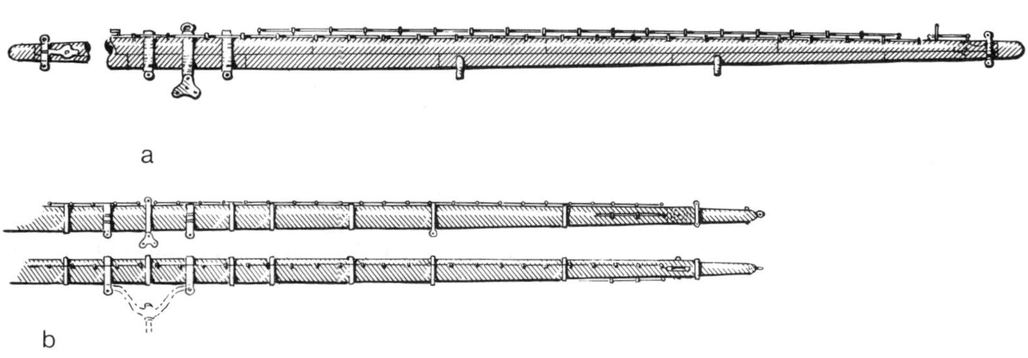


Abb. 297. *Rahen eines modernen Segelschiffes*
a) *Eisenrah;* b) *Holzrah*

Die Rahen moderner Segelschiffe weisen die gleichen Konstruktionsmerkmale auf wie die der alten. Das Mittelteil der Unterrahen und der Marsrahen ist im allgemeinen prismenförmig und hat Schamfielungslatten *(Schalstücke)* aus Holz. Die beiden *Nocken* genannten Enden werden von einem *Hummer* und von einem *eisernen Nockband* mit Augbolzen zum Befestigen der *Toppnant* und der *Brasse* begrenzt.
In dem Hummer befindet sich ein Gat mit einer Scheibe, über welche die *Schot* des höheren Segels läuft. An den Enden der Rahnocken und bei zwei Drittel der Rah sind die Leesegelbrillen der Leesegelspieren angebracht. Längs der Rah befinden sich geeignete Augbolzen zum Anbringen des *Laufstags* und des *Jäckstags* (Abb. *296a, b* und *297a, b*). Die Unter- und Marsrahen der Stahlbemastung sind aus Stahl; nur die Bram- und Oberbramrahen sind manchmal aus Holz. Die Rahnocken sind im allgemeinen aus Holz, sie werden in das die Rah bildende Rohr eingefügt.

## Leesegelbäume, -ausleger, -spieren

Ende des 17. Jahrhunderts wurden einige seitlich an den Rahsegeln befindliche, *Bonnets* und später *Leesegel* genannte zusätzliche Segel eingeführt.
Die Segel, die man den Untersegeln des Großmastes und des Fockmastes hinzufügte, hießen, wie auch in neuerer Zeit, *Unterleesegel.* Die Oberseite der Unterleesegel war an kleinere Spieren angeschlagen, die über die Großrahen hinausgingen und *Unterleesegelausleger* oder *-spieren* hießen (Abb. *298*). Die Unterseite wurde durch eine lange, *Backspiere* genannte Stange in einem bestimmten Abstand vom Schiffsbord gehalten. Jene Spiere wurde von zwei Tauen gehalten, von denen das eine Richtung Bug, das andere Richtung Heck gespannt war. Die Backspiere war mit Hilfe eines Hakens, der in eine an der Bordwand des Schiffes befestigte Öse gehakt wurde, festgelegt. Die beiden Taue, die die Backspiere hielten, hießen *Leesegelwanten.*

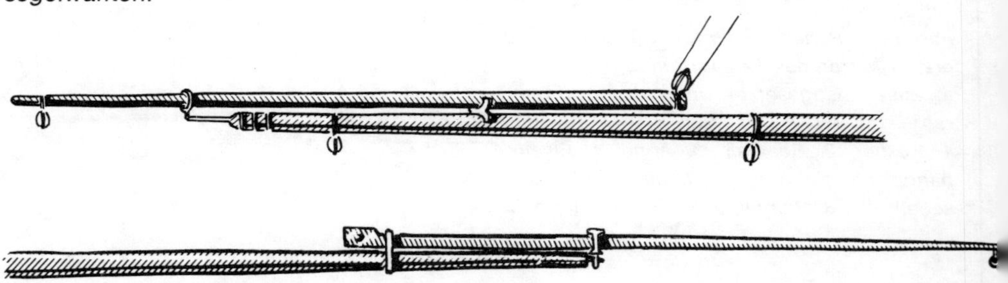

Abb. 298. *Leesegelspieren eines Schiffes aus dem 17. Jahrhundert*

Die eigentlichen Leesegel, die man den Mars- und Bramsegeln hinzufügte, wurden oben an eine kleine, *Leesegelspiere* genannte Rah angeschlagen, die an der Mars- oder Bramrah aufgehängt war, während die Unterseite mit der *Unterleesegelspiere* gestreckt wurde. Manchmal wurden auch am Kreuzmast Leesegel angebracht. Dies ist die noch heute übliche Anordnung der Leesegel. Zur Zeit ihrer Einführung wurden die Leesegel unmittelbar an den oberen Leesegelspieren angeschlagen, während die Unterseiten auf den unteren Leesegelspieren angeholt wurden (Abb. *299*). Auf modernen Segelschiffen gibt es: *Unterleesegelspieren, Leesegelspieren* als Verlängerung der Unterrahen und *Oberleesegelspieren* als Verlängerung der Marsrahen. Weiterhin gibt es: *Unterleesegelrahen, Leesegelrahen* (früher *Leesegelspieren*) und *Oberleesegelrahen* (Abb. *318* und *319*).

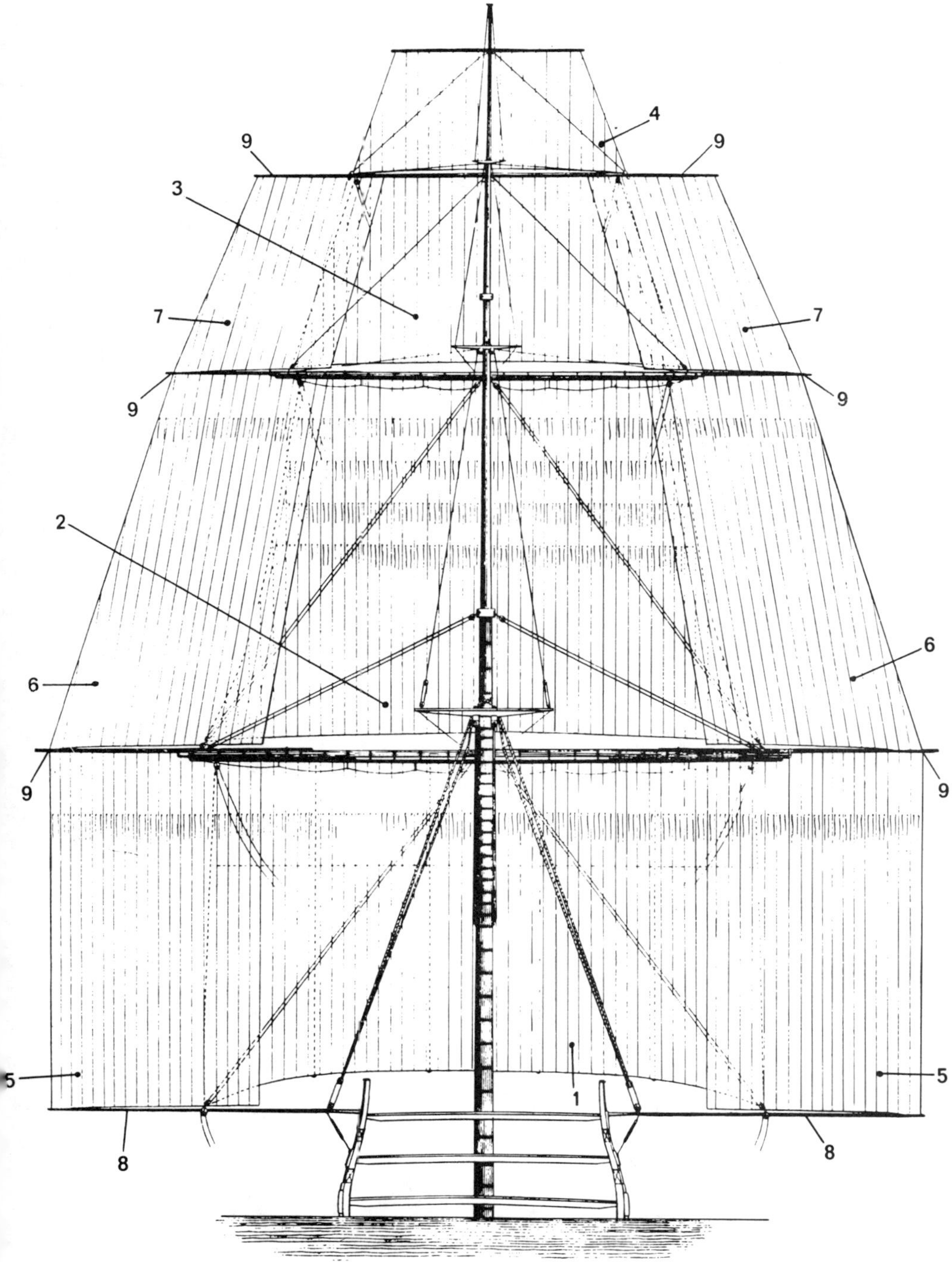


Abb. 299. *Lee- und Unterleesegelspieren eines Schiffes aus dem 18. Jahrhundert*
*1. Großsegel, 2. Marssegel, 3. Bramsegel, 4. Toppsegel, 5. Unterleesegel, 6. Marsleesegel, 7. Bramleesegel, 8. Backspieren, 9. Leesegelspieren*

**Ausleger.** Sie ähneln waagerechten Rahen, die außenbords auf beiden Seiten des Schiffes angebracht werden, um die Beiboote zu vertäuen. Sie werden hauptsächlich auf Kriegsschiffen verwendet.

## Ruten, lateinische Rahen

Die *Rute* oder *lateinische Rah* ist eine einfache oder zusammengesetzte lange Stange aus Tannenholz, die schräg am Mast aufgerichtet wird und dazu dient, die Lateinsegel zu tragen. Man benennt die Rute nach dem Mast, auf dem sie angebracht ist: *Großrute, Fockrute* bei den Galeeren, *Kreuzrute* oder *Besanrute* bei den Galeonen und späteren Segelschiffen (Abb. *300*). Auf den ersten Segelkriegsschiffen gab es auch eine kleine Kreuzmarsrute, die jedoch wegen ihrer Unzweckmäßigkeit im 16. Jahrhundert ziemlich schnell wieder weggelassen wurde. Die Rute der Galeeren

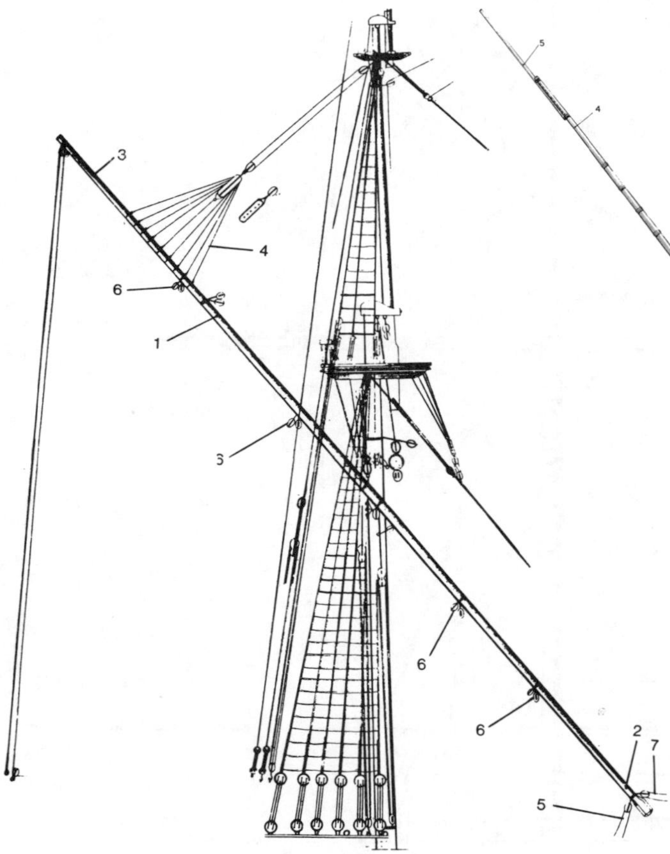


Abb. 300. *Rute eines Segelschiffes, 17.–18. Jahrhundert*
*1. Rute, 2. Wagen, 3. Feder, 4. Winde, 5. hintere Brasse, 6. Blöcke für die Geitaue des Segels, 7. vordere Brasse*

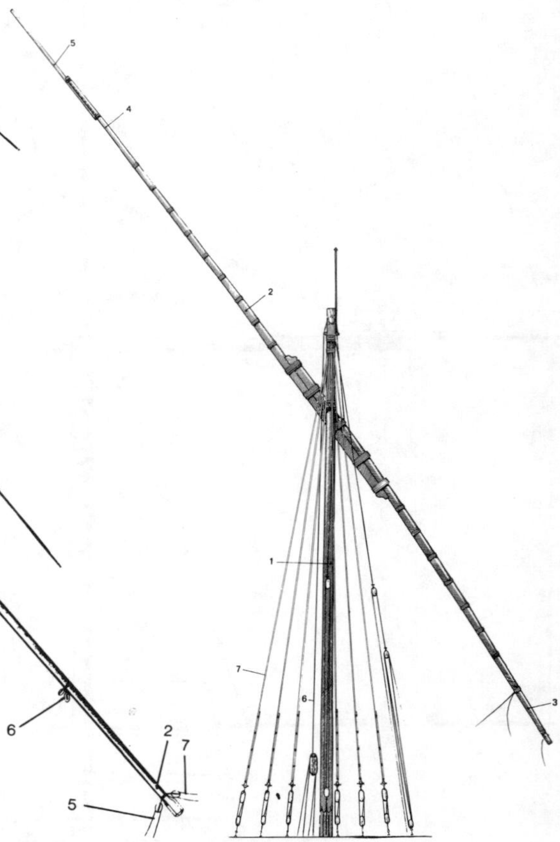


Abb. 301. *Galeerenrute*
*1. Mast mit Mastkorb, 2. Rute, 3. Wagen, 4. Feder, 5. Topp, 6. Rutenfall, 7. Want*

bestand im allgemeinen aus zwei Teilen, die fast auf der gesamten Länge gepaart waren. Ein Teil ließ man rund und nannte es *Zapfen;* das andere Teil wurde auf der gesamten Berührungslänge ausgehöhlt. Man vereinte dann zwei Drittel beider Teile miteinander und verband sie fest mit Seilzurrings *(Wulingen)* oder später mit Eisenbändern in einem Abstand von etwa 30 cm. Das obere Ende hieß *Feder,* das untere, dickere *Wagen* (Abb. *301*). Die Rute konnte durch den Topp verlängert sein; an ihm wurde ein zusätzliches Segel angeschlagen. Bei den Galeonen und den späteren Segelschiffen bestanden die Ruten aus einem Stück oder aus Kanteln wie die Untermasten.
Nur Lateinsegel fuhren außer den Galeeren die Schebecken, die Tartanen, die Pinken usw.

## Gaffeln, Gaffelsegelbäume, Schnaumasten

Zur Gruppe der Rahen gehören die *Gaffeln.* Es sind halbe Rahen, die an ihrem unteren Ende eine Klaue tragen. Diese Klaue ruht schräg auf dem Mast und läuft dort entlang. Sie dienen zum Halten der Oberseite der *Gaffelsegel.* Die *Toppgaffeln* sind kleiner; sie können ein kleines Segel *(Gaffeltoppsegel)* oder die Nationalflagge tragen.
Der *Gaffelsegelbaum,* früher *Giekbaum* genannt, ist eine Spiere, die mit einer Klaue oder einem Schwanenhals beweglich am Mast befestigt ist. Er dient zum Ausbreiten der Unterseite der Gaffelsegel (Abb. *302a, b* und *303*).
Der *Schnaumast* ist eine heckseitig der Untermasten von Masten mit Rahsegeln angebrachte Spiere, auf welcher die *Klaue der Gaffel* läuft.
Meistens bringt man den Schnaumast am Besanmast an, wo er das Gaffelsegel trägt. *Schnaue* („snow") hieß auch eine bei den Engländern, Franzosen und Schweden gebräuchliche Brigg; sie sah aus wie ein Handelsschiff, hatte zwei Masten mit Rahsegeln, einen Bugspriet, Stagsegel und Klüver. Da sie keinen Besanmast hatte, trug sie dicht heckwärts vom Großmast eine zylindrische Stenge, die am oberen Rand des Mastkorbes anlag. Diese Stenge diente zum Tragen eines *Schratsegels,* ähnlich dem Besan der größeren Schiffe. Dieses Segel hieß *Schnausegel.*
Früher war die Schnaue auch ein dickes Tau, das senkrecht am Schaft der Masten angebracht war, um die Briggsegel zu tragen. Man nannte es auch *Taumast.*

## Ausleger

Es sind Rundhölzer, deren eines Ende fest in einem Stützpunkt ruht. Sie dienen dazu, die Segel nach außen auszuspannen oder dem Tauwerk einen Halt zu geben (*Quersalingsspriet, Stagspiere* usw., wie beschrieben).

## Verbindung zwischen Rahen und Masten

Die *Rahen* werden durch das *Rack* mit den Masten verbunden; es hat die Aufgabe, die Rahen in geeignetem Abstand vom Mast zu halten und das weitestgehende Trimmen vor den *Wanten* zu ermöglichen.
Das Rack, das die alten Römer *anguina* nannten, war ein aus mehreren Tauwindungen gebildetes Band.
Später wurde dieses Band durch eine Reihe *Paternoster, Korallen* oder *Rackklotjes* (Holzkugeln mit einem Durchgangsloch) auf zwei oder drei übereinandergelegten Tauen ersetzt.

Abb. 302. a) *Baum und Gaffel eines Holzmastes,* b) *Besanmast, Besanbaum, in Richtung zum Heck gesehen, Schulschiff* Ebe *(Museo della Scienza e della Tecnica di Milano)*
*1. Untermast, 2. Marsstenge, 3. Mars, 4. Masttopp, 5. Hacke oder Fuß der Marsstenge, 6. Püttingsband, 7. Eselshaupt, 8. Besanbaum, 9. Besangaffel, 10. Band mit Augbolzen, 11. Band mit Augbolzen für das Fall der Gaffelspitze und die Gaffelgeeren, 12. Fall der Gaffelspitze, 13. Gaffelgeeren, 14. Nock der Gaffel, 15. Augbolzen für die Gaffelflagge, 16. Klaue, 17. Klaue mit Rack und Klotjes, 18. Mastband, 19. Band zur Aufnahme von Belegnägeln, 20. Band für die Toppnanten des Besanbaums, 21. Toppnanten des Besanbaums, 22. Band mit Gleitring der Besanbaumtaljen, 23. Gleitring der Besanbaumtaljen, 24. Schäkel, 25. Besanbaumtaljen*

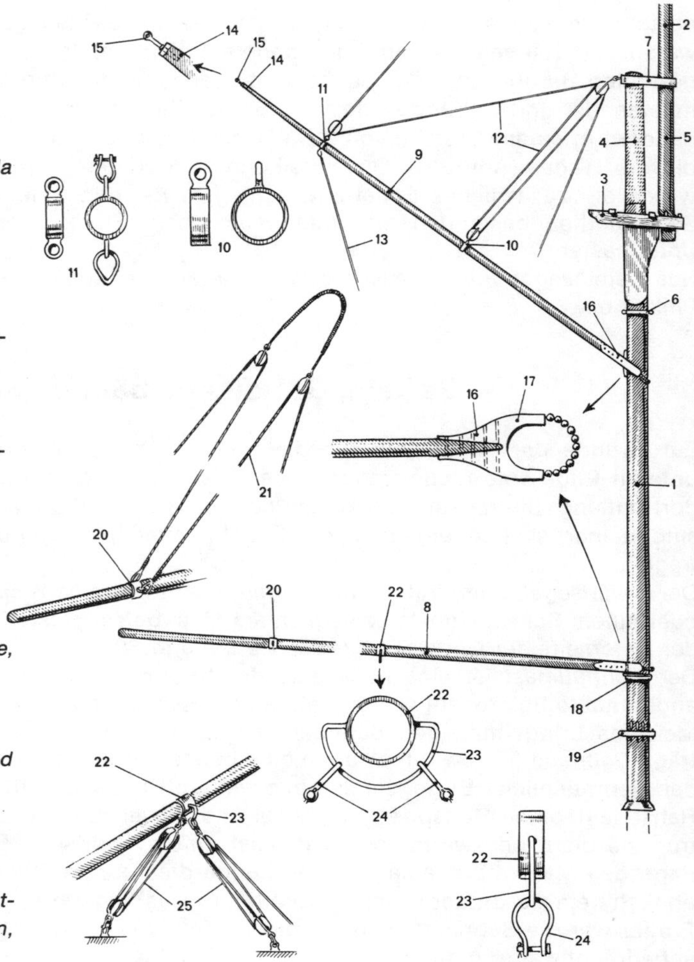

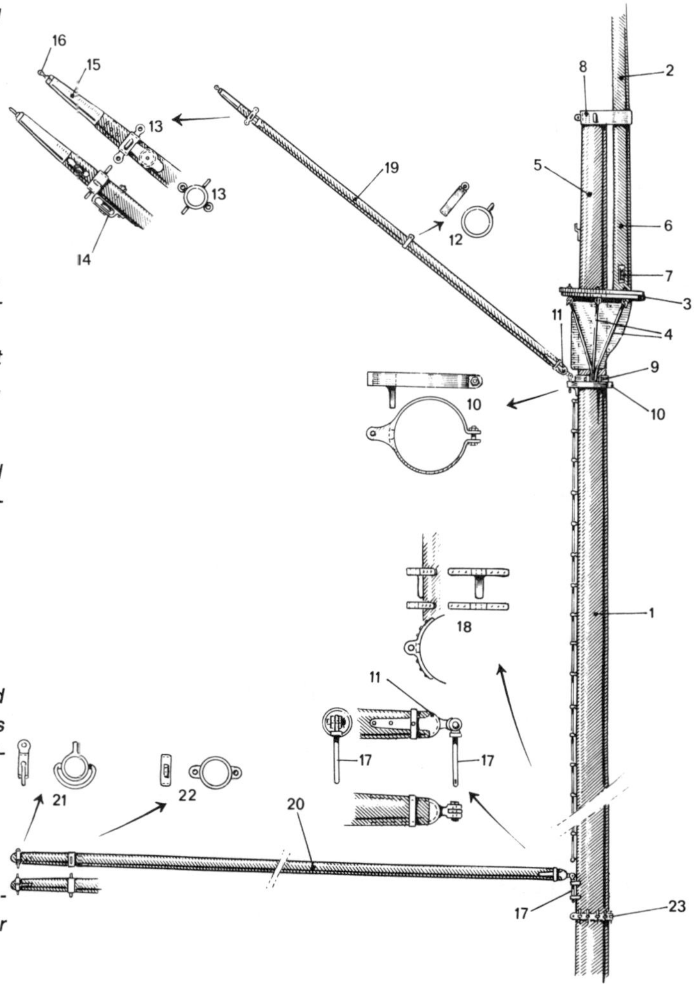

Abb. 303. *Besanbaum und Gaffel des Stahlmastes eines modernen Segelschiffes*
*1. Untermast, 2. Marsstenge, 3. Mastkorb, 4. Püttings, 5. Masttopp, 6. Hacke oder Fuß der Marsstenge, 7. Gat mit Scheibe für das Windreep, 8. Eselshaupt, 9. Püttingsband, 10. Band zur Aufnahme des Bolzens, 11. mit Bolzen angebrachte Gabel, 12. Band mit Augbolzen zum Anbringen des Falls der Gaffelspitze, 13. Band mit Augbolzen zum Anbringen des Falls der Gaffelspitze und der Gaffelgeere, 14. Scheibe für das Gaffelsegelfall, 15. Gaffelnock, 16. Augbolzen für die Gaffelflagge, 17. Bolzen, 18. Band zur Aufnahme des Bolzens des Besanbaums, 19. Gaffel, 20. Besanbaum, 21. Band mit Augbolzen für Besandirk und Gleitschiene für die Besanbaumtaljen, 22. Toppnantenband, 23. Holzleiste zur Aufnahme von Belegnägeln*

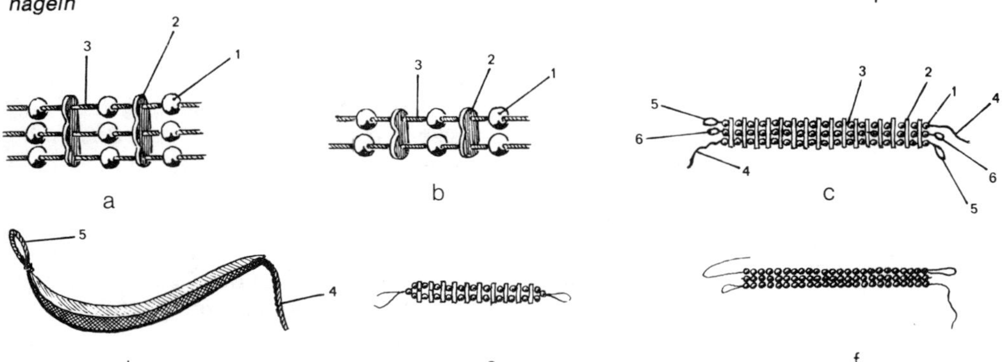

Abb. 304. *Racks der Rahen alter Schiffe*
a) *Rack mit drei Reihen Klotjes;* b) *Rack mit zwei Reihen Klotjes;* c) *Rack für Unterrahen;* d) *Rack englischer Art;* e) *Rack für Bramstengen;* f) *Rack für die Ruten der Galeeren*
*1. Rackklotjes, Korallen oder Paternoster, 2. Schliete, 3. Rackbastard, 4. Tauende, 5. Legel, 6. Kausch*

Um die Taue zusammenzuhalten, setzte man zwischen je zwei senkrechte Reihen Rackklotjes eine *Schliete,* ein flaches Holzstück mit drei runden Vorsprüngen auf einer Seite und mit zwei oder drei Löchern, je nach der Anzahl der Taue. Das Tau, das die Rackklotjes und die Schlieten verband, hieß *Rackbastard,* und das Tauende, das um die Rahen geschlungen wurde und das Rack andrückte, nannte man in Italien *drossa* (Abb. *304a, b*). Es gab verschiedene Arten von Racks.
Bei den Unterrahen und den Marsrahen wurde das Rack aus drei Tauen mit Klotjes gebildet (Abb. *304c*). Das mittlere Tau trug an beiden Enden eine *Kausch,* während die beiden anderen Taue mit einem Legel endeten. Das Rack wurde so angebracht, daß es den Mast heckseitig wie ein Band umfaßte, während die Enden der beiden Taue um die Mitte der Rah gewickelt wurden, wobei man sie durch Kauschen und Legel laufen ließ und sie schließlich miteinander verband.
In die Jungfer, die sich in der Mitte befand, waren auf der Heckseite des Mastes zwei *Aufholer* und *Niederholer* genannte Taue, eines darüber und das andere darunter, geschoren. Sie erleichterten das Dirigieren der Rahen beim Auf- und Niederholen (Abb. *305*).
Die Unterrahen mußten nicht oft auf- und niedergeholt werden, deshalb wurden im 18. Jahrhundert die Racks der oben beschriebenen Art durch die einfachen Racks englischer Bauart ersetzt (Abb. *304d*). Diese Art Rack bestand aus einem mit Schiemannsgarn bekleideten Tau, das mit Leder bedeckt war; an einem Ende war ein Legel. Das Rack wurde um den Mast gelegt, der *Bastard* um die Rah, er fuhr durch das Legel und ging, indem man den Mast umwickelte, rechts von demselben nach unten.
Am Ende des Bastards befand sich ein *Block,* der mit einem anderen, an Deck links am Fuß des Mastes befestigten eine Talje bildete. Diese nannte man Racktalje, sie diente zum Lockern des Racks. Oberhalb des Racks befand sich ein weiteres Tau, das um die Rah und den Mast gewickelt und mit Hilfe einer anderen, auf der entgegengesetzten Seite des Mastes, das heißt rechts, angebrachten Talje gehalten wurde. Auch das einfache Rack besaß Auf- und Niederholer (Abb. *306*).
Die Racks der Bramrahen (Abb. *304e*) waren gleich denen der Unterrahen, hatten aber nur zwei Taue mit Klotjes. Die beiden Bastarde wurden vereinigt und bildeten an einem Ende ein Legel. Man band das Rack an den Mast; der Bastard wurde mit zwei oder drei Windungen um die Rah gewickelt, ging durch das Legel und wurde dann gut befestigt. Diese Rackart wurde auch für die Unterrahen und Marsrahen kleinerer Schiffe verwendet.
Das *Rack der Kreuzrute* wurde wie das der Bramrahen aus zwei Tauen mit Korallen gebildet. An einem Ende vereinigten sich beide Bastarde zu einem einzigen Tau und umschlossen eine *Jungfer* mit zwei Löchern (die Jungfer war eine Holzscheibe, durch die zwei oder drei Löcher gebohrt wurden, welche die Bedienungstaue aufnahmen). Die beiden Enden der Bastarde wickelte man mehrmals um die Besanrute und um den Kreuzmast; sie fuhren durch die beiden Löcher der Jungfer und wurden in einen doppelten Block geschoren (Abb. *307*). Ein weiterer Block wurde auf dem erhöhten Achterdeck befestigt und bildete mit dem Block der Rackbastarde die *Racktalje,* wie sie oben beschrieben wurde. Die Racks der Blinderah und Oberblinderah wurden aus Tauen hergestellt (Abb. *308*). Die Racks der Galeeren setzten sich aus drei Tauen mit Rackklotjes ohne Schlieten zusammen (Abb. *304f*).
Nach dem 18. Jahrhundert wurden an den Racks Neuerungen angebracht, um sie zweckmäßiger zu gestalten. Bis zum Ende des 19. Jahrhunderts verwendete man jedoch noch die einfachen Racks.
Auf modernen Segelschiffen gibt es die *Racks der Unterrahen,* die verschiedener Art sein können.
*Racks mit Stropps aus Ketten (Kettenracks)* (Abb. *309*) gleichen fast völlig den Racks einfacher Ausführung.

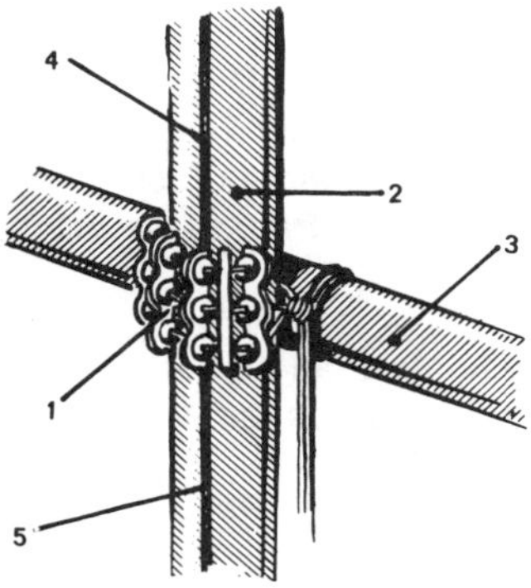


Abb. 305. *Anbringen des Racks einer Unterrah*
*1. Rack, 2. Mast. 3. Rah, 4. Aufholer, 5. Niederholer*

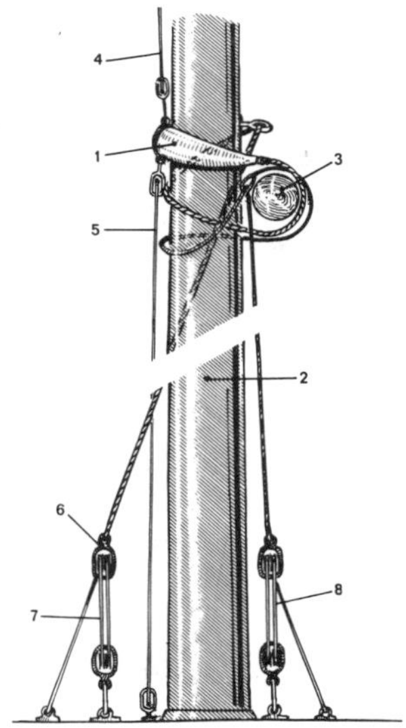


Abb. 306. *Anbringen des Racks englischer Art an Untermasten*
*1. Rack, 2. Mast, 3. Rah, 4. Aufholer, 5. Niederholer, 6. Bastardblock, 7. Racktakel, 8. zweites Racktakel*

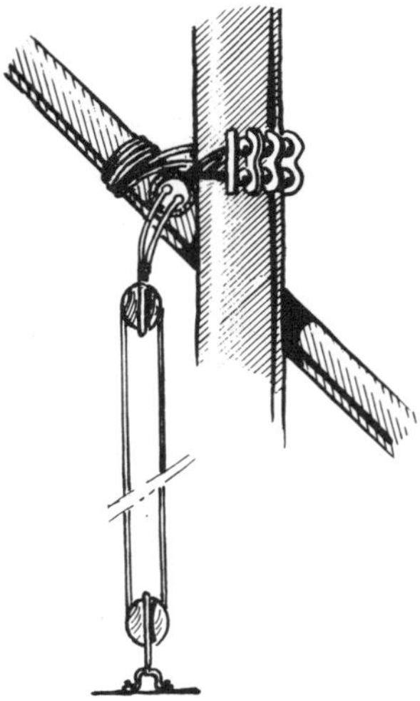

Abb. 307. *Anbringen des Racks am Kreuzmast*

Abb. 308. *Rack der Blinderah und der Oberblinderah*

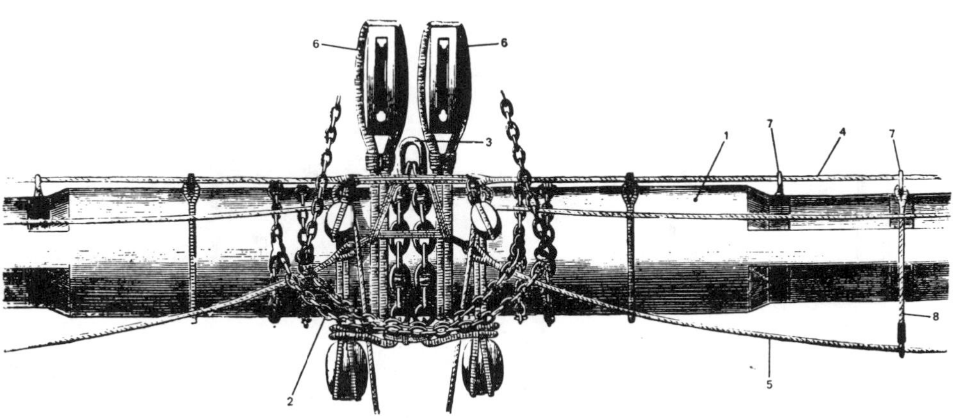


Abb. 309. *Kettenracks*
*1. Rah, 2. Kettenrack, 3. Befestigung des Hangers, 4. Jäckstag, 5. Laufstag, 6. Blöcke des Rahfalls, 7. Augbolzen, 8. Bügel oder Führungen der Laufstage (Pardenhanger)*

*Eisenracks* bestehen aus einem Beschlag mit zwei Armen. Die Enden dieser Arme sind an zwei Eisenbändern befestigt, die man an der Rah anbringt. Das Mittelteil ist durch Bolzen mit einem Eisenring verbunden, der unterhalb der Mastbacken liegt. Die Rah wird mit Hilfe einer Hangerkette aufgehängt, die an einem Eisenband auf der Rah befestigt ist (Abb. *310*). Auch die Stahlmasten haben Racks aus Eisen (Abb. *311*).

*Marsracks* gibt es fünf Arten.

*Einfache Marsracks.* Sie bestehen aus zwei Tauenden, die untereinander verbunden, mit Schiemannsgarn und dann mit Leder bekleidet sind. Die einfachen Marsracks dieser Art können auch aus Stahlseil oder Ketten bestehen (Abb. *312a*).

Die zweite Art besitzt wie früher *Rackklotjes.* Sie besteht aus einer Reihe Klotjes, die auf einem Hanf- oder Stahlseil aufgereiht und paarweise durch Schlieten voneinander getrennt sind.

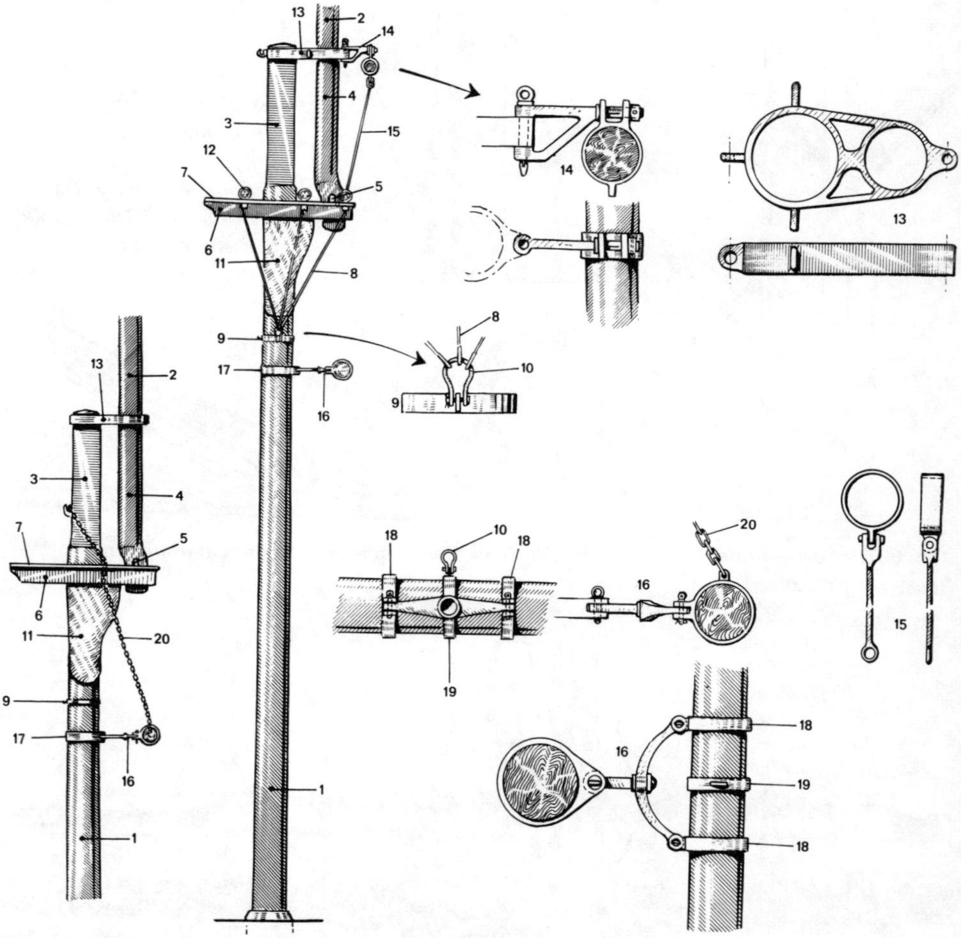

Abb. 310. *Eisenracks der Unterrahen und der Untermarsrahen*

*1. Untermast, 2. Marsstenge, 3. Masttopp, 4. Masthacke oder -fuß, 5. Schloßholz, 6. Längssalinge, 7. Mastkorb, 8. Eisenpüttings, 9. Püttingsband, 10. Schäkel oder Hängegerüst, 11. Mastbacken, 12. Jungfern der Püttingeisen der Marswanten, 13. Eselshaupt mit Aufnahme für den Bolzen des Racks der Marsrah, 14. Rack der Marsrah, 15. Träger des Racks der Marsrah, 16. Rack der Unterrah, 17. Rackband, 18. Rackbänder der Unterrah, 19. Hangerband, 20. Hanger*

Abb. 311. *Rack der Unterrah eines eisernen Mastes (Seitenansicht – Draufsicht)*

Die dritte Art besteht aus einer *Rackklampe,* das heißt einem Stück Holz mit einer halbkreisförmigen Klaue in der Mitte, die hinter der Rah befestigt wird. Die Klaue wird mit einem weiteren, verbolzten Halbring oder Halbband geschlossen. Dieses Halbband konnte auch aus Klotjes hergestellt werden (Abb. *313b*).

Die vierte Art heißt *Rack mit Muffe;* sie wird vor allem an den Obermarsrahen verwendet, wenn es sich um *doppelte Marssegel (Unter-* und *Obermarssegel)* handelt. Die Muffe ist ein Zylinder aus Hartholz, über dem ein Eisenband befestigt ist, das wie die Eisenracks der Unterrahen mit dem armförmigen Beschlag verbunden ist. Die Muffe kann auch aus Eisen sein; in diesem Fall wird sie innen mit Leder verkleidet, um das Gleiten längs des Mastes zu erleichtern. Diese Art Rack ersetzte die vorhergehenden (Abb. *312c*).

Die fünfte Art hat armartige Beschläge wie das Rack des Untermastes. Dieses Rack dreht sich um einen Bolzen, der auf der Vorderseite des Eselshauptes befestigt ist. Statt der Hangerkette verwendet man eine Eisenhalterung (Träger), die darunter gesetzt ist und sich auf die Mars stützt (Abb. *310*).

Diese Art Rack wird für Untermarsrahen und Untertopprahen verwendet und hat alle vorangegangenen Arten ersetzt.

Es gibt zwei Arten von *Racks der Bram- und Oberbramrahen.*

*Einfache Racks,* aus zwei einfachen, bekleideten und mit Leder bedeckten Stropps bestehend, oder *Racks mit Rackklampe und Halbband aus Eisen* oder *Halbband aus Klotjes* (Abb. *312b* und *313*).

*Gaffelrack.* Es besteht aus einer Klaue, die am Mast oder am Schnaumast anliegt, und aus einem Rack, das aus einer Reihe Rackklotjes ohne Schlieten gebildet wird, die man an den beiden oberen Enden der Klauenarme zusammenknüpft. Diese Anordnung gestattet der Gaffel, entlang des Mastes oder des Schnaumastes zu gleiten.

*Rack des Besanbaums.* Es ist mit Hilfe einer Klaue an einem Band, das rundum am Mastfuß befestigt ist, und mit Hilfe eines Racks mit Klotjes mit dem Mast oder dem Schnaumast verbunden, oder aber es ist mit einem Eisenbeschlag mit Bolzen versehen, der ihm gestattet, sich zu drehen (Abb. *302* und *303*).

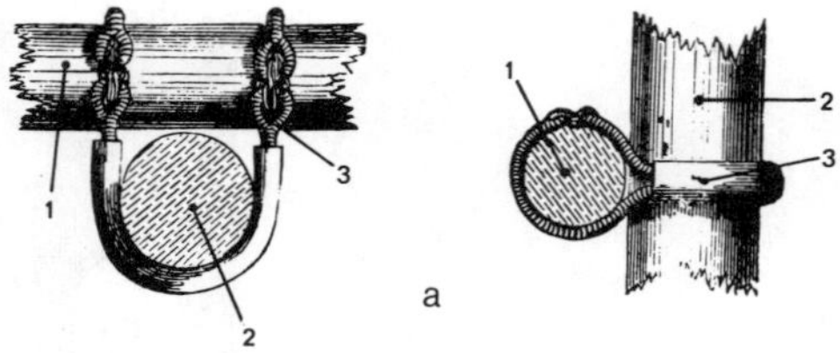

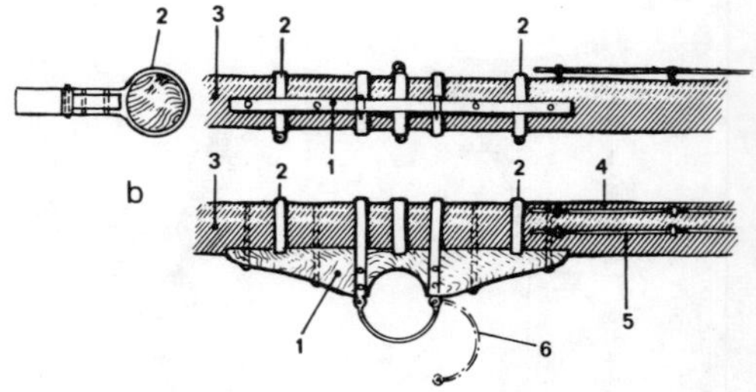

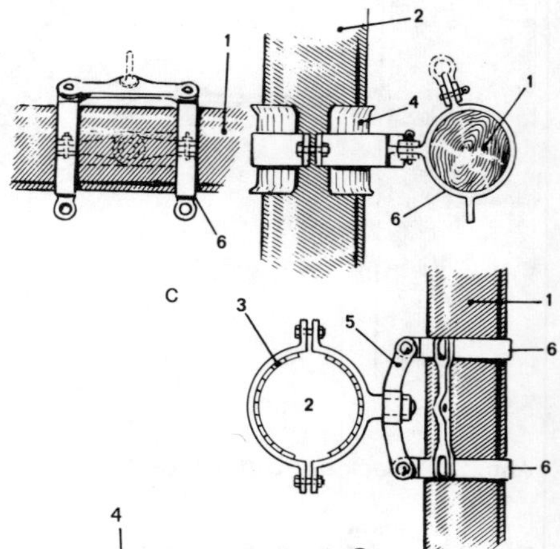

Abb. 312. *Marsracks*
a) *einfaches Marsrack: 1. Rah, 2. Mast, 3. Rack*
b) *Rack mit Scharnierband: 1. Rackklampe, 2. Bänder, 3. Rah, 4. Jäckstag für das Oberliek, 5. Jäckstag für die Pardenhanger, 6. eisernes Halbband*
c) *Rack mit Muffe für Obermarsstengen: 1. Rah, 2. Mast, 3. Holzmuffe, 4. Eisenband, 5. Rackarme, 6. Rackbänder*

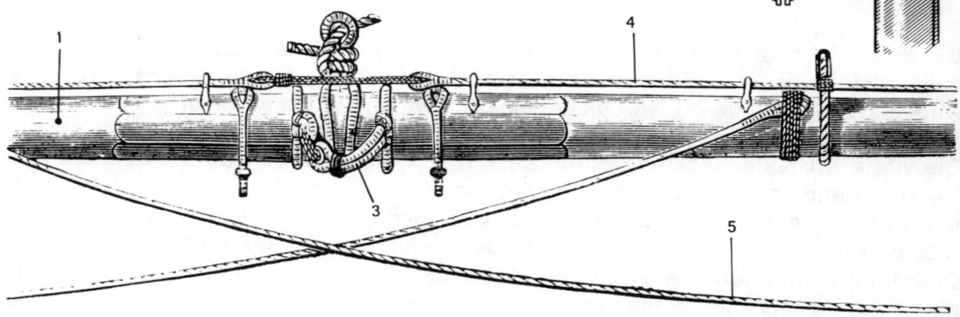

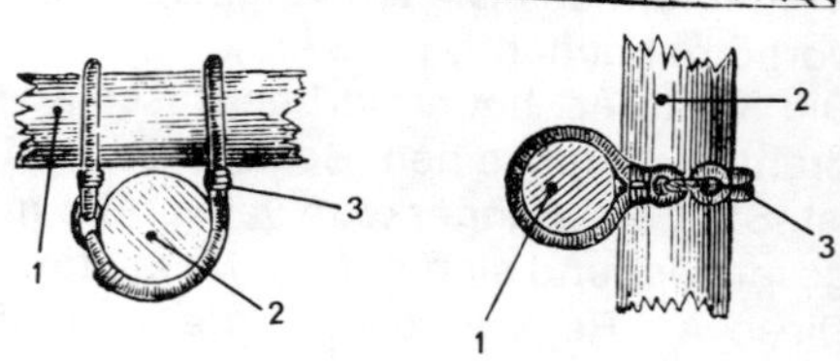

Abb. 313. *Racks der Bram- und Oberbramrahen, einfache Racks*
*1. Rah, 2. Mast, 3. Rack, 4. Jäckstag, 5. Laufstag*

## Bau der Masten und Rahen von Standmodellen

Die Masten und Rahen fertigt man im allgemeinen aus quadratischen Tannen- oder Kiefernleisten. Je nach den Abmessungen des Modells werden die Kanten des Holzes mit dem Hobel, der Raspel und der Feile bearbeitet. Man entfernt zuerst die Kanten, formt die Leiste nach und nach und schrägt sie sachgerecht ab. Die Fertigstellung erfolgt, indem man das Werkstück einspannt und es mit Schmirgelleinen glättet, das man mit beiden Händen hält, so daß man eine einwandfreie Oberfläche erhält. Man muß darauf achten, daß das Oberteil der Masten, das dem Masttopp entspricht, den quadratischen Querschnitt behält.

Die Kabelbekleidungen werden nach dem in der Abb. *268* dargestellten Befestigungsverfahren ausgeführt; die Metallbekleidungen stellt man aus dünnen Messingplättchen oder noch besser aus Messingfolie von 0,3–0,4 mm her. Aus dieser schneidet man kleine Streifen, die bei der Bearbeitung befestigt und auf die Masten gelötet werden. Man bringt dann die Mastbacken und die Quer- und Längssalinge an, die aus kleinen Hartholzstücken hergestellt werden. Vor dem Einbau müssen die Masten lackiert werden: *weiß* im allgemeinen die alten Masten, *gelb* die Masten der modernen Segelschiffe und *schwarz* die Masten der Klipper. Die Rahen der modernen Segelschiffe müssen dann mit den Metallracks versehen werden; man stellt sie aus kleinen Messingteilen her, die schwarz lackiert werden. Die Racks der alten Schiffe, die gesondert gefertigt werden, baut man ein, wenn man das Modell mit den Segeln ausrüstet. Die alten Rackklotjes kann man auch aus mit der Farbe des Holzes bemalten kleinen Korallen fertigen. Die zwischen den einzelnen Klotjes eingesetzten Schlieten gewinnt man aus Hartholzstücken.
Meistens hatten und haben die Rahen die gleiche Farbe wie die Masten; bei den Handelsschiffen wird das Ende *(Rahnock)* weiß gestrichen, bei den Kriegsschiffen rot.

# KAPITEL X Segel

*Segel* nennt man eine zweckgerecht ausgespannte Leinwandfläche, die den durch den Wind verursachten Luftdruck aufnimmt, der als Antriebskraft zur Übertragung der Bewegung auf die Schiffe genutzt wird.
Die Gesamtheit der Segel eines Segelschiffes nennt man *Beseglung.* Unter Beseglung versteht man auch die Art der Segel, mit denen ein Schiff oder ein Boot versehen ist (*Latein-, Rah-, Hilfs-, Bulin-, Sturmbeseglung* usw.). Die Gesamtheit der Segelfläche eines Schiffes nennt man Stell oder Satz. Mit Bugstell wird die Gesamtheit der Segel bezeichnet, die sich bugwärts der senkrechten Drehachse des Schiffes befinden *(Vorsegel),* mit Heckstell die Gesamtheit der Segel, die sich heckwärts der senkrechten Drehachse des Schiffes befinden *(Achtersegel, Hecksegel).* Man verwendet diese Bezeichnungen bei der Untersuchung der Wirkungen, die die genannten Segelstelle auf die Drehbewegungen des Schiffes ausüben.

## Einteilung der Segel

Die Segel werden nach ihrer Form und der Art, wie sie angeschlagen sind, unterteilt. Der Form nach gibt es *rechteckige Segel, trapezförmige Segel* und *dreieckige Segel;* der Anschlagsart nach unterscheidet man Segel, bei denen die Oberseite *an eine Rah geschlagen* ist, Segel, bei denen eine Seite *an den Mast geschlagen* ist, und Segel, bei denen eine Seite an *ein Tau geschlagen* ist.
Die Segel unterteilen sich schließlich in *Rahsegel* und *Schratsegel,* die sich wiederum in *Lateinsegel, Gaffelsegel, Klüversegel* und *Stagsegel* gliedern.

**Rahsegel.** Sie sind viereckig (außer rechteckig auch trapezförmig) und werden mit der Oberseite an eine Rah geschlagen. Die Unterseite ist im allgemeinen mit der konvexen Seite nach oben gewölbt und wird mit Hilfe der Schoten und Halsen an der darunter befindlichen Rah oder an Deck des Schiffes gehalten.
Die *Rahsegel* sind leicht zu trimmen, zu entfalten und festzumachen, auch können sie gut geteilt werden. Sie stellen deshalb die vorteilhaftesten Segel dar, obwohl sie sich nicht sonderlich eignen, wenn das Schiff gegen den Wind kreuzen muß. Tatsächlich beträgt der Mindestwinkel, den der Wind mit dem Bug einschließt, etwa 67°.
Nach den Rahen, an die die Segel geschlagen sind, unterscheidet man *Großsegel, Marssegel (Untermarssegel, Obermarssegel), Bramsegel (Unter- und Oberbramsegel) und Royalsegel* (früher *Großskysegel* und *Toppsegel*) (Abb. *314a*), *Focksegel, Vormarssegel (Voruntermarssegel, Vorobermarssegel), Vorbramsegel (Vorunter-* und *Voroberbramsegel)* und *Vorroyalsegel* (früher *Vorskysegel* und *Vortoppsegel*), *Kreuzsegel, Kreuzmarssegel (Kreuzunter-* und *Kreuzobermarssegel), Kreuzbramsegel*

*(Kreuzunter-* und *Kreuzoberbramsegel)* oder *Kreuzroyalsegel* (früher trugen sie dieselbe Bezeichnung).
Rahsegel waren früher auch das *Sprietstengesegel,* die an die Blinderah geschlagene *Blinde,* die unter dem Bugspriet gesetzt wurde, und die an die Oberblinderah geschlagene *Oberblinde,* die unter dem Klüverbaum gesetzt wurde. Die Blinde und die Oberblinde hatten je zwei oder drei Löcher zum Ablaufen des Wassers; sie wurden darüber hinaus durch Eisenkugeln gestrafft.
Die Rahsegel unterteilen sich wie die Masten in *Großrahsegel, Fockrahsegel* und *Kreuzrahsegel.*
Das *Groß-,* das *Fock-* und das *Kreuzsegel* bezeichnet man als *Untermast-* oder *Sturmsegel,* die andern als *Mars-, Bram-* und *Royalsegel* (Abb. *314b*).
Bei den Römern hieß das Rahsegel *tetravela,* das Großsegel *acatus,* das Focksegel *acatium,* das Marssegel *artemo* und das Stagsegel *dolo.* Das Marssegel befand sich über dem Großsegel und war mitunter an eine kleine Segelstange geschlagen, oder es hatte eine dreieckige Form und war – ganz oder in der Mitte geteilt – an den Mast geschlagen. Im Mittelalter war das dann *artimone* genannte Marssegel verschieden groß. Die Franzosen nannten den Kreuzmast und das Kreuzsegel *artimon.*

**Lateinsegel.** Sie sind dreieckig, die längere Seite ist an die Rute geschlagen; in Längsrichtung des Schiffes sind sie mit Hilfe einer Schot nach dem Heck zu ausgespannt.
Die *Lateinsegel* gehören zu den *Schratsegeln.* Sie haben gegenüber den Rahsegeln den Vorteil, daß sie höher am Wind stehen. Man kann die diametrale Längsebene unter einem Winkel von etwa 20° zur Windrichtung trimmen.
Auch die Lateinsegel unterscheidet man nach dem Mast, an dem sie angebracht wurden: *Großsegel, Focksegel* und *Kreuzsegel.*
Das größte Segel, das man auf Galeeren verwendete, heißt *bastardo,* das mittlere *borda* und das kleinere *marabotto* oder *marabutto.* Diese Segel wurden je nach der Windstärke gesetzt.
Bei Gewitter benutzte man ein Rahsegel *(Sturmsegel),* das an eine „Fortunarah" geschlagen war.
Auf alten Schiffen mit Rahsegeln trug der Kreuzmast bis zum Ende des 18. Jahrhunderts ein *Besansegel,* das dreieckig und ähnlich einem schräg am Mast befestigten Lateinsegel war.
Gegen Mitte des 18. Jahrhunderts waren zwei verschiedene Formen von Besansegeln in Gebrauch: das herkömmliche *dreieckige* (es wurde *Besansegel französischer Art* genannt) und ein *trapezförmiges,* das oben an die Rute und senkrecht an den Mast geschlagen wurde (es hieß *Besansegel englischer Art*). Die zweite Form glich einem Gaffelsegel (Abb. *315a, b, c*).

**Gaffelsegel.** Sie sind trapezförmig und unterteilen sich in *Gaffelsegel, Gaffeltoppsegel, Loggersegel* („Drittelsegel" und „Viertelsegel") und *Sprietsegel.*
Das *Gaffelsegel* hat die Form eines unregelmäßigen Trapezes, das mit der Oberseite an die Besangaffel und mit der Unterseite an den Besanbaum geschlagen ist, an dessen hinterem Ende die Schot befestigt wird; die senkrechte Seite wird an den Mast oder den Schnaumast geschlagen. Das *Gaffeltoppsegel* wird mit der Unterseite an die Besangaffel, mit der Oberseite an die Toppgaffel und mit der senkrechten Seite an den Mast geschlagen. Die Besangaffel wird am Heckmast der Segelschiffe mit Rahsegeln und an allen Masten der Schoner verwendet. Bei den Kuttern sind das Gaffelsegel und das Gaffeltoppsegel durch ein einziges dreieckiges Segel ersetzt, dessen senkrechte Seite in einer längs des Mastes angebrachten Vertiefung oder in einer Führung gleitet. Ein solches Segel heißt *Marconisegel.* Die Engländer nennen es *Bermudasegel.*

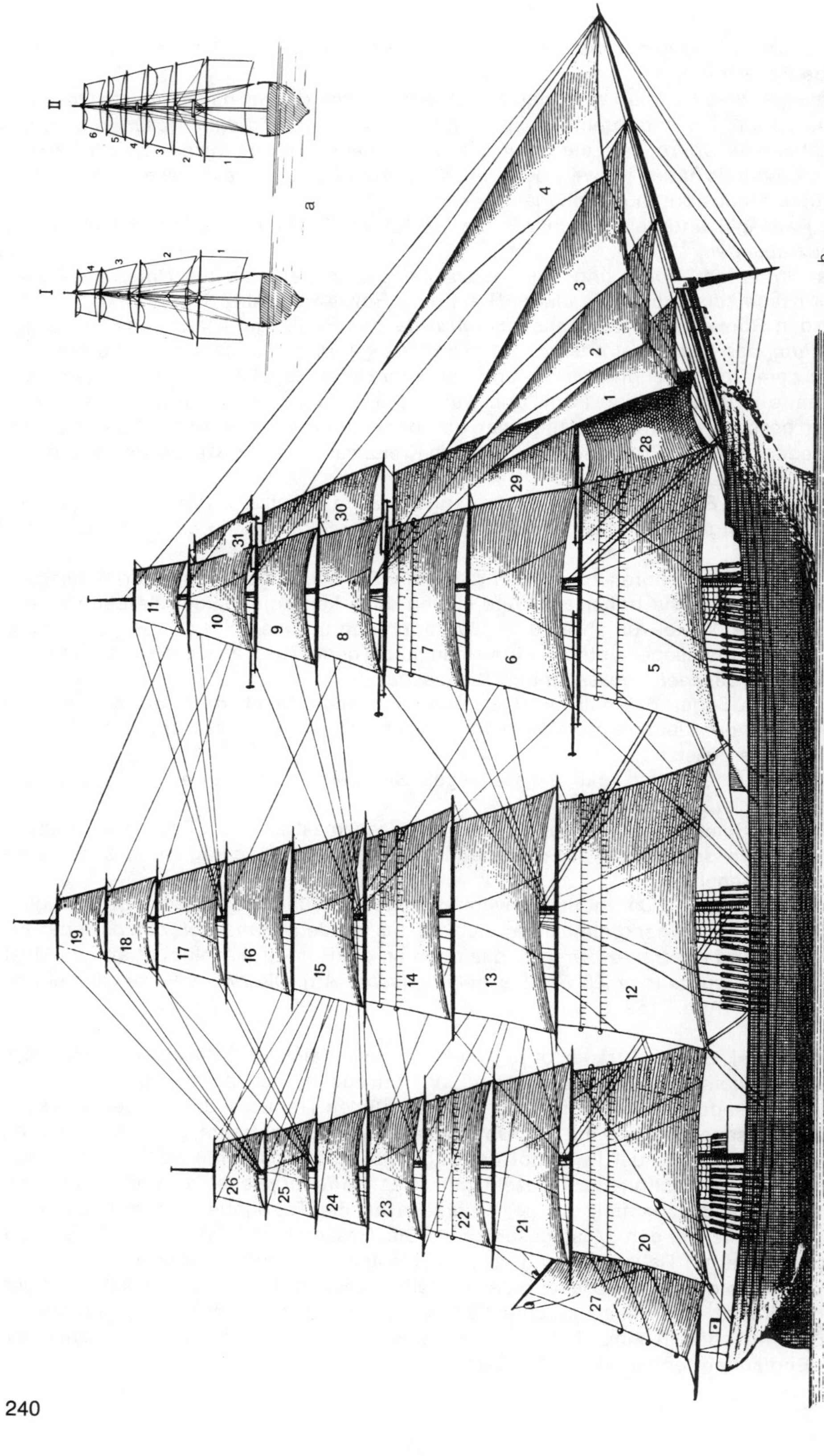

I
1
2
3
4
II
1
2
3
4
5
6
a
b
1
2
3
4
5
6
7
8
9
10
11
12
13
14
15
16
17
18
19
20
21
22
23
24
25
26
27
28
29
30
31


Abb. 314

Das *Loggersegel* ist eine besondere Art Gaffelsegel, dessen Oberseite an eine kleine Segelstange geschlagen wird, deren Fall in einem Drittel ihrer Länge vom vorderen Ende aus (daher der Name „Drittelsegel") befestigt ist.
Die vordere Ecke erstreckt sich in Richtung Bug, die hintere Ecke in Richtung Heck.
„Viertelsegel". Wenn die vordere Ecke des Segels am Mastfuß gehalten wird und das Fall in einem Viertel der Länge der kleinen Segelstange angreift, nennt man das Segel „Viertelsegel".

**Sprietsegel.** Sie sind viereckig, ihr Winkel an der hinteren oberen Ecke ist sehr spitz; sie werden von einer diagonalen Spiere *ausgespannt*, deren unteres Ende auf dem Mast ruht, während das obere Ende die hintere obere Ecke spannt.
Früher wurden die Gaffelsegel wie folgt unterteilt: *Giekbaumsegel* oder *Briggsegel* oder *Gaffelsegel mit Gaffel* oder *Giek* (auch *Brigg* genannt); *Klausegel* (Gaffelsegel ohne Baum); *Sprietsegel*, ähnlich den oben beschriebenen, auch *Trensing*- oder *Streichersegel* oder italienisch *livarda* nach dem Namen der diagonalen Rute;

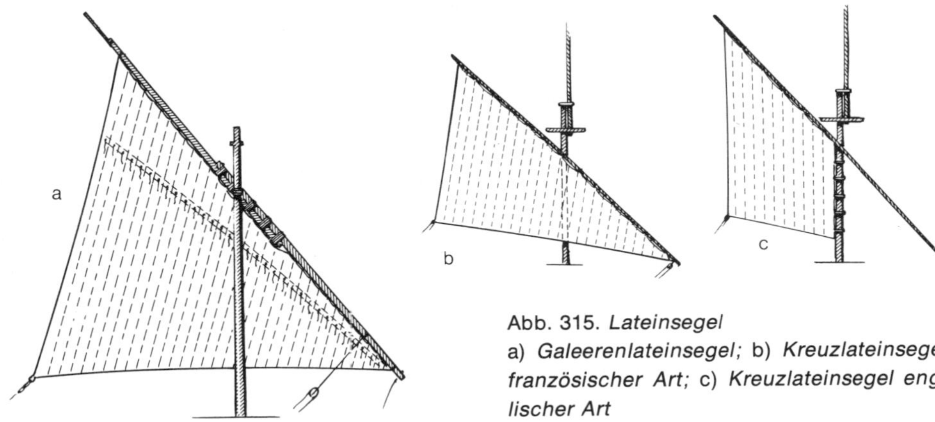


Abb. 315. *Lateinsegel*
a) *Galeerenlateinsegel;* b) *Kreuzlateinsegel französischer Art;* c) *Kreuzlateinsegel englischer Art*

Abb. 314. *Rahsegel*
a) *genereller Segelsatz mit Rahsegeln*
*I. normale Beseglung ohne Untermarssegel: 1. Großsegel, 2. Marssegel, 3. Bramsegel, 4. Oberbramsegel; II. normale Beseglung mit Unter- und Obermarssegeln: 1. Großsegel, 2. Untermarssegel, 3. Obermarssegel, 4. Unterbramsegel, 5. Oberbramsegel, 6. Royalsegel*
b) *Beseglung eines Segelschiffes, 19.–20. Jahrhundert*
*1. Vorstengestagsegel, 2. Binnenklüver, 3. Klüver, 4. Außenklüver, 5. Fock, 6. Voruntermarssegel, 7. Vorobermarssegel, 8. Vorunterbramsegel, 9. Voroberbramsegel, 10. Vorroyal, 11. Vorskysegel, 12. Großsegel, 13. Großuntermarssegel, 14. Großobermarssegel, 15. Großunterbramsegel, 16. Großoberbramsegel, 17. Großroyal, 18. Großskysegel, 19. Mondgucker (kleines, manchmal bei den großen Segelschiffen angebrachtes Obersegel), 20. Kreuzsegel, 21. Kreuzuntermarssegel, 22. Kreuzobermarssegel, 23. Kreuzunterbramsegel, 24. Kreuzoberbramsegel, 25. Kreuzroyal, 26. Kreuzskysegel, 27. Besan, 28. Vorunterleesegel, 29. Voroberleesegel, 30. Vorbramleesegel, 31. Vorroyalleesegel*

*Loggersegel,* das mit dem oben beschriebenen „Drittelsegel" identisch ist; *Bilandersegel,* ein Segeltyp ähnlich dem „Drittelsegel". Das Bilandersegel war das Hauptsegel eines Schiffstyps, der einer Brigg ähnlich war und von Engländern und Holländern als Handelsschiff verwendet wurde. Es hatte eine sehr längliche Trapezform und hing an einer kleinen Rah.
Zu den Schräg- oder Schratsegeln zählt man auch den dreieckigen *Schafsschinken* und den *Spinnaker,* ein großes, ballonartiges Segel, das von einem Baum am Bug gehalten und bei achterlichen Winden verwendet wird (Abb. *316a, b, c, d, e, f, g, h, i, l*).

**Klüver.** Diese Segel sind dreieckig, sie werden ohne Rahen zwischen dem Fockmast und dem Bugspriet, direkt an den Stagen oder aber an Haltetauen *(Leitern),* gefahren, die zu diesem Zweck angebracht sind.
Die mit einem langen Klüverbaum ausgerüsteten modernen Segelschiffe können nicht mehr als die folgenden Klüversegel tragen: das *Vorstengestagsturmsegel* oder das am Fockstag gefahrene *Vorsegel,* das bei Sturmfahrt verwendet wurde (im 13. Jahrhundert gab es dafür das „Doppelsegel", später hieß dieses Segel *Sturmklüver*); das am Vorstengestag angeschlagene *Vorstengestagsegel;* die an Leitern gefahrenen *Binnenklüver* und *Großklüver* oder *Klüver;* den *Außenklüver.*
Manchmal gibt es noch ein sechstes Klüversegel, das am Vorroyalstag gefahren wird.
Bei einem weniger langen Klüverbaum haben die Segelschiffe nur vier Klüversegel: *Vorstengestagsegel, Binnenklüver, Klüver* und *Außenklüver* (Abb. *314b*). Auf den Kuttern und den Regattabooten verwendet man ein Klüversegel, das dadurch gekennzeichnet ist, daß seine Unterseite eine bemerkenswerte Länge hat; ein solches Klüversegel heißt *Genua.*
Der Klüver kam im 18. Jahrhundert in Gebrauch. Die Kriegsschiffe trugen im allgemeinen vier Klüversegel: das *Vorstengestagsegel* oder den *Kleinen Klüver,* den *Dritten Klüver* oder *Außenklüver,* den *Zweiten Klüver* oder *Falschen Klüver* und den *Binnenklüver.*

**Stagsegel.** Man unterscheidet die folgenden Stagsegel – die Bezeichnungen sind von den Stagen abgeleitet, an denen die Segel gefahren werden: *Großstagsegel* (selten verwendet), *Großstengestagsegel* (auch „Kohlensegel", da die Kombüse der Schiffe meistens hinter dem Fockmast lag und der aus dem Schornstein kommende Rauch das Segel schwärzte), *Bramstengestagsegel, Royalstengestagsegel, Besanstagsegel,* auch *Treiber* genannt, *Kreuzmarsstengestagsegel, Kreuzbramstengestagsegel* und *Kreuzroyalstengestagsegel* (Abb. *317*).
Früher wurden die Stagsegel unterteilt in *Großstagsegel, Großstengestagsegel, Kleines* oder *Zweites Stagsegel* der Großmarsstenge bei den Schiffen, die zwei Großstengestagsegel hatten – es hieß auch *Großtoppstengestagsegel –, Großbramstagsegel, Kreuzstagsegel,* das auch *Kreuzklüver* hieß, *Kreuzstengestagsegel, Kreuzbramstagsegel* und *Zweites Kreuzbramstagsegel* (selten verwendet).

Abb. 316. *Segel*
a) *Gaffel- und Gaffeltoppsegel eines Schoners;* b) *Marconisegel;* c) *„Drittelsegel", Loggersegel;* d) *„Viertelsegel";* e) *Sprietsegel;* f) *Giekbaumsegel oder Briggsegel;* g) *Klausegel;* h) *Bilandersegel;* i) *Schafsschinken;* l) *Spinnaker*

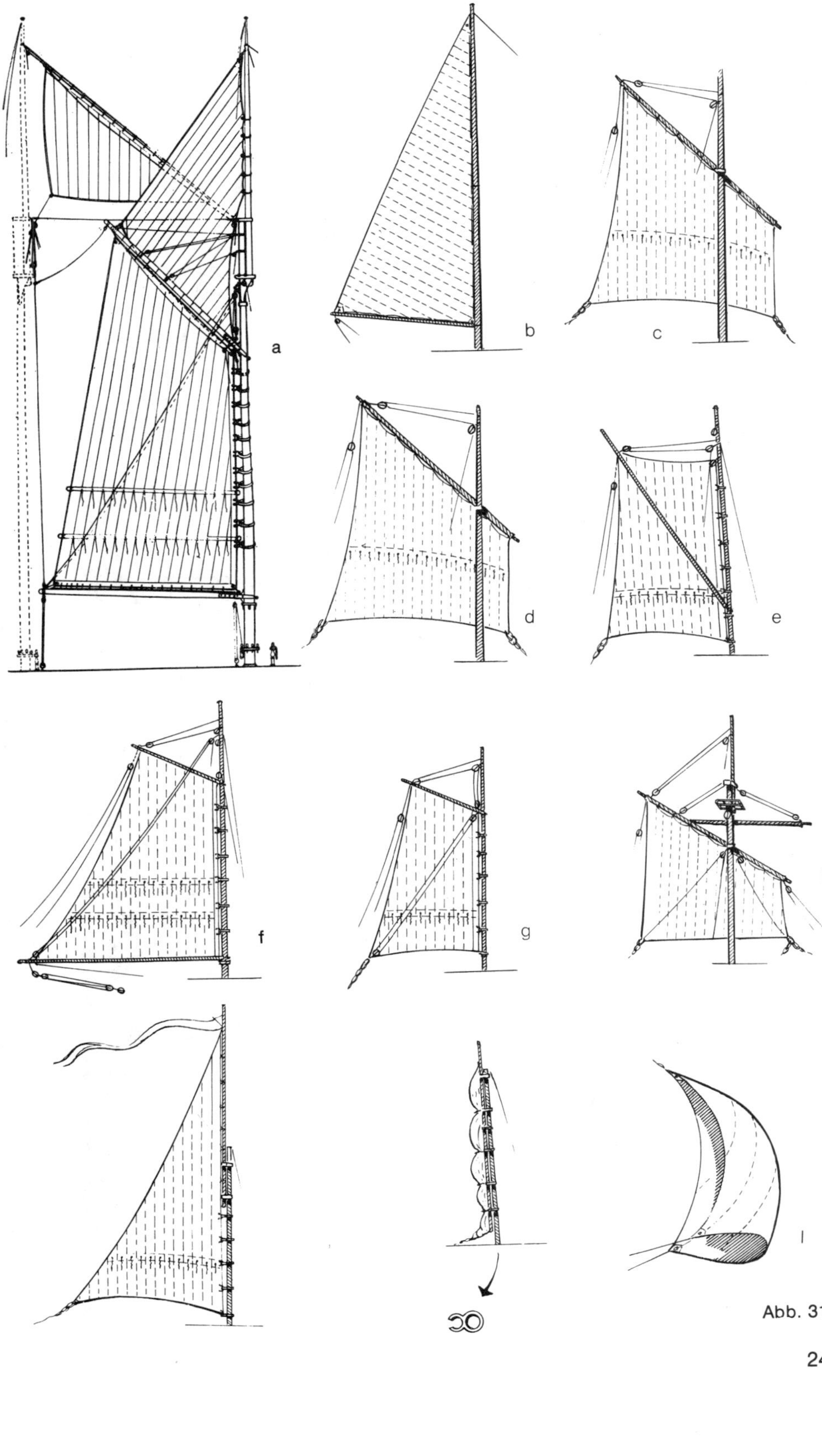


Abb. 316

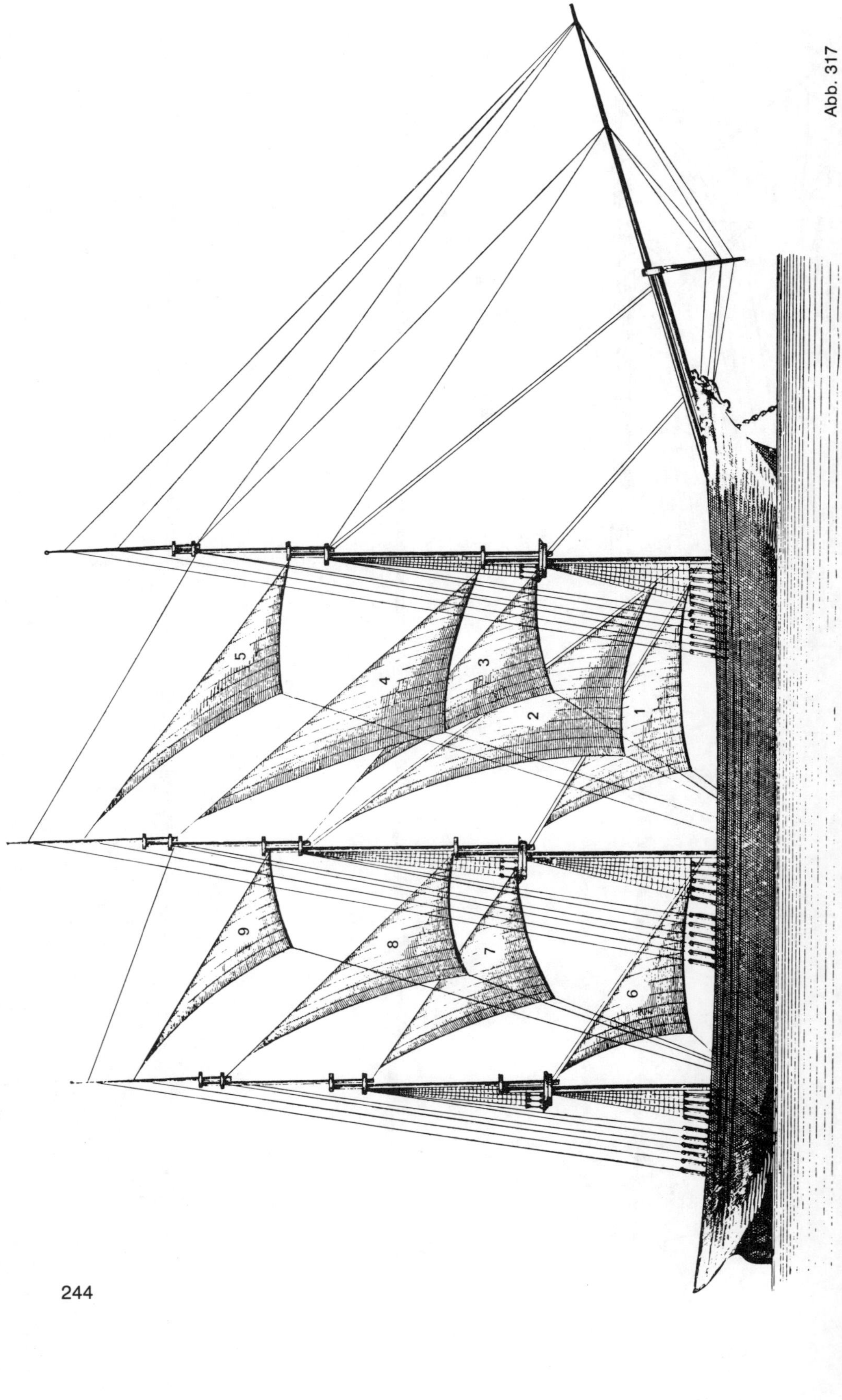


Abb. 317

## Zusätzliche Segel

So nennt man die Gesamtheit der Segel, die man den Rahsegeln hinzufügt, um die Schiffsgeschwindigkeit zu erhöhen, wenn der Wind schwach ist.
Es sind: trapezförmige *Leesegel,* die sich seitlich der Marssegel befinden, *Bramleesegel,* geformt wie die erstgenannten, die sich seitlich der Bramsegel befinden, und drei- oder viereckige *Unterleesegel,* die sich seitlich des Fock- und des Großsegels befinden (Abb. *318*). Früher unterteilte man in: *Bonnet* oder *Leesegel* des *Groß-* und *Focksegels (Unterleesegel), Großmarssegelbonnet, Vormarssegelbonnet, Großbramsegelbonnet* und *Vorbramsegelbonnet* (Abb. *319*).
Manchmal fügte man auch dem Kreuzsegel und dem Kreuzmarssegel Bonnets oder Leesegel hinzu.

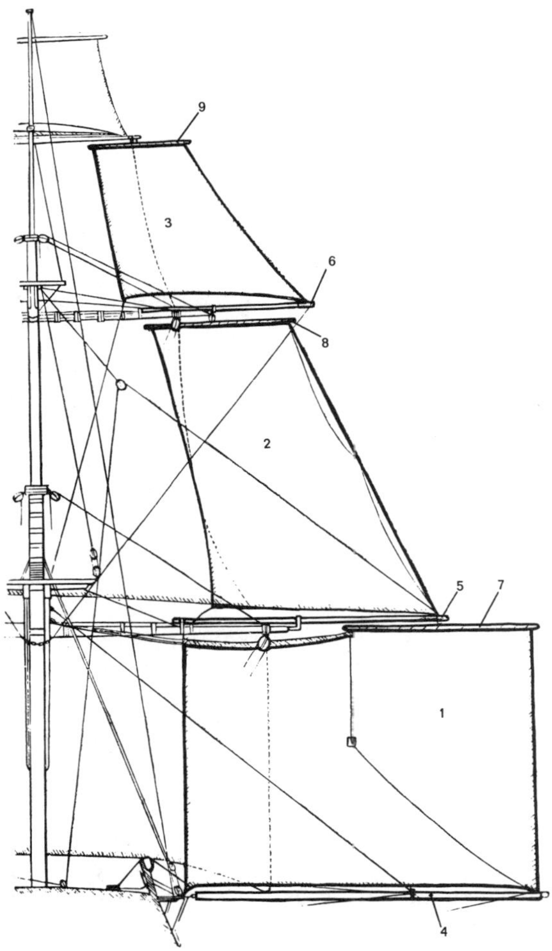


Abb. 318. *Zusätzliche Segel eines Segelschiffes des 19. Jahrhunderts*
*1. Unterleesegel, 2. Leesegel, 3. Bramleesegel, 4. Unterleesegelspiere (früher Backspiere), 5. Leesegelausleger oder -spiere, 6. Bramleesegelausleger oder -spiere, 7. Unterleesegelrah (früher -baum), 8. Leesegelrah, 9. Bramleesegelrah*

Abb. 317. *Stagsegel eines Segelschiffes*
*1. Großstagsegel, 2. Großstengestagsegel, 3. Mittelstagsegel, 4. Großbramstagsegel, 5. Großroyalstagsegel, 6. Kreuzstagsegel, 7. Kreuzstengestagsegel, 8. Kreuzbramstagsegel, 9. Kreuzroyalstagsegel*

Früher, von 1400 bis 1600, wurden die Bonnets unmittelbar an den Segeln angebracht. Sie waren zusätzliche Segel, die man unter die Untersegel einschließlich des Besanlateinsegels montierte. Sie kamen außer Gebrauch, als die Reffe eingeführt wurden; diese Art von Bonnets stellte eine technische Zwischenlösung zwischen dem Reffen eines Segels und dem Vergrößern seiner Segelfläche dar (Abb. *320a, b* und *321*).

## Sturmsegel

Wenn sich ein Segelschiff unter der Einwirkung eines starken Windes oder eines Unwetters befindet, ist es gezwungen, die Segelfläche je nach der Windstärke zu verkleinern. *Sturmfahrt* bedeutet, daß ein Schiff mit verminderter Segelfläche fährt.

*Sturmsegel* sind das *Vorstengestagsegel,* das *Vorstengesturmstagsegel,* die *Untermarssegel* und das *gereffte Großsegel,* das *Großstengestagsegel* und das *gereffte Besansegel.*

## Teile der Segel

**Teile der Rahsegel.** Die Segel bestehen aus mehreren, *Kleider* oder *Bahnen* genannten Segeltuchstreifen, die durch Doppelnähte miteinander verbunden sind. Der Abstand zwischen den beiden Nähten beträgt 2 bis 3 cm.

Die Ränder des Segels werden umgeschlagen und genäht, so daß sie einen *Saum* oder *Umschlag* genannten doppelten Rand bilden. Die Oberseite des Segels, die angeschlagen wird, heißt *Kopf.* Die beiden fast senkrechten Seiten heißen *Seiten* oder *Kanten.* Die gewölbte Unterseite nennt man *Fuß;* diese Wölbung heißt auch *Fußgillung* (Abb. *322a, b*). Die beiden oberen Ecken nennt man *Nockhörner,* während die beiden unteren Ecken *Schothörner* heißen (Abb. *323a, b, c, d*).

Rings um den Rand des Segels wird ein Hanfseil oder ein biegsames Stahlseil, das *Liek,* genäht. Zur Verstärkung der Segel werden an den am meisten beanspruchten Punkten einige Segeltuchstreifen aufgenäht. Die Schothörner, die Nockhörner und das Liek werden mit Rindsleder verkleidet. *Stoßlappen* sind Verstärkungen aus Segeltuch, durch die die Abnutzung der Bahnen der Marssegel an den Marsen und Salingen vermieden werden soll.

Die *Reffe* sind die einzelnen Teile des Segels, die man bei starker Windwirkung einholt, um die Segelfläche zu verkleinern. Sie sind in Querrichtung durch ein mit Gatchen versehenes Band verstärkt und werden längs der Rah durch *Reffbändsel* (Reffzeisinge) befestigt. Die Reffbändsel sind in die Gatchen genähte Tauenden, sie hängen zur Hälfte auf der einen, zur Hälfte auf der anderen Seite des Segels. Die Leinen, die dazu dienen, die *Refflegel* am Ende zu verbinden, heißen *Reffbindsel* oder *Steckbolzen.*

Dieses Verfahren des Einholens der Reffe wurde auf den alten Schiffen angewendet, es hielt sich bis in die jüngste Zeit. Ende des 19. Jahrhunderts kam ein weiteres Verfahren in Gebrauch, zuerst ausschließlich auf Kriegsschiffen. Es hieß nach dem Erfinder *Béléguic-Verfahren* und bestand darin, daß man eine Leine zwischen den

Abb. 319. *Bark aus den ersten Jahren des 19. Jahrhunderts mit vollständiger Beseglung und zusätzlichen Segeln*

*1. Unterleesegel, 2. Oberleesegel, 3. Bramleesegel, 4. Backspiere, 5. Leesegelausleger oder -spieren, 6. Unter- und Oberleesegelrah*

Abb. 319

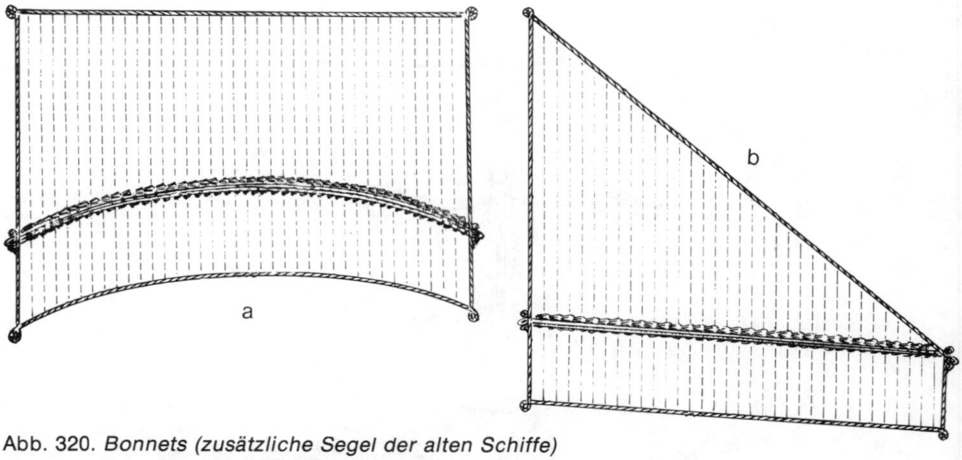


Abb. 320. *Bonnets (zusätzliche Segel der alten Schiffe)*
a) *Bonnets der Sturmsegel;* b) *Bonnets des Besans*

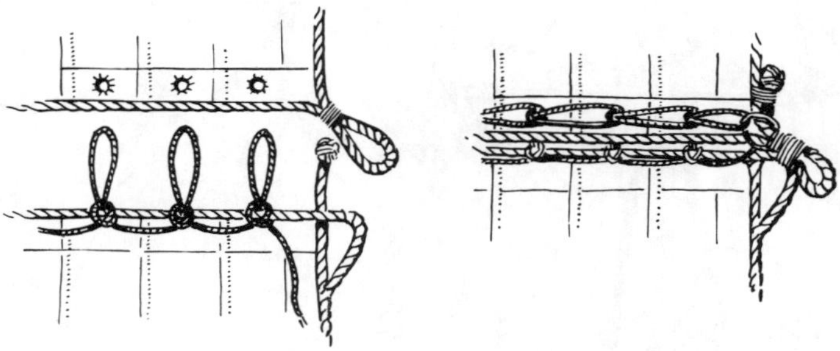

Abb. 321. *Anbringen der Bonnets*

Gatchen der Reffbänder, genannt *Führungen des Reffs.* hin und her gehen ließ (Abb. *324a, b*). An der Führung der Rah war ein Reffbändsel befestigt, das mit ein oder zwei Augen und einem Knebel versehen war. Das Reffbändsel ließ man durch die Führung laufen, der Knebel wurde durch das Auge gesteckt, wodurch das Reff angezogen wurde (Abb. *325*). Dieses Verfahren sicherte eine gleichbleibende Spannung an allen Teilen des Reffs.

Es gibt ein oder zwei Reffe bei den Untersegeln, drei oder vier bei den Marssegeln, ein oder zwei bei den Gaffelsegeln.

Die *Refflegel* sind Ringe oder Ösen aus Tau, die am Liek angebracht oder mit zwei Gatchen befestigt werden (Abb. *326a, b, c*). Es gibt *Nockhornlegel, Refflegel, Legel für die Refftaljen, Legel des Bulinspruts* oder *Legel der Bulinhahnepot.* Das Teil des Lieks zwischen dem Nockhornlegel und dem Refflegel heißt *Knochen.*

Der *Kopf des Segels* ist mit Gatchen versehen, in welchen die *Marlingstücke* oder *Stücke von Bastplattings* befestigt werden; sie dienen dazu, das Segel an die Kopfführung der Rah zu binden (Abb. *327a*). Die Nockhörner werden mit Hilfe der Nockhornlegel angebunden (Abb. *327b*).

Die an der Rah geborgenen Segel werden mit kurzen Leinen, *Beschlagzeisingen,* befestigt, die an den Kopfführungen der Rah angebracht sind. In der Mitte der Rah ist ein dreieckiges Segeltuchstück angebracht, das zum Halten der Schwellung in der Mitte des Segels (des Bauches) dient, wenn es festgemacht ist.

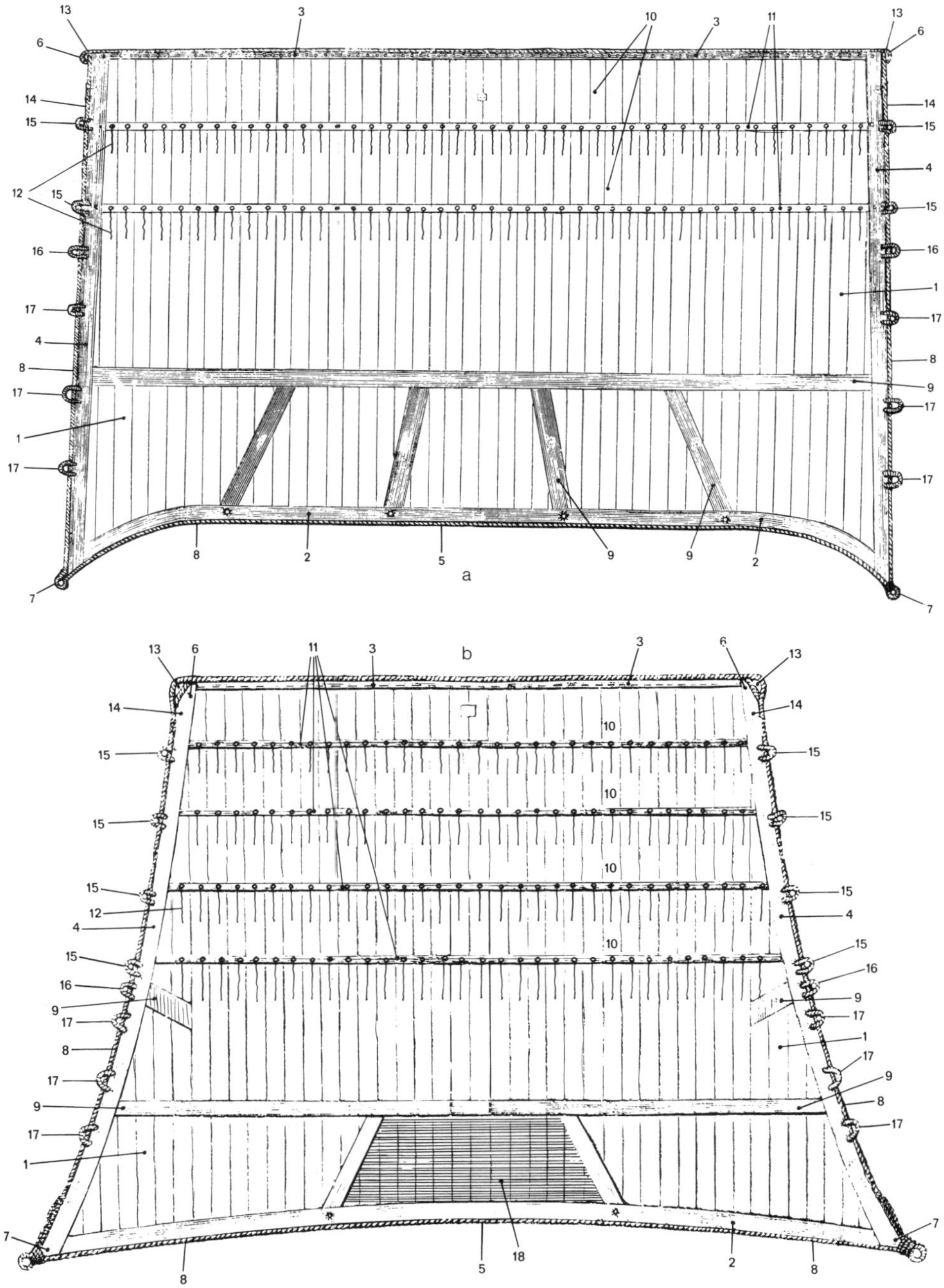


Abb. 322. *Teile der Rahsegel*

a) *Untersegel oder Sturmsegel;* b) *Marssegel*

*1. Zusatzsegel, 2. Saum oder Umschlag, 3. Nockhorn oder Nockohr, 4. Seiten oder Kanten, 5. Fußliek oder Unterliek, 6. Nockhorngillung, 7. Schothorn, 8. Stehendes Liek oder Seitenliek, 9. Mittelband, 10. Reffe, 11. Reffband, 12. Reffzeisinge, 13. Nockohrenlegel, 14. Knochen, 15. Refflegel, 16. Refftaljenlegel, 17. Legel für die Bulinspruten, 18. Stoßlappen*

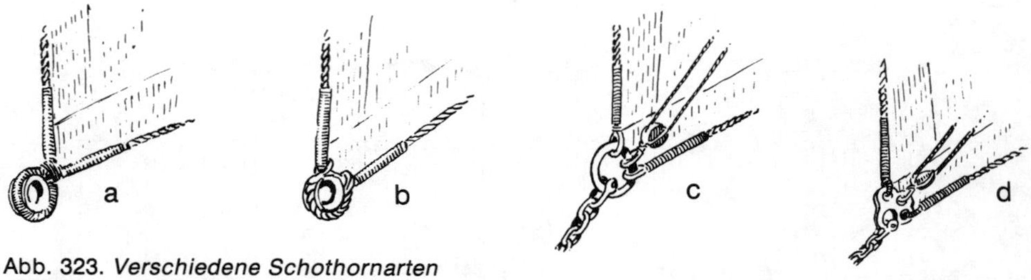


Abb. 323. *Verschiedene Schothornarten*
a) *Schothorn mit Zurring (es wird aus dem Liektau gebildet, das eine Kausch umschließt);* b) *Schothorn mit äußerem Stropp (für Gaffel- und Klüversegel geeignet);* c) *Schothorn mit Ring;* d) *Schothorn mit Brillen*

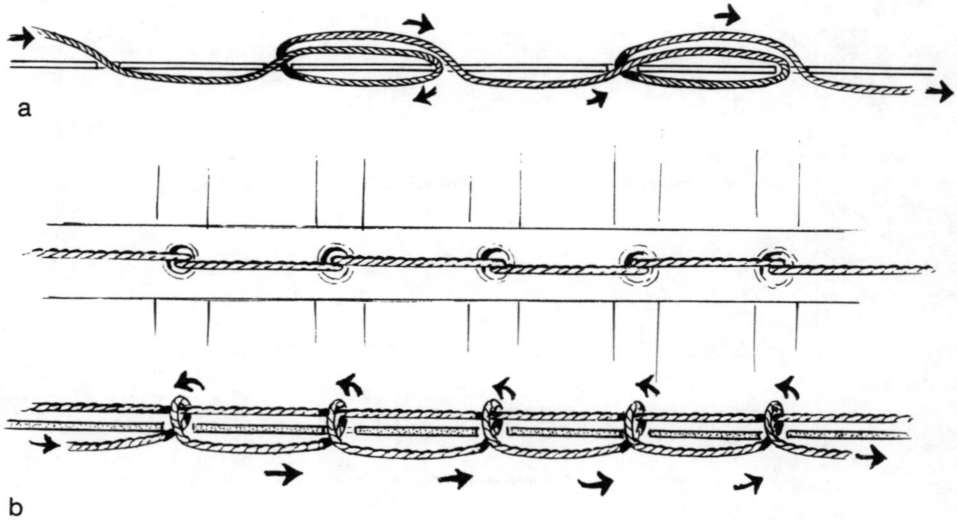


Abb. 324. *Reffe, Béléguic-Verfahren (Refführungen)*
a) *Führung mit nur einer Leine;* b) *doppelte Führung mit zwei Leinen*

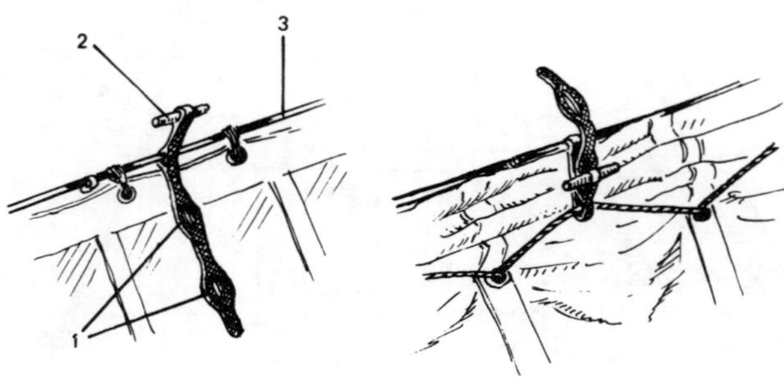


Abb. 325. *Reffbändsel, Béléguic-Verfahren*
*1. Augen, 2. Knebel, 3. Führung der Rah*

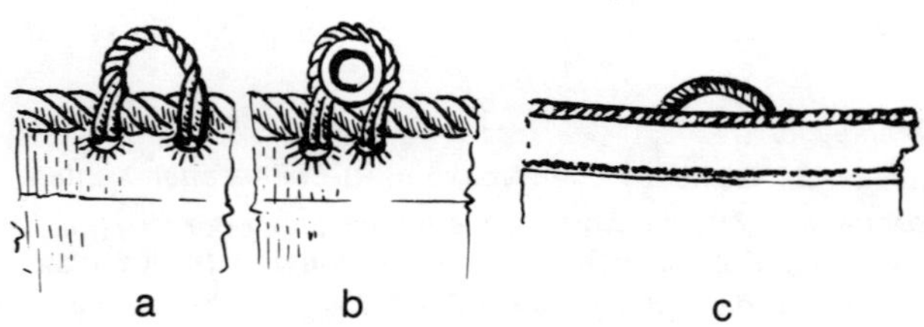


Abb. 326. *Legel*
a) *einfaches Taulegel;* b) *Legel mit Kausch;* c) *Legel eines alten Schiffes*

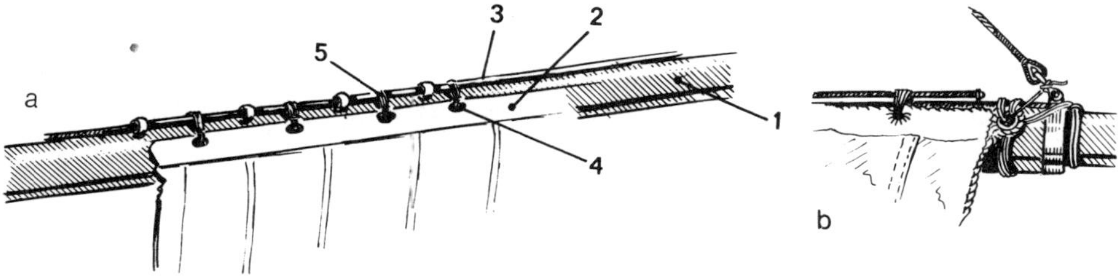


Abb. 327. a) *Kopf eines Rahsegels: 1. Rah, 2. Kopf, 3. Führung, 4. Gatchen, 5. Reffbändsel des Kopfes*
b) *Nockhornlegel*

**Alte Segel.** Die Teile der alten Rahsegel hatten die gleichen Kennzeichen, wie sie oben beschrieben wurden, und dieselben Bezeichnungen. Bei einem Rahsegel unterschied man: die *Bahnen* oder *Kleider,* den *Kopf,* die *Seite* oder *Kante,* den *Fuß,* die *Schothörner,* die *Nockhörner,* die *Lieken.*

Es gab Kopf-, Fuß- und Seitenlieken. Außerdem befanden sich auf dem Segel die Verstärkungen oder Futter, die Stoßlappen, die mit Reffbändern verstärkten Reffe mit den Gatchen für die *Reffzeisinge* oder *-bändsel.*

An den Seiten waren die *Refflegel,* die *Refftaljenlegel,* die *Legel für die Bulins* und die *Legel der Schothörner* befestigt (Abb. *328a, b, c*). Die Beschlagzeisinge genannten Reffbändsel waren Tauenden, die durch die Gatchen des Kopfes fuhren und das Segel unmittelbar an der Rah befestigten (Abb. *329a, b*). Eine Hälfte hing vor und eine hinter dem Segel. Die Beschlagzeisinge waren mit zwei Knoten (vor und hinter dem Segel) festgemacht, deren Durchmesser größer als der der Gatchenöffnung war. Auf die gleiche Weise wurden die Reffbändsel, -zeisinge oder Beschlagzeisinge der Reffe befestigt (Abb. *329d*). Die Zeisinge der Lieknockhörner waren sehr lange Taue, so daß man sie mit mehreren Windungen an die Rah binden konnte. Ein weiteres Zeising wickelte man wie das erste, aber in entgegengesetztem Sinn, und verknotete es mit dem ersten (Abb. *329c*).

Die Bändsel zum Festmachen der Segel waren flache Plattings, die so lang waren, daß sie zweimal um das eingeholte Segel reichten. Ein Ende dieser Bändsel hatte die Form eines Legels, damit man die Bändsel an der Rah aufreihen konnte. Es befanden sich zehn oder zwölf Bändsel in gleichen Abständen an der Rah. Wenn das Segel gesetzt war, hingen sie auf der Vorderseite.

**Bulinsprut oder Bulinhahnepot.** *Sprut* nennt man eine Gruppe von Tauenden, die sich, fächerartig ausgebreitet, an einem oberen Ende vereinen und über dieses Ende von nur einer Part geholt oder gefiert werden. Das *Bulinsprut* besteht meistens aus drei Zweigen, die zu *Legeln* am Seitenliek führen. An den Legeln werden die Bulins der Rahsegel befestigt, damit man dicht am Wind segeln kann. Der Verbindungspunkt der Refflegel ist mit einem Stropp mit *Knebel* zum Scheren des Bulinlegels versehen (Abb. *330a*). Bei den alten Schiffen hatten die Bulinspruten verschiedene Anordnungen (Abb. *330b, c*).

**Teile der Lateinsegel.** Auch die Lateinsegel bestehen aus Kleidern oder Bahnen, haben Säume oder Umschläge, Lieken und Verstärkungen.

Die Kopfseite an der Rute nennt man *Stagkante,* die hintere Seite *Hinterkante* oder *Achterkante,* die untere Seite *Fuß* (Abb. *331*).

Die obere Ecke heißt *Kopf-Fallhorn* oder *Heiß,* die untere, vordere Ecke *Hals* oder *Halshorn,* die untere, hintere Ecke *Schothorn* (Abb. *332a, b, c*).

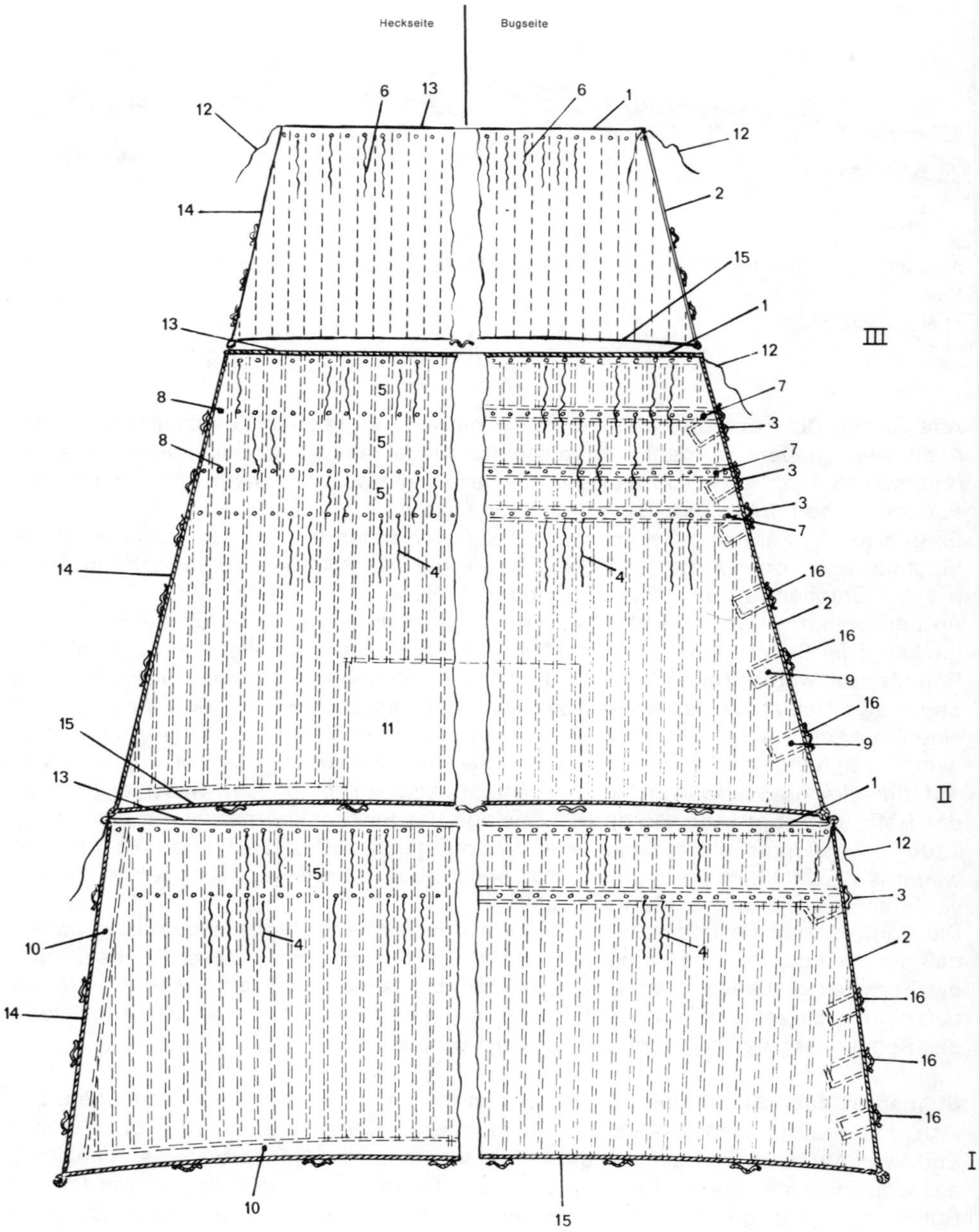


Abb. 328. a) *Teile der Segel, 17.–18. Jahrhundert*
*I. Untersegel oder Sturmsegel, II. Marssegel, III. Bramsegel*
*1. Kopflieken, 2. Seitenlieken, 3. Refflegel, 4. Reffbändsel oder Reffzeisinge, 5. Reffe, 6. Kopf- oder Beschlagzeisinge, 7. Reffbänder, 8. Reffgatchen, 9. Verstärkungen der Legel, 10. Segeltuchverstärkungen oder -futter, 11. Stoßlappen, 12. Nockhornzeisinge, 13. Kopf, 14. Seitenkante, 15. Lieken, 16. Bulinsprutlegel*

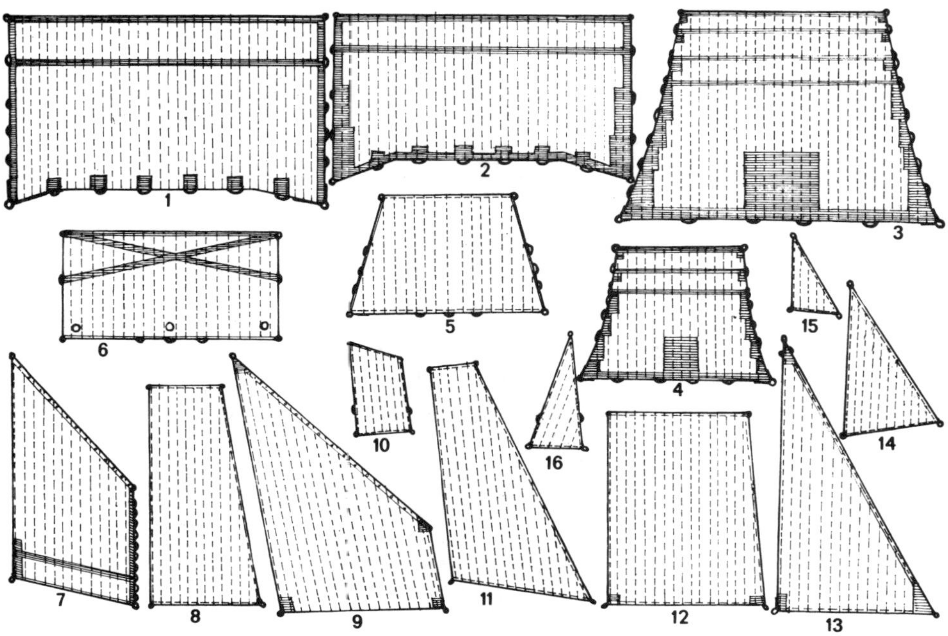


Abb. 328. b) *Vollständige Segelausrüstung eines dreimastigen Segelschiffes im 17. und 18. Jahrhundert*
*1. Großsegel, 2. Fock, 3. Mars- oder Vormars- oder Kreuzmarssegel, 4. Bramsegel, 5. Royalsegel, 6. Blinde oder Oberblinde, 7. Besansegel, 8. Leesegel, 9. Großstagsegel, 10. Großstengestagsegel, 11. Bramleesegel, 12. Unterleesegel, 13. Vorstengestagsegel, 14. drittes Klüversegel, 15. zweites Klüversegel, Außenklüver, 16. Binnenklüver*

Diese Bezeichnungen gelten auch für die *Stag-* und die *Klüversegel.* Die Klüversegel und die Stagsegel werden mit Hilfe von *Grummetstropps* oder *Taukränzen* aus Holz oder Metall, die frei auf den Tauen beweglich sind, an die Stage oder an die Leitern geschlagen. Der Binnen-, der Außenklüver und die Stagsegel können auch mit einem Tau angeschlagen werden, das man längs des Leiters oder des Stags wickelt (Abb. *333a, b*). Die Lateinsegel wurden auf den Galeeren und Galeonen mit Hilfe eines um die Segelstange gelegten fortlaufenden Taues angebunden (Abb. *334*).

**Teile der Gaffelsegel.** Bei den Gaffelsegeln gibt es *Bahnen* oder *Kleider, Säume* oder *Umschläge, Lieken, Reffe, Legel, Mittelbänder* oder *Verstärkungen.* Die an die Gaffel geschlagene Oberseite nennt man *Kopf,* die an den Mast oder an den Schnaumast geschlagene Vorderseite heißt *Mastkante,* die Hinterseite *Hinterkante.* Die obere vordere Ecke nennt man *Klauohr,* die anderen Ecken *Piekohr* und *Nockhorn,* die untere vordere *Hals* oder *Halshorn* (Abb. *335*).
Die Gaffelsegel werden mit Hilfe von *Grummetstropps* oder *Taukränzen* an die Masten geschlagen. Am Besanbaum werden sie mit Beschlagzeisingen oder mit einem fortlaufenden Tau angeschlagen, wie wir es bei den Lateinsegeln gesehen haben, oder aber der Besanbaum trägt zu diesem Zweck eine Führung. Auch an der Gaffel schlägt man das Segel auf diese Weise an.
Früher hatten solche Segel die gleiche Bezeichnung und waren in gleicher Weise ausgerüstet.

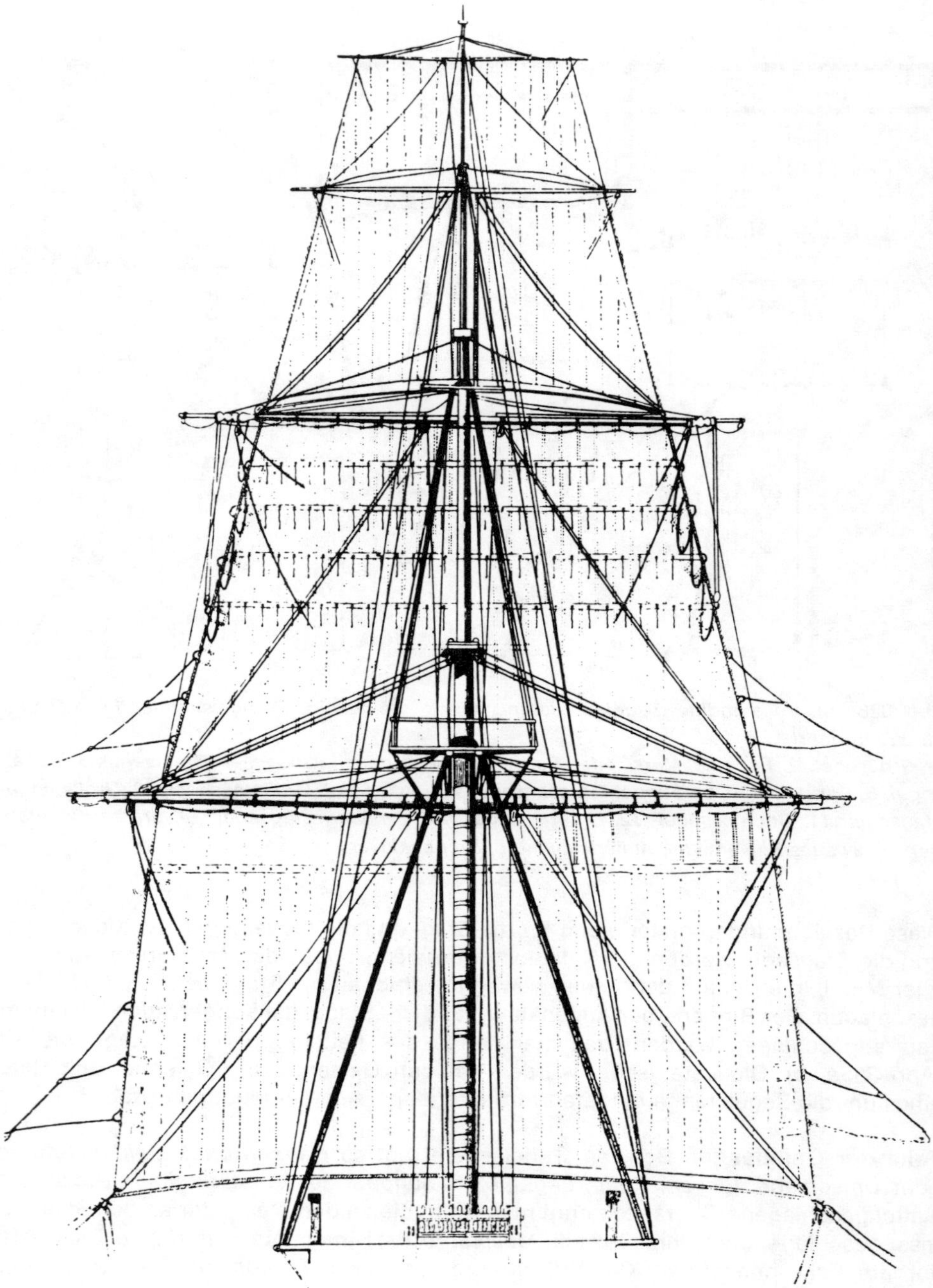

Abb. 328. c) *Rahbeseglung eines Schiffes des 18. und der ersten Jahre des 19. Jahrhunderts*

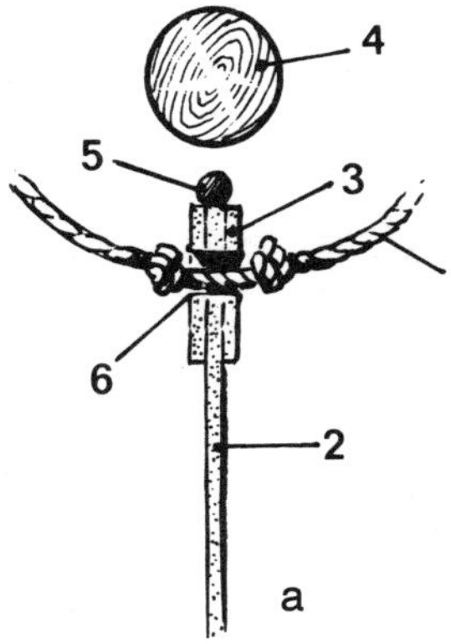


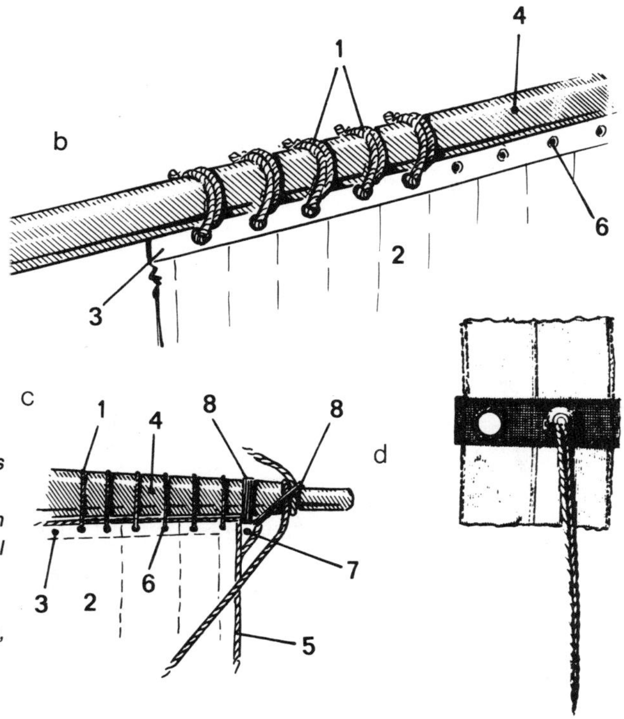


Abb. 329. *Kopf eines Rahsegels aus dem 17.–18. Jahrhundert*
a) *Kopfzeisinge;* b) *Anbinden an der Rah;* c) *Anbinden der Lieklegel (Nockhornlegel);* d) *Reffbändsel*
*1. Beschlagzeising, 2. Segel, 3. Kopf, 4. Rah, 5. Liek, 6. Gatchen, 7. Beschlaglegel (Lieklegel), 8. Bändsel der Lieklegel*

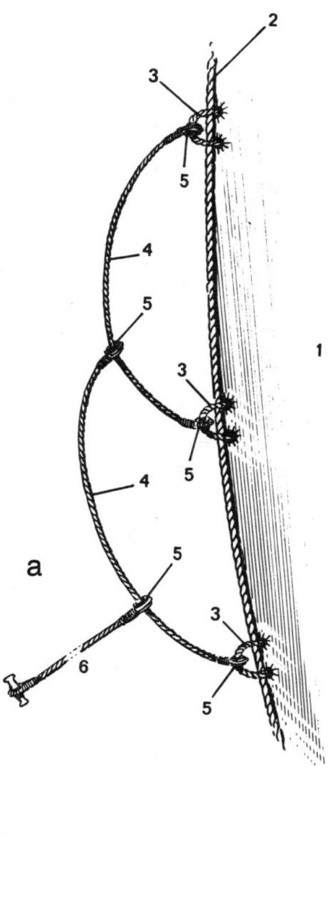


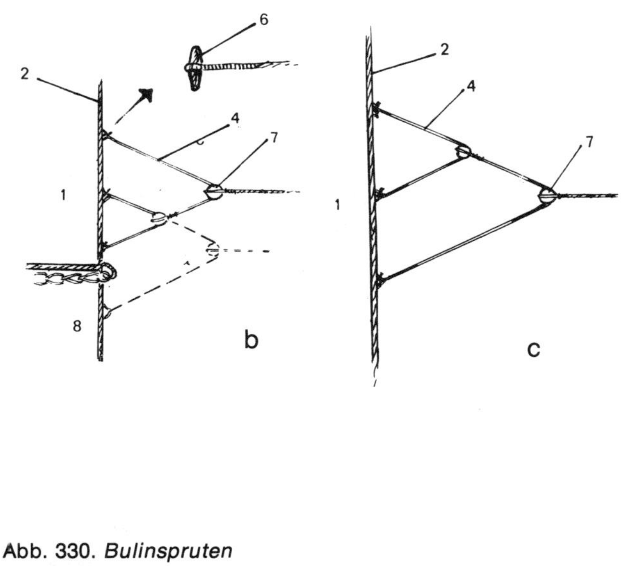


Abb. 330. *Bulinspruten*
a) *Bulinsprut eines Segelschiffes;* b) *Bulinspruten im 17. Jahrhundert;* c) *Bulinspruten im 18. Jahrhundert*
*1. Segel, 2. Seitenliek, 3. Legel, 4. Bulinspruten, 5. Kauschen, 6. Stropp zum Befestigen der Bulins, 7. Block, 8. Bonnet*

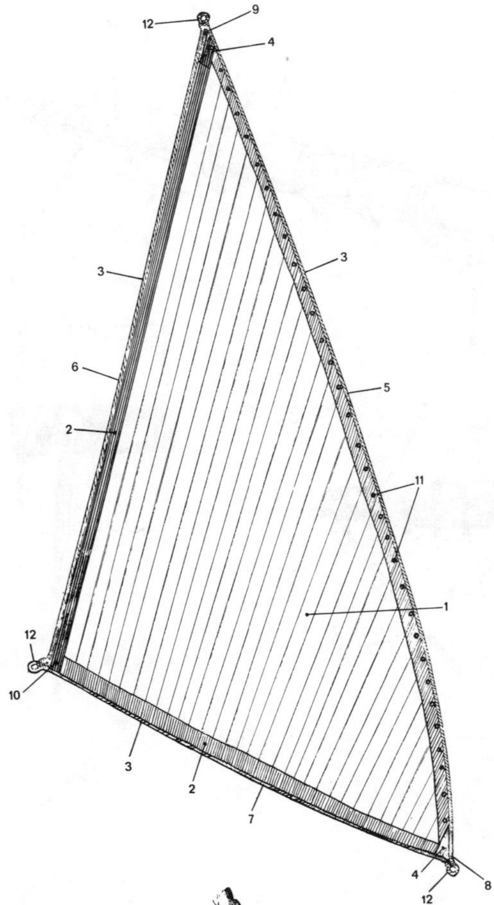


Abb. 331. *Teile eines Klüversegels*
*1. Bahnen, 2. Saum, 3. Liek, 4. Verstärkungen, 5. Kopf, 6. Hinterkante, 7. Unterliek, 8. Hals, Halshorn, 9. Nockhorn, Piekohr, 10. Schothorn, 11. Beschlaggatchen, 12. Legel*

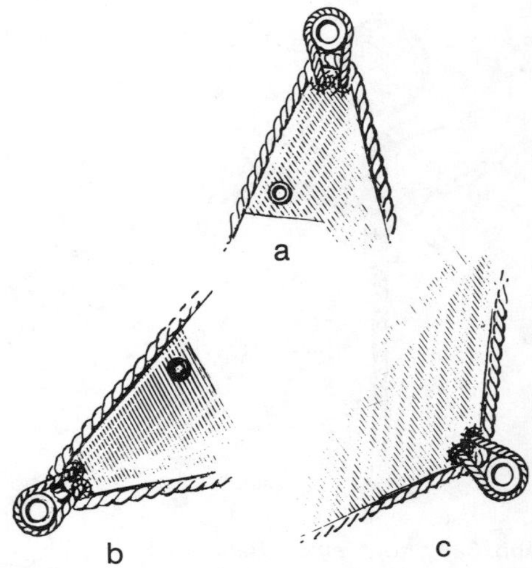


Abb. 332. *Ecken eines Lateinsegels*
a) *Kopf, Fallhorn, Heiß mit Legel;* b) *Hals, Halshorn mit Legel;* c) *Schothorn*

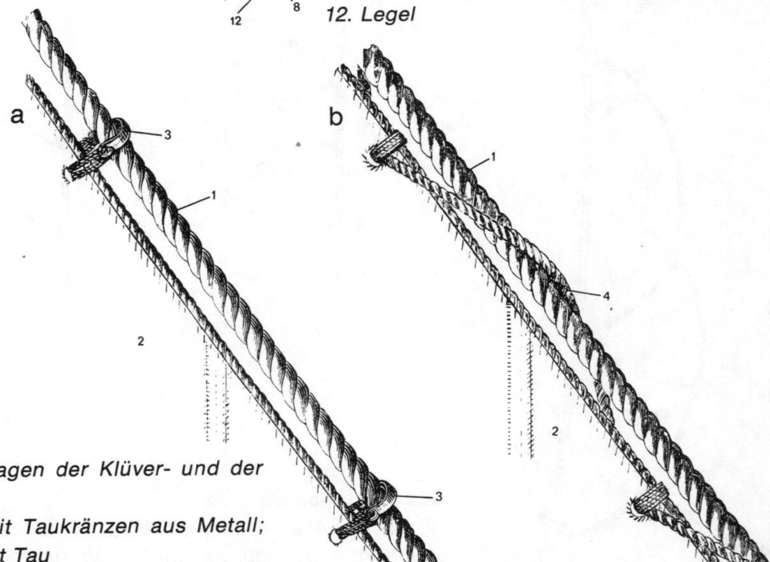


Abb. 333. *Anschlagen der Klüver- und der Stagsegel*
a) *Anschlagen mit Taukränzen aus Metall;*
b) *Anschlagen mit Tau*
*1. Leiter, 2. Segel, 3. Taukranz, 4. Beschlagtau*

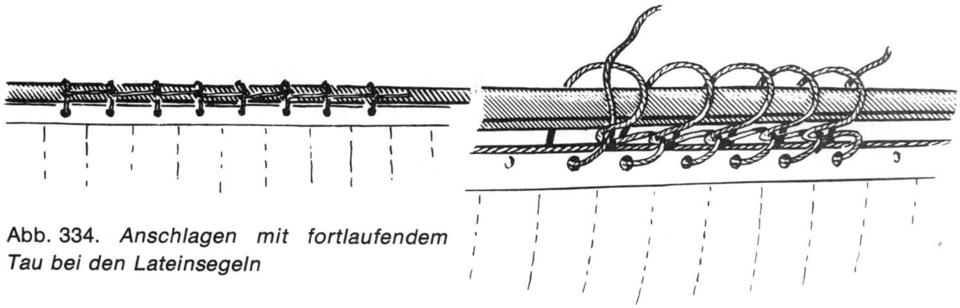

Abb. 334. *Anschlagen mit fortlaufendem Tau bei den Lateinsegeln*

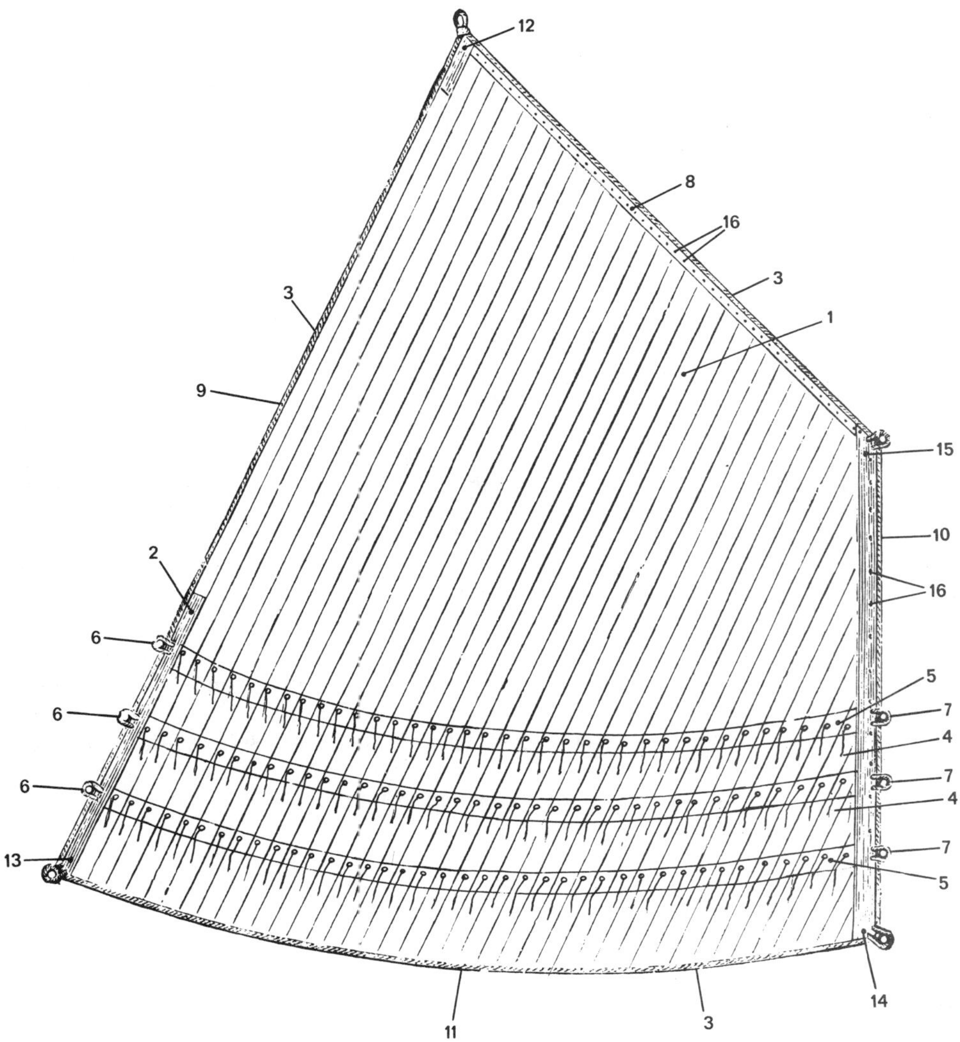


Abb. 335. *Teile eines Gaffelsegels*
*1. Bahnen, 2. Saum, 3. Lieken, 4. Reffe, 5. Reffbänder, 6. Refflegel, 7. Beschlaglegel, 8. Kopfseite, 9. Hinterkante, 10. Mastkante, 11. Unterkante, 12. Nockhorn, Piekohr, 13. Schothorn, 14. Hals, Halshorn, 15. Klauohr, 16. Gatchen für das Beschlagtau*

## Werkstoff für den Bau der Segel

Die Segel fertigt man aus Hanf-, Leinwand- oder Baumwollgeweben, die im allgemeinen Segeltuch, im Italienischen „tele di Olona" genannt werden. Der Name Olona bezieht sich auf das französische Dorf Olonne in Aunis, wo man Gewebe für Segel herstellte. Früher hieß das Segeltuch *aluna* oder *olonna.*
Daneben gab es weitere Segeltucharten aus Baumwollstoff mit Baumwolleinschlag und Hanfkettfaden. Es gab davon fünf Arten: Kattun mit drei Fäden für die Segel der Schebecken und Boote; doppeltes Kattun für Marssegel und Schiffszelte; einfaches, gewöhnliches Kattun für Boote; einfaches Kattun für Schebecken und Kattun mit weißen und bläulichen kleinen Quadraten für Zelte und Vorhänge.

**Melistuch.** Es war ein Segeltuch, das man in Beaufort und Augers in den Departments La Maine und Loire in zwei Qualitäten herstellte: die feinere und leichtere diente für Bram-, Stag- und Klüversegel, die stärkere und widerstandsfähigere nahm man für Stagsegel, Marssegel usw.
Weiße Stoffe dienten als Flaggen. Das Tuch für die Segel war und ist hellgrau.

## Herstellung der Segel von Standmodellen

Für die Segel verwendet man möglichst dichten und feinen Baumwollstoff, der allgemein „Eierschale" genannt wird. Bevor man mit der Herstellung der verschiedenen Segel beginnt, ist es zweckmäßig, das Segeltuch einzuweichen, um die Appretur zu entfernen. Außerdem werden nach dem Bauplan die Schablonen aus starkem Papier hergestellt. Dann markiert man die Abmessungen mit Stecknadeln auf der vorher auf einem Brettchen ausgespannten und durch Reißzwecken leicht unter Spannung gehaltenen Leinwand. Mit Bleistift zeichne man den Umriß, wobei man darauf achte, daß er größer als die Schablone wird, damit man den Saum nähen kann.
Hat man die Segel ausgeschnitten, näht man den Saum mit Hilfe einer Nähmaschine mit engen Stichen. Dann näht man entsprechend der Naht der Bahnen zwei parallele Nähte, immer mit feinen, engen Stichen. Um die Ränder näht man mit der Hand geduldig eine kleine Schnur, das *Liek.* Besondere Schwierigkeiten bereitet das Anbringen der Bändsel, der dazugehörigen Nähte der Bänder und der eventuellen Verstärkungen nicht. Zum Beschlagen verwendet man je nach der Art des Schiffes Garnreste. Das Segeltuch hatte bei allen alten und neuen Schiffstypen eine hellgraue Farbe, deshalb werden alle Segel mit in Wasser verdünnten grauen Anilinfarben behandelt. Nur die amerikanischen Klipper verwendeten weiße Baumwollsegel.

# KAPITEL XI Taue, Blöcke, Seilanordnungen und Tauführungen

## Taue

Bei der Marine wird der Ausdruck *Seil* nicht verwendet; man ersetzt ihn durch die Begriffe *Tau* und *Tampen* und bezeichnet mit *Tauwerk* die Gesamtheit der Taue, die ein Schiff zum Manövrieren und Vertäuen benötigt. Beim Segelschiff heißt dieses Tauwerk laufendes Gut.
Je nach dem Rohstoff, aus dem sie bestehen, gibt es *pflanzliche Taue* (Hanf, Manila usw.), *Metalltaue* (Stahl, verzinktes Eisen usw.). Aus dem *Garn* oder der *Litze* stellt man die *Kardeele* her, durch das Schlagen mehrerer Kardeele erhält man die Taue.
Je nach der Bearbeitungsart gibt es *troßweise geschlagene Taue* (aus Hanf oder anderen Pflanzenfasern), die aus drei oder vier Kardeelen bestehen, und *kabelweise geschlagene Taue* aus drei oder vier troßweise geschlagenen Tauen.
In Abhängigkeit von der Größenordnung verwendet man in der Marine die folgenden Taue: *Trosse,* kabelweise geschlagenes Hanftau, das zum Vertäuen und zum Schleppen dient; *schwächere Trosse,* kabelweise geschlagenes Tau aus Hanf oder Manila, das aber einen kleineren Durchmesser als die Trosse hat und zum Vertäuen und Schleppen dient; die *Pferdeleine,* ein kabelweise geschlagenes Tau aus Hanf oder Manila, das man zum Schleppen, Vertäuen usw. verwendet; *Taue für das stehende Gut,* troßweise geschlagene Hanftaue, die zum Halten der Masten geeignet sind; *Taue für das laufende Gut,* troßweise geschlagene Taue aus Hanf oder Manila verschiedener Größe, die zum Bedienen der Segel und Rahen benötigt werden.
An *Leinen,* die man für die Ausrüstung benutzt, gibt es: die *Leine,* ein kleines, troßweise geschlagenes Tau für Flaggen, Webeleinen usw.; die *Marleine, Marling, Marlien,* ein kleines, troßweise geschlagenes Tau, das kleiner als die Leine ist und für Bändsel des stehenden Gutes verwendet wird; das *Schiemannsgarn,* das im allgemeinen geteert ist und für Verkleidungen, Bändsel usw. benutzt wird; die *Hüsing,* ein kleines Tau für Verzierungen, Bändsel usw.; das *Garn,* das hauptsächlich für die Nähte der Segel verwendet wird.
Auch die Taue der alten Schiffe trugen diese Bezeichnungen.

## Spleiß, Bändsel und Bekleidung

Der *Spleiß* ist ein aus den Kardeelen hergestelltes Geflecht zum Verbinden von zwei Tauenden oder eines Taus mit sich selbst. Auf diese Weise bildet man ein *Legel* genanntes Auge oder einen *Taukranz* oder *Grummetstropp* genannten Ring (und auch die Stropps der Blöcke).
Die Bändsel werden aus Leine, Marling oder Hüsing hergestellt und zum Vereinigen von zwei Teilen ein und desselben Taus verwendet, so daß sie ein Legel oder Stropp

für einen Block bilden oder rings um dessen Gehäuse laufen. Man benutzt sie auch zum Verbinden von zwei verschiedenen Tauen, um das oben genannte Legel zu erhalten. Die wichtigsten Bändsel sind die *Plattbindselung* und das *Kreuzbändsel.*
Die Taue für das stehende und laufende Gut werden im allgemeinen mit eng gewickelten Windungen von Schiemannsgarn oder Hüsings bekleidet. Diese Bekleidung soll das Tauwerk vor Unwetter und Abrieb schützen. Vor dem Verkleiden wird das Tau mit der *Trensing* versehen und abgebunden.
Das Aufbringen der Trensing erfolgt, indem man in die Hohlräume zwischen den Kardeelen einige Hanf- oder Manilafäden führt. Sie werden ,,Würmer" genannt und machen die Tauoberfläche rund. Nach dem Aufbringen der Trensing wird das Tau mit geteerten Segeltuchstreifen umwickelt und dann bekleidet (Abb. *336*). Die weiteren am Tau auszuführenden Arbeitsgänge, wie das *Knoten* und die verschiedenen *Verflechtungen* – zumindest die wichtigsten, interessantesten und vom Modellbauer ausführbaren –, werden im Verlauf der Besprechung erwähnt.

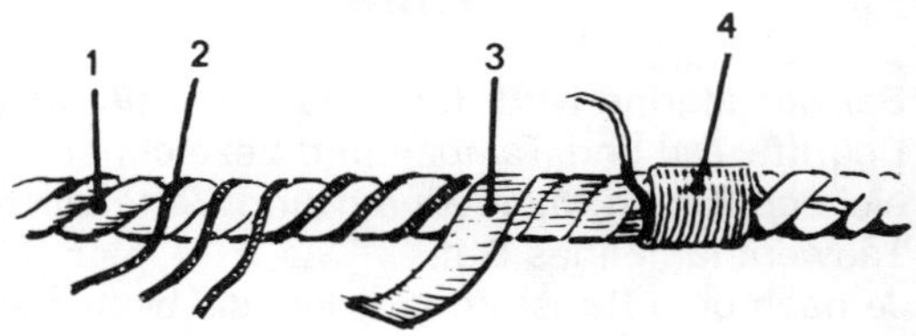


Abb. 336. *Bekleiden der Taue*
*1. Tau, 2. Würmer, 3. Band, 4. Bekleidung*

## Taue für Schiffsmodelle

Für die Taue des stehenden und laufenden Gutes der Schiffsmodelle verwendet man *Schnüre mit drei Schlägen,* wie sie im Handel unter dem Namen *Garne* leicht zu erwerben sind. Die besten Garne sind die in der Buchbinderei und von den Pelzmachern verwendeten, da sie kalibriert und in einer großen Auswahl von Durchmessern verfügbar sind. Natürlich muß man je nach der Art des Tauwerks und der Größe des Modells verschiedene Durchmesser benutzen.
Bei kleinen Modellen und für das dünnere Tauwerk verwendet man Baumwollfäden bester Qualität in den verschiedenen Abmessungen. Zum Färben der Taue nimmt man chinesische Tusche. Die Wanten der alten Schiffe wie die meisten Teile des stehenden Gutes wurden mit schmutzig-braunem Pech überzogen, während das stehende Gut der neueren Schiffe eine schwarze Farbe erhielt, als der mineralische Teer eingeführt worden war. Das laufende Gut hatte die natürliche Farbe des Materials. Die Läufer der Spannvorrichtungen waren wie das stehende Gut mit Pech bestrichen. Die Trossen waren und sind dunkelbraun, sie werden meistens aus Manilahanf hergestellt.

## Blöcke

Mit dem Namen *Block* bezeichnet man in der Seefahrt die Umlenkrollen der *Flaschenzüge.* Die einfachste Art besteht aus einem ovalen Gehäuse aus Holz oder Eisen mit einem oder mehreren Gats, in denen die *Scheiben* auf Bolzen gelagert sind. Die Scheiben haben auf dem Umfang eine *Hohlkehle,* in der das Tau läuft. Um das Gehäuse wird ein Band aus bekleidetem Tau *(Stropp)* oder aus Eisen gestrafft, das an einem Ende einen Ring zum Befestigen des Blocks an einem festen Punkt oder zum Aufhängen eines Gewichts bildet.
Der Block besteht aus mehreren Teilen: dem *Gehäuse* aus Ulme oder Metall, das aus zwei (*Backen* genannten) Seitenflächen besteht; aus den *Zwischenwänden*

(wenn der Block mehrere Scheiben hat) und aus den *Klötzen,* die Backen und Zwischenwände zusammenhalten; der *Scheibe,* einem Holz- oder Metallrad; der *Mutter,* einem Bronzestück mit einer zylindrischen Bohrung, die sich in der Mitte der Scheibe befindet und dem Bolzen als Lager dient *(Nagelgat);* der *Rille,* die auf den Backen angebracht ist und dazu dient, den Stropp eng anliegen zu lassen (Abb. *337*).
Die robustesten Blöcke sind die mit der Maschine aus einem Stück gefertigten (Abb. *338*). Der Bau der Blöcke mit der Maschine geht auf das Jahr 1801, auf die Erfindung von M. I. Brunel (1769–1849), zurück.

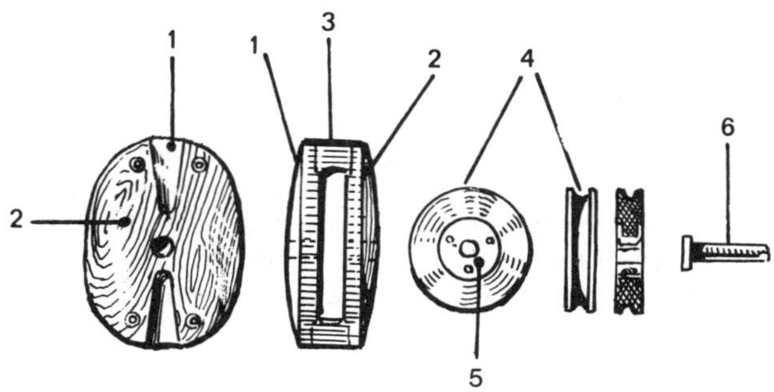


Abb. 337. *Teile eines Blocks*
*1. Gehäuse, 2. Backen, 3. Klötze, 4. Scheibe, 5. Mutter, 6. Bolzen*

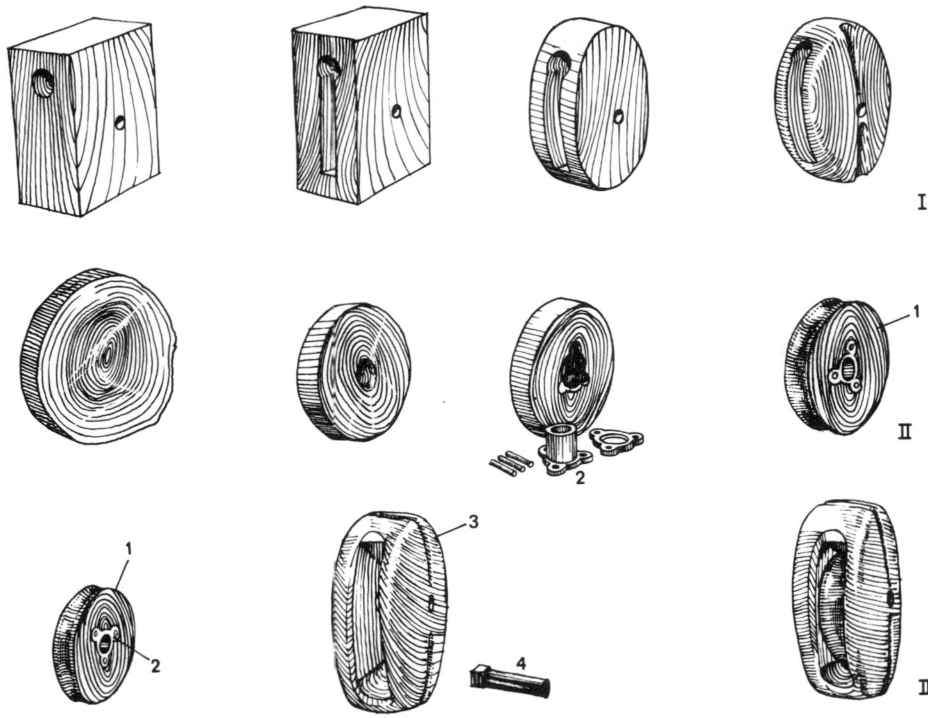


Abb. 338. *Mit der Maschine aus nur einem Stück hergestellte Blöcke*
*I. Herstellung des Gehäuses; II. Herstellung der Scheibe; III. Zusammenbau des Blocks*
*1. Scheibe, 2. Mutter, 3. Gehäuse, 4. Bolzen*

Auf den Segelschiffen verwendete man verschiedene Arten von Blöcken: den *einfachen Block* mit einer Scheibe; den *doppelten Block;* den *dreifachen Block* mit zwei oder drei Scheiben (Abb. *339a, b*); den *Violinblock* mit zwei in derselben Ebene liegenden Scheiben, die obere Scheibe hat dabei einen größeren Durchmesser als die untere – er wurde anstelle der doppelten Blöcke verwendet, da er sich oft an Rahen oder Bäumen besser eignete (Abb. *339c*); den *Hutblock,* der auf beiden Seiten des Gehäuses mit einem doppelten Vorsprung versehen ist, um zu vermeiden, daß sich ein Gegenstand zwischen dem Tau und der Scheibe verklemmt (Abb. *339d*); den *Schulter-* oder *Hakenblock,* der einen einseitigen Vorsprung hat, um zu vermeiden, daß das Tau zwischen den Block und den Baum gedrückt wird, auf dem er befestigt ist (Abb. *339e*); den *Pupp-* oder *Stengewantblock.* Das Gehäuse dieses Blocks ist lang, aber runder als das des Violinblocks, auch dieser hat zwei in derselben Ebene liegende Scheiben. Es gibt einfache Pupp- oder Stengewantblöcke und doppelte mit zwei Scheiben. Über jene einfachen Blöcke laufen die Nanten der Mars- und Bramrahen, sie werden zwischen den Wanten der Bramstengen festgelegt. Die doppelten Blöcke verwendet man für die Marsnanten und die *Schmeerreeps* (Abb. *339f*). Der *Fußblock* oder *Kinnbacksblock* ist ein Block mit einem geschlitzten Backen zum Anschlagen eines Taus. Man verwendet ihn zum Ändern der Richtung an einem Talje- oder Takelläufer (Abb. *339g*).

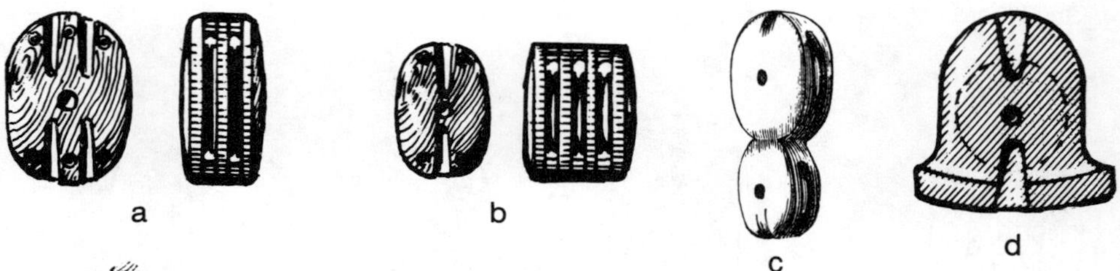


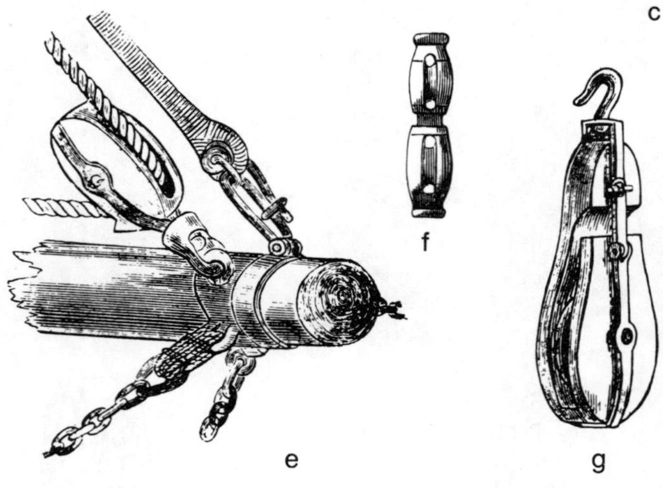


Abb. 339. *Verschiedene Arten von Blöcken*
a) *doppelter Block;* b) *dreifacher Block;* c) *Violinblock;* d) *Hutblock;* e) *Schulter- oder Hakenblock;* f) *Pupp- oder Stengewantblock;* g) *Fuß- oder Kinnbacksblock*

**Stropps der Blöcke.** Es gibt *einfache* und *doppelte Stropps.* Der einfache Stropp besteht aus einem Grummetstropp oder Taukranz, einer Art Ring von gewickelten Tauen *(lange Kabelspleißung)* (Abb. *340a*). Der doppelte Stropp besteht aus einem langen einfachen Stropp, der zweimal rings um das Gehäuse geschlungen ist (Abb. *340b*).

Je nach dem Verwendungszweck des Blocks gibt es verschiedene Formen von Stropps: *Stropps mit Bändsel,* die zum Befestigen des Blocks mit Hilfe eines Bändels

(„Schnürsenkel") am Tauwerk, an einem Augbolzen oder an einem Hanger dienen – der Ring, den der Stropp bildet, umschließt eine runde Kausch (Abb. *340a, b*); *Stropps mit Schlaufe,* die zum Aufsetzen des Blocks auf eine Rah oder einen Baum dienen (Abb. *340c*); *Stropps mit Schlaufe und Naht,* sie sind den vorigen gleich, ihre Schlaufe aber ist in zwei Abschnitte unterteilt, die am Ende mit einem Gatchen (Legel) versehen sind (Abb. *340d*); *Stropps mit Knebel,* doppelte Stropps, durch deren Legel man ein leicht kegelstumpfförmiges Stück Holz (Knebel) gehen läßt (Abb. *340e*); *Steert-* oder *Schwanzstropps,* die aus einem Tau genügender Länge bestehen, das zum Anbinden des Blocks an ein Tau, einen Baum usw. dient (Abb. *340f*); *Stropps mit doppelter Kausch,* die zum Verbinden eines Takels mit einem Hanger (besonders mit den Brassenschenkeln) dienen; *Eisenbeschläge,* die aus einer Eisenplatte bestehen und hauptsächlich für die Blöcke des *Ankerkattdavits,* für die Takel der Kräne für die Beiboote usw. verwendet werden. Es gibt zwei Arten von Eisenbeschlägen: einen Beschlag, der das Gehäuse ganz umfaßt (Abb. *340g*), und einen Beschlag, der das Gehäuse teilweise umfaßt (Abb. *340h*) und auch *Kammstropp* genannt wird. Es gibt auch Stropps mit Haken (Abb. *340i*).
Auf den großen Segelschiffen und den modernen Schiffen verwendet man Blöcke aus Eisen. Diese haben ein Gehäuse aus Eisenblech mit Scheiben, die meistens aus Bronze oder ebenfalls aus Eisen sind. Sie werden für die Takel der Ladebäume, der Bootsdavits usw. verwendet.

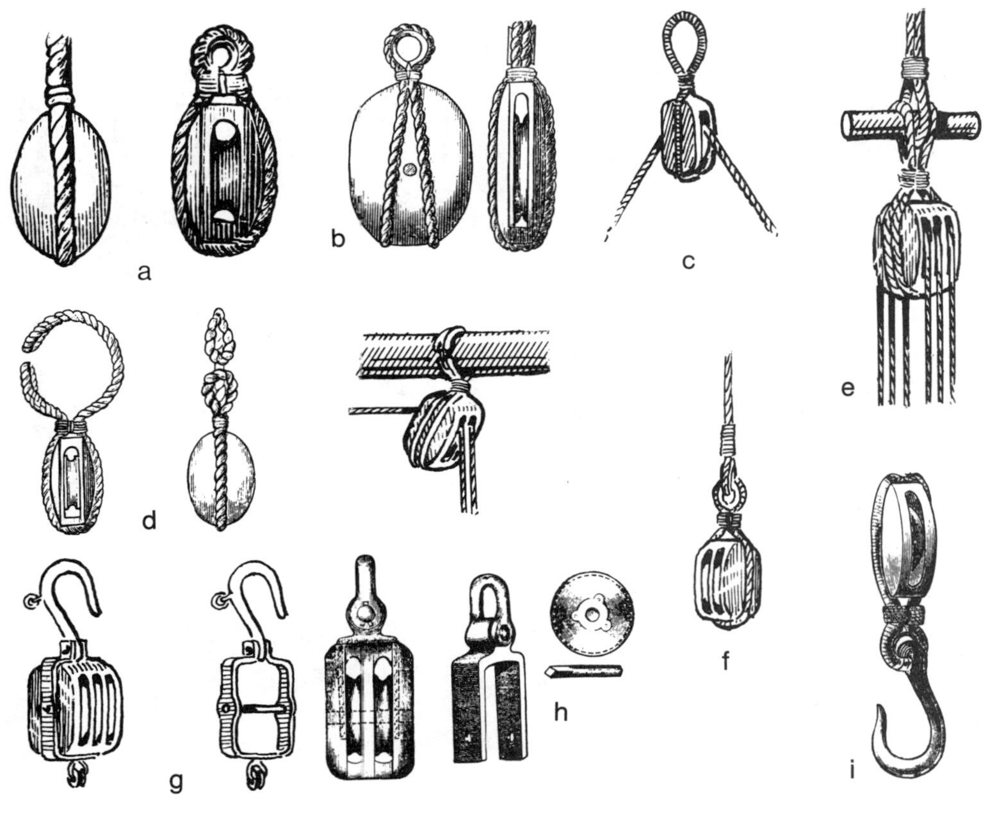


Abb. 340. *Stropps der Blöcke*
a) *einfacher Stropp;* b) *doppelter Stropp;* c) *Stropp mit Schlaufe;* d) *Stropp mit Schlaufe und Naht;* e) *Stropp mit Knebel;* f) *Schwanzstropp;* g) *Eisenbeschlag für Kattdavits;* h) *Kammstropp aus Eisen;* i) *Stropp mit Haken*

# Alte Blöcke

Seit dem Altertum wurden für Tauwerk und Takel Blöcke verwendet, wie verschiedene Darstellungen und Schriftstücke bezeugen. In der Form ähnelten sie den heutigen Blöcken, da die Notwendigkeit bestand, eine Scheibe in einem Gehäuse unterzubringen, das seinerseits die Führung für das Tau bildete. Die gewöhnlichen Blöcke waren wie die oben beschriebenen fast oval, hatten eine, zwei oder drei Scheiben, die auf einen in der Mitte befindlichen Bolzen montiert waren. Darüber hinaus gab es Violinblöcke, Schulter- oder Hakenblöcke, Hutblöcke, Pupp- oder Stengewantblöcke und Fuß- oder Kinnbacksblöcke (hauptsächlich auf den Galeonen für die großen Bulins verwendet). Diese wurden an der Bugreling oder am Mastfuß befestigt. Das Bulintau konnte leicht abgenommen werden, wenn die Notwendigkeit bestand, die *Halsen* zu wechseln.
Der Fallblock der Galeerenrute hieß *Lateinfallblock.* Er hatte ein quadratisches Gehäuse mit sechs oder acht Scheiben.
Auf den Bugspriet oder die Bugsprietleinen der Segelschiffe wurde eine Reihe Scheiben montiert. Sie befanden sich in einem langen Gehäuse, das *Bugsprietgestell* oder *Gestellfußblock* hieß. Das Bugsprietgestell hatte die Aufgabe, die verschiedenen Taue der Bugsprietsegel zu scheren und zu führen (Abb. *341a, b, c, d, e, f, g*).

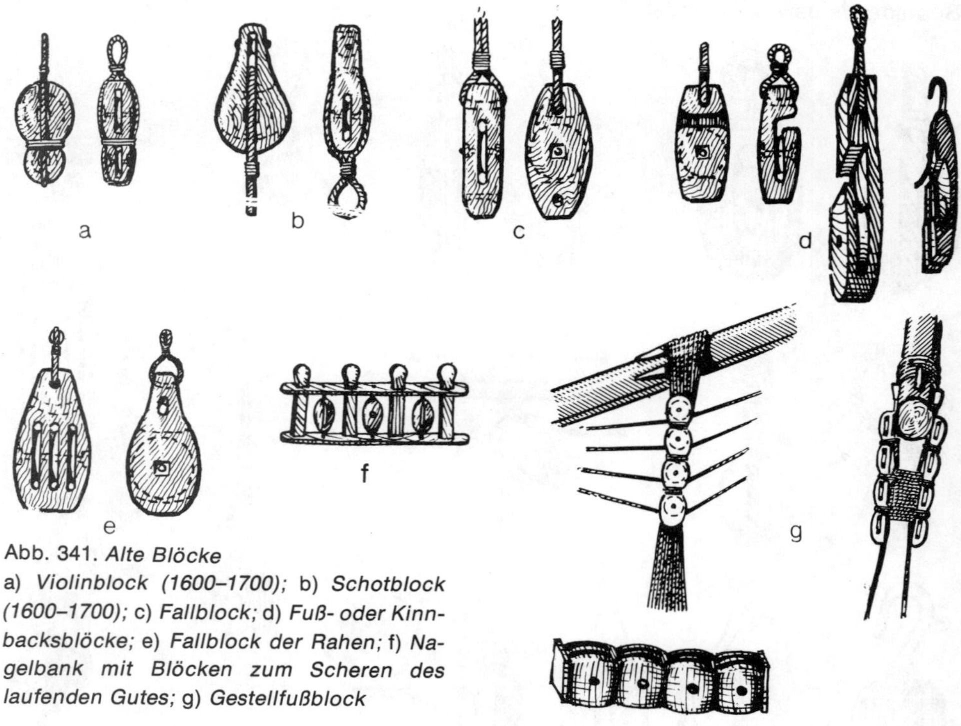


Abb. 341. *Alte Blöcke*
a) *Violinblock (1600–1700);* b) *Schotblock (1600–1700);* c) *Fallblock;* d) *Fuß- oder Kinnbacksblöcke;* e) *Fallblock der Rahen;* f) *Nagelbank mit Blöcken zum Scheren des laufenden Gutes;* g) *Gestellfußblock*

**Stropps der alten Blöcke.** Die gewöhnlichen Blöcke wurden mit Tauen gestroppt, es waren einfache oder doppelte. Diese Taue umgaben das Gehäuse an einem Ende und bildeten ein Auge oder ein Legel. Bei den älteren Blöcken, von 1500 bis 1600, lief der Stropp durch das Gehäuse. Diese Anordnung galt auch für die Fuß- oder Kinnbacksblöcke, bis (nach der Mitte des 18. Jahrhunderts) der Eisenbeschlag eingeführt wurde. Die übrigen Stropparten unterschieden sich nicht von den oben beschriebenen (Abb. *342a, b, c, d*).

Abb. 342. *Stropps der alten Blöcke*
a) *einfacher Stropp mit einem Auge;* b) *einfacher Stropp mit zwei Augen;* c) *doppelter Stropp;* d) *durchgehender Stropp*

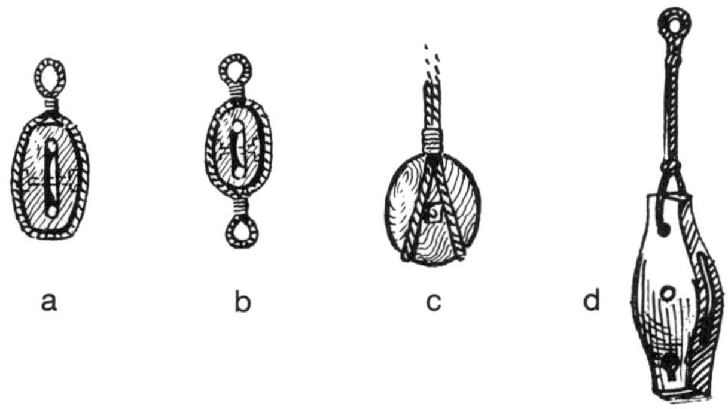


## Takel

Das *Takel* ist eine Seilanordnung, die wenigstens zwei Blöcke durchläuft, von denen der eine fest und der andere beweglich ist. Ein Ende des Taus ist am Stropp des einen Blocks befestigt und heißt *stehende Part;* das andere Ende, das nachdem es über die Scheiben gelaufen ist, austritt und die Kraft aufnehmen muß, heißt *Takelläufer* oder *Taljeläufer.* Die einzelnen Durchgänge des Taus heißen *Takelreeps.*
Die Takel tragen verschiedene Bezeichnungen, die üblichsten sind: *einfaches Takel,* mit einem einfachen und einem doppelten Block (Abb. *343a*); *Jolltau,* das über einen einfachen Block läuft (Abb. *343b*); *doppeltes Jolltau,* das aus zwei einfachen Blöcken besteht, von denen der eine fest und der andere beweglich ist (Abb. *343c*); *Drehreep,* das aus einem Tau besteht, von dem ein Ende fest und das andere in einen Block geschoren ist (Abb. *343e*); *Schnautakel,* das aus einem doppelten Jolltau und einem einfachen Takel besteht, man verwendet es hauptsächlich für *Schwertakel* (Abb. *343f*); *Manteltakel,* das aus einem Jolltau und einem doppelten Jolltau besteht, deren stehende Parten an demselben Haken befestigt sind (Abb. *343g*); *Talje,* die aus einem doppelten und einem dreifachen Block besteht, von denen einer mit einem Haken versehen ist.
Auch bei den alten Schiffen trugen die Takel diese Bezeichnungen.

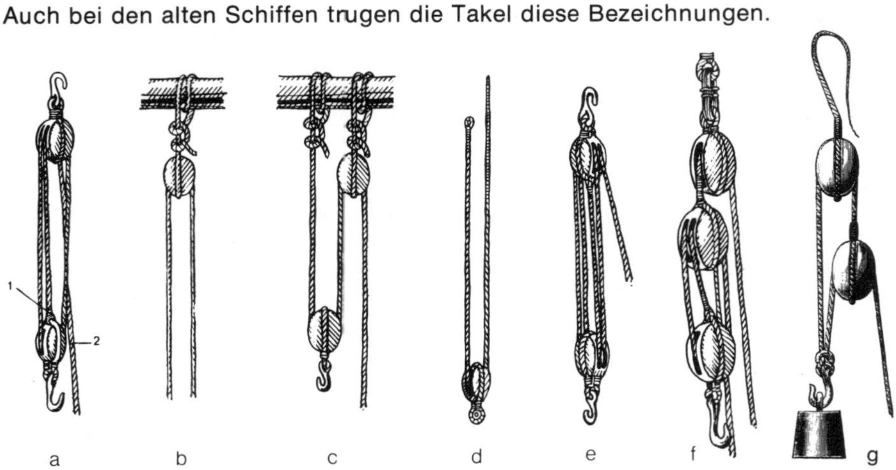


Abb. 343. *Takel*
a) *einfaches Takel;* b) *Jolltau;* c) *doppeltes Jolltau;* d) *Drehreep;* e) *doppeltes Takel oder Segeltakel;* f) *Schnaudrehreep;* g) *Manteltakel*
*1. stehende Part, 2. Takelläufer*

## Tauführungen

Zum Scheren der Taue des stehenden und laufenden Gutes, zum Vertäuen oder um dem verschiedenen Tauwerk eine andere Richtung zu geben, verwendet man Führungen und das folgende Zubehör:

**Jungfern mit Augen.** Sie sind eine Art Block ohne Scheibe von runder, linsenartiger Gestalt mit drei Durchgangslöchern *(Augen)* und einer Hohlkehle auf dem Umfang. Sie werden aus Hartholz hergestellt und dienen zum Festsetzen des stehenden Gutes *(Wanten* und *Pardunen)* (Abb. *344a, b*).

**Dodshoofde, Stagblöcke.** Sie haben nur ein großes Auge mit drei kleinen Kanälen zum Scheren des Taljereeps. Sie werden ausschließlich für die Stage und die Wasserstage verwendet (Abb. *345a, b, c*).

**Einfache Tauführungen.** Es sind Rundkörper aus Holz, sie haben zwei oder drei Bohrungen (Augen), die zur Führung des laufenden Gutes an den Unterwanten befestigt sind (Abb. *346*).

**Belegnägel.** Es sind Stäbchen aus Hartholz (Olive oder Buchsbaum) oder Metall von etwa 30 cm Länge. In einem Loch steckend, wird an ihnen das laufende Gut belegt (Abb. *347a*).

**Kauschen.** Sie bestehen aus einem Metallring, dessen Außenrand eine Hohlkehle bildet, um welche das Hanf- oder Stahlseil eines Hangers oder eines Stropps gelegt wird. Schäkel oder andere Taue können demzufolge das Tauwerk nicht abnutzen. Die Kauschen für Hanftau sind ringförmig, die für Stahltau lanzenförmig (Abb. *347b*).

**Klampen.** Es sind Klötze aus Hartholz oder Metall mit zwei Armen, die mit ihrer Mitte an den Seiten und auf den Decks der Schiffe befestigt sind. An ihnen werden die Schoten der Untersegel und der Gaffelsegel belegt (Abb. *347c*).

**Verholklampen, Lippklampen oder Wegweiserklampen.** Es sind Metallbeschläge, die am Rand der Decks befestigt sind, um Taue zum Vertäuen oder *Verholen* (Verschieben des Schiffes von einem Punkt zu einem anderen mit Hilfe von Tauen, deren eines Ende an Land befestigt ist, das andere am Heck oder am Bug) hindurchlaufen zu lassen (Abb. *348*).

**Poller.** Es sind kräftige Eisensäulen, die fest mit dem Schiffsgerüst verbunden sind und auf die man eine oder mehrere Kettenwindungen wickelt. Durch den Kopf des Pollers geht eine zylindrische Stange („Strohhalm"), die den Zweck hat, die Kettenglieder unten zu halten (Abb. *349*). Den Namen Poller tragen auch zwei kleine Säulen, die nebeneinander auf einer Eisenplatte befestigt sind, die ihrerseits mit dem Gerüst des Schiffsrumpfes verbunden ist (Abb. *350*).

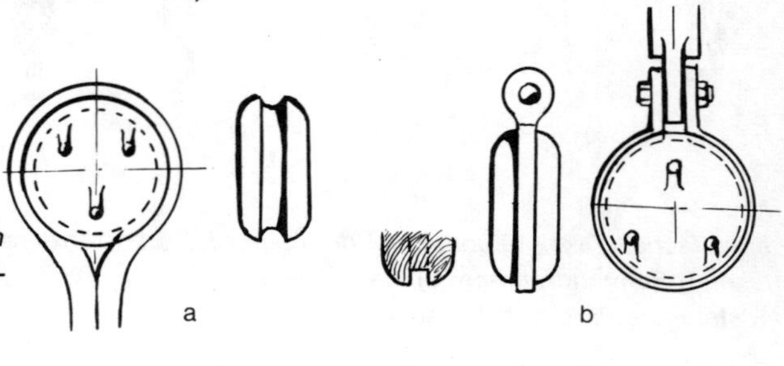


Abb. 344. *Jungfern mit drei Augen*
a) *Wantjungfer;* b) *Rüsteisenjungfer*

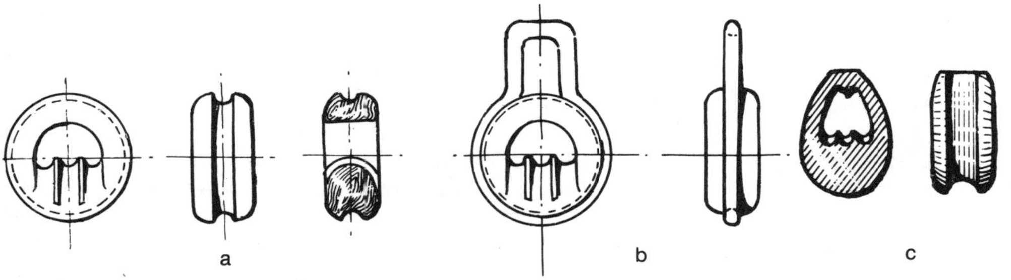


Abb. 345. *Stagblöcke*
a) *runder Stagblock;* b) *gestroppter Stagblock aus Eisen;* c) *ovaler Stagblock*

Abb. 346. *Einfache Tauführungen*

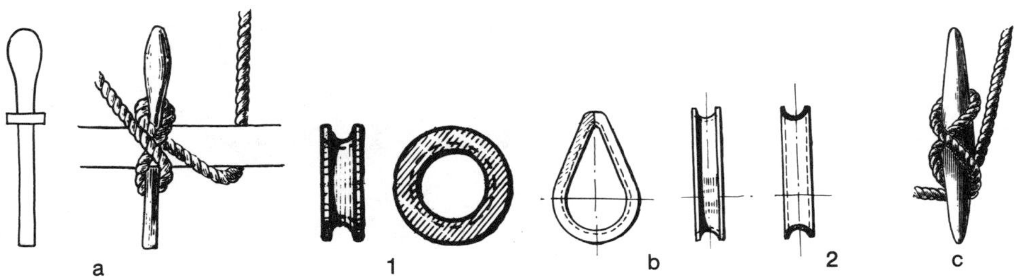


Abb. 347. a) *Belegnagel;* b) *Kauschen;* c) *Klampe*
*1. runde Kausch, 2. Kausch mit scharfem Rand*

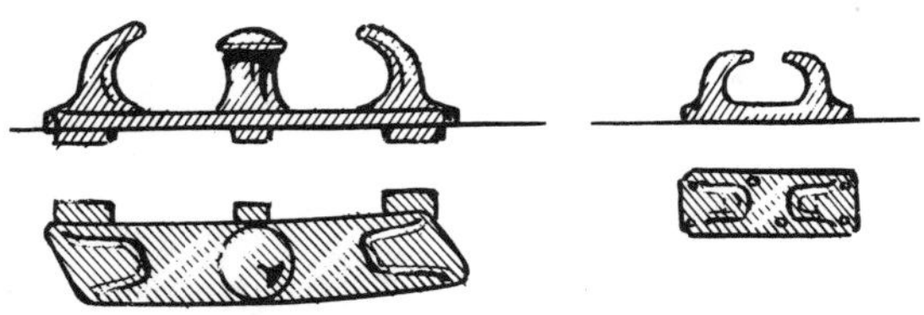

Abb. 348. *Verholklampen*

Abb. 349. *Verholpoller*

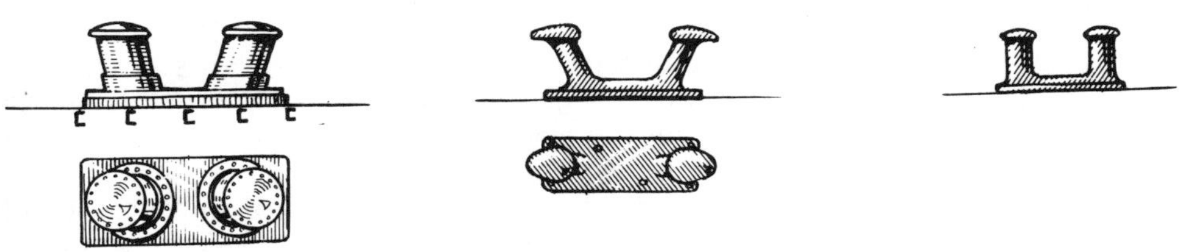

Abb. 350. *Poller*

**Betingsbalken, Nagelbänke.** Sie bestehen aus starken Brettern oder Metallplatten, die an den Stellen angebracht sind, an denen das laufende Gut der Bemastung aufsteigt. In diesen *Betingsbalken* oder *Nagelbänken* befinden sich mehrere Löcher, in welche die Belegnägel gesteckt werden, an denen das Tauwerk festgemacht wird. Die Betingsbalken befinden sich meistens seitlich der Unterwanten binnenbords. Es gibt auch Betingsbalken am Fuß jedes Mastes. Diese bestehen aus zwei oder vier Pfosten, *Betinge* genannt, mit denen die aus starken Brettern bestehenden Betingsbalken verbunden sind. Ein Querbalken auf dem Bug, der stärker als die anderen ist, heißt *Geduld* (wegen der vielen Taue, die er aufbringen muß). Die Betinge sind mit *Gats* und Scheiben zum Scheren von Tauen des laufenden Guts versehen (Abb. *351*).

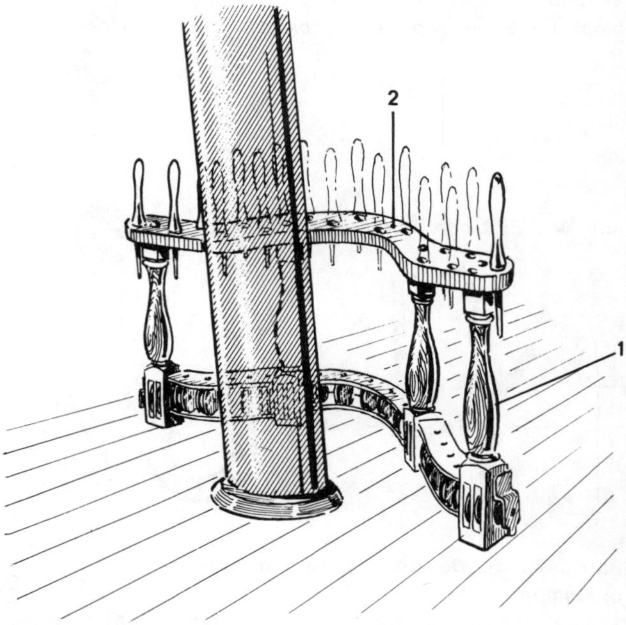


Abb. 351. *Nagelbänke*
*1. Betinge, 2. Geduld*

## Tauführungen der alten Schiffe

Früher nannte man die Führungen von Tauwerk *Juffern.* Es gab verschiedene Arten: die einfachen waren aus Holz und hatten wie die oben beschriebenen Jungfern ein, zwei oder drei Löcher. Es gab außerdem Juffern mit sieben Löchern oder „Spinnenjuffern", die aus einem langen Stück Holz bestanden, das sieben Löcher hatte (die häufigste Art). Durch die Löcher schor man die Leinen, die eine Art Spinnengewebe bildeten, weshalb man sie eben *Spinne* nannte (Abb. *352*). Die *Stagjuffer,* die im wesentlichen ein herzförmiger Stagblock war, gehörte zu den Stagen und wurde vor der Mitte des 18. Jahrhunderts vor allem auf den Handelsschiffen verwendet. *Dreiäugige Juffer* nannte man die gewöhnliche Jungfer. Nach der Mitte des 17. Jahrhunderts wurde die *runde Jungfer* eingeführt.

**Kauschen.** Es waren Holzringe, die mit einer Hohlkehle auf dem Umfang gedreht wurden; im Gegensatz zu den modernen Kauschen hatten sie die Aufgabe, wie die einfachen Juffern dem Tauwerk als Führung zu dienen.

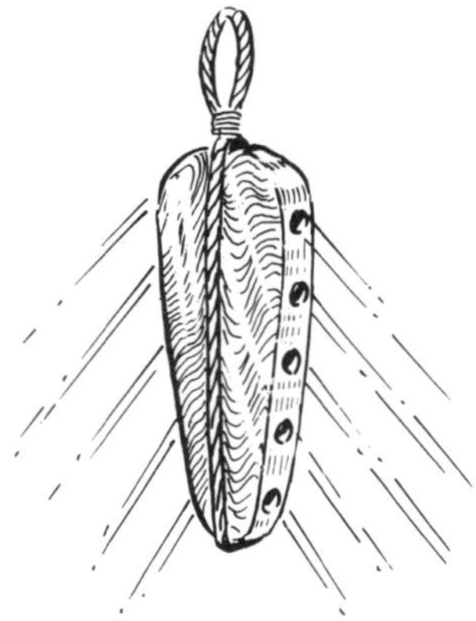

Abb. 352. *Spinnenjuffer*

**Klampen.** Diese waren den modernen ähnlich, man nannte sie gewöhnlich auch einfache *Klampen* oder Nockklampen für das Tauwerk (Abb. *353a*). Es gab darüber hinaus die *Belegnägel,* die auch *Koviennägel* genannt wurden und die gleiche Form wie die oben beschriebenen hatten.

**Ohrenklampen, Herzklampen oder Bogenklampen.** Sie bestanden aus mehreren Teilen: einer auf das Schanzkleid genagelten Sohle und einer über der Sohle befestigten Traverse. Auf diesen beiden Bauteilen wurden die Klauen oder Ohren befestigt, über die man das Tauwerk legte. Sie wurden für die Fock- und Großschoten und auf den erhöhten Decks für das Haupttauwerk verwendet (Abb. *353b*).

**Hals- oder Zahnklampen.** Sie waren senkrecht an den Bordwänden befestigt (Abb. *353c*).

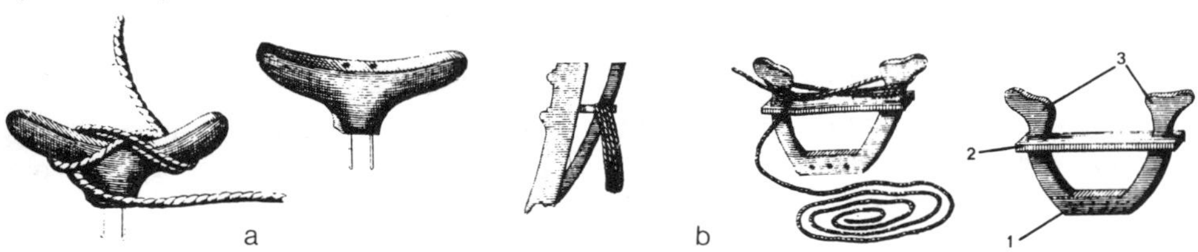


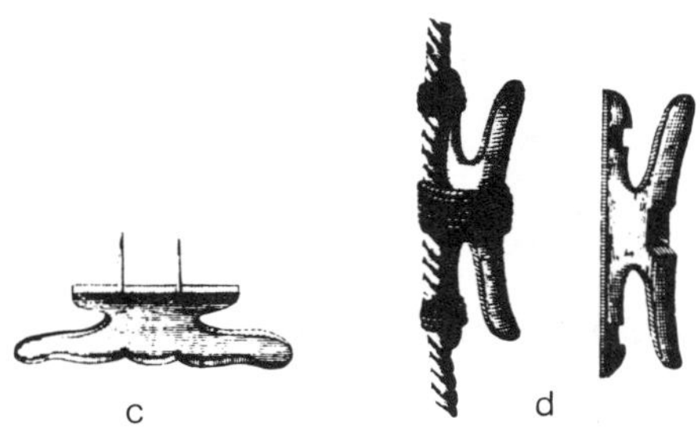


Abb. 353. *Klampen*
a) *einfache Klampe oder Klauenklampe;* b) *Ohrenklampe;* c) *Halsklampe;* d) *Wantklampe*
*1. Sohle, 2. Traverse, 3. Ohren*

**Nagelbänke.** So hießen die *Gestelle mit Belegnägeln* oder *Betingsbalken,* sie waren den oben beschriebenen ähnlich.

**Poller.** So hieß eine starke Vorrichtung aus zwei Säulen und Querbalken zum Festmachen der Ankertrossen oder anderer starker Taue. Der Poller befand sich auf dem Deck unterhalb des Oberdecks, der Fuß der Säulen erstreckte sich bis zum Kiel (Abb. *354*).

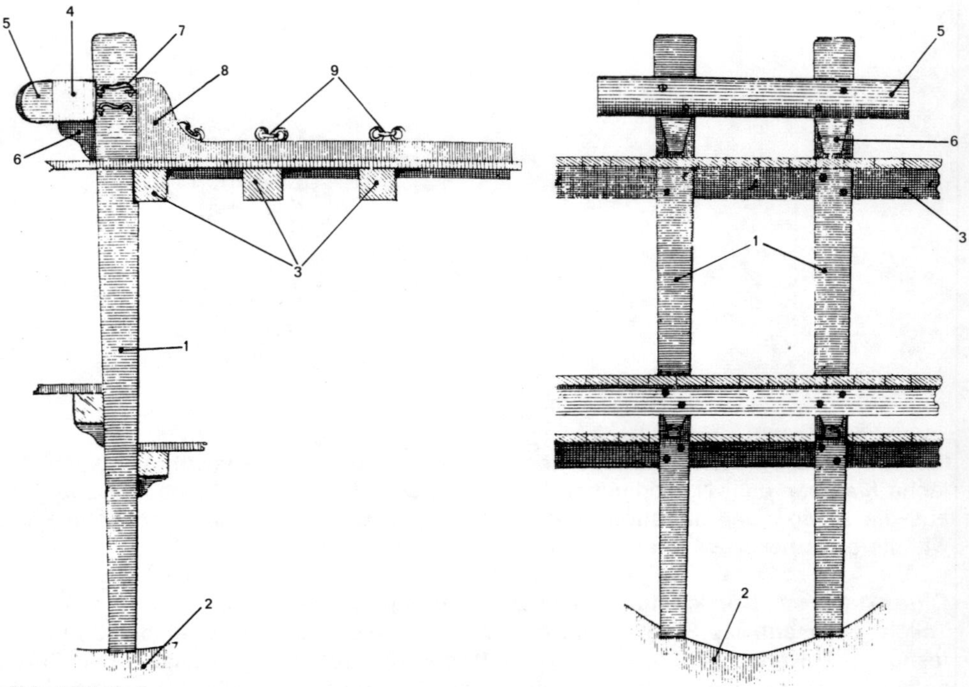


Abb. 354. *Poller*

*1. Säulen, Geländerstützen oder Zepter, 2. Bodenwrangen des Kielschweins, 3. Balken des ersten Decks, 4. Querstrebe oder Kreuz, 5. Kissen, 6. Konsole, 7. Haken der Querstrebe, 8. Knie, 9. Augbolzen zum Befestigen des Ankertaus mit Hilfe von Stoppern*

## Zubehör der Tauführungen

Das Zubehör der Tauführungen besteht aus *Schäkeln*, die aus einem halben Ring gebildet werden. An seinen Enden befinden sich zwei Augen, durch welche ein Bolzen geht. Sie gehören zur allgemeinen Schiffsausrüstung (Abb. *355*).

**Augbolzen.** Es sind Schrauben oder Bolzen mit einem ringförmigen Ende zum Befestigen der Haken des Tauwerks, der Blöcke oder der Taue (Abb. *356*).

## Herstellung der Blöcke und der Jungfern von Schiffsmodellen

Die Schiffsmodelle – und natürlich auch die Schiffe – sind mit unzähligen Blöcken versehen, die dem Modellbauer gewisse Schwierigkeiten bereiten, wenn er eine größere Anzahl der gleichen Art herstellen muß. Es ist deshalb notwendig, eine gewisse Serienfertigung vorzunehmen. Hierzu geben wir im folgenden einige Hinweise:

Aus einem Stück Buchsbaumholz fertigt man mehrere Leisten, deren Querschnitt gleich der Stärke des Blocks sein muß. Auf die Seitenflächen der Leisten zeichnet man die Symmetrieachsen und unterteilt sie der Länge nach in gleiche Teile, die der Länge des Blocks entsprechen. Längs der Achsen bringt man mehrere Längsnuten an. Zwei einander entgegengesetzte Nuten entsprechen dem Gat mit der Scheibe, die beiden anderen Nuten den Hohlkehlen des Stropps.

Abb. 355. *Schäkel*

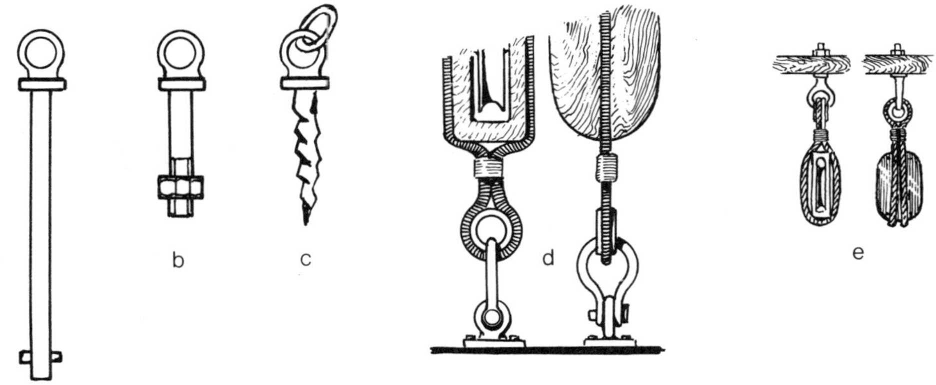


Abb. 356. *Augbolzen*
a) *alter Augbolzen mit Splint;* b) *Augbolzen mit Gewinde und Mutter;* c) *alter Augbolzen mit Ring und Holzschraubengewinde;* d) *Augbolzen mit Schäkel;* e) *Augbolzen mit Gewinde und Kausch*

Man führt dann die Bohrungen zum Scheren der Taue aus und rundet mit Hilfe der Feile nacheinander die Umrisse des Gehäuses ab. Nunmehr bleibt nur noch das Abschneiden der so erhaltenen Blöcke (Abb. *357*). Abb. *358* veranschaulicht ein entsprechendes Verfahren für dünnere Blöcke, wenn es nicht möglich ist, die Nuten vorher anzubringen. Die Nut für den Stropp kann nach dem Abschneiden der einzelnen Teile eingearbeitet werden.
Die Jungfer stellt man aus einem Buchsbaumrundholz her, die Hohlkehle auf dem Umfang feilt man, falls man nicht über eine Drehbank verfügt (Abb. *359*). Abb. *360a, b* zeigt das Herstellungsverfahren der Löcher in den Jungfern und die Ausrüstung für das Zusammenfügen.

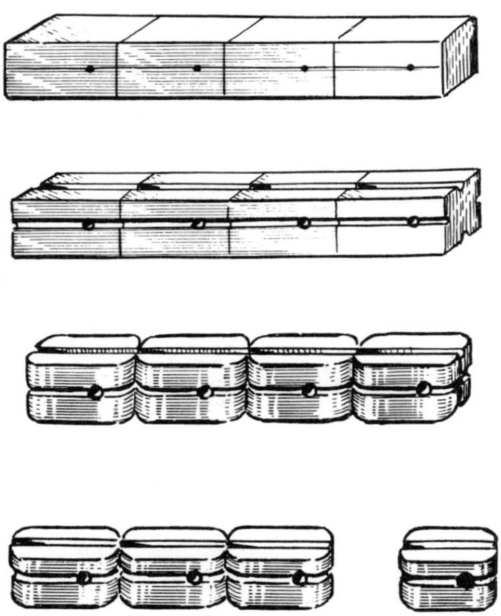

Abb. 357. *Bau der Blöcke*

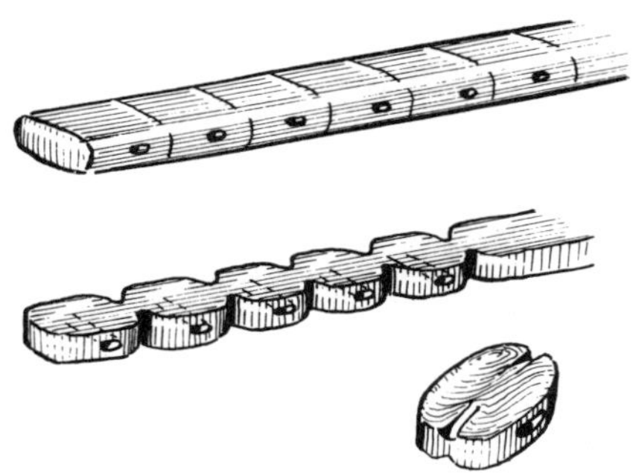

Abb. 358. *Bau der Blöcke*

Abb. 359. *Bau der Jungfern*

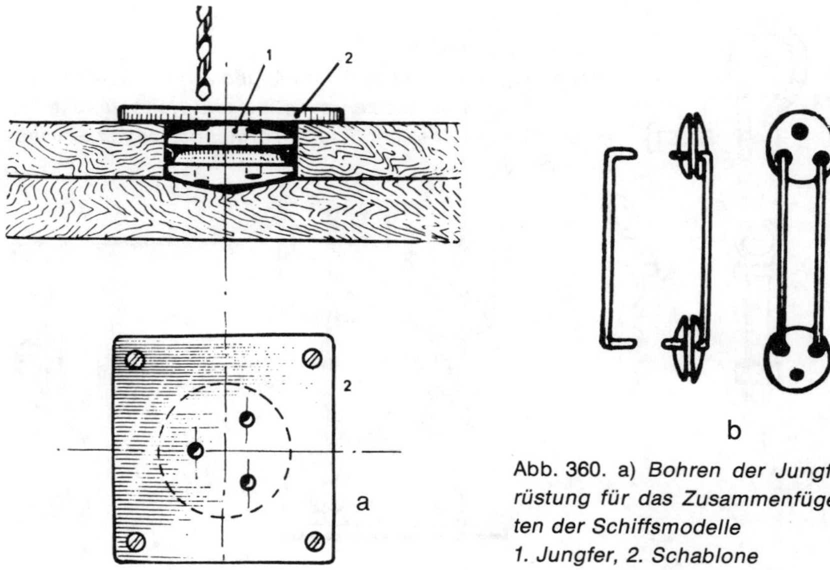


Abb. 360. a) *Bohren der Jungfern;* b) *Ausrüstung für das Zusammenfügen der Wanten der Schiffsmodelle*
*1. Jungfer, 2. Schablone*

# KAPITEL XII Stehendes und laufendes Gut

Das stehende und das laufende Gut sind Metalltaue, Taue aus pflanzlichen Rohstoffen oder Ketten, die mit ihrem Zubehör zur Ausrüstung der Masten und Segel gehören.

## Stehendes Gut

Das *stehende Gut* hat den Zweck, die Bemastung bei den Seegangsbewegungen des Schiffes zu stützen und der Wirkung des Windes auf die Segel zu widerstehen. Damit jeder Mast die notwendige Festigkeit hat, sind drei Arten von Haltetauen notwendig. Diese werden durch die *Wanttaue* oder *Wanten,* durch die *Pardunen* und die *Stage* dargestellt. Zum stehenden Gut gehören auch die *Klüver-* und *Außenklüverleitern,* die *Nanten* der Unterrahen und der Untermarssegel sowie die *Bugstage* und die *Wasserstage des Bugspriets.*
Das stehende Gut wird mittels geeigneter Vorrichtungen gespannt. Das Strecken des stehenden Gutes nennt man *Setzen* oder *Steifholen.* Mit Spannvorrichtung werden ganz allgemein die Spanner bezeichnet, bei denen es sich um Jungfern, Spannschrauben oder Zahnstangen handeln kann. *Flechtingsetzen* bedeutet, auf das obere Ende der Masten die Taue des stehenden Gutes zu streifen, indem man ihre Legel darüber legt. Die *Flechting* wird an der Stelle gebildet, an der die Taue befestigt werden.

### Wanten

Die *Wanten* sind die Taue des stehenden Gutes, die den Mast von den beiden Seitenwänden des Schiffes her halten. Jeder Untermast besitzt seine eigenen, dementsprechend benannten Wanten. Es gibt also:
*Groß-, Fock-* und *Kreuzwanten.* Sie gehen von der Flechting der entsprechenden Untermasten bis zur Befestigung an den *Schanzkleidrüsteisen* und heißen allgemein *Unterwanten.*
*Marsstenge-, Vormarsstenge-, Kreuzmarsstengewanten* heißen jene Wanten, die von den Flechtingen der Quersalinge bis zur Befestigung an den Rüsteisen der Groß-, Fock- und Kreuzmars gehen.
Die Wanten der kleineren Masten, der Bramstengen, nennt man auch *Hoofdtaue,* von den entsprechenden Flechtingen gehen sie zu den Rüsteisen der Quersalinge.
Auch früher trugen sie diese Bezeichnungen: *Groß-, Fock-* und *Kreuzbramwanten* oder *-hoofdtaue.*

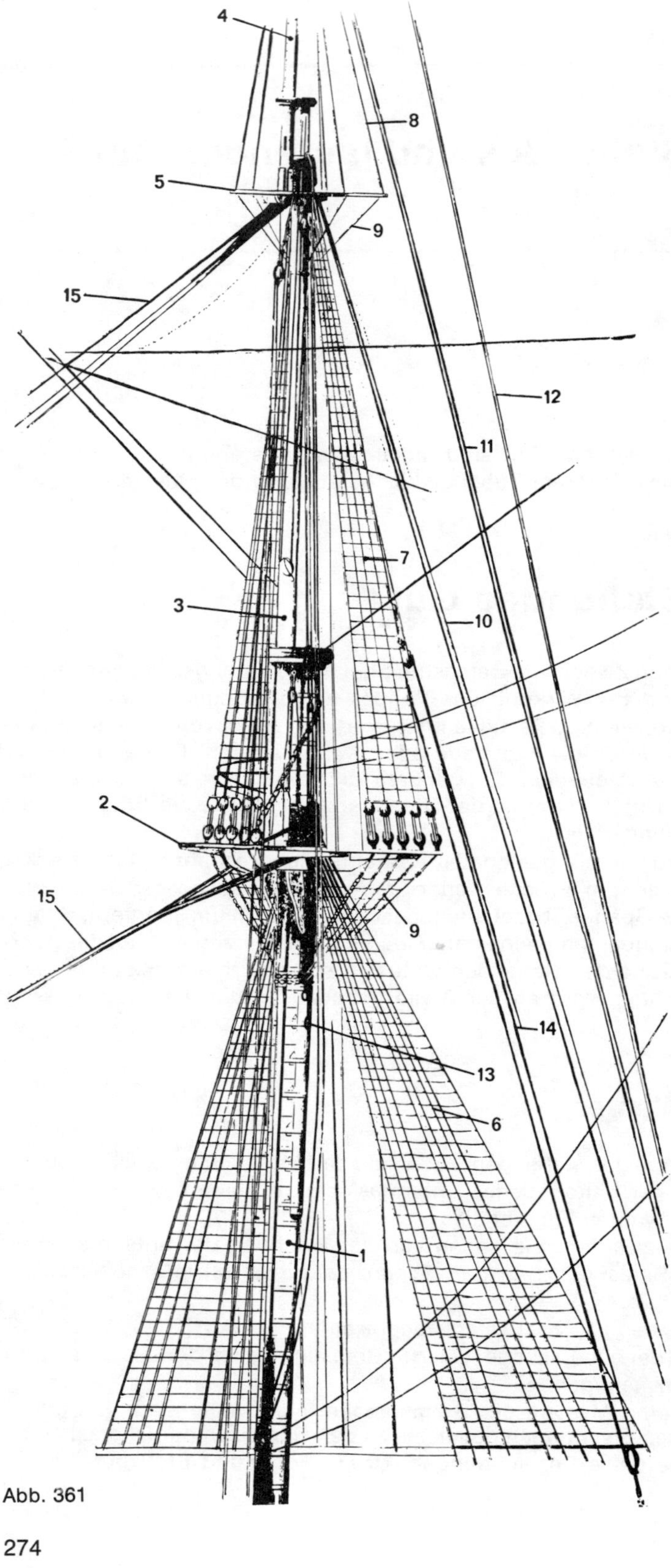


Abb. 361

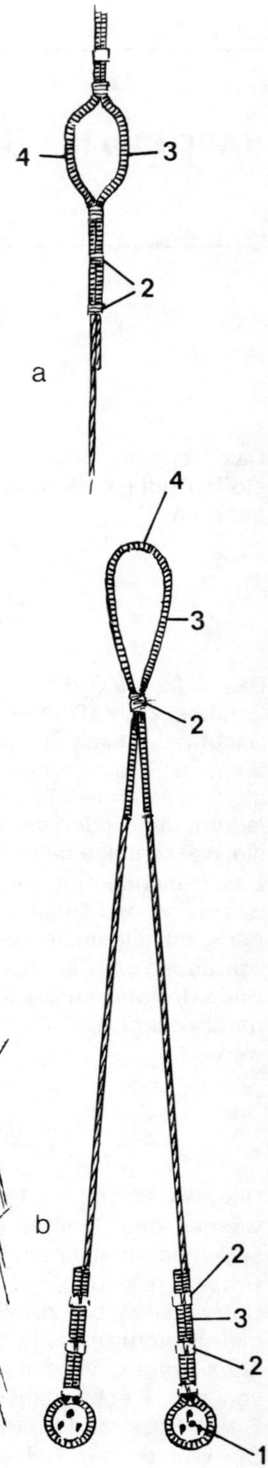


Abb. 362

Ein Paar der Hoofdtaue nennt man *Spann,* ihre Gesamtheit hält die Bramstenge (Abb. *361*).

## Pardunen

Die Mars- und Bramstengen tragen außer den Wanten weitere, seitliche Haltetaue, *Pardunen* genannt. Sie werden an den entsprechenden Masten befestigt und unmittelbar an den Seitenwänden des Schiffes wie die Wanten steifgeholt. Die Verwendung von Pardunen gestattet es, eine kleinere Anzahl von Wanten an dem entsprechenden Mast anzubringen und ermöglicht folglich den Bau weniger starker und nicht so schwerer *Quersalinge* und *Marsen.*
Auch die Pardunen werden nach den Masten benannt, zu denen sie gehören. Es gibt also: *Großmars-, Vormars-* und *Kreuzmarsstengepardunen,* und zwar im allgemeinen zwei oder drei auf jeder Seite, ein oder zwei *Bramstengepardunen* je Seite und ein oder zwei *Oberbramstenge-* oder *Royalstengepardunen* je Seite.

## Unterwanten und Pardunen aus Hanftau

Die Wanten und Pardunen bestehen aus starken Hanftauen und werden paarweise *(Doppelwant, Doppelpardune)* oder einzeln *(einfaches Want* oder *einfache Pardune)* hergestellt. Das Tau mit der für die Abmessungen und den Typ des Mastes geeigneten Länge, die gleich der Länge von zwei Wanten ist, wird halbiert und in einer passenden Entfernung so zusammengezurrt, daß ein starker Ring entsteht *(Wantlegel),* den man über den *Masttopp* legt. Vor der Herstellung des Legels wird das Tau zu einem Teil bekleidet, damit das Want nicht durchscheuert. Am entgegengesetzten Ende jedes Wants und jeder Pardune bekleidet man ebenfalls ein bestimmtes Stück des Taus, und zwar an der Stelle, an der die Jungfer befestigt wird. Das einfache Want und die einfache Pardune bestehen aus zwei Tauen. Die beiden Enden dieser Taue werden bekleidet und untereinander mit Plattbindselungen so verbunden, daß sie ein Legel für das Flechtingsetzen bilden. An den beiden anderen Enden werden die Jungfern befestigt (Abb. *362*). Weitere Arten von Legeln für das stehende Gut zeigt Abb. *363.* Das vorlichste Want wird auf der Höhe des Mastes befestigt, um der Unterrah so viel wie möglich Raum zu geben.

**Spannvorrichtungen.** Die Wanten und die Pardunen aus Hanftau werden auf die klassische Weise mit Spannvorrichtungen aus Jungfern steifgesetzt. Sie bestehen aus zwei Jungfern (einer Wantjungfer und einer Rüsteisenjungfer) und dem *Taljereep.*

Abb. 361. *Stehendes Gut eines Segelschiffes des 19. Jahrhunderts*
*1. Untermast, 2. Mars, 3. Marsstenge, 4. Bramstenge, 5. Quersaling, 6. Unterwanten, 7. Marsstengewanten, 8. Bramstengewanten, 9. Püttings, 10. Marsstengepardunen, 11. Bramstengepardunen, 12. Royalstengepardunen, 13. Hanger, 14. Takel des Marsrahfalls, 15. Stage*

Abb. 362. *Doppeltes und einfaches Wanttau*
a) *doppeltes Want;* b) *einfaches Want*
*1. Wantjungfer, 2. Plattbindselung, 3. Bekleidung, 4. Legel*

**Wantjungfern.** Das Befestigen des Wanttaus an der Jungfer erfolgt mit einem Legel. Man legt das Tau um die Rille der Jungfer und verbindet es bei der Jungfer selbst mit einem Kreuzbändsel oder einer Plattbindselung, dann befestigt man das herumgelegte Ende des Wants mit zwei oder drei Plattbindselungen (Abb. *364*). Eine weitere Befestigungsart, die weniger gebräuchlich ist, zeigt Abb. *366a*.

**Rüsteisenjungfern.** Sie haben auf dem Umfang eine quadratische Vertiefung, in die der *Stropp* aus Eisen gelegt wird. Der Stropp ist mittels eines Gewindebolzens mit Mutter mit dem Rüsteisen verbunden. Das *Taljereep* ist ein Stück Tau, das in die Löcher der Jungfern geschoren wird und mit diesen eine Art Takel bildet, das zum Steifsetzen der Wanten und Pardunen dient (Abb. *364*).

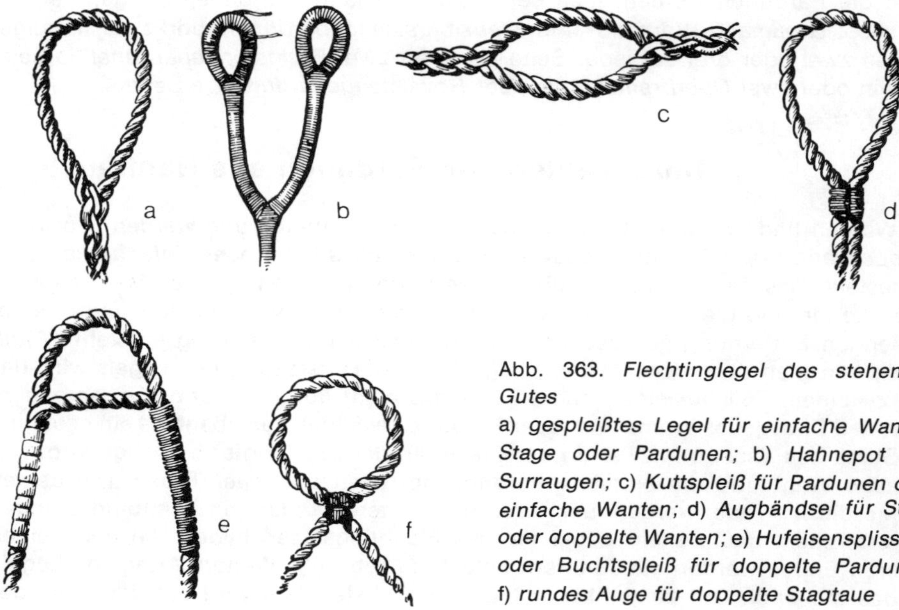


Abb. 363. *Flechtinglegel des stehenden Gutes*

a) *gespleißtes Legel für einfache Wanten, Stage oder Pardunen;* b) *Hahnepot und Surraugen;* c) *Kuttspleiß für Pardunen oder einfache Wanten;* d) *Augbändsel für Stage oder doppelte Wanten;* e) *Hufeisensplissung oder Buchtspleiß für doppelte Pardunen;* f) *rundes Auge für doppelte Stagtaue*

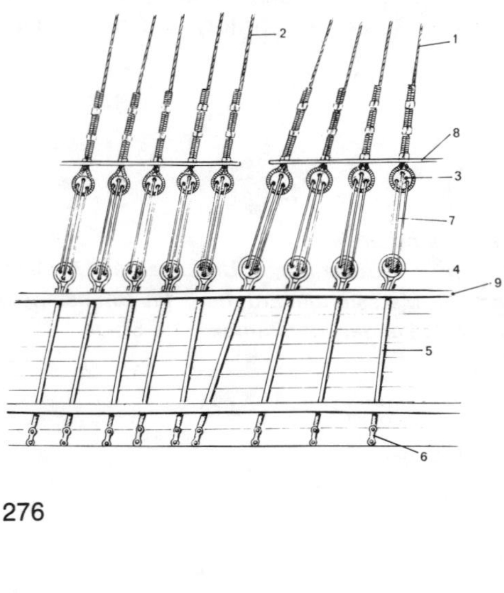


Abb. 364. *Durch Jungfern steifgesetzte Taue des stehendes Gutes*

*1. Wanttaue, 2. Pardunen, 3. Wantjungfern, 4. Rüsteisenjungfern, 5. Rüsteisen, 6. Stäbe, 7. Taljereep, 8. Spreizlatten, 9. Rüsten*

Das Taljereep bildet die stehende Part an der Rüste, das heißt eines seiner Enden ist an der Rüste befestigt. (*Stehende Part* ist der Punkt, an dem das eine Ende eines Taus des laufenden Gutes festgemacht ist; das entgegengesetzte Ende eines derartigen Taus ist der *Taljeläufer*.) Es fährt in das Loch der Wantjungfer, tritt außen heraus, schert in das Loch der Rüsteisenjungfer und so fort. Das obere Ende des Taljereeps (Taljeläufer) kommt, nachdem es durch die Löcher der Jungfer gelaufen ist, aus dem letzten Loch heraus, läuft einmal um das untere Ende des Wanttaus und wird auf dem Taljereep selbst mit Hilfe von zwei oder drei Zurrings befestigt (Abb. *366a*).
Ein anderes, fast allgemein übliches Verfahren zum Montieren des Taljereeps besteht darin, daß man die stehende Part mit einem *Taljereepknoten* an der Jungfer befestigt. Dann läßt man das Taljereep durch die Löcher der Jungfern laufen, und am Ausgang des letzten wird der Taljeläufer zwei- oder dreimal fest um das untere Wantende gewickelt und an demselben mit zwei oder drei Zurrings befestigt (Abb. *365*).
Bei den Kriegsschiffen des 19. Jahrhunderts mit gemischtem Antrieb verwendete man manchmal für Hanfwanten Dodshoofden aus Metall (Abb. *366b*).

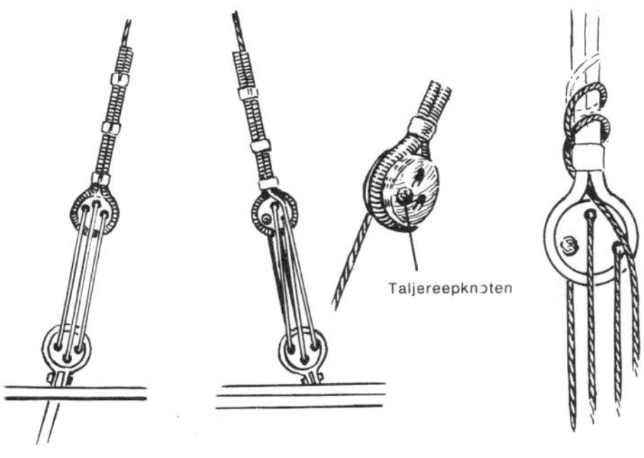


Abb. 365. *Verfahren des Scherens und Festmachens des Taljereeps*

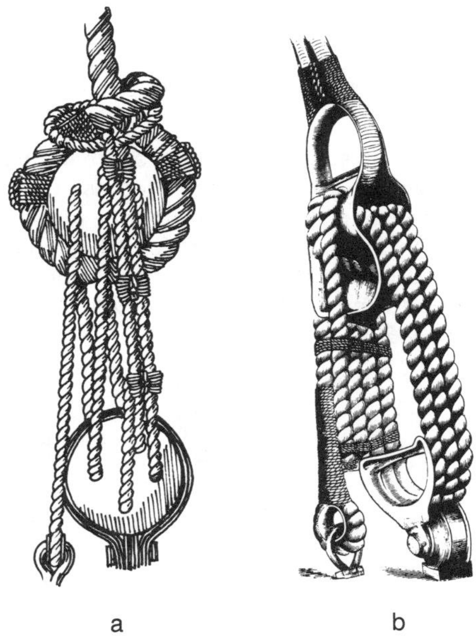


Abb. 366. a) *Steifsetzen mit Jungfern im 19. Jahrhundert;* b) *Spannvorrichtung aus Metall*

## Unterwanten und Pardunen aus Stahlseil

Die Unterwanten aus Stahl sind wie die Hanfwanten ausgerüstet. Wenn das Steifholen mit Jungfern erfolgt, werden die Stahlwanten ganz bekleidet. Die Wantjungfer wird mit Hilfe eines Stahlstropps in der Kausch des Wants befestigt.
Das die Kausch umschließende Wantende wird mit einem Kreuzbändsel und zwei oder drei Plattbindselungen am Want befestigt. Auf modernen Segelschiffen wurden die Spannvorrichtungen mit Jungfern durch Spannschrauben ersetzt (Abb. *367*).

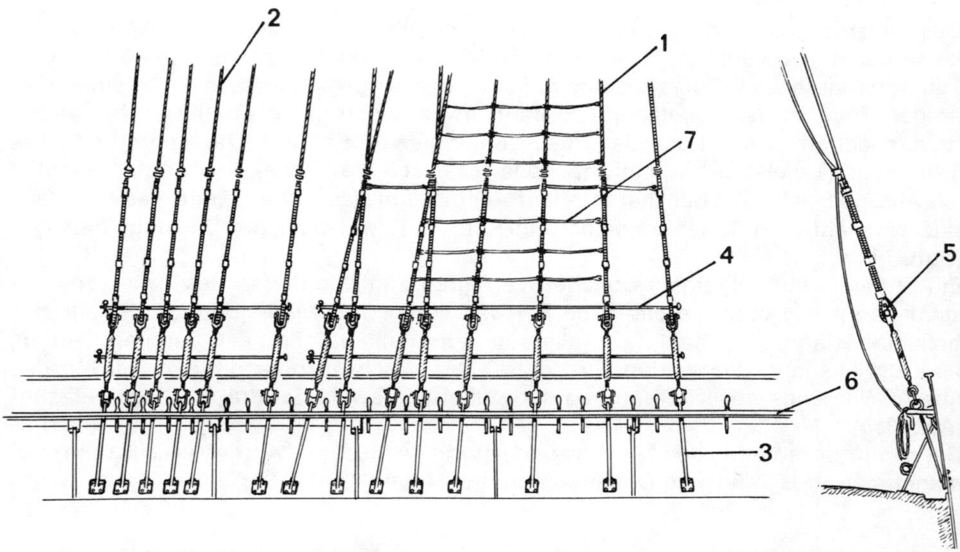


Abb. 367. *Mit Spannschrauben steifgesetztes stehendes Gut eines modernen Segelschiffes*
*1. Wanten, 2. Pardunen, 3. Rüsteisen, 4. Spreizlatten, 5. Kausch, 6. Nagelbank, 7. Webeleinen*

Es gibt verschiedene Arten solcher Spanner; alle bestehen jedoch im wesentlichen aus zwei Schrauben mit Rechts- und Linksgewinde gleicher Ganghöhe und aus einem Rohr *(Muffe)* mit Innengewinde entgegengesetzter Steigung auf den beiden Hälften ihrer Länge. Tatsächlich dient jede Hälfte des Rohres der entsprechenden Schraube als Schraubenmutter, oder aber die beiden Schrauben bilden einen einzigen Körper und führen zu zwei Schraubenmuttern, meistens gabelartigen Muffen (Abb. *368a, b, c*).

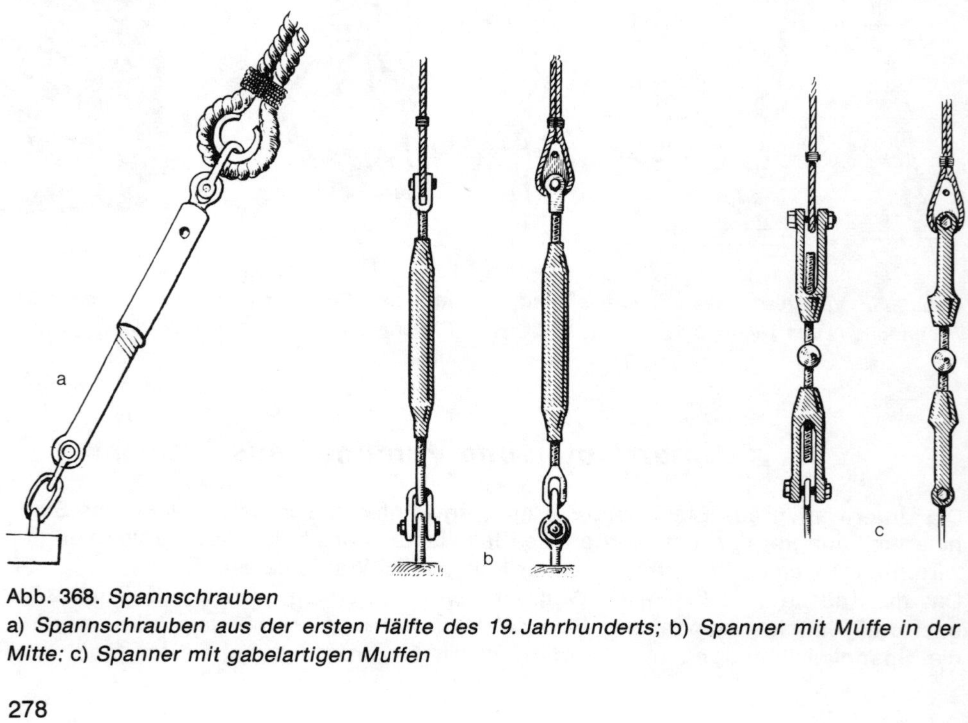


Abb. 368. *Spannschrauben*
a) *Spannschrauben aus der ersten Hälfte des 19. Jahrhunderts;* b) *Spanner mit Muffe in der Mitte;* c) *Spanner mit gabelartigen Muffen*

Die Verbindung der Spannschrauben mit den Wanten erfolgt mit Hilfe von Kauschen, die unmittelbar mit den Schrauben verbolzt sind, oder aber mit Kauschen, die mit den Muffen verbolzt sind; auf die gleiche Weise erfolgt die Verbindung mit den Rüsteisen. Das Steifsetzen erfolgt im ersten beschriebenen Fall durch Drehen der Schraubenmutter, im zweiten Fall durch Drehen der Schraube. Die Spannschrauben finden bei den modernen Schiffen weitestgehend Verwendung.

## Zubehör der Unterwanten und Pardunen

Die Zubehörteile für die Unterwanten und Pardunen sind: *Rüsteisen, Rüsten, Hanger* und *Spreizlatten.*

**Rüsteisen.** Es sind Eisen mit rechteckigem Querschnitt, die mit Durchgangsbolzen an der Schiffswand befestigt sind und an denen die Jungfern oder die Spannschrauben angreifen. Sie tragen meist am unteren Ende einen Bügel (Stab), der zur Verstärkung des unteren Endes des Rüsteisens ebenfalls verbolzt ist (Abb. *369*).

**Rüsten.** Um die Wanten und Pardunen mehr zu spreizen und damit diese nicht die Außenwand des Rumpfes berühren, werden die Enden der Rüsteisen durch eine waagerechte Bohle, die mit Eisenstützarmen oder Holzknien über und unter beiden Seitenflächen fest mit dem Schanzkleid verbunden ist, nach außen gehalten. Längs des Rüstenrandes wird eine Holzleiste befestigt, die die Rüsteisen bedeckt und einen Rand bildet. Diese Leiste heißt *Rüstleiste.*

Die Rüsten unterteilt man in *linke* und *rechte Groß-, Fock-* und *Kreuzmastrüsten.* Nicht alle Segelschiffe tragen Rüsten; ohne sie werden die Rüsteisen auf verschiedene Art unmittelbar am Rumpf befestigt (Abb. *369*).

Die kleinen und mittleren Segelschiffe (Briggs, Brigantinen usw.) haben im allgemeinen keine Rüsten.

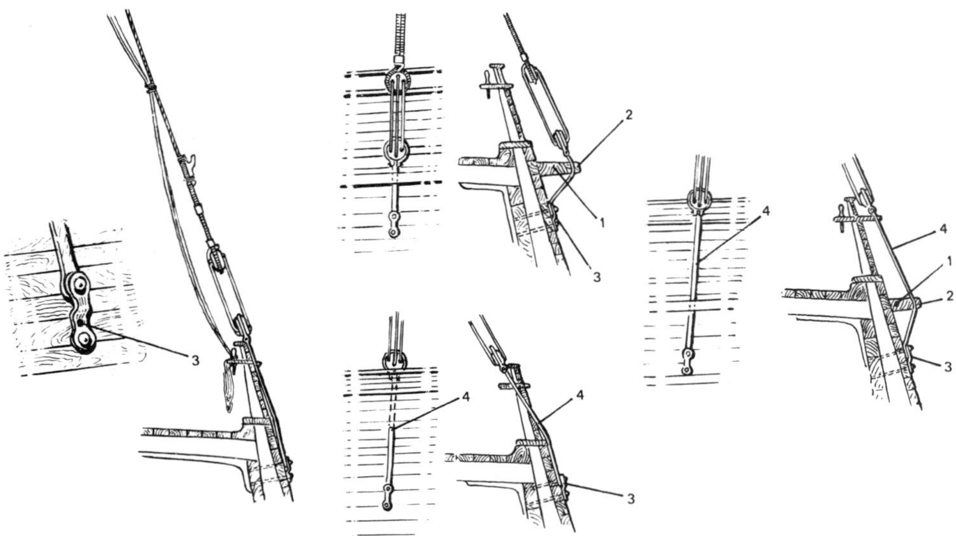


Abb. 369. *Rüsteisen moderner Segelschiffe*
*1. Rüsten, 2. Rüstleiste, 3. Stab, 4. Rüsteisen*

**Hanger.** Es sind kurze Hanf- oder Stahltaue mit einem Legel an einem Ende, ihr Durchmesser ist gleich dem der Wanten. Das andere Ende ist mit einer Kausch versehen, in welcher ein Block befestigt wird, so daß eine *Talje* entsteht, die zum Anheben großer Lasten verwendet wird. Die Taljen werden heckseitig der Wanten auf der Rüste befestigt.

**Spreizlatten.** Es sind zusammengebundene und umwickelte Stäbe, die waagerecht über den Spannvorrichtungen der Wanten und der Pardunen verbunden werden, um diese letzteren in gleichmäßigem Abstand zu halten. Die Spreizlatten dienen auch als erste Sprosse beim Hineinsteigen in den Mast.

**Webeleinen.** Diese geteerten Hanftaue werden in gleichem Abstand voneinander waagerecht zwischen den Wanten befestigt. Sie bilden die Sprossen einer Leiter, die gestattet, leichter in die Takelage zu steigen. Die Webeleinen der modernen Segelschiffe werden auch aus Stahlseil oder wie die Spreizlatten aus Eisen- oder Holzstäben hergestellt (Abb. *370a, b*).

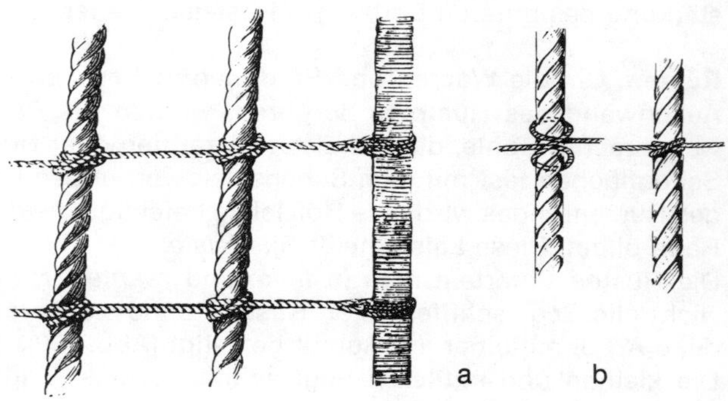


Abb. 370. *Webeleinen*
a) *Webeleinen;* b) *Knoten der Webeleinen*

## Flechting der Unterwanten

Die modernen großen Segelschiffe setzen ein oder zwei Unterwanten und eine Marsstengepardune mehr und machen sie an den entsprechenden Eselshäuptern fest oder streifen sie über den Masttopp.
Man setzt die *Flechting* der Unterwanten, indem man mit dem bugseitigen Paar beginnt, die rechten und linken abwechselt. Das Legel des Wants wird um den Masttopp gelegt, man läßt es bis zum Hummer gleiten, der die Flechting bildet. Die Anzahl der Wanten und der Pardunen schwankt je nach der Bemastungshöhe und der Tragfähigkeit des Schiffes (Abb. *371a, b, c, d*).

## Wanten der Marsstengen aus Hanf- oder Stahlseil

Diese Wanten werden an den entsprechenden Masten flechtinggesetzt und an den Marsen steifgeholt; sie haben einen geringeren Durchmesser als die Unterwanten und werden wie diese den Maßen des Schiffstyps entsprechend gefertigt. Die Wantjungfern (kleiner als die der Unterwanten) werden ebenso wie die Jungfern der Unterwanten festgemacht. Die anderen Jungfern werden ähnlich wie die Rüsteisenjungfern an einer Art Rüsteisen, *Püttingeisen* genannt, befestigt. Die Püttingeisen oder

*Püttings* sind nichts anderes als Rundeisen, deren eines Ende in der Mitte des Rackbandes der Unterrahen oder eines unmittelbar unter dem Rackband entsprechend angebrachten Bandes befestigt ist, des *Püttingsbandes.* Das andere Ende der Püttings geht durch passende Löcher auf dem Rand der Marsen und bildet einen Ring, an dem die Jungfern mittels Schäkel und Kausch befestigt werden. Entsprechend geht man bei den Spannschrauben der Metalltaue vor (Abb. *372*).
Die Püttings bilden in einigen Fällen mit den Marsstengewanten ein einziges Stück und heißen dann *Püttingswanten.* Das an dem entsprechenden Mast gesetzte Want geht durch die seitlichen Löcher der Mars und wird auf dem Ring des Püttingsbandes befestigt. Diese Anordnung wird nur bei kleinen Segelschiffen verwendet. Auch die Püttings werden nach den Masten benannt, an denen sie angebracht sind; es gibt also *steuerbord* und *backbord Groß-, Fock-* und *Kreuzmastpüttings.*
Die Marsstengewanten sind mit Webeleinen und (bei größeren Segelschiffen) mit Spreizlatten versehen. Von der Mars, an der sie befestigt sind, laufen zwei oder drei mit dem Püttingsband verbundene Taue mit Knoten nach unten, um das Aufsteigen zum Mastkorb zu erleichtern; sie heißen *Marsspringpferd.* Bei größeren Segelschiffen sind diese Taue mit Webeleinen versehen und bilden eine Verbindungsleiter zwischen den größeren und kleineren Leitern. Auf großen Segelschiffen gibt es im allgemeinen Marsstengehanger in Übereinstimmung mit den Untermasten; in ihnen werden Takel und Taljen zum Hieven leichterer Lasten befestigt. Diese werden vor den Wanten gesetzt und heckseitig derselben auf der Rüste befestigt. Auf den Flechtings der Marsstenge werden auch die Pardunen gesetzt, die man heckseitig der Wanten festmacht.

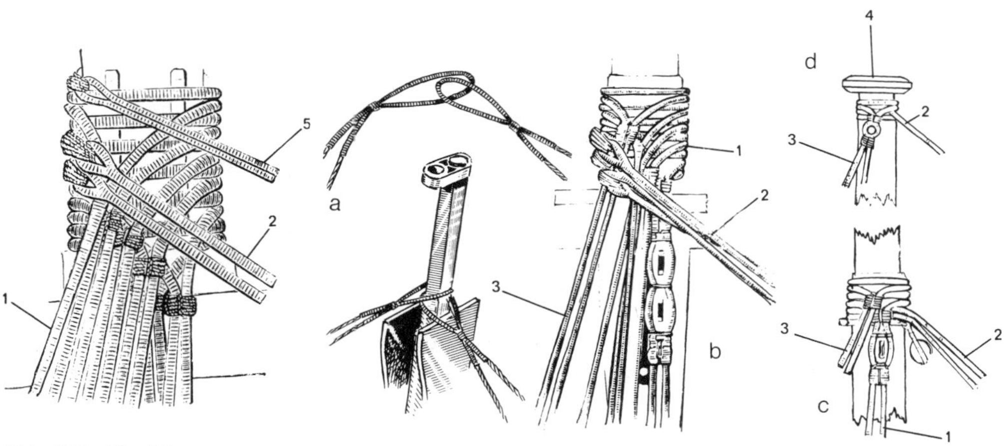


Abb. 371. *Flechting*
a) *Flechting der Unterwanten;* b) *Flechting der Marsstengewanten und -pardunen;* c) *Flechting der Bramstengewanten und -pardunen;* d) *Flechting der Royalstengepardunen*
*1. Wanten, 2. Stage, 3. Pardunen, 4. Flaggenknopf, 5. Leiter für das Stagsegel*

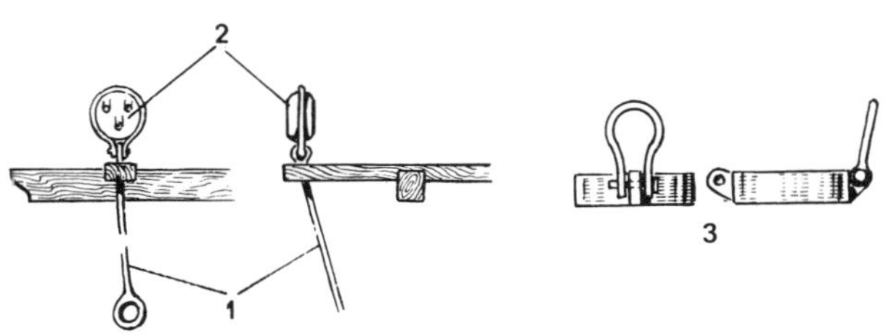


Abb. 372. *Püttings*
*1. Pütting, 2. Püttingsjungfer, 3. Püttingsband*

## Bramstengewanten und -pardunen aus Hanf- oder Stahlseil

Die Bramstengewanten haben einen kleineren Umfang als die Marsstengewanten und werden wie diese gesetzt; die Spannvorrichtungen werden an den Quersalingpüttings festgemacht. Die Püttings bilden die stehende Part an den Quersalingen, sie werden an dem seitlichen Ring des Bandes unter dem Rack der Marsrah befestigt. Bei den kleineren Schiffen bilden die Bramstengewanten, die in die Löcher der Quersalinge laufen, auch ein Ganzes mit den Püttings, die am Band des Marsrahracks befestigt sind. Die Pardunen gehen von den entsprechenden Flechtings aus, verbreitern sich über den Quersalingsauslegern und werden heckwärts der Wanten befestigt.

Die Bramstengewanten der größeren Segelschiffe sind manchmal mit Webeleinen versehen. Die Gesamtheit der Want- und Stagtaue jedes Mastes eines Segelschiffes nennt man *Zelt;* zu jedem Mast gehört das *Unterzelt* (was sich auf das stehende Gut des Untermastes bezieht), das *Marszelt* für die Marsstenge und das *Oberzelt* für die Bramstenge.

## Unterwanten und Pardunen der alten Schiffe

Die Wanten der alten Schiffe wurden mit Jungfern steifgesetzt, die den heutigen nicht unähnlich waren.

Es gab zwei- und dreilöchrige Jungfern im allgemeinen ovaler Form und Dodshoofde. Die Spannvorrichtungen wurden mit Hilfe von Rüsteisen am Rumpf befestigt, die man aus Eisenstäben in ein oder zwei Teilen oder aus engen oder weiten Gliederketten herstellte. Abb. *373* zeigt einige dieser Rüsteisen. Die Verwendung der Rüsten ist alt, ihre allgemeine Benutzung geht auf die Einführung der mehrteiligen Masten zurück. Die Webeleinen wurden um 1500 eingeführt; vor dieser Zeit trug jeder Mast eine am Untermast angebrachte Leiter.

Seit dem 17. Jahrhundert wurden die Wanten und Pardunen aus starken, paarweise oder einzeln hergestellten Tauen gebildet. Das in zwei Hälften geteilte Tau bildete ein *Legel.* An den beiden Enden wurden die Jungfern mit drei Bändseln befestigt, von denen sich das erste dicht an der Jungfer befand (Abb. *374*). Das einzelne Want und die einzelne Pardune fertigte man aus zwei Tauen, deren Enden das Legel bildeten (Abb. *375*).

Die Schiffe trugen im allgemeinen die folgende Anzahl von Wanten: an jeder Seite des *Großmastes* neun Wanten, an jeder Seite des *Fockmastes* acht, an jeder Seite des *Kreuzmastes* sechs.

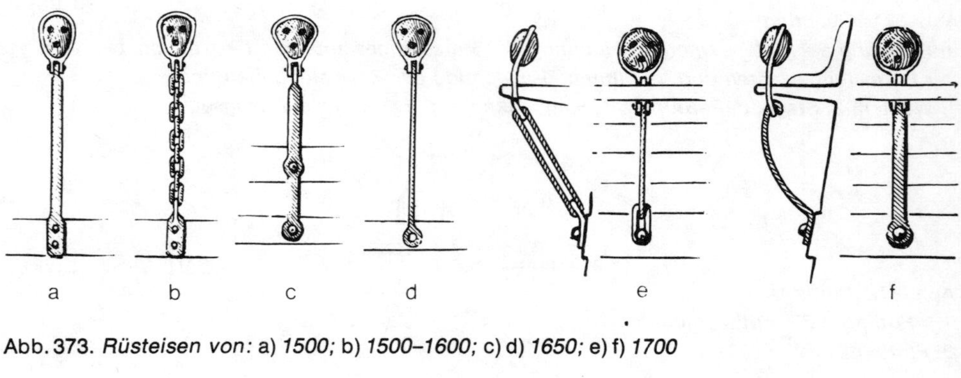


Abb. 373. *Rüsteisen von:* a) *1500;* b) *1500–1600;* c) d) *1650;* e) f) *1700*

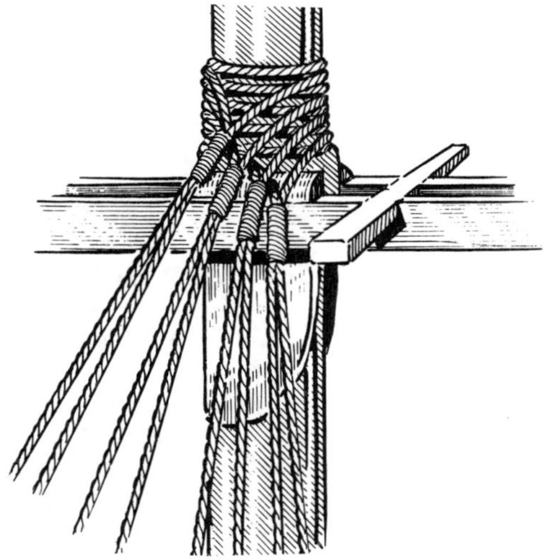

Abb. 375. *Flechting der Wanten eines Schiffes des 18. Jahrhunderts*

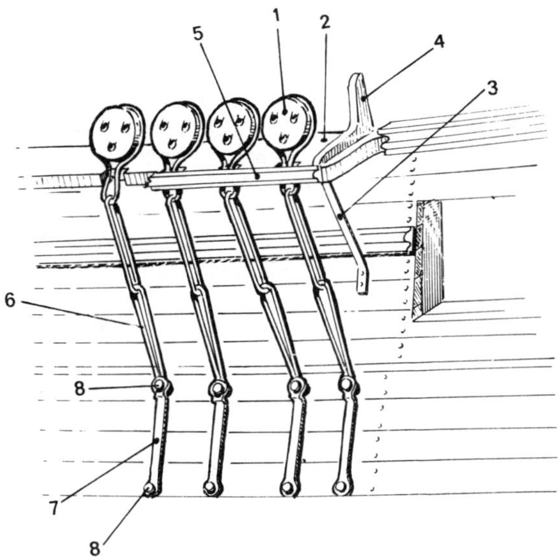


Abb. 376. *Rüsten, Rüsteisen einer Bark des 18. Jahrhunderts*

*1. Rüsteisenjungfern, 2. Rüsten, 3. Eisenstützarm, 4. Knie, 5. Regel der Rüste, 6. Rüsteisen, 7. Stäbe, 8. Bolzen*

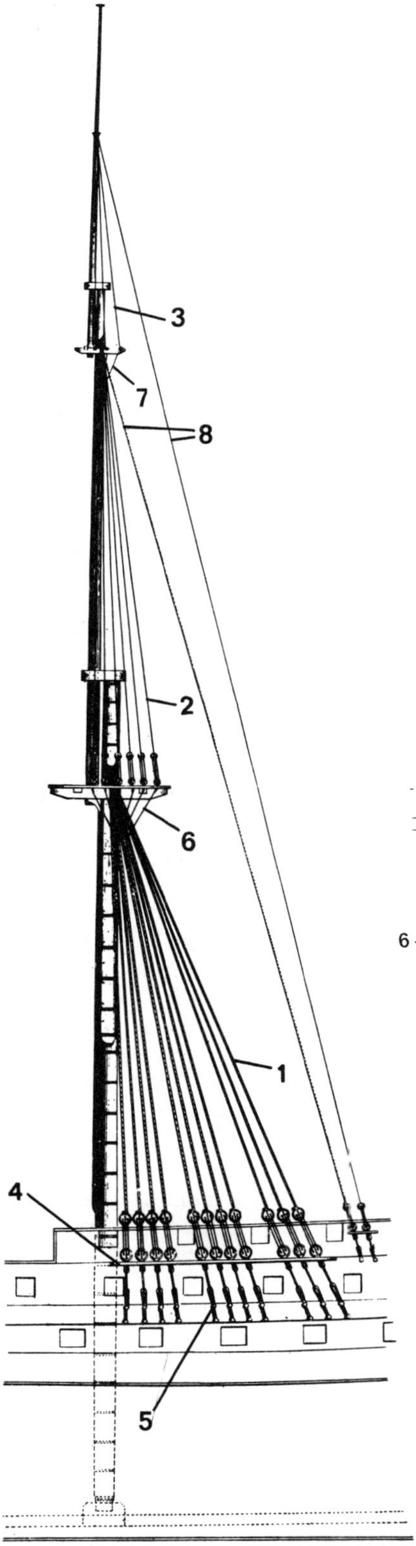


Abb. 374. *Stehendes Gut eines Schiffes des 18. Jahrhunderts*

*1. Unterwanten, 2. Marsstengewanten, 3. Bramstengewanten, 4. Rüsten, 5. Rüsteisen, 6. Püttings, 7. Püttingswanten, 8. Pardunen*

Außerdem trugen sie folgende Pardunen: an der *Großmarsstenge* vier Pardunen je Seite (aus vier Tauen gebildet, von denen jedes wie die Wanten in zwei Schenkel unterteilt wurde), an der *Vormarsstenge* drei je Seite (aus vier Tauen gebildet, zwei teilten sich in zwei Schenkel, die anderen beiden bildeten in der Mitte ein Legel), an der *Kreuzmarsstenge* nur eine. Die Bramstengen hatten zwei je Seite.

## Zubehör der Unterwanten und Pardunen der alten Schiffe

**Rüsten.** Sie bestanden aus starken, waagerecht über die Berghölzer gelegten Bohlen, die von Knien und Stützarmen aus Eisen oder Holz gehalten und verstärkt und gut am Rumpf befestigt wurden. Es gab die *Groß-, Fock-* und *Kreuzmastrüsten.* Unter den *Rüsten* waren die Rüsteisen angebracht, an denen man die Rüsteisenjungfern mit Eisenbeschlägen befestigte. Die Spannvorrichtungen bestanden aus zwei Jungfern, deren Löcher *(Augen)* vom *Stag* genannten Taljereep durchquert wurden. Das *Stag* bildete mit Hilfe des Knotens *(Taljereepknoten)* die stehende Part für die Jungfer; wenn es nacheinander durch die Löcher der Jungfer gelaufen war, wurde es am unteren Ende des Wants befestigt.

**Rüsteisen.** Die *Rüsteisen* bestanden aus Ketten mit zwei Ringen großer Abmessungen, die aus Rundeisen hergestellt waren. Den ersten setzte man in einen aus dem Stropp der Jungfer erhaltenen Ring ein, das Ende des zweiten war wie ein kleiner runder Ring geformt, in den man den Befestigungsbolzen einsetzen konnte. Über diesem kleinen Ring wurde der aus einer Eisenplatte mit zwei Löchern gefertigte Bügel angebracht. Durch das Loch des Bügels und durch das des Rüsteisenendes ging ein Bolzen mit flachem rundem Kopf, der die Rumpfwand und die Innenbeplankung durchquerte. Das untere Ende des Bolzens wurde durch einen kleinen Schlüssel oder Splint gehalten. Die Rüsteisen wurden am Rumpf in Höhe des dritten, an die Untertrempel der Geschützpforten des zweiten Decks grenzenden Bergholzes befestigt. Die Rüsteisen der Kreuzmastwanten hatten im allgemeinen keine Bügel und deshalb auch nur einen Bolzen. Die zu den Rüsten gehörenden Rüsteisen waren dann mit einer *Regel der Rüste* genannten Holzleiste bedeckt (Abb. *376*).

**Webeleinen.** Die Unterwanten waren mit *Webeleinen* versehen, die wie die modernen ausgerüstet wurden, aber unten in der Nähe der Jungfer und oben nahe dem Mastkorb, wo sich die Wanten einander näherten, je ein starkes Tau hatten, um die Wanten in gleichen Abständen zu halten.

**Hanger.** Vor dem Flechtingsetzen der Wanten setzte man die *Hanger* zum Anbringen der Taljen, der großen Takel und der Borgwanten. Die Taljen dienten zum Heben von schweren Lasten und Beibooten. Zwei befanden sich am Großmast und zwei am Fockmast (auf jeder Seite einer).

**Borgwanten.** Sie hießen auch *falsche Wanten* oder *Sturmwanten,* wurden auf den Galeonen und auch in späterer Zeit verwendet und bestanden aus zwei Paar Wanten, die bei Stürmen gesetzt wurden, um die Beanspruchung der anderen Wanten zu vermindern. Sie wurden mit dem eigenen Legel an den Untermasten flechtinggesetzt und an der Rüste wie die normalen Wanten gespannt, und zwar heckseitig derselben.

**Borg- oder Schlingerpardunen.** Diese Pardunen wurden bei schlechtem Wetter benutzt. Sie bestanden aus einem Tau, an dessen Ende sich ein gepleißtes Legel befand. Das entgegengesetzte Ende wurde mit einer Kausch versehen, in welcher man den Haken einer Talje zum Spannen der Pardunen befestigte. Bei achterlichem Wind setzte man eine auf jeder Seite; bei Seitenwind setzte man nur in Luv eine; sie wurden auf der Rüste gespannt, auf der der andere Block der Talje eingehakt war.

**Große Takel.** Es waren zwei an den Hangern befestigte Takel, von denen auf jeder Seite des Mastes eines an den Untermasten flechtinggesetzt wurde, sie dienten zum Spannen der Wanten und zum Heben leichterer Lasten. Wenn sie nicht verwendet wurden, hängte man sie mit dem Haken des unteren Blocks in ein Auge der Rüste *(Augbolzen).* Auf diese Weise wurden auch die Taljen festgemacht. Auch der Fockmast trug zwei Takel gleich den oben beschriebenen, die hauptsächlich für die Ankertaue benutzt wurden. Außer diesen pflegte man an den Rahen weitere Takel anzubringen, die *Nocktakel* oder *Außentakel.* Bei modernen Segelschiffen sind diese Takel nicht fest, sie werden vielmehr je nach Bedarf verwendet.

**Verdrillen der Wanten.** Ein aus den Wanten hergestelltes Taugeflecht unter den Groß- und Fockmarsen hielt die Steuerbord- und Backbordwanten fest und diente der Führung des von oben kommenden laufenden Gutes. Das Verfahren des Verdrillens zeigt Abb. *377.* Manchmal brachte man auf den Tauen Kauschen an, um das Hindurchgehen des laufenden Gutes zu erleichtern.

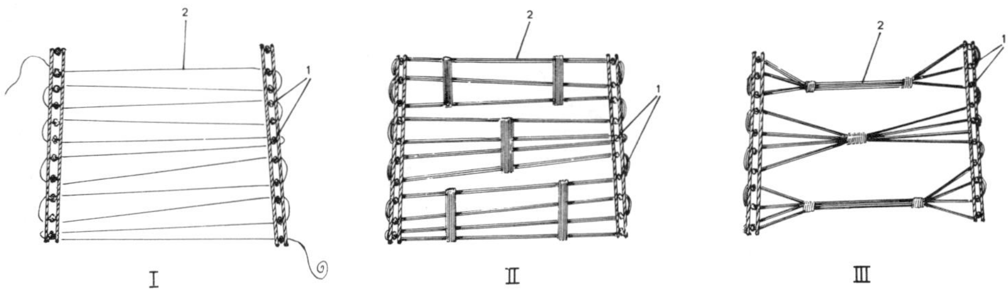


Abb. 377. *Verdrillen der Wanten*
*I. erster Takt, II. zweiter Takt, III. dritter Takt*
*1. Want, 2. verdrillte Wanten*

**Schlachtverdrillung.** Ein aus Tauen bestehendes Geflecht ähnlich dem oben beschriebenen. Diese Taue liefen durch zwei in zwei Drittel der Wanthöhe befestigte Holzstangen. Auf dem Geflecht befestigte man ein Netz, das die Aufgabe hatte, das stehende und laufende Gut, das von feindlichen Kanonenkugeln zerstört worden war und herabfiel, aufzufangen, damit es nicht die Leute an Deck erschlug. Diese Verdrillung wurde Ende des 18. Jahrhunderts durch *Polster* genannte Taue ersetzt, die an verschiedenen Punkten der Bemastung befestigt waren und zum Aufhalten der Takel und Taue des stehenden und laufenden Gutes dienten, wenn diese durch feindliche Treffer abgeschnitten worden waren.

## Wanten der blinden Rahen

Diese Wanten dienten zum Halten der *blinden Rahen* und wurden auf beiden Seiten des Schiffsbugs gesetzt. Diese Spieren (in früherer Zeit „Ausleger der Fockhalsen“ genannt) waren zwei waagerecht angebrachte Ausleger, die aus dem Schiffsschnabel hervorkamen. Das hintere Ende war an die Galionsplattform genagelt; das äußere Ende trug einen Block, um die Focksegelhalsen zu scheren. Die Wanten der blinden Rahen wurden durch Spannvorrichtungen mit dreiäugigen Jungfern steifgesetzt (Abb. *378*).

## Andere Arten von Spannvorrichtungen

In den ersten Jahren des 19. Jahrhunderts wurden, mitbeeinflußt durch die Erneuerung der verschiedenen Ausrüstungen, neue Arten von Spannvorrichtungen eingeführt. Die vor allem in Frankreich verwendete Art hieß *Spannvorrichtung mit Zahnstange* (Abb. *379*), fand jedoch in den anderen Staaten keine nennenswerte Verbreitung.

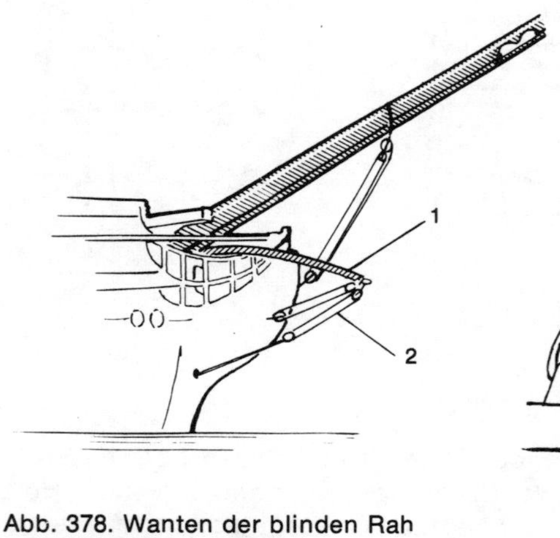


Abb. 378. Wanten der blinden Rah
*1. blinde Rah, 2. Wanten*

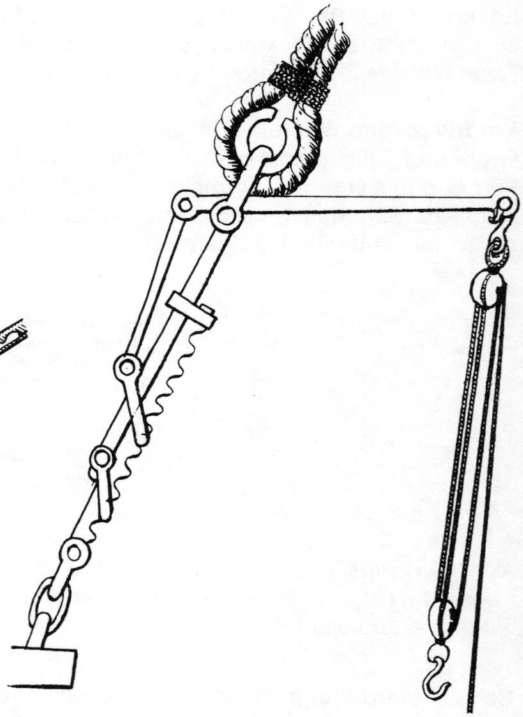

Abb. 379. *Spannvorrichtung mit Zahnstange, Ausrüstung und Takel zum Steifsetzen*

## Wanten der Groß-, Vor- und Kreuzmarsstengen und der kleineren Stengen

Die Wanten dieser Masten wurden auf die gleiche Weise hergestellt wie die Unterwanten. Die Spannvorrichtungen mit Jungfern wurden an den Seitenwänden der Mastkörbe mit Hilfe der Marsrüsteisen aus Eisen oder Hanftau, *Marsbeine der Püttingswanten* genannt, realisiert. Letztere waren an der oberen starken Webeleine der Unterwanten befestigt (Abb. *380a, b*).

Die Marswanten waren mit Webeleinen versehen, die oben und unten besonders stark waren; die Bram- und Royalstengewanten trugen im allgemeinen keine Spannvorrichtungen, sondern gingen in die Löcher der Querstangen der Quersalinge und wurden an der starken Webeleine der Marswanten befestigt.
*Schlingerwanten* hießen die Verstärkungen, die man an den Püttingswanten aus Hanftau anbrachte. Sie bestanden aus einem starken Tau, von dem ein Ende in verschiedene Arme unterteilt war. Diese waren am Fuß jedes Püttingswants befestigt. Das andere Ende wurde an der Rüste der entgegengesetzten Seite gespannt. Die Schlingerwanten wurden auf den Püttingswanten der Marswanten angebracht, wenn diese nicht unter den Mastbacken, sondern auf der starken Webeleine der Unterwanten festgemacht waren.

## Wanten der Masten mit Mastkorb

Die Wanten der römischen Schiffe und der Masten mit Mastkorb hießen *Säulenwanten* (Abb. *381*). Sie bestanden aus einem Säulenhanger, der etwa halb so lang wie der Mast war. Die Säulen wurden an einem Ende am oberen Mastende flechtinggesetzt und trugen am anderen Ende einen angestroppten einfachen Block. Durch ihn war ein Tau *(Drehreep)* geschoren, das mit Hilfe des *Belegnagels* an der Schiffswand belegt und gehalten wurde. Das Ende des Drehreeps, das in die

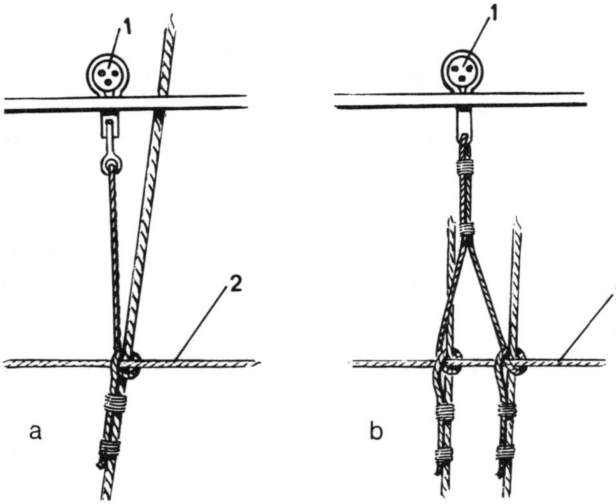


Abb. 380. *Püttingswanten aus Hanf für Marswanten*
a) *einfaches Püttingswant;* b) *doppeltes Püttingswant*
*1. Püttingsjungfer, 2. starkes Tau der Webeleine*

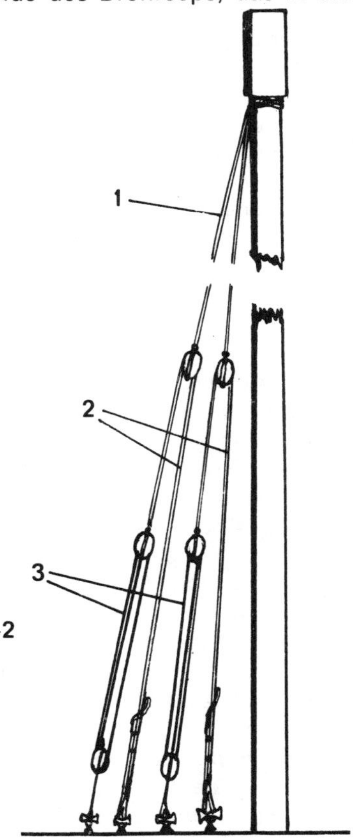


Abb. 381. *Säulenwanten*
*1. Hanger, 2. Drehreep, 3. Takel*

Scheibe des Blocks geschoren war, wurde an einem Block befestigt, der mit einem weiteren, an einem anderen Belegnagel festgemachten Block seitlich jenes Drehreeps ein Takel bildete. Diese Wantenart hatte die Besonderheit, daß sie leicht von einer Seite des Schiffes auf die andere eingeschoren werden konnte, wenn die Notwendigkeit bestand, beim Wenden die Segelstellung zu ändern; man sagte: *die Segelstange giepen.*
*Tortizza* nannte man im Italienischen das stärkste Want, das erste vom Bug aus. Es diente zum Bemasten und Entmasten, wurde manchmal auch auf Schiffe mit Rahsegeln montiert und hing neben den Masten.

## Wanten und Pardunen des Sprietmastes

**Wanten.** Die *Wanten des Sprietmastes* wurden ebenso wie die großen Wanten gebaut und mit dreiäugigen Jungfern gespannt. Die Rüsteisenjungfern wurden an den *Rüsteisen* (eigentlich *Püttings*) befestigt, die das Bugsprietende umfaßten und an der Mars der Stenge anlagen (Abb. *382*).
Auf den englischen Schiffen wurden die Jungfern, die an der Mars anlagen, mit einem starken Band befestigt, das den Stengefuß umfaßte. Die *Bugsprietvorbramstenge* wurde durch ein oder zwei Wanten gehalten, wobei Wanten und Püttings ein einziges Tau bildeten *(Püttingswanten).*

**Pardunen.** Die ersten Sprietmasten besaßen eine einzige *Pardune,* die von der Flechting heckwärts nach unten lief, wo sie am Vormarsstengestag mit Hilfe eines verwickelten Spiels von Takeln gespannt wurde, die ihrerseits mittels ein, zwei oder drei *Spinnen* am Stag angebracht waren.
Auch nach der Einführung der Bugsprietvorbramstenge wurde die Pardune ähnlich gespannt (Abb. *383a, b, c, d*).
Gegen Ende des 18. Jahrhunderts wurde die Pardune an der Mars des Sprietmastes steifgesetzt, wodurch die verwickelten Tauanordnungen entfielen.

## Stage

Die *Stage* sind das stehende Gut, das die Aufgabe hat, den Mast in Längsrichtung des Schiffes aufrechtzuhalten; sie werden bugwärts angebracht.
Es gibt das *Großstag, Fockstag, Kreuzstag, Großmarsstag, Vormarsstag, Kreuzmarsstag, Vorbramstag, Vorroyalstag, Bramstag* und *Royalstag, Kreuzbramstag* und *Kreuzroyalstag.*
Die Stage bestehen wie die Wanten aus starken Hanftauen oder Metalltauen (Stahlseil), sie sind paarweise oder einzeln angebracht. Das doppelte Stag erhält man, indem man das Tau halbiert und dabei ein Legel mit Plattbindselung oder Kreuzbändsel bildet. Dieses letztere Verfahren wird angewendet, wenn die beiden Schenkel des Spanns sehr breit sind.
Für die einfachen Stage verwendet man folgende Flechtingslegel: *Legel mit Bändsel* (mit zwei oder drei Bändseln), *gespleißtes Legel* (es ist am einfachsten, aber weniger robust).
Die *Hahnepot* ist eine Legelart mit zwei Armen und zwei Surraugen am oberen Ende. Die beiden Arme werden flechtinggesetzt, durch die Gatchen schert man eine Leine zum Festmachen, die *Bindselung* (Abb. *363*); diesen Arbeitsgang nennt man *Nähen.* Die Hahnepot wird verwendet, wenn es nicht möglich ist, ein gezurrtes oder gespleißtes Legel flechtingzusetzen; sie wird an den Stagen der Untermasten und Marsstengen angebracht und über den Wanten flechtinggesetzt.

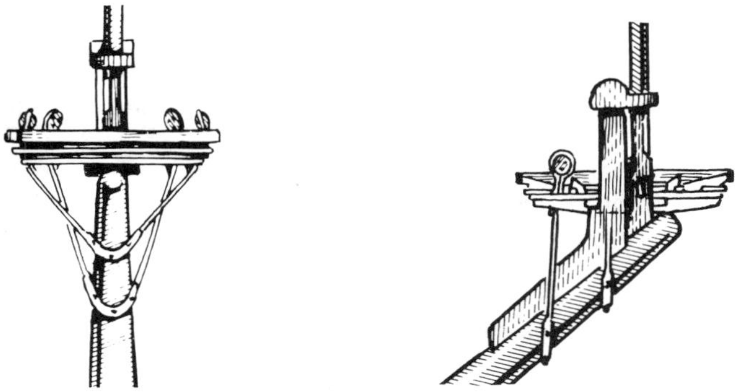

Abb. 382. *Rüsteisen der Sprietstengewanten*

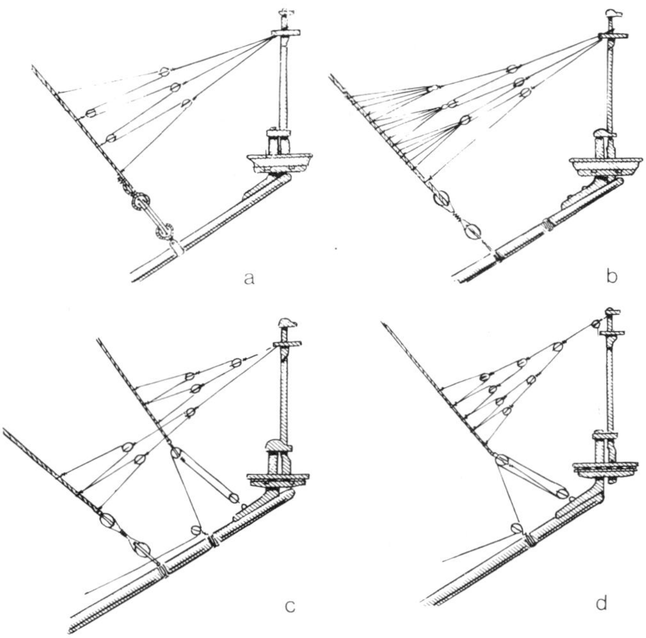


Abb. 383. *Sprietmast*
a) *englische Pardune (1600);* b) *holländische und französische Pardune (1600);* c) *holländische Pardune (1680);* d) *englische Pardune (1700)*

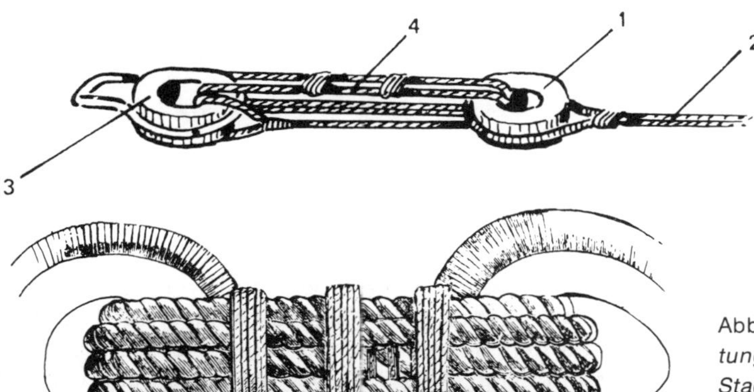


Abb. 384. *Spannvorrichtung mit Dodshoofd für Stage*
*1. Dodshoofd oder Stagblock, 2. Stag, 3. Stagblock mit Eisenbeschlag, 4. Taljereep*

Alle der Reibung unterworfenen Teile der Stage (das heißt die Flechting und die Befestigungsstellen der Jungfern) werden bekleidet. Die Stage aus Metall werden vollständig bekleidet. Die üblichen paarweisen wie einfachen Legel sind die Legel mit Bindselung.
Die Stage werden mit Hilfe von Spannvorrichtungen mit Stagblöcken und Spannschrauben steifgesetzt. Die Stagblöcke besitzen mitunter einen Stropp aus Hanftau oder einen Eisenbeschlag; die Stagblöcke mit Eisenbeschlag dienen als stehende Part.

**Großstag.** Je nach der Größe des Schiffes sind es im allgemeinen zwei *Großstage,* von denen jedes mit einer Hahnepot und Surraugen flechtinggesetzt wird. Die Enden der beiden Stage werden mittels Spannvorrichtungen mit Stagblöcken gespannt (Abb. *384*) und an Deck zu beiden Seiten des Fockmastes befestigt.
Die Stagjungfer wird wie die Wantjungfern mit Plattbindselungen angebracht; die andere Jungfer wird auf Deck in der Nähe des Fockmastes mit Hilfe eines Augbolzens festgemacht. Auch die aus einem Stück hergestellten Stage (das heißt die paarweisen) werden so gespannt. Auf neueren Segelschiffen (Klippern) hatten die Großstage keine Spannvorrichtung und wurden unmittelbar an Augbolzen mit Kauschen zu beiden Seiten des Fockmastes befestigt (Abb. *385a, b*).

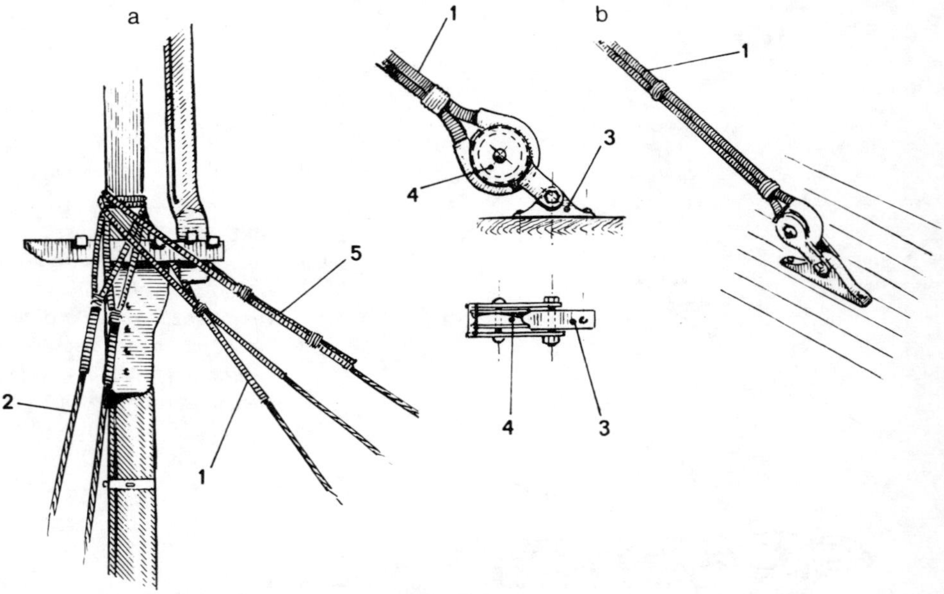


Abb. 385. *Großstag eines modernen Segelschiffes*
a) *Flechting der Stage;* b) *Befestigung des Großstags*
*1. Stag, 2. Want, 3. Augbolzen, 4. Kausch, 5. Leiter*

**Fockstag.** Es gibt zwei *Fockstage,* sie werden meist wie die Großstage gesetzt. Wenn das Schiff eine begrenzte Länge hat und der Fockmast folglich weit vorn ist, wird das untere Ende der Stage an den Spannvorrichtungen mit Stagblöcken befestigt, die an den Bugspriet gestroppt sind (Abb. *386*), oder aber die Spannvorrichtungen werden an den *Ohrhölzern* oder *Judasohren* festgemacht; in diesem Fall werden die unteren Jungfern mit Eisen gestroppt und an Augbolzen befestigt.
Bei neueren Segelschiffen werden die beiden oberen Enden des Fockdoppelstags an zwei Augbolzen mit Kauschen ohne Spannvorrichtungen befestigt.

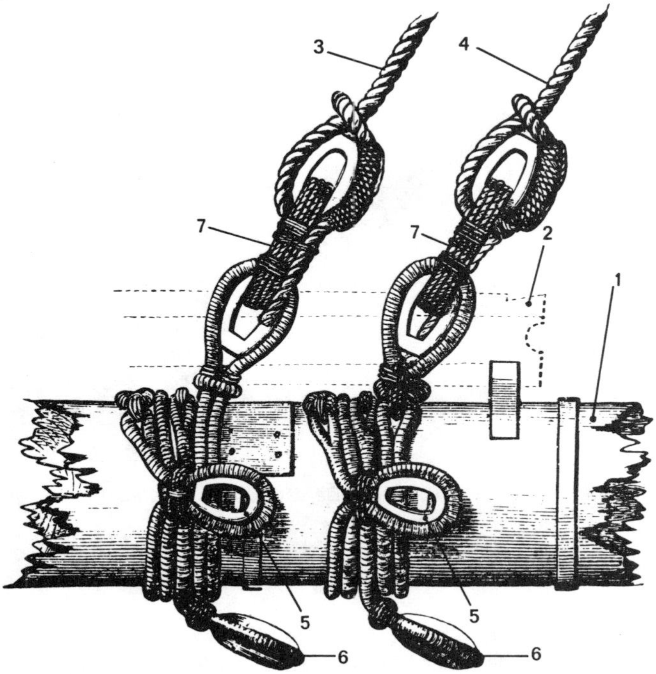


Abb. 386. *Fockstagflechting am Bugspriet eines Segelschiffes des 19. Jahrhunderts*
*1. Bugspriet, 2. Klüverbaum, 3. linkes Fockstag, 4. rechtes Fockstag, 5. Stagblöcke für Bugstage, 6. Stagblöcke für Wasserstage, 7. Spannvorrichtung mit Stagblöcken*

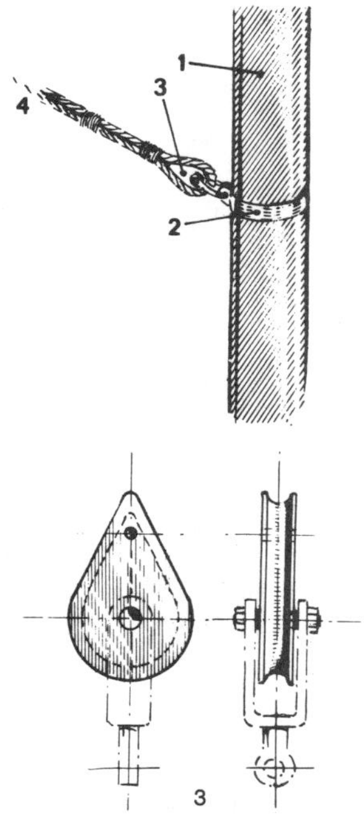


Abb. 387. *Befestigung des Kreuzstags am Großmast*
*1. Großmast, 2. Eisenband mit Augbolzen, 3. Kausch mit Schäkel, 4. Kreuzstag*

**Kreuzstag.** Das je nach der Schiffsgröße einfache oder doppelte *Kreuzstag* wird wie die Groß- und Fockstage flechtinggesetzt. Es wird an Deck in der Nähe des Großmastes an einer Spannvorrichtung mit Stagblöcken angebracht, die ihrerseits an einem Augbolzen befestigt sind. Auf den neuen Segelschiffen wird es mit an Deck befestigten Augbolzen und Kausch festgemacht oder aber mit Hilfe eines Eisenbandes, das den Großmast umfaßt. Die Verbindung an dem Eisenband erfolgt mit Stagblock oder mit Kausch (Abb. *387*).

**Marsstengestag.** Das je nach der Schiffsgröße einfache oder doppelte *Marsstengestag* wird wie die Unterstage flechtinggesetzt. Wenn das Marsstengestag doppelt ist, scheren die beiden von der Flechting der Marsstenge herunterlaufenden Taue durch zwei Blöcke, von denen jeder über der Flechting des Fockmastes gestroppt ist. Dann laufen sie durch die Mars, wo sie mittels Spannvorrichtungen mit Stagblöcken oder aber unmittelbar mit Spannschrauben befestigt werden.
Wenn der Abstand zwischen dem Groß- und dem Fockmast (natürlich bei großen Schiffen) genügend groß ist, führen die Stage unmittelbar am Fuß des Fockmastes an Deck und werden hier mit Augbolzenspannvorrichtungen festgemacht. Das Stagsegel wird an das einfache Stag geschlagen oder an das Stag, das darunter gesetzt ist. Bei neueren Segelschiffen werden die Stage mit Hilfe von Kauschen und Augbolzen entweder auf der Fockmars oder an Deck am Fuß des Fockmastes festgemacht. Bei Schonern und Briggs wird das Marsstengestag am Eselshaupt des Fockmastes mit einer Kausch befestigt, die ihrerseits an einem Ring angebracht ist (Abb. *388*).

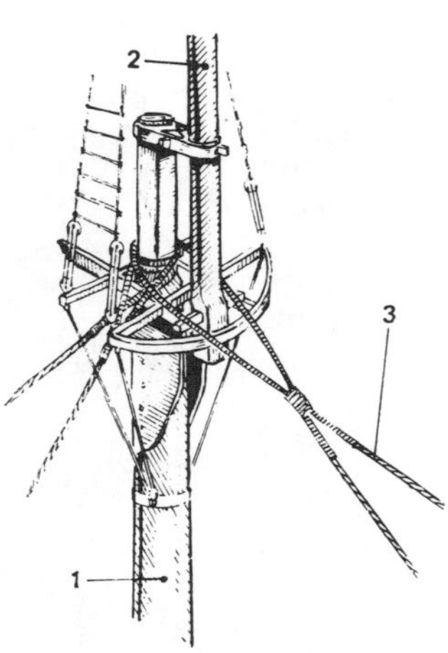


Abb. 388. *Flechting des Marsstags eines modernen Segelschiffes*
*1. Marsstenge, 2. Bramstenge, 3. Stag*

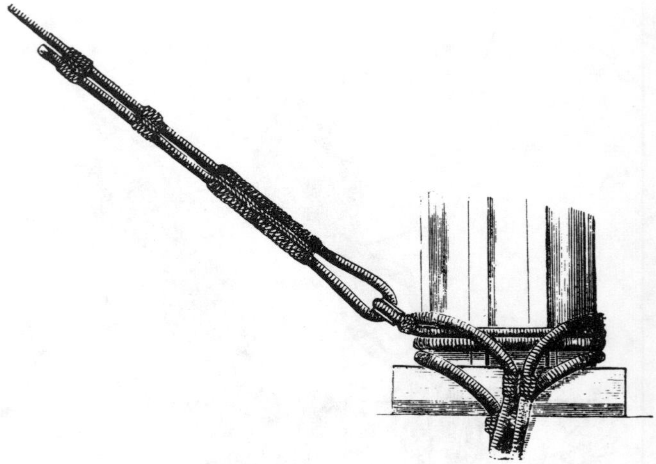

Abb. 389. *Befestigung des Kreuzmarsstags*

**Vorstengestag.** Auch dieses je nach der Schiffsgröße einfache oder doppelte Stag wird wie die oben beschriebenen Stage flechtinggesetzt. Die beiden Taue laufen durch zwei mit Bügeln dicht hinter dem Bugsprieteselshaupt befestigte Scheiben oder aber auf zwei an demselben Eselshaupt befestigte Blöcke. Nachdem sie über die Scheiben der Blöcke gegangen sind, laufen die unteren Enden der beiden Stagtaue den Bugspriet entlang und werden mit Hilfe von Spannvorrichtungen mit Stagblöcken an den Ohrhölzern festgemacht. Nach einer anderen Anordnung scherten die *Vorstengestage* durch die Löcher von zwei an das Bugsprietende gesetzte Bugsprietklampen. Nachdem sie durch die Löcher gegangen waren, kamen sie längs des Bugspriets herunter, und man setzte sie mit Hilfe von Spannvorrichtungen mit Stagblöcken an den Ohrhölzern steif.
Diese letzte Ausrüstungsart war bis zur ersten Hälfte des 19. Jahrhunderts in Gebrauch. Nach einer weiteren bei Segelschiffen allgemein üblichen Anordnung umfaßt das doppelte Vorstengestag den Bugspriet und den Klüverbaum und wird hier durch eine Klampe gehalten, oder es umfaßt nur den Klüverbaum (Abb. *404*).
Das einfache Vorstengestag wird mit Kausch unmittelbar am Eselshaupt des Bugspriets befestigt. Das *Vorstengestagsegel* wird an das erste bugseitige Stag geschlagen.

**Kreuzstengestag.** Es ist je nach der Schiffsgröße einfach oder doppelt. Gewöhnlich ist es einfach und wird wie die oben beschriebenen Stage flechtinggesetzt. Das untere Ende des Stags wird an der Mars des Großmastes über der Flechting der Wanten (Abb. *389*) oder aber an einem Band befestigt, das den Großmast unter der Mars umgibt. Das Kreuzstengestag kann auch an der Großmars durch Spannvorrichtungen mit Jungfern (bei älteren Segelschiffen) oder, wie das Marsstengestag, am Eselshaupt mit Kausch festgemacht werden.

**Bram- und Royalstage.** Sie sind einfach, besitzen ein gespleißtes Legel oder ein Legel mit Plattbindselungen und werden an den entsprechenden Masten flechtinggesetzt (Abb. *390*).
Die Bramstage werden am Eselshaupt oder an der Vormars, die Royalstage am Eselshaupt oder an der Quersaling der Vorstenge festgemacht, oder aber sie laufen

über eine am Eselshaupt befestigte Scheibe, führen längs des Mastes nach unten und werden am Legel eines Unterwants befestigt.

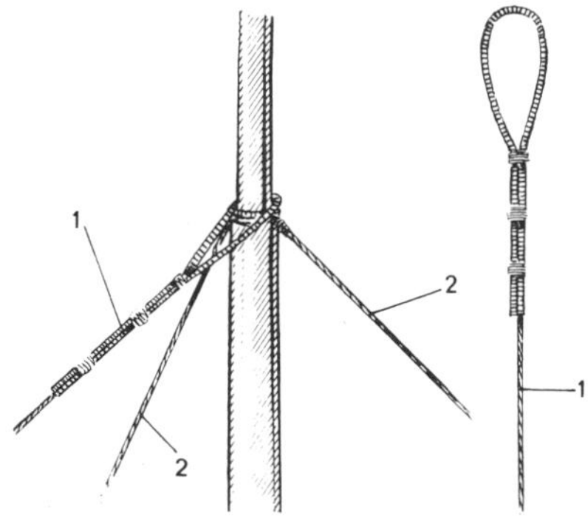


Abb. 390. *Stengestage*
*1. Stengestag mit Legel und Plattbindselung, 2. Pardunen*

**Vorskysegel- und Vortoppmaststage.** Es sind einfache Stage, die wie die vorigen mit gespleißtem oder gezurrtem Legel flechtinggesetzt werden. Das Vorskysegelstag läuft zum Ende des Außenklüverbaums, wo es durch ein Loch geschoren wird; man hakt es an die seitlichen Bügel des Stampfstocks oder in dessen erstes Loch (wenn der Stampfstock keine Bügel trägt). Es wird durch Spannvorrichtungen mit Jungfern an den Ohrhölzern gespannt.
Das Vortoppmaststag wird auf die gleiche Weise montiert; es läuft vom zweiten Loch zum Ende des Außenklüverbaums, man hakt es an die seitlichen Bügel des Stampfstocks, oder aber es geht vom letzten Loch desselben aus und wird durch Spannvorrichtungen mit Jungfern an den Ohrhölzern gespannt.

**Kreuzbram- und Kreuzroyalstage.** Es sind einfache Stage, sie werden wie die vorigen flechtinggesetzt. Das Kreuzbramstag wird mit Kausch am Eselshaupt des Großmastes befestigt, oder aber es läuft über eine kleine, auf das Eselshaupt des Großmastes montierte Scheibe, geht am Mast hinunter und wird mittels Spannschraube an der Mars oder an einem Unterwantlegel befestigt.
Das Kreuzroyalstag wird an der Marsquersaling mit Kausch oder wie das Kreuzbramstag an einem Unterwant festgemacht. Es kommt ebenfalls von einer kleinen, auf das Eselshaupt gebauten Scheibe.

## Leitern

Es sind Hanf- oder Stahltaue (alle modernen Segelschiffe haben Stahlleitern), an die die Klüver- und Außenklüversegel angeschlagen werden. Sie haben ein gespleißtes Legel aus Hanftau oder ein Legel mit Bändsel aus Stahltau.
Der *Klüverleiter* geht von der Vormarsstengeflechting aus, führt in das Gat mit Scheibe am oberen Ende des Klüverbaums und wird unter dem Kastell mit einer Spannschraube oder Jungfern befestigt, nachdem er in die Stampfstockbügel geschoren oder über eine in die Klaue (wenn der Stampfstock eine Klaue besitzt) gebaute kleine Scheibe gelaufen ist.
Der *Außenklüverleiter* ist wie der Klüverleiter angeordnet, er durchquert vom Loch oder vom mit Scheibe versehenen Gat des Klüverbaums aus den Stampfstock oder hakt sich in diesen und läuft bis zu den Spannvorrichtungen unter dem erhöhten Deck. Leitern nennt man auch die waagerecht auf den Stützen zum Ausspannen der Sonnensegel angebrachten Taue.

## Stage der alten Schiffe

Auch die Schiffe des Altertums besaßen Stage zum Halten der Masten. Die Stage wurden aus starkem Hanftau hergestellt und wie die der modernen Segelschiffe bugwärts angeordnet. Sie waren einfach, und das Legel *(Auge* oder *Staglegel)* sah aus wie eine große Schleife. An das Stagende wurde ein Auge gespleißt, durch welches das Tau geschoren wurde, so daß ein Legel entstand. Das Tau wurde mit Hilfe des *Stagknopfes* oder *-apfels* augenförmig gehalten; diese Verdickung brachte man zustande, indem man Bast und Werg um das Tau wickelte und es dann mit vielen Windungen dünnen Taus bekleidete (Abb. *391*).
Das Staglegel und ein Teil des Stags selbst wurden dann zum Schutz vor Reibung bekleidet.

**Großstag.** Es war das wichtigste Tau des stehenden Gutes und wurde aus einem starken Hanftau hergestellt. Bis etwa zum 16. Jahrhundert wurde es allgemein durch Spannvorrichtungen aus dreiäugigen Jungfern oder durch ein einfaches Takel am Fuß des Fockmastes mit Hilfe eines Bandes, das denselben umfaßte, steifgesetzt.
Da ein stabiler Befestigungspunkt erforderlich war, sahen sich die Schiffbauer veranlaßt, das Stag unmittelbar am Rumpf auf dem Krummholzknie – das war die günstigste Lösung – oder am *Galionsscheg* festzumachen. Selten war es am Fuß des Bugspriets befestigt.
Seit dem 17. Jahrhundert wurde die Befestigung auf folgende Weise durchgeführt: an das dem Flechtingslegel entgegengesetzte Ende stroppte man einen starken Block mit vier Scheiben oder einen Stagblock. Außerdem wurde ein *Stagauge* genanntes Band hergestellt (hauptsächlich auf Handelsschiffen verwendet). Man fertigte es aus einem Tau, dessen Durchmesser gleich dem Durchmesser des Stags war und bog es so, daß es eine Art großen, länglich-ovalen Ring bildete. Über diesem Band wurde ein Block mit vier Scheiben, ähnlich dem Block des Stags, oder ein Dodshoofd befestigt. Zwischen diesen beiden Blöcken scherte man das Tau zum Spannen des Stags. Das Band wurde um den Fockmast gelegt; eines seiner Enden hakte man an das Krummholz, das am oberen Ende hakenartig geformt war (Abb. *392*).
Das Band wurde am Fockmast von einem *Bandträger* genannten Bauteil gehalten.
Ein anderes Verfahren zum Spannen des Großstags bestand darin, daß man ein kürzeres Band als das vorige herstellte. Es lief durch ein im Galionsscheg angebrachtes Loch, umfaßte die Ohrhölzer, und unmittelbar neben denselben stroppte man einen großen Stagblock. Das seitlich des Fockmastes entlanglaufende Stag wurde mit einer weiteren, an seinem oberen Ende befestigten Jungfer gespannt. Um gegebenenfalls Schäden zu vermeiden, wurde der Fockmast mit Leder verkleidet.

**Fockstag.** Es wurde an der Fockmastspitze flechtinggesetzt. Vor dem 16. Jahrhundert wurde es am Ende des Bugspriets und seit dem 17. Jahrhundert etwa in der Mitte des Bugspriets mit Hilfe eines dem Großstagband ähnlichen Bandes und einer Spannvorrichtung aus vierscheibigen Blöcken oder Stagblöcken gespannt. Auf den englischen Schiffen des 18. Jahrhunderts wurde dieses Stag mittels eines an einem besonders geformten Stück Holz befestigten Stagblocks gespannt.
Dieses Bauteil hatte eine rechteckige Form mit einer Hohlkehle in seinem Umfang; die eine, kürzere Seite war rund, die andere klauenartig, so daß es den halben Umfang des Bugspriets umfassen konnte. Es hatte ein Durchgangsloch für den Klüverbaum und war am Bugspriet mit Hilfe eines Taus befestigt, das den Mast umschlang und in der Hohlkehle lief. (Abb. *393*).

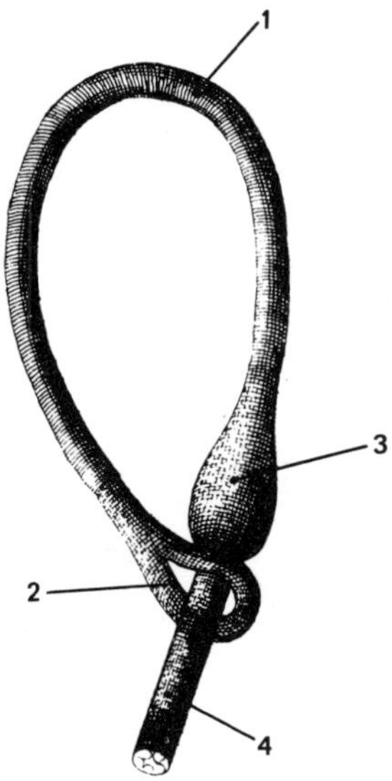


Abb. 391. *Stagknopf oder -apfel*
*1. Staglegel, 2. Auge, 3. Knopf, 4. Stag*

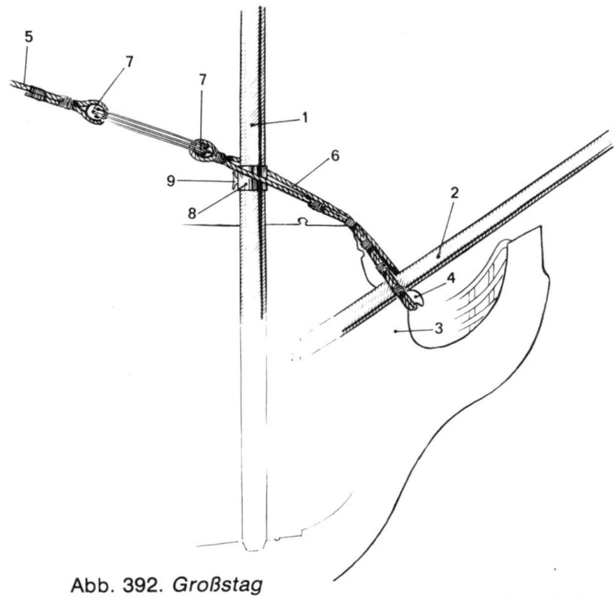


Abb. 392. *Großstag*
*1. Fockmast, 2. Bugspriet, 3. Krummholzknie, 4. Haken des Krummholzknies, 5. Stag, 6. Stagauge, 7. Jungfern, 8. Träger des Stagauges, 9. Klampe zum Anbringen der Stagsegelhalsen*

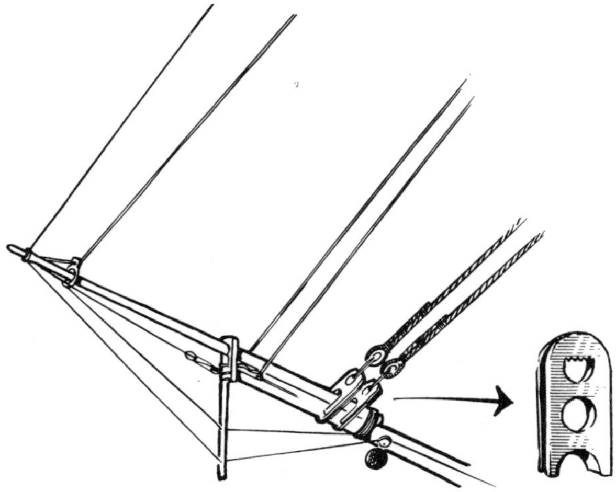

Abb. 393. *Fockstag und -borgstag englischer Bauart*

**Kreuzstag.** Es wurde an dem betreffenden Mast flechtinggesetzt. Dieses Stag wurde auf dreierlei Art gespannt. Nach der ersten befestigte man die Spannvorrichtung mit Stagblöcken an einem Band, das am Fuß des Großmastes angebracht war. Nach der zweiten befestigte man das Stag mit Hilfe einer Spannvorrichtung mit dreiäugigen Jungfern, ähnlich den Wantjungfern, die auf dem Backdeck angebracht wurde. Das Taljereep dieser Jungfern wurde an einem am Backdeck festgemachten Ring angebracht. Das dritte Verfahren wurde hauptsächlich auf englischen Schiffen angewandt: das Stag lief durch eine am Großmastfuß befestigte Kausch. Am Ende des Stags wurde ein Stagblock befestigt, der mit einem zweiten, an Deck angebrachten Stagblock zum Spannen des Stags diente, oder aber das Stag wurde mit einem Takel steifgesetzt (Abb. *394*).

**Großstengestag.** Dieses an der Marsstenge flechtinggesetzte Stag trug am unteren Ende einen zweischeibigen Block. Ein weiterer ein- oder zweischeibiger Block war am Topp des Fockuntermastes befestigt und diente mit dem Block des Stags zum Spannen desselben. Manchmal wurde es am Fockmastfuß steifgesetzt, nachdem es durch einen an den Topp des Fockuntermastes gestroppten Block gelaufen war (Abb. *395*).
Bis zum 16. Jahrhundert spannte man auf den mit zweiteiligen Masten versehenen Schiffen das Marsstengestag auf der Flechting des Fockmastes.

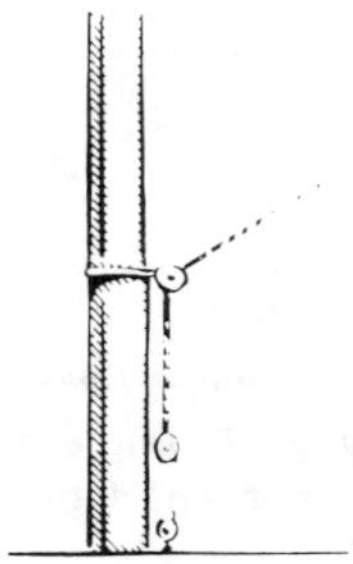

Abb. 394. *Kreuzstag englischer Bauart*

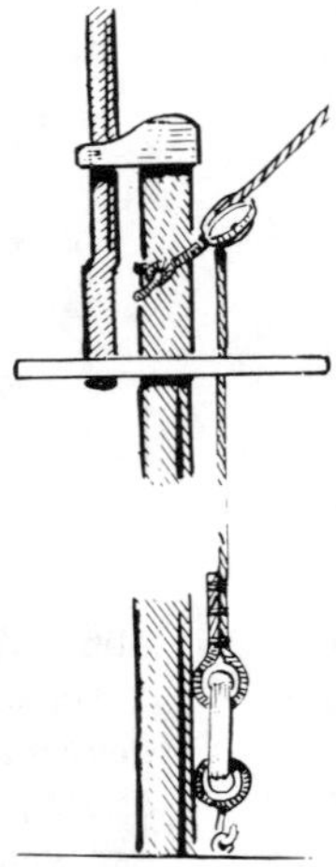

Abb. 395. *Großstengestag*

**Vorstengestag.** Dieses Stag wurde bei seinem Erscheinen im 16. Jahrhundert durch Spannvorrichtungen mit dreiäugigen Jungfern steifgesetzt. Von 1600 bis 1750, in jenem Zeitraum, in dem der Sprietmast verwendet wurde, spannte man dieses Stag am Bugspriet im allgemeinen mit einem komplizierten Takel. Dieses Takel bestand aus verschiedenen Blöcken, die an mehrere am Bugspriet befestigte Bänder gestroppt waren, und wurde je nach der Erfahrung der einzelnen seefahrenden Völker auf verschiedene Weise hergestellt (Abb. *396a, b, c, d, e, f*). Von etwa 1600 bis 1750 wurde das Takel nicht unmittelbar an die Bänder, sondern an eine *Spinne* gestroppt. Die Vormarsstengespinne bestand meist aus einer *Spinnenjuffer* mit vier Löchern. In einzelnen Staaten (Holland, Frankreich usw.) setzte man zwei Spinnen. Um 1750 wurde die Befestigung des Vorstengestags vereinfacht, indem man es durch das Loch auf der Steuerbordseite der *Bugsprietvioline* laufen ließ. Es wurde dann mit einem einfachen Takel am Bugsprietfuß steifgesetzt.

**Kreuzstengestag.** Bis zum 16. Jahrhundert hatte natürlich auch der aus einem Stück bestehende Kreuzmast kein Kreuzstengestag. Das gleiche gilt für den *Boller* hinter dem Kreuzmast, der nur ein am Fuß des Kreuzmastes steifgesetztes Stag trug. Als dem Kreuzmast die *Kreuzmarsstenge* hinzugefügt wurde, hat man das Kreuzstengestag flechtinggesetzt. Es wurde auf den ersten beiden *Heckwanten* des Großmastes gespannt. Auch in diesem Fall erreichte man die Befestigung zur Aufteilung der Kräfte mit Hilfe von ein oder zwei Spinnen oder mit einem, je nach Überlieferung und Erfahrung der verschiedenen seefahrenden Völker mehr oder weniger komplizierten Satz Takel (Abb. *397*).

Dieses Verfahren hielt sich bis nach 1750, als mit der Einführung der Stagsegel das Kreuzstengestag wie das Großstengestag durch Spannvorrichtungen aus Stagblöcken oder Flechtingsblöcken gespannt wurde. Manchmal wurde es am Fuß des Großmastes steifgesetzt, und das Stag schor durch einen am Topp des Untermastes angestroppten Block.

**Großbramstag.** Dieses an der Großbramstenge flechtinggesetzte Stag führte zur Quersaling des Fockmastes hinab, lief durch einen hier angestroppten Block und wurde durch eine Spannvorrichtung aus Stagblöcken oder durch Blöcke an der Fockmars steifgesetzt. Ein weiteres Verfahren zum Befestigen dieses Stagtaus bestand darin, daß man es durch das *Soldatengat* der Mars laufen ließ (nachdem es über den an die Quersaling gestroppten Block gelaufen war) und es mit den üblichen Spannvorrichtungsarten an der Verdrillung der Fockwanten steifsetzte.
Auf die beiden oben beschriebenen Arten wurde auch das *Kreuzbramstag* gespannt.

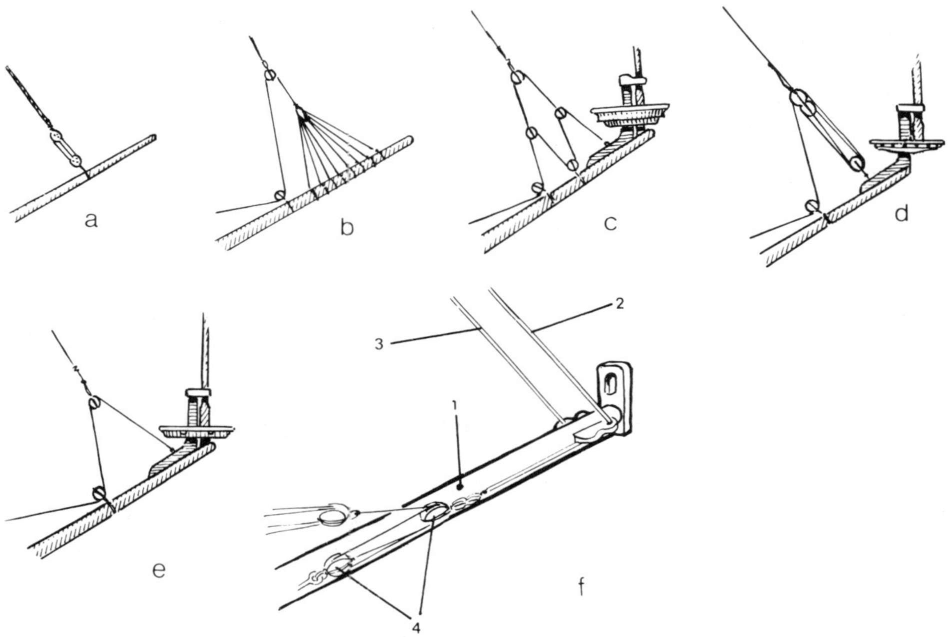


Abb. 396. *Verfahren zum Anbringen des Vorstengestags*
a) *1500;* b) *1600;* c) *1650;* d) *1670–1680;* e) *1690;* f) *1700*
*1. Bugspriet, 2. Vorstengestag, 3. Vorstengeborgstag, 4. Spannvorrichtung*

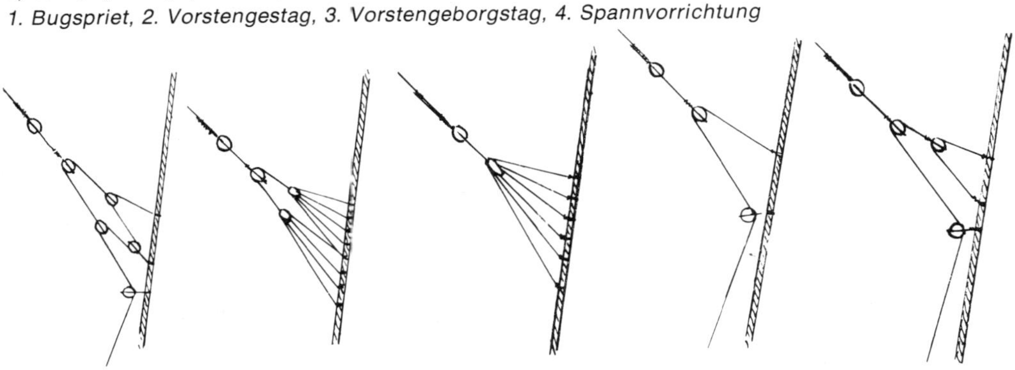

Abb. 397. *Kreuzstengestag von 1600 bis 1700*

**Vorbramstag.** Vor der Einführung des Sprietmastes wurde das Vorbramstag am Ende des Bugspriets durch eine Spannvorrichtung aus Blöcken oder Dodshoofden steifgesetzt. Später, im 17. Jahrhundert, lief dieses Stag zur Sprietstenge hinunter. An die Flechting der Stenge stroppte man einen Block, durch welchen das Stag geschoren wurde, das man auf der Mars derselben Stenge durch eine Spannvorrichtung aus Dodshoofden oder Blöcken steifholte. Als der Sprietmast mit einer Bramstenge versehen wurde, lief das Vorbramstag durch einen Block auf der Quersaling, oder aber es wurde, wenn das Schiff mit dem Vorskysegelstengestag versehen war, unmittelbar auf der Mars angestroppt.
Um 1750 lief dieses Stag über die mittlere Scheibe eines dreischeibigen Blocks, der an das Ende des Klüverbaums gestroppt war. Es lief den Baum entlang, bis es durch eine Spannvorrichtung aus Blöcken am Band des Vorstags steifgesetzt wurde.

**Groß-, Fock- und Kreuzroyalstage.** Das um 1700 in Gebrauch gekommene Großroyalstag wurde auf dem *Flaggentopp* unmittelbar unter dem *Flaggenknopf* mit oder ohne Spannvorrichtung auf der Flechting der Vorbramstenge steifgesetzt.
Das Vorroyalstag wurde ebenfalls auf dem Flaggentopp unmittelbar unter dem Flaggenknopf flechtinggesetzt und auf dem oberen Ende der Sprietstenge und später auf der Quersaling derselben steifgeholt. Nach 1750 wurde es am Ende des Klüverbaums gespannt.
Das Kreuzroyalstag wurde wie die vorhergehenden flechtinggesetzt, man spannte es auf dem Eselshaupt des Großuntermastes oder auf dessen Mars.

**Borgstage oder falsche Stage.** Um 1700 wurden zur Entlastung und Verstärkung der Stage zusätzliche Stagtaue eingeführt. Sie wurden ebenso hergestellt und gespannt und mit *Knotenlegeln* auf die gleiche Weise flechtinggesetzt.

## Zubehör der Stage der alten Schiffe

**Stagspinne.** Die Groß-, Fock- und Kreuzstage wurden wie die Flechting mit einer *Spinne* versehen. Die Taue der *Spinnenjuffer* bildeten die stehende Part am bugseitigen Rand der Marsen. An die Juffer wurde ein einfacher Block gestroppt, der mit einem weiteren, an dem Want befestigten ein Takel zum Spannen der Spinne selbst bildete (Abb. *398*).

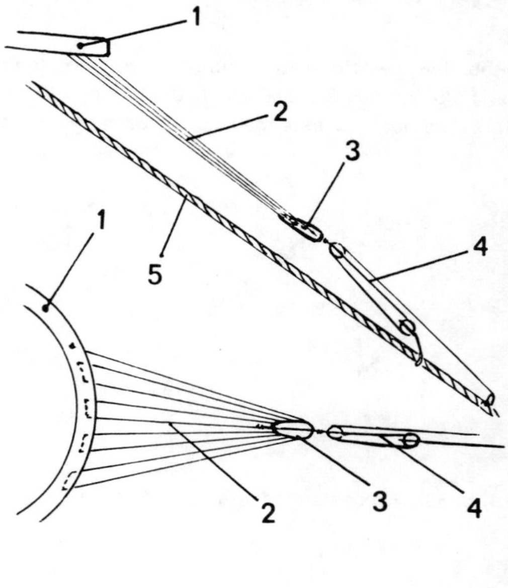


Abb. 398. *Stagspinne*
*1. Mars, 2. Spinne, 3. Spinnenjuffer, 4. Takel, 5. Stag*

Der Zweck dieser Spinnen war, die Marssegel vor Reibung an den Stagtauen zu schützen. In der zweiten Hälfte des 18. Jahrhunderts kamen die Stagspinnen außer Gebrauch, weil kürzere Marsen eingeführt worden waren.

**Verschlingungen der Stage und Borgstage.** Oft wurden die Stage und Borgstage untereinander durch ein kleines Tau verbunden, das sich spiralförmig herumwickelte. Den gleichbleibenden Abstand zwischen beiden Tauen erzielte man mit Hilfe von *Abstandsstücken* aus Holz. Diesen Arbeitsgang nannte man *Verschlingen,* er hatte wie das Verdrillen den Zweck, die Taue zusammenzuhalten, damit sie bei feindlichen Geschützeinschlägen nicht auf das Deck fielen und die Matrosen verletzten (Abb. *399*).

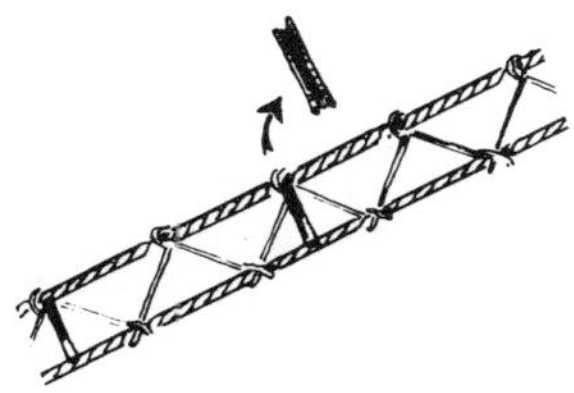

Abb. 399. *Verschlingung der Stag- und Borgstagtaue*

**Stagtakel.** Es waren zwei Takel, die zwischen 1500 und 1600 aufkamen. Sie wurden unter das Großstag gesetzt und dienten zum Verladen großer Lasten in die Großluke.
Jedes dieser Takel bestand aus einem an der Flechting des Großmastes befestigten *Säulenhanger;* dieser Hanger lief längs des Großstags hinunter. Sein Ende scherte durch den Stropp eines doppelten Takelblocks und bildete ein gespleißtes Legel.

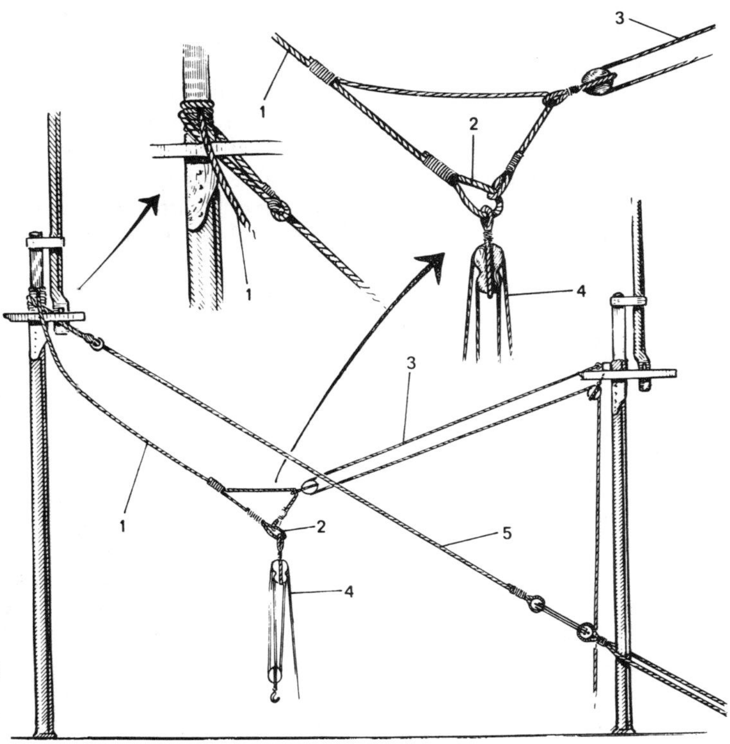


Abb. 400. *Stagtakel*
*1. Säulenhanger, 2. Legel des Hangers, 3. Aufholer, 4. Takel, 5. Großstag*

Etwa 1 oder 2 m vom unteren Ende des Hangers entfernt spleißte man ein Tau ein; das andere Ende dieses Taus wurde am Legel des Hangers befestigt. In die Mitte dieses letzteren wurde ein einfacher Block gestroppt, durch den ein *Stagtakelleiter* oder *-aufholer* genanntes Tau geschert wurde. Dieser Aufholer wurde auf der heckseitigen Querstange der Fockmars befestigt, lief über den an das Tau des Hangers gestroppten Block und kehrte zum Fockmast zurück, indem er durch einen weiteren einfachen, an der Querstange befestigten Block lief. Er ging dann auf das zweite heckseitige Fockwant und wurde an einer Klampe am Schanzkleid befestigt. Ebenso wurde das andere Takel montiert, dessen Aufholer längs des zweiten heckseitigen Wants der anderen Seite hinunterlief.
Wenn diese Takel nicht benutzt wurden, befestigte man sie entlang dem Großstag, während der Haken in einen auf der hinteren Reling der Back angebrachten Ring gehakt wurde (Abb. *400*).

**Hangerband.** Es war ein starkes Tau, das zum Verladen umfangreicher Waren oder Lasten in die Großluke diente und auf den Kauffahrteischiffen an Stelle des Stagtakels benutzt wurde. Es bestand aus einem starken, am Groß- und Fockmast befestigten Tau. In der Mitte dieses Taus – über der Luke – formte man ein rundes Auge. In diesem Auge wurde der Stropp eines dreischeibigen Blocks mit Hilfe eines Knebels festgemacht; dieser Block bildete mit einem anderen, zweischeibigen Block eine Talje.

## Stehendes Gut des Bugspriets

**Wasserstage.** Früher wurde der Bugspriet nur mit der Bugsprietspur und den Schwichtungsleinen befestigt. Gegen Ende des 18. Jahrhunderts führten die Franzosen das *Wasserstag* ein.
Das Wasserstag, das zum erstenmal auf zwei Gemälden französischer Schiffe aus dem Jahre 1690 und am Modell der *Royal Louis* (Abb. *33*) aus dem Jahre 1692 erscheint, hatte den Zweck, die Kräfte des Fockstags und des Vorstengestags aufzunehmen. Es bestand aus einem einfachen, in ein Loch im Oberteil des Galionsschegs geschorenen Block und einem weiteren, unter den Bugspriet gestroppten Block. An dem Stropp des einfachen Blocks wurde das Wasserstag festgemacht, das, indem es über die Scheiben der beiden Blöcke ging, den Bugspriet entlang hinunterlief und an einem Augbolzen auf dem Vorsteven steifgesetzt wurde.

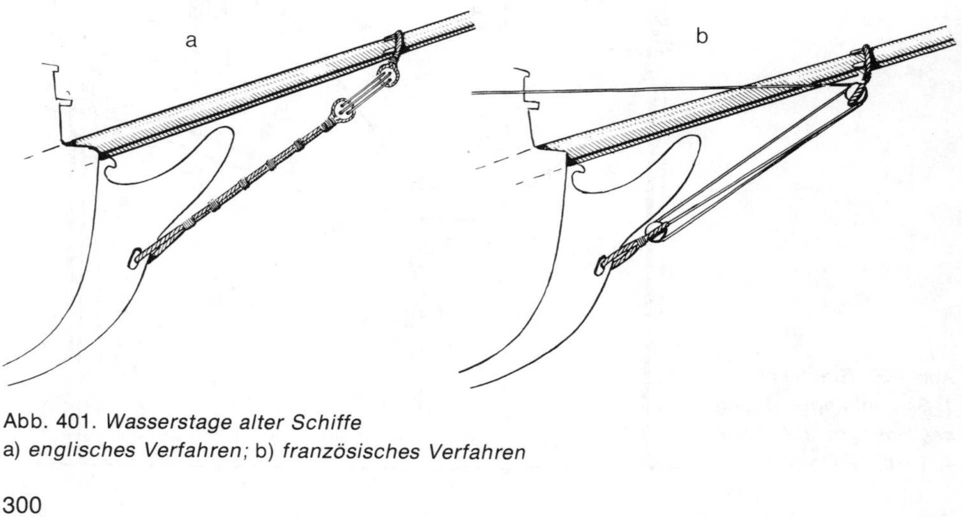


Abb. 401. *Wasserstage alter Schiffe*
a) *englisches Verfahren;* b) *französisches Verfahren*

Das Wasserstag der englischen Schiffe wurde wie folgt hergestellt: ein langes Tau (Wasserstag) wurde durch das Loch im Galionsscheg geschoren; man legte seine beiden Hälften nebeneinander, verspleißte die beiden Enden und band sie mit Zurrings zusammen. An diesem Tau wurde eine dreiäugige Jungfer befestigt, die mit einer anderen, an den Bugspriet gestroppten zum Steifsetzen des Tauwerks diente (Abb. *401a, b*).

Bis zur Mitte des 19. Jahrhunderts wurde das Wasserstag noch mit Spannvorrichtungen aus dreiäugigen Jungfern oder Stagblöcken ausgerüstet, wie es bei den englischen Schiffen üblich war; es wurde nur die Anzahl der Wasserstage vergrößert (von einem auf drei), und in einigen Fällen gab es auch ein Wasserborgstag (Abb. *402* und *403*). Nach 1850 wurden die Wasserstage aus Ketten hergestellt und im allgemeinen mit Stagblöcken oder Spannschrauben steifgesetzt, die die am Galionsscheg verbolzte, gabelförmige stehende Part bildeten. Bei den modernen Segelschiffen bestehen die Wasserstage ebenfalls aus Ketten.

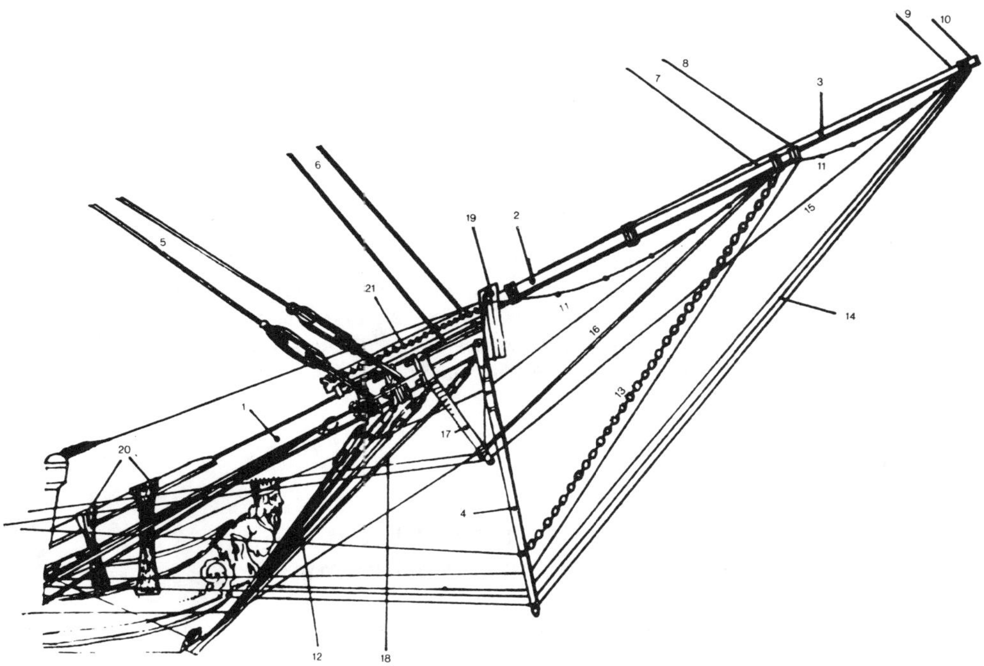


Abb. 402. *Bugspriet, Klüverbaum und Außenklüverbaum eines Segelschiffes von 1850*
*1. Bugspriet, 2. Klüverbaum, 3. Außenklüverbaum, 4. Stampfstock, 5. doppeltes Fockstag, 6. doppeltes Vorstengestag, 7. Klüverleiter, 8. Bramstag, 9. Außenklüverleiter, 10. Royalstag, 11. Laufstag, 12. Wasserstage, 13. Klüverstampfstag oder Klüverdomper, 14. Außenklüverstampfstag, 15. Außenklüvergeien oder Außenklüverbackstage, 16. Klüvergeien oder Klüverbackstage, 17. Ausleger der Klüverbackstage, 18. Wasserborgstage, 19. Eselshaupt, 20. Bugsprietschwichtungsleinen, 21. Klüverbaumschwichtungsleinen*

**Geien.** Ebenfalls um die Mitte des 19. Jahrhunderts wurde der Bugspriet mit *Geien* versehen, die auch heute noch an zwei Augbolzen steifgesetzt werden. Diese werden an dem Band, an dem man die Stampfstage spannt, oder am Eselshaupt durch Spannvorrichtungen mit Stagblöcken oder mit Spannschrauben befestigt. Die Geien bilden an Augbolzen mit auf den *Backen* verbolzten Bügeln die stehende Part (Abb. *404*).

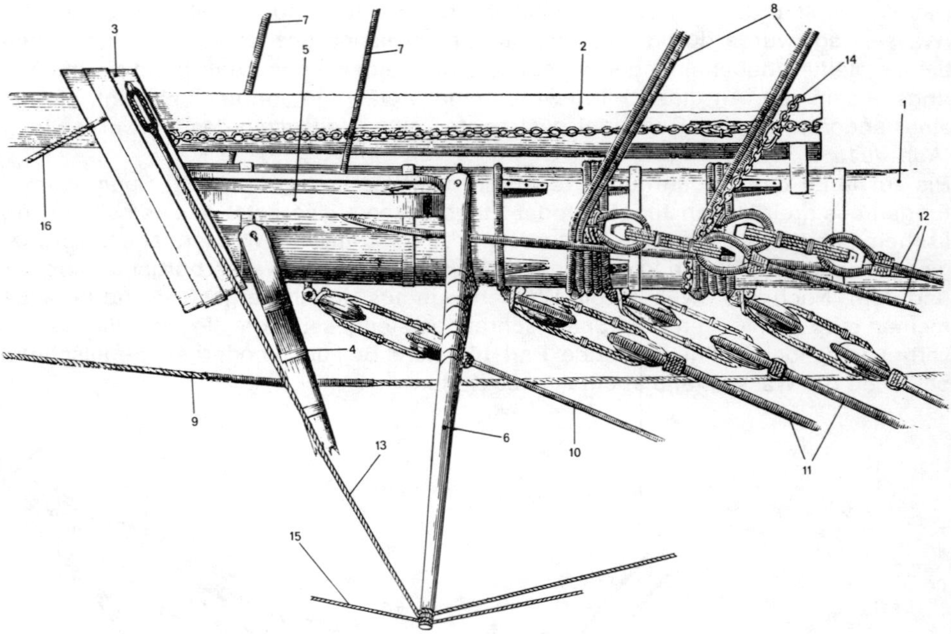

Abb. 403. *Einzelheiten der Bugsprietflechting eines Segelschiffes von 1850*
*1. Bugspriet, 2. Klüverbaum, 3. Eselshaupt, 4. Stampfstock mit Klaue, 5. Violine, 6. Bugsprietausleger mit Klaue oder Ausleger der Klüverbackstage, 7. Vorstengestage, 8. doppeltes Fockstag, 9. Klüverleiter, 10. Wasserborgstage, 11. Wasserstage, 12. Bugstage 13. Gei des Bugsprietauslegers, 14. Schwichtungskette des Klüverbaums, 15. Klüvergei und Außenklüvergei, 16. Laufstag*

## Stehendes Gut des Klüver- und des Außenklüverbaums

**Stampfstage.** Es wurde bereits festgestellt, daß der Sprietmast im 18. Jahrhundert allmählich verschwand und seinen Platz den *Klüvern* überließ. Es waren zweckmäßigere Segel als das Rahsegel der Sprietstenge. Obwohl man die Effektivität der Klüversegel erkannte, verschwanden die Rah und das zu ihr gehörende Blindesegel doch nicht sofort. Als ein Gegenstück dazu wurde zur Vergrößerung des Hebelarms der Klüversegelkräfte der *Klüverbaum* eingeführt, an dem man eine weitere Rah mit einem *Oberblinde* genannten Segel setzte. Es wurde deshalb notwendig, den Klüverbaum mit stehendem Gut zu verstärken, wozu vor allem das *Stampfstag* gehörte, das eine Gegenkraft zu Stagen und Leitern darstellen sollte.
Zuerst gab es nur ein Stampfstag. Es wurde am Ende des Klüverbaums flechtinggesetzt und, damit es genügend gespreizt werden konnte, durch ein Loch geschoren, das sich in einem kurzen Rundholz befand. Dieses Rundholz war am Bugsprieteselshaupt befestigt und hieß *Bugsprietausleger* (Abb. *405a*). Das Stampfstag führte dann zum Bugspriet hinauf, wo es durch einen gestroppten Block lief und an der Back steifgesetzt wurde.
Als gegen Ende des 18. Jahrhunderts die *Blinderah* und die *Oberblinderah* außer Gebrauch waren, verstärkte man den Klüverbaum des weiteren durch ein Takel.

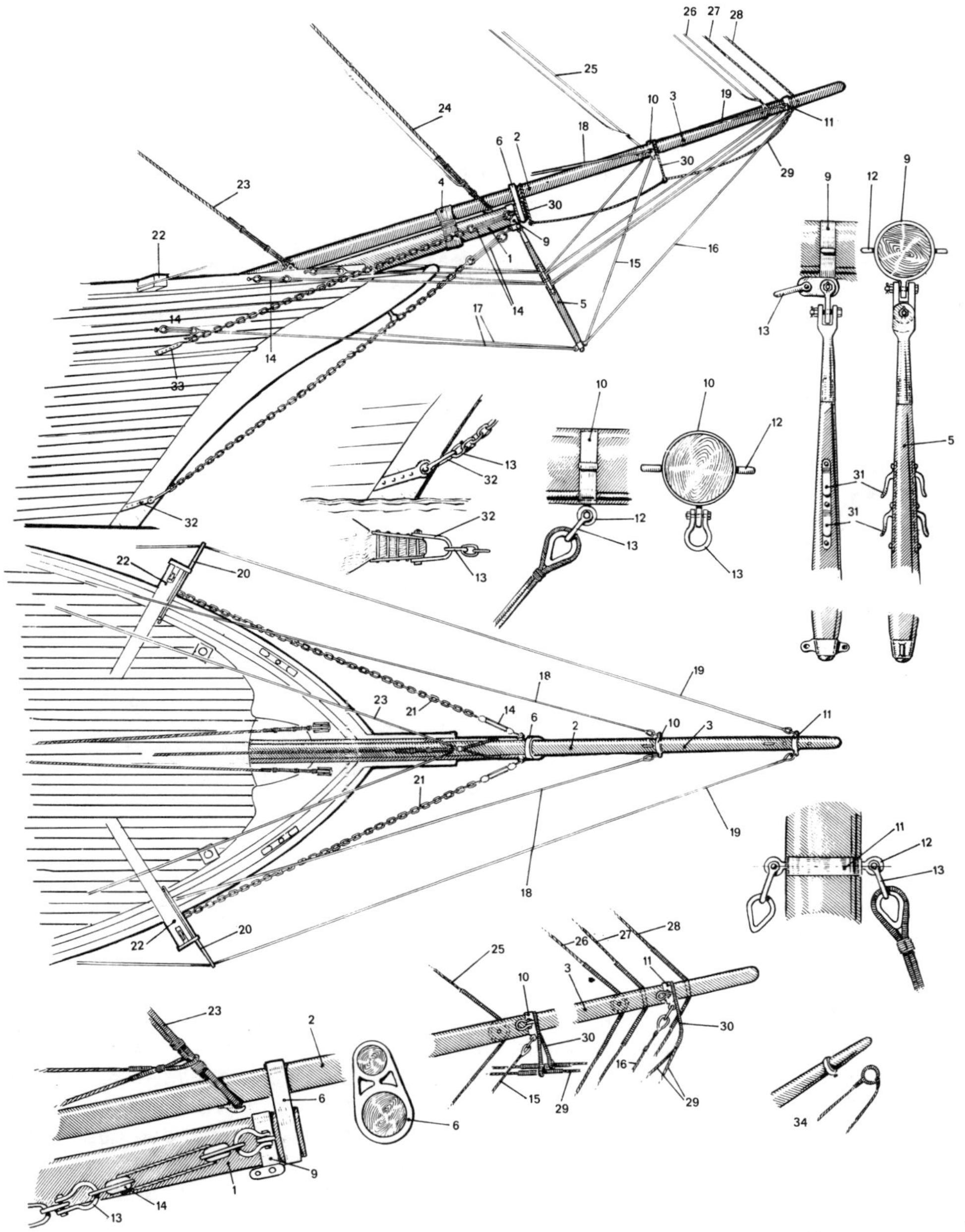

Abb. 404. *Bugspriet, Klüver- und Außenklüverbaum eines modernen Segelschiffes*
*1. Bugspriet, 2. Klüverbaum, 3. Außenklüverbaum, 4. Bugsprietschwichtungsleine, 5. Stampfstock, 6. Bugsprieteselshaupt, 7. Wasserstag, 8. Gabelgelenk des Stampfstockes, 9. Bugsprietband, 10. Klüverbaumband, 11. Außenklüverbaumband, 12. Augbolzen, 13. Schäkel, 14. Spannvorrichtung mit Stagblöcken, 15. Klüverstampfstag, 16. Außenklüverstampfstag, 17. Stampfstockgeien, 18. Klüvergeien, 19. Außenklüvergeien, 20. Ausleger der Klüverbackstage (Kranausleger), 21. Bugstage, 22. Kranbalken, 23. Fockstag, 24. Vorstengestag, 25. Leiter des Klüversegels, 26. Leiter des Außenklüversegels, 27. Bramstag, 28. Royalstag, 29. Laufstag, 30. Bügel, 31. Beschläge, durch welche das Tauwerk geht, 32. gabelartiger Beschlag zum Anbringen des Wasserstags, 33. Bügel mit Augbolzen, 34. Einzeldarstellung der Flechting des Laufstags mit Legel*

Das Stampfstag hatte seine stehende Part am Bugspriet und lief durch den Ausleger zum Ende des Baums hinauf, an den ein Block gestroppt war. Es lief dann über die Scheibe dieses Blocks, von da wiederum zum Ausleger hinunter und von einem hier angestroppten Block erneut zum Bugspriet hinauf (Abb. *405b*). Schließlich wurde es mit Hilfe eines einfachen Takels an der Back steifgesetzt.
Ein anderes Verfahren zum Verstärken des Klüverbaums bestand darin, daß man ein doppeltes Stampfstag herstellte, das am Ende flechtinggesetzt wurde und durch zwei am Bugsprieteselshaupt angebrachte gespreizte Ausleger lief. Die Stampfstage gingen wieder zu den Seiten des Bugspriets hinauf, schoren durch die hier angestroppten Blöcke und wurden an der Back gespannt. Ein weiteres Stampfstagpaar wurde in der Mitte des Klüverbaums gesetzt (Abb. *405*).

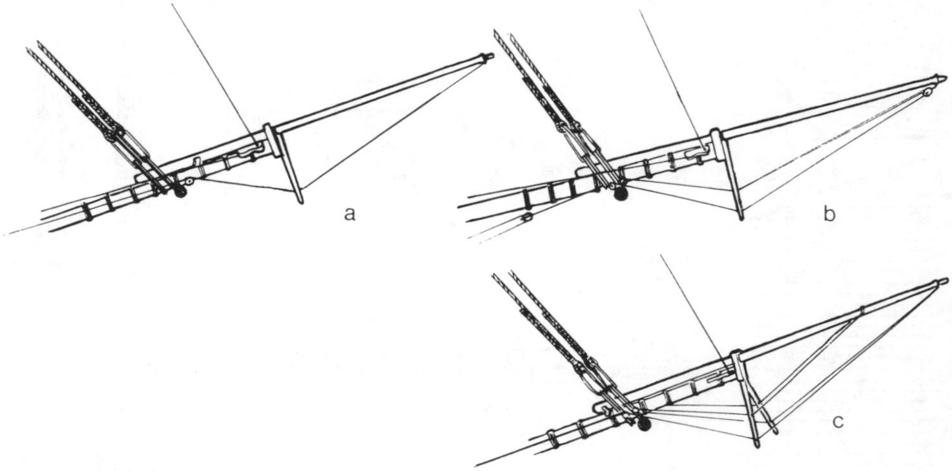


Abb. 405. *Klüverstampfstage alter Schiffe*
a) *einfaches Stampfstag (1750);* b) *Stampfstag mit Takel (Ende des 18. Jahrhunderts);* c) *Klüver- und Außenklüverstampfstage mit doppeltem Ausleger*

Im Jahre 1850 nannte man den Bugsprietausleger *Stampfstock* oder *Stampfstagausleger.* Er war am Bugspriet, unmittelbar heckseitig des Eselshauptes, mit Hilfe einer Klaue und eines einfachen Tauracks befestigt (Abb. *403* und *406*); oder er hatte ein gabelartiges Gelenk mit einem Bolzen, das noch heute Verwendung findet (Abb. *404*). Der Klüver- und der Außenklüverbaum, die unter Umständen aus einem Stück bestehen, werden von Stampfstagen gehalten. Am Ende des Außenklüverbaums wird das Stampfstag gesetzt; es geht vom drittletzten Loch des Stampfstocks aus und wird mit einem einfachen Takel an einem der Ohrhölzer befestigt. Das Stampfstag des Klüverbaums wird am oberen Ende des Baums gesetzt, geht durch das viertletzte Loch des Stampfstocks und wird mittels Takeln an den Ohrhölzern gespannt. Dieses Stampfstag stellt man auch aus Ketten her; in diesem Fall wird es am oberen Ende des Klüverbaums und am Stampfstock mit Hilfe eines Bandes und Schäkeln gesetzt.
Eine weitere, neuere, auf der Einführung der Stahltaue beruhende Anordnung besteht darin, daß man den Klüver- und Außenklüverbaum statt mit der entsprechenden Flechting mit zwei oder drei Bändern und Augbolzen versieht. An jedem Augbolzen befestigt man mit einer Kausch das entsprechende Stampfstag, läßt es durch am Stampfstock befestigte Beschläge gehen und spannt es am Bug durch Spannvorrichtungen mit Stagblöcken oder durch Spannschrauben an Augbolzen mit Bügel.

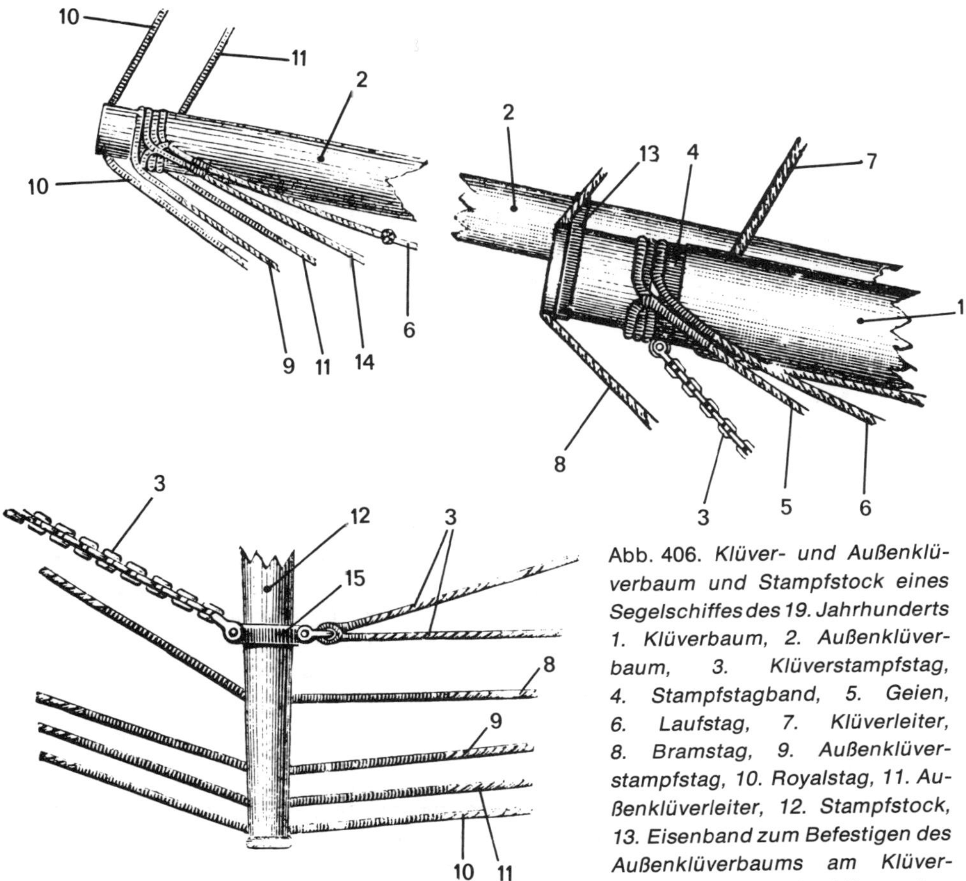


Abb. 406. *Klüver- und Außenklüverbaum und Stampfstock eines Segelschiffes des 19. Jahrhunderts 1. Klüverbaum, 2. Außenklüverbaum, 3. Klüverstampfstag, 4. Stampfstagband, 5. Geien, 6. Laufstag, 7. Klüverleiter, 8. Bramstag, 9. Außenklüverstampfstag, 10. Royalstag, 11. Außenklüverleiter, 12. Stampfstock, 13. Eisenband zum Befestigen des Außenklüverbaums am Klüverbaum, 14. Außenklüvergeien, 15. Band des Klüverstampfstags*

**Geien.** Zur seitlichen Verstärkung des Klüverbaums wurden einige *Geien* genannte paarige Taue eingeführt. Das erste Paar wurde am oberen Ende des Klüverbaums gesetzt und lief durch in der Blinderah angebrachte Gatchen. Die Enden der beiden Schenkel trugen einen Block, der von der Blinderah etwa 1 m entfernt war; mit einem anderen Block bildete man ein Takel, das an eine kleine Beting auf der Back gehakt wurde. Das zweite Paar befestigte man an einem Ring, der längs des Klüverbaums gleiten konnte. An denselben Ring, der auch *Klüverhalsbügel* hieß, lief durch einen kleinen Ring der Klüverleiter und diente faktisch zum Führen des Klüversegels. Die Geien nahmen den gleichen Weg wie die vorigen und wurden auf die gleiche Weise gespannt (Abb. *407*).
Als das Blindesegel fortfiel, blieb die Blinderah dennoch bestehen, sie gab den Geien den richtigen Winkel. Gegen 1850 wurde sie halbiert, die beiden Teile trugen die Bezeichnung *blinde Ausleger* oder *blinde Rah.* Sie wurden auf zweierlei Arten hergestellt: sie konnten eine Klaue tragen, die heckseitig der Violine auflag und von einem Rack aus einem einfachen Tau gehalten wurde, oder aber sie wurden an einem Eisenband verbolzt.

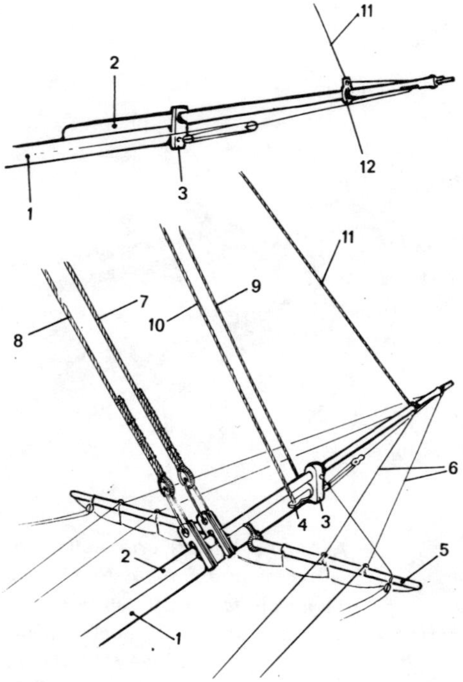


Abb. 407. *Klüverbaumgeien alter Schiffe*
*1. Bugspriet, 2. Klüverbaum, 3. Eselshaupt, 4. Violine, 5. Blinderah, 6. Geien, 7. Fockstag, 8. Fockborgstag, 9. Vormarsstag, 10. Vormarsborgstag, 11. Klüverleiter, 12. Klüverhalsband*

In neuerer Zeit bevorzugen die Segelschiffe die zweite Lösung, wenn sie sehr lange Klüverbäume haben. Die Segelschiffe mit schmalem Bug haben manchmal an der Back oder am Kranbalken befestigte Ausleger. Bei Auslegern mit Klaue oder Bolzen wurden die aus Hanftau mit gespleißtem Legel bestehenden Geien des Außenklüverbaums am oberen Ende des Klüverbaums gesetzt, mit Kreuzbändsel an den Ausleger gehalten und in der Nähe des Kranbalkens festgemacht. Auf die gleiche Weise wurden die mit gespleißtem Legel gesetzten Geien des Klüverbaums steifgesetzt. Bei Stahltauen werden die Geien des Klüver- und des Außenklüverbaums mit Kauschen an den entsprechenden Bändern befestigt und im allgemeinen durch Spannvorrichtungen aus Stagblöcken oder durch Spannschrauben bugseitig der Kranbalken gespannt (Abb. *404*).

## Toppnanten

Es sind Hanf- oder Stahltaue, die die Rahen an beiden Enden führen und sie waagerecht halten. Man nennt sie nach der Rah, an der sie festgemacht sind: *Groß-*, *Vor-*, *Vormars-*, *Bramtoppnanten* usw. Man sagte auch *Toppnants* oder *Toppenants.*

**Unterrahtoppnanten.** Sie werden mittels Kauschen und Schäkeln am Augbolzen des Rahnockbandes festgemacht, laufen durch Blöcke auf beiden Seiten des Mastes über dem Eselshaupt und darauf durch das Soldatenloch zum Mastfuß hinunter, wo sie mit Hilfe eines einfachen oder doppelten Takels – je nach den Abmessungen des Schiffes – steifgesetzt werden. Der Takelläufer wird an einem Belegnagel der Beting festgemacht (Abb. *408*).

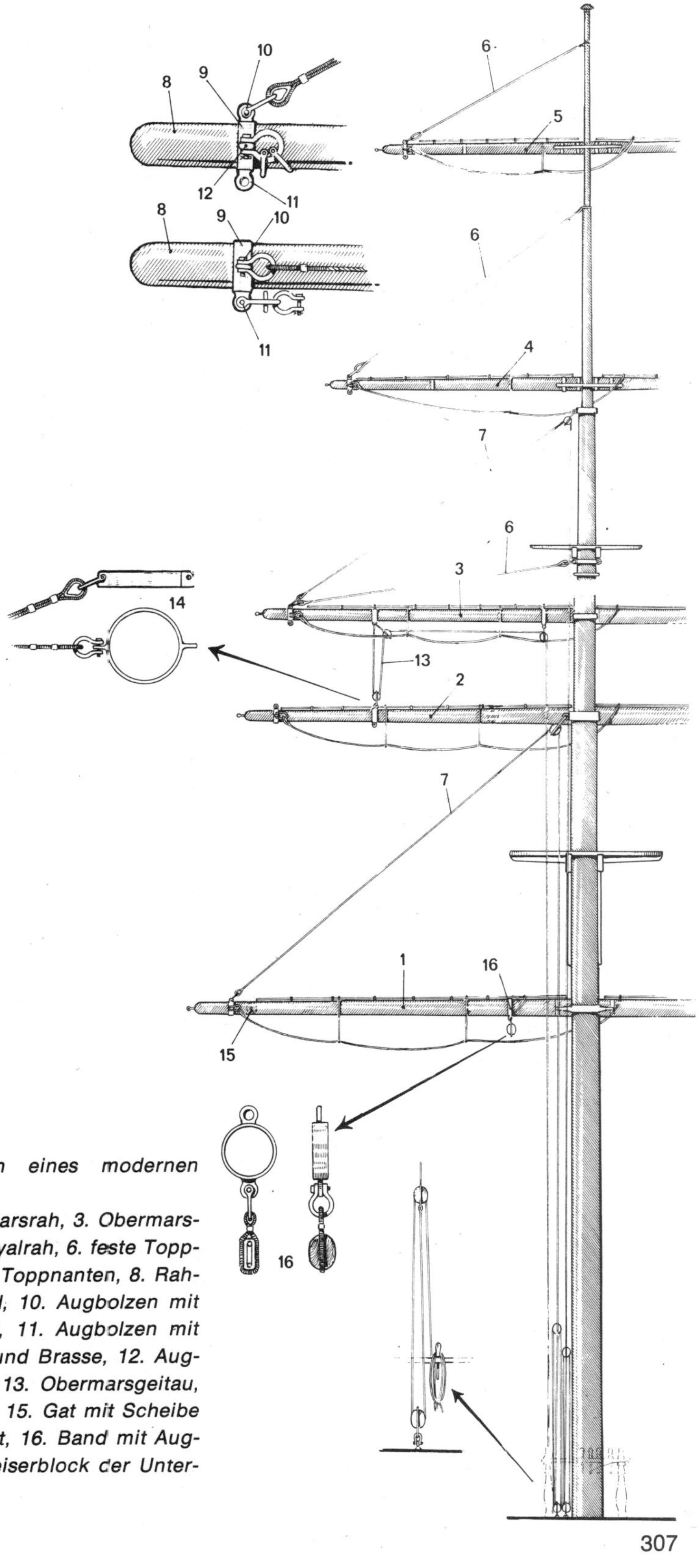


Abb. 408. *Toppnanten eines modernen Segelschiffes*

*1. Unterrah, 2. Untermarsrah, 3. Obermarsrah, 4. Bramrah, 5. Royalrah, 6. feste Toppnanten, 7. bewegliche Toppnanten, 8. Rahnock, 9. Rahnockband, 10. Augbolzen mit Schäkel für Toppnant, 11. Augbolzen mit Schäkel für Laufstag und Brasse, 12. Augbolzen für Laufstage, 13. Obermarsgeitau, 14. Band des Geitaus, 15. Gat mit Scheibe für die Untermarsschot, 16. Band mit Augbolzen für den Wegweiserblock der Untermarsschot*

**Marstoppnanten.** Die Untermarsrahen haben meist keine Toppnanten; sie tragen an ihrer Stelle die *Obermarsgeitaue.* Die Obermarsrahen haben gewöhnlich feste Toppnanten. Sie werden einerseits am Ende der Rah und andererseits am Eselshaupt befestigt. Die großen Segelschiffe haben doppelte Toppnanten (Abb. *408*).

**Bramtoppnanten.** Die Unterbramrahen haben keine Toppnanten, sondern an ihrer Stelle die *Oberbramgeitaue.* Die Oberbramrahen besitzen feste Toppnanten, die wie die Obermarstoppnanten ausgerüstet sind (Abb. *408*).

**Royaltoppnanten.** Die Royaltoppnanten sind fest und werden wie die vorigen ausgerüstet (Abb. *408*).

**Besanbaumtoppnanten.** Die Toppnanten des Besanbaums sind gleich denen der Rahen und dienen dazu, den Besanbaum zu halten (Abb. *303* und *304*).

## Toppnanten der alten Schiffe

Die Rahen der alten Schiffe waren ebenfalls mit Toppnanten versehen. Die Schiffe mit ein oder zwei Masten hatten einfache Toppnanten; als es später notwendig wurde, die schwerer gewordenen Rahen zu heben und zu senken, wurden die Toppnanten mit einem Takel versehen.

**Toppnanten der Unterrahen.** Bis zum 17. Jahrhundert bestanden die Toppnanten der Unterrahen aus einem zwischen der Rah und dem Eselshaupt befestigten Takel. Ein *Violinblock* war an die Spitze der Rah gestroppt; die Toppnant bildete die stehende Part an diesem Block, lief über die Scheiben eines doppelten, an den Seiten des Stagauges befestigten Blocks und darauf nahe der Wanten durch die Mars nach unten, wo sie an einem Belegnagel innerhalb des Schanzkleides gespannt wurde (Abb. *409a, b*).
Im 18. Jahrhundert wurden die Toppnanten etwa 30 cm vom Ende der Rah mittels eines Legels gesetzt; sie liefen über einen doppelten, auf einer Seite des Eselshauptes befestigten Block, kehrten dann zur Rah zurück, wobei sie über die Scheibe eines hier angestroppten Blocks liefen, über den doppelten Block wieder hinaufgingen und dann durch das Soldatengat der Mars hinunterliefen. Sie wurden dann an der Nagelbank, in der Nähe des zweiten Wants, steifgesetzt (Abb. *410*).
Später wurde das Toppnantstakel, wie wir gesehen haben, nicht mehr an der Rah, sondern am Mastfuß montiert.

**Marstoppnanten.** Sie wurden an den Schothörnern des Bramsegels festgemacht, liefen dann durch einen einfachen Block, der an der Marsrah befestigt war, um dann wieder aufzusteigen und einen weiteren einfachen, an den Bramquersalingen angebrachten Block zu durchlaufen. Sie liefen dann durch die Quersaling hinunter, wobei sie an einem Belegnagel innerhalb des Schanzkleides in der Nähe des dritten Wants steifgesetzt wurden (Abb. *410*).

**Bramtoppnanten.** Sie wurden am Ende der Rah mittels eines Legels gesetzt, liefen dann durch einen Block oder eine an der Flechting des Mastes befestigte Kausch, gingen längs des Mastes hinunter und wurden an einem Augbolzen auf den Bramquersalingen befestigt (Abb. *410*).
Die Royaltoppnanten wurden auf die gleiche Weise ausgerüstet, ebenso die Toppnanten der Kreuzbramrah.

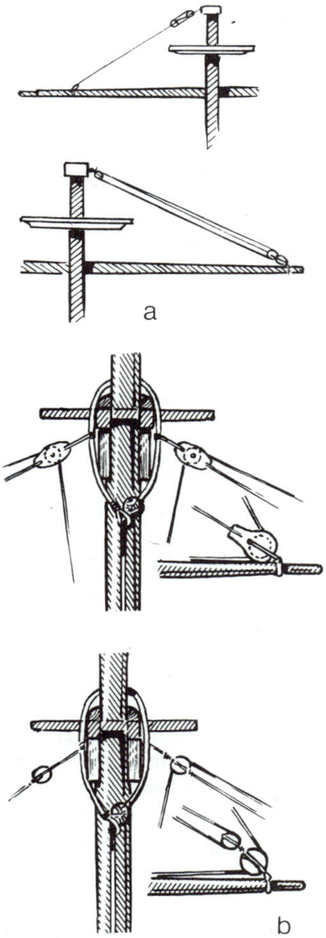


Abb. 409. *Toppnanten alter Schiffe*
a) *Toppnanten des 17. Jahrhunderts;*
b) *Toppnanten des 18. Jahrhunderts*

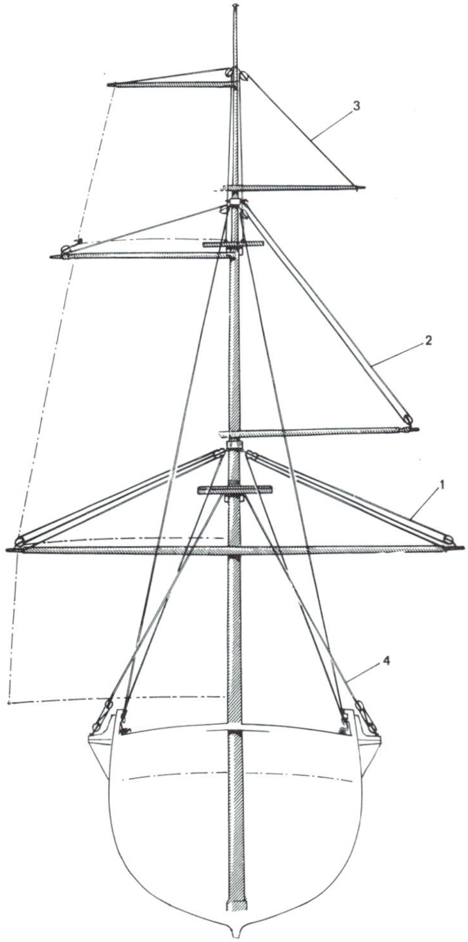


Abb. 410. *Toppnanten von Schiffen des 18. Jahrhunderts*
*1. Unterrahtoppnanten, 2. Marsrahtoppnanten, 3. Bramrahtoppnanten, 4. Wanten*

**Kreuzrutentoppnanten.** Die Kreuzrute trug eine *Winde* genannte Toppnant. In der ältesten Form bestand die Winde aus einer oder mehreren Spinnen, deren Legel am Oberteil der Rute befestigt wurden. Später wurde die Spinne durch einen Satz Blöcke oder ein einfaches Takel ersetzt. Die Anordnung der Winde unterschied sich je nach den Erfahrungen der einzelnen seefahrenden Völker (Abb. *411a, b, c, d*).

**Begienrahtoppnanten.** Sie bildeten die stehende Part an einem unter das Eselshaupt gesetzten Augbolzen, liefen dann durch an die Rahnocken gestroppte Blöcke, kehrten zu einem in den Augbolzen der stehenden Part geschorenen Block zurück und gingen durch die Mars hinunter. Sie wurden an einem Belegnagel innerhalb des Schanzkleides steifgesetzt. Die Begienrah trug darüber hinaus einige feste Toppnanten.
An den Unterrahen wurden bei stürmischem Wetter oder im Kampf weitere einfache *Borgtoppnanten* oder *falsche Toppnanten* angebracht.

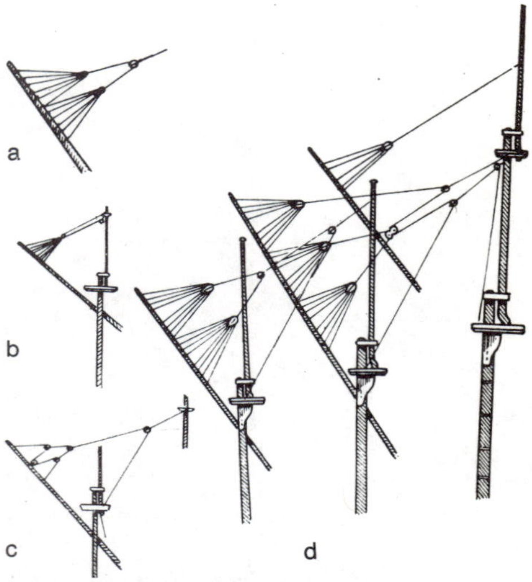


Abb. 411. *Winde der Kreuzrute*
a) *Winde mit zwei Spinnen aus dem 17. Jahrhundert;* b) *Winde mit einer Spinne aus der zweiten Hälfte des 17. Jahrhunderts;* c) *Winde aus dem 18. Jahrhundert;* d) *auf Schiffen des 16. Jahrhunderts mit Kreuz- und Besanmast gebräuchliche Formen von Winden*

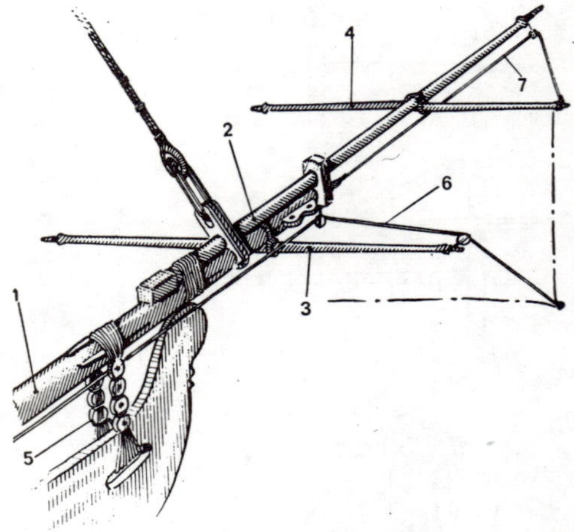


Abb. 412. *Blinde- und Oberblinderahtoppnanten*
*1. Bugspriet, 2. Klüverbaum, 3. Blinderah, 4. Oberblinderah, 5. Gestell, 6. Blinderahtoppnant, 7. Oberblinderahtoppnant*

**Blinderahtoppnanten.** Sie wurden wie die Marstoppnanten befestigt; vom Schothorn der Oberblinde liefen sie zu einem einfachen, an das Ende der Rah gestroppten und zu einem weiteren, an den Sprietmast gestroppten Block. Sie liefen dann den Bugspriet hinunter, scherten in einen Block des Gestells und wurden am Stagband des Großmastes am Fockmast steifgesetzt. Die Blinderah trug auch feste Toppnanten (Abb. *412*).

**Oberblinderahtoppnanten.** Sie wurden mit einem Legel am Ende der Rah befestigt, liefen in eine Kausch oder in einen an das Ende des Klüverbaums gestroppten Block und wurden an der Bugsprietvioline steifgesetzt (Abb. *412*).

**Giekbaumtoppnanten.** Sie dienten zum Halten des Giekbaumendes und waren den Toppnanten des Besanbaums ähnlich.

**Toppnanten der Rah des Sprietmastes.** Sie waren den Toppnanten der Masttopprahen ähnlich und wurden an der Stengemars gespannt (Abb. *413*).

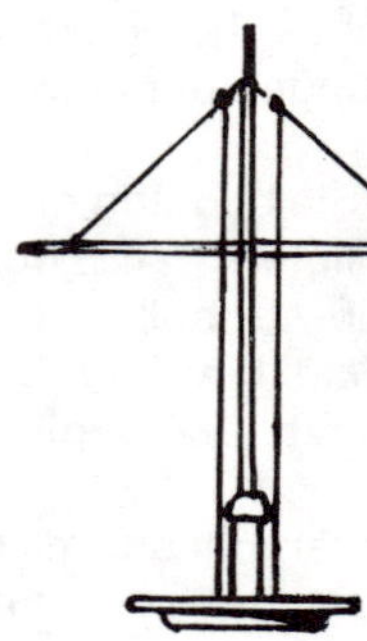

Abb. 413. *Toppnanten der Rah des Sprietmastes*

## Laufstage

Es sind Taue aus Hanf oder Metall, deren eines Ende an der Rahnock und deren anderes Ende in der Mitte der Rah befestigt ist. Sie werden in bestimmten Abständen von *Springpferden, Springperds* oder *Pardenhangern* gehalten, die längs der Rahen hängen und an den entsprechenden Jäckstagen oder an den Nockhornführungen der Segel befestigt sind; sie dienten den in den Rahen beschäftigten Matrosen als Halt. Auch der Bugspriet und der Klüverbaum sind mit *Laufstagen, Manntauen, Klimmstagen, Perden, Pferden, Pards* oder *Fußpards* versehen (Abb. *414a, b*).

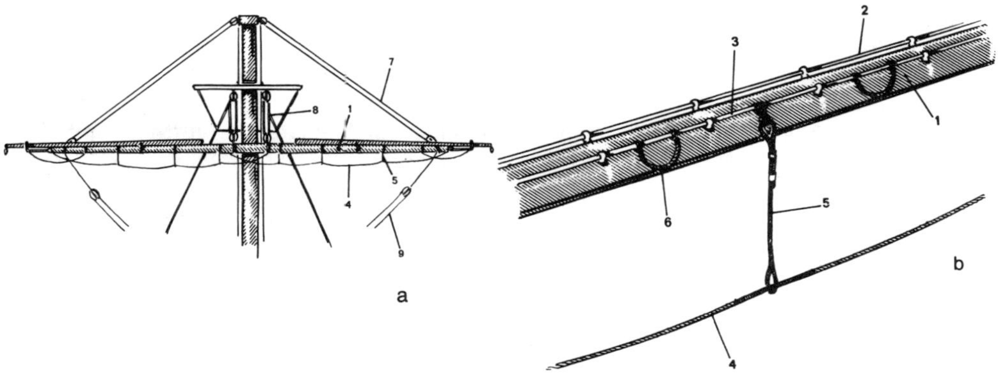


Abb. 414. *Laufstage*
a) *Laufstag an der Rah eines Schiffes des 18. Jahrhunderts;* b) *Laufstag an der Rah eines modernen Segelschiffes*
*1. Rah, 2. Jäckstag für das Liek des Segels, 3. Jäckstag für das Laufstag, 4. Laufstag, 5. Springperd, Pardenhanger, 6. Haltetau, 7. Toppnant, 8. Fall, 9. Brassen*

# Laufendes Gut

Es ist das Tauwerk zum Manövrieren der Rahen und der Segel, man nennt es auch *laufendes Tauwerk.* Es unterteilt sich in *Fallen* oder *Schwertakel, Brassen, Schoten, Halsen, Bulins* (auch *Bulien* oder *Buleine*), *Geitaue, Gaffelgeeren* und *Besanbaumtaljen.* Zum laufenden Gut gehören auch die *Bram-* und *Royaltoppnanten,* die wir schon im vorangegangenen Abschnitt besprochen haben. Mit dem Ausdruck „Steifholen" bezeichnet man das Spannen des laufenden Gutes.

## Fallen

Mit diesem Ausdruck bezeichnet man das laufende Tauwerk, das die Aufgabe hat, die Segel zu heißen. Bei den an Rahen, Segelstangen, Gaffelbäume geschlagenen Segeln bewirken die *Fallen* das Heben dieser Rundhölzer mit den Segeln. Man unterscheidet nach den Segeln, zu denen sie gehören: *Marsfall, Vormarsfall, Bramfall, Klüverfall, Stagfall* usw.

**Unterrahfallen.** Bei den modernen Segelschiffen haben die Unterrahen keine Fallen; im 19. Jahrhundert, vor der Einführung der Racks aus Metall, war es jedoch üblich, diese Rahen damit auszurüsten. Die Fallen waren im allgemeinen doppelt und bildeten die stehende Part an Blöcken, die unter der Mars befestigt waren; sie liefen in die an die Rah gestroppten Blöcke, stiegen dann wieder zu den Marsblöcken hinauf, wo sie über die entsprechenden Scheiben gingen, liefen seitlich des Mastfußes hinunter und über einen an Deck mittels eines Augbolzens befestigten Block. Die Kreuzrah hatte kein Fall.

**Obermarsrahfallen.** Sie bestanden aus drei Teilen: *Drehreep, Strecktalje* und *einfacher* oder *doppelter Talje.* Das in der Rahmitte befestigte Drehreep, das sowohl aus Metalltau wie aus Hanftau oder auch aus einer Kette gefertigt werden kann, läuft über die Scheibe des Marsstengefalls und wird an einen Block gestroppt. Von diesem geht die Strecktalje aus; ein Ende bildet die stehende Part am Wassergang, während am anderen Ende ein doppelter Block angestroppt wird.
Der doppelte Block bildet zusammen mit einem weiteren, an einem Augbolzen des Wassergangs (auf der anderen Schiffsseite) befestigten Block das Takel, dessen Läufer an der Schanzkleidbeting belegt wird, nachdem er über einen Wegweiser- oder Leitblock gelaufen ist. Bei kleinen Segelschiffen (Briggs usw.) besteht das Fall aus einem Drehreep, das über die Scheibe der Marsstenge läuft und mit Hilfe eines seitlich des Mastfußes befestigten doppelten oder einfachen Takels steifgeholt wird.
Die Untermarsrahen haben ebenso wie die Unterbramrahen keine Fallen (Abb. *415* und *416a*).

**Oberbram- und Royalrahfallen.** Die Fallen der Oberbramrahen sind wie die der Obermarsrahen ausgerüstet. Die Royalrahfallen sind weniger stark (außer bei großen Segelschiffen) und haben einfache oder doppelte Aufholer statt der Taljen. Bei kleinen Segelschiffen ist das Bramrahfall gleich dem Marsrahfall, es hat ein Drehreep und ein seitlich des Mastfußes befestigtes einfaches Takel (Abb. *415* und *416b*).

Abb. 415. *Rahfallen eines Segelschiffes*

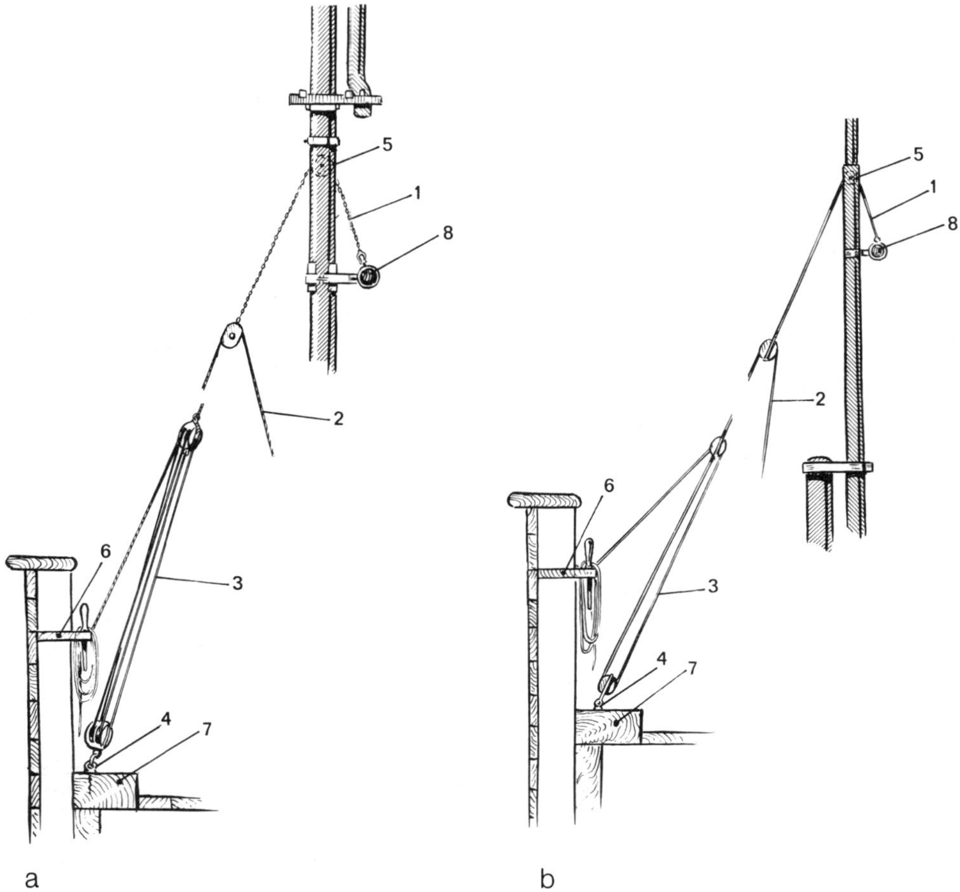


Abb. 416. *Einzelheiten der Rahfallen*
a) *Obermarsrahfall;* b) *Oberbramrahfall (oder Royalrahfall)*
*1. Drehreep, 2. Strecktalje, 3. Takel, 4. Augbolzen, 5. Gat des Falls mit Scheibe, 6. Betingbalken, 7. Wassergang, 8. Rah*

**Klüver- und Stagsegelfallen.** Die *Klüver-* und *Stagsegelfallen* der kleinen Segelschiffe sind unkompliziert. Am Fallhorn befestigt, laufen sie in einen Block, der an einen Augbolzen an den Längssalingen gestroppt ist (oder er ist an den Leiter gestroppt), gehen längs des Mastes hinunter und werden an der Beting des Fockmastes oder an einer Klampe auf der Schanzkleidinnenseite steifgeholt. Wenn diese Segel größere Abmessungen haben, werden die Fallen durch einen Aufholer verstärkt, dessen stehende Part an einem Augbolzen am Mastfuß oder an einem Augbolzen auf dem Wassergang befestigt wird. Der Läufer wird an der Beting steifgeholt (Abb. *417* und *418*).

**Gaffelsegel- und Gaffeltoppsegelfall.** Wenn das Gaffelsegel unmittelbar an die Gaffel geschlagen ist, hat es kein Fall; das Fall ist einfach, wenn das Gaffelsegel an die Gleitschiene der Gaffel geschlagen ist. Es läuft über die Scheibe der Gaffel, dann zu einem am Masttopp befestigten Block und geht längs des Mastes hinunter, wo es an der Beting desselben steifgeholt wird (Abb. *417* und *419*). Das Gaffeltoppsegel hat ein einfaches Fall wie das Gaffelsegel.

Abb. 417. *Laufendes Gut der Klüver, Stag- und Gaffelsegel eines Segelschiffes*
*1. Klüverfallen, 2. Klüvergeitaue, 3. Klüverschoten, 4. Stagsegelfallen, 5. Stagsegelgeitaue, 6. Stagsegelschoten, 7. Gaffelfall, 8. Klaufall, 9. Heißfall, 10. Gaffelgeeren, 11. Besanbaumtalje, 12. Besanbaumtoppnant, 13. Gaffelschot, 14. Gaffelgeitaue*

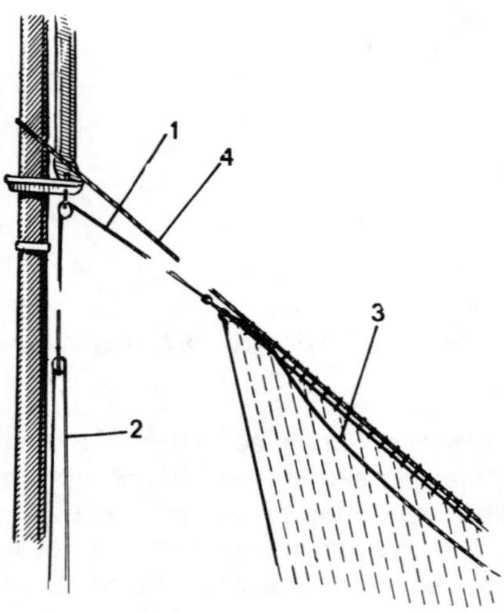


Abb. 418. *Einzelheiten des laufenden Gutes der Stagsegel und Klüver*
*1. Fall, 2. einfacher Aufholer, 3. Geitau, 4. Leiter*

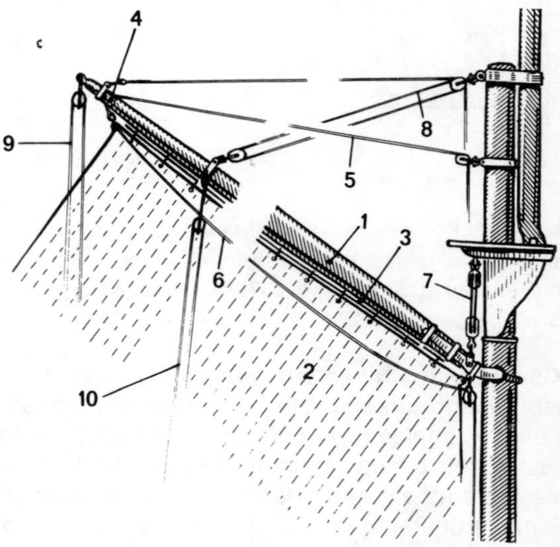


Abb. 419. *Einzelheiten des laufenden Gutes der Gaffel und des Gaffelsegels*
*1. Gaffel, 2. Gaffelsegel, 3. Nockhorngleitschiene, 4. Gaffelscheibe, 5. Gaffelfall, 6. Gaffelsegelgeitau, 7. Klaufall, 8. Heißfall, 9. Gaffelflaggenfall, 10. Geere*

**Gaffelfall.** Die Gaffel hat zwei Fallen: das *Klaufall* und das *Heißfall.* Das Klaufall besteht aus einem zwischen der Quersaling hinter der Mars und der Gaffelklaue befestigten Takel.

Das Heißfall bildet an der Gaffel die stehende Part, läuft über einen am Eselshaupt befestigten doppelten Block, dann über einen weiteren, an einem Band in der Mitte der Gaffel befestigten Block und über die andere Scheibe des Blocks am Eselshaupt zum Mastfuß hinab, wo es auf der Beting des Mastes oder des Schanzkleids steifgeholt wird (Abb. *417* und *419*). Auch die Flaggen haben Fallen; sie heißen *Flaggenfallen.*

## Fallen der alten Schiffe

**Groß- und Fockrahfallen.** Die Schiffe des 17.–18. Jahrhunderts hatten Fallen an den Unterrahen, die aus zwei Teilen bestanden: einem *Drehreep* (der Ausdruck stammt von den Galeeren und bezeichnete das Tau, mit dem die Segelstange geheißt oder gefiert wurde) und dem eigentlichen Fall. Das Drehreep lief durch das Eselshaupt und

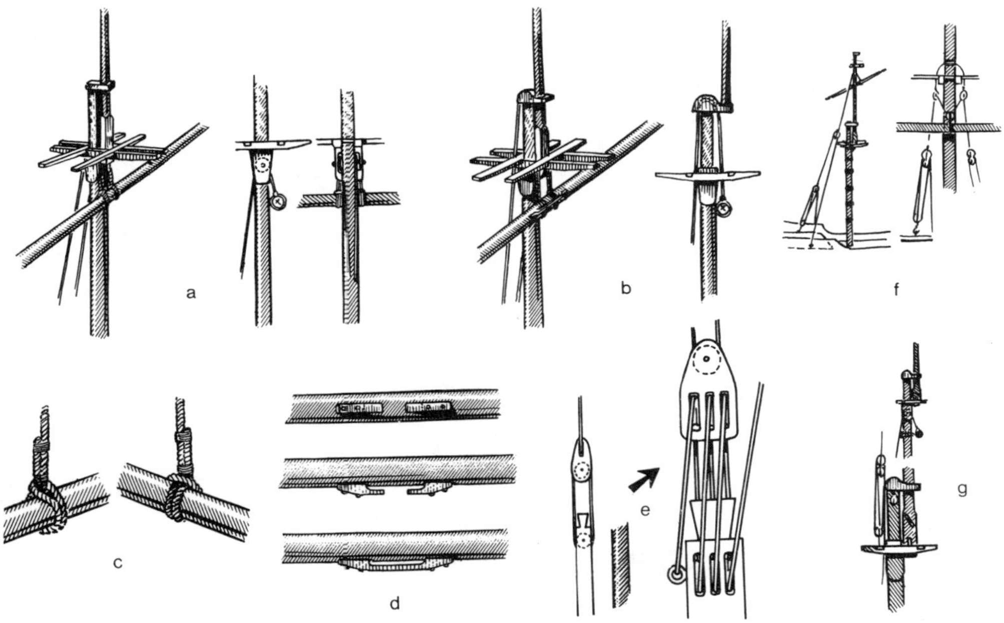

Abb. 420. *Unter- und Marsrahfallen der alten Schiffe*
a) *Fall englischer Bauart aus dem 17. Jahrhundert;* b) *Fall französischer Bauart aus dem 17.–18. Jahrhundert;* c) *Anbringen des Drehreeps der Rah;* d) *Anbringen der Polster für das Drehreep der Rah;* e) *Knecht für die Fallen im Detail;* f) *Marsrahfall eines Schiffes von 1650;* g) *Marsrahfall holländischer Bauart;* h) *Falltakel von Rahen und Beting des Schulschiffes* Ebe *im Detail (Museo della Scienza e della Tecnica di Milano), bugwärts gesehen*

endete an einem dreifachen Block. Das Fall bildete die stehende Part an einer Beting und lief über die Scheiben des dreifachen Blocks und die Scheiben der Beting, dann wurde es an einer Klampe steifgesetzt (Abb. *420a, b, c, d, e*). Im 18. Jahrhundert bildete das Drehreep die stehende Part am Eselshaupt, lief durch dessen Hohlkehle (Eselshaupt französischer Bauart), oder aber es bildete die stehende Part an einem Augbolzen (Eselshaupt englischer Bauart). Am Ende des Drehreeps wurde ein dreifacher Block angestroppt, der mit einem anderen, an die Rah gestroppten das Falltakel bildete. Das Fall ging längs des Mastes bis zu den *Scheiben des Knechts* hinunter (Abb. *421*).

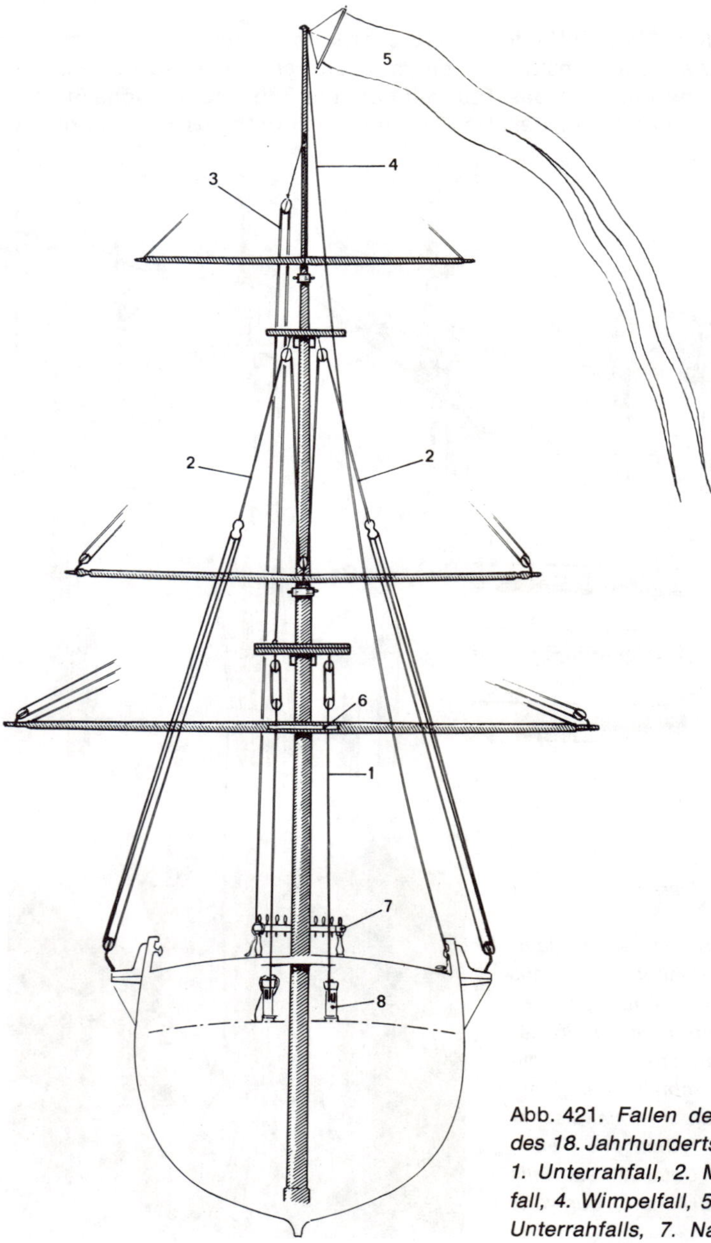


Abb. 421. *Fallen der Rahen eines Schiffes des 18. Jahrhunderts*
*1. Unterrahfall, 2. Marsrahfall, 3. Bramrahfall, 4. Wimpelfall, 5. Wimpel, 6. Polster des Unterrahfalls, 7. Nagelbank, 8. Fallknecht*

Der *Fallknecht* war eine fest an den Balken des zweiten Decks hinter dem Mast befestigte Holzsäule. Im oberen Teil der Säule befanden sich Gats mit Scheiben, während der Kopf so geformt war, daß die Taue belegt werden konnten (Abb. *420e*).

**Groß-, Vor- und Kreuzmarsrahfallen.** Das Drehreep ging über einen in der Mitte der Rah angestroppten Block, dann durch zwei unter den Quersalingen der Bramstenge befestigte Blöcke. Von hier lief jedes Ende rechts und links hinunter und wurde am Stropp eines doppelten Takelblocks festgemacht. Das Takel war an einem Augbolzen an der Rüste befestigt (Abb. *421*). Das Fall wurde unter anderem mit einer Stange dirigiert, die frei entlang der Pardune gleiten konnte (Abb. *422*). Andere Anordnungen der Marsfallen auf den Schiffen des 17.–18. Jahrhunderts zeigt Abb. *420f, g.*

**Groß-, Vor- und Kreuzbramrahfallen.** Das mit einem Haken versehene Drehreep faßte eine in der Mitte der Rah befestigte Kausch, lief über die Scheibe des Gats im oberen Ende der Bramstenge, an das andere Ende stroppte man einen einfachen Block. Das Fall bildete die stehende Part an den Rahen, lief durch den Drehreepsblock zur Mars hinunter und durch sie hindurch und ging durch einen auf dem Achterdeck oder dem Deck befestigten Block, wo es schließlich an der Beting des Mastfußes belegt wurde (Abb. *421*).

**Toppmastrahfall.** Es war ein einfaches Tau, das unmittelbar an der Rah befestigt wurde; es ging in eine am oberen Mastende befestigte Kausch, lief am Mast hinab und wurde an einer in der Nähe der Bramstenge angebrachten Klampe steifgeholt.

**Kreuzrutenfall.** Das Falltakel wurde unmittelbar an der Rute befestigt. Es bestand aus einem dreifachen Block, der unter die Mars des Kreuzmastes gestroppt war, während der zweite, doppelte Block an der Rute befestigt wurde. Das Fall lief, indem es nacheinander die Scheiben der beiden Blöcke passierte, auf der Steuerbordseite das Mittelwant entlang hinunter und ging durch einen einfachen Block, wo es dann an einer Klampe belegt wurde. Weitere, in der englischen Marine gebräuchliche Anordnungen werden in Abb. *423* gezeigt.

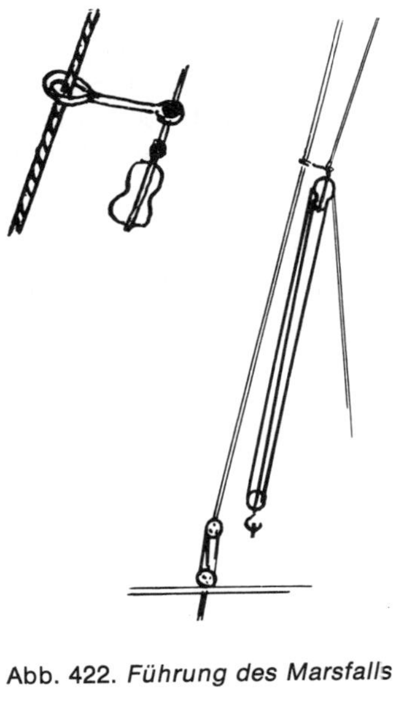

Abb. 422. *Führung des Marsfalls*

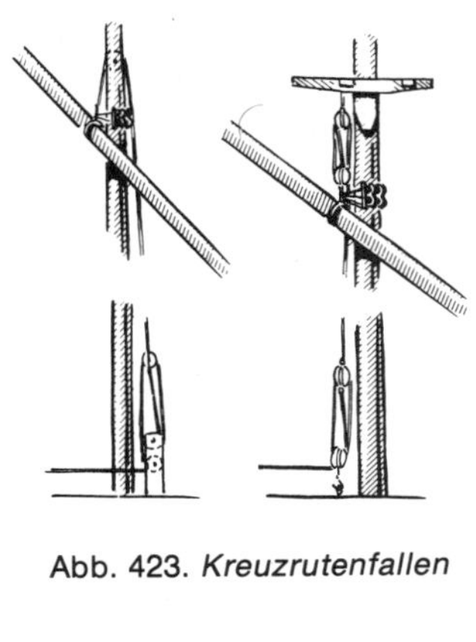

Abb. 423. *Kreuzrutenfallen*

**Nocktakel oder Außentakel der Blinde.** Die Blinderah hatte kein Fall; statt dessen besaß sie festes Tauwerk, das *Nocktakel* genannt wurde. Es war zwischen der Bugsprietspitze und der Rah befestigt (Abb. *424*).

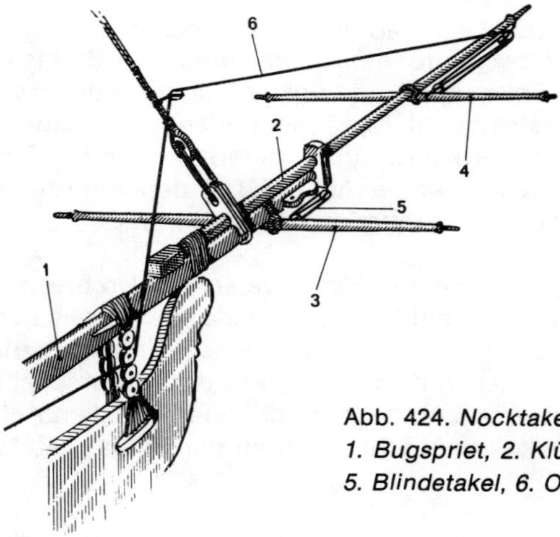


Abb. 424. *Nocktakel oder Außentakel der Blinderahen*
*1. Bugspriet, 2. Klüverbaum, 3. Blinderah, 4. Oberblinderah, 5. Blindetakel, 6. Oberblindetakel*

Die Oberblinderah hatte wie die Blinderah ein Takel, dessen Läufer aber nicht fest war. Ein einfacher Block war an der Rah befestigt, während auf den Klüverbaum ein doppelter Block gesetzt wurde. Das Fall war am Stropp des Rahblocks befestigt, lief über die Scheiben der beiden Blöcke und dann durch einen anderen, am Fockborgstag festgemachten Block. Von diesem Block ging es zum Bugsprietgestell und wurde von dort aus an der Bugbrüstung steifgeholt.

**Stag- und Klüversegelfallen.** Es waren einfache, am Fallhorn befestigte Taue. Das Fall des großen Stagsegels lief durch einen an der Flechting der Marsstenge befestigten Block, ging längs des Mastes hinunter, passierte einen am Fuß desselben Mastes befestigten Block und wurde auf Deck in der Nähe des Achterdecks steifgeholt. Die Fallen des zweiten Stagsegels und des Bramstagsegels wurden wie die vorigen ausgerüstet, ebenso die Fallen der Kreuz-, Kreuzbram-, Kreuzoberbram- und Kreuzroyalstagsegels. Die Fallen des Klüvers, des Binnen- und des Außenklüvers und des Vorstengestagsegels gingen durch an der Flechting der Vormarsstenge befestigte Blöcke, liefen den Fockmast hinunter, durchquerten das Soldatengat der Mars, gingen durch Blöcke auf der Back und wurden an Klampen steifgeholt, die auf dem Vordeck befestigt waren.

**Fall der Rah des Sprietmastes.** Das Drehreep wurde an der Rah befestigt, ging über die Scheibe der Stenge und wurde an das Takel des Falls gestroppt, das an der Mars belegt wurde (Abb. *425*).

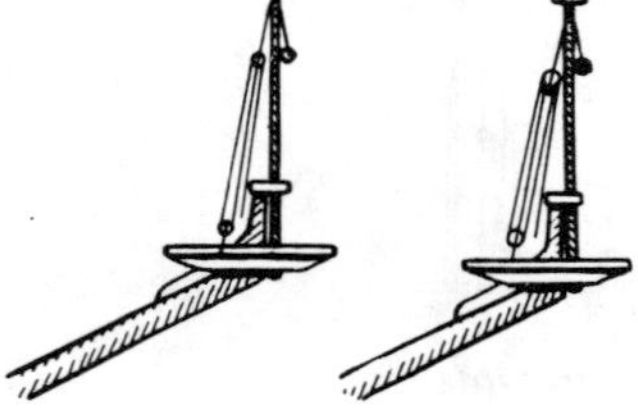

Abb. 425. *Fall der Rah des Sprietmastes*

## Brassen

Es sind an den Rahenden befestigte Taue. Sie dienen dazu, den Rahen und folglich den Segeln die bei den verschiedenen Gangarten erforderliche Stellung zu geben. Die Tätigkeit, die man mit den *Brassen* ausführt, heißt ebenfalls *Brassen.*

**Brassen der Unterrahen.** Bei den Segelschiffen bestehen sie aus einem am Augbolzen des Rahnockbandes befestigten Schenkel und einem einfachen Takel. An dem Brassenschenkel ist der Takelblock befestigt; der andere Takelblock wird an der Reling oder außen an einem Ausleger festgemacht. Manchmal geht der Takelläufer durch einen weiteren, außen angebrachten Block (Abb. *426*).

**Brassen der Marsrahen.** Je nach den Abmessungen des Schiffes gibt es drei Arten.
*Mit doppeltem Aufholer:* Der feste Block ist an den Längssalingen der Mars des Heckmastes angeknebelt; der andere Block und der Läufer gehen zum Schanzkleid auf die Beting innerhalb der Wanten hinunter.
*Mit einfachem Aufholer:* Die stehende Part ist am Unterwant für die Untermarssegel und am Marsstengestag für die Obermarssegel befestigt; der Läufer geht durch den an den Brassenschenkel gestroppten Block und steigt zum Schanzkleid auf die Beting innerhalb der Wanten hinunter.

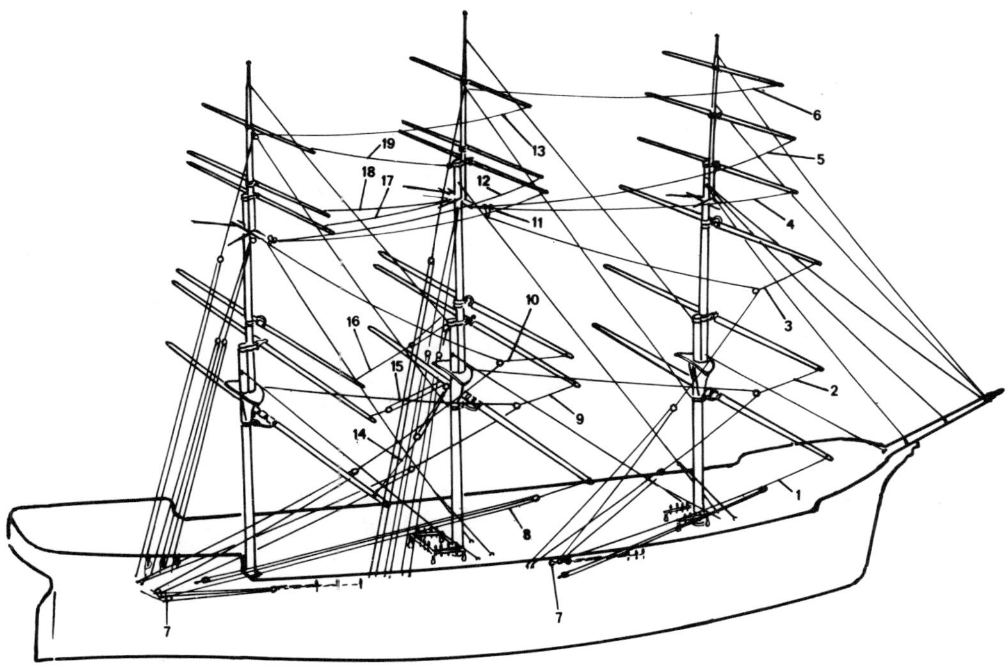


Abb. 426. *Brassen der Rahen eines Segelschiffes*
*1. Fockbrasse, 2. Voruntermarsbrasse, 3. Vorobermarsbrasse, 4. Vorunterbrambrasse, 5. Voroberbrambrasse, 6. Vorroyalbrasse, 7. Wegweiser- oder Leitblock, 8. Großbrasse, 9. Untermarsbrasse, 10. Obermarsbrasse, 11. Unterbrambrasse, 12. Oberbrambrasse, 13. Royalbrasse, 14. Kreuzbrasse, 15. Kreuzuntermarsbrasse, 16. Kreuzobermarsbrasse, 17. Kreuzunterbrambrasse, 18. Kreuzoberbrambrasse, 19. Kreuzroyalbrasse*

*Mit Strecktalje:* Die stehende Part ist am Unterstag für die Untermarssegel und am Marsstengestag für die Obermarssegel befestigt. Sie läuft durch den Block des Brassenschenkels, wird an den Takelblock gestroppt, dessen Läufer zum Schanzkleid auf die Beting hinuntergeht und durch einen an der Reling oder an einem Ausleger befestigten Wegweiser- oder Leitblock läuft. Die Brassen der Kreuzmarsrahen sind zum Bug hin gerichtet (Abb. *426*).

**Bram- und Royalrahbrassen.** Sie besitzen einen doppelten oder einfachen Aufholer, je nach der Größe des Schiffes. In jedem Fall ist der Block an die Längsträger der Quersalinge oder an die Flechting der Stenge geknebelt. Die Kreuzbram- und Kreuzroyalbrassen sind bugwärts gerichtet (Abb. *426*).
Die großen Segelschiffe bedienen die Unterrahbrassen und die Marsbrassen mit Winden.

## Brassen der alten Schiffe

**Großbrassen.** Sie bildeten die stehenden Parten an einem Ring, der außenbords befestigt war. Dann gingen sie durch einen am Ende der Rah festgemachten Block, kehrten heckwärts zurück, wobei sie einen Block passierten, der sich innerhalb des Schanzkleides des Quarterdecks befand, und wurden an einer Klampe in der Nähe desselben Blocks belegt (Abb. *427*).

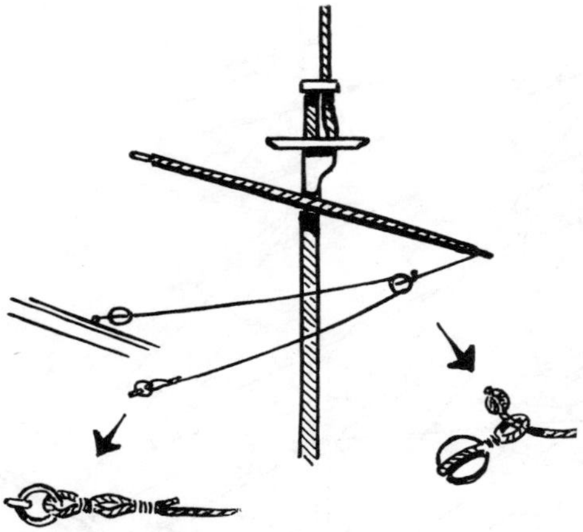

Abb. 427. *Großbrassen der alten Schiffe*

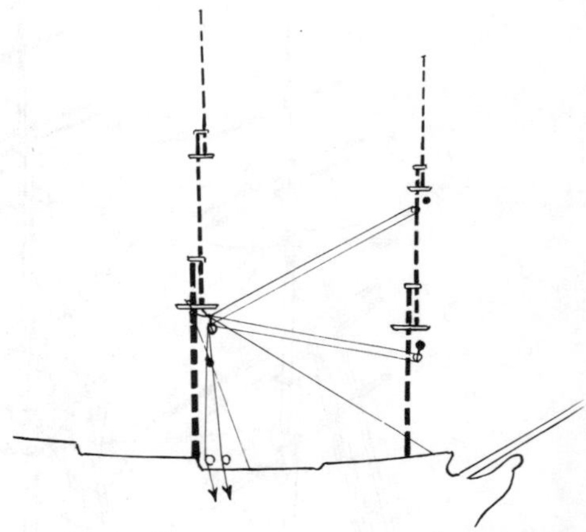

Abb. 428. *Fock- und Vormarsbrassen der alten Schiffe*

**Fockbrassen.** Sie bildeten die stehenden Parten am Legel des Großstags, gingen zu dem am Ende der Rah befestigten Block, kehrten dann auf eine Scheibe eines an das Staglegel gestroppten doppelten Blocks zurück und liefen darauf über einen weiteren doppelten Block, der am ersten Bugwant unter der Verdrillung befestigt war. Sie gingen am Mast auf das zweite Deck hinunter, wobei sie über die Scheibe eines dritten, auf Deck in der Nähe des Mastfußes befestigten Blocks liefen, wo sie an einer auf das Deck genieteten Klampe steifgeholt wurden. Auf die andere Scheibe ging – von denselben oben erwähnten drei doppelten Blöcken aus – auch die Vormarsbrasse, deren stehende Part sich immer am Großstag befand (Abb. *428*).

**Großmarsbrassen.** Ihre stehenden Parten befanden sich am Legel des Kreuzstags; sie gingen zu dem an das Rahende gestroppten Block, kehrten zum Kreuzmast zurück, wobei sie über einen an einem Brassenschenkel befestigten Block liefen. Sie passierten dann einen weiteren, auf das letzte Heckwant in zwei Drittel seiner Höhe gesetzten und schließlich einen auf Deck befestigten Block und wurden an einer Klampe an der Schiffsinnenwand steifgeholt (Abb. *429*).

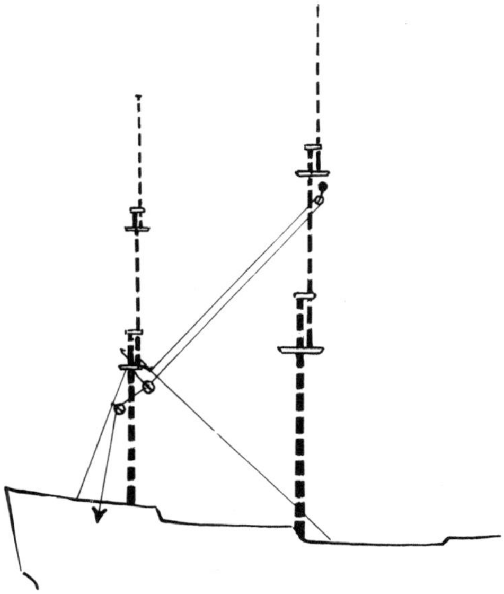

Abb. 429. *Großmarsbrassen der alten Schiffe*

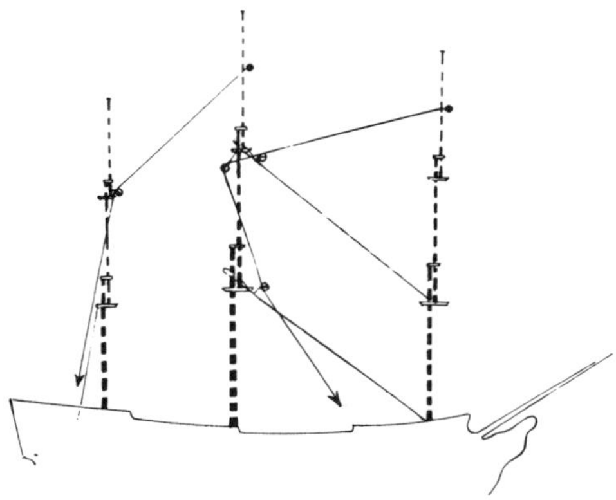

Abb. 430. *Groß- und Vorbrambrassen der alten Schiffe*

**Großbrambrassen.** Ihre Enden besaßen Legel, die über die Nocken der Rah gestreift wurden und dann in einen Block liefen, der an den Masttopp der Kreuzmarsstenge gestroppt war. Die Brassen durchquerten die Mars, liefen das letzte Kreuzheckwant hinunter – durch auf das Want gesetzte Tauführungen – und wurden an einer Klampe seitlich der Klampe für die Großbrassen festgemacht (Abb. *430*).

**Vorbrambrassen.** Ihre Enden wurden mit Legeln über die Nocken der Rah gestreift; die einzelne Brasse lief in einen auf das Marsstaglegel gesetzten, dann in einen anderen, heckseitig der Mars befestigten Block. Sie lief danach den Großmast hinunter und passierte einen dritten, auf das Großstag gesetzten und schließlich einen letzten, an der Heckreling des Kastells befestigten Block, wo sie an einer Klampe gespannt wurde (Abb. *430*).

**Großskysegelbrassen.** Sie wurden über die Nocken der Rahen gestreift, liefen durch eine oben auf die Kreuzbramstenge gesetzte Kausch den Mast hinunter, durchquerten die Mars und wurden an einer binnenbords gesetzten Klampe in Höhe des ersten Kreuzwants steifgeholt (Abb. *431*).

**Vorskysegelbrassen.** Über die Nocken der Rah gestreift, liefen sie in einen am Großmarsstag befestigten Block, dann in einen weiteren, an der Flechting des Fockmastes festgemachten. Von da liefen sie, indem sie die Fockmars durchquerten, durch eine am Großstag befestigte Kausch und wurden an der Reling des Kastells steifgeholt (Abb. *431*).

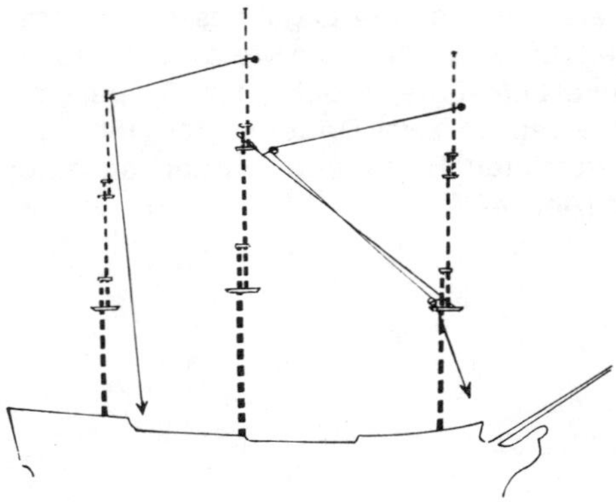

Abb. 431. *Groß- und Vorskysegelbrassen der alten Schiffe*

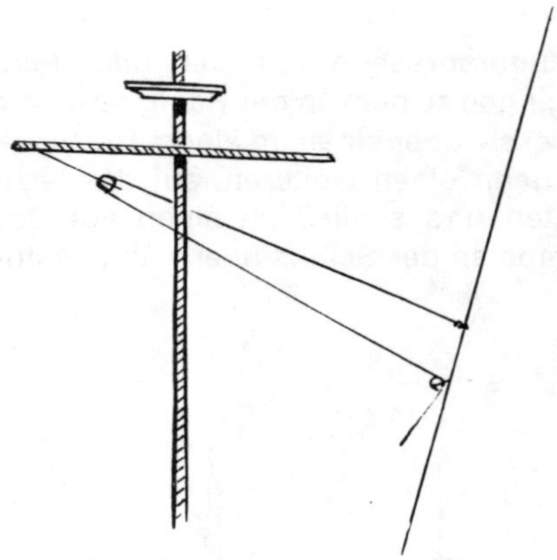

Abb. 432. *Kreuz- und Kreuzmarsbrassen der alten Schiffe*

**Kreuzrahbrassen.** Sie hatten ihre stehenden Parten auf dem letzten Großwant in zwei Drittel seiner Höhe; sie liefen in den an das Rahende gestroppten Block, kehrten zurück, indem sie in einen an demselben Großwant befestigten Block liefen, und wurden an einer Klampe binnenbords gespannt (Abb. *432*).

**Kreuzmarsbrassen.** Diese Brassen wurden wie die der Kreuzrah ausgerüstet; der Wegweiserblock wurde unmittelbar unter der Verdrillung befestigt.

**Kreuzbrambrassen.** Sie wurden mit ihren Legeln über die Rahnocken gestreift, liefen über einen auf die Großmarswanten gesetzten Block, wobei sie die Mars durchquerten und seitlich der Kreuzbrambrassen gespannt wurden. Die Kreuz-, Kreuzmars- und Kreuzbrambrassen wurden über Kreuz geschoren, damit sie einen größeren Spannwinkel boten. Die Brasse auf der Steuerbordseite der Rah wurde auf der Backbordseite, die andere auf der Steuerbordseite steifgeholt, es waren Bugbrassen.

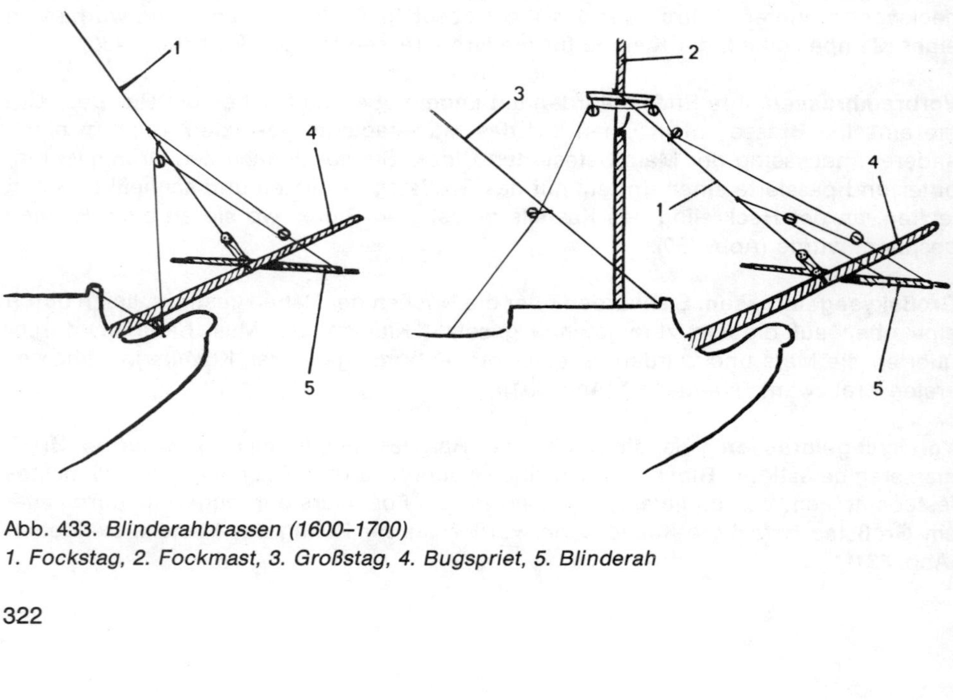


Abb. 433. *Blinderahbrassen (1600–1700)*
*1. Fockstag, 2. Fockmast, 3. Großstag, 4. Bugspriet, 5. Blinderah*

**Blindebrassen.** Im Verlauf der Jahrhunderte änderte sich die Anordnung der Blindebrassen verschiedentlich. Abb. *433* zeigt deutlich die Ausrüstung verschiedener Brassenarten.

**Oberblindebrassen.** Sie wurden mit Hilfe von Legeln über die Nocken der Rah gestreift, liefen durch einen unten am Vorstengestag befestigten Block und dann über einen weiteren, am Fockstag befestigten Block. Danach liefen sie über das Bugsprietgestell zum Steifholen an die Bugreling.

**Sprietstengerahbrassen.** Ihre stehenden Parten befanden sich am Vormarsstag; dann liefen sie in den an einen Schenkel gestroppten Block, kehrten zum Vormarsstag zurück, wo sie durch einen doppelten Block kamen. Danach gingen sie über einen doppelten, am Bugspriet befestigten Block zum Steifholen an die Bugreling (Abb. *434*).

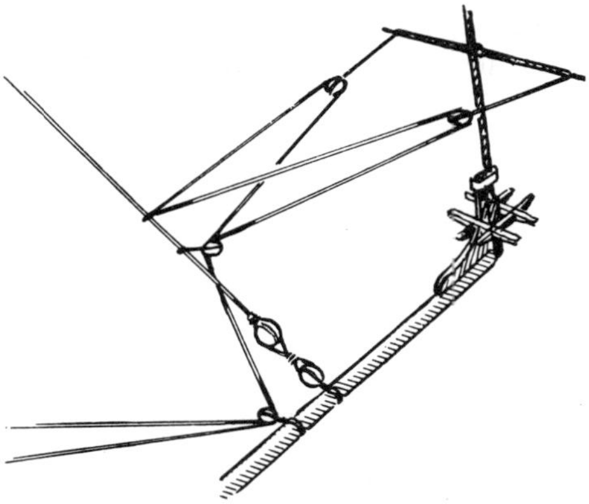

Abb. 434. *Sprietstengerahbrassen*

## Dirk und Halstaljen

Die Kreuzrute besaß keine Brassen, sondern *Dirk* und *Halstaljen* genannte Taue, die auch die Rute der Galeeren trug.
*Halstalje* hieß das an einem der Blöcke des unteren Rutenendes befestigte Tauwerk, das die Aufgabe hatte, die Rute zu senken. *Dirk* hieß das durch einen der Blöcke der Rute laufende Tauwerk, das dazu diente, das untere Rutenende zum Heck zu ziehen. Halstaljen und Dirk hießen im Italienischen *orze,* und das Reservetauwerk, das zu ihnen gehörte, nannte man *orza novella.*
Mit dem Wort *orza (Luv)* bezeichnet man auch die Schiffsseite, von der der Wind kommt (das heißt die Seite, auf der die Halstaljen befestigt sind); die entgegengesetzte Seite heißt *Lee. Anluven* bis dicht an den Wind bedeutet, das Schiff in möglichst kleinem Winkel zur Windrichtung zu segeln. *Abfallen* hat die entgegengesetzte Bedeutung, nämlich sich aus einer Windrichtung entfernen; *Lenzen* bedeutet, mit geringer Segelfläche oder ohne Segel vor dem Wind laufen.

## Schoten

*Schoten* sind Taue, welche die Schothörner der Segel zum Heck ziehen und sie festmachen; das Ziehen an einer Schot nennt man *Anholen.*

**Untersegelschoten.** Sie bestehen aus doppelten oder einfachen Jolltauen. Wenn es doppelte sind, ist die stehende Part in einem Ringbolzen auf der Reling befestigt; der Läufer fährt, nachdem er den am Schothorn befestigten Block passiert hat, über die Scheibe eines Gats im Schanzkleid und wird an einer Klampe, dem *Kreuzholz oder* der *Schere,* belegt (Abb. *435a*).

**Untermarssegelschoten.** Es sind einfache Taue oder Ketten (bei den großen Segelschiffen); sie fahren durch die Gats mit Scheibe der Unterrah, danach durch den doppelten, in der Mitte der Rah befestigten Block. Von da laufen sie zum Mastfuß hinunter, wo sie durch ein einfaches Takel, meist ein einfaches Jolltau, dessen Läufer an die Beting führt, steifgeholt werden (Abb. 435b).

**Obermarssegelschoten.** Diese Schoten sind fest, sie werden mittels Eisenschäkeln oder Kettenstücken gehalten (Abb. *435c*).

**Bram- und Oberbramsegelschoten.** Es sind einfache Schoten wie die Untermarsschoten; sie gehen zum Mastfuß hinunter, wo sie an der Beting steifgeholt werden.

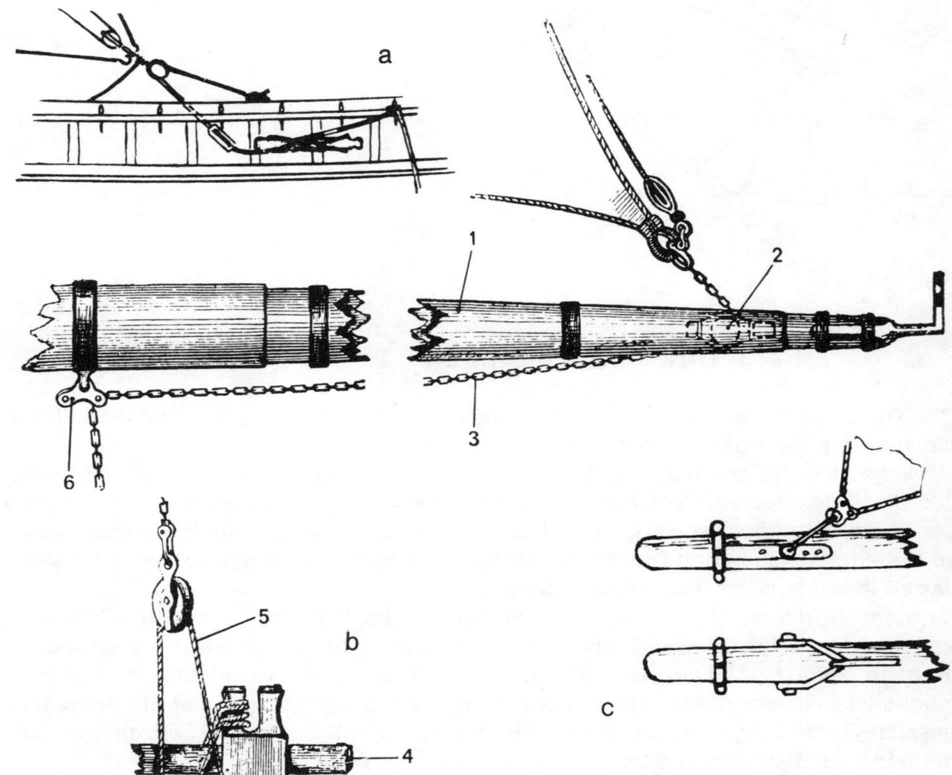

Abb. 435. *Rahsegelschoten*

a) *Untersegelschot;* b) *Untermarsschot;* c) *Obermarsschot*

*1. Rah, 2. Gat mit Scheibe, 3. Kettenschot, 4. Geduld, 5. einfaches Jolltau, 6. doppelter Schotblock aus Eisen*

**Gaffelsegel- und Gaffeltoppsegelschoten.** Die Gaffelsegelschot ist ein doppeltes oder einfaches Jolltau. Wenn es ein doppeltes ist, befindet sich die stehende Part am Ende des Besanbaums, fährt durch den Schothornblock, dann über die Scheibe des Besanbaumgats und wird an einer Klampe auf dem Besanbaum belegt. Ist die Schot einfach, passiert sie unmittelbar die Scheibe des Gats und wird an der Klampe des Besanbaums belegt.
Die Gaffeltoppsegelschot ist einfach, führt durch einen an der Nock der Gaffel befestigten Block und dann zur Beting (Abb. *436a*).

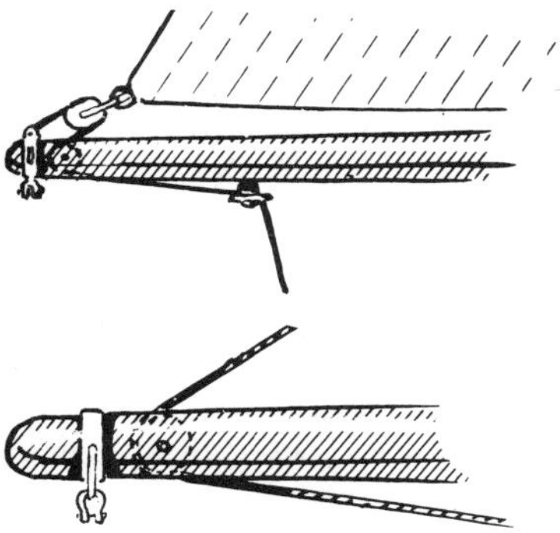

a

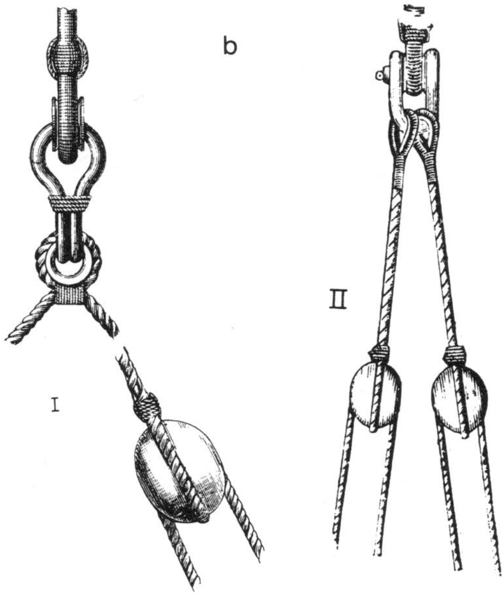


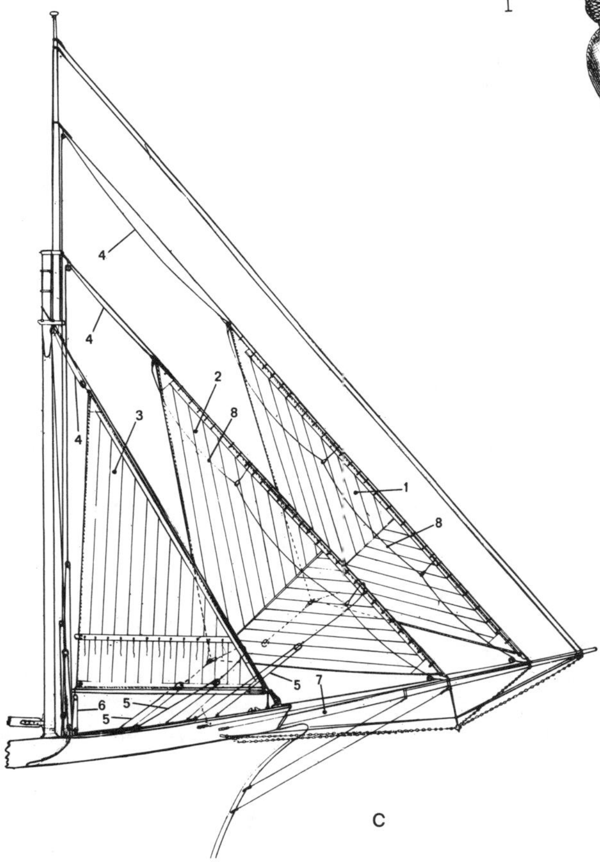


c

Abb. 436. a) *Gaffelsegelschot;* b) *Klüversegelschot (Vorstengestagsegel);* c) *Klüversegel eines Eisenschiffes*
*I. Schenkel mit Kreuzbändsel, II. Schotschenkel*
*1. Außenklüver, 2. Klüver, 3. Stagfock, 4. Fallen, 5. Klüver- und Außenklüverschoten, 6. Stagfockschot, 7. Bugspriet, 8. Klüver- und Außenklüvergeitaue*

**Klüver- und Stagsegelschoten.** Diese Schoten sind doppelt, auf jeder Seite befindet sich eine. Bei kleinen Segelschiffen sind die Schoten einfach und bestehen aus einem mit Kreuzbändsel am Schothorn befestigten Tau. Wenn die Segel groß sind (wie das Vorstengestagsegel und die großen Stagsegel), sind die Schoten einfache oder doppelte Jolltaue und werden mit Hilfe langer, *Schotschenkel* genannter Taue am Schothorn festgemacht. Die stehende Part der Schot befindet sich im Schanzkleid oder auf der Back und ist an der Beting der Back belegt (Abb. *417* und *436b, c*).

**Gaffelgeeren und Besanbaumtalje.** Die Geeren, Geerden oder Gerden dienen dazu, die Gaffel seitlich zu halten. Es sind einfache oder doppelte Jolltaue, auf jeder Seite befindet sich eine. Die *Besanbaumtalje* besteht aus zwei am Toppnantenband befestigten Takeln und dient zum Halten des Besanbaums (Abb. *303* und *304*).

## Schoten der alten Schiffe

**Großsegelschoten.** Ihre stehenden Parten befanden sich außenbords in einem am Bergholz befestigten Ring; sie fuhren durch den Schothornblock, danach durch einen weiteren, außenbords angebrachten Block. Sie gingen dann in ein Loch unter dem Quarterdeck, das mit einer Scheibe versehen war, wo sie an einer *Ohrenklampe,* die sich innerhalb des Schanzkleides in Höhe der Großwanten befand, belegt wurden (Abb. *437a, b* und *438*).

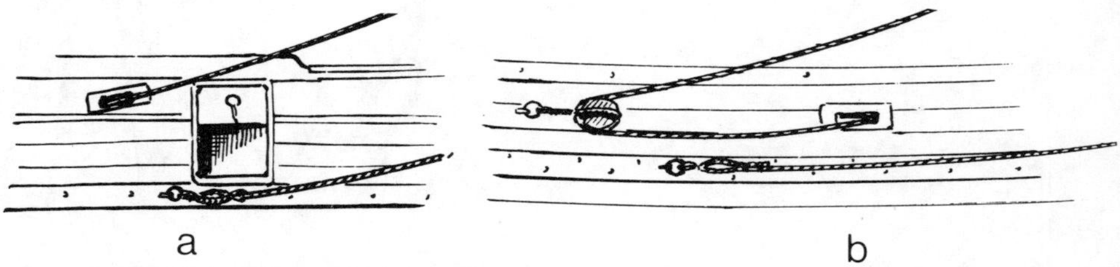

Abb. 437. *Rahsegelschoten der alten Schiffe*
a) *17. Jahrhundert;* b) *18. Jahrhundert*

**Fockschoten.** Sie waren wie die Großschoten ausgerüstet. Auf den Schiffen der zweiten Hälfte des 18. Jahrhunderts wurde der Läufer an einer auf dem zweiten Deck unter dem Gangbord befestigten Klampe belegt.

**Kreuzsegelschoten.** Ihre stehenden Parten befanden sich am Stropp eines am Fuß des Flaggenstocks befestigten Blocks, liefen durch den an das Schothorn des Segels geknebelten Block und wurden, nachdem sie wieder über den ersten Block gelaufen waren, an einer auf den *Hackbord* gesetzten Klampe belegt.

**Marssegelschoten.** Sie waren an den Schothörnern des Segels mit einfachen Knoten befestigt, passierten den doppelten Block an der Rahnock, wo auch die Toppnant ansetzte, fuhren dann durch einen weiteren, in der Mitte unter die Rah gesetzten Block und führten vor dem Mast bis zur Beting oder dem Kreuzholz des zweiten Decks hinunter, wo sie über eine zweite Scheibe der Säule liefen und am oberen Ende derselben Säule belegt wurden. (Das Kreuzholz war wie die Fallbetinge gebaut: es bestand aus zwei Säulen mit Scheiben und einem Querbalken und war bugseitig der Untermasten gut befestigt.)
Die *Vormarsschoten* waren wie die Marsschoten ausgerüstet; sie führten zum Kreuzholz auf der Back.

Die *Kreuzmarsschoten* waren wie die obigen ausgerüstet: Die Läufer wurden an einer auf dem Quarterdeck angebrachten Klampe belegt, nachdem sie einen am Fuß des Kreuzmastes befestigten Block passiert hatten (Abb. *438*).

**Groß-, Vor- und Kreuzbramschoten.** Es waren die gleichen Taue, wie sie für die Toppnanten verwendet wurden. Auch für die Schoten der Royal- und Skysegel verwendete man die gleichen Taue wie für die Toppnanten (Abb. *438*).

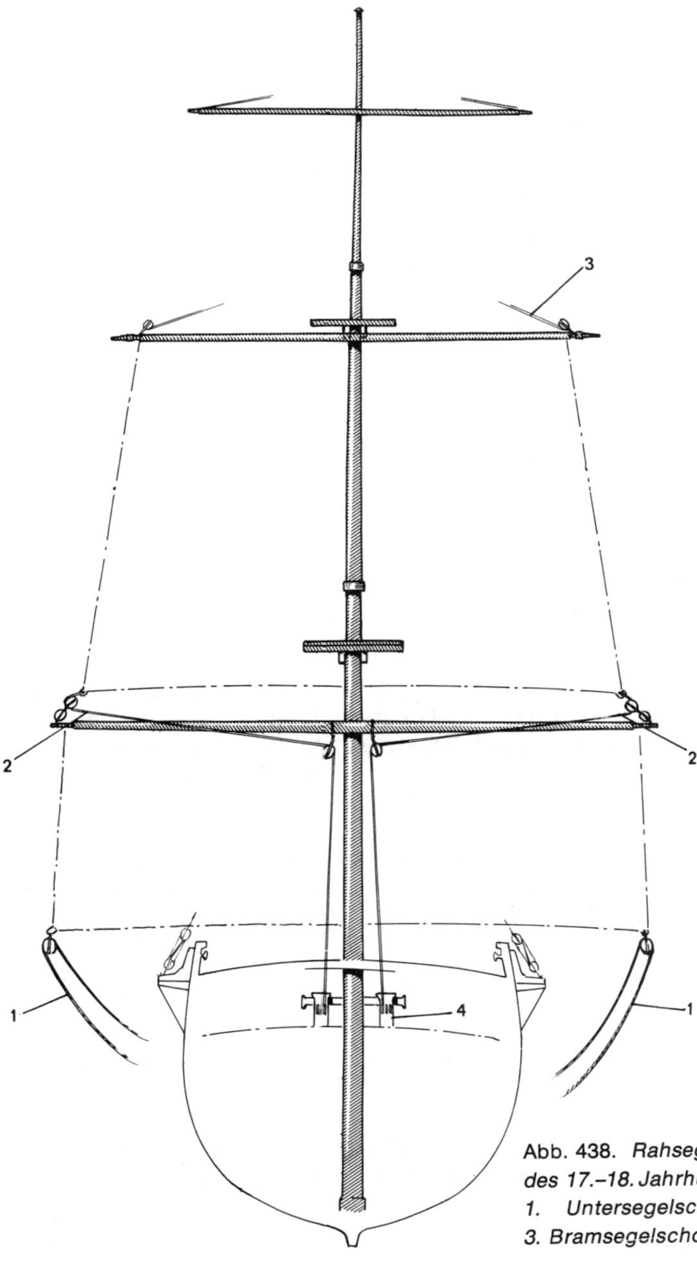


Abb. 438. *Rahsegelschoten eines Schiffes des 17.–18. Jahrhunderts*
*1. Untersegelschot, 2. Marssegelschot, 3. Bramsegelschot, 4. Schotbeting*

**Blindeschoten.** Sie bestanden aus einem langen Schenkel, an dessen Ende ein Block gestroppt war. Über die Scheibe des Blocks lief die Schot, deren stehende Part bei der stehenden Part der Fockschot befestigt war. Der Läufer passierte eine weitere Scheibe des Gats, von der die Fockschot kam, und wurde auf dem zweiten Deck an einer Klampe innerhalb des Schanzkleides belegt.
Die Oberblindeschoten arbeiteten auch als Toppnanten (Abb. *439*).

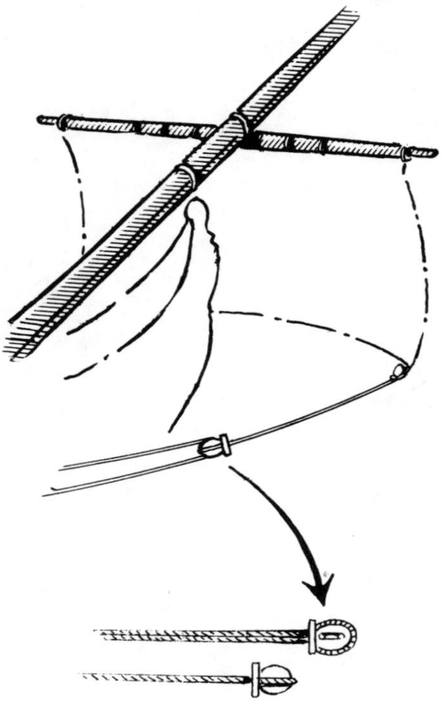

Abb. 439. Blindesegelschoten

**Stagsegelschoten.** Die Schoten des großen Stagsegels waren zwei Takel. An jeder Seite war ein Block am Schothorn des Segels befestigt, ein anderer an Deck. Der Läufer wurde an einer bei dem Block auf Deck gesetzten Klampe steifgeholt. Die Schoten der anderen Stagsegel bestanden aus zwei einfachen Zweigen oder aus einfachen Jolltauen, wenn sie größer waren (Abb. *440a, b, c, d, e, f*).

**Klüversegelschoten.** Sie waren den Stagsegelschoten gleich, bestanden aus zwei Zweigen und wurden an Klampen auf der Back oder aber unter den Fockwanten steifgeholt (Abb. *441a, b, c, d*).

## Halsen

Es sind einfache Taue, die die Schothörner der Segel bugwärts ziehen und festmachen.

**Rahsegelhalsen.** Die *Großsegelhalsen* werden an einem Kreuzholz steifgeholt. Die *Fockhalsen* laufen über einen an der Back befestigten Wegweiserblock und werden an einem Belegnagel der Schanzkleidnagelbank belegt. Die anderen Rahsegel tragen keine Halsen.

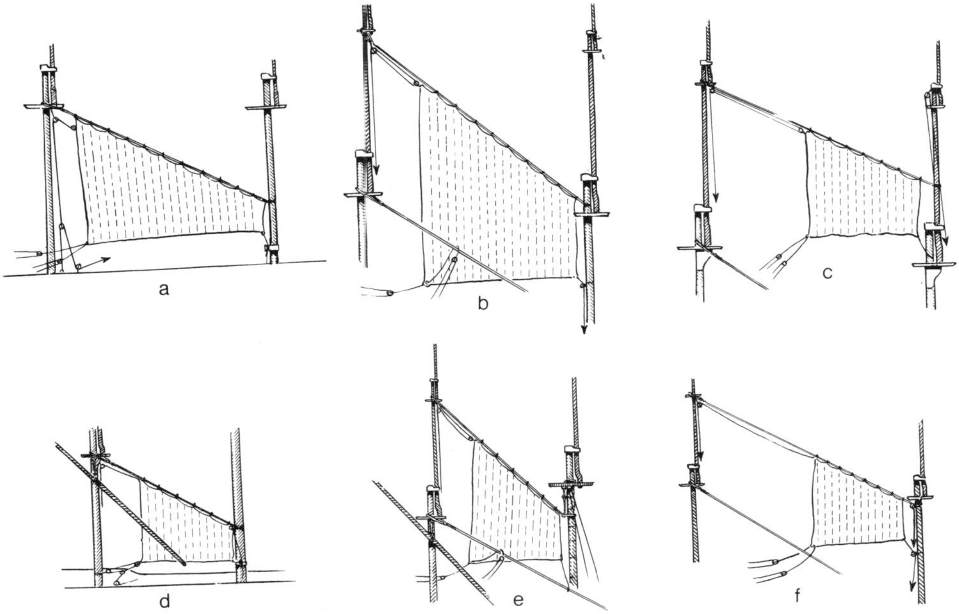


Abb. 440. *Schoten und Halsen der Stagsegel alter Schiffe*
a) *Großstagsegel;* b) *Großstengestagsegel;* c) *Bramstengestagsegel;* d) *Kreuzstagsegel;* e) *Kreuzstengestagsegel;* f) *Kreuzbramstengestagsegel*

**Gaffel- und Gaffeltoppsegelhalsen.** Die *Gaffelhalsen* bestehen aus Bändseln, die das Halshorn am Mast oder an der Schnaue befestigen. Die *Gaffeltoppsegelhalsen* sind einfache Taue, die vom Halshorn zum Mastfuß hinuntergehen und an der Nagelbank desselben Mastes steifgeholt werden.
Die *Halsen* der *Klüver-* und *Stagsegel* sind feste Bändsel, die das Halshorn an dem Leiter oder am Stag halten.

## Halsen der alten Schiffe

**Großhalsen.** Sie wurden an die unteren Schothörner des Segels geknüpft, fuhren durch einen außenbords angebrachten Block, gingen durch ein *Halsenloch* genanntes Loch im Schanzkleid wieder in das Schiff hinein und wurden dort an einer Ohrenklampe belegt. Die Halsenlöcher wurden backbord und steuerbord in der Schanzkleidbeplankung in Höhe des Großmastes angebracht. Sie wurden mit Weichholz verkleidet, um die Halsen vor Reibung zu schützen. Nach außen wurden sie mit Schnitzereien, Ornamenten oder Masken geschmückt (Abb. *442a, b*).

**Fockhalsen.** Sie wurden an die unteren Schothörner des Segels geknüpft, liefen über einen einfachen, an der Nock der *blinden Rah* befestigten Block und wurden dann an einer auf der Back befestigten Klampe gegenüber dem Fockmast belegt (Abb. *442b*).

**Stag- und Klüversegelhalsen.** Stag und Klüversegel trugen nur eine Hals; die Halsen des Großstagsegels und des Großstengestagsegels wurden am Bandträger des Fockmastes befestigt.

Die Hals des Bramstagsegels wurde an der Fockmastflechting befestigt, die des Kreuzstagsegels befestigte man am Bandträger des Großmastes, die des Kreuzmarsstagsegels am Kreuzstag und die des Kreuzbramstagsegels an der Großmars (Abb. *440a, b, c, d, e, f*).
Die Hals des Außenklüvers fuhr durch ein Loch in der Spitze des Klüverbaums und wurde an der Bugsprietvioline befestigt. Die des großen Klüvers befestigte man am Klüverhalsenring. Die Hals des Binnenklüvers wurde am Bugspriet festgemacht, während die Vorstengestagsegelhals zwischen den Bändern des Fockstags und des Fockborgstags befestigt wurde (Abb. *441a, b, c, d*).

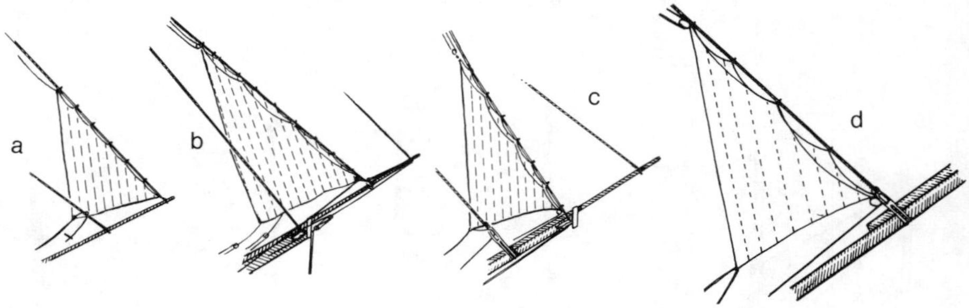


Abb. 441. *Klüverschoten und -halsen der alten Schiffe*
a) *Außenklüver;* b) *großer Klüver;* c) *Binnenklüver;* d) *Vorstengestagsegel*

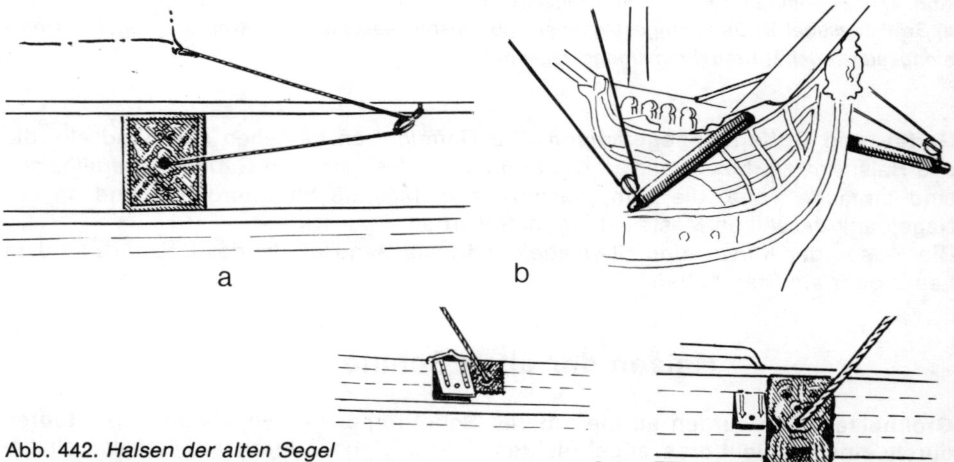


Abb. 442. *Halsen der alten Segel*
a) *Großhals;* b) *Fockhals;* c) *Halsloch*

## Bulins

Es sind Taue, die dazu dienen, die senkrechte Luvseite (das *Seitenliek*) eines Rahsegels bugwärts zu ziehen, wenn das Schiff am Wind läuft. Auf modernen Segelschiffen sind die Bulins außer Gebrauch gekommen; nur auf Handelsschiffen werden sie an den Untersegeln benutzt. Die Verbindung, die eine *Bulin* mit jedem Segel vereint, heißt *Bulinsprut* oder *Bulinhahnepot* (Abb. *330*).
Die *Fockbulin* ist einfach; ein Ende ist an der Bulinsprut befestigt, während das andere über einen auf das Fockstag gesetzten Block fährt und an einer Klampe auf der Back belegt wird.

Die *Großbulin* hat ihre stehende Part am unteren Ende des Großstags, fährt durch einen Block, dessen Stropp auf der Bulinsprut verschiebbar ist, und wird am Schanzkleid an einer Klampe belegt.

## Bulins der alten Schiffe

Früher trugen alle Rahsegel Bulins – außer der Blinde, die man am Wind selten benutzte und die mit Hilfe schwerer, an die Schothörner gehängter Kugeln gespannt wurde. Die Bulins befestigte man an den Seitenlieken der Segel mittels der Bulinspruten.

**Großbulins.** Die Luvbulin lief über einen an der Bugreling befestigten *Kinnbacks-* oder *Fußblock* und wurde in der Nähe des Fockmastes an einer Klampe belegt. Die Leebulin, die nicht gespannt war, wurde aus dem Kinnbacksblock herausgenommen und an der Bugreling festgemacht. Auf den Schiffen des 17. Jahrhunderts fuhren die Bulins über einen am Fuß des Fockmastes befestigten Kinnbacksblock (Abb. *443*).

**Großmarsbulins.** Sie fuhren über einen am Fockmast unter der Mars befestigten Block, dann über einen weiteren, auf das letzte hintere Want gesetzten Block, wo sie an einer Klampe unter demselben Want befestigt wurden. Diese Bulins kreuzten sich (Abb. *443*).

**Großbrambulins.** Sie liefen alle durch eine unten am Bramstag befestigte Kausch, dann über einen Block an der Vormarsstenge, durchquerten die Mars und wurden unter dem hintersten Fockwant an einer Klampe belegt. Auch diese Bulins kreuzten sich (Abb. *443*).

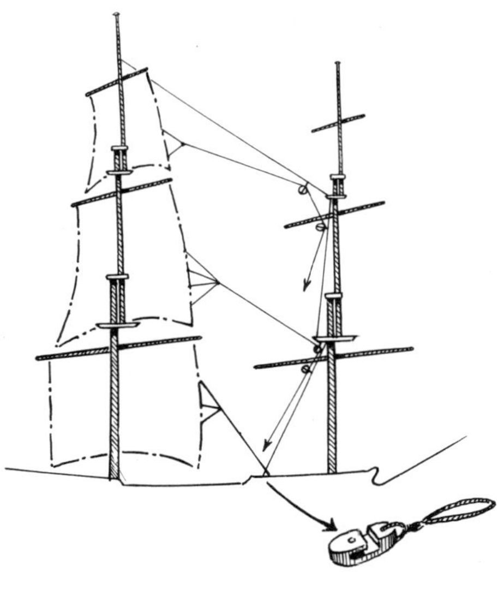

Abb. 443. *Groß-, Großmars- und Großbrambulins*

**Großroyalbulins.** Jede fuhr durch eine oben an das Bramstag gesetzte Kausch, lief längs desselben hinunter, durch auf den Vorstengewanten befestigte Blöcke und die Fockmars, dann über einfache Tauführungen auf einem Fockunterwant und wurde schließlich binnenbords in Höhe desselben Wants belegt.

**Fockbulins.** Sie fuhren über einen am oberen Ende des Klüverbaums befestigten dreifachen Block, dann über einen auf die Bugsprietvioline gesetzten einfachen Block und schließlich zum Blinderahblock. Sie wurden an der Bugreling belegt (Abb. *444*). Im 17. Jahrhundert liefen sie durch Blöcke, die an der Bugsprietspitze befestigt waren, und wurden an der Bugreling befestigt.

**Vormarsbulins.** Jede fuhr in eine Kausch, die am Vorbramstag, etwa 3 m über dem Klüverbaum, befestigt war. Dann kamen sie über einen kleinen, am Stropp des dreifachen Blocks befestigten Block und durch eine auf den Stropp des Fockstagbandes gesetzte Kausch. Danach liefen sie durch einen Block des Bugsprietgestells oder durch einen am Großstagband befestigten Block und wurden an der Bugreling festgemacht (Abb. *444*). Im 17. Jahrhundert wurden sie wie die Fockbulins ausgerüstet.

**Vorbram- und Vorroyalbulins.** Sie wurden ebenso wie die Vormarsbulins angeordnet (Abb. *444*).

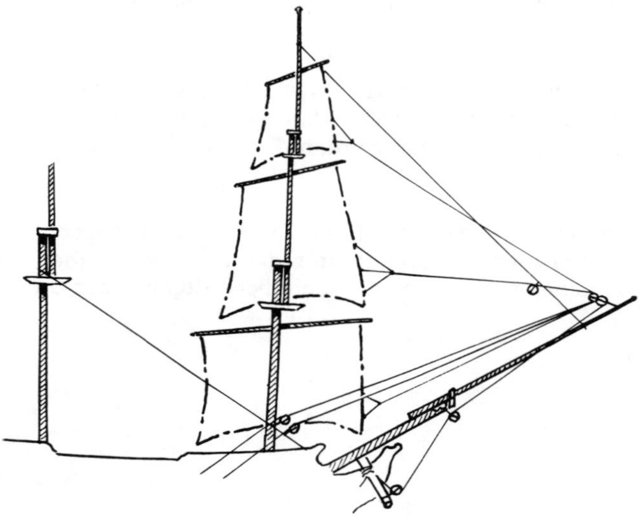

Abb. 444. *Fock-, Vormars- und Vorbrambulins*

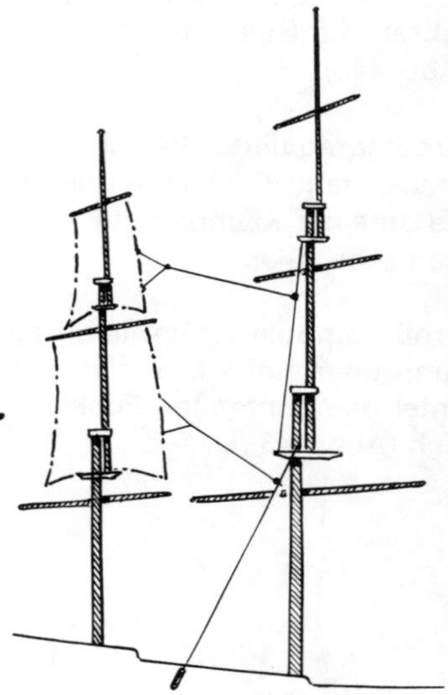

Abb. 445. *Kreuzmars- und Kreuzbrambulins*

**Kreuzmarsbulins.** Jede fuhr in einen an den Großwanten, nicht weit unter der Verdrillung befestigten Block, danach über einen weiteren, innerhalb des Schanzkleides gesetzten Block. Sie wurden an einer Klampe belegt. Auch diese Bulins kreuzten sich (Abb. *445*).

**Kreuzbrambulins.** Sie kreuzten sich. Jede fuhr in einen auf die Großmarswanten gesetzten Block, lief durch die Mars hinunter und wurde dort bei den Kreuzmarsbulins an einer Klampe belegt (Abb. *445*).

## Geitaue

Es sind einfache Taue, an den Seitenlieken der Segel angebrachte Aufholer zum Aufgeien und Bergen der Segel an den Rahen.

Bei den Rahsegeln gibt es *Geitaue, Buggordings (Bauchgordings), Schlappleinen* oder *Schlappgordings;* bei den Latein-, Stag- und Klüversegeln gibt es den *Niederholer;* bei den Gaffelsegeln gibt es das *obere Geitau,* das *Klaugeitau* und das *untere* oder *Fußgeitau.*

### *Geitaue der Untersegel*

**Geitaue.** Es sind doppelte Jolltaue (oder einfache), und zwar für jedes Schothorn. Bei den älteren Segelschiffen ist der feste Block des Jolltaus am Rack angebracht, während der andere am Schothorn befestigt ist. Die stehende Part des Taus befindet sich am Rackblock, der Läufer fährt durch den Schothornblock, dann durch den festen Block, darauf zum Mastfuß hinunter, wo er an der Nagelbank belegt wird. Bei den modernen Segelschiffen befindet sich das Geitau an der Nock der Rah; der feste Block ist in den unteren Augbolzen des Rahnockbandes geschoren. Der Läufer läuft, nachdem er über den festen Block und den des Schothorns gefahren ist, wieder über einen auf dem Rack oder der Rah befestigten Block und dann zum Mastfuß hinunter (Abb. *446a, b*).

**Buggordings.** Es sind, je nach der Größe des Schiffes, zwei oder drei einfache Taue. Sie werden an den Legeln des Unterlieks befestigt, fahren auf der Bugseite des Segels empor und, durch am bugseitigen Rand der Mars befestigte Blöcke, zum Mastfuß hinunter, wo sie an der Nagelbank belegt werden. Bei den großen, modernen Segelschiffen gehen die Buggordings über auf die Segel genähte, einfache Tauführungen, danach durch kleine, auf der Führung der Rah befestigte Blöcke; durch unter die Mars gesetzte Blöcke und durch Tauführungen, die auf den Wanten befestigt sind, laufen sie zur Schanzkleidnagelbank (Abb. *446a, b*).

**Schlappgordings.** Sie sind einfach, es wird je eine auf jeder Seite am Seitenliek festgemacht. Sie passieren die Bugseite des Segels und fahren dann über einen unter die Mars gesetzten Block, von wo aus sie zur Schanzkleidnagelbank hinuntergehen. Auf den modernen großen Segelschiffen läuft die Schlappgording über einen an der Führung der Rah befestigten Block und dann über einen weiteren, unter der Mars befindlichen Block, von wo aus sie durch auf den Wanten befestigte Tauführungen zur Schanzkleidnagelbank hinuntergeht (Abb. *446a, b*).

### *Geitaue der Marssegel*

**Geitaue.** Die Untermarssegel haben Geitaue wie die Untersegel, während die Obermarssegel keine haben.

**Buggordings.** Auf den älteren Segelschiffen befinden sie sich *heckseitig* oder aber *beiderseits.* Diese letzteren werden fast in der Mitte des Segels am Unterliek befestigt, steigen auf der Bugseite bis zur Hälfte des Segels hoch, gehen durch ein Loch im Segel, führen auf der Rückseite des Segels zu einem auf der Rah angebrachten Block und von dort dann zur Schanzkleidnagelbank. Auf den neueren Segelschiffen befinden sich die Buggordings *bugseitig* wie die der Untersegel und laufen über einen an der Rah befestigten und einen weiteren, in die Mitte derselben gesetzten Block. Sie steigen längs des Mastes wieder nach oben, wo sie einen unter der Quersaling befestigten Block passieren, von dem sie durch einfache Tauführungen an den Wanten zur Schanzkleidnagelbank hinabgehen oder aber – auf den großen Segelschiffen – wie die Buggordings der Untersegel ausgerüstet werden (Abb. *446a, b*).

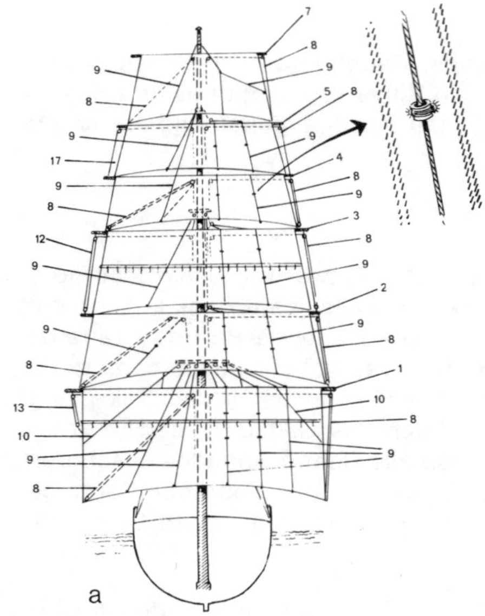

a

Abb. 446. *Geitaue der Rahsegel*
a) *Geitaue der Rahsegel eines Segelschiffes;*
b) *Geitaue eines großen, modernen Segelschiffes vom Klipper-Typ*
*I. gesetzte Segel, II. aufgegeite Segel*
*1. Unterrah, 2. Untermarsrah, 3. Obermarsrah, 4. Unterbramrah, 5. Oberbramrah, 6. Bramrah, 7. Royalrah, 8. Geitaue, 9. Buggordings, 10. Schlappgordings, 11. Toppnanten, 12. Geitaue des Obermarssegels, 13. Refftaljen, 14. Schoten, 15. Marsschottakel, 16. Nagelbank, 17. Geitaue des Oberbramsegels*

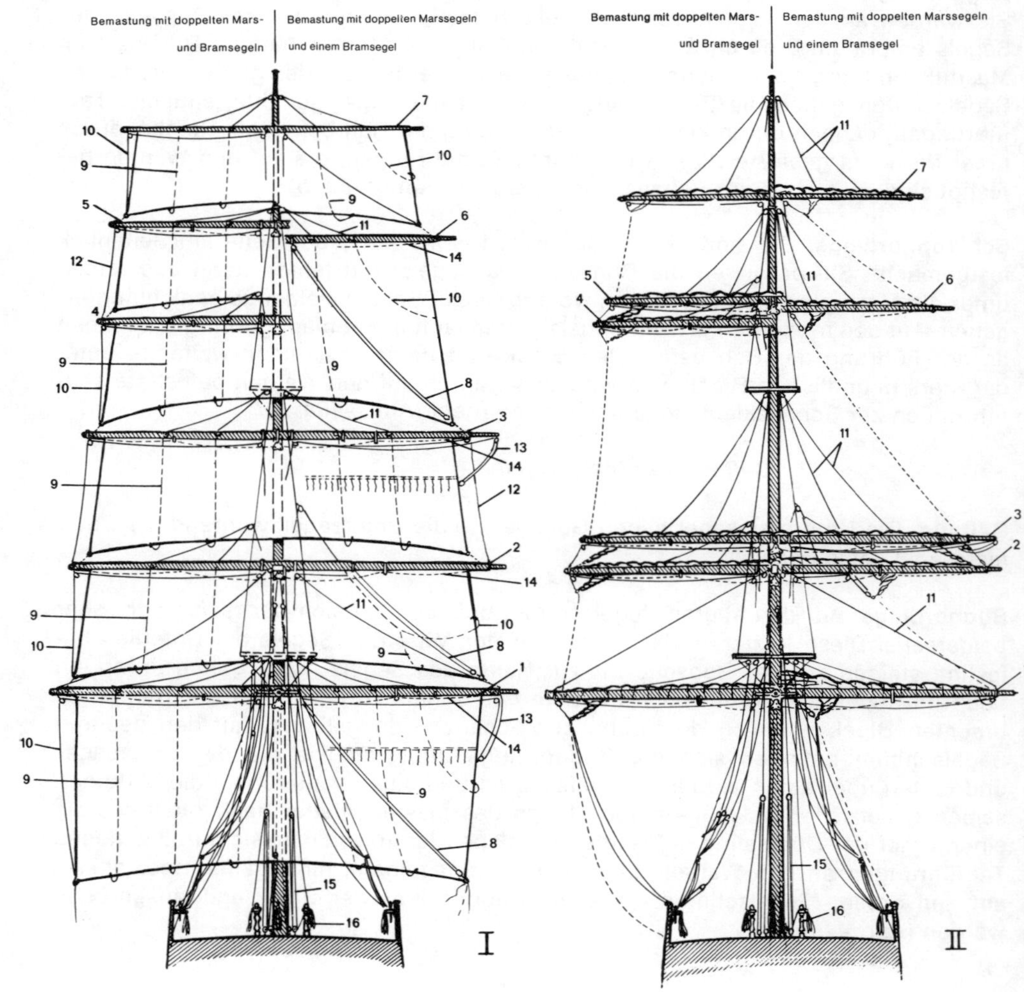


b

**Schlappgordings.** Die Unter- und Obermarssegel besitzen keine Schlappgordings. Nur die Untermarssegel der großen Segelschiffe haben Schlappgordings, die mit den Buggordings verbunden sind.

### *Geitaue der Bram- und Royalsegel*

**Geitaue.** Die Unterbramsegel haben Geitaue wie die anderen Segel, während die Oberbramsegel keine haben. Die Royalsegel haben Geitaue mit einfachem Aufholer.

**Buggordings.** Die Buggordings der Unter- und Oberbramsegel und der Royalsegel sind ebenso beschaffen wie die der anderen Segel.

**Schlappgordings.** Die Unter- und Oberbramsegel haben keine Schlappgordings. Die Segelschiffe mit nur einem Bramsegel haben Schlappgordings gleich denen der anderen Segel. Die Royalsegel der großen Segelschiffe besitzen Schlappgordings wie die der anderen Segel oder mit den Buggordings verbundene (Abb. *446a, b*).

### *Geitaue der Klüver- und Stagsegel*

**Niederholer.** Er ist das einzige Geitau dieser Segel. Er ist einfach; das obere Ende ist mit einem doppelten Haken oder mit einem Knoten am Fallhorn des Segels festgemacht, geht längs des Leiters oder des Stags hinunter, wobei eine oder zwei

Abb. 447. *Gaffelsegelgeitaue (Ansicht von beiden Seiten)*
*1. Besanmast, 2. Schnaumast, 3. Heißfall, 4. Klaufall, 5. Grummetstropps, 6. Gaffel, 7. Besanbaum, 8. Dirk, 9. Besanbaumtaljen, 10. Fall der Gaffelflagge, 11. Geeren, 12. Gaffelhals mit Takel, 13. Gaffelsegelschot, 14. Heißgeitaue, 15. Klaugeitau, 16. untere oder Mastgeitaue*

einfache Tauführungen durchlaufen werden. Diese sind an Bügeln befestigt, die ihrerseits an dem Leiter oder am Stag angebracht sind. Sie werden am Mastfuß belegt (Abb. *417* und *418*).

### *Geitaue des Gaffel- und des Gaffeltoppsegels*

**Heißgeitaue.** Sie sind am Liek der Hinterkante befestigt, fahren über Blöcke, die längs der Gaffel und auf der Klaue angebracht sind, von wo sie zum Mastfuß hinunterlaufen und auf der Nagelbank oder am Fuß des Mastes belegt werden.

**Klaugeitau.** Es wird am Liek der Hinterkante festgemacht, fährt über einen auf die Klaue gesetzten Block und geht zur Nagelbank des Mastes oder zum Fuß desselben hinunter.

**Untere Geitaue.** Sie sind am Liek der Hinterkante befestigt, laufen über an den Grummetstropps des Mastes oder der Gleitschiene angebrachte Blöcke und gehen zur Nagelbank oder zum Mastfuß hinunter (Abb. *447*).
Wenn das Gaffelsegel an die Gleitschiene der Gaffel geschlagen ist, wird jene mit dem Niederholer und mit unteren Geitauen versehen, die wie die obigen ausgerüstet sind (Abb. *419*). Das Geitau des Gaffeltoppsegels ist am Schothorn befestigt, passiert eine einfache, in der Mitte der Hinterkante befestigte Tauführung, läuft dann durch einen am Fallhorn des Segels befindlichen Block und führt zum Mastfuß auf die Nagelbank hinunter.
*Marconisegel* haben einen einfachen Niederholer.

## Geitaue der alten Schiffe

Auch die Segel der alten Schiffe trugen Geitaue, Schlappgordings *(Nockgordings)* und Buggordings (Bauchgordings).
Lateinsegel, Stagsegel und Klüversegel hatten Niederholer; die trapezoidförmigen Segel hatten die gleichen Geitaue wie die Segel der modernen Schiffe.

### *Geitaue der Untersegel*

**Geitaue.** Es waren zwei, eines an jedem Schothorn; ihre stehende Part befand sich an der Rah. Sie fuhren durch den Schothornblock, kehrten zur Rah zurück, wo sie durch einen in der Nähe der stehenden Part besetzten Block liefen. Danach wurden sie über einen unten an den Wanten befestigten Block geführt und an einer Klampe oder einem Belegnagel belegt. Auf den englischen Schiffen ging der Läufer längs des Mastes bis auf die Nagelbank desselben hinunter (Abb. *448*).

**Buggordings (Bauchgordings).** Es waren vier, auf jeder Hälfte des Segels zwei. Die erste wurde fast in der Nähe des Schothorns befestigt, verlief längs des Unterlieks, wobei sie mehrere Kauschen durchquerte, stieg dann auf der Bugseite des Segels nach oben, fuhr durch einen an der Rah befestigten und einen weiteren, unter der Quersaling gelegenen Block, von dem sie zur Nagelbank des Mastfußes hinablief. Die zweite, am Unterliek befestigte lief senkrecht hinauf und war auf die gleiche Weise ausgerüstet (Abb. *448*).
Auf den englischen Schiffen wurden die Buggordings, wie auf Abb. *449a* angegeben, ausgerüstet.

**Schlappgordings (Nockgordings).** Es waren vier, auf jeder Seite des Segels zwei. Die erste wurde in der Mitte an der Bulinsprut befestigt, die zweite etwas höher am

Seitenliek. Jede von ihnen fuhr durch einen einfachen, auf der Rah befindlichen, dann durch einen doppelten, unter der Quersaling der Mars befestigten Block, lief den Mast entlang hinunter und wurde dort auf der Nagelbank des Mastfußes belegt (Abb. *448* und *449c*).

### *Geitaue der Marssegel*

**Geitaue.** Sie waren einfach. An den Schothörnern befestigt, führten sie über einen an der Rah gesetzten Block, dann über einen weiteren, auf der Mars befindlichen.

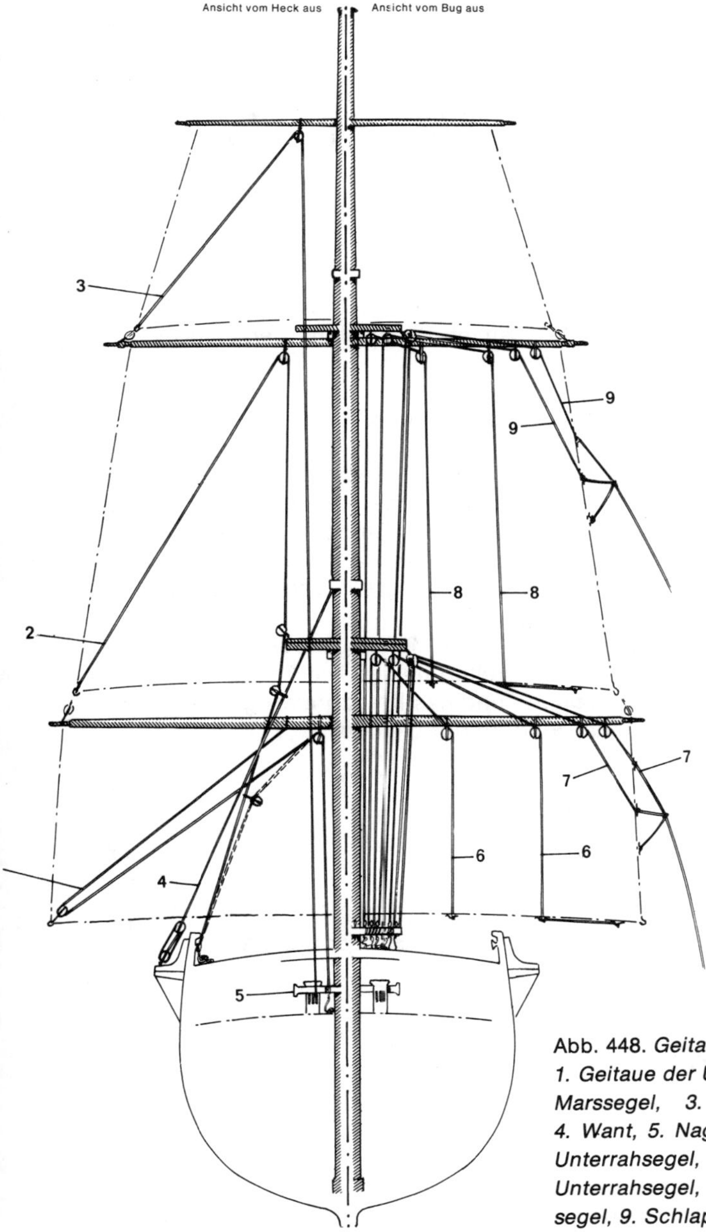


Abb. 448. *Geitaue der Rahsegel alter Schiffe 1. Geitaue der Unterrahsegel, 2. Geitaue der Marssegel, 3. Geitaue der Bramsegel, 4. Want, 5. Nagelbank, 6. Buggordings der Unterrahsegel, 7. Schlappgordings der Unterrahsegel, 8. Buggordings der Marssegel, 9. Schlappgordings der Marssegel*

Sie liefen außerhalb der großen Wanten durch einen an dem vierten Want angebrachten Block nach unten, danach wurden sie am Schanzkleid an einer Klampe belegt (Abb. *448*).

**Buggordings (Bauchgordings).** Es waren zwei, sie waren wie die der Untersegel ausgerüstet. Die Läufer liefen zu Blöcken, die an der Quersalingstraverse befestigt waren, danach durch einen Block am Staglegel. Sie durchquerten die Mars, fuhren durch eine an der Verdrillung befestigte Kausch und wurden an der Nagelbank des Mastfußes belegt (Abb. *448*).

**Schlappgordings (Nockgordings).** Es waren zwei, sie waren wie die der Untersegel befestigt. Die Läufer fuhren, nachdem sie über die auf der Querspiere der Quersaling befestigten Blöcke gelaufen waren, in einen weiteren, am Legel des Stengestags befestigten Block, liefen den Mast entlang hinunter, wobei sie die Mars und eine an der Verdrillung befestigte Kausch durchquerten, und wurden an der Mastfußnagelbank belegt (Abb. *448*).

### *Geitaue der Bramsegel*

**Geitaue.** Sie wurden an den Schothörnern befestigt, liefen durch einen Block auf der Rah und dann durch eine auf einer Querstange der Quersaling befestigte Kausch. Sie durchquerten die Mars und wurden seitlich der Geitaue der Marssegel belegt (Abb. *448*).

### *Geitaue der Blinde und der Oberblinde*

**Geitaue.** Die Blindegeitaue wurden an den Schothörnern befestigt, fuhren durch zwei Blöcke, von denen der eine an der Rah, der andere am Bugspriet gesetzt war, dann durch das Bugsprietgestell und wurden an der Bugreling belegt.
Die Oberblindegeitaue fuhren durch einen an der Rah gesetzten Block, durchquerten dann eine auf der Bugsprietvioline befestigte Kausch (oder einen Block) und das Gestell, von wo sie zur Bugreling liefen.
Die Buggordings der Blinde waren wie die der Marssegel beschaffen. Sie fuhren durch das Gestell und wurden an der Bugreling belegt. Die Oberblinde, die Bramsegel, die Oberbramsegel, das Kreuzmars- und das Kreuzbramsegel besaßen weder Buggordings noch Schlappgordings, sondern nur Geitaue.

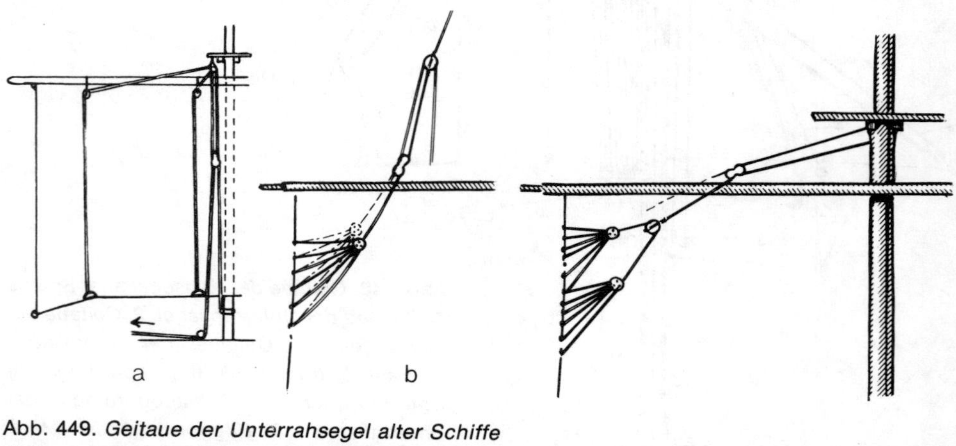


Abb. 449. *Geitaue der Unterrahsegel alter Schiffe*
a) *Buggordings im 17. und 18. Jahrhundert;* b) *Schlappgordings mit Hahnepot im 17. Jahrhundert*

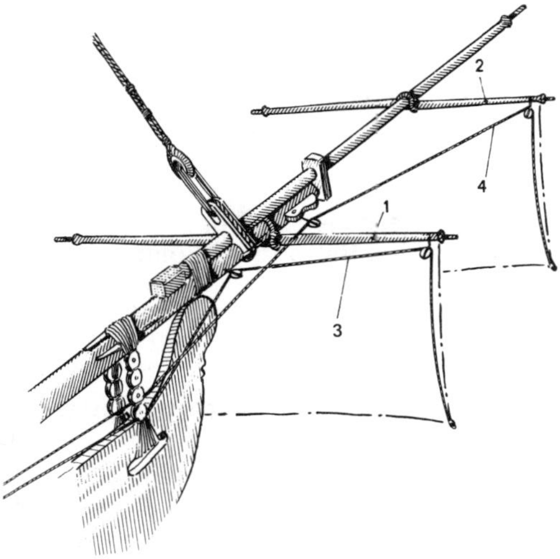


Abb. 450. *Geitaue der Blinde und der Oberblinde*
*1. Blinderah, 2. Oberblinderah, 3. Geitaue der Blinde, 4. Geitaue der Oberblinde*

## Geitaue des Besansegels

Es waren fünf oder sechs, die am Liek der Hinterkante befestigt wurden, in längs der Rute gesetzte Blöcke fuhren und am Fuß des Besanmastes belegt wurden. Das untere Geitau des Besansegels hieß *doppeltes Geitau* (Abb. *451a, b, c*).

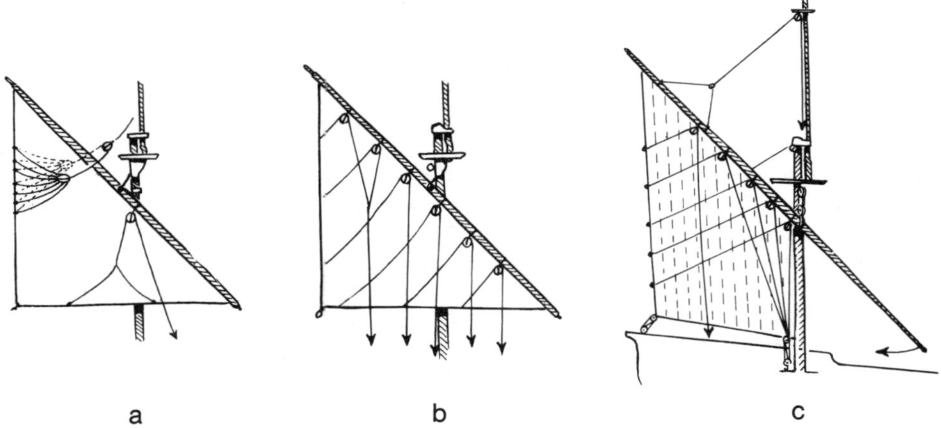


Abb. 451. *Geitaue des Besansegels*
a) *Geitaue mit Spinne (1500–1600)*; b) *einfache Geitaue (1600)*; c) *Geitaue (1700)*

## Geitaue des Sprietmastsegels

Dieses Segel trug nur Geitaue (Abb. *452*).

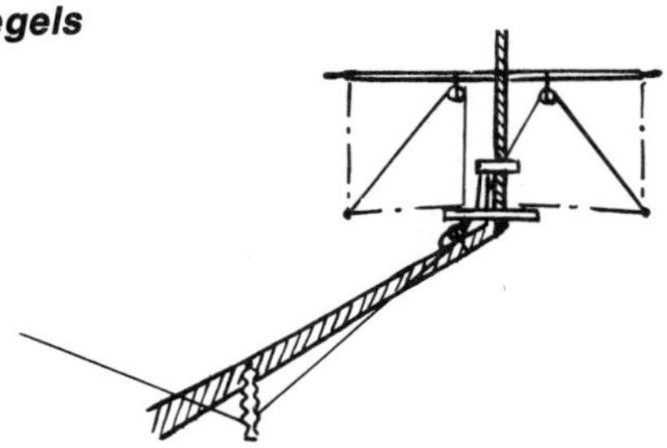

Abb. 452. *Geitaue des Sprietmastsegels*

## Laufendes Gut zusätzlicher Segel

**Fallen.** Das Unterleesegel hat zwei Fallen, ein *Außen-* und ein *Binnenfall,* beide sind mit der Leesegelspiere verbunden; das Leesegel und das Oberleesegel haben nur ein Fall. Diese Taue sind an der Mastfußnagelbank belegt (Abb. *318* und *319*).

**Schoten und Halsen.** Die Schoten sind einfach; sie gehen von den Schothörnern aus und laufen zur Schanzkleidnagelbank hinunter. Die Halsen sind ebenfalls einfach und wirken auch als Brassen (Abb. *318*). Das Tauwerk der zusätzlichen Segel alter Schiffe hatte die gleiche Anordnung (Abb. *318*).

## Ausrüstung der Schiffsmodelle mit Tauwerk

Wir wollen nicht verschweigen, daß die Ausrüstung mit dem verschiedenen Tauwerk einige Schwierigkeiten bereitet. Andererseits entbehrt die Darstellung in diesem Buch einer ins einzelne gehenden Beschreibung, da die Erfahrung eines jeden Schiffsmodellbauers von großer Wichtigkeit ist. Jedoch werden im großen und ganzen zuerst die Masten gesetzt, dann bringt man das stehende Gut an. Die Wanten werden übrigens paarweise ausgerüstet, wobei man darauf achte, daß man die Jungfern behelfsmäßig mit einem Bändsel befestigt.
Die endgültige Befestigung der Jungfern erfolgt mit dem in Abb. *360b* angegebenen Hilfswerkzeug, das man aus Stahldraht herstellt. Man legt das Wantpaar auf den Mast und bringt das Hilfswerkzeug entweder an der Rüsteisen- oder der Wantjungfer an (natürlich werden vorher die Rüsteisenjungfern an der Rüste angebracht). Nunmehr befestigt man die Wantjungfer gut. Hat man das Hilfswerkzeug entfernt und das Want verlassen, geht man zum folgenden Want über und so fort. Hat man die Wanten befestigt und aufgereiht, geht man an die endgültige Ausrüstung, indem man den Läufer zwischen den Löchern der Jungfern entlanglaufen läßt (Abb. *365*). Das Anbringen der Webeleinen erfolgt mit einem entsprechend dünnen Tau oder mit einem in eine Nadel gefädelten Baumwollfaden, wobei man den in Abb. *370b* dargestellten Knoten ausführt. Zwischen einem Steg der Webeleinen und dem nächsten befestigt man, damit der Abstand gleichmäßig und die Aufeinanderfolge genau wird, ein aus Pappe gefertigtes Abstandsstück, das von einem zum anderen Mal verschoben wird, wobei man von unten nach oben vorgeht. Nach der Befestigung des stehenden Gutes (einschließlich der Stage) beginnt man in der folgenden Reihenfolge mit der Montage des laufenden Gutes: Rahfallen, Brassen, Schoten und Halsen und schließlich, nachdem man die Segel an den Rahen befestigt hat, die Geitaue. Die Rahen werden mit den abgeschlagenen Segeln am Mast angebracht.
Wir möchten schließlich noch daran erinnern, daß unsere oben gegebene analytische Beschreibung dem Schiffsmodellbauer bei der Anbringung des Tauwerks als Anleitung dienen soll.

# KAPITEL XIII Anker, Boote und Ruder

## Der Anker in vorgeschichtlicher Zeit

Es läßt sich nicht mit Sicherheit feststellen, wer der Erfinder des Ankers ist oder, besser gesagt, wie die ursprüngliche Form des heutigen Ankers aussah.
Das Wort leitet sich von lateinisch *ancora* ab und hatte wahrscheinlich die Bedeutung von „falten", der griechische Ausdruck lautet „agkyra". Es ist zu bemerken, daß der Gegenstand, den die Römer und die Griechen später *ancora* nannten, wahrscheinlich in vorgeschichtlicher Zeit einen uns heute unbekannten Namen trug.
Es scheint, daß der Anker schon bei den Chinesen, unter der Regierung des Kaisers Yu im Jahre 2200 v. u. Z., verwendet worden ist, und betrachtet man die primitive Form der hier wiedergegebenen und heute noch auf den Dschunken verwendeten Anker, so kann man annehmen, daß einer davon den vor viertausend Jahren benutzten Ankern gleicht (Abb. *453a*).
Wir erinnern daran, daß die Schiffe früher kleiner und leichter waren; es ist daher logisch anzunehmen, daß sie häufig an Land gezogen wurden. Durch die Notwendigkeit, sie in Küstennähe oder in kleinen Häfen zu vertäuen oder sie auch zu irgendeinem Zweck stillzulegen, sah man sich wohl veranlaßt, sie durch schwere Gegenstände festzulegen.
Tatsächlich war der erste „Anker" nur eine durch ein Tau zusammengehaltene Masse, an der das Boot befestigt wurde. 2500 v. u. Z. bedienten sich die Ägypter und später die Phöniker dieses Mittels, wie aus Graphiken hervorgeht. Um beispielsweise die Geschwindigkeit der Schiffe auf den Stromschnellen des Nils zu vermindern, ließen die Ägypter beim Fahren diese Massen, die die Wirkung von Bremsen hatten, den Boden pflügen. In den Gesängen Homers findet sich ein Hinweis auf die Verwendung großer Steine durch die peloponnesischen Schiffe; sie waren ringsum an der Bordwand befestigt und konnten bei Bedarf an Seilen auf den Grund gelassen werden (Abb. *453b*).
Auch die alten Römer verwendeten Steine, aber mehr zum Verankern, nicht als Bremsen. Außer den Gewichten wurden Weidenkörbe, Säcke aus Fellen oder geflochtene Gestelle verwendet, die mit Steinen gefüllt waren. Alle Völker des Altertums sahen sich den gleichen Problemen auf See gegenüber und suchten die Verankerung der Schiffe zu verbessern, wobei sie sich der ihnen zur Verfügung stehenden Materialien bedienten. Wir beschreiben im folgenden zwei Arten vorgeschichtlicher Anker, wie sie auf frühen Zeichnungen und Graphiken dargestellt sind.
Der erste Anker bestand aus zwei gekreuzten Balken, worauf senkrecht zwei weitere Balken gefügt waren, die zusammengebunden einen großen Stein hielten. Der zweite, vielleicht im Hinblick auf seine Form, die sich später durchsetzte, interessantere Anker war nichts anderes als ein Stein, aus dem man mit der Hand erstmalig einen

plumpen Anker gehauen hatte. Diese Vorform wird den Chinesen zugeschrieben (Abb. *453c, d*).

Wir müssen jedoch darauf hinweisen, daß die Wirkung dieser Anker nur von ihrem Gewicht abhing, obwohl die beiden zuletzt beschriebenen eine entfernte Ähnlichkeit mit den späteren aufwiesen. Später dagegen war der Hauptzweck des Ankers das Festhaken auf dem Meeresgrund. Aber noch heute verwendet man bei kleinen Booten wie damals Steine. Die Fischer sind es gewohnt, einen mit grobem Kies gefüllten Ledersack zu verwenden; an eine seiner oberen Ecken wird ein Seil gebunden, mit dem man den Sack auf den Meeresgrund setzt. Ein weiteres Seil wird mit der unteren Ecke verbunden, so daß man den Sack, wenn man daran zieht, umkehren und den Kies auskippen kann. Auf diese Art läßt er sich leichter wieder an Bord hieven.

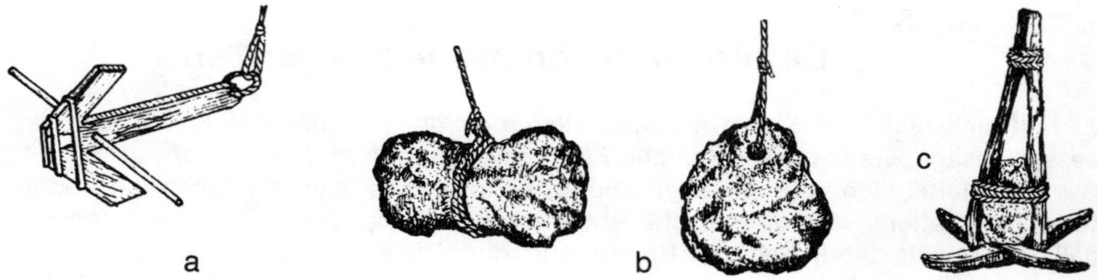


Abb. 453. a) *Chinesischer Anker (220 v. u. Z.);* b) *„Anker aus Stein;* c) d) *vorgeschichtliche Anker*

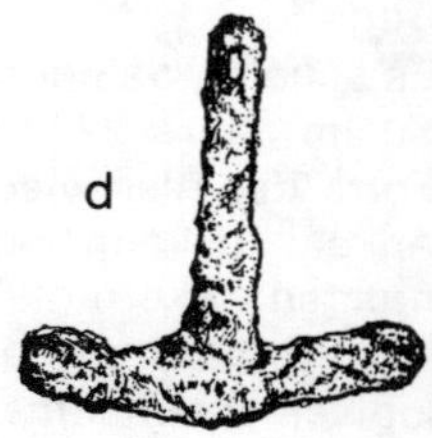


## Der Anker der Antike

Die Ursprünge des Ankers, wie wir ihn uns vorstellen, gehen auf das 5. Jahrhundert v. u. Z. zurück (das sagt auch Aischylos, obwohl die Quellen des Altertums in bezug auf den Erfinder nicht vollständig übereinstimmen). Plinius schreibt ihn dem Griechen Eupalamos zu; andere sagen, daß ihn der König von Phrygien, Midas, erfunden habe.

Da man das Schmieden von Eisen noch nicht kannte, baute man die ersten Anker vorwiegend aus Holz. Sie hatten einen *Holzschaft.* Er war in die Mitte eines anderen Schaftes eingesetzt worden, durch dessen ganze Länge ein Loch ging, das sehr wahrscheinlich mit einem glühenden Eisen ausgebrannt und mit Blei gefüllt wurde (Abb. *454a*). Ein anderer, mit dem obigen fast identischer Anker hatte einen mit Blei gefüllten Schaft, an dessen Ende nur ein eiserner Arm, der *Ankerarm,* angebracht war. Der zweite Ankerarm wurde vielleicht von dem Philosophen Anacharsis aufgebracht, wie Strabon und Plinius bezeugen; später wurden die Ankerarme mit dreieckigen, pfeilspitzenartigen Ohren *(Ankerflügel, Ankerhände)* versehen.

Um den Anker mit feststehenden Ankerarmen während des Eintauchens so neigen zu können, daß die Ankerarme nicht waagerecht auf den Meeresboden fielen, wurde er mit einem *Ankerstock* versehen. Und tatsächlich wurden die Anker der zuletzt beschriebenen Art, das heißt die aus Holz gefertigten, mit Ankerstöcken aus Metall ausgerüstet. Die Römer fertigten den Ankerstock gewöhnlich aus einer Blei-Antimon-

Legierung. Bei der Austrocknung des Nemisees fand man zwei römische Anker, von denen einer einschließlich der Ankerarme aus Holz war; diese Art Anker trägt am Ende an Stelle der Ankerflügel mehrere Metallbeschläge. Der aus einer Bleilegierung bestehende Ankerstock ist am Schaft in zwei rechteckigen Löchern befestigt. Bemerkenswert ist die besondere Verbindung mit dem Tau und die Verkleidung zum Schutz desselben.
Es gibt viele Exemplare solcher Ankerstöcke, die in allen Teilen Europas, von England bis Italien, ja sogar in Skandinavien gefunden wurden und in den einzelnen Museen aufbewahrt werden (Abb. *454b*).
Solche Funde lassen annehmen, daß dieser Ankertyp während eines ziemlich langen Zeitraums verwendet wurde.
Mit der Entwicklung der Eisenbearbeitungstechnik baute man Anker ganz aus Eisen, verschiedene Formen sind auf Reliefs, Münzen usw. zu erkennen. Diese Anker hatten wahrscheinlich Ankerstöcke aus Holz oder aus Metall. Sie waren dadurch gekennzeichnet, daß sie zwei Ringe trugen, an jedem Ende des Schaftes einen. Welche Aufgabe der untere Ring erfüllte, wissen wir heute noch nicht; man kann jedoch annehmen, daß er zum Befestigen des Ankers an Bord diente (Abb. *454c*).
Eine interessante Entdeckung stellt der im Nemisee aufgefundene zweite Anker dar. Er ermöglicht mit dem oben beschriebenen einen Einblick in die Entwicklung der Ankerformen der Antike. Dieser zweite Anker war ganz aus Eisen, einschließlich des Ankerstocks – der beweglich war, wie es heute beim Admiralitätsanker der Fall ist – (Abb. *455a, b*).
Damals wie heute gehörten mehr als ein Anker zur Ausrüstung der Schiffe. Die *Alexandria* des Heron besaß vier Anker aus Holz und acht aus Eisen, während die ersten attischen Trieren gewöhnlich zwei und, in den ältesten Zeiten, vier Anker besaßen. Das Gewicht dieser Anker schwankte zwischen 50 und 200 kg. Der schwerste und stabilste von allen Ankern, auf den man im Notfall all seine Hoffnung setzte, hieß *Heiliger Anker.* Normalerweise warf man ihn vom Bug aus, wo er an zwei aus dem Bord ragenden Balken aufgehängt war, manchmal aber auch vom Heck. Wir erinnern hier daran, daß das christliche Symbol des Ankers zu den häufigsten alten religiösen Sinnbildern gehört und bis auf das Jahr 150 und noch weiter zurückgeht; es ist nach dem der Taube das am weitesten verbreitete Symbol und stellt die Kraft der Hoffnung dar.
Die beschriebenen Ankerarten wurden bis zum Jahre 1000 verwendet.

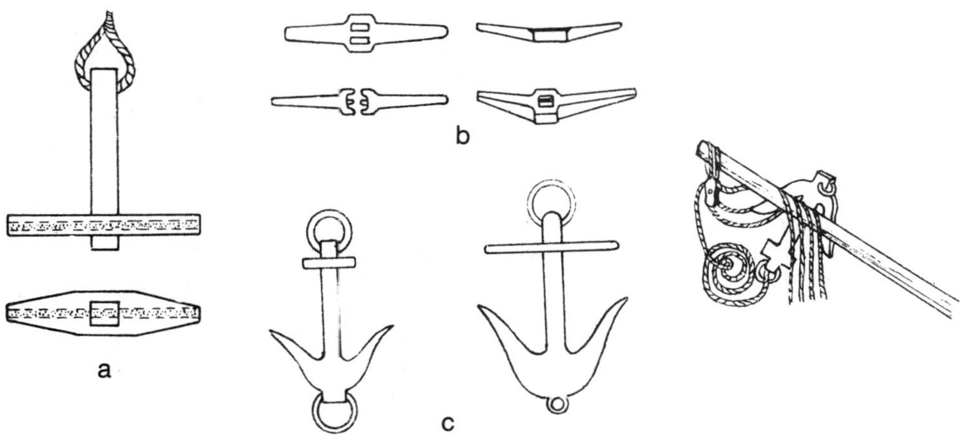


Abb. 454. a) *Griechischer Anker,* b) *Ankerstöcke römischer Anker aus Blei;* c) *römische Anker (nach Reliefs)*

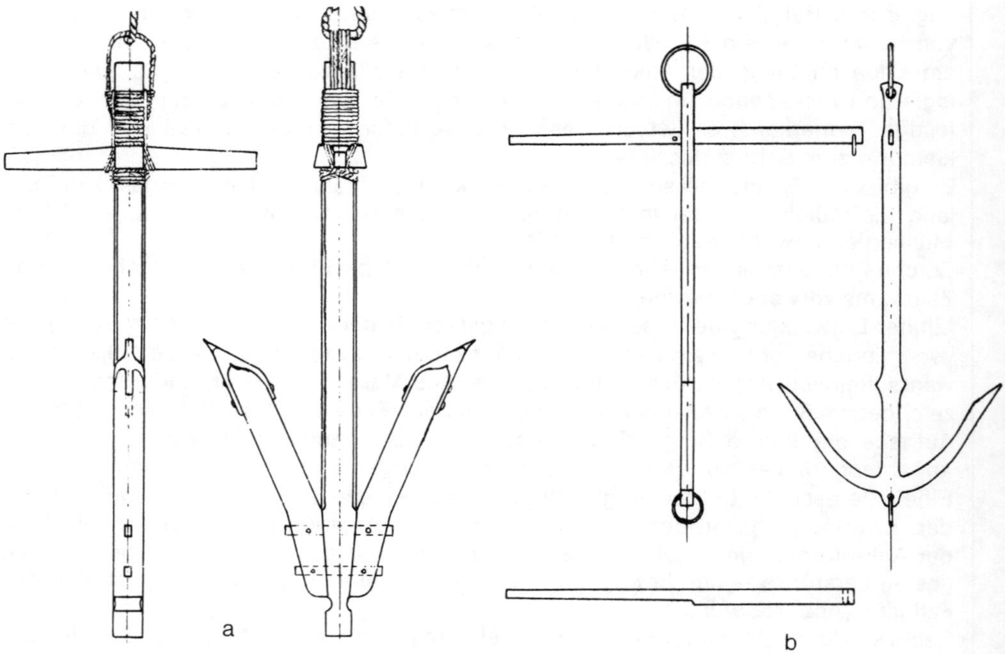


Abb. 455. *Römische Anker der Schiffe vom Nemisee*
a) *Anker aus Holz mit Stock aus Blei;* b) *Anker aus Eisen mit beweglichem Stock*

## Der Anker im Mittelalter und der moderne Anker

Im Mittelalter ging man von der Holzbauweise der Anker ab und verwendete ausschließlich eiserne Anker mit Ankerstöcken aus Holz.
Obwohl keine genauen Angaben vorliegen, lassen uns die verstreuten Darstellungen auf Miniaturen sehr alter Handschriften, auf Münzen, Siegeln und Gemälden mit Sicherheit annehmen, daß die von da ab bis zum 18. Jahrhundert verwendeten Anker außer einigen Änderungen der Herstellungstechnik praktisch die gleichen blieben.
Erst um 1300 kam der vierarmige Anker in Gebrauch, brachte aber den großen Schiffen wenig Nutzen. Diese Anker gehörten hauptsächlich zur Ausrüstung der Galeeren und hießen *Draggen.*
Die Urform des heute üblichen Ankers wurde von den Engländern *old plain* (alte Bauweise) oder *long shanked* (langer Schaft) genannt. Abb. *456* veranschaulicht den old-plain-Anker aus der ersten Hälfte des 18. Jahrhunderts. Der eiserne Anker hatte einen Ankerstock aus Holz und war in allem den im Mittelalter und später verwendeten Ankern ähnlich.
Die Proportionen dieses Ankers werden aus sehr alten Angaben ersichtlich; er wurde im Verhältnis 3:1 gebaut. Es ist zu bemerken, daß man im Schiffbau allgemein mit diesem Proportionsverhältnis arbeitete, so ist es nicht verwunderlich, daß man auch beim Ankerbau danach verfuhr.
Der Anker „alter Bauweise" hatte einen Schaft, der dreimal so lang war wie einer seiner Arme, der Stock war so lang wie der Schaft. Er bestand aus drei Hauptteilen: dem *Schaft,* den beiden *Armen* und dem *Stock.*

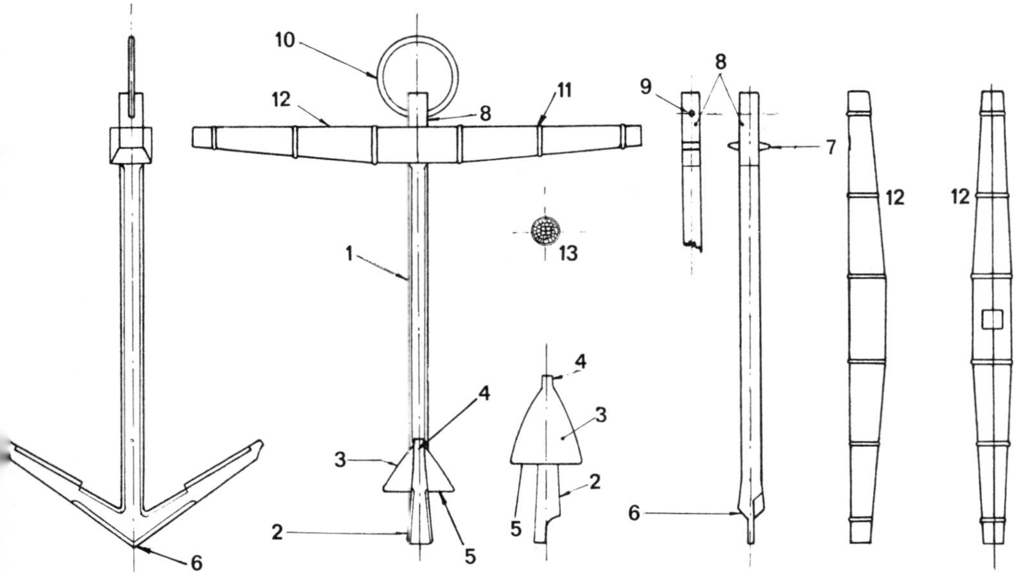


Abb. 456. *Anker, 18. Jahrhundert*
*1. Schaft, 2. Arme, 3. Flunken oder Hände, 4. Spitzen oder Schnäbel, 5. Ankerflügel oder -ohren, 6. Ankerhals oder -kreuz, 7. Ankerstocknüsse, 8. Quadrat, 9. Ankerauge, 10. Ankerring, 11. Ankerstockbänder, 12. Ankerstock, 13. Querschnitt des aus Stäben hergestellten Ankerschaftes*

Zur Herstellung des Schaftes preßte man mehrere Stäbe warm zusammen. Der Schaft bestand im allgemeinen aus vier mittleren Stäben, die die Seele bildeten; diese war ihrerseits von dünneren Stäben und, je nach der gewünschten Dicke des Schaftes, von weiteren Stäben umgeben.
Später ging man zum Schmieden über, wodurch man einen fast rechteckigen Querschnitt mit abgerundeten Kanten erhielt. Am oberen Ende des Schaftes beließ man ein Teil mit quadratischem Querschnitt, dessen Kante ein Sechzehntel der Länge des Schaftes maß. Dieses Teil nannte man *Quadrat,* es diente zum Aufnehmen des Stocks, hier brachte man auch das Loch *(Auge)* an, durch das der *Ankerring* lief. Auf zwei Seiten des Quadrats befanden sich zwei *Stocknüsse, Schultern* oder *Zapfen* genannte Verdickungen, auf denen der Ankerstock auflag.
Das untere Teil des Schaftes, *Ankerhals* oder *-kreuz* genannt, war dicker, damit man es mit den Einschnitten zur Aufnahme der beiden Ankerarme versehen konnte. Diese, nach demselben Verfahren hergestellt, besaßen an der Verbindungsstelle mit dem Schaft die gleiche Dicke. Das untere Teil war außerdem leicht abgerundet. Der Schaft und die beiden Ankerarme wurden fest verschweißt, so daß sie ein Ganzes bildeten.
Die Ankerflunken bildeten gleichschenklige Dreiecke; die beiden Schenkel waren etwa ein Drittel länger als die Grundlinie. Der Ankerstock, der ebenso lang war wie der Schaft, bestand aus zwei robusten Eichenstücken, die am Quadrat befestigt und von vier oder sechs heiß angelegten Eisenbändern *(Ankerstockbänder)* zusammengehalten wurden. Der Ankerstock verjüngte sich; in der Mitte betrug seine Breite ein Zwölftel seiner Länge, an den Enden ein Vierundzwanzigstel. In früheren Zeiten bestand der Schaft wahrscheinlich aus nur einem Stück.
Zur gleichen Zeit baute man auch Anker mit gebogenen Armen, diese Form wurde hautpsächlich auf Handelsschiffen verwendet. Die wichtigste Ankerart war jedoch

stets die *mit Winkelkreuz.* Sie gehörte zur Ausrüstung aller Kriegsschiffe und wurde bis etwa 1820 verwendet. Dann schaffte man den Anker mit Winkelkreuz ab, weil zu häufig Schiffe durch ihn verlorengingen.
Im Jahre 1810 wurde in England infolge der Bedeutung, die der Anker nunmehr erlangt hatte, und zahlreicher Unannehmlichkeiten eine besondere Gesetzgebung geschaffen, zu dem Zweck, spezielle Festigkeits- und Garantiebedingungen nach im *Chain Cables and Anchor Act* zusammengefaßten Richtlinien festzulegen.
Anfang des 19. Jahrhunderts begannen die ersten Untersuchungen. Sie führten zu einer grundsätzlichen Umgestaltung des überlieferten Ankers.
In zeitlicher Reihenfolge gehören zu den wichtigsten Veränderungen folgende: die Verwendung des beweglichen Ankerstocks (übrigens schon bei den Römern in Gebrauch), Ankerarme mit Gelenken, das Weglassen des Ankerstocks und die Verwendung von Stahlguß statt geschmiedeten Eisens.
Im Jahre 1830 erfand der englische Marineleutnant Rogers nach vielen Untersuchungen und Experimenten einen neuen Anker, den *Rogersanker.* Dieser Anker – er war noch vor einigen Jahren in Gebrauch – ist durch einen eisernen Ankerstock mit einem quadratischen Mittelloch gekennzeichnet, den man auf das Quadrat setzt und der von einem Splint festgehalten wird. Natürlich muß man, um den Ankerstock bewegen zu können, den Ankerring entfernen, der ebenfalls beweglich ist. Der Anker konnte auch mit einem Ankerstock aus Holz versehen sein, der aus einem Stück hergestellt war (Abb. *457*).

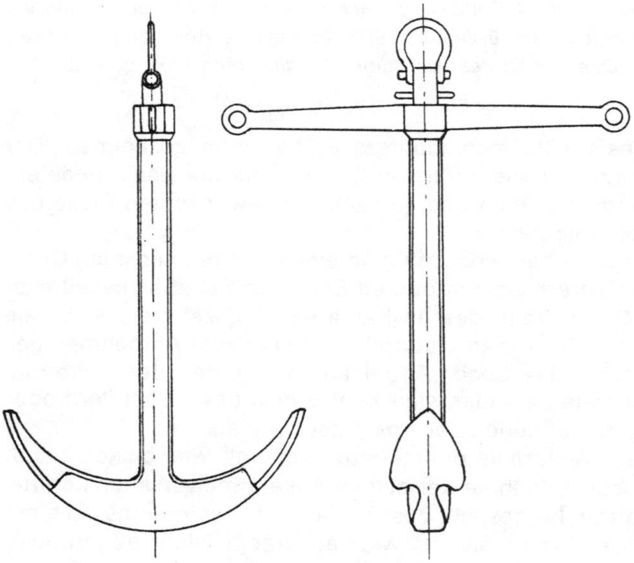

Abb. 457. *Rogersanker*

Auf das Jahr 1840 geht ein Anker zurück, der noch heute weit verbreitet ist, nämlich der von W. Parker erfundene Admiralitätsanker. Sein Schaft und seine Arme haben elliptischen Querschnitt; die Ankerarme sind halbkreisförmig gebogen. Die Ankerflunken sind im Vergleich zu denen früherer Anker merklich kleiner. Auch der eiserne Ankerstock hat einen elliptischen Querschnitt und ist beweglich. Um ihn zu befestigen, ist etwa in der Mitte seiner Länge eine Verdickung vorgesehen, die ihm auf der einen Seite, und ein Splint, der ihm auf der anderen Seite Halt gibt. Von dem im Mittelalter und später verwendeten alten Anker hat der Admiralitätsanker nur das Verhältnis 3:1 übernommen (Abb. *458*).

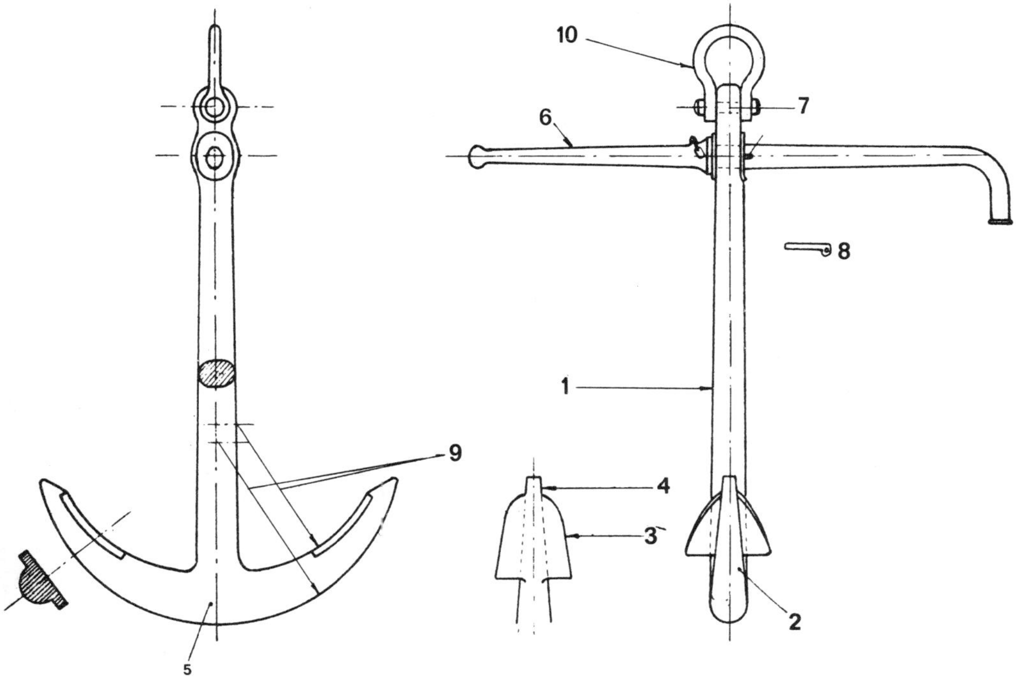


Abb. 458. *Admiralitätsanker*
*1. Schaft, 2. Arme, 3. Flunken, 4. Ankerspitze, 5. Ankerhals, 6. beweglicher Ankerstock, 7. Bolzen des Ankerringes, 8. Splint, 9. Krümmungsradien der Ankerarme, 10. Ankerring*

Zur Vervollständigung des oben über die Aufgaben des Ankerstocks Geschriebenen sei noch gesagt, wie sich der Anker verhält, wenn er herabgelassen wird. Während der Anker zu Boden fällt, hält sich der Ankerstock waagerecht, das schwerste Teil des Ankers dagegen – die Arme nämlich – senkt sich. Da beide Ankerarme das gleiche Gewicht haben, berührt keiner der beiden zuerst den Grund, wohl aber der Ankerhals. In dem Augenblick, in dem er auftrifft, bewirkt die Spannung des Ankertaus, daß sich einer der beiden Ankerflügel in den Boden zu bohren sucht. Für den Fall, daß ein Ende des Ankerstocks den Boden berührt, wird das Ankertau immer gespannt sein, so daß sich der Anker um das Ankerstockende dreht, worauf die Ankerflunken einstechen.

## Der heutige Anker

Als Folge der fortschreitenden Entwicklung im Schiffbau waren mit der Einführung des mechanischen Antriebs um die Mitte des 19. Jahrhunderts neue Untersuchungen und Vervollkommnungen des Ankers unvermeidlich.
Auf das Jahr 1821 geht das erste *Hawkins-Patent* (Abb. *459*) zurück, ein Anker mit beweglichen Armen und ohne Ankerstock. Sein Hauptkennzeichen war außer dem vollkommen fehlenden Ankerstock die gleichzeitige Drehung der Arme um einen Bolzen im gabelförmigen Ende des Schaftes. Die Enden der Ankerarme trugen keine Flunken, sie hatten die Form von Pfeilspitzen. Es mußten gute fünfzig Jahre vergehen, ehe Hawkins' Erfindung wieder aufgegriffen und von Martin erfolgreich verwirklicht wurde.

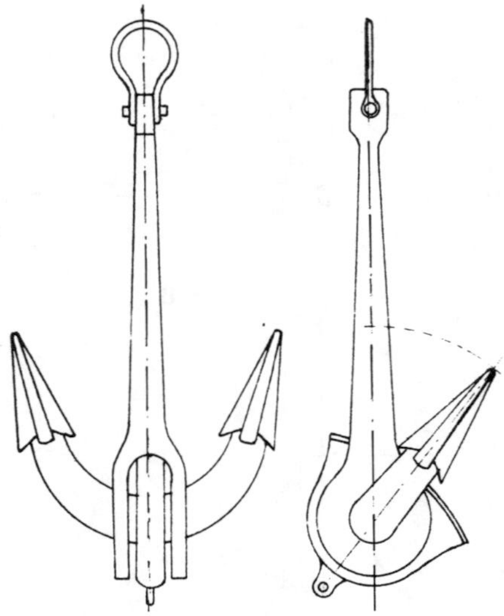

Abb. 459. *Hawkinsanker*

Im Jahre 1846 erprobte man den recht bedeutsamen *Trotmananker,* der bis zum Ende des 19. Jahrhunderts auf Dampfschiffen verwendet wurde.
Der Stock dieses Ankers, der in L-artigen Flunken endete, drehte sich in einer Gabel im Unterteil des Schaftes, wobei der Durchgangsbolzen als Drehzapfen wirkte. Wenn der Anker Grund faßte, lehnte sich der andere Arm an den Schaft, wirkte als Pall und erhöhte die Widerstandskraft beim Halten. Der Ankerstock, in den ersten Jahren aus Holz, wurde später aus sich verjüngendem Rundeisen gefertigt, das in zwei apfelförmigen Verdickungen endete (Abb. *460a*).
Martin führte 1875 als erster die *Ankerarme mit Gelenk* ein, die sich gegenüber dem Schaft um 30–40 Grad drehten. Der Ankerstock wurde aus einem Flacheisenbalken hergestellt, und zwar so, daß sich der Eingriff in den Boden vergrößerte.

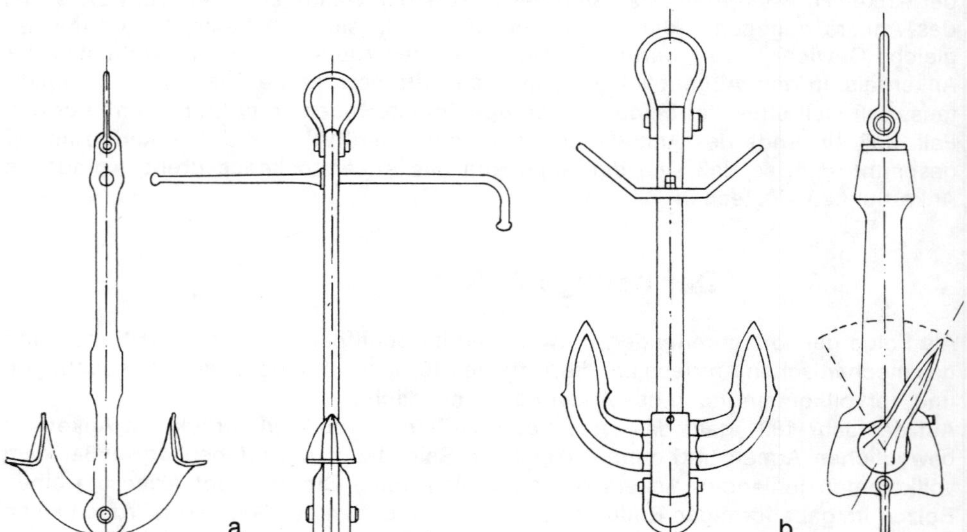


Abb. 460. a) *Trotmananker;* b) *Martinanker*

Die ersten Anker dieser Art brachten keine zufriedenstellenden Ergebnisse und wurden später durch Hinzufügen von zwei dem Gelenk der Ankerarme entsprechenden Vorsprüngen vervollkommnet, die man *Gegenarme* nannte. Durch sie wurde das Öffnen und das Greifen der Ankerarme erleichtert (Abb. *460b*).
Seit dieser Zeit wurden verschiedene Ankermodelle konstruiert. An ihrer Fertigung waren Fabriken in aller Welt beteiligt, besonders aber in England, wo die Admiralität im Jahre 1885 eine Reihe von Versuchen und Erprobungen durchführen ließ, um die besten Bedingungen festzustellen. Sie führten zur Annahme des abgeänderten *Martinankers.*
1891 wiederholte die englische Admiralität ihre Erprobungen mit neu vorliegenden Modellen, wie dem *Inglefield-*, dem *Hall-*, dem *Byersanker* usw.
Die Erprobungen wurden mit ein und demselben Schiff durchgeführt. Die Anker wurden nacheinander heruntergelassen, die Auswurfstelle markierte man durch eine Ankerboje. Dann fuhr das Schiff mit halber Kraft zwanzig Minuten lang rückwärts, während ein Taucher das Manöver verfolgte und die Endlage des Ankers angab. Es zeigte sich die Überlegenheit des *Hallankers,* der sich nach nur wenigen Fuß Fahrt verfing und vor sich eine große Menge Schlamm aufhäufte (Abb. *461*).

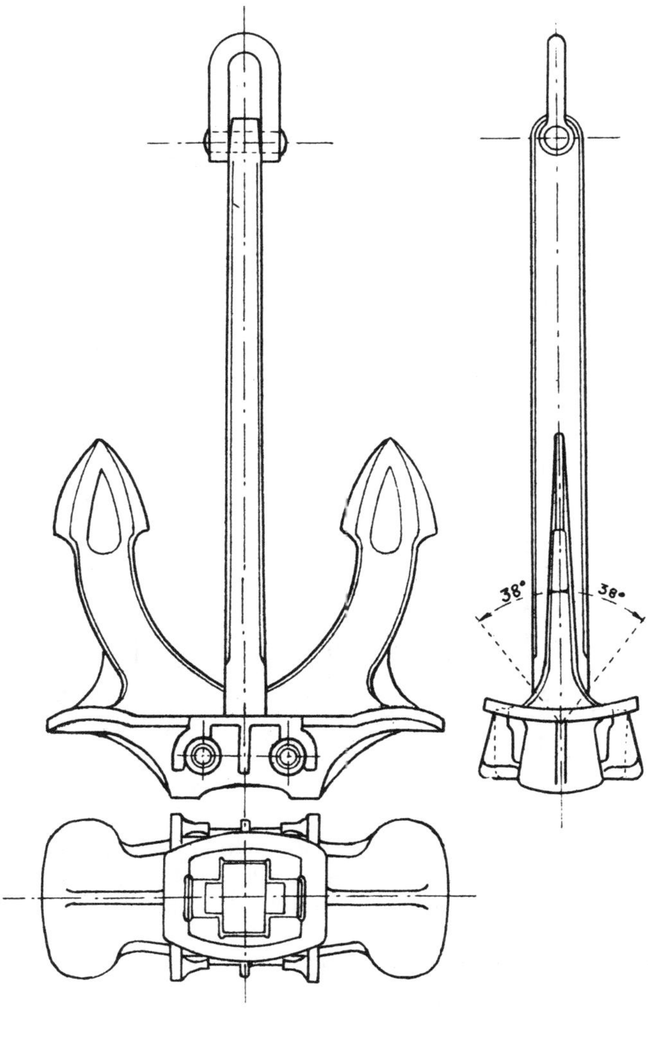


Abb. 461. *Hallanker*

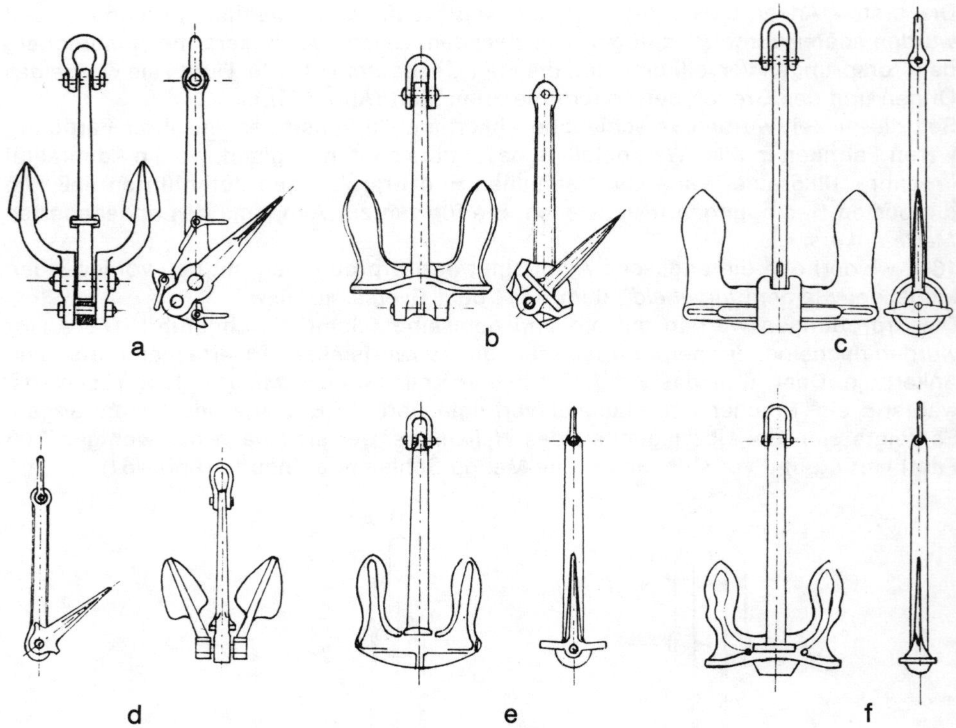


Abb. 462. *Moderne Anker*
a) *Inglefieldanker;* b) *Baldtanker;* c) *Admiralanker;*
d) *Marrelanker;* e) *Ansaldoanker;* f) *F. M. A.-Anker (Mailänder Stahlgießereien)*

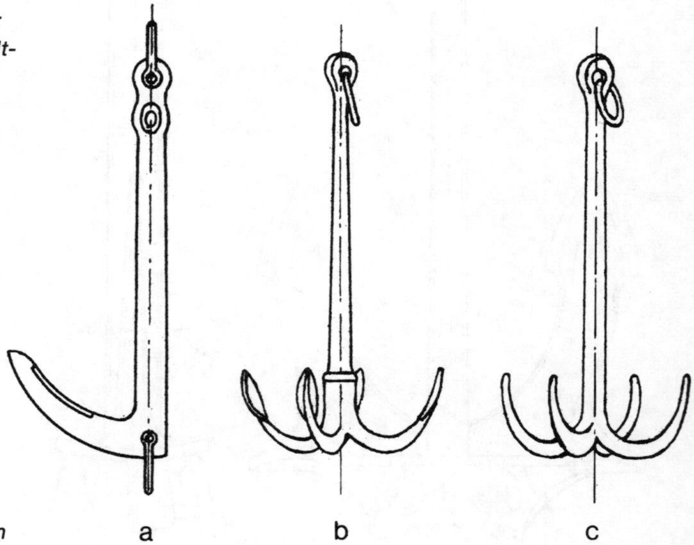


Abb. 463. *Kleinere Anker*
a) *einarmiger Anker;*
b) *Bootseisen;* c) *Draggen*

Im Jahre 1892 wurden mit den gleichen Ankern weitere Versuche in Wilhelmshaven in Deutschland durchgeführt. Auch diesmal zeigte sich, mit welcher Leichtigkeit sich der *Hallanker* verfing, aber der Grad seiner Widerstandsfähigkeit war kleiner als der des *Inglefieldankers* (Abb. *462a*).
Die Abb. *462b, c, d, e, f* zeigen einige heute verwendete Ankerarten. Daneben sind im Augenblick folgende Anker in Gebrauch:

*Einarmige Anker,* vom Typ des Admiralitätsankers. Sie besitzen nur einen Arm, um zu vermeiden, daß sich die Ankerketten *verwickeln.* Sie dienen als Vertäubojen (Abb. *463a*).
*Bootseisen,* kleine, vierarmige Anker ohne Ankerstock, wie die Draggen (Abb. *463b*).
*Draggen,* wie die vorigen, aber ohne Flunken; sie dienen hauptsächlich als Suchanker (Abb. *463c*).
Abschließend verweisen wir auf die *Treibanker,* die auf allen Schiffen und Booten bei Unwetter und im Notfall verwendet werden, damit das Schiff besser beiliegt. Sie wurden allgemein als Bordhilfsmittel bei Unwetter gebaut und bestanden früher aus einem Segeltuchquadrat, das von zwei gekreuzten Eisen- oder Holzstangen gespannt wurde, die halb so lang wie der Großmastbalken waren. Von jedem Ende der Stangen gingen vier kleine Taue aus, die von einer starken Pferdeleine vereint und festgehalten wurden. Man befestigte dann eine Ankerboje daran, um dem Gerät die richtige Tiefe zu geben.

**Ausrüstung der Schiffe mit Ankern.** Wir haben gesehen, daß die Schiffe der Griechen und Römer mehr als einen Anker an Bord hatten. Tatsächlich war früher jedes Schiff mit mehreren Ankern ausgerüstet, deren Anzahl von der Schiffsgröße abhing. Im Mittelalter besaß jedes Schiff vier bis sechs Anker von insgesamt 10–20 Zentnern Gewicht.
Im 17. Jahrhundert hatten die englischen Schiffe vier Buganker, zwei Wurf- oder Warpanker und einen Stromanker. Das Gewicht des Wurfankers (am Heck) betrug ein Drittel des Gewichts eines Bugankers.
Im 18. Jahrhundert trug allgemein jedes Schiff sechs wie folgt verteilte Anker: der größte Anker hieß *Großer Anker* oder *Schwerer Anker* und befand sich hinter einem der beiden Buganker. Dann kam, der Größe nach, der *Reserveanker,* den man am Vorschiff in Höhe der Großluke herabließ. Die beiden Buganker hießen: *Zweiter Buganker* oder *Täglicher Anker* – er war der stärkere – und *Vertäuanker* oder *Muringsanker.* Sie wurden, einer steuerbord, einer backbord, an den Ankerdavits aufgehängt. Die beiden *Stromanker* wogen zusammen weniger als der Vertäuanker und wurden auf der dem Großen Anker entgegengesetzten Seite herabgelassen, um dessen Gewicht auszugleichen. Die Galeeren hatten vierarmige, *Draggen* genannte Anker.
Heute ist jedes Schiff mit zwei *Bugankern* ausgerüstet, die auf beiden Bugseiten immer zum Herablassen bereitgehalten werden, dazu mit ein oder zwei an Deck, in geeigneten Schächten oder – bei den Kriegsschiffen – auch außenbords angebrachten *Reserveankern* und mit mindestens einem Paar *Stromanker.* Letztere sind kleine Anker üblicher Bauart und verschiedener Größe; sie dienen unterschiedlichen Zwecken, in der Hauptsache aber als Festpunkt beim Manövrieren des Schiffes in eingeengten Seegebieten.
Das Gewicht der zur Ausrüstung des Schiffes gehörenden Anker wird nach Maßgabe des Gesamtvolumens des Schiffes (bei den Handelsschiffen) oder der Wasserverdrängung (bei den Kriegsschiffen) festgelegt.

## Zubehör der alten Anker

Die alten Anker wurden mit dem folgenden Zubehör versehen:

**Bekleidung.** Es war die Umwicklung des *Ankerringes* mit einem kleinen Tau, nachdem er mit geteerter Leinwand bedeckt worden war. Um die Bekleidung zusammenzuhalten, band man Taue ringsherum. Die Bekleidung hatte den Zweck, das Ankertau vor Abnutzung zu schützen (Abb. *464a*).

**Quertaue.** Es waren zwei Taue, die durch den Anker liefen und mit einem Legel an den Ankerarmen befestigt waren, das andere Ende war mit einer Eisenkausch versehen. In die Kausch fuhr der Haken eines Takels, wenn man den Anker fischen oder pentern wollte (*den Anker fischen* oder *pentern* bedeutet, denselben aus einer senkrechten Lage – wenn er am Kattdavit aufgehängt ist – in eine waagerechte Lage bringen, um ihn auf Grund zu setzen) (Abb. *464b*).

**Ankerbojereep.** Es war ein mit Hilfe eines kleinen Stropps am Ankerkreuz befestigtes Tau. Mit dem Ankerbojereep wurde die *Ankerboje* verbunden, die die Position des versenkten Ankers angab. Dieses Zubehör gehört unter denselben Bezeichnungen auch zu den neuen Segelschiffen (Abb. *464c*).

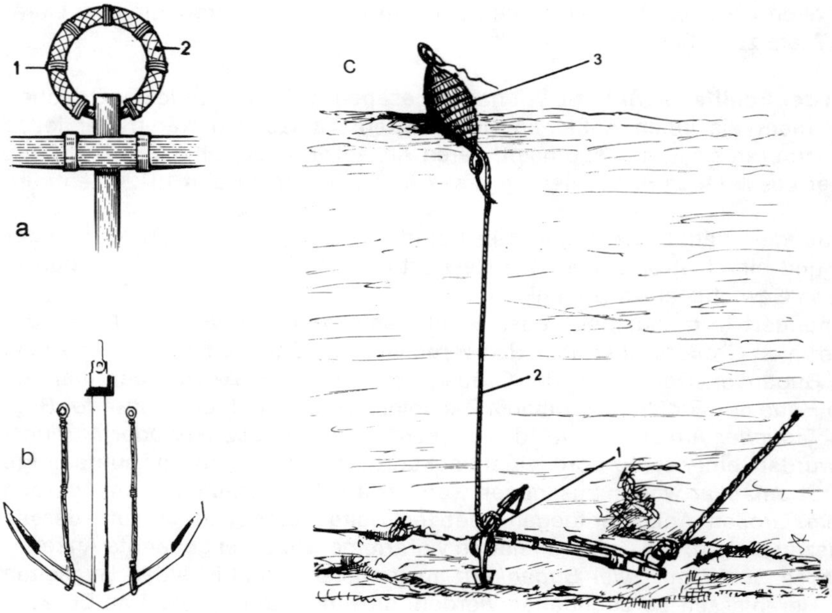


Abb. 464. *Zubehör der alten Anker*
a) *Bekleidung des Ankerringes*
*1. Bekleidung, 2. Bänder*
b) *Quertaue;* c) *Ankerbojereep mit Ankerboje*
*1. Befestigung des Ankerbojereeps, 2. Ankerbojereep, 3. Ankerboje*

## Ankertaue

Das *Ankertau* war ein starkes Tau, das zum Vertäuen des Schiffes mittels des Ankers diente. Die Stärke des Ankertaus richtete sich nach dem Gewicht des Ankers: bis 14 Zoll Umfang für Anker von 30–40 Zentnern, bis 24 Zoll Umfang für Anker von 70–80 Zentnern. Das stärkste Ankertau hieß *Großankertau;* dann folgten mit abnehmender Stärke das *zweite Ankertau* und das *Vertäuankertau.* Für die kleineren Anker verwendete man die *kleinen Ankertaue* und die *Pferdeleinen.* Das Ankertau festlegen hieß früher: *das Ankertau verlaschen.* Es gab verschiedene Arten, das Ankertau am Ankerring festzumachen. Bis 1550 waren die Schiffe nicht sehr groß, deshalb verwendete man leichte Anker und ziemlich schwache Ankertaue. Man

benutzte dabei eine *Fischerknoten* oder *Fischerstek* genannte Knotenart. Dieser Knoten wurde später immer bei kleinen Schiffen benutzt, man nannte ihn *Pferdeleinenknoten.* Heute sagt man *Wurfankerstek.*
Nach 1550 wurden die Schiffe größer, und man führte stärkere Ankertaue ein. Da es nun schwierig war, komplizierte Knoten wie die Pferdeleinenknoten auszuführen, wurde für Taue von 20–24 Zoll die viel einfachere *Ankertauverlaschung* angewandt, sie war auf den großen Schiffen nach 1660 allgemein üblich. Heute heißt dieser Knoten *Ankertauknoten.* Bei den Draggen der Galeeren und der kleineren Schiffe wurde die *Draggankerverlaschung* angewandt, der heutige *Wurfankerstek* (siehe Abb. *465a, b, c*).

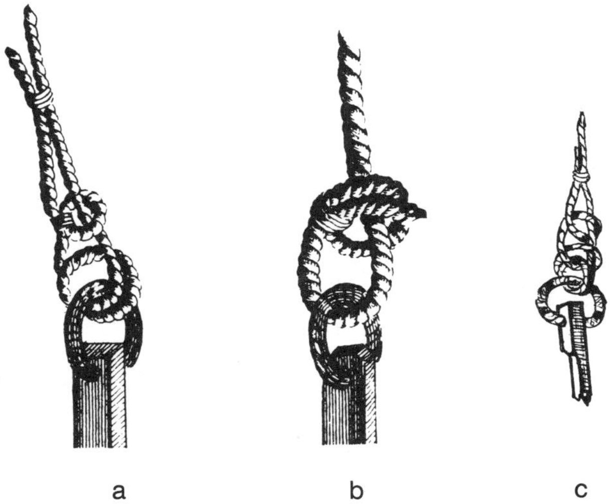


Abb. 465. *Ankertauknoten*
a) *Pferdeleinenverlaschung (Wurfankerstek);* b) *Ankertauverlaschung (Ankertauknoten);*
c) *Draggenverlaschung (Wurfankerstek)*

## Ketten

Auf den Schiffen werden zwei Arten von Ketten verwendet: *ohne Steg* benutzt man sie für die Geräte zum Anheben, für die Fallen, die Wasserstage usw.; *mit Steg* sind die Ankerketten ausgerüstet. Um die Mitte des 18. Jahrhunderts wurden Ketten anstelle mehrerer starker Taue eingeführt, sie kamen aber erst viel später allgemein in Gebrauch. Das erste mit Ankerketten versehene Schiff war die *Kent,* die 1814 in England von Stapel lief.
Die Stege wurden sehr viel später (um 1840) in den Ringen oder Kettengliedern angebracht. Die verschiedenen Gliedergrößen hängen vom Rundungsdurchmesser, das heißt vom Kaliber der Kette ab. Die Ketten werden in bestimmten *Längen* hergestellt. Diese Längen betragen in Italien 25 m, in England 27,43 m. Die Längen enden an beiden Seiten mit einem Glied ohne Steg, dem *Kopfglied,* das mit Hilfe eines *Verbindungsglieds,* dem *Schäkel,* die Verbindung mit den folgenden Längen erlaubt. Um zu vermeiden, daß sich die Kette verwickelt, wenn das Schiff schwoit (vor Anker liegt und sich dreht), verbindet man die einzelnen Längen mit einem besonderen, *Kettenwirbel* genannten Glied. Dieses Glied trägt einen Ring mit einem Bolzen, der sich frei um sich selbst drehen kann. Die Verbindung des Ankerrings mit der Kette erfolgt mit einem großen Kettenglied oder *Schäkel* (Abb. *466*). An Bord der Schiffe werden die Ketten in besonderen versenkten Kästen, den *Kettenkästen,* aufbewahrt.

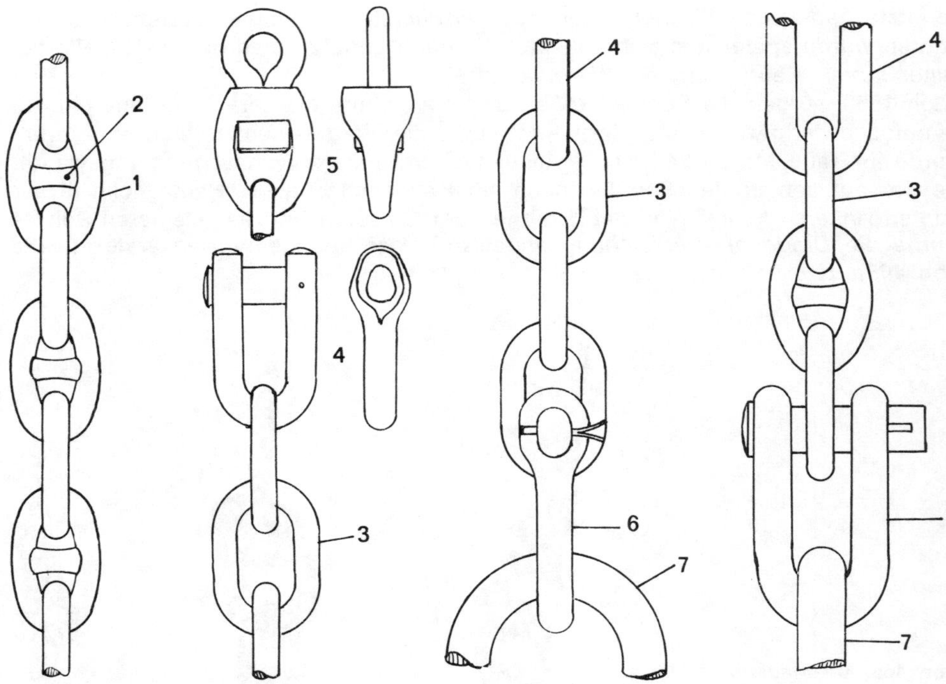


Abb. 466. *Ketten*
*1. Glied, 2. Steg, 3. Endglied, Kopfglied, 4. Verbindungsglied oder Schäkel, 5. Kettenwirbel, 6. Ankerschäkel, 7. Ankerring*

## Herstellung der Anker und der Ketten von Schiffsmodellen

Die Anker werden aus Rohmessing hergestellt (entsprechend erhitzt, um es geschmeidig zu machen), wobei man ein Blech verwendet, das der Dicke des Ankerschaftes und der Ankerarme entspricht. Die Umrisse des Schaftes und der Arme werden zuerst mit einer Reißnadel auf das Blech gezeichnet und dann mit einer kleinen Bügelsäge ausgeschnitten. Die Endbearbeitung erfolgt mit Metallfeilen, wobei man sich genau nach der Zeichnung des Ankers richte, den man herstellen will. Außerdem werden die Ankerflunken aus einem Blech geeigneter Dicke gefertigt, mittels kleiner Zapfen an den Ankerarmen befestigt und mit einem Tropfen Zinn angelötet.
Der Ankerstock wird aus zwei Teilen hergestellt und mit den dazugehörigen Metallbeschlägen am Schaft angebracht. Nachdem man in das Quadrat ein Loch gebohrt hat, paßt man einen kleinen Messingring ein, wie er im Handel leicht erhältlich ist. Man kommt dann zum Lackieren, wobei daran erinnert wird, daß die Anker aller Arten und Zeiten aus Eisen bestanden und schwarz lackiert waren und sind. Bei Ankern kleiner Modelle fertigt man den Schaft, die Arme und die Flügel aus einem einzigen Stück Messingblech.
Zur Herstellung der Ketten mit Steg verwendet man Messingkettchen. Jeder Ring wird mit leichten Hammerschlägen etwas oval geformt; in der Mitte jedes Ringes wird der Steg aus Messingdraht eingelötet.
Um einwandfrei löten zu können, empfiehlt es sich, die Kette mit einigen kleinen Nägeln auf einem Holzbrettchen so zu befestigen, daß sie gut gespannt bleibt.

# Maschinen, Geräte und Zubehör für die Ankermanöver

Für die Ankermanöver verwendet man an Bord der Schiffe Geräte und Maschinen wie: *Gangspille, Bratspille, Ankerklüsen. Kettenstopper, Betinge* und *Ketteneinklemmvorrichtungen.*

Den Anker mit seiner Kette vom Meeresgrund hochzuhieven nennt man *den Anker lichten.* Bei den kleinen vorgeschichtlichen Schiffen wurde der Anker von Hand gelichtet, im Verlauf der Jahrhunderte aber ging man zum Ganspill über. Bei den römischen Schiffen vom Nemisee wurde die Grundanordnung eines Gangspills vorgefunden; es bestand aus einer auf Kugeln drehbaren Plattform.

**Gangspille.** Das Gangspill war und ist eine der wichtigsten Maschinen an Bord, es dient außer zum Lichten der Anker (in diesem Fall nennt man es *Ankerspill*) auch zum Heißen der Rahen und zum Aus- und Einsetzen von Booten. Auf den alten Schiffen befanden sich im allgemeinen zwei Spille: eines hieß *Großes Spill,* das zweite *Kleines Spill.*

Das Gangspill bestand aus einem *Stamm* oder *Pfosten* mit achteckigem Querschnitt. Auf den Seitenflächen des Stamms wurden mehrere *Rippen* genannte Elemente angebracht. Über diese und den Stamm baute man den *Kopf,* der auf dem Umfang mit *quadratischen Löchern* zum Einführen der Hebel *(Spaken)* versehen war, an denen die Drehkraft angesetzt wurde. Das Mittelteil, auf das man die Ankerkette wickelte, hieß *Trommel* oder *Welle.* Um das Drehen des Gangspills in der entgegen-

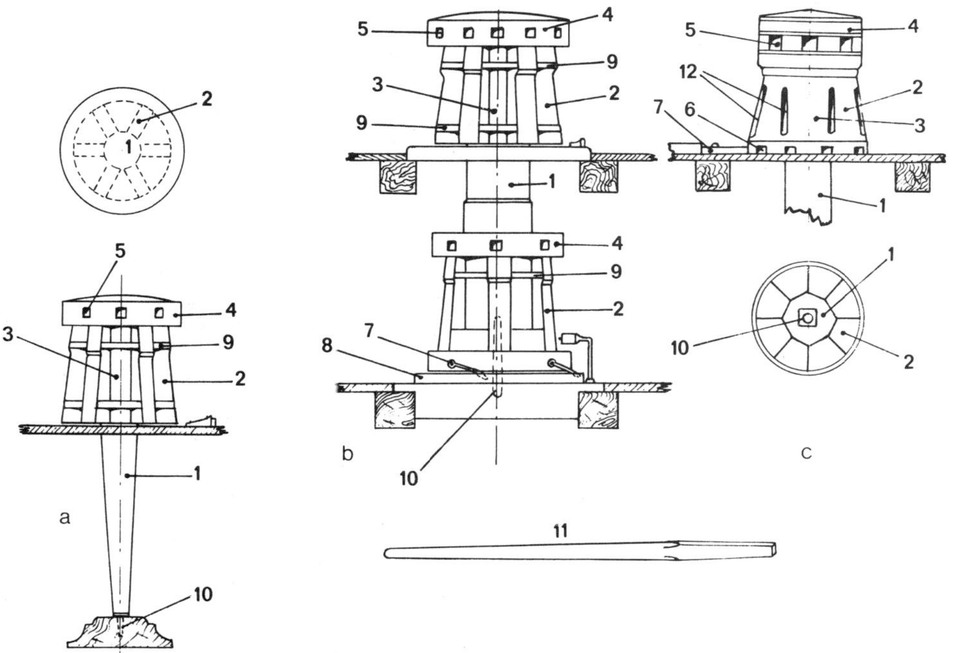


Abb. 467. *Alte Gangspille*

a) *kleines englisches Gangspill;* b) *großes englisches Gangspill;* c) *kleines Gangspill des Mittelalters*

*1. Gangspillpfosten, 2. Rippen, 3. Welle, 4. Kopf, 5. Gangspillspakenlöcher oder Spillspakengats, 6. quadratische Löcher zum Eingreifen der Pallen, 7. Pallen, 8. Pallring, 9. Rippenkalben, 10. Drehzapfen, 11. Gangspillspake, 12. Vertiefungen, um die Reibung zu erhöhen* gesetzten Richtung zu vermeiden, trug die Grundplatte quadratische Löcher, in die die *Pallen* eingriffen – an Deck seitlich der Trommelgrundplatte verbolzte Holzstücke. Die englischen Gangspille waren leichter; ihre Rippen waren dünner, untereinander aufgeteilt und durch Rippenkalben verbunden. Die Pallen wurden unmittelbar an der Grundplatte der Trommel angebracht und griffen in einen *Zahnring* ein.

Das große Gangspill bestand aus zwei Trommeln, von denen sich eine auf dem ersten und eine auf dem zweiten Deck befand. Es diente hauptsächlich zum Ankerlichten, man konnte es gleichzeitig in zwei Ebenen betätigen, wodurch die doppelte Kraft wirksam werden konnte. Das kleine Gangspill hatte eine auf dem zweiten oder dritten Deck drehbar befestigte Welle, seine Trommel befand sich auf dem Vordeck (Abb. *467a, b, c*).

Die Gangspille der neuen Segelschiffe unterschieden sich nicht wesentlich von denen der alten. Sie bestanden aus einer *Achse* oder *Welle,* um die sich die Trommel drehte. Auf der Trommeloberfläche hat man mehrere gewölbte Holz- oder Metallstücke verbolzt, um beim Drehen des Gangspills ein gutes Anliegen der aufgewickelten Taue zu gewährleisten.

Als die Ketten eingeführt wurden, veränderte man die Gangspille. Man brachte einen am Fuß der Trommel befestigten *Pallring* an, der die Kettenglieder fassen konnte. Dieser Pallring (nach seinem Erfinder *Barbotin-Ring* genannt) trug in der ersten Zeit wie die Kettenglieder geformte Vertiefungen und später eine kreuzartige Prägung. Um das Ablösen der Kettenglieder zu erleichtern, wurde auf der Grundplatte des Gangspills eine *Vorrichtung zum Abstreifen* angebracht (Abb. *468a, b, c*). Auf modernen Schiffen werden die Gangspille mit Dampfkraft oder elektrisch angetrieben (Abb. *469*).

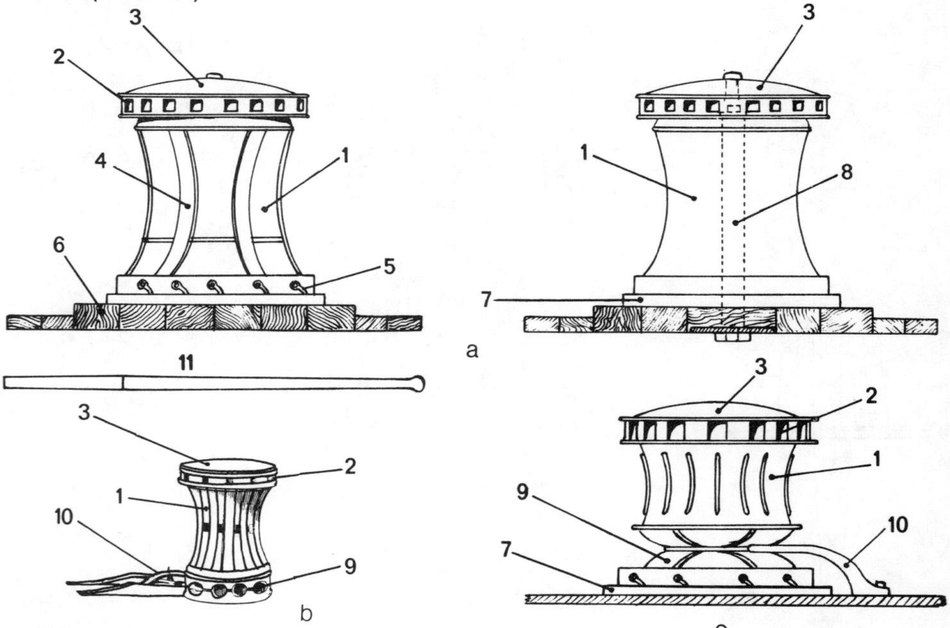


Abb. 468. *Gangspille*

a) *gewöhnliches Gangspill;* b) *Gangspill mit Barbotin-Vertiefungen;* c) *Gangspill mit Vertiefungen zum Aufnehmen der Kette*

*1. Welle oder Trommel, 2. Gangspillspakenlöcher oder Spillspakengats, 3. Gangspillkopf, 4. Rippen (Vorsprünge der Trommel), 5. Pallen, 6. Gangspillfischung, 7. Pallring, 8. Achse oder Welle, 9. Krone mit Vertiefungen zum Aufnehmen der Kette, 10. Vorrichtung zum Ablösen der Kettenglieder, 11. Gangspillspake*

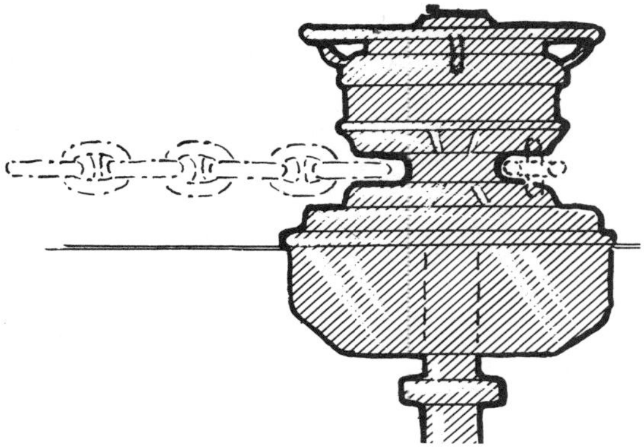

Abb. 469. *Modernes elektrisches Gangspill*

**Bratspille.** Im 17. Jahrhundert kam auf den Handelsschiffen das *Bratspill* in Gebrauch. Es war ein waagerechtes Spill, das aus zwei Trommeln bestand, deren Welle von zwei seitlichen Betingen gehalten wurde. Die Welle ging über die Betinge hinaus und trug quadratische Löcher zum Einführen der Spaken. In der Mitte des Gerätes waren auf einem Gestell. das häufig die Spillwelle trug, die Pallen angebracht, die in koaxial auf der Spillwelle befindliche Zahnräder griffen (Abb. *470*).

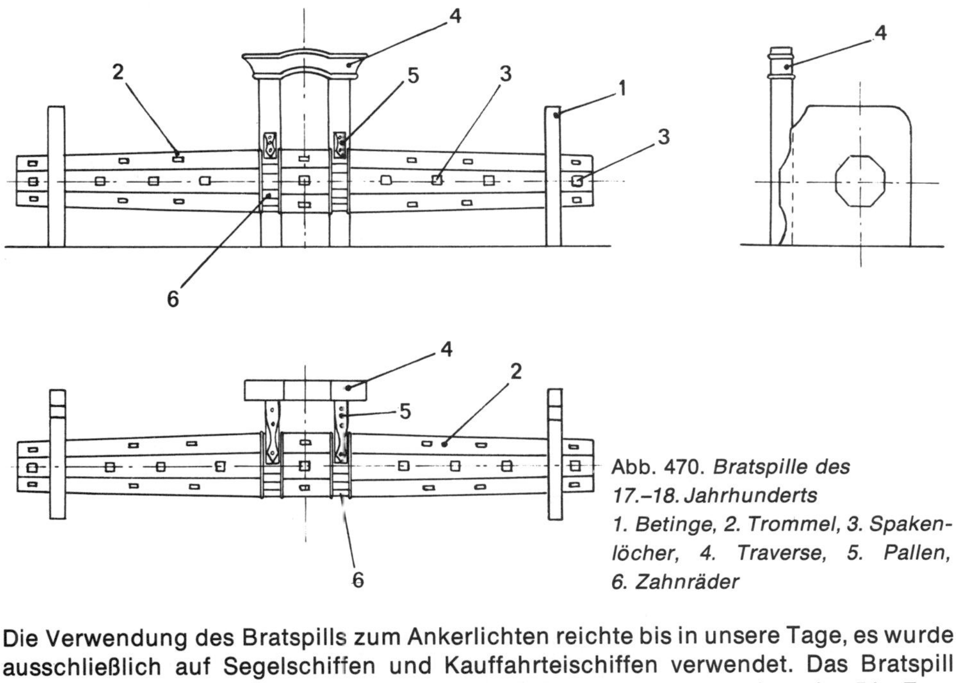


Abb. 470. *Bratspille des 17.–18. Jahrhunderts*
*1. Betinge, 2. Trommel, 3. Spakenlöcher, 4. Traverse, 5. Pallen, 6. Zahnräder*

Die Verwendung des Bratspills zum Ankerlichten reichte bis in unsere Tage, es wurde ausschließlich auf Segelschiffen und Kauffahrteischiffen verwendet. Das Bratspill wird von einem *Balancier* bewegt, der die *Zugstangen* hebt und senkt. Die Zugstangen heben und senken ihrerseits die *Schweinsfüße,* deren Klinken auf die Zahnräder einwirken und somit die Bewegung auf die Trommeln übertragen. Das Bratspill ist seitlich mit zwei Trommeln für weitere schwere Manövrierarbeiten versehen (Abb. *471*). Im Jahre 1896 führten die Engländer einen ganz aus Eisen gefertigten Bratspilltyp ein, der dem hölzernen in allem glich und ebenfalls mit Balanciers arbeitete. Aus dieser Bratspillart entwickelte sich das *Dampfbratspill,* das auf Dampfschiffen verwendet wurde. Die Bewegung wurde von zwei Dampfzylindern hervorgerufen, deren Pleuelstangen das Mittelzahnrad in Bewegung setzten. Im Fall einer Havarie konnten sie mit Balanciers von Hand bewegt werden (Abb. *472*). Auf modernen Segelschiffen verwendete man von Elektromotoren angetriebene Bratspille (Abb. *473*). Auf kleinen Schiffen benutzt man noch mit Handkurbeln und Zahnrädern angetriebene Bratspille (Abb. *474*).

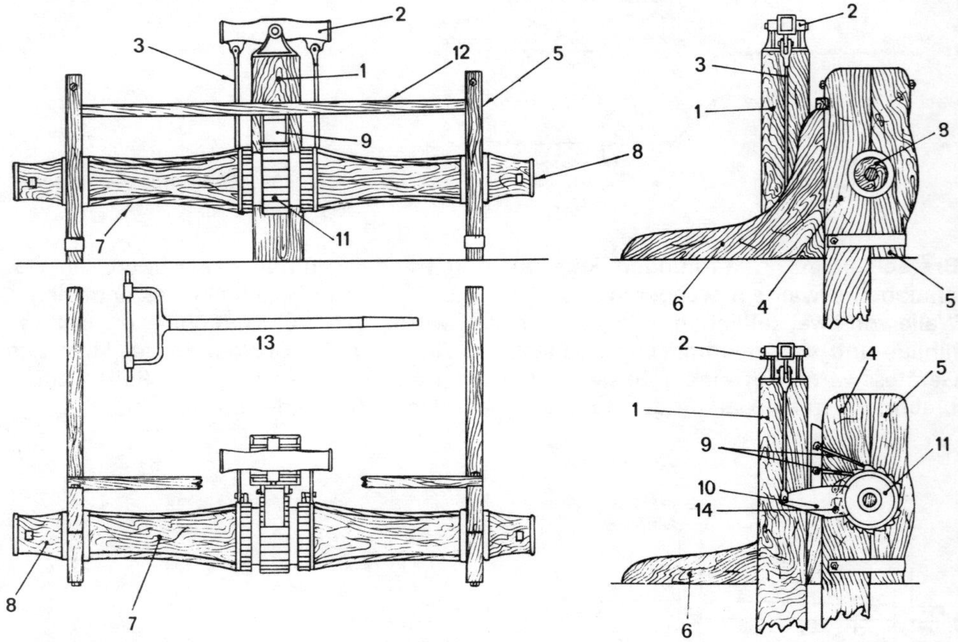

Abb. 471. *Bratspill des 19. Jahrhunderts*

*1. Säule, 2. Balancier, 3. Zugstange, 4. Betinge, 5. Backen, 6. Knie, 7. Trommel, 8. Spillköpfe, 9. Pallen, 10. Schweinsfüße, 11. Zahnrad, 12. Traverse, 13. Handkurbel, 14. Klinken*

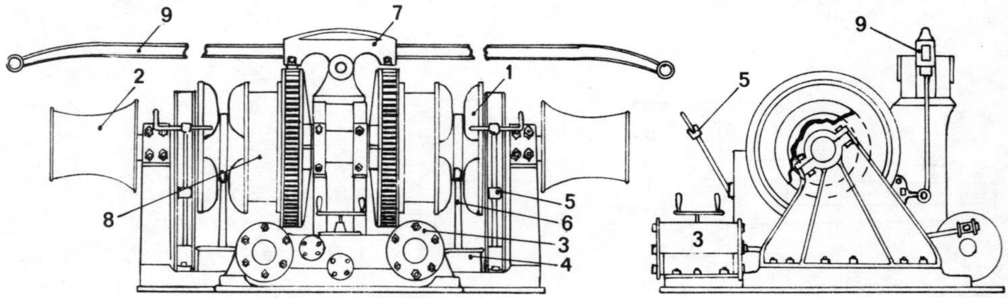

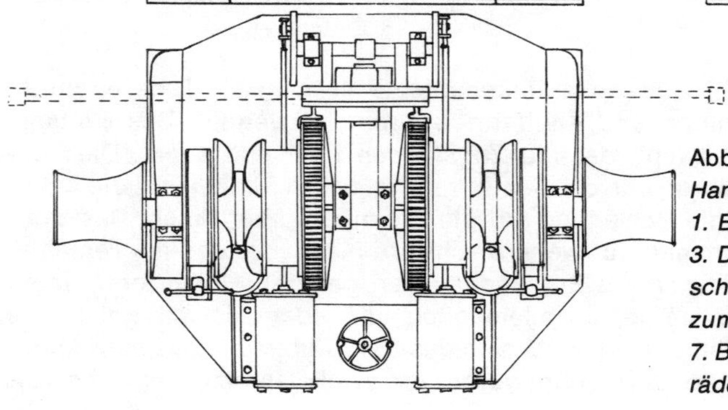

Abb. 472. *Dampfbratspill mit Handbedienungsmöglichkeit*

*1. Barbotinrad, 2. Trommeln, 3. Dampfzylinder, 4. Kettenschacht, 5. Bremse, 6. Vorrichtung zum Ablösen der Kettenglieder, 7. Balancier, 8. Kupplung, 9. Handräder*

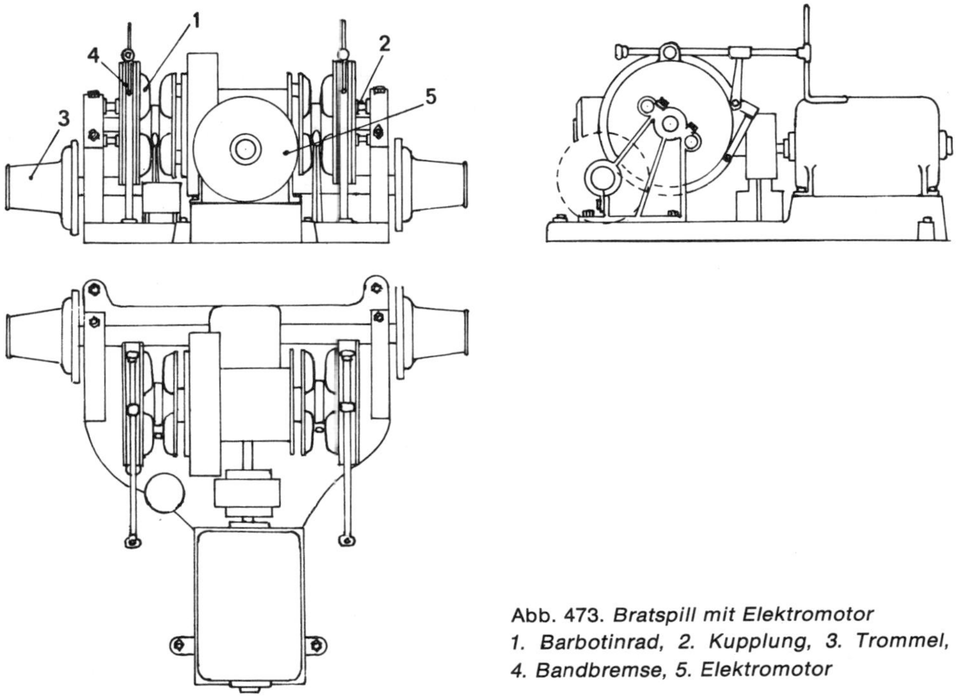


Abb. 473. *Bratspill mit Elektromotor*
*1. Barbotinrad, 2. Kupplung, 3. Trommel, 4. Bandbremse, 5. Elektromotor*

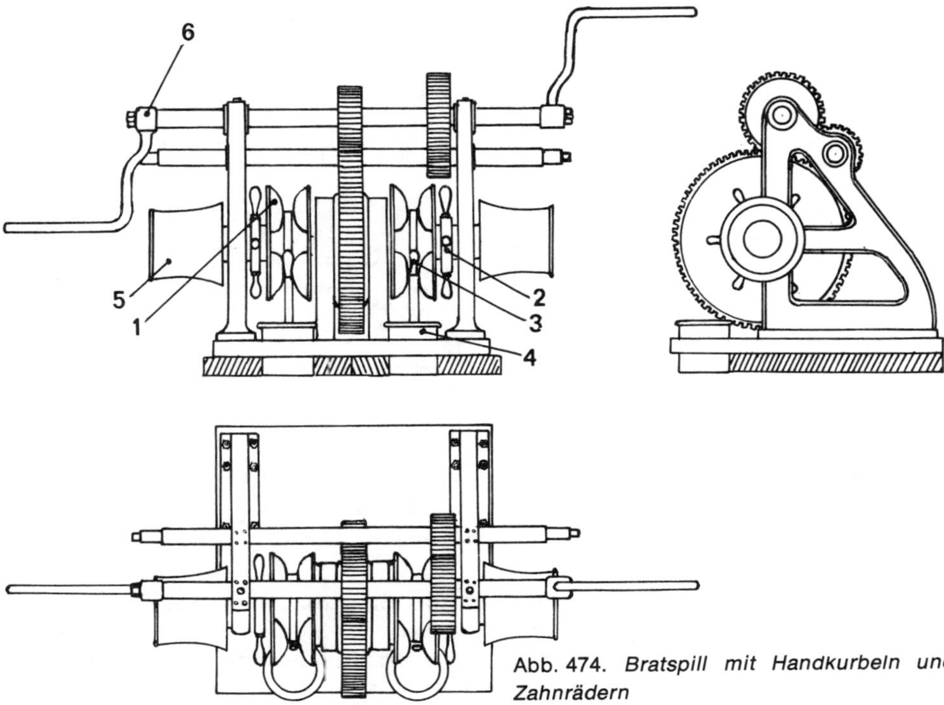


Abb. 474. *Bratspill mit Handkurbeln und Zahnrädern*
*1. Barbotinrad, 2. Kupplung, 3. Vorrichtung zum Ablösen der Kettenglieder, 4. Kettenschacht, 5. Trommel, 6. Handkurbel*

**Ankerklüsen.** Die auch *Klüsenaugen* und *Bugaugen* genannten *Ankerklüsen* sind seitlich am Bug angebrachte zylindrische Öffnungen, durch die die Ankertaue fahren. Die Umrandung des Loches heißt *Klüsenband* oder *Klüsband.* Die *Muffe* war bei den alten Schiffen ein Bleifutter, bei den modernen eine Eisenausfütterung. Die *Klüsenpfropfen* waren konische Holzstücke zum hermetischen Verschließen jeder Ankerklüse während der Fahrt.
Auf modernen Schiffen fahren auch die Ankerschäfte in die Klüsen, da die Anker keine Ankerstöcke haben (Abb. *475*).

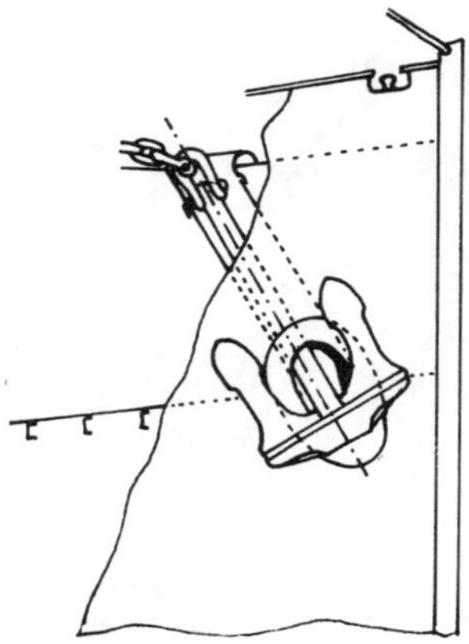

Abb. 475. *Ankerklüse eines modernen Schiffes*

**Kettenstopper.** Es sind an Deck zwischen den Ankerklüsen und den Betingen befestigte Geräte. Sie dienen zur Entlastung der Ankerwinde bei ausgestecktem Anker (Abb. *476*).

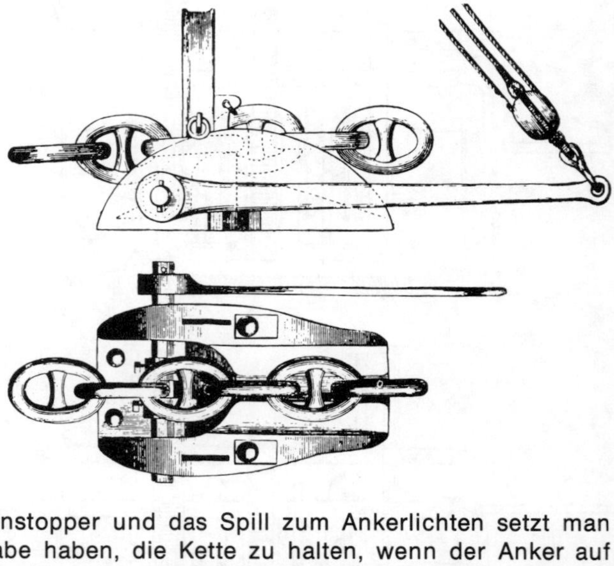

Abb. 476. *Kettenstopper*

**Betinge.** Zwischen den Kettenstopper und das Spill zum Ankerlichten setzt man einige *Betinge,* die die Aufgabe haben, die Kette zu halten, wenn der Anker auf Grund gelassen wurde. Auch die alten Schiffe besaßen Betinge, um die Ankertaue zu belegen, die dann an geeigneten Stellen oder in Schächten aufbewahrt wurden (Abb. *146*). Da die Beting zum Halten der Ankerketten oder -taue nicht ausreichte, verwendete man kurze Tau- oder Kettenstücke, die mit Hilfe von Augbolzen an Deck festgehalten wurden. Diese Teile hießen *Ketten-* oder *Klaustopper.*

**Ketteneinklemmvorrichtungen.** Nachdem die Ketten das Gangspill oder das Bratspill verlassen haben, gelangen sie in den *Kettenkasten.* Er ist bei modernen Schiffen mit einer Schutzhaube versehen, in der eine *Einklemmvorrichtung* angebracht ist. Sie hat den Zweck, die Kette fest zusammenzuhalten und ihr Ausrauschen zu verhindern (Abb. *477*).

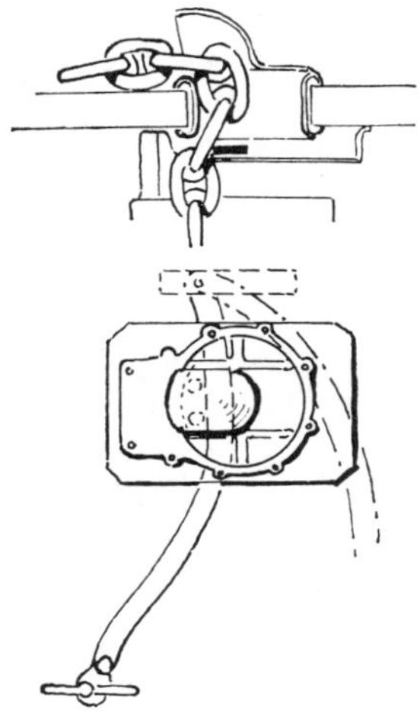

Abb. 477. *Gehäuse mit Ketteneinklemmvorrichtung*

## Befestigung der Anker

Zur Befestigung der Anker an Bord der Schiffe verwendet man Geräte, Vorrichtungen und Zubehörteile wie *Kattdavits, Querfestenkräne, Rüstleinen, Laschungen* oder *Zurrings, Versenker, Schweinsrücken* und *Kräne für Reserveanker.*

**Kattdavits.** Sie bestehen aus einem Querträger, der aus dem Bug ragt und fest mit dem Vordeck verbunden ist. Sie kamen im 17. Jahrhundert in Gebrauch. Am überstehenden Ende tragen sie Gats mit Scheiben, auf die sich das Tau des *Kattakels, Kattgiens* oder *Ankerkatts* wickelt. Die Kattdavits dienen zum *Katten* des Ankers, das heißt, sie dienen dazu, den *Ankerring* zu fassen und die Anker zum Kran zu bringen, während man sie einholt (Abb. *478, 479, 480* und *481*). Auf einigen modernen Segelschiffen montierte man anstelle des Holzbalkens kleine eiserne Kräne.

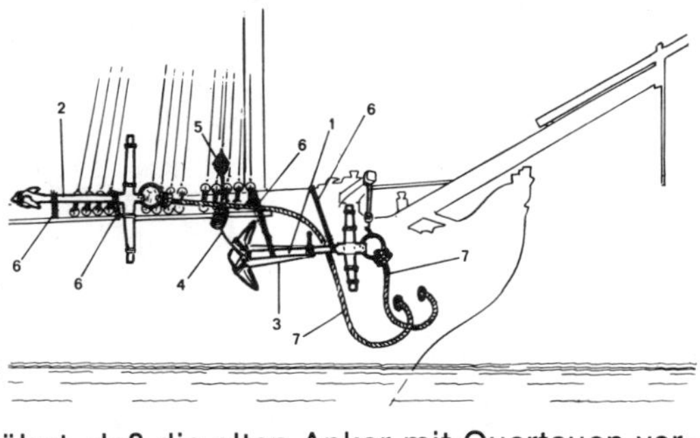

Abb. 478. *Befestigung der Anker bei einem Schiff des 18. Jahrhunderts*
*1. Buganker (oder Vertäuanker), 2. Großer Anker, 3. Traversen, 4. Ankerbojereep, 5. Boje, 6. Ankerrüstleinen, 7. Ankertrosse*

**Querfestenkräne.** Wir haben oben erwähnt, daß die alten Anker mit Quertauen versehen wurden, um sie mit bestimmten Takeln *fischen* oder *pentern* zu können. Die Verwendung solcher Takel zum Fischen war bis zur Mitte des 19. Jahrhunderts üblich. Zu dieser Zeit wurde ein Takel eingeführt, das an einem Kran angebracht war, der sich heckwärts des Kattdavits befand. Dieses Takel nannte man *Querfeste*

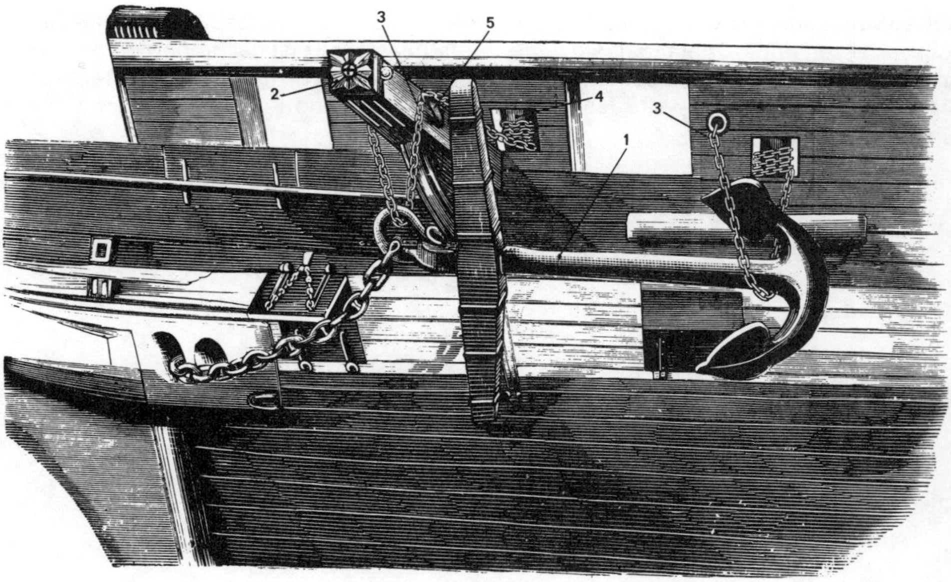


Abb. 479. *Festlegen eines Ankers bei einem Schiff des 19. Jahrhunderts*
*1. Anker, 2. Kattdavit, 3. Ankerrüstleinen, 4. Betinge der Ankerrüstleinen, 5. einfacher Versenker*

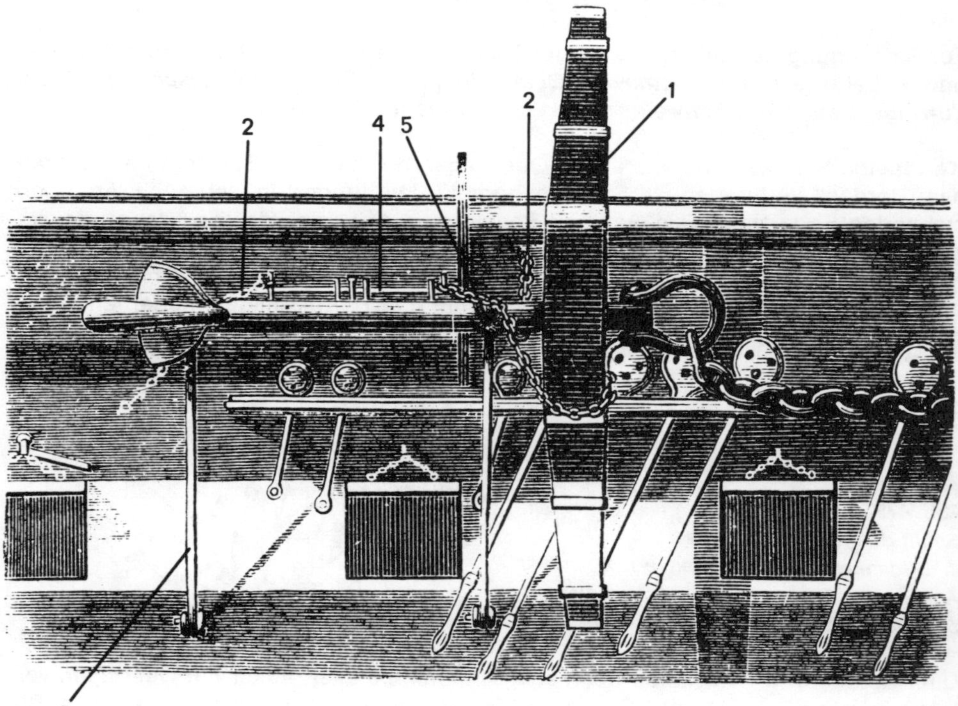


Abb. 480. *Großer Anker eines Schiffes des 19. Jahrhunderts*
*1. Anker, 2. Rüstleinen, 3. Halterungen des Ankers, 4. doppelter Versenker, 5. Ankerlaschungen*

oder *Dwarsfeste* und den Kran *Querfesten-* oder *Dwarsfestenkran*. Es wurde im allgemeinen auf großen Segelschiffen angebracht; auf kleinen benutzte man ein *Fischer* genanntes Takel, das an einem an der Quersaling des Fockmastes befestigten Drehreep aufgehängt war. Sowohl die Querfeste als auch der Fischer waren mit einer *Angelschnur (Kattdavitsangelschnur)* versehen, einem dünnen Tau, das in Höhe der Ankerflunken um die Ankerarme geschoren werden konnte.

**Ankerrüstleinen.** Die Anker der alten Schiffe wurden mit Hilfe der Rüstleine, eines starken, zwei- oder dreimal um die Ankerarme gewickelten und an einer Stütze der Gunwale befestigten Hanftaus, an der Bordwand der Back festgehalten. Auf den neuen Segelschiffen sind die Ankerrüstleinen durch zwei schwächere Ketten ersetzt worden, deren stehende Part am Schanzkleid oder an geeigneten Betingen befestigt ist. Sie umlaufen den Schaft und sind am Versenker festgemacht (Abb. *478, 479, 480* und *481*).

**Ankerlaschungen, Ankerzurrings.** Es sind kleine Ketten oder Hanftaue, die während der Fahrt zum Festlegen des Ankers an der Bordwand und als Verstärkung der Ankerrüstleinen dienen.

**Versenker.** Diese Vorrichtung ist dazu bestimmt, die Ankerrüstleinen zum Herablassen des Ankers augenblicklich freizugeben. Es gibt verschiedene Arten, einfache oder doppelte (Abb. *479, 480* und *481*).

**Schweinsrücken.** Es ist eine leicht geneigte Blechplatte, auf der die Ankerarme ruhen, wenn der Anker an der Bordwand befestigt ist (Abb. *481*).

**Kräne für Reserveanker.** Auf einigen Segelschiffen und auf modernen Schiffen werden am Bug kleine Kräne gesetzt, die die Aufgabe haben, die Anker zum Vordeck zu bringen oder einen Reserveanker einzusetzen (Abb. *482*).

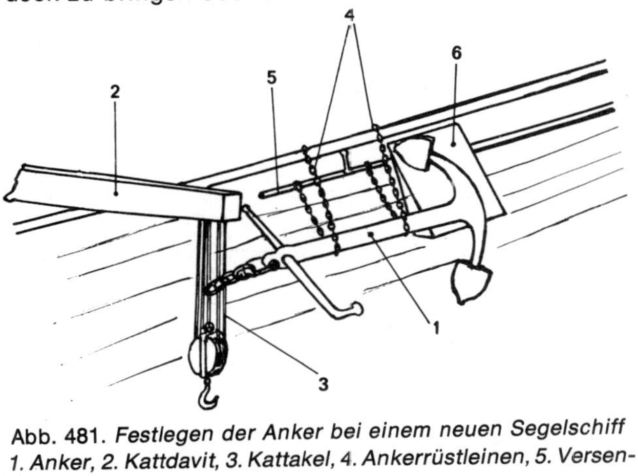


Abb. 481. *Festlegen der Anker bei einem neuen Segelschiff*
*1. Anker, 2. Kattdavit, 3. Kattakel, 4. Ankerrüstleinen, 5. Versenker, 6. Schweinsrücken*

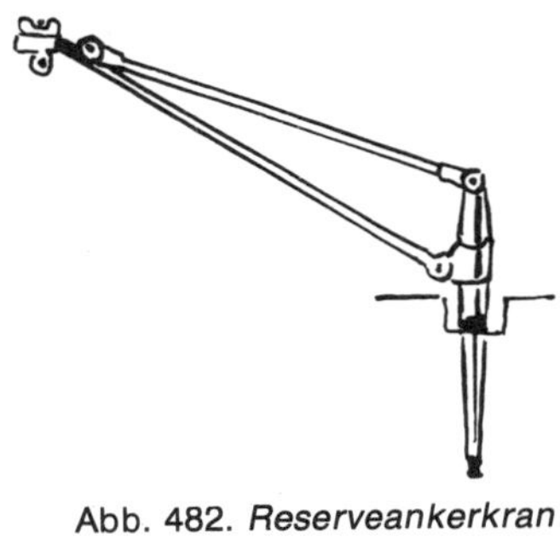

Abb. 482. *Reserveankerkran*

## Boote

Boote sind kleine Wasserfahrzeuge mit Riemen-, Segel- oder Motorantrieb; sie werden von den Schiffen und in den Häfen zur Beförderung von Personen und geringen Lasten verwendet. Hierzu gehören auch die Vergnügungsboote.

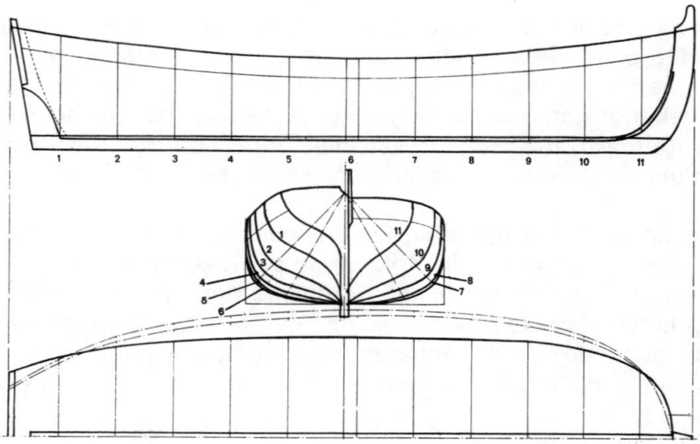
1 2 3 4 5 6 7 8 9 10 11

a

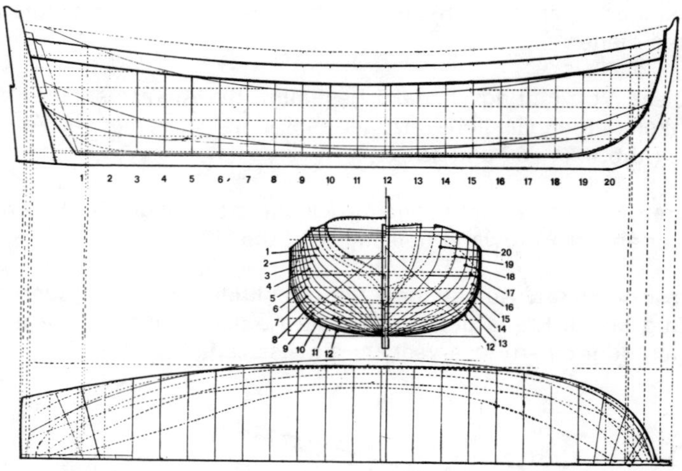
1 2 3 4 5 6 7 8 9 10 11 12 13 14 15 16 17 18 19 20

b

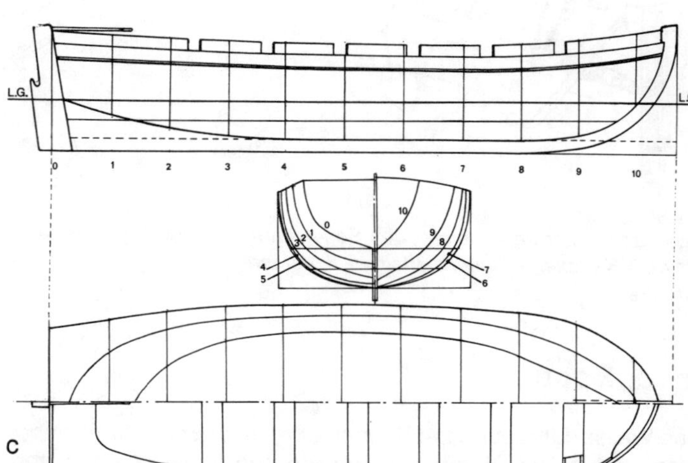
L.G.
L.G.
0 1 2 3 4 5 6 7 8 9 10

c

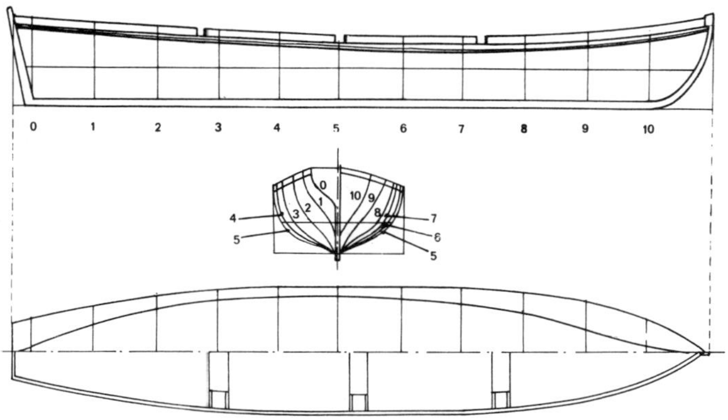


d

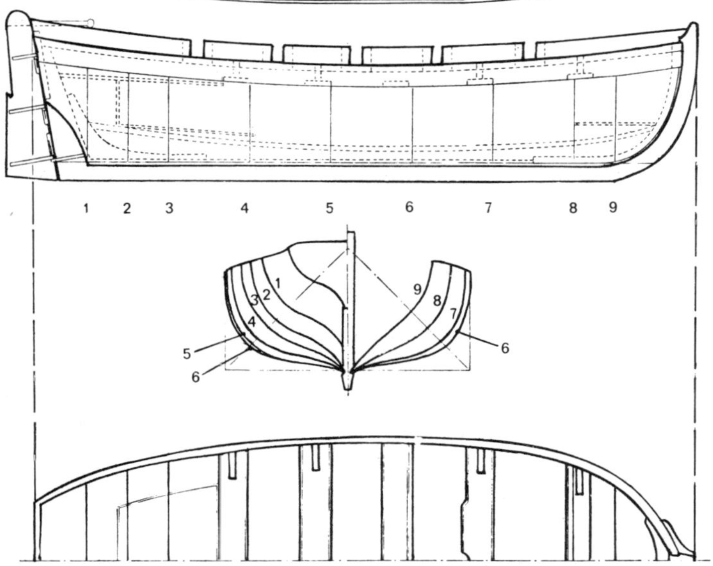


e

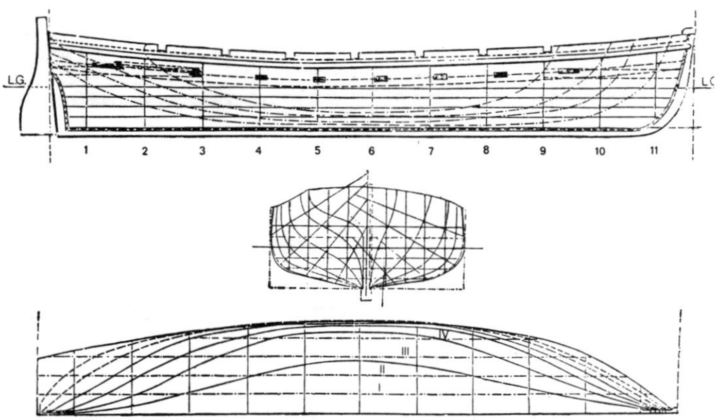


f

Abb. 483. *Boote der alten Schiffe*

a) *Barkasse aus dem 17. und 18. Jahrhundert;* b) *Barkasse eines Segelkriegsschiffes dritten Ranges aus dem Jahre 1730;* c) *Barke eines Segelkriegsschiffs ersten Ranges aus dem Jahre 1750;* d) *Beiboot eines Segelkriegsschiffs ersten Ranges aus dem Jahre 1750;* e) *Barke eines Segelkriegsschiffs aus dem Jahre 1805;* f) *Barke eines Schiffes von 1860–1870*

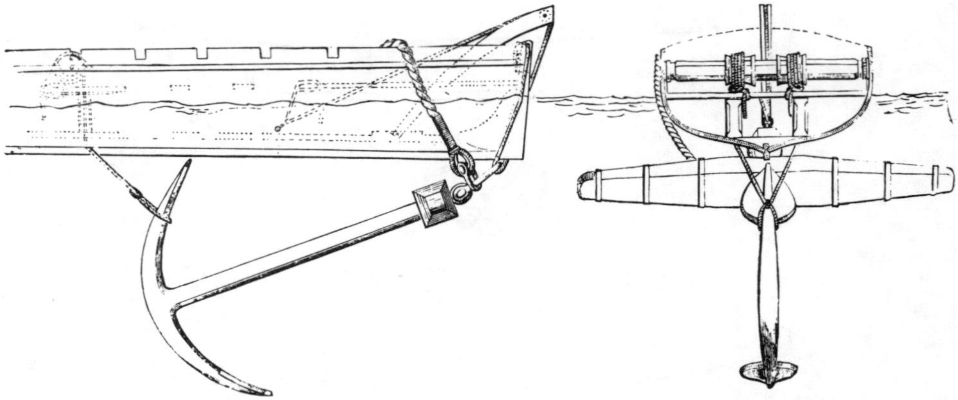

Abb. 484. *Setzen eines Ankers (den Anker mit Hilfe der Barkasse an eine bestimmte Stelle bringen und ihn versenken, wobei dann die Kette oder das Ankertau vom Schiff aus gespannt wird)*

a

b

c

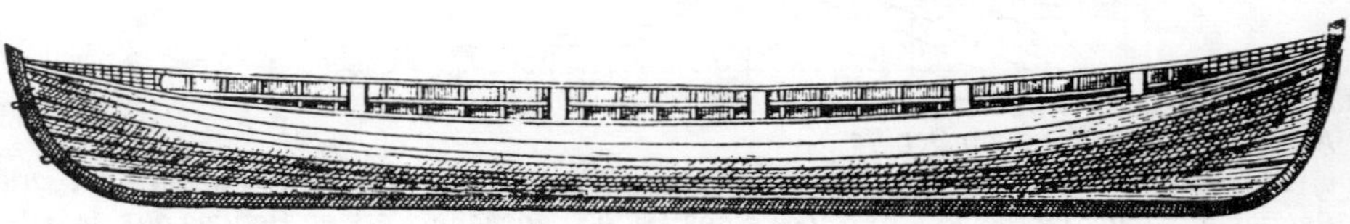

d

Abb. 485. *Boote*

a) *Barke oder Barkasse;* b) *Beiboot;* c) *Walboot;* d) *Jolle, Gig*

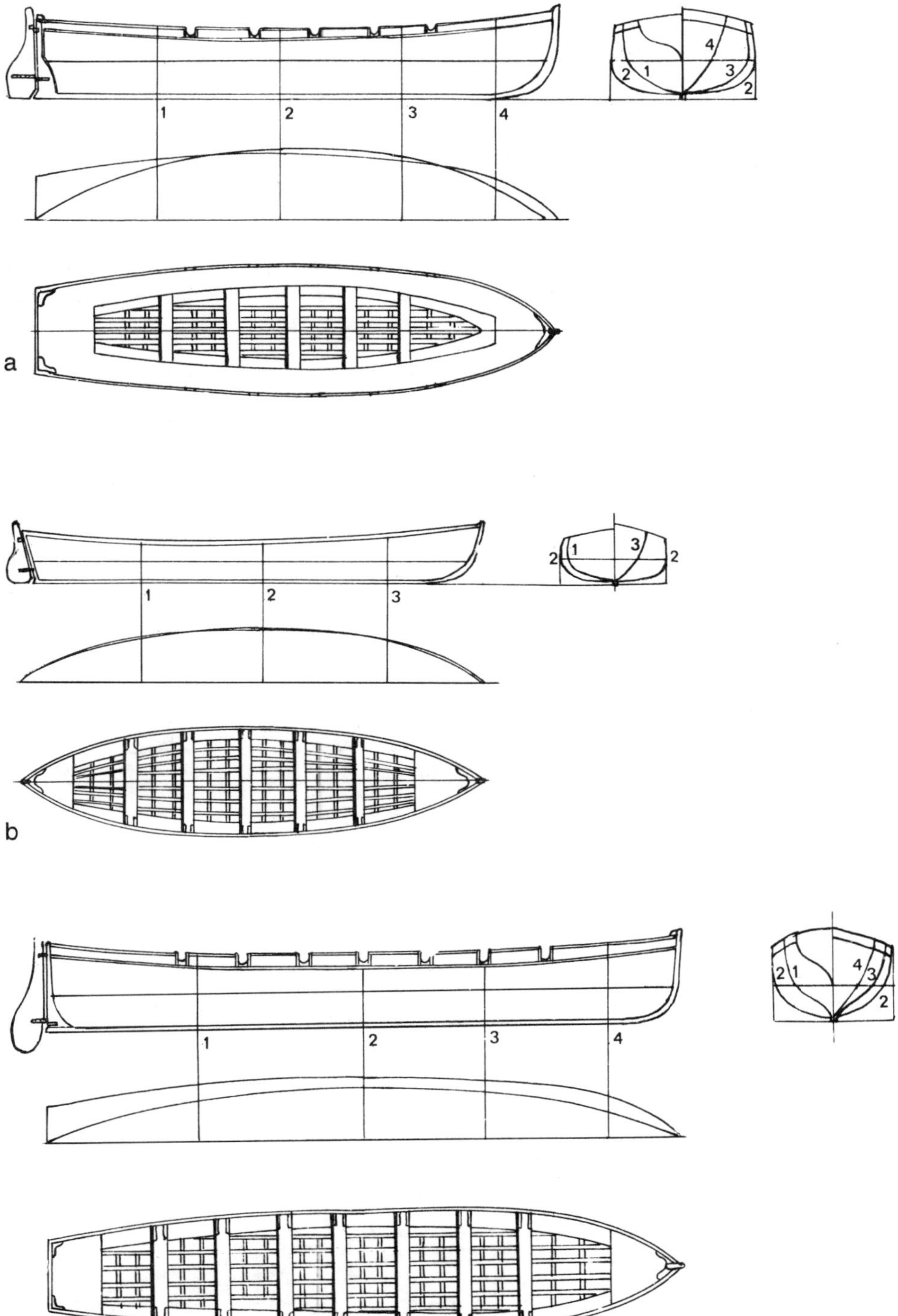


Abb. 486. *Boote der italienischen Marine*
a) *unsinkbares Beiboot von 8,60 m Länge;* b) *Walboot;* c) *Regatta- und Vergnügungsboot*

**Ruderboote.** Aus dem Einbaum und den primitiven Flößen haben sich die Boote entwickelt, die dem Menschen am Ausgang der vorgeschichtlichen Zeit zur Beförderung von Personen und Gegenständen dienten. Der zuerst entwickelte Bootstyp war ein ausgehöhlter Baumstamm, zu dem sich das aus Flechtwerk hergestellte Boot gesellte. Der Antrieb erfolgte mittels kurzer Riemen *(Paddel),* die erst weit später in der Bordwand drehbar gelagert wurden. Seit dieser Zeit gehört die *Piroge* (der Einbaum) zur Geschichte des Schiffes. Während das Schiff seine eigene Entwicklung nahm, blieben die kleinen Boote als unersetzliche Beförderungsmittel für die verschiedensten Zwecke erhalten. Mit dem allgemeinen Ausdruck *Barke* bezeichnet man verschiedene Arten von Schiffskörpern, die je nach ihrem Verwendungszweck und dem Bauort unterschiedliche Namen tragen. Der allgemeine Ausdruck ist *Boot* oder *Kahn.*

**Barkasse.** Ein alter Ausdruck, der ein größeres und robusteres Boot bezeichnete, das von Handels- und Kriegsschiffen verwendet wurde (Abb. *483 a, b*); es war für Arbeiten auf See wie z. B. das Aussetzen eines Ankers bestimmt (Abb. *484*).

**Barke.** Sie war und ist ein Boot wie die Barkasse, wird für den gleichen Zweck verwendet, ist aber kleiner (Abb. *483c, e, f*).

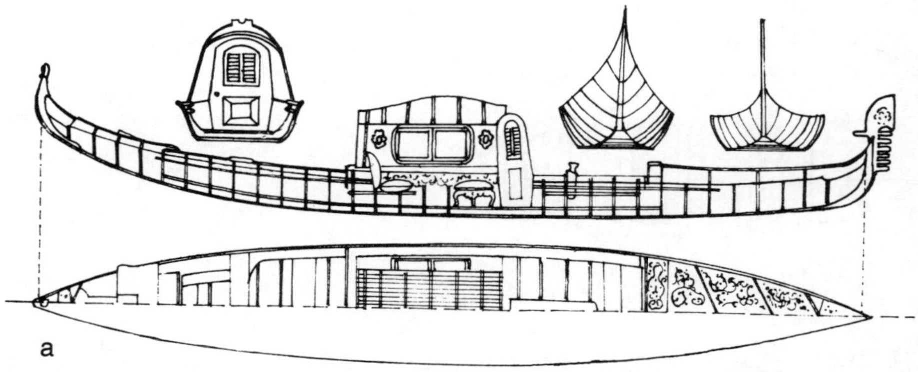

a

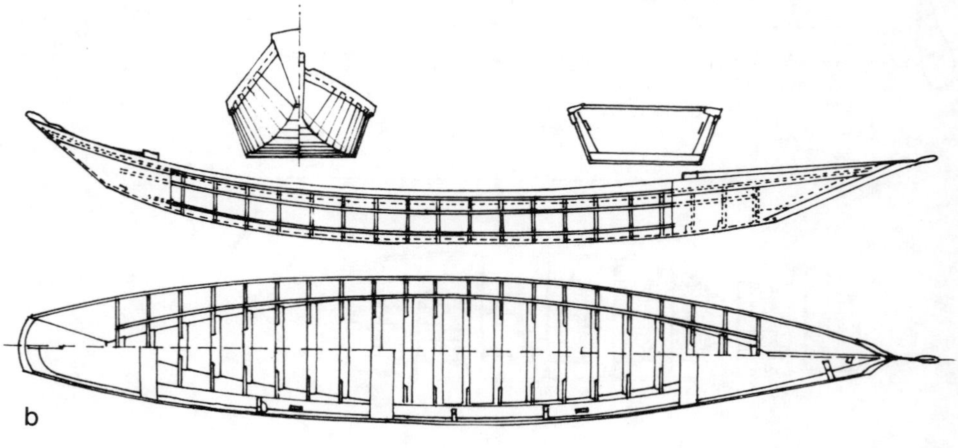

b

Abb. 487. a) *Gondel;* b) *Sandalo*

**Beiboot.** Es ist kleiner als die Barke, hat aber schlankere Formen und ist auf den Schiffen für verschiedene Zwecke geeignet, dient aber hauptsächlich zu Vertäuungsmanövern. Früher benutzte man es zur Verbindung von Schiff zu Schiff oder vom Schiff zum Land (Abb. *483d*). Es gibt auch Vergnügungsbeiboote (Abb. *486c*) mit besonderen Feinheiten.

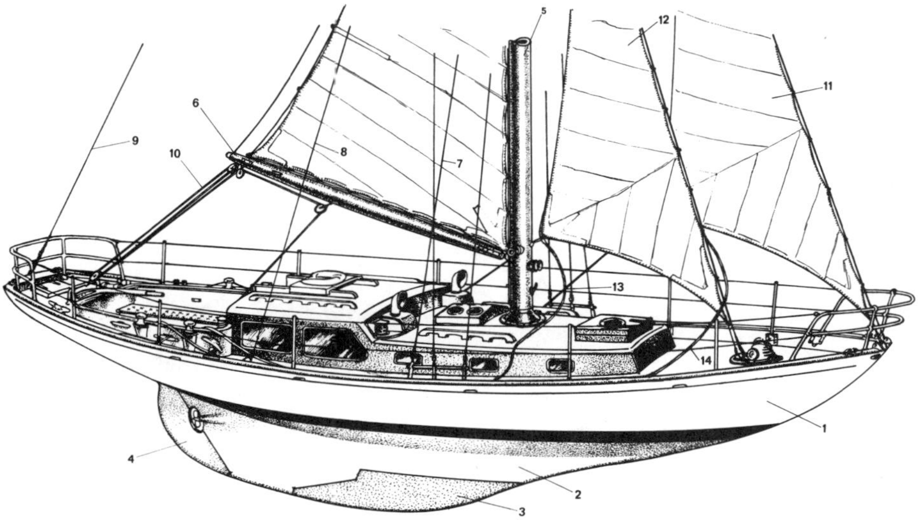


Abb. 488. a) *Perspektivische Ansicht eines Seekreuzers mit Hilfsmotor*
*1. Rumpf, 2. Stabilisierungsflosse, 3. Bleikiel, 4. Ruder, 5. Mast, 6. Großbaum, 7. Wanten, 8. Backstag, 9. Achterstag, 10. Großsegelschot, 11. Klüver, 12. Stagfock, 13. Stagfockschot, 14. Klüverschot*

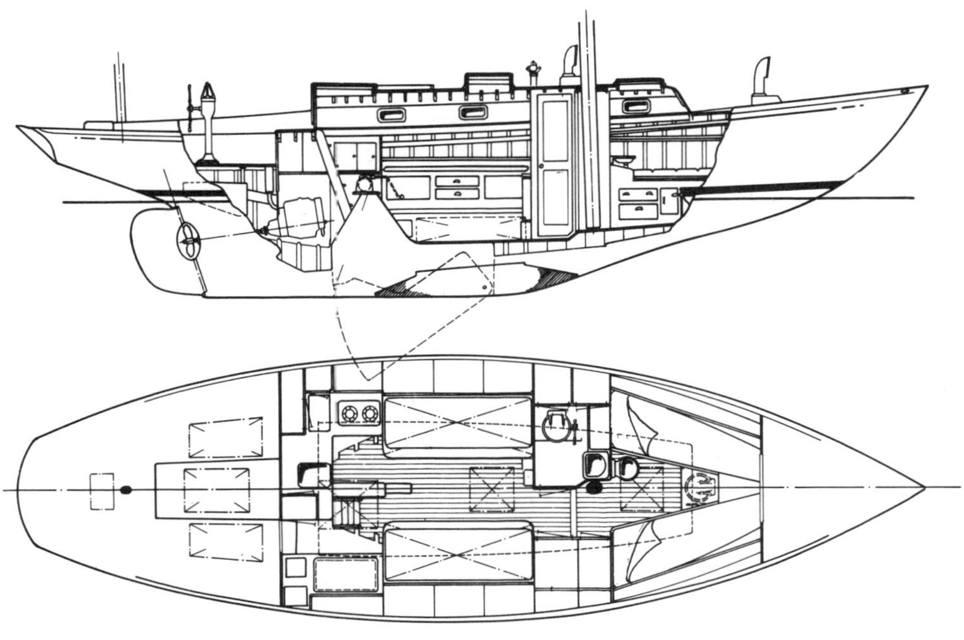

Abb. 488. b) *Seekreuzer* Finisterre

a

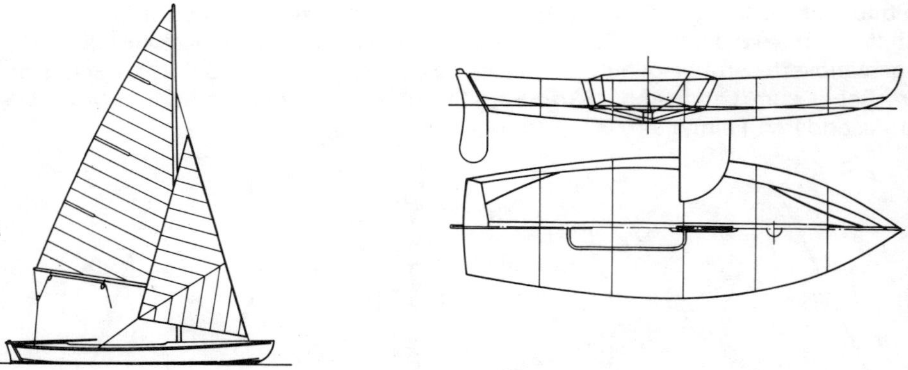

b

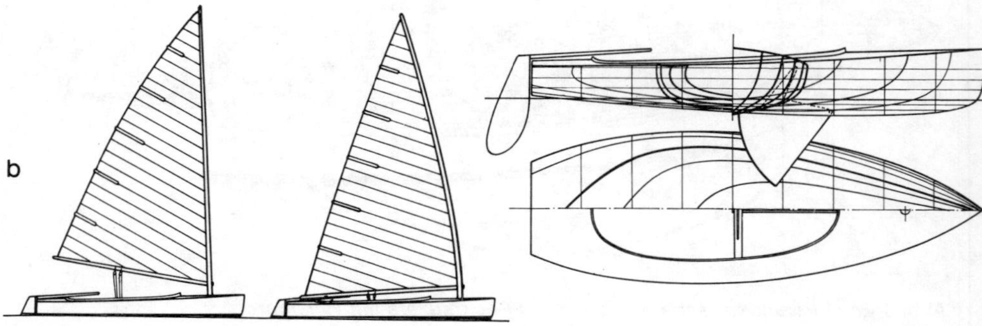

c

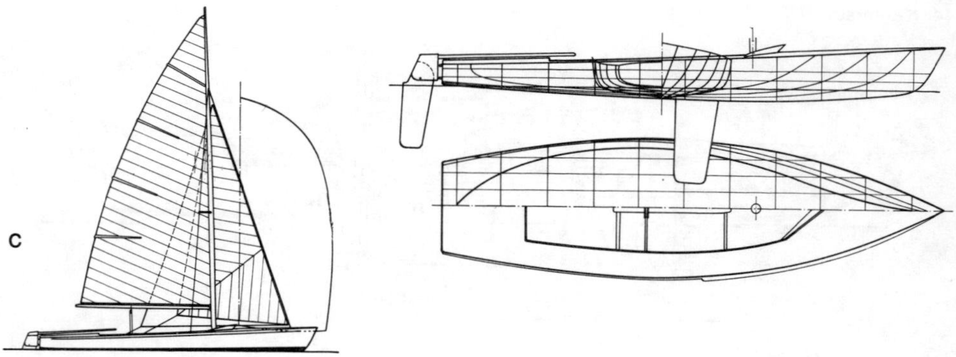

d

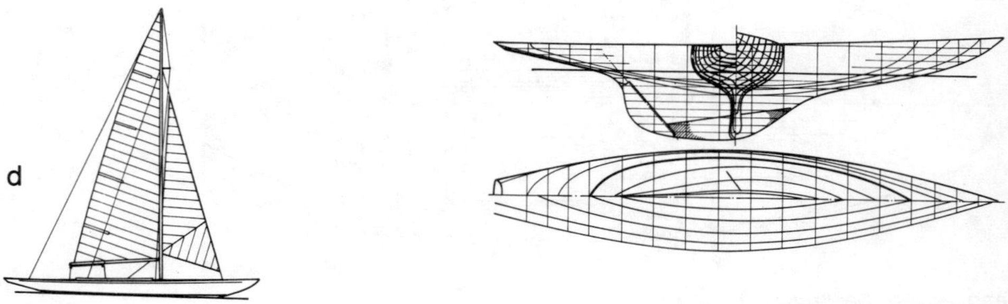

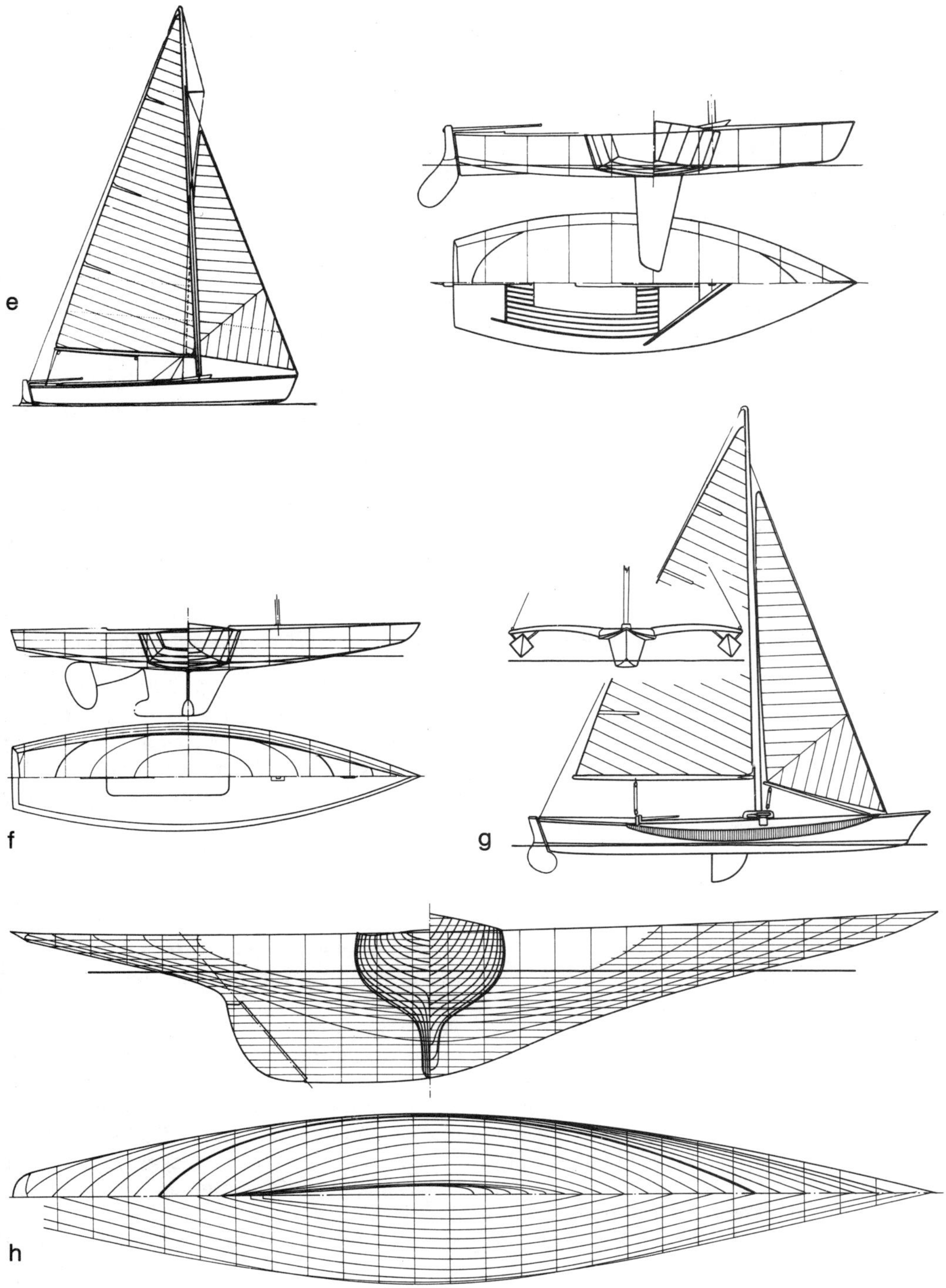


Abb. 489. *Regattajachten*

a) *Snipe;* b) *Finn Dinghy;* c) *Flying Dutchman;* d) *5,5 m R-Jacht;* e) *Lightning;* f) *Star;* g) *Trimaran;*
h) Endeavour I *(Amerikapokal)*

Die *Rettungsboote* sind mit Bootstanks oder Luftkästen versehen und gehören sowohl zur Ausrüstung der Kriegs- wie auch der Handelsschiffe (Abb. *485b* und *486a*).

**Walboot.** In der italienischen Marine bezeichnet man mit Walboot ein langes, schlankes Boot, bei dem Bug und Heck die gleiche Form haben (Abb. *486b*). Es ist dem persönlichen Gebrauch der Admirale und Kommandanten vorbehalten. Mit dem Namen „Walboot" bezeichnete man früher die zur Verfolgung und zum Fang von Walen bestimmten Boote (Abb. *485c*).

**Gig.** Auf den Handelsschiffen bezeichnet man mit diesem Namen ein leichtes und schlankes Boot für den Kapitän und die Offiziere. Es entspricht dem Walboot der Kriegsschiffe (Abb. *485d*). Mit demselben Ausdruck bezeichnet man ein elegantes, langes und schmales Vergnügungsboot. Ebenso heißt der klassische Regattabootstyp *Gig;* sie hat einen auf Schienen verschiebbaren Sitz und kann einen oder mehrere Ruderer aufnehmen. Die mit an den Enden von Eisenbeschlägen befindlichen Rudergabeln versehenen leichteren Typen, die einen größeren Hebelarm ermöglichen, heißen *Auslegerboote.*
Das Auslegerboot mit nur einem Ruderer heißt *Skiff.*

**Kanu.** Es ist auf den Handelsschiffen das kleinste an Bord befindliche Boot, wird für Vergnügungsfahrten verwendet, hat einen sehr scharf geschnittenen Rumpf und wird von sechs oder acht Mann vorangetrieben. Bei den alten Schiffen bezeichnete dieser Ausdruck die für den Hafendienst bestimmten und zur Ausrüstung der Handels- und Kriegsschiffe gehörenden Boote. Die Boote waren 10–36 Fuß lang und lagen während der Fahrt, eines im anderen, auf Deck, in dem zwischen Groß- und Fockmast freigebliebenen Raum. Dieser Raum hieß *Gangbord.* (Heute bezeichnet man mit „Gangbord" jede der Zugangsöffnungen zu den Schiffen, die im Schanzkleid meist in Höhe des Oberdecks angebracht sind. Wenn das Schiff vertäut ist, legt man an eine die Außentreppe, die *Gangway,* an.) Die auf die Galeeren verladene kleine Barke hieß *Schaluppe* und auch *Skiff* (eine für die Boote der Schiffe des 14. Jahrhunderts benutzte Bezeichnung). *Feluke* hieß das von den Galeeren zur Verbindung mit dem Land verwendete Boot.

Außer den oben genannten Arten sind die folgenden Boote zur besonderen Verwendung aufzuzählen:
*Rettungsboot:* großes Ruderboot mit Luftkästen, von den Küstenrettungsstationen verwendet. Die größeren Boote sind mit mechanischem Antrieb versehen.
*Schute:* großes, schweres Boot zur Beförderung von Fahrgästen und Waren auf Flüssen oder Kanälen.
*Leichter:* Boot mit flachem Boden, wie das vorige verwendet.
*Gondel:* berühmtes venezianisches Boot. Im 13. Jahrhundert war es ein Schiff von 24 Fuß Länge mit 12 Ruderern, das hauptsächlich vom Dogen benutzt wurde; später wurde es zu einem Boot mit einer Plane, die von hölzernen Bögen gehalten wurde. Heute ist es ein Boot mit zwei Riemen und gewöhnlich nur einem Ruderer. Es hat einen flachen Boden und stark hochgezogene Enden, die mit Eisenzacken geschmückt sind. Die mit Tuch verkleidete Kabine heißt italienisch *felze.* Die Gondel hat einen unsymmetrischen Rumpfquerschnitt (Abb. *487a*).
*Paddelboot, Kajak:* kleines Boot mit Paddel, flachem Boden und spitzem Heck und Bug. Es faßt nur eine Person.
*Sandalo:* kleines Boot wie das vorige, aber größer, in den Sümpfen verwendet, mit zwei Ruderern und besonderen Riemen (Abb. *487b*).
*Kanu:* leichtes Boot, aus dem Kajak der Eskimos hervorgegangen, für nur einen Mann.

Spezialboote sind außerdem die *Baggerschuten,* die *Fährschiffe,* die *Schauken* usw. Sie haben plumpe Formen und dienen zur Beförderung schwerer Lasten und zum Löschen und Laden der in den Häfen liegenden Schiffe. Unter den oben aufgezählten Booten befinden sich einige, die außer Riemen- auch Segelantrieb verwenden, wie die Barken, die Beiboote, die Walboote mit Schoner- oder Sprietbeseglung. Die Boote mit flachem Boden führen unterschiedliche Beseglung.

**Segelboote.** Es sind die im wesentlichen durch Segel angetriebenen Boote. Zu dieser Kategorie gehören die Segelboote bis zu einer Wasserverdrängung von 100 t, ihre Ausrüstung überschreitet nicht die der Schoner. Dazu zählen das *Navicello,* die *Tartane,* das *Fischersegelboot,* das *Trabaccolo,* die *Schifferbarke* usw. Zu dieser Kategorie gehören die zahlreichen Typen der Vergnügungssegelboote, die allgemein *Jachten* heißen. Sie unterteilen sich in: *Vergnügungsjachten (Seekreuzer)* für Vergnügungsfahrten, *Regattajachten,* die besondere Eigenschaften haben und nach Vorschriften und international festgelegten Formeln gebaut werden (Abb. *488a, b* und *489a, b, c, d, e, f, g, h*).

Die Jachten können im wesentlichen mit Segeln, nur mit Motor, mit Hilfsmotor oder mit Motor und Hilfsbeseglung angetrieben werden. Die Segeljachten unterscheiden sich nach der Wasserverdrängungsklasse, dem Segelsystem und dem Rumpftyp.

Es gibt deshalb in der Tonnageklasse: Jachten mit *internationaler, nationaler* und *freier Tonnage.* Je nach dem Segelsystem gibt es: Jachten *mit Loggersegel, mit Marconisegel, mit Schoner-, Kutter-, Yawl-, Ketschausrüstung* usw. Je nach dem Rumpftyp gibt es: *Rümpfe mit ganzem* oder *Teildeck, Rümpfe mit fester* oder *beweglicher Stabilisierungsflosse, Rümpfe mit Stabilisierungsflosse und festem einfachem* oder *knollenförmigem Kiel.*

**Motorboote.** Der Antrieb dieser Boote erfolgt im allgemeinen durch eine eingetauchte Schraube, die von einer Dampfmaschine oder einem Verbrennungsmotor (Benzin- oder Dieselmotor) bewegt wird.

Die ersten Boote wurden mit einer Dampfmaschine versehen und hießen *Dampfboote.* Mit der Einführung der Verbrennungsmotoren entstanden die *Motorboote*

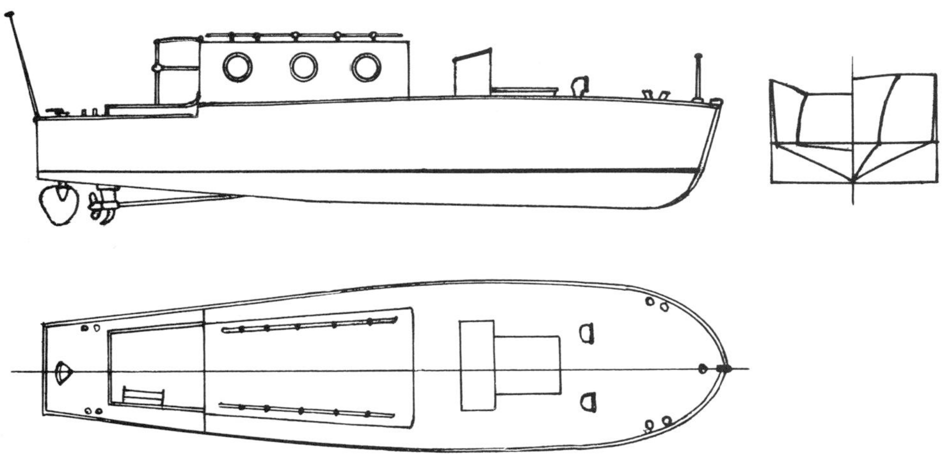

Abb. 490. a) *Motorboot der italienischen Kriegsmarine von 10 m Länge*

und die *Dieselboote,* die noch heute zur Ausrüstung der Schiffe in der italienischen Kriegs- und Handelsmarine gehören. Je nach der Einbauart des Motors gibt es *Innenbord-* und *Außenbordmotoren.* Die Boote, die von der Bauweise her ausschließlich für Motorantrieb bestimmt sind, heißen *Motorboote* und unterteilen sich in *Vergnügungsboote* und *Regattaboote.*

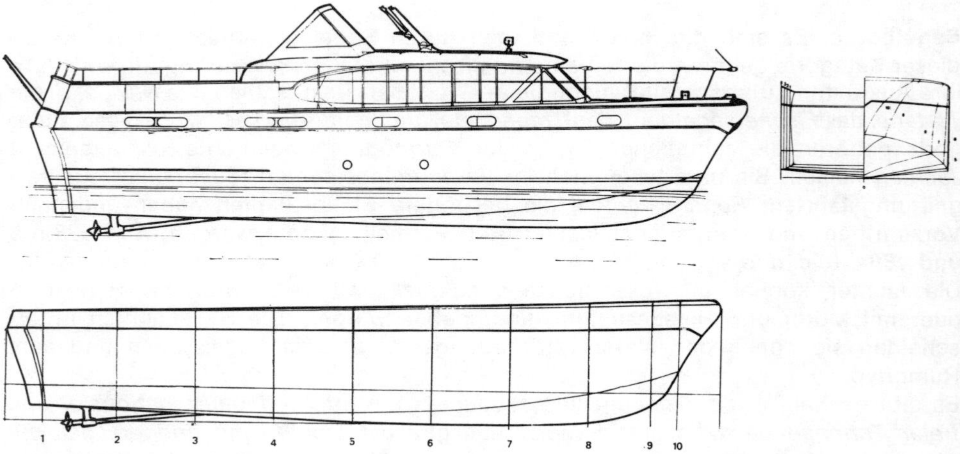


Abb. 490. b) *Backdeckkreuzer*

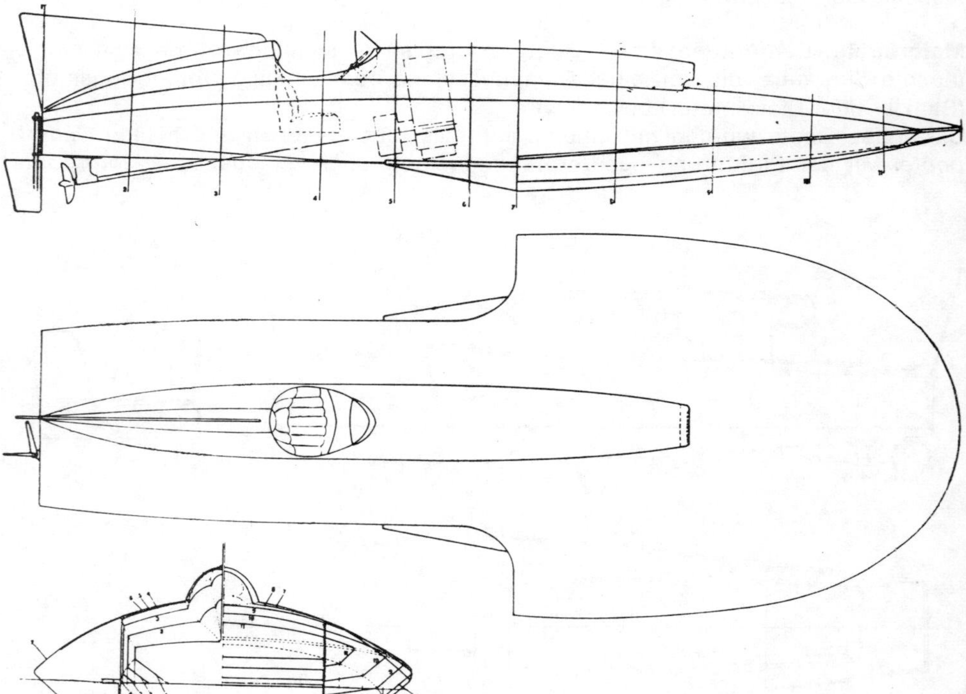

Abb. 490. c) *Rennboot*

Wie schon erwähnt, heißen die größeren Vergnügungsmotorboote *Jachten mit Kreuzermotor.* Sie besitzen Innenbordmotoren bemerkenswerter Leistung, geräumige Kabinen und für lange Fahrten ausreichende Hilfseinrichtungen. Die Motorboote können mit Innenbordmotoren und mit Außenbordmotoren ausgerüstet werden.
Die Regattamotorboote haben für die hohen Geschwindigkeiten besonders konstruierte Rümpfe und verwenden Innen- oder Außenbordmotoren großer Leistung. Sie unterliegen internationalen Normen in bezug auf den Hubraum des Motors und das Gewicht des Rumpfes; sie heißen *racer (Rennboote)* (Abb. *490a, b, c*).

## Teile der Boote und Zubehör

Den Booten gemeinsam sind die Bauteile, die zu jedem beliebigen Schiff gehören (Kiel, Spanten, Beplankung usw.). Insbesondere die Ruderboote haben: die *Setz-* oder *Waschborde,* das sind die oberen Bordkanten; die *Bänke* oder *Duchten,* die die Querverbindung bilden, auf ihnen sitzen die Ruderer; die *Sitze,* Bänkchen, die das Heck innen umsäumen; das *Lehnbrett* oder *Rückenbrett,* ein querschiffs am Heck angebrachtes Brett, an das sich die beförderten Personen lehnen; die *Heckkammer,* einen Raum, der zwischen der Rückenlehne und der letzten Heckbank liegt, dem *Steuerplatz,* in dem der Steuermann Platz nimmt; die *Garnier* oder *Garnierung,* eine Wegerung, die den Boden des ganzen Bootes bedeckt; die *Latten* oder *Weger,* einen am Bug und am Heck auf dem Boden angebrachten und entfernbaren Bretterbelag, der manchmal auch aus Grätings besteht; den *Wasserlauf,* das Mittelteil des Bodens, in dem sich das eingedrungene Wasser sammelt und wo eine mit einem *Stöpsel* oder *Pfropfen* verschlossene *Abflußöffnung* angebracht ist (Abb. *491*).

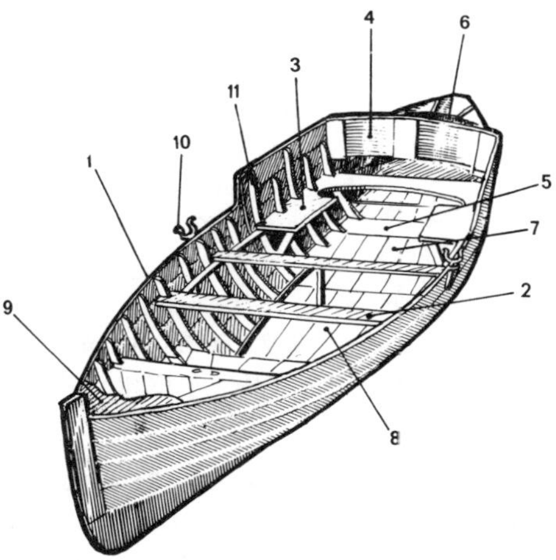


Abb. 491. *Teile eines Bootes mit Riemen*
*1. Setzbord oder Dollbord, 2. Bänke oder Duchten, 3. kleine Sitze, 4. Lehnbrett, 5. Heckkammer, 6. Steuersitz, 7. Garnierung, 8. Wegerung, 9. Bugfach, 10. Dollen, 11. Spanten*

**Riemen.** Es sind lange Rundhölzer aus einem Stück, deren eines Ende schaufelförmig ist. Sie bilden im Wasser einen Hebelarm, um das Boot fortzubewegen. Der Riemen besteht aus drei Teilen: dem verdickten zylindrisch-konischen *Griff;* dem *Schaft,* der sich in der Mitte befindet, zylindrisch ist und auf dem Setzbord ruht oder in den Dollen steckt, und dem *Blatt,* das bei den Hochseebooten flach und bei denen der Binnengewässer gewölbt ist (Abb. *492a, b, c, d, e, f, g, h*).
Die Riemen unterteilen sich in die eigentlichen *Riemen,* deren Griff so lang wie das Boot breit ist und die im allgemeinen von den Fischern verwendet werden, die stehend, mit dem Gesicht zum Heck gewandt rudern (Abb. *492e*); die *Doppelpaddel,* ohne Griff und mit je einem Blatt an beiden Enden, vom Ruderer in der Mitte gehalten (Abb. *492g*); die *Skulls,* deren kurzer Griff gestattet, sie paarweise zu betätigen,

wobei der Ruderer in der Mitte der Bank sitzt (Abb. *492a, b, c, d*) – und die *Wrickriemen,* die sich am Heck befinden und mit hin und her gehenden Schlägen bewegt werden.

Von den alten Riemen seien das *Stechpaddel* (Abb. *492h*) und das *Galeerenruder* erwähnt, das von drei bis sechs Männern gehandhabt wurde (Abb. *492i*). Auf den Galeeren benutzte man auch von nur einer Person betätigte Riemen. Die Riemen der Regattaboote haben keinen besonderen Griff.

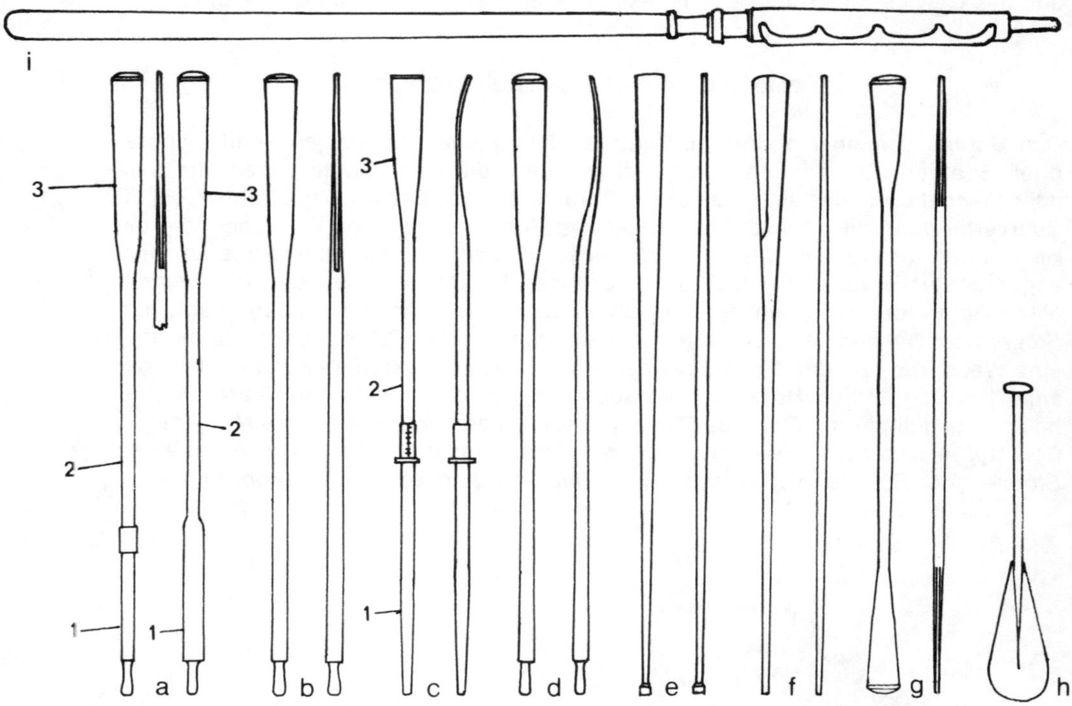


Abb. 492. *Riemen*

a) *Skulls mit flachem Blatt für Rettungsboote;* b) *Skulls für Boote der Kriegsmarine;* c) *Skulls mit gebogenem Blatt für Regattaboote;* d) *Skulls mit gebogenem Blatt für Binnenseeboote;* e) *Riemen;* f) *Gondelriemen;* g) *Doppelpaddel für Kajak;* h) *Stechpaddel;* i) *Galeerenriemen*
*1. Griff, 2. Schaft, 3. Blatt*

Die Boote mit Riemen sind darüber hinaus mit *Ruder-* oder *Rojegabeln* oder mit *Dollen* versehen. Die Rudergabel ist eine runde oder halbkreisförmige Öffnung, die im Setzbord angebracht ist, oder eine Metallgabel, durch die man den Schaft des Riemens steckt oder auf der dieser ruht (bei den Regattabooten ist die Rudergabel außenbords auf einem Beschlag drehbar). Die *Dollen* sind Belegnägel aus Holz oder Metall, die sich im Dollbord befinden und an denen der Riemen mit einem Stropp befestigt ist.

**Zubehör der Boote.** Die Boote sind mit verschiedenem Zubehör ausgerüstet: dem *Bootshaken,* einem Eisenstab mit ein oder zwei hakenförmigen Flügeln, der zum Fassen oder Abstoßen des Bootes oder irgendeines Gegenstandes dient; der *Fangleine,* einem an einen Ring gespleißten Stück Tau, das an einem Augbolzen am Heck und am Bug der Boote befestigt ist; den *Fendern,* Kissen verschiedener Form und aus verschiedenen Werkstoffen, die außen an die Bordwände gehängt werden, um diese zu schützen; dem *Bootsösfaß,* einer Art Schaufel mit einem kurzen Stiel zum Entfernen eingedrungenen Wassers. Darüber hinaus gibt es *Kompasse, Meßinstrumente, Pützen, Fässer für Süßwasser, Vorräte, Arznei-* und *Verbandsmittel* usw. Dieses Zubehör ist ein Teil der Rettungsbootsausstattung (Abb. *493*).

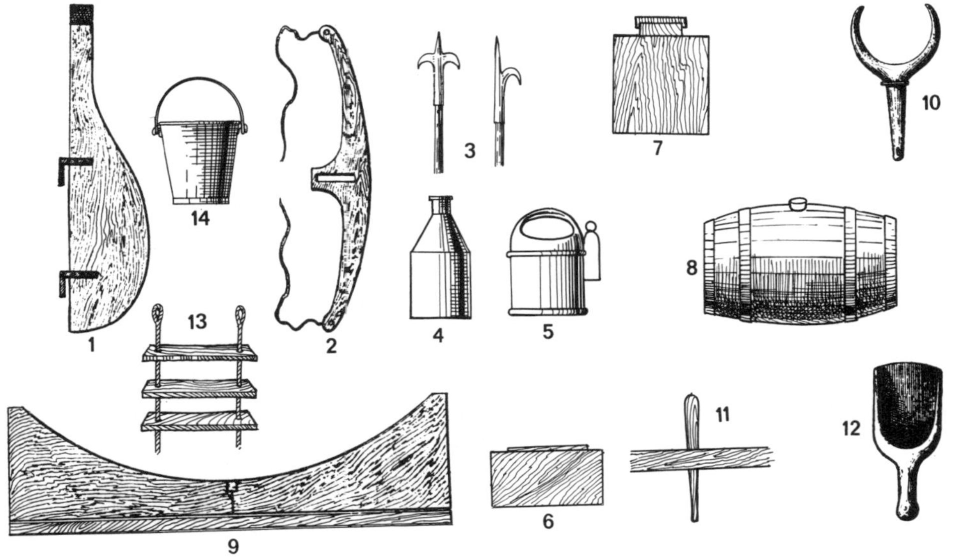


Abb. 493. *Die Ausrüstung von Booten*
*1. Ruder, 2. Ruderpinne, 3. Bootshaken, 4. Ölbehälter, 5. Kompaß, 6. Verbandskasten, 7. Notvorräte, 8. Fäßchen mit Süßwasser, 9. Bootsklampe zum Befestigen des Bootes, 10. Rudergabel, 11. Dollen, 12. Ösfaß, 13. kleine Leiter, 14. Pütz*

## Anbringung der Boote an Bord der Schiffe

Früher wurden die Boote auf dem Gangbord festgemacht; sie wurden mit Hilfe der Groß- und Focktaljen gehievt und heruntergelassen (Abb. *494*). Die kleinen Boote manövrierte man mit den Nocktakeln. Um die Mitte des 18. Jahrhunderts führte man

Abb. 494. *Fieren eines Bootes von einem Schiff aus dem Jahre 1850*

für das Tauwerk der kleinen Boote geeignete Kräne ein, die von den Kreuzmastrüsten gehalten wurden (Abb. *495*). Später wurde die Jolle von Kränen (Davits) gehalten, die über das Heck hinausragten. Auf modernen Segelschiffen macht man die Boote an Deck oder an den Kränen fest. Die Handels- und Fahrgastschiffe tragen die Boote an den Seitenkränen, die mit besonderen Vorrichtungen versehen sind, um ein schnelles Fieren zu ermöglichen. Die Boote der Kriegsschiffe werden meist an Deck festgemacht, um ein uneingeschränktes Gesichtsfeld zu haben; nur kleine Boote befestigt man an den Kränen längs des Schanzkleides.

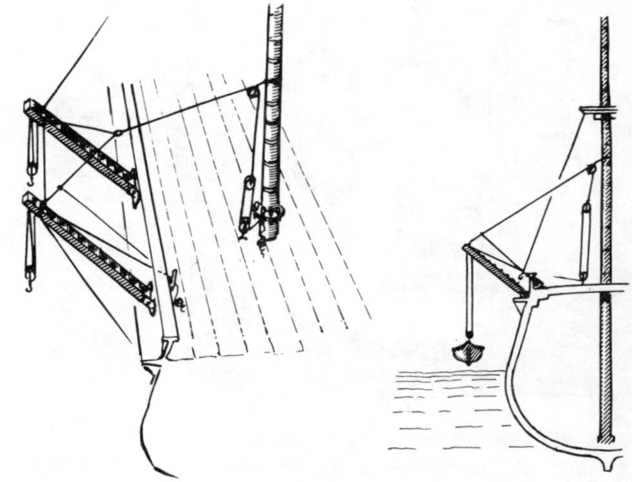

Abb. 495. *Alte Kräne für die Boote*

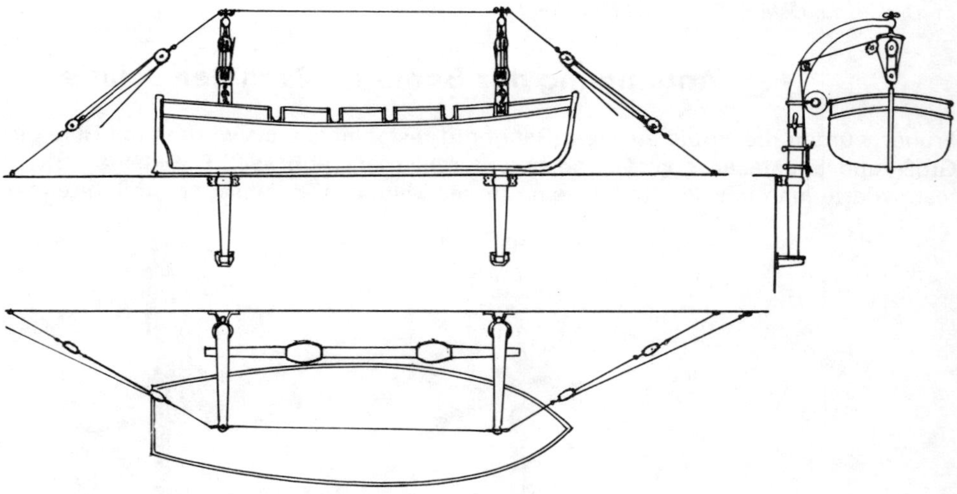

Abb. 496. *Kräne für die Boote der Segelschiffe*

**Davits.** Die Kräne der neueren Segelschiffe und der Kriegsschiffe sind aus Rundeisen, sie bestehen aus zwei senkrechten, oben gebogenen Armen, damit das Boot beim Manövrieren über Bord hinausragen kann (Abb. *496*). Beide Arme werden im allgemeinen am Schanzkleid verbolzt. Das Hieven erfolgt durch zwei Takel, die von Hand oder – bei den größeren Booten – mit Motorwinden betätigt werden. Es gibt auf modernen Schiffen verschiedene Arten von Davits (Abb. *497a, b, c*), während man auf den Kriegsschiffen Lademasten verwendet. Die *Bootsklampen* sind Halterungen aus Holz oder Eisen, die dazu dienen, den Booten eine Stütze zu bieten, wenn sie an Bord festgemacht sind.

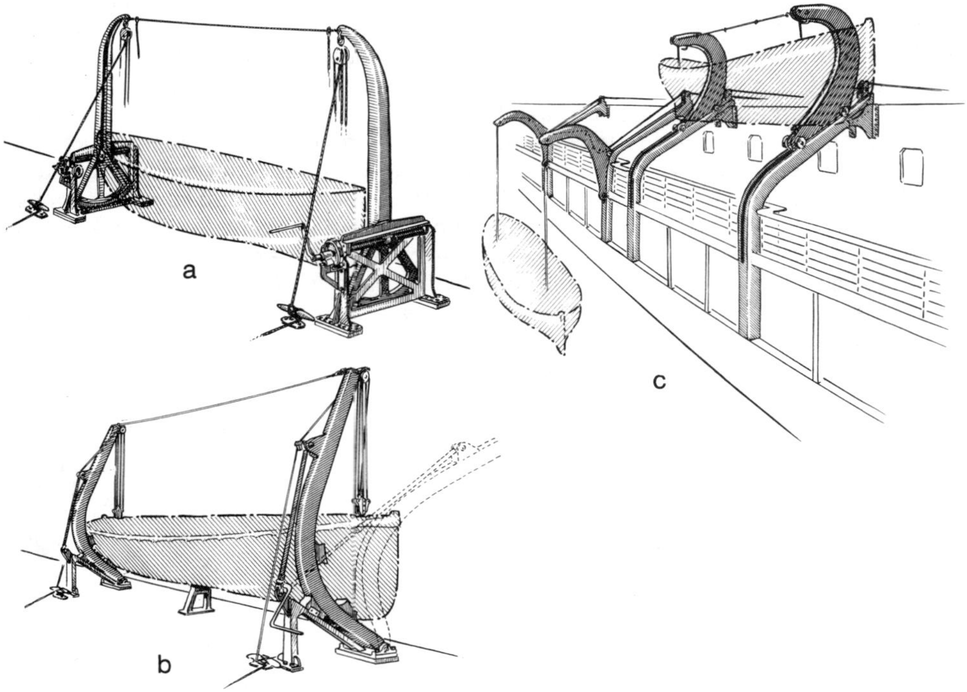


Abb. 497. *Davits moderner Schiffe*
a) *Welin-Davit;* b) *Spindeldavit;* c) *Schwerkraftdavit*

## Das Ruder

Es ist das Bauelement zum Lenken des Schiffes. Die Ruder der Schiffe des Altertums bestanden aus zwei breiten Riemen mit Blatt, die auf beiden Seiten des Hecks befestigt waren, und zwar so, daß sie der Steuermann beherrschen konnte, indem er das Blatt auf der Seite eintauchen ließ, nach der sich das Boot bewegen sollte. Diese Ruderart, die über viertausend Jahre verwendet wurde, heißt *lateinisches Ruder.* Die Einführung des am Achtersteven drehbar gelagerten Ruders geht vermutlich auf das frühe Mittelalter zurück, es kam etwa im 13. Jahrhundert allgemein in Gebrauch und heißt *navarresisches Ruder.*

**Ruder der alten Schiffe.** Das navarresische Ruder der alten Schiffe war aus Holz und blieb bis in unsere Tage unverändert. Es bestand aus zwei Stücken: das erste, aus zwei Teilen bestehende Stück hieß wie das Ganze *Ruderherz, Ruderstamm* oder *Ruderpfosten.* Das zweite Stück hieß *Ruderblatt* oder *Klick des Ruders.* Der Ruderstamm hatte die gleiche Dicke wie der Achtersteven, seine Kanten waren zur Erleichterung des Drehens abgerundet. Die Dicke des Ruderblattes war etwas größer als die Dicke des Ruderstammes, damit der Winkel von Ruder zu Achtersteven beim Ruderlegen auf der einen Seite stumpf blieb und auf der anderen spitzer wurde. Das Ruder war mit Hilfe der am Achtersteven befestigten Ruderösen und der am Ruder selbst befestigten Ruderfingerlinge drehbar gelagert. Im allgemeinen waren die Ruderfingerlinge und die Ruderösen aus Eisen; die Engländer führten um die Mitte des 18. Jahrhunderts eine Kupferlegierung ein. Man pflegte das Ruder auch mit Brettern zu benageln, um es vor den Schiffswürmern zu schützen. Das obere Ende des Ruderstamms, das durch das *Hennegat* in das Schiffsinnere ging, war quadratisch geformt, an dieser Stelle wurde die *Ruderpinne* waagerecht in einem nicht durchgehenden Loch angebracht. Die Ruderpinne befand sich unter dem zweiten Deck und wurde in Höhe der Deckbalken bewegt und vom *Halbmond* gehalten. Der Halbmond war ein halbrundes Stück Holz, das unter den Deckbalken des zweiten Decks befestigt war. Das Ende der Ruderpinne trug ein gebogenes Stück Eisen, das vom Halbmond gehalten wurde und auf ihm entlanggleiten konnte. Um das Bewegen zu erleichtern, war der Halbmond mit einer eisernen Scheibe bedeckt, die man zweckmäßig mit Fett und Seife schmierte. Die Ruderpinne bewegte man mittels eines Taus, das *Ruderracktau* hieß und an zwei Ringen an der Ruderpinne befestigt wurde (Abb. *498a*).

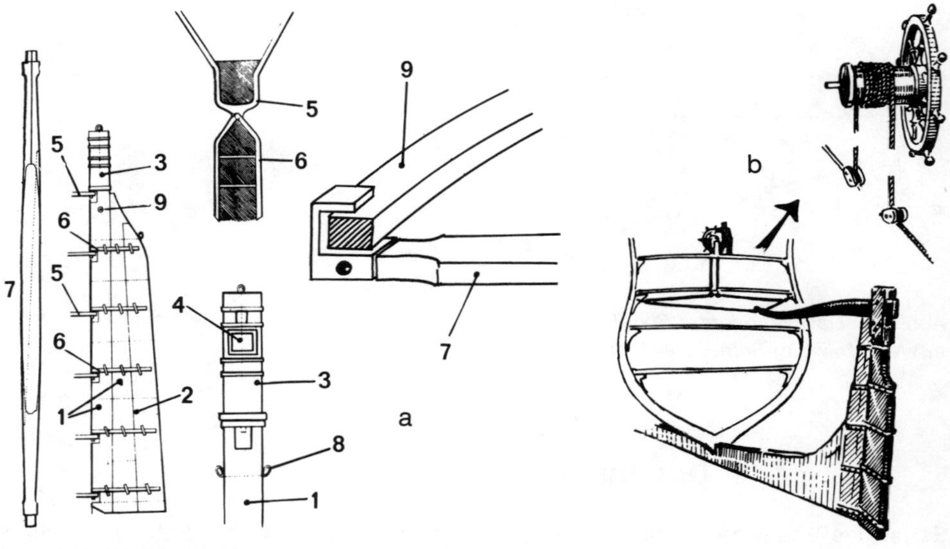


Abb. 498. *Das Ruder alter Schiffe*

a) *Teile des Ruders;* b) *Verbindung des Ruders mit dem Hintersteven*

*1. Ruderstamm, Ruderherz, Ruderpfosten, 2. Ruderblatt, Klick des Ruders, 3. Kopf des Ruders, 4. quadratisches Loch für die Ruderpinne, 5. Ruderösen, 6. Ruderfingerlinge, 7. Ruderpinne, 8. Ringe zum Befestigen des Ruderstropps, 9. Halbmond*

Das Ruderracktau lief durch Wegweiserblöcke, die innen am Rand des zweiten Decks befestigt waren, und durch Löcher, die man im Quarterdeck und im zweiten Deck angebracht hatte. Die beiden Enden des Ruderracktaus wurden schließlich auf die Trommel des *Steuerrads* gewickelt, und zwar mit fünf Windungen. Durch die Trommel ging ein Bolzen aus Eisen oder Kupfer, der von zwei senkrechten Stützen gehalten wurde. Der Bolzen ging über die Stützen hinaus und trug verkeilt ein oder zwei Räder, auf deren Umfang Griffe zum Ausführen der Drehbewegung befestigt waren (Abb. *498b*). Über der Trommel wurde ein aus einem roten Tuch bestehendes Zeichen angebracht; es gab den Punkt in der Mitte des Hennegats

an, mit ihm konnte der Steuermann die Stellung des Ruders erkennen. Außer diesem Zeichen wurde vor dem Steuerrad der *Ruderzeiger* eingeführt, ein mit dem Rad selbst verbundenes Gerät, das den Ausschlag eines Zeigers auf einem mit Gradeinteilung versehenen Sektor hervorrief. Die Zeigerbewegung lief mit der Bewegung des Ruders synchron. Auf modernen Schiffen gibt es natürlich Ruderzeiger mit vollkommeneren Einrichtungen.
Die gesamte zum Steuerrad gehörende Einrichtung wurde auf dem Quarterdeck vor dem Kreuzmast angebracht. Das Steuerrad wurde in den ersten Jahren des 18. Jahrhunderts eingeführt (Abb. *503*); vorher wurde die Ruderpinne mit Hilfe einer senkrecht angebrachten Stange bewegt. Diese griff in das Ende der Ruderpinne, und der Steuermann bewirkte durch eine Querbewegung die Drehung des Ruders (Abb. *499*). Auf kleinen Schiffen wurde die Ruderpinne unmittelbar vom Steuermann gelenkt.

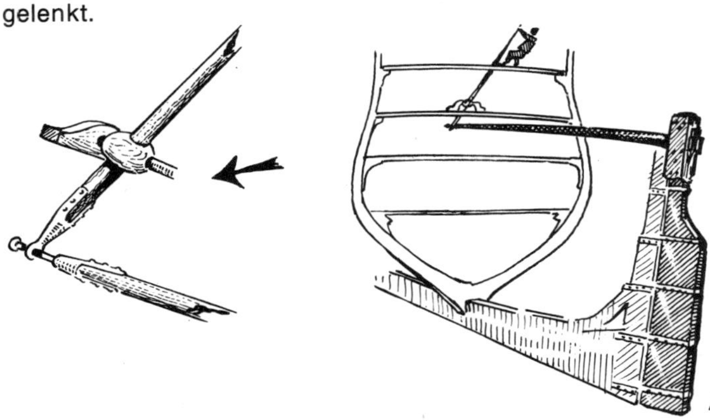

Abb. 499. *Altes Hebelruder*

Der *Ruderstropp* bestand aus zwei an zwei Ringen befestigten Tauen, die auf beiden Seiten des Ruders und an weiteren zwei am Achtersteven angebrachten Ringen befestigt waren. Der Ruderstropp diente dazu, das Ruder so zu halten, daß es nicht verloren wurde. Auf neueren Segelschiffen bestand der Ruderstropp aus einer Kette.

**Moderne Ruder.** Bei den Booten hat das Ruder je nach den Rumpfmerkmalen verschiedene Formen. Bei kleinen Segelschiffen ist das Ruder fast rechteckig; die Kanten sind abgerundet, ihre größte Breite erreichen sie unten, um ihre Wirksamkeit zu erhöhen. Bei großen Segelschiffen und Handelsschiffen haben die Ruder oft Mondsichelform. Bei modernen großen Handels- und Kriegsschiffen befindet sich das Ruder vollständig unter Wasser und ist meist ein *Balanceruder.*
Das Balanceruder hat eine Fläche, die vor und hinter der Drehachse so verteilt ist, daß der Druckmittelpunkt herangerückt und somit die an der Ruderpinne aufzuwendende Kraft vermindert wird. Das Balanceruder wurde zunächst auf den ersten Panzerschiffen verwendet; als man die *Hilfsmotoren* einführte, wurde es bedeutend kleiner. Man mußte auch wegen der höheren Geschwindigkeiten und der größeren Abmessungen der Schiffe zum Balanceruder greifen.
Außer den normalen Heckrudern sah man manchmal *Bugruder* vor, um die Manövrierfähigkeit des Schiffes zu erhöhen und die Steuerfähigkeit bei Rückwärtsfahrt zu verbessern. Die *Hilfsruder* werden manchmal zusätzlich zum Hauptruder verwendet und bugseitig desselben angebracht.
Die Unterseeboote besitzen außer den üblichen *vertikalen Rudern* noch *horizontale Ruder* für die Bewegung in der senkrechten Ebene, beim Unter- und Auftauchen oder bei Tauchtiefenänderungen (Abb. *500a, b, c, d, e, f, g*).

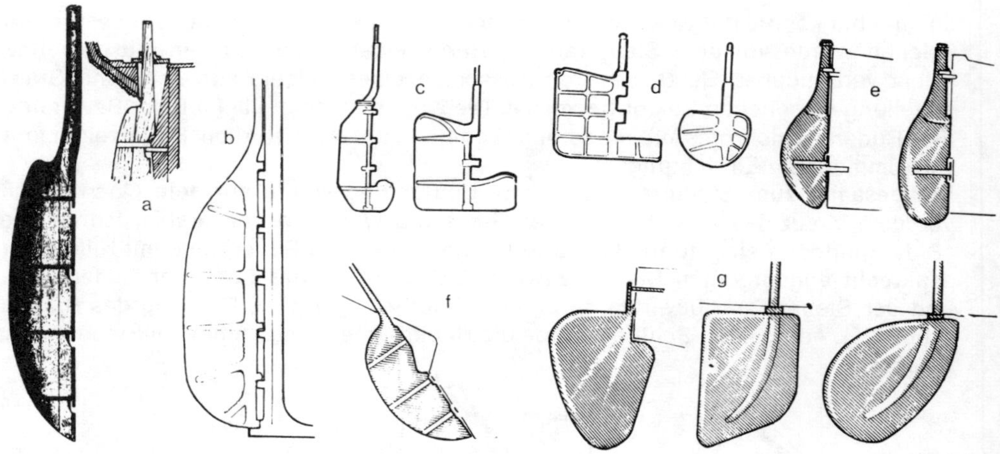


Abb. 500. *Moderne Ruder*
a) *Holzruder eines Segelschiffes;* b) *altes Eisenruder;* c) *Balanceruder für Handelsschiffe;* d) *Balanceruder für Kriegsschiffe;* e) *Ruder für Boote mit Riemen;* f) *Ruder für Segelboote;* g) *Ruder für Motorboote*

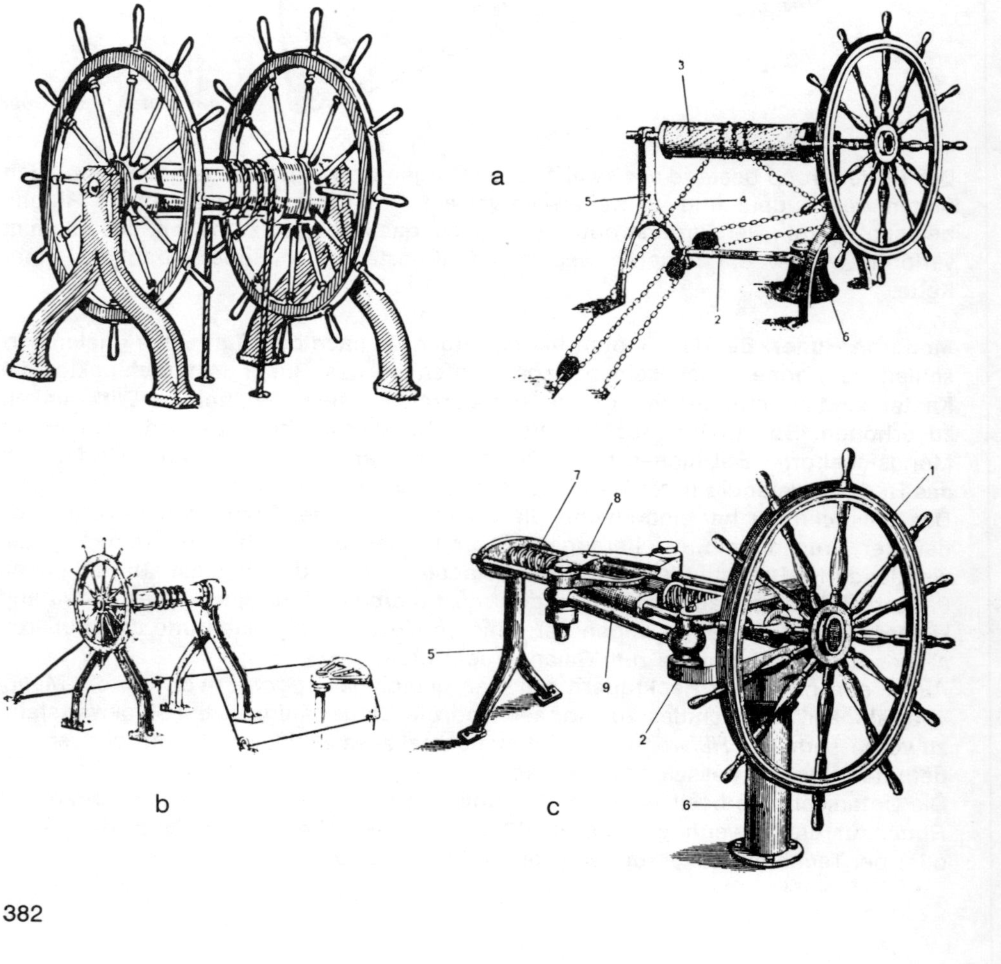

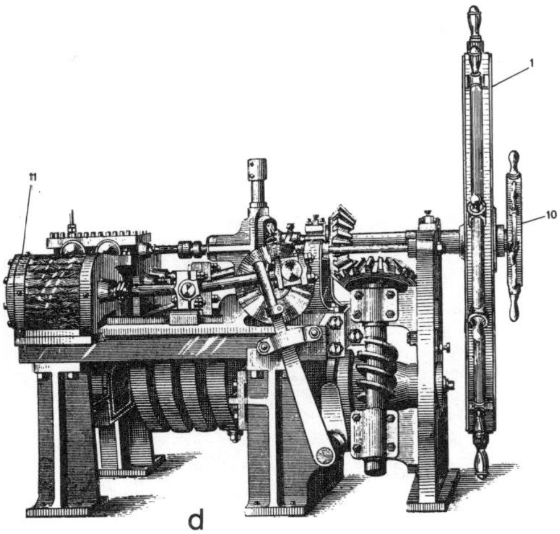


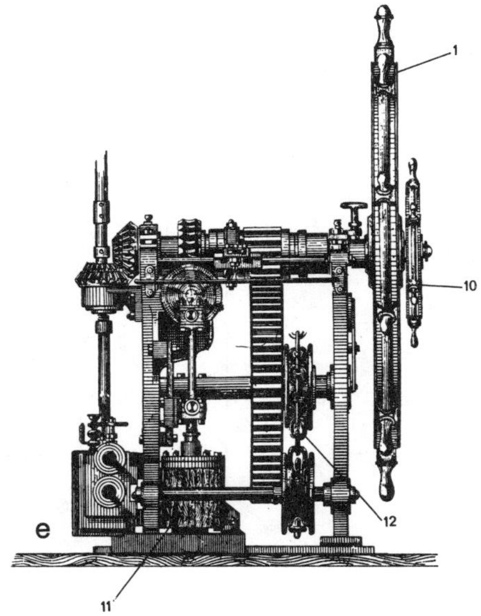


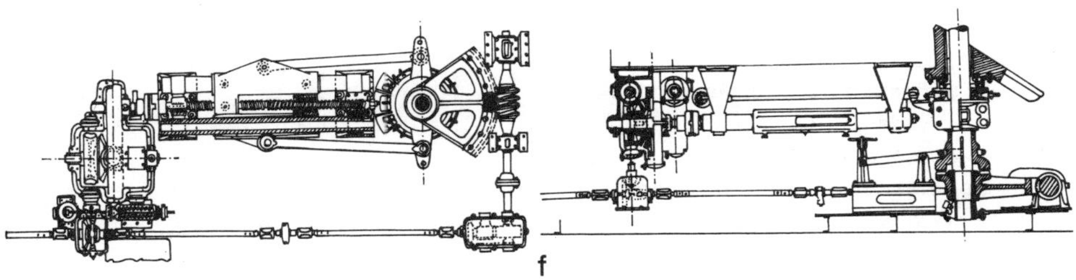

f

Abb. 501. *Rudereinrichtung*
a) *Ruderpinne eines alten Schiffes mit Trosse oder Kette;* b) *Ruderpinne mit Quadrant und Trosse;* c) *Rudereinrichtung mit starrer Kraftübertragung durch Doppelschraube;* d) *Rudereinrichtung mit starrer Kraftübertragung durch Kegelräder und Schnecke ohne Ende mit Dampfhilfsmotor; e) Rudereinrichtung mit starrer Kraftübertragung durch Getriebe, Kette und Dampfhilfsmotor;* f) *Rudereinrichtung mit Quadrant und Schnecke ohne Ende zum Steuern von Hand und doppelter Schraube zum hydraulischen Betrieb mit Hilfsmotor*
*1. Steuerrad, 2. Ruderpinne, 3. Trommel, 4. Steuerkette, 5. Bock, 6. Ruderkopf, 7. Schnecke, 8. Schraubenmutter, 9. Kupplungsstange, 10. Handrad für Steuerung mit Dampf, 11. Dampfantrieb, 12. Kette*

**Steuergeräte.** Sie bewirken die Bewegung des Ruders und ermöglichen folglich das Steuern und Lenken des Schiffes. Diese Bewegung erzeugt man durch verschiedene Organe, je nach dem angewendeten Verfahren.
Bei Booten und kleinen Schiffen ist das einfachste Organ die *von Hand gesteuerte Ruderpinne.* Die zur Umformung und Übertragung der Bewegung vom Ruder bis zum Gerät oder zur Maschine, die es bewegen, bestimmten, üblichen Organe sind:

*Ruderpinne mit Trosse oder Kette, Ruderpinne mit Quadrant und Trosse oder Kette, Ruderpinne mit Quadrant und Schnecke ohne Ende* (Abb. *501a, b, f*). Die neueren Geräte, auf die man die Antriebskraft wirken läßt, besitzen im allgemeinen eine *Doppelschraube* oder ein Getriebe (Abb. *501c, d, e*). Die Antriebskraft ist, wie gesagt, die Kraft der Hand (die unmittelbar auf das Steuerrad wirkt) oder aber eine mechanische Kraft. In diesem letzteren Fall bedient man sich der Dampf- oder Elektrohilfsmotoren. Es gibt darüber hinaus weitere Geräte und Hilfsmittel zum Steuern der Rudermaschine, wenn diese weit von der Steuerstelle entfernt ist (Abb. *502a, b, c, d, e, f*).

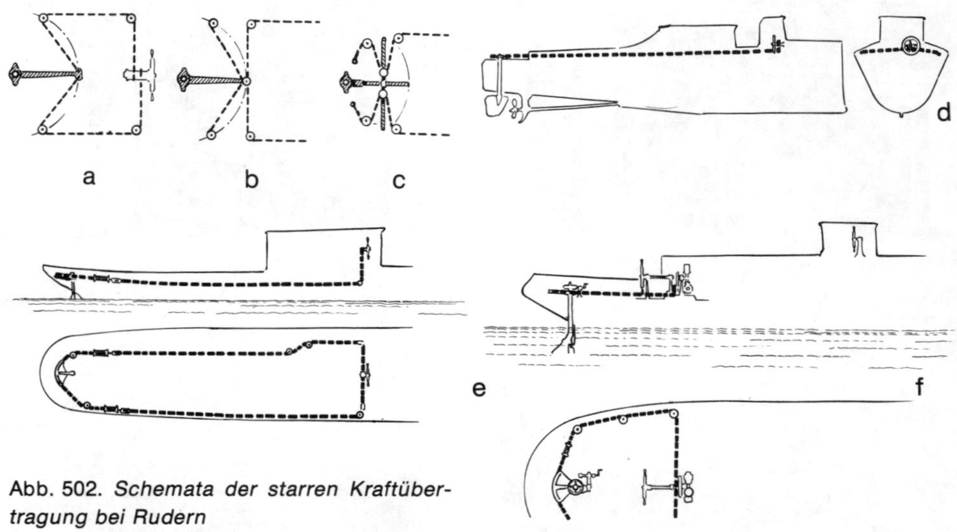


Abb. 502. *Schemata der starren Kraftübertragung bei Rudern*
a) b) c) *starre Kraftübertragung für Boote;* d) *für Motorboote;* e) f) *für Bugsierboote und kleine Schiffe*

Abb. 503. *Handrad*

# KAPITEL XIV Schiffswaffen

## Artillerie

Die ungenügende Wirkung der Handwaffen und die sich daraus ergebende Notwendigkeit, die Kraft des menschlichen Armes zu verstärken, regten den Geist des Menschen an, Maschinen und Geräte zu schaffen, die eine größere Reichweite und mehr Kraft haben und außerdem geschützt stehen.
*Schleuder* und *Bogen* waren die ersten Schußwaffen, die man auf den Schiffen des Altertums verwendete. Zu diesen Handwaffen kamen im Verlauf der Zeit die Kriegsmaschinen. Man irrt sich nicht, wenn man annimmt, daß diese Geräte um das 4. Jahrhundert v. u. Z. erfunden und eingeführt wurden. Ihre Beschreibung ist uns durch Polybios (201–120 v. u. Z.), Philon von Byzanz (etwa 2. Jahrhundert v. u. Z.), Heron von Alexandria (1. Jahrhundert) und verschiedene römische Schriftsteller der Militärtechnik von Vitruvius (1. Jahrhundert v. u. Z.) bis zu Flavius Vegetius (4. Jahrhundert) überliefert. Die Wurfmaschinen entstanden aus dem Bogen und der Schleuder.
Bei den Griechen gab es zwei Arten solcher Maschinen, die *Euthytone* (Abb. *504a*) zum Schleudern von Pfeilen und die *Palintone* (Abb. *504b*) zum Schleudern von Steinen und manchmal auch von Pfeilen. Die Palintone hießen auch *Steinschleudern* oder *-katapulte.* Diese aus der Handschleuder hervorgegangene Maschinenart war das eigentliche Katapult, das die Römer *onagro* oder *mangano* (Wurfmaschine) nannten. Das Katapult konnte große Steine oder Metallgeschosse auf einer gekrümmten Flugbahn schleudern. Mit dem Ausdruck *tormentum* (vom Verb *torquere* – winden, drehen, schleudern, werfen, was die bei diesen Waffen angewandte Rotationstechnik beweist) bezeichneten die Römer jede Art von Kriegsmaschinen. Die von den Euthytonen geschleuderten Pfeile waren 4 bis 5 m lang und hatten eine Eisenspitze, während die Katapulte Steine mit einem Höchstgewicht von 80–100 kg schleuderten. Die Schleuderweite betrug etwa 200 m. Im 3.–2. Jahrhundert v. u. Z. führte man Normen und Formeln für die Abmessungen der Kriegsmaschinen ein. Man legte eine Beziehung zwischen dem *Kaliber* und dem Pfeil oder dem Wurfgeschoß fest (unter Kaliber verstand man den Durchmesser des Loches, durch welches die Geschoßbündel gingen).
Die Kriegsmaschinen wurden auf den Schiffen hinter Schutzwände *(pavesi)* gesetzt, die aus großen Holzbrettern bestanden, von denen jedes eine Schießscharte oder eine Stückpforte hatte. Die Schiffe besaßen am Bug und am Heck Türme *(tabulata)* mit Kriegsmaschinen. Nach beendeter Schlacht wurden diese Türme niedergerissen. Eine der ersten Schlachten, die mit Kriegsmaschinen geschlagen wurde, fand während der Belagerung von Syrakus statt. Der Konsul Marcellus versuchte, die Stadt vom Meer her mit einer großen, *sambuco* („Holunderstrauch") oder *arpa* („Harfe") genannten Maschine anzugreifen; sie war auf einer großen, schwimmenden Plattform, die aus acht untereinander verbundenen Schiffen bestand, aufgebaut.

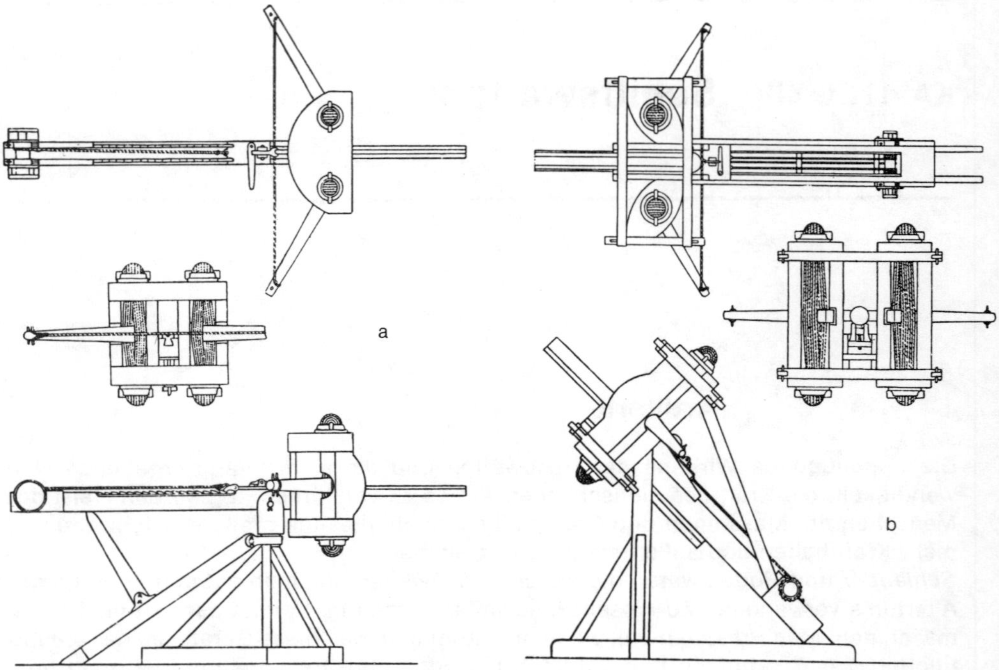

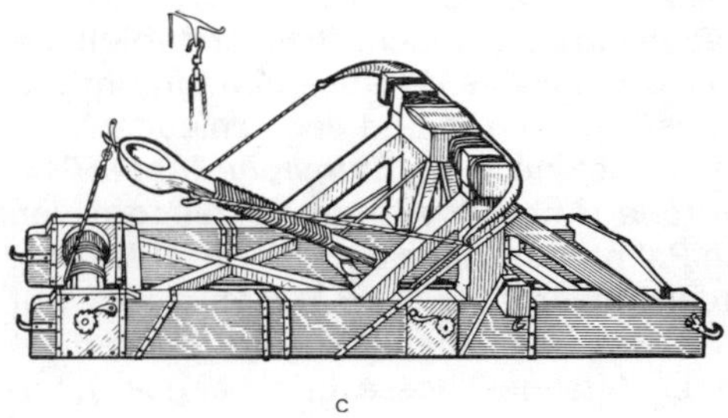

Abb. 504. *Alte Kriegsmaschinen*
a) *Euthytone;* b) *Palintone;* c) *mittelalterliches Katapult, auf Dramonen und Galeeren verwendet*

Die Kriegsmaschinen (Abb. *504c*) blieben auf den Schiffen bis zur Erfindung des Schießpulvers in Gebrauch; von diesem Zeitpunkt an wurde die Bewaffnung gemischt. Im Laufe der Zeit wurden die Wurfmaschinen schließlich durch Feuerwaffen ersetzt.

Schon im Altertum verwendete man entzündliche Stoffe, die von feuertragenden Pfeilen *(pirobolidi)* befördert wurden. Die Assyrer und Griechen berichteten in alten Handschriften und Urkunden von Belagerungen, bei denen entzündliche Gemische auf der Grundlage von Schwefel, Bitumen und Pech mit Hilfe von Pfeilen durch Kriegsmaschinen geschleudert wurden. Die Brandpfeile wurden auch auf Schiffen verwendet, und in der Schlacht von Aktium schleuderten die Schiffe des Octavian eine große Menge Brandstoffe mit Hilfe von Wurfmaschinen gegen die Flotte des Antonius. Eine typische Waffe war der Brandpfeil *(falarica),* der aus einer Holzstange bestand, die an einem Ende eine eiserne Spitze mit quadratischem Querschnitt trug, die mit in Pech getauchtem Werg bedeckt war. Die Brandpfeile waren tödliche Waffen. Sie säten Schrecken und Zerstörung auf den feindlichen Schiffen. Um sich vor ihren Treffern zu schützen, versah man die Schiffe mit besonderen Schutzvorrichtungen aus Eisenplatten und Leder. Aus der Zusammensetzung dieser Brandmischungen entwickelte man das *griechische Feuer.* Die Griechen des byzantini-

schen Reiches bewahrten das Geheimnis der Mischung lange, und von ihnen kam es zu den Mohammedanern, die sich ihrer gegen die Kreuzfahrer bedienten.
Die Sarazenen verwendeten das griechische Feuer auf Pfeilen, die mit einem Röhrchen mit zusammengepreßtem Pulver versehen waren, das in der Nähe der Spitze befestigt wurde. Der vom Bogen geschleuderte Pfeil erhielt durch die Pulverwirkung eine größere Kraft; das Pulver verbrannte wie bei gewöhnlichen Raketen zum Feuerwerk. Es waren die wahrscheinlich von den Chinesen unterrichteten Mongolen, die bei den Sarazenen die Verwendung des Pulvers einführten, das man zu diesen primitiven Raketen benutzte. Von diesem Zeitpunkt ab erscheint also eine neue Antriebskraft; das für diese Raketen verwendete Pulver war tatsächlich mit dem *Schießpulver* identisch.
Es ist nunmehr gewiß, daß man das Schießpulver früh kannte, und Zeugnis davon gibt uns das berühmte „Liber Ignum", von einem noch nicht identifizierten Marco Greco geschrieben, das auf das Jahr 846 zurückgeht. Nach ihm berichtete Roger Bacon (1214–1294) in seinem „Opus Majus" zwischen den Rezepturen des griechischen Feuers über die Zusammensetzung des Schießpulvers.
Vom Brandpfeil zu den Feuerwaffen war nur ein kurzer Weg. Und zwar wurde die Ladung statt auf die Pfeilspitze auf den Boden der *sarbatana* oder *cerbottana* arabischen Ursprungs gebracht (der Name *cerbottana* stammt von dem arabischen Wort *zabatāna*). Dieses Feuerrohr schleuderte Brandpfeile, konnte aber ebensogut andere Geschosse schleudern.
Die ersten Feuerwaffen nannte man *Donnerbüchsen,* und sie wurden von den Aragonesern auf ihren gepanzerten Schiffen gegen die Flotte von Anjou um das Jahr 1200 verwendet, während man 1281 in den Chroniken von Forli schon von der *Bombarde* spricht. Marin Sanudo erwähnt im Jahre 1304 eine auf den Schiffen des im Sold des Königs von Frankreich stehenden Genueser Admirals Raniero Grimaldi verwendete einpfündige Kanone, den *Sperber* (Abb. *505a, b*).

Abb. 505 a) *Sperber des 13. Jahrhunderts;* b) *Sperber des 13. Jahrhunderts (Museo delle armi antiche di San Marino)*

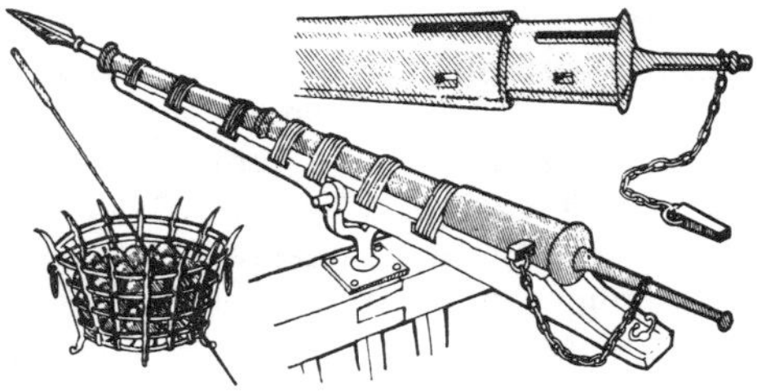

a

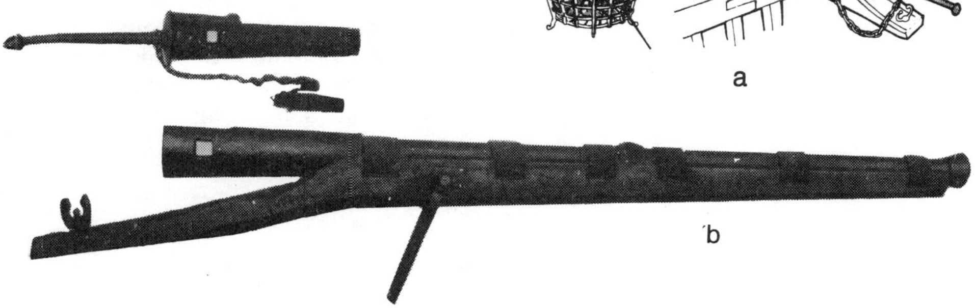

b

Die Donnerbüchse und der Sperber bestanden aus Eisenrohren, hatten aber als Verschluß ein *Kammerstück* im unteren, stärkeren Teil des Rohres. Das Kammerstück wurde von einem Dorn verschlossen, der durch das Rohr und das Kammerstück selbst ging. Im Innern des Kammerstückes brachte man die vorher fertiggestellte Kartuschenpulverladung unter. Das Rohr war auf einer langen Lafette befestigt; diese trug eine Gabel mit einem Drehzapfen. Die ersten Feuerwaffen waren also Hinterlader.

Diese waren die ersten auf Schiffen benutzten Geschütze. Gleichzeitig fuhr man mit der Entwicklung der Bombarde fort (Abb. *506a*); ihre Anwendung ersetzte die der Katapulte. Die Bombarde bestand aus zwei Teilen: dem *Kanone* genannten Kammerstück und dem *Bumhard;* die Kanone war vom Bumhard getrennt und trug die Ladung. Mit Hilfe von Böcken wurde sie auf die Lafette gesetzt und in den Bumhard eingeführt, der eine große Steinkugel enthielt. Jede Bombarde war mit mehreren, normalerweise vier, Kanonen versehen, um das Schießen zu beschleunigen.

Verschiedene Schriften bezeugen die Verwendung der Bombarden an Bord der Schiffe. Das „Genueser Statut von Gazzeria", dessen Ursprünge auf das Jahr 1316 zurückgehen, bestätigt, daß jedes Schiff mit einer Tragfähigkeit von 12000 Zentnern (600t) 5 Bombarden mit 120 Eisen- und Steinkugeln und 13 Faß Pulver an Bord haben mußte. Das „Venezianische Seestatut" aus dem Jahre 1255 schrieb den Handelsschiffen vor, je nach der Schiffsgröße 4 bis 8 Bombarden zu tragen. Ebenso besagte das „Statut von Ancona", das im Jahre 1396 verkündet wurde, aber älteren Ursprungs ist, daß jedes Schiff von 300t aufwärts 2 Bombarden, 11 Stein- oder Eisenkugeln tragen mußte.

Diese wichtigen Zeugnisse bestätigen uns, daß die Verwendung der Feuerwaffen schon seit der Mitte des 13. Jahrhunderts verbreitet war. Für den Bau der Bombarden verwendete man zunächst Eisen, dann Bronze und Messing. Die eisernen Bombarden wurden auf zwei Arten hergestellt. Die kleinen waren aus zylinderartig gebogenem und heiß fest verbundenem Eisenblech, die größeren wurden aus Eisenstäben (Dauben), die man zusammenschmiedete, hergestellt und von kräftigen Eisenringen gehalten und verstärkt. Die Bombarden aus Bronze goß man nach dem gleichen Verfahren wie die Glocken; dieses wurde schließlich von den Handwerkern bevorzugt, da es für sie leichter war, Bronze zu gießen als große Massen Eisen zu schmieden. Darüber hinaus gestatteten die unvermeidlichen Fehler bei der Verbindung des Kammerstückes mit dem Hinterteil nicht die Verwendung großer Pulverladungen. Die Bombarden hatten Lafetten (*Stöcke* genannt), die aus starken, ausgehöhlten Eichenstämmen hergestellt wurden. Manchmal versah man die Lafetten mit zwei vorn angebrachten Rädern (Abb. *506b*). Die Kugeln waren meist aus Stein und wurden gewöhnlich, ebenso wie die Metallkugeln, *Steine* genannt. Die Bombarden mit kleinem Kaliber verschossen Blei- oder Eisenkugeln.

Das Zünden erfolgte bei den Geschützen kleinen und großen Kalibers von Hand mit einer in Brand gesetzten Zündschnur oder mit glühend gemachten Eisenstäben. Tatsächlich befanden sich auf den Schiffen neben den Geschützen eiserne Körbe mit brennender Holzkohle; Eisenstäbe und Haken lagen bereit, um im Feuer glühend gemacht zu werden. Für die geladenen Geschütze verwendete man eine Zündnadel, die in das Zündloch gebracht wurde, stach damit in die Kartusche und rief die Entzündung des Pulvers hervor. Die ersten Bombarden wurden in drei Arten unterteilt:

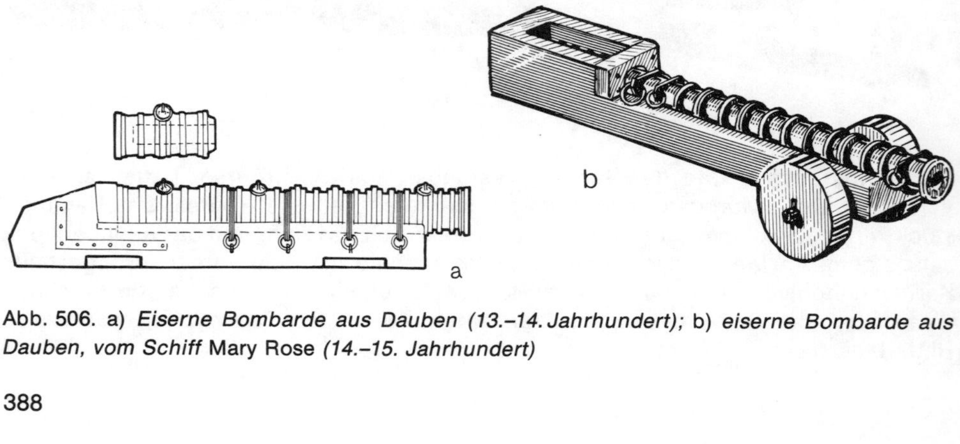


Abb. 506. a) *Eiserne Bombarde aus Dauben (13.–14. Jahrhundert);* b) *eiserne Bombarde aus Dauben, vom Schiff* Mary Rose *(14.–15. Jahrhundert)*

*kleine Bombarden* mit langem Lauf (sie schossen mit Eisen- oder Bleikugeln), *große Bombarden* mit langem Lauf, *Bombarden mit kurzem Lauf* und großem Kaliber, die nichts anderes als Mörser zum Schießen mit gekrümmter Schußbahn waren. Die Bombarden befanden sich an Deck, während die Sperber an der Reling befestigt waren.

Im 15. Jahrhundert hörte die Kanone auf, ein Teil der Bombarde zu sein; sie wurde ein einziges Stück, und man gab den Namen Kanone jeder Geschützart. Es gab verschiedene Bezeichnungen für die Geschütze; viel verwendet wurden Tiernamen (Geierfalke, Saker, Schlange, Falke usw.). Diese Namen dienten als Hinweis auf die Schrecklichkeit der Waffen. Die später *Moyenne* genannte kleine Schiffskanone war ein leicht zu handhabendes Stück, und sie wurde auf Schiffen viel verwendet. Meistens brachte man sie am Bug der Galeeren, zusammen mit der *Vordeckkanone* in der Mitte, in Stellung. Beide kleinen Schiffskanonen wurden ihrerseits von zwei *Sakern* flankiert. Das Ganze bildete eine Batterie mit fünf Stücken. Weitere auf Schiffen benutzte Kanonen waren die *Kartaune* mit großem Kaliber und kurzem Lauf, die *Calverine* in verschiedenen Kalibern und mit langem Lauf, die *Falkone* mit mittlerem Kaliber, das *Falkonett* und die *Muskete* (die später eine tragbare Waffe wurde) und die *Schiffsbombardelle.*

Das Falkonett, die Muskete und die Bombardelle waren kleine Stücke, die mit einer Gabel versehen wurden, um wie die Drehbassen auf das Schanzkleid gesetzt werden zu können. Die Quarterdecks, die Backdecks und die Marsen wurden während der Schlachten mit diesen Waffen ausgerüstet; diese Stücke verschossen Steinkugeln, oft wurden sie auch mit Eisenstückchen geladen. Die Schiffsbombardelle nannte man im 16. Jahrhundert *Drehbasse mit Schießbock* nach dem Bügel, der zum Aufnehmen des Kammerstücks diente (Abb. *507a, b, c, d*).

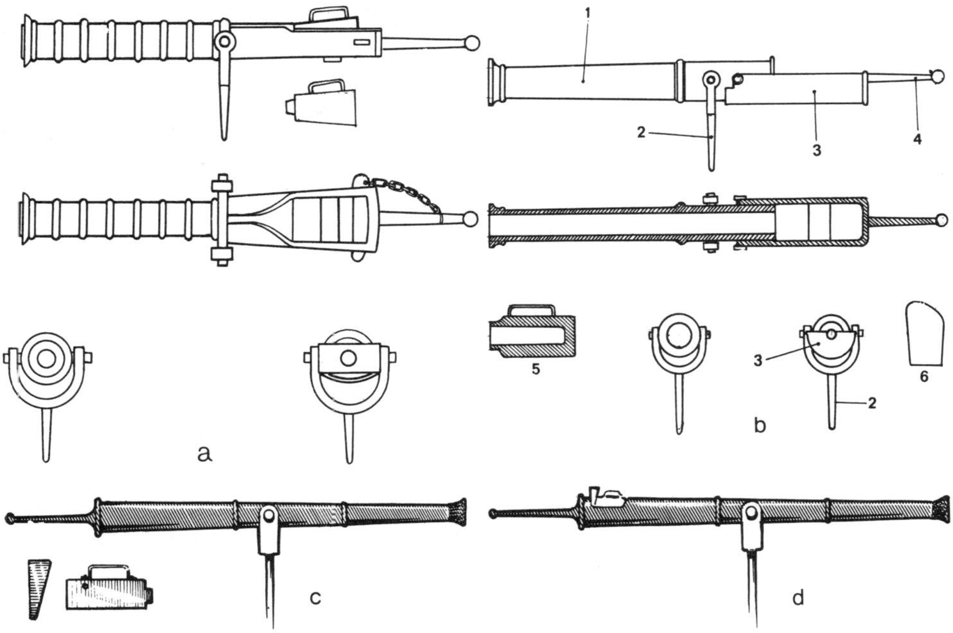


Abb. 507. a) *Schiffsbombardelle, 14.–15. Jahrhundert;* b) *Drehbasse mit Schießbock aus dem 16. Jahrhundert;* c) *Muskete;* d) *Muskete mit Schießbock*

*1. Lauf, 2. Gabel zur Befestigung an der Reling, 3. Schießbock, 4. Stiel, 5. Kammerstück, 6. Keil zum Andrücken des Kammerstückes*

Um die Mitte des 15. Jahrhunderts wurden die Kanonen mit *Schildzapfen* versehen; das waren große Bolzen, die das Drehen des Laufs in senkrechter Richtung erlaubten, und vom 16. Jahrhundert ab wurden die Lafetten auf zwei oder vier Räder montiert. Die Geschütze konnten auf verschiedenen Decks aufgestellt werden. Nach dem französischen Historiker Pater Daniel ist diese Aufstellung der Geschütze auf den Schiffen eine französische Erfindung, und das Schiff *La Charente,* eine Galeone Ludwigs XII. (1498–1515) trug 200 Geschütze, von denen die 14 größten auf dem unteren Deck aufgestellt waren, um dem Schiff eine größere Stabilität zu geben.
Auch im 16. Jahrhundert gab es zahlreiche Arten von Kanonen; aber die Entwicklung der Schiffsartillerie schritt sehr langsam voran. Die *Sovereign of the Seas* (1637) trug 104 Kanonen: 30 der Kanonen und halben Kanonen auf dem Unterdeck, 30 der Calverinen und halben Calverinen auf dem Mitteldeck, 26 Saker auf dem Oberdeck, Falkaunen und Drehbassen an Deck. Im 17. Jahrhundert wurden die größten Kanonen auf vierrädrige Lafetten montiert, während die leichteren nur zweirädrige Lafetten hatten. Das Kaliber der Kanonen war: ganze Kanone 177 mm, Gewicht 2041 kg, halbe Kanone 154 mm, Gewicht 1814 kg, Calverine 154 mm, Gewicht 2041 kg, halbe Calverine 128 mm, Gewicht 1542 kg, Saker 77 mm, Gewicht 635 kg. Das Gewicht der Kanonenkugeln schwankte von 18,8 kg bei der ganzen Kanone, bis 7,9 kg bei der Calverine, bis 2,5 kg beim Saker. Die Reichweite dieser Geschütze betrug etwa 400–500 m (Abb. *508a, b, c, d, e*).

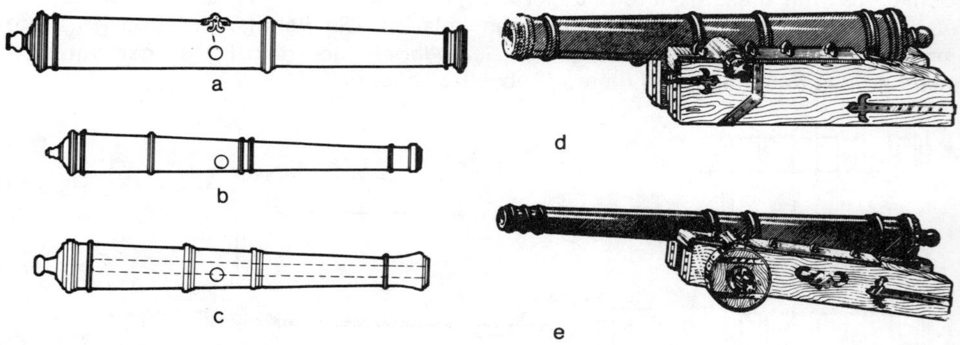


Abb. 508. a) *Calverine aus Bronze (16. Jahrhundert);* b) *halbe Calverine aus Bronze (17. Jahrhundert);* c) *Kanone, ganz aus Eisen (Ende 17. Jahrhundert);* d) *Kanone des Vordecks einer Galeere, auf Lafette (16. Jahrhundert);* e) *Calverine auf Lafette (16. Jahrhundert)*

Im 17. Jahrhundert dachte man daran, die Kanonen nach dem Gewicht der Kugeln einzuteilen, um etwas Ordnung in die Vielfalt der Kanonenarten zu bringen. So wurde die halbe Kanone ein 24-Pfünder (das heißt, ihre Kugel wog 24 Pfund, das entspricht etwa 12 kg); die Calverine wurde ein 18-Pfünder und die halbe Calverine ein Neunpfünder. Dieses Verfahren wurde erst am Ende des 17. Jahrhunderts allgemein gebräuchlich. Die Kanonen dieser Zeit waren aus Bronze oder Eisen; die Bronzekanonen waren teurer, wurden aber von den Matrosen bevorzugt, weil sie leichter und robuster waren. Demgegenüber waren die eisernen Kanonen schwerer und zerbrachen leichter.
Schon in der zweiten Hälfte des 16. Jahrhunderts hatte man versucht, die Bronzekanonen durch gußeiserne zu ersetzen; aber die Metallurgie war noch nicht in der Lage, ein gutes Metall zu liefern. Erst um 1750 war es mit dem Fortschreiten der Eisenbearbeitungstechnik möglich, die Bauweise der Kanonen aus Bronze auf-

zugeben, wenn man die älterer Bauart auch weitere vierzig Jahre verwendete. Die größeren Bronzekanonen trugen, wie übrigens auch die Calverinen, zwei Henkel aus Metall, die zusammen mit dem Lauf gegossen und im Schwerpunkt des Rohres angebracht wurden. Diese Henkel, die gewöhnlich delphinförmig waren, dienten dazu, das Verschieben zu erleichtern (Abb. *509*); die eisernen Kanonen waren nicht mit Henkeln versehen. Während des 18. Jahrhunderts wurden die Proportionen der Kanonen verbessert; man machte sie kleiner und robuster als die Landkanonen, so daß sie auf den Schiffen weniger Raum beanspruchten. Die Lafetten wurden einheitlich mit vier Rädern gebaut, und vom 16. Jahrhundert bis 1860 erfuhren sie keine wesentlichen Veränderungen, so langsam war der allgemeine Fortschritt. Die Anzahl der zu dieser Zeit auf den Schiffen untergebrachten Kanonen ist ziemlich ungewiß, wenn man auch im großen und ganzen weiß, daß jedes Schiff mit verschiedenen Arten bestückt war.

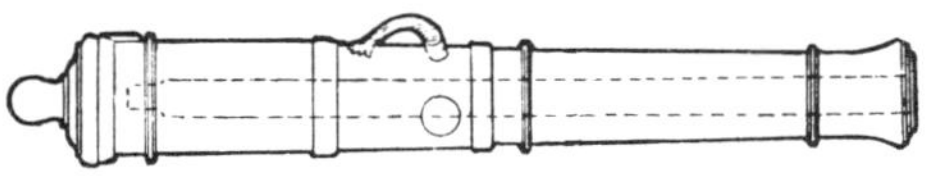

Abb. 509. *Kanone aus Bronze (18. Jahrhundert)*

## Teile der Kanonen und Lafetten des 16.–18. Jahrhunderts

**Kanone.** Sie bestand aus verschiedenen Teilen: der *Seele,* dem Innenteil des Rohres; der *Mündung,* dem Vorderteil; den *Verstärkungen,* den Verdickungen am Rohr; dem *Lauf,* dem Teil, das von den Schildzapfen bis zur Mündung ging; dem *Zündloch,* dem Loch, in welches man das Pulver zum Entzünden der Ladung brachte *(Zündpulver);* den *Schildzapfen,* Drehzapfen des Rohres; dem *Stoß* oder *Hinterstück* des Rohres, dem *Knauf* oder *Knopf* am Hinterstück. Weitere Teile zeigt Abb. *510a, b, c,* aus welcher man auch die Größenverhältnisse entnehmen kann.

**Lafette.** Sie hieß auch *Karren, Kanonenkasten, Kanonenbett.* Die Lafetten waren aus Eichenholz und bestanden aus zwei Widerlagern (*Seitenwangen* genannt) mit Stufen, die nach hinten hinuntergingen. Zwischen beiden Seitenwangen wurde ein waagerechtes Brett befestigt, das *Bodenplatte* oder *Sohle* hieß und an dem die Achsen angebracht wurden. Die Räder waren aus Holz, mit Eisen beschlagen, und die beiden Vorderräder hatten einen größeren Durchmesser als die Hinterräder, um sich der Wölbung der Decks anzupassen und das Geschütz in einer waagerechten Ebene zu haben. Auf dem Vorderteil, zwischen den beiden Seitenwangen und der Bodenplatte, brachte man ein senkrechtes Bauteil an, das *Lafettenriegel* hieß. Seine Oberseite war halbkreisförmig ausgeschnitten, um das Anheben des Rohrs zu ermöglichen. In die Seitenwangen waren zwei halbkreisförmige Lager zum Aufnehmen der Schildzapfen geschnitten. Diese wurden dann von zwei halbkreisförmigen Eisenbändern, *Schildzapfengurte* genannt, festgehalten. Die Lafette wurde von Eisenbolzen mit Splinten, die die einzelnen Teile durchquerten und zusammenschlossen, gefestigt. Darüber hinaus war sie mit Augbolzen mit Ringen zum Befestigen der Takel versehen. Die englischen Lafetten waren leichter und besaßen keine Bodenplatte. Die Höhe der Kanone war etwas niedriger als der Mittelpunkt der Geschützpforte (Abb. *510a, b, c*).

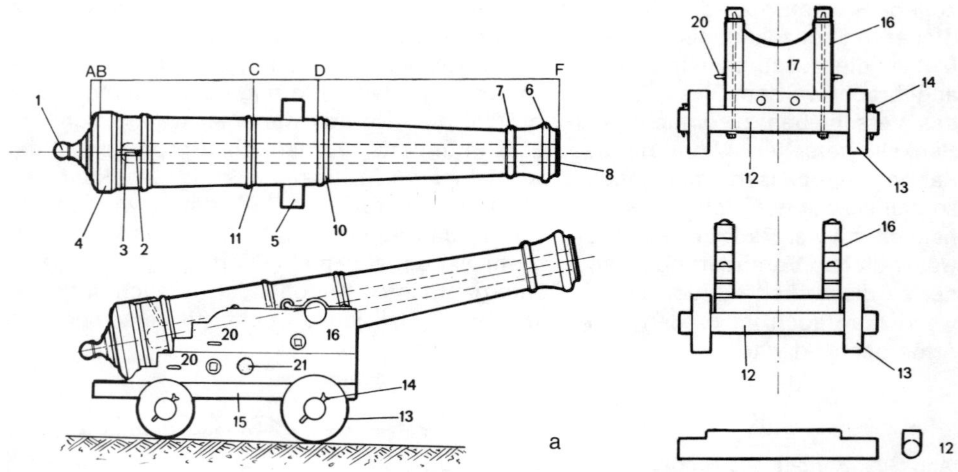


Abb. 510. a) *Französische Kanone und ihre Lafette (16. Jahrhundert);* b) *englische Kanone und ihre Lafette (17. Jahrhundert);* c) *Inneres des Batteriedecks eines Schiffes (18. Jahrhundert) (Rekonstruktion des Verfassers)*

*AB Hinterstück oder Stoß, BC erste Verstärkung, CD zweite Verstärkung, DE Gurt des Laufs, DF und EF Lauf, AF Länge der Kanone*

*1. Knopf oder Knauf, 2. Zündloch, 3. Zündpfanne, 4. Gurtplatte, 5. Schildzapfen oder Drehzapfen, 6. Mündungskranz, 7. Reif der Mündung, 8. Mündung der Kanone, 9. Reif des Laufgurtes, 10. Schleifung der zweiten Verstärkung, 11. Schleifung der ersten Verstärkung, 12. Querholz für die Räder, 13. Räder, 14. eiserne Nägel oder Splinte, 15. Bodenplatte, 16. Seitenwangen, 17. Lafettenriegel oder Querholz, 18. Schildzapfengurt, 19. quadratische Schießbolzen, 20. Augen der Kanonentakel, 21. Durchgangsloch des Kanonenbrooktaus, 22. Ring, durch den das Kanonenbrooktau geht (englisches Verfahren), 23. Bett für den Richtkeil, 24. Richtkeil, 25. Auge für den Schildzapfen, 26. Splint zum Befestigen des Schildzapfengurtes (dieser Splint wurde an den Seitenwangen der Lafette mit Hilfe einer kleinen Kette festgelegt)*

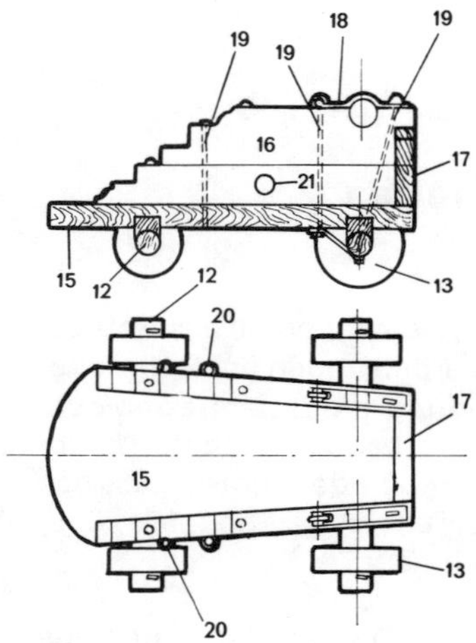


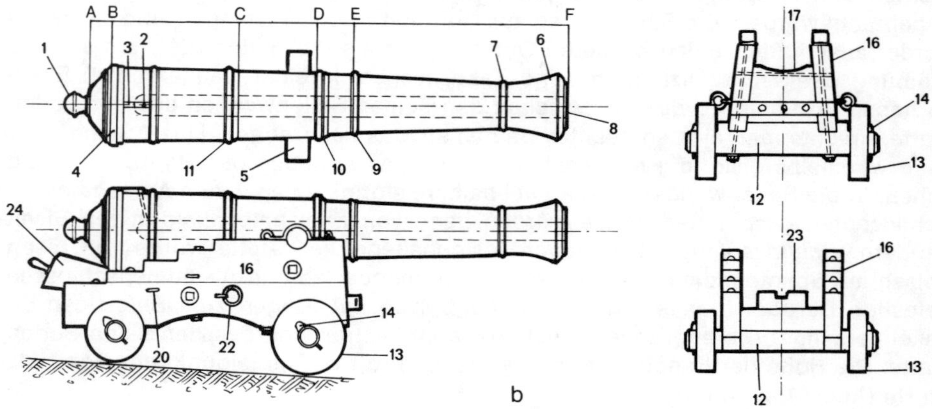

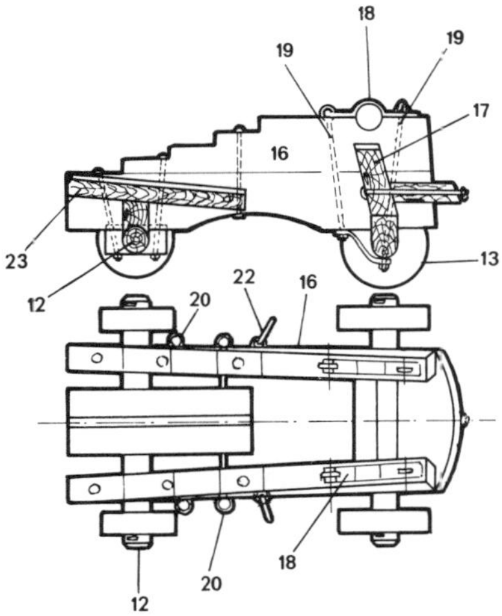


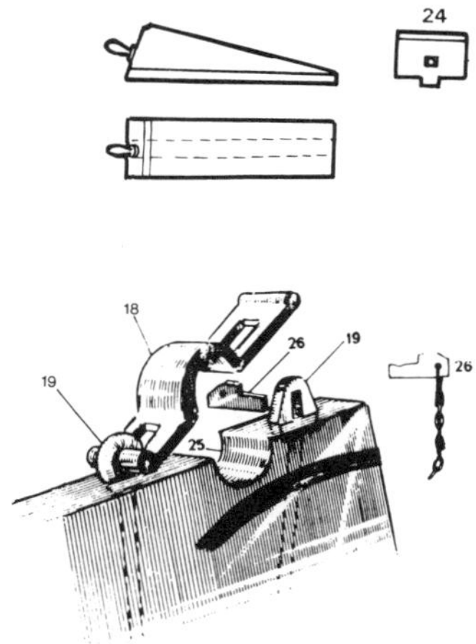


b

c

## Zubehör der alten Kanonen

Die andauernde Bewegung des Schiffes auf See zwang dazu, die Lafetten und die Kanonen an ihrem Platz festzulegen; sie mußten während des Kampfes jedoch zum Laden und Richten verschoben werden.

**Brooktau.** Es war ein starkes Tau, das durch die Seitenwangen ging und dessen beide Enden an mehreren Ringen auf beiden Seiten der Geschützpforten festgemacht wurden. Es diente zum Auffangen des Rückstoßes der Kanone. Bei den englischen Kanonen lief das Brooktau nicht durch die Lafette, sondern hinter die Kanone durch Ringe an beiden Seitenwangen.

**Takel.** Sie hießen *Kanonentakel,* waren einfach, mit zwei Blöcken mit Haken, die man auf beiden Seiten der Wangen und an zwei beiderseits der Geschützpforten befestigten Ringen einhängte.

**Rückstoßtakel.** Es waren im allgemeinen ein oder zwei wie die vorigen, und sie dienten dazu, die Kanone nach hinten zu ziehen (Abb. *511*). Gewöhnlich wurden die Kanonen innerhalb des Schiffes mit Täuen festgemacht und während des Kampfes, oder um das Schiff vor Anker zu schmücken, aus den Geschützpforten herausgefahren.

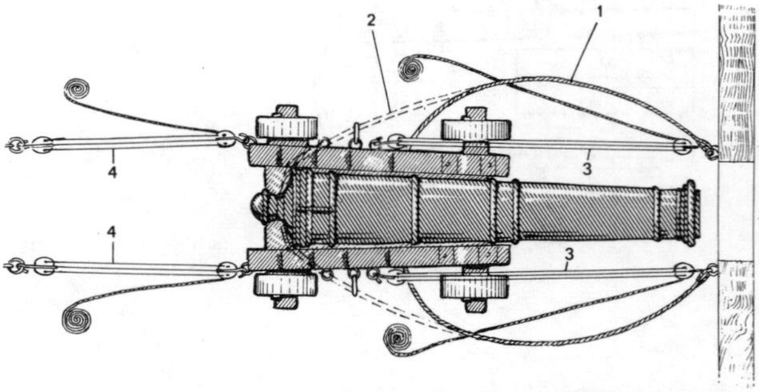

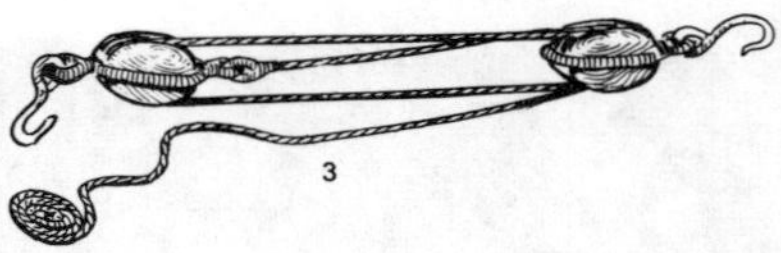

Abb. 511. *Kanonentakel, Brooktau 1. Brooktau französischer Art, 2. Brooktau englischer Art, 3. Kanonentakel, 4. Rückstoßtakel*

Wenn die Kanonen hinten vertäut waren, wurde das Hinterstück so weit gesenkt, daß die Mündung den Obertrempel der Geschützpforte berührte. Man ließ dann das Brooktau unter den Vorderachsen entlanggehen, und der Lauf wurde mit Hilfe eines Taus, das das Rohr umschlang und das an einem in der Mitte des Obertrempels der Geschützpforte angebrachten Ring befestigt wurde, gesichert. An den Stoßknauf schlang man einen Stropp, an den eines der Rückstoßtakel gehängt wurde. Diese wurden an dem Ring am Obertrempel der Geschützpforten steifgesetzt. Man spannte auch die beiden Kanonentakel; deshalb umwickelte man diese beiden Takel und das Brooktau mit einem kleinen Tau. Vorsichtshalber wurden auch Keile unter die Räder gelegt; darüber hinaus befestigte man alle Kanonen einer Batterie untereinander mittels eines Taus, das über die letzte Stufe der Lafette, durch auf den Decks angebrachte Ringe und durch seitlich der Geschützpforten angebrachte Haken lief (Abb. *512* und *513*).

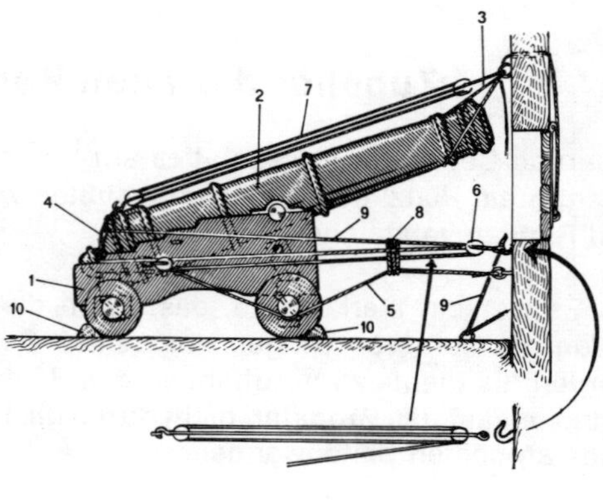

Abb. 512. *Mit Tauen befestigte Kanone 1. Lafette, 2. Rohr, 3. Befestigung des Laufs, 4. Stoßstropp, 5. Brooktau, 6. Kanonentakel, 7. Rückstoßtakel, 8. Tau, das das Brooktau und die beiden Kanonentakel umschlingt, 9. Befestigungstau der Batterie, 10. Keile*

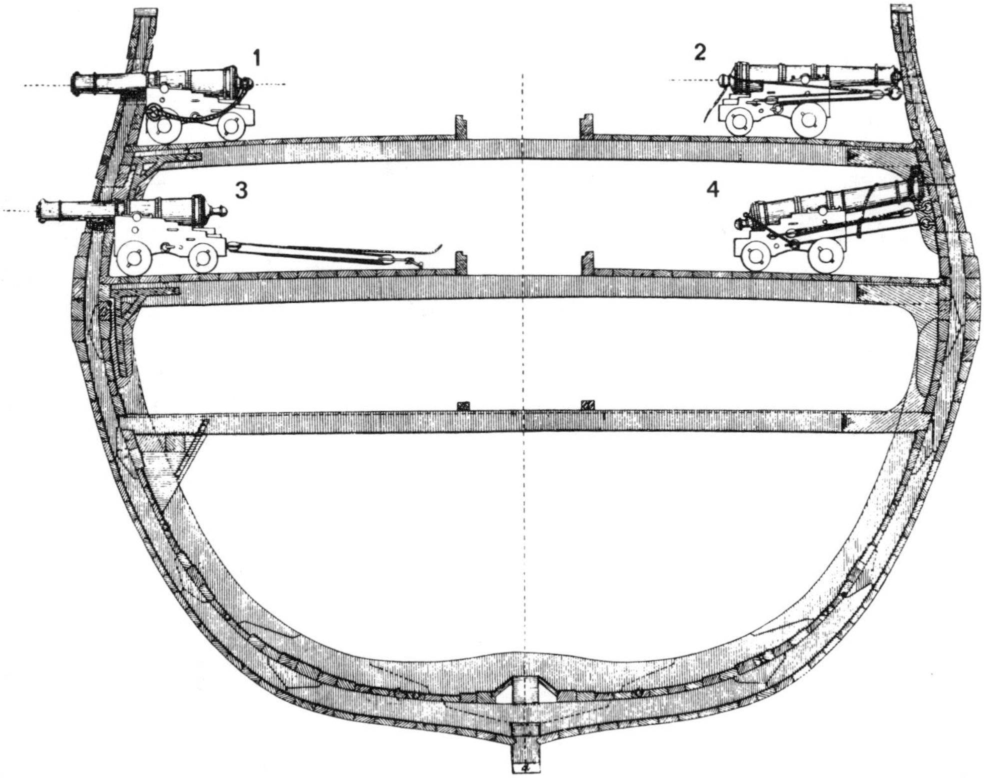


Abb. 513. *Aufstellung der Kanonen auf einem englischen Schiff mit zwei Decks aus dem 18. Jahrhundert*
*1. Kanone mit Brooktau, 2. Kanone mit Kanonentakeln, 3. Kanone mit Rückstoßtakel, 4. hinten mit Tauen befestigte Kanone*

## Laden und Schießen

Die Schiffsartillerie folgte viele Jahre lang den Anweisungen der alten Bombardiermeister. Wir haben schon gesehen, wie bei den Bombarden die vorher fertiggestellte Ladung in das Rohr eingeführt wurde. Bei den ersten Kanonen wurde die Ladung so in ein Seiden- oder Flanelltuch gewickelt, daß eine Hülle entstand, die in die Mündung gesteckt wurde. Dann führte man einen Wergpfropfen, danach die Kugel und schließlich einen zweiten, ringförmigen Pfropfen ein. Manchmal lud man auch mit zwei Kugeln, Metall gegen Metall, oder mit glühend gemachten Kugeln und brachte dann zwischen Pfropfen und Kugel einen nassen Pfropfen.
Gegen die Mitte des 16. Jahrhunderts wurden die *Kartuschen* eingeführt. Sie waren nichts anderes als Leinensäcke, die die Pulverladung enthielten. Manchmal, wenn kein Leinen zur Verfügung stand, fertigte man die Kartuschen (Abb. *514a*) auch aus starkem Karton. Sie wurden in zylindrischen Behältern *(Kartuschenträger)*, die mit einem an einer Leine befestigten Deckel versehen waren, aufbewahrt. Man strich sie rot an und stellte sie auf Gestelle neben den Kanonen und verwahrte sie in Kästen in einem Lager; sie hießen auch *Kartuschenlaternen* (Abb. *514b*). Nachdem die Kartusche eingeschoben worden war, führte man den aus Heu oder Bast bestehenden Pfropfen ein. Darauf legte man ein *coccone* genanntes Stück Holz, danach noch einen Pfropfen und schließlich die Kugel. Um das Pulver, die Pfropfen und

das Holzstück kräftig hineinzustoßen und zusammenzudrücken, benutzte man den *Setzer* oder die *Ramme* (Abb. *514c*). Bei den englischen Schiffen waren Setzer mit einem Stiel aus geteertem Tau, den man biegen konnte, in Gebrauch; dadurch war es den Kanonieren möglich, die Stücke vor feindlichen Treffern geschützt zu laden (Abb. *514d*).

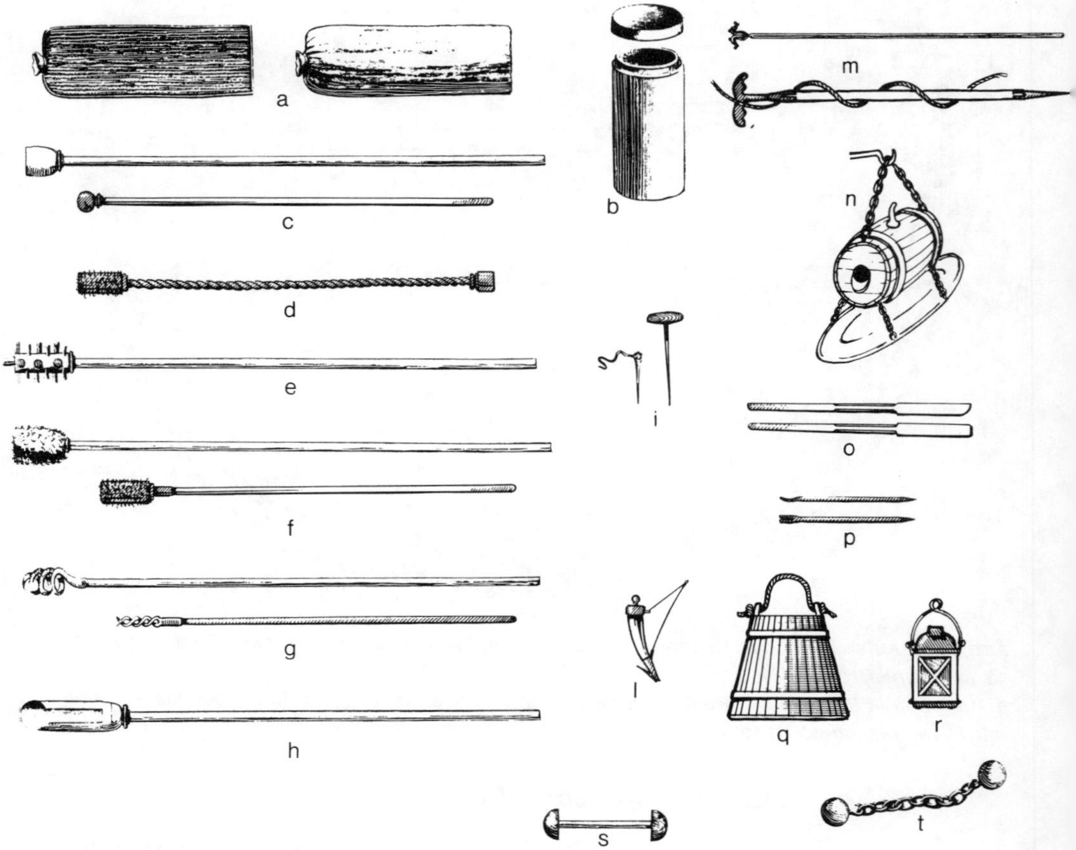


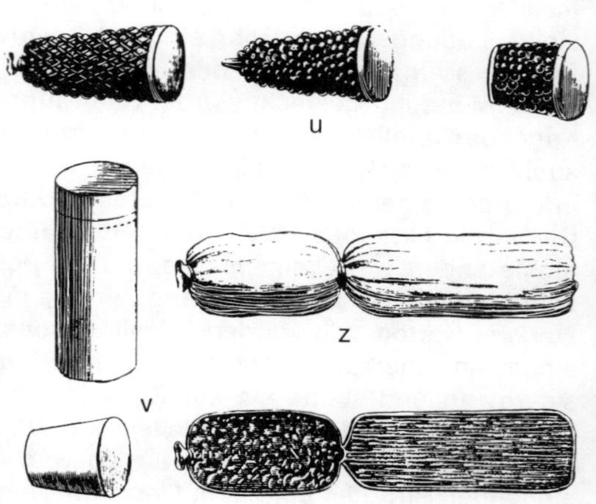


Abb. 514. *Zubehör der Kanonen und Geschosse*
a) *Kartuschen;* b) *Kartuschenträger;* c) *Setzer;* d) *Setzer und Wischer aus Tau;* e) *Kalfaterbürste;* f) *Wischer;* g) *Zieher;* h) *Ladeschaufel;* i) *Raumnadel;* l) *Pulverhorn;* m) *Luntenstock;* n) *Luntenfäßchen;* o) *Holzhebel oder Handgriffe;* p) *Eisengriffe;* q) *Pütz;* r) *Kampflaterne;* s) *geteilte Kugel oder Engel;* t) *verkettete Kugeln;* u) *Kartätsche;* v) *Laterne;* z) *doppelte Kartusche, wobei die eine (größere) die Kartusche mit dem Pulver, die andere die Kartätschenladung enthält*

Beim Betrieb der Stücke verwendete man außerdem den *Kalfaterpinsel* oder die *Kalfaterbürste,* eine zylindrische Bürste aus Borsten, die an einer langen Stange angebracht waren, die zum Reinigen des Laufs diente (Abb. *514e*), den *Wischer* oder die *Schmierquaste,* eine Stange mit einem Holzzylinder, der mit Fell (gewöhnlich Widderfell) bedeckt war und ebenfalls zum Reinigen des Laufs diente (Abb. *514f*). Den Wischer befestigte man gewöhnlich am anderen Ende des Setzers. Zum Entfernen des Wergs oder des Pfropfens verwendete man den *Zieher,* auch *Ausladezeug* genannt (Abb. *514g*). Schließlich gab es noch die *Ladeschaufel,* ein großer, zylindrischer Löffel (Abb. *528h*), der zum Herausziehen der Kugeln und Kartuschen beim Entladen der Kanonen diente.
Die *Raumnadel* (eine Art mit Stiel versehene Nadel) oder der *Bombardiererdolch* (ein Dolch mit Gradeinteilung) wurden dazu verwendet, die Kartusche durch das Zündloch anzustechen und das Pulver freizulegen, damit es sich leichter entzündete (Abb. *514i*). Zum Zünden verwendete man feines Pulver, *Zündpulver* genannt, das man mit Hilfe eines *Pulverhornes* (Abb. *514l*) einführte. Zum Entzünden des Pulvers benutzte man eine *Lunte* (Schnur aus Werg, die man in Wasser mit Schwefel und Salpeter kochen ließ), die von einem *Luntenstock* (Holzstock, um den die Zündschnur oder Lunte gewickelt war) getragen wurde, an dessen Ende sich eine eiserne Spitze zum Aufhängen des Stocks an den Brettern des Decks in der Nähe der Kanoniere befand (Abb. *514m*).
Die Lunte wurde im *Luntenfäßchen* aufbewahrt (Abb. *514n*); es bestand aus Messing oder Kupfer, gewöhnlich in Form eines Fäßchens, mit zwei seitlichen Löchern, in welche man die Zündschnur einführte. Ein weiteres, weiter oben in den Behälter gebrachtes Loch diente als Ausgang der Verbrennungsgase beim Eintritt von Luft; unterhalb des Fäßchens war manchmal eine Platte festgehakt.
Das Richten der Kanone erfolgte mit Hilfe von *Handgriffen aus Holz,* die unter dem Schwanz der Lafette als Hebel dienten (Abb. *514o*), während man zum Einstellen der Höhe kleine *eiserne Handgriffe* verwendete, die unter dem Hinterstück einwirkten (Abb. *514p*). Hatte man die gewünschte Stellung erreicht, wurde diese mit einem Holzkeil festgelegt.
Jedes Stück wurde dann mit zwei Eimern, *Pützen* genannt, versehen; in diese legte man die Pfropfen und die Holzstücken. Eine Pütz, *Kampfpütz* genannt, hielt man voll Wasser, um das Feuer zu löschen, das gegebenenfalls auf das Pulver übergreifen konnte, oder um die Rohre abzukühlen, indem man den Wischer in das Wasser tauchte (Abb. *514q*). Während nächtlicher Schlachten brachte man an den Schiffswänden zwischen je zwei Kanonen eine Laterne an, um den Kanonieren zu leuchten; sie hieß *Kampflaterne* (Abb. *514r*).

**Geschosse.** Das allgemein von der Schiffsartillerie verwendete Geschoß war die Eisenkugel, deren Durchmesser wenig kleiner als der Rohrdurchmesser war, um das Einführen zu ermöglichen. Weitere verwendete Geschosse waren: die *geteilten Kugeln* oder *Engel,* die aus zwei durch eine Eisenstange verbundenen Halbkugeln bestanden (Abb. *514s*); sie dienten zum Zerstören der Wanten und der Masten mit der scharfen Seite. Die *Kettenkugeln* bestanden aus zwei durch ein Stück Kette verbundenen Kugeln (Abb. *514t*). Diese beiden Arten von Kugeln wurden 1830 abgeschafft. Man benutzte darüber hinaus die *Kartätschen,* runde, mit Gewehrkugeln oder Eisenstücken gefüllte Behälter, die man über die Kugel setzte; die *Traubenkartätschen,* die aus kleinen, untereinander durch eine Hanfleine verbundenen und in ein sackartiges Tuch gewickelten Kugeln bestanden (Abb. *514u, v, z*). Die *roten Kugeln* waren die in geeigneten kleinen Öfen auf Kirschrot geglühten Kugeln; wegen ihrer Gefährlichkeit wurden sie an Bord der Schiffe selten verwendet.
Jede Kanone war mit 60 Kugeln, 10 geteilten Kugeln und 10 Kartätschenladungen versehen. Die Kugeln wurden in den *Kugelparks* (kleine Umzäunungen aus Brettern

oder starkem Tau) oder auf *Kugelträgern* (kleine, seitlich der Kanonen angebrachte Konsolen) aufbewahrt.

Am Ende des 18. Jahrhunderts verwendete man, aber ohne großen Erfolg, die *Hohlkugeln (explodierende Geschosse)*, die zylindrisch geformt waren und im Innern mit Kartätschenladung und mit Schießpulver gefüllt waren. Ein Zeitzünder, von der abgeschossenen Ladung gezündet, rief die Explosion des Pulvers im Innern bei Beginn des Falls hervor.

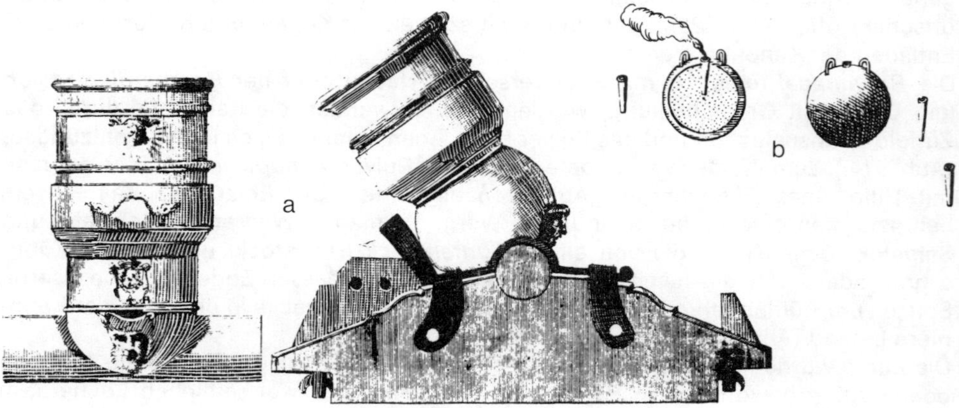


Abb. 515. *Schiffsmörser aus dem 17. Jahrhundert*
a) *Mörser;* b) *Sprengbombe (Granate) mit Holzzünder*

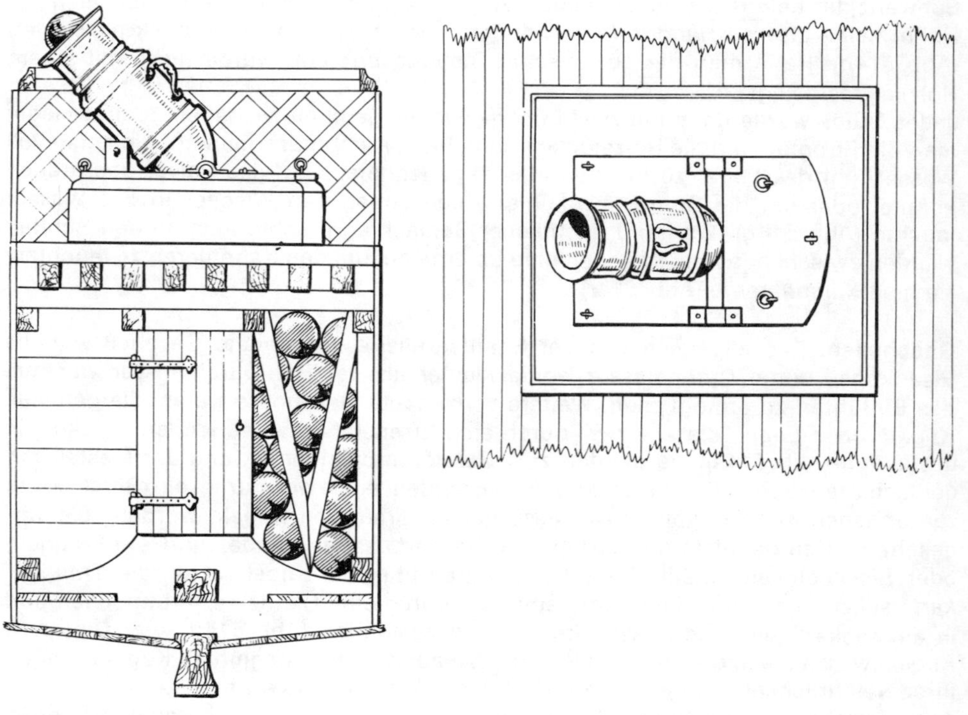

Abb. 516. *Aufstellung eines Mörsers auf einem Bombardierschiff*

Die von dem Engländer E. Shrapnel 1784 erfundenen Explosivgeschosse leiten sich in gewisser Hinsicht von den explodierenden Granaten, die von den Mörsern geschleudert wurden, ab. Die für die gekrümmte Schußbahn verwendeten Granaten waren große, mit Pulver gefüllte, mit einem Zünder aus Holz mit Dochten versehene Hohlkugeln. Man entzündete die Dochte mit einer Zündschnur; dann führte man das Geschoß mittels an den Hülsen befestigter Ringe in den Mörser ein. Später zog man es vor, die Granaten unmittelbar in den Mörser einzusetzen, um die Entzündung des Dochtes durch die Explosionsflamme der Ladung hervorrufen zu können (Abb. *515a, b*).
Die Mörser waren bei der Artillerie zu Land weit verbreitet, und erst 1682 schlug der Franzose Renau Elicagaray den Bau besonderer Schiffe vor, die *Bombardiergaleoten* genannt wurden. Man verwendete sie zur Bombardierung von Algier. Die *Bombardiergaleote* war ein kleines, sehr robustes Schiff; es hatte zwei Masten, den Großmast und den Kreuzmast, und statt des Fockmastes eine feste Plattform, auf der zwei Mörser aufgestellt wurden. Die englischen Bombardierschiffe hatten drei Masten, und die auf Bolzen montierten Mörser waren zwischen den Masten aufgestellt (Abb. *516*).

## Leichte Artillerie und leichte Waffen des 18. Jahrhunderts

Man hat gesehen, wie die ersten Schußwaffen auf Gabeln montiert waren, die sich um einen auf die Reling gesetzten Bolzen drehten. Die Verwendung dieser Stücke setzte sich bis zur Mitte des 19. Jahrhunderts fort. Im 18. Jahrhundert gab es noch Bombardellen aus Bronze mit Hinterladung, Schießbock und Kammerstück aus Eisen (Abb. *517a*); aber nach 1750 wurden sie durch kleine Kanonen, die von vorn mit einem Ladestock geladen wurden, ersetzt (Abb. *517b, f*). Gegen Ende des 18. Jahrhunderts kamen kleine Mörser in Gebrauch, die auf Gabeln montiert waren und mit Granaten schossen (Abb. *517c*). Die Musketen der leichten Artillerie verwandelten sich in tragbare Waffen; die schwereren Arten wurden mit einer Gabel versehen, und während des Kampfes stellte man sie auf die Kastelle oder auf die Marsen, um die Decks der Schiffe des Gegners zu beschießen (Abb. *517d, e*).
Die Handwaffen wurden in *Waffenkästen* aufbewahrt, die während der Kämpfe auf den Decks bereitstanden. Zu den Handwaffen gehörten die Pistolen, Piken, Äxte, Säbel usw.

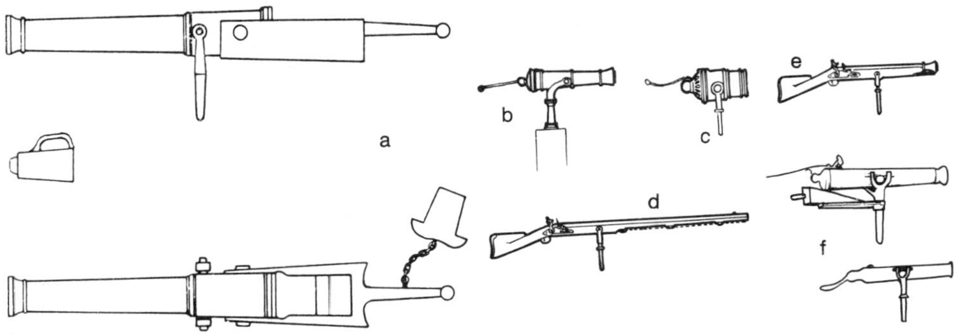


Abb. 517. *Schanzkleidartillerie*
a) *Schiffsbombardelle, Drehbasse aus Bronze mit Schießbock und Kammerstück aus Eisen;* b) *kleine Schanzkleidkanone des 18. Jahrhunderts;* c) *kleiner, auf eine Gabel gebauter Mörser des 18. Jahrhunderts;* d) *Muskete auf Gabel;* e) *„Donnerbüchse“;* f) *kleine Schanzkleidkanone mit Abzugshahn und Hammer aus dem 19. Jahrhundert*

## Geschützpforten und deren Deckel

Die Geschützpforten oder *Stückpforten* waren fast quadratische (etwas breitere) Öffnungen. Es gab *Geschützpforten der ersten Batterie,* der *zweiten* und der *dritten,* die schachbrettartig angeordnet waren; es gab darüber hinaus die *Geschützpforten der Kastelle* für die Kanonen kleineren Kalibers, die *Jagdgeschützpforten* am Bug, um hier die von den Seitenbatterien abgezogenen Kanonen unterzubringen und mit diesen den Feind bei der Verfolgung zu beschießen, die *Rückzugsgeschützpforten* im hinteren Teil des Schiffes, um hier die von den seitlichen Batterien abgezogenen Geschütze aufzustellen und sich während der Flucht dem Feind gegenüber zu verteidigen.

Die *Geschützpfortendeckel* (Abb. *518a, b, c, d, f*) waren aus starken Brettern hergestellte Einsätze, die mit schwächeren Brettern, quer zu den ersteren, bedeckt waren. Sie schlossen die Geschützpforten genau und waren oben an Scharnieren aufgehängt. Das Öffnen erfolgte im Innern der Schiffe mittels kleiner Takel, die man an Tauen festmachte, die mit den Ringen der Stückpfortendeckel verbunden waren. Diese Taue hießen *Pfortendeckeldrehreeps,* und sie liefen durch zwei über den Stückpforten angebrachte Löcher. Die Pfortendeckel wurden mit Hilfe eines weiteren, an einem Ring im Innern befestigten Taus geschlossen (Abb. *518h*). Bei den Schiffen des 18. Jahrhunderts brachte man die Pfortendeckel an der unteren Batterie an; an der zweiten und dritten Batterie verwendete man manchmal *falsche Pfortendeckel* (Abb. *518e*); diese fertigte man aus Tannenbrettchen, die im Innern von anderen, quer zu ihnen liegenden bedeckt waren. Die falschen Pfortendeckel besaßen keine Scharniere; man brachte sie rahmenartig an, und sie hatten in der Mitte ein rundes Loch für die Kanone. Um das Loch legte man eine Manschette aus geteerter Leinwand, die das Rohr umgab und gegebenenfalls das Eindringen von Wasser ver-

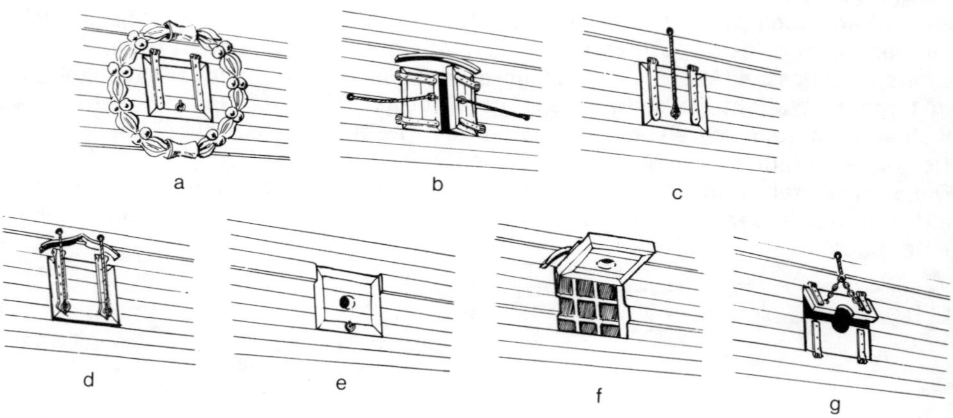


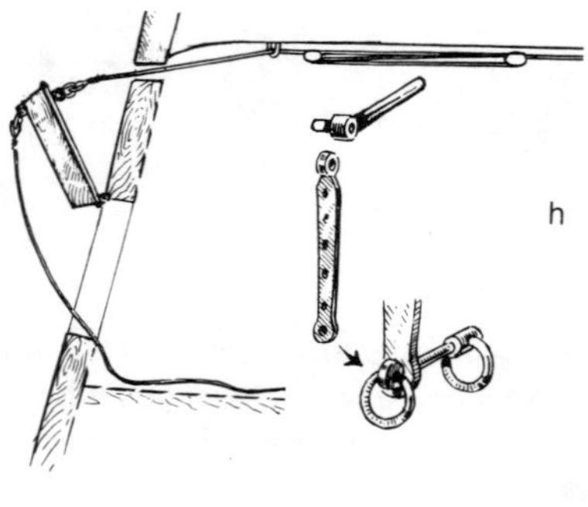


Abb. 518. *Stückpforten und Pfortendeckel*
a) *Stückpforte und Pfortendeckel (17. Jahrhundert);* b) *Pfortendeckel aus zwei Laden (18. Jahrhundert);* c) d) *Stückpforten und Pfortendeckel (18. Jahrhundert);* e) *falsche Pfortendeckel;* f) *mit Glasscheiben versehene Stückpforten (18.–19. Jahrhundert);* g) *Pfortendeckel aus waagerechten Laden (19. Jahrhundert);* h) *Einzeldarstellung der Scharniere und der Pfortendeckeltakel*

hinderte. Ende des 18. Jahrhunderts wurden die oberen Batterien mit Pfortendeckeln aus zwei waagerechten Laden (Abb. *518g*) mit zwei über und unter die Pforten gesetzten Scharnieren versehen; die beiden Laden hatten zwei halbkreisförmige Öffnungen für das Kanonenrohr.
Die Pfortendeckel wurden innen rot wie die Geschützlafetten gestrichen. Als Ende des 18. Jahrhunderts die Schiffe mit weißen und schwarzen Streifen bemalt wurden, strich man die Lafetten schwarz und die Pfortendeckel weiß. Bis 1750 war der größte Teil der Kanonen aus Bronze; die eisernen wurden schwarz gestrichen. In den verschiedenen Zeitabschnitten schmückte man das Äußere der Stückpforten immer wieder anders.

## Fortschritte der Artillerie vom Ende des 18. bis zum Ende des 19. Jahrhunderts

Wenn auch eine mit Pulver gefüllte Hülse, die in das Zündloch eingesetzt wird, erfunden war, versuchte man doch erst gegen Ende des 18. Jahrhunderts das Zündverfahren zu ändern, um es schneller und sicherer zu machen. Im Jahre 1780 führte der englische Kapitän C. Douglas den *Feuerstahl mit Feuerstein*, ähnlich dem Feuerstahl der Handfeuerwaffen, ein (Abb. *519a*). 1807 wurde ein mit Kalium, Antimon, Streusand und Schwefel gefülltes Röhrchen erfunden, das in der Lage war, sich durch Reibung oder Stoß zu entzünden. Die Röhrchen kamen erst 1840 allgemein in Gebrauch, als der Amerikaner Hidden einen *Abzugshahn mit Hammer* erfand (Abb. *519b*). Er wurde von dem Engländer Dundas vereinfacht und blieb bis 1862 in Gebrauch. In diesem Jahr wurde ein *Abzugshahn mit Reibung* von Kapitän Boxer erfunden.

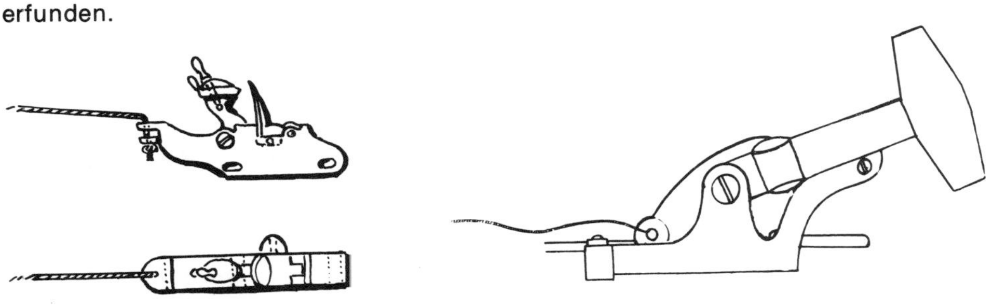

a b

Abb. 519. *Perkussionsvorrichtung zum Zünden der Kanonen*
a) *Feuerstahl mit Feuerstein;* b) *Abzugshahn mit Hammer*

Außer der Vereinheitlichung der Kaliber war nach 250 Jahren der einzige Fortschritt die Anwendung der *Carronade.* Um 1778 baute die Carron Company, eine schottische Gießerei- und Schiffbaugesellschaft, neue Waffen, die den alten Kartaunen ähnlich waren und Carronade genannt wurden. Die Kanonen dieser Art waren kurz, leicht, mit verhältnismäßig großem Kaliber; sie erforderten eine kleinere Ladung und weniger Bedienungspersonal. Die Carronaden wurden auf den Handelsschiffen sofort und wenig später auf den Kriegsschiffen verwendet. Wenn auch die Carronaden eine kleinere Reichweite als die vormaligen Kanonen hatten, wurden sie doch wegen ihrer oben aufgezählten Eigenschaften, zu denen das in bezug auf die kleineren Abmessungen des Stücks große Kaliber gehört, sehr gebräuchlich. Man bestückte zuerst Schiffe nur mit Carronaden; aber später wurden diese nur auf das Oberdeck und auf die Bug- und Heckkastelle gesetzt. Es gab auch bei den Carronaden verschiedene Kaliber von normalerweise 68, 42, 32, 24 Pfund. Die aus Eisen gegossene Carronade war am Knauf mit einer *Schraubenmutter* versehen, in der sich eine Schraube drehte, die das Erhöhen bewirkte. Das Rohr hatte keine Drehzapfen, sondern einen großen Ring, der in eine Halterung überging, die ein Bolzen durchquerte. Die Halterung war auf einem Holzschlitten befestigt, der auf einer starken Plattform glitt, die vorn mit zwei kleinen Rädern versehen war. Die Plattform hatte im Vorderteil einen Bolzen, der an Bord des Schiffes befestigt war, als Verankerung des Stücks. Die Carronade hatte ein Brooktau, das von einem mit dem Lauf an das Hinterstück gegossenen Ring zusammen mit den üblichen Takeln für das Geschütz ausging (Abb. *520*). Diese Kanonenart blieb bis etwa 1860 in Gebrauch, das heißt, bis zur Einführung der spitzen Geschosse aus gezogenen Läufen.

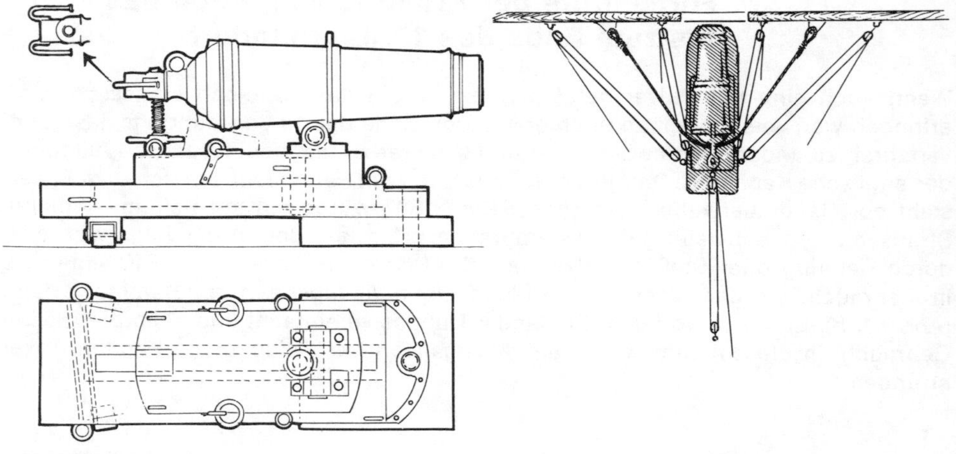

Abb. 520. *Carronade*

Das Ende des 18. Jahrhunderts war auch durch einen Fortschritt in den allgemeinen Formen der Kanone und durch eine bessere Verteilung der Proportionen gekennzeichnet. Über den Knauf des Hinterstücks wurde ein Ring gegossen, durch den das Brooktau fuhr (Abb. *521a, b, c, d*).

Im Jahre 1824 wandte die französische Marine die von H. I. Paixhans erfundene *Haubitze* an, womit die Erneuerung der Schiffsartillerie eingeleitet wurde. Die Kanonen von Paixhans waren aus Eisen gegossen, hatten ein Kaliber von 18 und 21 cm und konnten schwere Granaten verschießen oder auch Granaten in flacher Bahn wie die bekannten Kanonen (Abb. *522a, b*). Die Wirksamkeit dieser Geschosse erwies sich gegenüber den alten Kugeln als größer, und sie revolutionierte die Bewaffnung und die Bauweise der Schiffe bis zur Entstehung des Panzerschiffes. Mit dem Beginn des Zeitalters der Panzerschiffe mußte die Artillerie notwendigerweise an Größe und Kraft zunehmen, um mit ihren Geschossen die starken Panzerungen durchschlagen zu können.

1846 ließ der Italiener Giovanni Cavalli die erste Kanone mit *gezogenem Lauf* für ein Geschoß mit zylindrischem Körper – nach vorn bogenförmig spitz zulaufend –, die von hinten geladen wurde, bauen. 1855 stellte Armstrong eine Kanone mit gezogenem Lauf her, die von hinten geladen und auf den englischen Schiffen verwendet wurde, die man aber später, wegen Mängeln des Verschlusses, durch große Vorderlader ersetzte. In den Jahren 1864 und 1865 erfolgte das Ersetzen der Kanonen mit glattem Lauf durch solche mit gezogenem Lauf (Abb. *523a, b*). Die ersten schweren Vorderladerkanonen mit gezogenem Lauf wurden 1865 gebaut; sie wogen 7 t, ihr Kaliber betrug 20,3 cm, und sie verschossen Granaten von 68 kg.

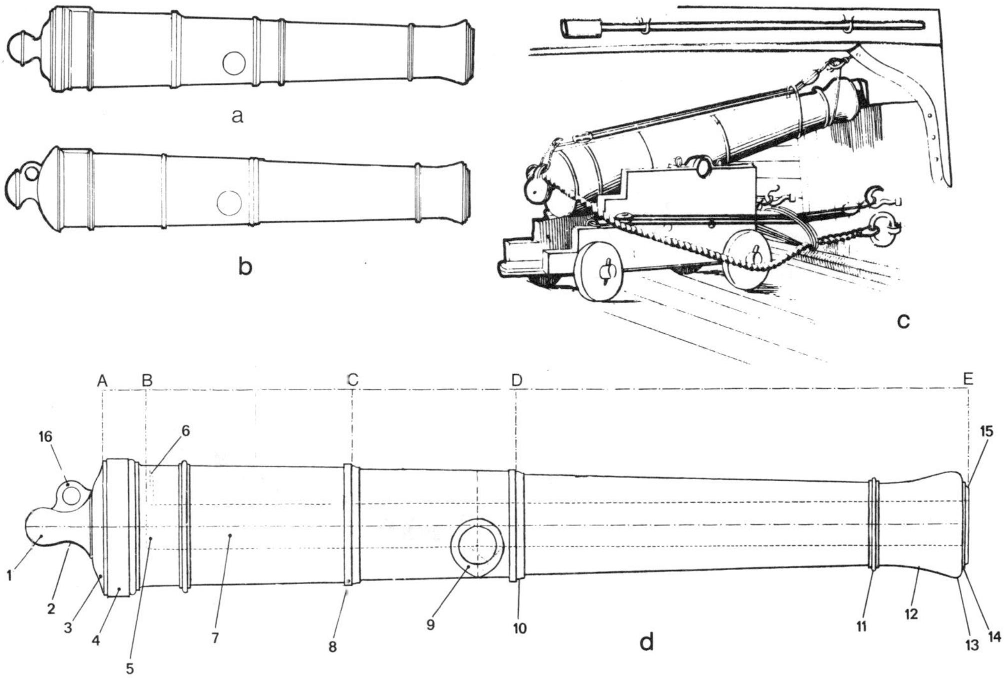


Abb. 521. *Kanonen vom Ende des 18. Jahrhunderts und aus den ersten Jahren des 19. Jahrhunderts*

a) *Kanone von 1792;* b) *Kanone von 1800;* c) *Aufstellung einer Kanone (1810–1820);* d) *Kanone von 1820*

*AB Hinterstück, BC Körper oder erste Verstärkung (es ist der Raum, der Pulver und Kugel enthält), CD zweite Verstärkung, DE Lauf*

*1. Knauf am Stoß, 2. Stiel des Knaufs am Stoß, 3. Stoß oder Hinterstück, 4. Stoßplatte oder Gurtplatte, 5. Boden der Seele, 6. Zündloch, 7. Seele, 8. Gurt der ersten Verstärkung, 9. Schildzapfen, 10. Band der zweiten Verstärkung, 11. Halsreifen, 12. Hals, 13. Mündungskranz, 14. Mündungsleiste oder Kranzgurt, 15. Mündungsschlund, 16. Brooktauauge*

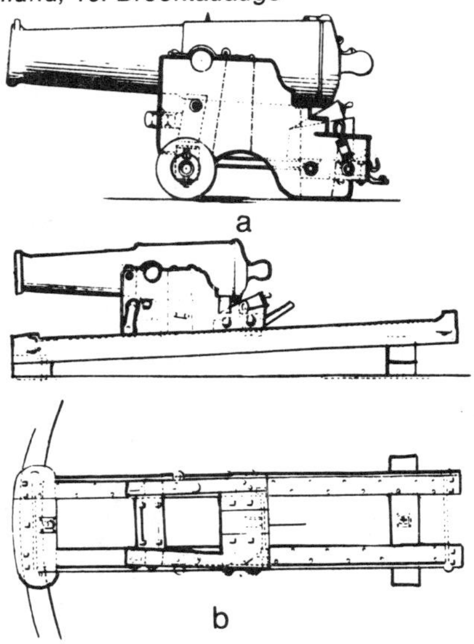


Abb. 522. *Haubitzen von H. I. Paixhans (1824)*

a) *Haubitze auf Lafette mit zwei Rädern;*

b) *Haubitze auf Schlittenlafette*

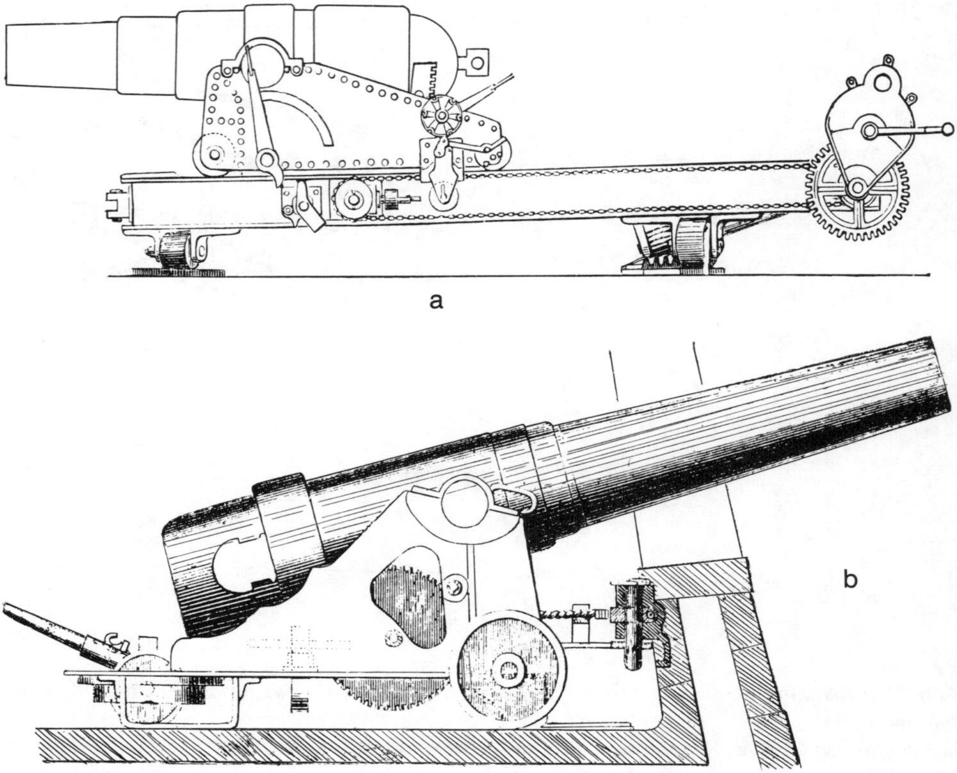


Abb. 523. *Große Kanonen (1860–1870)*
a) *Armstrong-Kanone (1865), 9 Zoll, gezogener Lauf, Lafette auf Unterlafette mit Kette ohne Ende zum Drehen des Geschützes gebaut;* b) *Brockwell-Lafette der deutschen Marine (1870–71)*

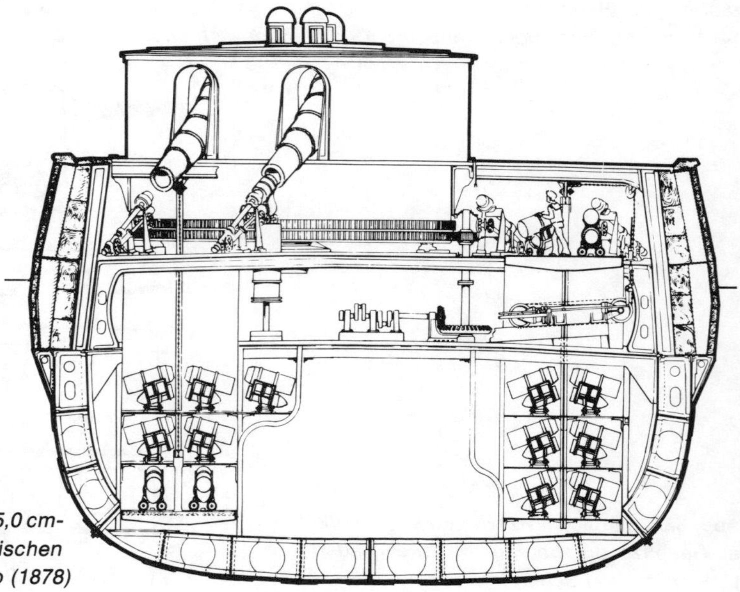

Abb. 524. *Turm mit 45,0 cm-Kanonen des italienischen Panzerschiffes Duilio (1878)*

Unmittelbar danach baute man Kanonen von 12t und 28,8 cm Kaliber. 1870 wuchs das Kaliber auf 34,0 cm bei einem Geschoß von 278 kg, und 1873 baute die Firma Armstrong die erste 80 t-Kanone mit einem Kaliber von 40,6 cm. Die englische Firma Elswisc baute schließlich 1878 Riesengeschütze von 100 t und 45,0 cm Kaliber, die die Bestückung der Panzerschiffe *Duilio* und *Dandolo* bildeten (Abb. *524*). 1880 wurde nach schweren Unglücksfällen mit großen Schiffskanonen endgültig das *Laden von hinten* eingeführt.

Die Verwendung der schweren Geschütze führte zu einer radikalen Erneuerung im Bau der Kriegsschiffe und zu neuen Typen auf Plattformen drehbarer Lafetten. Um auf die große Rückstoßkraft der Geschütze reagieren zu können, wurde es notwendig, neue Vorrichtungen zu verwenden. Um 1864 wurde die hydraulische Bremse eingeführt und zuerst bei kleinen Geschützen angewandt. Die größeren Kanonen wurden noch auf Lafetten nach Armstrong montiert, und erst auf der *Duilio* und auf der englischen *Inflexible* (Abb. *525*) begann das Zeitalter der hydraulisch bewegten Türme, die Türme des *Monitor* wurden dagegen noch von Hand gedreht.

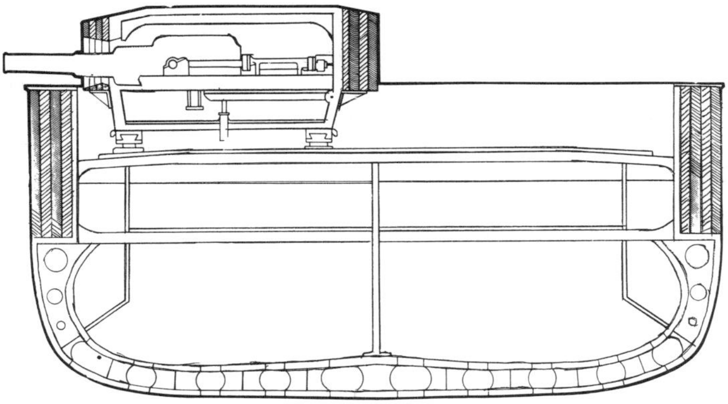

Abb. 525. *Turm des englischen Panzerschiffes* Inflexible

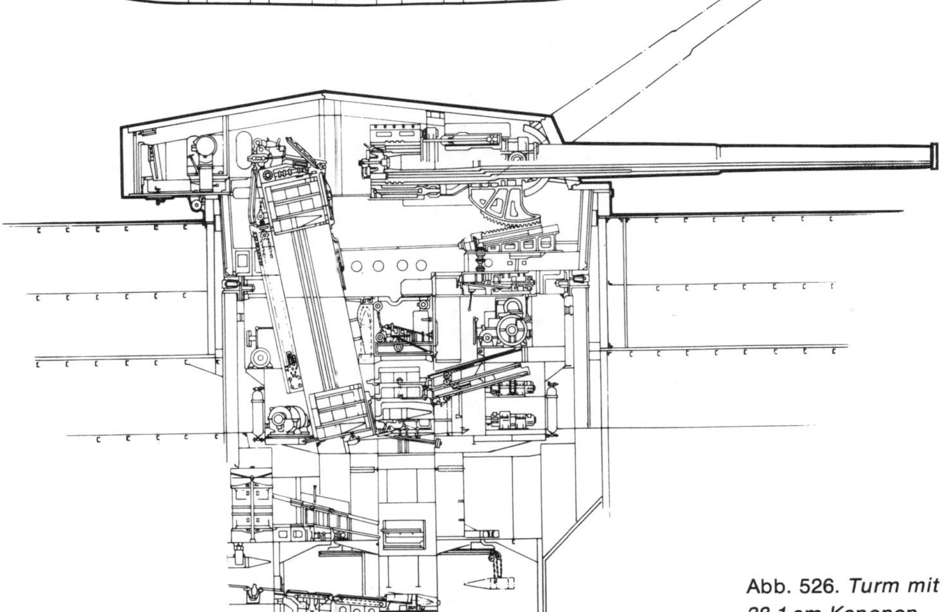

Abb. 526. *Turm mit 38,1 cm-Kanonen italienischer Panzerschiffe*

Seitdem baute man die schweren Geschütze in Panzertürme ein, die aus einem starken, gepanzerten Rohr bestanden, das bis zum Schiffsboden hinunter reichte und dort von einem kegelstumpfartigen Zapfen oder von einer Krone auf Rollen gehalten wurde, was das Drehen des Ganzen ermöglichte. Über dem Rohr befindet sich die aus Panzerplatten gebildete Stückkammer, in der sich die Kanoniere aufhalten. Durch das Rohr laufen die Munitionsaufzüge (Abb. *526*).

## Schnellfeuergeschütze

Seit dem Altertum kennt man Mehrschußwaffen. Berühmt sind die aus mehreren gleichzeitig schießenden Rohren gebauten *Orgeln*. Auf den venezianischen Schiffen des 17. Jahrhunderts gab es *Repetierbombardellen*. Der wiederholte Schuß wurde dadurch erreicht, daß man das Rohr mit einem Schuß über dem anderen lud; nachdem der erste Schuß im Lauf gezündet worden war, folgten die anderen durch Selbstzündung. Jedoch das Problem des Maschinengewehrs mußte mit der Erfindung des Zündhütchens und der metallischen Patronenhülse gelöst werden. Die erste *Mitrailleuse* wurde von Gatting während des amerikanischen Sezessionskrieges, 1861–1865, erfunden; sie bestand aus fünf, sechs Läufen, die sich, von Hand bewegt, drehten. Sie wurde schnell von der englischen Marine übernommen. Als die ersten Torpedoboote erschienen, wurde es notwendig, Waffen zu haben, die sie, während sie zum Angriff vorgingen, mit Schüssen eindecken konnten.
Im Jahre 1870 baute Nordenfeld, durch die Konstruktion eines Unterseebootes berühmt, eine Mitrailleuse, die wegen der Einfachheit des Mechanismus von allen Seestreitkräften der Welt übernommen wurde (Abb. *527*). Von dieser Waffe gab es zwei Modelle, eines mit fünf Läufen und dem Kaliber eines Karabiners und eines mit zwei oder vier Läufen und einem Kaliber von 2,5 cm. Fast zur gleichen Zeit baute Hotchkiss seine Revolverkanone mit fünf gebündelten Läufen und einem Kaliber von 3,7–4,7 cm (Abb. *528*). Diese Waffen verschossen Explosivgeschosse, die mit

Abb. 527. *Nordenfeld-Mitrailleuse mit vier gezogenen Läufen (1870–1871), 140 Schuß pro Minute, Kaliber 2,5 cm, Gewicht des Geschosses 200 g mit Metallhülse*

Metallhülsen versehen waren. Durch diese Erfolge ermutigt, zögerten die Hersteller nicht, Schnellfeuergeschütze mit einem Kaliber von 100, 120 und 152 mm zu projektieren und zu bauen (Abb. *529*). Diese Geschütze wurden auf Metallafetten in Form eines Fußgestells montiert, und auf den modernen Panzerschiffen stellte man sie in längs der Schiffsseiten angeordneten Türmen auf (Abb. *530*).

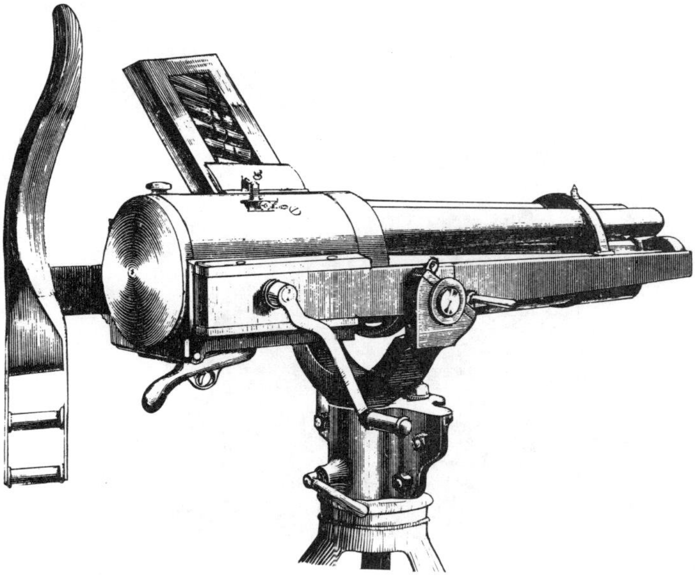

Abb. 528. *Hotchkiss-Revolverkanone mit 5 rotierenden Läufen, Lafettengabel mit Zylinderzapfen, 42 Schuß pro Minute, Kaliber 3,7 cm*

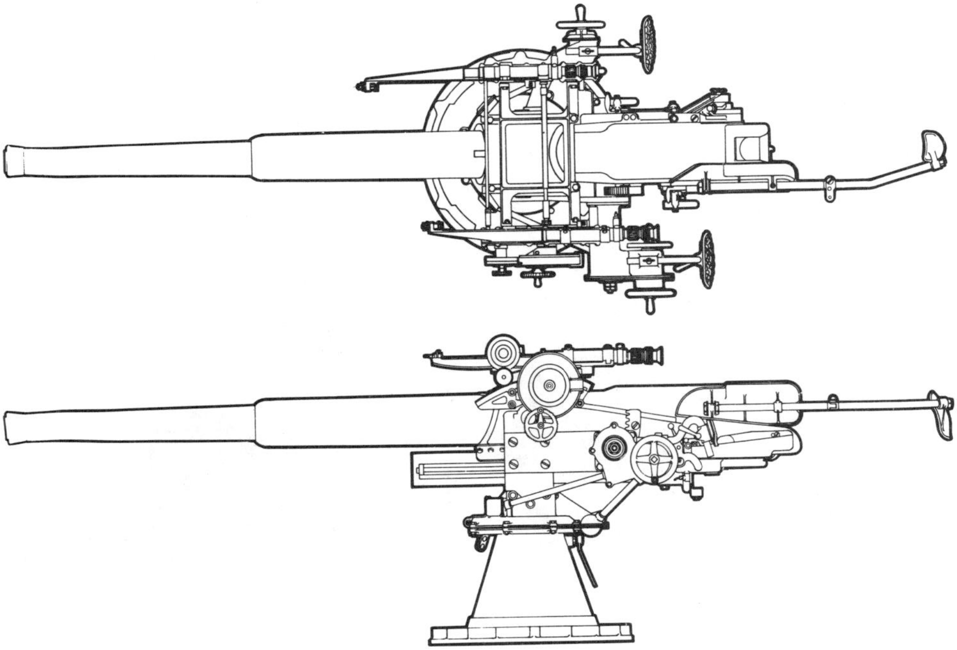

Abb. 529. *Ansaldo-Schneider-Schnellfeuerkanone auf Fußgestellafette, Kaliber 10,0 cm*

Mit dem Aufkommen des von Maxim erfundenen *Maschinengewehrs* wurden die kleinen Schnellfeuerkanonen und die mechanischen Mitrailleusen durch automatische Waffen ersetzt, die eine hohe Schußfolge aufwiesen. Danach wurden Luftabwehr- und Schiffsmaschinengewehre auch größeren Kalibers in Dienst gestellt (Abb. *531*).

Abb. 530. *90/50-Kanone des italienischen Panzerschiffes* Andrea Doria

Abb. 531. *37/54-Zwillings-Schnellfeuergeschütz Breda*

## Moderne Geschütze

Im zweiten Weltkrieg verwendete man noch große Geschütze, aber mit dem Wiedererscheinen der Raketen nach dem zweiten Weltkrieg wurden die schweren Geschütze verdrängt. Wir haben gesehen, daß die Sarbatanen nichts anderes als Raketengeschosse waren. Die Kriegsrakete wurde 1793 zum erstenmal zur Verteidigung der Stadt Dieppe gegen die englischen Belagerer verwendet.
In den ersten Jahren des 19. Jahrhunderts wurden Raketen von neuem durch die Engländer in der Ausführung des Engländers Congreve verwendet; diesem gelang es

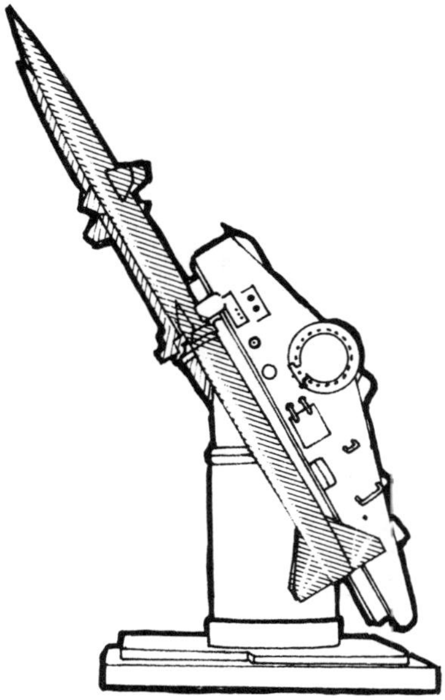

Abb. 532. *Rakete auf Abschußrampe*

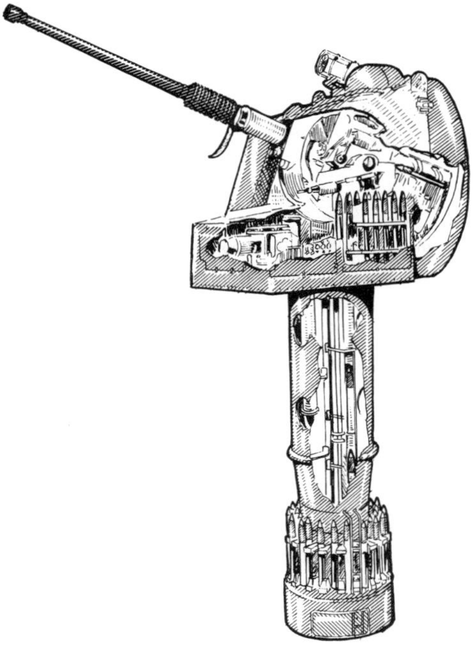

Abb. 533. *Italienische automatische Kanone 76/62*

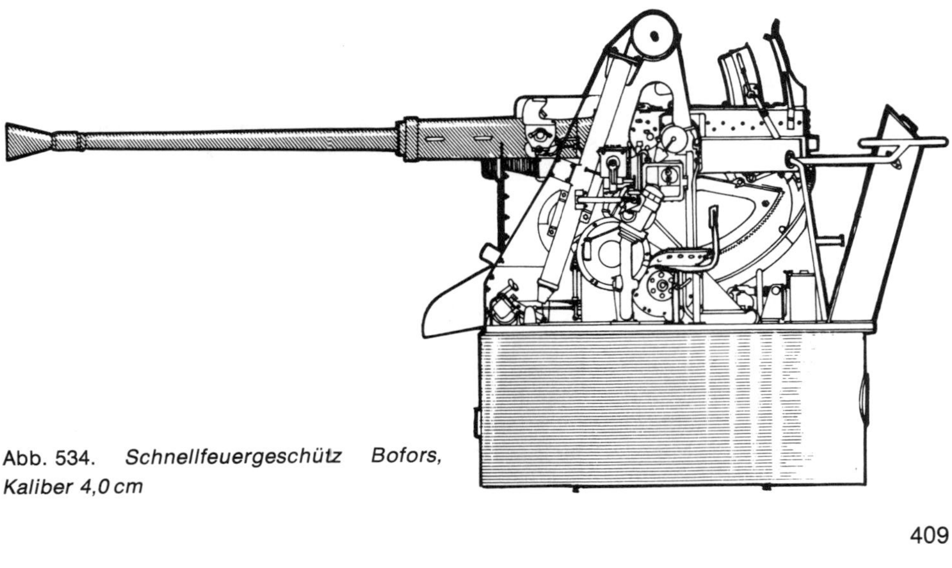

Abb. 534. *Schnellfeuergeschütz Bofors, Kaliber 4,0 cm*

1806, in Boulogne Raketen auf den Kanonierslanzen anzubringen, 1807 griff die englische Flotte die Stadt Kopenhagen an und warf gut 40 000 Raketen! Im Jahre 1840 wurden die Raketen von Piemont und von Österreich verwendet, kamen aber nach kurzer Zeit wieder außer Gebrauch.

Heute sind die modernen Schiffe mit *Luft-* und *Schiffsabwehrraketen* bewaffnet (Abb. *532*), und die italienische Marine ist mit automatischen Kanonen 76/62 (Abb. *533*) und 135/45 sowie auch mit Maschinengewehren 40/70 (Abb. *534*) ausgerüstet. Schließlich haben die auf Unterseebooten installierten *interkontinentalen Raketen* das Zeitalter der schweren Geschütze endgültig besiegelt.

## Unterwasserwaffen

**Seeminen.** Die *Seemine* ist eine Unterwasserwaffe, die aus einer *Minengefäß* genannten Metallhülse verschiedener Form (Zylinder, Kugel usw.) besteht, eine beachtliche Sprengladung und Vorrichtungen zum Einstellen der vorher festgelegten Tiefe und zum Auslösen der Explosion beim Anstoßen an einen Schiffsboden enthält.

Die Seeminen können *verankert* oder *geschleppt* werden, oder sie können *treiben.*

Die *verankerten Seeminen* sind mit einem besonderen Anker und den dazugehörigen Tauen zum Vertäuen ausgerüstet, die dazu bestimmt sind, die Seeminen beständig an der Stelle festzuhalten, an die man sie zum Absperren oder in Minenfeldern gelegt hat (Abb. *535a*).

Die *Schleppminen* sind jene, die von schnellen Überwasserschiffen nachgezogen und von einem Tau in einer bestimmten Tiefe gehalten werden; sie richten sich gegen die U-Boote.

Die *Treibminen* sind jene, die mit einer Ankerboje im Meer ausgesetzt worden sind; diese gewährleistet die festgelegte Tiefe ohne Verankerung.

Zu diesen Arten gehören auch die *Wurfminen (Wasserbomben)* zur *U-Boot-Abwehr,* zum *Beseitigen von Sperren* usw. Die Wasserbomben werden von Hand oder mit Minenschleudern verschiedener Arten geschleudert (Abb. *535b*).

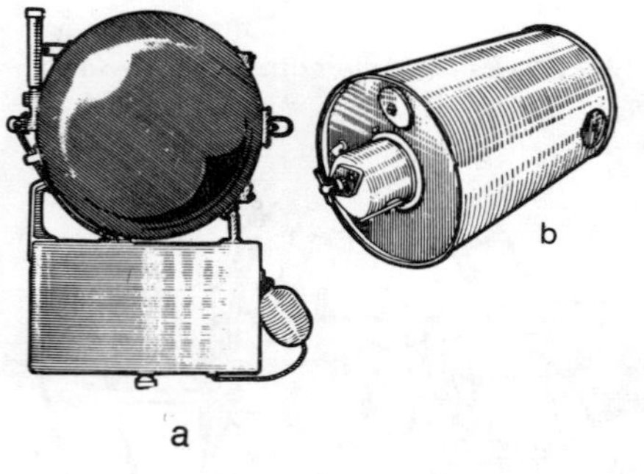

Abb. 535. *Seeminen*
a) *Seemine mit Verankerung;* b) *Wurfmine zur U-Boot-Bekämpfung*

Der Gedanke an Minen ist sehr alt; man verwendete zum Anzünden feindlicher Schiffe *Brander* genannte, mit Zündstoffen gefüllte Schiffe; die Brander wurden von den Griechen und Römern weitgehend eingesetzt. Mit der Erfindung des Schießpulvers wurden die Brander explosiv, und man baute sie als Schwimmkörper (Fässer, Kisten usw.), die mit einem Feuerstahl versehen waren, der die Explosion bei Stoß hervorrief. Im 16. Jahrhundert wurden die Brander Minen genannt. 1810 erfand Robert Fulton die erste wirkliche Mine, die jedoch nicht angewendet wurde. Einige Jahre danach erfand Colt die Mine mit mechanischen Vorrichtungen, und Ende des 19. Jahrhunderts ließ der Italiener Elia die Mine mit selbsttätiger Verankerung patentieren.

**Torpedos.** Der Torpedo besteht aus den folgenden Teilen: einem *Kopf,* der eine Sprengladung trägt und mit einer Zündvorrichtung ähnlich dem Aufschlagzünder versehen ist; einem *Druckluftkessel,* der die Druckluft für den Antrieb aufnimmt; einer *Kammer für die Ruderregelgeräte,* in welcher sich die Anlage zur Tiefeneinstellung mit dem hydrostatischen Pendel und die Steuerung der Höhenruder befinden; einem *Geradelaufapparat; Motoren,* die im allgemeinen abwechselnd stern- oder V-förmig oder waagerecht angeordnete Drei- und Vierzylindermotoren oder auch Turbomotoren sind. Die Betriebsflüssigkeit ist Druckluft, die mit einer Petroleumeinrichtung so erhitzt wird, daß es keinen Energieverlust durch die Abkühlung der Luft während der Ausdehnung gibt. Die Luft wird mit Wasserdampf vermischt, wodurch sich das Volumen der Antriebsflüssigkeit erhöht. Die Anwendung der Druckluft erfolgt nach dem klassischen Verfahren; aber es wurden auch Torpedos mit Wasserstoffsuperoxyd und mit elektrischer Energie gebaut. Schließlich folgen die *wasserdichten Kammern,* welche die Propellerwelle und die dazugehörenden Zahnräder enthalten. Die Schrauben sind koaxial und gegenläufig (Abb. *536a*).

**Torpedorohre.** Zum Schleudern der Torpedos verwendet man *Torpedorohre* genannte Einrichtungen, die sich unter Wasser befinden und von auf dem Wasser schwimmenden Schiffen oder Unterseebooten getragen werden oder die sich bei leichten Schiffen über Wasser befinden. Diese letzteren Torpedoausstoßeinrichtungen sind zangenartige Halterungen, die man auf die Torpedoboote gebaut hat, oder es sind lange Rohre (zwei, drei oder vier), die man an einem Ende verschließen kann und in welche nach Einführen des Torpedos ein kräftiger Gasstrahl zum Herausschleudern oder eine kleine Sprengladung gebracht wird (Abb. *536b*).
Die moderne Waffe, die sich aus dem Torpedo entwickelt hat, ist der *Asroc,* ein aus einer Rakete zum ballistischen Schleudern und aus einem Torpedo – den man an einem vorher festgelegten Punkt auslöst, der im Gleitflug auf das Meer hinuntergeht und das Ziel akustisch sucht – bestehendes Geschoß.

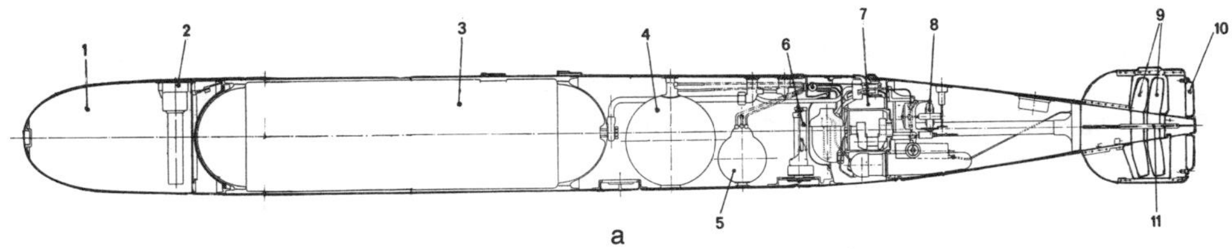


a

b

Abb. 536. a) *Schnitt eines Heißlufttorpedos;* b) *Drillingstorpedoausstoßrohr*
*1. hochexplosiver Sprengkopf, 2. Zünder, 3. Druckluftbehälter, 4. Wasserbehälter, 5. Petroleumbehälter, 6. hydrostatisches Pendel und Platte, 7. Motor, 8. Torpedolenkeinrichtung, 9. sich gegenläufig drehende Schrauben, 10. Höhenruder, 11. Seitenruder*

**Hilfsmittel zum Angreifen.** Es sind Boote oder besondere Hilfsmittel, die in der Lage sind, Absperrungen zu durchbrechen und überraschend die verankerten gegnerischen Schiffe anzugreifen.
Die italienische Marine war auf diesem Gebiet richtungweisend, und schon im ersten Weltkrieg wurden verschiedene solcher Hilfsmittel hergestellt. Zu ihnen zählen die *C-Unterseeboote,* die *Grillo* (Grille) zum Durchbrechen von Sperren und die *Mignatta* (Blutegel) von Rosetti und Paolucci, durch die das Panzerschiff *Viribus Unitis* versenkt wurde.
Im zweiten Weltkrieg waren die hauptsächlichen Angriffsmittel die *Sprengmotorboote,* sehr schnelle, mit einer starken Sprengladung versehene Boote, und die auch *maiali* (Säue) genannten *gelenkten Torpedos.* Diese langsam laufenden Torpedos waren von zwei Mann gesteuerte und mit geräuschlosen Elektromotoren versehene Torpedos. Die Sprengladung war im Kopf des Torpedos angebracht, wurde unter das Ziel befördert und dort ausgelöst (Abb. *537*).

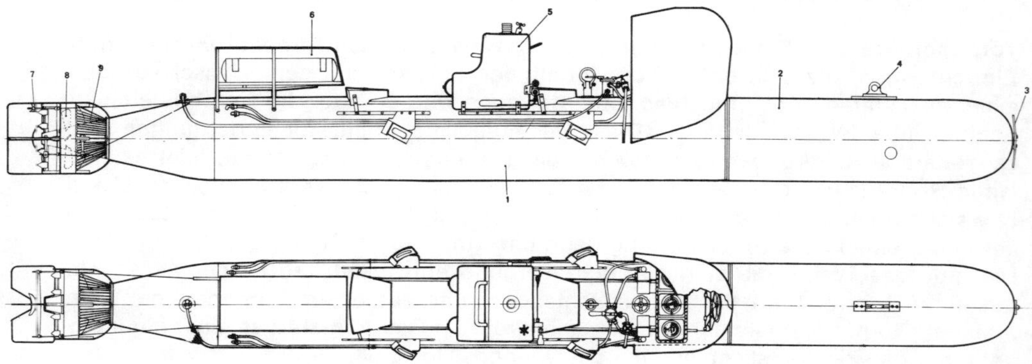


Abb. 537. *Langsam laufender Torpedo, „Sau" genannt, im zweiten Weltkrieg von der italienischen Marine benutzt*
*1. Mittelkörper mit Elektromotoren, 2. Sprengladung, 3. Handrad zum Abkoppeln der Sprengladung, 4. Haken zum Anbringen der Sprengladung am Boden des zu versenkenden Schiffes, 5. Schnelltauchen, 6. Sauerstoffreserve, 7. Ruder, 8. Schrauben, 9. Paraschrauben*

## Bau der Modellkanonen

Die Kanonenrohre stellt man auf der Drehbank her; der verwendete Werkstoff ist sowohl bei Eisen- wie bei Bronzekanonen Messing. Hat man keine Drehbank zur Verfügung, kann man auf im Handel erhältliche Teile zurückgreifen.
Die Bronzekanonen müssen dann mit Bronzelack, die Eisenkanonen mit undurchsichtigen schwarzen Lacken gestrichen werden.
Die Lafetten fertigt man aus Hartholzbrettchen (Nußbaum, Steineiche usw.). Das Profil der Seitenwangen entnimmt man ebenso wie die Achsen und die anderen Einzelteile der Bauzeichnung. Abb. *538a, c* zeigt, wie man vorgehen kann. Die Räder erhält man aus Rundhartholz; bei kleinen Modellen und bei Kanonen der unteren Batteriedecks kann man die Lafetten aus einem Stück Holz mit U-Profil fertigen. Aus demselben Profil kann man verschiedene Lafetten bauen (Abb. *538b*).
Für die Herstellung der modernen Kanonen gilt das oben Gesagte ebenfalls; die Rohre werden auf der Drehbank aus Rohrundmessing gedreht. Für die Lafetten benutzt man dünnes Messingblech und kleine Messingprofile.

Die Torpedos und die Minen können ebenfalls aus Rundhartholz hergestellt und von Hand mit Raspel und Feile bearbeitet werden. Die Ruder der Torpedos muß man aber aus Messingblech fertigen und in zweckmäßig am hinteren Ende angebrachte Einschnitte stecken. Ebenso geht man beim Bau und Anbringen der Schrauben vor.

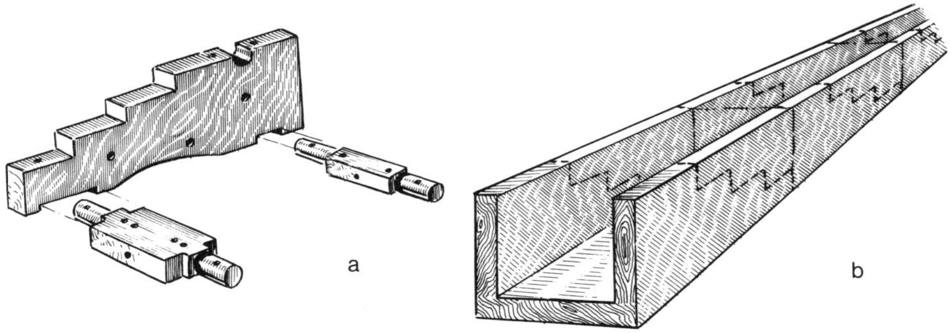


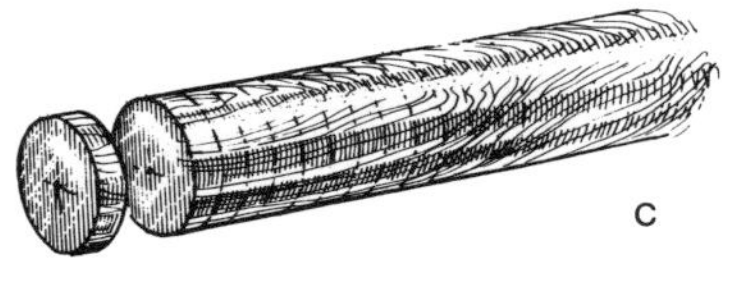


Abb. 538. *Bau von Modellkanonen*
a) *Bau der Lafette aus Einzelteilen;* b) *Serienherstellung der Lafetten;* c) *Bau der Räder*

# KAPITEL XV Geräte, Maschinen und Zubehör der Schiffe

## Kompaßhäuschen

Es ist eine auf einem Fußgestell befindliche Schutzhaube, die auf dem Oberdeck vor dem Steuermann steht. Sie enthält den Kompaß und schützt ihn vor dem Wetter. Früher war es ein Kasten oder ein Schrank aus Holz, der durch Fenster mit Glasscheiben in drei Fächer eingeteilt war. In die beiden seitlichen Fächer stellte man die

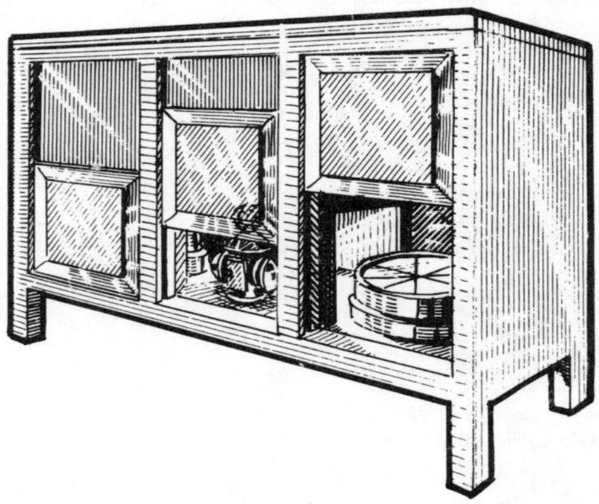

Abb. 539. *Kompaßhäuschen von 1600–1800*

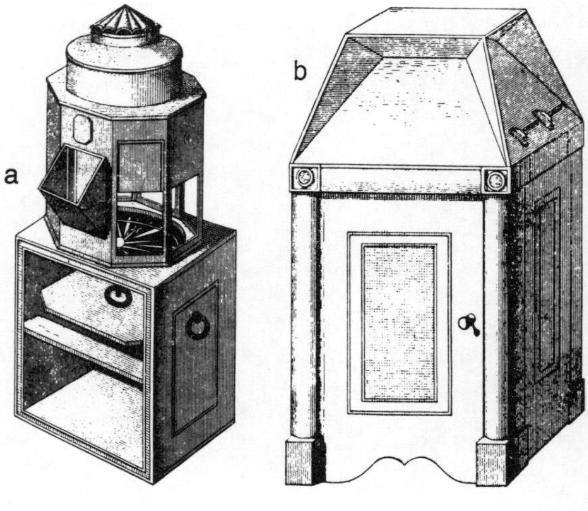


Abb. 540. *Kompaßhäuschen des 19. Jahrhunderts*
a) *Kompaßhäuschen von H. Popham;* b) *Kompaßhäuschen von Preston*

Kompasse, während sich im Mittelfach eine Lampe zur Beleuchtung bei Nacht befand (Abb. *539*). In diesem Schrank bewahrte man auch die *Sanduhren* zur Zeitmessung auf. Diese Art Kompaßhäuschen wurde bis in die ersten Jahre des 19. Jahrhunderts verwendet. 1820 führte H. Popham eine neue Art ein, die kompakter als die frühere war. Sie bestand aus einem quadratischen Unterteil und einem pyramidenstumpfartigen, quadratischen Aufsatz. Jede Seite hatte Scheiben zum Beobachten des Kompasses; nachts wurde eine Lampe angebracht (Abb. *540a*). Wenige Jahre danach, 1835, ließ der Engländer Preston (Abb. *540b*) einen anderen Typ patentieren, von dem sich die modernen, 1860 in Gebrauch gekommenen Arten (Abb. *541*) ableiten.

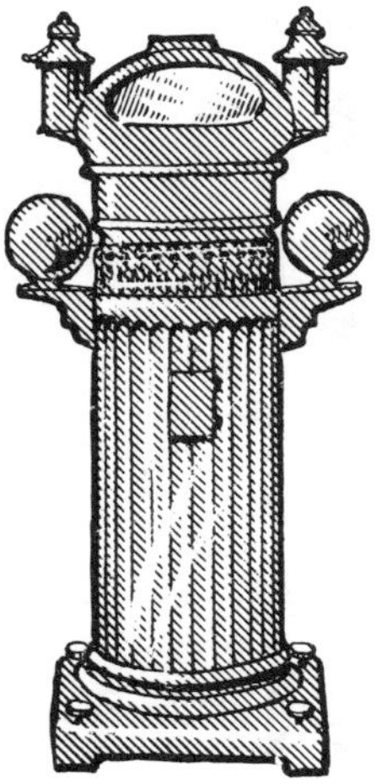

Abb. 541. *Kompaßhäuschen des 19. und 20. Jahrhunderts*

## Pumpen

Es sind Aggregate, die dazu dienen, Flüssigkeiten von einer Stelle an eine andere oder auf unterschiedliche Höhen zu befördern. Das erfolgt durch Saugen und Druck und wird durch die Bewegung von Kolben oder Schaufelrädern hervorgerufen. Früher nannte man die Pumpen *Kimmpumpen* oder *Bilgenpumpen,* und sie dienten hauptsächlich zum Entfernen des Wassers, das sich im Boden des Schiffes angesammelt hatte.

Die alten Pumpen waren Kolbenpumpen, und das gepumpte Wasser wurde seitlich durch ein im Pumpenzylinder angebrachtes Loch entleert, das *Mundstück,* an dem ein Rohr angebracht war, das quer zum Deck verlief und in ein am Schiffsrumpf angebrachtes Rohr mündete, das *Speigatt* genannt wurde. *Königspumpe* hieß die Pumpe mit Kupferzylindern.

Seitlich des Großmastes befanden sich normalerweise vier Pumpen, deren Zylinder im von vier Schotten gebildeten *Pumpenschacht* zum Lenzraum hinuntergingen. Die Pumpen wurden durch Holzhebel, *Schwengel* genannt, in Tätigkeit gesetzt; sie wurden am Großmast von Tauen gehalten (Abb. *542*). Auf den Kriegsschiffen gab es am Kreuzmast eine weitere Pumpe. Auf den neuen Segelschiffen wurden die Pumpen durch Pumpenschwengel oder Pumpenhändel mit einer Kurbelwelle auf den Nagelbankstützen bewegt (Abb. *543*). Auf den modernen Schiffen werden alle Pumpen von Motoren angetrieben.

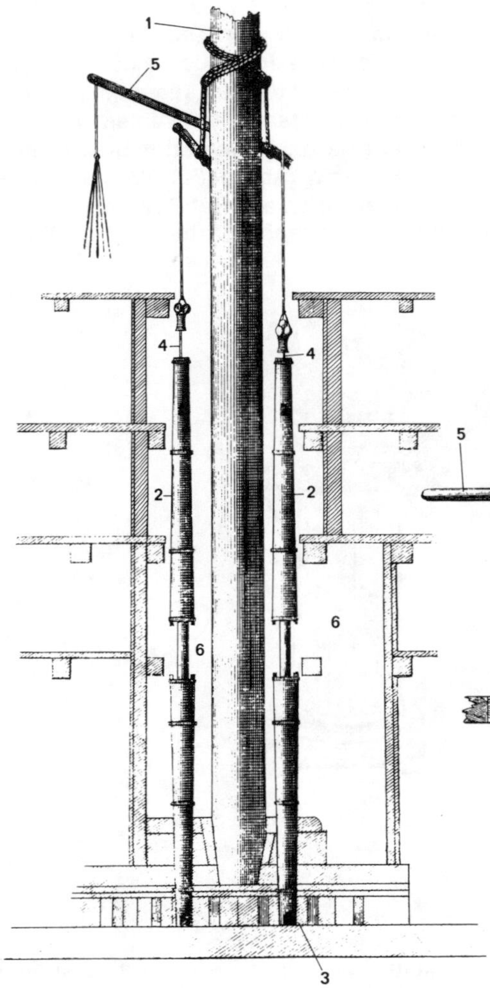

Abb. 542. *Pumpen am Großmast*
*1. Großmast, 2. Pumpenzylinder, 3. Lenzraum, 4. Kolbenstange, 5. Pumpenschwengel, 6. Pumpenschacht*

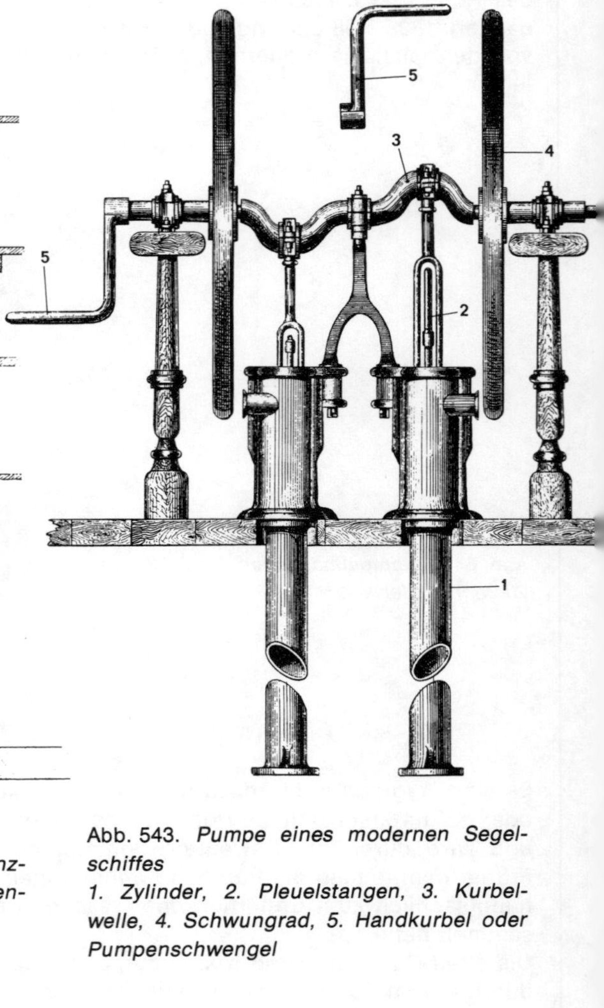

Abb. 543. *Pumpe eines modernen Segelschiffes*
*1. Zylinder, 2. Pleuelstangen, 3. Kurbelwelle, 4. Schwungrad, 5. Handkurbel oder Pumpenschwengel*

## Leitern, Treppen

Es sind Ausrüstungsstücke, die aus Sprossen oder Stufen bestehen, die in kurzen Abständen übereinander angebracht sind, um von einer Stelle zur anderen hinauf- oder hinunterzusteigen.

**Innenleitern, Innentreppen.** Sie verbinden im allgemeinen das Oberdeck mit den darunterliegenden Decks und die darin befindlichen Räume miteinander. Auf den Holzsegelschiffen waren die Innentreppen aus Holz und bestanden aus zwei Seitenbrettern und aus waagerecht eingefügten Brettern, den Stufen (Abb. *544a*). Zu den

Innentreppen gehörten die *große Treppe,* die das Achterdeck mit der großen Kammer oder mit dem Oberdeck verband; die *St.-Barbara-Treppe,* die unmittelbar nach der großen Treppe das zweite Deck mit dem ersten verband; die rechts und links der erhöhten Achterdecks befindlichen *Quarterdecktreppen,* die zum Quarterdeck oder Tabernakel hinaufführten (Abb. *544b, c*). Auf den modernen Schiffen heißen die aus Rundeisen- oder Blechstufen hergestellten Metalltreppen *Raumleitern* oder *Raumtreppen.* Auf den Kriegsschiffen sind die Innentreppen aus Metall und haben Flacheisenstufen (Abb. *544e*).

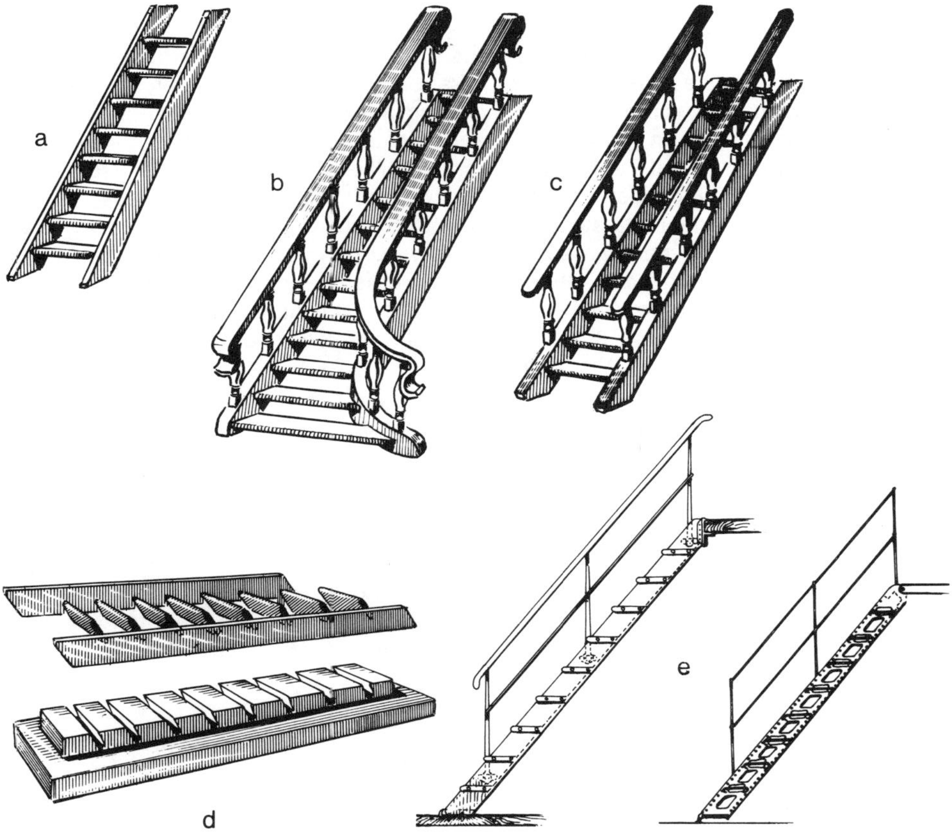


Abb. 544. *Innenleitern, Innentreppen*
a) *alte Innentreppe;* b) *alte Treppe des Quarterdecks;* c) *Achterdecktreppe eines Segelschiffes des 19. und 20. Jahrhunderts;* d) *Beispiel dafür, wie man die Treppen mit Holz- oder Metallstufen oder -sprossen herstellt;* e) *eiserne Innentreppen moderner Schiffe*

**Außenleitern, Außentreppen.** So heißen allgemein jene Leitern und Treppen, die das Heraufsteigen an Bord der Schiffe gestatten oder die einzelnen Deckaufbauten verbinden.
Um an Bord der alten Schiffe zu gelangen, benutzte man zwei *Fallreeps,* die aus einem zurückgeführten Tau oder aus zwei Tauen bestanden, an welchen die Stufen in Form von Holzsprossen befestigt waren. Solche *Biscayer* (Abb. *545a, c*) genannten Leitern wurden an der Heckbrüstung befestigt und dienten der Mannschaft zum Hinuntersteigen in die Boote oder zum Hinaufsteigen, sie hießen auch *Heckleitern.*

Die *Außenbordtreppe* war eine Treppe, die aus einer Anzahl Absätzen oder Stufen bestand, die fast in der Mitte des Schiffes auf die Bordwand genagelt waren. Durch die Enden der Stufen gingen zwei Haltetaue, um das Hinaufsteigen zu erleichtern. Die letzten Stufen waren breiter als die übrigen, da man beim Hinaufsteigen vornehmer Personen mehrere Matrosen aufstellte, die Taue als Geländer bereithielten (Abb. *545d*).

Auf den modernen Handels- oder Kriegsschiffen benutzt man ebenfalls Außenbordleitern oder -treppen, und sie werden an die Seiten des Schiffes gebracht, um hinauf- oder hinuntersteigen zu können. Sie sind im allgemeinen aus Holz, und die Stufen sind mit Metallschwellen ausgestattet. Sie haben Geländer aus Tau oder Messingrohr und auf den Handelsschiffen auch aus Holz. Am unteren Ende haben sie einen Treppenabsatz mit Grätings, der auf die Treppe hochklappbar ist. Wenn diese eingeholt wird, zieht man sie mit Eisenarmen und mit einer Bügelaufhängung, an der ein an einen kleinen Kran gehängtes Takel befestigt ist, etwas über die Wasserlinie hoch. Der kleine Kran mit Takel dient auch zum Hieven und Halten der Treppe. Am oberen Ende der Treppe befindet sich ein weiterer Absatz mit Grätings, der den Übergang zum Oberdeck darstellt. Bei den Schiffen mit sehr hohen Bordwänden sind die Treppen mit einem Zwischenabsatz versehen. Bei den Kriegsschiffen besteht der Absatz in Höhe des Oberdecks aus einem Rahmen von Messingrohren mit Überdachung, wo eine Wache Posten bezieht. Die Außenbordleiter heißt auch *Gangway. Fallreepstreppe* heißt allgemein die am Heck auf der Steuerbordseite zum Gangbord führende Treppe (Abb. *545b, e*).

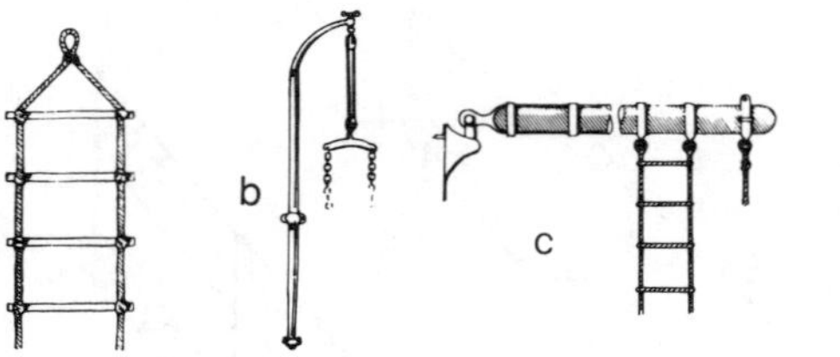


a

Abb. 545. *Außentreppen, Außenleitern*
a) *alte Außenleiter (Fallreep oder Biscayer);* b) *kleiner Kran mit Bügel für Außenbordleitern oder -treppen;* c) *Ausleger mit Fallreep für Kriegsschiffe;* d) *alte Außenbordtreppe;* e) *moderne Gangways*

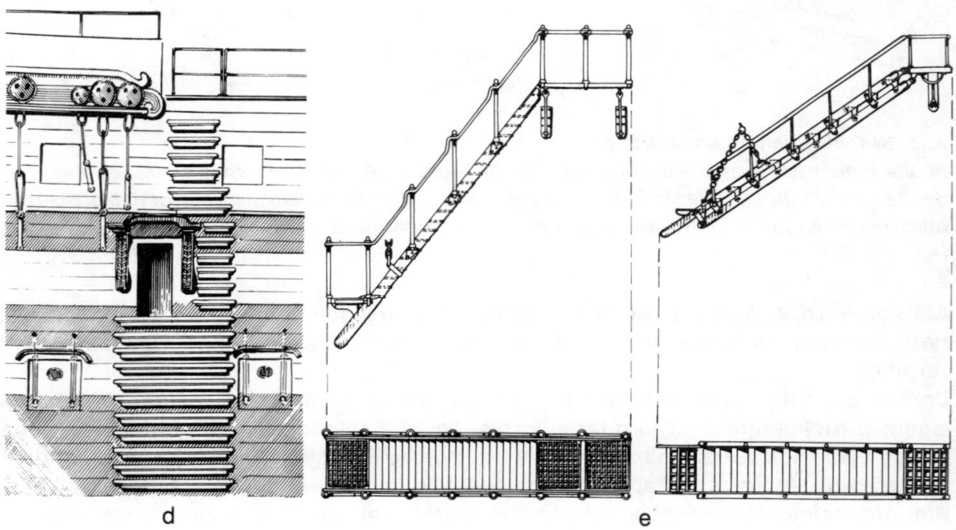

d e

## Lichter

Sie haben vielgestaltige Formen und schützen mit Hilfe von Gläsern die Lichtquelle; sie heißen auch *Laternen.*

**Außenlichter.** Das *Hecklicht* bestand früher aus einer großen, reich verzierten Laterne. Im 16.–18. Jahrhundert hatte es viele Scheiben; es wurde von einem eisernen Arm gehalten, der über den Flaggenstock hinausragte. Auf den Admiralsschiffen und den Galeeren befanden sich drei Lichter, eines in der Mitte und zwei an den Seiten auf die Brüstung gesetzt (Abb. *546a, b, c, d, e*). Heute heißen solche Lichter ebenfalls *Hecklichter,* und man setzt sie auf den oberen Heckrand.

*Marslicht* war ein auf die Mars gesetztes Licht, das dem Schiff des Admirals oder des Kommandanten an der Spitze einer Flotte vorbehalten war (Abb. *546f*). Heute heißt ein solches Licht *Admiralslicht;* es ist ein weißes Licht, das sich höher als das Hecklicht befindet. Früher gab es auch an verschiedene Punkte der Ausrüstung gesetzte Lichter mittlerer Größe, um nachts vereinbarte Zeichen zu geben.

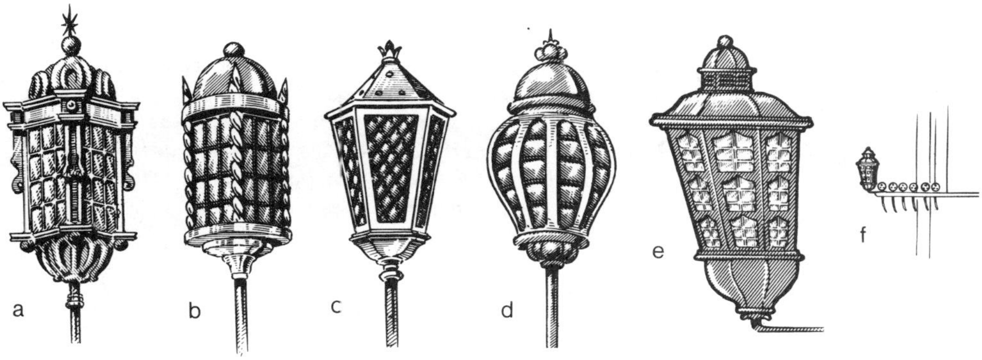


Abb. 546. *Alte Außenlichter*
a) *Galeerenhecklicht;* b) *Hecklicht aus dem 15. Jahrhundert;* c) *Hecklicht aus dem 16. Jahrhundert;* d) *Hecklicht aus dem 17. Jahrhundert;* e) *Hecklicht aus dem 18. Jahrhundert;* f) *Marslicht*

*Ankerlicht* war ein weißes Licht, das man am Bug der Schiffe setzte, wenn sie vor Anker lagen (Abb. *547a*).

*Positionslichter* gab es im allgemeinen zwei; ihr Licht war weiß, und man setzte sie, in kurzer Entfernung übereinander, auf den Bugmast.

*Seitliche Positionslichter* befinden sich auf den Segelschiffen an den Bugaußenseiten; ihr Licht ist auf der Steuerbordseite grün und auf der Backbordseite rot (Abb. *547b*). Sie wurden in der ersten Hälfte des 19. Jahrhunderts üblich. Ebensolche Lichter setzt man bei den Schiffen mit mechanischem Antrieb auf die Seitenwände, dazu ein drittes, weißes Licht auf den Bugmast oder auf ein erhöhtes Deck, das sich dort befindet, wo der obengenannte Mast sein müßte.

**Tragbare Lichter.** Früher gab es *Kampflichter,* die von den Kanonieren benutzt wurden, *Steven-* oder *St.-Barbara-Lichter,* vierfenstrige Laternen mit nicht entfernbaren Scheiben zum Arbeiten in der Pulverkammer, *blinde* oder *taube Lichter,* verdunkelte Laternen. *Rottenlichter* nennt man heute die auf den Kriegsschiffen von der Mannschaft verwendeten tragbaren Lampen.

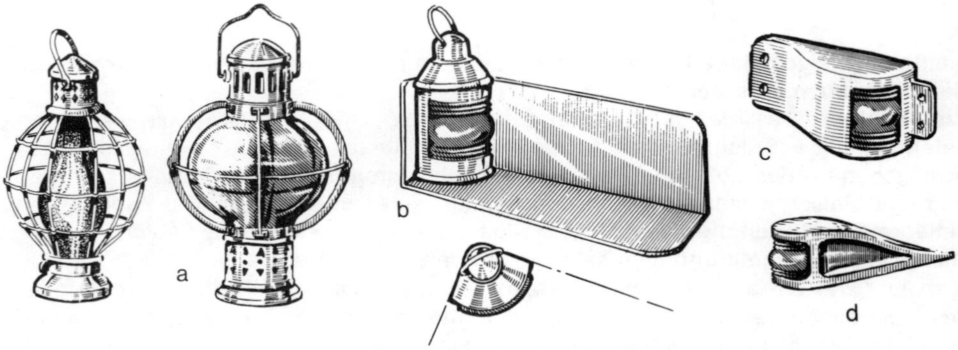

Abb. 547. *Moderne Außenlichter*
a) *Ankerlicht;* b) *Positionslicht (allgemeiner Art);* c) *Positionslicht für Motorboote;* d) *das vorgeschriebene weiße Licht für Motorboote;* e) *Scheinwerfer für Kriegsschiffe;* f) *Scheinwerfer für Motorboote*
*1. Rundkörper aus Messing, durchbohrt, mit Bolzen zur Befestigung am Mast, 2. Drehen von zwei Vorsprüngen am Boden und am Deckel des Messingrundkörpers, 3. Durchschneiden des Rundkörpers, um den Boden des Lichtes zu erhalten, 4. Ausschnitt für das Schutzglas der Lampe, 5. aus Plast hergestelltes Schutzglas, 6. endgültiger Zusammenbau des Lichtes*

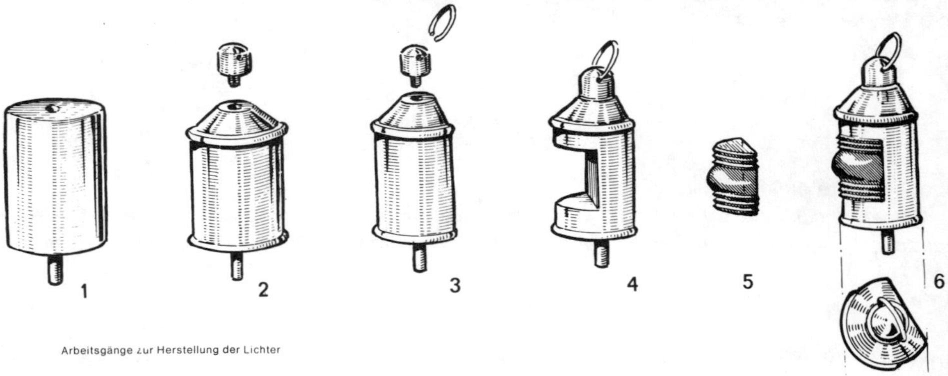


Arbeitsgänge zur Herstellung der Lichter

## Fensterlöcher, Bullaugen

Die Fensterlöcher sind rechteckige Öffnungen für Luft und Licht. Auf den modernen Schiffen haben sie Messing- oder Bronzerahmen. Die *Bullaugen* genannten Öffnungen sind kleine, runde Fensterlöcher mit Metallrahmen, die mit einem Verschluß durch Schrauben mit Flügelmuttern versehen sind (Abb. *548*).

Abb. 548. *Fensterlöcher*
a) *rechteckiges Fensterloch für Luft und Licht;* b) *rundes Fensterloch (Bullauge) für Luft und Licht*

## Belüftung

Die Belüftung auf den Schiffen ist immer ein Problem gewesen, das die Schiffskonstrukteure und die Seeleute beschäftigt hat. Sie kann künstlich oder natürlich erfolgen. Zur künstlichen Belüftung dienen mechanische Mittel *(Ventilatoren).* Der erste mechanische Ventilator, der aus großen Blasebälgen bestand, wurde von S. Hales, einem englischen Physiker (1677–1761), erdacht; er wurde auf den englischen und später auf den französischen Schiffen benutzt. Die natürliche Belüftung erfolgt im allgemeinen durch besondere Kanäle, deren Mündung an Deck von weiten Hauben zur Aufnahme der Luft überbaut ist und die *Lüfter* heißen (Abb. *549*).

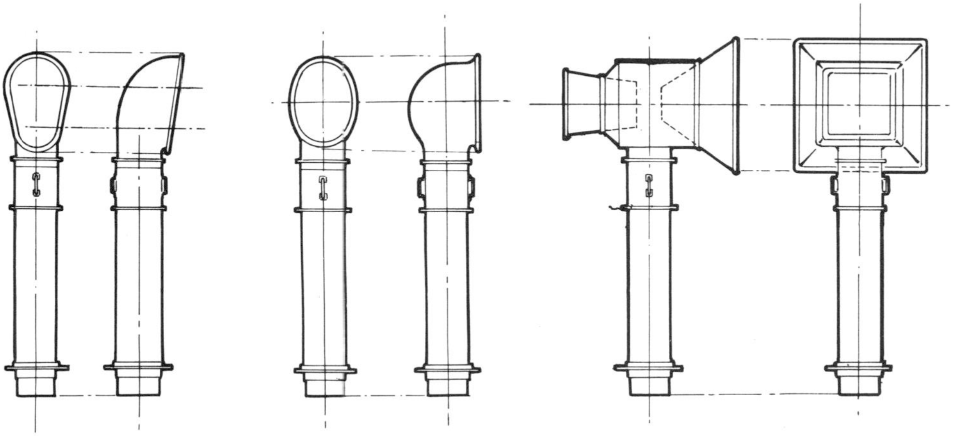

Abb. 549. *Lüfter*

## Schiffsglocke

Die Schiffsglocke braucht man auf den Schiffen zum Regeln des Lebens an Bord, zum Alarmgeben im Fall eines Brandes und für Signale bei Nebel. Auf den alten Handelsschiffen befand sich nur eine Schiffsglocke, die zuerst am Heck, später am Bug angebracht wurde. Die Kriegsschiffe hatten zwei Glocken, eine größere auf der Quarterdeckbrüstung und eine kleinere auf der Reling der Back (Abb. *550*).

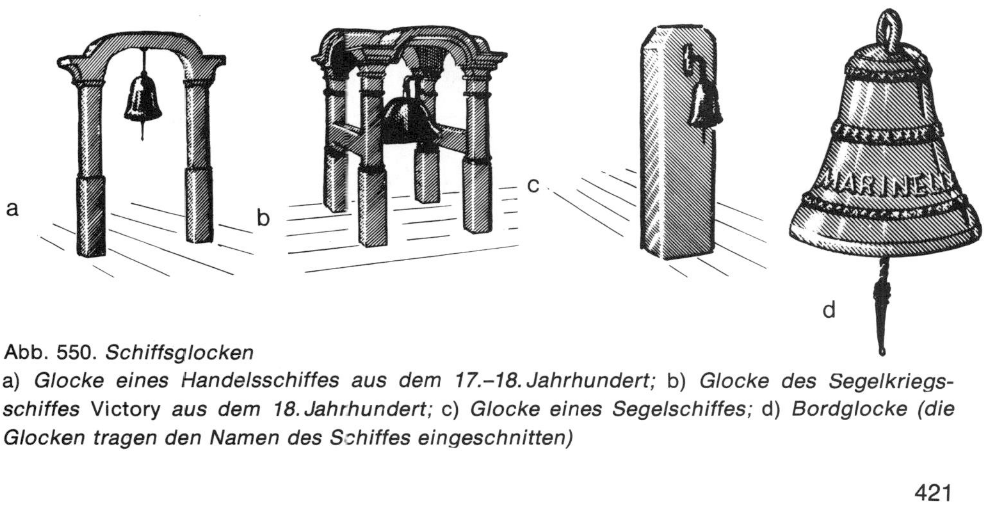


Abb. 550. *Schiffsglocken*
a) *Glocke eines Handelsschiffes aus dem 17.–18. Jahrhundert;* b) *Glocke des Segelkriegsschiffes* Victory *aus dem 18. Jahrhundert;* c) *Glocke eines Segelschiffes;* d) *Bordglocke (die Glocken tragen den Namen des Schiffes eingeschnitten)*

## Winde

Es ist eine Maschine zum Heben von Lasten, zum Spannen von Tauen oder zum Verholen usw. Die Winde besteht aus einer waagerechten Welle, auf welcher die Trommeln oder Spulen befestigt sind, auf die sich das Seil wickelt. Die Winden werden mit Dampfkraft oder mit Elektromotor angetrieben und finden auf den Schiffen bei Bootskränen, Lademasten usw. reichlich Verwendung (Abb. *551*).

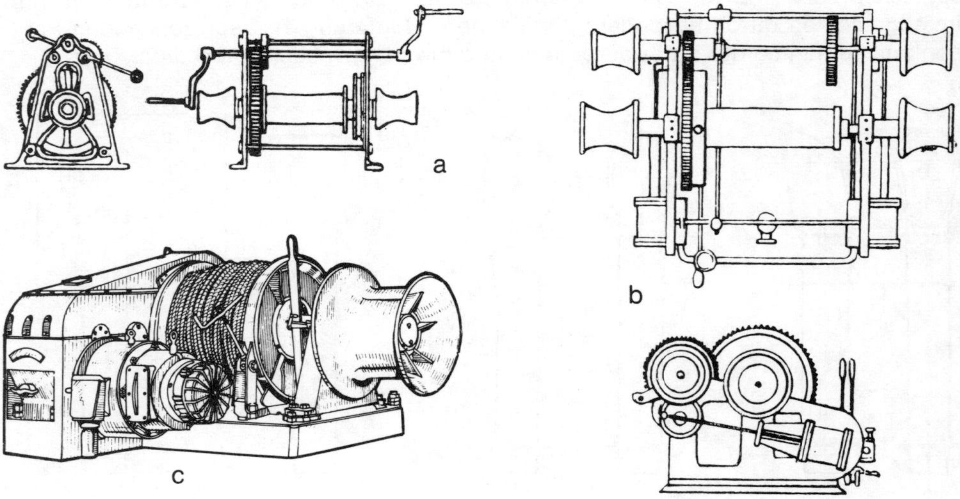


Abb. 551. *Winden*
a) *Handwinde;* b) *Dampfwinde;* c) *elektrische Winde für Bootskräne*

# DRITTER TEIL

# KAPITEL XVI Fahrmodelle

## Kurze technisch-theoretische Bemerkungen zu den Schiffsrümpfen

In diesem letzten Teil untersuchen wir die wichtigsten Seiten des Baus von Fahrmodellen. Diese erfordern von seiten des Modellbauers größere Anstrengungen; es ist daher notwendig, das Wissen über das Verhalten der Rümpfe und ihre Leistungsfähigkeit zu vertiefen. Ein guter Schiffsmodellbauer von Regattamodellen mit Segeln oder Motor kann bestimmt keine befriedigenden Ergebnisse erreichen, ohne die technisch-theoretischen Grundlagen der Schiffe zu kennen und ohne Erfahrung in der Technik und mit dem Fahren beim Wettbewerb zu haben. Das gleiche gilt, wenn auch in geringerem Maße, für allgemeine Fahrmodelle, für die man auch einige grundsätzliche Kenntnisse haben muß, wenn man sie richtig fahren lassen will. Heute gibt es sehr viele Zeichnungen allgemeiner Fahr- und Wettbewerbsmodelle aller Typen, die allen Anforderungen gerecht werden können. Jedoch scheint es uns günstig, im folgenden auf einige technisch-theoretische Punkte hinzuweisen, um die Kenntnisse des Modellbauers über das Verhalten seines Fahrmodells zu vergrößern.

Die Berechnung und die Konstruktion eines Modells erfordern eine umfangreiche Behandlung, die natürlich über die Grenzen dieses Buchs hinausgeht, und wer seine eigenen technischen Kenntnisse auf diesem Gebiet vertiefen will, muß sich mit dem Studium des Schiffbaus befassen.

Wir haben im ersten Teil dieses Buchs auf die grundsätzlichen Eigenschaften, die ein Schiff besitzen muß, hingewiesen: Festigkeit, Dichtheit, Stabilität, Geschwindigkeit, gute Fahrtüchtigkeit, Leistungsfähigkeit des Antriebsapparates, Entfaltungsmöglichkeit. Wenn es möglich ist, konstruktiven Forderungen wie Dichtheit, Festigkeit, auch Leistungsfähigkeit des Motors in gewissen Grenzen zu genügen, ist es unmöglich, gleichzeitig bei den anderen Eigenschaften ein Optimum zu erreichen. Deshalb wird die Konstruktion auf Grund des besonderen Verwendungszwecks, für den ein Schiff oder ein Boot bestimmt ist, vorgenommen, indem man bei den geforderten Eigenschaften das Bestmögliche zu erreichen sucht und die anderen ganz oder teilweise vernachlässigt.

Die verschiedenen von den einzelnen Konstrukteuren verwendeten Formen und die dabei vorgenommenen Klassifizierungen stellen die bestmöglichen Lösungen des einen Problems dar: Schiffe zu erhalten, die Personen oder Dinge sicher und schnell befördern.

Die Fahrmodelle sind im wesentlichen kleine Schiffe oder Boote, und für sie wird im großen und ganzen die Berechnung zur geometrischen, statischen oder dynamischen Untersuchung, wie sie der Schiffbau lehrt, angewandt. Wir sagen gleich, daß die Untersuchung und die Berechnung fast ausschließlich an Regattamodellen, ins-

besondere an Segelregattamodellen, durchgeführt werden. Bei den anderen Modellen, wie zum Beispiel den allgemeinen Fahrmodellen, vertraut man mehr der Erfahrung, der Intuition und dem Vergleich mit anderen, früheren Ausführungen.
Es ist nun zweckmäßig, vom technischen Gesichtspunkt aus genau zu sagen, was man unter einem Regatta- oder Wettbewerbsmodell und unter einem allgemeinen Fahrmodell versteht. Um genau zu sein: die Wettbewerbsmodelle muß man nicht „Regattamodelle", sondern allgemein *Regattaboote* nennen. Das Wort „Modell" erzeugt tatsächlich eine gewisse Verwirrung, indem es an eine maßstäbliche Verkleinerung richtiger Schiffe denken läßt. Die Regattamodelle gehören aber nur deshalb zum Schiffsmodellbau, weil ihre Abmessungen klein, das heißt von der Größenordnung sind, in der man die Standmodelle baut.
Der Ausdruck „Modell" wird nunmehr ganz allgemein verwendet; aber es ist gut, sich zu vergegenwärtigen, daß die Wettbewerbsmodelle nichts anderes als kleine, zu diesem Zweck geeignet konstruierte und gebaute Segel- oder Motorboote sind. Die allgemeinen Fahrmodelle sind maßstäbliche Verkleinerungen richtiger Schiffe oder Boote, und deshalb sind nur sie eigentliche Modelle.
In den letzten Jahren sind dank der Initiative des Europäischen Schiffsmodellbau-Verbandes auch die allgemeinen Fahrmodelle in besondere Kategorien eingeteilt worden, um sie untereinander in Wettbewerb treten lassen zu können. Und zwar tat man das zu dem Zweck, den Schiffsmodellwettbewerb auf alle Ebenen auszudehnen und eine größere Anzahl der Schiffsmodellbauer zufriedenzustellen.
Die grundsätzlichen Anforderungen an ein Fahrmodell beschränken sich im wesentlichen auf die Stabilität, auf die gute Fahrtüchtigkeit, auf die Geschwindigkeit, auf die Manövrierfähigkeit und auf die Leistungsfähigkeit der Antriebsanlage. Gemäß dem oben Gesagten ist es auch bei den Schiffsmodellen nicht möglich, gleichzeitig in allen gewünschten Eigenschaften ein Optimum zu erreichen. Wir finden im folgenden eine kurze Untersuchung der grundlegenden Rumpfeigenschaften, wobei natürlich die Teile der Konstruktion und der Berechnung, für welche besondere mathematische und mechanische Vorkenntnisse erforderlich sind, weggelassen werden.

## Stabilität

**Hinweis auf die Schwimmfähigkeit eingetauchter Körper.** Wir haben im ersten Teil auf das bekannte Gesetz des Archimedes hingewiesen, das besagt: ein in eine Flüssigkeit getauchter Körper erhält einen Auftrieb gleich dem Gewicht der verdrängten Flüssigkeitsmenge. Deshalb wirken auf einen eingetauchten Körper zwei Kräfte: eine, die ihn nach unten zieht, und eine, die ihn nach oben treibt. Die erste Kraft ist dann das Gewicht des Körpers, und es ist die Resultierende der Teilgewichte, deren Angriffspunkt sich im *Schwerpunkt desselben Körpers* befindet. Die zweite Kraft ist ebenfalls die Resultierende der einzelnen Auftriebskräfte, die auf den Körper wirken und deren Angriffspunkt der *Schwerpunkt der verdrängten Flüssigkeitsmenge* ist.
Wenn ein Körper mit einem bestimmten Rauminhalt und einem bestimmten Gewicht in eine Flüssigkeit taucht, dann gibt es drei Fälle:

1. Wenn das Gewicht des Körpers größer als das der verdrängten Flüssigkeitsmenge ist, geht der Körper unter. Da die Auftriebskraft kleiner als das Gewicht des Körpers ist, kann dieser nicht schwimmen.
2. Wenn das Gewicht des Körpers kleiner als das der verdrängten Flüssigkeitsmenge ist, schwimmt der Körper, wobei ein Teil aus der Flüssigkeit herausragt. Mit anderen Worten: der Körper taucht so weit in die Flüssigkeit, bis sein Gewicht gleich dem Gewicht der von dem eingetauchten Teil verdrängten Flüssigkeitsmenge ist. In diesem Fall kann der Körper schwimmen.

3. Wenn das Gewicht des Körpers gleich dem Gewicht der verdrängten Flüssigkeitsmenge ist, schwebt er in der Flüssigkeit.

Wenn wir einen Rumpf betrachten, ist er nichts anderes als ein fester Hohlkörper, dessen Rauminhalt durch die äußere Oberfläche begrenzt wird. Das Gewicht des Rumpfes ist daher das Gewicht der Dicke dieser Oberfläche, und es ist natürlich kleiner als das Gewicht eines gleich großen Volumens Wasser. Der Schwerpunkt eines Schiffes und auch eines Schiffsmodells ist der Punkt, in dem die Resultierende aller von allen Einzelgewichten hervorgerufenen Kräfte (Gewicht des Rumpfes, der Deckaufbauten, der verschiedenen Ladungen, des Motors und der Ausrüstung) angreift. Der Schwerpunkt der verdrängten Wassermenge ist der Angriffspunkt der Resultierenden aller einzelnen vom Wasser hervorgerufenen Auftriebskräfte. Die Form der verdrängten Flüssigkeitsmenge ist gleich der Form des eingetauchten Rumpfteils, woraus deshalb folgt, daß der Angriffspunkt des Auftriebs mit dem Schwerpunkt der verdrängten Flüssigkeitsmenge identisch ist.

**Hinweis auf das Gleichgewicht teilweise eingetauchter Körper.** Wir betrachten den zweiten, weiter oben veranschaulichten Fall, der die Untersuchung des Gleichgewichts und der dazugehörenden Stabilität der teilweise eingetauchten Körper betrifft. Prüfen wir den Schwimmkörper der Abb. *552a*. Der Punkt G ist der Schwerpunkt des Körpers; C ist der Angriffspunkt des Auftriebs, der geometrisch mit dem

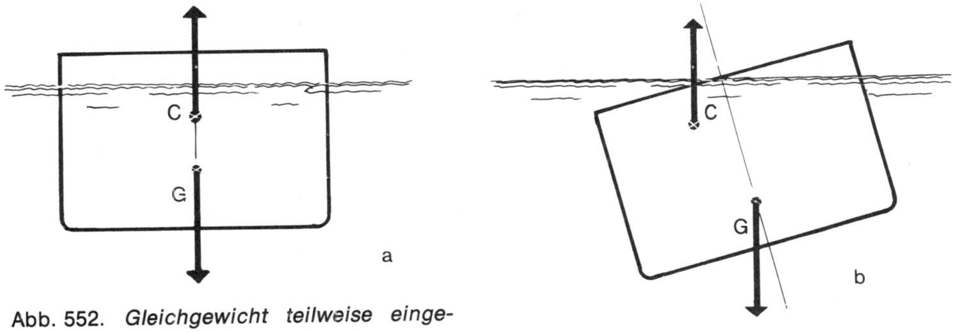


Abb. 552. *Gleichgewicht teilweise eingetauchter Körper*
a) *im Gleichgewicht befindlicher, teilweise eingetauchter Körper unter der Einwirkung von zwei Kräften: dem Gewicht und dem Auftrieb;* b) *teilweise eingetauchter, geneigter Körper mit dem Kräftepaar, das versucht, ihn aufzurichten*

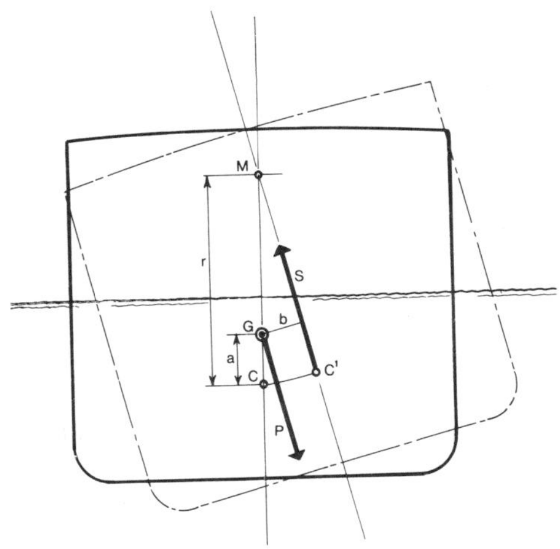


Abb. 553. *Gleichgewicht eines Schwimmkörpers und seine kennzeichnenden Punkte: G = Schwerpunkt des eingetauchten Körpers, C = Schwerpunkt der verdrängten Flüssigkeit, M = Metazentrum, r = Abstand des Metazentrums vom Schwerpunkt der verdrängten Flüssigkeit (metazentrischer Radius), a = Abstand des Schwerpunktes des eingetauchten Körpers vom Schwerpunkt der verdrängten Flüssigkeit, MG = metazentrische Höhe, p = Gewicht, S = Auftrieb, b = Hebelarm des aufrichtenden Momentes S x b*

Schwerpunkt der verdrängten Flüssigkeitsmenge zusammenfällt, die den Rauminhalt des eingetauchten Körperteils einnimmt. Die Erfahrung sagt uns, daß, wenn sich der Angriffspunkt des Auftriebs C über dem Schwerpunkt G befindet, das Gleichgewicht des Körpers stabil ist. Neigt man den Körper, so erzeugt man in der Tat ein Kräftepaar, das bestrebt ist, den Körper aufzurichten (Abb. *552b*).
Eine solche Bedingung ist ausreichend, aber nicht notwendig; denn ein Schwimmkörper kann auch im Gleichgewicht sein, wenn sich der Angriffspunkt des Auftriebs unterhalb des Schwerpunkts des Körpers befindet. Dieses wird dadurch hervorgerufen, daß, während der Schwerpunkt G ein fester Punkt des Körpers ist, die Lage des Angriffspunkts des Auftriebs von der Form des eingetauchten Teils abhängt.
Wir prüfen Abb. *553* und nehmen eine Neigung des Schwimmkörpers an. Der Punkt G bleibt unverändert, da das Gewicht des Schwimmkörpers unverändert bleibt, während sich der Punkt C nach C′ verschiebt, da sich die Form des eingetauchten Teils verändert hat, obwohl der Rauminhalt gleichbleibt. Die Bedingung dafür, daß sich der Schwimmkörper im Gleichgewicht befindet, ist, daß der Punkt M, der Angriffspunkt, in den man sich den Punkt C verschoben denkt, und der Schnittpunkt der Wirklinie des Auftriebs mit der durch den Schwerpunkt G laufenden Achse immer über dem Punkt G selbst sein muß. Der neue Punkt M heißt *Metazentrum.* Die Rümpfe, deren Angriffspunkt des Auftriebs C unter dem Schwerpunkt G und deren Metazentrum über dem Schwerpunkt G liegt, befinden sich ohne weiteres im Gleichgewicht. Der Abstand des Metazentrums vom Schwerpunkt des Schwimmkörpers heißt *metazentrische Höhe,* und man bezeichnet ihn mit MG, während der Abstand des Metazentrums vom Angriffspunkt des Auftriebs *metazentrischer Radius* und der Abstand b der Wirklinie des Auftriebs vom Körperschwerpunkt *Hebelarm des Auftriebs* heißt. Die beiden gleich großen, in den Punkten G und C′ angreifenden Kräfte, Auftrieb und Gewicht, bilden ein Kräftepaar $S \times b$, das man *aufrichtendes Moment* nennt.

**Stabilität der Rümpfe.** Die Stabilität eines Schiffsrumpfes oder eines Schiffsmodells ist dessen Eigenschaft, seine Gleichgewichtslage aufrechtzuerhalten. Mit anderen Worten: wenn das Modell durch eine äußere Einwirkung aus der Senkrechten verschoben wird, muß es beim Aufhören der Einwirkung von außen in die Anfangslage zurückkehren. Man kann die Stabilität in Quer- und in Längsrichtung betrachten. Die Längsstabilität kann jedoch vernachlässigt werden, da die Querstabilität wichtiger ist. Die Neigung, die ein Schiff oder ein Modell in der Querebene erfahren kann, heißt *Krängung,* und die Neigung, die es in der Längsebene erfahren kann, heißt *Trimm.* Man unterscheidet schließlich zwischen *statischer Stabilität* und *dynamischer Stabilität.* Als statische Stabilität betrachtet man die Bedingung, unter der sich das Modell im Gleichgewicht zwischen den Kräften des Eigengewichts und des statischen Auftriebs der Flüssigkeit befindet. Die dynamische Stabilität betrachtet man in bezug auf die Arbeit, welche die Kräfte verrichten, um bei verschiedenen Neigungswinkeln die Gleichgewichtslage herzustellen. Die Untersuchung der Stabilität erfolgt durch Drehen um 10° oder mehr als 10°. Im ersten Fall führt man die Untersuchung und die Rechnung nach dem sogenannten metazentrischen Verfahren durch, während man im zweiten Fall verschiedene Verfahren verwendet, nach denen man ein Diagramm erhalten kann, das *Stabilitätsdiagramm der Schiffsrümpfe* heißt. Bei den Modellen genügt das metazentrische Verfahren.
Die statische Stabilität hängt von der Höhe des Schwerpunkts und von der Form des Schiffsbodens ab. Die Form des Schiffsbodens beeinflußt die Stabilität durch die Breite, die Eintauchung und die Schwimmwasserfläche. Um eine gute Stabilität zu haben, muß man deshalb die Rümpfe mit einer großen Schwimmwasserfläche und daher einer ziemlichen Breite bauen. Dieses erreicht man durch sehr breite, flache Formen, durch welche die Schwimmwasserfläche beim Krängen vergrößert wird. In diesem Fall verfügt der Rumpf über Formstabilität. Die Anwendung dieser

Lösung zwingt dazu, andere, von bestimmten Rumpftypen geforderte Eigenschaften zu vernachlässigen. Zum Beispiel bringt eine größere Breite eine Verminderung der Geschwindigkeit. Man kann also auf die Höhe des Schwerpunkts des Schiffskörpers einwirken und den Angriffspunkt des Gewichtes senken, wenn man eine Erhöhung der Stabilität erhalten will. Wie wir gesehen haben, hängt der Schwerpunkt vom Gewicht des Rumpfes ab, und wenn sich jener unterhalb des Angriffspunkts des Auftriebs befindet, entspricht die Stabilitätsbedingung ohne weiteres dem stabilen Gleichgewicht. Bringt man folglich im Innern des Rumpfes, unten über dem Kiel, geeignete Gewichte (Ballast) an, so kann man, indem man ihn tiefer legt, den Angriffspunkt der Schwerkraft verändern und eine Verbesserung der Stabilität erzielen. Auf den Schiffen verwendet man Gußeisenblöcke, Zement, Wasserballast usw., während der Ballast bei Rümpfen mit kleineren Abmessungen sehr tief und im allgemeinen auf beweglichen oder festen Flächen angebracht wird. Aus dem oben Gesagten ergeben sich zwei Rumpftypen: der Rumpf, dessen Stabilität auf der Verwendung des Ballastes beruht *(Gewichtsstabilität),* und der Rumpf, dessen Stabilität auf seiner Breite beruht *(Formstabilität).*

## Schwimmfähigkeitsreserve

Sie ist ein weiterer wichtiger Faktor und hängt von der Höhe des Überwasserschiffes und von der Schwimmwasserfläche ab. Die Schwimmfähigkeitsreserve wird um so größer sein, je größer Freibord und Schwimmwasserfläche sind. Die breiten, flachen Rümpfe bieten allgemein eine größere Stabilitätsreserve. Nach den oben angestellten Betrachtungen ist es wichtig, daß der Rumpf vollkommen wasserdicht ist, um schädliches Eindringen von Wasser so weit wie möglich zu vermeiden und dadurch den Freibord nicht zu vermindern.

## Fahrtwiderstand

Ein Rumpf, der sich im Wasser bewegt, trifft auf einen gewissen Widerstand durch Wasser und Luft, die sich seiner Bewegung widersetzen.
Der Widerstand des Wassers ist die Summe verschiedener Teilwiderstände: des Reibungswiderstandes, des Formwiderstandes (Wellenwiderstand, Wirbelwiderstand) und des Luftwiderstandes.
Wenn man ein fahrendes Modell aufmerksam beobachtet, wird man sehen, daß sich ein Teil des Wassers wie das Modell bewegt. Jedes Modell wird auf seinem Weg von einer Wasserschicht begleitet, auch wenn der Schiffsboden glatt ist. Bei niedrigen Geschwindigkeiten ist die Strömung, die den Schiffsboden umgibt, geordnet *(laminare Strömung);* bei höheren Geschwindigkeiten wird die Strömung ungeordnet *(turbulente Strömung).*
Die Gesetze, die für den Reibungswiderstand gelten, sind von Froude aufgestellt worden. Er entdeckte, daß sich jener mit den Abmessungen des Schiffsbodens, mit dem Zustand der Oberfläche und mit dem Quadrat der Geschwindigkeit verändert. Daraus leitete man ab, daß ein langer Schiffsboden einen kleineren spezifischen Widerstand ermöglicht als ein kürzerer. Darüber hinaus war die Reibung an vollständig glatten und geschliffenen Oberflächen geringer. Natürlich verursacht das Modell bei zunehmender Geschwindigkeit außer der Vergrößerung der Reibung die Bildung von Wellen, die einen bemerkenswerten Energieverlust zur Folge haben. Oberhalb einer Geschwindigkeit von 5–6 km/h beginnt die Bildung der Wellen einen gewissen Einfluß auszuüben. Die Höhe der erzeugten Wellen hängt größtenteils von Rumpflänge und -breite ab. Ein kurzer Rumpf wird größere Wellenhöhen hervorrufen.

Die Wirbel entstehen durch die stärkere Strömung und den Unterdruck am Heck, und sie wachsen mit zunehmender Geschwindigkeit.
Nach dem oben Gesagten ist der Widerstand, auf den das Modell bei seiner Bewegung im Wasser trifft, proportional der Dichte des Mittels (Wasser), der ihm dargebotenen Oberfläche (Hauptspantquerschnitt), den Abmessungen und der Form des Rumpfes, dem Quadrat der Geschwindigkeit und der Art der benetzten Oberfläche. Ein Schiffsboden ist deshalb, vom Gesichtspunkt des Widerstandes aus gesehen, zweckmäßig, wenn er genügend lang und seine Breite im Verhältnis nicht zu groß ist. Außerdem sind eine gute Schlankheit des Bugs und des Hecks sowie auch weiche, fortlaufende Linien unentbehrlich, wenn man einen großen Teil der Bildung von Wellen und Wirbeln vermeiden will. Schließlich ist der Zustand der Oberfläche für die Reibungswirkung sehr wichtig; sie muß vollkommen glatt sein, wobei der Werkstoff keinen Einfluß hat.
Auch die Luft ruft am Rumpf und an den Ausrüstungen einen Widerstand gegenüber der Vorwärtsbewegung hervor, wenn auch in geringerem Maße. Deshalb zieht man zur Verringerung des Luftwiderstandes bei den Rümpfen mit Motor für Wettbewerbe geeignete stromlinienförmige Schiffsformen vor, während man bei Segelregattamodellen versucht, Masten mit ebenfalls stromlinienförmigem Querschnitt zu bauen und das stehende Gut so weit wie möglich zu vermindern.
Schließlich ist nicht zu vergessen, daß auch die Schiffsschrauben im Wasser Wirbelströmungen erzeugen, die die durch den Rumpf erzeugten Wirbelströme überlagern und einen größeren Widerstand verursachen, den man *Antriebswiderstand* nennt. Außerdem muß die Wirkungslinie der Antriebskraft mit der Rumpfachse zusammenfallen. Ist dieses nicht der Fall, würde sich das Modell im Wasser asymmetrisch zur Bewegungsrichtung vorwärtsbewegen, wodurch der oben beschriebene Widerstand vergrößert würde. Diese seitliche Bewegung heißt *Stromversetzung* oder *Abdrift,* und man prüft sie besonders bei Regattamodellen, wie wir sehen werden. Um diese Unbequemlichkeit leichter zu meistern, sind viele Rümpfe mit einer festen oder beweglichen *Abdriftfläche* versehen. Sie hat den Zweck, sich seitlichen Verschiebungen zu widersetzen und den Rumpf so weit wie möglich aufrecht zu halten.

## Schnelle Rümpfe

Ein Rumpf ist schnell, wenn seine Form dazu geeignet ist, in einer bestimmten Richtung vorwärtszukommen und dabei den Widerstand des Wassers unter Verwendung eines Mindestmaßes an Antriebskraft zu überwinden. Wir haben jedoch gesehen, daß die Rümpfe auf verschiedene Widerstände treffen, die, auch wenn sie mit besonderer Sorgfalt eingeplant und untersucht worden sind, ihre Geschwindigkeit begrenzen. Das Problem der Geschwindigkeit auf dem Wasser ist ein die Leidenschaften erregendes Problem. Die Wasserverdrängungsrümpfe, die über Gewichtsstabilität verfügen und sehr tief eintauchen, können keine allzu hohen Geschwindigkeiten erreichen. Um höhere Geschwindigkeiten zu erreichen, muß man deshalb leichte und widerstandsfähige Rümpfe mit besonderen Formen bauen, die in der Lage sind, sich aus dem Wasser herauszuheben, um den Fahrtwiderstand zu vermindern. Ein Modell wird um so schneller sein, je weiter es aus dem Wasser herausragen und sich von seiner Oberfläche lösen kann. Ein Modell dieser Art muß eine große Stabilität außerhalb des Wassers, *lebende Stabilität* genannt, besitzen. Ergebnisse dieser Art erhält man mit Rümpfen, die über große Formstabilität verfügen. Folglich ist es mit Modellen großer Formstabilität und großer lebender Stabilität möglich, sich von der klassischen Seefahrt auf dem Wasser freizumachen und zur *Gleit*schiffahrt zu gelangen.

Für ein Modell bedeutet *gleiten:* mit teilweise dynamischem Zustand fahren, ein kleineres Wasservolumen verdrängen, als seinem Gewicht entspricht. Darüber hinaus löst sich der Rumpf von dem Wellengebilde, das er erzeugt, wobei die Heckwelle weit zurückgelassen und versucht wird, die Bugwelle zu durchfurchen. Natürlich sind dynamische Kräfte erforderlich, den Rumpf vollständig vom Wasser abzuheben. Die Motorboote haben mit dem dynamischen Abheben durch Kufen bemerkenswerte Ergebnisse erreicht, während man bei Segelschiffsrümpfen mit *Katamaranen* und *Trimaranen* und *gleitenden* Jollen (Abb. *554a, b*) beachtliche Ergebnisse erzielte. Die Rümpfe mit festem Kiel und wenig Ballast können manchmal einen halbgleitenden Zustand einnehmen. Die gleitenden Segelschiffsrümpfe müssen Längslinien des Schiffsbodens mit kleinstmöglicher Wölbung haben. Es sind Untersuchungen und Bauten im Gange, die darauf hinzielen, die Segelschiffsrümpfe immer schneller zu machen. Einer dieser Pläne sieht den mit Kufen zum dynamischen Anheben ausgerüsteten Rumpf mit einem stromlinienförmigen Deckaufbau vor, um dem Wind weniger Widerstand zu bieten.

Diese kennzeichnende Form der Schiffahrt hat sich hauptsächlich bei den Motorbooten entwickelt, weil das grundsätzliche Vorrecht der Motorboote seit ihrem Erscheinen schon immer die Geschwindigkeit gewesen ist. Die ersten Rumpfquerschnitte entsprachen natürlich Verdrängungsbooten, oder sie waren einfach rund (Abb. *554c*). Später wurden die *durchfurchenden* Rümpfe mit einem am Bug sehr scharfen, V-förmigen Querschnitt eingeführt, um die Wellen besser schneiden zu können, der allmählich weniger spitz wurde, bis er am Heck einen sehr stumpfen Winkel erreichte. Diese Schiffsböden beginnen mit einer Winkelöffnung von etwa 20° und gehen auf 5° am Heck zurück (Abb. *554d*). Der gleitende Schiffsboden ist von diesem durchfurchenden abgeleitet worden. Der Querschnitt am Bug ist immer V-förmig, geht aber am Heck in ein fast flaches Profil über (Abb. *554e*). Zwei weitere Typen gleitender Schiffsböden sind: der *runde schwebende* Schiffsboden mit Kanten zwischen dem Boden und den abgerundeten Seitenflächen und der *eineckige* Schiffsboden, bei dem der V-förmige Querschnitt in der Mitte des Rumpfes aufhört. Die Katamarane haben sowohl als Segel- wie als Motorboote Rümpfe mit V-förmigem Querschnitt, der von den durchfurchenden Schiffsböden abgeleitet ist.

Für die schnellsten Motorboote sind weitere Bodenquerschnittsformen hergestellt worden, bei denen man den hydrodynamischen Widerstand aufs äußerste herabsetzte und die aerodynamische Tragfähigkeit vergrößerte. Diese Schiffsbodentypen sind: *mit Redan* oder *mit drei Punkten.* Der Redan ist nichts anderes als eine auf den Boden des Rumpfes gesetzte Querstufe (Abb. *554f*). Diese gestattet das Anheben des Rumpfes, indem sie ihn sich auf die Kante der Stufe stützen läßt. Der von amerikanischen Technikern erdachte Rumpf mit drei Punkten besteht aus zwei seitlich angebrachten großen Schuhen mit flachem Boden. Bei Geschwindigkeit ruht der Rumpf auf der Kante der beiden großen Schuhe und auf der eingetauchten Schiffsschraube, woher der Name „drei Punkte“ stammt. Die Luft, die zwischen den beiden großen Schuhen eingeführt wird, vergrößert die aerodynamische Tragfähigkeit. Die Dreipunktrümpfe werden bei reinen Geschwindigkeitsmodellen verwendet (Abb. *554g*).

Ein neuer Schiffsbodentyp ist der von dem Amerikaner Hunt erfundene, der *mit gleitender Wasserverdrängung* heißt, weil er die grundsätzlichen Eigenschaften der beiden Schiffsbodentypen vereint (Abb. *554h*). Der Hunt-Schiffsboden hat einen fast gleichbleibenden V-förmigen Querschnitt; auf der eingetauchten Oberfläche hat man Längsschwellen ausgehöhlt oder angebracht, die sich wie Kufen verhalten, die bestrebt sind, das Motorboot anzuheben und gleiten zu lassen. Indem man die Geschwindigkeit erhöht, vergrößert man die Anhebung des Motorbootes. Von den Katamaranen und den durchfurchenden Schiffsböden abstammend, nennt man den obigen Schiffsboden *mit Möwenflügeln.* Er ist ganz ausgesprochen V-förmig, wird

zum Heck hin aber flacher. Der Boden des Rumpfes bildet dort mit den Kanten und den Seitenflächen eine Form wie zwei Tunnel (Abb. *554i*).
Wir haben schon darauf hingewiesen, daß die drei Punkte für Rennmodelle verwendet werden; die gleitenden Rümpfe benutzt man bei ferngesteuerten Geschwindigkeitsmodellen, bei denen man besonders zufriedenstellende Ergebnisse erhalten will. Bei den Segelschiffsrümpfen hat man versucht, halbgleitende Schiffsböden einzuführen, indem man Schiffsböden mit Formen kleinstmöglicher Wölbung baute.
Die durchfurchenden Schiffsböden werden am meisten bei ferngesteuerten Geschicklichkeitsmodellen verwendet, obwohl man auch dort gleitende Schiffsböden benutzt.

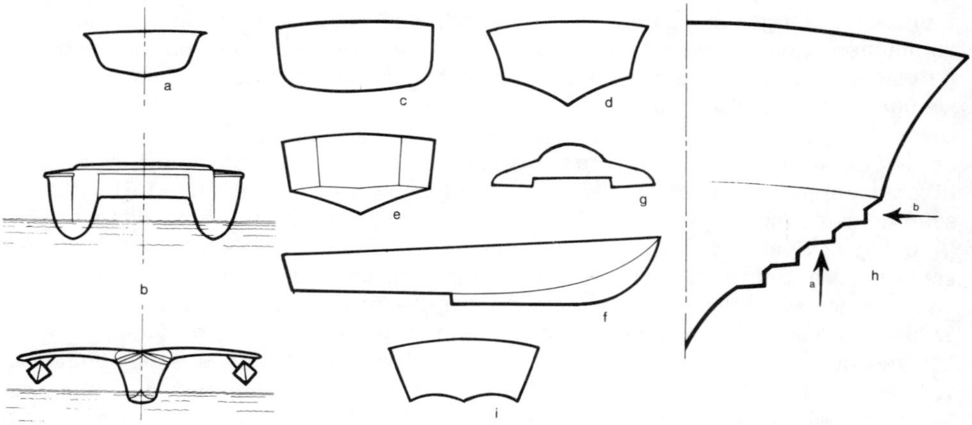


Abb. 554. *Hauptspantquerschnitte von Rümpfen hoher Geschwindigkeit für Segel- und Motorboote*
a) *Querschnitt eines leichten Rumpfes für Segel- und Ruderboote;* b) *Katamaran- und Trimaranquerschnitt;* c) *Hauptspantquerschnitt für Verdrängungsmotorboote;* d) *„durchgekielter" Querschnitt;* e) *gleitender Schiffsboden für Motorboote;* f) *Redan-Schiffsboden;* g) *Dreipunktschiffsboden;* h) *Profil eines Hunt-Schiffsbodens (der Pfeil* a *stellt die Haltekraft dar, die auf der waagerechten Seite der kleinen Stufen wirkt; der Pfeil* b *ist die seitliche Kraft, die auf der senkrechten Seite der kleinen Stufen wirkt und den Widerstand und den seitlichen Halt bei Wendungen gibt);* i) *Möwenflügelschiffsboden*

## Manövrierfähigkeit

Die Manövrierfähigkeit besteht darin, ein Modell auf einer begrenzten Wasserfläche unter einem kleinstmöglichen Winkel mit Hilfe der Rudereinrichtung und bei gleichzeitiger Aufrechterhaltung einer guten Stabilität sehr schnell wenden zu lassen.
Das Steuerorgan ist bekanntlich das Ruder. Die Fläche des Ruders ist unter einem bestimmten Anströmwinkel der Wirkung der Flüssigkeitsströmung ausgesetzt; ihre resultierende Kraft wird im Druckmittelpunkt angelegt. Im allgemeinen fällt der Druckmittelpunkt nicht mit dem Mittelpunkt der Ruderfläche zusammen, sondern er verschiebt sich mit der Veränderung des *Ruderlagewinkels.* Die auf das Ruder wirkende hydrodynamische Kraft bestimmt ein Kräftepaar, welches das Modell sich drehen und es die Steuerlastigkeit um eine Querachse und um eine Längsachse *(Krängung)* wechseln läßt. Die Form und die Größe des Ruders hängen von vielen Faktoren ab, zu denen die Geschwindigkeit, das zwischen den Ruderflächen und der Lateralplanfläche bestehende Verhältnis, die Lage in bezug auf den Hauptspantquerschnitt und der Ruderwinkel gehören.

Je größer die Geschwindigkeit des Modells ist, um so größer ist die Wirkung des Ruders bei gleicher Oberfläche. Das zwischen der Ruderoberfläche und der Lateralplanfläche bestehende Verhältnis beruht auf Erfahrungswerten. Im allgemeinen bebeträgt die Fläche des Ruders (bei Segelmodellen) 1/30 bis 1/60, bei Modellen mit Motor aber 1/60 bis 1/80 der Lateralplanfläche. Die höheren Werte gehören zu den langsameren Schiffen.
Die Lage des Ruders in bezug auf den Hauptspantquerschnitt bestimmt die Manövrierfähigkeit eines Rumpfes. Vergrößert man den Abstand vom Hauptspantquerschnitt, wird der Hebelarm der wirkenden Kraft größer. Mit anderen Worten wird ein Ruder mit großer Fläche in der Nähe des Hauptspantquerschnitts die gleiche Wirkung haben wie ein Ruder mit kleinerer Fläche, das sich aber näher am Heck befindet. Man nimmt schließlich an, daß die größtmögliche Wirksamkeit des Ruders zwischen 30° und 35° liegt, während sie darüber kleiner wird. Wenn die Rümpfe einen großen Tiefgang haben, hat das Ruder eine schmale und lange Form, während das Ruder bei Rümpfen mit geringem Tiefgang eine in die Breite gehende Fläche haben und kürzer sein wird.

## KAPITEL XVII Antrieb der Modelle

Der Antrieb der Fahrmodelle kann durch Segel oder mechanisch erfolgen. Das Hauptantriebsorgan der Modelle mit Segeln bilden die Segel, während es bei den Modellen mit mechanischem Antrieb der Motor ist, der die Antriebsorgane (Räder oder Schrauben) in Tätigkeit setzt. Zu jeder Antriebsart gehört eine bestimmte Vorbereitung und eine besondere Technik, die der Modellbauer mit der Erfahrung verfeinert; diese Erfahrung ist bei den Wettbewerbsmodellen ausschlaggebend, wenn man immer bessere Ergebnisse erreichen will.

## Antrieb mit Segeln

Wie man schon gesehen hat, ist das Segel nach dem Riemen das älteste Antriebsmittel der Schiffe. Von einer primitiven Segelschiffahrt kam man im Verlauf der Jahrhunderte zu einer immer fortgeschritteneren Seefahrt, die danach strebt, „am Wind See zu gewinnen", das heißt mit anderen Worten gegen den Wind zu segeln. Tatsächlich rückten die Schiffe schon früh von der Fahrt mit Rückenwind ab, aber erst in den ersten Jahren des 19. Jahrhunderts war es möglich, eine wirksame Fahrt am Wind durchzuführen. Dieses führte zur allmählichen Anwendung der Schratsegel, die für die Fahrt am Wind geeigneter waren, während das Rahsegel außer wenigen Ausnahmen nunmehr außer Gebrauch gekommen ist. Überlebt hat nur die Vergnügungs- und die Regattasegelschiffahrt, die gegen die Mitte des vorigen Jahrhunderts aufgekommen ist und in wenigen Jahren zunehmendes Interesse bei den Segelsportbegeisterten erregte. Sowohl bei den Jachten wie bei den Schiffsmodellen benutzt man Marconi- oder Gaffelsegel wegen der einfachen Handhabung und wegen der Wirksamkeit bei der Fahrt auf allen Kursen.

**Wirkung des Windes auf die Segel.** Die modernen Segel haben die Besonderheit, daß sie hoch an den Wind gestellt werden können, wobei sie auch bei sehr spitzen Windwinkeln noch Vortrieb erwirken. Wenn ein Modell am Wind segelt, wirkt das Segel wie ein Stromlinienprofil und liefert mit seiner Form Vortrieb, während das Segel vor dem Wind wie ein Widerstandskörper und nicht wie ein Stromlinienprofil wirkt. Alle Untersuchungen und Ergebnisse der Aerodynamik sind bei dem Schnitt der modernen Segel berücksichtigt worden.
Tatsächlich ist es so, daß das Segel einer Flugzeugtragfläche ähnelt, und folglich können die für die Flugzeuge gewonnenen Ergebnisse zur Untersuchung der Segelform verwendet werden. Ohne in die Theorie und Berechnung einzudringen, geben wir hier im folgenden einige qualitative Ergebnisse an, die das Verhalten der Fahrmodelle mit Segeln verständlich machen.

Wenn ein Segel vom Wind erfaßt wird, ruft es die Ablenkung der Luftmasse hervor, wobei auf der gesamten Segelfläche eine Schar von Kraftvektoren unterschiedlicher Stärke erzeugt wird (Abb. *555*). Diese Vektoren kann man in einem resultierenden Vektor zusammenfassen, der seinerseits in zwei Vektorkomponenten zerlegt werden kann: eine von ihnen ist der *Widerstand* und die andere, parallel zur Fahrtrichtung, ist der *Vortrieb*. Der Vortrieb ist die Nutzkraft, während der Widerstand die Kraft ist, die negativ einwirkt. Aus der vektoriellen Zusammensetzung können wir daher die Kräfte ableiten, die auf das Segel wirken und die seine Fahrt kennzeichnen: die Vortriebskraft, die in der Fortbewegungsrichtung ausgeübt wird, und die seitliche Kraft, die die Krängung und die Abdrift bestimmt (Abb. *556*). Hieraus ersieht man, daß die Stärke des Vortriebs kleiner als die seitliche Kraft ist; jedoch erzeugt die Vortriebskraft die Bewegung voraus, und die zweite Kraft erzeugt eine kleine Abdrift. Die Bewegung des Modells ist folglich die Summe von zwei Bewegungen: einer Bewegung in Längsrichtung und einer Bewegung in Querrichtung. Die tatsächliche Route wird mit der Längsachse des Modells einen *Abdriftwinkel* bilden.

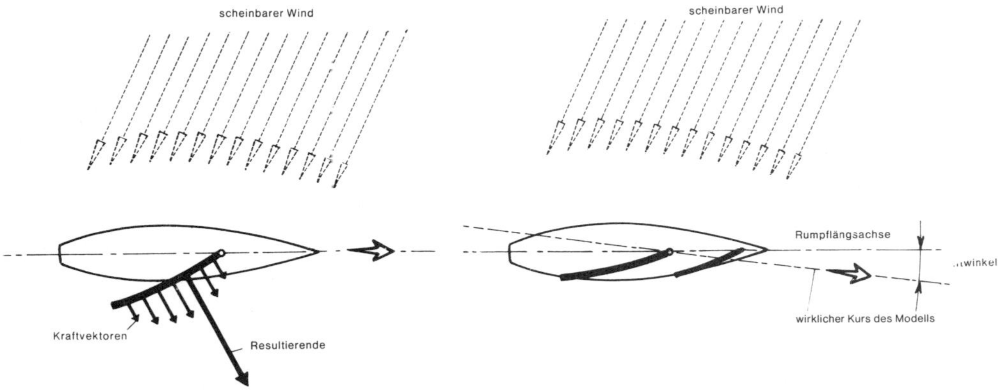


Abb. 555. *Wirkung des Windes auf die Segel Kraftvektoren und Resultierende*

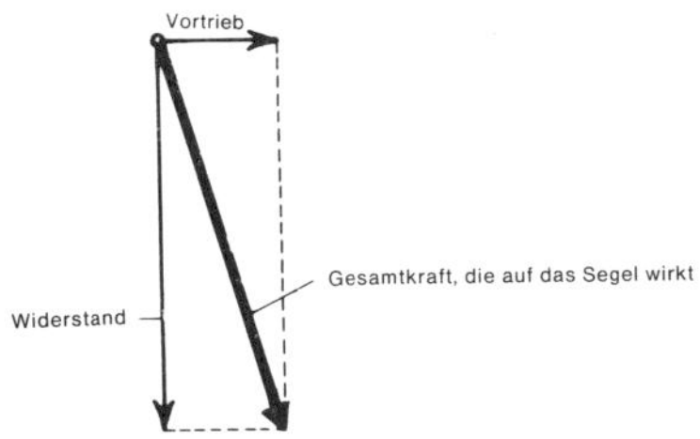


Abb. 556. *Vektorielle Zusammensetzung der Kräfte, die auf das Segel wirken*

Aus der Aerodynamik weiß man, daß bei einer vom Wind erfaßten Oberfläche die dem Wind abgekehrte Seite einen Unterdruck aufweist, während die dem Wind zugekehrte Seite einem Druck ausgesetzt ist. Dabei nennen wir die dem Wind zugekehrte Seite des Segels oder des Modells, auf die der Wind zuerst trifft, die *Luvseite* und die entgegengesetzte Seite die *Leeseite*. Aus dem Verlauf der Drücke und folglich aus ihrer Stärke sieht man, daß der Vortrieb von den Unterdrücken auf der Rückseite, die dem Wind abgekehrt ist, und nicht von den Drücken auf der dem Wind zugekehrten Seite abhängt. Deshalb wird das Segel mit kleinen dem Wind ausgesetzten Winkeln mehr angesaugt als fortgetrieben. Da sich die größten Werte des Unterdrucks im vorderen Teil befinden, kann der Mittelpunkt der Vortriebskraft, die Resultierende der auf das Segel wirkenden Kräfte, niemals mit dem geometrischen Mittelpunkt des Profils identisch sein. Der Angriffspunkt der Vortriebskraft bei einem

Winkel von 15° zwischen dem Segel und der Windrichtung befindet sich bei etwa 1/3 des Segels von vorn. Wenn der Wind senkrecht auf das Segel trifft, greift die Resultierende im *Schwerpunkt* oder im *geometrischen Mittelpunkt* an
Das Segel hat keine Dicke; deshalb hat man aus den in bezug auf das Verhalten flacher und gewölbter Scheiben durchgeführten Versuchen die folgenden Ergebnisse abgeleitet:
Vor allem hat sich herausgestellt, daß die stark gewölbten Scheiben einen Vortriebskoeffizienten haben, der mehr als doppelt so hoch wie der der flachen Scheiben ist. Die Segel mit großer Wölbung haben als widerstehender Körper den größtmöglichen Wirkungsgrad, während sich diejenigen mit kleiner Wölbung als Stromlinienprofil nützlicher erweisen. Wenn die Höhe doppelt so groß wie die Breite ist, erhöht sich der Vortrieb beträchtlich, und zwar bei jeder Verlängerung. Um einen stärkeren Vortrieb beim Segeln am Wind zu erhalten, muß deshalb ein wirksames Segel maximal fünfmal so hoch wie breit sein (Abb. *557a*). Vor dem Wind ist die Höhe gleichgültig, weil sich das Segel wie eine widerstehende Oberfläche und nicht wie ein Flügelprofil verhält.
Die Wölbung des Segels ist sehr wichtig, weil sie die Aufgabe hat, den Wind so abzulenken, daß man einen maximalen Vortrieb und einen minimalen Widerstand erhält. Die Wölbung muß eine sanfte Ablenkung des Windes auf der ganzen Breite hervorrufen. Gewiß ist es nicht möglich, vom Segel auf der ganzen Höhe eine gleichbleibende Wölbung zu erhalten. Die ideale Wölbung findet man in etwa 1/3 der Höhe des Segels, wobei man die Segel im unteren Teil mit einer deutlichen Wölbung fertigt, während das obere Ende flacher wird und in der Nähe des *Flaggenknopfes* ohne Wölbung endet. Um die Form des Segelprofils zu verbessern, wird die *Hinterkante* mit Latten versehen. Die ideale Wölbung muß etwa 1/10 der Sehnenlänge jedes Querschnitts betragen (Abb. *557b*).
Aus dem oben Gesagten können wir zusammenfassend entnehmen, daß ein Segel eine geeignet gewölbte Oberfläche haben und mehr hoch als breit sein muß. Die Vortriebskraft schwankt je nach der Segelwölbung und der Segelstellung, während sie ihr Maximum bei einer bestimmten Wölbung und Stellung der Segel erreicht. Außerdem scheint es klar, daß beim Segeln am Wind nur ein kleiner Teil der Kraft des Windes in Vortriebskraft verwandelt wird.

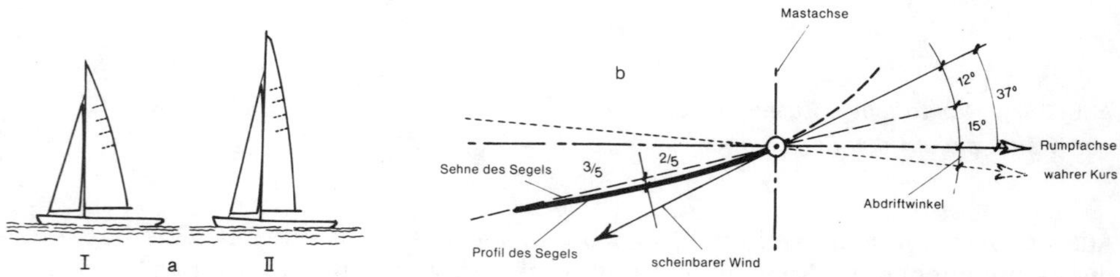


Abb. 557. a) *Segelpläne für Modelle: I. Segel für raume und starke Winde, II. typisches Segel für Fahrt am Wind, Verhältnis 1 zu 5*
b) *ideale Wölbung eines Segels bei Fahrt am Wind*

**Wahrer und scheinbarer Wind.** Der Wind, der auf das Segel des Modells ebenso wie übrigens auf die Segel der richtigen Jachten wirkt, ist nicht der *wahre Wind,* sondern der *scheinbare Wind.* Der Wind trifft in der Tat die Segelfläche des Modells,

das sich in Bewegung befindet. Die Richtung und die Stärke des Windes, der auf das Modell wirkt, sind folglich die Vektorsumme des wahren Windes, der auf das Modell wirkt, und des Fahrtwindes, der von der Geschwindigkeit des Modells abhängt. Die auf den Mast eines in Bewegung befindlichen Schiffes gesetzte Flagge gibt nicht die wahre Windrichtung an, sondern die Richtung des scheinbaren Windes. Je nach dem Winkel zwischen der wahren Windrichtung und dem Kurs des Modells erhält man verschiedene Geschwindigkeiten des scheinbaren Windes. Auf Abb. *558* sieht man, wie beim Segeln am Wind der scheinbare Wind eine größere Geschwindigkeit als der wahre Wind hat, aber unter einem kleineren Winkel als der wahre Wind auf das Segel trifft. Dieses wirkt sich nachteilig auf den Wirkungsgrad des Windes aus, weil es kleinere Winkel des wahren Windes abgrenzt, das heißt darauf beschränkt, so hoch wie möglich am Wind zu segeln. Bei *Querfahrt* bildet der scheinbare Wind einen stumpferen Winkel; er weicht stärker vom wahren Wind ab und hat deshalb eine positive Wirkung, weil er das Segel unter einem Winkel mit größerem Wirkungsgrad trifft und somit den Vortrieb erhöht.
Bei Fahrt vor dem Wind fällt der scheinbare Wind mit dem wahren Wind zusammen. Die Stärke des wahren Windes ist größer als die des scheinbaren Windes, da dieser der Unterschied zwischen der Windgeschwindigkeit und der Modellgeschwindigkeit ist.

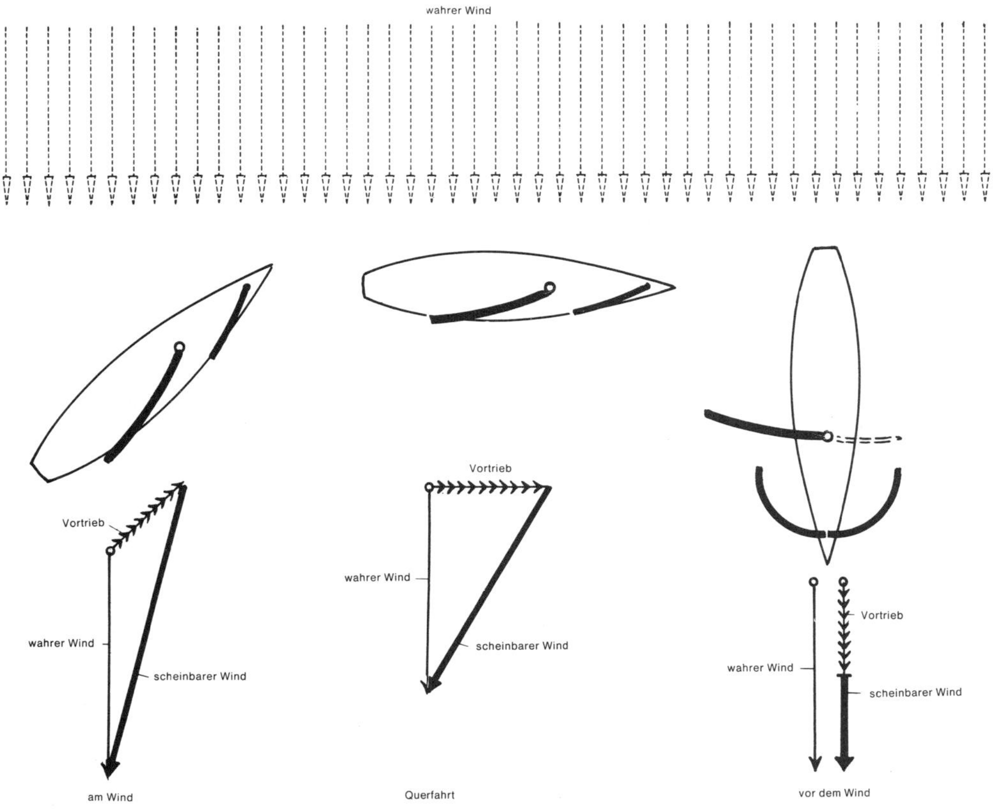


Abb. 558. *Wahrer Wind und scheinbarer Wind*

**Segelschwerpunkt.** Wenn ein Schiff mit mehreren Segeln versehen ist, dann ist die Kraft, die den Nutzeffekt hervorruft, die Resultierende aller Kräfte, die auf jedes Segel wirken. Ihr Angriffspunkt heißt *Segelschwerpunkt.*
Die Regattamodelle sind zum Beispiel mit zwei Segeln, dem Vor- und dem Großsegel, ausgerüstet. Das Großsegel hat ebenso wie das Vorsegel seinen Schwerpunkt. Auf jeden Segelschwerpunkt wirken die Resultierenden der einwirkenden Kräfte. Die Resultierende dieser beiden Resultierenden befindet sich auf der Geraden, die beide Schwerpunkte verbindet und aerodynamische *Druckschwerpunktsgerade* heißt (Abb. *559a*).

**Wirkung der Segel auf das Modell.** Wir prüfen nun, wie sich das Modell unter der Einwirkung der durch den Wind erzeugten Kräfte verhält, die auf die Segel wirken. Wir haben gesehen, daß bei der Fahrt am Wind nur ein kleiner Teil der Windkraft in Vortriebskraft verwandelt wird und daß der andere Teil so wirkt, daß Abdrift und Krängung verursacht werden. Der Widerstand des Modells unter der Einwirkung dieser beiden Kräfte greift im *Lateralschwerpunkt* an. Der Lateralschwerpunkt ist leicht zum Bug hin verschoben (Abb. *559b*). Der Segelschwerpunkt und der Lateralschwerpunkt fallen oft nicht auf dieselbe senkrechte Achse und befinden sich daher nicht auf derselben Querebene, weshalb die Windkraft eine weitere Wirkung hervorruft, und zwar ein Kräftepaar, das bestrebt ist, eine Drehbewegung um eine senkrechte Achse hervorzurufen. Zusammengefaßt werden wir bei der Fahrt am Wind drei Wirkungen haben: *Abdrift, Krängung* und *Drehung.*

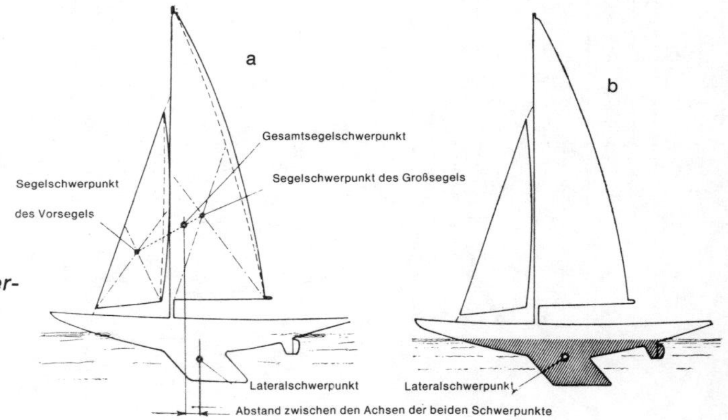


Abb. 559. a) *Segelschwerpunkt eines Regattamodells;* b) *Lateralschwerpunkt eines Regattamodells*

Auf die Abdrift reagiert eine Kraft, die der Abdrift entgegengesetzt gerichtet ist und im Abdriftzentrum angreift. Es ist klar, daß, wenn man die Lateralplanfläche vergrößert, man die Fahrtgeschwindigkeit vermindert, indem man den Abdriftwinkel verkleinert. Das gestattet dem Schiffsrumpf, einen Kurs zu fahren, der seiner Längsachse näher liegt, wodurch die Geschwindigkeit des Modells in Fahrtrichtung vergrößert wird, indem die Asymmetrie kleiner wird (Abb. *560a*).
Gegenüber der Krängung reagiert das Modell mit einer entgegengesetzt gerichteten Kraft, die immer im Lateralschwerpunkt angreift. Die Krängung kann vermindert werden, indem man den Segelschwerpunkt tiefer legt; wenn das aber innerhalb bestimmter Grenzen nicht möglich ist, da man die Segel wegen ihres Wirkungsgrades verhältnismäßig hoch halten muß, zieht man es vor, das Ballastgewicht zweckmäßig zu erhöhen. Natürlich führt dieses zum Bau sehr leichter Rümpfe (Abb. *560b*).

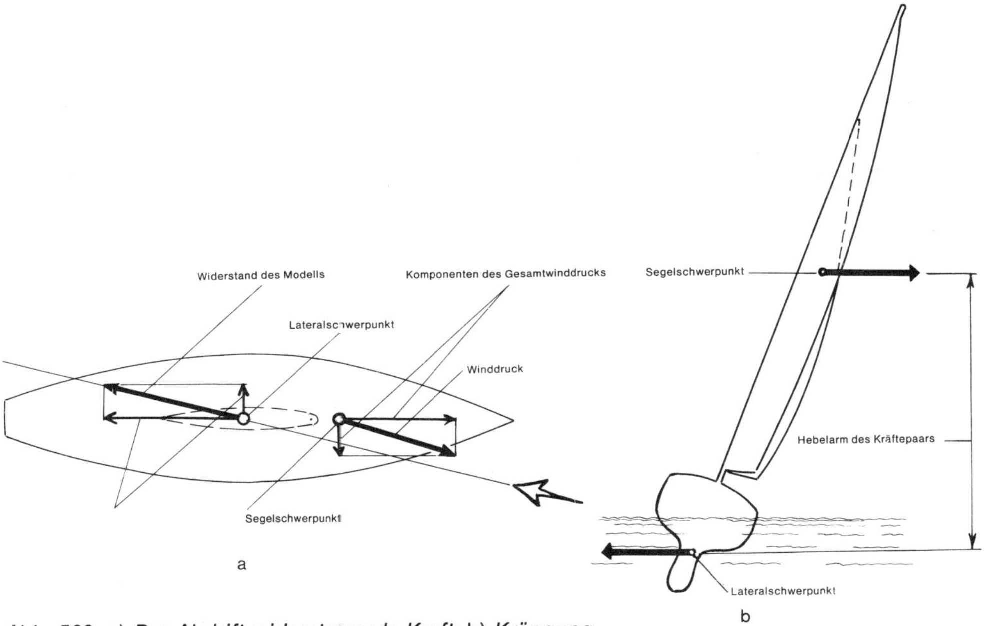


Abb. 560. a) *Der Abdrift widerstehende Kraft;* b) *Krängung*

Das Kräftepaar, das die Drehbewegung hervorruft, wird von der Ruderwirkung kompensiert. Um das Modell auf dem Kurs zu halten, wird es daher notwendig sein, dem Ruder einen Winkel zu geben, der sich nach dem Abstand zwischen dem Segelschwerpunkt und dem Lateralschwerpunkt richtet. Wenn sich der Segelschwerpunkt vor dem Lateralschwerpunkt befindet, ist das Modell bestrebt, den Bug vom Wind zu entfernen, es ist dann *leegierig* (Abb. *561a*). Man muß daher das Ruder auf die dem Wind zugekehrte Seite legen (Abb. *561b*). Wenn sich der Segelschwerpunkt hinter dem Lateralschwerpunkt befindet, ist das Modell bestrebt, den Bug dem Wind zuzukehren, es ist dann *luvgierig* (Abb. *562a*). Man muß dann das Ruder auf die dem Wind abgekehrte Seite legen (Abb. *562b*).

Um dieser nicht gleichgültigen Unbequemlichkeit zu entgehen, muß man so verfahren, daß der Segelschwerpunkt so nahe wie möglich an der senkrechten Achse des Windangriffsschwerpunkts liegt. Die ideale Bedingung ist natürlich, daß sich die beiden Schwerpunkte auf derselben Achse befinden. In diesem Fall sagt man, daß das Modell *zentriert* ist (Abb. *563*). Wenn dieses nicht der Fall ist, muß das Segelsystem zum Bug oder zum Heck verschoben werden, bis man die gewünschte Zentrierung erhält.

Im großen und ganzen ist es aber günstiger, ein luvgieriges Modell zu benutzen, das heißt, den Segelschwerpunkt etwas zum Heck zu verschieben.

Bei den großen Booten wird die Kompensation der Drehung mit Hilfe des Steuermanns ausgeführt, während man bei den Modellen automatische Steuereinrichtungen untersucht und verwirklicht hat, die wir in dem den Segelregattamodellen gewidmeten Kapitel beschreiben werden.

Bei der Fahrt vor dem Wind ruft die Windkraft außer der Antriebskraft ein Kräftepaar hervor, das bestrebt ist, das Modell am Bug oder am Heck anzuheben. Dieses Kräftepaar verursacht eine Vertrimmung, die durch Längsstabilität genügend ausgeglichen wird (Abb. *564*).

**Kurse.** *Kurs* nennt man die Richtung, in welcher das Modell in bezug auf die Windrichtung fährt (Abb. *565*). Natürlich müssen die Segel bei den verschiedenen Kursen so gerichtet werden, daß man die größtmögliche Vortriebswirkung erhält. Theore-

tisch ist das der Fall, wenn der Winkel des Kiels am Bug gleich der Hälfte des durch die wahre Windrichtung und den Kiel selbst gebildeten Winkels ist.
Unter *Steuerbordbug* und *Backbordbug* versteht man die Fahrarten des Modells, bei denen es den Wind von der linken beziehungsweise rechten Seite bekommt.
Den Bug wechseln bedeutet, die Fahrtrichtung und die Richtung der Segel ändern, um den Wind von der entgegengesetzten Seite aufzunehmen. Es ist das Manöver, das man *Wenden* oder *über Stag gehen* nennt.

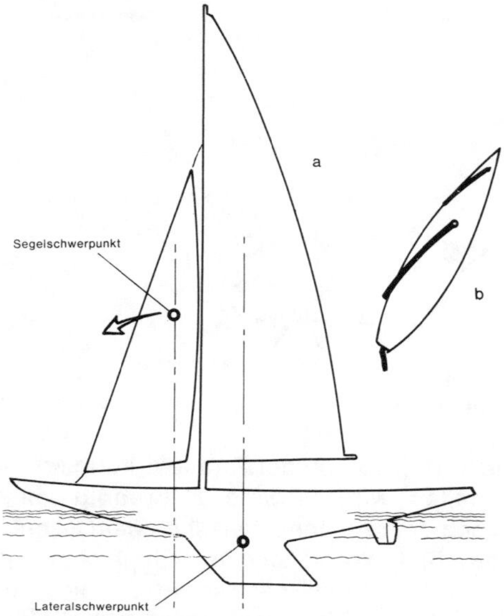


Abb. 562. a) *Luvgieriges Modell;* b) *Stellung des losen Ruders bei einem luvgierigen Modell*

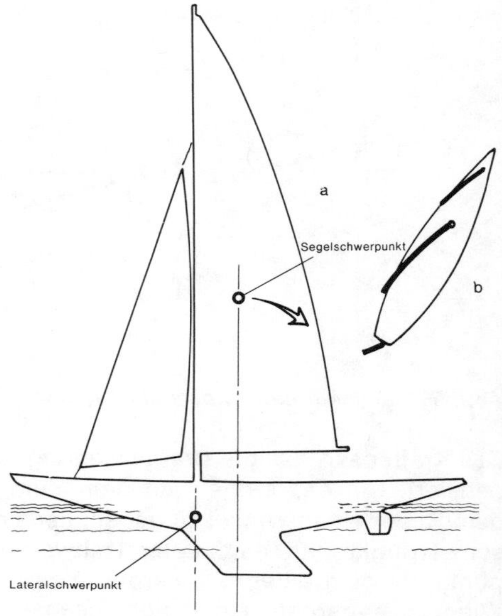


Abb. 561. a) *Leegieriges Modell;* b) *Stellung des losen Ruders bei einem leegierigen Modell*

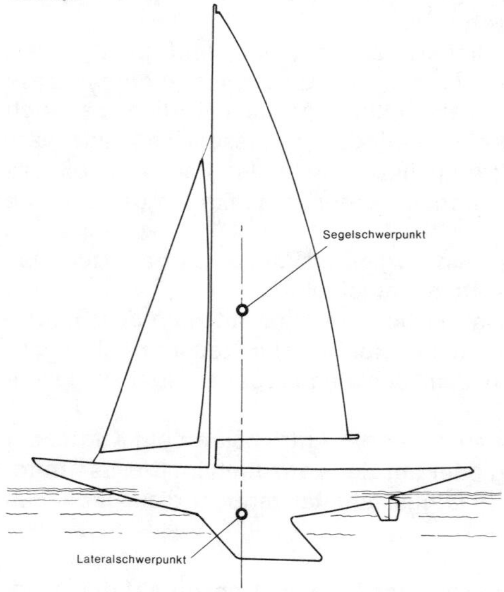


Abb. 563. *Theoretische Zentrierung eines Modells*

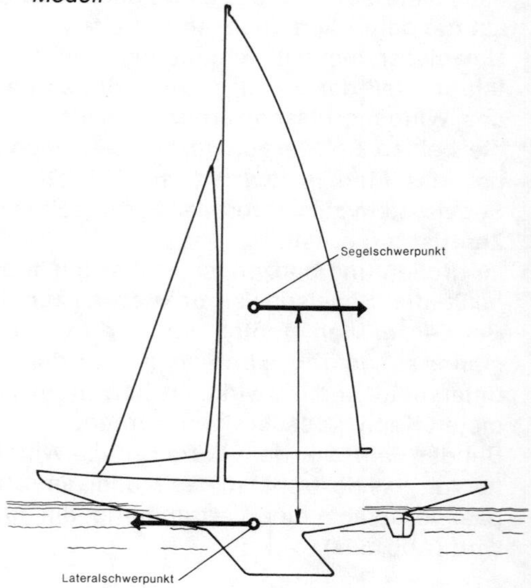


Abb. 564. *Kräftepaar bei der Vertrimmung*

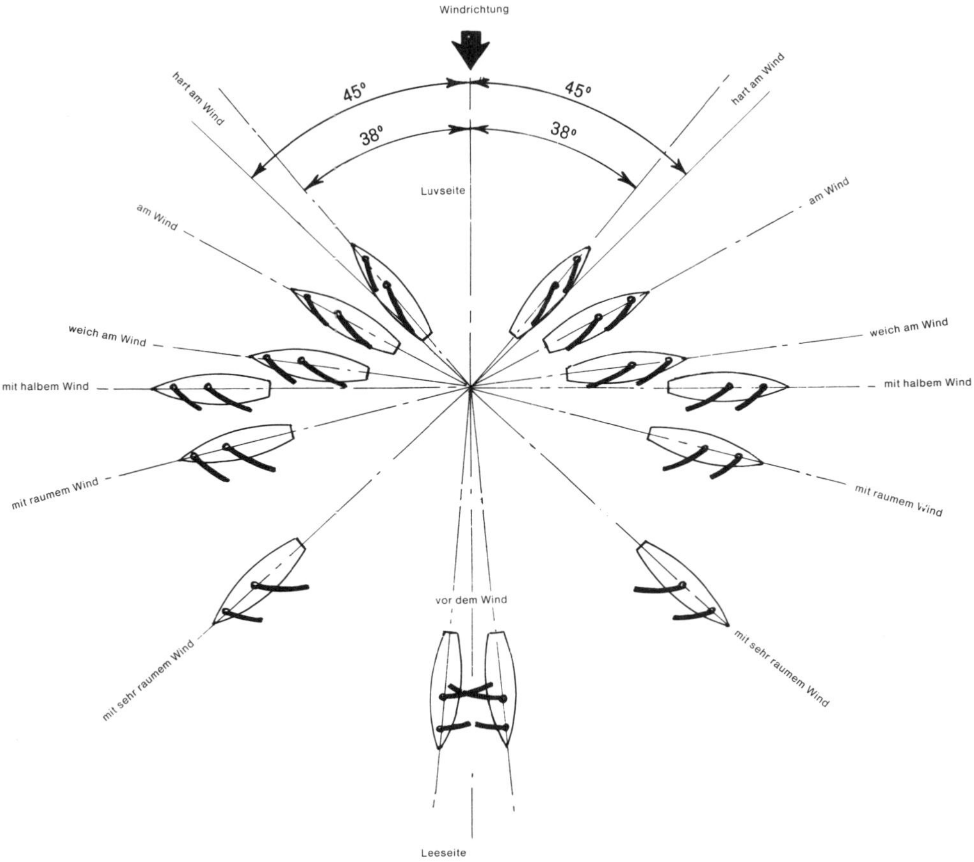


Abb. 565. *Kurse*

**Bestimmung der Segelfläche.** Die Bestimmung der Segelfläche, die ein Modell tragen kann, hängt von verschiedenen Elementen ab. Auf sie wirken die verschiedensten Windkräfte von Windstille bis Sturm und die Fahrart. Vorausgesetzt, daß die Modelle nur bei mäßigen Windstärken fahren, ist es klar, daß ein für die Fahrt am Wind untersuchtes und gebautes Segel vor dem Wind einen geringeren Wirkungsgrad hat und umgekehrt. Die beiden Grundfahrten in Verbindung mit der Windstärke schließen die Möglichkeit ein, die Segelfläche zu vergrößern oder zu verkleinern, was bei richtigen Schiffen auch möglich ist. Bei den Regattamodellen ist zur Fahrt vor dem Wind die Verwendung des Spinnakersegels erlaubt, während es zur Fahrt am Wind möglich ist, die Segelführung je nach der Windstärke zu ändern. Zur Berechnung der Segelfläche weisen wir darauf hin, daß dieselbe zum Teil auf die Wasserverdrängung bezogen wird, während sie bei anderen Modellen auf deren Stabilität bezogen werden muß. Diese zweite Lösung, die als die genauere erscheinen dürfte, führt zum Berechnen verschiedener Werte für jeden Krängungswinkel.

# Mechanischer Antrieb

Es gibt drei Arten von Antriebsaggregaten für Modelle: *Dampfmaschinen, Verbrennungsmotoren, Elektromotoren.* Ihre Wahl bleibt überwiegend der Erfahrung des Modellbauers überlassen und hängt außerdem natürlich von der Art des nachgebauten Modells ab.
Im großen und ganzen werden Dampfmaschinen auf den Modellen von Dampfern, Schleppern, Fischereifahrzeugen und auf Raddampfern eingebaut. Die Verbrennungsmotoren baut man bei Modellen von Motorbooten und bei Wettbewerbsmodellen ein, während Elektromotoren bei allen Arten von Modellen verwendet werden. Die Elektromotoren finden wegen der leichten Einbaumöglichkeit und der Möglichkeit, die Drehrichtung umzukehren, wegen der Geräuschlosigkeit und wegen der weitgehenden Leistungsabstufung die verbreitetste Anwendung. In der heutigen Zeit gibt es im Handel eine große Vielfalt von Motorarten, die für die verschiedenen Anwendungszwecke bestens geeignet sind und die alle Anforderungen der Modellbauer zufriedenstellen können.

## Dampfmaschine

Die Dampfmaschine hat noch viele leidenschaftliche Anhänger, und wenn es auch nicht schwer sein dürfte, im Handel gute Ausführungsarten zu finden, gibt es doch Modellbauer mit besonderen Mechanikerfähigkeiten, die sich an ihre Herstellung wagen und auch alte Exemplare nachbauen. Die Dampfmaschine verwandelt die thermische und die Druckenergie des Dampfs in mechanische Energie. Der Dampf wird in Kesseln erzeugt, diesen entnommen und der Maschine zugeleitet. Die Dampfmaschine hat die besondere Eigenschaft, bei jeder beliebigen Drehzahl das größtmögliche Antriebsmoment zu entwickeln, und es besteht die Möglichkeit, die Drehrichtung umzukehren. Die Dampfmaschine besteht schematisch aus einem Zylinder, in welchem der Kolben gleitet, auf dessen Stirnflächen abwechselnd die Antriebskraft des Dampfs einwirkt *(Doppelwirkung);* dieser kann jedoch auch auf nur einer Seite einwirken *(Einfachwirkung).* Die Bewegung des Kolbens wird mittels einer Welle, einer Pleuelstange und einer Kurbel, die die hin und her gehende Bewegung in eine Drehbewegung verwandeln, auf die Antriebswelle übertragen. Der Dampfeintritt in den Zylinder wird mit Hilfe von Ventilen gesteuert, die von einer Kurbelwelle oder von einer Exzenterscheibe bewegt werden, die die Hauptwelle betätigt. Die ersten für den Schiffsantrieb verwendeten Dampfmaschinen waren von den an Land benutzten abgeleitet, und erst um die Mitte des 19. Jahrhunderts führte man Dampfmaschinen mit ausschließlich für Schiffe vorgesehenen Konstruktionsmerkmalen ein (Abb. *566*). Die Kolbenbewegung wurde bei solchen Maschinen mit Hilfe von Schwinghebeln übertragen, die später (wegen des Platzbedarfs und der beachtlichen Unvollkommenheiten) mit der Einführung des Verfahrens mit Pleuelstange und Kurbel abgeschafft wurden (Abb. *567*). Es entstanden verschiedene Arten von Dampfmaschinen, je nach der Zylinderanordnung: *waagerechte, senkrechte, geneigte* Maschinen und solche mit *Schwingzylindern.* Abb. *568* zeigt die häufigsten Anordnungsarten. Die Dampfmaschine mit Schwingzylindern wurde besonders auf Raddampfern angewendet und hatte wegen der Einfachheit der Kraftübertragung bemerkenswerten Erfolg (Abb. *569*). Der Betrieb der Maschinen wird von der Kommandobrücke aus mit Maschinentelegraf gesteuert (Abb. *570*).
Im Schiffsmodellbau ist die Dampfmaschine vor dem Aufkommen der Verbrennungsmotoren oft benutzt worden, und sie wurde zuerst in die Modelle eingebaut. Natürlich untersuchte und baute man Maschinen mit einer bestimmten konstruktiven

und betriebstechnischen Einfachheit, weil es für die meisten sehr schwierig ist, die richtigen Maschinen in allen Einzelheiten nachzubauen. Es ist jedoch nichts verboten, was ein guter Schiffsmodellbauer und ausgezeichneter Mechaniker auf diesem Gebiet wagen kann. Jedenfalls zeigen wir im folgenden zwei Dampfmaschinen einfacher Bauart, die für beliebige Rümpfe geeignet sind: eine mit *Schwingzylinder und Ventilsteuerung* und die andere mit *feststehendem Zylinder und Schiebersteuerung.* Sie sind einfach wirkend, um die Konstruktion einfacher zu machen. Die Baupläne enthalten keine Abmessungen oder Maßangaben, weil man sie, je nach der Größe des Modells, in verschiedenen Größen bauen kann. Wir geben jedoch für alles Maximalwerte an. Darüber hinaus bemerken wir, daß die eine Rolle spielenden Leistungen minimal und deshalb besondere Untersuchungen oder Berechnungen nicht notwendig sind.

**Dampfmaschine mit Schwingzylinder und Verteilung durch schleifendes Ventil mit einfacher Wirkung.** Es ist der Dampfmaschinentyp, der am häufigsten im Schiffsmodellbau verwendet wird (Abb. *571a, b*). Der gewöhnlich für die einzelnen Teile verwendete Werkstoff ist Messing; um das Schmieren des Zylinders zu vermeiden, kann er aus Phosphorbronze und der Kolben aus Stahl hergestellt werden. Der Motor wird auf einer, je nach den Forderungen des Modells in bezug auf den Einbau im Rumpf, quadratischen oder rechteckigen Bodenplatte gut befestigt. Das Gehäuse besteht aus einem L-förmigen Element, auf dem die Verteilungsscheibe des Ventils mit den beiden Löchern für die Dampfzu- und -ableitung angebracht ist. Diese Löcher befinden sich nicht auf derselben Querachse, sondern auf einem Bogen, dessen Umfang gleich dem vom Zylinder bei seiner hindurchgehenden Bewegung zurückgelegten kreisförmigen Wegstück ist. Der aus einem Stück Messingrohr gefertigte Zylinder wird auf eine Platte gelötet, in der ein Gewindebolzen als Schwingachse befestigt wird. Durch Platte und Zylinder geht ein Mittelloch, das den Zweck hat, den Dampf in den beiden Phasen des Ein- und Auslassens hinein- und herauszulassen. Der als Schwingachse des Zylinders wirkende Gewindebolzen trägt eine Feder, deren Spannung mit einer Mutter eingestellt wird und die die Aufgabe hat, die beiden Platten des Ventils zusammenzuhalten, um einen guten Sitz zu gewährleisten. Der aus einem Stück Rundbronze hergestellte Kolben trägt, daraufgeschraubt, die Kolbenstange, die durch eine einfache Schraube mit Mutter mit der Kurbel verbunden ist.

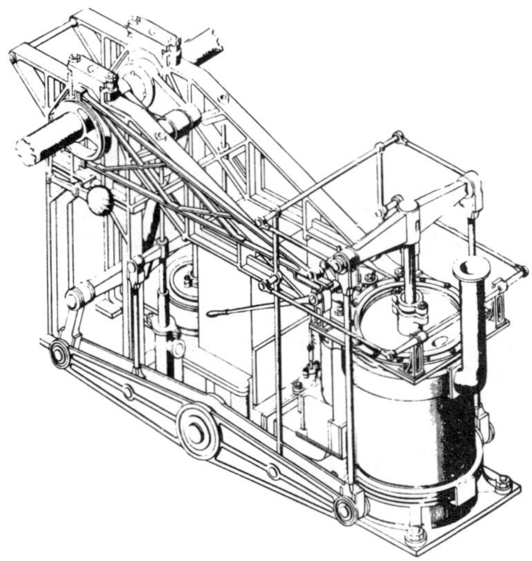

Abb. 566. *Watt-Dampfmaschine mit Schwinghebel (1840)*

Abb. 567. *Einbau der Dampfmaschine der Abb. 566 an Bord eines Dampfers mit Schaufelrädern*

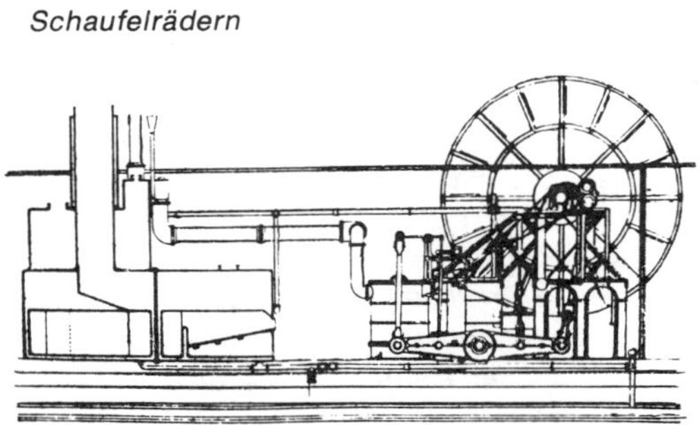

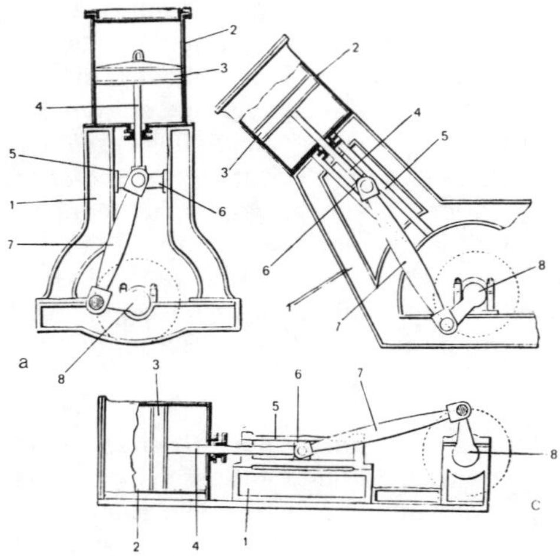

Abb. 568. *Dampfmaschinen*
a) *mit senkrechtem Zylinder;* b) *mit geneigtem Zylinder;* c) *mit waagerechtem Zylinder*
*1. Lagerbockrahmen, 2. Zylinder, 3. Kolben, 4. Kolbenstange, 5. Kreuzkopfführung, 6. Kreuzkopf (Gleitkufen auf der Führung), 7. Pleuelstange, 8. Kurbel*

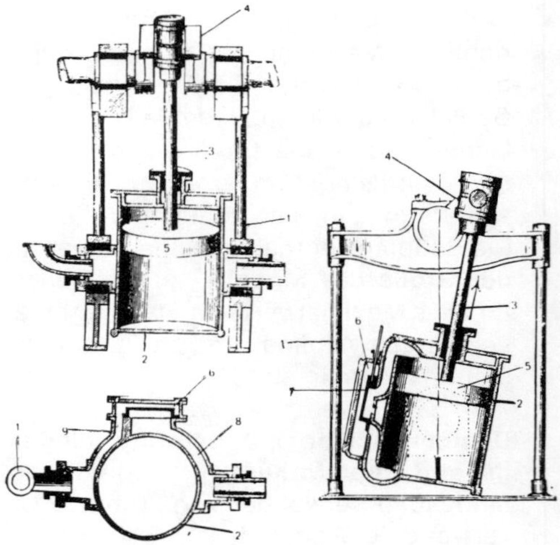

Abb. 569. *Dampfmaschine mit Schwingzylinder*
*1. Gehäuse, 2. Zylinder, 3. Kolbenstange, 4. Kurbel, 5. Kolben, 6. Verteilungskammer, 7. Schieberkasten, 8. Dampfzuleitung, 9. Dampfableitung*

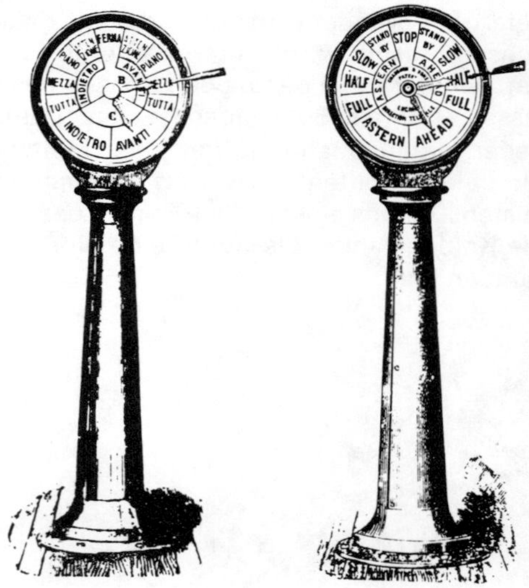


Abb. 570. *Maschinentelegraf*

Abb. 571. *Dampfmaschine mit Schwingzylinder und schleifendem Ventil*
a) *Bauzeichnung;* b) *Ansicht, auseinandergenommen;* c) *perspektivische Ansicht, dieselbe Maschine mit Doppelwirkung;* d) *Funktionsschema der Maschine mit Doppelwirkung*
*1. Bodenplatte, 2. Gehäuse, 3. Verteilungsplatte, 4. Bauteil zum Befestigen der Dampfzu- und -ableitungsrohre, 5. Platte, die den Zylinder mit Schwingachse trägt, 6. Zylinder, 7. Zylinderkopf, 8. Kolben, 9. Pleuelstange, 10. Kurbel, 11. Halteschrauben der Welle, 12. Welle, 13. Schwungrad, 14. Feder mit Mutter zum Einstellen der Spannung, 15. Dampfzuleitungsrohr, 16. Dampfableitungsrohr, 17. Anschluß des Dampfaufnahmerohrs am Erhitzer, 18. Inspektionsschraube am Zylinder*

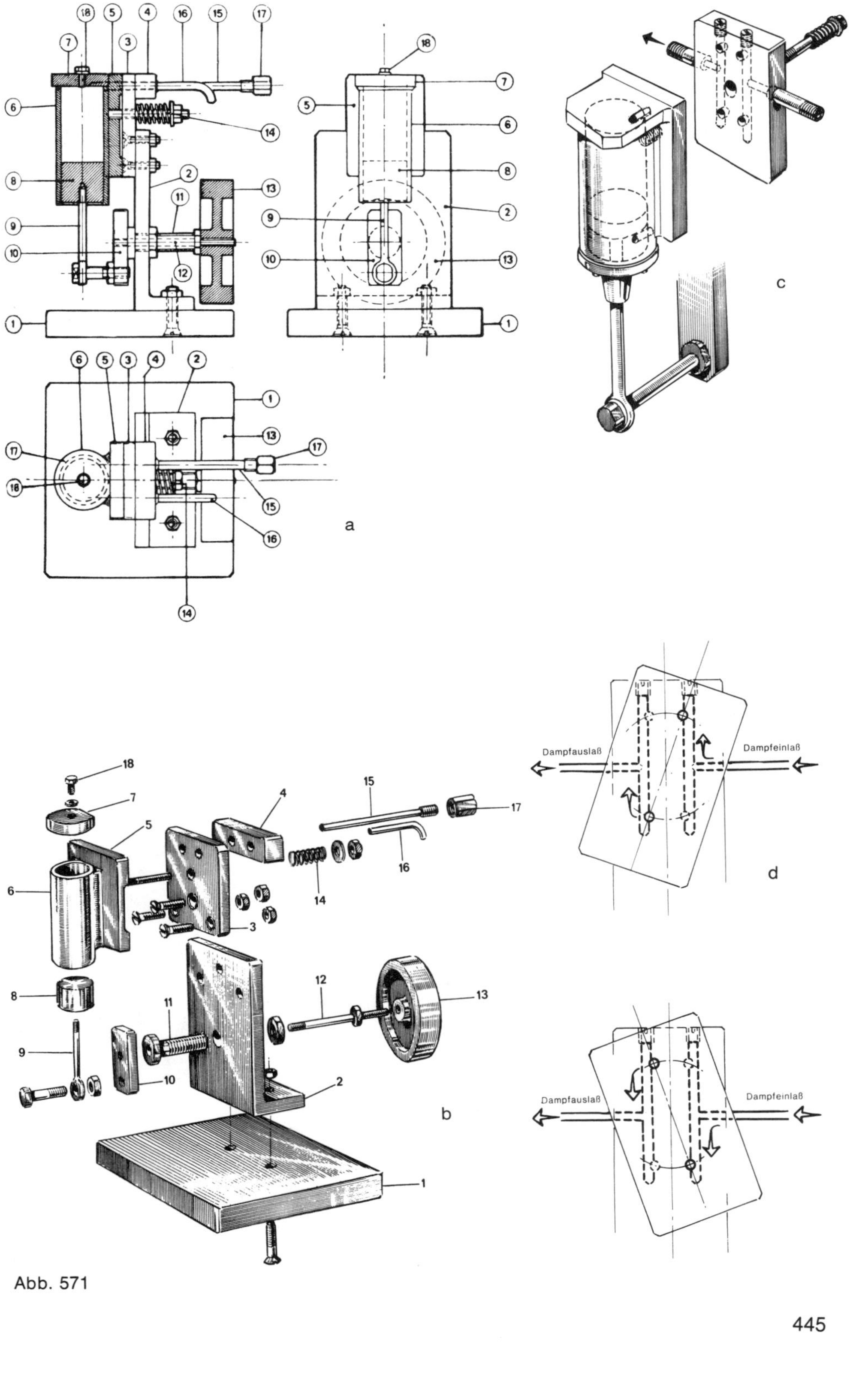


Abb. 571

Die Antriebswelle stellt man aus einem Stück Rundmessing her, das an beiden Enden Gewinde trägt. An einem Ende wird sie an die Kurbel geschraubt, wobei sie durch eine Hohlschraube geht, die die Aufgabe hat, die Welle im Maschinengehäuse zu stützen. An das andere Ende wird das Schwungrad geschraubt. Die Dampfein- und -auslaßrohre aus Messing oder Kupfer werden auf einer kleinen Scheibe befestigt, die ihrerseits auf die Verteilungsscheibe gelötet wird. Die mittleren Abmessungen dieser Maschinenart sind die folgenden:

Zylinder: Innendurchmesser 12–15 mm, Länge 30–45 mm.
Motorgehäuse: Höhe 40–60 mm, Breite 40–50 mm.
Schwungrad: Durchmesser 35–45 mm, Dicke 12–15 mm.
Rohrleitungen: 5 × 6 mm.

Abb. *571c, d* zeigt die Möglichkeit, die oben dargestellte Maschine mit Doppelwirkung zu bauen, indem man in der Verteilungsscheibe weitere zwei kleinere Löcher für den Dampfein- und -auslaß anbringt. Natürlich muß auch der Zylinder mit einem weiteren, kleineren Loch versehen werden.

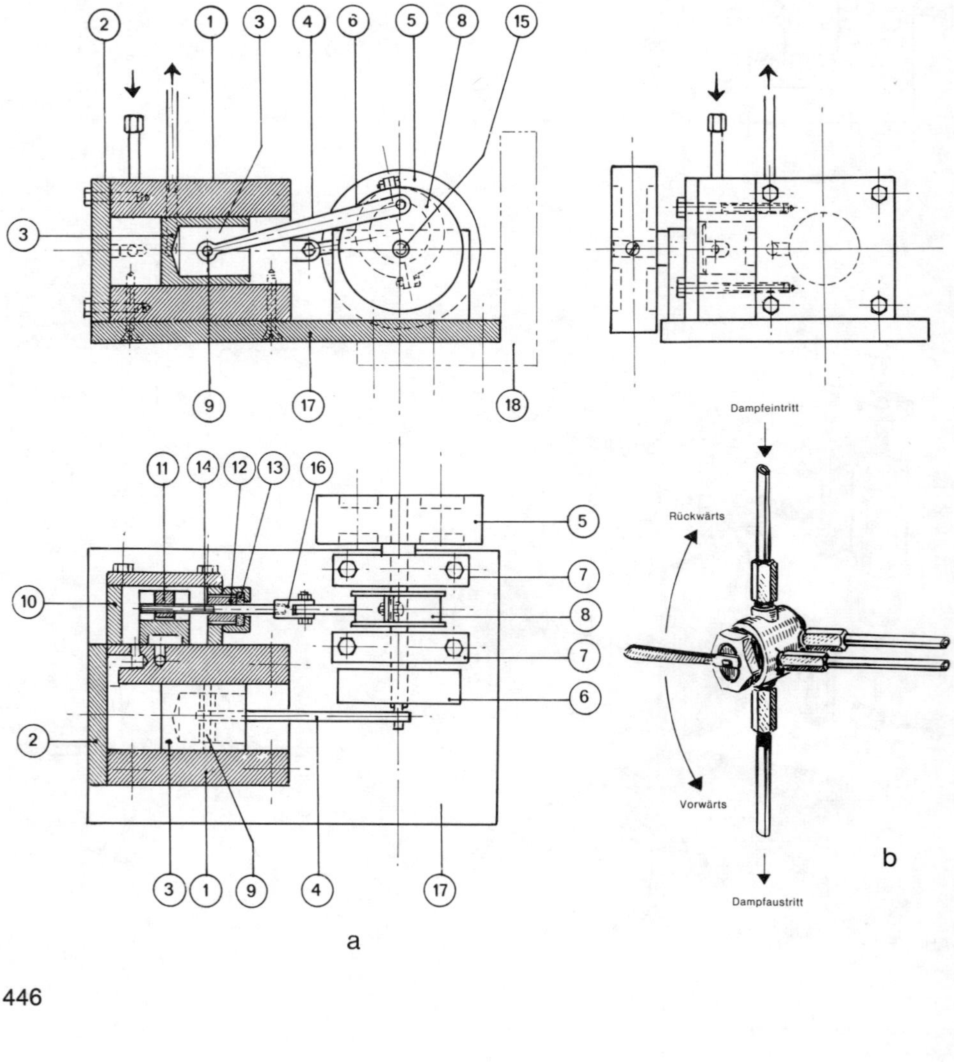


a

b

**Dampfmaschine mit einfach wirkendem feststehenden Zylinder und Schiebersteuerung.** Diese Maschine wurde so konstruiert, daß sie waagerecht wie senkrecht eingebaut werden kann (Abb. *572a, b*). Der Zylinder ist in der Tat unmittelbar auf der Grundplatte befestigt und besteht aus einem einfachen Messingquader, in welchen man die Innenbohrung des Zylinders selbst sowie die Dampfaus- und -einlaßlöcher bringt. Im Oberteil des Zylinders wird der Schieberkasten zur Dampfverteilung befestigt, in dessen Innerem ein einfach gebautes Ventil gleitet. Über dem Zylinder wird der Zylinderkopf mit vier Schrauben befestigt. Der aus einem Stück Rundbronze hergestellte Kolben ist hohl, um das Schwingen des Pleuels zu ermöglichen. Der Pleuel wird mit dem Kolben mit Hilfe des Dorns und zweier Abstandsstücke zum Halten verbunden. Das andere Ende der Pleuelstange ist mit einer Exzenterscheibe verbunden, die man aus Rundmessing herstellt. Die Antriebswelle dreht sich auf zwei einfachen Halterungen aus einer Messingplatte, die mit Hilfe von Durchgangsschrauben auf der Grundplatte befestigt sind.
Auf der Antriebswelle wird der Exzenter mit kleiner Welle und Verbindungsstück zum Steuern des Schieberkastens befestigt. Der Exzenter dreht sich phasenverschoben zur Kurbelbewegung. Der Bau des Schieberkastens ist ein wenig mühsam;

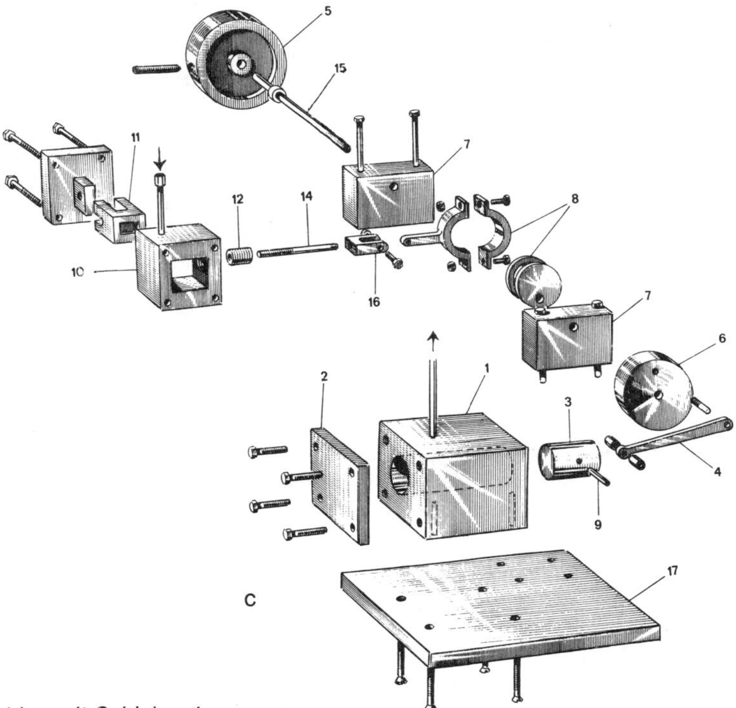


Abb. 572. *Dampfmaschine mit Schiebersteuerung*
a) *Bauplan;* b) *Ventil zur Umkehrung der Drehrichtung der Maschine;* c) *Ansicht, auseinandergenommen*
*1. Zylinder, 2. Zylinderkopf, 3. Kolben, 4. Pleuelstange, 5. Schwungrad mit Hülse zum Befestigen an der Antriebswelle, 6. Exzenterscheibe, 7. Halterungen der Antriebswelle mit Durchgangsschrauben zum Befestigen auf der Grundplatte, 8. Exzenter, 9. Dorn mit Abstandsstück, 10. Verteilungskammer, 11. Schieberkasten, 12. Verschluß mit Innengewinde, der zum Halten der Ventilsteuerwelle dient, 13. Dichtungsstück, 14. Steuerwelle des Schieberkastenventils, 15. Antriebswelle, 16. Verbindungsstück zwischen Exzenter und Schieberkastenwelle, 17. Bodenplatte für die waagerechte Maschinenanordnung, 18. Winkelstück für die senkrechte Maschinenanordnung*

wir halten aber dafür, daß die Zeichnung, außer daß sie die Herstellungsart angibt, die äußerst einfach ist, ihre Wirkungsweise klar zeigt, so daß keine weiteren Erläuterungen nötig sind. Auf das Ende der Antriebswelle wird das Schwungrad geschraubt. Ein- und Auslaßrohre fertigt man wie gewöhnlich aus Kupfer- oder Messingrohr.
Die mittleren Abmessungen dieser Maschinenart sind die folgenden:

Zylinder: Länge 45–55 mm, Höhe 35–45 mm, Breite 35–45 mm.
Grundplatte: Länge 100–120 mm, Breite 65–85 mm.
Schwungrad: Durchmesser 45–50 mm, Dicke 12–15 mm.
Rohrleitungen: 5 × 6 mm.

Die Umkehrung der Drehrichtung kann man bei den Dampfmaschinen leicht durch ein Zweiwegeventil erreichen (Abb. *572c*).

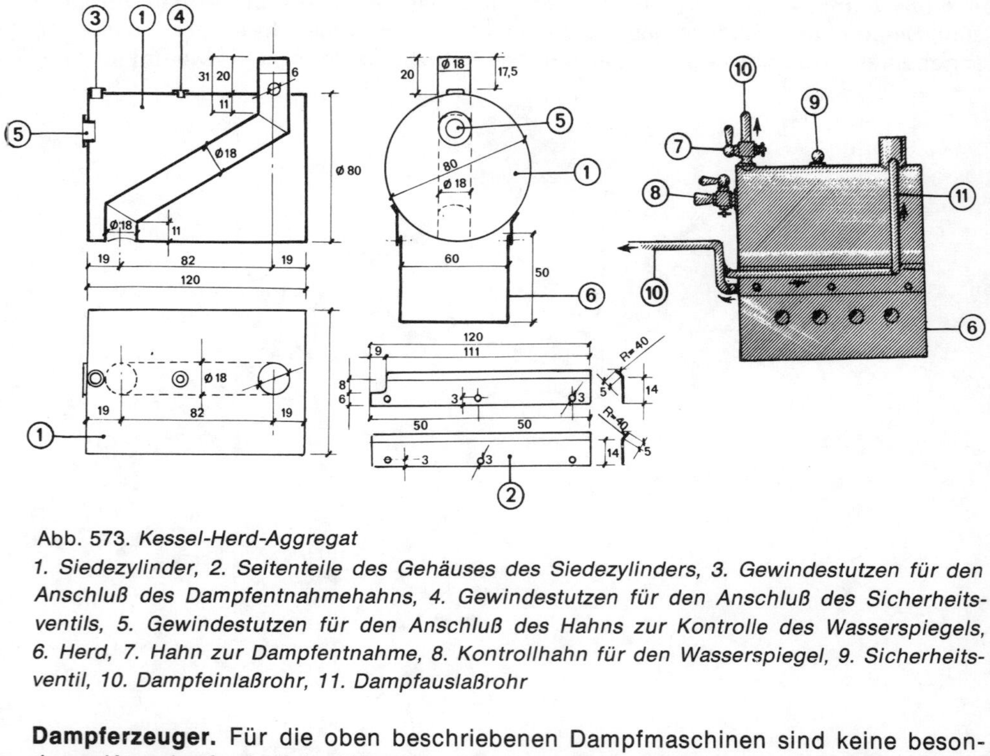

Abb. 573. *Kessel-Herd-Aggregat*

*1. Siedezylinder, 2. Seitenteile des Gehäuses des Siedezylinders, 3. Gewindestutzen für den Anschluß des Dampfentnahmehahns, 4. Gewindestutzen für den Anschluß des Sicherheitsventils, 5. Gewindestutzen für den Anschluß des Hahns zur Kontrolle des Wasserspiegels, 6. Herd, 7. Hahn zur Dampfentnahme, 8. Kontrollhahn für den Wasserspiegel, 9. Sicherheitsventil, 10. Dampfeinlaßrohr, 11. Dampfauslaßrohr*

**Dampferzeuger.** Für die oben beschriebenen Dampfmaschinen sind keine besonderen Kessel erforderlich. Abb. *573* zeigt eine leichte Ausführungsart solcher Kessel mit gutem Wirkungsgrad. Es sind einige Maximalabmessungen eingetragen, deren Größenverhältnisse der Größe des Schiffsrumpfes und dem in ihm zur Verfügung stehenden Raum angepaßt werden können. Der Zylinderkörper wird aus einem Messingrohr mit einer Wandstärke von 1 mm hergestellt. Auf ihn lötet man die Front- und die Bodenplatte, die aus Messingblech hergestellt werden. Durch den Zylinderkörper geht ein Messingrohr von etwa 20 mm Durchmesser und einer Wandstärke von 1 mm. Durch dieses Rohr ziehen die Verbrennungsgase ab, und es trägt gleichzeitig in gewissem Maß zur Vergrößerung der erhitzenden Oberfläche bei. Natürlich wird dieses Rohr in den Siedezylinder gesteckt, ehe man die Front- und die Bodenplatte aufgelötet hat. Auf das obere Ende des Zylinderkörpers werden die Gewindestutzen zur Dampfaufnahme und zur Unterbringung des Sicherheitsventils gelötet.

Auf die Frontplatte des Kessels wird das Anschlußstück zum Anbringen des Hahnes für die Wasserspiegelkontrolle in etwa 2/3 der Höhe gelötet. Auf den zylindrischen Körper werden die beiden Seitenteile zum Stützen des Herds gelötet. Die Rohrleitung zur Dampfaufnahme aus Messing- oder Kupferrohr von 5 × 6 oder 6 × 7 mm, mit einem einstellbaren Hahn versehen, läßt man zweckmäßigerweise von der Verbrennungskammer ausgehen, so daß der Dampf ziemlich überhitzt wird. Das Biegen der Rohre erfolgt kalt, wozu man das Rohr vorher mit erhitztem knetbaren Kolophonium füllt. Nach dem Biegen wird das Kolophonium entfernt, indem man das Rohr entsprechend erhitzt. Das Dampfablaßrohr wird in den Rauchabzug eingesetzt. Die Kessel einer bestimmten Größe können mit einem Manometer zur Druckkontrolle versehen werden. Bei der Herstellung größerer Kessel für höheren Druck wird es gut sein, die Boden- und die Frontplatte mit Hilfe eines mit Muttern versehenen Gewindebolzens geeignet zusammenzuschrauben (Abb. *574a*). Zur Vergrößerung der erhitzenden Oberfläche kann man, wie auf Abb. *574b* gezeigt, Rohre hinzufügen.
Der Einbau dieser Arten von Kesseln kann erfolgen, indem man den Kessel in ein Gehäuse setzt, in dem sich der Herd befindet. Diese Einbauart hat den Vorzug, das Ganze zusammenzuhalten und weniger Wärme zu verlieren. Das Gehäuse fertigt man aus Messing von 1 mm Dicke, während das Siederohr durch Bügel mit Gewinde befestigt wird. Abb. *574c, d* zeigt deutlich das Bauverfahren. Abb. *575* enthält die Darstellung des Beispiels eines Sicherheitsventils und eines Verschlusses zum Beschicken des Herds.

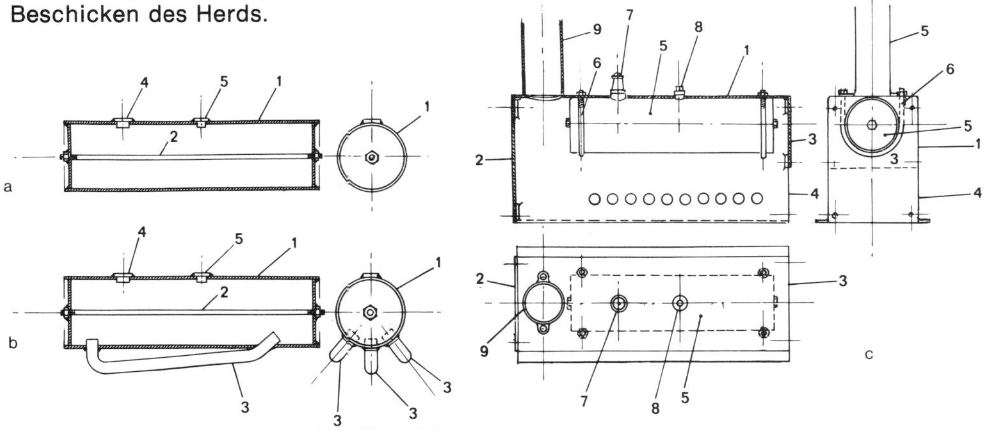


Abb. 574. *Verstärkte Kessel und ihr Kessel-Herd-Aggregat*
a) *einfacher Kessel;* b) *Kessel mit Außensiederohren*
*1. Siedezylinder, 2. Verstärkungsdurchgangsschraube, 3. Außensiederohre, 4. Gewindestutzen für den Anschluß des Sicherheitsventils, 5. Gewindestutzen für die Dampfaufnahme*
c) *Bauplan des Kessel-Herd-Aggregats;* d) *Ansicht des Kessel-Herd-Aggregats, auseinandergenommen*
*1. Halterung für Kessel und Herd, 2. Herdbodenplatte, 3. Herdfrontplatte, 4. Herd, 5. Kessel, 6. Bügel mit Gewinde zum Befestigen des Kessels auf der Halterung, 7. Sicherheitsventil, 8. Verschluß mit Gewinde für den Wassereinlaß und die Dampfaufnahme, 9. Rauchabzug*

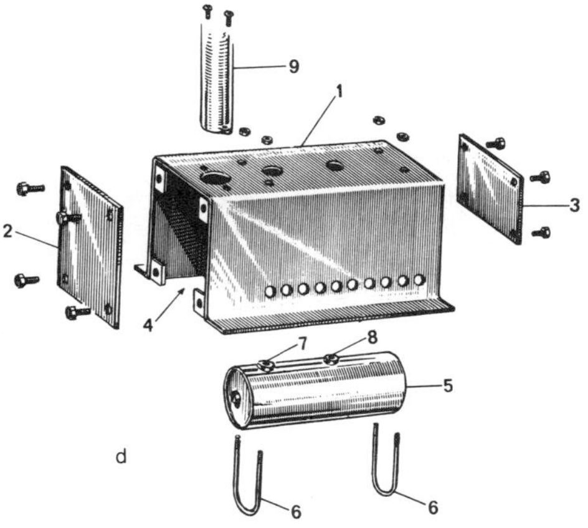

**Brenner.** Die zur Erhitzung des Wassers der Kessel notwendige Wärme erzeugt man im allgemeinen mit leicht bedienbaren Alkohol-Sicherheitsbrennern. Diese Brenner bestehen aus einem Behälter, dessen Größe sich nach der Leistungsfähigkeit des Kessels richtet. Für die oben beschriebenen Kessel genügt z. B. ein Behälter von 80 × 50 × 30 mm, der einen Betrieb von mehr als 30 Minuten gewährleistet. Die Form ändert sich natürlich je nach dem zur Verfügung stehenden Raum, wenn auch die Form des Parallelepipedons die am leichtesten herstellbare ist. Aus dem Behälter, mit Messingblech von 0,5 mm Dicke hergestellt, läßt man das mit einem Hahn zum Regeln des Brennstoffzuflusses versehene Speiserohr herausgehen. An dieses wird der eigentliche Brenner angeschlossen, der auf die beiden folgenden Arten hergestellt werden kann:

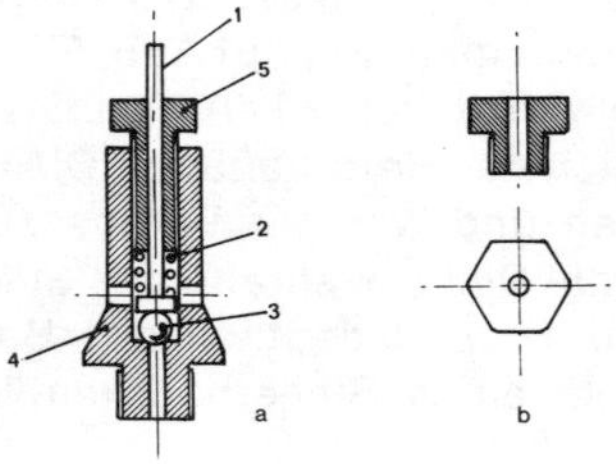


Abb. 575. *Sicherheitsventil und Verschluß*
a) *Ventil;* b) *Verschluß*
*1. Ventilstange, 2. Feder, 3. Kugel, 4. Ventilkörper mit Gewinde zum Anschließen an den Kessel, 5. Führung der Ventilstange mit Gewinde*

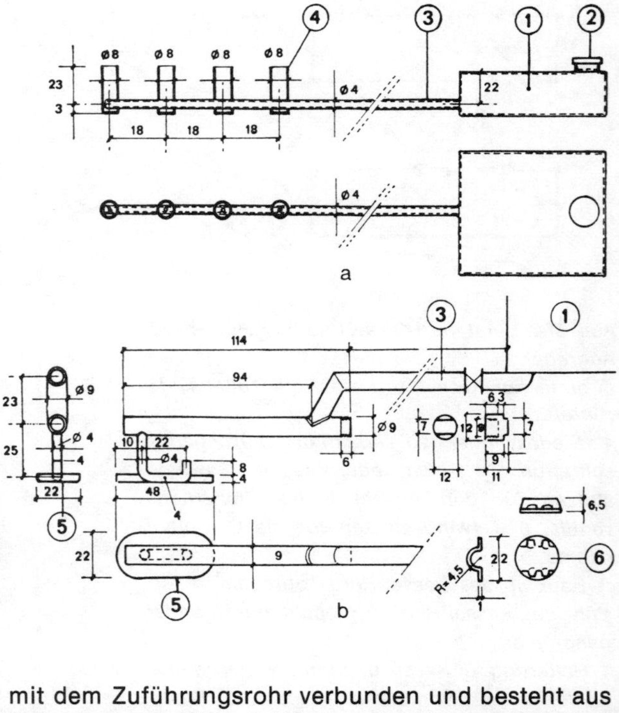


Abb. 576. *Alkoholbrenner*
a) *gewöhnlicher Brenner;* b) *Brenner mit „Fall"*
*1. Alkoholbehälter, 2. Verschluß des Behälters, 3. Zuführungsröhrchen, 4. mit einem Pfropfen aus Asbest und Werg zu füllende Brenner, 5. Vorwärmnäpfchen, 6. Gegenflamme*

Die erste Art wird unmittelbar mit dem Zuführungsrohr verbunden und besteht aus einem kleinen Rohr mit einer Reihe Brenner, die mit Werg und Asbest gefüllt sind (Abb. *576a*). Die zweite Art, mit *Fall,* besteht aus einem Röhrchen, das an einem Ende geschlossen und am anderen mit einem Gewindeverschluß versehen ist (Abb. *576b*). Der Verschluß gestattet das Einführen einer Reinigungsbürste, wodurch

das Warten und Reinigen des Brenners ermöglicht wird. Die Reinigungsbürste erhält man aus einem Kupferdraht von 1,5 mm Durchmesser, der mit Hanfbast umwickelt oder umflochten wird. Auf das Ende des Rohrs, das die Reinigungsbürste enthält, wird nur ein Brenner gelötet – den man aus einem gebogenen Röhrchen herstellt –, unter welchen das Vorwärmnäpfchen gesetzt wird. Wenn man die Flamme verbreitern will, kann der Brenner mit einer Gegenflamme versehen werden.
Ein weiterer Brennstoff ist flüssiges Gas, das man heute in kleinen Patronen erhalten kann, die leicht am Rumpf auch von Modellen mit mittleren Abmessungen zu befestigen sind. die Vorteile und die Vorzüge dieses Brennstoffs sind unbestreitbar: leichte Wartung, einfacher Betrieb und hoher Heizwert.

## Verbrennungsmotor

Man kann auf den Schiffsmodellen alle Arten von Verbrennungsmotoren einbauen. Wenn auch für den Gebrauch des Schiffsmodellbauers konstruierte Motoren erhältlich sind, ist es möglich, auch andere geeignete Motorarten zu verwenden. Der am häufigsten auf Schiffsmodellen verwendete Verbrennungsmotortyp ist der *Diesel-Zweitakter.* Je nach der Zündung sind zwei verschiedene Arten möglich: im ersten Fall erfolgt das Zünden durch starke Anfangsverdichtung; im zweiten Fall erfolgt das Zünden mit Hilfe einer kleinen Kerze, versehen mit einer kleinen Spirale, die durch eine Batterie zum Glühen gebracht wird. Es gibt auch *Viertaktmotoren,* die mit einer normalen Zündkerze arbeiten, die von einem Magnetzünder gespeist wird.
Die Dieselmotoren haben verschiedenen Hubraum, von 0,5 bis 10 oder 15 cm³, während die Viertaktmotoren auch 30 cm³ erreichen. Die Dieselmotoren werden bei allen Arten von Schiffsmodellen weitgehend verwendet, während man die Viertakter nur bei einigen größeren Modellen benutzt. Im allgemeinen bestehen alle diese Motorarten aus einem Leichtmetallzylinderblock, dessen Zylinder mit Kühlrippen versehen ist. An demselben Zylinderblock befinden sich Rippen zum Befestigen des Motors am Rumpf. In den Zylinder setzt man den Zylindermantel aus Spezialstahl, in dem die Öffnungen für den Eintritt des Gemisches und den Austritt der Verbrennungsabgase angebracht sind. Der Zylinder ist oben durch den Zylinderkopf, der die Zündkerze trägt, oder durch eine kleine Kurbel verschlossen, die man in eine auf den Zylinderkopf gesetzte Buchse schraubt. Sie kann auf eine Art Gegenkolben drücken, wodurch die Verdichtung im Zylinder verändert wird. Im Zylinder bewegt sich der Kolben, dessen Lage durch die Kolbenringe gewährleistet wird. Der Kolben ist mit der Pleuelstange durch einen Bolzen verbunden. Die Pleuelstange ist ihrerseits mit der Antriebswelle mit Hilfe einer Exzenterscheibe verbunden, die die hin und her gehende Bewegung in eine Drehbewegung verwandelt. Die Welle wird in Kugeln oder Schalen gelagert, und an ihr befestigt man das Schwungrad. Die Antriebswelle ist im allgemeinen im Innern hohl, da sie als Zuleitung des explosiven Gemisches dient. Die Welle wird natürlich mit dem Vergaser durch ein geeignetes Ventil verbunden, das bei jeder Umdrehung den Weg vom Vergaser freigibt, damit das Gemisch in den Zylinder eintreten kann.
Eine andere Ventilart besteht aus einer Scheibe, die mit einem halbkreisförmigen Loch versehen ist und von der Verlängerung der Welle in Drehung versetzt wird. Diese Ventilart gestattet den Einbau des Vergasers in den hinteren Teil des Motors. Die Einstellung des Vergasers erfolgt mit Hilfe der Einstellnadel, die die Abstufung des Zuflusses zum Vergaser gestattet (Abb. *577*). Bei den mit Deckaufbauten versehenen Modellen (zum Beispiel Kabinenmotorbooten) wird die Leitung für die Verbrennungsabgase aus einer Rohrleitung gebildet, die vom Motor bis zum äußersten Heckende oder zur Seitenwand geht.

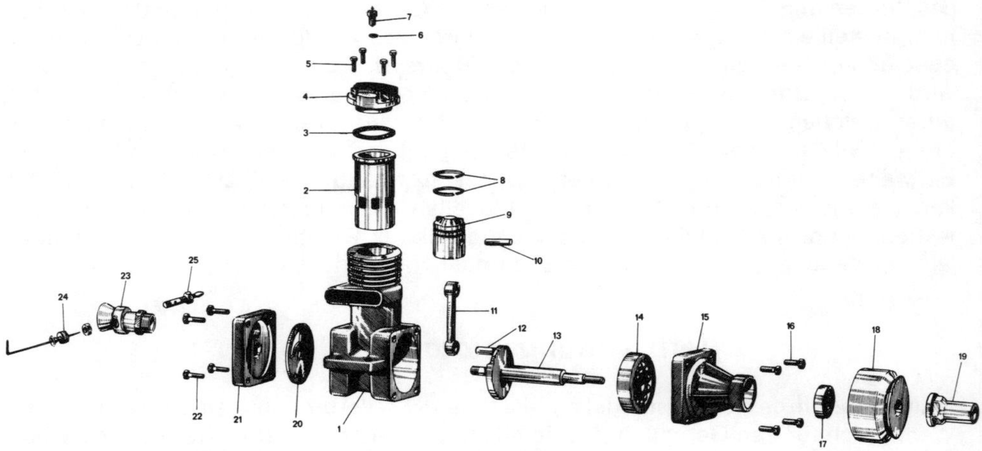


Abb. 577. *Ansicht eines Dieselmotors, auseinandergenommen*
*1. Zylinderblock, 2. Mantel des Zylinders, 3. Dichtung, 4. Zylinderkopf, 5. Befestigungsschrauben des Kopfes, 6. Dichtung der Zündkerze, 7. Zündkerze, 8. Kolbenringe, 9. Kolben, 10. Bolzen, 11. Pleuelstange, 12. Exzenterscheibe, 13. Antriebswelle, 14. Lager, 15. Getriebe, 16. Befestigungsschrauben des Getriebes am Zylinderblock, 17. Lager der Antriebswelle, 18. Schwungrad, 19. Verbindungsschraube zum Befestigen des Schwungrades auf der Antriebswelle, 20. Drehventil, 21. Sitz des Drehventils und des Getriebes des Zylinderblocks, 22. Befestigungsschrauben des Getriebes, 23. Vergaser, 24. Nadel zum Einstellen des Vergasers, 25. Anschluß des Vergasers*

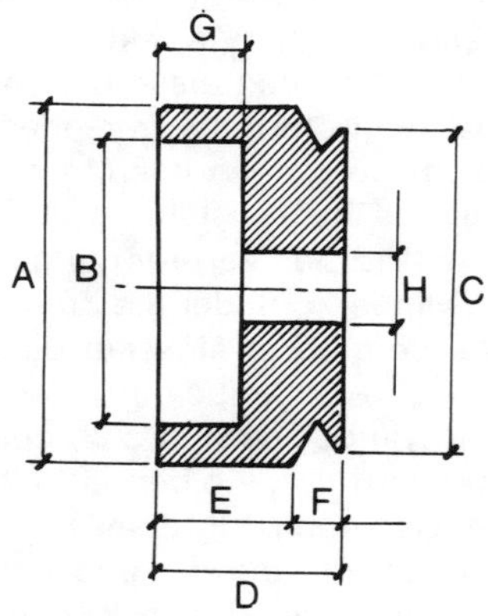


Abb. 578. *Schwungrad*

| | *Motoren von 2,5 cm³* | *Motoren von 5 cm³* | *Motoren von 10 cm³* |
|---|---|---|---|
| *A* | *35* | *45* | *50* |
| *B* | *20–35* | *30* | *35* |
| *C* | *25* | *35* | *40* |
| *D* | *20* | *22* | *24* |
| *E* | *14* | *16* | *18* |
| *F* | *6* | *6* | *6* |
| *G* | *10* | *10* | *11* |

*H ist die dem Durchmesser der Antriebswelle entsprechende Bohrung; die Maße sind in mm*

**Schwungrad.** Die nicht für den Schiffsmodellbau bestimmten Motoren haben kein Schwungrad; man muß sich deshalb mit seinem Bau befassen, da es für Wettbewerbsmodelle von besonderer Bedeutung ist. Das Schwungrad hat die Aufgabe, durch seine Trägheit den Totpunkt zu überwinden und die Geschwindigkeitsschwankungen der Welle zu vermindern und dadurch eine Regelmäßigkeit der Bewegung und eine vernünftige Ausnutzung der zur Verfügung stehenden Energie sicherzustellen. Die Schwungräder fertigt man aus Rundmessing oder Rundbronze mit einem Durchmesser, der dem Durchmesser des Schwungrades selbst entspricht. In der Mitte des Schwungrades wird eine Bohrung angebracht, deren Durchmesser gleich dem der Antriebswelle ist. Die Blockierung des Schwungrades erfolgt mit einer geeignet konstruierten Spezialmutter, die als Gabel des Kugelgelenks arbeitet. Man muß die Schwungräder, besonders bei schnellen Modellen, sorgfältig auswuchten, damit alle Gewichte vollkommen gleichmäßig verteilt sind. Dies hat den Zweck, schädliche Schwingungen und Unregelmäßigkeiten des Betriebs zu vermeiden, da sie, auf den Rumpf übertragen, diesen durch mechanische Resonanz beschädigen können, während die Leistungsfähigkeit des Motors vermindert wird. In der Abb. *578* sind die Maße und die charakteristische Form der auf den üblichsten Motoren verwendeten Schwungräder aufgetragen.

**Anlassen der Motoren.** Wie man aus der Zeichnung des Schwungrades der Abb. *578* ersieht, trägt der Umfang desselben eine Rille, in welche ein Hanftau oder Lederriemen gewickelt wird. Dieses Tau, das an den Enden mit beiden Händen gehalten wird, gestattet, den Motor in kräftige Drehungen zu versetzen, wodurch er angelassen wird.

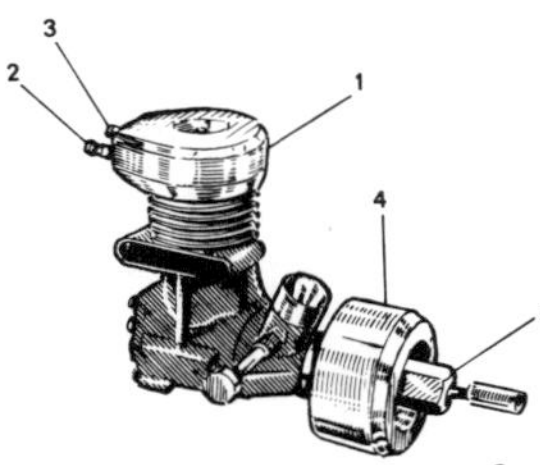


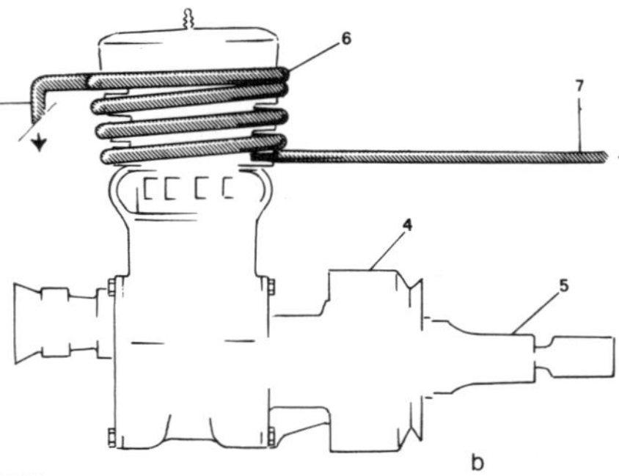


Abb. 579. *Wasserkühlung bei Verbrennungsmotoren*
a) *mit Kreisring gekühlter Motor;* b) *mit Metallschlange gekühlter Motor*
*1. Ring für den Wasserkreislauf, 2. Aufnahme des Wassers für den Kühlkreislauf mit Plaströhrchen, 3. Anschluß für den Wasserablauf mit Plaströhrchen, 4. Schwungrad, 5. Kugelgelenk, 6. Schlange aus Messing- oder Kupferrohr, 7. Wassereintritt, 8. Wasseraustritt*

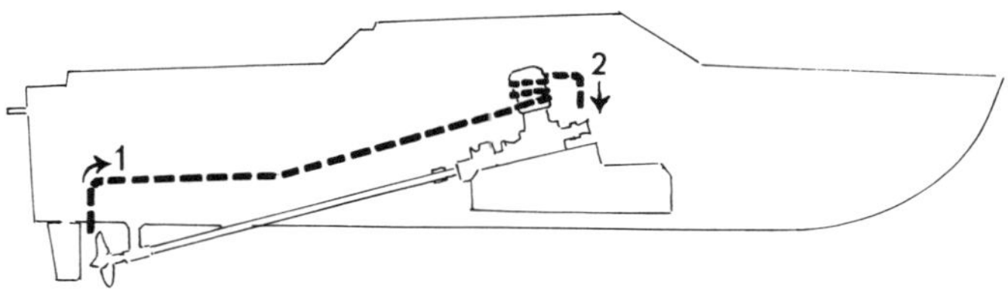


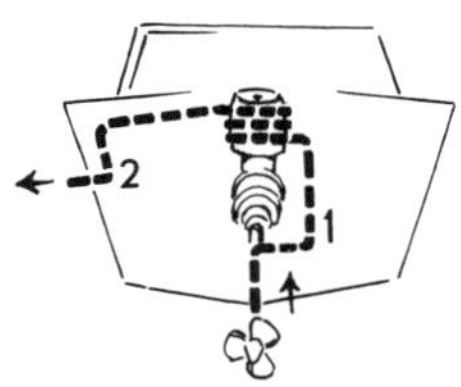


Abb. 580. *Schema des Kühlwasserkreislaufs der Verbrennungsmotoren*
*1. Wasseraufnahme, 2. Wasserablauf*

**Kühlung der Motoren.** Wie schon erwähnt, werden die Motoren im allgemeinen mit Luft gekühlt; aber wenn man sie im Innern der Schiffsrümpfe einbauen muß, fehlt natürlich die Wirkung der Luftströmung. Nur bei den reinen Geschwindigkeitsmodellen, bei denen der Motor aus dem Rumpf herausragt, kann er durch die Außenluft unmittelbar gekühlt werden. Die im Innern des Rumpfes eingebauten Motoren müssen daher mit einem Kühlsystem versehen werden, das im wesentlichen aus einem erzwungenen Wasserkreislauf besteht. Die für die Schiffsmodelle konstruierten Motoren sind schon mit einem Kühlmantel versehen, der aus einem um den Zylinder gelegten Ring besteht, in welchem das Wasser kreist (Abb. *579a*). Verwendet man Motoren ohne Wasserkühlung, dann wird es nicht schwer sein, einen Ring oder besser noch eine einfache Schlange aus einem Messing- oder Kupferrohr von $4 \times 5$ oder $5 \times 6$ mm, je nach dem Hubraum des Motors, zu bauen (Abb. *579b*). Die Wasseraufnahme erfolgt am Heck über der Schraube am Umfang der dort entstehenden Wassersäule, während der Abfluß seitlich am Rumpf erfolgt (Abb. *580*).

**Behälter.** Die Treibstoffbehälter werden aus Messingblech oder aus verzinktem Eisenblech von 0,3–0,4 mm Dicke gebaut. Sie haben meistens die Form eines Parallelepipedons mit für den betreffenden Rumpf geeigneten Abmessungen. Oben trägt der Behälter zwei Röhrchen von 3 × 4 oder 4 × 5 mm, die zum Entweichen der Luft dienen. Eines dieser Röhrchen wird zum Tanken benutzt. Der Zufluß zum Vergaser erfolgt mit dem Messing- oder Plaströhrchen, dessen Rohrstutzen sich an dem der Fahrtrichtung entgegengesetzten Ende befindet. Abb. *581* zeigt verschiedene Behälterarten, je nach der Einbauart des Motors.
Bei ferngesteuerten Geschwindigkeitsmodellen verwendet man häufig auch Plastbehälter, da sie das Gewicht der Geräte im Rumpf verringern. Auch kommt bei den Schiffsmodellen der sogenannte Druckbehälter in Gebrauch. Er versorgt den Vergaser in einem geschlossenen Kreislauf und nutzt dabei den Unterdruck des Motors aus.

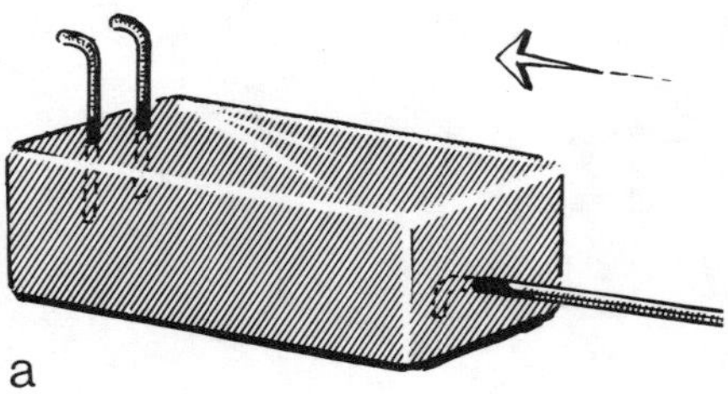

a

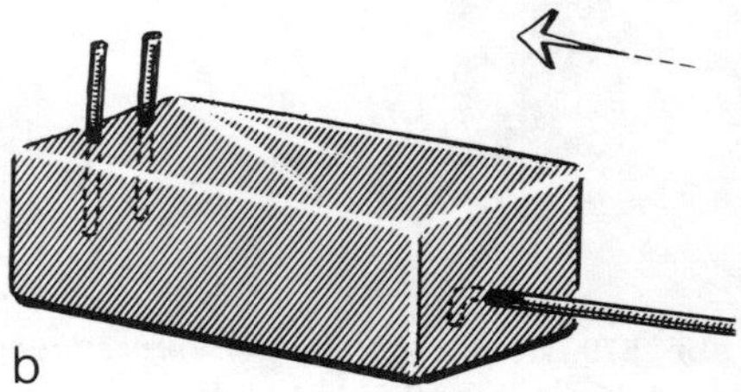

b

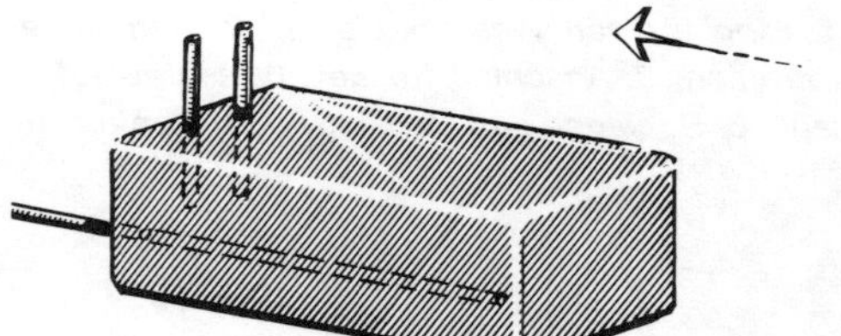

c

Abb. 581. *Metallbehälter für Treibstoff, wie sie für Modelle mit Verbrennungsmotoren gebräuchlich sind*
a) *Behälter für ein Rennmodell;* b) c) *Behälter für allgemeine Modelle oder ferngesteuerte Wettbewerbsmodelle*

**Treibstoffe.** Zum Betrieb der Motoren verwendet man Treibstoffe aus mehreren Komponenten, die *Gemische* genannt werden. Die Gemische können in bester Qualität schon fertig erworben werden. Natürlich benutzt man für jede Motorart und für jede Besonderheit verschiedene Arten von Gemischen. Ihre Ausgangsstoffe sind Petroleum, Methylalkohol, Schwefeläther, Rizinusöl oder Mineralöl sowie Sauerstoffträger, wie Nitromethan, das bei reinen Geschwindigkeitsmodellen weitgehend verwendet wird, um die Leistung spürbar zu erhöhen. Im allgemeinen gibt es feste Regeln für die Zusammensetzung der Gemische, die von verschiedenen Faktoren abhängt, die nur die Erfahrung des Modellbauers abschätzen kann. Tatsächlich hängen die Gemische, vor allem für Geschwindigkeitsmodelle, vom Motorentyp und von seinen Eigenschaften, von der Temperatur und vom Grad der Luftfeuchtigkeit ab. Das Gemisch darf erst wenige Augenblicke vor dem Anlassen des Motors in den Behälter eingefüllt werden, um das Verdunsten der äußerst flüchtigen Bestandteile zu vermeiden. Zuletzt raten wir zu einer langen und langsamen Einfahrzeit des Motors, indem man ihn anfangs einige Stunden mit Hilfe eines kleinen Elektromotors und geeigneten Gemischen drehen läßt, wozu man eine Luftschraube anbaut, die das Ingangsetzen erleichtert.

**Lagerböcke des Motors.** Große Bedeutung hat der *Lagerbock* des Motors in den Rümpfen. Er besteht im allgemeinen aus zwei kleinen Hartholzblöcken, die auf den Rumpfboden geleimt werden. Die Oberseite der Blöckchen muß geeignet sein, um die Antriebswelle mit der Transmissionswelle genau in eine Richtung zu bringen. Auf die Oberseiten der beiden Blöckchen wird eine kleine Profilplatte aus Duraluminium oder werden zwei einfache kleine Platten gelegt (Abb. *582a, b*). Durch die beiden Blöckchen und die kleinen Platten gehen Durchgangslöcher, die auch den Rumpf durchqueren. Durch diese Bohrungen laufen die Befestigungsbolzen am Flansch des Motors, die hier mit Muttern und Unterlegscheiben festgemacht sind. Der Bolzenkopf muß in der Rumpfaußenwand sorgfältig versenkt werden, da diese dann gespachtelt und geeignet lackiert wird (Abb. *583*).

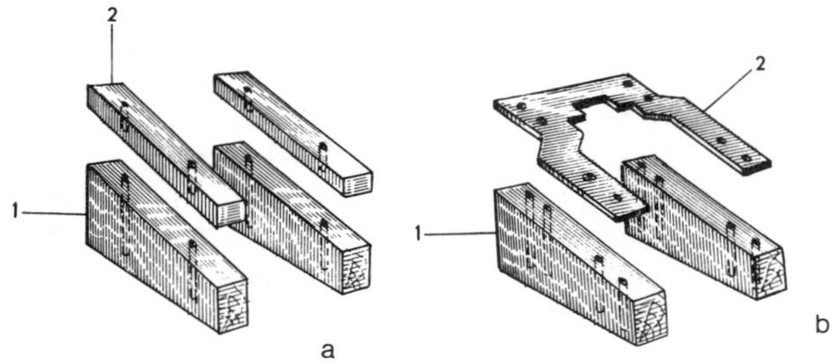


Abb. 582. *Lagerböcke für Verbrennungsmotoren*
a) *Lagerbock mit einfachen kleinen Platten;* b) *Lagerbock mit Profilplatte*
*1. Holzblöcke, 2. kleine Platten*

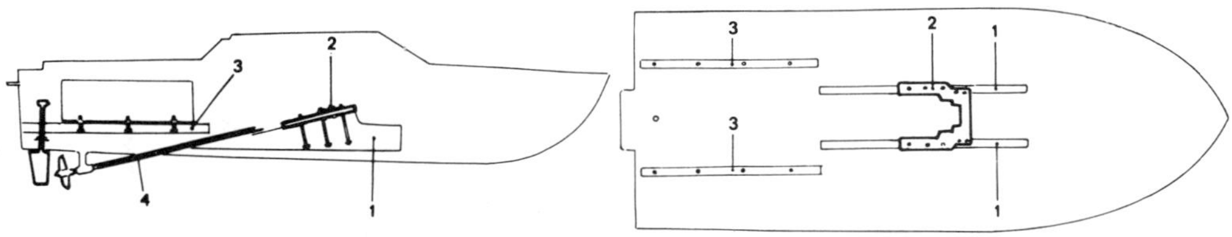


Abb. 583. *Aufstellung des Lagerbocks bei allgemeinen Modellen oder ferngesteuerten Wettbewerbsmodellen mit Verbrennungsmotor*
*1. Holzblöckchen, 2. kleine Profilscheibe, 3. Lagerbock für Hilfsgegenstände (Behälter, Akkus, Funkempfänger usw.), 4. Transmissionswelle*

## Elektromotor

Die Elektromotoren sind zweifellos die verbreitetsten Motoren im Schiffsmodellbau. Ursache dieser weitgehenden Anwendung ist die Leichtigkeit des Einbaus, die Geräuschlosigkeit und die Möglichkeit, die Drehrichtung umzukehren. Sie haben jedoch eine begrenzte Leistung und benötigen eine verhältnismäßig schwere Energiequelle. Diese Energiequelle ist das wichtigste Problem beim elektrischen Antrieb. Tatsächlich wird die Energie von Akkus oder Batterien gespendet, die, besonders bei kleinen Modellen, ein nicht zu vernachlässigendes Gewicht darstellen und das Trimmen des Rumpfes erschweren. Man muß daher das Gewicht berücksichtigen, weil dieses, da es der Leistung proportional ist, zur Untersuchung eines Mittelwegs zwischen Gewicht und ausreichender Energieabgabe zwingt, wobei man natürlich die verwendeten Motoren berücksichtigt.
Heute baut man Motoren aller Leistungen, die für jeden beliebigen Zweck geeignet sind, und der häufigste Typ ist der mit *Dauermagnet.*

Energiequellen sind: die gewöhnlichen Trockenbatterien oder aber Akkus. Diese können herkömmliche Bleisammler mit einer durch einen Stöpsel verschlossenen Öffnung für den Elektrolyten oder aber versiegelte der neueren Art mit Nickel-Kadmium-Elektroden sein. Natürlich muß man einen Gleichrichter zum Wiederaufladen der Akkus besitzen; diese haben jedoch unleugbare Vorteile, da man immer über Energie verfügen kann, wenn sie gut geladen sind. Die Wahl und die Berechnung der Akkus ist sehr einfach, da man die Daten der Motoren und die entsprechende Kapazität der Akkus kennt. Sie ermöglicht bei langsamer Entladung 10 Betriebsstunden. Wenn also die Kapazität 7 Ampèrestunden beträgt, kann man 0,7 A 10 Stunden lang entnehmen. Die Entladung kann natürlich beschleunigt werden, wenn man über eine größere Leistung verfügen will. Bei zweistündiger Entladung kann man zum Beispiel 3,5 A entnehmen. Für die Batterien ist im allgemeinen die Kapazität nicht angegeben; aber sie ist dem Gewicht proportional. Die üblichen Batterien haben eine Kapazität von etwa 2–2,5 Ampèrestunden je 100 g; die Manganbatterien leisten je 100 g etwa das Doppelte. Bei den ferngesteuerten Geschwindigkeitsmodellen ist die Forderung, genügend Energie zur Verfügung zu haben, sehr wichtig. Man verfährt daher so, daß man in den wenigen zur Verfügung stehenden Sekunden die gesamte verfügbare Energie ausnutzt und verwendet Batterien mit geringem Gewicht und großer Kapazität, die nur für einen Wettbewerb reichen.
In der folgenden Tabelle sind die von Elektromotoren bis 20 W (entweder aus einem Akku oder aus einer Batterie gespeist) entwickelten Leistungen aufgetragen.

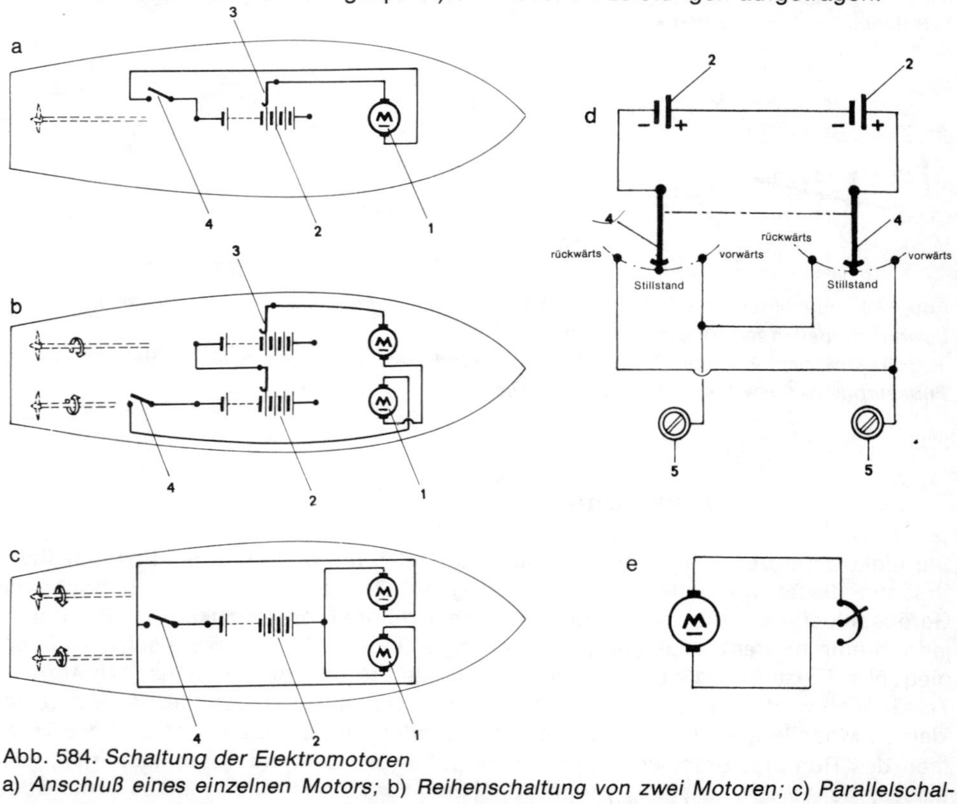


Abb. 584. *Schaltung der Elektromotoren*
a) *Anschluß eines einzelnen Motors;* b) *Reihenschaltung von zwei Motoren;* c) *Parallelschaltung von zwei Motoren;* d) *Schaltung zur Umkehrung der Drehrichtung eines Gleichstrommotors mit Dauermagnet;* e) *Potentiometer zur Geschwindigkeitsveränderung eines Elektromotors*
*1. Motor, 2. Batterien oder Akkus zur Stromversorgung, 3. Relais, 4. Schalter, 5. Klemmen*

| Spannung V | Stromstärke A | Leistung W | Leistung PS |
|---|---|---|---|
| 6 | 0,7 | 4,2 | 1/175 ≈ 0,0057 |
| 9 | 0,7 | 7,2 | 1/102 ≈ 0,0097 |
| 12 | 0,7 | 9,6 | 1/ 76 ≈ 0,013 |
| 15 | 0,7 | 12 | 1/ 61 ≈ 0,016 |
| 20 | 0,7 | 16 | 1/ 46 ≈ 0,021 |

Einbau und Verbindung der Motoren mit der Energiequelle zeigt Abb. *584a, b, c.* Die Umkehrung der Drehrichtung erfolgt durch Umpolen an den Motorklemmen (Abb. *584d*).
Um die Geschwindigkeit regeln zu können, verwendet man meist ein Potentiometer (Abb. *584e*). Diese Einrichtung benutzt man hauptsächlich bei ferngesteuerten Modellen.

## Kraftübertragungsorgane

Die Verbindung zwischen den Antriebsgeräten und der Schraube oder den Rädern erfolgt mittels *Wellen, Gelenken* und *Getrieben.*

**Wellen.** Im allgemeinen wird die Welle unmittelbar mit dem Motor gekoppelt, und sie verläuft schräg zur Längsachse, sowohl wegen der Lage des Motors wie auch wegen des geringen Tiefgangs des Rumpfes, der nicht erlaubt, die Schraube so tief wie möglich zu setzen.
Um die Drehung zu ermöglichen und die Dichtheit des Rumpfes sicherzustellen, lagert man die Welle in einem *Stevenrohr, Sternrohr* oder *Wellenrohr* genannten Röhrchen, das außerdem die Aufgabe hat, als Halterung zum Anbringen geeigneter Lager zu dienen. Das Durchgangsloch des Wellenrohrs durch den Rumpf wird bei Modellen mit einer Schraube im Kiel angebracht. Um dessen Widerstandsfähigkeit nicht zu schwächen, wird er seitlich durch zwei aufgeleimte und möglichst angeschraubte Holzklötzchen verstärkt (Abb. *585*). Bei Modellen mit mehreren Schrauben ist es zweckmäßig, den Boden des Rumpfes mit kleinen, hier aufgeleimten Sperrholzteilen zu verstärken.

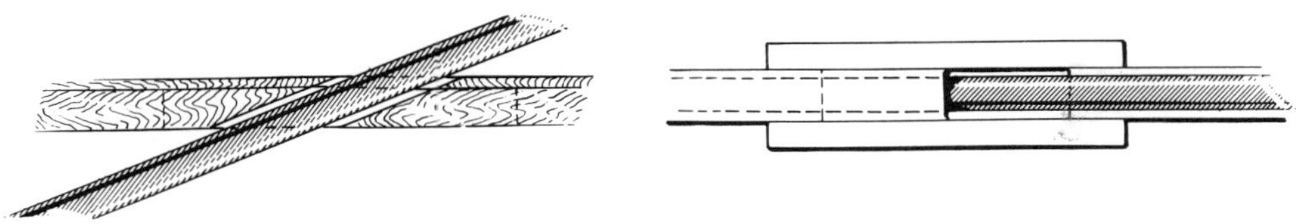

Abb. 585. *Seitliche Verstärkungen des Kiels neben dem Durchgangsloch der Transmissionswelle*

Die Wellen fertigt man aus Rundstahl hoher Festigkeit mit einem Durchmesser von 2,5–3–4 oder 5 mm, je nach dem Modelltyp. Bei den Geschwindigkeitsmodellen wird die Welle sorgfältig ausgewuchtet. Die Wellenrohre fertigt man aus Messingrohr mit einem für die Aufnahme der Achsen und der Lager geeigneten Durchmesser. Die Lager haben die Aufgabe, die Drehung der Welle mit kleinstmöglichem Widerstand und minimaler Abnutzung zu ermöglichen. Sie werden an beiden Enden des Wellenrohrs eingesetzt. Die bei den Wellen von Modellen verwendeten Lager sind entweder *Gleitlager* oder *Rollenlager.* Die Gleitlager sind einfacher herzustellen; man fertigt sie aus Rundbronze (Abb. *586a*), und sie werden am meisten benutzt.

Die Rollenlager bieten in der Anwendung und Anpassung einige Schwierigkeiten, finden aber, da ihr Reibungskoeffizient kleiner als der der Gleitlager ist, weitgehend bei Geschwindigkeitsmodellen Anwendung. Abb. *586b, c* veranschaulicht deutlich zwei Lösungen für den Einbau von zwei verschiedenen Arten Rollenlager. Bei kleinen Modellen ist keine besondere Schmierung notwendig; bei Modellen mit Verbrennungsmotor und vor allem bei Geschwindigkeitsmodellen ist sie jedoch sehr wichtig. Es ist nötig, besonders bei Modellen mit Verbrennungsmotor eine laufende Schmierung sicherzustellen (die Schmierung kann durch einfache Fettbuchsen erfolgen) oder alle sich drehenden Teile, bevor man sie in Betrieb nimmt und das Modell in das Wasser setzt, unmittelbar mit Öl zu schmieren.

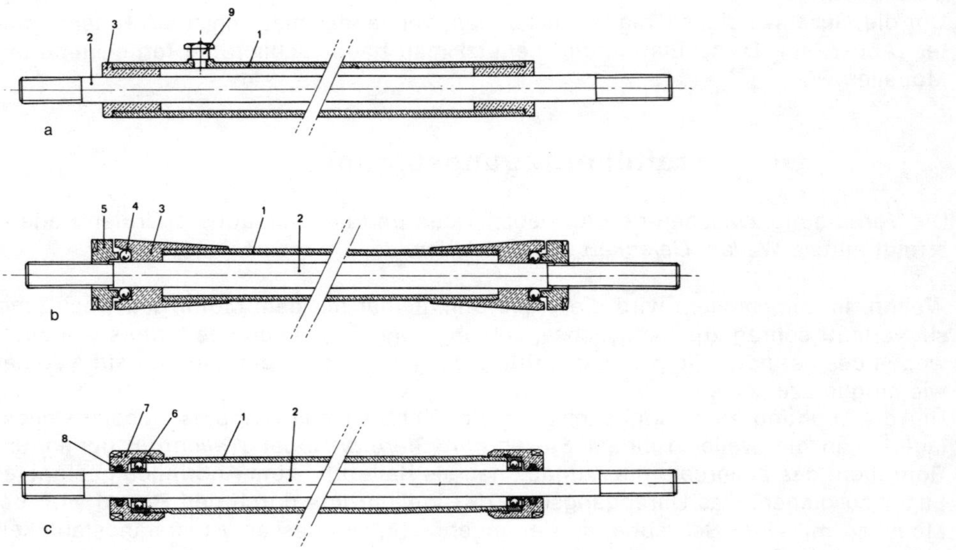


Abb. 586. *Transmissionswellen*

a) *gewöhnliche Transmissionswelle mit Gleitlagern;* b) *Transmissionswelle mit Gleitlagern, zu denen auch ein Rollenlager gehört;* c) *Transmissionswelle mit Rollenlagern*

*1. Wellenlager in Messingröhrchen, 2. Welle aus Stahl, 3. Gleitlager aus Bronze, 4. Stahlkugeln hoher Festigkeit, 5. Widerlager mit Gewinde aus Bronze, 6. Rollenlager (mit Kugeln), 7. Widerlager mit Gewinde, 8. Spurscheibe aus Antifriktionsmaterial. 9. Fett- oder Ölbuchse mit Kugel*

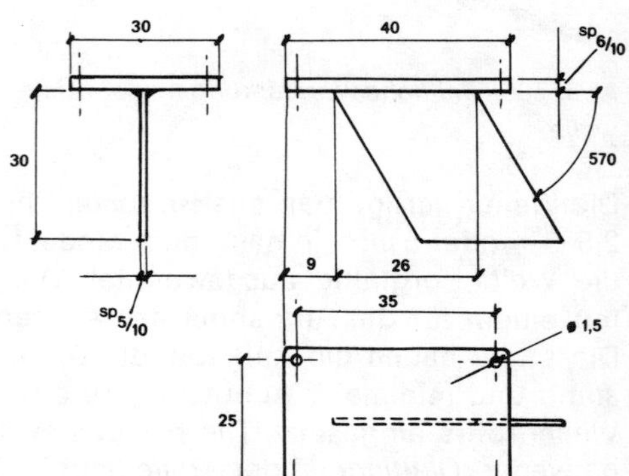


Abb. 587. *Wellenbock für Transmissionswellen*

Um schädliche Schwingungen am Rumpf und an der Welle zu vermeiden, wird das Wellenrohr am Rumpf mit Hilfe einer Art Konsole, *Schraubenbock* oder *Wellenbock* genannt, gestützt. Abb. *587* veranschaulicht deutlich einen gewöhnlichen Wellenbock aus Messingblech, der an das Wellenrohr gelötet und an die Außenwand des Rumpfes geschraubt wird.

**Kupplungen.** Das Kuppeln zwischen der Transmissionswelle und dem Motor erfolgt mittels Kupplungen. Hiervon gibt es verschiedene Arten: *starre, elastische* oder *Gelenkkupplungen.* Die starren Kupplungen sind die einfachsten, und sie können bei kleinen Modellen aus zwei *Mitnehmern* bestehen (Abb. *588a*). Die elastischen Kupplungen werden verwendet, wenn es nicht möglich ist, die Achsen der Wellen genau in eine Linie zu legen, und wenn man die Schwingungen abschwächen will. Bei kleinen Leistungen gewährleistet auch eine einfache, auf das Ende der Antriebswelle und der Transmissionswelle gelötete Feder eine gute Verbindung (Abb. *588b*). Bei etwas höheren Leistungen ist die Scheibenkupplung zweifellos am besten. Zwischen die beiden Scheiben legt man ein Zwischenstück aus einem elastischen Werkstoff (Gummi oder Leder) (Abb. *588c*). Wenn die Notwendigkeit besteht, die Wellen unter einem bestimmten oder einem veränderlichen Winkel miteinander zu verbinden, ist die am häufigsten verwendete Kupplung das *Kugelgelenk.* Es wird bei Verbrennungsmotoren und bei Geschwindigkeitsmodellen benutzt. Abb. *589* zeigt die bei Verbrennungsmotoren verwendete Art; ihre Gabel hat auch die Aufgabe, das Schwungrad mit dem Motor fest zu verbinden.

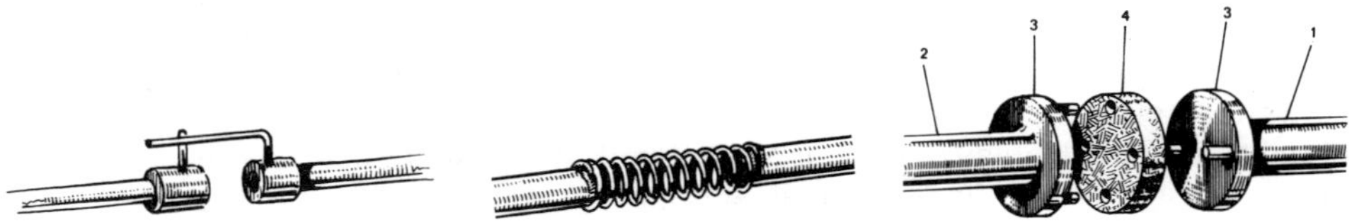

a b c

Abb. 588. *Kupplungen*
a) *starre Kupplung;* b) *elastische Kupplung mit Feder;* c) *elastische Kupplung mit Scheiben*
*1. Antriebswelle, 2. Transmissionswelle, 3. Scheiben, 4. Leder- oder Gummischeibe*

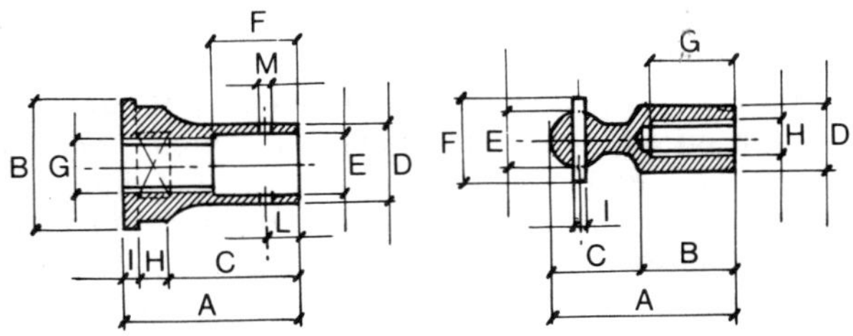

I II

Abb. 589. *Kugelgelenk*
*I. Gabel*
*A 28 mm, B 20 mm, C 20 mm, D 12 mm, E 9 mm, F 13 mm, G Gewinde wie das der Antriebswelle, H 5 mm, I 3 mm, L 5 mm, M 2 mm,*
*II. Kugelzapfen mit Bolzen*
*A 29 mm, B 15 mm, C 14 mm, D 10 mm, E 8 mm, F 13 mm, G 13 mm, H Gewinde wie das der Transmissionswelle, I 1,8 mm*

**Getriebe.** Wenn man zwei oder mehr Transmissionswellen mit nur einem Motor verbinden will, benutzt man geeignete Getriebe. Im allgemeinen verwendet man Kegelräder oder Zahnräder mit geraden Zähnen, wie es Abb. *590a, b* deutlich zeigt. Für den Betrieb von Schaufelrädern gibt Abb. *591* eine einfache Lösung mit Kegelrädern an.

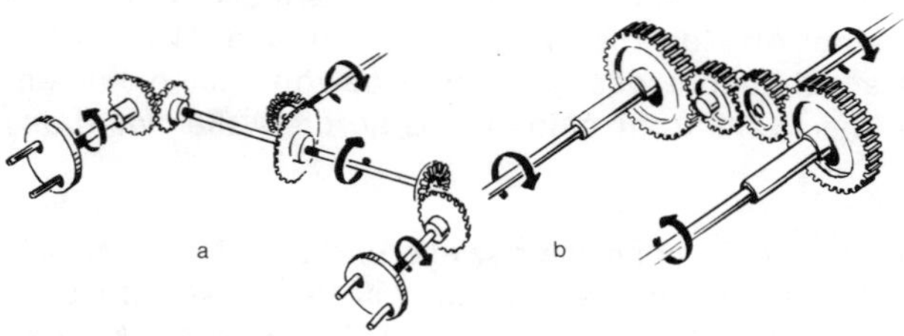


Abb. 590. *Getriebe für Transmissionswellen*
a) *Kraftübertragung auf zwei Wellen mittels Kegelrädern;* b) *Kraftübertragung auf zwei Wellen mit geraden Zahnrädern*

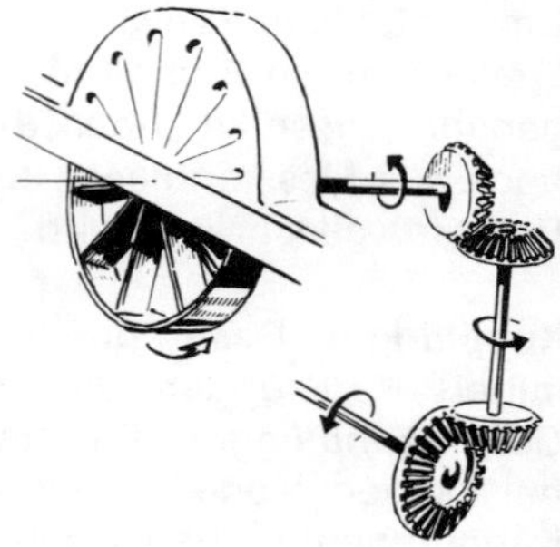

Abb. 591. *Kraftübertragung auf Schaufelräder*

**Propulsionsorgane.** Das am häufigsten verwendete Propulsionsorgan ist die *Schraube.* Die Schraube besteht aus einer Nabe, auf welcher zwei oder mehr Schraubenflügel angeordnet sind. Sie können angebracht oder mit der Nabe aus einem Stück gegossen sein. Die kennzeichnende Bewegung der Schraube ist schraubenförmig, und sie bewegt sich im Wasser, indem sie eine den Vortrieb erzeugende Wassersäule nach hinten treibt. Die Schrauben werden am Heck an der Stelle der tiefsten Eintauchung angebracht, um eine genügend hohe Wassersäule unter der Einwirkung der Schraubenbewegung zu haben. Die bei den Fahrmodellen verwendeten Schrauben haben zwei oder drei Flügel. Der maximale Wirkungsgrad einer Schraube wird mit der Vergrößerung der Anzahl der Flügel kleiner. Die Schrauben mit zwei Flügeln verwendet man meistens bei Geschwindigkeitsmodellen, während jene mit drei Flügeln bei allgemeinen Fahrmodellen und ferngesteuerten Geschwindigkeitsmodellen Anwendung finden. Allgemein hat eine Anordnung mit Antrieb durch nur eine Schraube einen größeren Wirkungsgrad als die Anordnung mit zwei Schrauben.
Man nennt eine Schraube je nach der Bewegungsrichtung *rechts-* oder *linksdrehend,* wenn sie sich nach rechts oder links dreht, während man von hinten nach vorn auf die Schraube sieht. Eine einzelne Schraube kann rechts- oder linksdrehend angebracht werden; wenn es jedoch zwei sind, baut man sie mit entgegengesetztem Drehsinn ein. Die Oberflächen der Schraubenflügel heißen *Schraubenflächen;* die hintere Fläche nennt man *Druckseite* und die vordere *Saugseite.* Die einfachste Schraubenflügelform ist ein Stück Schraubenfläche, und ihren axialen Vorschub je Umdrehung nennt man *geometrischen Gang.* Der Gang ist also die geometrische Entfernung zwischen zwei Schraubenwindungen an der Achse. Der Gang der Schrauben ist im allgemeinen konstant, das heißt, er ändert sich längs des Halbmessers nicht. Die flügelförmigen Sektoren der Schrauben sind sehr dünn.
Die *Kavitation* ist die Bildung von mit Dampfblasen gefüllten Hohlräumen im Innern einer Flüssigkeit. Die Erscheinung der Hohlraumbildung bei den Schiffsschrauben tritt besonders am Umfang der Schraubenflügel auf, wo die Geschwindigkeit am höchsten ist. Die Hohlraumbildung erzeugt Geräusche, Vibration, Erosion der Schraubenflügel und vermindert allgemein die Antriebsleistung. Man hält deshalb die Anzahl der Umdrehungen so, daß die Höchstgeschwindigkeit keine Werte annimmt, bei denen Hohlraumbildung eintritt. Bei sehr großen Geschwindigkeiten kann man jene nicht vermeiden; bei nicht zu hohen Geschwindigkeiten vergrößert man die Schraubenflächen und verkleinert die Sektoren, um die Erscheinung abzuschwächen. Einen guten Wirkungsgrad erhält man mit einem sehr schmalen Eingangsprofil und abgerundeter Austrittskante. Zur Verminderung der Schäden durch Erosion verwendet man Werkstoffe mit großer Widerstandsfähigkeit.

Für die allgemeinen Fahrmodelle und die ferngesteuerten Wettbewerbsmodelle kann man im Handel Schrauben aus Messing oder Plast mit zwei oder drei Flügeln und gutem Wirkungsgrad erhalten. Das trifft nicht für reine Geschwindigkeitsmodelle zu, bei denen man gezwungen ist, geeignete Schrauben selbst zu bauen. Die Bestimmung der Steigung für den Bau der Schraube erfolgt nach einem praktischen Verfahren, das gute Ergebnisse bringt.
Hat man die Steigung (die Ganghöhe), den Schraubendurchmesser und den Nabendurchmesser festgelegt, geht man an die grafische Bestimmung der Winkel. Man trägt auf einer waagerechten Geraden die Schrittlänge und auf einer Senkrechten dazu den Schraubenumfang und den Nabenumfang auf. Verbindet man die Enden dieser Strecken, so erhält man die gesuchten Winkel. Läßt man die Schraubenflügel sich zwischen diesen beiden Winkeln drehen, so ergeben sich die Zwischenwinkel mit genügender Genauigkeit (Abb. *592*).
Der zum Bau der Schrauben verwendete Werkstoff ist bei den allgemeinen Modellen Messing; bei den reinen Geschwindigkeitsmodellen verwendet man Stahl hoher Festigkeit, um sehr dünne Sektoren herstellen zu können.

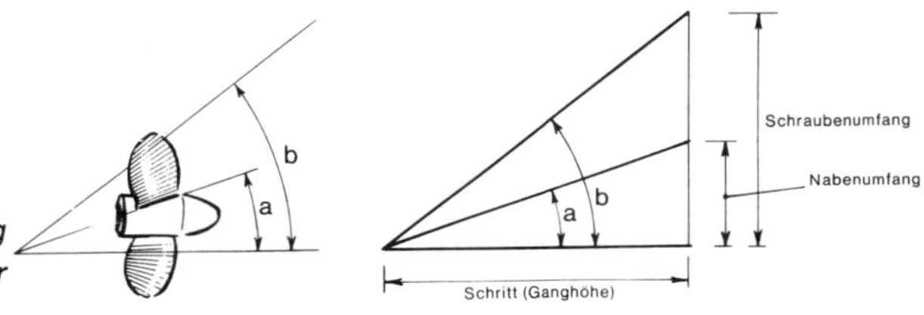


Abb. 592. *Grafische Bestimmung der Winkel für den Bau der Schrauben*

Die Nabe wird aus Rundmessing oder Rundstahl ausgeschnitten. Auf ihr bringt man Einschnitte oder Hohlkehlen an, deren Winkel gegenüber der Transmissionsachse vorher festgestellt worden ist. In diese Nuten setzt man die Schraubenflügel ein und lötet sie sorgfältig mit einem starken Lötmittel (Messing, Silber) fest. Die Flügel werden aus Messing- oder Stahlplättchen gefertigt, deren Dicke dem Drehmoment der Schraube entspricht. Die Flügel werden dann mit der Feile bearbeitet und sorgfältig geglättet. Vor dem Einsetzen der Flügel wird die Nabe zur Verbindung mit der Transmissionswelle mit Gewinde versehen. Es scheint uns nicht überflüssig zu empfehlen, daß das Gewinde der Drehrichtung der Welle entgegengesetzt sein muß. An dem Teil der Nabe, der der Transmissionswellenbefestigung entgegengesetzt ist, wird die Kappe befestigt, die man aus Rundstahl oder Rundmessing herstellt. Die Kappe kann mittels eines kleinen Gewindestifts an der Nabe befestigt werden (Abb. *593a*).
Für die einzelnen Motortypen der üblichsten Modelle verwendet man die folgenden Schrauben mit im allgemeinen drei Flügeln:

| | Schraubendurchmesser | Steigung (Ganghöhe) |
|---|---|---|
| Dampfmaschinen | 40–50 mm | 40–50 mm |
| Verbrennungsmotoren | 40–50 mm | 60–80 mm |
| Elektromotoren | 20–30 mm | 20–30 mm |

Bei den Verbrennungsmotoren der Modelle besteht nicht die Möglichkeit, die Drehrichtung einfach umzukehren. Hierzu kann man die Schraube mit verstellbaren Flügeln benutzen, die jedoch nicht leicht herzustellen ist. Abb. *593b* zeigt die Konstruktionszeichnung einer Schraube dieser Art.

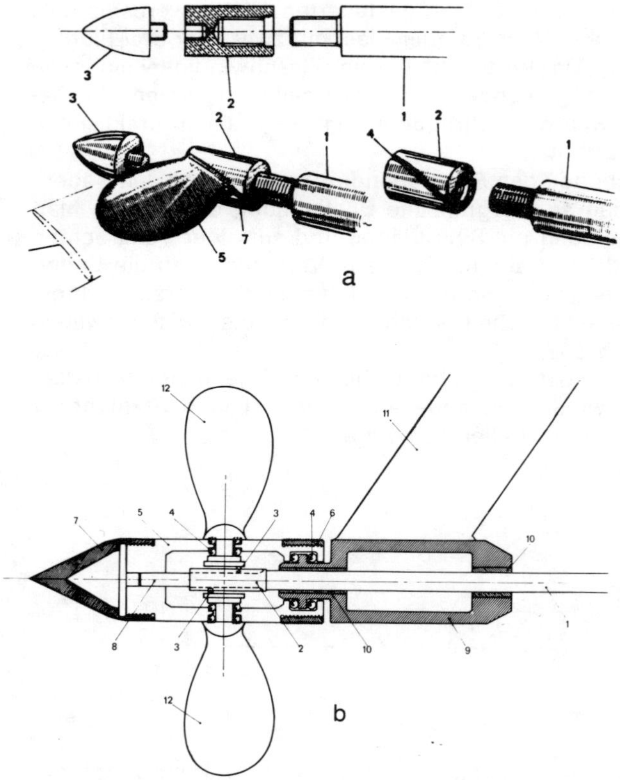


Abb. 593. *Konstruktion der Schrauben von Modellen*
a) *Schraube mit auf die Nabe gelöteten Flügeln*
*1. Transmissionswelle, 2. Nabe, 3. Kappe, 4. Hohlkehle, 5. Flügel, 6. Flügelprofil, 7. Füllung des (vom Schraubenflügel nicht beanspruchten) Teiles der Hohlkehle mit Lötmaterial*
b) *Schraube mit verstellbaren Flügeln*
*1. Transmissionswelle, die gleichzeitig die Bewegung zum Drehen der Flügel überträgt, 2. Element mit Schwellen oder Pisten für die Drehbewegung der Flügel (desmodromische Piste), 3. Führungsstifte zum Drehen der Flügel, 4. Kugellager, 5. Nabe der aus zwei Hälften hergestellten und vom Gewindering (6) und der Kappe (7) festgelegten Schraube, 6. Gewindering zum Festlegen der beiden Nabenhälften, 7. Kappe, 8. Führungsstange zum Vor- und Zurückschieben der Welle, 9. Wellenrohr, 10. Bronzegleitlager, 11. Wellenbock, 12. Schraubenflügel*

**Schaufelräder.** Die Herstellung der Räder bietet keine besonderen Schwierigkeiten. Abb. *594* zeigt im Schnitt, wie man die Räder auf einem Schiff anbringt, und man kann ihr die konstruktiven Einzelheiten entnehmen.

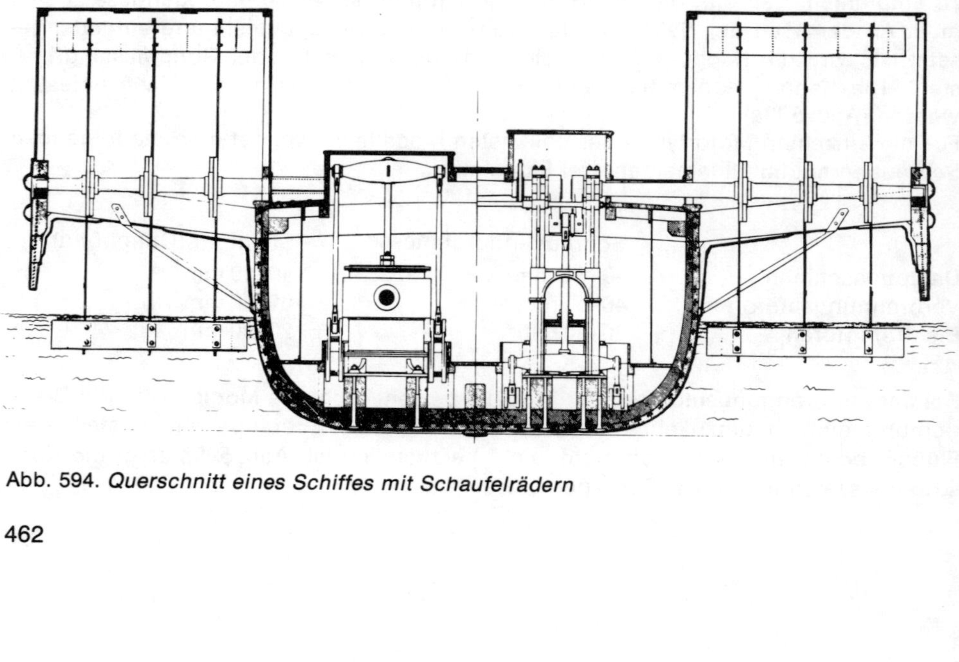

Abb. 594. *Querschnitt eines Schiffes mit Schaufelrädern*

**Ruder für Modelle mit Motor.** Die Modelle mit Motor haben allgemein eine Ruderfläche aus Metall (Messingblech). Die Dampfschiffsmodelle haben (außerhalb oder innerhalb des Rumpfes) das Ruderherz in einem Wellenrohr aus Messing. Das Ruderherz wird auf das Ruderblatt gelötet, und an das entgegengesetzte Ende des Ruderherzens lötet oder schraubt man die Ruderpinne. Diese läßt man auf den freien Modellen in einen halbrunden Kreisausschnitt eingreifen, um die Lage des Ruders festzulegen. Bei den ferngesteuerten Modellen enthält die Ruderpinne einige Löcher in Längsrichtung, um die Welle des Hilfsmotors zur Selbststeuerung anbringen zu können.

Die Modellreproduktionen können auch starre Kraftübertragungen aufweisen, wie im zweiten Teil dieses Bandes gezeigt. Bei Modellen von Kriegs- oder Handelsschiffen muß man der Konstruktionszeichnung folgen und zum Bewegen des Ruders Stangen der oben beschriebenen Art verwenden (Abb. *595a, b, c, d*).

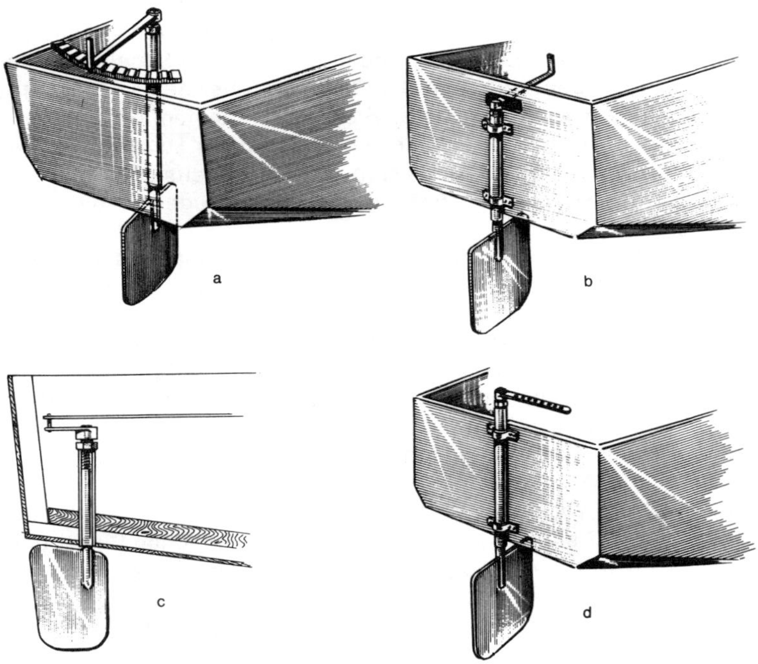


Abb. 595. *Ruder für Modelle mit Motor*
a) *Ruder, das auf einem Sektor feststellbar ist, für ein freies Modell mit Motor;* b) *Ruder mit der Achse außen am Rumpf für ein freies Modell mit Motor;* c) *Ruder mit Innenachse für ein ferngesteuertes Modell;* d) *Ruder mit Außenachse für ein ferngesteuertes Modell*

# KAPITEL XVIII Segelmodelle

Nachdem man den Rumpf fertiggestellt und sorgfältig abgedichtet hat, muß man ihn mit geeignetem Ballast versehen. Als Ballast verwendet man Blei, das bekanntlich ein hohes spezifisches Gewicht hat und leicht zu bearbeiten ist. Bei Segelmodellen wird der Ballast verteilt und auf den Boden im Schiffsinnern, über den Kiel, gelegt. Hierzu bringt man zweckmäßigerweise eine kleine Bleiplatte mit einem Gewicht an, das ausreicht, um das Modell genau auf die Schwimmwasserlinie zu bringen. Die kleine Platte wird auf den Kiel geschraubt, und wenn man Lastigkeitsfehler antrifft, fügt man im Innern des Schiffes weitere Bleistücke hinzu, um das Modell auf die bestmögliche Art zu stabilisieren.
Bei Modellen, die Jachten, Schoner usw. nachbilden, wird der Ballast bekanntlich an der Stabilisierungsflosse angebracht. Bei kleinen Modellen genügt es, das Profil aus einer Bleiplatte auszuschneiden und mit Gewindestiften an der Stabilisierungsflosse zu befestigen. Bei größeren Rümpfen wird es notwendig sein, den Ballastblock zu gießen. Dieses trifft für Segelregattamodelle zu. Weiter unten zeigen wir das zum Bau der Stabilisierungsfläche verwendete Verfahren des Gießens des Ballastes und der dazugehörenden Befestigung am Rumpf eines Segelregattamodells – ein Verfahren, das auf die allgemeinen Segelmodelle ausgedehnt werden kann.

**Bau der Stabilisierungsflosse.** Wir haben gesehen, welche Bedeutung die Stabilisierungsflosse hat und welchen Beitrag sie leistet, um sich den seitlichen Bewegungen zu widersetzen. Deshalb wurden Untersuchungen und Erprobungen mit dem Ziel durchgeführt, immer wirksamere Stabilisierungsflossen für Regattamodelle herzustellen. Aus diesen Versuchen ging hervor, daß ein Blech der Vorwärtsbewegung mehr Widerstand bietet als eine Flosse mit einer gewissen Dicke. Diese Dicke gestattet, einen größeren Ballast einzusetzen und folglich die Stabilität des Rumpfes zu vergrößern. Das Profil des Querschnittes ist sehr wichtig.
Wenn man auch nicht über genügend Angaben verfügt, so verwendet man im allgemeinen doch flügelartige Profile mit stark abgerundeter Vorderkante. Es ist erwiesen, daß der beste von der Flosse gebildete Winkel etwa 45° beträgt (Abb. *596a*). Die Dicke muß etwa 8–12% der Gesamtlänge der Flosse betragen (Abb. *596b*). Hat man die modernen Bestrebungen beim Bau von Stabilisierungsflossen im großen

Abb. 596. *Stabilisierungsflosse* a) *Längsprofil einer Stabilisierungsflosse, das für das beste gehalten wird;* b) *Querschnittprofile einer Stabilisierungsflosse in Längsrichtung*

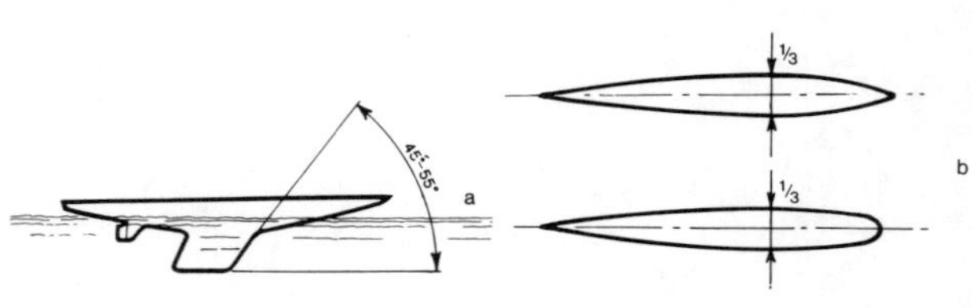

und ganzen geprüft, so sieht man, wie diese zu bauen sind. Man stellt die Flossen aus übereinandergelegten, vollen und sorgfältig bearbeiteten Querschnitten her. Aus der Flosse wird der dem Ballast entsprechende Teil ausgeschnitten, der beim Gießen des Ballastes als Modell dient (Abb. *597*).

Abb. 597. *Aus übereinandergelegten vollen Querschichten gebaute Stabilisierungsflosse*
*1. Flosse, 2. Ballast, 3. Teil der Flosse, der als Modell beim Gießen des Ballastes dient*

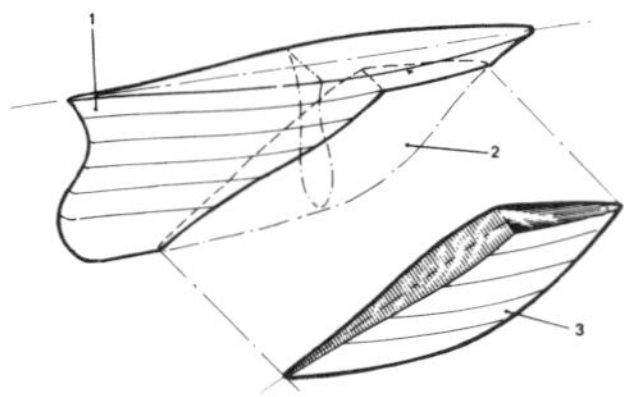


**Gießen des Ballastes.** Hat man das Modell der Flosse hergestellt, so schützt man es mit Modellbauspirituslack. Man halte sich vor Augen, daß das spezifische Gewicht des Zirbelkiefernholzes, je nach dem Grad der Trocknung, von 0,40 bis 0,80 schwankt, während das spezifische Gewicht von Blei 11,34 beträgt. Deshalb wird das Gewicht des Modells aus Holz etwa 20mal so groß, wenn man es in Blei gießt.
Man stellt zwei Kästchen aus Holz her, die groß genug sind, um das Modell mit einem gewissen Spielraum aufzunehmen. Die beiden Kästchen, die in der Gießerei *Unter-* und *Oberkasten* heißen, müssen vollkommen gleich sein, und sie tragen Führungsbolzen oder Anschlagwinkel, damit man sie genau übereinanderstellen kann. Der Unterkasten kann einen Boden haben, während der Oberkasten ganz ohne Boden ist.
Man füllt einen der Kästen mit Gießereierde und legt das Modell in waagerechter Lage hinein. Man drückt die Erde rund um das Modell fest zusammen, bis dieses sich zur Hälfte darin befindet und der obere Rand des Kastens erreicht ist. Man glättet die Erde sorgfältig und bestreut sie mit einem trennenden Pulver (Bärlapp) (Abb. *598a*). Man stellt den Oberkasten auf den Unterkasten und setzt dabei den Einguß- und den Steigertümpel ein, wobei der erstere den Eingußkanal und der zweite das Loch darstellt, aus dem die Luft entweicht, wenn sie von dem geschmolzenen Metall verdrängt wird. Aus dem Steigertümpel kommt auch der Überschuß flüssigen Metalls.
Hat man den Oberkasten mit gestampfter Erde gefüllt, hebt man ihn an und zieht das Modell heraus.

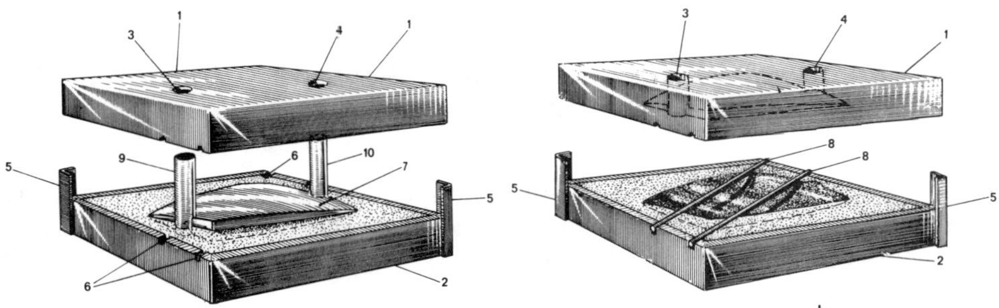


Abb. 598. *Gießen des Ballastes*
a) *Vorbereitung und Formen des Unterkastens;* b) *Herausnehmen des Modells und Einlegen der Gewindebolzen*
*1. Oberkasten, 2. Unterkasten, 3. Gießloch, 4. Abzugsloch, 5. Winkel zur genauen Führung der beiden Kästen, 6. halbrunde Ausschnitte zum Hineinlegen der Gewindebolzen, 7. Modell, 8. Gewindebolzen, 9. Eingußtümpel, 10. Steigertümpel*

Nunmehr ist es zweckmäßig, die Gewindebolzen zum Befestigen des Ballastes an der Flosse oder am Rumpf hineinzulegen. Hierfür genügen zwei Bolzen mit 5, 6 oder 8 mm Durchmesser, je nach den Abmessungen des Schiffes (5–6 mm für die Klassen F oder M, 8 mm für die Klassen A oder 10r) (Abb. *598b*). Hat man den Oberkasten wieder daraufgesetzt, schreitet man zum Gießen. Das Blei wird in einer eisernen Pfanne geschmolzen, wobei man beachtet, daß zum Schmelzen bei 327° C die Verwendung von Haushaltgas genügt. Diese Gießart heißt *Rohguß,* und als Metall kann man Bleistücke beliebiger Art verwenden (Draht, Kugeln usw.). Ist das Gießen beendet, wird das erhaltene Teil mit Raspel, Feile und Glaspapier bearbeitet und mit zwei an beiden Enden befindlichen Holzschrauben an der Flosse befestigt (Abb. *599b*).
Die Stabilisierungsflosse einschließlich des Ballastes wird schließlich durch Verleimen und mit Hilfe der beiden Gewindebolzen mit Muttern am Rumpf angebracht. Auf die Gewindebolzen legt man zwischen den Rumpf und die Muttern einige Beilagen aus Holz zur Verstärkung.
Die Stabilisierungsflosse mit dem Ballast ist gewöhnlich, besonders bei großen Modellen, entfernbar, um die Beförderung zu erleichtern. In diesem Fall wird sie nicht angeleimt, und die Durchgangslöcher im Rumpf werden mit geeigneten Messingröhrchen versehen, um fortwährendes Reiben am Rumpf zu vermeiden (Abb. *599a, b*).

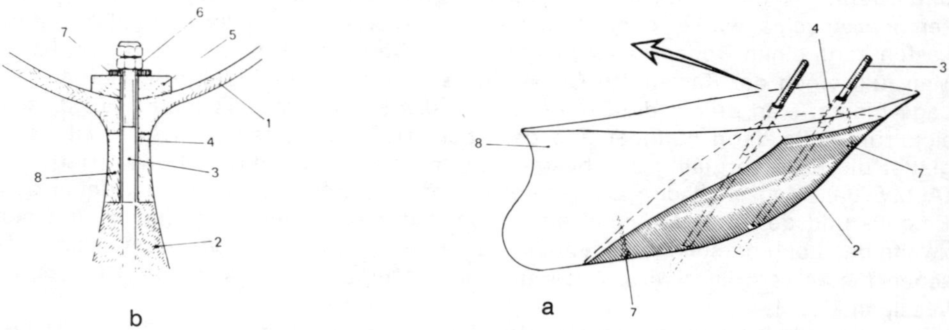


Abb. 599. *Befestigen des Ballastes und der Stabilisierungsflosse*
a) *entfernbare Stabilisierungsflosse;* b) *Befestigen des Ballastes an der Stabilisierungsflosse*
*1. Rumpf, 2. Ballast, 3. Gewindebolzen, 4. Messingröhrchen, 5. Holzbeilagen zur Verstärkung des Rumpfes, 6. Mutter und Gegenmutter ohne Durchgangsloch, 7a. Gummi- oder Lederdichtung, 7b. Holzschrauben zum Befestigen des Ballastes an der Flosse, 8. Flosse*

**Ausschneiden und Fertigstellen der Segel.** Für die fahrenden Segelschiffsmodelle mit Rahsegeln gelten die im zweiten Teil dieses Bandes angegebenen Hinweise. Bei Jachten oder Schonern und bei Regattamodellen mit Schratsegeln geht man wie folgt vor:
Man verwendet sehr dichtes und sehr feines Kattun oder noch besser Kunstfasergewebe, die im Handel leicht erhältlich sind und ein geringes Gewicht haben. Außerdem fertigt man ein Modell der Segel, indem man ihre Umrisse aus ziemlich starkem Karton ausschneidet. Man breitet das vorher angefeuchtete und gestärkte Tuch auf einem Brett aus. Nachdem man es mit Reißzwecken befestigt hat, zeichnet man die Umrisse der Segel nach, wobei man darauf achte, daß ein Rand von etwa 8 mm zum Nähen des Saums übersteht. Es ist sehr wichtig, daß der Stoff so liegt, daß die Webkante parallel zur Sehne der Hinterkante verläuft (Abb. *600a, b, c*).

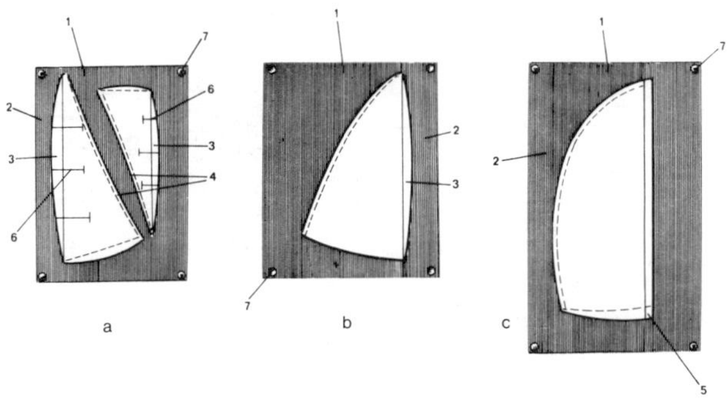


Abb. 600. *Ausschneiden und Fertigstellen der Segel*
a) *Vorbereitung des Ausschneidens des Groß- und des Vorsegels;* b) *Vorbereitung des Ausschneidens eines verkleinerten Spinnakers; c) Vorbereitung des Ausschneidens eines Spinnakers 1. Gewebe, 2. Webkante, 3. Hinterkante, 4. Vorderkante, 5. Hinterkante des Spinnakers, 6. Taschen für die Segellatten, 7. Reißzwecken*

Hat man das Tuch ausgeschnitten, wird es so sorgfältig genäht, daß keine Ausbuchtungen oder Falten entstehen. Wenn das Segel an den Mast mit Nut angeschlagen wird, muß man auf der vorderen Seite des Segels das Liek annähen, das aus einem dünnen Hanfseil besteht. Wenn das Segel außen an den Mast geschlagen wird, genügt es, einfache Häkchen, wie man sie im Kurzwarengeschäft bekommt, an die Vorderkante des Segels zu nähen. Dieses Verfahren benutzt man gewöhnlich bei Regattamodellen. Die aus Zelluloidstücken oder aus dünnen Stücken Plast hergestellten Segellatten werden in eine Art Hülle oder Scheide aus dem gleichen Gewebe wie das Segel gesteckt. Das Kopfbrett wird aus einem Plättchen Zelluloid oder Plast hergestellt. Bei Regattamodellen sind nunmehr Segel aus synthetischen Geweben in Gebrauch gekommen; solche Gewebe verwendet man bei den richtigen Regattabooten, und sie haben den Vorteil, daß schwierige Nähte an den Rändern entfallen. Doch auch bei diesen Geweben muß man beachten, daß die Webkante parallel zur Sehne der Achterkante liegt.

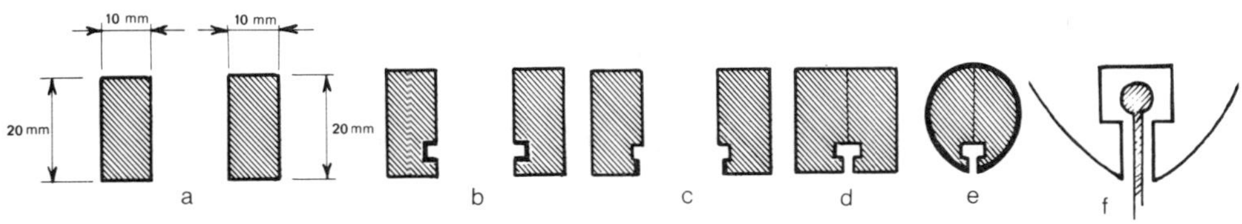


Abb. 601. *Bau eines Mastes mit Nut*
a) *Herstellen der Leisten von 20 x 10 mm;* b) *Herstellen der Nut, die auch mit der Kreissäge ausgeführt werden kann;* c) *Abtragen der hinteren Lippe mit einem kleinen Hobel;* d) *Verleimen der beiden Masthälften;* e) *Mast mit stromlinienförmigem Querschnitt;* f) *Querschnitt der Nut mit Segel*

**Bemastung.** Wenn es sich um Masten von allgemeinen Fahrmodellen handelt, sind keine besonderen Hinweise nötig; es genügt, sich an den Bauplan zu halten. Bei den Segelregattamodellen muß man weitere Forderungen berücksichtigen, wozu die Betriebssicherheit und die Zweckmäßigkeit beim Ausführen der einzelnen Manöver gehören. Die Gesamtheit der Masten muß, wenn sie auch robust sein soll, dem Wind den kleinstmöglichen Widerstand bieten, deshalb ist alles Überflüssige zu beseitigen. Das stehende Gut wird auf ein oder zwei Wanten auf jeder Schiffsseite und auf zwei Stage, von denen das vordere auch als Fockleiter dient, begrenzt. Das Segel wird gewöhnlich an einem längs des Mastes befestigten dünnen Tau oder in der Nut desselben Mastes angeschlagen. Die Schoten des Vor- und des Großsegels werden mit Hilfe von Ringen eingestellt und an besonderen Beschlägen (Reitern) steifgesetzt.

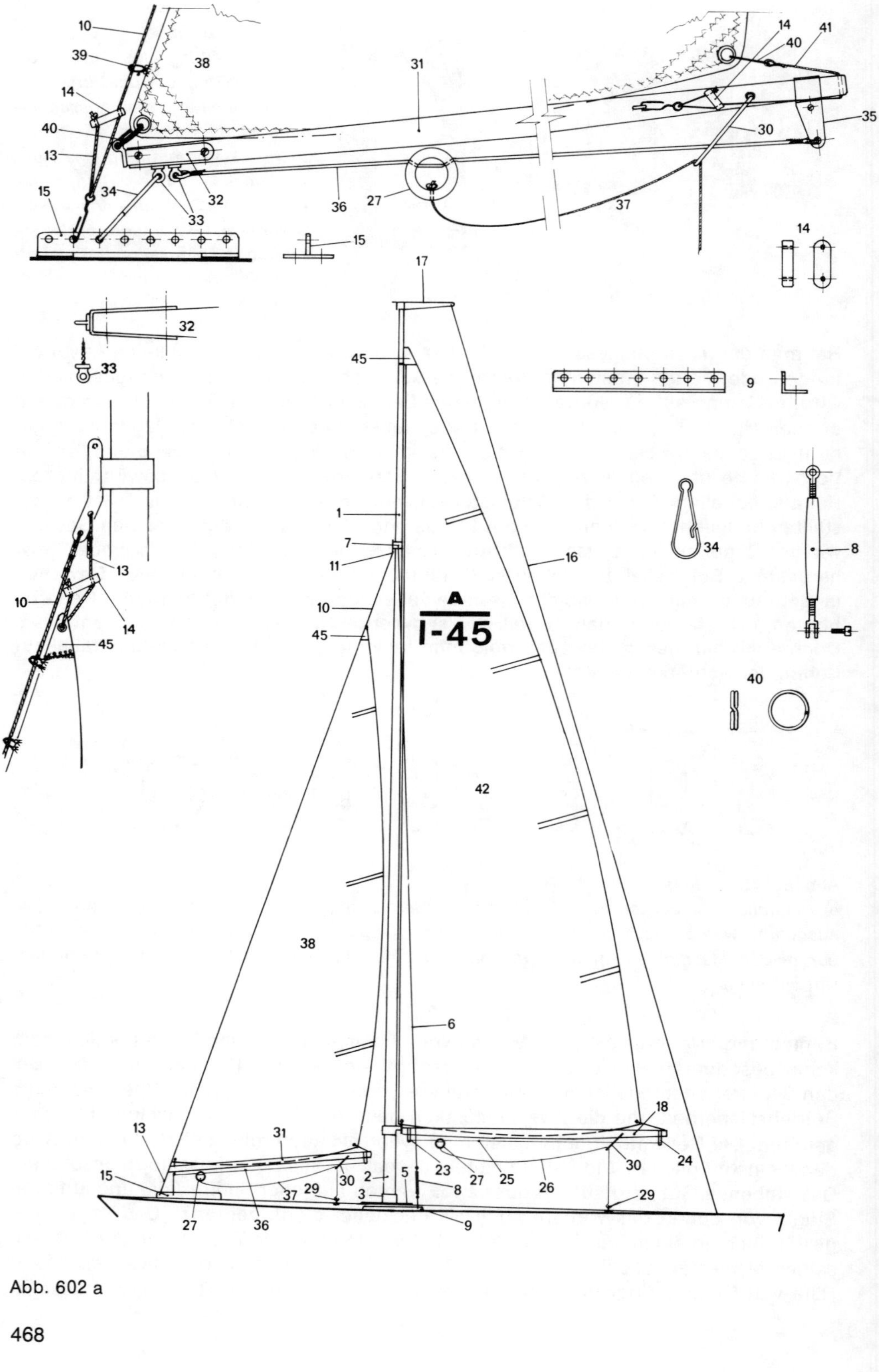

A
I-45
10
39
38
31
14
40
41
35
13
30
15
34
33
32
36
27
37
17
45
9
1
7
11
16
8
34
40
42
6
18
23
25
26
24
29
5
3
2


Abb. 602 a

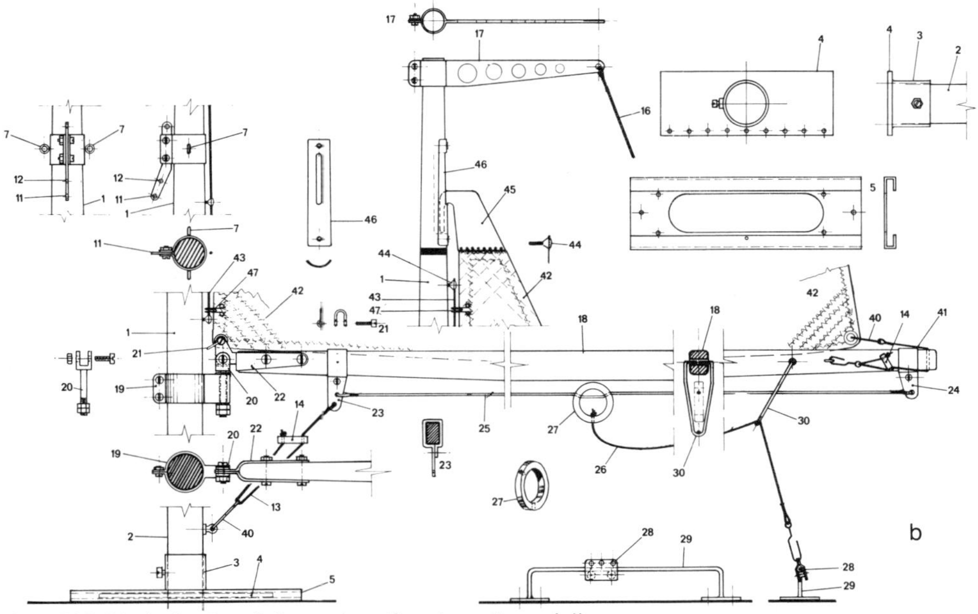


Abb. 602. *Typische Ausrüstung eines Segelregattamodells*
a) *allgemeiner Plan und Einzeldarstellung des Vorsegelbaums;* b) *Mast und Großbaum*
*1. Mast, 2. Mastfuß, 3. bewegliche Mastspur (aus Messing- oder Aluminiumrohr), 4. Gleitkufe der Spur (aus Messingblech von 2 mm), 5. Schiene der auf Kufe beweglichen Spur (aus 1 mm-Messingblech), 6. Want, 7. Ring zum Befestigen der Wanten (an entsprechendes Band gelötet), der Ring ist aus Rundmessing von 0,8–1 mm, das Band aus Messingblech von 0,8–1 mm, 8. Spannschraube, 9. Befestigungswinkeleisen oder Rüste der Spannschraube, das Winkelstück ist mit Bohrungen zum Wechseln der Lage des Wants je nach der Verschiebung des Mastes zum Zentrieren des Modells versehen (das Winkelstück fertigt man aus L-Profilmessing von 0,8–1 mm), 10. Vorstag, 11. Loch zum Befestigen des Stags, 12. Loch zum Befestigen des Fockfalls, 13. Reibungsspannvorrichtung, 14. Lasche der Spannvorrichtung (aus Messingblech von 2–3 mm), 15. Winkelstück oder Rüste zum Befestigen des Stags und des Vorsegelbaums (aus T-Profilmessing von 0,8–1 mm), 16. Achterstag, 17. Achterstagausleger (aus Messing- oder Aluminiumblech von 1,5–2 mm), 18. Großbaum, 19. Band mit Hülse des Großbaummastbolzens (aus Messingblech von 0,8–1 mm), 20. Gewindebolzen mit Befestigungsmuttern und Gabel zum Anbringen des Großbaumbeschlages (Bolzen aus Rundmessing, Gabel aus auf den Bolzen gelötetem U-Profil), 21. Öse zum Befestigen des Großsegelhalshorns, 22. Großbaumbeschlag (aus Messingblech von 08,–1 mm), 23. Bugausleger zum Führen der Großschot (aus Messingblech von 0,6–0,8 mm), 24. Achterausleger (wie der vorige), 25. Jäckstag der Schot (aus Baumwoll- oder Nylonleine), 26. Schot (aus Baumwolle oder Nylon), 27. Ring aus Plast oder Metall mit drei Löchern, der auf dem Jäckstag zum Einstellen der Schot gleitet, 28. kleiner Wagen mit Rädchen zum Verschieben der Schot (beim Wenden), aus Messingblech und Rundmessing, 29. Führungsreiter der Schot (Rundmessing von 2 mm), 30. Führungsring der Schot (Rundmessing von 1 mm), 31. Vorsegelbaum, 32. Halbband mit Befestigungsring für das Halshorn der Fock (aus Messingblech von 0,8–1 mm), 33. Ringe mit Schraube, 34. Schnallenfeder zur Festlegung des Vorsegelbaums, 35. Ausleger des Jäckstags der Fockschot, 36. Jäckstag der Fockschot, 37. Fockschot, 38. Vorsegel, 39. Stagreiter aus einer kleinen runden Schnallenfeder, 40. Federring, der geöffnet werden kann, 41. Befestigungstau des Schothorns aus Baumwolle oder Nylon mit Reibungsspanner, 42. Großsegel, 43. Stahlseil aus mehreren Kardeelen (0,4–0,5 mm) zum Anschlagen des Großsegels, 44. Befestigungsschraube dieses Seils, 45. Kopfbretter (aus Messingblech oder Plast; wenn das Kopfbrett des Großsegels als Fall dient wie hier, ist es aus Metall), 46. Gat zum Befestigen des Kopfbrettes im Mast (aus Messingblech von 0,5–0,8 mm), 47. Stagreiter des Großsegels, aus Häkchen hergestellt*

Die Spur des Mastes wird an Deck angebracht und kann in einem Schlitten so gleiten, daß die Verschiebung der Beseglung und des dazugehörigen Segelschwerpunkts zum Zentrieren des Modells möglich wird.
Zum Bau der Masten verwendet man leichte und zähe Hölzer: *Tanne* und manchmal auch *Linde.* Wenn sie Nuten zum Anschlagen des Segels tragen, werden die Masten zusammengesetzt (Abb. *601*). In jedem Fall ist ihr Profil im Querschnitt stromlinienförmig, und sie sind in Längsrichtung leicht konisch, wobei sie nach oben dünner werden. Man kann Masten auch aus Metall herstellen, wobei Duraluminium der beste Werkstoff ist. Die Wanten und die Stage sind aus Stahlseil mit mehreren Kardeelen von 0,3–0,4 mm, und sie werden mit kleinen Spannschrauben steifgeholt. Für andere Taue verwendet man Spannvorrichtungen mit Backen. Das laufende Gut ist aus Hanf-, Baumwoll- oder Nylonseil von 1–1,5 mm. Alle anderen Metallteile (Baumrack, Befestigungsplatten für das Tauwerk, Reiter usw.) stellt man aus kleinen Profilstücken und aus Messingblech her. Abb. *602a, b* zeigt eine typische und grundsätzliche Ausrüstung für Segelregattamodelle, die für jeden beliebigen Typ und jede beliebige Klasse verwendet werden kann. Es wird dann Aufgabe des Modellbauers sein, je nach seiner Erfahrung und nach seiner Einsatzbereitschaft Neuerungen oder Änderungen vorzunehmen.

**Ruder.** Das Ruder sowohl der Jachten wie der Segelregattamodelle hat bugseitig eine Flosse als Übergang zum Schiffsboden. Sie dient zur Erhöhung des Seitenwiderstandes, indem sie den Lateralschwerpunkt nach hinten verschiebt. Das Ruderblatt erhält man aus einem Hartholzbrett, während man für den Schaft ein Messingröhrchen verwendet, an das man das Ruderblatt schraubt. Das untere Ende des Röhrchens wird durch einen Messingstöpsel verschlossen, den man entsprechend durchbohrt. Er dient dann als Ruderöse. Den Ruderkoker stellt man wiederum aus einem Messingröhrchen her, dessen Innendurchmesser den Ruderschaft aufnehmen kann. Das Teil, an dem die Ruderflosse ruht, schneidet man, dieser entsprechend, in der Mitte ein und schraubt es an den Rand der Flosse. An der Unterkante der Flosse wird eine kleine Platte befestigt, die den Ruderfingerling trägt. Um das Eintrittsloch im Rumpf legt man eine Dichtung, welche die Aufgabe hat, den Rumpf selbst wasserdicht zu halten. Man kann auf die Dichtung verzichten, wenn man Epoxydleime verwendet. Flosse und Ruder haben einen stromlinienförmigen Querschnitt und Flügelprofil (Abb. *603*).

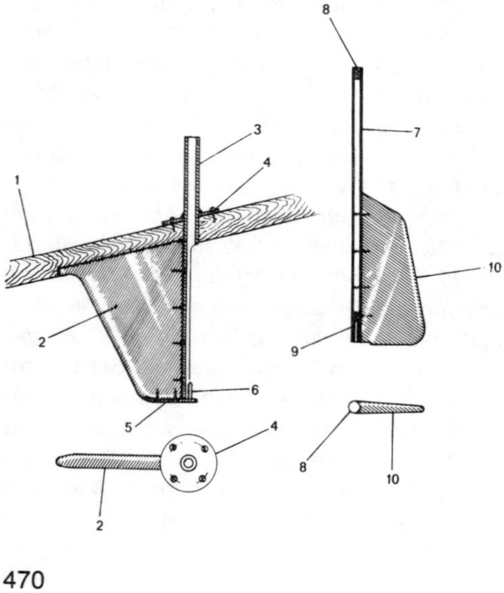


Abb. 603. *Ruder für Segelregattamodelle 1. Rumpf, 2. Ruderflosse, 3. Ruderkoker oder Hennegat des Ruders, 4. mit kleinen Holzschrauben befestigte Lederdichtung, 5. kleine Platte, die den Ruderfingerling trägt, 6. Ruderfingerling, 7. Ruderschaft, 8. oberer Stöpsel des Ruderschaftes, 9. unterer Stöpsel des Ruderschaftes mit Ruderösen, 10. Ruderblatt*

**Automatisches Ruder mit Wetterfahne.** Der Gedanke der aerodynamischen Steuerung des Ruders geht auf das Ende des vorigen Jahrhunderts zurück, und er wurde in den ersten Jahrzehnten des 20. Jahrhunderts verwirklicht. Das erste Muster eines Ruders mit Wetterfahne wurde 1935 von dem Amerikaner Sam O'Berge fertiggestellt, und in demselben Jahr siegte ein Modell der Klasse A, das mit einer solchen Vorrichtung versehen war, bei den internationalen Regatten von Fleetwood. Es erfreute sich anfangs keiner besonderen Beliebtheit, und man zog ihm eine mechanische Steuerung vor; erst nach dem zweiten Weltkrieg wurde es, vor allem durch die Arbeit der Amerikaner, in großem Umfang weiterentwickelt, so daß es nunmehr auf allen Modellen von mehr als 1 m Länge gebräuchlich geworden ist.
Dieses Verfahren, das die Amerikaner *vane steering gear* (Wetterfahnenlenkgetriebe) genannt haben, ist einfach und besteht aus einer Wetterfahne, die sich auf einem mit einem runden Quadranten versehenen Zapfen, der entsprechend in gleiche Teile unterteilt ist, frei drehen kann. Dieser Quadrant dient als Bezugssystem und zur Kontrolle bei den verschiedenen Winkellagen. Die Wetterfahne ist mit der Ruderpinne durch einen Arm mit Schlitz und Bolzen verbunden, der das Drehen beider Bauteile gestattet. Einer Drehung der Wetterfahne entspricht eine Drehung des Ruders in der entgegengesetzten Richtung als Folge der entsprechenden Drehung des Wetterfahnenarmes und der Ruderpinne. Der Hauptdrehzapfen der Wetterfahne befindet sich an Deck hinter dem Ruder. Er kann mit einer Vorrichtung in eine beliebige Lage gestellt werden und bleibt auf dem gewünschten Winkel stehen.
Die Arbeitsweise der Steuerung ist die folgende: sind die Segel so getrimmt, daß sie in der Lage größter Wirksamkeit für einen bestimmten Kurs stehen, legt man das Ruder in die Lage 0, die der Längsachse des Rumpfes entspricht. Dann verdreht man die Wetterfahne, indem man sie sich um einen bestimmten Winkel gegenüber dem eigenen Arm, der in der mit der Achse des Rumpfes und daher mit der Achse der Ruderpinne zusammenfallenden Längslage bleibt, drehen läßt. Der Winkel, um den die Wetterfahne verdreht wurde, muß mit der Windrichtung zusammenfallen. Hat man das Modell gestartet und ist es bestrebt, näher an den Wind zu kommen, so wird die Seite A der Wetterfahne dem Wind zugekehrt und die Seite B vom Wind abgekehrt, da sich auch die Wetterfahne zusammen mit dem Rumpf gedreht hat. Da die Wetterfahne nun nicht mehr in der Windrichtung steht, wirkt der Wind mit seiner Kraft auf die Wetterfahnenseite und läßt sie sich so drehen, daß sie wieder in die Windrichtung kommt (Abb. *604*). Im wesentlichen führt die Wetterfahne unter der Einwirkung des Windes eine Drehung um einen Winkel aus, der gleich dem Anluvwinkel des Modells ist. Gleichzeitig läßt die Wetterfahne durch ihren Arm das Ruder sich um den gleichen Winkel drehen, was eine Drehung des Modells hervorruft, die dem vorhergehenden Anluven entgegengesetzt ist. Die Wirkung hört auf, wenn die Längsachse des Modells wieder ihren Kurs aufgenommen hat.

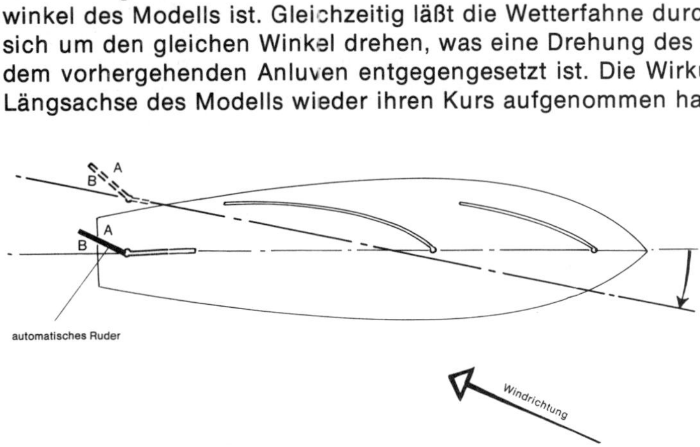


Abb. 604. *Wirkung des automatischen Ruders mit Wetterfahne bei der Steuerung eines Segelschiffsmodells*

Natürlich wirkt der Wind, solange er vorhanden ist, immer auf die Wetterfahne; aber seine Wirkung wird nach und nach in dem Maß kleiner, wie sich das Modell verschiebt, und sie hört auf, wenn die Wetterfahne in ihre Anfangsstellung zurückgekehrt ist und sich das Ruder in Achsrichtung gelegt hat. Analog hierzu findet der entsprechende Vorgang, aber in der entgegengesetzten Richtung, statt, wenn das Modell dazu neigt, vom Wind abzudrehen, statt an den Wind zu gehen. Beim Segeln am Wind und lose am Wind wird die Wetterfahne in der beschriebenen Weise gedreht. Bei Fahrt vor dem Wind stellt man die Wetterfahne, um 180° gedreht, parallel zur Rumpfachse; verfährt man so, dann hält die Wetterfahne das Ruder in Richtung der Rumpfachse (Abb. *605*).

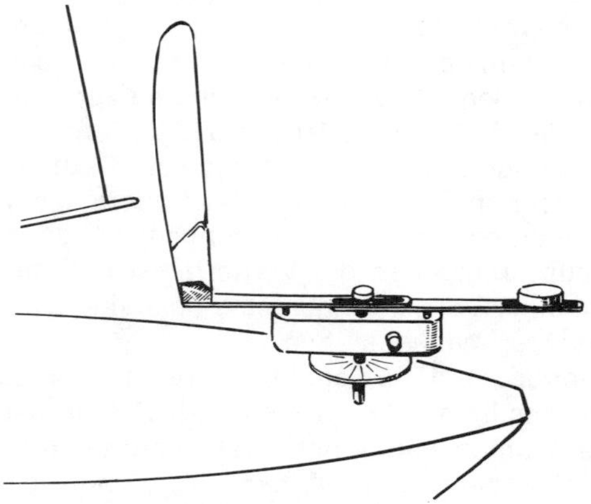

Abb. 605. *Anordnung des automatischen Ruders mit Wetterfahne bei Fahrt vor dem Wind*

Aus dem oben Gesagten geht also hervor, daß es notwendig ist, die ganze Vorrichtung sehr sorgfältig zu bauen, um ihre Reibungsverluste zu vermindern und sie empfindlich zu machen. Auch die Einrichtung zum Bewegen des Ruders muß äußerst empfindlich hergestellt werden. Damit der ganze mechanische Aufbau des automatischen Ruders nicht auf Schräglagen reagiert, ist es notwendig, ihn auszugleichen. Dieses erfolgt mit einem Ausgleichsgewicht, das man auf das andere Ende des Arms setzt, der die Wetterfahne trägt. Auf diese Weise stellt man bei jeder Rumpfneigung ein indifferentes Gleichgewicht sicher. Die Erforschung des richtigen Gleichgewichts zwischen allen beweglichen Teilen erfolgt, wenn der eingetauchte Rumpf und der hydrodynamische Druck auf das Ruder ins Gleichgewicht gebracht werden.
Da die Wetterfahne vom Wind bewegt wird, während sich das Ruder im Wasser bewegt, ist es notwendig, daß die aerodynamische Wirkung mit der hydrodynamischen im Gleichgewicht ist. Die Erfahrung hat gezeigt, daß die Wetterfahnenfläche 4 oder 5 mal so groß wie die Fläche des Ruders sein muß, während die Ruderpinne eineinhalbmal so lang wie der Arm der Wetterfahne sein muß, um die Einstellung des richtigen Ruderpinnenwinkels zu bewirken. Wir bringen im folgenden einige Werte, die den Flächen der Wetterfahne und des Ruders zu geben sind.

| Klasse | Wetterfahnen-oberfläche | Ruderober-fläche | Höhe des Ruders |
|---|---|---|---|
| A und 10r | max. 360 cm² | 75–95 cm² | 12–15 cm |
| M | max. 270 cm² | 55–65 cm² | 10–12 cm |

Die Wetterfahne muß sehr leicht und genügend widerstandsfähig sein; der verwendete Werkstoff ist Balsaholz. Ihr Profil ist an der Bugseite gerade, oben und unten halbkreisförmig und bildet an der Heckseite einen großen, Ober- und Unterseite verbindenden Kreisbogen. Der Querschnitt ist flügelförmig. Die Dicke der Wetterfahne beträgt 7–9 mm (Abb. *606*). Sowohl das Ruder als auch die automatische Steuerung setzt man weit nach hinten, damit die Wetterfahne ihre Tätigkeit so weit weg wie möglich von aerodynamischen Störungen durch die Nähe des Großsegels ausführen kann. Die Wetterfahne muß senkrecht stehen.

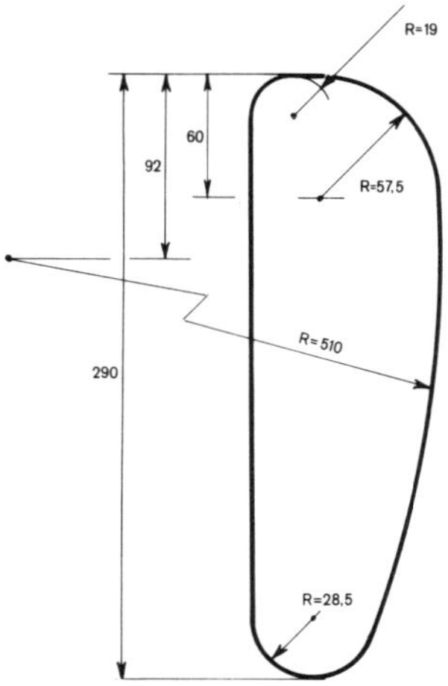


Abb. 606. *Typisches Profil einer Wetterfahne aus Balsaholz und ihre Abmessungen*

Falls die Abfahrt des Modells vom Land aus erfolgt, stellt man die Wetterfahne auf die Richtung des wahren Windes ein. Wenn aber das Modell gestartet wird und in Fahrt ist, wird die Wirkung auf die Segel, wie wir wissen, durch den scheinbaren Wind hervorgerufen. Man muß daher, je nach den verschiedenen Kursen, einen geeigneten Winkel vorgeben. Er beträgt bei der Fahrt am Wind 38°–45°, und der scheinbare Wind schwankt zwischen 27° und 33°. Die Wetterfahne muß deshalb mit einem Winkel, der zwischen diesen letzteren Werten liegt, eingestellt werden. Bei raumerer Fahrt ist der Winkel des scheinbaren Windes nicht so spitz; man muß daher den Winkel der Wetterfahne geeignet vergrößern.
Es ist nicht leicht, eine vollkommene Regelung zu erhalten, da sich die Richtung und der aus ihr folgende Winkel des scheinbaren Windes je nach der Geschwindigkeit des Modells und der Windstärke merklich ändern. Diese Art automatischer Ruder ergibt jedoch auch bei einem nicht sehr zentrierten Modell immer gute Ergebnisse. Um diese Art automatischer Steuerung wirksamer zu machen, wurden nach dem zweiten Weltkrieg verschiedene Vorrichtungen erfunden. Die Amerikaner Lassel und Fischer führten ein *self-tacking* oder *Selbstkreuzen* genanntes Gerät ein. Hiermit ist es möglich, im wesentlichen dem Modell das automatische Wechseln des Bugs zu überlassen, das heißt, es durch einen einfachen Schlag auf die Wetterfahne kreuzen zu lassen, wobei es den Bug wechselt (Abb. *607a*). Darüber hinaus ist es möglich, der Wetterfahne einen gewissen Spielraum zu geben, so daß sie sich in die Richtung des scheinbaren Windes stellen und dabei den eventuellen Abweichungen folgen kann. Die Vorrichtung zum automatischen Kreuzen beruht darauf, daß man die Wetterfahne auf einen frei beweglichen Arm baut, das heißt, den Arm in zwei halbe Arme teilt, von denen einer die Wetterfahne und der andere das Gewicht trägt. Die beiden Arme werden untereinander mit einstellbaren Schrauben verbunden, die in Schlitzen gleiten, die in den Armen angebracht sind.
Die beiden Arme drehen sich auf zwei Bolzen, die sich im gleichen Abstand auf einem Gestell befinden. Das Gestell dreht sich seinerseits auf einem Mittelstift, der auf dem Bock gelagert ist und von einer Schraube blockiert werden kann, wodurch das Einstellen auf jeden möglichen Winkel ermöglicht wird.

Wenn das Gestell blockiert ist, hält es die von der Vorrichtung vorgesehene Lage fest. Sowohl das Gestell wie die Vorrichtung zum automatischen Kreuzen besitzen Einrichtungen zum Blockieren. Die Arbeitsweise dieser Geräteart entspricht der oben veranschaulichten. Vor allem versetzt man die Wetterfahne in die wahrscheinliche Richtung des scheinbaren Windes; dann gibt man die beiden Arme zum automatischen Kreuzen frei und stellt ihren Winkel ein, indem man ihm einen Spielraum von einigen Grad gibt, und zwar 5°–6° bei Fahrt am Wind und 8°–10° bei Fahrt lose am Wind. Innerhalb dieser Winkel liegt der wahrscheinliche Bewertungsfehler. Vor dem Wind muß das automatische Kreuzen natürlich blockiert bleiben, und die ganze Vorrichtung muß um 180° gedreht werden.
Das automatische Wenden nimmt man wie folgt vor. Hat man die Segel für die Fahrt am Wind gesetzt, gibt man die beiden Arme der Wetterfahne und des Ausgleichsgewichts frei, während man das Gestell so blockiert hält, daß sich der Arm des Ruders auf dessen Pinne mit der Rumpfachse in einer Linie befindet. Dann stellt man die Wetterfahne auf den wahrscheinlichen Winkel des scheinbaren Windes, wobei man die Öffnung der beiden Arme zum automatischen Kreuzen einstellt. Die Wetterfahne wird mit einem kleinen Stück Gummiband in ihrer Lage gehalten. Dieses ist einerseits an einem Häkchen auf dem Ausgleichsgewichtsarm und andererseits auf einem kleinen, senkrecht am Gestell angebrachten Arm befestigt (Abb. *607b*). Um das Modell wenden zu lassen, genügt es, einen Schlag auf die Wetterfahne (auch mit einem Stock) zu geben, die sich durch die Spannung des Gummibandes richtet. Die Wetterfahne gibt auf diese Weise einen Schlag auf das Ruder, und das Modell wendet. Es ist klar, daß sich das Ruder beim Blockieren des automatischen Kreuzens wie bei einem Gerät einfacherer Art verhält.

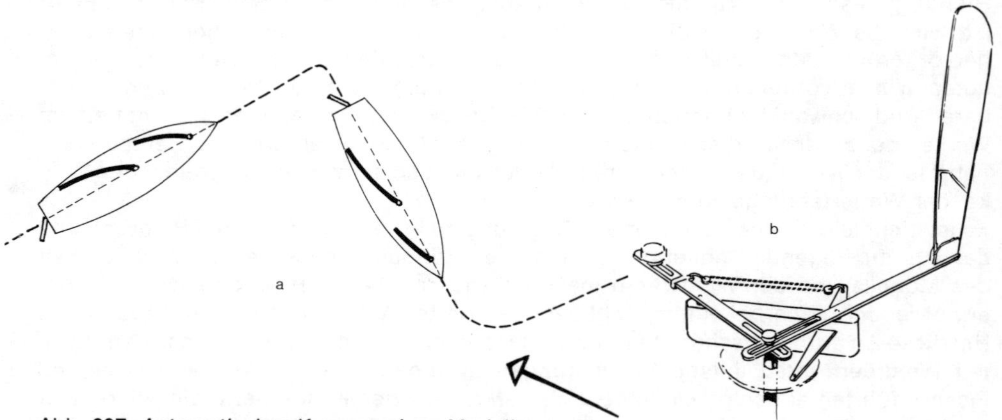


Abb. 607. *Automatisches Kreuzen eines Modells*
a) *Kurs eines Modells beim Kreuzen;* b) *Blockierung des automatischen Kreuzens mit Gummiband*

Abb. *608a, b* zeigt zwei übliche Arten automatischer Ruder mit automatischem Kreuzen. Die erste Art ist das Fischer-Ruder, bei dem das Blockieren des Gestells durch Reibung erfolgt. Das Einstellen der Arme zum automatischen Kreuzen erfolgt mit einem Bolzen. Die zweite Art ist die abgeänderte von Lassel, bei der das Einstellen des Gestells mit Hilfe eines an demselben Gestell befestigten Stifts unmittelbar auf der mit Bohrungen versehenen Scheibe erfolgt. Das Selbstkreuzen stellt man mit einer waagerechten Schraube ein. Abb. *609a, b* zeigt die Konstruktionszeichnung eines automatischen Ruders ganz üblicher Art (Fischer-System) mit Selbstkreuzen nach Lassel. Auf der Zeichnung sind außer den Abmessungen die verwendeten Werkstoffe eingetragen.

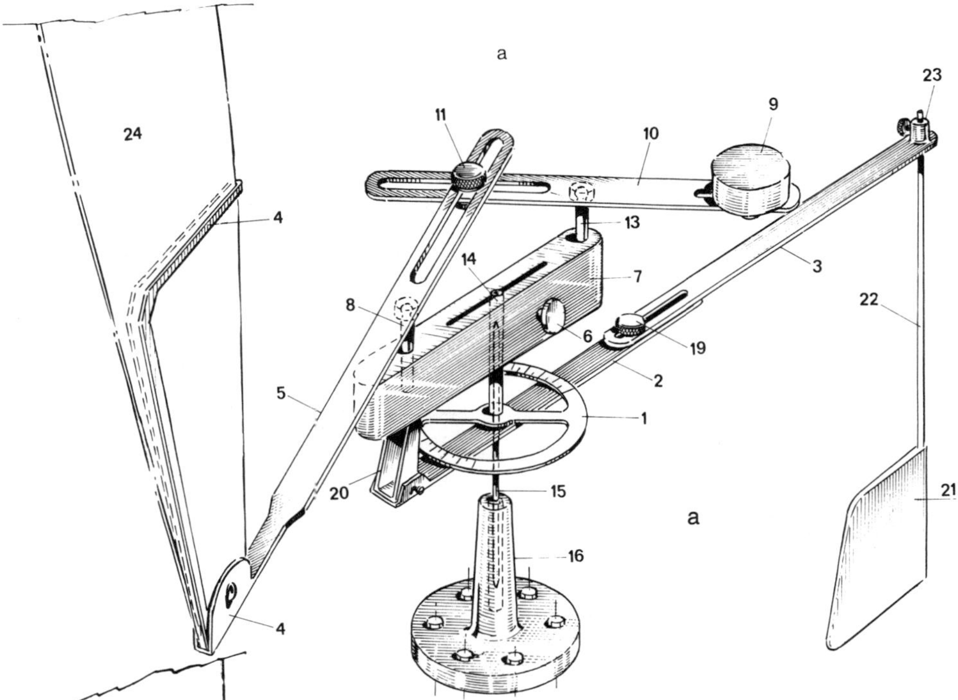


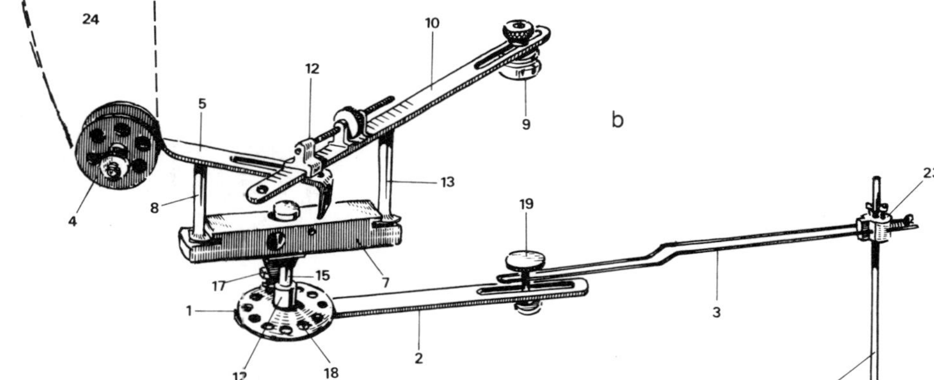


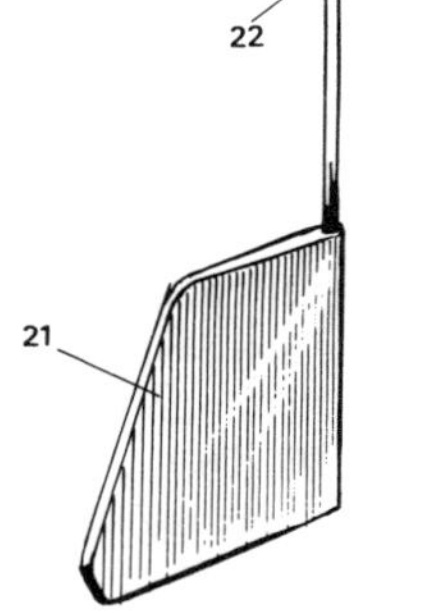


Abb. 608. *Automatisches Ruder mit Wetterfahne*

a) *Ruder, System Fischer;* b) *Ruder, System Lassel*

*1. Scheibe mit Gradeinteilung, 2. Verbindungsarm zur Ruderpinne, 3. Ruderpinne, 4. Halterung der Wetterfahne, 5. Arm der Wetterfahne, 6. Mutter zum Befestigen der automatischen Steuerung durch Reibung. 7. Gestell, 8. nadelartiger Stift des Hebels der Wetterfahne, 9. Ausgleichsgewicht, 10. Hebelarm des Ausgleichsgewichtes, 11. Mutter zum Einstellen des Wetterfahnenarms und des Hebelarms des Ausgleichsgewichts (automatisches Kreuzen), 12. Vorrichtung mit Schraube zum Einstellen der beiden Arme, 13. nadelartiger Stift des Ausgleichsgewichtshebels, 14. Lagerung des Mittelstiftes, 15. Mittelstift, 16. untere Halterung des Mittelstiftes, 17. Blockierung des ganzen Zentriersystems der automatischen Steuerung, 18. Bohrungen in der Scheibe zum Zentrieren des Systems, 19. Schraube mit Mutter zum Verbinden mit der Ruderpinne, 20. Blockierungsanordnung der Halterung, 21. Ruder, 22. Ruderachse, 23. Ring mit Schraube zum Befestigen der Ruderachse, 24. Wetterfahne*

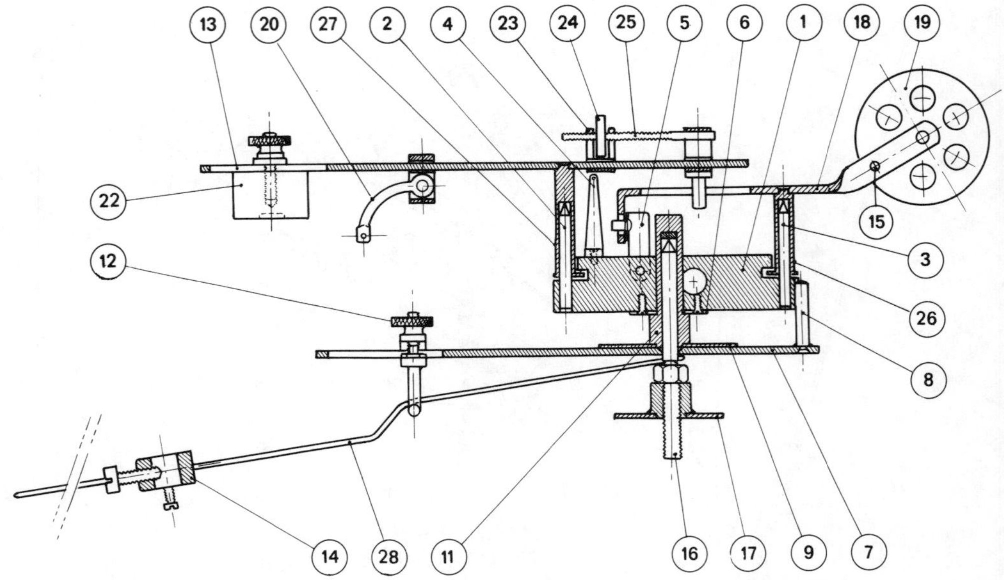


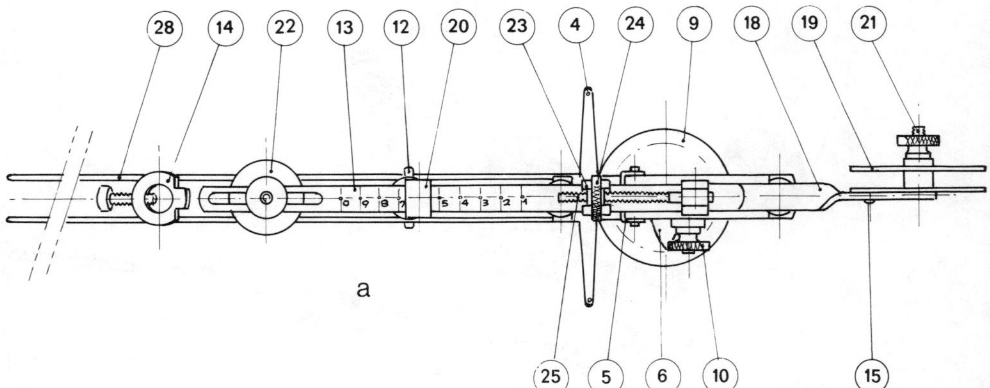


a

Abb. 609. *Konstruktionszeichnung des automatischen Ruders, System Lassel*
a) *Gesamtansicht;* b) *konstruktive Einzelheiten*
*1. Gestell, 2. Bolzen des Ausgleichsgewichtsarms, 3. Bolzen des Wetterfahnenarms, 4. Arme zum Anbringen des Gummibandes für den automatischen Wechsel des Bugs, 5. Blockierungsanordnung des Selbstkreuzens, 6. Zeiger der Scheibe mit Gradeinteilung, 7. Arm der Scheibe mit Gradeinteilung, 8. Anordnung zum Befestigen des Hebels der Scheibe am Gestell durch Mitnehmer, 9. Scheibe mit Gradeinteilung, 10. Mutter zum Feststellen der automatischen Steuerung, 11. Lagerung des Gestellmittelstifts, 12. Mutter mit Reiter zum Einstellen und Verbinden der Ruderpinne, 13. Arm des Ausgleichsgewichts, 14. Ring mit Schraube zum Befestigen der Ruderachse, 15. Winkelarm zum Befestigen der Scheibenhalterung der Wetterfahne, 16. Gestellmittelstift, 17. untere Halterung des Mittelstifts mit Gewinde, 18. Wetterfahnenarm, 19. Scheibenhalterung mit Aussparungen für die Wetterfahne, 20. Haken für das Gummiband zum automatischen Kreuzen, 21. Schraube mit Mutter zum Befestigen der Wetterfahnenscheibe, 22. Ausgleichsgewicht, 23. Gleitkufe auf dem Ausgleichsgewichtsarm, 24. Einstellmutter des Ausgleichsgewichtsarms, 25. Schraube mit Halterung zum Einstellen des Selbstkreuzens, 26. Lagerung des Bolzens des Wetterfahnenarms, 27. Lagerung des Bolzens des Ausgleichsgewichtsarms, 28. Ruderpinne*

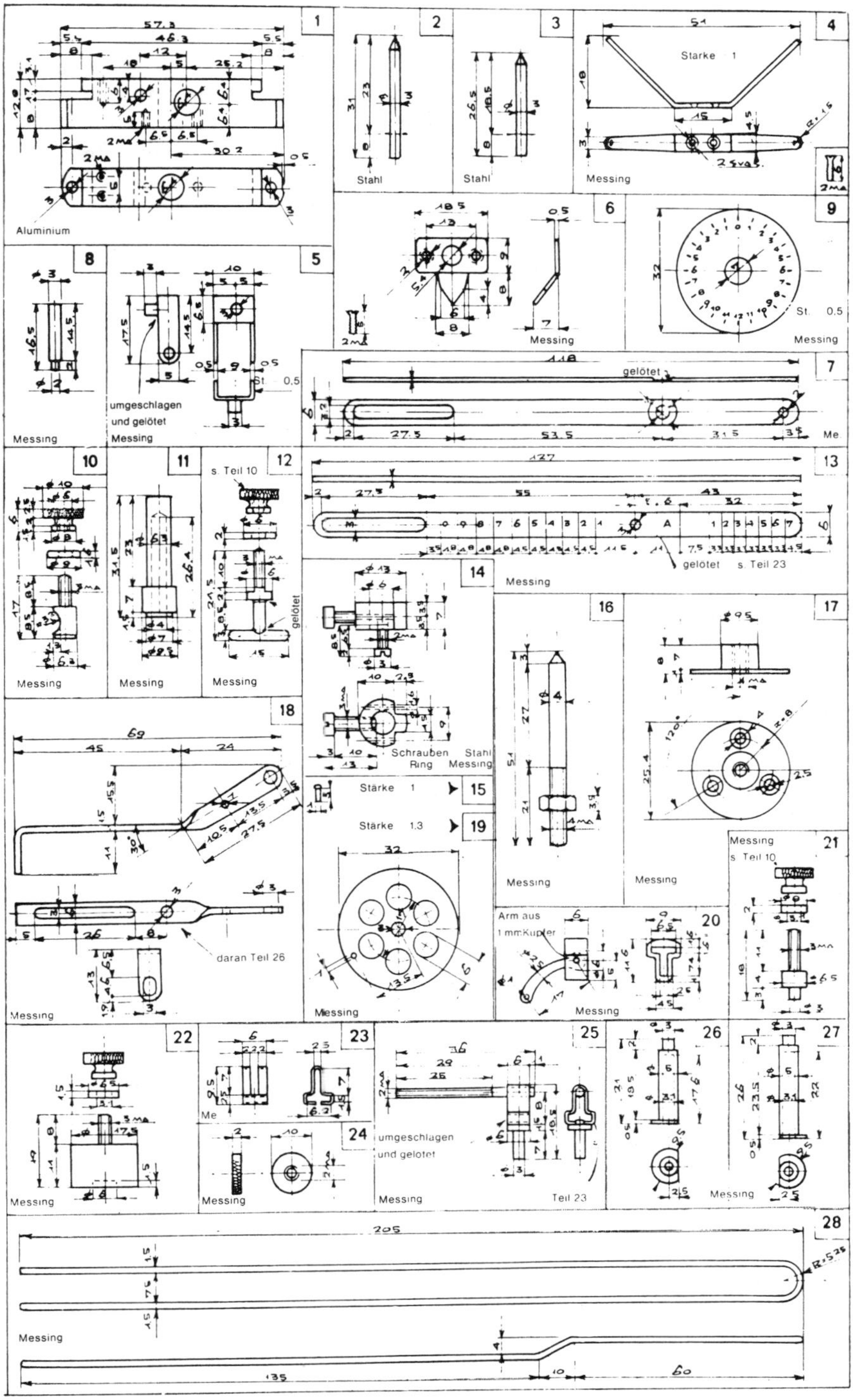
1
Aluminium
2
Stahl
3
Stahl
4
Stärke 1
Messing
5
umgeschlagen
und gelötet
Messing
St. 0,5
6
Messing
7
gelötet
Me
8
Messing
9
St. 0,5
Messing
10
Messing
11
Messing
12
s. Teil 10
gelötet
Messing
13
gelötet s. Teil 23
Messing
14
Schrauben Stahl
Ring Messing
15
Stärke 1
16
Messing
17
Messing
18
daran Teil 26
Messing
19
Stärke 1,3
Messing
20
Arm aus
1 mm Kupfer
Messing
21
Messing
s. Teil 10
22
Messing
23
Me
24
Messing
25
umgeschlagen
und gelötet
Messing
Teil 23
26
Messing
27
28
Messing

Abb. 609 b

**Segelregattamodelle.** Die Regattamodelle müssen in Übereinstimmung mit den *Bauvorschriften*, das heißt mit Normen und Eintragungen, die sie mit ähnlichen Modellen vergleichbar machen, mit denen sie in Wettbewerb treten wollen, konstruiert und gebaut werden. Die Bauvorschriften werden von nationalen und internationalen Verbänden herausgegeben. Es handelt sich also um nationale und internationale Klassen. Die Ähnlichkeit bestimmter geometrischer und physikalischer Eigenschaften gestattet dem Wettbewerbsteilnehmer, die von ihm durch Ausnutzen der nicht vorgeschriebenen Merkmale erzielten Vorteile herauszustellen.
Wir fassen im folgenden die gewöhnlich verwendeten Bauvorschriften der Segelregattamodelle zusammen (Abb. *610*).

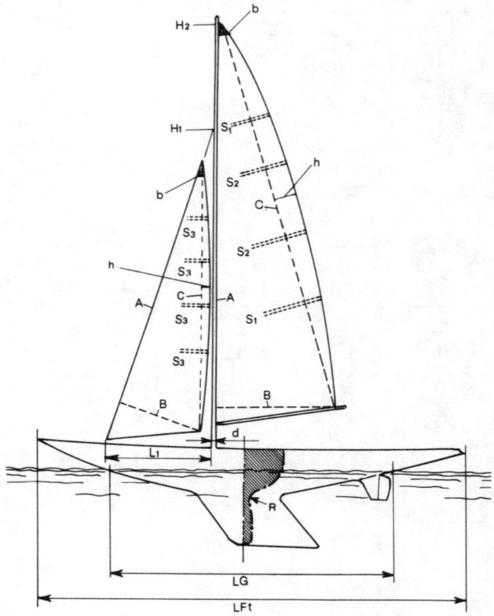


Abb. 610. *Schema der Begrenzung durch die Bauvorschriften für Segelregattamodelle*
*A Grundmaß des Segels, B Höhenmaß des Segels, C Sehne der Hinterkante und Grundlinie zum Messen derselben, $H_1$ Höhe des Bugdreiecks (Vorstag), $H_2$ Höhe des Kopfbrettchens, b Breite des Brettchens, h Breite der Hinterkante, LG KWL, LFt Länge über alles, $L_1$ Breite des Bugdreiecks, d Mastdurchmesser, $S_1$ Segellatten (erste und letzte des Großsegels), $S_2$ Segellatten (zweite und dritte des Großsegels), $S_3$ Segellatten des Vorsegels, R Halbmesser am Übergang vom Rumpf zur Stabilisierungsflosse*

**Klasse X**
Segelfläche 5000 cm²; alles übrige frei.
Man mißt die Segelfläche wie folgt:

| | | |
|---|---|---|
| Großsegel: | A x B/2 + C x b/2 + C x h x 2/3 = | cm² |
| Vorsegel: | A × B/2 + C × b/2 + C × h × 2/3 = | cm² |
| | max. Gesamtfläche | = 5000 cm² |

**Klasse F 1 m** (Abb. *611*)
Länge 1 m mit einer Toleranz von 5 mm. Breite max. 25 cm. Segellatten und Gillung frei. Kopfbrettchen b max. 40 mm. Ruder in die Länge über alles einbegriffen. Segelfläche 4000 cm². Die Segel werden wie folgt gemessen:

| | | |
|---|---|---|
| Großsegel: | A x B/2 = | cm² |
| Vorsegel: | A x B/2 = | cm² |
| | max. Gesamtfläche = | 4000 cm² |

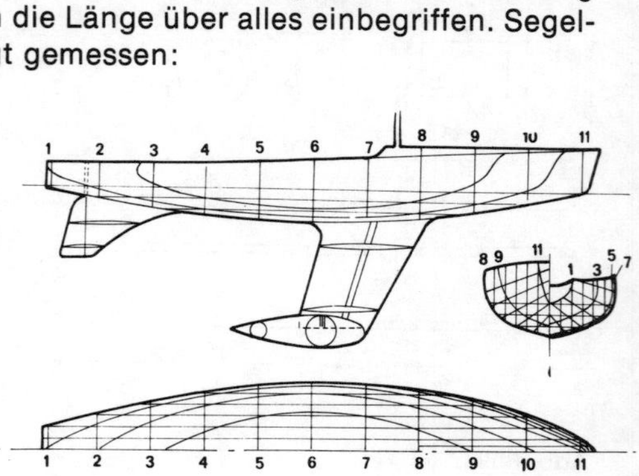


Abb. 611. *Bauplan eines Segelregattamodells der internationalen Klasse F*

**Klasse M** (Abb. *612*), 1920 in Amerika entstanden.
Länge 1270 mm mit einer Toleranz von ±6 mm. R = 24,5 mm. Abdriftflächen aus Metall sind verboten. $H_1$ max. 80 % von $H_2$. Brettchen b max. 19 mm, h max. 50,8 mm. Mastdurchmesser d max. 19 mm. $S_1 = S_2$ max. 101,6 mm. $S_3$ max. 50,8 mm.
Segelfläche 5160 cm².

| | | | |
|---|---|---|---|
| Großsegel: | A x B/2 | = | cm² |
| Vorsegel: | A x B/2 | = | cm² |
| | max. Gesamtfläche | = | 5160 cm² |

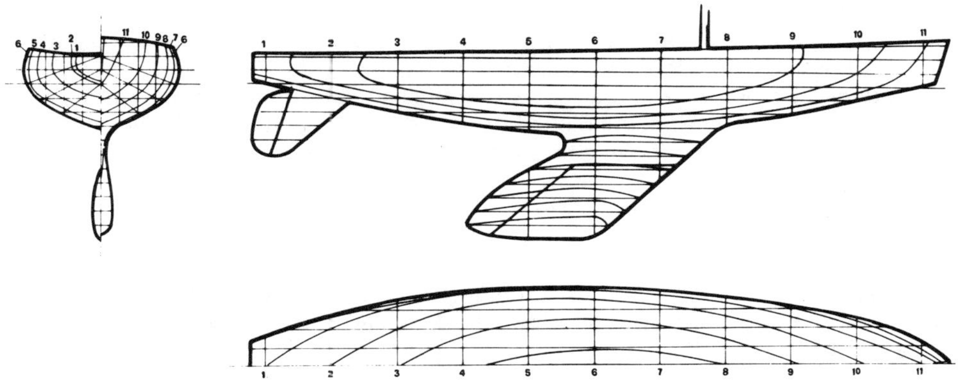

Abb. 612. *Bauplan eines Segelregattamodells der internationalen Klasse M*

**Klasse 10r** (Abb. *613–614*)
Bauformel:

$$\frac{\text{Länge KWL} \times \text{Segelfläche}}{98313} = \text{max. } 10$$

h = max. 65 mm, b = max. 25,4 mm, R = min. 25,4 mm, d = max. 25,4 mm, 2 $S_1$ = max. 127 mm, 2 $S_2$ = max. 178, 3 $S_3$ = max. 127 mm.
Messen der Segelfläche:

| | | | |
|---|---|---|---|
| Großsegel: | A x B/2 | = | cm² |
| Vorsegel: | $H_1$ x $L_1$/2 x 2 x 85 % | = | cm² |
| | max. Gesamtsegelfläche | = | cm² |

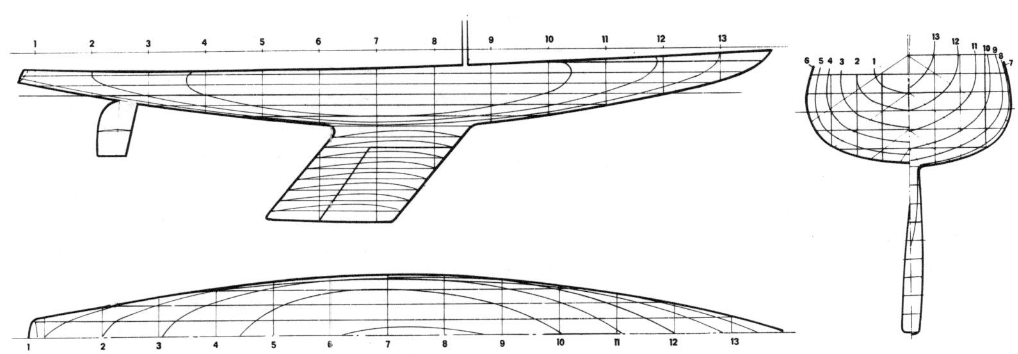

Abb. 613. *Bauplan eines Segelregattamodells der internationalen Klasse 10 r*

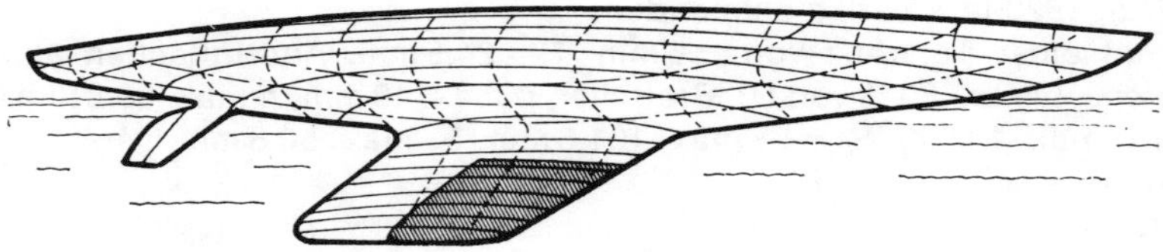

Abb. 614. *Perspektivische Ansicht eines Modells der internationalen Klasse 10 r*

**Klasse A** (Abb. *615*), 1921 in England entstanden.
Die Regattamodelle dieser Klasse entsprechen denen der 6 m-Klasse der Jachten, außer daß das *rating* gleich 1 statt gleich 6 ist.
(Das *rating* ist ein besonderes Maß auf Grund einer algebraischen Formel, aus der man eine Zahl erhält, die eine lineare Einheit, Meter oder Fuß, darstellt. Außer den Längen- und Breitenangaben usw. beinhaltet sie auch die Segelfläche.)

$$\frac{L+\sqrt{S}}{4}+\frac{L \times \sqrt{S}}{12\sqrt[3]{D}}$$

Dabei ist L die Länge KWL, S die Segelfläche, D die Wasserverdrängung in Salzwasser. Auf Grund der Formel können die Modelle 30 kg Wasserverdrängung erreichen und eine Segelfläche von 10 000 $cm^2$ haben.

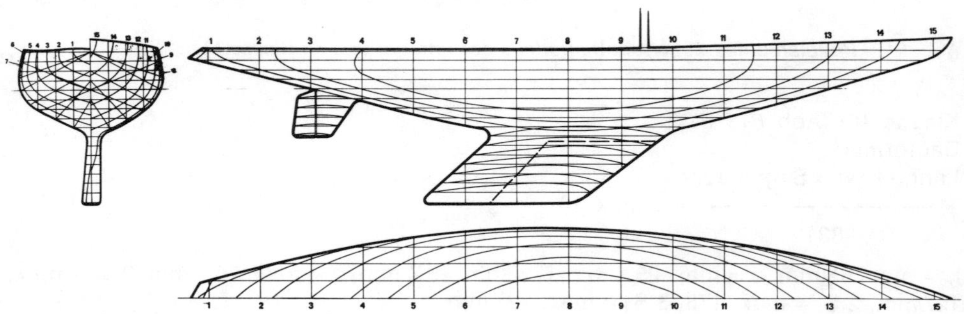

Abb. 615. *Bauplan eines Segelregattamodells der internationalen Klasse A*

Aus dem oben Dargestellten sieht man, daß die Begrenzungen aller Klassen nur einige Grundeigenschaften festlegen und in der Rumpfform und in der Segelfläche viel Freiheit lassen, wodurch folglich viele Ausführungsformen möglich sind. Im Gegensatz dazu sind die Begrenzungen mit Formel (Klasse A) einschränkender und daher schwieriger zu entwerfen. Zum Beispiel legen die Bauvorschriften, wie wir gesehen haben, in der Klasse M für die Länge über alles 1270 mm, für die Segelfläche 5160 $cm^2$ fest. Der Modellbauer kann ein Modell mit einer Länge in der Konstruktionswasserlinie von 1270 mm oder aber viel kleiner entwerfen und doch innerhalb dieser Angaben bleiben. Im ersten Fall wird die Wasserverdrängung sicher viel größer als im zweiten sein. Die 5160 $cm^2$ Segelfläche kann man im ersten Fall auf zwei sehr hohe und schmale Segel verteilen, während man im zweiten Fall ein niedrigeres Segel haben muß. Da die Breite und die Eintauchung nicht vorgeschrieben sind, kann man im ersten Fall einen mehr schmalen Rumpf mit scharfen Formen und im zweiten Fall einen Rumpf mit flach-runden Formen bauen. Schließlich kann man die vorgeschriebenen Daten weitestgehend (das heißt, die ganze Länge für die Konstruktionswasserlinienlänge und die gesamte Segelfläche) ausnutzen, indem man einen sehr leichten Rumpf mit gleitenden Linien baut. Es ist klar, daß diese letztere Lösung zweckmäßig und elegant ist.

# KAPITEL XIX Modelle mit Motor

Hat man den Rumpf fertiggestellt, so werden auch diese Modelle geeignet mit Ballast versehen. Tatsächlich ist das Gewicht des Motors und der einzelnen Geräte als Ballast des Rumpfes, um ihm damit eine geeignete Stabilität zu verleihen, wohl kaum ausreichend. Die Modelle von Kriegsschiffen, Dampfern usw. sind ziemlich groß, und es wird daher notwendig sein, geeigneten Ballast aus kleinen Bleiplatten auf dem Kiel zu befestigen. Die Motoren werden, besonders wenn es sich um Verbrennungsmotoren handelt, möglichst im Schwerpunkt des Modells eingebaut; das gleiche gilt für die Modelle mit Elektromotor. Bei diesen letzteren ist das Gewicht der Batterien oder der Akkus (bei bestimmten kleinen Motorbootsmodellen) als Ballast ausreichend. Die eventuellen Vertrimmungen, die man bei den ersten Schwimm- und Fahrproben erkennen kann, sollte man durch das Einsetzen von Bleistücken oder mit kleinen Säckchen Kugeln oder Bleistückchen berichtigen, indem man sie so verteilt, daß das Gleichgewicht wieder hergestellt wird. Über den Einbau der Motoren ist schon in dem dem Antrieb gewidmeten Kapitel gesprochen worden. Ebenso wurde die Herstellung der einzelnen Deckaufbauten schon im zweiten Teil des Bandes behandelt. Im folgenden werden wir uns mit einigen Seiten des Baus von Wettbewerbsmodellen mit Motorantrieb befassen.

## Reine Geschwindigkeitsmodelle (racer)

Diese Modelle haben als grundlegendes Merkmal die reine Geschwindigkeit, und deshalb sind Eleganz und Linienführung der Erhöhung ihrer Geschwindigkeit untergeordnet, wobei der Betriebssicherheit und der Bearbeitung der mechanischen Teile besondere Beachtung geschenkt werden muß. Der für diese Modelle geeignete Rumpftyp ist ein *Dreipunkt-Gleitrumpf;* er besteht aus einem Mittelkörper und aus zwei seitlichen *großen Schuhen* am Bug, die unmittelbar mit dem Mittelkörper verbunden oder durch zwei Längsbalken aus Metall (Stahl) von ihm getrennt sind. Diese Rümpfe ruhen in voller Fahrt auf zwei vorderen Punkten (großen Schuhen) und auf einem hinteren, den die Schraube darstellt. Die großen Schuhe ruhen nicht unmittelbar auf dem Wasser, sondern sie heben sich bei den höchsten Geschwindigkeiten, bei denen zwischen dem Wasser und der Grundfläche der Schuhe eine Luftschicht gebildet wird, an.
Diesen besonderen Trimm konnte man dank der großen Leistung und der sehr hohen Drehzahl der modernen Motoren erzielen. Es ist klar, daß der Rumpf einen sehr starken, dynamischen Schub und eine flache, unter einem Einfallswinkel von wenigstens 10° geneigte Oberfläche braucht. Um die aerodynamische Tragfähigkeit zu vergrößern, sind die Formen des Rumpfes eingehend untersucht worden, damit er sich leicht von der Wasseroberfläche lösen kann und, wenn er sich abgehoben

hat, den kleinstmöglichen Luftwiderstand bietet. Deshalb gibt man den Rümpfen das Profil von Flugzeugflügeln mit Querschnitten ohne Kanten und minimaler Fläche. Es ist jedoch nicht zu vergessen, daß der stehende Rumpf schwimmen muß, und zu diesem Zweck haben die großen Schuhe auch die Aufgabe, die Schwimmfähigkeit zu sichern. Die Luft, die zwischen die großen Schuhe strömt, unterstützt die aerodynamische Tragfähigkeit. Um die ganze Motorleistung und die hohe Drehzahl (15 000–20 000Umdrehungen/min.) ausnutzen zu können, arbeitet die Schraube halb eingetaucht; wenn sie ganz eingetaucht wäre, würden Hohlräume entstehen. Diese Schraubenart heißt *Oberflächenschraube,* und jedes Blatt „ohrfeigt" die Wasseroberfläche mit abwechselnden Schlägen. Hierzu muß die Schraube senkrecht zur Wasseroberfläche angebracht sein, und deshalb ist die Transmissionswelle zweiteilig; der hintere Teil ist parallel zur Wasseroberfläche und zur Längsachse des Modells; der andere Teil ist geneigt.

**Rumpf.** Die Rümpfe dieser Modelle sind einfach, mit Spanten aus normalem Sperrholz von 4 mm Dicke und mit einer Beplankung aus Flugzeugsperrholz von 2–2,5 mm Dicke. Der Bug und das Heck tragen im allgemeinen ein Hartholzblöckchen zur Verstärkung. Die großen Schuhe sind aus Balsaholz, und die Innenseiten werden mit 1 mm-Sperrholz verstärkt.

**Kraftübertragungen.** Die Transmissionswelle ist zweiteilig; ein schräges Teil ist mit dem Motor, das andere Teil ist mit dem ersten Teil und mit der Schraube verbunden. Die Wellen sind aus Stahl von hoher Festigkeit, der blankgeschliffen wird. Die Lager sind aus Phosphorbronze und befinden sich an den beiden Enden des Wellenrohres. Die Schmierung wird durch Schmierbuchse mit Kugel gewährleistet. Bei genaueren Ausführungen mit dadurch größerer Leistung besitzen die Transmissionswellen Kugellager. Die Kupplungen sind aus gehärtetem Eisen mit Stahlstiften.

**Schraube.** Der Entwurf der Geschwindigkeitsschrauben beruht nicht auf strengen Berechnungen; die Erfahrung und das Vergleichen von verschiedenen Arten hat jedoch zur Herstellung genügend leistungsfähiger Schrauben geführt. Diese haben eine sehr große Steigung, die gleich dem Zwei- bis Dreifachen des Durchmessers ist. Der Eingangsrand der Schraube ist blattförmig und hat ein parabelförmiges Profil (Abb. *616*). Der Querschnitt hat ein sehr schmales Flügelprofil, und die Oberflächen sind spiegelglatt. Die maximale Dicke der Schraubenblätter beträgt etwa 1,5 mm; sie werden aus nichtrostendem Stahl hergestellt und auf die Nabe aus Eisen oder Messing mit Castolin geschweißt. Die widerstandsfähigsten Schrauben werden aus einem einzigen Stück Stahl hergestellt.

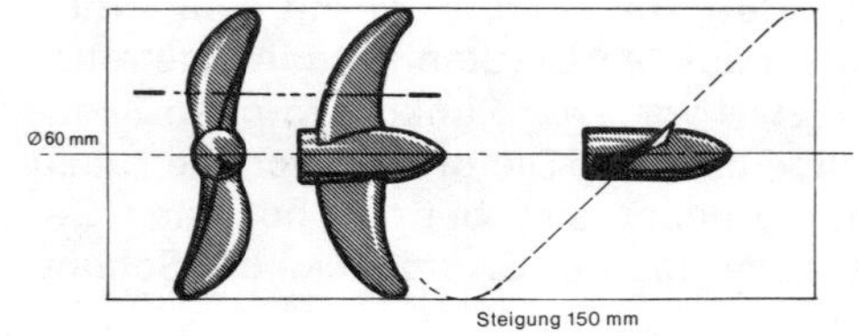


Abb. 616. *Schraube für reine Geschwindigkeitsmodelle*

Die mechanischen Teile müssen mit besonderer Sorgfalt fertiggestellt werden; man muß die Schrauben vollkommen auswuchten (das gleiche gilt für die Wellen); die Kupplungen müssen einwandfrei sein, um schädliche Schwingungen und passive

Widerstände zu vermeiden. Abb. *617* zeigt ein typisches Racer-Modell von 10 $cm^3$ mit den konstruktiven Einzelheiten. Im großen und ganzen kann man den Hubraum des Motors ändern, wenn man die Abmessungen entsprechend verändert.

**Zentrieren des Modells.** Von großer Bedeutung ist die Lage des Schwerpunkts. Die Höhe der Rümpfe muß sehr begrenzt sein, um den Schwerpunkt so tief wie möglich zu bekommen, während die Höhe der großen Schuhe innerhalb von 4 cm liegen muß. Der Schwerpunkt muß so liegen, daß das Gesamtgewicht des Rumpfes als Kraft zu 2/3 auf das Vorderprofil der großen Schuhe und zu 1/3 auf die Schraube wirkt. Er muß deshalb ein wenig hinter dem Motor liegen. Ein praktisches Verfahren zur Feststellung des Schwerpunkts besteht darin, daß man den Rumpf quer auf die Klinge eines Messers stellt und das Gleichgewicht durch leichte Verschiebungen feststellt.

Hat man das Gleichgewicht des Rumpfes erreicht, so zeichnet man die Linie, auf welcher der Schwerpunkt liegt. Diesen braucht man zum Anbringen des Bügels am Rumpf. Wie man weiß, gehen die Wettbewerbe so vor sich, daß man das Modell mittels eines Stahlseils von 15,93 m Länge so an einem Pfeiler befestigt, daß der Rumpf bei einer Umkreisung 100 m zurücklegt. Zum Anbinden des Modells am Seil des Pfeilers ist der Rumpf mit einem *Befestigungsbügel* oder *-dreieck* aus Stahlseil versehen, dessen Abstand von der Längsachse des Modells genau 122 cm sein muß (Abb. *618*). Der Bügel wird mit Hilfe von zwei geeigneten Armen am Rumpf befestigt. Hat man die Linie, auf der der Schwerpunkt liegt, gezeichnet, so hängt man den Rumpf mit dem Bügel an einem Nagel auf, an dem vorher ein Lot befestigt worden ist. Man läßt den Bügel auf dem Nagel gleiten, bis das Lot mit der Schwerpunktlinie zusammenfällt. Wenn das Modell gut zentriert ist, müssen die großen Schuhe während der Fahrt das Wasser gleichzeitig berühren, und das Modell darf nicht schlingern, sondern es muß einen festen Kurs beibehalten.

Es gibt vier internationale Klassen für reine Geschwindigkeitsmodelle, und man unterteilt die Modelle in solche mit *eingetauchter Schraube* und mit *Luftschraube.* Die Modelle mit eingetauchter Schraube sind: A 1 mit Motoren bis 2,5 $cm^3$, A 2 mit Motoren bis 5 $cm^3$, A 3 mit Motoren bis 10 $cm^3$; die Modelle mit Luftschraube (Wassergleiter) sind: B 1 mit Motoren bis 2,5 $cm^3$. Die Rümpfe der Modelle mit Luftschraube haben im allgemeinen einen großen Schuh, und sie sind sehr leicht, aus Balsaholz gebaut, mit aerodynamischen Linien und sehr kleinen Profilen. Wir zeigen auf Abb. *619* zwei Maximalbeispiele von Rümpfen dieser Art. Im folgenden bringen wir einige Versuchsangaben über Eigenschaften von Racer-Modellen:

| Modell von | Schwungrad | Gesamtgewicht des Rumpfes | Schraube | |
|---|---|---|---|---|
| | | | Durchmesser | Ganghöhe |
| 2,5 $cm^3$ | 80/90 g | 650/800 g | 40/45 | 150 |
| 5 $cm^3$ | 110 g | 1000/1200 g | 45/50 | 150 |
| 10 $cm^3$ | 140/160 g | 1600/2200 g | 50/52 | 150/180 |

| Modell von | Gesamtlänge des Rumpfes | Länge der großen Schuhe | Transmissionswellen |
|---|---|---|---|
| 2,5 $cm^3$ | 55/70 cm | 20 cm | |
| 5 $cm^3$ | 71/80 cm | 22 cm | bis 5 $cm^3$ = 4 mm |
| 10 $cm^3$ | 80/100 cm | 25/27 cm | bis 10 $cm^3$ = 5 mm |

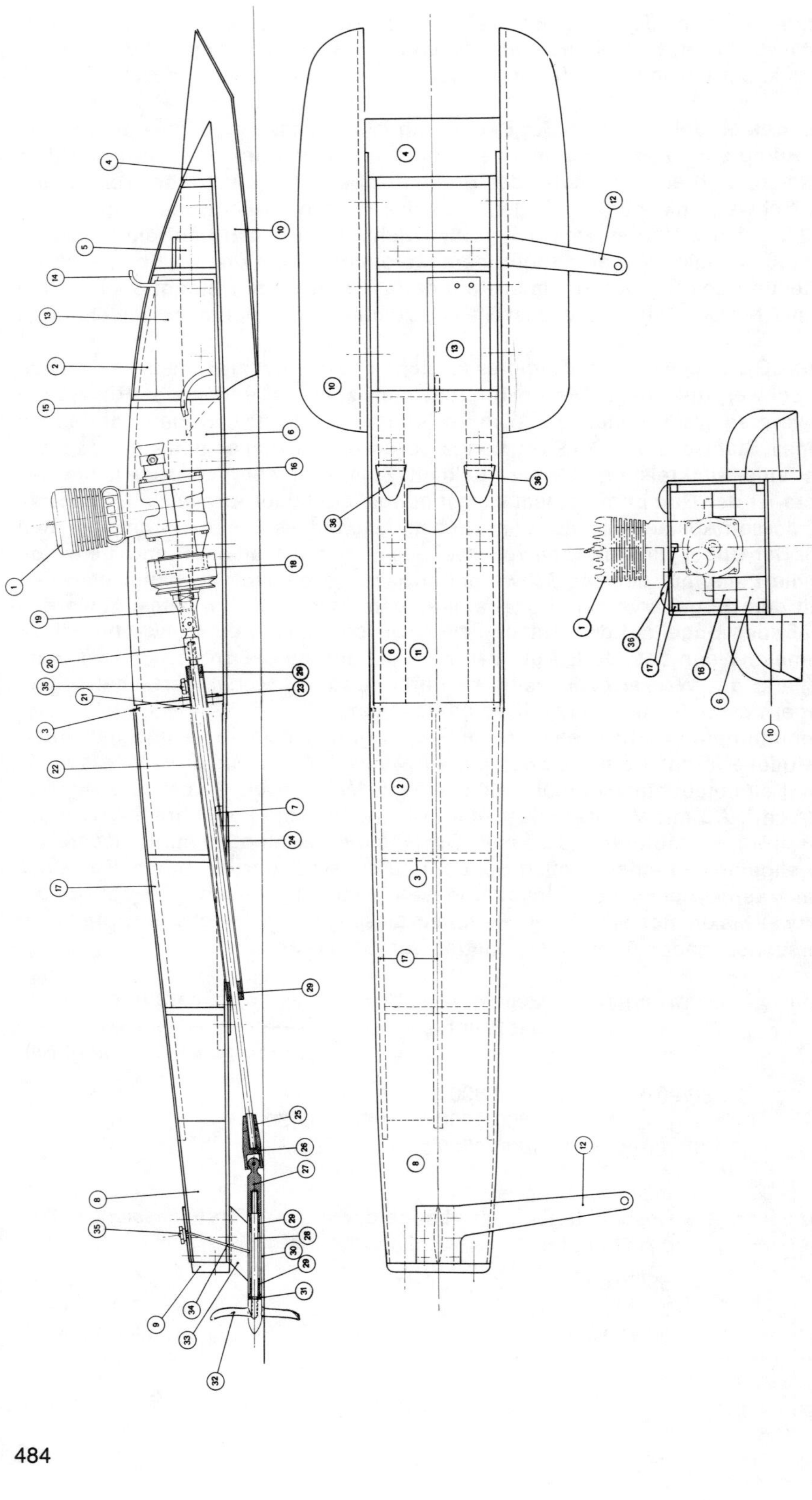

Abb. 617

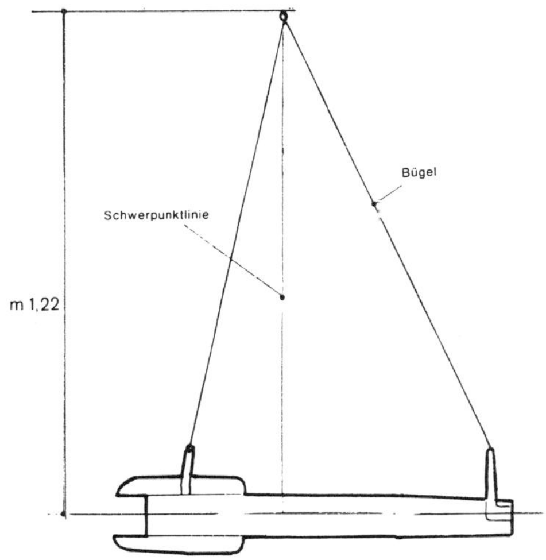


Abb. 618. *Befestigungsbügel zum Anbinden eines Geschwindigkeitsmodells am Seil des Pfeilers*

Abb. 617. *Bauplan eines reinen Geschwindigkeitsmodells, 10 cm³*
*1. Motor mit 10 cm³, 2. Rumpf (Boden und Seitenwände aus Flugzeugsperrholz von 2,5 mm Dicke mit Deck aus 1,5 mm-Flugzeugsperrholz), 3. Spanten (4 mm-Sperrholz), 4. Bugblock (Hartholz), 5. Halteblöckchen zum Befestigen des Bügels (Hartholz), 6. Motorbockblöckchen (zwei Stücke Hartholz), 7. Blöckchen zum Befestigen der die Transmissionen tragenden Platte (Hartholz), 8. Heckblock (Hartholz), 9. Messingballast (mit Holzschrauben am Heckblock befestigt, Gewicht etwa 80 g), 10. große Schuhe (Balsaholz, voll; Innenseite des großen Schuhs aus 5 mm-Sperrholz, auf das Balsaholz geleimt, Unterteil aus 1 mm-Sperrholz; die großen Schuhe sind mit Durchgangsbolzen, Mutter, Unterlegscheibe und durch Verleimen am Rumpf befestigt), 11. Schiffsboden aus Aluminium (Blech von 1 mm Dicke mit Scharnier als Verschluß und Befestigungsriegel), 12. Arme zum Befestigen des Bügels (1,5 mm-Duraluminium); der Bugarm ist mit drei Holzschrauben an seinem Klötzchen befestigt; der Heckarm wird von Bolzen mit Muttern und Unterlegscheiben – M 2,5 – gehalten; sie durchqueren den Heckblock und befestigen gleichzeitig den Wellenbock, 13. Tank (Abmessungen 75 × 35 × 40, verzinntes Eisenblech von 0,3 mm Dicke, Fassungsvermögen 95 cm³), 14. Röhrchen zum Einfüllen und für den Luftabzug (geglühtes Messing von 4 x 3 mm, außerhalb des Behälters gelötet), 15. Röhrchen zur Versorgung des Motors (geglühtes Messing von 4 x 3 mm, mit dem Vergaser durch ein Plaströhrchen verbunden), 16. Platte des Motorlagerbocks (Duraluminium, von Bolzen mit Muttern und Unterlegscheiben – M 2,5 – gehalten; die Bolzen gehen vom Boden des Rumpfes aus nach innen), 17. Längsbalken (Hartholz von 5 × 5 mm), 18. Schwungrad (Bronze, 45 mm ∅, Gewicht etwa 160 g), 19. Mutter zum Blockieren des Schwungrades und Kreuzstück der Kupplung (gehärtetes Eisen), 10. Kugelkupplung (gehärtetes Eisen mit Gewindestift aus Stahl – M 5), 21. Transmissionswelle (Molybdänstahl hoher Festigkeit, blank geschliffen, 5 mm ∅, Gewinde M 5), 22. Rohr der Transmissionswelle (Rohmessing 10 x 8 mm), 23. Haltescheibe des Wellenrohres (mit Holzschrauben an das Spant geschraubt und mit Zinn an das Wellenrohr gelötet, 1 mm-Messingblech), 24. Scheibe zum Tragen des Wellenrohres (1 mm-Rohmessing, im Innern des Rumpfes mit Holzschrauben auf Blöckchen geschraubt), 25. Gegenmutter zum Blockieren des Kugelgelenks (aus gehärtetem Eisen, Gewinde M 5), 26. Kreuzstück (gehärtetes Eisen, Gewinde M 5), 27. Kugelstift der Kupplung (gehärtetes Eisen, Gewinde M 5), 28. kleine Welle zum Tragen der Schraube (blankgeschliffener Molybdänstahl, 5 mm ∅, Gewinde M 5), 29. Lager (Marinephosphorbronze, in das Rohr gedrückt), 30. Schraubenwellenrohr (aus Eisen oder Messing von 10 x 8 mm), 31. Unterlegscheibe (aus Antifriktionsmaterial), 32. Schraube (etwa 60 mm ∅, Nabe aus Eisen oder Messing, Gewinde M 5, Schraubenblatt aus nichtrostendem Stahl, mit Castolin auf die Nabe gelötet), 33. Stützarm für die kleine Welle, die die Schraube trägt (mandelförmiges Messingprofil, mit Castolin auf seine Platte und auf das Rohr gelötet), 34. Röhrchen für Zahnrad (Messing 3 × 2 mm), 35. Fettbuchse mit Kugel, 36. Luftaufnahmen*

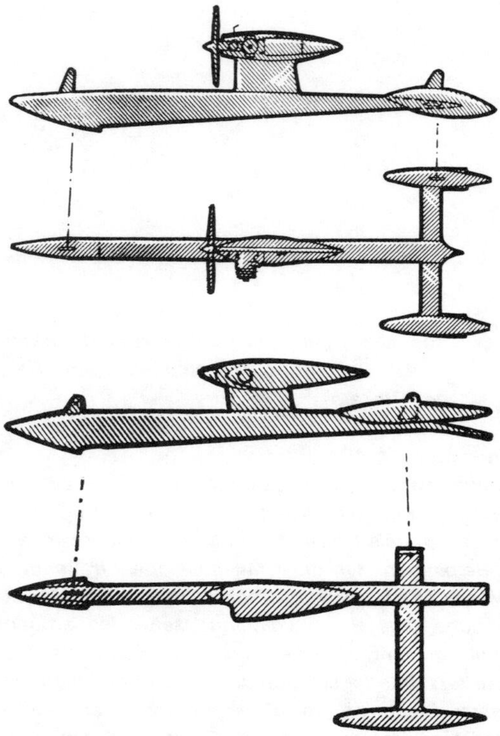

Abb. 619. *Schematische Darstellungen von Wassergleitern*

## Ferngesteuerte Wettbewerbsmodelle mit Motor

**Geschwindigkeitsmodelle.** Die Geschwindigkeitswettbewerbe für ferngesteuerte Modelle vollziehen sich auf einer dreieckigen Strecke mit freiem Modell, deshalb müssen sich die Rümpfe von den an einem Pfeiler befestigten Geschwindigkeitsrümpfen unterscheiden. Man braucht natürlich schnelle Rümpfe, die bemerkenswert stabil und manövrierfähig sind. Der geeignetste Typ scheint der gleitende zu sein, dessen Stabilität im wesentlichen auf seiner Breite beruht. Kraftübertragungsorgane und mechanische Teile müssen aufmerksam ausgeführt sein und unterscheiden sich konstruktiv nicht von den oben beschriebenen. Die Transmissionswelle ist geneigt, um genügend Wasser an der Schraube, die vollständig unter Wasser ist, zu gewährleisten. Man benutzt Schrauben mit drei Flügeln aus Plast oder Metall.
Auch diese Modelle sind in Klassen unterteilt, die sich bei den Modellen mit Verbrennungsmotor nach dem Hubraum, bei denen mit Elektromotor nach der Leistung richten. Die Unterteilung in Klassen ist die folgende:

| | | |
|---|---|---|
| Klasse F 1–2,5 | Geschwindigkeitsmodell mit Verbrennungsmotor bis | 2,5 cm³ |
| Klasse F 1–5 | Geschwindigkeitsmodell mit Verbrennungsmotor bis | 5 cm³ |
| Klasse F 1–15 | Geschwindigkeitsmodell mit Verbrennungsmotor bis | 15 cm³ |
| Klasse F 1–E 30 | Geschwindigkeitsmodell mit einer Leistung von maximal 30 W | |
| Klasse F 1–E 500 | Geschwindigkeitsmodell mit einer Leistung von mehr als 30 W | |

Abb. *620* zeigt einen typischen Geschwindigkeitsrumpf für 10 cm³, der, geeignet bemessen, mit Motoren eines kleineren Hubraums versehen werden kann. Mit seinen allgemeinen Eigenschaften kann er auch für Elektromotoren verwendet werden.

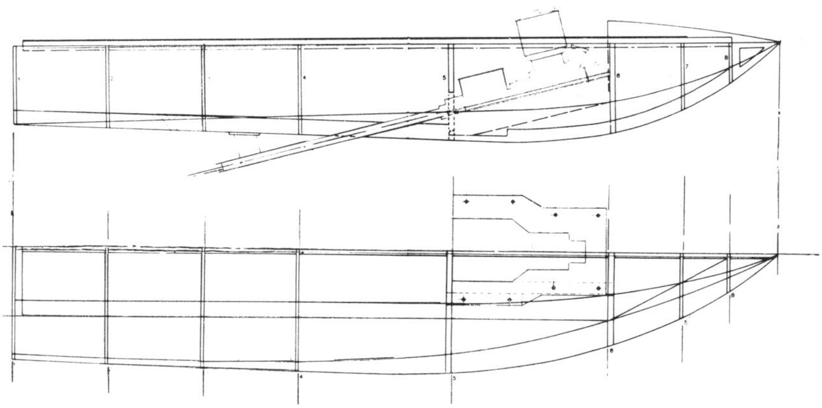

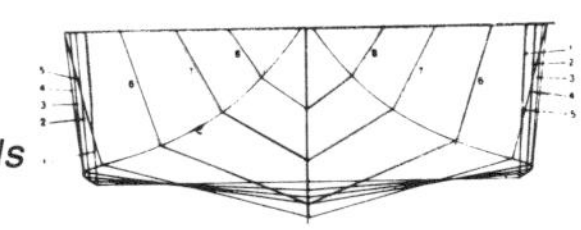

Abb. 620. *Bauplan eines ferngesteuerten Geschwindigkeitsmodells von 10 cm³*

**Modelle für Geschicklichkeitswettbewerbe.** Diese Modelle haben die Aufgabe, in der kürzesten Zeit eine Präzisionsfahrt durch verschiedene zu durchquerende Tore auszuführen, ohne sie zu berühren. In diesem Fall ist klar, daß die Modelle sehr manövrierfähig und ziemlich schnell sein müssen, und es können *durchfurchende* oder *gleitende Schiffsböden* verwendet werden. Sowohl für die Herstellung der mechanischen Teile wie für die der Antriebsorgane gelten die oben gegebenen Hinweise.
Die Klasseneinteilung ist folgende:

| | |
|---|---|
| Klasse F 3–V | Präzisionsfahrt für Modelle mit Verbrennungsmotoren und freie Modelle |
| Klasse F 3–E | Präzisionsfahrt für Modelle mit Motoren anderer Art und Modelle wie oben |

**Wettbewerbsmodelle (Nachbildungen).** Zu dieser Gruppe gehören, wie schon an anderen Stellen dieses Bandes gesagt, alle Nachbildungen von Schiffen beliebiger Art (Handelsschiffe, Kriegsschiffe, Motorboote usw.). Außer der naturgetreuen Nachbildung müssen diese Modelle ihre Fahr- und Manövrierfähigkeit auf einer Präzisionsstrecke beweisen, deren Normen gleich denen der Geschicklichkeitsmodelle sind.
Bei diesen Modellen ist nicht mehr zu sagen, als wir schon oben dargestellt haben. Da es sich um Nachbildungen richtiger Schiffe handelt, muß die Naturtreue ganz besonders beachtet werden, ohne die Fahreigenschaften außer acht zu lassen.
Die Klasseneinteilung ist folgende:

Klasse F 2a Nachbildungen bis zu einer Länge von 1100 mm (mindestens 800 mm)
Klasse F 2b Nachbildungen bis zu einer Länge von 1700 mm (mindestens 1110 mm)
Klasse F 2c Nachbildungen bis zu einer Länge von 2500 mm (mindestens 1710 mm)

**Weitere Klassen ferngesteuerter Modelle mit Motor.** Die weiteren Klassen ferngesteuerter Modelle mit Motor sind:

| | |
|---|---|
| Klasse F 6 | Gruppenweises Auftreten: Steuerung mehrerer Boote gleichzeitig mit Hilfe mehrerer Funkgeräte und mit mehr als einem Piloten |
| Klasse F 7 | Sonderauftreten: Steuerung eines oder mehrerer Rümpfe durch einen einzigen Wettbewerbsteilnehmer |

# KAPITEL XX Ferngesteuerte Modelle

In den letzten Jahren hat sich, parallel zu den Fortschritten der Elektronik, der Bau ferngesteuerter Schiffsmodelle stark entwickelt; dadurch hat der Modellwettbewerb einen bemerkenswerten Impuls erhalten und sich den Fortschritten der Technik ausgezeichnet angepaßt.
Die Fernsteuerung besteht im Übertragen bestimmter Signale über Funk auf einen Empfänger. Diese Signale rufen, wenn sie verstärkt und wieder umgewandelt sind, das Öffnen oder Schließen sekundärer Stromkreise hervor, mit deren Hilfe besondere Einrichtungen betätigt werden. Praktisch gibt es in der Anwendung der Fernsteuerung bei den Schiffsmodellen keine Grenze; sie kann benutzt werden, um das Modell ein beliebiges Manöver ausführen zu lassen oder eine besondere Wirkung hervorzurufen, die eine Tätigkeit des Schiffes nachahmt. Bei den Wettbewerbsmodellen obliegt es dem Modellbauer, die Besonderheit auszuwählen, der er sich widmen will.

## Prinzip der Fernsteuerung

Das elektronische Prinzip der Fernsteuerung ist bemerkenswert einfach. Es besteht aus einem Sender, der je nach den Eigenschaften der Anordnung bemessen ist und Hochfrequenzsignale einer bestimmten Dauer und mit einer bestimmten Frequenz aussenden kann. Diese Signale können ihrerseits aus HF-Impulsen oder aber auch ungedämpften Schwingungen mit konstanter Amplitude oder auch aus amplituden- oder frequenzmodulierten Schwingungen bestehen. Auf dem Schaltpult des Senders befinden sich verschiedene Arten von Steuerorganen (Hebel, Druckknöpfe usw.), die notwendig sind, um der Trägerwelle die gewünschten Eigenschaften zu geben. Auf dem Schiffsmodell ist ein kleiner Empfänger eingebaut, der auf die Frequenz des Senders abgestimmt ist und von Batterien gespeist wird. Die in Form von Impulsen oder modulierten Tönen übertragenen Befehle werden entschlüsselt und in Form von elektrischen Strömen auf Relais oder unmittelbar auf die Hilfssteuerungen gelegt. Die Relais betätigen ihrerseits die Hilfssteuerungen oder andere elektromechanische Einrichtungen (Kleinstmotoren, Hebel, Getriebe usw.), die dabei mit elektrischer Energie gespeist werden, die an Bord befindliche Batterien liefern.

## Relais

Das Organ, auf welchem die Anwendungen der Fernsteuerung aufbauen, ist das Relais. Es ist eine elektromechanische Vorrichtung, mit deren Hilfe man Impulse elektrischer Energie in Impulse mechanischer Energie verwandelt. Die einfachste Art ist das *Relais mit Arbeitskontakt,* das aus einem Elektromagneten, aus einem be-

weglichen Kontakt und aus einem offenen Kontakt besteht (Abb. *621a*). Wenn an den Wicklungsanschlüssen keine Spannung liegt, wird der Elektromagnet nicht erregt, und die Vorrichtung befindet sich in der Ruhestellung (Normallage). Hat man eine Spannung an die Wicklungsanschlüsse des Relais gelegt, so wird der Magnet erregt, und der bewegliche Kontakt wird angezogen. Dieser besteht aus einer kleinen Weicheisenplatte, die sich dann gegen den festen Kontakt lehnt. Beim Anlegen einer Spannung an die Anschlüsse der Wicklung schließt sich der Kontakt zwischen dem beweglichen und dem festen Kontaktpunkt des Relais. Eine Rückholfeder sorgt für das Abheben des beweglichen Kontaktes, sobald die Erregerspannung fehlt.
Ein weiterer Relaistyp ist das *Relais mit Ruhekontakt,* bei dem die beiden Kontakte ohne Erregung geschlossen sind und sich öffnen, das heißt, den Stromkreis unterbrechen, sobald eine Spannung angelegt wird. (Abb. *621b*). Ein Relais wird nach seiner Empfindlichkeit, das heißt nach der Energie (in Volt oder Milliampère), die zum Anziehen des Ankers bei Überwindung der Kraft der Rückholfeder erforderlich ist, und nach der Belastbarkeit, das heißt nach der Stromstärke, die man über beide Kontakte ziehen kann, beurteilt. Es gibt deshalb große und kleine Relais, *Mikrorelais* genannt, welche zum Schließen und Öffnen von Stromkreisen verwendet werden, in denen sehr schwache Ströme fließen.

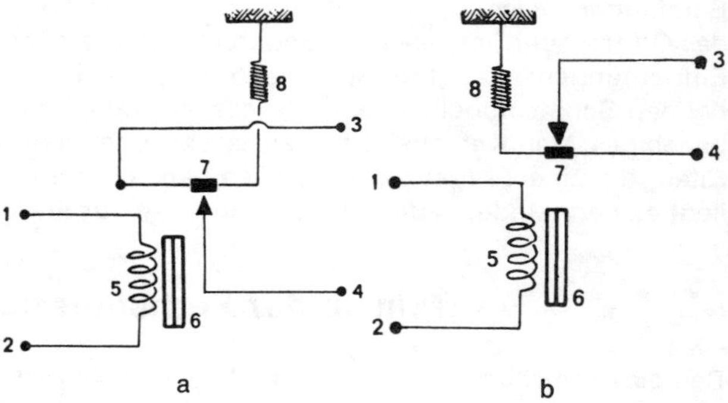


Abb. 621. *Prinzip des Relais*
a) *Relais mit Arbeitskontakt;*
b) *Relais mit Ruhekontakt*
*1., 2. Anschlüsse der Relaiswicklung, 3., 4. Sekundärstromkreis, 5. Relaiswicklung, 6. Elektromagnet, 7. beweglicher Kontakt (Eisenscheibchen), 8. Feder*

**Verwendung der Relais zum Steuern.** Aus dem oben Gesagten ist leicht ersichtlich, wie man durch Verwendung von Relais zahlreiche Anwendungsmöglichkeiten erschließen kann. Zum Beispiel kann ein statt eines Schalters angeschlossenes Relais einen kleinen Motor ein- oder ausschalten. Der Befehl zum Öffnen oder Schließen eines Stromkreises, der elektrische Energie an den Motor liefert, wird von Relaiskontakten gegeben, und das Relais seinerseits wird von einem über Funk empfangenen Impuls erregt (Abb. *622a*).
Eine andere Anwendung besteht im Umkehren des Drehsinns eines Gleichstrommotors, der von der Polarität abhängt, mit der die ihn versorgende Batterie angeschlossen ist. Bei Empfang des Impulses betätigt das Relais indirekt den doppelten Umschalter, der die Polarität umkehrt (Abb. *622b*). Wenn der Motor seine Bewegung auf eine Schraube überträgt, kann die Tätigkeit des Relais die Fahrt des Modells stabilisieren. Die Relais können mit besonderen Vorrichtungen, wie *Wählern,* verbunden werden. Es gibt Wähler mit bis zu zehn und mehr Stellungen, so daß ein einziger Impuls vervielfacht werden und mehrere Geräte betätigen kann. Es gibt auch besondere Wähler, die von der Wählerscheibe gesteuert und auf den Kasten mit dem Sender gebaut werden können.
Außerdem kann man die elektromechanische Wirkung des Relais mit der Schwingung von Hebeln, dem Drehen von Exzentern usw. verbinden. Zum Beispiel kann man die kleine Eisenscheibe durch einen kleinen Anker ersetzen, der angezogen wird, wenn

man den Elektromagneten erregt. Der Anker ermöglicht je nach seiner Stellung eine mehr oder weniger große Drehung eines Zahnrades, das zum Beispiel durch ein vorher gespanntes Gummiband in Drehung versetzt werden kann. Bei jeder Verschiebung des kleinen Ankers führt das Rad eine Achteldrehung aus, wobei man wohlgemerkt bei vier übertragenen Impulsen acht Schaltungen des Relais erhält. Tatsächlich fällt das Relais bei jedem Drücken des Druckknopfes ab. Die beiden Bewegungen des Druckknopfes entsprechen einer Vierteldrehung des Zahnrads. Wenn an dem Zahnrad ein Stift befestigt wird, der einen Arm mit einem Schlitz mit sich zieht, so kann derselbe Arm acht verschiedene Stellungen einnehmen, von denen vier den aufeinanderfolgenden Erregungen des Relais und vier dem Ruhezustand desselben entsprechen (Abb. *623*). Der Arm seinerseits kann mit weiteren Elementen, zum Beispiel der Ruderpinne, verbunden werden. Auf diese Weise ist es möglich, auch wenn man nur über einen Sender mit einer einzigen Modulationsfrequenz verfügt, das Ruder zu bewegen. Natürlich verwendet man, wenn das Relais dieser Art zu schwach ist, ein stärkeres Relais, das wiederum von einem weiteren Relais gesteuert wird.

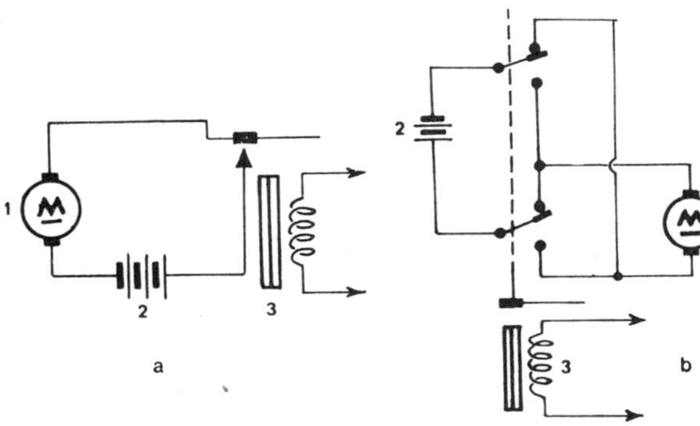


Abb. 622. *Steuerstromkreis*
a) *Steuerung eines Stromkreises durch ein Relais;* b) *Steuerstromkreis mit Relais zum Umkehren der Drehrichtung*
*1. Motor, 2. Akku oder Batterie, 3. Relais*

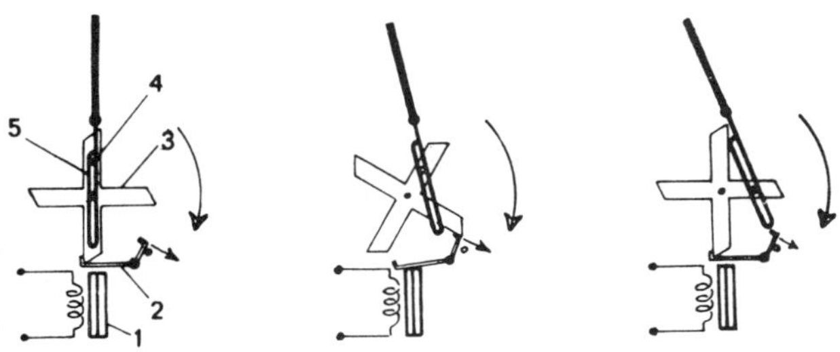


Abb. 623. *Elektromechanisches System zum Erhalten verschiedener Befehle unter Verwendung nur eines Relais*
*1. Elektromagnet, 2. kleiner, beweglicher Anker, 3. Zahnrad, 4. Bolzen, 5. Stange mit Schlitz*

**Relais mit vibrierenden Zungen.** Bei umfangreichen Fernlenkanlagen werden Relais mit vibrierenden Zungen verwendet. Die Relais dieser Art nutzen das Resonanzprinzip aus. Wenn ein Gegenstand oder ein Leiter von einer Tonfrequenz oder einer elektromagnetischen Welle in Schwingungen versetzt wird, dann tritt Resonanz auf, wenn seine Eigenschaften so sind, daß sie der Frequenz derselben Welle entsprechen.
Betrachten wir eine an einem Ende fest eingespannte und am anderen Ende frei schwingende Zunge, die so angeordnet ist, daß das freie Ende der Anziehungskraft eines Elektromagneten ausgesetzt ist. Wenn der Elektromagnet mit Gleichstrom erregt wird, zieht er die Zunge an, und diese kehrt in die Ruhelage zurück, wenn die Wirkung des Gleichstroms aufhört. Wenn durch die Wicklung ein Wechselstrom

fließt, wird die Zunge immer wieder (viermal in der Sekunde) angezogen. Diese Vibration kann die Zunge nur bei einer Frequenz ausführen, die den physikalischen Maßen derselben Zunge entspricht (Dicke, Länge, Gewicht, Elastizität). Sind mehrere Zungen verschiedener Länge vorhanden, kann jede von ihnen nur mit einer einzigen Frequenz schwingen (Abb. *624a*). Dieses Prinzip wird bei Fernlenkeinrichtungen ausgenutzt, indem man eine Anordnung hinzufügt, die die Umwandlung der Vibrationen der Zungen in ebensoviele stabile Kontakte verwandelt.
Ein Relais dieser Art besteht aus einer Wicklung mit verschiedenen vibrierenden Zungen. Durch diese Wicklung fließt ein Wechselstrom, der von dem niederfrequenten Signal der Endstufe des Empfängers hervorgerufen wird. Jede Zunge des Relais ist so bemessen, daß sie auf einer bestimmten Frequenz *(Resonanzfrequenz)* des Erregungswechselstroms schwingt. Die Zungen müssen, außer daß sie die Aufgabe haben, mit einer bestimmten Frequenz zu schwingen, einen elektrischen Stromkreis schließen. Da aber der Strom intermittierend ist, verfährt man so, daß man durch ein Integrierglied einen stabilen Kontakt sicherstellt (Abb. *624b*). Das Integrierglied speist seinerseits ein zweites Relais, das auf die gesteuerte mechanische Vorrichtung wirkt. Zusammenfassend ist es, wenn der Sender auf einer bestimmten Trägerfrequenz arbeitet, die unmittelbar mit verschiedenen Tonfrequenzen *(Kanälen)* moduliert sein kann, durch Druck auf den entsprechenden Knopf möglich, mit der Niederfrequenzendstufe des Empfängers ein Relais mit verschiedenen schwingenden Zungen in Reihe zu schalten, deren Resonanzfrequenzen gleich den Modulationsfrequenzen sind.

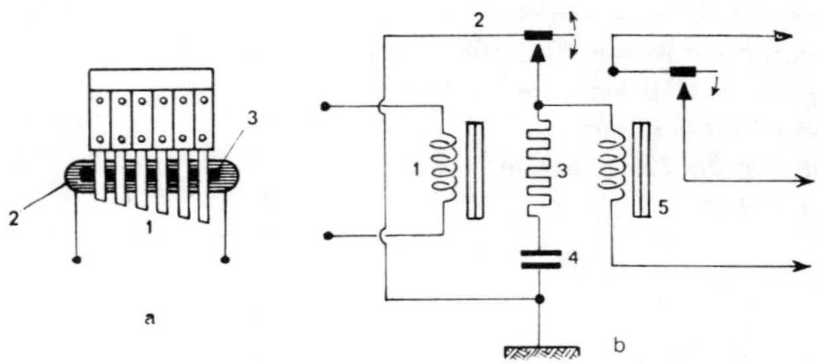


Abb. 624. *Relais mit vibrierenden Zungen*
a) *Ansicht eines Relais mit vibrierenden Zungen*
*1. vibrierende Zungen, 2. Wicklung, 3. Kern*
b) *integrierte Schaltung*
*1. Relais, 2. vibrierende Zunge, 3., 4. Integrierglied, 5. sekundäres Relais*

Die Möglichkeit, verschiedene Relais mittels eines Relais mit schwingenden Zungen zu betätigen, hat den Bau von sehr umfangreichen Fernsteuerungen gestattet. Es gibt tatsächlich keine Begrenzung der Zungenzahl, die man vibrieren lassen kann. In bezug auf den Sender sind keine wesentlichen Probleme vorhanden. Jedoch beim Empfänger muß man ein Relais einbauen, das mit der entsprechenden Anzahl Zungen und mit einer entsprechenden Anzahl von Sekundärrelais und Integriergliedern für die zu steuernden mechanischen Geräte versehen ist.
Es erscheint klar, daß die Anzahl zulässiger Kanäle vom verfügbaren Raum und vom Gewicht des Modells abhängt. Man kann diese Unbequemlichkeit durch Verwendung geeigneter, *Hilfssteuerungen* genannter Einrichtungen umgehen. In diesem Fall erregt das Relais mit vibrierenden Zungen unmittelbar die Hilfssteuerung, die für die Verstärkung des Eingangsstroms sorgt und ihn zum eigentlichen Kleinmotor schickt. In anderen Fällen läßt das Signal der Niederfrequenzendstufe die Hilfssteuerung, die eine sehr kleine Leistungsaufnahme haben muß, unmittelbar arbeiten. Die letzten beiden Mehrkanalempfängerarten, ohne das Gewicht und den Raumbedarf der sekundären Relais, gestatten folglich eine bemerkenswerte Verringerung des Gewichts- und Platzbedarfs mit überzeugenden Vorteilen, besonders bei Modellen mit begrenztem Raum.

## Selbststeuerung

Wir haben oben auf die Selbststeuerungen hingewiesen. Diese sind nichts anderes als Einrichtungen, die das Signal in Form eines Stroms aufnehmen können, der einen kleinen Motor, einen Elektromagneten oder etwas anderes einschaltet, das seinerseits eine mechanische Vorrichtung (zum Beispiel mit einer hin und her gehenden Bewegung an einer Welle) arbeiten läßt. Die Hilfssteuerung kann, wie wir gesehen haben, entweder von einem Relaiskontakt oder vom Kontakt eines sekundären Relais, das seinerseits von einem Relais mit vibrierenden Zungen gesteuert wird, oder unmittelbar gesteuert werden. Heute ist es möglich, sich geeignet untersuchter und gebauter Hilfssteuerungen zu bedienen, die für die verschiedenen Anwendungszwecke brauchbar sind. Natürlich gibt es für jede auszuführende Tätigkeit besondere Hilfssteuerungen.

## Ruderanordnung

Die Steuerung des Ruders kann von dreierlei Art sein: *selbstzentrierend, mit festen Stellungen* oder *proportional.* Die Hilfssteuerung der selbstzentrierenden Art verschiebt die Ruderpinne infolge des Signalimpulses ganz nach rechts oder ganz nach links. Hat das Signal aufgehört, kehrt das Ruder automatisch zur Mitte zurück. Die Hilfssteuerung mit festen Stellungen ermöglicht statt dessen, die Ruderpinne mit dem Steuersignal fortschreitend und während der ganzen Zeit, in der das Signal ausgesandt wird, zu verschieben. Das Ruder kann deshalb in beliebiger Stellung feststehend gelassen werden. Diese Hilfssteuerung erfordert jedoch zwei getrennte Signale. Das Proportionalverfahren wird im Schiffsmodellbau wenig angewandt. Sein Vorteil besteht darin, daß es auf dem Sender statt des Druckknopfes eine richtige Ruderpinne hat, deren schrittweiser Bewegung das Ruder des Modells vollständig folgt. Die Stellung der Ruderpinne gibt immer die entsprechende Ruderstellung an.
Der Einbau der Hilfssteuerung des Ruders erfolgt in dessen Nähe, so daß sie mit einer einstellbaren Welle mit der Ruderpinne verbunden werden kann (Abb. *625*).

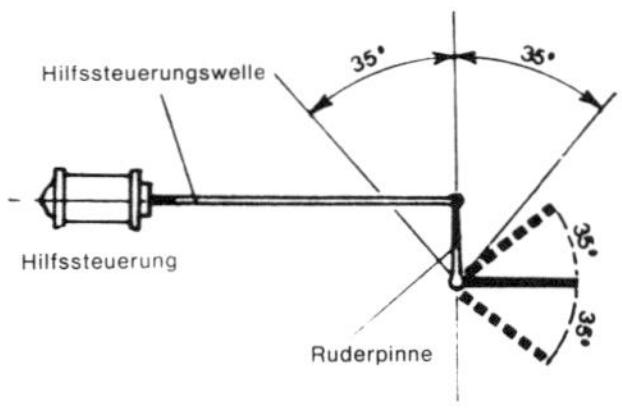

Abb. 625. *Ruderhilfssteuerung*

## Motoren

Zum Steuern der Elektromotoren gibt es Hilfssteuerungen, die vier Bewegungen gestatten: *Stillstand, Vorwärtsfahrt, Stillstand, Rückwärtsfahrt.* Zum Umkehren der Fahrtrichtung und der Geschwindigkeit kann man in der oben beschriebenen Art oder mit besonderen Hilfssteuerungen vorgehen.
Zum Steuern der Verbrennungsmotoren verwendet man Hilfssteuerungen, mit denen man die Einstellung des Vergasers vornimmt, indem man auf die Drosselklappe einwirkt und dadurch die Drehzahl ändert. Zum Umkehren der Fahrtrichtung ist das geeignetste Mittel die Schraube mit verstellbaren, von einer Hilfssteuerung betätigten Blättern. Für den Betrieb all dieser letztgenannten Hilfssteuerungstypen muß man über zwei getrennte Signale verfügen.

## Zusätzliche Tätigkeiten und Bewegungen

Außer den oben beschriebenen Grundbewegungen kann der Schiffsmodellbauer, je nach seinem Einfallsreichtum, das Modell weitere Tätigkeiten ausführen lassen, wie: Einschalten der Lichter, der Scheinwerfer, Auswerfen der Anker, Drehen der Geschütztürme, Heulen der Sirenen, Betrieb der Pumpen, Aussetzen der Beiboote, Schleudern von Torpedos und Raketen, Kanonenschüsse, Rauchentwicklung usw. Zur Ausführung dieser zusätzlichen Tätigkeiten kann man sich auf das oben Gesagte beziehen und zahlreiche geeignete, im Handel leicht erhältliche kleine Motoren verwenden.

## Sender

Heute sind keine besonderen funktechnischen oder elektrotechnischen Kenntnisse notwendig, da es im Handel beste Sender und Empfänger gibt. Jedoch kann sich ein Schiffsmodellbauer, der über einige grundsätzliche Kenntnisse verfügt, dieselben Geräte selbst bauen und sich dabei einzelner Bausteine bedienen.
Die notwendige Ausrüstung für jenen, der sich mit Fernsteuerungen beschäftigen will, wird im folgenden aufgezählt:
Ein *Prüfgerät* zum Messen der Spannung, der Stromstärke und des Widerstandes, ein Lötkolben für Rundfunktechniker von 30–40 Watt mit schmaler Spitze, Pinzetten, Schraubenzieher, Abisolierzangen oder -pinzetten, ein kleiner Schraubenzieher aus Plast für das eventuelle Angleichen der Spulenkerne.
Natürlich kann eine solche Ausrüstung, je nach Erfahrung und Können des Modellbauers, verschieden sein.
Es gibt Fernsteuerungsanlagen einfachster Art, die mit nur einem Befehl versehen sind. In diesem Fall kann nur ein einziges Signal übertragen werden. Dessen ungeachtet ist es, wie wir gesehen haben, möglich, dieses eine Signal durch Vervielfältigung verschiedene getrennte, aufeinanderfolgende Tätigkeiten ausführen zu lassen. Andere Anlagenarten gestatten, mehrere Befehle für verschiedene Handlungen auszuführen.

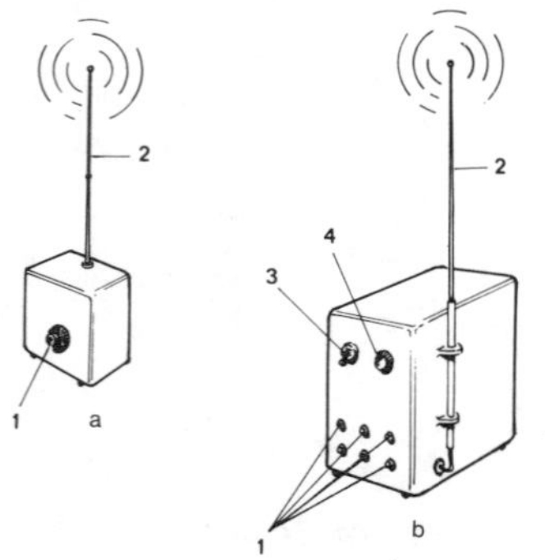


Abb. 626. *Verschiedene Senderarten*
a) *einfache Art;* b) *Art mit mehreren Kanälen*
*1. Kommandodruckknopf, 2. Antenne, 3. Einschalter, 4. Abstimmung*

Den einfachsten Sendertyp mit einem einzigen Befehl kann man mit einem Hochfrequenzgenerator vergleichen. Der Druckknopf auf dem Schaltpult schaltet einfach, wie eine Morsetaste, die Anodenspannung ein oder aus (Abb. *626a*). Wenn die Spannung vorhanden ist, wird das modulierte Signal ausgestrahlt, und das Modell empfängt den Befehl. Zur Übertragung mehrerer getrennter oder gleichzeitiger Befehle sind Sender gebaut worden, die auf einer einzigen Trägerfrequenz arbeiten und mit mehr als einer Frequenz amplitudenmoduliert sind. Die Anzahl der Modulationsfrequenzen innerhalb des Tonfrequenzbereiches hängt von der Anzahl der Be-

fehle ab, die man übertragen will. Tatsächlich bestimmt jeder von ihnen den Betrieb einer Vorrichtung auf dem Modell (Abb. *626b*). Bei den Sendern dieser Art gibt es einen Hochfrequenzgenerator und einen Modulator zur Erzeugung der Signale. Die Modulatoren sind im allgemeinen normale Tonfrequenzoszillatoren. Um eine gute Frequenzstabilität zu gewährleisten – die notwendig ist, um zu vermeiden, daß ein übertragenes Signal nicht empfangen wird –, sind die Sender quarzgesteuert. Die Modulationsfrequenz wird verändert, indem man auf eine Anzahl Knöpfe drückt, von denen jeder eine bestimmte Kapazität parallel zu dem Abstimmschwingkreis des Niederfrequenzoszillators schaltet.
Die Sender sind nunmehr transistorisiert. Dadurch hat man den Vorteil eines geringen Stromverbrauchs, eines geringen Gewichts und eines geringeren Raumbedarfs. Die Antenne ist eine Rundfunkteleskopantenne.

## Empfänger

Die Aufgabe der Empfänger besteht im Aufnehmen der vom Sender kommenden Signale, in deren Gleichrichtung und in deren Umformung in elektrische Ströme. Die Empfänger sind hochempfindlich, weshalb sie aus Raum- und Gewichtsgründen eine kleinstmögliche Anzahl Stufen haben müssen. Im wesentlichen bestehen die Schaltungen der verwendeten Empfänger aus einer Detektorstufe, der eine oder mehrere Niederfrequenzverstärkerstufen folgen. Bei den einfacheren Typen, bei denen das übertragene Signal nur ein Relais steuert, sind diese höchst empfindlich, um sie auch mit einem sehr schwachen Strom zum Ansprechen bringen zu können (Abb. *627a*). Bei den umfangreicheren Empfängern muß man im Ausgang Niederfrequenzsignale verschiedener Frequenz liefern, und darüber hinaus muß man über eine gewisse Verstärkung verfügen, um die Relais mit genügend Erregerstrom versorgen zu können. Auch die Empfänger werden mit Transistoren bestückt und von Batterien gespeist. Die Antenne besteht, je nach den Abmessungen des Modells, im allgemeinen aus einem senkrecht angebrachten Leiter aus Stahl, Phosphorbronze oder Aluminium.
Bei den größeren Sendern mit einer größeren Anzahl Relais und einer höheren Anzahl Modulationsfrequenzen, bei denen man teilweise komplizierte Relais verwenden muß, ist es möglich, eine größere Anzahl Befehle zu erteilen und daher das Modell eine größere Anzahl Tätigkeiten ausführen zu lassen (Abb. *627b, c*). Wir geben im folgenden als Beispiel das Verfahren an, wie man die Kanäle eines Gerätes ausführt und dabei dem Modellbauer die Möglichkeit läßt, die Gesamtheit der Einrichtungen zu vergrößern.

**Ein Kanal.** Mit einem einzigen Kanal ist es möglich, das Ruder und die Motoren zu betätigen. Es gibt Hilfssteuerungen, die unter Ausnutzung der Länge des Signals das Ruder betätigen. Kurzes Signal: *Umschalten des Elektromotors* (Stillstand – Vorwärts, Stillstand – Rückwärts); langes Signal: *Ruder nach rechts;* kein Signal: *Ruder in die Mitte;* langes Signal: *Ruder nach links.* Bei Modellen mit Verbrennungsmotor gibt es Hilfssteuerungen, die gestatten, das *Ruder* bei einem langen Signal *nach rechts,* ohne Signal *in die Mitte,* bei einem kurzen und einem langen Signal *nach links* zu legen.

**Zwei Kanäle.** In einem Modell mit elektrischem Antrieb kann die Steuerung einem Kanal anvertraut werden, während der andere Kanal den Motor betätigen kann. Bei einem Modell mit Antrieb durch Verbrennungsmotor oder Dampfmaschine kann es zweckmäßig sein, beide Kanäle zum Betätigen des Ruders zu verwenden, um die Manövrierfähigkeit zu erhöhen.

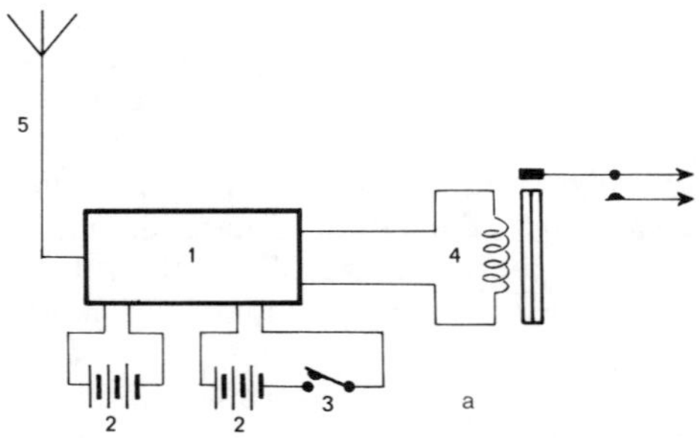


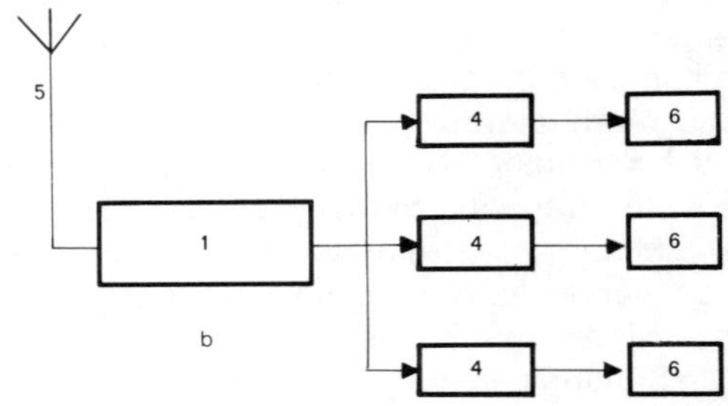


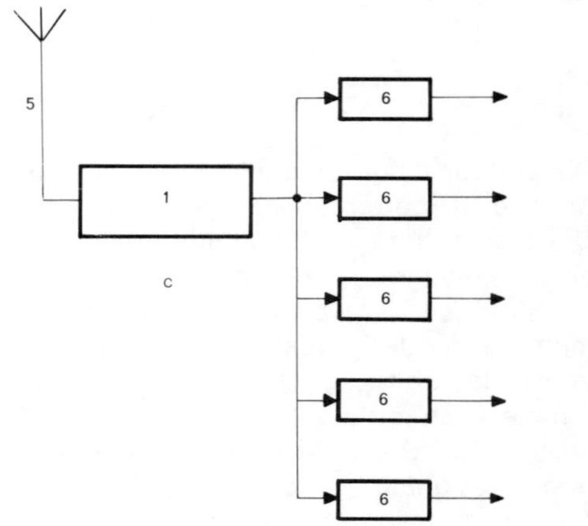


Abb. 627. *Verschiedene Empfängerarten*
a) *einfacher, einstufiger Empfänger,*
b) *Empfänger mit mehreren, von verschiedenen Frequenzen erregbaren Relais;*
c) *Empfänger mit mehreren, von verschiedenen Frequenzen erregbaren Hilfssteuerungen*
*1. Empfänger, 2. Batterie oder Akku, 3. Einschalter, 4. Relais, 5. Antenne, 6. Hilfssteuerungen*

**Drei Kanäle.** Dieses ist das klassische Verfahren, um ein gut gesteuertes Modell zu erhalten. Zwei Kanäle für das Ruder und einen für den Elektromotor. Wenn man will, kann man mit einem Kanal das Ruder betätigen, mit dem zweiten den Motor und mit dem dritten einen Wähler, der verschiedene Auswirkungen hervorruft (Lichter einschalten, verschiedene Bewegungen der Geräte an Bord usw.). Bei den Modellen mit Verbrennungsmotor kann ein Kanal für das Ruder verwendet werden, während man die beiden anderen zum Verändern der Geschwindigkeit des Motors benutzen kann, oder aber man nimmt zwei Kanäle für das Ruder und einen für die verschiedenen Tätigkeiten.

**Vier Kanäle.** Ab dieser Kanalzahl kann man ohne weiteres zwei Kanäle für das Ruder nehmen; bei den Modellen mit Elektromotor kann der dritte Kanal für den Motor und der vierte für die Hilfstätigkeiten oder zum Verändern der Motorgeschwindigkeit benutzt werden. Bei den Modellen mit Verbrennungsmotor können der dritte und der vierte Kanal zum Verändern der Motorgeschwindigkeit verwendet werden, während man bei den Modellen mit Dampfmaschine die Drehrichtung umkehren kann.

**Sechs Kanäle.** Dieses Gerät stellt schon eine genügend vollständige Gesamtheit dar. Bei den Modellen mit elektrischem Antrieb kann man zwei Kanäle zum Steuern des Ruders, zwei Kanäle zum Regeln der Geschwindigkeit, einen Kanal zum Umkehren der Drehrichtung des Motors oder der Motoren, den letzten Kanal für verschiedene Zwecke nehmen. Bei den Modellen mit Verbrennungsmotor oder Dampfmaschine nimmt man zwei Kanäle für das Ruder, zwei Kanäle für das Umkehren der Drehrichtung (Verstellschraube), zwei Kanäle für das Regeln des Motors (Verbren-

nungsmotor), während sie bei den Modellen mit Dampfmaschine für die Hilfstätigkeiten verwendet werden können.
Natürlich kann man durch Erhöhen der Kanalzahl (von sechs auf maximal zwölf, was die obere Grenze der im Handel erhältlichen Funkempfänger ist) verschiedene Kombinationen erhalten und mehrere Tätigkeiten steuern; bringt man auf dem Modell zum Beispiel mehrere Motoren an, so ist es möglich, dieselben getrennt zu steuern. Abb. *628* zeigt zwei typische Einrichtungen für ferngesteuerte Modelle mit Motor.

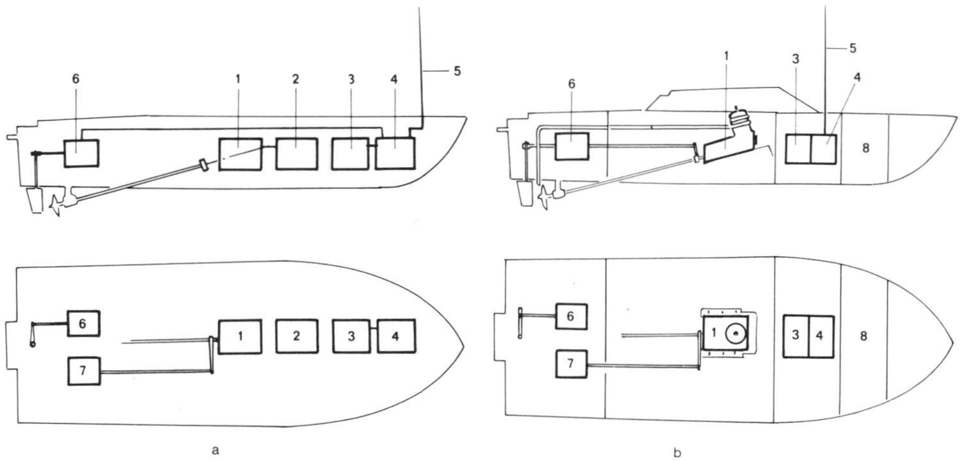


Abb. 628. *Schema des Einbaus der Geräte auf ferngesteuerten Modellen mit Motor*
a) *Modell mit Elektromotor;* b) *Modell mit Verbrennungsmotor*
*1. Motor, 2. Stromversorgungsbatterie des Motors, 3. Stromversorgungsbatterie des Empfängers, 4. Empfänger, 5. Antenne, 6. Hilfssteuerung des Ruders, 7. Hilfssteuerung des Motors, 8. zum eventuellen Unterbringen verschiedener Geräte zur Verfügung stehender Raum*

## Verschiedene Arten ferngesteuerter Modelle

**Segelmodelle.** Auf diesen Modellen muß man wenigstens vier Kanäle einrichten – zwei für das Ruder und zwei zum Manövrieren der Segel. Zur Vereinfachung können das Großsegel und die Fock zusammen manövriert werden; aber es ist viel vollkommener und zweckmäßiger, sie getrennt zu trimmen, besonders bei Regattamodellen. In diesem Fall muß man weitere Kanäle verwenden. Der Arbeit des Ruders muß besondere Beachtung geschenkt werden, und man muß so vorgehen, daß seine Bewegungen ziemlich schnell sind, um gegebenenfalls Schläge des Ruders für schnelle Kurskorrekturen zu ermöglichen. Abb. *629a, b* zeigt deutlich eine einfache Vorrichtung, wie sie auf ferngesteuerten Segelregattamodellen verwendet wird.
Es gibt zwei Arten ferngesteuerter Segelregattamodelle: Klasse F5 (Modelle der Klasse M, X und 10r mit Fernsteuerung) und Klasse Q (Modelle der Klasse A mit Fernsteuerung).
Die Regatten der Modelle der Klasse F5 erfolgen auf einer rechtwinkligen Strecke. Diese Strecke wird von jedem einzelnen Modell einmal zurückgelegt, und den Wettbewerb hat das Modell gewonnen, das die beste Zeit erreicht hat. Die Modelle der Klasse Q führen die Regatta statt dessen paarweise durch und müssen daher über Superheterodynfunk verfügen, so daß es möglich ist, auf verschiedenen Wellenlängen zu senden und dabei gleichzeitig beide Modelle zu steuern. Wegen ihrer Kompliziertheit wird diese Klasse noch nicht von der Europäischen Vereinigung geführt.

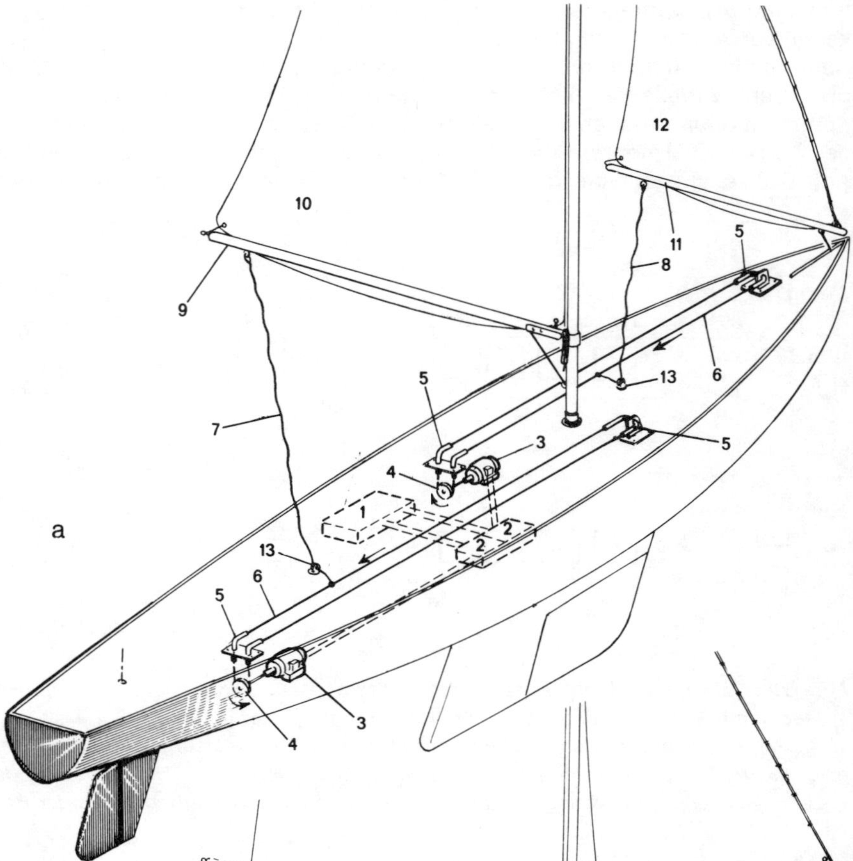

10
12
11
5
9
8
6
13
7
5
3
5
4
1
a
2
2
13
6
5
3
4


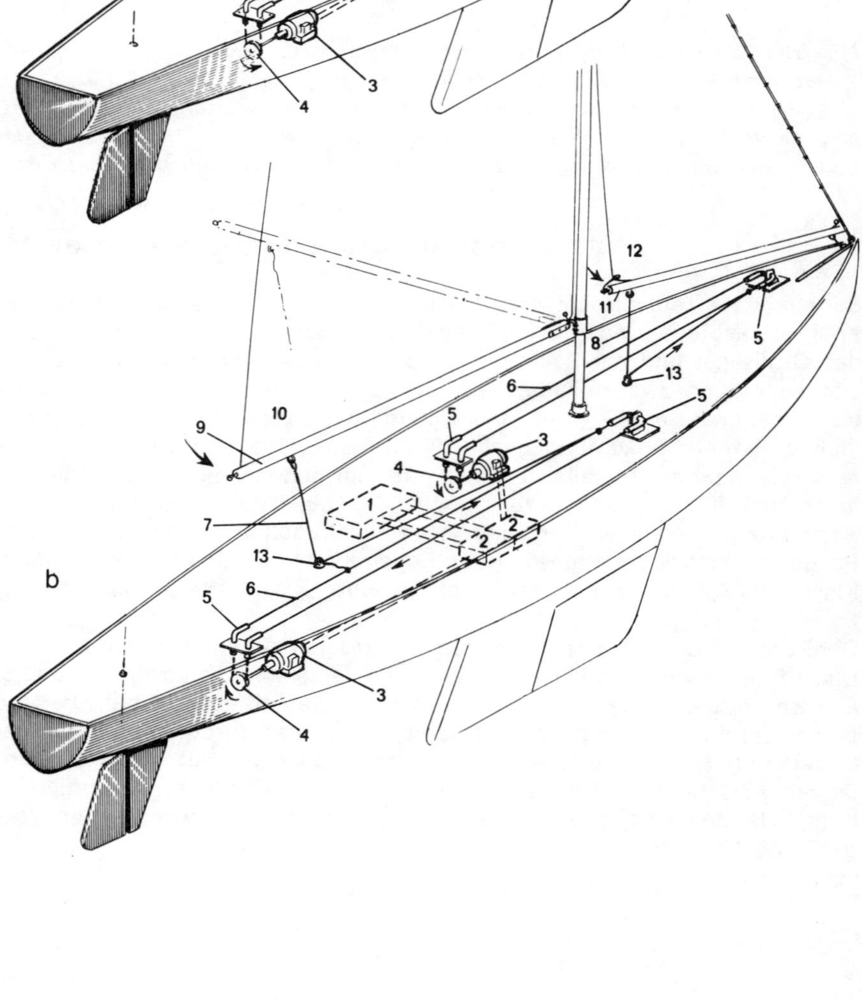

12
11
5
8
13
6
5
9
10
5
3
4
1
7
2
2
13
b
6
5
3
4


Abb. 629

**Unterseeboote.** Zur Steuerung dieser Modelle muß man über viele Kanäle verfügen; denn außer dem Ruder und dem Antriebsmotor und der Geschwindigkeit desselben muß man die Pumpen zum Füllen der dafür vorgesehenen Kammern beim Tauchen mit Wasser und die Tiefenruder betätigen. Es ist wichtig zu beachten, daß das Modell die Funksignale unter dem Wasserspiegel empfangen und daß der Empfänger deshalb mit Superschaltung sein muß. Schließlich ist es notwendig, damit das Boot nicht verloren geht, das Modell mit einer Zeitschaltung zum Wiederauftauchen für den Fall zu versehen, daß die Funksignale nicht in die Tiefe gelangen können.

**Gleichzeitige Steuerung mehrerer Modelle.** Wie wir weiter oben schon gesagt haben, erfolgt die Steuerung mehrerer Modelle über Funk mit Hilfe einer Superschaltung. In den Vorschriften der Europäischen Vereinigung gibt es eine Klasse F 6 für das gleichzeitige Steuern mehrerer Modelle, in der die Wahl der einzelnen auszuführenden Manöver freigestellt ist.

Abb. 629. *Fernsteuerungseinrichtung eines Segelschiffsmodells*
a) *stärkstes Lockerlassen (Fahrt vor dem Wind);* b) *stärkstes Spannen (Fahrt am Wind)*
*1. Empfänger, 2. Stromversorgungsbatterie, 3. Elektrokleinmotor, 4. Scheibe zum Übertragen der Bewegung des Taus zum Steuern der Schot bei geschlossenem Stromkreis, 5. Messingröhrchen mit 3 x 2 mm ∅ als Führung für den Seilausgang bei geschlossenem Stromkreis, 6. Nylonseil, 7. Großsegelschot, 8. Fockschot, 9. Großbaum, 10. Großsegel, 11. Vorsegelbaum, 12. Vorsegel, 13. Schotführung*

# Schlußbemerkung

Wir sind somit zum Ende unserer Abhandlung gekommen, in der die bedeutsamsten Aspekte sowohl des Schiffsmodellbaus als auch des Schiffbaus dargestellt worden sind. Das Sachgebiet des Schiffbaus ist soweit wie möglich mit Abbildungen versehen worden, da die Grundlage des Baus von Standmodellen der Bau richtiger Schiffe ist. Man bezieht sich hier vor allem auf den Bau der alten Schiffe und auf deren Ausrüstung, wobei, wie man weiß, in dieser Hinsicht in der technischen Fachliteratur noch eine Lücke klafft.
Vielleicht hätte die Behandlung einiger Punkte eine größere Ausführlichkeit verdient; dann wären aber genauere und ins einzelne gehende Erklärungen notwendig gewesen, die über den Rahmen dieses Buches weit hinausgegangen wären. Wir sind jedoch gewiß, daß auch die anspruchsvolleren Schiffsmodellbauer, die ihre Kenntnisse vertiefen möchten, hier alle nützlichen und wesentlichen Auskünfte gefunden haben. Wir meinen darüber hinaus, daß die bildliche Darstellung des Baus und der wichtigsten Einzelheiten der alten und der modernen Schiffe für die Herstellung von getreuen Nachbildungen eine wirklich wertvolle Hilfe ist. Tatsächlich war einer der eigentlichen Zwecke dieses Bandes der, so eingehend wie möglich Modelle, Geräte, Tauwerk im Verlauf ihrer geschichtlichen Entwicklung und ihre Betriebsweise darzustellen.
Sich über den Zweck und die Arbeitsweise eines Taus oder eines Geräts Rechenschaft abzulegen ist für den Schiffsmodellbauer von großem Nutzen, der meist ohne genaues Wissen die Ausrüstungsgegenstände baute. Eine exakte Erklärung ist deshalb für die Entwicklung des Modellbauers wichtig, um ihn zu größerer Präzision bei der Ausführung der Arbeit anzuspornen.
Was uns betrifft, so haben wir uns an das beachtenswerteste Schrifttum gehalten, und wir haben es vermieden, Beschreibungen von Schiffen oder von Einzelheiten zu liefern, über die man keine sicheren technischen Auskünfte besitzt. Insbesondere sind Schiffe oder Ausrüstungen bis zum 14./15. Jahrhundert nicht in ihren Einzelheiten beschrieben worden, da man trotz der Bemühungen einiger hervorragender Forscher noch nicht in der Lage ist, eine genaue und unbedingt stichhaltige Dokumentation vorzulegen.
Was den Bau von fahrenden und ferngesteuerten Schiffsmodellen für Wettbewerbe betrifft, sind die neuen technischen Richtungen in Verbindung mit den jüngsten Forschungen zusammengestellt worden. Diese Besonderheit, die den Schiffsmodellbau verjüngt und neu belebt hat, ermöglichte eine unvorhergesehene Entwicklung. Tatsächlich hat sich eine größere Anzahl leidenschaftlicher Anhänger dieser Art Schiffsmodellbau gewidmet, der Ausdruck des modernen technischen Fortschritts ist. Auch in diesem Fall ist im Rahmen des Möglichen versucht worden, den Schiffsmodellbauer vor allem vom qualitativen Standpunkt aus zu informieren, wobei dem, der sich ernsthaft auf dem technischen Gebiet betätigen will, die Möglichkeit zu eigener Initiative belassen worden ist.

Die Behandlung erfolgte, wie gesagt, innerhalb bestimmter Grenzen. Jedoch sind die verschiedenen Techniken und die einzelnen Bauverfahren zur Herstellung der bedeutungsvollsten Bauteile weitgehend veranschaulicht worden, wobei diese Kapitel eine nunmehr langjährige Erfahrung von Schiffsmodellbauern der ganzen Welt beinhalten. Wenn es wahr ist, daß die Arbeit des Schiffsmodellbauers eine individuelle Tätigkeit ist, so ist es ebenso wahr, daß der Austausch von Erfahrungen und Kenntnissen eine wertvolle Hilfe für eine immer vollkommenere Arbeit ist.
Jeder Schiffsmodellbauer muß sich, je nach seinen Interessen und seiner Veranlagung, unter Abschätzung der eigenen Fähigkeiten und der technischen und handwerklichen Geschicklichkeit sein Spezialgebiet wählen. Seine Begeisterung muß sich auf dieses Ziel als Grundlage einer ernsthaften und mühevollen Arbeit richten. Er kann dann auch zum Bau immer schwierigerer Modelle, für die eine größere Kenntnis von Technik und Geschichte erforderlich ist, fortschreiten. Wer sich durch unvermeidliche Fehlschläge nicht entmutigen läßt, sondern Lehren aus ihnen zieht, wird ein richtiger Modellbauer und wird – dessen sind wir gewiß – vollkommene Befriedigung finden können.
Eine gute handwerkliche Geschicklichkeit, gepaart mit einer guten Bildung, sind Eigenschaften, die man in der Praxis und durch Erfahrung erwirbt. Ausdauer und Eifer lassen Hindernisse überwinden und auch die schwierigsten Modelle fertig werden.
Dieser Band ist auch die Summe und das Ergebnis vieler Erfahrungen aus Jahren leidenschaftlicher Arbeit; es ist Sache des Lesers, Nutzen für seine eigenen Vorhaben daraus zu ziehen. Wir beglückwünschen uns, wenn nicht nur diejenigen, die sich dem Schiffsmodellbau widmen wollen, sondern auch die Erfahreneren hier etwas Neues und Nützliches finden. Dies würde bedeuten, daß der vorliegende Band nicht nur eine Lücke geschlossen, sondern sein Ziel erreicht hat, dem Schiffsmodellbau, einer Kunst, die auf die älteste und fesselndste menschliche Betätigung und den Reiz, den das Meer auf die Menschen aller Zeiten und aller Länder ausgeübt hat, zurückgeht, einen neuen Wert zu geben.

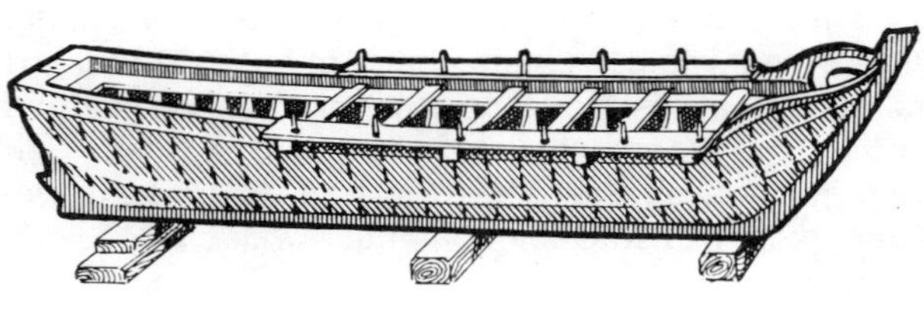

Abb. 630. *Beiboot einer Galeere, 17. Jahrhundert*

# ANHANG

# Sachregister

*Die kursiv gesetzten Stichworte bedeuten Schiffsnamen; die kursiv gesetzten Seitenzahlen beziehen sich auf Abbildungen.*

# Literaturverzeichnis

Anderson R. C., The Rigging of Ships in the Days of the Spritsail Topmast 1600–1700, Salem, Mass., 1927
Baistrocchi A., Elementi di arte navale, Livorno, 1934
Bowness E., The Four Masted Barque, London, 1955
Boyd R. N., Manual of Naval Construction, London, 1859
Bravetta V. E., L'artiglieria e le sue meraviglie, Mailand, 1919
Busley C., Schiffe des Altertums, Berlin, 1919–1920
Bustico G., Dizionario del mare, Turin, 1932
Cafiero F., Manuale del tecnico navale, La Spezia, 1952
Capozza M., Naviglio minore, Genua, 1951
Chapman, F. H., Architectura Navalis Mercatoria, Stockholm, 1768
Charnock, History of Naval Architecture, London, 1800–1802
Chatterton E. K., Ships Models, London, 1936
Corazzini F., Vocabolario nautico italiano, Turin, 1900
Corsico M., Le barche d'Italia, Genua, 1948
Craine J. H., Ships Modelling Hints and Tips, London, 1948
Crescenzio B., Nautica mediterranea, Rom, 1602
Daniels W. J. - Tucker H. B., Build Yourself a Model Yacht, London, 1950
Dassiè C. R., L'architecture navale, Paris, 1695
Deadson G. H., Model Boat Book, London, 1949
De Bonnefoux et Paris, Dictionnaire de marine à voiles et à vapeur, Paris, 1850
De Gaillard B., Construisez des modèles réduits de marine. Marine de guerre à voiles 1750–1850, Paris, 1939
Degli Uberti U., La Marina da guerra, Florenz, 1940
De La Gravière J., Les derniers jours de la Marine à rames, Paris, 1885
Dummer, Draughts of the Body of English Man-of-War, London, 1680
Du Monceau D., Eléments de l'architecture navale, Paris, 1752
Falconer's, Marine Dictionary, London, 1769
Fincati L., Dizionario di Marina, Genua, 1870
Fincham J., A History of Naval Architecture, London, 1851
Grenet F. E., Arte marinaresca, Neapel, 1883
Guglielmotti A., Vocabolario Marino e Militare, Mailand, 1967
Hedderwick, Treatise on Marine Architecture, London, 1830
Hobbs E. W., How to Make Old Time Ships Models, Glasgow, 1929
Hoeckel R., Modellbau von Schiffen des 16. und 17. Jahrhunderts, Rostock, 1963
Imperato F., Attrezzatura e manovra delle navi, Mailand, 1897
Imperato F., Arte Navale, Mailand, 1929
Kipping R., Masting and Rigging, London, 1851

Laugeri E., Dizionario di Marina e di Commercio marittimo, Genua, 1880
Levi C. A., Navi da guerra costruite nell'Arsenale di Venezia dal 1664 al 1896, Venedig, 1896
Longridge C. N., The Anatomy of Nelson's Ships, London, 1955
Moore A., The Last Days of Mast and Sails, London, 1925
Mousseron G., Les maquettes maritimes, Paris, 1959
Nebbia U., Arte navale italiana, Bergamo, 1932
Paasch, Dictionary of Naval Terms (englisch-französisch-deutsch-spanisch-italienisch), London, 1908
Pantera P., L'Armata Navale, Rom, 1614
Pareto - Saccheri, Enciclopedia delle Arti e delle Industrie, Turin, 1878
Paris E., Souvenirs de marine, Paris, 1882–1908
Parrilli G., Dizionario di marineria militare, Neapel, 1866
Priest B. H. - Lewis J. A., Model Racing Yachts, Hemel Hempstead, 1965
Reeve B. - Thomas P. W., Scale Model Ships, their Engines and Construction, London, 1951
Robertson, Evolution of Naval Armaments, London, 1921
Sardi P., L'Artiglieria, Bologna, 1609
Saverien, Dizionario istorico, teorico e pratico di Marina, tradotto dal francese, Venedig, 1769
Singer, Storia della Tecnologia, Turin, 1956
Steele, Elements and Practive of Rigging and Seamanship, London, 1794
Stratico S., Vocabolario di Marina in tre lingue, Mailand, 1813
Tiller A., Modelljachtbau, Ravensburg, 1949
Ucelli G., Le navi di Nemi, Rom, 1950
Underhill H., Sailing Ship Rigs and Rigging, Glasgow, 1938
Underhill H., Masting and Rigging: The Clipper Ship and Ocean Carrier, Glasgow, 1949
Underhill H., Deep-Water Sail, Glasgow, 1952
Vocino M., La nave nel tempo, Mailand–Rom, 1927

Almanacco Navale, Rom, 1942, 1967, 1968
Dizionario di Marina, Rom, 1937
Encyclopedie méthodique, Padua, 1788
Histoire de la marine, Paris 1959
Manuale dell'allievo, Federazione italiana vela, 1966

## ZEITSCHRIFTEN

Interconair
Italmodel
Jane's Fighting Ships
La Modellistica
Le Modèle Réduit de Bateau
Model Boats
Model Maker
Model Ships and Power Boats
Rassegna di Modellismo
Rivista Marittima
Ships Monthly